수리지질과 지하수모델링

한정상 저

지구상에 부존된 담수 중 하천이나 호수와 같은 지표수는 단지 2.5% 정도이고 잔여 97.5%는 지하에 지하수 형태로 부존되어 있다. 또한 지하수자원은 지하에 부존된 자연자원 가운데 유일하게 매년 지하로 재충전 되는 자연 자원으로서 이를 잘 관리 이용하면 영원히 이용 가능한 재생자원이 된다.

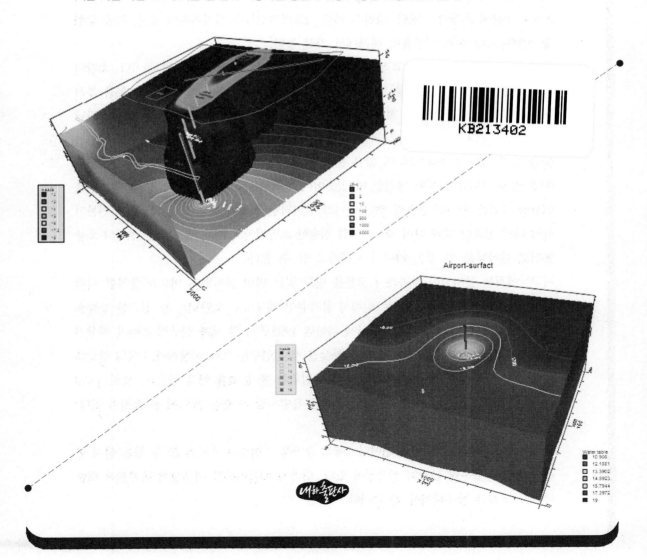

내하출판사

PREFACE

광대한 우주 속에서 우리가 현재까지 알고 있는 유일하게 푸른빛을 띠는 행성은 지구뿐이다. 지구가 푸르게 보이는 것은 지구상에 모든 생명체에게 필요 불가결한 물이 있기 때문이다.

1990년대 초 소말리아 전쟁 당시 소말리아인들이 겪었던 고통과 공포 중에서 가장 위력적인 것은 폭탄이나 무기가 아닌 마실 물에 대한 위험과 공포였다. 아마 전 세계에서 현재 가장 물문제로 고통을 받고 있는 지역은 Africa 지역일 것이다. UN 환경 프로그램에 의하면 안전한 음용수를 공급받지 못하고 있는 25개의 국가 중에서 19개 나라가 Africa 대륙에 소재하고 있다. 따라서 이들 아프리카인들은 말라리아나 설사, 각종 수인성 전염병으로 인해 사망률이 세계에서 가장 높다.

물의 가치는 자기가 소유하고 있던 우물이 고갈될 때에 가장 크게 느낄 것이다. 소말리아의 경우처럼 수원소유(우물) 자체가 부의 척도가 되기도 한다. 즉 부자들은 돈을 투자해서 우물을 파고, 중산층은 적절한 규모의 물탱크를 준비하는데 돈을 쓰는데 반해 가난한 사람들은 목돈이 없어 조그마한 깡통으로 물을 사서 먹어야 하기 때문에 가난할수록 물을 얻기 위해 부자들보다 더 많은 돈을 지불해야 하는 악순환이 되풀이 되고 있다. 80년 말에 우리들이 이미 경험한 바 있듯이(진실여부는 논란의 여지가 있음) 물자원을 이용한 공격은 하나의 전술일 뿐만 아니라 전면적인 전쟁이 될 수도 있다. 일부 전문가들이 이미 경고한 바와 같이 보스니아와 전술한 소말리아의 예는 세계를 물 전쟁의 소용돌이로 몰아넣을 수 있는 하나의 사례라고 할 수 있다.

지구상에서는 물자원이 부족해서 고통을 받고 있는 반면 물자원이 비교적 풍부한 지역도 수자원의 비합리적인 관리로 인해서 물자원이 대규모로 오염되는 등 심각한 부작용을 낳고 있다. UN의 1997년 보고서에 의하면 1995년에 전 세계 인구의 20%가 깨끗한 식수를 마시지 못하고 있으며, 수세식 화장실 사용 인구는 50% 이상이다. UN의 영국대사였던 Tickell경에 의하면 "지구는 현재 광범위한 물 문제를 안고 있으며, 오히려 Oil shock 보다 더 많은 문제와 국지적인 전쟁을 유발시킬 수 있는 요인이 될 소지가 있다"고 경고한 바 있다.

세계적으로 물소비량은 매 21년마다 2배씩 증가하고 있으나 우리가 쓸 수 있는 물의 양은 한정되어 있는데 문제의 심각성이 있다. 따라서 지금이라고 지구상의 물자원에 대한 극단의 조치가 강구되어야 할 때이다.

물자원이 풍부한 지역에서도 이 물은 마셔도 괜찮은 물인가? 라는 심각한 문제에 봉착해 있다. 강과 하천은 인간의 이기심으로 인해 인위적으로 훼손하는가 하면 나아가 무분별한 개발과 농약이나 공장의 산업폐수나 처리되지 않은 생활하수 때문에 심각하게 오염되고 있다. 오늘날의 물자원은 생명의 젖줄인 동시에 질병과 죽음의 위험을 주는 양면성을 띠고 있다. 스톡홀롬 보고서에 의하면 개도국에서 살고 있는 인구의 절반이 수인성 전염병으로 고통을 받고 있으며, 다른 UN 보고서에는 매일 25,000명이 불결하며 비위생적인 물 사용으로 인해 생명을 잃고 있다고 한다.

식수의 안정성에 관한 문제는 비록 빈국뿐만 아니라 산업화된 국가에서도 공급수의 오염 때문에 심각한 몸살을 앓고 있다. 즉 물과 공기를 오염시킨 이들 물질들은 이를 이용하는 각종 동물이나 어류 및 인간의 지방에 축적되어 암이나 선천적인 결손증이나 여러 가지의 병을 유발시킨다. 영국의 Womens Environmental Network에 의하면 시골에 사는 유아 중 1~8%가 Dioxine이나 PCB에 노출되어 약한 신경계통의 손상이나 기억력 상실증에 시달리고 있다고 한다. 1996년 중국 환경청의 발표에 의하면 중국의 각 도시를 관통해서 흐르는 하천수 중 98%는 이미 마시기에 부적합한 물이며, 특히 양자강은 하루에 약 4천만 톤의 산업 및 하수에 의해서 오염되고 있다. 또한 UN 개발 프로그램의 보고에 따르면 중국인 가운데 79%가 오염된 물을 식수로 이용하고 있으며 특히 동부유럽에 있는 대다수의 강이나 호소는 생태학적으로 이미 죽은 상태이거나 위험할 정도로 오염되었다고 한다. 이러한 현상은 비록 이들 국가뿐만 아니라 우리의 경우도 정도의 차이는 있으나 대동소이하다.

물은 생명체의 원천일 뿐만 아니라 지역 경제성장과 산업발전 및 도시성장의 기초자원이기 때문에 앞으로의 수자원의 오염양태, 물 분쟁 빈도나 양상은 더욱 복잡하고 심각해질 것으로 예상된다. 미국의 국제인구행동연구소(PAI)는 우리나라도 21세기부터는 물 부족 국가에서 물기근국으로 전락할 것이라고 예측한 바 있다. 또한 미국의 세계 물 정책 연구소는 20세기의 범세계적인 분쟁 중 많은 원인이 석유였다면 21세기에는 많은 분쟁요인이 물자원일 것이라고 이미 예고한 바 있으며, 세계은행과 UNDP는 세계인구의 40%가 이미 물 부족에 처해 있고 2050년대에는 세계인구의 65%에 달하는 66개국이 물 부족으로 고통을 받을 것이라고 예측한 바 있다.

미국의 경우에는 뚜렷한 지하수에 관한 통일된 단일법이 없는 데도 지하수자원의 보호와 오염지하수의 정화정책을 최우선 환경정책으로 다루고 있다. 그 이유는 지하수자원의 오염은 지표수자원의 오염과 직결되어 있고, 지하수자원은 한 번 오염되면 반영구적으로 지하환경 내에 잔존해서 우리 세대뿐만 아니라 우리 후세에게도 지대한 악영향을 미칠 뿐만 아니라 오염된 지하수를 정화 시 오염물질의 지하거동과 운명의 불확실성 (uncertainty)과 정화비용이 과다하게 들기 때문이다. 그러기에 폐기물 관리법의 일종인 RCRA와 CERCLA 내에 규정된 지하수관련 규제사항을 적용해서 지하수자원의 오염을 "요람에서 무덤까지(from craddle to grave)" 관리하고 있다. 그래서 구미 선진국들은 지하수자원의 보전과 정화에 많은 노력을 기울이고 있다.

UN은 "보이지 않는 자원 지하수(invisible resources groundwater)"란 주제로 1998년도의 물의 날을 지낸바 있다. UN이 이러한 주제를 선정한 이유는 지구상의 물자원 중에서 지하수자원이 차지하고 있는 중요성을 지구촌 사람들에게 인식시키기 위함이었을 것이다. 정부는 국내지하수자원의 중요성을 인식하고 1993년에 지하수법을 제정한 바 있다. 우리의 지하수법은 "국내 지하수자원의 적절한 개발·이용과 효율적인 보전·관리"에 관한 사항을 정함으로서 공공의 복지증진과 국민경제의 발전에 이바지함에 있다고 규정하고 있다. 본 법에서 적절한 개발, 이용과 효율적인 보전, 관리라 함은 오염취약성이 큰 국내 지하수자원을 각종 잠재오염원으로부터 사전에 오염되지 않도록 보호하면서, 최적 개발가능량의 범위 내에서 이를 합리적으로 개발, 이용하고, 법 제정 이전에 이미 오염된 지하수환경을 가장 과학적이고 경제적인 방법으로 정화해서 이용, 보전하는 행위까지를 포괄적으로 정의하고 있다. 저질화된 지표수자원의 보전과 정화에 대해서는 정권이 바뀌거나 낙동강 phenol 사건처럼 물 오염 문제가 발생할 때마다 수질개선 대책을 범국가적으로 다루고 있으나 이 대책 내에는 우리가 늘 수자원의 최후 보루라고 입버릇처럼 말하는 지하수자원의 보전문제는 항상 도외시되고 있는 것이 우리의 현실이다. 이는 지하수자원이 지표수자원에 비해 비가시적이고 개발대상이 지표수자원에 비해 대규모가 아니라는 이유만으로 정부나 매스컴이나 심지어 그렇게 환경보전 문제를 중요시하는 각종 환경단체에 이르기까지 지하수의 오염문제를 등한시 하고 있다.

그러나 연간 65%가 비풍수기인 우리나라의 수문특성상 이 시기의 하천수중 그 대부분이 풍수기에 강수가 지하로 침투된 후 지하수로 변했다가 갈수기에 다시 하천을 통해 서서히 지표로 배출되는 지하수임을 감안한다면 지하수자원의 오염은 지표수자원의 오염과 직결되어 있다. 따라서 범정부차원의 오염된 지하수의 정화대책이 얼마나 시급한 명제인지를 우리는 쉽게 알 수 있을 것이다.

89년도 서울시의 지하수조사 자료에 의하면 서울시내에 부존된 전 지하수중 70%가 오염되었다고 발표한 바 있으며, 10년 후인 1999년 3월 발표에 의하면 서울시에 부존된 지하수중 94%가 음용수로 사용할 수 없을 정도로 저질화 되었다고 한다. 서울시의 지하수는 20세기 초만 하더라도 한성 주민의 대다수가 자기집 뜰에 옹달샘이나 우물을 파서 두레박으로 퍼서 그냥 마시던 깨끗한 지하수였다. 그런데 1세기도 되지 않아 94%에 해당하는 지하수가 음용수로 사용할 수 없을 정도로 오염되었다면 정부는 지하수 보호정책을 어떻게 하고 있었기에 시간이 지날수록 지하수오염은 가속화 되어가고 있다는 말인가? 서울시의 예는 국내 지하수자원의 오염현상 중 빙산의 일각에 지나지 않는다. 특히 지금처럼 불량 폐기물매립지, 각종 유해폐기물의 저장, 운송, 처리시설, 최근에 사회적인 문제가 되고 있는 미 8군을 위시한 군부대에서 운영한 각종 유류저장탱크로부터 누출된 독성 유기화학물질, 제초제와 같은 농약의 부적절한 살포와 처분, 산성광산 폐수와 같은 각종 잠재오염원으로부터 과거 두레박으로 퍼서 시원하게 마실 수 있었던 우리의 순수한 천연의 지하수자원을 지금처럼 마구 방치만 하는 경우에 나타날 결과는 자명한 사실이다. 따라서 정부는 소 잃고 외양간 고치는 누를 범하지 않도록 현행 지하수법을 적극 활용하여 지하수자원의 보전과 최적 활용에 극단적인 조치를 취해야 할 시점이라 생각된다.

이 이외에도 오염된 지하수정화를 위해서는 오염대수층의 정화가 반드시 병행되어야 하는데 현재 국내 실정은 그러하지 못하다. 이는 정부가 규정한 지하수의 정화기준(생활용수 적용)이 다음과 같이 지극히 비현실적이기 때문이다.

① 지하수의 생활용수 수질기준 가운데 카드뮴, 비소, 시안 및 수은의 수질기준은 정부가 국민에게 먹는 물로 공급하는 상수도나 정부가 철저히 규제하고 있는 해당성분의 먹는 물의 수질기준과 동일하거나 훨씬 엄격하다.

② 만일 현재 농공업용수로 허가를 받아 사용하던 지하수가 오염되어 농공업용수로 사용하지 못할 정도로 오염이 된 경우에 이들 오염된 지하수의 정화기준을 지하수의 생활용수 기준으로 격상하여 정화해야 할 것인지 아니면 아예 정화를 하지 않아도 되는지 이에 대한 명확한 규정이 없다.

③ 지하수 상위에 소재하는 오염토양을 현재의 토양정화기준(TPH, BTEX 및 기타 중금속 들)으로 정화했을 경우에 그 하부에 부존된 지하수수질이 현재 설정된 지하수의 정화기준을 초과하지 않는다는 과학적인 근거가 전혀 없다.

④ 초기에 지하수의 수질기준을 설정할 당시에는 지표수 수질기준을 바탕으로 하여 짜깁기 식으로 지하수 수질기준을 지하수의 이용목적에 따라 설정하여 지하수의 보전 측면이 전혀 고려되지 않았다. 지하수의 생활용수 수질기준은 국민건강과 삶의 질을 고려하여 국민이 사용하는 각종 생활용수의 수질기준으로 설정한 기준이지 결코 오염된 지하수를 정화하기 위한 기준이 아님을 명심할 필요가 있다.

따라서 지하수의 정화기준은 빠른 시일 내에 현실에 부합되게 수정보완 되어야 하며, 보다 합리적이고 과학적인 국내 오염지하수와 오염대수층의 정화기준 설정을 위한 연구와 더불어 오염 토양정화기준과 지하수 정화기준과의 상호연관성에 관한 연구가 빠른 시일 내에 이루어져야 할 것이다.

저자가 2010년도에 제주대학교의 대학교 부설/물산업인재양성센터에서 석좌교수로 지하수전반에 관한 교육을 하게 되었는데 이때 센터에서 교육 시 사용한 강의내용을 교재로 남겼으면 하여 이를 집필하게 되었다. 본 교재의 제1편인 "수리지질과 지하수 모델링"은 저자가 1999년도에 저술한 "지하수환경과 오염"의 내용 중 필요한 부분을 발췌하여 요약 편집 및 보강하였고 제2편인 "지하수관리와 오염 정화 및 응용"은 각종 지하수의 관리기법과 오염 토양 지하수의 정화방법 등을 저자들이 지난 20여년간 국내외에서 직접 실시했던 지하수조사/개발, 오염 부지조사(environmental site assessment) 및 각종 문제 TSDF에 의해 오염된 토양과 지하수환경의 조사 및 정화사업을 통해 취득했던 현장 경험과 결과들을 토대로 하여 작성하였다. 특히 이를 바탕으로 하여 금년에 미비한 내용을 다음과 같이 다시 보완 수정하여 본 교재들을 발간하게 되었다.

1편의 7장에는 암반 대수층에 심정을 설치할 경우에 현재 국제적으로 널리 적용되고 있는 심정의 설계방법과 강변여과수를 위시한 대용량 지하수개발시설인 방사 수평집수정(radial collector well, laterals 등)을 설치할 경우의 우물설계방법과 사례들을 추가하였다. 특히 한반도는 전국토의 75%정도가 결정질 암석으로 구성되어 있고, 암반지하수는 전체 지하수 부존량의 약 83%에 해당하는 대종을 이루고 있기 때문에 암반지하수가 산출되는 암반 단열매체에서 지하수 산출특성과 대수성시험 분석법을 별도로 9장에서 다루었다. 10장에서는 국내 지하수자원의 최적관리와 오염된 지하수 정화 시 가장 효율적이고 경제적인 방법을 선정하고 결정하는데 필수적인 3차원 지하수모델링기법에 대한 내용과 모델보정과 모델검증 시 이용되는 민감도분석에 관한 내용을 추가하였다.

미국의 경우에 NPL site를 위시하여 오염된 토양과 지하수환경은 고비용의 인공적인(공학적인) 정화방법(superfund innovative technology evaluation)으로 정화작업을 수행해 왔으나, 그 성공률이 매우 저조한 데 비해, 지하환경의 자연적인 저감능에 의한 자연정화가 보다 효율적임이 특히 연료용 유류에 의해 오염된 지역에서 밝혀지기 시작하였다. 따라서 자연저감은 1995년부터 가장 각광을 받고 있는 일종의 경제적이며, 효율적인 정화대안으로 인식되고 있는 자연정화법이다. 따라서 2편의 5장에서는 오염된 지하수의 자연정화기작과 자연정화법을 상세히 기술하였다. 특히 최근 미국을 위시한 선진 제국에서 시행하는 정화작업은 오염된 토양이나 지하수 내에 함유된 오염물질의 양을 인공적으로 감소시키기 위해서 공학적인 정화를 실시하기 이전에 이들 오염물질에 의한 위해로부터 인간을 위시한 각종 수용체에게 미치는 위해성을 경감 및 감소시키는데 주안점을 두고 가장 경제적이고, 효율적인 방법을 결정하기 위해 과거에 사용해 왔던 전통적인 부지조사와 위해성평가를 기초로 하여 정화방법의 선정과 정화기준을 설정하는 종합적인 단계접근법인 위해성 기초 정화-교정방법을 널리 적용하고 있다. 따라서 6장에서는 위해성 기초 정화교정법에 관한 내용을 상세히 다루었다.

7장에 오염된 토양과 지하수의 비용 경제적(cost effective)인 정화방법을 위시하여 국내 오염토양과 지하수에 관한 법령과 정화기준, 공기 분사기법(Air Sparging) 및 양수처리법(Pump and Treat)과 같은 오염 지하수와 오염대수층의 정화방법과 설계방법 등을 구체적으로 기술하였다. 또한 9장에는 남북한에서 사용하는 수문지질단위와 이를 토대로 산정한 지하수자원의 부존량과 개발 가능량 및 남한에서 실시하고 있는 지하수 관리체계와 지하수 정보관리에 대해 기술하였다. 10장에는 현재 재생에너지의 열원으로 우리나라에서 각광을 받고 있는 저 엔탈피의 지하수열을 위시하여 일반 지중열을 이용한 냉난방열에너지 이용방법과 국내 천부 지하수와 천부 지중열의 지역별 분포 특성과 계절별 변동특성을 분석하여 지중열교환기나 지하수열펌프시스템 설계 시 가장 중요한 입력 인자인 지역별 평균 지중온도와 계절별 변동특성에 관한 내용을 분석하여 추가하였다.

본서는 지면상 제1편과 제2편의 상세한 내용과 지하수모델링 및 오염 토양과 지하수의 위해성 평가 및 천부지하수 열에너지와 천부 지중열에너지를 이용한 냉난방에너지의 원리와 활용성에 대한 구체적인 내용을 기술할 수 없었기 때문에 이에 대해 관심이 있는 독자는 기 발간된 "3차원 지하수모델링과 응용(1999, 박영사)", "오염토양지하수의 자연정화와 위해성평가(2000, 도서출판 한림원)" 및 지열에너지(2010, 도서출판 한림원)를 참고하기 바란다.

2015년 봄

저자

CONTENTS

Chapter 05
지하수 수리학과 대수성 시험분석

Chapter 06

우물의 종류와 비양수량 및 지하수의 인공함양

지구상의 물자원과 광역 및
국지규모의 지하수환경

1.1 서언

물은 인간과 모든 생물체에게 필요불가결한 물질로써 인간은 생활수준이 향상될수록 맛이 있고, 안전하고, 건강식이며, 오염되지 않은 양질의 물을 음용하려는 욕구를 가지고 있다. 일반적으로 생활수준이 높은 구미 선진국일수록 음용수로써 지하수의 이용도는 상당히 높아 그 의존도는 60~90%에 이른다.

지하수와 지표수의 근원은 강수로써 강수가 지표에 내린 후 일부는 지하로 침투하여 지하수가 되고, 나머지는 지표면을 따라 흘러 내려가 하천이나 호수와 같은 지표수를 이룬다. 그런데 지하수자원은 지하에 부존된 자원 중에서 유일하게 재충전될 수 있는 자연자원이기 때문에 이를 잘 관리 운영만 한다면 우리 후손들도 영원히 사용가능한 재생자원이다. 국내에 내리는 연간 강수량은 1,297억m^{3}인데 반해 국내의 지하수 부존량은 연간 강우량의 12배에 해당하는 15,440억m^{3}에 이른다.(2편 표 8-13 참조) 뿐만 아니라 매년 지하로 침투하여 지하저수지로 함양되는 양은 약 188.4억m^{3}으로써 이 양은 현 지하수 부존량에 전혀 영향을 주지 않고 연간 안전하게 개발, 이용할 수 있는 가용한 물자원이다.

최적 지하수개발 가능량은 한반도 내에 부존되어 있는 지하수 부존량을 후세를 위해 철저히 오염으로부터 보호하면서 강수에 의해 매년 지하로 함양되는 양만큼만 개발 이용하는 것이 지하수개발 이용의 최적 관리기법이다. 따라서 국내에서 연간 최대로 개발 이용할 수 있는 지하수량은 188.4억m^3/년이며, 최적 지하수개발 가능량은 약 129억m^3/년(1일 약 3,500만m^3) 규모이다. 상술한 최적 지하수개발 가능량은 국내에 부존된 암반지하수량의 1.0%에 해당하는 극히 미소한 양이다. 따라서 연간 129억m^{3}의 암반지하수를 개발 이용하더라도 국내의 전체 지하수 부존량에 미치는 영향을 거의 전무하다.(2편 그림 8-1 참조)

일반적으로 자연상태 하에서 지하수는 연간 1~5m 정도로 매우 서서히 이동하는 속성을 지니고 있기 때문에 지하저수지의 역할을 하는 대수층이 한 번 오염되면 오염물질은 대수층 내에서 반영구적으로 잔존하여 우리 후세에게 가장 심각하고 지속적인 환경오염의 부산물을 물려주게 된다. 지하수자원은 자연적으로 오염되는 경우는 거의 없다. 대체적으로 지하수오염은 수질을 관리하는 관계당국의 지하수 메커니즘에 대한 무지나 각종 폐기물의 비과학적인 입지선정과 처분방식과 잘못된 규제나 일부기업의 부도덕성으로 발생한다.

정부는 이와 같이 막대한 양의 지하수자원을 효율적으로 개발 이용하고 보호하기 위해 1993년 12월에 지하수법을 제정하고 1994년 8월 1일부터 이 법을 발효시켰다. 그러나 이 법을 관리하는 주관부서가 분명치 않고 그 구체적인 관리 및 보호기법이 정립되어 있지 않을 뿐만 아니라 지하수자원의 합리적인 관리와 보호에 어느 정도의 의지를 가지고 있는지 심히 염려되는 바이다.

만일 국내 지하수자원을 현재와 같이 체계적으로 관리하지 않는 경우에 이미 선진국에서 경험했던 쓰라린 전철을 우리도 밟을 수 있음을 명심해야 할 것이다.

인간이 지하수를 사용한 시기는 수천 년 전부터였지만 지하수가 강수의 지하 침투에 의해 생성되고 수문학적 현상과 밀접한 관련성이 있다는 사실을 알게 된 것은 17세기였다. 오래전에 대다수의 철학자나 지식인들은 담수인 용천의 근원이 바다였다고 생각했다. 즉 바닷물이 지하 깊숙한 곳에서 지하유로를 따라 흐르면서 담수로 변했다고 믿었다.

환언하면 강수가 지하로 침투하여 지하수로 변하기에는 강수량이 지하수의 흐름량에 비해 너무 적을 뿐만 아니라 토양과 암석이 강수를 지하로 침투시킬 수 있을 정도로 충분한 투수성을 지니지 못하고 있다고 생각했기 때문이다.

지하수가 지표에서 용천으로 노출되기 전까지는 전혀 눈으로 볼 수 없는 상태였기 때문에 비록 인간이 이를 항상 유용하게 이용하고는 있었지만 용천은 항상 신비스러운 존재로 남아 있었다. 이러한 사실은 최첨단의 과학시대라는 현재에도 지하에서 지하수가 어떻게 이동하여 산출되고 있으며, 그 근원은 무엇인지를 아직까지도 대부분의 현대인들은 잘 이해하지 못하고 있다.

옛날 사람들이 지하수의 근원을 바닷물로 생각했듯이 현재도 대다수의 지식인들은 지하수는 지하천(underground river)이나 지하수의 수맥 속에서만 산출된다고 생각하고 있다.

1990년대에 들어와서 대다수 국내 수리지질 전문가와 식자들은 지하수가 수문순환과정 중의 한 단계에 해당하는 물이며, 때문에 지하수의 수문순환과정 내에서 역할과 지하수의 지하거동에 대해 잘 이해하고 있다. 특히 국내의 경우 1960년대부터 정부주도로 시행한 경제개발정책의 결과로 지표수가 거의 3급수 이하로 저질화 하자 최후의 보루인 수자원으로의 지하수자원의 중요성과 필요성을 인지하고 1993년 12월 10일에 지하수법을 제정한 바 있다.

지표수는 그 수질과 수량을 쉽고 저렴하게 측정할 수 있는 반면에 지하수자원은 불균질 지질매체에 많은 돈을 들여 우물을 굴착해야만 지하수의 수량과 수질특성을 파악할 수가 있다. 지하수자원을 합리적으로 관리하기 위해서는 우선 지하수의 관리망을 설정하여 이를 체계적으로 운영해야 한다.

그런데 현재 대부분의 지방자치단체들은 적절한 지하수 관리망을 설치해야 할 예산이 전혀 확보되어 있지 않은 실정이며 설령 소규모의 지하수 보전대책 수립을 위해서 예산을 확보했다고 하더라도 지하수의 모체인 해당지역의 지질이 서로 다르고 그 수평적인 규모가 극히 제한적이어서 지하수 data base로써 가용성에 한계성을 지니고 있다.

따라서 현재 지방자치단체와 관련기관들은 지하수의 장기적이고 정량적인 조사분석에 적합하지 않는 기존 우물의 자료(위치, 주상도, 대수성시험 자료가 미미한 기존 우물)에만 주로 의존하고 있는 실정이다. 이는 바로 지표수의 자료에 비해 적절한 지하수의 data base가 매우 복잡함을 의미한다.

지하수는 지표수에 비해 매우 느리게 움직인다. 즉 풍수기 때 일반적인 하천은 1초에 1m 이상

이동하지만 지하에서 가장 빠르게 이동하는 지하수의 유속은 1일에 1m 정도이다. 따라서 이 경우에 지하수는 지표수에 비해 평균 86,400배 느리게 움직인다. 지하수는 층류의 형태로 흐르나 지표수는 난류의 형태로 빠르게 움직인다. 현재까지 알려진 전 세계적으로 지하수의 지하지질 매체 내에서 평균 체제시간은 280년(Lvovitch, 1970) 정도이다.

캐나다의 Alberta 지역에 있는 Milk강 대수층 지하수의 지하 체제시간은 500,000년에서 2백만 년이나 된다. 이에 비해 지표수의 하도내 체제시간은 수일~수주 정도이다. 이와 같이 대규모 지하수대수층 내에서 지하수의 체제시간이 길다는 사실은 강수에 의해 연간 지하로 함양되는 양이 매우 소량이라는 뜻과 같다.

환언하면 막대한 양의 지하수 부존량에 비해 강수에 의한 연간 지하함양량이 적다는 사실은 수 년 동안 비가 오지 않아 가뭄이 계속되더라도 지하 심부에 부존된 지하수는 강수의 지하함량에 크게 영향을 받지 않음을 의미한다. 따라서 일반적으로 천부지하수의 부존량과 산출량은 강수의 지하함량에 민감한 영향을 받지만 심부에 부존된 지하수는 강수의 양향을 거의 받지 않는다. 그러나 이러한 심부지하수가 일단 한 번 오염되면 오염된 지하수가 자연의 자정작용에 의해 원상회복되는 데는 수백 년에서 수천 년이 걸릴 수 있음을 우리에게 암시하고 있다. 따라서 미국과 같은 선진국은 지하수자원의 오염을 환경문제 가운데 가장 우선순위를 두고 다루고 있다.

우리 주위에는 지표수나 지하수와 같은 두 종류의 물자원이 존재한다. 이 중에서 지표수는 주로 하천이나 호소의 형태로 존재하고, 지하수는 용천(spring)이나 우물 속의 물로 존재한다. 일반적으로 지표수는 지하수에 비해 우리 눈으로 직접 관찰할 수 있고 또 쉽게 접할 수 있기 때문에 과거 우리나라도 그러했듯이 자칫하면 물자원을 다룰 때 지하수자원을 등한시 할 때가 많다. 그러나 지하수와 지표수자원을 서로 분리해서 생각할 수 없는 아주 밀접한 관계를 가진 물자원이다. 예를 들면 강원도의 석회암지대에서는 상류지역에서 지표수 형태로 흐르던 물이 그보다 조금 떨어진 하류지역에서는 지하로 스며들어 지하수로 변하고, 보다 훨씬 하류지점에서는 다시 하천으로 흘러 나와 지표수의 형태로 흐르는 경우를 우리는 흔히 볼 수 있다.

이와 같이 지표수는 우리 주변에서 쉽사리 접촉할 수 있어 이를 이용하기 위해 막대한 예산을 투자하여 댐, 제방, 저수지, 하천 및 하구언만을 축조하려는 경향이 있는데 이는 지표수만이 세계적인 물 수요의 주된 자원인 것으로 착각하고 있기 때문이다. 실제 우리가 살고 있는 지구상에 부존된 담수 중에서 약 2.5% 정도만이 하천이나 호소의 형태로 지표에 부존되어 있고 잔여 97.5%는 지하수의 형태로 지하에 부존되어 있다(표 1-1 참조).

최근 외국에서는 지하수가 물 공급의 주된 용수원으로 이용되고 있어 농·공업 및 생활용수로서의 지하수 수요가 날로 증가하고 있다. 우리의 경우 과거 오랫동안 우리 조상들은 지하수를 식수원(食水源)으로서 이용해 왔다.

[표 1-1] 세계에 부존된 물자원

종류		양 ($10^{12}m^3$)	비율 (%)	비고
육지	담 수 호	125	0.009	
	염수호와 내해	104	0.008	
	하 천 수	1.25	0.0001	하도내
	토 양 수	67	0.005	
	지 하 수	8,350	0.614	4,000m 이내
	만 년 설, 빙 하	29,200	2.14	
대기	수 증 기	13	0.001	
해양	바 다	1,320,000	97.2	
계		1,360,000	100.0	
담수중 지표수와 지하수의 비율				
	지 하 수		97.5	
	지 표 수		2.5	

1.1.1 수문학에서 지하수의 역할과 지하수 관련 학문의 정의

지구상에 존재하는 물을 다루는 학문은 수문학(水文學, Hydrology)이라고 한다. 그런데 일반적으로 지구 system 내에 존재하는 물은 기권에 존재하는 물과 육상에 부존되어 있는 물과 그리고 지하에 존재하는 물로 대별할 수 있다. 특히 수리지질학에서 다루는 지하에 존재하는 물은 지각표부의 각종 암석의 공극 내에 존재하는 물과 지구상부에 존재하는 물로 구분할 수 있다. 지구 system 내에 존재하는 물을 다루는 학문은 이와 같이 광범위한 학문이지만 수문학이란 얼마 전까지만 해도 다른 학문에 비해 크게 식자들의 관심이 대상이 되지 못했다. 왜냐하면 수문학이 물에 관련된 모든 분야의 종합과학이기 때문이다.

즉 기권 내에 속해 있는 물은 주로 기상학에서, 지표상의 물은 그 위치에 따라서 수문학, 지질학, 해양학 및 호소학에서, 지하에 있는 물은 수리지질학과 농학에서, 특히 포화대 상부의 비포화대 내에 존재하는 물은 토양이나 농학에서, 포화대 내의 물은 수리지질학에서, 지구내부의 물은 지질학의 한 분야인 암석학이나 화산학에서, 기타 분야는 그에 해당하는 전문 분야 기술자에 의해 별도로 다루어져 왔기 때문에 수문학이 각광을 받지 못했던 것이다.

현재도 지하에 존재하는 물 가운데에서 식물 뿌리가 서식하는 지표 가까운 곳에 존재하는 물은 토양이나 농업전문가에 의해 주로 연구되고 있고, 포화대(zone of saturation) 내의 물, 즉 지하수는 수리지질 전문가에 의해 주로 조사. 연구되고 있다. 따라서 지구 system 내에 존재하는 물은 그의 위치에 따라서 [표 1-2]와 같이 취급하는 분야가 다양하다.

[표 1-2] 지구 system 내에서 물이 위치하는 장소에 따라 전문적으로 취급하는 분야

물의 위치		전문 분야
대기중의 물		기상학
지표상의 물	지 표 수	수문학, 수리학
	호 소	호소학, 수문학, 수리학
	바 다	해양학
지하의 물	비 포 화 대	토양, 농학, 수리지질학
	포 화 대	수리지질학
지구 내부의 물		암석학, 화산학
운석 속의 물		운석학, 행성과학, 암석학

그러나 1968년부터 미국 지질조사소를 중심으로 하여 지표수와 지하수와 물의 물리화학적인 특성을 동시에 연구해야만 효율적인 연구가 이루어질 수 있다는 움직임이 크게 대두된 바 있고, 특히 1970년대 후반부터 지하수자원의 오염이 심화되면서 물을 다루는 기술자를 종래에 지하수, 지표수 및 수질전문가라고 부르던 것을 현재는 수문기술자(hydrologist)라 부르는 경향이 있다.

지하에서 일어나고 있는 물의 이동, 분포, 생성 특성 등과 특히 지표수와 지하수 사이의 상호관계를 주로 다루는 학문을 과거에는 지하수 수문학(地下水 水文學, Groundwater Hydrology)이라고 했으며 혹자는 이를 지수문학(地水文學, Geohydrology)이라고 했다.

이에 비해 지하수의 지질학적인 특성에 중점을 둔 분야로서 지하수의 산출상태와 운동, 물리, 화학적인 특성과 주변 지질과의 상호관계와 지하수환경 내에서 오염물질의 이류(advection)와 분산 기작(dispersion)을 주로 다루는 분야를 수리지질학(水理地質學, Hydrogeology) 또는 수문지질학(水文地質學)이라 한다(일본은 Hydrogeology를 수리지질학으로, 중국은 수문지질학이라 한다).

실제 지하수의 이용과 개발만이 지하수분야에서 중요한 역할을 했던 1970년 이전 시기에는 Hydrogeology가 Hydrological geology에서 유래된 것으로만 생각해서 수문지질학이라고 불렀으나 현재의 지하수 관련 학문은 지하수자원의 최적 관리뿐만이 아니라 지질학에 기초를 둔 여러 가지 과학 분야의 종합과학(multi dissipline science)이다. 따라서 Hydro란 첨자는 Hydrological만이 아닌 Hydrochemical, Hydrodynamical, Hydrodispersive 및 Hydrgeophysical 등 많은 의미를 내포하고 있기 때문에 지하수의 전반적인 이론을 다루는 학문이란 뜻으로 일본과 같은 나라는 이를 수리지질학(水理地質學)이라 한다.

지하수의 산출상태를 표현할 때 가장 중요한 것은 지하수가 어디에(where), 어떻게(how) 부존되어 있으며 지하수의 수직, 수평분포상태가 어떠한지를 정확히 파악하는데 있다. 따라서 수리지질학은 지하수가 부존되어 있는 지질분포구간인 대수층의 수평, 수직 분포특성과 대수층의 지하수 저유능력과 투수능력을 총괄적으로 나타내는 수리지질학적인 특성 규명이 매우 중요하다. 따라서 이들과 서로 밀접한 관계를 가지고 있는 대수층의 지질구조를 정확히 규명해야 하므로 이에 필수요건인 지질학적인 전문 지식이 상당히 요구되는 분야이다.

지하수 수문학(Groundwater hydrology)이란 술어는 1802년 프랑스의 라마크(Lamark)와 1879년 루카스(Lucas)에 의해 처음 사용되기 시작하였다. 그런데 1938년 국제수문협회 (International Association of Scientific Hydrology)에서 지하수의 창시자라 할 수 있는 마인저 (Meinzer)는 지하수에 관한 연구를 지하수 수문학 또는 지수문학(Geohydrology)이라고 명명하였다. 특히 1960년 헤스(Heath)는 지하수 수문학 중에서 지표면 하에 저유되어 있는 물의 이동과 운동(지하수 수리학)과 산출상태(지질학) 그리고 물과 지질매체와의 상호관계(물리 화학적 반응)와 그 화학적 특성만을 다루는 학문을 지하수 수문학이라고 재분류하였다. 헤스가 제안한 지하수 수문학은 지하수에 관련된 지질학, 수문학, 수리학, 지구화학, 환경과학, 생물학 등이 총 망라된 매우 폭이 넓은 뜻으로 정의하였다.

실제 Meinzer는 수문학을 지표 수문학(地表 水文學, Surface Hydrology)과 지하 수문학(地下 水文學, Subterrenian Hydrology), 즉 지수문학으로 분류하였다. 그 후 Mead와 Meinzer와 Dewiest 는 수문학을 수리지질학(水理地質學, Hydrogeology)과 지수문학(地水文學, Geohydrology)으로 재구분한 바 있다.

그러나 수리지질학과 지수문학의 구별이 뚜렷치 않아 이들 정의에 관해 상당기간 동안 논쟁이 있었다.

미국을 중심으로 1970년대 후반부터는 지하수의 지질학적 특성에 기초하여 지표수와 지하수를 서로 연관시켜 종합적으로 연구하는 학문분야를 수리지질학이라고 부르고 있다.

따라서 최근에는 지하수 수문학과 지수문학을 별도로 분리하지 않고 지하수의 물리화학적 특성과 지질환경의 특성, 지하수의 이동과 운동 특성, 지하수와 강수와의 관계, 지하수와 주변 지표수와의 상호관계, 지하수자원의 관리, 보호 및 오염된 지하수의 정화방법 등을 종합적으로 다루는 학문을 수리지질학(水理地質學) 또는 수문지질학(水文地質學)이라 한다.

1.1.2 수리지질학의 역사

동양에서는 지하수를 사용했다는 기록은 상당히 많이 있으나 지하수의 기원에 관한 이론적인 기록은 전무한 상태이다. 서양에서는 지하수의 기원에 관한 이론이 있긴 했으나 실제 실험이나 야외관찰을 통해 그 기원을 서술한 것이 아니고 주로 철학적인 관점에서 그리스를 중심으로 발전해 왔다.

발칸반도에는 용해공동이 잘 발달된 석회암이 널리 분포되어 있으며 많은 용천들이 있다. 고대 그리스 시대에 살았던 Thomas Aquinas는 각 하천과 강의 기원은 서로 밀접한 연관성이 있다고 생각했다. 그런데 용천의 기원이 문제가 되었다. 그래서 그는 용천의 기원은 바다로부터 직·간접적으로 해수가 땅 속으로 흘러드는 지하천이나 호수에 의해 만들어진 것이라고 생각하였다. 그런데 이 당시 초기 과학자들이 풀기 어려웠던 문제 중의 하나는 바닷물이 땅 속을 통과하면서 어떻게 탈염작용이 일어나며, 또한 바닷물이 해수면보다 높은 지점에 위치한 용천의 유출지점까지 어떻게 상승하느냐 하는 것이었다.

인디아의 철학자이며 과학자였던 Thales(BC 640~540)는 용천을 면밀히 연구한 결과 용천의 기원을 다음과 같이 설명하였다. 즉 용천은 바람의 작용에 의해 물이 암석 틈 사이로 침투한 후 암석의 하중에 의해 다시 지표로 추출되어 나온 것이라고 생각했다.

BC 427년에서 347년까지 살았던 아텐의 철학자였던 Plato와 토마스 아퀴나스는 하천수의 기원을 다음과 같이 설명하였다. 즉 바닷물이 지하의 여러 지질구조를 통과하는 동안 자연작용에 의해 탈염이 된 후 용해 공동 내로 흘러들어와 용천이 되고 이 용천이 지표로 노출된 것이 하천이라고 했으나 탈염의 기작을 설명하지는 못했다.

Plato의 제자였던 Aristotle(BC 384~322)은 Plato의 이론을 약간 변형시켜 용천수의 기원을 다음과 같이 설명하였다.

① 지하수는 공극이나 단열(fissure)로 이루어진 복잡한 스폰지와 같은 시스템을 통해서 만들어지며 이들 시스템의 각종 지질구조를 따라 지하수가 추출되어 용천을 이루거나,
② 지구 내부에서 발산된 수증기가 지표 부근에서 냉각되어 용천을 이루기도 하며,
③ 지상에 내린 강수 중 일부가 지하로 침투하여 용천수(cavern water)의 일부가 된다고 생각하여 처음으로 지하수가 수문순환과정 중의 한 단계에 속하는 담수로 생각했다.

그 후 로마 시대에 들어와서도 용천수나 지하수의 기원에 관한 설은 그리스 시대와 별 차이가 없었다. 공학과 자연과학 및 건축학의 대가였던 Marcus Vitruvius(BC 15년)에 의하면 높은 사악지에 있던 만년설이나 눈이 녹은 후 녹은 물이 지하로 스며들어 낮은 지역으로 흘러내려와서 용천을 이룬다고 하여 수문순환의 기초개념을 제시하였다.

그런데 Seneca(BC ~65년)는 Aristotle의 용천기원 중 강수의 지하침투설을 다음과 같은 이유로 강력히 부인하였다. 즉 건조지역에서 유출되는 용천수의 유출량은 그 지역의 강수량보다 훨씬 많기 때문에 강수의 지하침투가 용천수의 기원이 될 수 없다고 하였다.

그 후 프랑스의 과학철학자였던 Bernard Palissy는 지하수의 기원을 가장 현대적으로 생각했던 첫 번째 학자로써 "Des Eaus et Fountaines"란 책에서 수문순환을 일부 언급한 바 있다. 특히 독일의 Kepler(1571~1630)는 Kepler의 3대원칙을 발견한 유명한 천체물리학자였지만 그가 가장 가까이 살고 있던 곳의 지하에서 흐르고 있던 용천의 기원에 대해서는 전혀 문외한

이었다. 그는 지구는 하나의 큰 동굴과 같아서 해수가 지구내부로 침투하면 지구를 구성하고 있는 각종 암석에 의해 자연적으로 소화 탈염된 후 그 최종산물로 담수인 용천의 형태로 지표로 배출된다고 생각하였다.

또한 독일의 수학자였던 Athanasius Kircher(1602~80)는 1664년에 그 당시 지식인들에게 지질학의 표준서적이 되었던 Mundas Subterraneus를 집필, 발간하였는데 이 책에서 바다는 지구 내부의 지하통로와 서로 연결되어 있기 때문에 용천들은 산악지의 큰 용해공동을 통해서 지표로 누출되는 것이라고 하여 Plato와 동일한 생각을 했었다.

르네상스 이후에도 지하수의 산출상태에 관한 과학적인 접근이 시도되긴 했으나 그 당시 지하수의 기원에 관한 가설은 그 이전의 생각을 벗어나지 못했다. 즉 지하수는 다음과 같은 기작으로 생성된다고 생각했다.

① 지구는 대규모의 동굴시스템으로 이루어진 망으로 구성되어 있고,
② 바람이나 모세관력, 기압의 차이나 조력 및 자연적인 기작에 의해 물이 상술한 동굴시스템 망에 잘 흡수, 흡착될 수 있기 때문에 소량의 물은 높은 곳까지도 상승할 수 있다.
③ 바닷물이 지질구조를 통과하는 동안 자연 탈염되어 담수가 된다. 그러나 이러한 생각은 현대적인 사고로는 도저히 이해하기가 어려운 것들이었다.

1668년에서 1670년의 3년간 프랑스의 Pierre Perrant(1608~80)와 Edmé Marriotte(1620~84)는 Seine강 유역의 강수량과 하천유출량을 측정해본 바, 이 지역의 연평균 강수량은 520m/m로써 하천유출량의 6배에 이른다는 사실을 알아냈으며, 특히 Perrant는 이 지역의 증발현상과 모세관에 의해 물이 상승되는 현상을 조사한 결과 모세관력에 의해 상승된 물의 높이는 모두 1m 미만이었기 때문에 모세관력에 의해 비포화대로 상승한 물은 자유면 지하수를 이룰 수 없음을 확인하고 Plato나 Kircher가 제시한 설을 강력히 부인하였다.

또한 Marriotte는 강수의 지하침투량을 계산해본 결과

① 강수의 지하침투량은 용천의 유출량과 거의 비슷하며,
② 용천유출량은 그 지역의 강수량에 비례하여 변한다는 사실을 확인하고 용천을 통해 유출되는 지하수는 강수가 지하로 침투한 후 용해공동을 따라 지지대로 흘러나온다는 사실을 알아냈다.

Marriotte가 1684년 사망한 후 그의 후계자들은 Marriotte의 연구자료를 이용하여 "Du Movement des Eauk"란 책을 발간하였는데 이 책에서 유체의 성질, 자분정(flowing well)의 성인과 원인, 바람, 폭풍, 허리케인(hurricane) 등을 상세히 언급하였다. 특히 Seine강의 하천유출량을 부자법을 이용해서 측정한 결과 Seine강의 연간 유출량은 약 $2.98 \times 10^9 m^3$ ($5.7 \times 10^3 m^3$/분)로써 총 강수량의 16.7%(1/6)밖에 되지 않음을 알아냈다.

지구상의 물자원과 광역 및 국지규모의 지하수환경

그래서 이 지역에서 연간 증발산량을 강수량의 2/3로 가정할 때 하천유출량이 강수량의 1/6이 므로 강수의 지하침투량은 강수량의 1/6이며 이 양이 바로 Seine강 유역의 지하수 함양량임을 알아냈다. 그래서 Marriotte를 수문학의 창시자라고 부르기도 한다. 그 후 프랑스의 수리기술 자였던 Henry Darcy(1803~1858)는 지하수의 흐름을 처음으로 수식화한 사람으로서 그의 저 서 "Water Supply for Dejon"에서 우리들이 Darcy법이라 부르는 흐름식을 서술하였다.

1.1.3 지하수 기원에 관한 설의 발전

1920년대 이전까지 수리지질학은 다음과 같이 3개 분야가 서로 연관성이 없어 개별적으로 연구·발전되어 왔다. 여기서 3개 분야란 다음과 같다.

① 강수 발생량, 하천유출량 및 증발산에 관한 연구는 주로 수문학에서, 지질매체와 지하수의 산출상태에 관한 연구는 주로 수리지질학과 지수문학에서 다루었다.

이 중에서도 동토(perma-frost) 내에서 지하수의 산출상태는 주로 러시아의 지질학자들이, 해안의 사구 내에서 지하수 산출특성은 독일 지질학자들이, 온천지하수는 일본의 지질학 자들이, 화산암 내에서 지하수의 산출특성은 미국 지질학자들에 의해 연구되어 왔다.

미국 지질학자인 O.C. Meinzer는 미국내 지하수의 현황조사와 피압지하수의 원리와 지하 수 지시식물(phreatophyte)에 관한 연구를 1920~1940년 사이에 미국지질조사소(USGS)에 근무하면서 실시하였고, USGS 내에 지하수부를 신설하여 수리지질학을 새로운 분야로 확립시켰다.

② 대수층 내에서 지하수의 운동기작에 관한 연구는 지하수 수리학(well hydraulic)에서 주로 취급하였다. 전통적인 지질학의 일반적인 개념을 탈피하여 대수층 내에서 지하수의 운동을 정량적인 특수식으로 표현하기 시작했지만 이 분야도 연구자마다 개별적으로 실시하였다. 즉

- Julus Dupuit는 우물 내에서 흐르는 지하수의 운동을 처음으로 수식화 했고,

- Adolph Thiem(독일, 1870)는 지하수의 흐름이 정류상태일 때, 관측정이나 양수정에서 일정률로 지하수를 채수하여 측정한 시간-수위강하 자료를 이용하여 대수층의 수리전도 도(K)를 계산할 수 있는 식을 유도했으며,

- Forchheimer(오스트리아,1886)와 Slichter(미국)는 지하수의 등압면(equipotential surface) 과 유선을 이용하여 유선망분석 방법과 지하수의 흐름을 수식화 하였다.

- C.V. Theis(미국, 1935)는 열흐름식을 이용하여 Lubin 박사의 도움을 받아 지하수의 부 정류식을 유도함과 아울러 표준곡선법을 창안하였고,

- C.E. Jacob과 Cooper(미국)는 여러 종류의 경계조건을 이용하여 Theis의 수정식인 직선 법을 개발하였으며,

- Stallman, Loman, Rorabough 및 Ferris(미국)는 일정한 양수율로 지하수를 채수할 때 피압대수층에 설치한 완정관통정에서 시간-수위강하자료를 이용하여 대수층의 수두손 실과 우물수두손실을 계산할 수 있는 단계 대수성시험(step-drawdown test)을 개발하 였다.
- Morris Muskat(1964)은 이방성, 부분관통정에서 수리특성인자를 구하는 방법을,
- Neuman(1972)과 Boulton은 자유면대수층에서 수리특성인자를 구하는 방법을,
- Neuman과 Witherspoon(1969)은 누수 피압대수층에서 수리식을,
- Papadopulos와 Cooper(1967)는 우물 저유효과 분석법을,
- Boulton과 Streltsova(1977)는 파쇄단열매체에서 지하수 수리식을,
- Hvorslev(1951), Bower와 Rice(1976) 및 Cooper, Papadopulos와 Bredhoef(1967)는 소 규모 관측정에서 slug test법 등을,
- Jacob Bear(이스라엘, 1960), R.A. Freeze, J.A. Cherry, Raifai, Pierre Sauty(1980) 및 J.F. Pickens(1980) 등은 지하수계 내에서 오염물질의 거동을 수리분산식으로 표현하였다.
- 특히 1980년도 이후에는 Ivans, Neretnick, Kristina Skagius, M.H. Bradbury, G.E. Grisak, J.F. Pickens, Rusmuson 등은 파쇄, 단열매체 내에서 오염물질의 수리분산 (Advection disperion) 이론을 제시하였다.
- 1970년대 후반부터 USGS의 M.G. MacDonald와 A.W. Harbaugh(1988), J.O. Rumbaugh와 G.M. Duffield(1989), W.C. Walton(1987), T.A. Prickett과 C.G. Lonnquist(1971), W.Kinzelbach(1986), L.F. Konikow와 J.D. Bredehoef(1978) 등 많은 수리지질전문가들이 수치분석법을 이용하여 2D 및 3D의 지하수 흐름과 오염물질 거동 모델(model) 등을 개발하였다.

③ 지하수의 화학적인 특성에 관한 연구는 수리지구화학(hydrogeochemistry)에서 수행하였 다. 그러나 1970년대 후반부터 수리지질학은 지하수의 합리적인 관리, 지하수의 보호대책, 오염지하수와 오염된 비포화대에서 오염물질 거동특성과 정화연구에 이르기까지 상술한 ①, ②, 및 ③을 종합해서 취급하고 있다.

1.2 물과 수문순환

우리 주위에 존재하는 물과 습기는 끊임없이 순환한다. 환언하면 물 순환에 있어서 무엇이 처음 이고 무엇이 마지막인가를 결정지을 수는 없으나, 통상 지구표면의 70% 이상을 차지하고 있는 바다를 물의 기원으로 생각해 보자.

해수면상에 있는 물은 태양의 복사열로 인해 쉽게 증기로 변하여 대기로 증발한다. 이들 증기들이 많이 모이면 구름을 이루고 이들은 바람에 의해 다른 곳으로 이동한다. 그러나 어떤 특정 대기조건 하에서는 이들 구름을 이루고 있던 습기가 서로 응결하여 비, 눈 및 우박과 같은 형태로 지상이나 바다에 하강하여 여러 가지 형태의 강수(precipitation)를 이루는데, 이와 같이 대기에서 습기가 응결하여 지상으로 하강하는 물을 기상기원의 물이라고 한다. 이렇게 하여 지상에 떨어진 강수는 연수의 기원이 된다. 지상에 낙하한 강우 중 일부는 지표에 흡수되고 지표상에서 물 피막을 형성하며, 그 다음에 지상에 떨어진 강수가 이들 피막 위를 흘러 하천으로 유입된다.

하천유출을 이루지 않고 토양하부로 침투한 물은 그 대부분이 식물뿌리가 서식하는 곳에 머물러 있다가 식물 자체의 탄소동화작용이나 토양의 모세관현상에 의해 일부가 대기로 다시 증발한다. 여기서도 증발되지 않고 남은 물을 식물뿌리대를 거쳐 중력의 작용을 받아 점차 지하로 침투하여 지하수의 저수지인 포화대까지 하강하여 지하수가 된다.

일단 지하저수지에 들어간 물은 지하수를 이루지만, 다시 지하수의 동수구배를 따라 낮은 곳으로 흘러가서 지표에 다시 노출되면 용천(spring)이나 하천의 기저유출이 되어 갈수기에 하천유량을 유지한다. 이와 같이 강수가 지표유출이나 지하수의 노출로 인하여 지표상에 흐르게 되고, 이러한 지표수는 다시 낮은 곳으로 흘러 바다로 유입된다. 이와 같이 물이 바다에서 대기로 증발했다가 다시 지상에 강수로 하강하여 하천유출이나 용천의 형태로 다시 바다로 유입되는 과정을 물의 순환 또는 수문순환(Hydrologic cycle)이라 한다.

대부분의 물은 바다로부터 증발하지만, 그 외 하천이나 호소 기타 식물 잎에 의해 증발될 수도 있다. 지구상에서 매년 약 $32 \times 10^{13} m^3$에 해당하는 막대한 양의 물이 바다로부터 대기로 증발되며, 육지로부터도 약 $6 \times 10^{13} m^3$에 해당하는 물이 매년 증발된다. 따라서 매년 대기로부터 지표면으로 내리는 강수량은 상술한 증발량과 동일한 연간 약 $38 \times 10^{13} m^3$ 정도로 추산된다. 그런데 지구표면 중 약 25%가 육지이므로 $38 \times 10^{13} m^3$ 중에서 그 25%인 약 $9.3 \times 10^{13} m^3$이 지상에 하강하여 연수를 이룬다.

한개 물 입자가 1회의 수문순환을 하는데 걸리는 시간은 장소, 온도 및 기타 조건에 따라 매우 짧은 시간에 이루어질 수도 있고 수백 년이 걸리기도 한다. 즉 적도지방의 해안에 가까운 지방에서는 바다에서 증발한 수증기가 곧장 대기에서 응고한 후 인근 육지로 하강하여 바다로 다시 유입되므로 그 시간은 극히 짧지만, 만일 증발한 수증기가 바람에 의해 멀리 극지방까지 이동하여 눈으로 변하여 하강해서 만년설(permanent snow)이 되는 경우에 이들이 다시 녹아 바다로 유입되려면 수백 년이 걸릴 수도 있다. 물의 순환을 일으키는 원동력은 바로 태양열, 지구중력, 입자들의 분자력과 모세관현상 등이다.

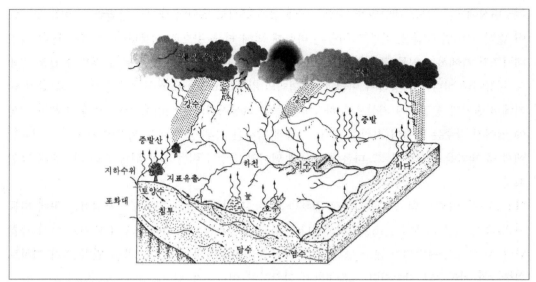

[그림 1-1] **수문순환**(Hydrologic cycle)

1.3 지구 시스템에서 물

화학적으로 순수한 물이나 자연수(Natural water)를 물이라 한다. 자연수는 수소와 산소로 구성되어 있으며 그 무게비가 1 : 8이고 지구상에 자연 상태로 존재하는 물이다. 물은 온도에 따라서 다시 액체, 고체와 기체로 존재하는 화학적인 화합물이다. 따라서 일반적으로 우리들이 물이라고 할 때는 자연수를 의미한다.

지구는 물을 함유하고 있는 형식에 따라서 기권(Atmosphere)과 수권(Hydrosphere) 및 암권(Lithosphere)으로 분류한다. 이 중에서 암권은 주로 암석으로 구성된 지구의 일부분으로서 통상 토양(soil)이나 풍화토(saprolite)까지 포함한다. 그 외 대기 속에 들어 있는 가스나 물이 암석의 구성성분으로 소량 포함되어 있기도 하지만, 주로 암석으로 이루어진 지구의 일부분을 암권이라 한다. 이에 비해 암권 위에 존재하는 기체나 액체 상태의 물로 구성된 구역을 수권이라 하며, 수권 내에 속하는 물속에는 용해 및 부유 상태로 들어 있는 액상, 고체상 및 기체상의 물질도 이에 포함된다.

기권은 암권이나 수권을 둘러싸고 있는 지구 외곽부에 해당하는 부분으로 주로 공극과 일부 가스로 구성되어 있다. 액체 상태의 물로서 피복되지 않은 암권의 표면을 지표면(land surface) 혹은 지표(land)라 한다.

권(sphere)에 따라 지구상에 존재하는 물을 기권수(atmosphere water), 지표수(surface water)

및 표면하수(subsurface water)로 구분한다. 이 중 가스, 액체 및 고체의 상태로 기권 내에 존재하는 물을 기권수라 하고, 액체 및 고체의 상태로 암권의 지표면상에 존재하는 물을 지표수라 하며 눈과 얼음도 지표수에 포함시키기도 한다. 액체, 고체 및 기체상태로 암권 내에 부존되어 있는 물을 표면하수라 한다. 이들 3종류의 물을 세론하면 다음과 같다.

1.3.1 기권수(atmosphere water)

가스 상태의 물을 증기라 한다. 만일 대기가 응결을 촉진시키는 세립먼지와 같은 소립자를 포함하고 있을 경우에, 기존 온도에서 공간이 취할 수 있는 최대량의 증기를 포함하고 있을 때, 그 공간은 포화되었다고 한다. 이러한 소립자가 없을 때는 과포화 상태(super saturation)를 이룬다. 기권이나 대기권 내에서 일어나고 있는 물의 주된 변화과정은 증기, 응결 및 강수이다. 물이 액체나 고체 상태에서 가스 상태로 변하는 과정을 기화라 하며, 이는 실제로 액체가 증기로 변하는 과정이다. 이에 비해 증발(evaporation)은 비등점 이하에서 발생하는 기화현상이다. 지표 및 지하에 존재하는 물이 기권수로 변하는 과정은 주로 증발현상 때문이다. 증발현상은 액체나 고체 상태의 물이 비포화 상태의 대기와 접촉할 때 잘 발생한다. 증발량은 표면에서 증발한 물의 높이로 나타내며 m/m/일, m/m/월, m/m/년으로 표현한다.

물이 기체 상태에서 액체 또는 고체 상태로 변화하는 과정을 응결(condensation)이라 하며, 이는 기화의 반대현상으로 포화 상태에 있는 기권의 온도가 내려가던지 먼지와 같은 소립자가 존재할 때 발생한다.

물이 기체 상태에서 액체 또는 고체 상태로 변하여 지표에 떨어지는 것을 강수(precipitation)라 하며, 비, 눈 혹은 우박이 그 대표적인 예이다. 강수량은 단위시간 내에 내리는 양을 m/m/일, m/m/월, m/m/년으로 표시한다. 강수 시 액체방울이 너무 커서 기권 내에서 부유하지 않고 지표로 하강하는 물을 강우 또는 비(rain)라 하고, 강우량(rainfall)은 m/m/일, m/m/월, m/m/년으로 나타낸다. 그러나 눈이나 우박은 실제 비는 아니지만 강수에 포함시키는 것이 통례이다. 동일한 양의 강우가 내리는 지점을 지표면 상에서 연결한 선을 등강우선이라 한다.

1.3.2 지표수(surface water)

하천을 따라 흐르는 물은 유출(runoff)이라 하고, 특히 배수지역으로부터 지표수의 형태로 배출되는 물을 배수지역으로부터의 유출이라 한다. 유출량은 체적단위로 나타내며, 유출률은 m^3/sec, m^3/분, m^3/일로 표시한다.

1.3.3 표면하수(subsurface water)

암석이나 토양 내에 공기나 물로 채워져 있는 공간을 공극(interstice)이라 한다. 지하수는 이러한 공극 내에 들어 있기 때문에 특히 수리지질학에서 공극의 특성은 매우 중요한 수리특성인자이다.

공극은 그 모양과 크기와 배열이 모두 다르다. 따라서 공극은 매우 불규칙한 형태와 배열 및 크기를 가지고 있다. 공극은 오랜 지질시대를 거치는 동안 암석이 형성될 때나 또는 변성작용(metamophism)을 받을 때 생성된다. 공극은 1차공극(primary 혹은 original interstice, primary porosity)과 2차공극(secondary interstice 또는 secondary porosity)으로 구분한다. 1차공극이란 암석이 생성될 당시에 형성된 것으로 이를 다시 퇴적기원의 공극과 하성기원의 공극으로 세분한다. 2차공극은 암석이 일단 형성된 후에 변성작용을 받는 과정에서 생성된 것으로서 대표적인 2차공극은 절리, 단열대, 파쇄대, 용해공동, 동식물에 의해 생긴 공간과 재결정 작용(recrystallization) 등에 의해 생성된 것들이다. 이러한 공극 중에서 지하수 저유에 가장 큰 영향을 미치는 공극은 퇴적암과 미고결 퇴적물의 1차공극과 암석이 변성되거나 역학적인 풍화작용을 받아 생성된 파쇄대, 단열대, 단층, 절리와 용해공동 같은 2차공극 들이 있다.

공극은 공극 내에서 작용하는 분자력과 크기에 따라 모관공극(capillary interstice), 초모관공극(supercapillary interstice) 및 준모관공극(subcapillary interstice)으로 분류하기도 하며, 공극 상호간의 연결과정에 따라 연속(communicating)공극과 고립(isolated)공극으로 분류할 수도 있다. 연속공극은 공극들이 서로 연결되어 있기 때문에 이러한 공극 내에 저유되어 있는 물은 쉽게 유동할 수 있고 이로 인해 투수성은 커진다. 그러나 석영이나 기타 광물 속에 포획상태로 들어 있는 물이나 화산암의 기공(void) 속에 들어 있는 물은 공극들이 서로 연결되어 있지 않고 고립상태로 존재하기 때문에 투수성이 비교적 불량하다. 이런 공극을 고립공극이라 한다.

만일 모든 공극이 물로 완전히 충진되어 있으면 이를 포화되었다고 한다. 암권은 표면하수의 산출상태에 따라 포화대와 비포화대(일명 통기대) 또는 불포화대로 구분한다. 포화대는 암석 및 토양 내에 있는 모든 공극이 정수압 하에서 물로 완전히 채워져 있는 구간인데 반해, 포화대의 상부에 존재하는 구간으로서 이 구간의 공극은 공기와 물이 공존하든가 완전히 공기로만 채워져 있는 구간을 비포화대 또는 산화대(vadose zone)라 한다.

일반적으로 토양이나 암석의 공극 내에 들어 있는 가스(gas)는 그 산출상태에 따라 표면하가스(subsurface interstice gas), 자연가스(natural gas) 및 포획가스(included gas)로 구분한다. 표면하가스란 비포화대 내의 공극 속에 들어 있는 가스로서, 이들 공극은 직접 또는 간접으로 대기와 서로 연결되어 있기 때문에 성분은 공기와 비슷하며 압력은 대기압과 동일하다. 그러나 자연가스는 포화대 내의 공극 속에 포함되어 있는 가스로서 주로 상부에 분포되어 있는 불투수층 때문에 가스는 대기로 분출되거나 접촉할 수 없다. 따라서 이들은 대기압보다 큰 압력을 받고 있을 뿐만 아니라 이러한 압력 때문에 포화대 내의 물속이나 원유 속에서 부분적으로 용해상태로 존재한다. 포획가스는 통기대나 포화대를 막론하고 고립공극 내에 들어 있는 가스이다. 비포화대는 일반적으로 지표면 부근에 발달되어 있으며 그 하부에 포화대가 분포되어 있다. 그러나 간혹 통기대가 없는 곳도 있고 2개의 통기대 사이에 포화대가 분포하는 경우도 있다.

1.4 물의 기원(water origin)과 지하수의 성인

지구상에 존재하는 물의 기원을 논한다는 것은 마치 다른 물질들의 기원을 다루는 것과 같이 상당히 철학적인 문제이다. 물의 기원에 대한 의문은 지구기원에 대한 의문과 서로 상통한다. 일반적으로 간격수(間隔水)는 생성근원에 따라 내적기원의 간격수(water of internal origin)와 외적기원의 간격수(water of external origin)로 구분한다. 이중에서 대기나 지표수에 의해 형성된 간격수를 외적기원의 물이라 하고, 이를 다시 흡착수(absorbed water), 초생수(connate water), 탈수된 물(dehydrated water), 재생수(water derived from resurgent water) 및 운석수로 구분된다. 흡착수에 대해서는 차후에 상세히 설명하겠지만 용수공급에 가장 중요한 물이다. 특히 초생수(connate water)는 암석이 생성될 당시에 조암광물의 공극 내에 포획되어 있던 물이 암석이 완전히 만들어진 후에도 공극 내에 그대로 잔존해 있는 물로서, 주로 해수나 지표수 혹은 지구 내부로부터 유래된 물이다. 탈수된 물은 오래전에 어떤 광물과 화합물의 형태로 존재하던 것이 후에 화학적인 작용에 의해 다시 물의 형태로 분리되어 나온 것으로 대부분 외적기원에 의해 만들어진 물이다.

내적기원에 의한 간격수는 과거에 대기 및 지표수로 존재한 적이 없는 지구내부로부터 유래된 물로서 보통 처녀수(juvenile water)라는 것이 이에 속한다. 그러나 이들 처녀수가 일단 지표로 노출되어 다시 토양이나 암석으로 재침투하면 이는 외적기원의 물로서 분류된다. 지구내부기원의 물에 대해서는 아직껏 연구대상으로만 되어 있고 확실한 과학적 근거가 없다.

내적기원의 물은 다음과 같이 2종류로 구분할 수 있다.

① 지구생성 이래 지구내부에 들어 있던 물(초생수)
② 지구생성 당시에 생긴 초기수소가 외적기원의 산소와의 화학반응을 하여 형성된 물로 구분할 수 있다.

또한 압류대의 상위구간에 포함된 내적기원의 물과 마그마수(magma내에 들어 있는 물)는 이론적으로 초생수와 재생수로 구분하며, 초생수는 처녀수를 의미하고 재생수는 외적기원의 마그마수를 의미한다.

토양하부로 침투된 물을 통틀러 표면하수(subsurface water)라 하며, 표면하수는 일반적으로 다음과 같이 3종으로 분류한다.

① 토양의 모세관현상으로 인해 지표로 상승하여 대기로 증발되는 물.

② 토양의 식물뿌리대까지 침투한 물이 식물의 엽면증발작용으로 대기로 재발산 되는 물.

③ 토양하부로 깊숙이 침투한 물이 지구중력에 의해 점차 지하 깊은 곳으로 내려가서 포화대인 지하저수지로 유입된 물, 즉 지하수 등으로 분류된다.

수문환경에서 설명한 것처럼 강우와 지하수의 산출상태를 서로 연관시켜 생각하게 된 것은 극히 최근의 일이었다. 물론 그 이전에도 일부 철학자나 식자들 간에 강우와 지하수의 산출상태와의 관계를 모호하게나마 언급한 사람들이 있긴 했지만 그 당시에는 지하수가 일개 학문으로서 발전하기에 충분한 학설과 과학적인 뒷받침을 제시하지 못했다. "모든 하천은 바다로 계속 흘러 들어 갔으며, 또 현재도 계속 흐르건만 바다는 그래도 완전히 차지 않는 구나"라고 솔로몬 왕이 술회했듯이 기원전의 천재적인 군주였던 솔로몬왕도 물의 순환에 관한 개념을 사전에 인식하지 못했던 것 같다.

18세기 이전만 해도 물의 순환은 다음과 같이 이해되고 있었다. 즉 강우만으로써는 대하천의 유량이 연중 계속 유지되기에는 너무 부족하다고 생각했기 때문에 일부 해수가 지하로 스며들어 지층을 통과하는 동안 점이적인 탈염작용이 일어나 인간이 미처 인식할 수 없는 거대한 자연의 신비스러운 기작에 의해 연수로 변한 다음, 지표로 노출되어 용천이나 하천이나 혹은 호수의 형태로 지표수를 이룰 것이라고 믿어 왔다.

그런데 프랑스의 Pierre Perrant가 처음으로 강우량이 520m/m인 Aiqnay-le-Dec상류인 세느강 유역에서 강우량을 처음으로 측정해 본 결과 다음과 같은 놀라운 사실을 알아냈다. 즉 유역 내에 3년 동안 내린 강우량은 약 6,300만 m³이었고, 이 기간 동안에 하천을 통해 유출된 평균 하천유량은 1,000만m³로서 전체 강우량은 하천유량을 유지하기에 충분한 양일뿐만 아니라 식물이나 식물뿌리대보다 깊은 곳으로도 물이 침투하고도 남는 충분한 양임을 알아내어 수문학에 커다란 업적을 남겼다. 지하저수지 내에 부존된 물은 지구 내에 존재하는 연수의 저수지 중에서 가장 크다. 예를 들면 미대륙 내에 저유된 지하수부존량은 오대호를 포함한 미국내 하천에서 흐르는 전 지표수량과 하천수량이 수십 배에 해당한다. 우리나라의 경우에 연평균 강수량은 1,297억m³인데 반해 지하수의 최저 부존량은 1조 5천억m³으로서 12.5년간의 강수량과 맞먹는 양이다.

1.5 광역 및 국지적인 규모의 지하수환경

지표면하에 존재하는 물은 비포화대(통기대, 불포화대)에 들어 있는 물과 포화대 내에 부존된 물로 구분할 수 있다. 비포화대 내의 공극은 물과 공기가 동시에 들어 있으나, 포화대 내의 공극은 정수압 하에서 완전히 물에 의해 포화되어 있다.

일반적인 분류					
압쇄대	토양대		토양수	↑	간극수
	중간대		증력수		
	모관대		모관수		
	포화대		지하수	↓	
압류대	내부수				

기타 분류		
부유수	토양수	부유대
	중간부유수	
	모관수	
	지하수	포화대
연결되지 않은 공극내의 물		

[그림 1-2] 표면하수의 분류

압력	포화상태	구분	
기체 상태, 대기압과 동일 액체 상태, 대기압 보다 낮은 압력	비포화대	불연속적 모관포화, 반영속적인 모관포화	토양, 중력대
대기압보다 낮은 압력 대기압과 동일 대기압보다 높은 압력	포화대	지하수위 자유면지하수	무관대 포화대

[그림 1-3] 자유면대수층 분포지역에서 표면하수 분류 [Lohman 분류(1965)]

표면하수는 비포화대 내에 저유되어 있는 물과 포화대 내에 저유되어 있는 물로 분류하고(그림 1-2 및 1-3 참조) 비포화대 내에 저유되어 있는 물은 [그림 1-2]와 같이 부존특성에 따라 토양수(soil water), 중력 또는 중간부유수(gravity 또는 intermediate water)로 구분한다. 포화대 내에 부존되어 있는 물은 모관수(capillary water)와 지하수(groundwater 또는 phreatic water)로 구분한다(그림 1-3, 그림 1-4 참조).

지하수의 개발 측면에서 볼 때 모관대 내에 들어 있는 모관수는 중력배수를 시킬 수가 없기 때문에 과거에 모관대를 비포화대에 속하는 구간으로 분류하였다. 그러나 지하수오염 측면에서 보면 모관대는 지하수면 직상방에 분포되어 있으며 특히 대기압보다 압력이 낮은 압력을 유지하고 있어 지하수보다 가벼운 유독성 유기오염물질이 지하로 침투하여 모관대에 도달하면 모관대 최상단부에서 급속히 측방으로 분산된다. 뿐만 아니라 모관대는 모관수로 거의 포화상태 하에 있기 때문에 근래에 모관대는 포화대로 분류하는 경향이다. 포화대 내에 저유되어 있는 지하수는 지하수의 운동(movement), 거동(behavior), 분포(distribution)와 규모(scale)에 따라서 광역적인 규모와 국지적인 규모로 구분한다.

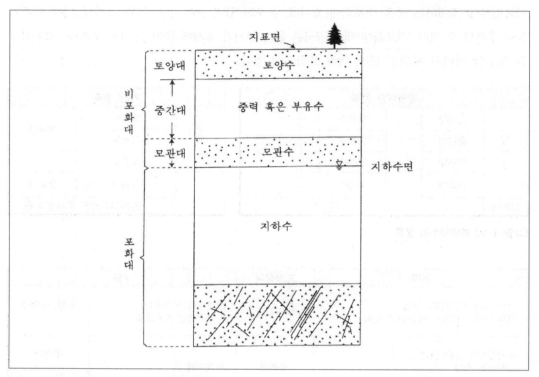

[그림 1-4] 표면하수의 수직적인 분포

1.5.1 광역 규모의 지하수계(regional scale-groundwater system)

일반적으로 포화대 내에 저유된 지하수와 포화대인 대수층을 통틀어서 지하수계(groundwater system), 지하수영역(groundwater regime) 또는 지하수환경(groundwater environment)이라 한다.

지하수의 광역적인 운동과 거동 및 분포를 규명키 위해서는 대수층의 종류, 대수층의 분류, 지하수위, 지하수 유역과 분수령 및 지하수의 제반 현상 등을 잘 파악하고 있어야 한다. [그림 1-5]와 연관시켜 이들 현상들을 설명하면 다음과 같다.

(1) 대수층의 형태(type of aquifers)

1) 대수층(aquifers)

경제적으로 개발할 수 있는 정도의 다량의 지하수를 포함하고 있는 암석 또는 지층을 대수층(aquifers)이라 한다. 혹자는 대수층을 지하저수지(groundwater reservoir)라 부르기도 한다.

즉 대수층이란 지하수를 포함하고 있는 지질단위로서 이곳에다 우물을 설치하거나 이곳에 발달
된 용천으로부터 충분한 양의 지하수가 채수 및 용출되어 용수의 원천으로 충분히 사용가능한
지층 및 암석을 의미한다.

그러므로 대수층으로서의 구비조건은 반드시 지하수가 부존될 수 있는 충분한 공간이나 틈이
잘 발달되어 있어야 하고, 또한 용수로서 사용가능할 만큼의 지하수가 채수 및 용출될 수 있도
록 물이 통과할 수 있는 충분한 크기의 공간이나 틈이 있어야 한다.

지하수의 자연적인 동수구배 하에서 상당한 양의 지하수(significant quantity)를 통과시킬 수
있는 투수성과 지하수를 저수 시킬 수 있는 충분한 양의 서로 연결된 공극을 가지고 있는 지층
을 대수층(aquifers)이라 한다(Cleary, 1992).

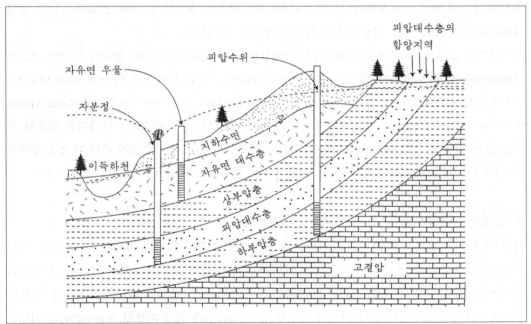

[그림 1-5] 광역 규모의 지하수 산출특성과 대수층의 형태

여기서 "상당량(significant quantity)"이란 비교적 애매모호한 뜻을 내포하고 있기 때문에 굴착
한 우물의 최종 사용목적에 따라 그 뜻이 달라질 수도 있다. 즉 우물을 굴착하는 시공업자들에
게는 "상당한 량"이란 말이 경제적으로 타당성이 있을 때만 적용가능하다.

예를 들어 광역 상수도시설이 구비되어 있지 않은 지역에서 전용 상수도용으로 지하수를 개발
이용할 때 1일 $30m^3$ 규모 이상의 지하수가 산출되는 암석은 대수층이라 할 수 있다.

제주도와 같이 1일 2000~3000m^3 규모의 지하수를 1개 우물에서 개발하여 상수도 시설로 이용
하는 지역에서는 1일 2000~3000m^3 규모의 지하수를 산출하는 지층을 대수층이라 할 수 있으

며, 특히 우리나라의 고지대나 열대지방에서 가정용 식수 공급원으로 지하수를 개발할 시에는 1일 0.5m³ 규모의 지하수를 산출하는 암석도 그 목적에 부합되는 충분한, 즉 상당한 량의 지하수를 산출시키므로 이를 대수층이라 할 수 있다. 그러나 제주도의 경우에 0.5m³/일 규모의 지하수를 산출하는 암석은 대수층이라 할 수 없다.

미국의 자원보존회수법 40(CFR) 제1장 260-16절에 의하면 대수층을 다음과 같이 정의하고 있다. 즉 우물이나 용천을 통해서 상당량의 지하수를 산출시킬 수 있는 지층의 부분이나 지층군(群) 및 지층을 대수층으로 정의하여 대수층을 일종의 지하에 자연적으로 만들어져 있는 지하저수지(underground revoir)의 개념으로 사용하고 있다.

필자는 자연 동수구배 하에서 상당량의 지하수를 투수 및 저유할 수 있는 충분한 연결공극을 가진 지층이나 암석으로 정의하였으며 Todd는 경제적으로 개발할 수 있는 정도의 충분한 량의 지하수를 저유하고 있는 지층이나 암석으로 정의한 바 있다.

세계적으로 많은 양의 지하수를 산출시키는 대부분의 대수층은 저평지의 평원에 퇴적된 미고결 사력층이나, 하도 퇴적층인 미고결 충적층과 공극률과 투수성이 양호한 사암(북사하라 대수층계를 이루고 있는 백악기의 Albian 사암, 북아프리카 지역의 Nubian 사암, 아라비아 반도의 Wasia, Minzur 및 Tabuk 사암) 등이다. 이 이외에 파쇄사암, 다공질 현무암, 용식공동이나 파쇄대를 함유한 석회암 등은 매우 양호한 대수층을 이루고 있으며 산출량은 미고결 사력층에 비해 다소 불량하지만 가정용 급수용으로는 충분한 양을 산출시키는 결정질암의 단열매체 등을 들 수 있다.

2) 준대수층(準帶水層) 혹은 지연대수층(aquitard)

일개 지층에서 공극, 즉 틈의 발달상태와 크기는 해당 지층이나 암석 자체의 특성, 변성 정도 지질구조에 따라 서로 다르다. 즉 점토나 실트와 같은 세립질 물질로 구성된 암석은 그 구성입자 사이의 틈의 크기는 매우 작지만 전체적인 공극률은 매우 크므로 다량의 지하수를 함유할 수 있다. 그러나 조그마한 입자 사이의 공간을 통해 지하수가 쉽게 이동할 수는 없다. 그러므로 경제적으로 지하수를 개발할 수가 없기 때문에 점토나 실트로 구성된 퇴적물이나 혈암(shale)과 같은 암석은 비록 물은 다량 포함하고 있지만 지하수가 잘 통과되지 않으므로 이러한 지층을 준대수층 혹은 지연대수층(aquitard)라고 한다.

대수층이 상당한 양의 지하수를 산출하는데 비해 지하수를 저유하고는 있으나 이 지층에 채수정(production well)을 설치했을 때 충분한 양의 지하수를 산출시키지 못하는 비압축성 저투수성 지층을 준대수층 또는 지연대수층이라 한다.

준대수층의 좋은 예는 여러 개의 피압대수층을 서로 격리시키고 있는 점토나 실트층이나 혈암과 같은 저투수성 지층이 그 대표적인 예로서 준대수층 상·하위에 위치한 피압대수층으로 지하수를 수직누수(vertical leakage) 형태로 유동시키기도 한다.

준대수층은 그들 상·하위에 발달되어 있는 대수층 지질의 투수성에 비해 10~100배 이상 그 투수성이 불량하다. 따라서 수리지질학 연구에서는 준대수층을 누수압층(leaky confining layers)이라고도 한다. [그림 1-6]에서 대수층 사이에 분포되어 있는 저투수성 지층(점토층)을 압층(confining bed)이라고도 하나 대부분의 압층은 누수압층이다.

준대수층의 극단적인 예로는 난대수층(aquiclude)이 있다. 난대수층은 주로 점토로 구성된 지층으로서 저투수성 지질매체를 서술할 때 사용한다. 즉 난대수층이란 매우 소량의 지하수를 유출시키는 지질매체를 특성화 시키는 경우에 수리지질학자들이 자주 사용했던 술어이다.

그러나 정도의 차이는 있으나 모든 지질매체를 통해 지하수는 유동한다. 즉 투수성이 큰 대수층에서는 1년에 수십 m씩 지하수가 유동될 수 있지만 점토와 같은 저투수성 준대수층에서는 지하수가 1m를 움직이는 데 1,000년이 걸릴 수 있다. 따라서 엄격한 의미에서 우리가 다루고 있는 지질매체 중에서 불투수성 매체란 존재하지 않는다.

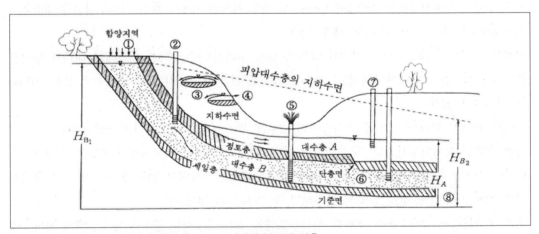

[그림 1-6] 자유면대수층과 피압대수층 및 그 사이에 분포된 압층

지하수의 오염이나 매립지에서 발생한 침출수가 주변 지하수환경으로 누출되는 것을 방지하기 위하여 차수용 점토방벽을 설치하는데 대다수의 기술자들은 점토방벽이 불투수성 재질이기 때문에 오염물질이 이를 통과할 수 없다고 믿고 있다. 이러한 생각은 매우 위험한 생각이다.

암석 내에 틈이나 공간이 거의 발달되어 있지 않아 지하수를 포함하지 않고 물을 통과시킬 수도 없는 암석 및 지층을 과거에는 비대수층 혹은 불투수층(aquifuge)으로 분류한 시기도 있었다. 그러나 오늘날에는 위에서 설명한 이유로 인해 비대수층이나 불투수층이란 술어는 사용하지 않는다.

3) 준대수층과 오염

과거에 수리지질기술자들은 고투수성 대수층으로부터 지하수를 개발하여 이용하는 목적에만 관심을 가지고 있었다. 이에 비해 점토로 구성된 압층이나 준대수층으로부터는 소량의 지하수 밖에 기대할 수 없었기 때문에 고투수성 대수층에 비해 불투수성(impermeable)이란 말을 사용 하곤 했었다. 따라서 지하수의 용수공급 측면에서 볼 때 이러한 소규모 지하수 산출률은 국지적 인 지역이나 합리적인 시간개념으로 거의 무시할 정도였다. 그러나 지하수의 보호측면에서 볼 때 dioxine, TCE, VOC 및 CTC와 같은 유독성 유기화합물질이 저투수성 지질매체를 통해 매우 소량만 유동하는 경우에도 이는 주변 지하수환경에 심각한 악영향을 미치게 되고 이들 물질로 오염된 지하수를 식수로 이용하는 사람들에게는 매우 심각한 건강장애를 일으킬 수 있다.

대수층이나 압층을 통해 지하수가 흐르는 양을 나타내는 척도로 수리전도도라 하는 인자를 사 용한다. 수리전도도의 구체적인 내용에 대해서는 다음 장에서 상세히 다루겠지만 이 장에서는 수리전도도의 크고, 작음에 따른 특성만 간략히 설명키로 한다. 일반적으로 모래나 자갈로 구성 된 대수층의 수리전도도는 10^{-2}에서 10cm/s로 매우 크지만 점토나 혈암으로 구성된 준대수층의 수리전도도는 10^{-10}~10^{-7}cm/s로 매우 적다.

현재까지 발간된 대부분의 서적에서 다루고 있는 수리전도도는 각종 지질매체 내에서 일정한 온도, 일정한 밀도와 일정한 동점성 계수를 가지고 있는 오염되지 않은 지하수의 유동률(flux) 에 기초하고 있다.

그러나 위에서 언급한 점토질 수직방벽의 경우에 평균 수리전도도는 10^{-7}cm/s이지만, 이들이 각종 수용성 유기화합물질로 70% 이상 오염된 지하수와 접할 때는 점토질 방벽의 수리전도도 는 10^{-7}보다 수십~수백배 커진다. 따라서 무의식적으로 사용하고 있는 불투수성 점토 방벽도 실은 지하수를 어느 정도 상당히 유동시킬 수 있는 지질매체이다.

특정 오염물질의 지하거동을 포함한 지하수오염을 조사 연구하는 경우에 대수층에서 지하수의 흐름을 서술키 위해 사용되어 온 전통적인 사고를 항상 적용할 수 없음을 독자들은 충분히 이해 했으리라 믿는다. 따라서 지하수 오염 연구에 있어서는 불투수성이란 술어는 사용치 않으며 대 신 저투수성이란 술어를 사용한다.

(2) 대수층의 분류(classification of aquifers)

대수층은 포화대의 최상단면에서 작용하는 압력이나 자유수면(water table)의 존재여부에 따라 자유면대수층과 피압대수층으로 구분한다(그림 1-5 및 그림 1-6 참조).

지하수면은 포화대의 최상단면으로서 비포화대의 공극을 통해서 대기와 직접 접하고 있다. 따 라서 지하수면에서 작용하는 압력은 그 지역의 대기압과 동일하다.

1) 자유면대수층(自由面帶水層)

지하수면에 작용하고 있는 압력이 대기압과 동일한 상태 하에 있는 대수층을 자유면대수층 (water table-, phreatic-, free-, unconfined-, non-artesian aquifer)이라 하고 자유면대수층 내에 부존되어 있는 지하수를 자유면지하수(water table-, phreatic-, free-, unconfined-, non-artesian groundwater)라 하며 이러한 상태를 자유면상태(water table condition, unconfined condition)라 한다.

지하수면의 변화는 바로 대수층 내에 저유된 지하수 저유량의 변화를 의미한다. 특히 대수층 내에다 설치한 우물의 지하수위를 해발표고로 표시한 등수위선도를 작성해 놓으면 대수층 내에서 지하수의 분포, 그 운동 및 개발 가능량을 알아낼 수 있다.

자유면대수층내 임의의 지점에 작용하는 압력은 지하수면으로부터 그 지점까지의 깊이와 동일하므로 미터 및 피트단위를 이용하여 그 지점의 압력을 나타낼 수 있다. 즉 지하수면으로부터 100m 깊이에 작용하는 압력은 100m 정수압이라고 할 수 있다.

위에서도 간단히 설명한 바 있지만 지하수면은 고정된 것이 아니라 강수의 지하함양이나 자연적인 지하수의 배출로 인해 주기적으로 변동한다. 즉 우기에는 다량의 강수가 지하로 스며들어 지하저수지 내로 함양되기 때문에 지하수면은 상승한다. 이에 비해 갈수기에는 지하수저수지 내에 부존되어 있던 지하수가 하천이나 기타 용천으로 배출되므로 지하수면은 하강한다. 뿐만 아니라 인위적으로 공업, 생활 및 기타 용수원으로 지하수를 지하저수지로부터 채수해내면 지하저수지 내에 부존되어 있던 지하수량이 감소하여 지하수면은 점차 하강한다.

따라서 자유면대수층에서 지하수위의 변화는 바로 자유면대수층 포화대의 두께 감소를 의미하며 이는 다시 지하수 저장량의 변화를 의미한다.

국내의 경우 저평지의 충적층 지하수는 대부분 자유면 지하수로써 지하수위는 지표하 0.5~2m 이내인데 반해 고지대의 결정질암에서는 고도에 따라 차이가 있긴 하나 대체적으로 10m 이내이다.

[그림 1-6]에서 대수층 A는 자유면대수층으로서 지하수면에서의 압력이 대기압과 동일하고 그 흐름이 수평이다. 따라서 7번 지점에 위치한 관측정의 지하수면은 관측정 주위의 지하수면과 동일하다. 환언하면, 지하수가 완전히 수평으로 흐르는 자유면대수층에 설치한 관측정 내에서 측정한 지하수면은 그 주변의 지하수면과 같다고 할 수 있다. 그러나 지하수의 흐름이 수평이 아니고 수직성분이 있을 때는 자유면대수층에 굴착한 관측정 내에서 측정한 지하수면과 그 주변 대수층에서 지하수면은 서로 다를 수 있다. 즉 각 관측정과 주변 대수층의 지하수면(수위)은 동일하지 않다.

Unconfined란 술어는 점토층과 같은 저투수성 지층에 의해 지하수위가 상·하로 움직이는 것을 방해받거나 구속되어 있지 않음을 의미한다. 따라서 각종 우물을 굴착할 때 일반적으로 제일 먼저 만나게 되는 포화대수층은 자유면대수층이다.

2) 부유대수층(perched aquifer)

만일 자유면 지하수의 수평범위가 국부적으로 일부 구간에만 분포되어 있을 때는 이를 부유 대
수층(perched aquifer)이라 하며 이는 비포화대 내에 국부적으로 분포되어 있는 특수한 경우의
자유면대수층이다.

[그림 1-7]은 부유 지하수면의 일예를 도시한 그림이다. 특히 A지점의 부유 지하수면은 지표면
과 직접 만나기 때문에 부유지하수가 지표로 용출된다. 이러한 용천을 일시적인 용천
(temporary flowing spring)이라 한다.

부유 대수층은 그 범위와 포화두께에 따라서 가정용으로 충분한 양의 지하수를 공급할 수도 있
으나 일반적으로 장기적인 산출정의 용수원으로는 적합하지 않다.

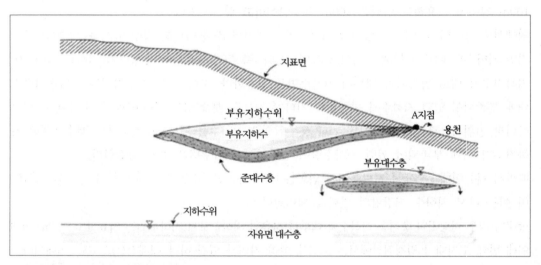

[그림 1-7] 비포화대와 부유지하수의 모식도

따라서 수리지질 특성화 조사 시 부유지하수의 지하수위를 그 하부에 분포된 주된 자유면대수
층의 지하수위와 혼동하지 말아야 한다.

충적층의 비포화대에 저투수성 점토층이 협재되어 있는 경우에는 이러한 부유 지하수가 발달될
수도 있다. 제주도의 경우 지형고도가 해발 500m 보다 낮은 곳에는 소위 상위지하수(high
level groundwater)라 명명한 부유지하수가 곳곳에 발달 분포되어 있다. 따라서 조사지역에서
포화대의 정확한 지하수위를 규명키 위해서는 조사이전에 해당지역에서 시행한 관측 프로그램
이나 착정결과를 검토하여 개략적인 지하수위를 파악해 둘 필요가 있다. 그런 다음 실제 관측정
을 굴착할 때 예상되는 지하수위의 심도보다 얕은 곳에서 지하수가 나타나면 이는 부유지하수

라 생각해도 별 무리는 없을 것이다.

3) 피압대수층(被壓帶水層)

자유면대수층과는 달리 포화대의 상하부가 저 및 불투수성 지층으로 피복되어 있을 경우에는 대수층(포화대)이 심한 압력을 받는 구속상태하에 있게 된다. 그러므로 대수층 최상단부에서의 압력은 대기압보다 높은 압력을 받게 되는데, 이러한 구속대수층을 피압대수층(confined aquifer, artesian aquifer 및 pressure aquifer)이라 한다. 만일 피압대수층에 우물을 설치하면 구속압력 때문에 우물 내에서의 지하수위는 대수층의 상단면, 즉 상부 저 및 불투수층의 밑면보다 높이 상승한다. 이러한 우물을 피압정(artesian well)이라 한다.

피압정에서 지하수위가 변동하면 이는 피압대수층의 지하수 저장량의 변동이기 보다는 피압대수층 최상단면에서의 압력 변화이다.

즉 파압대수층에서 지하수를 장기적으로 채수 이용하면 피압정인 양수정에서 포텐샬수두는 감소하지만 포화대의 두께는 변하지 않는다. 이 경우 피압대수층은 함양지역과 수리적으로 서로 연결되어 있으므로 실제 포텐샬수두 감소는 함양지역에서 일어난다.

피압대수층의 지하수위(피압면)은 피압대수층에다 우물을 설치했을 때 우물 내에서 측정한 수위와 같다. 만일 피압지하수위가 지표면보다보다 높아서 지하수가 굴착우물을 통해 지표로 용출하면 이를 자분정(flowing well)이라 한다.

피압대수층에 설치된 우물을 피압정(artesian well)이라 하고, 피압정에서 장기간 지하수를 채수하면 그 지하수면이 점점 하강하여 상부에 소재한 저투수층의 밑바닥까지 도달하면 마침내 피압대수층은 자유면대수층으로 변한다. 이를 자유면으로의 전환(unconfined conversion)이라 한다.

이상에서 설명한 바와 같이 대수층의 상·하위 구간에 저투수성 지층이 분포되어 있고 대수층 최상단구간에서 압력이 대기압보다 높은 투수성 지질매체를 피압대수층(confined-, artesian-, pressure aquifers)이라 하며 피압대수층 내에 부존된 지하수를 피압지하수라 한다.

이와 같이 저투수성 지층은 이보다 투수성이 큰 대수층을 대기압과 직접 접촉하지 못하도록 막고 있기 때문에 피압대수층 내에 부존된 지하수의 상·하위 운동을 저지한다.

[그림 1-6]에서 대수층 B는 피압대수층이지만 이 층이 지표에 노출되어 있는 ①구역에서는 자유면 상태 하에 있다. 따라서 피압대수층이 지표에 노출된 구간은 항상 피압대수층의 함양지역으로서 자유면 상태이다.

일반적으로 피압대수층의 수두압은 그 상위에 분포된 자유면대수층에서의 수두압보다 높고 피압대수층에 우물을 설치하면 왜 자분정이 되는 지를 독자들에게 이해시키기 위해 과거 대다수의 지하수 수문학 교재(Meinzer, 1923 ; Davis와 Dewiest, 1966 ; Bear, 1979 ; Todd, 1980 ; Fetter, 1988)에서 자주 사용해온 전형적인 예들은 다음과 같다. 즉 피압대수층은 지형적으로 매우 높은 곳에 노두로 분포되어 있어 이 구간이 피압대수층의 함양지역 역할을 하고 있기 때문인 것으로 설명해 왔다.

우리나라의 경우에 북평지역(동해시 남부)에는 최상위에 제3기 이암층이 평균 10~100m 두께로 분포되어 있고 그 하부에 고생대의 대석회암통이 분포되어 있다. 이암층 분포 상류구간에는 상술한 고생대의 대석회암통이 역시 노두로 넓게 분포되어 있기 때문에 이 지층이 북평지역의 석회암, 피압대수층의 함양지역의 역할을 한다.

4) 지하수면(potentiometric surface)

대수층에 설치된 우물로부터 측정한 수리수두(지하수위)를 이용하여 등수위선도(equipotential line)를 작성할 수 있다. 각 우물에서 측정한 수리수두는 해당 대수층의 우물 설치저점의 포텐샬 에너지이다. 동일한 수리수두를 서로 연결한 선을 등포텐샬선(equipotential line)이라고 하며, 등포텐샬선은 서로 연결한 측고면(hysometric surface)를 등수위선도(等水位線図) 또는 지하수위 등고선도(potentiometric map)라 한다.

즉 지하수의 흐름이 수평적인 자유면대수층에 완전 관통정(fully penetrated well)을 설치하여 지하수위를 측정해 보면 주변 지점의 지하수위와 동일한 곳이 있을 것이다. 이때 동일한 수위를 가지고 있는 지점들을 서로 연결한 면을 지하수면(water table plane 또는 potentiometric surface)이라 한다. 자유면대수층의 경우 지하수면은 지하수의 전포텐샬을 의미할 뿐만 아니라 지하수위의 최상위에 지하 물리적인 경계면으로써 계절에 따라 상·하로 움직인다. 이에 비해 피압대수층을 관통하여 설치한 우물에서 측정한 지하수위는 피압대수층에서 우물 설치지점의 수두압력 분포를 나타낸다.

(3) 대수층으로서의 지질

모래 및 자갈과 같은 미고결 퇴적물로 구성된 충적퇴적층은 대수층의 대종을 이루며, 이들 대수층은 지하수의 부존형태에 따라 수로형, 매몰계곡형, 평야형 및 심산심곡형의 퇴적물로 구분한다. 수로형 퇴적물이란 하도나 하도하부에 발달되어 있는 비교적 공극률이 크고 투수성이 양호한 퇴적물로 구성된 충적층을 일명 하상퇴적물이라고도 한다. 이러한 퇴적물에다 우물을 설치하면 하천으로부터 상당량의 지표수가 우물 내로 유입되므로 대규모 용수원으로서는 가장 적합한 퇴적물이다. 과거 국내에서도 심도가 얕은 집수정이나 집수암거를 수로형 퇴적층에 설치하여 다량의 공업용수를 취수하여 이용하였다. 1975년도부터 국내에서도 특수 집수정이나 만주식 집수정을 이용하여 대용량 지하수개발을 실시한 바 있다.

최근 급격한 산업 발달로 인해 예기치 않는 수질오염 사고가 4대강을 위시해서 곳곳에서 발생한 바 있다. 일반적으로 상수도의 원수를 하천 표류수에서 직접 취수하는 경우는 하천수의 수질이 지금처럼 오염되지 않았을 때 사용하는 방식이다. 그러나 현재와 같이 언제 수질오염사고가 일어날지 예견하기 어려운 상황 하에서는 상수도의 원수를 직접 취수방식에서 간접 취수방식(일명 강변여과수 개발법)으로 전환해야 한다. 간접 취수방식이란 기존 하천유로에서 70~100m 떨어진 곳에 대용량의 지하수 취수시설(집수정이나 군정)을 설치하여 지표수가 일단 수로형 충적층을 거쳐서 집수정에서 간접 채수토록 하는 형식이다.

최근 낙동강 하류지역과 미호천 및 영산강 유역에서 실시한 강변 여과수 개발 가능성 조사 결과에 의하면 국내 충적층은 오염물질의 흡착능력과 오염저감능이 매우 큰 것으로 확인되었다. 따라서 앞으로 충적층을 이용한 강변 여과수 개발이용이 3급수 이하로 저질화 된 지표수의 수질개선과 정수비 절감에 큰 역할을 할 것으로 사료된다. 국내 충적대수층의 수리성으로 보아 1개 우물장(여러 개의 우물로 구성된 취수장)에서 평균 100,000m³/일의 용수개발은 충분히 가능할 것이다.

매몰계곡형 퇴적물은 옛날 하도였던 부분이 사행(meandering) 하거나 기타 지질작용으로 수로가 바뀌어 이들이 새로운 퇴적물에 의해 매몰되어 형성된 것으로서, 이들의 공극률과 투수성은 수로형 퇴적물과 비슷하여 좋은 대수층을 이룬다.

미국 중서부지역이나 Myanmar의 건조지역(Dry zone)지대의 넓은 준평원하부는 두께가 수 100m에 달하는 충적퇴적물이 발달되어 있는데, 이를 평야형 퇴적층이라 한다. 이러한 지역에서는 구성물질의 투수성이 양호한 경우에 강우나 주위 하천으로부터 직접 지표수나 강우가 지하저수지에 유입되어 양호한 대수층을 이룬다. 이에 비해 경사가 급한 계곡입구에는 평상시에 침강, 운반되어 퇴적된 쇄설물들이 홍수기 급류에 의해 갑자기 하류로 운반되어 하구에 퇴적되는데, 이러한 대표적 퇴적물을 계곡형 퇴적물이라고 하고, 선상지(alluvial fan, cone) 등이 그 대표적인 것이다. 이러한 퇴적물은 많은 량의 지하수를 포장하고 있다.

석회암은 일반적으로 용해공동의 발달과 그 고결정도에 따라 공극률과 투수성의 차이가 심하지만 대체적으로 양호한 대수층을 이루고 있다. 석회암의 공극은 현미경적인 극히 미소한 공동에서부터 대하천의 유수가 흐를 수 있는 큰 용해공동에 이르기까지 크기가 매우 다양하다.

강원도 정선지역에 발달된 대석회암통 가운데 풍촌, 삼태산 및 막골 석회암은 용해도가 비교적 양호하여 이들 암석 내에 많은 용해공동들이 발달되어 있는데, 심산심곡을 흐르던 하천수가 계곡에 발달된 용해공동을 따라서 지하로 스며들었다가 다시 그 하류에서 지표로 노출되어 용천을 이루기도 한다. 이와 같은 하천은 일종의 손실하천으로서 간혹 잠적하천(lost stream)이라고도 한다. 영월과 평창지역의 석회암 내에 발달된 대규모의 용천을 이용하여 양어장으로 사용하는 곳들이 있다. 미국의 Ocala 석회암과 같은 유기질 구패가 퇴적되어 이루어진 유기물 석회암은 자체의 공극률이 양호하여 매우 좋은 대수층을 이룬다.

제주도와 철원지역에 분포된 현무암류는 석회암과 비슷한 공동과 투수성을 가지고 있다. 이외도 화산암의 각력용암(flow breccia)이나 용암과 용암사이의 접촉면, 라바층의 다공대, 스코리아(scoria)와 크린커층을 위시하여 화산암 내에 발달된 균열과 절리는 양호한 지하수 통로 및 저수지의 역할을 한다.

사암(sandstone)과 역암(conglomerate)은 그 고결정도에 따라 공극률의 차이가 심하다. 즉 고결된 사암도 일단 풍화작용을 받으면 고결물질이 와해되어 투수성이 양호한 공간을 제공하므로 좋은 대수층을 이룬다.

두께가 두터운 화강암(granite)의 풍화대도 비교적 양호한 대수층을 이룬다. 암석중 결정질암이나 변성암은 투수성이 가장 불량하지만, 지표부근에서 심하게 파쇄된 단열구간이나 풍화를 심하게 받아 입자와 입자가 서로 분리. 와해된 풍화대는 최소 가정용수로 충분한 양의 지하수를 저유하고 있다.

우리나라에 넓게 분포된 화강암은 타국의 화강암과는 약간 달라서 암석 내에 절리가 발달되어 있어 상당량의 물을 포함하고 있고 또 이로부터 상당량의 지하수가 개발되고 있다. 국내 화강암 지역에서 단열대만 잘 탐사해서 심정을 설치하면 1일 100m^3 이상의 지하수개발이 가능하다. 과거에 피압대수층의 지하수면을 potentiometric surface라 하지 않고 piezometric surface라고 명명했으며 자유면대수층에서는 water table surface라고 하였다. piezometric surface는 엄격한 의미에서 피압대수층에만 적용할 수 있다(Meinzer, 1927). 그러나 1968년부터 미국지질조사소와 90년 이후에 발간되는 지하수 관련 교재에서는 지하수면이란 술어를 자유면대수층뿐만 아니라 피압대수층에도 동시에 사용하고 있다. 그러나 피압대수층에서 지하수면은 자유면대수층 처럼 피압대수층의 최상위 물리적인 경계선이 아님을 명심해야 한다. 즉 피압대수층의 지하수면은 일종의 가상면(imaginary surface)으로서 우물이 피압대수층을 관통했는데 지하수가 해당 수두압력에 상응하는 높이까지 상승하는 물리적인 중요성을 가진 가상면이다.

따라서 피압대수층을 관통한 우물에서 형성된 수위는 우물설치지점에서 지하수면의 높이로 정의한다. 피압 대수수층에서 최상위의 물리적인 경계는 지하수면이 아니고 상위 압층의 저면이다. 즉 피압대수층의 최상단면이다. 따라서 피압대수층의 지하수면은 상위 압층의 바닥위에 있을 수도 있고 지표면보다 높은 곳에 있을 수도 있다.

또한 지하수면의 모양은 그 지역의 지질이나 함양 형태(즉 노두 분포지에서 함양, 상위 대수층으로부터 수직 누수, 또는 상위 대수층으로 누수)나 주입·채수정의 위치와 채수율에 따라서 달라질 수도 있다.

[그림 1-8]은 자유면대수층이 최상위층을 이루고 있고 그 하부에 3개의 누수 피압대수층이 분포되어 있는 경우의 모식도이다.

본 그림에서 점선 ①, ② 및 ③은 제1, 제2 및 제3 누수 피압층의 지하수위이고, ④는 최상위 자유면대수층의 지하수위로써 실선으로 표시되어 있다.

전술한 바와 같이 지하수는 항상 포텐샬이 높은 곳에서 낮은 곳으로 흐르며 대수층으로 통해 지하수가 운동할 때 지하수와 대수층 사이에서 발생하는 마찰 수두 손실로 인해 포텐샬 에너지는 감소한다.

[그림 1-8]과 같이 지하수면의 표고가 높을수록 포텐샬 에너지는 크다. 따라서 이러한 에너지 손실로 인해서 지하수위는 경사형태로 나타난다.

대수층으로부터 지하수를 강제 채수하지 않는 자연 상태에서 지하수면의 경사(동수구배)는 대수층의 수리전도도와 그 두께에 반비례$\left(\frac{dh}{d\ell} = \frac{Q}{K \cdot b \cdot L}\right)$한다. 즉 두께가 일정한 대수층에서 지하수의 동수구배는 바로 수리전도도에 반비례한다. 따라서 두께가 일정한 동일 대수층 내에서 동수구배가 급격히 증가하는 구간은 그 주변부보다 수리전도도가 적은 구간이다.

지하수면의 높이는 통상 평균 해수면을 기준으로 하여 meter나 feet로 표기하는데 [그림 1-8]에서 각 지층의 기준면상 지하수면은 각각 H_{WT}, H_1, H_2, 및 H_3로 표시되어 있다.

이 그림에서 제3 누수 피압층의 지하수면 (③)은 4개 지층중에서 포텐샬이 가장 높아 지표면 상에 위치하는데 반해, 제2 누수 피압층의 지하수면은 4개 지층중 포텐샬이 가장 낮다. 전술한 바와 같이 지하수는 포텐샬(potential)이 높은 곳에서 낮은 곳으로 움직이기 때문에 만일 제1 누수 피압층과 제2 누수 피압층 사이에 협재된 제1 압층 내에 투수성이 매우 양호한 단층이 발달되어 있을 경우에는 제1 누수 피압층의 지하수면(수두압) H_2는 제1 누수 피압층의 지하수 면(수두압)인 H_1보다 적기 때문에 지하수는 항상 단층을 따라서 제1누수 피압층에서 제2 누수 피압층으로만 유동할 것이다.

자유면대수층과 제1 누수 피압대수층 사이에 협재된 압층이 [그림 1-8]의 좌우단 끝 부분과 같이 준대수층으로 구성되어 있을 때 그림 우측구간에서는 $H_1 > H_{WT}$ 이므로 지하수는 제1 누수 피압층으로 하향으로 흐를 것이다. 이 그림에서 제3 누수 피압층의 수두압은 타 지층의 수두압 보다 월등히 크므로 자유면대수층이나 제1 및 제2 누수 피압층의 지하수는 결코 제3 누수 피압 대수층으로 흐를 수 없다.

이와 같이 복잡한 다층 대수층계(multi-layerd aquifer system)에서 지하수의 수평 및 수직 흐름률(flux)은 각 지층의 수리전도도와 두께에 따라 좌우된다.

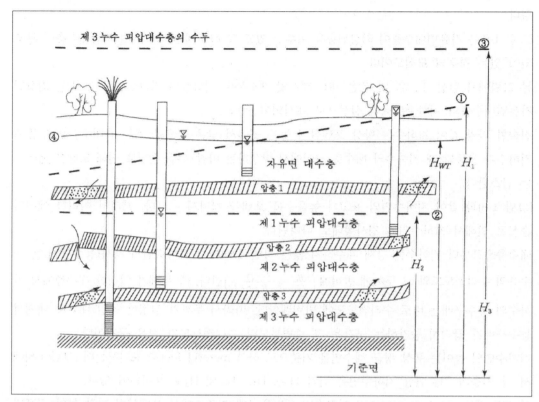

[그림 1-8] 다층 구조로 이루어진 지층에서 지하수위(수리수두)

지하수의 오염 측면에서 볼 때 [그림 1-8]의 왼쪽 구간에 분포되어 있는 자유면대수층이 오염물질에 의해 오염되었을 시 오염된 자유면 지하수는 제1 및 제2 누수 피압층으로 유동할 수 있지만($H_{WT} > H_1 > H_2$ 이므로) 제3 누수 피압층의 피압 지하수를 오염시키지 않는다. 또한 우측구간의 자유면 지하수가 오염되었을 시에는 비록 제2 누수 피압층의 압력수두가 자유면 지하수의 압력수두보다는 낮지만 그 사이에 분포되어 있는 제1 누수 피압층의 압력수두가 자유면 지하수보다 높기 때문에 제1 및 제2 누수 피압대수층을 오염시키지는 않을 것이다(단 확산작용을 무시한 경우).

1개 지역에서 여러 개의 지층이 발달되어 있을 때 각 지층의 수리수두는 모두 다를 것이다. 따라서 여러 개의 지층을 동시에 관통한 우물에서 측정한 수위는 각 지층 수위의 합성 성분이다. 그러면 지하수위(수리수두)와 포텐샬과의 관계를 구체적으로 알아보자.

1) 포화대 내에서 지하수위와 포텐샬

지금 A지점에 있는 단위질량의 물을 Z지점까지 끌어 올리는데 필요한 총 에너지는 위치에너지와 운동에너지와 압력에너지의 합이다.

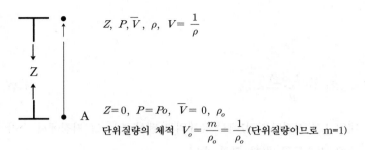

$Z,\ P,\ \overline{V},\ \rho,\ V = \dfrac{1}{\rho}$

$Z=0,\ P=Po,\ \overline{V}=0,\ \rho_o$

단위질량의 체적 $V_o = \dfrac{m}{\rho_o} = \dfrac{1}{\rho_o}$ (단위질량이므로 m=1)

따라서 단위질량의 물을 Z만큼 끌어 올리는데 필요한 총 에너지는 (1-1)식과 같다.

$$mgZ + \frac{m}{2}\overline{V}^2 + m\int_{po}^{p}\frac{V}{m}dp = m\left[gz + \frac{\overline{V}^2}{2} + \int_{po}^{p}\frac{dp}{\rho}\right] \tag{1-1}$$

일반적으로 지하수는 비압축성이므로 $\rho = const$이고 층류이므로 지하수 유속은 $\overline{V} \to 0$에 가깝다. 따라서 단위 질량을 가진 유체 포텐셜 Φ는 (1-1)식에 $\overline{V} = 0$이므로

$$\Phi = gZ + \frac{P - P_o}{\rho} \tag{1-2}$$

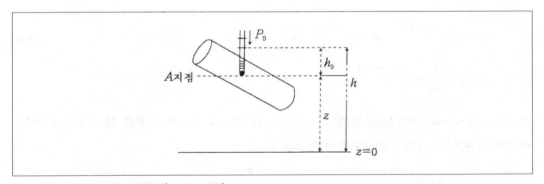

[그림 1-9] 수리수두와 등포텐셜(Darcy 법칙)

지금 [그림 1-9]와 같이 컬럼 내에 모래를 채우고 물을 통과시키는 경우, A지점에서 유체인 물의 압력 P는

$$P = \rho gh_o + P_o \tag{1-3}$$

여기서, P_o 는 대기압,

Z는 기준면에서 A지점까지 거리

h_o 는 piezometer에서 압력수두이며 $h = ho + Z$이다.

(1-3)식을 (1-2)식에 대입하면 A지점에서 포텐샬 Φ는

$$\Phi = gZ + \frac{P - P_o}{\rho}$$

$h_o = h - Z$ 이므로

$$\Phi = gZ + \frac{\rho g h o + P_o - P_o}{\rho} = gZ + \frac{\rho g (h - Z)}{\rho} = gh \tag{1-4}$$

(1-4식)에 의하면 다공질 매질 내의 1개 지점(A지점)에서 유체의 포텐샬 Φ는 그 지점에서 수리수두(hydraulic head)인 h에 중력 가속도를 곱한 값과 같다.

일반적으로 지구상의 동일 지역에서는 중력가속도 g가 거의 같기 때문에 fluid potential Φ는 그 지점의 수리수두 즉 지하수위와 동일하게 된다.

$$\Phi \propto h \tag{1-5}$$

즉 (1-5)식에서 유체의 포텐샬 Φ는 단위질량당 에너지이고 지하수위 h는 단위무게당 에너지를 나타낸다.

그런데 지하수 수리학에서 대기압 $P_o = 0$으로 계산한다. 따라서 (1-2)식과 (1-4)식에서 유체의 포텐샬 Φ는

$$\Phi = gZ + \frac{P - P_o}{\rho} = gh = gZ + \frac{P}{\rho} = gh \tag{1-6}$$

$$h = Z + \frac{P}{\rho g} = Z + \frac{P}{\gamma_w}$$

가 되고, piezometer의 gage 압력 $P = \rho g h_0 + P_0$ 이므로 $P_o = 0$로 취할 때 $P = \rho g h_o$ 이다. 따라서 (1-6)식의 전체 수리수두인 지하수위 h는

$$h = Z + \frac{\rho g h o}{\gamma_w} = Z + ho \tag{1-7}$$

즉 1개 지점의 전체 수리수두인 지하수위 h는 위치수두 Z와 압력수두 h_o의 합성성분이다. 따라서 3차원에서 수리수두(hydraulic head)가 동일한 지점을 연결한 면은 등포텐샬면(equipotential surface)이 되고 2차원에서는 등포텐샬선이 된다.

(4) 수리적인 2-D 접근법과 수동력학적인 3-D 접근법

대부분의 대수층조사 시 x, y좌표로 표시되는 평면(수평)적인 규모는 그 거리가 수 km인데 반

해 z좌표로 표시되는 수직적인 규모는 m 규모로 소규모적이다. 즉 수평방향에 비해 수직방향의 포텐샬은 빠르게 평형에 도달한다. 따라서 이 경우 포텐샬은 x, y의 함수로만 표현할 수 있고 결국 대수층 내에서 흐르는 지하수는 거의 수평흐름으로 특성화 될 수 있다.

상기와 같은 조건 하에서 z방향의 포텐샬의 변화는 무시할 정도로 매우 미미하기 때문에 대수층 내에서 지하수는 2차원적으로 흐른다. 이러한 접근 해석법을 수리적인 접근법(hydraulic approach)이라 하고 이때의 포텐샬을 수리수두(일명 수위 및 수두, hydraulic head)라 한다. 이에 비해 지하수의 함양구역이나 배출구역, 부분관통정의 인근 구간에서는 수평흐름이 아닌 수직흐름 성분이 항상 존재한다. 수직방향, 즉 대수층의 깊이에 따라 포텐샬의 변화가 있는 경우에는 수리적인 접근법을 사용해서는 안 된다.

즉 포텐샬이 3차원 방향으로 서로 차이가 있을 때는 반드시 수직방향의 포텐샬과 제반 수리지질인자를 고려해야만 하며 이를 이용하여 대수층의 특성을 분석해야 한다. 이러한 접근법을 수동력학적인 접근법(hydrodynamic approach)이라 한다.

이때의 포텐샬은 전 수두(total head)라 한다. 그런데 대다수의 수리지질전문가들은 관습에 따라 단순히 수리수두나 수위 및 수두로 표현하는 경우가 허다한데 이는 잘못된 표현이다.

기 발간된 대다수의 지하수 흐름과 대수층 정화에 관한 모델링 서적은 2차원의 수리적인 접근법을 사용하고 있다. 그러나 최근에는 유해폐기물이나 방사능 폐기물에 의한 지하수오염에 관한 관심이 고조됨에 따라 3차원의 수학적이거나 실험연구에 초점을 두고 있다. 이런 연구는 상당한 비용이 들긴 하지만 국민건강에 위급하거나 인지된 위협이 있을 때는 비용이 문제가 될 수 없다.

이 외에도 다음과 같은 경우에는 3차원의 연구가 반드시 수행되어야 한다.

국내에서 대다수의 중 내지 대하천은 충적층을 완전히 관통한 상태가 아닌 부분관통 하천이므로 이 경우에는 하천 주변에서 3차원의 지하수 흐름상태와 관련된 수직 및 수평 동수구배에 따른 영향을 고려해서 지표수와 지하수의 연계에 관한 연구를 해야만 한다.

(5) 자연흐름 상태에서 지하수의 함양지역(recharge area)

대수층 내로 물을 충진시켜 주는 지역을 지하수 함양지역(recharge area)이라 한다. 대수층으로 함양되는 지하수의 주 근원은 강수이긴 하지만 경우에 따라서는 대수층 주변에 발달된 하천이나 호수도 대수층 함양의 근원이 되기도 한다.

물 순환에서도 간단히 설명한 바와 같이 강우나, 하천이나, 호소의 물이 지하로 침투하여 지하수가 될 수도 있다. 사막과 같이 주로 모래로 구성된 지역에서는 강우가 직접 지하로 침투하여 포화대를 충진하는 경우도 있다. 그 외 하천이나 호소의 물이 지하로 침투하여 포화대를 함양시키기도 한다. 따라서 최근에는 대수층 함양지역을 정확히 규명하여 대수층 내에 부존된 지하수를 오염으로부터 방지하려는 노력에 주력하고 있다.

이러한 함양지역의 위치나 규모는 대수층의 분포상태나 강수량이나 지형이나 표면토양 등의 제반 요인에 좌우된다. 대수층이 지표에 노두로 노출되어 있을 때는 함양지역의 규모가 제한적이지만 우리나라와 같이 다습한 지역의 결정질암 대수층이나 충적층과 같이 수평적으로 널리 분포된 대수층은 그 상부의 전 지역이 함양지역이 될 수도 있다.

이에 비해 기후가 건조한 사막지역에서는 하천이 주로 간헐하천이므로 하천에 물이 흐르는 동안만 그 연변을 따라 대수층으로 함양이 일어난다.

[그림 1-10]은 대수층으로 함양이 일어나고 있는 2가지의 유형을 도시한 그림으로 이 그림에서 최하위 지층은 투수성이 매우 낮은 이암층으로 구성되어 있는 경우이다. 지금 해안가에 있는 소규모 도시에서 급수용으로 함양지역이 상당히 먼 거리에 위치한 피압대수층(B)에 공공급수용 우물을 설치하였다고 하자. 대부분의 폐기물 매립지는 혐오시설이라고 해서 도시외곽지역에 설치하는데 만일 행정당국이 상술한 도시의 외곽지역인 피압대수층의 함양지역(2)에 해당하는 곳에다 폐기물 매립지를 설치하여 매립지로부터 침출수가 누출되었다면 공공급수용 우물을 결국 최단시일 내에 오염될 것이다.

도시지역의 도로는 불투수성인 아스팔트로 피복되어 있고, 우수배제시설이 잘 되어 있어 비록 자유면대수층 위에 도시가 건설되더라도 강수에 의한 자유면대수층으로의 함양량은 비교적 적다. 이에 비해 도시 외곽지역은 강수의 상당량이 지하로 침투한다. 만일 도시계획 전문가들이 시외곽지역이라는 이유로 유해물질의 저장소나 처리장 및 공업단지를 시외곽지역에 건설하는 경우에 자유면대수층은 심각하게 오염될 것이다. 따라서 [그림 1-10](a)에서 유해물질 취급시설인 TSDF(treatment, storage and disposal faility, 처리, 저장 및 처분시설)의 입지는 함양지역 우측에 위치한 저투수성 이암층이 분포된 지역으로 선정해야 한다.

[그림 1-10](b)는 우리나라와 같이 지형의 기복이 심한 지역에서 지하수의 국지 및 광역적인 흐름을 도시한 전형적인 예이다.

이 경우에 자유면대수층 내에서 지하수의 흐름과 국지적이거나 광역적인 지하수의 함양 및 배출지역은 자유면 지하수의 지하수면의 기복에 영향을 받는다. 즉 주변에 발달되어 있는 이득하천이나 호소의 위치, 대수층의 수직 수리전도도와 수평 수리전도도의 비율과 대수층의 포화두께와 폭 등에 따라 좌우된다. 따라서 우리나라와 같이 지형기복과 자유면 지하수의 기복이 심한 곳에서는 폐기물 매립지와 각종 산업공단과 같은 유해물질 취급시설은 그 지역의 지하수의 흐름양상을 면밀히 파악한 후에 입지를 선정해야 한다.

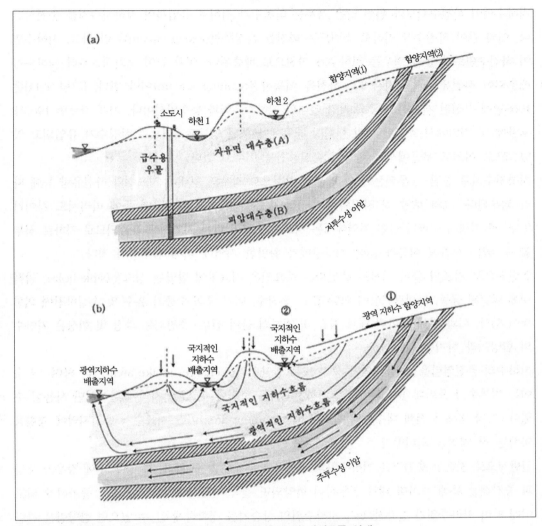

[그림 1-10] 지형의 기복이 심한 지역에서 지하수의 국지 및 광역흐름 양태

[그림 1-10](b)에서 ① 인근지역에 주유소를 설치하여 유류탱크로부터 유류가 누출되는 경우에는 국지적으로 하천(2)을 오염시켜 하천 생태계를 파괴할 뿐만 아니라 이를 급수원으로 이용하는 하류구간에 소재하는 도시지역에 치명적인 악영향을 미칠 것이며 광역 흐름장을 따라 원거리에 위치한 바다까지 오염시켜 해양 생태계에 악영향을 미치게 된다.

자연 지하수 흐름계 내에 대규모 취수정을 설치하여 대규모로 지하수를 개발 이용하는 경우에는 인공채수로 인한 국지적인 함양구역이 별도로 형성된다. 이러한 인공채수로 인해 형성된 함양구역을 포획구간(well capture zone)이라 하며 우물에서 채수한 모든 지하수는 이 구역으로부터 채수된 양이다.

지하수면이 하천수위보다 훨씬 낮은 경우는 하천수가 지하로 유입하여 지하저수지를 충진시킨다. 이와 같이 하천수가 지하로 스며드는 하천을 손실하천(losing stream)이라 하고, 지하수면이 하천수면보다 높을 경우는 지하수가 하천으로 배출된다. 이와 같이 포화대로부터 지하수가 배출되어 하천유량을 유지시키는 하천을 이득하천(gaining stream)이라 한다. [그림 1-11]은 1968년에 작성된 서울시 영등포 지역 일대의 지하수유역과 등수위선이다. 이에 따르면 1960대 후반에 이 지역에서 흐르던 한강은 한강 서쪽에 분포된 영등포지역으로 한강수가 유입되고 있었으므로 여의도 부근에서는 한강이 손실하천을 이루고 있다.

지하저수지로 충진·침투되는 물의 양은 일반적으로 강우의 형태나 지표수와 하천유량 등에 따라 좌우된다. 그외 토양 및 지질의 투수성과 습윤상태, 지표면의 구배 등에 따라서도 차이가 있다. 즉 지형의 구배가 급한 지역에서는 지표수가 빨리 다른 지역으로 유출되므로 지하로 침투할 수 있는 시간적 여유가 짧아 지형구배가 완만한 지역에 비해 침투량이 적다.

일반적으로 지표의 물이 지하로 충진되는 주요인은 지표부에 발달된 싱크홀(sink hole), 암석내에 발달된 공동, 모세관현상에 의한 흡수, 흡착수, 대기 중의 수증기 흡수 및 손실하천에 의한 것이 있다. 이와 같이 포화대 내로 지표 및 지하의 물이 침투·충진되는 과정 및 현상은 지하수의 함양이라 하지는 않는다.

지하수의 충진역할을 하는 지역을 충진 또는 함양지역(recharge, intake area)이라 하며, 이 술어는 침투수가 포화대까지 침투하여 지하저수지를 충진할 수 있는 지역에 한해서만 사용할 수 있다. 이에 비해서 전체 대수층의 집수구역(catchment area)이란 지표수가 충진지역에 영향을 미치는 전 지역을 의미한다.

일반적으로 지하수 충진량은 지하수위의 변동치로 추산해낼 수 있다. 즉 강우 후에 강우가 토양과 중간대를 통해 포화대 내로 침투하여 함양되면 결국 지하저수지의 부존량이 증가하게 되고 이에 따라 지하수위가 상승하므로, 지하수위의 상승치를 정확하게 알 수 있으면 함양량은 간단히 계산할 수 있다.

(6) 지하수의 배출(groundwater discharge)과 용천(spring)

지면하수의 흐름은 지하수의 유출, 포화대로부터 유출(phreatic water discharge)과 부유수의 유출로 구분할 수 있으며, 지하수의 유출은 다시 수리적인 유출(hydraulic discharge)과 증발유출(evaporation discharge)로 구분된다.

수리적인 유출이란 포화대 내의 지하수가 액상으로 지표로 직접 유출되는 것으로, 이들은 주로 용천이나 우물이나 기타 집수암거나 터널을 통해 유출되는 것을 의미한다. 지하수가 자연적으로 지표에 노출되는 것을 용천이라 한다.

포화대로부터 지하수가 기체의 형태로 대기중으로 배출하는 것을 증발유출이라 하고 이를 세분해서 식물에 의한 증발과 토양배출로 구분하며, 이중에서 식물에 의한 증발(vegetal discharge)이란 식물의 동화작용에 의해 대기로 발산되는 현상을 말하는데 포화대나 모세관대로부터 직접 식물뿌리에 의해 흡수된 물이 식물의 잎으로 엽면증발의 과정을 거쳐 대기로 배출되는 것을 뜻한다. 식물이 지하수를 빨아올릴 수 있는 깊이는 식물의 종류, 공급수의 상태 등에 따라 차이가 심하나 어떤 식물은 20m 이하에 부존된 지하수까지 엽면증발을 시키기도 한다. 이에 비해 지하수의 토양유출은 암석이나 토양 내에 저유된 지하수가 직접 대기로 증발유출되는 경우이다. 대부분의 지하수는 포화대로부터 모세관현상에 의해 지하수가 지표부로 상승하여 증발한다. 이러한 현상은 특히 지하수가 지표부근에 부존되어 있을 때에만 발생한다. 그러므로 용천과 증발유출 사이와의 차이는 명확하다. 즉 용천은 비록 소량의 지하수가 유출된다 하더라도 이는 지표수를 이루지만 식물이나 토양에 의한 유출은 결코 지표수를 이루지 않는다는 것이 그 차이점이다. 이러한 증발현상은 실제적으로 상당히 양적으로 많지만 실제 용천을 통해 유출되는 지하수는 인간이 사용할 수 있기 때문에 크게 문제시 되지 않는다. 그러나 건조한 지방에서는 지하수소비량 중에 큰 역할을 하는 것이 증발산이므로 건조지역에서는 이러한 증발현상을 감소시키기 위해 많은 노력을 하고 있다. 용천의 평균유출량에 대한 변동량의 비인 변동계수(variability)를 이용하여 용천을 분류하기도 한다.

즉 변동계수 V는

$$V = 100 \times -\frac{a-b}{c} \text{로 표현되고,}$$

여기서, a : 최대유출량, b : 최소유출량, c : 일정기간의~평균~유출량이다.

기존 유출기록으로부터 계산한 변동계수는 실제 및 절대 변동계수에 비해 작은 값을 나타내는 경향이 있다. 만일 기록치가 매우 작을 때는 변동계수가 너무 작아 완전히 무의미한 값을 나타낸다. 따라서 변동계수를 이용하려면 최소한도 해당 용천에 유출기록계를 설치하여 최소한 몇 년 동안의 기록치를 보유해야 한다. 또한 용천의 분류는 변동계수의 결과 치를 이용하여 다음과 같이 분류한다. 즉 이렇게 해서 구한 변동계수가 25% 이상이면 이를 균일유출용천이라 하고, 25~100% 정도일 때는 준변동용천, 100% 이상이면 변동용천이라 분류한다. 용천은 또한 유출지속성에 따라서 지속용천과 간헐용천(intermittent spring)으로 분류한다. 간헐용천은 모두 변동용천에 해당되고, 지속용천은 균일유출 및 준변동용천에 해당한다.

상당히 열이 높은 증기의 팽창력에 의해 다소 규칙적으로 지하수를 분출시키는 간헐용천을 Geyser라 하고, 이와 유사하지만 유출빈도가 암석 내에서 자연적인 샤이폰에 의해 주기적으로 지하수가 유출되는 용천은 주기적 용천(period spring)이라 한다.

그 외 지하수의 수온에 따라서 용천을 열온천(thermal spring)과 비열온천(nonthermal spring)으로 구분하기도 한다. 또한 온도차이에 따라서 온천(hot spring)과 warm spring으로 구분한다. 즉 이들 차이는 만일 온천의 온도가 인간의 체온보다 높을 때 즉 38℃ 이상일 때는 이를 온천이라 하고, 인간의 체온보다 낮을 때는 warm spring이라 한다. 비열온천은 용천수가 유출되는 지역의 평균 대기온도와 유사한 온도를 가지는 온천과 훨씬 낮은 온도를 갖는 온천으로 분류하고, 특히 열온천이 산재하는 지역에서는 비열온천과 동일한 뜻으로 냉천이란 술어를 사용하는데, 엄격한 의미에서 냉천(cold spring)이라 함은 대기온도보다 낮은 온도를 가진 용천을 뜻한다.

(7) 대수층 내에서 지하수의 체재시간(residence time)

함양지역에서 지표면에 내린 강수의 일부는 지하로 침투하여 자유면대수층으로 함양된 후 그 하부에 분포된 누수압층들을 통해 피압대수층으로 유입되기도 한다.

지하수의 하향수직흐름은 수평흐름에 비해 매우 느리기 때문에 자유면대수층에서 깊은 심도에 위치한 피압대층까지 지하수가 침투하는 데는 수백 년이 걸린다. 뿐만 아니라 자연상태에서 지하수 흐름속도는 매우 느린 층류(laminar flow)이므로 수평흐름도 상당히 느리다. 따라서 지하로 침투한 지하수가 지표의 배출지역까지 유동하는데 소요되는 시간 또한 수천 년이 걸릴 수 있다.

일개 물입자가 함양지역에서 지하로 침투하여 배출지역으로 유출되어 나올 때까지 대수층의 심도가 깊을수록 대수층 내에서 체재시간은 길어진다. 그렇기 때문에 깊은 심도에 부존되어 있는 지하수는 낮은 심도에 부존되어 있는 지하수에 비해 주변 암석과 접촉 반응할 수 있는 체재시간이 길기 때문에 수용성 광물질인 미네랄을 보다 많이 함유하다. 고용물질(dissolved solid)의 함량이 심부 대수층 지하수일수록 높은 것이 이러한 이유 때문이다.

지금 V를 대수층의 체적, q를 단위 체적당 지하수 함양량, t를 대수층을 포화시키는데 소요되는 시간(residence time)이라고 할 것 같으면

$$q \cdot t = V \text{ 이며, } t = \frac{V}{q} \tag{1-9}$$

1980년 Todd의 계산에 의하면 미국의 경우 대수층 내에서 지하수의 평균 체재시간은 지표로부터 800m 이내 심도에서는 약 200년, 800m 이상인 곳에서는 약 10,000년이 걸린다고 한다. 상기 식에서 대수층의 규모가 크고 함양량이 적을수록 지하수의 체재시간은 길게 된다.

환언하면 대수층의 규모는 강우함양에 의해 교체되는 지하수량에 비해 엄청나게 크기 때문에 심부에 위치한 피압대수층의 지하수 부존량은 강수량의 연간 변동에 거의 영향을 받지 않는다

는 뜻과 동일하다.

특히 천부 자유면대수층의 지하수는 강수의 영향을 받기도 하지만 심부 대수층은 한발에 거의 영향을 받지 않는다. 따라서 자연적인 강수의 변덕스러움에 대한 면역성 때문에 피압대수층은 주로 공공급수용 용수의 공급원으로 널리 이용되고 있다. 이러한 예는 리비아의 대수로공사의 수원인 중생대 Nubian 사암(Lybia의 Tazerbo와 Sirte basin의 Sarir 지역)과 사우디아라비아의 주 용수공급원인 심부 암반 지하수(Minzur 및 Tabuk 사암)가 모두 피압지하수임을 상기하면 충분히 이해할 수 있을 것이다.

그러나 지하수 체재시간이 긴 심부지하수가 일단 인간의 부주의로 인해 자칫 오염되면 자연 상태에서 자체적으로 정화되는 데는 수세기가 소요된다.

(8) 지하수 유역(groundwater basin)과 지하수 분수령(divide)

지표수유역(basin watershed)은 1개 지역에 내린 강수가 집수되어 일개 하천이나 강에 의해 다른 곳으로 유출되어 나가는 지형적으로 규정된 면적이다. 따라서 1개 유역 내에는 여러 개의 지류가 있을 수 있으며 유역 내에 내린 강수 가운데 일부는 증발산되고 일부는 지하로 침투하여 지하수가 되며 잔여분은 주 하천을 따라 최종적으로 바다로 유출된다.

지표수유역과 마찬가지로 지하수유역도 규정할 수도 있다(Cottez, 1965). 지하수유역은 규정하는 방법에 따라서 지하수유역의 경계는 지표수유역과 같아질 수도 있고 전혀 다를 수도 있다. [그림 1-11]은 1968년에 작성한 서울시 영등포 지역의 지하수유역과 등수위선을 나타낸 그림이다. 여기서 지하수분수령이란 두 개의 지하수체(groundwater body) 사이에 상호 흐름교환이 없는 분기선을 의미한다.

즉 지하수분기선(분수령)은 지하수의 동수구배이며 등포텐샬선에 대해 직각으로 교차하는 선이다. 따라서 지하수분수령에서 동수구배는 0이기 때문에 분수령을 가로질러 지하수는 흐를 수 없으며 분수령을 분기선으로 하여 그 양쪽에 위치한 지하수체는 서로 분리되어 있다.

지하수유역 내에 저유되어 있는 모든 지하수는 지표수분수령과 유사하게 자연 상태 하에서 지하수유역 내에 소재한 1개 하천으로 배출된다.

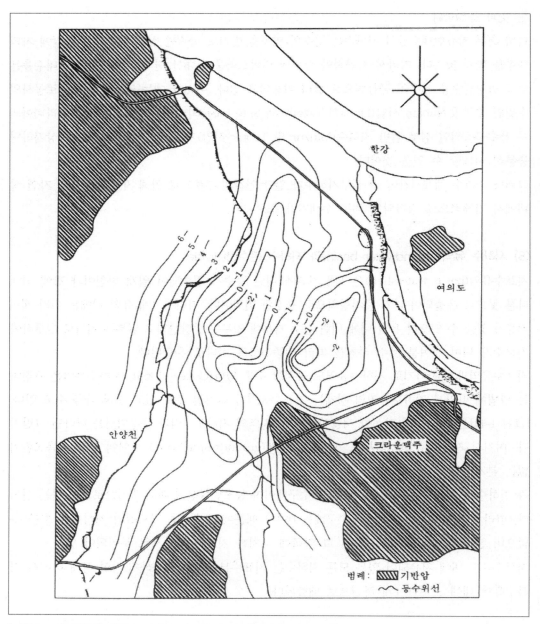

[그림 1-11] 서울시 영등포 지역의 지하수유역과 등수위선도(1968, 한정상)

1.5.2 국지 규모의 지하수계(local scale-groundwater system)

전절에서 대수층의 종류, 지하수면, 지하수의 운동, 지하수의 함양 및 배출지역에 관한 지하수
의 광역적인 환경에 대해 언급하였다. 그러면 국지적인 규모의 지하수환경에 대해 살펴보기로
하자.

[그림 1-12]는 우리나라에서 흔히 볼 수 있는 피압대수층 위에 자유면대수층이 분포된 지층의 단면도이다. [그림 1-12]와 같이 저투수성 점토층은 일종의 누수압층으로서 준대수층(aquitard)이며 하위 피압대수층과 상위 자유면대수층을 수리적으로 분리시키는 지층이다. 이에 비해 모관대는 상위 자유면대수층을 비포화대와 포화대로 구분하는 구간이다. 현장에서 우물을 설치할 때 제일 먼저 만나는 대수층이 자유면대수층이다. 그러나 간혹 지표로부터 점토층이 두껍게 분포되어 있는 지역에서는 점토층 하부에 피압대수층이 발달되어 있다.

그러면 먼저 자유면대수층부터 알아보기로 하자. 자유면대수층이 발달되어 있는 지역은 그 상위에 비포화대가 분포되어 있고 그 하부에 포화대인 자유면대수층이 분포한다.

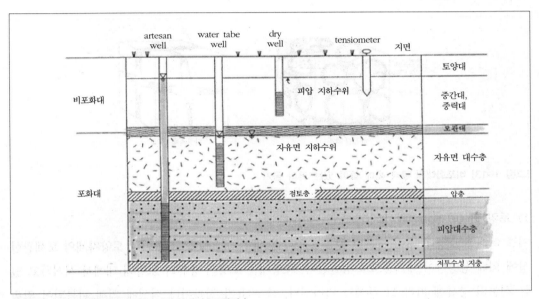

[그림 1-12] 국지적인 규모의 지하수계와 표면하수

(1) 비포화대(unsaturated zone 혹은 vadose zone)와 토양수

비포화대는 지표면에서 모관대의 최상단면까지의 구간이다. 비포화대에 속해 있는 각종 매체의 공극은 [그림 1-13]과 같이 물과 공기가 공존한다. 따라서 비포화대의 공극 내에 들어 있는 물과 주변 매체는 표면장력이 작용하기 때문에 항상 대기압보다 낮은 압력을 유지하고 있다.

비포화대 내의 공극 속에 존재하는 공기는 지표로부터 모든 공극을 통해 자유로이 움직이는 것으로 가정하고 있으나 온난한 지역에서는 이 가정이 적합할지 모르나 아주 추운지방의 동토 하에서는 이러한 현상은 일어나지 않는다.

특히 층서퇴적층에서는 비포화대 내에 국부적인 포화대가 발달되어 있을 수도 있다. 이러한 이유로 토양전문가들은 비포화대를 unsaturated zone이라는 술어 대신에 vadose zone이란 술어를 즐겨 사용한다.

일반적으로 비포화대 내에 들어 있는 공극수의 압력은 대기압보다 낮은 수두압을 유지하고 있기 때문에 이러한 상태의 압력을 모관압(capillary pressure), 흡입압(suction pressure) 또는 matrix potential 및 tension 등 다양하게 부른다.

모관압은 토양의 함수비에 따라 변한다. 비포화대 내에 관측정을 설치하면 관측정의 스크린 주변에 있는 토양은 대기압보다 낮은 수두압 하에 있다. 따라서 주변 토양이 토양공극 내에 들어 있는 물을 끌어당기는 역할을 하고 관측정에서 대기압은 토양수의 압력보다 높기 때문에 대기압은 다시 토양수를 스크린의 외부 방향으로 밀어낸다. 이 때문에 자연 상태 하에서 토양수는 관측정 내로 유입되지 않는다.

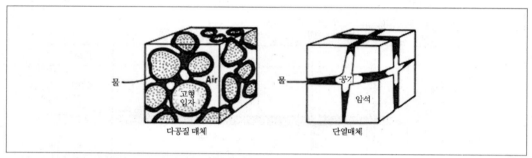

[그림 1-13] 비포화대의 공극 속에 들어 있는 물과 공기

1) 토양대(soil zone)와 토양수(soil water)

지표 아래인 토양대 내에 저유된 물을 토양수라 하며, 토양수는 식물이나 토양자체의 모세관현상에 의해 상당량이 대기중으로 증발한다. 토양대는 토양의 종류나 토양대 내에서 서식하고 있는 식물의 종류에 따라 그 두께가 달라진다. 즉 지표가 잡목이나 식생에 의해 피복되어 있을 때는 토양대의 깊이가 몇 cm밖에 되지 않지만 임야지역은 매우 두텁다.

특히 폭우가 쏟아진 후나 혹은 넓은 관개지역 외에는 토양의 공극은 항상 비포화대 상태로 물과 공기가 공존한다. 토양수는 농작물재배에 큰 영향을 주기 때문에 과거에는 주로 농업관계 전문가나 토양학자들의 전문분야였다. 그러나 근래에 와서는 토양오염이 그 하부에 분포된 지하수오염과 직결되어 있기 때문에 수리지질학에서도 비포화대의 특성을 폭넓게 연구하는 대상이 되었다.

식물 중에서 그 뿌리가 지하수면이나 최소 모관대에서 물을 흡수하여 서식하는 식물이 있는데, 이를 지하수 지시식물(phreatophyte)이라 하며 건조지역에서 지하수조사시에 널리 이용된다. 토양수는 다음과 같이 다시 세분할 수도 있다(Bridd).

① **흡착수**(hydroscopic water) : 대기로부터 직접 수분을 흡수하여 토질입자 표면에 얇은 습

기의 피막을 이루는 물로서, 이들은 비교적 토양입자에 대한 점착력이 크기 때문에 식물뿌리에 의해 좀처럼 흡수되지 않는다.

② 모관수(capillary type water) : 토양입자 주위에서 서로 연결된 피막을 이루며 표면장력에 의해 존재한다. 모세관현상에 의해 조금씩 유동하기 때문에 식물에 의해 쉽게 증발·흡수된다. 그러나 지하수면상에 발달된 모관수와는 다른 형태의 물이다(함수량이 다르다).

③ 동수 혹은 중력수(gravitational water) : 지구중력에 의해 토양대를 통해 하부로 흘러내릴 수 있는 잉여 토양수를 동수 또는 중력수라 한다.

토양수의 함수비가 매우 높은 비포화대 내에 일반 관측정을 설치하면 마른 우물(dry well)이 되는 이유도 바로 이러한 현상 때문이다. 따라서 비포화대 내에 들어 있는 토양수의 시료를 채취하려면 주변 토양의 흡입압보다 더 낮은 압력(수두압)을 가진 특수한 기구를 사용해서 토양수를 추출해 내야 한다. 현재 가장 널리 쓰고 있는 토양수 채취 기구는 suction lysimeter와 같은 기기들이 있다. 이와 같은 흡입압은 자전거용 펌프를 사용해서도 쉽게 만들 수 있다.

토양대는 그 두께가 1~2m 정도이지만 그 하부에 분포되어 있는 자유면대수층 구성물질의 수리지질특성과는 매우 다른 특성을 가지고 있다. 대다수의 오염물질은 지표면에서 발생되어 토양대와 중간대 및 모관대를 통과해야만 그 하부에 있는 대수층을 오염시킬 수 있기 때문에 지하수오염의 관점에서 볼 때 토양대의 특성은 매우 중요한 요인이다. 토양대의 두께는 그 지역의 기후, 강수, 식생 및 구성암에 따라 다르나 대체적으로 식물뿌리대가 서식하는 구간이다.

제주도 중산간지역은 제주전역에 부존된 지하수체의 주 함양지역이다. 1996년에서 1997년 초까지 제주도 중산간지역에 분포된 49종의 각종 토양에 해대 340여개소의 현장 침투율 조사와 각종 토양의 물성(공극률, 함수비, 건조단위중량, 체분석, f_∞)시험과 실내시험을 통한 분배계수를 구하여 제주도 지하수의 오염취약성 조사를 실시한 바 있다.

물론 제주도 중산간지역의 해발고도는 200~500m에 이르기 때문에 비포화대의 전체 두께는 최소 150~450m에 이르며 이 지역에 분포된 토양의 두께는 1~2m 정도이다. 그러나 토양 하부에 분포된 각종 현무암의 수리지질특성이 규명되어 있지 않은 상태에서 일차적으로 기 알려진 토양특성에 따라 지표오염물질의 오염저감능을 분석하고 연구하여 그 하부대수층에 미치는 영향을 조사 연구한 것은 매우 합리적인 접근법이라 할 수 있다.

2) 중간대(intermediate zone 또는 gravitational zone)와 중력수(intermediate water)

토양대와 모관대 사이에 분포된 구간을 중간대(intermediate zone)라 하며 중간대 내에서 비포화상태로 공극 내에 들어 있는 물을 중력수라 한다. 토양대 내에서 물의 모관력이나 토양입자 사이의 인력이 토양수를 유지하기 어려울 정도로 많은 양의 물이 토양대 내로 침투해 들어오면 침투된 물은 지구중력작용에 의해 점차 하부로 흘러 내려간다. 이렇게 하강한 물이 중간대에 들어오면 토양대에서와 마찬가지로 토양입자 사이의 인력이나 모관력에 의해 입자와 입자의 간격 내에 잔존하여 부유수를 이루게 된다.

부유수는 어느 목적으로도 사용 불가능한 물이며, 단지 토양대에서 하강하는 물이 모관대나 포화대로 자유로이 통과할 수 있도록 수로의 역할만 해준다. 일반적으로 지하수면이 높은 곳에서는 이 대가 존재하지 않으며, 지하수면이 낮은 곳에서는 수십 m에 이른다.

3) 모관대(capillary zone)와 모관수

포화대의 바로 윗 구간에 지하수가 모세관현상으로 인하여 중간대 쪽으로 상승해서 만들어진 구간을 모관대라 하고, 이 모관대 내에 들어 있는 물을 모관수라고 한다. 시험결과에 의하면 모세관현상에 의하여 상승할 수 있는 물의 높이는 입자의 직경에 반비례하며 모관대의 두께는 구성입자의 직경에 따라 서로 다르다. 즉 구성입자의 직경이 큰 경우에는 모관대의 두께가 얇고 직경이 작을 때는 그 두께가 두터워진다.

모관대의 높이는 구성매질의 공극크기에 따라 좌우되는데 일반적으로 공극이 조립질의 역질토양의 경우에는 수 cm인데 반해 공극의 크기가 매우 적은 세립질 점토질 토양의 경우에는 3~4m에 이른다. 즉 세립질일수록 지하수면에서 모관대의 상승높이는 커진다. 모관대는 공극 내에 포획된 기포나 공기가 없을 경우에도 완전 포화될 수 있으나 모관력 때문에 수두압을 유지하는 특수한 구간이다. 따라서 이 구간을 간혹 수두압을 가지고 있는 포화대(tension-saturated)라고도 한다.

전술한 바와 같이 60년과 70년대에는 대부분의 수리지질학자들이 지하수의 개발과 이용에만 관심을 두었기 때문에 사력층이나 투수성이 큰 대수층에 비해 세립질 지질매체에 대해서는 지하수 산출률이 적다는 이유로 관심을 두지 않았다. 그래서 대다수의 공업단지나 폐기물 매립지는 지하수의 산출률이 적어 공공급수용 우물을 설치하지 않는 세립질 지질매체가 분포된 구간에다 입지를 선정하였다.

물론 이로 인해 공공급수용 우물이 잠재오염원에 의해 오염되는 현상을 최소화 시킬 수도 있었다. 그러나 최근 이들 지역에서 발생한 오염문제들을 연구한 결과에 의하면 두께가 두꺼운 모관대에서 오염물질의 거동은 매우 난해하고 복잡한 것으로 알려지고 있다. 특히 석유류와 같이 물보다 비중이 가벼운 오염물질(LNAPL)로 오염된 토양과 지하수 연구조사에 많은 어려움을 겪고 있다.

모관대 내에서 오염물질의 이동속도는 그 길이에 따라 달라지긴 하지만 모관대 하부의 대수층 두께가 두꺼운 경우에 모관대 내에서 오염물질의 주 이동은 포화대수층의 지하수의 흐름방향과 거의 동일하다. 그러나 포화대수층의 두께가 매우 얇고, 이에 비해 모관대의 두께가 매우 두꺼울 경우 모관대가 대수층을 따라 수평으로 흐르는 지하수의 유출률에 미치는 영향은 결코 무시할 수 없다.

(2) 포화대(saturated zone)와 지하수(groundwater)

모관대를 통해 하부로 하강한 물은 결국 포화대 내로 침투하여 포화대 내의 공극이나 암석틈 사이에 충진된다. 이와 같이 포화대 내에 저유되어 있는 물을 지하수(groundwater, phreatic water, subterrenian water 및 underground water)라 한다. 그러나 Meinzer는 지하수를 subsurface water라고도 하였다(저자는 subsurface water를 표면하수로 분류하였다).

즉 모든 공극이 완전히 물로 채워져 있는 구간을 포화대(saturated zone)라 하고 포화대 내에 저유되어 있는 물을 Fetter는 지하수(groundwater)로 정의하였다. 지하수에 대한 정의는 표현방식에 따라 다음과 같이 약간씩 차이가 있다.

Cherry는 공극이 완전히 포화상태 하에 있는 지층이나 지하수면 하부에서 산출되는 표면하수(subsurface water)로 정의했는가 하면 미국의 종합 환경응급보상 책임법(comprehensive environmental reponse, compensation and reliability Act.(CERCLA 혹은 특별기금법, 1980)의 제101조(10)항은 지하수를 "수체(water body)나 지표면 하부의 포화지층 내에 저유된 물"로 정의하여 5대호 하부의 지층이나 하상 밑바닥의 충적층 내에 저유된 물도 지하수임을 명시하고 있다. 국내 지하수법(1996년 개정법)은 지하수를 "지표하 지층의 빈틈을 채우고 있거나 지하에서 흐르는 물"로 정의하고 있다.

자유면대수층의 경우에 지하수면하 수 m 이내의 얕은 구간에서 호기성 생물학적인 활동이 거의 없다면 비록 포화대구간일 지라도 이러한 특수한 구역 내에서는 용존 내지 포획된 공기가 존재할 수도 있다. 포화상태 하에서 지하수의 수온이 10℃ 정도일 때 용존산소는 지하수 내에 11㎎/l까지 함유될 수 있으나 생물학적인 활동이 활발해지면 용존산소의 함량은 급격히 감소한다.

포화대에 속하는 암석 틈이나 공극은 완전히 물로 충진되어 있어 지하에서 자연 지하저수지(undergroundwater reservoir)를 이룬다. 포화대의 두께는 해당 지역의 지질, 지층의 공극과 암석 틈의 발달상태 및 함양지역에서 배출지역으로 대수층 내에서 움직이는 지하수의 이동상황 등에 따라 달라진다.

(3) 지하수 이용시 장단점

수자원개발은 크게 지표수와 지하수의 개발로 나눌 수 있으며, 상기 두 자원 중 지하수를 용수로 이용할 때 지표수개발에 비해 가질 수 있는 이점을 열거하면 다음과 같다.

지하수는 단 일푼의 자금을 투자하지 않고서도 지표수의 저수지보다 많은 양의 물을 자연의 도움으로 지하에 저장되는 지하수를 이용할 수 있으며, 지표수는 막대한 자금을 투자하여 저수지를 만들어 물을 저수한 후에도 상당량의 물이 증발에 의해 유실되지만 지하저수지에서는 이러한 현상이 거의 일어나지 않는다. 또 특별한 배관공사를 하지 않아도 지하수는 광대한 지하대수층을 통해서 지하의 용수를 송수시킬 수 있으므로 이에 대한 공사비를 절약할 수 있다. 또한 지하수는 타자원에 비해 기상조건에 구애됨이 없이 막대한 양의 물을 용수로 사용할 수 있다. 즉 한발이나 가뭄이 심할 때 강이나 호수는 거의 고갈되지만 지하수는 부존량에 심한 영향을 받지 않고 지하에 항상 저장되어 있기 때문에 지하수의 저수지인 대수층을 정확하게 파악한 후, 개발을 한다면 다량의 용수문제 해결에 큰 도움이 된다.

지하수는 여러 목적에 부합되는 가장 이상적인 수자원으로서 지표수가 물리화학적으로 오염되어 있을 지라도 이들이 일단 지하로 스며들어 지하저수지인 대수층에 저장될 때는 자연적으로 대수층이 여과작용을 하여 깨끗하고 순수한 물로 변화시켜 주며, 특히 방사능 낙진이나 기타 폐수에 의한 오염도 지표수에 비해 훨씬 안정된 상태이다. 지하수의 수온 변화는 연중 13~17℃ 정도로 일정하다. 특히 동절기와 하절기에 지하수의 수온은 대기온도 비해 약 10℃ 이상의 차이가 있어 냉·난방용 열원(heat source)으로 이용 시 친환경적인 재생에너지의 열원으로서 경제성이 매우 크다.

이와 같은 지하수의 장점을 간략히 열거하면 다음과 같다.

① 탁도와 색도가 전무하여 전처리시설이 필요치 않다.
② 물리, 화학적인 성분이 항상 일정하다.
③ 병원성세균이 생존치 않아 생·공용수로 이용 시 특별한 물처리시설이 필요 없다.
④ 수온이 연중 일정하여 친환경적인 냉·난방용 열원으로 널리 이용가능하다.
⑤ 부존량이 지표수부존량의 12배 이상이며 계절적인 부존량의 변화가 그리 크지 않다.
⑥ 대수층은 자연적으로 형성된 지하저수지와 배관의 역할을 한다.
⑦ 지표저수지는 갈수기에 증발에 의한 유실이 크나 지하수는 그렇지 않다.
⑧ 지표수에 비해 오염가능성이 적다.
⑨ 단시일에 용수개발이 가능하다.

이에 비해 단점은 다음과 같다.

① 대수층이 분포되어 있는 곳에서만 지하수개발이 가능하여 장소의 제약이 있다.
② 동일지역 내에서 용존물질의 함량이 지표수보다 높다.
③ 강수량이 많은 지역에서 용수이용은 지표수에 비해 비경제적이다.

④ 개발이용량이 평균 1,000~100,000m³/일 규모로 지표수에 비해 소량이다.

1.5.3 복류수(underflow water)와 충적층 지하수

과거 천부지하수의 수면이 하천수(stream water)와 밀착해서 비포화대가 모두 없어져버린 특수한 자유면 천부지하수를 복류수라 했다. 따라서 건기에 하천은 고갈되더라도 복류수는 소멸되지 않고 하천양안이나 바닥하부에 분포되어 있다고 생각했다.

그래서 Slichter는 복류수를 지하수의 유로(underflow water, 일명 복류거)를 따라 흐르는 일종의 지하수인 것으로 정의한 바 있다. 여기서 복류거란 지표수 유로의 하저에 발달된 투수성 충적층을 의미한다.

저자의 경험에 의하면 Saudi Arabia의 Tabuk과 Kybal 지역을 위시하여 Oman의 Muskat 지역에 분포된 wadi(일종의 간헐하천)의 하상 밑 3~10m 하부에는 양질의 풍부한 천부지하수(shallow groundwater)가 부존되어 있고, Muskat 지역에 분포된 wadi 하부의 지하수는 바다로 유출되고 있다(Fox).

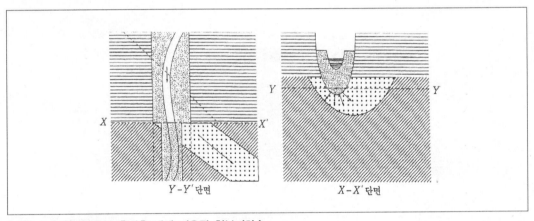

[그림 1-14] 복류수와 충적층 내에 저유된 천부지하수

wadi는 폭우 시에만 지표수가 일시적으로 흐르는 사막지대의 간헐하천으로서 평상시에는 지표수가 전혀 흐르지 않는다. 이 경우 지하수로의 위치와 wadi의 하상은 지형적으로 일치하지만 wadi 하부에 분포된 물은 복류수가 아니고 천부지하수이다. 이를 복류수라 할 수는 없다.

일본의 경우에도 미무천이나 존무천처럼 물이 지하로 스며든 후 wadi처럼 지하수로를 형성하지 않고 넓은 지역으로 분산되어 흐르는 경우에 이를 복류수라 부르는 것은 적당치 않다.

그러나 하상의 기복이 심해서 상류에서 지하로 일단 스며든 물이 하류에서 지표로 다시 노출되어 하천표류수를 이루는 소위 단속하천의 지하에 잠시 동안 체재한 물은 복류수라 할 수 있다.

국내의 경우에도 용식석회암이 널리 분포된 지역에 발달되어 있는 소계곡을 따라 흐르던 지표수가 하상바닥에 발달된 용식동굴을 따라 지하로 스며든 다음, 지하수유로를 따라 흐르다가 그 하류구간에서 다시 지표수의 형태로 노출되는 경우가 있다. 이러한 경우에도 Karst 지역의 특성 때문에 지중연속유로를 따라 흐를 때는 복류수라 하지 않는다.

우리나라의 지하수 산출특성으로 볼 때 기존 하천주변에 분포된 모래 및 자갈층에 저유된 물은 복류수가 아니라 충적층 내에 저유된 천부지하수이다.

대수층의 저유성과
수리특성

대수층의 저유성과 수리특성
CHAPTER 02　53

2.1 포화대의 수리지질 특성인자

포화대 내에서 수리지질학적인 특성은 지하수의 유동특성과 저유특성으로 대별할 수 있다. 유동특성 중 가장 중요한 인자는 수리전도도(hydraulic conductivity)와 투수량계수(transmissivity)이며 저유특성으로 가장 중요한 인자들은 공극률(porosity), 비저유계수(specific storage coefficient), 저유계수(storativity or storage coefficient)와 비산출률(specific yield)이다.

2.1.1 대수층의 저유성

(1) 공극률

대수층 내에 저유된 지하수의 부존량(賦存量)을 계산하려면 대수층의 공극률(porosity)을 알아야 한다. 공극률이란 단순히 대수층 내에 발달된 간격 및 공간의 양을 나타내는 단위로서 정량적으로는 대수층으로부터 시료를 채취하여 그 시료의 전 체적에 대한 시료 내의 전 공간 및 틈의 체적과의 비를 의미한다. 따라서 전체 공극률은 대수층이 지하수를 저유할 수 있는 최대 저수량을 뜻한다.

공극률은 (2-1)식으로 표현할 수 있다.

$$n = \frac{V_i}{V} = \frac{V_w}{V} = \frac{V - V_m}{V} = 1 - \frac{V_m}{V} \tag{2-1}$$

여기서,　V_i : 공극의 체적
　　　　V : 시료의 전 체적
　　　　V_w : 물의 체적(포화된 시료)
　　　　V_m : 입자만의 체적

이외에도 공극률은 (2-2)식과 같이 간극비(void ratio)로 표현하기도 한다.

$$n = \frac{\gamma_t - \gamma_d}{\gamma_t} = 1 - \frac{\gamma_d}{\gamma_t} \tag{2-2}$$

여기서,　γ_t = 시료의 습윤밀도
　　　　γ_d = 시료의 건조 단위중량

즉 비포화대에서 함수비는 일반적으로 공극률보다 적고 최대 함수비는 공극률과 동일하다. 공극은 그 형성시기에 따라 1차 공극(primary porosity)과 2차 공극(secondary porosity)로 구분한다.

화강암이나 변성암과 같은 견고한 고결암이나 미고결암 모두를 넓은 의미에서 암석이라고 할 경우에 암석이 만들어질 당시에 형성된 공극을 1차 공극이라 하고 암석이 형성되고 난 다음, 단층작용이나 습곡작용 및 기타 지진의 활동과 같은 지각변동에 의해 부수적으로 만들어진 공극을 2차 공극이라 한다.

예를 들면 현재 하상에서 퇴적하고 있는 충적층 구성물질인 모래와 자갈사이의 공극이나 현무암의 주상절리들은 1차 공극이며 지질시대가 오래된 편마암이나 화강암 내에 발달되어 있는 단열-파쇄대나 석회암 내에 발달된 용식동굴들은 2차 공극의 대표적인 예이다. 우리나라의 경우에 경상계나 대동계 및 평안계에 속하는 단열 사암이나 세일들은 1차 및 2차 공극을 모두 가지고 있는 암석이다.

대다수 수리지질기술자들은 1, 2차 공극을 모두 합쳐서 일종의 공극률로 취급한다(그림 2-1참조). 그러나 2차 공극인 파쇄대나 열극을 지니고 있는 현무암, 사암이나 석회암 및 결정질암을 모델링할 때 이를 2중공극(dual porosity)으로 취급하기도 한다(Streltsova). 고결암(consolidated rock)이 생성될 당시에 형성된 층리면이나 절리 같은 1차 공극은 서로 밀착되어 있어 투수성이 비교적 낮지만, 이들 암석이 후에 압쇄작용이나 습곡 및 단층작용에 의해 단층이나 파쇄대와 같은 새로운 구조가 암석 내에 발달됨으로써 형성된 2차 공극들은 암석의 투수성을 훨씬 양호하게 만든다. 특히 석회암이나 경석고(anhydrite) 같은 암석은 초기에는 상당히 괴상인 거의 저투수성인 암석이지만 암석의 층리면이나 기타 절리를 따라 탄산가스가 포함된 지하수가 스며들면 석회암(limestone)이 점차 용해되어 큰 용해공동과 같은 2차 공극을 만들어 양호한 대수층으로 바꿔 버리기도 한다. 그러나 간혹 변성작용에 의해 초기공극이 밀착되어 도리어 공극률이 감소되는 경우도 있다.

비록 동일한 입자로 구성된 대수층이라도 공극률은 구성입자의 배열상태, 모양, 입도분포, 고결정도 등에 따라 그 값이 서로 다르다. 일반적으로 모래의 공극률은 25~50% 정도이나 비교적 느슨한 상태의 점토의 공극률은 약 30~60% 정도 된다.

또한 각질의 입자는 고형입자보다 공극률이 훨씬 크고, 입도분포가 양호한 대수층의 공극률은 입도분포가 불량한 대수층의 공극률보다 작다.

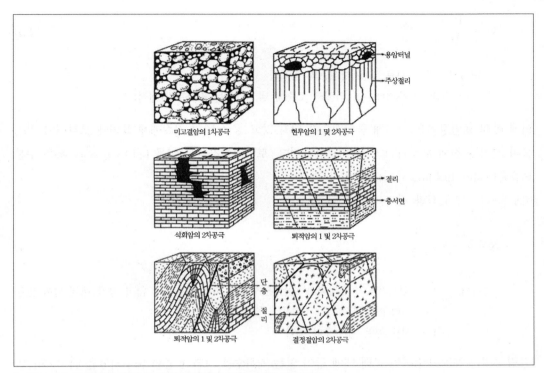

용암터널
주상절리

절리
층서면

단층
절리

미고결암의 1차공극 　 현무암의 1 및 2차공극

석회암의 2차공극 　 퇴적암의 1 및 2차공극

퇴적암의 1 및 2차공극 　 결정절암의 2차공극

[그림 2-1] 여러 종류의 암석 내에 발달되어 있는 1 및 2차 공극

(2) 비산출률과 비보유율(specific yield와 specific reyention)

대수층으로부터 지하수를 채수할 때 공극 내에 들어 있던 지하수는 모두 배출되지는 않는다. 즉 대수층의 구성입자들과 지하수 사이에 작용하는 분자력이나 표면장력에 의해 일부만 배출되고 잔여분은 그대로 공극 내에 남아 있게 된다. 따라서 단위체적의 대수층 내에 포함된 지하수와 대수층으로부터 외부로 뽑아낼 수 있는 지하수량과의 비, 즉 공극 내에 들어 있는 지하수를 외부로 배출해 낼 수 있는 양과의 비를 비산출률(specific yield, S_y)이라 하고, 그 반대로 단위체적의 지하저수지와 그 저수지로부터 지하수를 배출시키고 난 다음, 대수층 내에 남아 있는 양과의 비를 비보유율(specific retention, S_r)이라 한다.

환언하면 공극 내에 들어있는 물은 중력으로 배수될 수 있는 물과 대수층 구성 입자와의 표면장력에 의해 중력배수가 되지 못하는 물로 구성되어 있다.

여기서 중력에 의해서 배수될 수 있는 물의 체적과 전체 대수층 체적의 비가 비산출률이다. 혹자는 비산출률을 효율공극률 혹은 배수가능 공극률이라고도 한다.

비산출률은 (2-3)식으로 구할 수 있다.

$$S_y = \frac{\overline{V_w}}{\overline{V}}$$ (2-3)

여기서, $\overline{V}$: 시료 혹은 대수층의 전체적

$\overline{V_w}$: 중력배수에 의해서 토출해 낼 수 있는 지하수량(체적)

이에 반해 표면장력으로 인해 중력배수가 되지 않고 공극 내의 지질매체 표면에 부착되어 있는 물의 체적과 전체 체적과의 비는 비보유율이다. 토양기술자들은 이를 field capacity 혹은 수분보유율(water holding capacity)이라 한다.

비보유율은 (2-4)식과 같다.

$$S_r = n - S_y = \frac{\overline{V_r}}{\overline{V}}$$ (2-4)

여기서, $\overline{V_r}$: 입자간의 표면장력과 같은 분자력에 의해 배수되지 않고 공극 내에 남아 있는 지하수량(체적)

$\overline{V}$: 시료 혹은 대수층의 체적

[그림 2-2]는 체적이 $1m^3$인 모래 내에 들어 있는 지하수를 장기간 중력 배수시켰을 때 $0.15m^3$만 중력배수된 경우의 모식도이다. 이 모래의 비산출률은 0.15이고, 모래의 공극률이 0.25였다면 비보유율은 0.1이다.

따라서 비산출률(S_y)과 비보유율(S_r)의 합은 공극률과 동일하다(그림 2-3 참조).

$$S_y + S_r = n$$

비산출률은 항상 공극률보다 작으며, 그 값은 구성입자의 크기, 모양, 공극의 분포, 형태 및 대수층의 압밀정도에 따라 달라진다. 즉 균질 모래층은 비산출률이 약 30% 정도이지만 대부분의 충적층은 10~20% 정도이다.

비보유율은 전대수층의 체적에 대한 포화대 내에서 중력배수 후에 남아 있는 지하수량과의 비를 뜻하므로(Meinzer), 전술한 바와 같이 비보유율은 토양학에서 다루는 수분보유율(water holding capacity)과 유사한 술어라고 할 수 있다. 그러나 엄격한 의미에서 수분보유율이란 토양 내에 함유되어 있는 토양수가 중력배수에 의해 배수될 수 있는 최소치를 의미한다. 따라서 이를 비보유율로 환산하려면 수분보유율에다 토양의 건조밀도를 곱해서 물의 단위중량으로 나누어야 한다.

비포화대 내에서 중력수와 보유수와는 서로 비슷한 성격을 가지고 있다. 그러나 그들 사이의 관계를 명확히 구별지울 수 있는 근거가 없으며, 단순히 수리지질학에서의 비보유율은 포화대

내에서 발생하는 경우만을 취급한다.

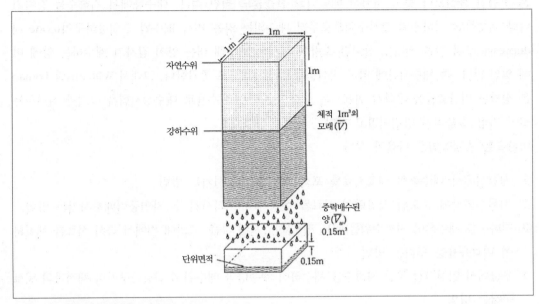

[그림 2-2] 비산출률과 비보유율을 나타낸 모식도

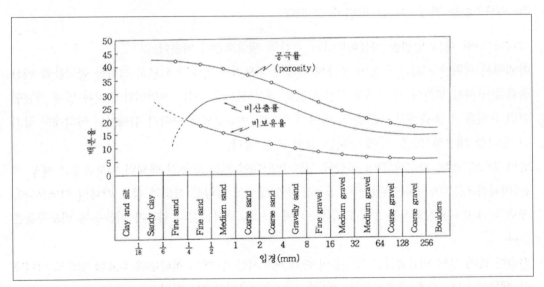

[그림 2-3] 각종 대수층 구성 입자 및 구경별 비산출률과 비보유율

그러나 실제적으로 중력에 의해 배수되는 물의 양과 보유수와의 사이는 명확하지 않다. 즉 배수
되는 물의 양은 배수시간, 물의 온도 및 구성입자의 광물성분에 따라서 표면장력, 점성 및 비중

에 큰 영향을 미치기 때문에 배수되는 양도 실제 조금씩 다를 것이다. 일반적으로 세립질 물질은 조립질 물질보다 물이 서서히 배출되고 산출률도 훨씬 적다. 대수층에서 지하수를 갑자기 다량 채수하면 지하수위 강하구역으로부터 배수되는 양은 비록 배수된 수위강하구역(cone of depression)과 같을 지라도 장기간 소량씩 서서히 채수해 내는 양이 갑자기 채수하는 양에 비해 훨씬 많다. 즉 채수시간에 따라 비산출률은 점차적으로 증가한다. 그래서 Williams와 Loman은 정확한 비산출률을 구하기 위해서는 소량의 지하수 채수율로 대수성시험을 장기간 실시하는 것이 가장 효율적인 방법이라고 했다.

비산출률 측정방법은 다음과 같다.

① 시험실에서 대수층의 대표시료를 포화시킨 후 배수시키는 방법.
② 지하수면상에 분포된 상당량의 시료를 현장에서 포화시킨 후 자연중력배수시키는 방법.
③ 지하수를 채수하여 지하수위를 어느 정도 하강시킨 다음, 모관대 위에서 즉시 시료를 채취하여 비보유율을 구하는 방법.
④ 우물에서 일정기간 동안 지하수를 채수하여 채수량과 배수된 수위강하구역의 체적과의 비로 구하는 방법.
⑤ 시료의 체분석을 실시하여 공극률을 구하고, 그 다음 비보유율과 비산출률을 구하는 방법.
⑥ 비산출률을 직접 구하는 방법 등이 있다.

그러나 위의 어느 방법을 사용하더라도 약간의 제한조건이 따른다.

야외에서 채취한 시료는 원형이 조금씩 변형된 흐트러진 상태가 되므로 정확한 공극률과 비산출률을 구하기 힘들다. 야외에서 직접 시험을 실시하는 경우에는 자연여건에 따라 발생 가능한 여러 요인을 조절-측정키는 힘들다. 따라서 정확한 비산출률을 구하기 위해서는 야외에서 장기간 실시한 대수성시험을 통해 구하는 것이 가장 좋다.

일반적으로 모래, 자갈과 같이 공극이 서로 연결되어 있는 다공질 매체의 비보유율은 매우 적은(대체적으로 0.04이하이다) 반면 공극률의 연결성이 불량한 점토와 같은 매체의 비보유율은 매우 높아 0.4를 상회하는 경우도 있다. 대체적으로 구성물질의 입자가 적을수록 비보유율은 크다.

전술한 바와 같이 비산출률은 대수층이 중력 배수시킬 수 있는 지하수의 유효한 양으로 나타내기 때문에 이를 간혹 유효공극률(effective porosity)이라고도 한다.

그러나 현재 일부 수리지질전문가들은 유효공극률을 단순히 포화흐름이 일어나고 있는 연결공극으로 이해하고 있는데 이는 유효공극과는 다른 것이다. 이 경우 유효공극은 다른 조건하에서 다른 값을 가질 수도 있다. 이로 인해 현장에서 실무를 담당하고 있는 수리지질기술자들에게 상당한 문제점을 야기시킨 예가 미국의 경우에 발생했다.

즉 공극내에 유동하지 않는 물이 있을 때는 지하수는 비산출률보다 적은 실 유효공극을 통해서만 흐르게 된다. 예를 들어 사공극(dead)이나 공극 내에서 유동하지 않은 물이 거의 없는 투수성 모래나 자갈이나 투수성 열극에서는 상술한 바와 같이 유효공극사이에 별차가 없기 때문에 유효공극은 비산출량과 같은 값을 가진다.

그러나 대다수의 매체는 구성입자의 배열방식에 따라 공극이 서로 연결되어 있지 않은 구간(그림 2-4 참조)에서는 물이 공극을 통해 흐르지 못한다. 그렇지만 유동하지 못한 물도 중력배수시키면 이 구간에 있는 물은 배수될 수 있어 배수체적에는 영향을 미치지 않지만 공극을 통해 유동하는 물의 양에는 큰 변화가 있게 된다.

[그림 2-4]는 단열매체에서 연결공극(transport porosity)과 사공극(dead end porosity)을 나타낸 그림으로서 주 연결공극 주변에 발달된 소규모 공극은 끝이 막혀 있어 이 구간의 물은 실제 유동하지는 못하지만 중력에 의해 배수는 될 수 있는 물이기 때문에 비산출률에 속한다. 그러나 주변 공극과는 서로 연결되어 있지 않아 일반적으로 정의된 유효공극의 범주에는 속할 수가 없다.

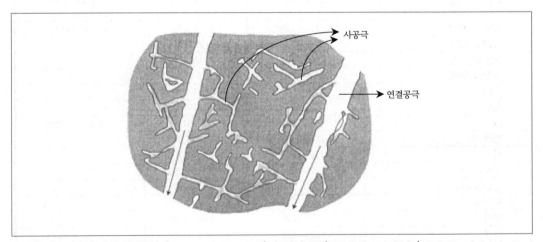

[그림 2-4] 단열매체에서 사공극(dead end porosity)과 연결공극(transport porosity)

전술한 바와 같이 유효공극은 비산출률과 동일하거나 약간 적다.

Bear와 Verruijt(1987)는 매체를 통해 유체가 흐를 수 있는 유효공극을 n_{ef}라고 표기하여 일반 유효공극률 n_e와 구분하였다.

지하수의 개발-이용측면에서는 모래와 자갈과 같은 충적층이나 투수성 대수층을 주로 취급하므로 이러한 매체의 공극 내에는 전술한 물이 유동할 수 없는 구간(일명 사공극)이 없기 때문에 $n_e = S_y = n_{ef}$이다.

매체 구성입자가 다양한 경우나 특히 끝부분이 완전히 개방되지 않은 단열대(파쇄대나 절리)의 공극은 공극 내에 유입된 유체가 유동할 수 있는 공간(n_{ef})과 유동할 수 없는 공간인 사공극으로 구성된다. 혹자는 n_{ef}를 연결공극(through 혹은 transport porosity)이라 한다. [표 2-1]은 그 동안 여러 명의 수리지질기술자들이 구해 놓은 각종 암석의 공극률과 비산출률을 저자가 요약한 표이다.

[표 2-1] 각종 암석의 대표적인 공극률과 비산출률

암종	공극률	비산출률	비고
1. 미고결 퇴적물			
흐트러진 상태의 균질모래	0.46		
조밀한 균질모래	0.34		
흐트러진 상태의 혼합모래	0.4		
조밀한 혼합모래	0.3		
빙하퇴적물(혼합)	0.25~0.45		Walton (1988)
벤토나이트	0.84		
조립질 자갈	0.24~0.36	0.1~0.25	Walton (1988), Davis (1969), Johnson (1967)
세립질 자갈	0.25~0.038	0.2~0.35	Croff (1985)
조립질 모래	0.31~0.46	0.2~0.35	
중립질 모래		0.15~0.3	
세립질 모래	0.26~0.53	0.1~0.3	
실트	0.34~0.61	0.01~0.3	
점토	0.34~0.60	0.01~0.2	
peat	0.6~0.80	0.3~0.5	Walton (1988)
황토	0.4~0.55	0.1~0.35	"
사구	0.35~0.45	0.3~0.4	"
사력층	0.2~0.35	0.15~0.30	"
점토질 모래		0.03~0.2	
2. 퇴적암			
이암	0.25~0.4	0.01~0.35	
사암	0.25~0.5	0.1~0.4	
석회암, 백운암	0.00~0.20	0.001~0.05	
용식 석회암	0.05~0.55	0.01~0.25	
세일	0.01~0.1	0.005~0.05	
경석고 (anhydrite)	0.5~0.05	5×10^{-4}~0.05	
chalk	0.05~0.2	5×10^{-4}~0.05	
salt bed	0.005~0.03		
3. 결정질암			
파쇄암	0~0.1	5×10^{-5}~10^{-2}	
조밀한 결정질암	0~0.05		
현무암	0.03~0.35		
풍화된 화강암	0.34~0.57	0.2~0.3	Walton
풍화된 반려암	0.42~0.45		
화강암	0.1	5×10^{4}	
화산응회암		0.02~0.35	

(3) 저유계수(storativity)와 비저유계수(specific storage coefficient)

1) 자유면대수층과 피압대수층의 저유계수

수리수두가 변함에 따라 대수층으로 유입되거나 배출되는 지하수량(체적)은 대수층의 저유계수 (storativity, storage coefficient)를 이용하여 정량화시킬 수 있다.

자유면대수층의 저유계수는 비산출률과 같고 피압대수층에서는 수두가 3차원적으로 변할 때는 비저유계수를 사용하고 수리적인 접근법이 가용할 때는 저유계수를 이용한다.

저유계수(storativity)란 대수층 내에 저유되어 있던 물이 단위수두변화에 따라 단위면적을 통해 유입·유출될 수 있는 지하수량을 무차원 상수로 표시한 것이다.

저유계수는 (2-6)식과 같이 2개항으로 구성되어 있다.

$$S = S_y + S_s b \tag{2-6}$$

여기서, S_y 는 단위체적의 대수층이나 지연대수층 내에 저유되어 있던 물이 단위체적으로부터 중력배수될 수 있는 지하수의 양과의 체적비로 비산출률이며, S_s 는 단위체적의 대수층이나 지연대수층 내에 저유되어 있던 물이 지하수위의 강하로 인해 지하수의 팽창과 대수층의 압축현상에 의해 단위체적으로부터 배출되는 지하수량과의 체적비인 비저유계수이다. 단 두 경우 모두 단위수두강하가 발생하고 동수구배는 1:1이며, 수온은 15.6℃일 때이다.

피압대수층의 경우, 지하수를 장기간 채수하더라도 대수층 두께는 항상 포화상태로 있으므로 $S_y = 0$이지만 자유면대수층에서는 지하수채수로 인해 지하수위가 하강하면 포화대의 두께가 변화하므로 S_y 는 0이 아니다.

2) 비저유계수(S_s)

전술한 바와 같이 대수층이나 지연대수층 내에 저유되어 있던 지하수를 채수하면 수위강하에 따라 지하수는 순간적으로 팽창하고, 반대로 대수층은 응력의 변화로 압축을 받아 대수층 내에 저유된 지하수가 배출된다. 즉 단위체적의 대수층 내에 저유되어 있던 지하수가 단위수두만큼 하강하면 지하수는 팽창, 대수층은 압축되어 대수층의 단위면적을 통해 지하수가 배출되는 양 (체적), 즉 대수층의 체적 대 지하수의 배출체적과의 비를 비저유계수라 했다.

[그림 2-5]와 같이 피압대수층의 최상단 경계면에 작용하는 상재하중을 δ_T라 하고 피압대수층의 간극수압을 P, 피압대수층을 구성하고 있는 입자들 사이에 작용하는 응력을 δ_e라 할 때, 평형상태 하에서 (2-7)식이 성립한다.

$$\delta_T = p + \delta_e \tag{2-7}$$

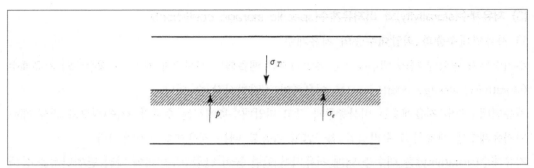

[그림 2-5] 평형상태하에 있는 피압대수층 경계면에서 상재하중, 간극수압과 유효응력과의 관계

피압대수층에 우물을 설치하여 지하수를 채수하면 지하수위의 감소로 인해 간극수압(P)은 감소하고 반대로 대수층의 구성입자 사이에 작용하는 응력(δ_e)은 증가한다.

$$d\delta_T = dp + d\delta_e \tag{2-8}$$

(2-8)식에서 δ_T는 constant이므로 $d\delta_T = 0$이기 때문에,

$$d\delta_e = -dp = -\gamma_w dh \tag{2-9}$$

(2-9)식과 같이 대수층 내에서 수리수두(h)가 감소하면 지하수의 간극수압(P)은 감소하고 대수층의 유효응력은 증대한다.

지금 [그림 2-6]과 같이 대수층의 지하수위가 1m 강하할 때 단위 대수층 내에서 배출되는 지하수를 대수층의 간극수압의 감소로 인해 배출되는 양(V_{w2})과 대수층의 유효응력의 증대로 인해 배출되는 양(V_{w1})으로 구분하여 생각해 보자.

즉 단위 지하수위(1m) 감소로 인해 배출되는 지하수는

① 지하수위 감소로 인해서 대수층의 유효응력이 증가하여 대수층이 압축·압밀되므로 배출되는 지하수량 V_{w1}은 대수층의 압축성에 좌우된다.

$$V_T = V_s + V_{w1} \tag{2-10}$$

여기서, V_T는 대수층의 전체적
              V_s는 대수층 구성물질 중 고체의 체적
              V_{w1}은 유효응력 증가로 배출된 지하수량

지하수위가 하강하면

$$dV_T = dV_s + dV_{w1} \tag{2-11}$$

(2-11)식에서 V_s는 항상 일정한 값이므로 $dV_s = 0$ 이다.

$$\therefore \quad dV_T = dV_{w1} \tag{2-12}$$

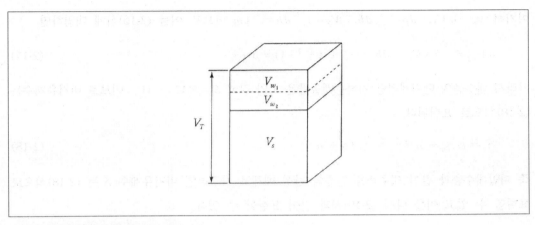

[그림 2-6] 단위체적당 지하수의 V_{w1}, V_{w2} 및 V_s

지금 대수층 구성물질의 압축계수를 α라 하면

$$\alpha = \frac{\dfrac{dV_T}{V_T}}{d\delta_e} \tag{2-13}$$

$$\therefore \quad dV_T = \alpha V_T \, d\delta e$$

(2-12)식에서 $dV_T = dV_{w1}$이므로 $dV_T = dV_{w1} = \alpha V_T \, d\delta_e$ 이고,
$d\delta_e = -\gamma_w dh$ 이므로

$$dV_{w1} = -\alpha V_T \gamma_w dh \tag{2-14}$$

지금 $V_T = 1m^3$, 수위강하량 $dh = -1m$ 이므로
(2-14)식에서 $dV_{w1} = -\alpha V_T \gamma_w dh$ 에서 상기 조건을 대입하면

$$dV_{w1} = -\alpha \, 1 \, \gamma_w(-1) = \alpha \gamma_w \tag{2-15}$$

② 지하수위의 강하로 인해 간극수압이 감소하여 지하수가 순간팽창을 일으켜 배출되는 양 dV_{w2}는 지하수의 압축성에 좌우된다. 지하수의 압축계수를 β라 하면

$$\beta = \frac{\dfrac{-dV_{w2}}{V_w}}{dp} \ \text{이고}, \quad dV_{w2} = -\beta \, V_w \, dp \tag{2-16}$$

여기서 $V_w = n \, V_T$, $dp = \gamma_w \, dh$, $V_T = 1$, $dh = -1m$ 이므로 이를 (2-16)식에 대입하면

$$dV_{w2} = -\beta \, n \, V_T \, \gamma_w dh = -\beta \, n \cdot 1 \, \gamma_w (-1) = \beta \, n \, \gamma_w \tag{2-17}$$

따라서 대수층의 단위체적당 지하수배출량은 S_s와 같고 $S_s = dV_{w1} + dV_{w2}$ 이므로 비저유계수는 (2-18)식으로 표현된다.

$$S_s = \alpha \, \gamma_w + n \beta \, \gamma_w = \gamma_w (\alpha + n\beta) \tag{2-18}$$

즉 피압대수층과 같이 대수층을 일종의 탄성 매체로 가정하면 비저유계수 S_s는 (2-18)식으로 표현할 수 있고 이를 다시 (2-19)식과 같이 표현할 수 있다.

$$S_s = \delta w \, g(\alpha + n\beta) = \gamma_w \left(\frac{1}{E_s} + \frac{n}{E_w} \right) \tag{2-19}$$

여기서 α는 피압대수층의 압축계수, 즉 탄성계수(E_s)의 역수(M^{-1}, T^2L)이며 β는 물의 압축계수로써 물의 탄성계수(E_w)의 역수(M^{-1}, T^2L), n는 공극률, γ_w는 물의 단위중량(MT^{-2}, L^{-2})이다 따라서 비저유계수의 차원(dimension)은 $[L^{-1}]$이며, S_s의 값은 소성점토인 경우 $0.01m^{-1}$이고 기반암의 경우에는 $10^{-7}m^{-1}$ 정도이다. S_s의 크기는 피압대수층에서 압력전달율에 반비례한다. 예를 들어 S_s가 적을수록 압력 전달속도는 매우 빠르고 $S=0$인 최극단의 경우(암석과 지하수를 동시에 채굴시)에는 완전히 비압축상태로 되어 압력이 동시 전달되는, 즉 정류상태가 된다. S_s는 피압대수층에서 3차원의 부정류(transient, unsteady-state) 흐름분석 시 주로 사용한다.

우물을 통해서 채수되는 모든 지하수는 지하수의 흐름이 정류상태(steady state)일 때에는 대수층 내에 들어 있던 지하수가 배제되어 나오는 것이 아니라 대수층 위에 있는 공급층(source bed)이나 주변 지표수체로부터 대수층 내로 유입된 물로서 이루어진다.

따라서 정류상태에서 대수층은 $S_s=0$인 상태이다. 즉 대수층은 주변 지표수체나 대수층위에 있는 공급층의 지하수가 대수층을 통과하여 우물까지 전달될 수 있도록 일종의 통로 역할만 한다. 그래서 지하수채수로 인해 양수정과 관측정 사이에서 추후 발생하는 수위강하를 예측하거나 오염물질의 거동양태를 모의하기 위해 사용하는 각종 모델의 지배식은 지하수의 흐름이 정류상태일 때 S_s는 항상 0의 값을 사용한다.

정류상태 하에서 대수성시험을 실시할 때에 해당 대수층의 저유성은 양수정에 공급되는 수량에는 전혀 영향을 미치지 않으므로(수로의 역할만 함) S_s는 구할 수 없고 대수층의 수리전도도만

계산할 수 있다. 따라서 수치분석을 이용하여 모의를 할 때 정류상태의 흐름해석은 항상 S_s나 S를 0으로 입력한다.

심부 피압대수층은 상당히 높은 압력을 받고 있다. 이런 대수층의 지하수는 일반적으로 대수층의 압축현상(Menizer, 1928)과 지하수의 팽창현상(Swenson, 1968)으로 인해 용출된다. 지하수는 거의 비압축성이다. 따라서 지하수의 팽창은 물의 압축계수가 거의 0에 가까운 $4.4 \times 10^{-10} \text{m}^2/\text{N}$이기 때문에 $S_s = \gamma_w(\alpha + n\beta)$에서 β가 S_s에 미치는 영향은 무시할 수 있다. 특히 대수층 내에 실트나 점토층이나 렌즈상태의 세립질 지층에 소성의 비탄성 압축을 갖는 대수층이 협재되어 있을 경우, S_s의 크기는 대수층의 압축계수에 따라 좌우된다. 즉 대수층 구성물질의 압축성이 크면 클수록, S_s의 값은 커진다. 압축성은 비가역적이다. 이 때문에 대수층 내에서 수위가 주기적으로 반복해서 변할 때에는 시간이 지남에 따라 S_s는 감소하게 되며 수위강하발생량이 더욱 진행되면 S_s는 1차수 단위로 감소한다.

피압대수층에서 지하수를 장기간 채수하는 경우에 일반적으로 피압대수층 자체는 항상 포화상태를 유지한다. 만일 과잉채수를 하여 지하수면이 상위 압층바닥 이하로 하강하게 되면 하강한 구간의 피압대수층의 공극 내에 있던 지하수는 중력배수되어 자유면 상태로 바뀌게 된다. 이러한 현상을 저유성변환(storage conversion)이라 한다. 이 경우 피압대수층의 저유성은 회복되지 않을 정도로 감소되기 때문에 대수층 기능에 치명적인 영향을 주게 된다.

대다수의 피압대수층에서 채수하는 지하수는 주로 대수층의 압축현상과 대수층 상·하위에 위치한 공급층으로부터 누수 및 함양되는 지하수로 이루어져 있다. 만일 피압대수층으로 누수 및 함양되는 양이 일정기간 동안 채수량보다 적을 경우에는 그 차이에 해당되는 양만큼 피압대수층이 저유하고 있는 저유량에서 제공해 주어야 한다. 이 경우 피압대수층 내에 세립질점토나 실트로 구성된 지층이 존재할 경우에는 대수층에서 배제된 지하수량만큼 압축을 받는다.

만일 대수층에서 채수량이 외부로부터 보충되는 양보다 훨씬 많고, 피압대수층이 상당량의 압밀가능한 물질로 구성되어 있을 경우에는 지하수채수로 인한 수위강하로 인하여 지표면이 하방 및 측방으로 움직이게 되는데 이를 지반침하(land subsidence)라 한다. 1930~1973년 사이에 이탈리아의 베니스에서는 다량의 지하수를 채수하여 산업용으로 이용한 결과, 지반이 약 15cm 정도 침하하였다(Gambolati, Freege, 1973). 15cm 정도의 지반침하는 큰 문제가 아닌 것처럼 여겨질지 모르나 베니스는 해안에 위치한 도시이기 때문에 지반이 15cm 정도 침하하면 해수의 침입으로 심각한 도시문제를 야기시킨다. 이 외에도 1930년대 말부터 지하수개발을 시작한 멕시코시는 지하수의 과잉채수로 인해 지반이 8m 이상 침하하였고(Poland, 1969), 미국 Texas의 Huston시는 하부대수층의 압밀현상으로 지반이 4m 이상 침하하였다. Poland와 Davis(1969)의 연구결과에 의하면 일단 지반침하가 일어난 지역에서 지하수위가 원상태로 회복되지 않을 경우에 지표면은 잉여 간극수압이 매우 천천히 전달되기 때문에 장기간에 걸쳐 지반침하가 계속 일어난다고 한다.

3) 저유계수(S, storativity)

전장에서 설명한 바와 같이 저유계수(S)는 단위수두변화에 따라 대수층의 단위면적을 통해 대수층 내외로 유입·유출되는 지하수량으로 정의하였고 저유계수의 단위는 무차원이다. 저유계수를 수식으로 표시하면 (2-20)식과 같다.

$$S = 배출된\ 지하수량 \div (면적 \times 수두변화) \tag{2-20}$$

또한 $S = S_s b + S_y$로 표시되는데 자유면대수층인 경우에 S_s는 S_y에 비해 매우 적은 값이므로 S_s를 무시하면 $S = S_y$ 이고, 피압대수층에서는 장기간 지하수를 채수하더라도 수위강하가 피압대수층의 포화두께에 영향을 미치지 않기 때문에 $S_y = 0$이다. 따라서 $S = S_s b$로 표현할 수 있다. S는 대수층에서 수직방향의 수리수두변화가 없는 경우나(등포텐셜선이 직각인 경우로써 지하수흐름이 수평인 경우) 2차원의 수리적인 접근법을 적용할 수 있는 수평대수층에서 사용하는 인자이다. 피압대수층의 S_s는 비록 절대치는 적지만 S와 직접적인 관련이 있다.

대수층의 분포범위가 매우 광범위한 지역에서 수위강하를 크게 발생시켜도 무방할 경우에는 대용량의 지하수 개발이 가능하다. 예를 들면 유역면적이 200km²이며 평균두께가 100m인 피압대수층이 전 지역에 분포되어 있다고 하자. 상위대수층의 평균 비저유계수가 $5 \times 10^{-5}(S_s)$이고 수위강하(ΔH)를 20m까지 허용할 경우에 1일 개발가능한 지하수량(Q)을 계산하면 다음과 같다.

$$Q = 대수층\ 체적 \times \Delta H \times S$$

여기서 $S = 5 \times 10^{-5} \times b = 5 \times 10^{-5} \times 100 = 5 \times 10^{-3}$ 이므로

$$= 200 \times 10^6 \times 20m \times 5 \times 10^{-3} = 2.0 \times 10^7 m^3$$

즉 이 층으로부터 지속적으로 개발가능한 지하수량은 약 2천만 m³이다. 만일 이 주변에 인구 20,000인이 살고 있는 신도시가 있고, 상기 지하수를 신도시의 생활용수로 이용하고자 할 경우 1인 1일 공급수량이 400l/인/일이라면 신도시가 1일 필요한 생활용수량은 약 8,000m³/일이며 연간 소요량은 약 2,920,000m³이다.

따라서 상기 지속산출량은 약 7년간 신도시가 용수로 사용할 수 있는 양이다.

4) 비산출률(specific yield)

비산출률은 피압대수층의 저유계수와는 달리 단순히 중력배수에 의해 자유면대수층으로부터

채수해 낼 수 있는 양과 대수층 체적과의 비이다.

비산출률은 자유면대수층에서 주로 사용하는 수리지질 특성인자(피압대수층인 storage conversion일 때도 사용가능)로써 모래와 자갈로 구성된 대수층의 S_y는 0.2~0.35정도이고 실트질의 세립퇴적층은 0.04정도이다.

자유면대수층의 S_y는 피압대수층의 S보다 수십배 크다. 전장에서 설명한 바와 같이 피압대수층에서 다량의 지하수를 채수 이용하려면 수두강하를 많이 시켜야 하는데 반해 자유면대수층은 S_y값이 S보다 훨씬 크기 때문에 동일 규모의 대수층에서 소규모의 수위강하를 발생시켜도 그만한 양의 지하수채수가 가능하다.

지금 앞에서 설명한 피압대수층과 동일한 규모(200km^2×100m 두께)의 자유면대수층이 발달되어 있는 지역에서 S_y가 0.2이고 수위강하를 5m만 허용할 때 개발가능한 지하수량(Q)은 $Q = A \times S_y \times \Delta H = 200 \times 10^6 \times 0.2 \times 5 = 2 \times 10^8 m^3$ 이다.

즉 동일한 규모의 피압대수층으로부터 개발 가능한 량에 비해 10배 이상 많은 지하수를 개발 이용할 수 있다. 이 경우 자유면대수층은 상술한 신도시에 약 70년간 용수를 공급할 수 있는 지하저수지의 역할을 하는 셈이다.

이 지역에서 강수에 의한 지하수의 함양량은 다음 (2-21)식으로 계산할 수 있다.

$$\Delta H = \frac{RCH}{S_y} \tag{2-21}$$

여기서, ΔH : 강수의 지하침투에 의해 상승한 지하수위
RCH : 해당지역에 내린 강수 중 지하함양량

지금 이 지역에 내리는 연간 강수량이 1,260m/m이고 이중 18%가 지하로 함양된다면 지하수 함양량은 1,260m/m×0.18 = 22.7cm/년이다.

전술한 바와 같이 이 지역의 비산출률이 0.2이므로 연간 22.7cm의 강수가 자유면대수층으로 침투하면 지하수위는 약 1.14m 상승한다.

2.1.2 대수층의 투수성

일정한 동수구배(hydraulic gradient, 動水勾配)하에서 지하수가 대수층을 통해 유동하는 능력을 투수성(permeability)라 하며 대수층의 투수성을 결정짓는 수리지질 특성인자로는 수리전도도(hydraulic conductivity)와 투수량계수(transmissivity)가 있다.

(1) 수리전도도(hydraulic conductivity)

1968년부터 미국지질조사소를 위시하여 대부분의 수리지질기술자들은 m/s나 cm/s로 표시하는 투수계수(coefficient of permeability)란 술어대신 수리전도도란 술어를 사용하고 있다.

수리전도도란 단위동수구배 하에서 동점성계수를 갖는 단위체적의 지하수가 유선의 직각방향에서 측정한 단위면적을 통하여 단위시간 동안 흐르는 양으로 정의한다.

실제적인 의미는 종래의 투수계수(coefficient of permeability)와 별 차이가 없다. 수리전도도를 보다 쉽게 정의하면 다음과 같다(Meinzer, 1928). 즉 수온이 15.6℃이고 지하수동수구배가 1 : 1인 지하수가 대수층의 단위면적을 통해 단위시간(분 또는 일) 동안 유출되는 양(flux)을 수리전도도라 한다.

이를 수식으로 표시하면 다음식과 같다.

$$K = - \frac{V}{\frac{dh}{d\ell}} \tag{2-22}$$

단위는 $m^3/d/m^2$ 혹은 md^{-1}로써 디멘존은 LT^{-1}이다. 수리전도도의 단위는 md^{-1}, ms^{-1}로 쓰기 때문에 속도의 단위와 같다. 그러나 실제 수리전도도의 단위는 $m^3/d/m^2$으로써 속도가 아닌 유출량이다.

1956년 Darcy는 모래층 내에서 흐르는 층류의 지하수흐름에 대해 다음과 같은 경험식을 얻었다.

$$Q = KIA = K\frac{dh}{d\ell}A \tag{2-23}$$

여기서, K : 수리전도도
I : 지하수의 동수구배
A : 모래층의 단면적

보통 대수층을 통해 흐르는 지하수는 대수층의 조그마한 공극을 통해 매우 느리게 흐르기 때문에 난류(turbulent flow)가 아닌 층류(laminer flow)이다. 따라서 (2-23)식은 대부분의 지하수흐름에 적용할 수 있다.

일반적으로 관수로를 통해 흐르는 지하수의 유속은 $V = \frac{Q}{A}$로 표시할 수 있지만, 이때 A는 관수로의 전단면이다. 그러나 대수층에서는 단면 A가 모두 공극이 아니므로 실제 지하수가 흐를 수 있는 단면은 nA이다(n은 공극률). 즉 실제 단면 nA를 통해 흐르는 지하수의 유속 $\overline{V}$는 (2-24)식과 같다.

$$\overline{V} = \frac{Q}{nA} \tag{2-24}$$

$$= \frac{K}{n}I = \frac{K}{n}\frac{dh}{d\ell}$$

따라서 (2-22)식의 $\overline{V} = \frac{Q}{A} = K\frac{dh}{d\ell}$ 에서 $\overline{V}$를 다시안유속(Darcian velocity) 또는 비배출량(specific discharge)이라 하고 (2-24)식의 $\overline{V}$를 평균선형유속(average linear velocity, 공극유속 혹은 seepage velocity)이라 한다. 따라서 Darcian 유속은 일종의 유출량이고 $\overline{V}$는 지하수의 실유속이다.

대수층의 수리전도도는 대수성시험과 시험실에서 측정할 수 있다. 또한 실내시험법으로는 정수위 투수시험과 변수위 투수시험이 있는데 비교적 조립질 모래는 정수위 투수시험을 행하여 수리전도도를 구하고, 세립질 모래나 점토와 같은 세립질물질은 변수위 투수시험을 실시하여 구한다.

지하수면이 경사져 있을 경우, 대수층이 지하수를 유동시킬 수 있는 능력의 척도로 사용하는 수리특성인자가 바로 수리전도도이다. 수리전도도는 대수층 내에서 유동하는 유체의 특성과 매체의 특성으로 구성되어 있으며 대수층은 수리전도도가 클수록, 대수층을 통해 유동하는 유체의 양은 많다.

많은 학자들이 수리전도도와 공극과 입경분포사이의 관계를 규명하려 했지만 아직까지 확실한 이들 상호간의 관계를 규명하지 못하고 있다.

대체적으로 우리들은 직관적으로 공극률이 큰 매체일수록 수리전도도도 클 것이라고 생각한다. 점토의 공극률은 모래보다 수배나 크지만 포화수리전도도는 모래에 비해 수십~수백배 낮다. 대부분의 식자들은 모래는 점토에 비해서 공극들의 연결성이 점토보다 양호하기 때문이라고 설명한다.

1985년 Kelly와 Frohlich가 미시시피강의 충적층 모래를 이용하여 수리전도도를 실내시험으로 구한 결과에 의하면 미시시피 충적층 모래의 경우에 공극률이 클수록 수리전도도는 감소하였다고 한다. 이러한 현상은 우리가 통상 생각하고 있는 관념과는 정반대되는 현상이다. 그들은 그 이유를 다음과 같이 설명하고 있다. 즉 지질매체 중에서 비교적 투수성이 낮은 세립질 물질들은 투수성이 큰 물질보다는 높은 공극률을 가지고 있는 매체의 공극을 채우려는 경향이 있기 때문이라 했다. 물론 이러한 견해를 수리전도도 전반에 걸쳐 일반화시킬 수는 없다.

(2) 투수량계수(transmissivity)

동점성계수를 갖는 지하수가 단위동수구배 하에서 대수층의 전두께(단위폭 × 전두께)와 단위폭으로 이루어진 면을 통하여 단위시간 동안 유동하는 지하수량을 투수량계수라 한다. 특히 투수량계수는 부존된 지하수가 투수될 수 있는 능력(transmissible)보다 투수되는 대수층의 성격 (transmissive)의 의미를 강하게 의미한다. 따라서 과거에는 투수량계수를 coefficient of transmissibility라 하였으나 현재는 transmissivity란 술어를 사용한다. 투수량계수는 다음 식과 같이 수리전도도에 대수층의 두께를 곱한 값이다.

$$T = Kb \qquad\qquad\qquad (2\text{-}25)$$

(2-25)식에서 투수량계수 T의 디멘존은 $(L^2\ T^{-1})$이다.

보다 쉽게 투수량계수를 정의하면 다음과 같다. 동수구배가 1 : 1인 지하수(수온 15.6℃)가 대수층의 전두께와 단위폭으로 이루어진 면을 통해 1일 동안 유출되는 지하수량을 대수층의 투수량계수라 하고 그 단위로는 m³/m/sec, m²/sec, gpd/ft, ft²/sec 등을 사용한다.

투수량계수가 12m³/일/m 이하인 대수층은 소규모 가정용수로서의 물을 산출시킬 수 있고, 120m³/일/m 이상인 경우는 공업용수 및 상수도용으로 이용할 수 있는 지하수를 산출시킬 수 있는 대수층이다(1m³/일/m = 80.5gpd/ft). 투수량계수와 수리전도도의 환산표는 [표 2-2]와 같다.

[표 2-2] 수리전도도와 투수량계수 환산표

K (수리전도도)			T (투수량계수)		
ft/day	m/day	gpd/ft²	ft²/day	m²/day	gpd/ft
1	0.305	7.48	1	0.0929	7.48
3.28	1	24.5	10.76	1	80.5
0.138	0.041	1	0.134	0.0124	1

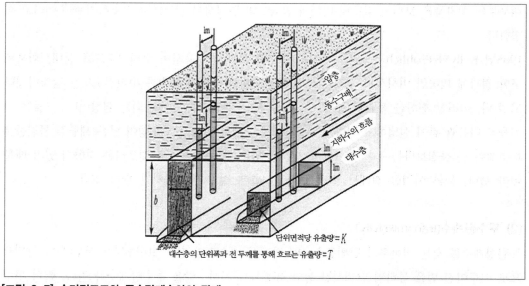

[그림 2-7] 수리전도도와 투수량계수와의 관계

투수량계수는 포화두께와 수리전도도와 밀접한 관계를 가진 수리특성인자로써 2차원의 수리적인 접근법을 적용할 수 있는 경우에 사용하는 인자이다. 특히 포화두께가 시간과 위치(시공간)에 따라 변하는 자유면대수층에서는 투수량계수가 비선형적인 수리수두에 따라 변한다. 수리전도도와 투수량계수를 도식화 하여 표시하면 [그림 2-7]과 같다.

2.2 대수성 수리특성과 지하수 수리학의 기본개념

지하수 수리학의 기본개념을 파악하기 위해서는 먼저 자유면대수층과 피압대수층에서 지하수위강하구역(cone of depression)과 수위강하(drawdown), 완전 및 부분관통정, 압력수두(pressure head)와 위치수두(elevation head) 및 포텐샬선에 대해 정확히 알고 있어야 한다. 장기적으로 지하수를 채수하는 경우에 피압대수층의 전두께는 항상 포화상태로 유지되는 조건 하에서 다루므로 분석 시 대수층의 두께 b는 항상 일정하다.

즉 피압대수층의 지하수면은 일종의 가상선으로서 압층의 상·하부에 위치할 수도 있다. 따라서 대수층 상위에 위치한 압층을 통해 누수현상이 일어난다. 압층을 통해 누수현상은 일어나지만 그 양이 소규모일 때는 이를 피압대수층으로 다루지만 누수현상이 상당히 크게 발생하는 경우에는 누수정도에 따라 준피압이나 누수피압층으로 취급한다.

2.2.1 지하수위 강하구역(cone of depression)

(1) 피압대수층에서 수위강하 구간

[그림 2-8(a)]에서 H_0는 비채수-자연상태 하에서 기준면상 지하수의 높이인 수위고(水位高)이다. 지하수를 채수하는 경우에 지하수의 흐름이 평형상태에 도달할 때까지 양수정에서 수위는 계속 하강한다. 이때 양수정 주위에 수위강하구역(cone of depression)이라 하는 팽이를 엎어 놓은 모양의 배수구역이 형성된다. [그림 2-8(a)]에서 수위강하구역의 정점은 양수정의 수위와 동일하게 작도했지만 실제로 수위강하구역 꼭짓점인 양수정의 수위는 우물손실(well loss) 때문에 이보다 더 깊은 곳에 있게 된다(그림 5-42 참조).

수위강하구역의 규모는 양수정에서 채수량과 대수층으로 유입되는 함양량이 서로 같아질 때까지 계속적으로 확대된다.

만일 압층이 완전히 불투수성인 물질로 구성되어 있을 때는 압층 상·하부로 누수현상이 일어나지 않을 것이므로 지하수위 강하구역은 원칙적으로 자유면대수층에 저유된 지하수로부터 양수정으로 공급되는 양이 지하수채수정과 동일해질 때까지 영구히 증대될 것이다.

만일 지하수채수량과 동일한 양의 물을 거꾸로 양수정을 통해 대수층 내로 주입한다면 역으로 양수정을 중심으로 수위상승구역이 형성될 것이다. 이를 cone of impression이라 한다.

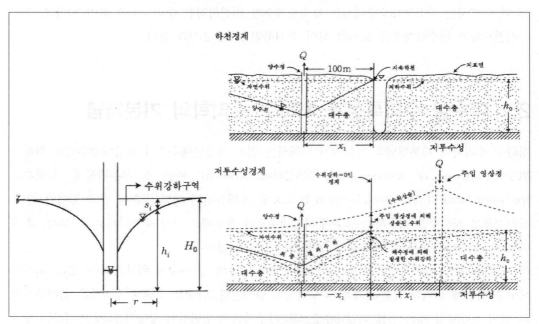

[그림 2-8(a)] 지하수채수에 의해 형성된 수위하강구역(영향추)

[그림 2-8(b)] 정경계(+)와 부경계(−)조건을 영상법(image method)을 이용하여 분석하는 방법

[그림 2-8(a)]에는 수위의 상승구역을 도시하지는 않았지만 물을 역으로 대수층에 주입하는 가상우물을 가상주입정이라 한다. 이때 가상주입정 부근에서 형성된 수위상승구역은 양수정에서 형성된 수위하강구간과 닮은꼴을 나타낼 것이다.

그래서 가상주입정을 양수정의 영상정(image well)이라 하고 가상우물을 사용하여 지하수흐름을 분석하는 방법을 영상법(image method)이라 한다. 영상법은 대수층 내로 경계조건이 있을 때 가장 널리 쓰는 방법으로서 예를 들면 [그림 2-8(b)]처럼 양수정에서 100m 떨어진 지점에 대수층을 완전관통한 지속하천이 흐를 때 양수정의 채수로 인한 수위강하구역의 확대로 인해 하천으로부터 양수정으로 유입되는 양을 양수정에서 200m 떨어진 지점에 한 개의 주입영상정이 있는 것으로 가정하여 수리시험 분석을 실시할 수 있다. 반대로 양수정에서 100m 떨어진 지점에 불투수성 경계면이 있을 때는 양수정에 의해 형성된 수위강하구역의 확대로 인해 양수정에 미치는 영향은 양수정에서 200m 떨어진 지점에 한 개의 채수영상정이 있는 것으로 가정하여 수리시험 결과를 분석한다.

실제 대수성수리시험을 인구밀집지나 공업단지에서 수행해야 할 때가 있다. 이 때 다량의 지하수를 채수 시 방류할 곳이 마땅하지 않은 경우에는 구태여 양수정에 pump를 설치하여 물을 주입하거나 채수하는 대신 영상법을 이용하여 현장수리시험 결과를 분석할 수도 있다.

2.2.2 수위강하(drawdown)

평형상태 하에서 자연상태의 지하수위(수두)는 H_o이고 이때 지하수의 흐름은 수평이다. 그러나 현장에서 양수정을 이용하여 지하수를 채수하면 동수위(pumping water level)는 수위강하구역의 최상위선을 따라 경사진 형태를 이루게 된다. 양수정에서 r만큼 떨어진 지점에서 수위강하량(s)은 비양수시의 자연수두($b=H_o$)에서 측정지점의 수두(h)를 뺀 값이다(그림 2-8(a) 참조). 즉,

$$s_i = b - h_i$$

따라서 일개 관측지점에서 수위강하량은 시간이 지남에 따라 증가하고 지하수를 연속적으로 채수하는 경우 대수층 내로 외부로부터의 누수나 함양현상이 일어나지 않는다면 대수층내 수위강하구역 내에 위치한 지점에서 수리수두는 점차 하강한다.

2.2.3 부분 및 완정 관통정(partial and fully penetrating well)

포화대의 두께와 우물의 설치심도와의 비를 우물의 관통률이라 한다. [그림 5-5]와 [그림 6-3(a)]에 제시된 양수정들은 포화대를 완전히 관통하여 포화대의 전 두께(b)에 스크린을 설치했기 때문에 완전관통정이다. 이에 비해 [그림 5-5]의 관측정 B와 관측정 C는 대수층을 완전히 관통시키지 않고 포화대의 상부 일부구간에만 스크린을 설치하였기 때문에 부분관통정이다. 부분관통정의 스크린은 대수층의 상·중·하 어느 구간에나 설치할 수 있다.

완전관통정과 완전관통 관측정에서 지하수의 흐름은 수평이다. 만일 부분관통정에서 지하수를 채수하면 스크린 설치구간의 주변에서 지하수의 흐름방향은 수평이겠지만 스크린을 설치하지 않은 구간에서 지하수의 흐름방향은 스크린을 향해 상 및 하향 방향으로 흐르게 된다. Hantush(1969)의 연구에 의하면 부분관통정에서 지하수를 채수할 때 지하수의 흐름이 수평이 되는 거리(부분관통정에서 수평거리) 즉 수직흐름 성분이 배제되는 거리 r는 (2-27)식으로 표현하였다.

$$r = 1.56 \left[\frac{K_r}{K_z} \right]^{\frac{1}{2}} \tag{2-27}$$

여기서,　b : 피압대수층의 두께(m)
　　　　K_r : 수평수리전도도(ms^{-1})
　　　　K_z : 수직수리전도도(ms^{-1})

자연상태 하에서 지하수의 흐름이 수평이 아닐 때는 각 관측정에서 측정한 지하수위는 관측정 내에 스크린의 설치길이와 스크린의 설치심도에 따라서 변한다.

1개 양수정에서 지하수를 채수할 때 부분관통정에서 측정한 지하수위강하량은 완전관통정에서 측정한 수위강하량보다 훨씬 크다. 뿐만 아니라 지하수 채수량과 비양수량은 부분관통정이 완전관통정에 비해 훨씬 적다. 따라서 부분관통정은 부분관통에 따른 보정을 실시해야 한다(구체적인 내용은 7.1.9절 참조).

2.2.4 자유면대수층

자유면대수층에서 채수한 지하수는 양수정 주위의 공극 내에 저유된 지하수로 이루어져 있다. 피압대수층에서 지하수를 채수하면 수위강하구역의 지하수면은 일종의 영상수위이지만 자유면대수층에서 지하수를 채수할 때 형성된 수위강하구역은 바로 포화대수층의 최상위 경계구역이다. 이와 같이 지하수채수에 따라 수위강하구역 내에서는 대수층의 두께가 변하고 수위가 동적으로 변하기 때문에 수위강하구역의 지하수위와 지하수의 흐름 상태를 정확하게 예측하기가 매우 어렵다. 이를 해결하기 위해 자유면대수층에서 일어나는 복잡한 현상들을 단순화시킬 수 있는 가정들을 이용한다.

(1) 자유면대수층에서 수위강하 구역(cone of depression)

자유면대수층에 설치한 양수정의 경우, 스크린 설치구간 주변의 지하수위는 대기와 접해 있다. 일개 자유면대수층에서 지하수면은 댐의 경우와 마찬가지로 대기에 노출된 경계선과 접하고 있을 때, 마치 댐이나 하천 뚝의 경우처럼 스크린 노출구간을 따라서 침윤면(seepage bed)이 형성된다.

우물속이나 스크린에서 마찰수두손실이 전혀 일어나지 않았다고 할지라도(우물의 스크린이 배수구역 내에 모두 설치되어 있고 인접 자유면대수층이 대기에 노출되어 있다면) 우물스크린 바로 외부지점의 지하수위(스크린 외곽 대수층의 수위)는 항상 양수정의 수위보다 높다(그림 2-9 참조).

실제 대다수의 수리지질기술자들은 상술한 침윤면은 무시하고 양수정 주변의 대수층 내에서 실제 강하수위와 양수정에서 양수위를 동일한 것이라고 생각하고 있는데 이는 잘못된 생각이다. 대체적으로 양수정 내의 양수위(H_p)와 자연수위(H_o)를 이용하여 우물의 산출률을 예견해 보면 오차는 약 5% 내외이다(Hantush, 1964).

피압대수층과 동일하게 자유면대수층에서 지하수면 하부에 스크린이 설치되어 있는 주입정을 이용하여 대수층 내로 물을 주입하면 지하수면 상부에 수위상승구역(cone of impression)이 형성된다. 지하수면 상하부의 수리성이 동일한 경우에 동일한 양의 물을 대수층으로 주입하거

나 채수할 때 형성되는 수위강하구역과 수위상승구역은 같은 모양을 나타낸다. 따라서 영상정
방법을 자유면대수층에도 적용할 수 있다.

2.2.5 압력수두(pressure head), 위치수두(elevation head)와 등포텐샬선

[그림 2-9]는 1개의 완전관통정과 1개의 완전관통-관측정 및 2개의 피죠미터(A 및 B)가 설치되
어 있는 지역의 모식도이다. 대수층 구간 중 특정지점의 지하수의 포텐샬을 측정하기 위하여
착정을 한 후, 굴착구간 바닥에만 스크린(보통 대수층두께의 1~10% 길이)을 설치하고, 그 상
부구간은 무공관을 설치한 다음, 착정경과 우물자재 사이의 주변공간(annular space)에
cement grouting을 실시한 관측정을 피죠미터라 한다.

[그림 2-9]에서 A, B는 피죠미터이다. 특히 수두차에 따라 지하수유속이 달라지는 곳에서 지하
수 연구 시에는 대수층의 수직구간별 각 지점에서 지하수의 포텐샬을 정확히 측정해야 한다.
따라서 대수층의 수직지점별 수리수두를 측정하려면 반드시 피죠미터를 설치해야 한다. 전술한
바와 같이 지하수의 전수두는 압력수두$\left(H_p = \dfrac{p}{\rho g} : \text{여기서 } p\text{는 압력이다}\right)$와 위치수두(z)의 합이
다. 전수두는 기준면에서의 높이로 표현할 수 있기 때문에 압력수두와 위치수두의 합인 전수두
는 통상 기준면에서의 높이로 표현할 수 있다.

피죠미터(B) 부근에서 압력수두(H_p)는 피죠미터 바닥에서 자연수위까지의 물의 높이이다.
이에 비해 위치수두(간혹 중력수두라고도 한다)는 기준면에서 피죠미터 바닥까지의 높이이다. 따
라서 피죠미터 B에서 $H = H_p + z$이다.

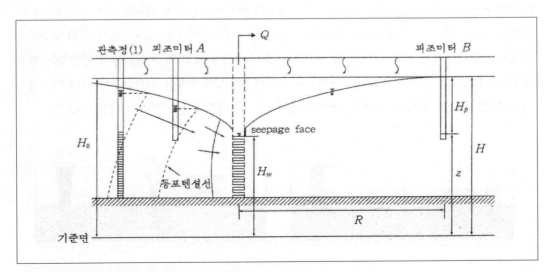

[그림 2-9] 수위강하구역과 피죠미터의 수두분포

수위강하구역보다 먼 지점에서 지하수의 흐름은 수평인데 이는 피죠미터 B에서 전수두는 피죠미터 외과지역의 지하수의 높이와 동일하다는 뜻이다. 그러나 수위강하구역 내에서 지하수의 흐름은 수평이 아니므로 채수정 안쪽과 바깥쪽의 수위는 서로 다르다. 일반적으로 지하수위 측정의 기준면은 해수준면을 기준으로 한다.

한 지점에서 수위는 그 지점을 지나는 등포텐샬의 값이다. 지하수는 항상 포텐샬이 감소하는 방향으로 흐른다(물론 정확한 지하수의 흐름방향은 다음 장에서 설명하겠지만 대수층이 이방성인 경우는 다르다). 지하수면과 만나는 등포텐샬선은 등포텐샬의 값과 동일하다. 양수정에서 양수의 영향을 받지 않은 멀리 떨어진 곳에서는 지하수의 흐름은 수평이므로 등포텐샬선은 직각방향이지만 자유면대수층에서 양수정 부근에 형성된 수위강하구역 내의 등포텐샬은 피죠메타 A의 스크린 부근과 같이 직각이 아니고 곡선형이다. 이와 같은 곡선형 등포텐샬선으로 인해 피죠미타 A와 양수정의 수위는 그 주변 지하수위보다 낮다.

실제 양수정의 경우에 대수층 전구간에 설치한 스크린 상부로부터 지하수가 흘러들어오고 스크린 하부에서 지하수가 유출되므로 이 부근에 소규모 지하수위 강하구역(mini-cone of depression)이 형성될 수 있다.

2.2.6 정류상태에서 지하수위 강하구역과 함양

피압대수층이나 자유면대수층 모두 수위강하구역은 함양량이 지하수채수량과 동일해 질 때까지 확장된다. 즉 양수량과 함양량이 동일해지면 평형상태(정류상태)에 도달하고 이때 수위강하구역은 더 이상 확대되지 않는다.

여기서 함양이란 주로 강수의 지하침투와 관개지역에서 관개용수의 침투와 같은 현상과 그 외 주변의 지표수계나 상위에 분포된 공급층으로부터 수직누수현상을 들 수 있다(그림 2-10).

광역적인 동수구배가 거의 없는 등방, 균질대수층에서 강수에 의해 지하함양이 발생하는 경우 함양량을 RCH($L^3/L^2/T$)라 하고 본 대수층에 설치된 1개 양수정에서 지하수를 장기채수할 경우에 양수정 주위에 형성된 수위강하구역은 양수정을 중심으로 동심원의 모양을 이룬다.

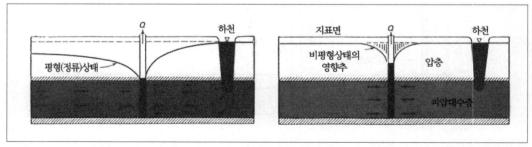

[그림 2-10] 하천 대수층계에서 지하수를 채수 시 지하수채수량과 하천에서 대수층으로의 하천수의 유입이 동일해 질 때 지하수흐름이 정류상태에 도달하는 모식도

따라서 이 경우 정류상태 하에서 지하수채수량은 (수위강하구간 × RCH량)과 동일하다.

$$Q = \pi R^2 \cdot RCH \tag{2-28}$$

따라서 이 경우에 함양구역의 반경 R은

$$R = \sqrt{\frac{Q}{\pi \cdot RCH}} \tag{2-29}$$

여기서 R은 양수정의 영향반경(radius of influence)이다. 만일 지하수면이 수평일 때 상기 양수정의 영향반경은 그 양수정의 포획구간(capture zone)과 같다.

이는 수위강하구간 내에서 어떤 오염물질이 지하로 침투하게 되면 결국 양수정에 도달하여 오염된 지하수가 채수된다.

2.2.7 피압대수층과 자유면대수층에서 지하수위 강하구역의 비교

피압대수층의 저유계수(S)는 자유면대수층의 비산출률보다 항상 적다.

동일한 수위강하구역과 수위강하가 발생하는 경우에 자유면대수층에서 지하수 채수 가능량은 피압대수층보다 훨씬 많다. 이는 자유면대수층의 경우에는 지하수가 공극으로부터 중력배수되는 데에 반해 피압대수층은 주로 지하수가 대수층의 압축에 의해 배출되기 때문이다.

수위강하구역의 형태는 양수량에 비례하고 대수층의 투수량계수와 저유계수에 반비례한다. 즉 저유계수나 투수량계수가 적은 대수층일수록 수위강하는 크게 일어난다. 지하수의 흐름지배식에 수위강하량은 저유계수의 변화보다 투수량계수의 변화에 더 민감하다. 지하수의 흐름에 관한 편미분방정식을 잘 모르는 사람들이라도 현장에서 대수성시험을 실시해보면 대수성시험시 가장 흥미로운 대수성 수리상수가 투수량계수임을 쉽게 알아낼 수 있다.

즉 저유계수가 10배 정도 다른 경우 저유계수가 수위강하에 미치는 영향은 매우 미미하지만 투수량계수가 10배 정도 다르면 투수량계수가 수위강하에 미치는 영향은 매우 크다.

피압대수층은 저유계수가 매우 적기 때문에 수위강하구간은 매우 빠르게 원거리까지 확장되지만 자유면대수층은 그렇지 않다. 피압대수층의 경우 수위강하구역은 저유계수에 반비례한다. 즉 S가 적을수록 수위강하구역은 커진다.

Lohman(1979)의 연구에 의하면 투수량계수, 양수량, 수위강하와 지하수 채수시간이 동일하다고 가정하고 S가 5×10^{-5}인 피압대수층과 비산출률이 0.2인 자유면대수층에서 형성되는 영향권의 면적은 피압대수층이 자유면대수층보다 4,000배나 넓다. 뿐만 아니라 그의 조사결과에 의하면 영향권의 반경은 피압대수층이 자유면대수층보다 63배나 크다(그림 2-11).

실제 대규모 공공급수정과 공업용 우물에서 대용량으로 지하수를 채수할 때 대수층의 수리지질

특성에 따라서 피압대수층의 수위강하구역은 수 km에서 수 10km에 이른다.

미국의 Altantic coastal plain의 중심부에 분포된 미고결 모래층과 이를 협재하고 있는 silt와 점토로 구성된 대규모 피압대수층에서 1983년 Heath가 연구한 결과에 의하면 이곳에서 지하수위 강하구역의 거리는 100km 이상이었다고 한다.

이에 비해 지하수채수량과 거의 동일한 강수함량이 발생하고 있고, 지하수채수로 인해 형성된 수위강하구역이 주변 하천과 접하여 대수층 내로 강변여과현상이 일어나고 있는 다습한 지역에 분포된 자유면대수층에서 수위강하구역은 피압대수층에 비해 매우 적었다고 한다.

예를 들어 자유면대수층 내로 강수의 지하함량이 연간 500m/m 정도 발생하는 지역의 영향권은 800m 정도이고 이로부터 연간 개발가능한 양은 백만m^3 정도 된다.

그러나 자유면대수층이라 할지라도 강수의 지하함량이나 강변여과현상이 거의 일어나지 않는 건조한 지역에서 지하수를 장기적으로 채수하면 영향권은 계속 확대되어 결국 지하수 고갈 (mining) 현상이 일어난다. 이러한 현상은 지하수함양이 일어나지 않는 피압대수층인 경우도 마찬가지이다.

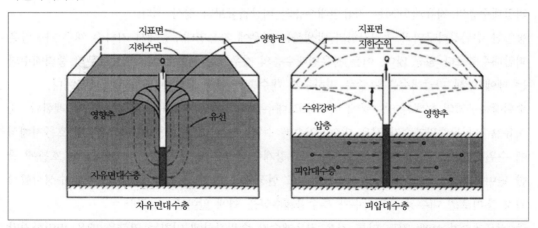

[그림 2-11] 동일한 투수성을 가진 피압대수층과 자유면대수층에서 동일율의 지하수를 채수할 경우에 형성된 영향반경

Chapter

03

지하수의 운동과
유동특성

지하수는 자연적이거나 인공적인 함양지역으로부터 자연적이거나 인공적인 배출지역으로 항상 유동한다. 여기서 자연적인 함양이란 주로 강수에 의해 발생되는 현상인데 비해 인공적인 함양 은 관개용수 사용 등으로 인해 지하함양이 일어나는 현상을 말한다.

이에 비해 지하수의 자연적인 배출지역은 인근 하천이나 늪 및 바다와 같은 지역이며, 인공적인 배출지점은 지하수를 채수하는 우물 등이다. 따라서 지하수는 항상 포텐샬이 높은 지역에서 포 텐샬이 낮은 지역으로 유동한다. 즉 지하수의 흐름은 흐름방향이 수평이거나 수직이거나 간에 불문하고 지하수의 흐름은 포텐샬에 따라 좌우된다.

[그림 3-1]에서 지하수는 오른쪽 방향으로 흐르며 피압대수층 내에 설치한 관측정 B의 지하수의 수위는 자유면대수층 내에 설치된 관측정 A의 지하수의 수두보다 낮은 경우를 도시한 그림이 다. 즉 자유면대수층 내에 저유된 지하수의 수위는 피압대수층의 그것보다 높은 경우이다.

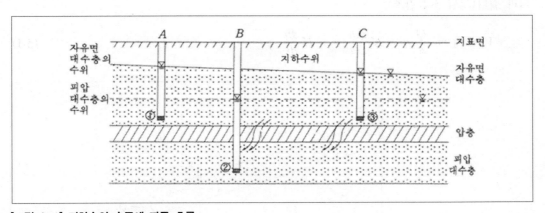

[그림 3-1] 지하수의 수두에 따른 흐름

이때 관측정 B는 상위 자유면대수층의 지하수위로 생각하면 분명 자유면대수층 내에 설치된 관측정 C보다 상류구배구간에 위치하고는 있지만 실제는 그렇지 않다. 즉 실제 B 관측정의 수 위는 관측정 C보다 낮기 때문에 B 관측정은 C 관측정보다 하류구간에 속한다. 따라서 관측정 B위에 협재된 압층 내에 투수성 단열이나 투수성구간이 발달되어 있다면 자유면대수층의 지하 수는 이 구간을 통해 피압대수층으로 누수된다.

이와 같이 등방 대수층 내에서 지하수의 일반적인 흐름방향은 대수층 내에 설치한 각 관측정에 서 측정한 지하수위를 서로 비교해보면 쉽게 알아낼 수 있다. 이는 지하수의 흐름속도와는 무관 하다. 지하수의 흐름속도를 확인하려면 Darcy 법의 기본적인 개념을 알아야만 한다.

3.1 Darcy 법칙

프랑스의 수리기술자였던 Henry Darcy는 음용수용으로 물을 여과시킬 때 물이 모래층을 통해서 흐르는 현상에 대해 깊은 관심을 가지게 되었다. 실제 Darcy는 지하수가 모래 column을 통해서 흐를 때의 특성에 관해서는 관심이 없었다. 그러나 그의 간단한 실험결과가 현재 지하수 수리학에서 연속방정식으로 널리 이용하고 있는 Darcy 법칙을 유도할 수 있는 계기가 되었다. 즉 sand column을 통해 흐르는 물의 양(체적)은 column의 길이에 반비례하고 column내 두지점 사이의 수두감소(potential loss)에 비례한다는 사실을 알아냈다. 그래서 Darcy는 column 길이(Δx)와 column내 a, b 두 지점 사이의 수두차(Δh)를 바탕으로 하여 단면적 A를 가지는 column 내에서 단위시간 동안 배출되는 물의 유출량과의 관계를 표현하였는데 그 결과는 (3-1)식과 같다(그림 3-2 참조).

$$\overline{V} = \ q = \frac{Q}{A} = -K\frac{\Delta h}{\Delta x} = -K\frac{dh}{d\ell} \tag{3-1}$$

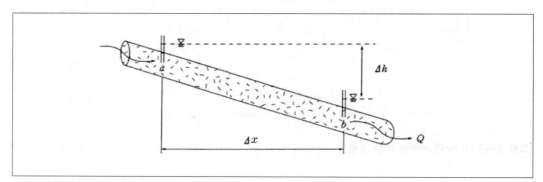

[그림 3-2] Darcy의 column 시험

(3-1)식에서

  $\overline{V}$: Darcian velocity, LT^{-1}

  q : 비배출량(specific discharge)이라 하며, 물의 유출량(flux)

  A : 물이 흐르고 있는 직각방향의 유동단면적

  Δh : ΔX만큼 떨어진 두지점 사이의 수리수두손실(hydraulic head loss)

  Δx : column내 두지점 사이의 거리

  $\dfrac{\Delta h}{\Delta x}$: 두지점 사이의 동수구배(動水句配)로써 일반적으로 I 로 표시

  K : 비례상수로써 수리전도도($m^3/s/m^2$).

(3-1)식은 포화 및 비포화대에서 유체의 흐름에 공통적으로 사용할 수 있으나 포화대의 흐름에

서는 K가 항상 일정하지만 비포화대 내에서 K는 함수비와 지질형태에 따라 변한다.

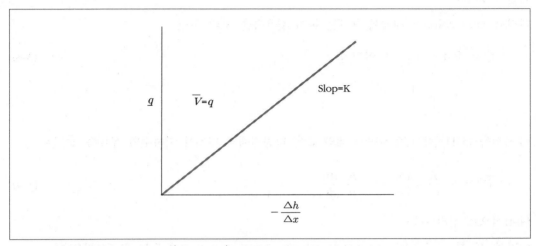

[그림 3-3] Darcy 법칙에서 K와 $\left(q\,와\ \dfrac{\Delta h}{\Delta x} \right)$ 곡선과의 상관관계

(3-1)식을 이용하여 q 와 $-\dfrac{\Delta h}{\Delta x}$ 곡선을 작도하면 수리전도도 K는 [그림 3-3]에서 원점을 지나는 기울기가 된다. 따라서 Darcy 법칙은 비배출량 q 가 동수구배$\left(\dfrac{\Delta h}{\Delta x} \right)$에 따라 선형으로 증가하는 경우에만 사용할 수 있다.

일반적으로 대부분의 지질매체와 이러한 지질매체 내에서 유동하는 지하수의 흐름속도는 상술한 선형관계를 가지고 있다. 그러나 투수성이 매우 불량하여 지하수유속이 매우 느린 점토층이나 이와 반대로 지하수의 유속이 매우 빠른 파쇄매체에서는 q 와 $\dfrac{\Delta h}{\Delta x}$ 의 관계가 비선형이다. 이 경우에 Darcy 법칙은 (3-2)식과 같이 표현된다.

$$\overline{V} = -\,K \left[\frac{\Delta h}{\Delta x} \right]^{\frac{1}{2} \sim \frac{2}{2}} \tag{3-2}$$

(3-1)식과 (3-2)식에서 $\overline{V}$의 실제 단위는 $\mathrm{m}^3/\mathrm{s}/\mathrm{m}^2$ $[L^3/\,T\,/\,L^2]$로써 단위시간 동안 단위면적을 통해서 유출되는 지하수의 유출률(volumetric flow rate)이다. 따라서 지하수의 유속이 아니다. Darcy는 실험 당시 column 내에서 지하수의 흐름에 관해서는 관심이 없었기 때문에 그가 사용한 column의 전단면적(A)을 이용하여 유체의 흐름을 규명했다. 그러나 실제 모래로 충진된 column 내에서 물이 흐를 때 전체 단면적을 통해 물이 유동하는 것이 아니라 공극부분만을

통해서 물이 유동된다. 따라서 물이 유동할 수 있는 공극의 면적은 단면적(A)에 공극률(n)을 곱한 nA이다.

따라서 sand column 내에서 흐르는 물의 실유속을 $\overline{V}$라 하면

$$Q = \overline{V}A = \overline{V}_1 nA \text{ 이므로} \tag{3-3}$$

$$\therefore \ \overline{V}_1 = \frac{\overline{V}}{n}$$

(3-3)식을 (3-1)식에 대입하면 모래와 같은 다공질매체 내에서 지하수의 실유속 $\overline{V}^1$는

$$\overline{V}^1 = \frac{-K}{n} \frac{\Delta h}{\Delta x} = -\frac{K}{n} \frac{dh}{d\ell} \tag{3-4}$$

(4-4)식으로 정리된다.

여기서 $\overline{V}_1$를 공극유속(pore watch velocity, seepage velocity) 또는 평균선형유속(average linear velocity)이라 한다.

그러나 다공질 매체에서 실제 지하수가 유동할 수 있는 공간은 공극중에서 유효공극(effective porosity)을 통해서만 흐를 수 있으므로 1979년 Bear 등은 평균선형유속을 다음과 같이 정의하였다.

$$\overline{V}_1 = \frac{-K}{n_{ef}} \frac{\Delta h}{\Delta x} \tag{3-5}$$

따라서 평균선형유속은 공극유속보다는 항상 크고 3차원의 오염물질거동에 이용되는 부정류의 이류-분산 거동식의 이류에 해당하는 유속이다.

$$\frac{\partial C}{\partial t} + \overline{V}\frac{\partial C}{\partial x} = D_x \frac{\partial^2 C}{\partial x^2} + D_y \frac{\partial^2 C}{\partial y^2} + D_z \frac{\partial^2 C}{\partial z^2} \tag{3-6}$$

(3-5)식과 (3-6)식과 같이 지하수의 흐름은 오염물질의 농도와는 무관하나, 오염물질의 농도는 지하수흐름에 따라 좌우되는 준연계과정이다.

3.2 대수층의 수리성과 수리전도도

(3-1)식에서 수리수두는 스칼라(scalar)이다. 스칼라는 크기만 있는데 반해 벡터(vector)는 크기와 방향을 가지고 있다. Darcy 법칙에서 동수구배는 일개 vector로서 vector의 크기가 한 방향

에서 변할 때 이를 텐서(tensor)라 한다.

예를 들면 이방성매체에서 수리전도도는 방향에 따라 서로 다르다. 그런데 한 방향에서 수리전도도의 크기가 달라지듯이 지질매체도 수평방향으로 달라질 수 있다. 방향에 따른 크기의 변화를 수학적으로 서술하기 위해 tensor의 개념을 이용한다. (3-1)식에서 수리전도도는 9개의 성분을 갖는 second order의 대칭적인 tensor로 서술할 수 있다(Bear, 1979). Tensor에 관한 개념은 다음 장에서 상세히 서술할 것이다.

수리전도도는 Darcy 법칙에서 단위시간 동안 단위 동수구배 하에서 단위 면적을 통해 유출되는 지하수의 유출률로 정의한 바 있다. 따라서 지질매체의 투수성이 클수록 수리전도도의 값은 크다. 수리전도도는 지질매체의 특성에 따라 1조(10^{12}) 정도 차이가 나는 자연환경 중에서 몇 개 되지 않는 특성인자 중의 하나이다. 즉 중립 모래의 K는 10^{-2}cm/s 정도이고, 점토인 경우는 10^{-7}cm/s, 괴상의 화강암은 10^{-11}cm/s이며, 프라스틱 차수막(liner)의 경우에는 10^{-10}cm/s 정도이다.

유해 폐기물 매립지의 저면 라이너로 사용되는 HDPE(high density polyethylene, 고밀도 에틸렌) sheet의 수리전도도는 10^{-10}cm/s 정도로 매우 낮기 때문에 오염물질이 돌출되는 경우, 액상거동보다는 프라스틱 차수막을 통해 발생하는 확산작용으로 설명한다.

수리전도도는 다공질매질의 특성뿐만 아니라 이를 통해 유동하는 유체의 특성에 따라 달라진다. 즉 수리전도도는 매체의 공극크기(입경으로 표현)와 유체의 밀도에 비례하고 유체의 점성에 반비례한다. 즉,

$$K = C\frac{d^2\gamma}{\mu} \tag{3-7}$$

여기서,　d : 입경분석이 d_5 입경
　　　　　γ : 유체의 밀도(δ_g)
　　　　　μ : 유체의 동점성 계수

(3-7)식에서 Cd^2은 매체의 특성이므로 이를 K로 표시하여 고유투수계수(intrinsic permeability)라 한다.

$$k = Cd^2 \tag{3-8}$$

(3-8)식을 (3-7)식에 대입하면 수리전도도 K는 (4-9)식과 같이 표현된다.

$$K = \frac{k\gamma}{\mu} \tag{3-9}$$

토목공학에서는 K를 투수계수(permeability)라고 하나 고유투수계수와 혼동될 우려가 있어 대다수의 수리지질학자들은 K를 수리전도도(水理傳導度, Hydraulic conductivity)라 한다. [표

3-1]은 각 암석 내에서 온도가 15.6℃인 순수지하수가 유동할 때 각 암종별 수리전도도의 범위를 나타낸 표이다.

그러나 지하수가 오염물질에 의해 오염되면 [표 3-1]에서 제시한 순수지하수에 대한 각 암종별 수리전도도에 비해 상당히 달라진다. 뿐만 아니라 오염된 지하수의 온도가 15.6℃보다 높거나 낮을 때는 그 점성이 달라지므로 수리전도도의 값도 변한다.

[표 3-2]는 미국의 주요 강 주변에서 지하수 개발 시 측정한 충적대수층에서 지표수의 침투율인 수리전도도이다. 예를 들면 손실하천 주변에 부존된 지하수는 계절에 따라 그 온도가 3℃에서 25℃까지 변하기 때문에 계절별로 수리전도도가 달라진다.

그러나 다행히 일반지하수는 연중 온도변화가 1~2℃ 정도로 일정하므로 점성이 거의 변하지 않는다. 따라서 상술한 손실하천 주변이나 매립지 인근지역을 제외하고는 일반 지하수에서 온도변화에 따른 수리전도도 변화는 무시할 수 있다.

[표 3-1] 각종 암석의 수평 수리전도도(온도 15.6℃) (단위 : cm/s)

암종	수평수리전도도	수직수리전도도
비고결암		
자갈	$4.7 \times 10^{-2} \sim 1.4$	모래, 자갈 및 점토 $4.7 \times 10^{-6} \sim 4.7 \times 10^{-5}$
사력	$9.5 \times 10^{-3} \sim 0.24$	
모래	$4.7 \times 10^{-3} \sim 0.14$	
quick sand	$2.4 \times 10^{-3} \sim 0.38$	
사구	$4.7 \times 10^{-3} \sim 0.24$	
peat(풍화를 적게 받음)	$3.8 \times 10^{-3} \sim 1.4 \times 10^{-2}$	
"(상당히 풍화 받음)	$3.8 \times 10^{-4} \sim 1.9 \times 10^{-3}$	
"(young sphagum)	$3.8 \times 10^{-4} \sim 3.8 \times 10^{-3}$	
"(old sphagum)	$2.8 \times 10^{-4} \sim 3.8 \times 10^{-4}$	
황토	$9.4 \times 10^{-8} \sim 9.4 \times 10^{-4}$	
점토	$9.4 \times 10^{-9} \sim 9.4 \times 10^{-5}$	$2.4 \times 10^{-8} \sim 4.7 \times 10^{-7}$
빙하토	$2.4 \times 10^{-8} \sim 4.7 \times 10^{-7}$	
고결암		
현무암	$4.7 \times 10^{-11} \sim 0.94$	
석회암	$9.7 \times 10^{-7} \sim 0.94$	
혈암	$4.7 \times 10^{-10} \sim 4.7 \times 10^{-9}$	$4.7 \times 10^{-2} \sim 4.7 \times 10^{-10}$
규암	$1.9 \times 10^{-7} \sim 3.8 \times 10^{-4}$	
greenstone	$4.7 \times 10^{-6} \sim 6.6 \times 10^{-4}$	
유문암	$4.7 \times 10^{-5} \sim 9.4 \times 10^{-4}$	
편암	$4.7 \times 10^{-7} \sim 9.4 \times 10^{-4}$	
석탄	$4.7 \times 10^{-7} \sim 4.7 \times 10^{-2}$	

[표 3-2] 강변여과수 개발 시 하상 퇴적층의 대표적인 침투율(Walton,1989)

암종	수평 수리전도도(cms⁻¹)	수직 수리전도도(cms⁻¹)
Mad river/OH, spring field	47	4
Sandy creek/OH, Canton	34	27.7
Mississippi river/Saint Louis(1)	14.6	12.2
Whiteriver/IND. Anderson(1)	10.4	20.5
Miami river/OH, Cincinnati	0.8	1.7
Mississippi river/Saint Louis(2)	4.3	0.6
Mississippi river/Saint Louis(2)	1.7	28.3
White river/IND, Anderson(2)	1.9	3.3

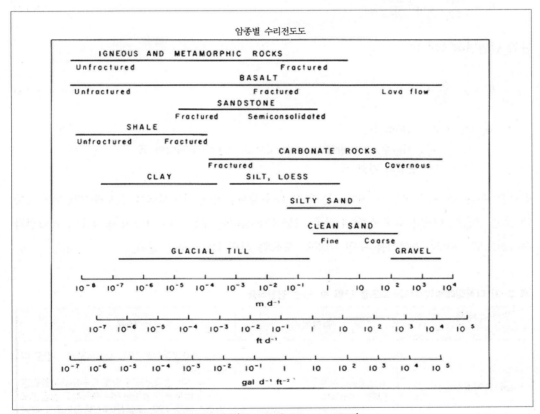

[그림 3-4] 암종별 수리전도도와 고유 투수계수(Freeze와 Cherry, 1979)

Darcy 법칙을 3차원으로 표시하면 (3-10)식과 같다.

$$\overline{V_x} = -K_x \frac{dh}{dx}, \quad \overline{V_y} = -K_y \frac{dh}{dy}, \quad \overline{V_z} = -K_z \frac{dh}{dz} \tag{3-10}$$

만일 유체의 밀도가 상당히 큰 경우에 Darcy 법칙은 유체의 밀도나 고유투수계수를 사용하여

(3-11)식으로 표현할 수 있다.

$$\overline{V_x} = -K_x \frac{dh}{dx} = \frac{k\gamma}{\mu} \frac{\partial}{\partial x} \left[\frac{P}{\gamma} + Z \right] = -\frac{k}{\mu} \frac{\partial}{\partial x} \left[P + \delta gz \right] \tag{3-11}$$

제주도 해안지역과 같이 지하수인 담수체 내로 염수가 침투하는 경우에는 유체의 밀도가 위치에 따라 다르기 때문에 수치해로 이를 분석한다(Pinder와 Cooper, 1970).

암석의 단열계에서 수리전도도는 The cubic law(Romm, 1966)를 이용하여 구한다. 즉 파쇄대에서 두 개의 평행단열면을 따라 지하수가 층류형태로 흐를 때 유출량은

$$K = \frac{\delta g b^2}{12\mu} (bw) \frac{dh}{d\ell} \tag{3-12}$$

단위 단열면(斷裂面)당

$$K = \delta \frac{g}{12\mu} b^2 \tag{3-13}$$

여기서　　δ : 지하수밀도
　　　　　　w : 지하수 흐름 방향의 수직방향으로 측정한 파쇄대의 폭
　　　　　　b : 단열의 간격 폭

정확한 수리전도도를 구하기 위해서는 현장 대수성시험이나 실내시험을 실시해야겠지만 그동안 많은 분들이 다공질매체에 대해 각종 시험을 실시하여 구한 미고결암의 공극률이나 입경과 수리전도도 사이의 경험식을 구한 결과를 도표화 하면 [표 3-3]과 같다.

[표 3-3] 다공질매체의 수리전도도를 구할 수 있는 경험식들

내용	경험식	내용
Hazen (1911)	$K = C d_{10}^2$ (모래질) 단위 : cm/sec	d_{10} : 유효입경으로 10% 세립질모래, C값은 다음과 같다. 세립질이며 등급분포가 양호 C=40~80, 중립질이며 등급분포가 불량하거나 깨끗하고 등급분포 양호 C=80~120, 조립질이며 등급분포가 불량 C=120~150
Harleman etal (1963)	$k = (6.5 \times 10^{-4}) d_{10}^2$	d_{10} : 유효입경 , k 단위 : cm^2
Krumbein과 Monk (1943)	$k = 760 \cdot d^2 e^{-1.31\delta}$	k 단위 : Darcy d : 기하학적인 평균입경(mm) δ : 입경분포의 대수평균 편차

Kozeny (1927)	$k = C \cdot \dfrac{n^3}{S^2}$	모세관대에서 투수성에 기초 n : 공극률, s : 다공질매체의 단위체적당 공극의 표면적으로 비표면적이라 함. C : 0.5(원통형 모세관) 0.562(장방형 모세관) 0.597(등길이의 3각형 모세관) k 단위 : cm^2
Kozeny-Zarmen (1972)	$K = \left(\dfrac{\rho_w g}{\mu} \right) \dfrac{n^3}{1-n^2} \left(\dfrac{d_m^{\ell}}{180} \right)$	K : 수리전도도, ρ_w : 유체밀도 μ : 유체점성, d_m : 대표입경
평면형파쇄매체의 K Snow (1968)	$K = \dfrac{\rho_w g}{12\mu} Nb^3$ $k = \dfrac{N}{12} b^3$	K : 수리전도도(cm/sec), k : 고유투수계수 b : 절리의 두께, N : 1m당 절리의 수 Nb : 파쇄평면의 공극
두 개의 매끈한 파쇄면에서 층류일 때 Cubic law (Romm, 1966)	$Q = \dfrac{\rho_w g}{12\mu} b^2 (bw) \dfrac{dh}{d\ell} (KAI)$ $K = \dfrac{\rho_w g}{12\mu} b^2$	Q : 유출량, b : 절리의 두께 w : 절리의 폭
Gale etal (1985)	$K = \dfrac{\rho_w gb}{12\mu(1 + CX^n)}$	C, n >1 x : 조도

층서퇴적층은 층서 및 수평층의 발달정도에 따라 수평 및 수직 수리전도도의 값이 달라진다. [표 3-4]는 층서대수층에서 수평층의 층서 발달정도에 따른 수직 및 수평 수리전도도의 비이다.

[표 3-4] 층서퇴적층에서 수직(K_z) 및 수평수리전도도(K_h)의 비

수평층의 층서 발달정도	K_z / K_h의 비	비고
미약(low)	0.5	Walton(1989)
중정도(medium)	0.1	
상당히 발달(high)	0.01	
층서가 매우 발달(very high)	0.01	

뿐만 아니라 대부분의 암석은 그들이 형성될 당시의 방향성에 따라 수리전도도가 달라진다. 즉 변성암은 편리나 편마구조, 퇴적암은 수평적인 층서면 등에 따라 통상 수평 수리전도도가 수직 수리전도도보다 훨씬 크다. 이를 이방성(anisotrophy)이라 한다. 각 암종별 대표적인 수평 및 수직적인 수리전도도의 값은 [표 3-5]와 같다.

[표 3-5] 각 암종의 수평 및 수직수리전도도(cm/s)

암종 \ 내용	수평수리전도도	수직수리전도도
석고	10^{-12}~10^{-10}	10^{-13}~10^{-11}
Chalk	10^{-8}~10^{-6}	5×10^{-9}~5×10^{-7}
석회암, dolomite	10^{-7}~10^{-5}	5×10^{-8}~5×10^{-6}
사암	5×10^{-11}~10^{-8}	2.5×10^{-11}~5×10^{-9}
세일	10^{-12}~10^{-10}	10^{-13}~10^{-11}
암염	10^{-12}	10^{-12}

[그림 3-5]는 파쇄매체의 길이 1m 내에 절리의 폭이 0.1cm인 절리의 개수와 그 수리전도도의 관계를 도시한 그림이다. 암체길이 1m내에 절리의 폭이 0.1cm인 절리가 1개 발달되어 있을 경우의 수리전도도는 8.1×10^{-1}cm/s이며 이는 다공질 매체의 1m²당 수리전도도와 동일하다. 이에 비해 파쇄암체길이 1m 내에 절리폭이 0.05cm인 절리가 100개 발달되어 있는 경우의 수리전도도는 약 1cm/s 정도 된다.

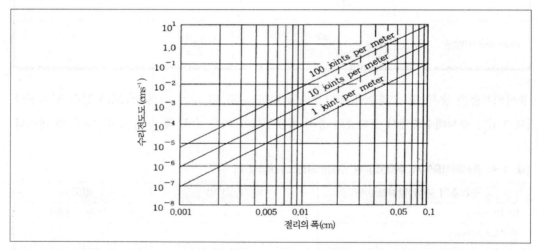

[그림 3-5] 파쇄매체에서 단위m당 분포된 절리의 개수(간격)과 절리의 두께에 따른 수리전도도(Hoek and Bray, 1981)

3.3 수리전도도의 분포특성

특정 대수층에서 구한 수리전도도가 각기 조금씩 다를 때에는 이를 평균치(mean, average)로 표현해야 할 때가 있다. 여러 개의 측정 수리전도도 자료가 정규분포와 일치할 때 평균치는 가장 많이 나타나는 값이다.

수리전도도를 이용해서 작도한 수천 개의 histogram을 분석한 바에 의하면 수리전도도 분포는 선형을 나타낸다(Law, 1944, Roennion etal, 1966). 즉 log normal probability scale 상에서 K의 누적곡선을 작도해 보면 histogram의 data는 오른쪽으로 기울어진 직선형을 나타낸다. 이와 같은 직선형 관계에서 K의 probability density curve는 log normal이다. 수리전도도의 평균치는 다음과 같이 산술평균(arithmetric mean), 조화평균(harmonic mean) 및 기하평균(geometric mean)으로 나타낼 수 있다.

$$\text{산술평균}(A) = \frac{\sum NX}{N} \tag{3-14}$$

$$\text{조화평균}(H) = \frac{N}{\sum X^{-1}} \tag{3-15}$$

$$\text{기하평균}(G) = \sqrt[N]{X_1 \cdot X_2 \cdot X_3 \cdot \cdot \cdot X_N} \tag{3-16}$$

여기서, N : 자료의 수
X : 각 시료의 수리전도도

Collin(1961)의 연구결과에 의하면 수리전도도가 대수정규분포(log-normal distribution)를 가질 때 가장 흔히 나타나고 값은 조화평균치이다.

대체적으로 평균 수리전도도는 조화평균과 산술평균치 사이에 있으며(Bennion, 1966), 기하평균으로 대표된다.

이에 비해 단일 대수층에서 공극이 log-normal분포가 아닌 정규분포를 가질 때 공극은 normal probability scale 상에서 직선으로 나타나는 반면 K는 log-normal probability scale 상에서 직선으로 작도된다.

3.4 지하수의 수평흐름 조건

대수층 내에서 유동하는 지하수가 수직흐름 성분이 없을 때 이를 수평흐름이라 한다. 지하수 함양지역이나 지하수배출지역이나 부분관통정의 영향이 없는 대수층에서는 지하수는 대체적으로 수평방향으로 유동한다.

착정을 한 후 착정경보다 구경이 적은 우물자재(보통 경이 5cm 이하)를 공내에 설치하되 착정구간의 최하위 구간(5~10cm 이하)에만 스크린을 설치하고 착정구간과 우물자재 사이의 주변공간(annular space)을 불투수성 재료로 매운 관측정을 피조미터(piezometer)라 한다. 피조미터는 스크린 설치지점의 수리수두를 정확히 측정하기 위해 설치하는 관측정이다.

지금 3개의 피조미터를 ①, ② 지점에(그림 3-6) 깊이가 서로 다르게 설치하고 ④지점에 피조미터의 경보다 수백 배 큰 수굴정을 설치했다고 하자. [그림 3-6]에서 ①, ②, ③ 및 ④지점은 서로 상당히 떨어져 있는 것처럼 보이나 실제 이들 4개 지점은 매우 가까이 설치되어 있다고 하자. ③번 지점에 설치한 관측정은 상부대수층을 완전 관통시킨 후 포화대 전구간에 스크린을 설치한 것이다. ①, ②, ③ 및 ④지점에서 지하수위를 측정한 바 측정한 수리수두가 모두 같다면 상부대수층에서 지하수의 흐름은 수평흐름이다.

즉 일개 지점에 굴착한 관측정이나 피조미터에서 측정한 지하수위가 다음 3조건에 관계없이 동일할 때 그 지점에서 지하수의 흐름은 수평이다.

① 스크린의 수직설치 구간
② 스크린의 길이
③ 관측정의 경

3.4.1 수평흐름 상태에서 수리수두, 압력수두와 위치수두와의 관계

전장에서 수리적인 접근과 수동력학적인 접근법의 차이를 설명한 바 있다. 수직유속의 영향이 없는 수평흐름 상태는 일종의 수리적인 접근이다. 수리수두((hydraulic head, 일명 수위)는 압력수두(pressure head, $H_P = \dfrac{P}{\rho g}$)와 위치수두(elevation head, z)의 합이다.

압력수두란 피조미터의 스크린 설치지점의 바닥에서 지하수면까지의 물기둥의 높이와 동일하고, 위치수두는 기준면(평균 해발표고가 0인 지점)에서 스크린 바닥까지의 높이이다. [그림 3-6]에서 피조미터 ①과 ②의 수리수두, 압력수두와 위치수두와의 관계를 요약하면 [표 3-6]과 같다.

[표 3-6] 각 관측지점에서 수리수두, 압력수두 및 위치수두(단위 : m)

관측정 〳 수두	수리수두(H)	압력수두(H_P)	위치수두(z)
1	120	20	100
2	120	80	40
3	120	105	15
4	120	10	110

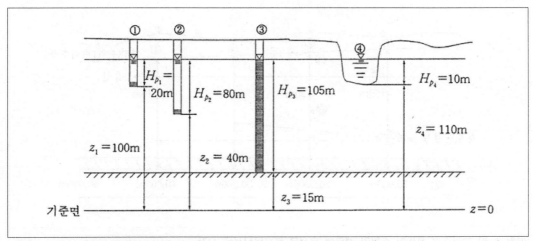

[그림 3-6] 지하수의 흐름이 수평일 때 각 지점에서 측정한 총수두의 합은 동일

관측정 ①, ②, ③과 ④가 동일지점에 설치되어 있기 때문에 지하수의 흐름이 수평일 때는 4개 관측정에서 수리수두(수위)는 모두 해발 120m로 동일하다.

즉 수리수두는 압력수두와 위치수두의 합으로서 심도가 얕은 관측정 ①의 압력수두는 20m인데 반해 심도가 깊은 관측정 ②의 압력수두는 80m이다. 그러나 관측정 ①의 위치수두는 80m이고 관측정 ②의 위치수두는 40m로 전체 수위는 동일한 120m이다. 따라서 수평흐름일 경우 피조미터의 심도가 깊을수록 압력수두는 커지나 위치수두는 적어진다. 환언하면 1m의 압력수두가 증가하면 1m의 위치수두가 감소한다.

이러한 현상은 zero sum exercise로써 지하수흐름이 수평일 때는 관측정의 심도가 달라지더라도 전체 수리수두에는 영향을 미치지 않는다. 따라서 지하수의 흐름이 수평일 경우에 관측정 설치비나 공사기간을 고려하여 관측정의 심도는 해당지역의 연중 지하수위의 변동치 이내에서 가능한 한 얕게 굴착하는 것이 경제적이다.

3.4.2 지하수의 수평흐름 상태에서 유선과 등포텐샬선

지하수의 흐름이 수평일 때 등포텐샬선은 유선에 수직방향이다(그림 3-7). 즉 대수층이 등방이고, x, y축의 스케일이 동일 간격일 때 지하수의 흐름선은 등포텐샬선에 수직이다. 그러나 대수층이 이방일 경우에는 지하수의 흐름이 등포텐샬선에 직각이 아니다.

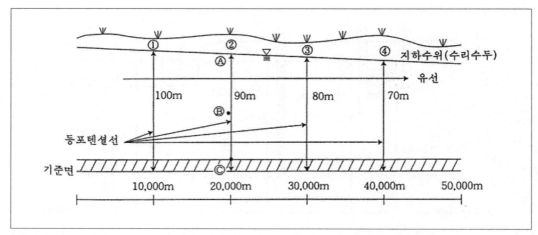

[그림 3-7] 지하수의 흐름이 수평일 경우에 유선은 등포텐샬선에 직각

뿐만 아니라 지층단면도는 통상 x, y 스케일이 서로 다르다. 이 경우에는 비록 대수층이 등방이라 할지라도 지하수의 흐름 유선은 등포텐샬선에 수직이 아니라 이를 수직적인 과장(vertical exageration)이라 한다.

[그림 3-7]의 ②지점에서 지하수위 상에 설치한 피조미터(Ⓐ)나, 대수층의 중간지점(Ⓑ)이나 대수층의 바닥(Ⓒ)에서 수리수두는 모두 해발 90m이다.

이와 같이 수직방향의 각 지점에서 수리수두가 모두 동일하면 해당 수직방향에 속해 있는 각 지점에서 지하수의 동수구배는 동일하다. 즉 [그림 3-7]에서 ①, ②, ③ 및 ④지점에서 수직방향의 여러 지점에서의 수리수두는 각각 해발 100m, 90m, 80m 및 70m이고 각 지점의 수직방향에서 동수구배는 모두 $0.001\left(\dfrac{100-90}{10,000}\right)$로 같다.

그러나 지하수의 흐름이 수평인 경우일지라도 수직방향 상에서 지하수의 유속이 동일한 경우는 극히 드물다. Darcy 법칙에 의하면 지하수의 평균선형유속은 다음식과 같이 수리전도도를 유효공극률로 나누고 이에 동수구배를 곱한 값이다.

$$\overline{V} = \frac{-K}{n_{ef}}\frac{dh}{dx}$$

상기 식과 같이 ①, ②, ③ 및 ④지점에서 수직방향의 각 지점에서 동수구배는 모두 동일한 0.001일지라도 수직방향의 각 지점에서 수리전도도와 유효공극률이 동일한 경우는 자연 상태에서 찾아보기 힘들다. 이러한 현상의 대표적인 예는 각기 다른 시기에 퇴적된 층서퇴적암의 경우이다.

이와 같이 지하수의 유속이 다른 층이 분포된 지역에 오염물질이 유입되면 오염물질은 각 지층을 따라 다른 속도로 분산된다. 이러한 현상을 Cherry는 거시적인 분산(macro-dispersion)이라 하였고, Sudicky는 지층의 이질성(heterogeneity)이라 하였으며, Cleary는 유속의 층서화 (velocity statification)라 하였다.

3.5 지하수의 수직흐름 조건

[그림 3-8]은 이득하천에 동일 심도로 설치한 관측정 ①과 피조미터 ②를 도시한 그림으로서 이들 사이의 거리는 수 cm 이내라고 하자.

관측정 ①은 등수위선이 40~50m 사이에 스크린을 설치하였고, 피조미터 ②는 등수위선이 50m인 곳에만 지하수가 유입될 수 있도록 매우 짧은 스크린을 설치한 경우이다. 이 경우 피조 미터 ②의 수리수두는 50m의 등수위선이 지하수위와 만나는 지점에서 기준면과 평행하게 그은 선과 동일하다.

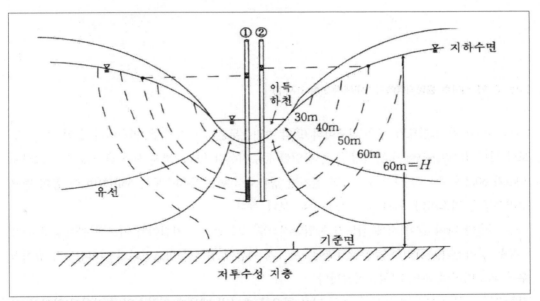

[그림 3-8] 지하수 배출지역에서의 수리수두의 변화(계곡 중심부)

이에 비해 관측정 ①의 스크린은 등수위선이 40m와 50m 사이 구간에 설치했으므로 수직흐름 성분이 있는 관측정 ① 내에서 평균수리수두는 지하수가 유입될 수 있는 스크린 설치구간의 중심점인 45m 지점이 지하수위와 만나는 지점에서 기준면과 평행하게 그은 선이 된다. 따라서 관측정 ①의 평균 수리수두는 피조미터 ②의 평균 수리수두보다 낮다. 즉 관측정 ①과 같이 수직흐름 성분이 있을 때는 스크린이 설치길이에 따라 동일지점에 스크린을 설치하지 않은 피조미터의 수리수두에 비해 그 수리수두가 달라진다. 일반적으로 지하수 배출지역에서는 피조미터의 심도가 깊을수록 수리수두가 증가한다.

[그림 3-9]는 고지대의 지하수 함양지역에 설치한 4개의 관측정을 도시한 그림이다. ①과 ②는 피조미터이며 이의 설치심도는 등수위선이 각각 해발 60m와 50m이고 ③은 스크린을 등수위선이 60m와 50m 사이 구간에 설치한 관측정이며 ④번은 지하수면 부근에 설치한 수굴정이다.

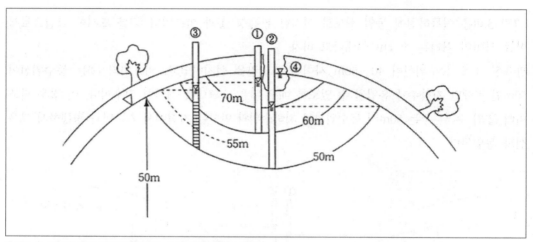

[그림 3-9] 지하수 함양지역에서 수리수두변화(고지대)

[그림 3-9]와 같이 심도가 깊은 피조미터 ②의 수리수두는 심도가 얕은 피조미터 ①의 수리수두보다 낮다. [그림 3-9]에서 관측정 ③은 동일한 등수위선인 50m선까지 시추 굴착한 후 스크린을 50m와 60m 등수위선 사이 구간에만 설치한 경우로서 평균 수리수두는 55m이며 이 공의 평균 수리수두는 피조미터 ②의 평균 수리수두 보다 높다.

이는 전술한 바와 같이 비록 심도가 동일할지라도 스크린의 설치길이가 다르면 관측정의 수리수두는 달라진다. 즉 지하수 함양지역에서는 1개 지점에 설치한 피조미터의 설치심도가 깊어질수록 피조미터의 수리수두는 하강한다.

지하수는 항상 포텐샬이 높은 곳에서 낮은 곳으로 흐르기 때문에 지하수의 수직적인 함양이 일어나려면, 포텐샬은 심도에 따라 계속적으로 감소해야 한다. ①, ②, ③, ④ 관측정 중에서 가장 수리수두가 높은 지점은 ④번의 수굴정이다. 따라서 지하수의 수직흐름 성분이 있는 지역에서는 이 지역에 설치한 우물이나 피조미터들로부터 측정한 지하수위는 다음과 같은 특성을 가지고 있다.

① 스크린의 설치심도가 달라지면 수위도 달라진다.

② 스크린의 설치길이에 따라 수위가 변한다.

③ 1개 지점에서 심도가 서로 다른 2개 이상의 피조미터를 설치했을 때 수위가 모두 다르면 수직흐름 성분이 있음을 암시한다.

1개 지역에서 여러 개의 피조미터를 설치했을 때 가장 깊이 설치한 피조미터의 수위가 가장 낮으면 이 지역은 함양지역임을 암시한다.

지하수가 수직흐름 성분이 있을 때 등수위선은 수직이 아니고 곡선형이다(그림 3-9). 현장에서 기존우물을 이용하여 지하수위과 오염물질의 농도를 측정할 때 그 지역의 지하수가 수직흐름 성분을 가지고 있으면, 기존 우물의 수직적인 설치지점과 스크린 설치길이에 영향을 받는다. 즉 이러한 곳에서 측정한 평균 수리수두를 이용하여 등수위선도를 분석한 오염물질의 농도는 해당 기존우물 내에서 지하수의 수직흐름에 따른 혼합의 영향 때문에 상당한 문제를 야기시킬 수 있다.

따라서 수직흐름 성분이 있는 곳에서는 기존우물은 전혀 사용 불가능하거나 매우 제한적으로 이용해야 하며 정밀을 요하는 조사 시에는 반드시 신규 관측정을 굴착해서 사용해야 한다. 수학적인 모델링을 실시하는 경우에 수직흐름 성분은 수리적인 접근보다는 수동력학적인 접근 법을 이용해야 한다. 즉 수리적인 접근법은 비교적 간단한 2-D의 수평흐름 model을 요구하는 데 반해 수리수두가 3차원으로 모두 서로 다를 때에는 3-D 모델링을 해야 한다.

3.6 복잡한 수리지질 조건에서 지하수흐름

지하수의 흐름 연구에는 많은 불확실성이 존재하지만 연구자가 분명히 해두어야 할 일 가운데 하나는 대상으로 하는 지질매체가 항상 비균질성(non-homogeneous)이라는 사실이다. 이와 같이 대상 지질매체가 비균질성이고 이방성일 수 있는 정도는 해당 지역의 지질학적인 이력에 따라 좌우된다. 과거에 지하수를 개발하고 공급하기 위한 대부분의 연구조사는 대상 지질매체 가 등방, 균질이라는 가정하에 실시했다. 그러나 지하수질과 지하수의 오염을 연구할 때에 대상 매체를 등방, 균질로 가정하면 큰 오류를 범할 수 있다.

예를 들어 퇴적암 대수층 내에 저유된 지하수를 개발 공급하는 경우에는 각 층간의 수직적인 지하수의 유속변화가 있더라도 이를 무시하고 단위시간 동안 수직단면을 통해 유동하는 지하수 의 전 유출량에만 관심을 두면 큰 문제가 없었다.

그러나 지하수의 오염연구에 있어서는 각 층간의 수리전도도와 유효공극이 서로 다르면 공극유속도 달라지므로 최종 결과의 정확도에 결정적인 영향을 준다. 지하수의 흐름방향과 공극유속에 영향을 미치는 대표적인 수리지질조건으로는 이방성과 비균질성을 들 수 있다.

3.6.1 이방성(anisotropy)

대수층내 1개 지점에서 x, y, z 방향으로 수리전도도가 같으면 이러한 대수층은 등방(isotropic, 等方)대수층이라 한다. 이에 비해 대수층내 1개 지점에서 x, y, z 방향으로 수리전도도가 서로 다를 경우는 이를 그 지점에서 이방(anisotropic, 異方)이라 한다.

이방성에 부가해서 반드시 고려해야 할 것은 균질성(homogeneity, 均質性)이다. 대수층이 균질이라 함은 대수층내 1개 방향으로 수리전도도가 같은 때이다. 그렇지 않을 경우는 불균질(heterogeneous, 不均質)이라 한다. 이를 도시하면 [그림 3-10]과 같다. 여기서

① 대수층내 1개 지점인 A나 B 지점에서 x, y 방향의 수리전도도가 동일한 경우는 등방(1개 지점 중심)이며

② 대수층내 모든 지점에서 1개 방향(x나 y 방향)으로 수리전도도가 동일한 경우는 균질(1개 방향 중심)이다.

따라서 [그림 3-10]과 같이 균질대수층인 경우에는 등방과 이방이 있을 수 있고 대수층내 모든 지점에서 1개 방향으로의 수리전도도는 같아야 한다.

일반적인 입상퇴적층이 이방성을 가지는 이유는 그들이 퇴적될 당시의 퇴적형태와 입자가 배열되는 방식이 다르기 때문이다. 입상퇴적물이라 할지라도 입상물질의 모양이 완전한 원형이 아니기 때문에 퇴적될 때는 약간 평탄한 면을 따라 퇴적되려는 경향이 있다.

퇴적물이 유수에 의해 퇴적될 시에는 유수의 방향으로 배열된다. 점토질 입자들이 조립질 퇴적물과 함께 퇴적될 때에는 유수의 흐르는 방향을 따라서 배열되면서 퇴적된다. 따라서 퇴적물이 퇴적될 당시의 방향성을 수평방형의 수리전도도가 수직방향보다 양호한 특성을 가지도록 퇴적된다.

모래질 퇴적물의 경우 수평수리전도도와 수직수리전도도의 비인 $\dfrac{K_H}{K_v}$ 은 대체적으로 2~20 정도이며 기타 지질매체에서 수평 수리전도도와 수직 수리전도도의 비는 100배에서 1000배 정도이다(Winter, 1976).

1개 평면에서 수리전도도가 최대치와 최소치를 가지는 방향을 수리전도도 텐서의 주방향(principle direction)이라 하며 특히 이방성을 고려하여 지하수 모델링을 실시할 때 수리전도도의 주방향은 매우 중요한 요소로 작용한다.

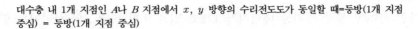

대수층 내 1개 지점인 A나 B 지점에서 x, y 방향의 수리전도도가 동일할 때=등방(1개 지점 중심) = 등방(1개 지점 중심)

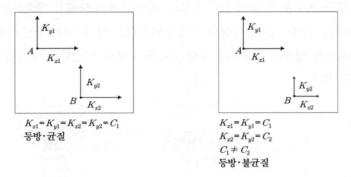

$K_{x1}=K_{y1}=K_{x2}=K_{y2}=C_1$
등방·균질

$K_{x1}=K_{y1}=C_1$
$K_{x2}=K_{y2}=C_2$
$C_1 \neq C_2$
등방·불균질

대수층 내 모든 지점에서 1개 방향(x나 y 방향)으로 수리전도도가 동일할 때 = 균질(1개 방향 중심)

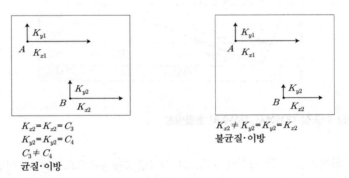

$K_{x2}=K_{x2}=C_3$
$K_{y2}=K_{y2}=C_4$
$C_3 \neq C_4$
균질·이방

$K_{x2} \neq K_{y2}=K_{y2}=K_{x2}$
불균질·이방

[그림 3-10] 등방 균질, 이방 불균질 대수층의 종류

등방 지질매체에서 지하수는 등수위선에 직각방향으로 흐르지만 이와 대조적으로 이방성 지질 매체에서는 지하수의 흐름방향이 등수위선에 직각방향이 아니고 수리전도도의 주방향의 비율, 즉 이방성의 주방향에 따라 좌우된다.

[그림 3-11]은 지질매체의 이방성에 따라 지하수의 흐름방향이 어떻게 변하는가를 잘 보여주는 그림이다. [그림 3-11]은 다공질 모래로 구성된 충적층으로서 그 두께가 30m 정도이며 조사구역 의 남북 쪽에는 동서방향으로 충적층을 완전 관통한 지속하천이 서로 평행하게 흐르고 있다. 하천 1의 수위는 해발평균 90m이고 하천 2의 수위는 평균 해발 10m이며 하천 1과 하천 2 사이 에 설치한 여러 개의 관측정에서 측정한 지하수위를 이용하여 등수위선도(potentiometric surface map)를 작성한 바 등수위선은 2개 하천과 나란하다. 그런데 이 지역에 분포된 충적층 은 이방성 다공질 매체로서 대수성시험 결과 주 흐름방향 중 K_x는 1 하천과 20° 방향이며 그

크기는 $K_x = 5K_y$이다.

지금 두 하천 사이에 불량 폐기물 매립지가 1개소 있고 또한 하천 2의 사이에는 인근시에서 운영하고 있는 공공 취수용 우물(W-1)이 1개소 있는데 이 우물에서 채수하는 양은 소량이기 때문에 기존 수위등고선에는 크게 영향을 미치지 않는다고 한다. 그러나 장기적으로 이 우물을 이용할 때 매립지에서 생성된 침출수가 공공 취수용 우물에 악영향을 미치지 않을까 하고 시 당국은 걱정하고 있다.

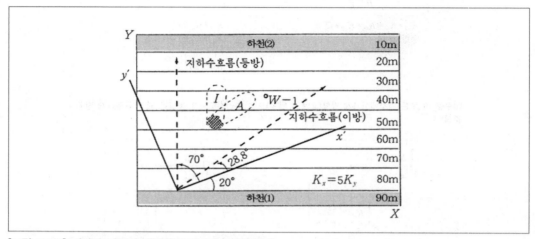

[그림 3-11] 이방성 다공질 매체에서 지하수의 흐름방향

[그림 3-11]에서 하천이 흐르는 방향을 x축, 그 직각방향을 y축으로 취하고 이방성 시험을 통해 확인된 수리전도도가 가장 큰 방향을 x'축, 수리전도도가 가장 적은 방향을 y'축으로 취했을 때 X와 x'의 각도는 20°이다.

이 그림은 충적층 모래층이 등방일 때와 이방일 때 기존 불량 폐기물 매립지에서 발생한 침출수 와 그 하류구배구간에서 형성될 수 있는 2가지 오염운이 방향성을 도시한 것이다.

지금 충적층이 등방일 경우에는 오염운이 I의 형태로 형성되고, 충적층이 이방이면서 $K_x = 5K_y$일 경우에 오염운은 A의 형태를 이룬다. 이와 같이 두강 사이에서 평행한 등수위선을 나타내는 등 수위선도를 수리지질기술자에게 제시하고 지하수의 흐름방향을 물어 본다면 대다수의 전문가 들은 하천(1)에서 하천(2)의 직각방향으로 지하수가 흐를 것이라고 말할 것이다. 즉 하천의 방 향을 X축으로 취할 때 대수층이 등방일 경우에 지하수의 흐름방향은 기존 하천(1)과 90° 방향 이고, 수리전도도의 주 텐서(K_x 방향)와는 70° 방향이다. $\dfrac{K_x}{K_y} = 5$일 때 지하수의 흐름방향은 Y방향보다 X방향으로 치우칠 것이다.

따라서 대수층이 등방인 경우에는 침출수에 의해 W-1 우물이 오염되지 않지만 대수층이 이방성이면서, 특히 $K_x = 5K_y$인 경우에는 우물에서 지하수를 채수하지 않더라도 W-1 우물은 침출수의 이동경로에 위치해 있기 때문에 추후 오염 받게 될 것이다.

이방성 매체에서 실제 지하수의 흐름은 2가지의 흐르는 힘의 합성성분에 비유할 수 있다. 한 개의 흐름힘은 등방일 때의 흐름에 따른 힘으로 [그림 3-11]에서 그 방향은 x'축에 70° 방향이며, 또 다른 하나의 흐름힘은 이방성에 따른 주 텐서 방향(x' = 0°)의 힘이다. 따라서 그 합성성분의 흐름방향, 즉 이방성매체에서 지하수의 흐름방향인 θ_{aniso}은 다음 식으로 구할 수 있다.

$$\theta_{aniso} = \tan\left[\frac{K_y}{K_x}tan\,\theta_{iso}\right] \tag{3-17}$$

여기서, θ_{aniso} : 이방성일 때 주 텐서 방향으로부터의 합성각

θ_{iso} : 등방일 때 주 텐서 방향으로부터의 각도

따라서 윗 예에서 $\frac{K_y}{K_x} = \frac{1}{5} = 0.2$ 이고 θ_{iso}는 주 텐서인 K_x의 x'방향에서 70° 이므로 θ_{aniso}는 x'축에서 28.8°이다.

이방성 대수층의 K_r가 $\frac{1}{100}$인 경우에 실제 지하수 흐름방향은 x'축과 1.57°의 각도를 이루므로 x'축과 거의 평행해 진다(Van der Heizde 등, 1988). 따라서 이방성 대수층에서 관측정으로부터 측정한 지하수위를 이용하여 예측한 지하수의 흐름은 실 지하수의 흐름과는 매우 다르다. 미국 Texas의 San-Antonio 지방에 분포된 Edward 석회암 대수층에서 지하수의 흐름방향은 등수위선(등수위선)에 직각이기 보다는 거의 평행한 사실을 확인한 바 있다(Davis와 DeWiest, 1966).

상기 예는 포텐샬 분포(potential distribution)에 따른 경계조건의 예 이다. 즉 지하수를 인위적으로 채수하지 않은 균질대수층의 경우[이방성은 있으나 후술할 투수성 구간(lens)이 없는 경우]에 수리전도도가 서로 다른 층(층서 대수층이거나 매몰된 구하상이 존재하는 경우)에서는 경계조건에 따라서 등수위선의 배열이 결정된다.

[그림 3-11]과 같이 해당시가 관리하는 취수정의 채수량이 매우 소량이기 때문에 주변 광역지하수의 등수위선을 변형시키지는 않으나 이방성이 실지하수 흐름에 미치는 영향은 매우 중요한 역할을 하고 있음을 알 수 있다.

그러나 이러한 조건 하에서도 지하수를 인공적으로 채수하는 경우에 등수위선의 최종 배열상태와 방향은 경계조건뿐만이 아니라 우물의 채수량에 따라서 변한다.

[그림 3-12]는 등방 및 이방성 매체에 설치한 우물에서 지하수를 채수함에 따라 등수위선이나 오염물질의 포획구간이 어떻게 달라지를 보여주는 그림이다. [그림 3-12]의 (a)는 등방대수층의

경우이고 [그림 3-12]의 (b)는 $K_y = 4K_x$인 이방성 대수층의 경우이다. 이방성 대수층의 경우에는 수리전도도가 큰 y축을 따라서 오염물질이 주로 유동하며, 우물에서 지하수를 채수할 때 등방대수층처럼 오염물질이 우물에 전혀 영향을 미치지 않는다.

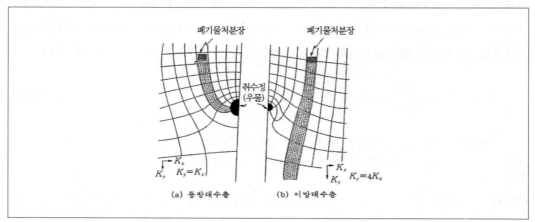

[그림 3-12] 지하수채수 시 등방성과 이방성에 따른 등수위선과 지하수흐름

3.6.2 불연속적인 소규모 투수성 구간(permeable lense)이 지하수유동에 미치는 영향

불연속적이며 소규모 투수성 구간은 주변의 수리지질과는 전혀 다른 특성을 가지고 있는 불연속매체로써 일명 투수성렌즈(permeable lense)라 한다. 이러한 렌즈를 포함하고 있는 층은 불균질성(non-homogeneous 혹은 heterogeneous)이다.

전절에서 언급한 바와 같이 이방성은 비채수(non-pumping) 및 광역흐름장 하에서 균질대수층의 등수위선 배열(orientation)에 전혀 영향을 미치지 않는다. 그러나 1개 매체 내에서 렌즈와 불균질성은 등수위선의 배열과 모양을 크게 변형시킨다.

이러한 렌즈는 자연적일 수도 있고, 인공적일 수도 있다. 인공적인 lense의 대표적인 예로는 지하에 매설한 방사능 폐기물 처분장이나 쓰레기 매립장들로써 이들은 모두 주변 수리지질환경보다는 투수성이 매우 큰 불연속적이면서 소규모 투수성구간을 이룬다.

이와 같이 투수성이 양호하고 불연속적인 렌즈체는 일종의 "Water magnet"와 같은 작용을 하여 지하수를 끌어드리는 역할을 한다. 예를 들어 투수성이 불량한 점토로 구성된 수리지질환경 내에 이러한 투수성 렌즈가 존재한다면 렌즈는 투수성이 매우 크고 단면적이 비교적 적은 매체이므로 지하수가 이러한 환경을 통해서 흐를 때 연속성을 유지해야 한다. 이러한 사실은 유속이 적고 단면적이 큰 주변 대수층으로부터 지하수가 유속이 크고 단면적이 적은 lens로 유입되어야 하기 때문에 그 상류구배구간에서 지하수의 유선들은 서로 수렴한다.

반대로 렌즈상에서는 항상 연속성을 유지하면서 유속이 적고 단면적이 큰 주변 지하수환경으로 지하수가 배출되어야 하므로 지하수유선들은 분산된다. 따라서 렌즈는 그 주변의 등수위선을 왜곡시키기 때문에 렌즈 상·하류구배구간에 설치한 관측정의 수위는 항상 영향을 미치게 된다. [그림 3-13]은 투수성이 큰 폐기물을 매립한 구간이거나 불연속적인 투수성 지질렌즈가 지하에 존재하는 수리지질환경 내에서 등수위선과 지하수 흐름방향을 도시한 그림이다. 폐기물은 일반적으로 주변 수리지질 구성물질에 비해 느슨하게 다져진 상태이므로 투수성이 비교적 크다. 매립 폐기물 상류구배구간에서는 등수위선이 수직이므로 이 구간에서 지하수흐름은 수평이다. 그러나 렌즈가 위치하는 주변의 등수위선은 수직이 아니고 곡선형을 이루므로 이로 인해 지하수는 투수성이 높은 렌즈구간으로 모이게 된다. 따라서 연속성이 유지되려면 [그림 3-13]에서 나타난 것처럼 매몰 매립구간으로서 유출되는 지하수는 분산되어야 한다.

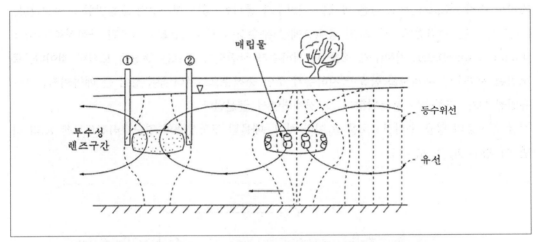

[그림 3-13] 불연속성인 소규모 투수성구간(lense)이 주변 지하수계의 수위에 미치는 영향

이와 마찬가지로 매몰 매립지에서 상당히 떨어진 하류구배구간에 위치한 투수성 지질 렌즈에서도 그 상류구배구간에서는 지하수의 유선이 투수성 지질 렌즈로 다시 수렴해야 하고, 그 하류구배구간에서는 분산되어야 한다.

이는 렌즈의 상류구배구간이나 지하수면 부근으로부터 렌즈 내로 유입되는 지하수의 양은 연속성이 유지되는 한 보다 면적이 큰 주변 대수층으로 분산되어야 하므로 주변 대수층에서 유속은 감소한다. 이러한 현상을 하천과 비교하면 다음과 같다. 즉 유출량이 동일한 하천에서 하천폭이 좁은 곳에서는 유속이 빨라지고 반대로 폭이 넓은 곳에서는 유속이 느려지는 경우와 같다. [그림 3-13]에서 상류구배구간에 설치한 피조미터 ②에서 측정한 지하수위는 항상 그 주변 지하수계의 수위보다 낮고, 이와 반대로 하류구배구간에 설치한 피조미터 ①에서 측정한 지하수위는 그 주변 지하수계의 수위보다 높다.

매립지와 같은 곳에서 직접 렌즈효과를 체험해 보지 않은 기술자들은 대부분 불연속적인 소규모 투수성 매체의 존재가 그 상·하류구배구간에 미치는 예견키 곤란한 이러한 지하수위의 변동에 대해서는 쉽게 이해할 수는 없을 것이다. 그러나 렌즈효과에 따른 현상은 렌즈 상·하류구배 구간에서 실제로 발생되고 있는 현상이다.

3.6.3 지하수의 굴절(refraction)흐름

햇빛이 프리즘을 통과할 때 굴절하는 현상은 Snell의 법칙으로 서술한다. 투명한 유리잔에 물을 담아 놓고 그 안에 수저를 넣으면 물 표면 하부의 수저는 물 표면을 기점으로 하여 꺾여 보인다. 이는 마치 햇빛이 밀도가 서로 다른 매체를 통과할 때 일어나는 굴절현상과 동일하다. 이와 마찬가지로 수리전도도가 서로 다른 매체를 지하수가 통과할 때는 지하수의 흐름방향은 굴절한다. [그림 3-14]는 수리전도도가 K_1인 충적층에서 투수성이 보다 큰(K_2) 매몰된 구하상층(buried stream channel)으로 지하수가 흐를 때 지하수가 굴절되어 흐르는 현상을 도시한 것이다. 즉 오염된 지하수나 추적자를 함유한 지하수가 주변 충적층으로부터 투수성이 큰 매몰퇴적층으로 유입될 때는 지하수의 흐름방향이 그 경계면에서 굴절된다.

지금 충적층의 평균 수리전도도를 K_1이라 하고, 매몰된 구하상층의 평균수리전도도를 K_2라 하면 이 경우 $K_2 > K_1$이다.

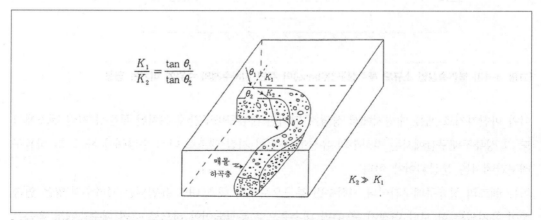

[그림 3-14] 수리전도도가 다른 매체로 유입시 지하수가 유입시의 굴절현상

충적층과 매몰하상층 사이의 경계면을 기준으로 하여 충적층에서 매몰하상층으로 유입되는 지하수의 유선과 경계면 사이의 각을 θ_1이라 하고 일단 매몰하상층으로 흘러 들어간 굴절된 지하수의 유선과 경계면 사이의 각을 θ_2라 하면(그림 3-14) 이들 사이는 Snell의 법칙에 따라 다음과 같은 (3-18)식이 성립된다.

$$\frac{K_1}{K_2} = \frac{\tan\theta_1}{\tan\theta_2} \tag{3-18}$$

위 예는 일반 충적층과 고투수성을 갖는 매몰하상퇴적층 사이의 관계를 제시했지만 지하수가 두 대수층 사이에 있는 준대수층(aquitard)을 통해 누수될 때도 동일한 굴절현상이 발생한다. 만일 준대수층이 압층처럼 수리전도도가 상·하위 대수층에 비해 매우 적을 경우에는 준대수층 내에서 지하수의 흐름은 거의 수직(등수위선은 거의 수평)이고 그 상·하부 대수층에서 지하수의 흐름은 거의 수평상태이다.

3.7 등수위선도(potentiometric map)와 유선망(flow net) 분석

3.7.1 등수위선도 작도시 주의해야 할 사항

1개 대수층에서 측정한 지하수위의 전 수두(potential head)가 동일한 지점을 연결한 그림을 등수위선도(potentiometric or water table map)라 한다. 이를 일명 지하수위 등고선도 (Groundwater contour map)라고도 한다.

이는 지표면의 동일한 지형고도를 연결한 선을 등고선도라고 하듯이 등수위선도는 대수층의 1개 단면(수직 혹은 수평)에서 지하수의 전체 수두변화(total head)를 도시한 것이다. 따라서 등수위선도는 항상 전체 수두를 2차원적으로 표시한 것이기 때문에 1개 대수층 내에 설치한 관측정에서 측정한 수위자료만 이용해서 작도한다.

예를 들어 국내의 경우처럼 조사지역 내에 충적층에 설치한 심도 10m 내외의 수굴정이나 소규모 타설정이 20개소 있고, 암반에 설치한 심도 100m 이상 되는 관정이 25개소 있다고 하자. 이들 45개 우물에서 측정한 지하수위를 해발표고로 환산한 후 동일한 수위를 서로 연결하여 작도한 등수위선도는 전혀 쓸모가 없는 것이다. 이 경우에 충적대수층의 등수위선도와 암반대수층의 등수위선도는 별도로 작성하여야 한다. 특히 우리나라와 같이 지형기복이 심한 지역에서 등수위도를 작성할 때는 고도의 기술과 전문지식을 요한다.

대다수의 등수위선도는 대수층의 xy 평면에서 2차원적인 지하수의 수평흐름 조건(수리적 조건) 하에 작도된 것이어야 한다. 그런데 국내에서 작도한 등수위선도는 여러 개의 복합지층에서 동시에 측정한 지하수위를 이용하여 작도한 것이 대부분이다.

[그림 3-15]는 Nick Saines이 자유면대수층의 지하수함양, 배출 및 지하수의 수평흐름 구간 중에서 수집한 수위자료를 이용하여 작성한 등수위선도의 단면도이다.

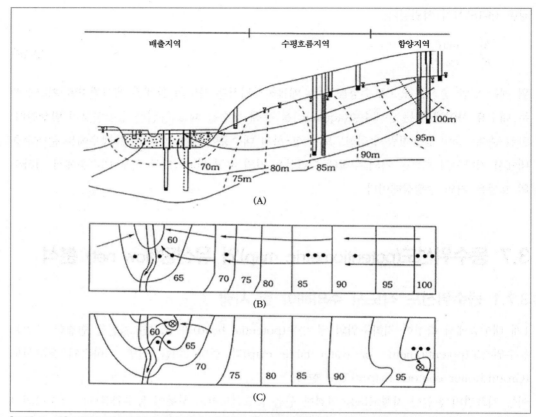

[그림 3-15] 지하수의 흐름이 수평이 아닌 지역에서 측정한 지하수위를 이용하여 작도한 등수위선도와 해석의 오류
(A) 배출지역과 함양지역 및 수평흐름을 가진 균질 투수성 퇴적층의 단면도
(B) 그림 A의 조건 하에서 이지역의 실 등수위선도
(C) 심도와 포텐샬이 다른 관측정의 수위자료를 이용하여 작도한 잘못된 등수위선도

[그림 3-15]의 (C)도는 실제 등수위선도와는 전혀 다른, 쓸모가 없는 등수위선도이며 주로 나공상
태로 설치한 우물의 수위는 그 주변 수위보다 훨씬 낮아 일종의 흑점(black hole)으로 나타난다.
Nick Saines(1981)의 연구결과에 의하면 3-D의 수위자료를 이용하여 2-D의 지하수위 등고선도
(등수위선도)를 작도할 수는 없다. 따라서 2-D의 등수위선도를 작도하려면 반드시 최상위 대수
층인 자유면대수층의 수위만을 이용해야 한다. [그림 3-15]의 (B)도는 이와 같이 작도한 등수위
선도이다.
만일 [그림 3-15]의 (B)와 (A)도를 이용하여 오염물질이 대수층으로 유입되어 하천까지 거동하
는데 소요되는 시간을 구하기 위해서는 (B)도에서 오염물질의 유입지점과 하천까지의 거리 중
최단거리를 이용해서 이동시간을 구하면 가장 보수적인 방법이 된다. 이러한 방법은 어디까지
나 지하수의 흐름이 수평흐름일 때만 가능하다. 실제 그림 (A)에서 함양지역에 오염물질이 유입
되었을 때 오염물질의 하천까지의 이동시간은 이들의 이동경로(path way)가 평면상에 이동거

리보다 훨씬 길다. 따라서 이동시간도 길어진다.

등수위선도는 지하수의 흐름방향과 이동속도를 계산하고, 함양지역과 배출지역을 규명하며, 주변 하천이 이득하천인지 손실하천인지를 규명하는데 유용하게 이용할 수 있다. 만일 대수층의 두께가 일정한 경우에 등수위선(등포텐샬선) 사이의 간격이 서로 다르면 이로부터 대수층의 수리특성인자의 변화를 알아낼 수 있다.

3.7.2 등방 균질 대수층에서 유선망

지하수위 자료가 충분히 가용치 않은 곳에서 정확한 2-D의 등수위선도를 작성하기는 매우 힘들 것이다. 그러나 대수층이 등방, 균질일 때 [그림 3-16]처럼 3개 이상의 관측정의 수위자료만 획득할 수 있으면 지하수의 유동방향뿐만 아니라 지하수의 운동에 대해 매우 유용한 특성을 알아낼 수 있다.

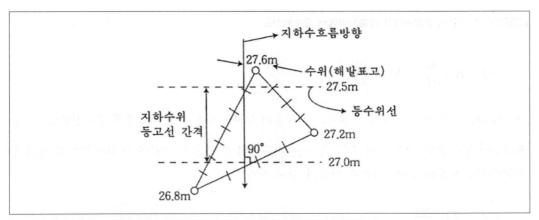

[그림 3-16] 지하수 유동방향의 결정(등방, 균질 대수층)시 필요한 관측정의 수

1개 지역에서 지하수의 유선이 방사상으로 흩어질 때는(발산할 때) 지하수가 함양되는 지역임을 뜻하고, 그 반대로 지하수의 유선이 1개 지점으로 집중될 때는(수렴할 때) 지하수의 배출지역임을 뜻한다(그림 3-17).

즉 양수정이나 이득하천 및 호소는 후자에 속하고, 관개하천이나 손실하천은 전자에 속한다. 따라서 용천, 호소 및 하천과 같은 수계는 일종의 지하수 배출지역으로서 등수위선도에서 아주 명확히 나타난다(그림 3-17).

전술한 바와 같이 대수층을 통해서 흐르는 지하수의 유출량은 Darcy의 (3-1)식을 다음과 같이 변형시켜 구할 수 있다.

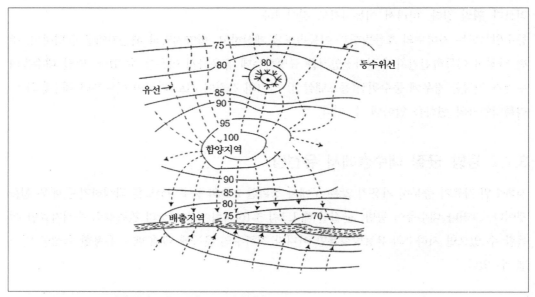

[그림 3-17] 지하수함양지역과 배출지역에서 등수위선도

$$Q= KA\frac{dh}{dL} = Kb\,W\frac{dh}{dL} \qquad\qquad (3\text{-}19)$$

여기서 Q는 단면적 A를 통해서 흐르는 지하수의 유출량이고, K는 대수층의 수리전도도, $\frac{dh}{dL}$ 는 지하수의 동수구배, W는 대수층의 폭, b는 대수층의 두께이다. 그런데 (3-19)식의 Kb 대신 투수량계수를 사용하면 (3-19)식은 다음과 같이 된다.

$$Q= TW\frac{dh}{dL}$$

(3-19)식에서 등고선 간의 간격은 동수구배에 따라 변하며, 동수구배는 Q, K 및 b에 따라 변하므로, 결국 등고선 사이의 간격(dL)은 유출량과 대수층의 투수량계수에 따라 변한다. [그림 3-18]의 (A)는 중심부의 동수구배가 외곽부보다 급한 대수층의 등수위선도로써 외부로부터 대수층 내로 유입 및 유출되는 수원이 없다면 Q는 모든 구간마다 일정할 것이다. 따라서 등수위선의 간격은 대수층의 두께나 투수량계수에 따라 변한다. [그림 3-18] (B)는 대수층의 수리전도도의 차이에 의해 생긴 등수위선(등포텐샬선) 간격이 달라진 경우이고, (C)는 대수층의 두께가 다르기 때문에 생긴 등수위선의 간격이 달라진 경우를 나타낸 그림이다.

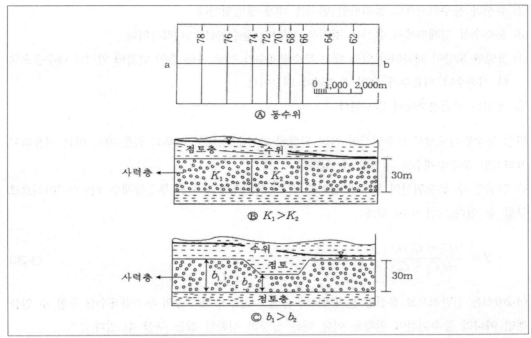

[그림 3-18] 등수위선도의 간격과 해석가능한 지질단면
(A : 등수위, B : K₁ > K₂, C : b₁ > b₂)

3.7.3 유선망 작도와 분석

등방균질 대수층에서 지하수는 등수위선의 직각방향으로 유선을 따라 흐른다. 따라서 유선은
서로 교차하지 않기 때문에 유선 자체는 1개의 불투수성 경계이다.

등수위선도 상에서 서로 인접한 2개의 등수위선과 2개의 유선은 장방형 모양을 이룬다. 따라서
인접한 2개의 장방형지역을 통해 흐르는 지하수량은 동일하다. 실제 등수위선이나 유선들이 평
행하게 분포하는 경우나 등수위선과 유선이 정사각형을 이루는 경우는 드물다. 1개 대수층 내에
서도 곳에 따라 투수성과 대수층의 두께가 서로 다르기 때문에 유선망과 등수위선을 서로 연결
하여 작성한 장방형의 면적은 일정한 모양을 이루지 않는다. 그러나 수리지질학 분야에서 유선
망은 매우 중요한 분야이기 때문에 항상 등수위선도를 다룰 때는 유선망이라는 관점 하에서 이
를 볼 줄 알아야 한다.

일반적으로 광역적이며 매우 광범위한 지역에 대한 유선망도를 작도할 때는 상당한 지식과 경
험이 필요하다고 언급한 바 있다. 균질대수층에서 측정한 수위자료를 이용하여 유선망을 작도
할 때 유의해야 할 사항은 다음과 같다.

① 유선망과 등수위선에 직각이다.

② 유선과 등수위선으로 둘러싸인 면적은 대개 장방형이다.

③ 불투수성 경계면에서 유선은 평행을 이루며, 등수위선과는 직각이다.

④ 장방형 모양이 왜곡되어 있을 때는 투수량계수가 서로 다른 층이 인접해 있거나 대수층으로 타 지하수나 지표수가 유입·유출되기 때문이다.

⑤ 유선은 공급경계에서 발생한다.

만일 등수위선도에서 등수위선이 거의 원형에 가까운 형태를 이루고 있을 때는 이를 이용하여 계략적인 투수량계수를 결정할 수 있다.

즉 인접한 두 등수위선의 원주의 길이를 각각 C_1, C_2라고 하면 투수량계수 T는 (3-20)식으로 구할 수 있다(그림 3-19 참조).

$$T = \frac{(C_2 - C_1)\,Q}{\pi b(C_2 + C_1)} \tag{3-20}$$

(3-20)식은 일반적으로 유선망 분석법보다 손쉽고 바르게 대수층의 투수량계수를 구할 수 있을 뿐만 아니라 등수위선이 원형을 이룰 때는 상당히 정확한 값을 구할 수 있다.

일반적으로 유선망을 작성하려면 오랜 시간이 걸리기 때문에 지루한 감을 느끼게 된다. 양수정이나 함양지역에서 등수위선의 원주만 제대로 측정할 수 있다면 다음과 같이 등수위선도로부터 간단한 방법으로 T를 구할 수 있다.

$$T = \frac{Q}{b\,\dfrac{n_f}{n_d}} \left(\begin{array}{l} n_d : \text{등수위선의 개수} \\ n_f : flow\ channel\text{의 수} \end{array} \right) \tag{3-21}$$

[그림 3-19]와 같이 등방균질대수층에서 2개의 유선과 2개의 등수위선이 장방형을 이루고 있을 경우에 Casagrande와 Benett 및 Ferris에 의하면

$$b_1 = \frac{2\pi r_1 \theta}{360},\ b_2 = \frac{2\pi r_2 \theta}{360} \text{이며}$$

[그림 3-19]의 유선망의 사선을 친 장방형구간에서는

$$2\,(r_2 - r_1) = b_1 + b_2$$

$$\text{즉}\quad 2\,(r_2 - r_1) = 2\pi\,(r_1 + r_2)\,\frac{\theta}{360}$$

$$\frac{360^o}{\theta} = \frac{r_2 + r_1}{r_2 - r_1}\,\pi, \quad \frac{360}{\theta} = n_f \text{이고}$$

$$C_1 = 2\pi r_1 , C_2 = 2\pi r_2 \text{이므로} \quad n_f = \frac{\dfrac{C_2 + C_1}{2\pi}}{\dfrac{C_2 - C_1}{2\pi}} = \frac{C_2 + C_1}{C_2 - C_1}\pi \text{ 이다.}$$

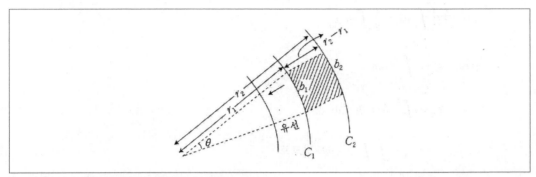

[그림 3-19] 등수위선이 원형일 경우 유선망분석

이를 다시 (3-21)식에 대입하면 T는 (3-22)식과 같이 된다.

$$T = \frac{Q(C_2 - C_1)}{\pi b(C_2 + C_1)} \quad (\text{단}, n_d = 1\text{이다.}) \tag{3-22}$$

$\dfrac{C_2}{C_1}$ 혹은 $\dfrac{r_2}{r_1} < 3$ 인 경우 사용가능하다.

1개 함양지역이나 양수정 부근에서 등수위선도 작도가 가능하거나 이미 그려져 있으면 등수위선중 폐곡선 구간을 이용하여 대수층의 투수량계수를 (3-22)식으로 구할 수 있다.

그 외 방법으로는 1개 등수위선도에서 $r \cdot d\theta$를 통해 흐르는 지하수량을 dQ라 하면 [그림 3-20]에서 $L = \dfrac{1}{2}[rd\theta + (r+dr)d\theta]$ 이다.

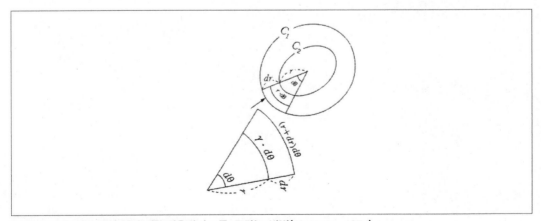

[그림 3-20] 일반 등수위선도를 이용하여 T를 구하는 방법(JS Hahn, 1974)

$$dQ = TI\left[\frac{rd\theta + (r+dr)\,d\theta}{2}\right]$$

$$dQ = TI\left(rd\theta + \frac{dr}{2}d\theta\right)$$

$$Q = TI\left(\int rd\theta + \frac{1}{2}\int drd\theta\right)$$

그런데 $C_1 = \int_0^{2\pi} rd\theta$

$$C_2 = \int_0^{2\pi} (r+dr)\,d\theta$$

$$= C_1 + \int\int dr \cdot d\theta \;\text{이므로}$$

$$\therefore \int\int dr \cdot d\theta = C_2 - C_1 \;\text{이다.}$$

따라서 $Q = TI\left(C_1 + \frac{1}{2}(C_2 - C_1)\right)$ (3-23)

$$Q = TI\frac{C_1 + C_2}{2}$$

로 표현할 수 있다.

(3-23)식은 비단 폐곡선뿐만 아니라 일반 등수위선도에서 임의구간을 선정하여 지하수의 동수구배(I)와 그 투수량계수를 구하는데 사용할 수 있다.

Chapter

04

지하수의 변동과
물수지 분석

지표수 저수지와 마찬가지로 지하수 저수지인 대수층 내에 저유된 지하수 저수량이 계절별로 또는 시기별로 어떻게 변하는가를 파악하는 것은 매우 중요하다. 지진파의 충격이나 자동차가 지나갈 때의 진동에 의해서 지하수위는 순간적으로 변동하기도 하고, 장기적으로 발생하고 있는 기후변화에 따라 지하수위는 변동한다. 그러면 장기적인 지하수위 변동에 대해 먼저 알아보기로 하자.

지하수위의 변동, 즉 지하저수지 내에서 지하수 저유량의 변화는 관측정에서 지하수위를 계속 측정하면 알아낼 수 있다. 지하수위의 측정빈도는 이용목적과 관측한 수위변동의 특성에 따라 결정한다. 만일 연속적인 수위변동 자료를 요하는 경우는 자동기록계(recording gage)를 관측정에 설치하여 지하수위의 변화를 측정하고, 그렇지 않은 경우에는 스틸테이프나 기타 수위측정기를 이용하여 수동으로 지하수위를 측정한다.

지하수위의 변화는 대수층 내에 부존된 지하수 저유량의 변화를 나타내는 것으로서, 대수층 내에 저유된 지하수량은 대수층으로 물의 함양과 대수층으로부터 지하수의 배출상태에 따라 변한다. 만일 함양량이 배출량보다 많을 때에는 저수량이 증가함과 동시에 지하수위는 상승하고, 그 반대의 경우는 지하수위가 서서히 내려가게 된다.

실제적으로 자연상태 하에서 지하 함양은 주로 강우에 의해 발생되므로 계절변화에 따라 매일 또는 매년 지하수위는 변하게 된다. 반면에 강우에 의한 함양이 상당히 적은 기간 동안에는 지하수위는 서서히 하강한다.

4.1 자연유황곡선(natural recession curve)과 장단기 지하수위 변동 특성

4.1.1 자연유황곡선

대수층으로 지하수의 함량이 일어나지 않을 때, 지하수위가 하강하는 정도는 다음과 같은 수리지질특성인자에 따라 좌우된다.

① 물을 통과시킬 수 있는 대수층의 능력(투수량계수 및 투수계수)
② 대수층의 저류계수
③ 지하수위 동수구배 등이다.

풍수기에 많은 량의 강수가 지하로 침투하여 대수층 내에 함양된 후, 갈수기에 이르면 이때부터 단기간 동안 지하수위는 상당히 빠르게 하강한다. 그러나 시간이 어느 정도 지나면 대수층의 투수량계수와 동수구배가 초기에 비해 서서히 감소되기 때문에 수위변화량도 초기에 비해 비교적 매우 서서히 하강한다. 이러한 지하수위의 변동을 도식화한 것을 자연 지하수위 유황곡선이라 한다.

1944년 Jacob은 미국 뉴욕주 Long island 부근에 분포된 대수층 내에 부존된 지하수의 지하수위와 그 지역에 내리는 강우와의 관계를 조사한 결과 강우에 의한 함양이 일어나지 않은 갈수기 동안의 경과시간과 지하수위 변동 사이에는 (4-1)식과 같은 관계가 있음을 알아냈다.

$$h = h_o e\left(-\pi^2 \frac{Tt}{4a^2 S}\right) \tag{4-1}$$

여기서,　h_o = 해수면상 지하수의 초기수위
h = t시간 이후의 지하수위, a = Long island 폭의 $\frac{1}{2}$
T = 투수량계수, S = 저유계수

(4-1)식은 대수층의 포화두께가 해수면상 지하수위보다 상당히 두터운 경우이다. 지금 (4-1)식 양변에 대수를 취하면

$$\log_e h = \log_e h_o - \pi^2 \frac{Tt}{4a^2 S} \tag{4-2}$$

$$\pi^2 \frac{Tt}{4a^2 S} = \log_e \frac{h_o}{h}$$

$$\therefore t = \frac{4a^2 S}{\pi^2 T} \log \frac{h_o}{h}$$

즉 시간이 경과함에 따라 해수면상 지하수위는 log-scale로 매우 서서히 감소하게 된다. 갈수기 동안의 갈수 경과시간(t)과 지하수위의 변동(h)을 반대수 방안지에 작도하면 그 관계는 선형으로 나타나므로 이를 이용하여 지하수 부존량의 변동을 쉽게 유추할 수 있다.

4.1.2 장기적인 지하수위 변동(long term water level fluctuation)

지하수를 채수하므로 인해 발생한 장기적인 지하수변동치만 가지고서는 추후 일어날 지하수채수로 인한 지하수위의 변동을 예측하기는 쉽지 않을 것이다.

일예로 60년대에 뉴욕주 제임스타운은 카시다가협곡에 발달 분포된 두께 6m 정도밖에 되지 않는 사력 대수층에서 지하수를 개발하여 각종 용수로 이용하였다. 제임스타운의 우물장(well filed, 여러 개의 우물군) 부근에 분포된 사력대수층의 상하부는 두께가 각각 36.5m와 61m되는 저투수성 이질점토층으로 구속되어 있으며 이 대수층의 주 지하수 함양원은 주위 산악지로부터

협곡을 따라 흐르는 소류를 끼고 분포되어 있는 조립질이며 투수성이 양호한 삼각주 내에 저유되어 있는 지하수이다. 그런데 이 우물장의 주 수원 역할을 하는 가장 인접한 삼각주는 약 2.5km 상류지역에 위치하며 다른 삼각주는 이보다 훨씬 먼 지역에 위치하고 있기 때문에 상술한 사력대수층은 지하저수지의 역할을 하는 삼각주로부터 일종의 지하배수관 역할을 한다.

[그림 4-1(a)]에서 Ⓐ는 제임스타운 우물장 중심부에 위치한 취수정(208-912-16)에서 지하수위 변동치이고, Ⓑ는 제임스타운에서 약 16km 상류지역에 위치한 관측정(203-929-1) 즉, 제임스타운 우물장의 지하수채수에 의해 전혀 영향을 받지 않는 지점에서 지하수위 변동치이다. 따라서 Ⓑ관측정의 수위는 제임스타운 지역에 분포된 사력대수층의 정상적인 계절적 지하수위의 변동을 나타낸 수위곡선도라 할 수 있다. Ⓐ의 변동은 Ⓑ와 비슷한 모양을 보이나 변동의 폭은 5배 정도 차이가 있다.

지하저수지(대수층) 내에 부존된 지하수저유량의 변화는 기후에 의해서 변동하는 것과 인위적인 지하수채수에 의해서 변동하는 두 가지 요인이 있다.

[그림 4-1(a)]에서 순수한 기후변화에 의해 발생한 수위변동곡선은 Ⓑ와 같다. 만일 대수층에서 채수하는 지하수량이 배출량보다 클 경우에는 대수층내 지하수저수량은 점차 감소하여 지하수위는 하강하게 되고, 함양량이 채수량보다 클 때는 지하저수지 내로 물이 점차 유입되어 지하수위는 상승한다.

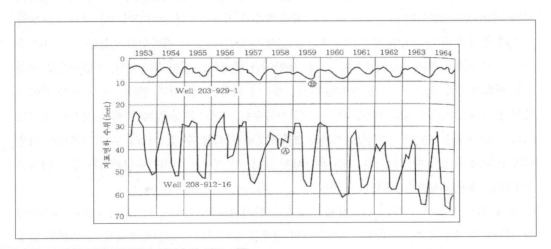

[그림 4-1(a)] 연별 장기적인 지하수위 변동 기록

[그림 4-1(b)]는 제주도의 하귀, 신례, 고산 및 종달 지하수관측정에서 강우가 지하수위변동에 미치는 영향을 나타내는 지하수위 변동 기록치이다. 일반적으로 투수성이 양호한 충적퇴적층이나 제주도처럼 화산 쇄설설암이 분포된 지역에서는 강우 발생 후 단기간 내에 강우가 지하로 침투하여 해당지역의 지하수위는 즉시 상승한다.

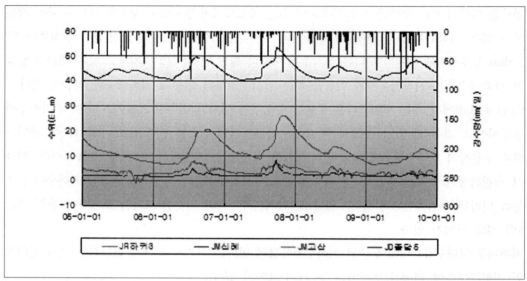

[그림 4-1(b)] 제주도의 하귀, 신례, 고산 및 종달 관측정에서의 강우량과 장기지하수위 변동
(2006. 1. 1～2010. 1. 1)

4.1.3 단기적인 지하수위 변동
(short period fluctuation of groundwater level)

지하수위의 단기적인 변동은 보통 대수층 내에 저유된 지하수량의 순간적이거나 단기적인 변화
나 대수층 내에서 단기적인 수두압의 변화로 인해 발생한다. 단기 지하수위 변동은 장기 지하수
위 변동에 비해서 매우 단시간(수초, 수분) 동안에만 발생하는 것이 특징이다. 일반적으로 지하
수위 변화가 매우 짧은 시간 동안에 일어나는 경우에 지하수 저유량의 변화는 없고 변화 후에도
즉시 원상태로 지하수위가 회복된다. 따라서 지하수위의 단기 변동은 매우 짧은 시간에 소규모
적으로 발생하기 때문에 수위변화 기록을 연속적으로 기록할 수 있는 자동수위 기록계를 사용
하지 않고서는 이를 확인하기가 그리 용이하지 않다. 이 절에서는 자기수위기록계 상에 나타난
전형적인 예만 간단히 소개하고자 한다.

[그림 4-2]는 자기수위기록계에 기록된 전형적인 단기 수위기록이다. 즉 [그림 4-2]는 대수층에
서 지하수를 채수할 때 발생하는 지하수위의 변동을 보여주는 수위기록치로서, 수위변동 양상
은 자유면대수층이나 피압대수층 모두 그 형태가 비슷하다. [그림 4-2]에서 지하수위 변동곡선
가운데 수위가 내려가는 부분은 지하수 채수 기간을 나타내고, 상승부분은 지하수가 회복되는
시기를 나타낸다. 이는 자연유황곡선과 그 형태가 매우 유사하다. 이러한 지하수위 변동곡선의
형태는 다음과 같은 조건에 의해 좌우된다.

① 주위에 설치한 우물에서 지하수를 채수할 때,

② 수리적으로 주변 지표수체와 연결된 대수층 또는 주변 지표수체의 급격한 수위강하로 인해 대수층에서 지하수가 배수될 때,

③ 우물이 설치된 대수층 주변이나 인근지역이 외부의 충격을 받았을 때

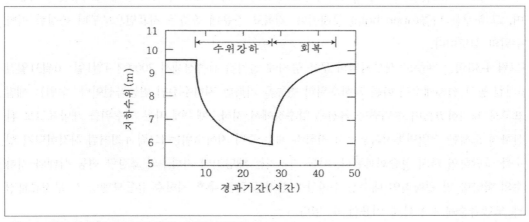

[그림 4-2] 단기적인 지하수위 변동의 전형적인 예

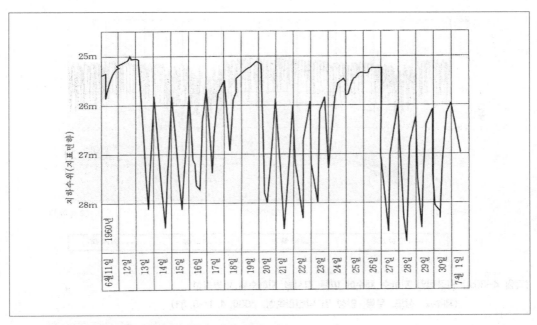

[그림 4-3(a)] 지하수채수에 따른 경시별 수위변동 곡선

상술한 수위하강조건은 매우 단순히 일어나거나 반복하기도 하지만 상당히 짧은 시간 동안에만 일어나는 것이 특징이다. 만일 장기간의 기록치가 가용할 때는 지하수위 변동곡선에서 다음과

같은 현상을 파악할 수 있다. 즉 지하수위 변동곡선의 첫 부분은 상당히 급격히 지하수위가 하강하지만 후기부분은 매우 완만하게 수위가 하강한다.

[그림 4-3(a)]은 지하수위 자동 기록치로서 관측정의 심도는 121m이며, 관측정의 구경은 0.15m이다. 지표에서 13.7m까지는 빙하퇴적물로 구성되어 있기 때문에 이 구간에 케이싱을 설치했으며, 그 하부는 나공(open hole) 상태이다. 기록표 가운데 종축은 지표면으로부터 측정한 지하수위의 심도이다.

[그림 4-3(b)]는 제주도 서부지역의 무릉 등지에 설치된 관측정에서 2009년 4월1일∼6월31일간 6개월 동안 인공채수에 따른 지하수위의 변동을 기록한 지하수수위 변동곡선이다. 수위는 해발표고로 표시하였으며 수위변동 곡선은 양수장에서 지하수채수에 따른 양수위를 해발표고로 환산하여 도시한 수위변동기록으로서 지하수 채수 즉시 지하수위는 [그림 4-2]처럼 하강하다가 양수를 중단하면 다시 상승회복된다. 이들 기록치는 해당지역 지하수의 포장량 변동 상태와 지하수의 함양량 및 정량적인 대수성 수리상수 산정은 물론 추후 지하수 유동모델링 시 부정류보정과 모델검증에 유용하게 이용할 수 있다.

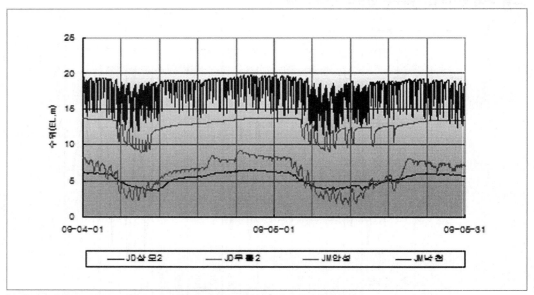

[그림 4-3(b)] 인공적인 지하수 채수에 따른 경시별 지하수위 변동곡선
(제주도, 상모, 무릉, 안성 및 낙천관측정, 2009. 4. 1∼5. 31)

4.1.4 다른 요인에 의해 발생하는 지하수위의 변동

피압대수층인 경우에 지진, 조석간만, 관측정 주위를 통과하는 자동차의 동하중, 바람, 대기의 변화, 지진, 해일 및 earth tide 등에 의해서 지하수위는 변동한다.

이러한 경우 지하수위의 변동주기는 비교적 단시간 내에 일어나므로 대수층 내에서 지하수량의
변화량은 그리 크지 않다.

만일 지진이 발생하여 피압대수층 내로 그 충격이 미칠 때는 대수층이 순간적인 팽창 및 수축을
일으켜, 그 결과 수두압이 매우 짧은 시간에 상승 및 하강하고 이로 인해 수위기록 상에 수직적
인 지진기록을 남긴다. 지진에 의해 발생한 지하수위 변동기록치는 특히 다른 요인에 의해 일어
나는 것에 비해 수위변동의 상하진폭이 비슷하다(그림 4-4a).

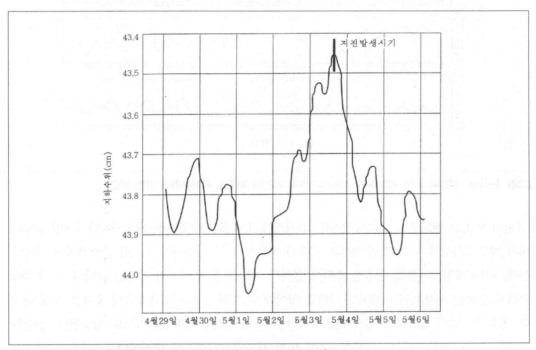

[그림 4-4(a)] 지진에 의한 지하수위 변동(캄차카 반도,1959. 5. 4)

[그림 4-4(a)]는 1959년 4월 29일에서 5월 6일 사이 측정한 지하수위 변동곡선으로 이 기록치에
의하면 동년 5월 4일 07시 15분 42초에 캄차카반도의 동측해안 심도 60km 지점에서 발생한
진도 8규모의 지진여파를 잘 보여주고 있다.

[그림 4-4(b)]는 2004년 12월 27일 스마트라 서부해안의 인도양에서 발생한 진도 8.9규모의
강진의 여파로 제주도의 지하수 관측망 가운데 4개 관측정에서 기록된 지진충격에 따른 지하수
의 변동곡선이다. 이 기록치는 지진여파를 잘 나타내고 있다.

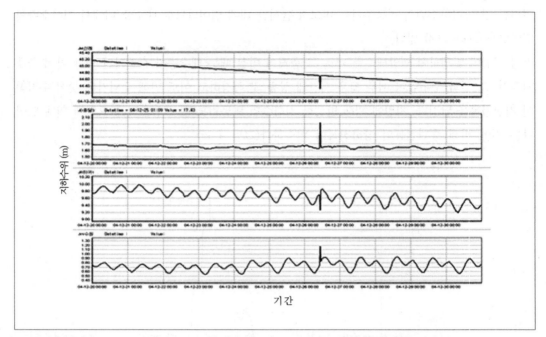

[그림 4-4(b)] 지진에 의한 지하수위 변동(스마트라 지진이 제주도 지하수위에 미친 영향)

[그림 4-5(a)]는 철도변에 설치되어 잇는 관측정에서 측정한 수위변동 기록치이다. [그림 4-5(a)]에서 매일 2시경에 두 개의 수직으로 기록된 기록치가 철로 부근에 설치된 관측정에서 나타났는데, 이는 매일 2시경에 관측정 주위에 설치된 철도를 통해 기차가 통과할 때마다 그 충격에 의해서 변하는 지하수위 기록치를 나타낸 것이다. 기차의 동하중이 대수층에 충격을 가해 대수층 내에 수두압이 증가하게 되고 이로 인해 대수층내 지하수위가 순간적으로 상승한다. 상당히 무거운 외부하중이 급격히 피압대수층에 미칠 때도 이러 현상이 발생한다.

그외 저수지 부근에 설치한 우물에서도 이런 현상을 찾아볼 수 있다. 즉 저수지 내에 물을 담수하는 동안에는 저수지 밑바닥을 이루고 있는 대수층에 작용하는 수두압이 점차 상승하므로 주변의 동일 대수층 내에 설치한 우물의 지하수위는 점차 상승한다. 그러나 일단 저수지에 담수가 끝나면 증발산과 물 사용에 따라 대수층에 미치는 수두압이 점차 감소되므로 주변 우물의 지하수위도 점점 하강한다.

상술한 기차나 대형자동차가 지나다니기 때문에 인근 우물의 수위에 미치는 영향은 피압대수층 위에 인위적인 하중이 작용할 때 수리수두가 변하는 경우와 동일하다.

기타 지하수위 변동 요인으로 earth tide의 영향, 대기압의 변동 및 조석 간만의 영향 등을 들 수 있다.

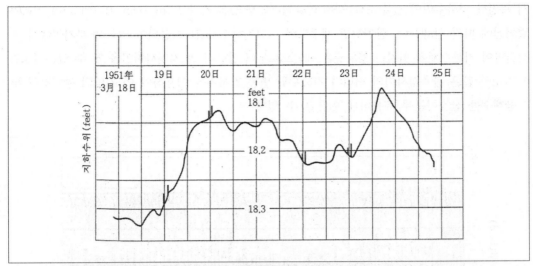

[그림 4-5(a)] 철도변에 설치된 관측정에서 기차의 동하중이 지하수위에 미친 영향

Theis(1939)에 의하면 earth tide에 의한 지하수위의 변동은 달과 지구 사이에 작용하는 인력이 지구의 자전으로 인해 매일 조금씩 변하기 때문에 특히 외부압력변화에 민감한 피압대수층은 인력의 변화에 따른 대수층의 수축 및 팽창현상이 반복됨으로써 그 결과가 수두변화로 나타나기 때문이라고 한다. 1968년도에 한강유역합동조사단이 경기도 의정부시 만안동의 초등학교에 설치한 준피압상태하에 있는 관측정의 자동기록계에서 기록된 수위변동이 earth tide와 유사하여 USGS에 문의한 바 earth tide에 의한 지하수위의 변동일 가능성이 있다는 의견을 접한 바 있다. 이 관측정은 의정부시의 북측에 발달된 ring dyke 외각부 남쪽에 설치된 관측정으로서 팽이모양의 ring dyke와 달 사이에 작용하는 인력의 변화에 의해 그 인근에 소재한 대수층의 수축 및 팽창현상이 반복됨으로써 나타난 현상으로 사료된다.

대기압과 조석간만의 변화에 의해 발생하는 지하수위의 변동은 지하수의 수문분석에 매우 유용하게 이용된다. 이러한 지역에서 대수성시험을 시행하거나 광역적인 지하수위 변동을 분석할 때는 기존 수위기록치에서 이들 외부요인에 의해서 생긴 지하수위 변동을 항상 감안하여 실제 하수위의 변동만을 구해서 분석해야 한다.

[그림 4-5(b)]는 2001년 1월 1일부터 1월 30일 사이에 제주도 동부의 성산포와 한동지역에서 해안선으로부터 내륙 쪽으로 각각 0.8Km, 2.2Km 및 4.8Km 떨어져 설치한 3개 지하수 관측정에서 측정한 해안선에서 거리별 조석간만의 영향(변화)에 따른 지하수위의 변동기록치를 나타낸 것이다.

[그림 4-5(b)]에 의하면 조석간만의 최대 진폭은 2.5m 정도이며 해안에서 0.8Km 지점에 소재한 한동-1 관측정과 2.1Km지점에 위치한 한동-2 관측정 및 4.8Km지점에 소재한 한동-3 관측정에

서 측정한 지하수위의 진폭(조석간만에 의해 영향을 받음)은 각각 1.1m, 0.5m 및 0.15m로 거리가 멀어짐에 따라 감쇄한다. 환언하면 제주도의 기저지하수가 잘 발달되어 있는 동부지역에서 조석간만이 지하수체에 미치는 영향권은 해안으로부터 상당히 먼 지역까지임을 알 수 있다. [그림 4-5(b)]와 같은 관측정사이의 거리와 지하수위 변동 기록치를 이용하여 이 지역의 광역적인 투수량계수를 산정하는데 유용하게 이용할 수 있다.

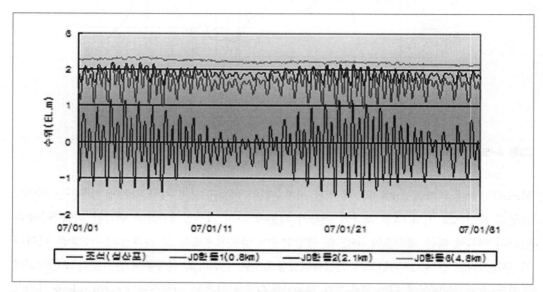

[그림 4-5(b)] 해안에서 0.5, 2.1 및 4.5km 떨어진 지하수관측정(제주도, 한동지역)에서의 지하수위 변동과 성산포 조수위 변동과의 관계(2007. 1 1~1. 31)

이에 비해 기차, 지진과 같은 외부충격에 의한 지하수위의 변동은 일반적으로 지극히 짧은 시간 동안만 [그림 4-5(a)]처럼 기록치 상에 수직선으로 나타나기 때문에 쉽게 구별할 수 있다. 그러므로 Samuel Katz는 지진파탐사기에 기록되는 모든 지진파는 우물에 설치한 자기수위기록계에서도 기록된다고 했다. 따라서 국내 각 지역의 국가관측망에 설치한 자기수위기록계에 기록되는 지진파기록치를 이용하면 그 진원을 구하는데 도움을 줄 수 있다. 우리나라의 평창 및 여주 지역에 설치한 자기수위기록계에서 1966년에 이러한 지진기록을 얻은 예가 있다.

그렇다고 피압대수층에 설치한 자기기록계라고 해서 모두 지진기록을 기록한다고는 할 수 없다. 특히 고결암 내에 발달된 피압대수층에 설치한 우물에서는 지진기록을 얻을 수 있으나 뉴욕지방 근처의 미고결암 내에 발달된 피압대수층에 설치한 우물에서는 지진기록을 얻을 수가 없었다고 한다. 어떤 대수층은 지진파에 대해 극히 예민하기 때문에 우물 내에서 측정한 지하수위의 변동기록을 이용하여 비밀리에 시행한 지하핵폭발 실험을 찾아낼 수 있었다고 한다.

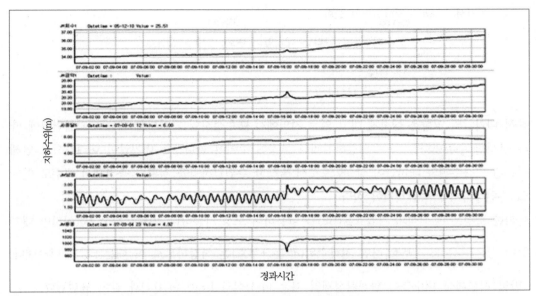

[그림 4-5(c)] 2007년 나리 태풍에 의해 기록된 지하수위의 변동(제주도)

바람에 의해 발생한 지하수위 변동은 일반적으로 매끈한 수문곡선 대신 매우 불규칙하며, 진동 시간이 비교적 장기적인 기록치를 보여 다른 원인에 의해서 발생한 것과의 구별이 용이하다. 이 원인은 다음과 같다. 즉 우물 정상부로 갑자기 바람이 불어 닥치면 우물 내의 대기압이 급격하게 하강하여 지하수위가 순간적으로 상승하며, 다시 바람이 순간적으로 잠잠해지면 기압이 원상태로 회복되면서 수위는 하강한다. 그런 후 바람이 급작스럽게 그치면 하부로 향해 움직이던 우물 내의 물이 수위하의 물을 아래로 끌어내리는 현상을 일으키기 때문에 이와 같은 기록치가 나타난다.

[그림 4-5(c)]는 2007년에 우리나라를 강타한 나리 태풍에 의해 제주도에 설치한 지하수관측망의 구성관측정 5개소에서 바람과 대기압의 순간적인 변화로 인해 기록된 지하수위 변동곡선이다. 대기압 변화에 의해 발생한 지하수위 변동은 다음과 같다. 즉 대기압이 상승하면 결국 우물 내에서 지하수위는 하강하게 되고, 이 반대로 대기압이 낮아지면 지하수위는 상승한다. 이에 비해 바다의 조수는 이와는 역현상을 나타낸다. 다시 말하면 밀물 때 관측정의 지하수위는 상승하고 썰물 때는 하강한다.

그러므로 지하수위기록치에서 이러한 대기압 변화에 의한 수위변화를 보정하기 위해서 대수층의 기압효율(barometric efficiency)을 다음 (4-3)식으로 산정한다.

$$BE = \frac{-dh}{\dfrac{dP_a}{\gamma_w}} \times 100 \tag{4-3}$$

여기서, dh : 지하수위의 변화

$\dfrac{dP_a}{\gamma_w}$: 수리수두로 나타낸 대기압의 변화

P_a : 대기압

γ_w : 지하수의 단위중량

특히 대기압의 영향을 심하게 받고 있는 지역에서 대수성시험을 실시할 때는 대기압변화에 따라 발생한 수위변화를 실 수위강하치에서 보정해 주어야 한다. 즉 대기압이 내려감으로 인해 상승된 지하수위와 대기압이 상승함으로서 발생한 수위강하량을 정확히 측정해서 채수로 인한 실 수위강하치에 증감시켜야 한다.

이러한 보정은 (4-4)식의 기압효율(BE)을 이용하여 보정 가능하다. BE는 항상 +값이지만 대기압이 상승$\left(\dfrac{dP_a}{\gamma_w}\ \text{는}\ -\text{부호}\right)$하면 지하수위($dh$는 +부호)는 하강하므로 이 때는 −값을 나타낸다.

만일 시험대상 대수층이 완전탄성체일 때는 (4-3)식의 BE는 (4-4)식과 같이 표현된다.

$$BE = \frac{E_s\theta}{E_s\theta + E_w} \tag{4-4}$$

여기서 Δh는 대기압이 $\Delta\left(\dfrac{dP_a}{\gamma_w}\right)$만큼 변함에 따라서 발생된 지하수위의 변화이다.

[그림 4-6]은 대수성시험 개시 이전에 대기압 변화에 따른 시험정의 지하수위 변화를 도시한 것이다. [그림 4-6]에서 지하수위의 변동(Δh)는 대기압 변화$\left(\dfrac{dP_a}{\gamma_w}\right)$의 선형함수로 작도되었으므로 그 기울기는 바로 BE이다. [그림 4-6]에서 기압효율은 60%이다. 이와 같이 BE가 결정되면 대수성시험 시 측정한 실수위강하량에서 대기압변화에 의한 수위변동량을 [그림 4-7]과 같이 보정한다.

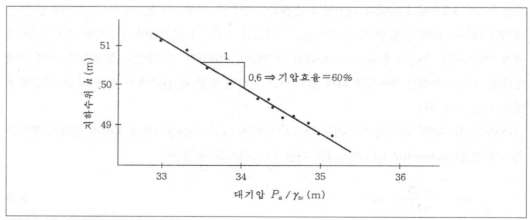

[그림 4-6] 대수성시험 개시 이전의 BE

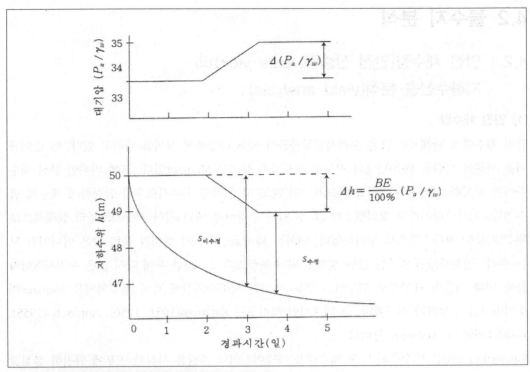

[그림 4-7] 대수성시험 시 대기압변화에 따른 수위보정

[그림 4-7]은 대수성시험 기간 동안 시간경과별 대기압의 변화와 총 지하수위의 강하량(실수위+대기압 변동에 의한 수위)을 도시한 것으로 실수위강하량은 대기압변동에 의한 수위변화량을 총 수위강하량에서 감해주어야 한다.

해안지역에서 대수성시험을 실시할 때 조석간만이 주변 지하수체의 수위에 미치는 영향은 (4-5)식과 같다.

$$TE = \frac{-dh}{d(tide)} \times 100\% \tag{4-5}$$

여기서, TE : 조석효율(tidal dfficiency),
$d(tide)$: 조수위 변동
dh : 관측정의 수위변동

만일 대수층이 완전탄성체인 경우에 (4-4)식은 다음식과 같이 표현할 수 있다(Ferris 등, 1962).

$$TE = \frac{E_w}{E_s\theta + E_w} \tag{4-6}$$

따라서 (4-6)식과 (4-3)식을 조합하면 $TE + BE = 1$이 된다.

4.2 물수지 분석

4.2.1 안전 채수량(안전 산출량, safe yield)과 지하수산출 분석(yield analysis)

(1) 안전 채수량

안전 채수량에 관해서는 많은 수리지질학자들이 매우 다양하게 정의를 내리고 있다. 이 술어를 처음 사용한 사람은 1920년대의 지하수 창시자라 불리는 Meinzer였다. 그에 의하면 안전 채수량이란 일정한 지역에서 공급량에 모자라지 않고 매년 지하 저수지로부터 안전하게 채수해 낼 수 있는 지하수량이라고 정의했으나 그 후 약간 수정하여 매년 지하 저수지로부터 실제적으로 채수 가능한 지하수량으로 정의하였다. 여하튼 Meinzer의 초기 정의가 틀린 것은 아니지만 모든 수리지질학자들이 만족할 만한 정의는 되지 못하였다. 그 20년 후에 다시 많은 수리지질학자들에 의해 그들이 대상으로 연구하고 있는 특이한 지하수조건에 각기 부합되게끔 Meinzer의 초기정의를 수정하기 시작했다. 그 대표적인 학자로는 Katzman(1951, 1956), Angasch (1955), Todd(1959) 및 Lohman 등이다.

Katzman(1956)은 대수층의 안전 채수량을 개발이전이나 개발을 시작한 연후에 완전히 결정할 수 있는 것이라고 했으며, Lohman은 이에 부가해서 지하수개발 방법과 무관하게 지하 저수지로부터 안전 채수량은 양으로 표시할 수 있다고 했다.

1951년 Lonham은 안전 채수량을 정의하면서 지하수가 함양지역에서 자유면상태이고 기타 지역에서 피압성격을 띠고 있는 대수층에서, 예를 들어 용천과 같이 자연유출되는 지하수만 사용하는 경우에 안전채수량은 어떤 일정한 값을 가질 수 있다. 하지만 주위에 설치한 우물에 양수기를 설치하여 지하수를 보다 많이 채수하기 위해 지하수위를 보다 깊게(예 20m까지) 하강시킬 때는 처음보다 많은 양이 산출될 것이고, 다시 수위를 이 보다 더 깊게(예 100m까지) 하강시키면 전자의 경우보다 더 많은 양의 지하수를 채수할 수 있다. 따라서 안전 채수량이란 어떤 일정한 양으로 확정지우기보다는 우물의 형태, 위치 등에 따라 달라진다고 했다.

예를 들어 지하수가 최대로 회복될 수 있도록 우물 사이의 간격을 조정하여 설치하는 경우, 즉 모든 우물이 함양지역으로부터 400m 떨어져 있다고 가정하면 이때의 안전 채수율은 어떤 일정한 A라는 값을 가질 것이다. 그러나 400m보다 더 가까운 곳에 우물을 설치하면 보다 많은 양의 지하수를 채수할 수 있을 것이고, 다시 함양지역에 매우 가까운 곳에다 우물을 설치할 때는 이보다 많은 양의 지하수를 채수할 수 있을 것이다.

이와 같이 안전 채수율은 매우 불명확한 술어이다. 따라서 1956년 Katzman은 "지하수개발의 안전 채수율"이란 논문에서 이러한 안전 채수율은 실제 있을 수 있는 것이나 경우에 따라 변할 수도 있는 것이라고 하였다. 그래서 Thomas는 안전 채수량이란 술어 자체가 수리지질학자에 의해 사용된 것이지만 이에 대한 여러 가지 해석 때문에 현금에 와서는 그 술어를 만든 사람에 게 도리어 난처한 입장만 만들게 됐다고 술회했다. 그래서 안전채수율이란 사용자가 어떻게 사용하던 마음대로란 뜻을 갖는 술어가 되어 버렸지만, 간혹 수리지질전문가들 사이에는 아직까지 이 술어를 사용하려는 아집을 가진 사람들이 많다.

(2) 지하수 산출분석(yield analysis)

물수지분석은 1개 지역 내로 유입·유출 및 이를 통해 흐르는 물의 양에 관한 정량적인 자료를 제공하는데 있다. 산출분석단계는 분석의 제2단계로서 어느 정도의 물을 개발할 수 있으며, 각 개발 목적에 따른 수문결과를 어떻게 결정하는가 하는데 있다.

일반적으로 지하수 저수지(대수층)로부터 생산할 수 있는 적정 지하수량은,

① 대수층의 특정부분으로부터 어느 정도의 물을 개발·이용할 수 있는가?
② 전체 대수층으로부터 연간 채수 가능한 최대 양수량은 어느 정도인가? 라는 두 질문으로 요약할 수 있다.

상기 질문에 대한 정확도는 해당지역의 수문계(hydrologic system)를 어느 정도 정확히 파악하고 있고, 또 그 지역의 수리지질학의 기초 원리를 어느 정도 알고 있느냐에 따라 좌우된다. 여기서 언급한 수문계에 관한 지식이란 지하수채수로 인해서 수문계가 지하수계에 미치는 작용에 어떻게 대응하느냐 하는 것이다. 안전채수량을 구하는 것은 극히 어렵다고 했듯이, 지하저수지로부터 안전채수량을 구하기 위해서 오랫동안 많은 학자들이 많은 방법을 창안했으나 모두 여러 가지의 문제점을 내포하고 있다. 따라서 직접적이건 간접적이건 간에 1개 지역에서 적정 지하수산출량을 결정하는 것이 바로 산출분석의 목적이다.

다음 사항은 산출분석에 포함된 주된 요소의 요약이다.

① 최대 가능 수위강하는 어느 정도인가?
② 최대 가능 수위강하가 대수층으로부터 지하수개발에 미치는 영향은 어느 정도인가?
③ 최대 가능 수위강하가 대수층함양에 미치는 영향은 무엇인가?

수문계의 특성에 따라 최대 가능 수위강하를 규정할 수 있다. 즉 두께가 수백 미터 이상 되는 충적퇴적층에서는 가능 수위강하는 별의미가 없다. 단지 깊은 곳에서 물을 채수할 때 최대 수위강하란 양수가격의 함수로서만 중요한 의미를 갖는다. 이에 반해 우리나라와 같이 대수층의 두께가 수 미터에서 수십 미터로 두께가 얇은 충적대수층에 있어서는 가능 수위강하가 수리적인

요소에 의해 조절된다. 즉 자유면대수층은 수위강하로 인해 대수층의 압밀 등으로 그 두께가 점점 얇아질 수 있다.

대수층 내에 저유된 지하수 가운데 그 70% 이상이 배수될 때까지는 해당지역의 지하수 산출량이 수위강하에 직접 비례하면서 증가한다. 또한 지하수위가 70%까지 강하하면 산출량은 최대 산출가능량의 약 85~92%에 이른다.

따라서 균질 자유면대수층에서는 스크린을 대수층 하부 ⅛부분에만 설치하고 수위강하는 대수층 두께의 ⅔이상 내려가지 않도록 권장하고 있는 이유가 여기에 있다.

기타 대수층에서 최대 가능 수위강하는 양수가격이나 배수상태 뿐만 아니라 불량한 수질을 갖는 대수층 구성물질의 존재 여부에 의해서도 좌우된다. 즉 우물에서 저질의 지하수가 채수되지 않도록 수위강하를 조절한다. 하천과 대수층이 수리적으로 연결된 하천-대수층계에서는 대수층에서 연중 산출량 증가는 하천에서의 자연유출량 감소 원인이 되기도 한다. 이러한 지역에서는 지하수가 하천 및 호소로 배출되며, 포화대로부터 증발산에 의해 지하수가 손실된다. 이와 같이 대수층의 함양현상을 다루는 데 있어서 수위강하가 대수층에 미치는 영향을 평가하기는 그리 쉬운 일이 아니다.

4.2.2 물수지 분석과 수문 평형 방정식

수문순환과정에서 물의 유동시점을 강우로부터 시작하면, 강우는 지상으로 낙하 도중에 증발되거나, 식물에 의해 차단되거나 지표면의 요곡지(댐, 절수지 등)에 저류되고 나머지는 지하로 침투한다. 강우강도가 침투능(infiltration capacity)을 초과하게 되면 침투량을 제외한 나머지 강우는 지표면으로 흐르게 되며 이를 지표면유출(surface runoff)이라 한다.

지표면 흐름은 보통 층류를 이루며 점차 하류로 흐르면서 수로를 형성하고 수로는 다시 모여 하천을 이루어 결국은 바다로 흐르게 된다. 지하로 침투된 물은 흙의 공극을 채우고 공극 내의 물은 수평 또는 수직으로 유동하게 되는데 수평움직임에 따라 낮은 지표면으로 다시 유출되는 것을 표면하 유출 또는 중간유출(subsurface runoff or interflow)이라 하며 지표면유출과 중간유출을 합하여 직접유출(direct runoff)이라 한다.

지하로 침투된 물이 중력에 의거 수직으로 움직여서 지하수면에 도달하는 현상을 침루(percolation)라 하고 이는 지하수 함양과 지하수위 상승을 가져온다. 지하수위가 하천수위보다 높아지면 하천은 지하수로부터 물을 공급받게 되며 이러한 현상을 지하수 유출(groundwater runoff)이라 한다. 지하수 흐름의 속도는 하천의 유속보다 훨씬 느리기 때문에 지하수유출은 비가 그친 후에도 계속되며 이렇게 지하로부터 공급되는 물의 양을 하천의 기저유출(base flow)이 된다.

지하수조사의 목적은 주로 개발가능량을 결정하기 위함에 있다. 따라서 지하수조사의 목적은 수문계의 물리적인 형태나 수리성을 결정한 후 또는 각 형태의 수리적인 관계를 규명한 후 성취 가능하다. 뿐만 아니라 각종 함수층의 수리성과 그 분포 및 수직적인 수리지질분포를 파악하여 어떠한 조건하에서 물이 유입·유출되는가를 파악한 후에만 가능하다. 이러한 지하수계의 물리 적인 형태를 이해함으로써 조사지역의 지표수계나 지하수계(groundwater system)와 같은 2계 를 통해서 흐르는 물의 양을 결정지을 수 있는데, 이러한 일정 지역에서의 물 수요를 결정하는 것을 물수지분석(water budget analysis)이라 한다.

물수지분석은 조사지역 내로 유입 및 유출되는 물의 양과 해당 지역 내에 저유된 전체 수자원의 변화 사이에는 항상 평형조건이 이루어진다는 가정 하에 기초를 두고 있다. 이러한 평형을 소위 수문 평형 방정식이라 하며 간단히 (4-7)식으로 표시한다.

$$I = O \pm \Delta S \tag{4-7}$$

여기서,　I : 유입량(*inflow*)
　　　　O : 유출량(*outflow*)
　　　ΔS : 저유량의 변화

윗 식에서 각 요소는 다음과 같다.

① 유입량요소

　지표수유입 + 표면하수유입 + 강우 + 외부에서 유입된 물(imported water)

② 유출량요소

　지표수유출 + 표면하수유출 + 증발확산 + 소비된 물 + 외부로 보낸 물(exported water)

③ 저유량 요소

지표수저유량 변화 + 지하수부존량 변화 + 토양수 변화

이중에서 어떤 요소는 매우 쉽게, 정확하게 측정할 수 있지만, 어떤 요소는 측정이 거의 불가능한 것도 있다. 용수를 공급할 때 배수관을 사용하는 경우에는 배수관에다 적당한 유량계를 설치하여 유입 및 유출되는 물량을 측정할 수 있다. 그 외 지표수의 유입·유출은 운하나 하천에 수위기록계를 설치하여 그 유량을 아주 간편히 측정할 수 있을 뿐 아니라, 강우는 우량계를 설치하여 매우 간단하게 그리고 쉽게 측정할 수 있다.

또한 지표 및 표면수위의 변화량도 그렇게 어렵지 않게 측정할 수 있으며, 토양수의 변화도 neutron scatter와 같은 장치를 이용하여 상당히 정확하게 측정할 수 있다. 그러나 소비된 물은 측정하기 가장 어려운 것 중의 하나로서, 통상 경험적인 방법을 이용하거나 아니면 수리분석의

각 인자 중 다른 모든 인자들이 결정된 후에 전체량에서 결정된 값을 뺀 값을 사용하여 소비된 물량을 결정한다.

앞에서 설명한 수문평형 방정식 중에서 유입·유출 및 저유량 요소는 수지분석을 실시할 때 반드시 고려해야만 할 중요한 요소이다. 그러나 각 요소가 포함하고 있는 각 인자 모두를 적용하려면 수리분석이 매우 복잡하게 된다. 그래서 물수지분석을 할 때에는 이를 보다 간편하게 하기 위하여 가능한 한, 필요한 인자의 수를 줄일 수 있는 방법으로 조사지역을 적절히 선택한다. 예를 들어 조사대상지역의 상류구간이 지표 및 표면하수의 분수령과 일치되도록 취하면 표면하수와 지표수의 유입량 인자들은 수문 평형식에서 제외시킬 수 있다.

또한 모든 유출량이 하구에서 지표로 배출되는 경우에는 표면하 유출량을 제외시킬 수 있고, 또한 보유량에는 큰 병동이 발생하지 않는 기간 동안만 물수지분석을 실시하면 보유량 인자를 제외시킬 수 있다. 예를 들면 매우 습윤한 지역에서 저유량의 변화는 보통 년주기를 따라 발생하므로 분석기간 초기나 말기는 대개 1년이 된다. 그러므로 이때는 저유인자는 무시할 수 있다. 그 외에도 조사지역 내에 유입 및 유출되는 물이 없을 때는 이를 제외시킬 수도 있다.

만일 위에서 서술한 모든 인자를 제외할 수 있는 지역이 있다면 그곳에서의 수문평형 방정식은 (4-8)식과 같이 간단히 표시할 수 있다.

$$P = O + ET \tag{4-8}$$

여기서, P = 강우
O = 총유출량
ET = 증발산으로 인한 손실

(4-8)식은 비교적 간단한 식으로 물수지분석을 실시할 때는 이러한 간단한 조건으로부터 시작하는 것이 일반적이다.

(1) 강우분석

물수지 분석의 첫 단계는 조사지역 내의 강우량을 측정하는 단계로서 비교적 평탄한 곳에서는 [그림 4-8]과 같은 Thiessen법을 이용하여 강우량을 구할 수 있으나 지형의 기복이 심한 곳에서는 고도에 따라 강우량이 서로 다르기 때문에 Thiessen 방법으로써는 만족할 만한 값을 얻을 수 없다. 이때는 등강우곡선법(Isohyetal법)을 이용한다. 이 법은 조사지역 내나 그 부근에 우량 관측소를 지도상에 설정하고 분석기간 동안 각 측우소에서 측정한 강우량 중에서 동일한 강우 발생지점을 서로 연결하여 [그림 4-9]처럼 등강우곡선을 작도하여 평균 강우량을 구한다.

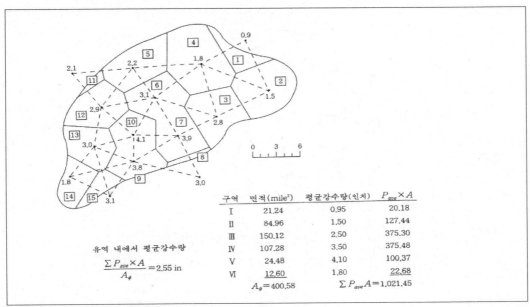

구역	면적(mile²)	평균강수량(인치)	$P_{ave} \times A$
I	21.24	0.95	20.18
II	84.96	1.50	127.44
III	150.12	2.50	375.30
IV	107.28	3.50	375.48
V	24.48	4.10	100.37
VI	12.60	1.80	22.68
	$A_\phi = 400.58$		$\sum P_{ave} A = 1,021.45$

유역 내에서 평균강수량

$$\frac{\sum P_{ave} \times A}{A_\phi} = 2.55 \text{ in}$$

[그림 4-8] 강우 분석 시 사용하는 Thiessen 법

(2) 유출분석

(4-8)식에서 총 유출량 요소는 다음과 같은 두 개의 인자로 구성되어 있다.

① 지표면상에서 유출되는 지표수와
② 지하로 스며든 물이 포화대를 통해서 유출되는 지하수로 구성되어 있어 이를 (4-9)식과 같이 표현할 수 있다.

$$O = O_s + O_y \qquad\qquad (4\text{-}9)$$

여기서, O_s : *runoff*(지표유출)

  O_y : 지하수유출

물수지 분석을 실시하기 위해서 선정한 조사지역의 하류부 경계는 하천의 수위기록 지점과 일치시킨다. 하도가 저투수성암석으로 구성되어 있을 경우에는 하천유출량이 곧 그 지역의 총 유출량이 되지만 하도가 투수성암석으로 구성되어 있을 경우에는 Darcy의 법칙을 적용하여 표면하수의 형태로 유출되는 지하수량을 결정한 후에 물수지 분석을 실시한다. 특히 제주도나 동해안일부와 같이 고투수성 화산암이나 석회암이 발달된 해안지역에서 물수지 분석을 할 때는 항상 지하 함양량이 기저유출량보다 훨씬 크고 지하 함양량의 대부분이 심부 지하 배출량의 형태로 바다로 유출된다.

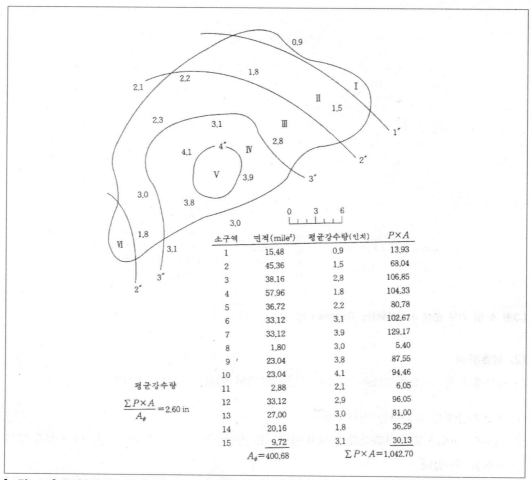

소구역	면적(mile²)	평균강수량(인치)	P×A
1	15.48	0.9	13.93
2	45.36	1.5	68.04
3	38.16	2.8	106.85
4	57.96	1.8	104.33
5	36.72	2.2	80.78
6	33.12	3.1	102.67
7	33.12	3.9	129.17
8	1.80	3.0	5.40
9	23.04	3.8	87.55
10	23.04	4.1	94.46
11	2.88	2.1	6.05
12	33.12	2.9	96.05
13	27.00	3.0	81.00
14	20.16	1.8	36.29
15	9.72	3.1	30.13
	$A_\phi = 400.68$		$\sum P \times A = 1,042.70$

평균강수량

$$\frac{\sum P \times A}{A_\phi} = 2.60 \text{ in}$$

[그림 4-9] 등강우곡선을 이용하여 평균 강우량을 구하는 등강우선도법

(4-9)식을 풀기 위해서는 총 유출량을 두개 인자로 분리할 수 있는 방법을 모색한다. 그런데 가장 실제적인 방법으로는 총 유출량에서 지하수유출을 분리할 수 있는 방법을 개발하는 것이다. 지하수유출량은 첫째 수두압(지하수위)에 비례하고, 둘째 갈수기에는 대부분의 하천유량이 지하저수지로부터 유출된 지하수로써 형성됐다고 가정한다(천부지하수의 경우).

지하수위는 관측정에서 측정하고, 수지분석에 있어 관측정에서 측정한 수위가 조사지역의 평균 지하수위를 나타낼 수 있도록 한다. 일반적으로 자기기록계나 관측원에 의해 각 관측정의 지하 수위를 단속 또는 주기적으로 측정하여 동일 기간의 값을 평균하여 수문곡선을 작성한다. 만일 관측정이 불규칙하게 배열되었거나, 지역마다 수리지질특성이 서로 상이할 경우에는 각 관측정 이 대표할 수 있는 수역으로 조사지역을 소구분하여 수문곡선 작성 시 그 가중치를 반영한다. 하천에 설치한 유출측정용 수위관측소(지점)에서 측정한 1일 평균 하천유량과 각 조사지역이나 그 부근의 대표적인 관측소에서 측정한 강우곡선을 이용하여 유량과 강우량과의 관계곡선을 작성하여 비교해 보면 무강우 시기의 수문곡선은 그 유황곡선이 시간이 지남에 따라 차츰 감소한다. 상기 수문곡선에서 갈수기 초기에는 하천유황이 지하수유출과 지표면유출(overland runoff, surface runoff와 동의어)로 형성되어 있다고 가정할 수 있다. 비교적 면적이 좁은 수역의 경우에는 마지막 강우가 발생한 수일 후의 유출은 지표면유출을 완전 무시할 수 있다. 이때부터 다음 강우가 발생할 때까지 자연유황은 유하량(channel storage)으로부터 기원된 물과 지하수유출로 구성된다. 하천수위표에서 수위가 급한 율로 감소하지 않는 한, 모든 하천유량은 지하저수지로부터 배출된 지하수유출로 구성된다.

다음에는 지하수위 유량곡선(rating curve)작성과 그 분석단계로서 각 무강수기 말의 하천유황과 그 때의 수문곡선상에 표시된 지하수위 변동을 이용하여 이를 분석한다. 하천유황을 X축, 지하수위를 Y축으로 하여 각각 값을 옮겨 보면 [그림 4-10]과 같은 완만한 곡선을 얻을 수 있는데, 이를 지하수위 유량곡선이라 한다.

만일 포화대로부터 많은 량의 지하수가 직접 대기로 증발 확산되는 곳에서는 지하수위와 저수량 사이의 관계는 [그림 4-10]보다 훨씬 복잡해진다.

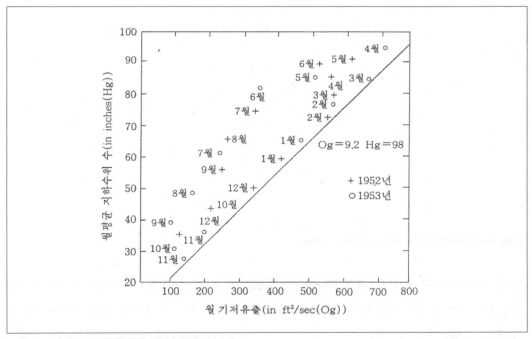

[그림 4-10] 월 기저유출량과 지하수위와의 관계

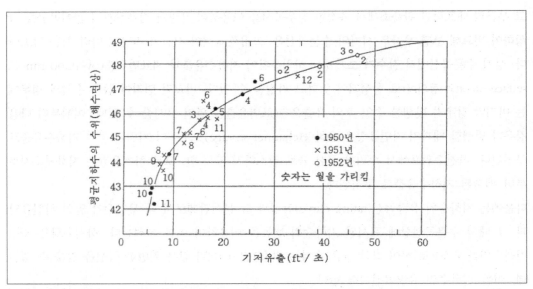

[그림 4-11] 기저유출과 지하수위와의 유량곡선(Brandywin 계곡, 펜실베니아주)

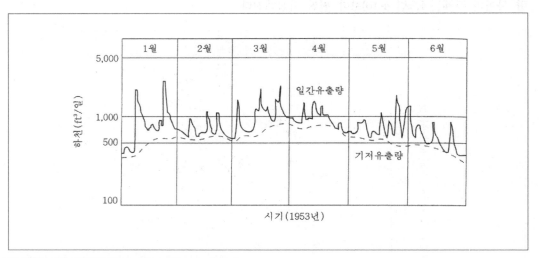

[그림 4-12] 수문곡선(Brandywin Creek, Hely)

[그림 4-11]은 미국 펜실베니아주 Brandywin creek 유역에서 측정한 수문곡선으로 직선구간은 증발손실이 발생하지 않을 때의 지하수위와 저수량과의 관계를 나타낸 것이다. 직선구간의 왼쪽 부는 증발산에 의한 점들이다.

이와 같은 지하수위 유량곡선을 작성한 후에는 지하수위를 나타낸 수문곡선을 이용하여 수위유량곡선으로부터 지하수의 유출량을 결정하고 이를 하천유황 수문곡선 상에다 표시하여 총 유출 수문곡선을 지표면유출과 지하수유출의 두 성분으로 구분한다. [그림 4-12]는 Ohmsted Hely가

Brandywin creek 지역에서 측정하여 작성한 수문곡선이다.

(3) 증발산 분석

어떤 물질이 액체 상태에서 기체 상태로 변할 때 이를 증발(evaporation)이라 한다. 물의 경우에 물 분자가 충분한 에너지를 받아 수면으로부터 대기로 이탈하는 경우가 증발에 속한다. 한편 식물표면에서의 증발현상은 증산(transpiration)이라고 하며 증발과 증산을 합하여 증발산(evapo-transpiration)이라 한다.

증발산은 주로 수면과 지표면에서 발생하는 현상이나 지하수도 비포화대의 모세관 현상과 식물 뿌리의 흡수에 의해 대기와 접촉하여 증발산이 이루어지므로 지하수 물수지에 증발산은 큰 역할을 한다. 증발산량 산정은 여러 가지 요소가 관계되는 복잡한 과정으로 이루어져 있으며 이론적으로나 실험적으로 많은 식들이 제안되고 있어 이를 사용할 때는 범위와 적용조건을 충분히 검토해야 한다. 그러나 아직까지 증발과 발산은 서로 분리해서 수지분석을 할 수 있는 단계에까지 이르지는 못했다. 그래서 증발산은 통상 1개 인자로 다룬다.

1) 증발량 계산법

대기와 접하고 있는 자유수면으로부터 증발량을 산정하는 방법은 여러 가지 있으나 공기 역학적 방법과 에너지 보전법칙의 이론을 근거로 간편하게 적용할 수 있는 경험식은 다음식과 같다.

$$E = Nf(u)(e_o - e_a) \tag{4-10}$$

여기서, $f(u)$: 풍속의 함수
               e_o : 수면에서 물의 온도의 포화 증기압
               e_a : 대기온도에서의 증기압
               N : 상수

위 식에서 u는 수면 위 2m 또는 8m 위치에서의 풍속(km/hr)이며, e의 단위는 mmHg이고 대표적인 값은 다음과 같다.

미국(*Meyer*) : $E(\text{mm}/day) = 0.36(1 + 0.0621 U_8)(e_o - e_a)$
영국(*Penman*) : $E(\text{mm}/day) = 0.35 U_8(1 + 0.149 U_2)(e_o - e_a)$

상온습지에서 증발량은 수면증발량의 0.9 정도, 풀밭에서의 증발량은 풀의 성장도에 따라 수면 증발량의 0.5~0.8 정도이다.

한편 증발접시(evarporation pan)를 이용하여 측정한 증발량 자료가 많이 쓰이고 있는데 기상 자료의 하나로서 관측소에서 계속 측정되고 있다. 증발접시는 소형(지름 20cm, 깊이 10cm) 또는 대형(지름 120cm, 깊이 30cm)의 원통형 접시를 사용한다. 일반적으로 증발접시에 의한 증발량은 증발접시 벽이 가열되므로, 수면 증발량보다 크다. 증발접시에 의한 증발량과 수면 증발량의 비를 증발접시 계수(pan coefficient)라 하며 보통 0.7~0.8 정도이다.

2) 증발산량 계산법

증발산은 기상학적 요인 이외에 식생의 종류, 식생의 밀도, 성장속도, 잎표면의 크기 등 식생요소와 토양의 공극률, 수리전도도, 입자 크기, 함수율 등 토양요소에 직접적으로 영향을 받으므로 증발산량의 추정방법은 매우 복잡하다. 대표적인 산정식들은 다음과 같다.

가) Penman 식

Penman의 증발산량 산정식은 다음과 같다.

$$E = \frac{\Delta \times H + \gamma E_a}{\Delta + \gamma} \tag{4-11}$$

여기서, $E_a = 0.35\,(1 + 0.149\,U_2)\,(e_o - e_a)$

$\Delta = \dfrac{e_o - e_a}{T_o - T_a}$

$H = (1 - \gamma)\,R_A\,[0.18 + 0.55n\,/\,N] - \sigma\,T_A^4\,[0.56 - 0.09\sqrt{e_a}]\,[0.10 + 09n\,/\,N]$

R : 대기권에 도달하는 태양에너지(cal/cm^2/day)

n : 일조시간(일조계로부터 측정)

N : 낮의 최대길이(일출에서 일몰까지)

σ : *Stephan-Boltzmann* 정수 $(1.17 \times 10^{-7}\,al/cm^2/{}^{\circ}K^{-4}/day)$

T_A : 켈빈온도$({}^{\circ}K = {}^{\circ}C + 273)$

T_o, T_a : 물체표면과 대기의 온도

e_o : T_o에서의 물의 포화증기압

e_a : T_a에서의 물의 증기압

γ : 상수$(= 0.486\,mmHg/{}^{\circ}C)$

Penman식을 이용해서 산정한 증발산량은 물의 공급이 무제한일 경우의 최대 증발산량(potential evapotranspiration)이다. 그러나 실제 식물소비수량은 이보다 적다. 실험에 의하면 식물소비수량(C_u)과 Penman식의 E값은 $C_u = 0.95E$의 관계를 갖는다.

나) Blaney-Criddle 식

식물에 의한 물의 소비량(consumptive use)은 기후와 식물의 종류에만 영향을 받는다는 가정하에 Blaney와 Criddle은 (4-12)식을 제안하였다.

$$C_u = \frac{K T_m P}{100} = Kf \tag{4-12}$$

$$f = \frac{T_m P}{100}$$

여기서,　C_u : 식물 소비수량(inch)

　　　　K : 곡물계수(옥수수 0.75, 콩 0.65, 보리 0.75 등)

　　　　T_m : 월평균 기온($^\circ$F)

　　　　P : 월간 낮길이와 연간 낮길이의 비(%) - 평균 10% 내외

(4-12)식에서 월별 식물소비수량은 낮 길이와 월평균기온의 함수로 표시하였다. 따라서 식물 성장기간 또는 계절별 총소비수량 C_u는 $C_u = \sum C_u = \sum K \cdot f = K \sum f$로 표시할 수 있다.

다) Thornthwaite 식

Thornthwaite(1948)는 기후인자를 고려하여 식물소비수량을 (4-13)식으로 제시하였다.

$$E = c\, T_m^{\alpha} \tag{4-13}$$

여기서,　E : 식물소비수량(cm)

　　　　T_m : 월평균기온($^\circ$C)

　　　　c : 지연계수

　　　　α : 연간 열지표(annual heat index)인 I를 사용하며 연간 열지표와 I의 관계는 다음과 같다.

　　　　　$\alpha = 67.5 \times 10^{-8}\, I^3 - 77.1 \times 10^{-6}\, I^2 + 0.0179\, I + 0.498$

　　　　　$I = \sum_{m=1}^{12} \left(\frac{T_m}{5} \right)^{1.514}$

낮 길이가 12시간, 월 30일의 경우 (4-13)식은 (4-14)식 같이 간단히 표시할 수 있다.

$$E = 1.62 \left(\frac{10\, T_m}{I} \right)^{\alpha} \tag{4-14}$$

[그림 4-13]은 연강우량과 연유출과의 관계를 나타낸 도표로서 강우량과 유출은 증발산에 의해 생긴 손실이다.

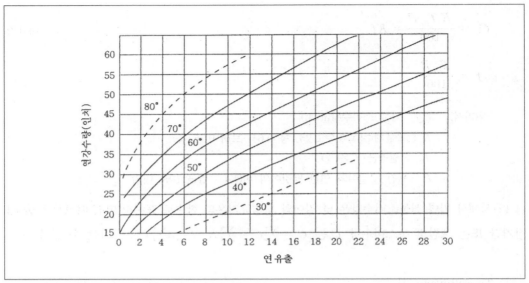

[그림 4-13] 연강수량과 연평균 유출량과의 관계

(4) 침투량 산정

강우가 지표면에 도달하여 지하로 스며드는 현상을 침투(infiltraion)라 한다. 이는 지하수함양의
초기단계이다. 강우초기에 침투된 물은 토양수분을 보충하는데 사용되지만 강우가 계속되면 토
양수분을 초과하는 량은 하부로 침루(percolate)하여 지하수면에 도달한다. 침투율(infiltration
rate) 산정에 관련된 경험식은 여러 가지가 있으나 대표적인 것은 Horton(1940)식으로 다음과
같다.

$$f = fc + (f_0 + fc)e^{-kt} \tag{4-15}$$

여기서, f 는 침투율
f_0 는 초기침투율
f_c 는 최종침투율
k 는 상수

침투는 초기에 최대로 나타나며 주어진 조건 하에서 최대 침투가능량을 침투능(infiltration
capacity)이라 한다. 이 식은 $t=0$ 이고, $f=f_0$, $t=\infty$ 일 때 $f=f_c$ 를 나타내며 f_c 의 값은 보통
토양의 수리전도도와 같은 값을 가진다.

일정기간 누가침투량은 (4-15)식을 적분하면 아래 식과 같이 된다.

$$F = \int_0^t f dt = f_c t + \frac{1}{k}(f_0 - f_c)(1 - e^{-kt}) \tag{4-16}$$

초기침투율과 시간에 따른 침투율 감소를 정확히 알 수 없을 경우에 장기간의 침투량을 계산하면 큰 오차가 발생할 수 있다. 따라서 Philip(1957)은 비포화 흐름을 고려한 누가침투량을 다음 식으로 표현하였다.

$$F(t) = St^{\frac{1}{2}} + At, \ f(t) = \frac{dF}{dt} = \frac{1}{2}St^{-\frac{1}{2}} + A \tag{4-17}$$

여기서 S, A는 토양의 함수량과 관련된 상수로서 t가 큰 경우 A=K(수리전도도)이고, S는 흡수율(sorptivity)이다.

침투량은 침투계(infiltrometer)를 이용하여 측정한다. 침투계는 지름 25cm 및 35cm의 등심원통으로 되어 있다. 침투계를 깊이 50cm는 땅에 묻은 후 원통 안에 물의 깊이를 최소 1cm 정도가 유지되도록 물을 공급하여 경과시간에 따른 누수량을 측정하여 침투량을 구한다.

(5) 수문곡선 분석

수문곡선 분리와 그 분석법에 관한 내용은 4.3.1절에서 상세하게 기술하였기 때문에 이를 참조하기 바란다.

4.2.3 지하수의 함양과 물수지

(1) 지하수의 물수지

지하수의 함양(recharge)을 추정할 때에는 일반적으로 질량보존의 법칙에 의한 물수지분석(water balance analysis)에 따른다. 즉 조사지역 내로 유입 및 유출되는 물의 양과 지역 내에 저류되어 있던 수자원량 사이의 변화는 항상 평형조건을 이루고 있다는 가정하에 기본식은 전술한 (4-7)식과 같다.

지하수는 수문순환 과정의 일부분이므로 지하수의 물수지는 지표수의 물수지와 불가분의 관계에 있으나 지하수 유역단위(groundwater basin)로 대수층 내의 지하수 물수지를 검토하기 위하여 유출량과 유입량의 구성요소를 비교하면 [표 4-1]과 같다.

분석대상 기간 중 지하수 유입량과 유출량의 차이에 해당하는 량은 대수층 내에 저장된다. 자유면지하수의 경우에는 지하수면 상부의 비포화대의 공극에 저류되고 피압지하수의 경우는 지하수와 대수층 구성물질의 압축성에 따라 저류된다. 그러므로 저류량 변화는 전자의 경우, 지하수위의 상승으로 나타나고 후자의 경우는 수두압의 상승으로 나타난다.

[표 4-1] 지하수의 물수지 검토를 위한 유출량과 유입량의 구성요소 비교표

유입량	유출량	
• 대수층 경계 밖으로부터 유입 또는 누수유입 • 강우의 침투(자연함양) • 하천 또는 호수바닥에서 침투 • 관개용수 또는 하수의 유입 • 인공함양	• 대수층 경계 밖으로 유출 또는 누수 • 증발산 • 하천 또는 호수로의 유출(기저유출) • 용천에 의한 유출 • 채수 또는 인공배수	

대수층 단위체적중 지하수를 저류할 수 있는 공극체적비율은 저류계수이므로 분석대상 대수층의 면적 A에 지하수위 상승량 Δh를 곱하면 된다. 즉 대수층 내에 추가로 저장된 지하수량 V_w는 다음식으로 표현할 수 있다.

$$V_w = S \times A \times \Delta h \tag{4-18}$$

만일 수위상승이 지역 내에서 일률적이 아니고 저류계수도 각 지점별로 다르다면 대상지역을 같은 성질을 갖고 있는 소구역들로 분할한 후 각 소구역별로 저류량을 종합하여 전체 저류량을 다음과 같이 계산한다.

$$V_w = \sum_{i=1}^{n} S_i \times A_i \times (\Delta h)_i \tag{4-19}$$

지하수의 물수지분석은 주어진 지역의 유입량과 유출량의 각 변수를 파악하여 검토하는 것으로 지역단위 물수지식(equation of regional groundwater balance)은 다음과 같다.

$$\begin{pmatrix}지하수\\유입량\end{pmatrix} - \begin{pmatrix}지하수\\유출량\end{pmatrix} + \begin{pmatrix}자연\\함양량\end{pmatrix} + \begin{pmatrix}하천에서\\함양량\end{pmatrix} - \begin{pmatrix}하천으로\\유출량\end{pmatrix}$$

$$+ \begin{pmatrix}인공\\함양량\end{pmatrix} - \begin{pmatrix}용천\\유출량\end{pmatrix} - \begin{pmatrix}증발산\\량\end{pmatrix} - \begin{pmatrix}채수및\\배수량\end{pmatrix} = \begin{pmatrix}지하수저류\\증가량\end{pmatrix}$$

한편 소(小)수계에서 기저유출을 중심으로 물수지를 검토하면 위의 유입 유출의 구성요소 가운데 일부 항은 무시할 수 있으므로 잔여 요소만을 이용 물수지공식을 표현하면 다음과 같다.

$$R = Q_i + P + Q_o - E - Q_x \tag{4-20}$$

여기서, R : 지하수 함양량

Q_i : 하천에서 유입량

Q_o : 하천 유출량

P : 강우 침투량

E : 증발손실

Q_x : 취수 이용량

(2) 대수층 경계면에서의 유입과 유출

대수층 경계면이 투수성일 경우에 지하수 유입과 유출은 지하수의 동수구배에 따라 결정된다. [그림 4-14]는 대수층 일부구간의 등수위선이다. 구역 ABCD에서의 물수지를 검토하면 지하수가 DAB 경계면에서 유입하고 BCD 경계면에서는 유출되는 것을 보여준다. 지하수흐름 방향과 크기는 동수구배에 의해 결정되고 경계면에서의 유입량은 동수구배의 경사면 수직성분에 좌우된다. 만일 대수층 경계면 전체를 폭 W_j를 갖는 소구역들로 나누고 j번째 단면의 투수량계수를 T_j, 동수구배의 수직성분을 I_{nj}라 하면 이 단면을 통과하는 순간유입량은 $W_j \times T_j \times I_{nj}$로 표시할 수 있다.

또한 I_{nj}의 값을 유입량에 대하여 (+), 유출량에 대하여 (-)를 적용하고 전 단면에 대하여 유입량을 합산하면, 즉 $\sum W_j \times T_j \times I_{nj}$는 대수층 구역내 실 유입량이 되고 물수지 계산기간 Δt에 대하여 대수층 저류량 증가분은 $\Delta t \times \sum W_j \times T_j \times I_{nj}$가 된다.

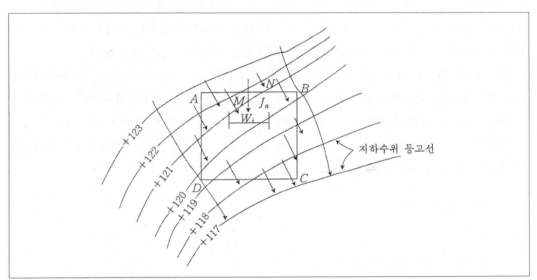

[그림 4-14] 대수층 경계면에서의 유입과 유출

대수층의 상하부가 누수층으로 이루어져 있을 경우에 누수량 q는 대수층의 포텐샬 ψ와 대수층 외부의 포텐샬 ψ_{ext}의 차이에 비례한다. 즉

$$q = K' \frac{\psi_{ext} - \psi}{b'} \tag{4-21}$$

여기서 K'는 누수층의 수리전도도이고, b'는 누수층의 두께이며, 이 식에서 q가 음수이면 누수유출이 되고 양수이면 누수유입이 된다.

누수량은 지점별로 취급할 수 있기 때문에 대수층 전체의 누수량을 계산할 때는 대수층 면적 (ΔA)을 세분하고 각각의 평균 누수량 $\bar{q}$를 적용하여 일정기간의 총 누수량을 $\Delta t \times \sum \bar{q_i} \cdot \Delta A_i$ 로 계산한다.

(3) 자연함양

자연상태 하에서 지하수 함양은 강우의 지하침투와 하천 및 호수 등 지표수의 침투 등으로 형성된다. 일반적으로 자연함양(natural recharge)은 전자의 경우이다.

자연함양은 지표면이 투수성 물질로 구성된 자유면대수층에서 주로 발생한다. 이에 비해 피압지하수의 경우는 피압대수층이 지표에 노출된 구간이나 인근 자유면대수층에서 2차적으로 함양된다. 자연함양과 강우량에 영향을 주는 인자로는 강우의 형태(비, 눈), 기후조건, 토양수분, 강우특성(기간, 강도, 최대 강우량), 지표의 지형적 특성과 투수성 및 식생현황 등이 있다. 침투(inflltraion)는 자연함양이 시작되는 첫 단계로서 지표에서 지하수에 이르는 비포화상태의 수직흐름을 뜻하며, 흙의 수직적 구성성분과 관련이 있다. 그러나 국지적인 지하수 관리 측면에서 보면 강우기간별 순간침투량보다는 계절별 또는 연단 함양량이 관심사가 된다.

지하수 관리를 위한 모의를 할 때는 보통 연간 평균 함양량이나 계절별 함양량을 구하여 사용하며 강우기의 세부적 분석을 필요로 할 경우에는 월평균 함양량을 사용하기도 한다. 연간 또는 계절별 강우량에 의한 자연함양량을 추정하기 위해서는 자연함량이 강우량보다는 대수층 특성에 관계된다는 가정을 채택하는 것이 편리하다. 즉 일정기간의 강우량 중 일정비율이 함양된다고 가정할 때 다음 식으로 표현할 수 있다.

$$R = \alpha(P - P_o), \qquad P > P_o \tag{4-22}$$

$$R = 0, \qquad\qquad P \leq P_o$$

여기서, R : 연간 자연함양량

P : 연평균 강우량

α : 비례상수(자연함양률, recharge ratio)

P_o : 함양 초기 강우량(threshold precipitation)

예를 들어 α = 0.5, P_o=200mm/년이면 P=1200mm/년일 경우에는 R = 500mm/년이다.

기타 함양으로는 손실하천에서의 함양, 인공함양 등이 있다.

(4) 지하수의 물수지 분석 시 주의해야 할 사항

지하수 물수지분석에서 주요 요소는 앞에서 기술한 바와 같으나 지역조건에 따라서 추가로 검토해야 할 사항은 다음과 같다.

1) 관개용수의 회수

관개용수로 공급된 물은 식물의 소비수량으로 모두 소모되지 않고 일부는 침투하여 지하수에 보충된다. 이 양은 수로조직에서의 누수량을 포함하여 급수량의 20~40%에 이른다. 관개용수의 지하수 회수는 지하수 함양량의 증가요인인 동시에 비료·농약 등에 의한 오염농도 증가의 요인도 된다. 특히 생활하수 등이 관개용수로 쓰일 때는 수질문제가 야기될 수 있다.

2) 증발산

증발산은 지하수를 대기 중으로 이동시키는 과정의 하나이다. 지하수위가 지표에서 1~1.5m 이상 되는 심도에 분포되어 있으면 증발은 무시해도 되나 수목이 있을 경우에는 증산작용은 상당한 깊이까지 영향을 미친다. 특히 지하수면이 지표면 가까이 있을 때는 증발산량은 물수지분석에 중요한 인자가 된다.

3) 용천(spring)

지하수면이 지표면과 접촉하여 지하수가 지표로 유출하는 현상을 용천이라 한다. 용천 유출량은 대개 적은 양이므로 물수지분석에서는 거의 무시될 수 있으나 때로는 용천량이 매우 커서 인근의 물 흐름을 주도하는 경우도 있다. 용천 유출량은 용천 주변 대수층의 지하수위와 깊은 관련이 있다. 갈수기에 유출이 계속되면 지하수위가 낮아지고 이에 따라 용천의 유출량도 감소한다. 이는 하천에서 기저유출과 같아서 그 감수곡선은 다음식과 같이 표시할 수 있다.

$$Q_i = Q_o \exp\left[-\beta(t-t_o)\right] \tag{4-23}$$

여기서,　Q_o, Q_t : 시간 t_o 및 t에서의 용천 유출량

　　　　　β : 대수층의 저류계수와 관련되는 감쇄상수

4) 양수 및 배수

지하수 이용을 위하여 수굴정, 관정, 수평 우물, 집수암거, 방사상 집수정 등 다양한 우물시설이 개발된다. 지역 물수지분석에서는 개별 양수량보다는 지역 전체의 양수량과 그 분포가 중요한 요인이 된다. 농업지역에서 지하수위가 높은 경우 식물뿌리 권역 아래로 수위를 조절하기 위하여 도랑을 치거나 지하배수관을 묻어 물을 배수시킬 경우 물수지분석에서 이를 제외되어서는 안 된다.

4.3 지하수 함양량 산정법들

지하수 개발 가능량이란 고려대상지역의 지하수 함양량을 가장 과학적인 방법으로 산정한 다음, 해당지역에서 현재 이용하고 있는 지하수량을 포함하여 주변 환경에 약영향을 주지 않고 지속적으로 개발할 수 있는 최적 양으로 정의할 수 있다. 따라서 지하수 개발 가능량 산정 시 가장 중요한 변수는 바로 지하수 함양량이다.

지하수 개발 가능량을 산정하기 위해서는 기상수문, 식생, 토양 및 지질자료 등과 같은 수리지질 관련 자료가 필요하나, 현실적으로 관련 자료의 부족으로 정확한 개발 가능량 산정은 실제로 매우 어려울 뿐만 아니라 이들은 지하수계의 경계조건 가운데 불확실성이 가장 많이 내포되어 있는 요소들이다. 일반적으로 지하수 함양량 산정에 널리 사용되고 있는 방법으로는

① 물수지 분석방법
② 기저유출 분리방법(제1방법과 제2방법)
③ 무강우 지속일수동안 지하수위의 감수곡선을 이용하는 방법
④ 해안지역에서 강수 내에 함유된 Cl^- 이온농도와 배경지하수의 Cl^-이온 농도비
   를 이용하는 방법
⑤ 수학적인 전산모델법
⑥ 지하수 수역 분석법 등이 있다.

물수지 분석방법은 전절에서 상세히 설명했기 때문에 이를 제외한 잔여 방법들만 세론하고자 한다.

4.3.1 수문곡선과 기저유출분리법 및 지하수 함량량 산정법(제1방법)

(1) 기저유출의 감수곡선

인근 지하저수지로부터 지하수가 하천으로 배출되면 지하수위는 서서히 하강하게 되고 강수의 발생이 일어나지 않으면 하천으로 배출되는 지하수량도 점차 감소된다. 만일 지하저수지인 대수층에서 하천으로의 지하수 배출이 중지되면 그 하천은 건천이 되고 이때 기저유출량은 0이된다. [그림 4-15(a)]는 중앙 아프리카의 Lualaba 강의 건기 동안에 기저유출의 감수현상을 보여주는 전형적인 기저유출 감수곡선이다.

기저유출 감수곡선은 해당 유역의 지형, 유역형태, 토양, 지질 및 식생의 함수로서 [그림 4-15(b)]은 1921년에서 1926년까지 6년간의 하계기간 동안의 수문곡선이다. 이 그림에서 기저유출의 감수가 시작되는 시기는 하천유출량이 $3500ft^3d^{-1}$ 이하로 떨어질 때부터이다.

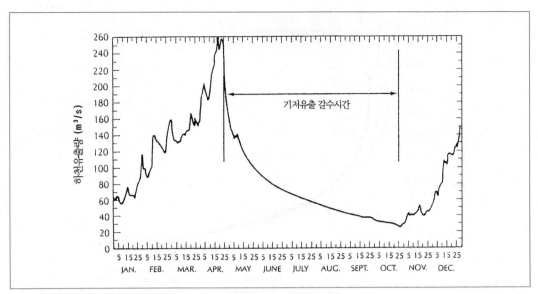

[그림 4-15(a)] 장기간의 하계 건조기 동안 하천의 전형적인 수문곡선

(중앙아프리카의 Lualaba강, John Wiley & Sons, 1959)

각 년별 감수곡선은 서로 유사하며, 하천의 기저유출량은 여름 갈수기 동안에 감소하기 시작한다. 이는 인근 지하수가 하천으로 배출되어 지하수위가 하강하기 때문이다.

갈수기에 하천유출량은 인근 지하수계의 지하수위와 직접적인 상관관계를 가지고 있는데 이를 지하수 수리학에서는 제3형 경계조건으로 처리한다. 이는 마치 밑바닥에 구멍이 뚫린 물통에 물을 붓고 중력배수 시키는 경우에 물통의 수위가 점차 내려가면(지하수위의 하강과 동일한 뜻임) 물통에서 배수되는 수량(지하수의 하천으로의 배출량, 기저유출량)도 점차 감소한다. 즉 물통에서 하부로 배출되는 량(기저유출량)은 물통 속에 물을 다시 물을 부어 넣거나(지하수의 함양) 물통내 수위가 상승(지하수위 상승)하지 않는 한 증가하지 않는다.

일반적으로 기저유출량의 감수식은 다음 (4-24-a)식으로 표현한다.

$$Q = Q_o e^{-at} \qquad\qquad\qquad (4\text{-}24\text{-}a)$$

여기서 Q : 감수현상이 발생한 후 t시간 이후의 유출량
                Q_o : 감수현상이 발생하는 초기의 유출량
                t : 감수현상개시 이후의 경과 시간, a : 해당유역의 기저유출 감수계수

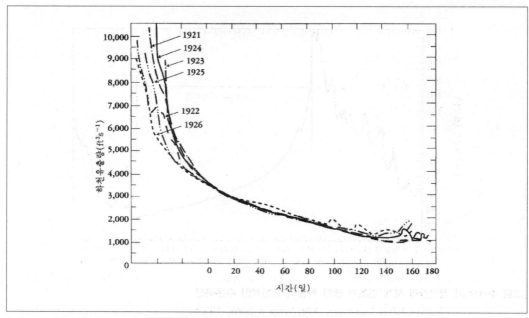

[그림 4-15(b)] Lualaba강에서 측정한 연속 6년간의 갈수기 동안의 하천감수곡선

예

① [그림 4-15(b)]에서 감수계수(a)를 구하라.

(4-24-a)식에서 $Q = Q_o e^{-at}$ 이므로

$$a = -\frac{1}{t} \ell_n \frac{Q}{Q_o} \text{이다.} \qquad (4\text{-}24\text{-}b)$$

[그림 4-15(b)]에서 $Q_0 = 3500\, ft^3/s$이고 100일 이후의 $Q_o = 1500\, ft^3/s$ 이므로

이 값을 윗식에 대입하여 a을 구하면

$a = 8.47 \times 10^{-3}(T^{-1})$이다.

② 감수현상 개시 후 50일 이후의 기저유출량?

$$Q = Q_o e^{-at}$$

$$Q = 3500 e^{(-8.47 \times 10^{-3} \times 50)} = 3500 \times 0.655 = 2291\, ft^3/s$$

(2) 수문곡선

수문곡선(hydrograph)은 수위, 유량 또는 속도 등의 특성을 경과시간에 따라 도시한 그림이다. 유량을 시간에 따라 도시한 곡선은 유량수문곡선(discharge hydrograph)이라 하고, 수위를 시

간에 따라 도시한 곡선은 수위수문곡선(stage hydrograph)이라 한다. 일반적으로 수문곡선은 유량수문곡선을 뜻한다. 지하수위를 시간에 따라 도시한 곡선은 지하수위 수문곡선 (groundwater level hydrograph) 또는 시간수위 강하곡선이라 한다. 수문곡선은 강우에 대한 유역의 반응을 종합적으로 나타내 주는 곡선이다. 즉 강우의 형태, 진행 방향 등 기후특성과 유역의 경사, 흙의 피복상태, 지질 상태, 유역의 지형학적 특성을 전부 포함한 결과를 대표하는 곡선이다. 1개 하천의 기저유출 성분은 다소 일정하기 때문에 하천의 총 유출량의 변동폭은 연중 매우 크다. 이러한 유출량의 변동은 주로 지표(또는 지표면)유출, 중간유출(interflow) 및 직접 강수에 영향을 미치는 강수의 일시적인 특성에 기인한다. 대다수의 유역에 있어서 하천유출량에 미치는 직접적인 강수량은 별로 많지 않으나 중간유출은 유역의 지질, 토양에 따라 가장 큰 영향을 미치는 요소이다. 즉 두께가 두터운 사질토는 중간유출을 발생시키지 않으나 제주도와 같이 느슨한 투수성 화산쇄설물로 피복된 현무암 분포지역에서는 지표유출은 거의 일어나지 않고 하부의 치밀 견고하며 저투수성인 안산암이나 조면암을 피복하고 있는 투수성 화산쇄설물과의 경계면에서는 다량의 중간유출이 발생한다.

[그림 4-16(a)]는 강우에 대한 수문곡선을 개략적으로 나타낸 그림이다. A-B는 수문곡선의 접근 부분, B-D는 상승곡선(rising limb), D-G는 하강곡선(falling limb)이라 하며, 2개의 변곡점 C와 E 사이의 부분을 첨두 부분(crest segment)이라고 한다.

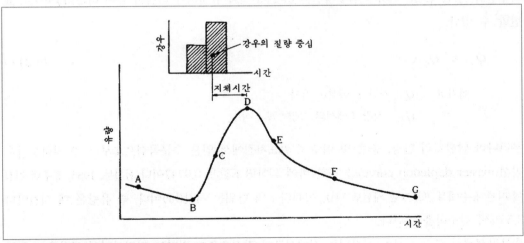

[그림 4-16(a)] 전형적인 수문곡선의 구성 요소

점 B는 수문곡선의 시작점, 점 D는 첨두유량 또는 첨두점(peak flow, peak point)이라고 하며, B점의 시간을 상승시간, D점의 시간은 첨두시간(time of peak flow)이라 한다. F-G 부분은 지하수에 의하여 보충되는 유량을 나타내는 부분으로서, 이를 지하수 감수곡선(groundwater recession curve)이라 한다. 또한 강우의 우량주상도(hyetograph)의 질량 중심으로부터 첨두유량 발생시간까지의 시간을 지체시간(lag time)이라 한다.

상승곡선 부분의 C점과 하강곡선 부분 E점은 곡선의 변곡점(inflection point)이며, B~C부분은 유역의 저류 증가(수로의 저류, 지표면 저류 등)로 인한 유량의 증가를 나타내주는 부분이며, 이 곡선은 유역의 지형학적 인자(유역의 경사, 지표면 상태, 유역의 형태 등) 및 기상학적 인자(강우강도, 시간적 분포, 공간적 분포 등)에 의하여 영향을 받는다. 첨두점 D는 유량이 가장 집중적으로 발생하는 점으로서 유역 면적 중에서 유출에 기여하는 면적이 가장 클 때에 일어난다. 유역이 비교적 작은 경우에는 출구에서부터 가장 먼 지점으로부터의 유량이 가장 가까운 지점의 유량과 동시에 나타날 때를 말한다.

하강곡선 중의 변곡점 E점은 지표면유출이 중지된 시간이다. 즉 강우가 끝나면 하천은 지표면 저류량으로부터 공급을 받아 지표면유출이 계속되지만, 강우로부터의 공급이 없기 때문에 지표면유출량은 시간이 지남에 따라 감소한다. 따라서 E점에 이르러서는 지표면유출에 의한 공급은 중단되고, E점 이후부터는 하도 수위 저하로 인한 저류량의 방류이다. F점에 이르러서는 수로의 저류량으로부터의 방류량도 중지되고, 이 점 이후부터 F~G 구간에서는 순수한 인근 대수층으로부터 천부 지하수의 배출에 의해 하천 유출이 유지된다.

지하수 감수곡선인 F-G 구간은 침루(percolation) 또는 수로의 수위 상승으로 인하여 대수층에 저류된 물의 양이 하도로 다시 배출되는 량으로서, 이는 인근 대수층의 특성에 따라 전적으로 좌우된다. 일반적으로 지하수 감수곡선은 (4-24-a)식과 유사하게 다음과 같이 (4-24-c)식으로 표현할 수 있다.

$$Q_{(t)} = Q_o K^t \qquad\qquad (4\text{-}24\text{-}c)$$

여기서 Q_o : 시간 t_o 에서의 유량
$Q_{(t)}$: 시간 t 에서의 유량, K : 상수.

우리나라 남한강의 단양, 충주 및 여주 수위표지점에서 얻은 수문곡선으로부터 주 지하수감수곡선(master depletion curve)을 구한 바에 의하면 K값은 0.9747이다(건설부, 1983, 충주댐 건설에 따른 홍수예정 프로그램 개선보고서). 이때의 t 의 단위는 시간(hr)이다. 즉 유량은 매 시간마다 2.53%씩 감소함을 뜻한다.

수문곡선에서 상승 부분이 시작되는 점에서부터 직접유출이 끝나는 지점까지의 시간을 수문곡선의 기저시간(base time)이라고 한다. 기저시간은 유역의 형태, 강우의 지속 기간 등에 영향을 받으며 수문곡선으로부터의 기저시간 판단은 직접유출과 지하수유출의 정확한 분리가 필요하기 때문에 용이한 작업이 아니다. 그러나 기저시간은 도달시간(time of concentration)과 강우의 지속시간의 합으로써 사용하는 경우도 있다. 도달시간이라 함은 유역의 가장 먼 지점으로부

터 출구 또는 수문곡선이 관측된 지점까지 물의 유하시간을 뜻한다. [그림 4-16(a)]에서 도달시간은 강우가 끝난 시간으로부터 E점까지의 시간으로 정의할 수 있다. 앞에서 기술한 바와 같이 E 점은 지표유출이 끝나는 점으로서, 지표 유출이 끝난다는 말은 제일 먼 곳으로부터의 유량이 마지막으로 도달한다는 뜻으로 해석할 수 있다. 따라서 강우가 끝난 시간부터 E점까지의 시간을 도달시간으로 할 수 있다.

(3) 수문곡선의 분리

강우에 의한 유출은 전술한 바와 같이 직접유출(direct runoff)과 기저유출로 대변할 수 있고 직접유출은 다시 지표면유출(surface 또는 overland runoff)과 중간유출(interflow 또는 subsurface runoff)로 분리할 수 있으며 기저유출은 인근 대수층에 저유된 천부지하수가 하천으로 배출된 수량이다. 따라서 각 수문곡선으로부터 이들 각 요소를 분리할 필요가 있다. 기저유출은 주로 지하수에 의한 유출을 의미한다. 경우에 따라 수문곡선으로부터 이들 각 요소로 분리해야 할 때가 있다.

[그림 4-16(a)]에서 설명한 바와 같이 상승곡선의 형태는 주로 강우의 특성에 따라 많은 영향을 받으나 하강곡선은 강우와는 관계없이 유역의 특성에 따라 변한다. 하강곡선 부분에서 변곡점 (그림 4-16(a)의 E점)부터의 수문곡선은 순수한 유역의 함양량으로부터 방류되는 유출을 말한다. 즉 이 지점부터는 지표면유출은 없으며 수로의 저류량, 중간유출, 지하수 저류량으로부터 하천으로 유입되는 유량을 의미한다. 시간이 경과함에 따라 수로저류량에 의한 유출 및 중간유출에 의한 유출의 기여가 거의 없어지게 되면 하천의 유량은 거의 지하수에 의하여 보충되며 [그림 4-16(a)]의 E~F구간), 이는 (4-24-c)식과 같이 지수함수적으로 감소한다. (4-24-c)식의 양변에 대수를 취하면 다음식과 같이 된다.

$$\log Q_{(t)} = \log Q_o + t \cdot \log K \tag{4-25-a}$$

여기서 $\log Q_{(t)}$ 의 값과 t 를 반대수방안지에 도시하면 $\log K$는 직선의 기울기가 된다. 따라서 하강곡선의 변곡점 이하의 부분을 반대수 - 방안지(유량(Q)는 대수좌표, 시간(t)는 정규좌표) 위에 도시하여 직선이 되는 부분을 구하고, 또한 이 직선이 되는 부분을 연장하여 수문곡선과의 차이를 구하면 이 값들은 직접유출(지표면유출 + 중간유출)을 나타낸다.

직접유출로부터 지표면유출과 중간유출을 분리시키기 위해서는 다시 위에서 구한 직접유출량을 반대수지 상에 작도하고, 이로부터 직선 구간을 구하여 이를 연장하여 직접유출로부터 차이를 구하면 된다(그림 4-16(b)). (4-25-a)식에서의 K값은 유량 Q와 시간 t 사이의 그림에서 시간의 단위에 따라 다른 값을 가지나 유역이 큰 경우에는 보통 1일(24시간)을 시간의 단위로 한다. 단위유량도의 유도 또는 기타 수문 해석을 위해서는 앞에서 기술한 수문곡선의 3개 요소의 분리보다는 직접유출과 기저유출(지하수유출)만을 분리할 필요가 하다. 이 분리 방법은 이론적인 근거보다는 경험에 의한 임의적 방법을 많이 사용한다.

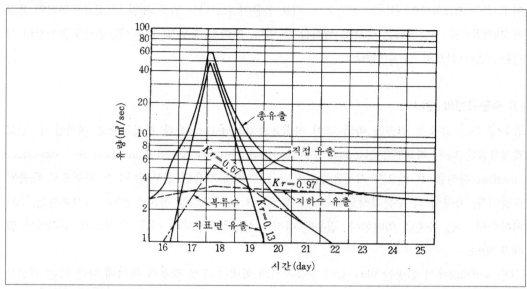

[그림 4-16(b)] 수문곡선의 각 요소별 분리

기저유량을 제외한 수문곡선은 직접유출만을 나타내므로, 이 직접유출의 시작점부터 끝나는 점까지의 시간이 수문곡선의 기저시간이 된다. 단위도 적용에 있어서 주어진 호우에 대하여 기저시간은 변하지 않는다는 가정을 충족시키기 위하여 첨두유량이 발생한 시간부터 직접유출이 끝나는 시간을 유역면적 크기의 함수로 나타낼 수 있다. 즉 [그림 4-16(b)]에서 N (day)은 첨두시간으로부터 직접유출이 끝나는 시간을 일(day)로 표시한 것으로 다음식과 같다.

$$N = bA^{0.2} \qquad\qquad (4\text{-}24\text{-}b)$$

여기서 유역면적(A)가 ㎢인 경우 : $b = 0.8267$, A가 mi^2인 경우 : $b = 1$

첨두유량의 발생 시간부터 직접유출의 끝시간인 N (day)의 값이 구해지면 직접유출과 기저유출을 분리한다. 이 분리 방법은 앞에서 설명한 이론적인 방법이 있으나 적용의 간편성을 고려하여 [그림 4-16(c)]에 표시한 바와 같이 세 가지 방법으로 A와 B를 연결할 수 있다.

① 수문곡선을 반대수-방안지상에 도시하고 B이하의 직선 부분을 연장하여 첨두발생 시간과 만나는 점을 구하여 A와 B를 연결하며,

② 직접 A와 B를 연결하고,

③ A점 이전의 수문곡선을 반대수-방안지상에서 직선으로 연장하여 첨두시간과 만나는 점을 찾아 A와 B를 연결한다.

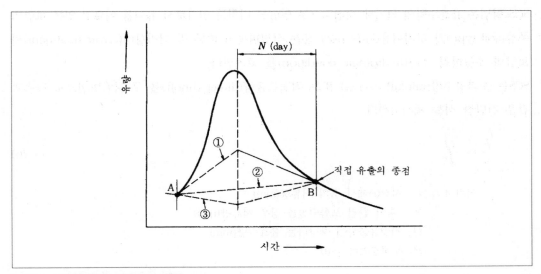

[그림 4-16(c)] 수문곡선의 분리방법

상술한 세 가지 방법이 모두 임의의 방법이므로 사용자에 따라 편리한 방법을 선택할 수 있다. 그러나 ③의 방법은 하천수위가 높아지면 상대적으로 지하수위가 낮아지는 결과가 되므로 지하수의 하천 유입이 적어진다는 이론적인 설명이 있으나 한 방법을 계속 사용한다면 방법의 차이로 인한 결과의 오차는 작은 것으로 알려져 있다.

수문곡선의 분리 방법의 타당성을 검증하기 위해서는 유효강우와 직접유출량을 비교하든가 또는 주변 대수층에서 하천으로 유입되는 량이 지하수 저류량의 변화와 같음을 증명하면 된다.

$$Q_{(t')}\,dt = -\,dS \tag{4-25-c}$$

여기서 dS는 지하수 저류량의 변화이다. 윗식을 적분하면 다음식과 같이 되므로 이 식을 이용하여 지하수 저류량(S)을 구할 수 있다.

$$S = \int_t^\infty Q_o K^t dt = \left[Q_o \frac{K^t}{\ln K} \right]_t^\infty = \frac{Q_{(t')}}{\ln K} \tag{4-25-d}$$

4.3.2 SCS 방법으로 직접유출량 산정법

유출량자료가 가용하지 않은 경우에 유역의 토질특성과 식생피복상태 등에 대한 상세한 자료만으로서 총수량으로부터 초과강수량을 산정할 수 있는 방법을 미국 토양 보존국(U.S. Soil Conservation Service, SCS)이 개발하였으며 미계획 유역의 초과강수량(혹은 유효수량)의 산정에 널리 사용되고 있다.

SCS 방법은 유효수량의 크기에 직접적으로 영향을 미치는 인자로서 유역을 이루고 있는 토양의 종류(soil type)와 토지이용(land use) 혹은 식생피복의 종류 및 처리상태(cover treatment)와 토양의 수문학적 조건(hydrologic condition)을 고려한다.

SCS는 초과강수량(rainfall excess) 또는 직접유출량(direct runoff)을 구하는 방법으로 다음과 같은 간단한 식을 제시하였다.

$$\frac{F}{S} = \frac{Q}{P} \tag{4-26}$$

여기서 F : 시간(t)에서 흙의 저류량(mm)
         S : 흙이 완전 포화되었을 경우 저류량(mm)
         Q : 직접유출량에 해당하는 유효수량(mm)
         P : 누적강수량(mm)

즉, 강우로부터 발생되는 직접유출량은 흙이 최대로 저류할 수 있는 양(S)과 실제로 흙으로 흡수되는 물의 양(F)의 함수로 표시되며, 이는 직접유출량과 강우량과의 차이이다. 즉, $F = P - Q$ 이며, 이 관계를 윗식에 대입하면 다음식과 같이 된다.

$$Q = \frac{P^2}{P + S} \tag{4-27}$$

$$\left(\frac{F}{S} = \frac{Q}{P}, \ \frac{P - Q}{S} = \frac{Q}{P}, \ P^2 - PQ = SQ \ \text{이므로} \right)$$

윗식은 강우가 발생하면 즉시 유출이 발생하는 경우지만 실제로 강우 발생 초기에는 강우의 전부가 지하로 침투되며 유출이 발생하는 것은 강우 강도에 따라 다르나 어느 정도의 시간이 경과된 후에 비로소 유출이 일어난다. 따라서 초기의 지하침투를 고려한다면 윗식의 P 값에서 초기손실(l_a)을 제하여야 한다. 일반적으로 l_a는 다음식과 같이 최대포화저류량(S)에 비례한다.

$$l_a = \beta S$$

여기서 β는 초기흡수계수이며 SCS에서는 경험에 의거하여 $\beta = 0.2$를 채택하고 있다. 이 관계를 윗식에 대입하면 (4-28)식과 같이 된다. 이것이 곧 총 강우와 직접유출량과의 관계이다. 여기서 Q는 0보다 크고, P는 $0.2S$ 보다 커야 한다.

$$Q = \frac{(P - 0.2S)^2}{P + 0.8S} \tag{4-28}$$

윗식의 최대포화저류량(S)은 선행 토양함수조건(antecedent soil moisture condition, A.M.C)에 따라 서로 다른 값을 가지게 된다. 즉 선행 강우량이 적은 A.M.C-Ⅰ의 조건에서 S는 선행 강우량이 보통정도인 A.M.C-Ⅱ의 S보다 클 것이나 선행 강우량이 많은 상태인 A.M.C-Ⅲ의 S값보다는 적다. 잠재보유수량의 크기를 나타내는 S는 해당지역의 토양이나 토지이용 및 처리상태 등 이른바 수문학적 토양피복형(hydrologic soil-cover complexes)의 성질을 나타내는 함수이다. 1개 유역의 유출능력을 나타내는 유출곡선지수인 CN(runoff curve number)를 S의 함수로 정의함으로써 유출에 미치는 S의 효과를 간접적으로 고려할 수 있다. 즉

$$CN = \frac{25,400}{S+254} \quad 혹은 \quad S = \frac{25,400}{CN} - 254 \tag{4-29}$$

여기서 CN은 SCS에서 흙의 종류 및 지표의 상태에 따라 정한 인자로서 유출곡선지수(runoff curve index)라 한다.

SCS에서는 (4-28)식과 (4-29)식을 이용하여 직접유출(초과강수량)을 계산할 때 고려해야 할 사항들은 ①흙의 종류, ②유역의 선행토양함수조건, ③토지의 사용용도 등이다.

(1) 흙의 분류

위의 세 가지 요소는 윗식의 CN값에 의하여 직접유출량 계산에 반영되며 따라서 CN의 값도 이에 따라 구분된다. SCS는 유출이 발생할 가능성 여부에 따라 [표 4-2]와 같이 평가대상 흙을 A, B, C, D의 4가지로 분류한다.

[표 4-2]에 의하면 저투수성 흙 입자로 구성되어 있거나 저투수층과 직접 접하여 유출이 크게 일어날 수 있는 흙은 D로 분류하였고, 투수성 모래와 자갈로 구성되어 있어 침투율이 높아 유출률이 상대적으로 낮은 흙은 A로 분류하였다.

[표 4-2] SCS의 흙의 분류

유출률	흙의 분류	특성
적음	A	최저로 유출이 발생할 가능성(lowest runoff potential)이 있는 깊은 모래 또는 자갈층으로서 진흙과 silt가 거의 없는 흙
↕	B	유출 발생 가능성이 다소 높은(moderately low runoff potential) 사질토이며, 침투율은 평균보다 높으나 다소 진흙이나 silt가 함유된 흙
	C	유출 발생 가능성이 B급보다는 높은(moderately high runoff potential) 흙으로서 진흙에 silt가 많이 섞여 있는 얇은 층을 구성하며 침투율은 평균보다 다소 낮은 흙
큼	D	유출 발생 가능성이 가장 높은(highest runoff potential) 저투수성 흙으로서 대부분 진흙과 silt로 구성되어 있는 흙

(2) 5일 선행 강우량에 따른 AMC의 분류

총 강우와 직접유출량 간의 관계 분석에 있어 5일 혹은 30일 선행 강우량은 1개 유역의 선행토

양함수조건을 대변하는 지표로 흔히 사용된다. 즉, 동일한 강우가 내린 경우 선행강우량이 많으면 토양의 습윤도가 높으므로 유출률 즉, 직접유출은 적어져서 유출률은 감소한다.

SCS에서 기준으로 삼고 있는 선행토양함수조건은 1년을 성수기(growing season)와 비성수기(dormant season)로 나누어 각 경우에 대하여 다음과 같은 3가지 조건으로 구분한다.

A.M.C-I : 토양이 대체로 건조한 상태여서 유출률이 대단히 낮은 상태
(lowest runoff potential), 5일 선행강수량(P_5)이 가장 적은 경우

A.M.C-II : 유출률이 보통인 상태(average runoff potential)

A.M.C-III : 토양이 수분으로 거의 포화되어 있어서 유출률이 대단히 높은 상태(highest runoff potential), 5일 선행강수량이 대단히 큰 경우

상술한 3가지의 선행토양함수조건은 5일 선행 강우량의 크기에 의하여 유역의 습윤 정도를 분류하는 기준이 되며 SCS에서 사용하고 있는 5일 선행 강우량의 크기에 따른 A.M.C 분류는 다음 [표 4-3]과 같다.

[표 4-3] 5일 선행강수량에 따른 토양함수조건의 분류

A.M.C Group	5일 선행 강우량, P_5(mm)	
	비성수기	성수기
I	$P_5 < 12.7$	$P_5 < 35.56$
II	$12.7 < P_5 < 28.0$	$35.56 < P_5 < 53.34$
III	$P_5 > 28.0$	$P_5 > 53.34$

(3) 토지이용, 피복처리 및 배수조건에 따른 CN값

흙의 초기 함수상태는 선행 강우(antecedent precipitation)에 따라 결정되며 CN값은 토지이용과 피복상태에 따라 [표 4-4(a)]와 [표 4-4(b)]의 유출곡선지수로부터 구한다.

토지의 사용용도와 지표의 피복 상태에 따라 유출률이 좌우되며 미국의 토양보전국에서는 자연 초지지역과 시가지 등으로 이를 구분하여 토지의 피복 상태와 흙의 종류에 따라 CN값을 규정하고 있다.

지금 [표 4-4]들은 A.M.C-II의 조건하에서 토양의 종류와 식생 피복상태에 따른 유출곡선지수(CN)를 나타낸 표이다. 해당지역의 선행토양함수조건(A.M.C)이 A.M.C-I 또는 A.M.C-III일 경우에는 유출곡선지수를 변경시켜야 한다(표 4-5).

A.M.C-I은 A.M.C-III의 경우에 비해 5일 선행 강우량이 적어 침투량이 크게 발생할 수 있어 유출률은 상대적으로 작아질 것이며 A.M.C-III는 반대로 유출률이 커지게 된다. 따라서 SCS는 이를 감안하여 다음 식을 이용해서 CN(I)로부터 CN(II) 및 CN(III)을 재산정한다.

$$CN(\text{I}) = \frac{4.2\ CN(\text{II})}{10 - 0.058\ CN(\text{II})} \tag{4-30}$$

$$CN(\text{III}) = \frac{23\ CN(\text{II})}{10 + 0.13\ CN(\text{II})}$$

여기서 CN(I), CN(II) 및 CN(III)는 각각 A.M.C-I, II, III 조건 하에서 유출곡선지수이다. 윗식을 이용해서 구한 A.M.C-I과 A.M.C-III은 [표 4-6]과 같다.

[표 4-4(a)] 농경지역 및 삼림지역의 유출곡선 지수, CN(A.M.C-II, Iₐ = 0.2S)

식생 피복 및 토지 이용 상태	피복 처리 상태	토양의 수문학적 조건(배수조건)	토양형			
			A	B	C	D
휴경지(fallow)	straight row(경사경작)	-	77	86	91	94
이랑경작지 (row crops)	straight row(경사경작)	poor	72	81	88	91
		good	67	78	85	89
	contoured(등고선경작)	poor	70	79	84	88
		good	65	75	82	86
	contoured and terraced (등고선 및 테라스경작)	poor	66	74	80	82
		good	62	71	78	84
조밀경작지 (small grains)	straight row(경사경작)	poor	65	76	84	88
		good	63	75	83	87
	contoured	poor	63	74	82	85
		good	61	73	81	84
	contoured and terraced	poor	61	72	79	82
		good	59	70	78	81
	straight row(경사경작)	poor	66	77	85	89
		good	58	72	81	85
콩과 식물 또는 윤번 초지 (rotation meadow)	contoured	poor	64	75	83	85
		good	55	69	78	83
	contoured and terraced	poor	63	73	80	83
		good	51	67	76	80
목초지 또는 목장 (pasture or range)		poor	68	79	86	89
		fair	49	69	79	84
		good	39	61	74	80
	contoured	poor	47	67	81	88
		fair	25	59	75	83
		good	6	35	70	79
초지(meadow)		good	30	58	71	78
산림(woods)		poor	45	66	77	83
		fair	36	60	73	79
		good	25	55	70	77
관목숲(forests)	매우 듬성듬성	-	56	75	86	91
농가(farmstead)		-	59	74	82	86

[표 4-4(b)] 도시지역의 유출곡선지수(A.M.C-II 조건하)

피복 상태	평균불투수율(%)	토양형			
		A	B	C	D
〈완전히 개발된 도시지역〉					
(식생처리 됨)					
개활지(잔디, 공원, 골프장, 묘지 등)					
나쁜상태(초지 피복율이 50% 이하)		68	79	86	89
보통상태(초지 피복율이 50~70%)		49	69	79	84
양호한 상태(초지 피복율이 75% 이상)		39	61	74	80
〈불투수 지역〉					
포장된 주차장, 지붕, 접근로(도로경계선을 포함하지 않음)		98	98	98	98
도로와 길 :					
포장된 곡선길과 우수거(도로경계선을 포함하지 않음)		98	98	98	98
포장길: 배수로(도로 경계선을 포함)		83	89	92	93
자갈길(도로 경계선을 포함)		76	85	89	91
흙길(도로 경계선을 포함)		72	82	87	89
〈도시지역〉					
상업 및 사무실 지역	85	89	92	94	95
공업지역	72	81	88	91	93
〈주거지역(구획지 크기에 따라)〉					
496 m² 이하	65	77	85	90	92
992 m²	38	61	75	83	87
1,320 m²	30	57	72	81	86
1,980 m²	25	54	70	80	85
4,030 m²	20	51	68	79	84
4780 m²	12	46	65	77	82
〈개발 중인 도시지역〉		77	86	91	94

[표 4-5] 선행함수조건(A.M.C)에 따른 유출곡선지수의 조정

A.M.C별 CN			S (A.M.C-II) (mm)	curve의 시점(mm)	A.M.C별 CN			S (A.M.C-II) (mm)	curve의 시점 (mm)
II	I	III			II	I	III		
100	100	100	0.00	0.0	60	40	78	169	33.8
99	97	100	2.57	0.5	59	39	77	177	35.3
98	94	99	5.18	1.0	58	38	76	184	36.8
97	91	99	7.85	1.5	57	37	75	192	38.4
96	89	99	10.6	2.0	56	36	75	200	39.9
95	87	98	13.4	2.8	55	35	74	208	41.6
94	85	98	16.2	3.3	54	34	73	216	43.2
93	83	98	19.1	3.8	53	33	72	225	45.0

92	81	97	22.1	4.3	52	32	71	234	47.0
91	80	97	25.1	5.1	51	31	70	244	48.8
90	78	96	28.2	5.6	50	31	70	254	50.8
89	76	96	31.5	6.4	49	30	69	264	52.8
88	75	95	34.5	6.9	48	29	68	276	54.9
87	73	95	37.8	7.6	47	28	67	287	57.4
86	72	94	41.4	8.4	46	27	66	297	59.4
85	70	94	44.7	8.9	45	26	65	310	62.0
84	68	93	48.3	9.6	44	25	64	323	64.5
83	67	93	52.1	10.4	43	25	63	335	67.1
82	66	92	55.9	11.2	42	24	62	351	70.1
81	64	92	59.4	11.9	41	23	61	366	73.2
80	63	91	63.5	12.7	40	22	60	381	76.2
79	62	91	67.6	13.5	39	21	59	396	79.2
78	60	90	71.6	14.2	38	21	56	414	82.8
77	59	89	76.0	15.2	37	20	57	432	86.4
76	58	89	80.3	16.0	36	19	56	452	90.4
75	57	88	84.6	17.0	35	18	55	472	94.5
74	55	88	89.2	17.8	34	18	54	493	98.6
73	54	87	94.0	18.8	33	17	53	516	103.
72	53	86	98.8	19.8	32	16	52	538	108.
71	52	86	104.	20.8	31	16	51	564	113.
70	51	85	109.	21.8	30	15	50	592	118
69	50	84	114.	22.9					
68	48	84	119.	23.9	25	12	43	762	152.
67	47	83	125.	24.9	20	9	37	101.6	203
66	46	82	131.	26.2	15	6	30	144	288.
65	45	82	137.	27.4	10	4	22	228.6	457.
64	44	81	143.	28.4	5	2	13	482.6	965.
63	43	80	149.	29.7	0	0	0	∞	∞
62	42	79	156.	31.2					
61	41	78	162.	32.5					

CN(I)가 61일 때 CN(II)과 CN(III)와 S값

$$\text{주}: \left(\begin{array}{l} CN(\text{I}) = \dfrac{4.2 \times 61}{10 - 0.058 \times 61} = 39.6 = 41, \ S = \dfrac{25,400}{CN} - 254 = \dfrac{25,400}{61} - 254 = 162 \\[2mm] CN(\text{III}) = \dfrac{23 \times 61}{10 + 0.13 \times 61} = 78 \end{array} \right)$$

[표 4-6] A.M.C 조건별 유출곡선지수 간의 관계

A.M.C-II	A.M.C-I	A.M.C-III	A.M.C-II	A.M.C-I	A.M.C-III
100	100	100	60	40	78
99	97	100	59	39	77
98	94	99	58	38	76
97	91	99	57	37	75
96	89	99	56	36	75
95	87	98	55	35	74
94	85	98	54	34	73
93	83	98	53	33	72
92	81	97	52	32	71
91	80	97	51	31	70
90	78	96	50	31	70
89	76	96	49	30	69
88	75	95	48	29	68
87	73	95	47	28	67
86	72	94	46	27	66
85	70	94	45	26	65
84	68	93	44	25	64
83	67	93	43	25	63
82	66	92	42	24	62
81	64	92	41	23	61
80	63	91	40	22	60
79	62	91	39	21	59
78	60	90	38	21	58
77	59	89	37	20	57
76	58	89	36	19	56
75	57	88	35	18	55
74	55	88	34	18	54
73	54	87	33	17	53
72	53	86	32	16	52
71	52	86	31	16	51
70	51	85	30	15	50
69	50	84			
68	48	84	25	12	43
67	47	83	20	9	37
66	46	82	15	6	30
65	45	82	10	4	22
64	44	81	5	2	13
63	43	80	0	0	0
62	42	79			
61	41	78			

예

A지역의 연간 총 강수량이 1,256.3m/m이고 1994년도에 일간 10mm/일 이상의 호우가 발생한 일자와 강수량 및 5일 선행 강우량이 [표 4-9]와 같다. 이 지역에서 지표유출량을 구하라? 단 조사지역의 토지이용은 전, 답, 나대지, 군부대 및 자연녹지로 이루어져 있으며 각 이용별 구성

비는 [표 4-7]과 같다. 토양피복상태에 따라 [표 4-4]의 유출곡선지수에서 CN값을 구하여 토지이용 분포 면적 구성비에 따른 가중 CN값을 구해본 바 그 결과는 [표 4-8]과 같다.

[표 4-9]에서 P는 1일 동안 발생한 호우량이고 P_5는 5일 선행 강우량이며 A.M.C는 [표 4-3]의 5일 선행강우량을 이용하여 선행토양함수조건을 Ⅰ, Ⅱ, Ⅲ으로 분류한 것이다. 즉 94년 5월 15일의 P_5는 29.7mm/일로써 이 시기가 비성수기이므로 A.M.C-Ⅲ에 속하고, 94년 7월 7일의 $P_5 = 68.7mm$/일로서 이 시기는 성수기이므로 A.M.C-Ⅲ에 속한다(표 4-9), 지금 [표 4-8]에서 초기함수조건이 Ⅱ인 경우에 가중 CN치는 64이므로 (4-30)식을 이용하거나 [표 4-6]을 이용해서 CN(Ⅰ)과 CN(Ⅱ)를 구해보면 다음과 같다.

$$CN(Ⅰ) = \frac{4.2 \times 64}{10 - 0.058 \times 64} = 42.7 ≒ 43 \quad [표 4-6]에서 CN(1)은 44이며$$

$$CN(Ⅲ) = \frac{23 \times 64}{10 + 0.13 \times 64} = 80.3 ≒ 81 \quad [표 4-6]에서 81이다.$$

또한 이때의 잠재 보유수량 (S)값은 다음과 같다.

$$CN = 44일 때 \quad S = \frac{25,400}{44} - 254 = 323$$

$$CN = 81일 때 \quad S = \frac{25,400}{81} - 254 = 60$$

이를 도표화하면 [표 4-8]과 같고 상술한 잠재보유수량과 일별 강우발생량 (P)은 (4-22)식에 대입하여 호우발생일별로 직접유출량 Q를 계산하면 [표 4-9]의 마지막 항과 같다.

$$Q = \frac{(P - 0.2S)^2}{P + 0.8S}$$

[표 4-7] SCS curve number(CN) - 초기 함수상태가 AMC Ⅱ인 경우

구분	면적(㎢)	구성비(%)	CN	가중 CN	비고
전	0.86	9.0	75	6.75	
답	2.66	2.8	78	21.84	
택지	0.24	2.5	85	1.98	
나대지	0.15	1.6	79	1.10	
자연녹지	5.59	58.9	55	32.40	
계	9.50	100.0		64.07	≒64

[표 4-8] 초기 함수조건에 따른 CN, S값

구분	A 수역		
초기 함수 조건	I	II	III
CN 값	44	64	81
S 값	323	143	60

[표 4-9] 시기별 지표 유출량(1994.1~1994.12)

날자	P(mm)	P5(mm)	A.M.C	CN	S	Q(mm)	비고
94.03.07	10.4	0.0	I	44	323	10.93	
94.03.22	11.8	0.0	I	44	323	10.32	
94.04.12	32.3	0.0	I	44	323	3.59	
94.05.03	33.2	0.0	I	44	323	3.38	
94.05.10	16.5	5.2	I	44	323	8.42	
94.05.14	13.2	16.5	II	64	143	1.86	
94.05.15	27.5	29.7	III	81	60	3.18	
94.05.25	28.6	8.1	I	44	323	4.52	
94.06.23	13.0	0.0	I	44	323	9.81	
94.06.26	16.4	14.4	II	64	143	1.14	
94.06.30	29.7	19.9	II	64	143	0.01	
94.07.01	40.3	48.2	II	64	143	0.88	
94.07.03	10.2	72.1	III	81	60	0.06	
94.07.05	47.9	81.5	III	81	60	13.44	
94.07.07	10.5	68.7	III	81	60	0.04	
94.07.10	28.3	69.6	III	81	60	3.48	
94.07.16	11.6	4.9	I	44	323	10.4	
94.07.29	13.0	0.3	I	44	323	9.81	
94.08.04	78.3	25.6	I	44	323	0.56	
94.08.10	50.9	1.6	I	44	323	0.61	
94.08.11	31.0	52.5	II	64	143	0.04	
94.08.16	35.6	31.4	I	44	323	2.86	
94.08.25	114.1	0.0	I	44	323	6.58	
94.08.28	57.4	114.1	III	81	60	19.56	
94.09.17	21.2	0.0	I	44	323	6.74	
94.10.04	10.3	8.9	I	44	323	10.97	
94.10.12	56.5	11.6	I	44	323	0.21	
94.10.16	45.4	72.5	III	81	60	11.94	
94.11.18	13.2	7.5	I	44	323	9.73	
94.12.07	11.7	0.7	I	44	323	10.36	
Total	920.0					175.64	

주 : $Q = (10.4 - 0.2 \times 323)^2 / (10.4 + 0.8 \times 323) = 10.93$

상기 자료를 이용하여 조사지역 내에서 1994년도의 주요 호우(10mm/일 이상)때 발생한 지표유출량을 계산하여 [표 4-9]에 수록하였다. 즉, 총 강우량 1,256.3mm/년중 175.64mm가 지표유출량이고, 지표유출량은 총 강우량의 약 14%에 해당된다. 총 강수량 1,256.3mm/년에서 지표유출량 175.64mm를 제하고 난 값은 증발산량, 침투량(함양량)과 토양층 내 저유된 물이 되는데, 증발산량은 전술한 Thornthwaite법으로 계산하면 302.3mm이므로 실제 조사지역에 분포한 토양층 내에 저유된 양의 변화를 무시할 때 대수층 내로 유입되는 함양량(recharge)은 다음과 같이 778.36mm/년이다.

함양량 = 강수량 − 증발산량 − 지표유출량
778.36 = 1,256.3 − 302.3 − 175.64(mm/년)

이 방법은 외견상 지표유출과 관련된 여러 가지 요소를 고려하여 평가토록 고안되어 이론상 결함이 없고 미국에서는 장기간에 걸쳐 여러 곳에 검증된 방법이지만 지표유출을 크게 지배하는 요소인 지형경사에 대한 평가가 포함되지 않은 채 전술한 (4-26)식에 의하여 산정토록 되어 있어 지형경사가 급하여 유달 시간이 빠른 한국의 경우에는 직접유출이 과소평가되는 경향이 있다.

4.3.3 기저유출량으로부터 지하수 함양량 산정법(제2방법)

1개 유역에서 지하수 함양량을 산정하는 가장 간단한 방법은 2년 이상인 연속년 동안 하천에서 측정한 하천 수문곡선을 이용하는 방법이다. 기저유출 감수곡선식인 (4-24-a)식($Q = Q_0 e^{-at}$)에서 Q_o는 시간이 경과함에 따라 지수적으로 감소한다.

지금 (4-24-a)식을 반대수 방안지에 작도하면 기저유출의 감수구간은 [그림 4-17]처럼 거의 직선으로 나타난다. [그림 4-17]은 가상적인 유량 수문곡선으로서 기저유출 감수구간은 점선으로 표시되어 있고, 감수구간의 개시점은 하계절 갈수기의 하천수위가 주변의 지하수위 이하로 하강했을 때이고 또한 종점은 그 다음 춘계 홍수가 발생한 시점이 된다. 따라서 총 잠재 지하수 배출량을 V_{tp}라 하면 이는 순수한 지하수 감수에 의해 배출된 양으로 그 양은 (4-31)식과 같다.

$$V_{tp} = \frac{Q_o t_1}{2.3} \tag{4-31}$$

여기서 Q_o : 감수곡선 초기의 기저유출량
t_1 : 기저유출량이 초기 기저유출량의 0.1 Q_o가 되는 시점

만일 첫 번째 감수기간 말기에 남아있는 잠재 지하수 배출량을 알 수 있고 그 다음 두 번째

감수기간 초기에 총 잠재 지하수 배출량을 알 수 있다면 이들 두 값의 차는 바로 두 시기 사이에 배출된 지하수의 기저유출량이다. 지금 해당유역에서 지하수 이용량이 전무하고 모든 지하수 배출량은 하천의 기저유출이 된다고 가정하면, 기저유출이 감수되기 시작한 후 잔여 감수기간(t) 동안에 발생한 잠재 기저유출량(V_t)은 아래식과 같다.

$$V_t = V_{tp} \div 10^{t/t_1} \tag{4-32}$$

$$= Q_o t_1 \div (2.3 \times 10^{t/t_1}) \tag{4-33}$$

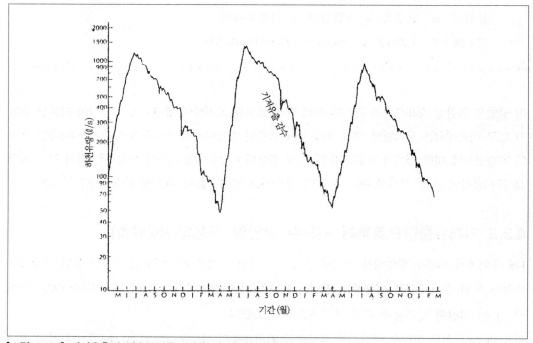

[그림 4-17] 기저유출의 감수곡선을 보여주는 유량수문곡선

만일 이 때 해당지역에서 지하수를 채수 이용하고 있거나 지하수 지시식물들에 의해 지하수의 증발산현상이 발생하고 있을 경우는 기저유출방법으로 계산한 지하수 함양량에서 이들 소모량을 더해서 대수층의 함양량을 계산한다.

예

[그림 4-17]과 같은 유량수문곡선이 있다. 첫 번째 감수기간 말기에서 두 번째 감수기간 초기까지 발생된 지하수 함양량을 계산하라.

① 첫 번째 감수기간 초기의 Q_{01}는 760ℓ/s이며 그 후 감수곡선상에서 기저유출량 이 Q_{01}의

0.1이 되는 즉 $76\ell/s$로 저하되는 시점까지의 경과시간(t_1)은 약 6.3개월이고 첫 번째 감수기간 최말기까지의 소요시간(t)은 약 7.5개월이다.

따라서 6.3개월 동안 배출된 기저유출량($(V_{tp})_1$)는

$$(V_{tp})_1 = \frac{Q_{01} t_1}{2.3} = \frac{760\ell/s \times 6.3월 \times 30일/월 \times 86.400초}{2.3}$$

$$= 5.4 \times 10^9 \ell = 5.4 \times 10^6 m^3$$

또한 첫 번째 감수기간 중 잔여기간 동안 배출된 기저유출량 $(V_t)_1$는

$$(V_t)_1 = (V_{tp})_1 \ / \ 10^{t/t_1} = 5.4 \times 10^9 \ / \ 10^{7.5/6.3} = 3.5 \times 10^8 \ell$$

$$= 3.5 \times 10^5 m^3$$

② 두 번째 감수기간 개시시점(초기)의 Q_{02}는 $1000\ell/s$이며 두 번째 감수곡선상에서 $0.1 Q_{02}(100\ell/s)$가 되는 시점까지의 경과시간(t_1)은 역시 6.3개월이었다.

따라서 두 번째 감수기간인 6.3개월 동안 하천으로 배출된 기저유출량($(V_{tp})_2$)는

$$(V_{tp})_2 = \frac{1000 \times 6.3 \times 30 \times 86.400}{2.3} = 7.1 \times 10^9 \ell$$

$$= 7.1 \times 10^6 m^3 이다.$$

③ 따라서 함양량(I) = $(V_{tp})_2 - (V_t)_1$

= 두 번째 감수기간 초부터 $0.1 Q_{02}$까지의 기간에 배출된 기저유출량($(V_{tp})_2$) - 첫 번째 감수기간 말에 남아있던 총 잠재 기저유출량 $(V_t)_1$

= $7.1 \times 10^6 - 3.5 \times 10^5 = 6.75 \times 10^6 m^3$.

4.3.4 무강우 지속일수 동안 지하수위 감수곡선을 이용하는 방법

(1) 단기자료(30일 자료)를 이용하는 방법(Hershfield 법)

강우 시 유역의 특성에 따라 강우량의 일정 부분이 지하에 함양된다는 가정하에 강우량과 함양량의 관계를 다음식과 같이 설정할 수 있다(Jacob Bear). 즉 어느 기간 중 면적이 A인 함양지역에 강우량 P가 내렸을 때 지하수 함양량이 R이었다면

$$R = \alpha A (P - P_o) \tag{4-34}$$

여기서 P_o : 지하수침투가 시작되는 강우량(threshold precipitation)

　　　　α : 지하수함양계수 또는 함양률(recharge ratio)

같은 지역에서 어떤 시점에서 선행기간중 강우량 P_1 에 의한 함양량이 R_1 이었고, 일정기간 경과 후 그 기간의 강우량 P_2 에 의한 함양량이 R_2 였다면 윗식은 다음과 같이 표현가능하다

$$R_1 = \alpha A (P_1 - P_o), \quad R_2 = \alpha A (P_2 - P_o)$$

따라서 함양량의 차이는 다음식과 같이 표현할 수 있다.

$$R_1 - R_2 = \alpha A (P_1 - P_2)$$

$$\Delta R = \alpha A \Delta P \tag{4-35}$$

여기서 P_1 기간의 P_o 와 P_2 기간의 P_o 는 같지 않을 수 있으나 평균 개념으로 볼 때 그 차이가 무시될 수 있으므로 상쇄되었다.

한편, 지하수함양 증가량 ΔR 에 따라 자유면대수층에서 지하수위가 $\Delta h (= h_2 - h_1)$ 만큼 상승했다면

$$\alpha A \Delta P = A \Delta h S_y \tag{4-36}$$

$$\alpha = \frac{\Delta h}{\Delta P} S_y = \frac{h_1 - h_2}{P_1 - P_2} S_y$$

　　　여기서 S_y : 자유면대수층의 비산출률(specific yield), h : 지하수의 수리수두.

이 식은 어떤 시점에서 전후 기간의 지하수위 h_1, h_2 를 관측하고 또 각 기간의 강우량 P_1 과 P_2 를 알면 지하수 함양률 α를 추정할 수 있음을 암시한다.

Hershfield 등(1972)은 1일 6.4mm 이하의 강우량을 무강우로 취급하여 무강우 지속일수 (dry-days)에 따라 가뭄정도를 해석하였는데 우리나라에서 이 방법으로 가뭄분석을 하면 관개기간(5~9월)중 1개월간 무강우 기간은 10년 빈도의 가뭄에 해당된다. 그러므로 월 단위로 지하수함양을 분석하는 것은 가뭄분석의 기간과도 일치하며 강우량 등 기상자료 이용에도 편리하다.

(4-36)식에서 기간을 30일로 취하고 이전 1개월은 우기로, 그 후 1개월은 가뭄기간으로 가정하여 $P_2 = 0$, $h_1 - h_2 = S_{30}$ (월 수위강하량)을 대입하면

$$\alpha = \frac{S_{30}}{P_1} S_y \tag{4-37}$$

한편, 유역내 대수층의 지하수 포장량 V 는 대수층 면적 A , 대수층 수두 h (지하수 포화층 두께) 라 할 때 $V = A\,h\,S_y$ 로 나타낼 수 있으며, 강우에 의해 함양된 지하수는 포장량을 증가시키게 되나 무강우기간에는 포장량 중 일부는 기저유출과 증발산량으로 손실된다. 이때의 하천 기저유출량(base flow)은 전술한 (4-24-a)식과 같이 된다.

$$Q = Q_o\,e^{-at} \qquad\qquad (4\text{-}38)$$

여기서 $\quad Q_o$: 기준시점(t=0)에서 기저유출량

$\qquad\quad Q$: t시간 경과후 기저유출량, a: 기저유출 감수계수.

따라서 유역 내에 다른 함양원이 없고 양수도 하지 않는 경우, 지하수 포장량의 변화는 기저유출량과 증발산량(ET) 의 합과 같다.

$$-\frac{dV}{dt} = -A\,S_y\,\frac{dh}{dt} = Q_o\,e^{-at} + ET \qquad\qquad (4\text{-}39)$$

여기서 증발산량은 기저유출량에 비하여 작은 비율이 될 것으로 예상되는데 Jacob은 지하수위가 지표에서 1.0~1.5m 이상 되면 지하수로부터의 증발산은 무시될 수 있다고 하였다. 그러므로 $Q_o\,e^{-at} + ET = Q_o\,e^{-kt}$ 가 성립한다고 가정하면 (4-39)식은 다음과 같이 간단히 표현할 수 있다.

$$\frac{dh}{dt} = -\frac{Q_o}{A\,S_y}\,e^{-kt} \qquad\qquad (4\text{-}40)$$

윗식은 시간경과에 따른 지하수위 변화의 감소를 나타내므로 여기서 k 를 지하수위강하 감수계수라고 정의하면 $ET = 0$ 일 때 $k = a$ 이고, $ET > 0$ 이면 k 는 a보다 약간 큰 값이 될 것이다. 이 식의 양변을 적분하고 $t = 0$ 일 때 $h = h_1$, $t = t$ 일 때 $h = h_2$ 라 하면 지하수위 강하량 $s = h_1 - h_2$ 는

$$\int_{h1}^{h2} dh = \frac{-Q}{A\,S_y}\int_{0}^{t} e^{-kt}$$

$$s = \frac{Q_0}{A\,S_y}\,\frac{1}{k}\left(1 - e^{-kt}\right) \qquad\qquad (4\text{-}41)$$

윗식에서 장기간 무강우시, 즉 $t \to \infty$ 일 때 지하수위 최대강하량(s_m)은

$$s_m = \frac{Q_o}{A\,S_y}\,\frac{1}{k}$$

$$\therefore s = s_m(1 - e^{-kt}) \ \text{또는} \ s = s_m - s_m e^{-kt} \tag{4-42}$$

한편, 1개월간 무강우시 지하수의 월 강하량은 (4-37)식에서 $s_{30} = \dfrac{P_1}{S_y}\cdot\alpha$ 이 된다. 지금 지하수의 최대강하량과 월간 강하량의 비를 지하수위 강하율(γ)이라고 정의하면

$$\gamma = \frac{s_{30}}{s_m}\,(\text{단, } 0 < \gamma \leqq 1)$$

$$s_m = \frac{Q_o}{A\,S_y}\,\frac{1}{k} = \frac{s_{30}}{\gamma} = \frac{\alpha}{\gamma}\,\frac{P_1}{S_y} \tag{4-43}$$

가 되어 지하수위강하 감수계수와 지하수 함양률의 관계는 다음과 같이 된다.

$$\frac{1}{k} = \frac{\alpha}{\gamma}\,\frac{A\,P_1}{Q_o} \tag{4-44}$$

여기서 k : 지하수위강하 감수계수
α : 지하수 함양률
γ : 지하수위 최대강하량과 월간 지하수위 강하량의 비, 지하수 강하율

윗식에서 P_1은 풍수기의 월 강우량으로서 AP_1은 대상구역의 총 강수량(㎥)이며 Q_o 는 유량 (㎥/일)이므로 $\dfrac{AP}{Q_o}$ 는 시간단위(day)임을 알 수 있다. 이를 T 라 하면 T 는 풍수기의 총 강수량이 기저유출로 배수되는 기간을 의미한다. 따라서 (4-44)식은 다음과 같이 표현할 수 있다.

$$\frac{1}{k} = \frac{\alpha}{\gamma}\,T \ \text{또는} \ \alpha = \frac{\gamma}{k\,T} \tag{4-45}$$

한편, (4-42)식의 양변에 ℓ_n 을 취하면

$$kt = \ell_n \frac{s_m}{s_m - s} \tag{4-46}$$

$s \to s_m$ 일 때 $t \to T$이 될 것이나 ℓ_n 의 속성상 $(s_m - s) > 0$ 인 매우 작은 값을 선정하여야 한다. 만약 $0 < \delta < 0.1$ 인 임의의 상수 δ 를 취하여 $s_m - s = \delta \cdot s_m$ 가 될 때의 t 를 T 라 하면

$$kT = \ell_n \frac{s_m}{\delta \cdot s_m} = \ell_n \frac{1}{\delta} = const\,(일정)$$

(4-45)식은 다음과 같이 된다.

$$\alpha = \frac{1}{\ell_n(1/\delta)} \cdot \gamma = const \cdot \frac{s_{30}}{s_m} \tag{4-47}$$

여기서 δ의 값을 어떻게 취하는 것이 적당한가는 실제의 함양률이 어느 쪽에 접근하는가에 따라서 결정될 문제이다. 그런데 δ를 0.001~0.1 범위에서 const값을 계산해 보면 δ값이 100배의 변화분포에 대하여 const값은 3배의 변화를 보이므로 δ값 선정에 따른 함양률 계산의 오차는 크게 감소될 수 있다.

δ값	0.001	0.005	0.01	0.02	0.1
const값	0.1448	0.1887	0.2171	0.2556	0.4342

한편, 지하수 함양량이 강수량의 18% 정도 되는 지역에서 이에 부합되게 윗식의 const를 정하면 δ가 0.01 내외의 값이 될 것으로 예측된다.

이에 대한 검토를 위하여 농어촌진흥공사(1998)는 사례 연구지구에서 지하수위 강하 분석방법, 기저유출 분석방법, 토양분류 및 토지이용에 따른 강우의 침투량 분석방법(SCS-CN법) 등을 이용하여 자연함양률을 산정한 결과, δ가 0.01일 때 가장 합리적으로 일치하였기 때문에 const값을 0.217로 정하였다.

우리나라의 충적층에 설치한 충적층관정 가운데 대표적인 32개 관정에서 측정한 장기 지하수위 자료를 이용하여 지하수위 수문곡선을 작도한 바, [그림 4-18]과 같이 각 수위강하 구간에서 일정한 강하추이를 보이고 있다. 이는 무강우일이 계속되면 (4-42)식과 같은 지수감수곡선으로 나타난다. 따라서 이 경우에 강우의 영향을 배제하기 위하여 투명지에 강하곡선을 수평방향으로 이동하면서 전체곡선이 매끈하게 연결되도록 작도하면 무강우 기간의 지하수위강하 지수함수곡선을 얻을 수 있다. 이 지수곡선의 정점을 기준으로 하여 경과 일수와 수위강하량의 관계를 반대 수지에 작도하면 직선으로 나타나고 직선의 기울기를 구하면 지하수위 감수계수를 구할 수 있다. [그림 4-18]은 이와 같은 방법으로 지하수위 강하량을 그래프로 분석한 예이다. 이 그래프에서 최대 수위강하량 s_m 과 월 수위강하량 s_{30} 을 읽어 수위강하율 γ를 구한 후, 지하수 자연함양률은 $\alpha = const \cdot \gamma$를 이용해서 구하였다.

한국농업진흥공사가 32개소의 지하수위 관측정의 수위강하곡선을 위와 같은 방법으로 해석하여 지하수위강하 감수계수(k), 수위강하율(γ), 자연함양률(α)을 구한 결과, 경기 오산지역의 지하수 함양률은 19.7%, 충북 청한지역(3)은 17.6%, 전북 둔남지역(169)은 9.5%였다.

예

베르네천과 관계되는 여월동지구의 충적층관정에 자동수위기록계를 설치하고 수위변동을 관측
하였는데 그 결과 [그림 4-19]와 같은 지하수위 수문곡선을 얻었다.
이 수위변동곡선에서 최대 수위강하량은 0.8m이며 정점으로부터 수위강하 지수함수곡선을 작
도하여 경과시간과 수위강하량의 관계를 보면 [표 4-10]과 같다.

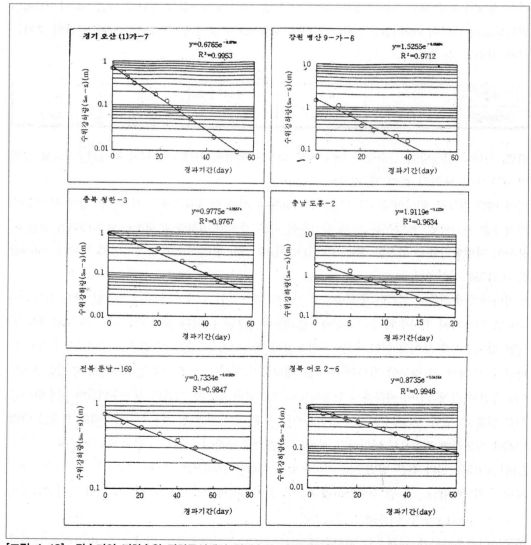

[그림 4-18] 갈수기의 지하수위 강하곡선에서 최대수위 강하량(sm)과 월 수위강하량(s30을 읽고 수위강하율
($\gamma = \dfrac{s_{30}}{s_m}$)를 이용, 지하수 함양량을 산정하는 방법(충적층)

이 표에서 경과시간과 수위강하량 차이$(s_m - s)$ 의 관계를 반대수지에 작도하면 [그림 4-20]과 같고, 지하수위강하 감수계수 $k = 0.0876\,day^{-1}$ 이였다. 이것은 기저유출조사에서 얻은 유출 감수계수 $a = 0.0893day^{-1}$ 과 매우 근사한 값으로, 이 지역에서는 지하수위 강하가 하천에서의 기저유출과 일치됨을 보여주고 있다.

[그림 4-18]에서 $s_m - s_{30} = 0.06m$ 이므로 $s_m = 0.82m$ 를 대입하면 $s_{30} = 0.76m$ 이고 지하수 위강하율 (γ)은 0.76 / 0.82 = 0.927 이다. 또한 지하수 함양률 (α)는 $0.217 \times 0.927 = 0.201$ 이다.

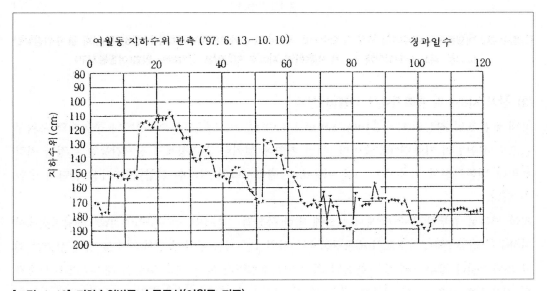

[그림 4-19] 지하수위변동 수문곡선(여월동 지구)

[표 4-10] 여월동지구 지하수위관측 조사

경과기간 (days)	지하수위 (m)	수위강하량 (m)	$s_m - s$ (m)
0	1.07	0.00	0.80
5	1.32	0.25	0.55
10	1.52	0.45	0.35
15	1.66	0.59	0.21
20	1.72	0.65	0.15
25	1.78	0.71	0.09

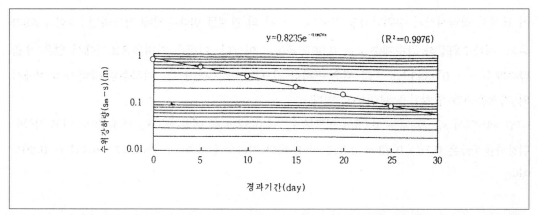

[그림4-20] 여월동지구(베르네천 유역)의 갈수기의 지하수위 강하곡선에서 최대수위 강하량(s_m)과 월 수위강하량(s_{30})을 읽고 수위강하율 (γ)를 이용하여 지하수 함양량을 산정하는 방법(여월동지구)

(2) 장기 지하수위 관측자료가 가용한 경우

국내에 분포된 최상위 대수층(uppermost-aquifer)은 미고결암인 충적층이나 풍화대의 포화구간으로서 일종의 자유면대수층이다. 이런 지역에 설치한 관측정에서 장기간동안 측정한 지하수위의 변동곡선이 가용하면 이를 이용하여 해당지역의 지하수 함양량을 가장 간단히 구할수 있다.

지금 지하로 침투한 강수 중에서 식물에 의한 증산과 지하수의 동수구배에 따른 해당지점에서 지하수의 하류구배구간으로의 배출량을 무시하면 1년 기간 동안 발생한 강수로 인해 상승한 최고 지하수위나 갈수 지속일수 동안의 최저 지하수위와의 차를 해당 최상위 대수층의 비산출률을 이용해서 다음 (4-48)식으로 해당지역의 지하수 함양량을 간단히 구할 수 있다.

$$I = \Delta h \, S_y \tag{4-48}$$

여기서 I : 강수의 지하함양량(LT^{-1})
Δh : 지하수위의 년간 변화폭(L)
S_y : 최상위 대수층의 비산출률

단 상기 식을 적용할 때 유의해야 할 점은 고려대상 지역에 설치된 여러 개의 관측정 자료 중 식물에 의한 증산과 하류구배 구간으로 자연배출되는 지하수배출량이 가장 적은 지역에 설치된 관측수위 자료를 선택하여 이용해야 한다.

따라서 동수구배가 일반적으로 큰 우물장 인근지역이나 지형기복이 심한 고지대나 지하수가 배출되는 이득하천 인근에 설치된 관측정의 수위자료는 이용하면 안 된다. 최적지점은 지하수의 동수구배가 비교적 완만하고 수평흐름이 우세한 지역에 설치한 관측정 수위자료를 이용하는 것이 최적이다.

[그림 4-21]은 안양천 유역에 설치된 3개공의 관측정에서 1966년 1월부터 1968년 12월의 3년 동안 측정한 지하수위 수문곡선이다. [그림 4-21(a)]는 안양천 상류의 충적층에 설치한 3개 공의 지하수위 수문곡선이며, [그림 4-21(b)]는 영등포의 크라운 맥주공장 인근 충적층에 설치한 1개 공의 지하수위 수문곡선이다.

영등포의 수문곡선은 이 당시 크라운 맥주공장에서 지하수를 채수이용하고 있었기 때문에 지하수 감수곡선이 인근 채수정의 영향을 받아 지하수위의 변동률이 상당히 심하다. 따라서 이와 같은 수문곡선을 이용해서 지하수 함양률은 계산하면 안 된다.

[그림 4-21(a)]의 지하수위 수문곡선 중 No.17호공의 연간 최대 수위변동 폭은 1.19m였으며 No.4호공의 연간 수위변동폭은 1.01m였다. 이 지역에 분포된 충적층의 평균 비산출률이 0.186 이므로 강수의 연간 지하 함양량은 $0.186\left(\dfrac{1.19+1.01}{2}\right)=0.213m\,(213m/m/년)$이다.

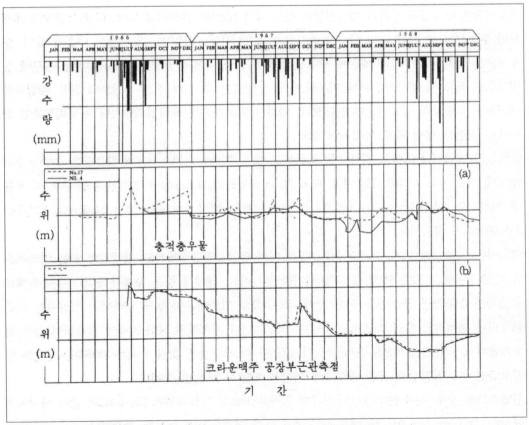

[그림 4-21] 안양천 유역에 설치한 관측정의 3년간 지하수위 변동곡선(66~68)

4.3.5 염소이온(Cl-) 농도를 이용하여 함양률 산정하는 방법

암권(지표에서 16km 이내)과 수권 내에 함유되어 있는 염소이온 중 75%는 해수 중에 용해되어 있다. 해수 내에 함유된 염소이온은 주로 원시지각에서 분출된 가스 상태의 화산분출물질 내에 포함되어 있던 염소이온이 해수에 녹아 원시해양에 농축된 것이다(Goldsmidt & Corren, 1956). 이외에도 암권을 구성하고 있는 암석 중에서 화성암은 30.5mg/kg, 저항암은 15mg/kg, 물에서 형성된 퇴적암(hydrolysate)은 170mg/kg 및 침전암은 305mg/kg의 염소이온을 함유하고 있기 때문에 이들 암석이 일단 풍화, 부식되는 경우에 암석 내에 함유되어 있던 염소이온 중 일부가 바다로 유입되어 해수의 염수이온을 증가시킨다. 염소이온은 화산암 내에 다음과 같이 광물의 일부 구성물로 포함되어 있다.

$Marialite\,[Na_4\,(Al_3\,Si_9\,O_{24})\,Cl]$, $Sodalite\,[Na_8\,(Al_6\,Si_6\,O_{24})\,Cl_2]$, $Apatite\,[Ca_5\,(FCl)\,(PO_4)_3]$

특히 장석 내에서 염소이온은 50mg/kg(Behne, 1953) 정도 함유되어 있다.

염소이온은 투수성이 불량한 세립질암의 공극 내에 NaCl의 결정이나 Na-Cl의 용액상태로 존재하며 투수성이 큰 암석 내에서는 잘 존재하지 않는다(Hem, 1970). 그 이유는 다음과 같다. 염소이온은 이온반경이 크기 때문에 세립질 물질의 공극 내에서 발생하는 역삼투현상 때문에 선택적으로 잔류하는데 반해 기타 이온들은 쉽게 탈출할 수 있어 점토나 실트와 같은 세립물질 내에서는 고농도의 염소이온이 잔류한다. 따라서 염소이온은 해성퇴적물이나 육상퇴적물인 경우에는 침전암 내에 주로 농집되어 있다.

암염분포 지역이나 고염도 지하수를 포함하고 있는 지역에서 염소이온의 함유량은 수백~수천 mg/ℓ에 이르는데 그 대표적인 예는 New Mexico의 Eddy County에 설치된 우물이다. 이 우물 내 지하수의 염소이온농도는 189,000mg/ℓ에 이르고 미국 Michigan주의 Midland 지하수는 255,000mg/ℓ 정도이다.

염소이온은 육상의 먼지, 화산분출물, 대기 내의 인공오염물질에서도 생성되며 또한 염소이온을 다량 함유하고 있는 액상 및 고형 폐기물이나 비료, 제설제 등을 통해서 쉽게 수문순환계로 유입되는 순환적인 물질이다. 이와 같이 국지적으로 염소이온이 높게 나타나는 이상대는 인간 활동이나 지역적인 원인 때문에 일어난다. 화성암이나 퇴적암의 지하수 내에 함유되어 있는 염소이온의 농도는 일반적으로 30mg/ℓ이다. 그러나 이보다 높은 값을 가지는 지하수는 전술한 인공오염원이나 침전암과 같은 광화수에 영향을 받았기 때문일 것이다.

일반적으로 강우 속에 함유된 염소이온의 함량은 1mg/ℓ 정도이지만 [표 4-11]과 같이 해안지역에서는 수 10mg/ℓ에 이르나 내륙지로 감에 따라 염소이온의 농도는 격감한다.

[표 4-11] 해안에서 거리에 따른 강수내 염소이온 함량(1957-1958. 북유럽)

지역 \ 내용	해안으로부터 거리 (km)	Na+ (mg/ℓ)	Cl- (mg/ℓ)
Westland	0.2	22	49
Schleswig	50	2.5	4.8
Baunsch weig	450	0.8	2.2
Augusten berg	800	0.4	0.9
Hohenpeissen berg	950	0.2	0.6
Retz	1250	0.2	0.5

해안지역의 폭우는 바다로부터 직접 유래된 염소이온으로 인해 그 농도는 수 십~수 천mg/ℓ 까지 상승하나 해안에서 거리가 멀어질수록 염소이온은 대기 내에서 점차 세척되기도 하며(혼합현상), 해안에서 불어오는 염소함양이 낮은 기단과 대륙공기가 서로 혼합되기 때문에 해안에서 거리가 멀어질수록 강수내 염소이온의 농도는 점차 감소하여 그 한계점에 이르게 된다. 이와 같은 현상을 이용해서 Schoeller(1963)는 강수 내에 함유된 염소이온농도와 인공오염이나 광화수에 의해 영향을 받지 않는 지하수내에 함유된 염소이온농도를 이용해서 지하수의 함양량을 산정할 수 있음을 밝힌 바 있다. 즉 지하수와 강수의 염소이온농도 사이의 상관관계를 이용해서 함양률을 산정할 수 있는 식은 다음과 같다.

$$I = \frac{Cl_p}{Cl_n} \tag{4-49}$$

여기서 Cl_p : 관측지점에 내리는 강수의 평균 Cl^- 함양

                Cl_n : 지하수내 염소이온의 평균농(Lysimeter 시험 시 침투된 지하수)

                I : 함양률

예

1997년 동안 연곡관측소의 강수중 염소이온함양과 인근지에 소재한 4호정 지하수의 염소이온 함량이 다음과 같을 때 4호정의 지하수가 인근 농경지의 비료나 퇴비에 의해 오염되지 않았다고 가정할 경우에 강수의 지하함양량?

[표 4-12] 염소이온 함량 (단위 : mg/L)

월일 ＼ 염소이온 (ppm)	연곡관측소의 강수	4호정 지하수	비고
97.2	2.59	11.7	
3	7.67	9.16	※ 7 .67 특이치
4	1.55	9.71	
5	1.26	8.32	
6	1.20	8.33	
7	0.26	7.40	
8	0.95	8.63	
9	3.37	8.65	
10	3.49	8.73	
11	3.79	7.68	
12	3.70	9.09	
범위	3.96±2.7	9.55±2.15	
평균	2.22	8.85	특이치 제거시 2.22

$$\therefore \ I = \frac{2.22}{8.85} = 25\%$$

이 방법은 불확실성이 상당히 내재되어 있으므로 반드시 비교용으로만 이용한다.

4.4 지하수개발 시 대수층의 지하수저수지로서의 능력 검토

이 방법은 포화충적대수층의 전 체적을 지표저수지의 개념으로 취급하는 경우이다. 즉 충적대수층이 지상 저수지와 같은 기능을 한다고 가정할 경우 충적대수층으로부터 개발 가능한 지하수량을 산정한 후 전술한 제반 분석방법으로 도출해 낸 지하수 함양량과 비교 검토하기 위해서 사용하는 하나의 방법으로 제시하고자 한다.

산정방법의 순서는 다음과 같다.

(1) 충적대수층이 분포된 유역의 연 지표유출량 산정

연 유출량 = 유역면적 × 연평균 강수량 × 유출계수

유출계수는 각 유역별로 건교부가 제시한 자료를 이용할 수 있다.

(2) 저수지 소요용량

연유출량 × 60% (각 지역별 저수지 소요용량은 연 유출량의 백분율로 제시되어 있음)

(3) 공급 가능량 산정

1) 충적대수층의 유효 저수량

충적대수층의 유효 저수량은 충적대수층 분포구간을 최하류부에서 적정 간격으로(500m 정도) 충적층의 단면도를 작성하고 연중 최고 수위시의 포화단면도를 구한 후 전체 포화충적층의 체적(V_a)을 계산한다. 그런 다음 충적층의 비산출률을 V_a 와 곱하여 충적층의 유효저수용량을 다음식으로 계산한다.

$$충적층의\ 유효저수량 = V_a \times S_y \qquad\qquad (4\text{-}50)$$

여기서　V_a : 포화충적층의 총 체적
　　　　　S_y : 충적층의 비산출률

1) 유효 저수용량과 연 유출량 비를 계산한다.

$$\frac{유효저수량}{연\ 유출량}(\%)$$

2) 연 유출량과 공급량 상관도에서 용수 공급 가능량을 구한다(각 지역별로 제시되어 있음).

$$용수\ 공급\ 가능량 = \frac{공급가능량}{연유출량}$$

∴ 일 용수 공급 가능량

$$연\ 유출량 \times \frac{공급가능량}{연\ 유출량}$$

3) 상기 용수 공급 가능량은 항상 기준 갈수량과 비교한다.

$$기준갈수량 = 유역면적 \times 0.002\ CMS/km^2 \times 86,400$$

예

유역면적이 65.33㎢이고 30년간 연 평균 강수량이 1,300mm이며, 하천 유출계수가 58.5%인 하천이 있다. 이곳에 분포된 포화충적층의 총 체적이 $27.9 \times 10^6 m^3$이며 평균 비산출률이 0.183일 경우에 충적대수층의 지하저수지로서의 능력을 검토하라.

① 연 지표수 유출량

$$65.33km^2 \times 10^6 \times 1.3m/년 \times 58.5\% \fallingdotseq 50 \times 10^6 m^3/년$$

② 저수지 소요 용량(이 지역의 저수지 소요 용량을 60%로 간주, 한강유역의 경우 30~60% 임)

$$50 \times 10^6 \times 60\% = 30 \times 10^6 m^3/년$$

③ 공급가능량

● 충적대수층의 유효저수량 = $V_a S_y$ = $27.9 \times 10^6 \times 0.183 = 5.11 \times 10^6 m^3$

● $\dfrac{유효\ 저수량}{연\ 유출량} = \dfrac{5.11 \times 10^6}{50 \times 10^6} \times 100 = 10.2\%$

● 이 지역 저수지의 유효저수량-용수 공급 가능량 상관도에서 유효저수량 / 연유출량이 10.2%일 때 용수 공급 가능량 / 연 유출량이 26% 라면

④ 일 용수 공급 가능량 = $50 \times 10^6 \times 26\%$ / $365 = 35,600 m^3/d$

⑤ 기준 갈수량(상수 공급 가능량 산정 시 적용)

$$65.33km^2 \times 0.002CMS/km^2 \times 86,400 = 11,300m^3d^{-1}$$

Chapter

05

지하수 수리학과
대수성 시험분석

5.1 지하수의 운동방정식

Darcy 법칙은 Bernoulli식으로 표현할 수 있다. [그림 5-1]과 같이 어떤 기준면 위에 있는 유체의 전체 에너지는 운동에너지와 압력에너지 및 위치에너지의 합이다. 따라서 전체 수두 에너지는 (5-1)식과 같다.

$$\frac{P_1}{\gamma_w} + v_{12g}^2 + z_1 = \frac{P_2}{\gamma_w} + v_{22g}^2 + z_2 + \Delta h \tag{5-1}$$

여기서 P_1, v_1, z_1은 ①지점에서 유체의 압력, 속도 및 위치수두이며, P_2, v_2, z_2는 ②지점에서 유체의 압력, 속도 및 위치수두이다. Δh는 ①지점에서 ②지점으로 유체가 다공질 매체 내에 흐를 때 마찰에너지로 손실된 수두이다. 다공질 매체 내에서 지하수의 유속 v_1와 v_2는 매우 적기 때문에 (5-1)식 다음과 같이 간단히 표시할 수 있다($v_1 \rightarrow 0$, $v_2 \rightarrow 0$).

$$\frac{P_1}{\gamma_w} + z_1 = \frac{P_2}{\gamma_w} + z_2 + \Delta h$$

$$\Delta h = \left(\frac{P_1}{\gamma_w} + z_1\right) - \left(\frac{P_2}{\gamma_w} + z_2\right) \tag{5-2}$$

여기서 Δh는 마찰 에너지로 소멸된 전체수두이다. 일반적으로 geoid상에서 포텐셜 에너지 ϕ는 다음식과 같고 이 때 $\phi = \Delta h$이므로 (5-2)식은 (5-3)식으로 다시 표현할 수 있다.

$$\phi = \frac{P}{\gamma_w} + z$$

$$\Delta\phi = \left(\frac{P_1}{\gamma_w} + z_1\right) - \left(\frac{P_2}{\gamma_w} + z_2\right) \tag{5-3}$$

일반적으로 자유면대수층의 지하수위는 수리수두 h로 표기하고 피압대수층에서 피압수두(가상수위)는 ϕ로 표기한다. 지금 피압대수층과 자유면대수층에서 Darcy 법칙은 다음과 같이 표시할 수 있다.

피압대수층에서 1-D의 지하수 흐름은 $\quad q = -K\dfrac{d\phi}{dl}$

자유면대수층에서 1-D의 지하수 흐름은 $q = -K\dfrac{dh}{dl}$

여기서 q는 비배출량(specific discharge) 혹은 다시안 유속(Darcian velocity)이다.

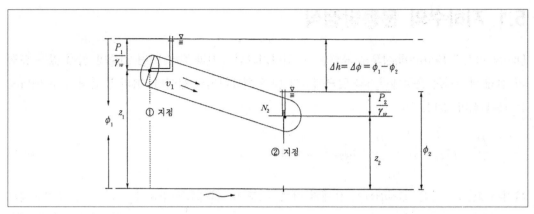

[그림 5-1] Darcy의 법칙의 모식도

그러나 등방균질인 대수층에서 3-D의 비배출량은 (5-4)식과 같다.

$$q = -K\left(\frac{\partial \phi_x}{\partial x} + \frac{\partial \phi_y}{\partial y} + \frac{\partial \phi_z}{\partial z}\right)$$ (5-4)

5.1.1 Darcy 법칙의 적용한계

Darcy 법칙은 투수성 다공질 매체 내에서 층류(laminar flow)인 경우에만 사용가능하다. [그림 5-2]와 같이 탱크내로 유입되는 양(q)과 탱크로부터 유출되는 양이 동일한 용기 내에 추적자를 (A)지점에 투입한 후 추적자가 (A)지점과 유출지점인 (B)지점 사이에서 흐를 때 흐름의 직각 방향의 속도 성분이 없는 흐름을 층류(laminar flow)라 하고 이에 비해 직각 방향의 흐름 성분이 있을 때는 이를 난류(turbulent flow)라 한다. 일반적으로 층류는 유체의 유속이 매우 느릴 때만 존재한다.

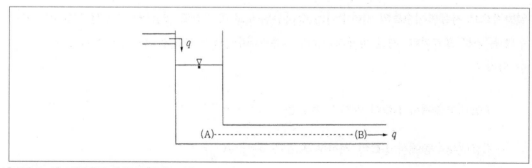

[그림 5-2] 전형적인 층류 흐름의 모식도

Darcy 법칙은 다공질 매체 내에서 유동하는 지하수가 층류일 경우에만 적용할 수 있다. 층류 (laminar flow)와 난류(turbulent flow)는 Reynold수(N_R)로 규정한다. Reynold수는 유체의 점착력에 대한 관성의 비로써 (5-5)식으로 표현된다.

$$N_R = \frac{\rho v D}{\mu} \tag{5-5}$$

여기서 ρ는 유체의 밀도, μ는 유체의 동점성 계수, v는 유체의 속도, D는 입자의 지름 또는 유로의 직경

층류의 한계선은 Reynold 수가 1이하에서 최대 10 정도일 때이다. 그러나 Schnee-Beli 는 N_R가 60 이상, Hubbert는 600~700 이상일 때 난류가 된다고 했다. 일반적으로 모든 지하수는 N_R가 1~10 이내이므로 층류이다. 그러나 양수정 부근에서 우물로 유입되는 지하수나 제주지역의 용암터널과 같은 고투수성 구간에서 유동하는 지하수는 유속이 매우 빠르므로 난류이다. 그러면 대수층 중에서 투수성이 비교적 큰 조립질 모래의 N_R을 구해 보자. 지금 조립질 모래의 평균입경(D)이 0.4×10^{-3}m 정도이고, 지하수의 동점성계수가 $1.3 \times 10^{-3} N \cdot s/m^2$이며 지하수의 밀도는 $10^3 kg/m^3$ 정도이므로 Reynold 수는

$$N_R = \frac{\rho D}{\mu} v = \frac{4 \times 10^{-4} \times 10^3 \times 9.8}{1.3 \times 10^{-3}} v = 0.3 \times 10^{-3} v$$

그런데 통상 모래층 내에서 지하수의 유속은 0.0033m/s 이하이므로 $N_R = (0.3 \times 10^{-3}) \times (0.0033) = 10^{-6}$이다. 따라서 자연상태 하에서 지하수는 층류이다.

5.1.2 정류(定流)와 부정류(不定流)

유체가 운동을 할 때 속도, 밀도, 압력 등이 시간에 따라 변하지 않는 흐름을 정류(steady flow)라 하고 유체의 속도, 압력, 밀도가 시간의 종속함수일 때의 흐름을 부정류(transient 혹은 unsteady flow)라 한다. 이에 비해 점성이 전혀 없고 밀도가 항상 일정한 유체가 매체 내에서 운동할 때 에너지 손실이 전혀 없는 가상적인 유체를 완전유체라 한다.

지하수 환경 내에서 흐름특성을 세론하면 다음과 같다.

즉 지하수가 대수층 내에서 움직일 때 시간에 따라 지하수의 수두압이 변하지 않는 상태를 정류 상태(steady state condition)라 한다. 환언하면 우물에서 일정률로 지하수를 채수할 때 양수경 과시간에 무관하게 지하수위가 변하지 않을 때의 흐름은 정류(steady flow)이다.

따라서 피압이나 자유면대수층에서 다음과 같은 3가지 조건하에서는 지하수의 흐름을 정류로 취급한다.

① 소량의 채수율로 대수성시험을 장시간 실시해서 안정수위에 도달했을 경우 ($\frac{dh}{dt}\rightarrow0$)

② 관측정이 양수정에서 원거리에 설치되어 있는 경우($\frac{dh}{dr}\rightarrow0$)

③ 우물에서 채수량과 우물로 유입되는 지하수량이 동일할 때

지하수 수리학에서 정류는 $\frac{dh}{dt}\rightarrow0$이거나 비저유계수($S_s$)가 0인 것으로 표시한다.

5.1.3 지하수 유동 지배식

대수층이 이방(anisotropic)이고 불균질(heterogeneous)일 경우에 대수층의 수리전도도는 직교 좌교계의 1개 지점에서 방향에 따라 그 값이 다르다. 따라서 이 경우에 대수층의 수리전도도 (K)는 (5-6)식으로 표현된다(그림 5-3).

$$[K] = \begin{pmatrix} K_{xx} & K_{xy} & K_{xz} \\ K_{yx} & K_{yy} & K_{yz} \\ K_{zx} & K_{zy} & K_{zz} \end{pmatrix} \tag{5-6}$$

이를 간편히 다루기 위해서 지하수의 주흐름 방향을 직교 좌교계의 x, y, z축과 평행하게 취하면 (5-6)식의 수리전도도 텐서(tensor) 중에서 대각선 이외의 값은 모두 0이 된다. 이때 선정한 좌표축을 주좌표축(principal axis)이라 하며 이때 (5-6)식의 matrix 텐서는 (5-7)식과 같이 간단히 표시할 수 있다.

$$[K] = \begin{pmatrix} K_{xx} & 0 & 0 \\ 0 & K_{yy} & 0 \\ 0 & 0 & K_{zz} \end{pmatrix} \tag{5-7}$$

일반적으로 Darcy 법칙의 일차원적인 흐름률 (1-D flux)인 q는 (5-4)식과 같이 $q=-K\nabla\phi$ 이다. 그런데 (5-7)식에서 $K_{xx}=K_{yy}=K_{zz}$인 대수층을 등방(isotropic) 및 균질(homogeneous) 대수층이라 한다.

만일 고려대상 대수층이 이방, 불균질인 경우에 3-D Darcy식은 (5-8)식과 같이 표현한다.

$$\begin{pmatrix} q_x \\ q_y \\ q_z \end{pmatrix} = -\begin{pmatrix} K_{xx} & K_{xy} & K_{xz} \\ K_{yx} & K_{yy} & K_{yz} \\ K_{zx} & K_{zy} & K_{zz} \end{pmatrix} \begin{pmatrix} \dfrac{\partial\phi}{\partial x} \\ \dfrac{\partial\phi}{\partial y} \\ \dfrac{\partial\phi}{\partial z} \end{pmatrix} \tag{5-8}$$

(5-8)식을 전개하면 (5-9)식과 같다.

$$q_x = -\left(K_{xx}\frac{\partial\phi}{\partial x} + K_{xy}\frac{\partial\phi}{\partial y} + K_{xz}\frac{\partial\phi}{\partial z}\right) \qquad (5\text{-}9)$$

$$q_y = -\left(K_{yx}\frac{\partial\phi}{\partial x} + K_{yy}\frac{\partial\phi}{\partial y} + K_{yz}\frac{\partial\phi}{\partial z}\right)$$

$$q_z = -\left(K_{zx}\frac{\partial\phi}{\partial x} + K_{zy}\frac{\partial\phi}{\partial y} + K_{zz}\frac{\partial\phi}{\partial z}\right)$$

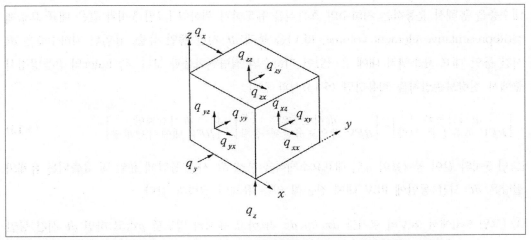

[그림 5-3] 대표요소체적(REV)의 3개 면의 1개 지점에 작용하는 3개의 속도벡터(총 9개 성분)

대수층을 통해 흐르는 지하수가 주좌표축 방향으로 흐르는 경우에 (5-9)식은 (5-10)식과 같이 간단히 표시할 수 있다.

$$\begin{pmatrix} q_x \\ q_y \\ q_z \end{pmatrix} = -\begin{pmatrix} K_{xx} & 0 & 0 \\ 0 & K_{yy} & 0 \\ 0 & 0 & K_{zz} \end{pmatrix}\begin{pmatrix} \dfrac{\partial\phi}{\partial x} \\[2mm] \dfrac{\partial\phi}{\partial y} \\[2mm] \dfrac{\partial\phi}{\partial z} \end{pmatrix} \qquad (5\text{-}10)$$

(5-10)식을 전개하면 (5-11)식과 같다.

$$q_x = -K_{xx}\frac{\partial\phi}{\partial x} = -K_{xx}\frac{\partial h}{\partial x} \qquad (5\text{-}11)$$

$$q_y = -K_{yy}\frac{\partial\phi}{\partial y} = -K_{xx}\frac{\partial h}{\partial y}$$

$$q_z = -K_{zz}\frac{\partial\phi}{\partial z} = -K_{xx}\frac{\partial h}{\partial z}$$

3차원 공간에서 대수층이 등방·균질일 때 $K_{xx} = K_{yy} = K_{zz}$ 또는 $K_x = K_y = K_z = K$이므로 이 경우 (5-11)식은 다음과 같이 표현할 수 있다.

$$q_x = -K\frac{\partial\phi}{\partial x} \; , \;\; q_y = -K\frac{\partial\phi}{\partial y} \; , \;\; q_z = -K\frac{\partial\phi}{\partial z}$$

$$q = -K\cdot grad\phi \tag{5-12}$$

5.1.4 지하수의 3차원 유동 지배식

대수층을 통해서 운동하는 지하수의 흐름식을 유도하기 위하여 [그림 5-4]와 같은 대표 요소체적(Representative element volume, REV)을 통해 dt 시간 동안 유출, 유입된 지하수량은 dt 시간 동안 대표 요소체적 내에 들어있던 지하수의 질량변화율과 같다. 즉 Euler의 운동방정식 중에서 질량보존법칙을 적용하면 (5-13)식과 같다.

$$\left[\begin{array}{c}dt\,\text{시간동안}\\ REV\,\text{로 유입된 질량}\end{array}\right] - \left[\begin{array}{c}dt\,\text{시간동안}\\ REV\,\text{밖으로 유출된 질량}\end{array}\right] = \left[\begin{array}{c}dt\,\text{시간동안}\\ REV\,\text{내에서 변화량}\end{array}\right] \tag{5-13}$$

[그림 5-4]와 같이 공극률이 n인 대표요소체적을 통해 dt 시간 동안에 유입 및 유출되는 유체의 질량은 dt 시간 동안에 REV 내에 잔존해 있는 유체의 질량과 같다.

① [그림 5-4]에서 REV의 크기를 dx, dy, dz 라 하고 유체의 밀도를 ρ라고 하면 dt 시간 동안 REV의 3개 면을 통해 유입되는 유체의 질량은 다음과 같다.

$$\rho\left[q_x\,dy\,dz + q_y\,dx\,dz + q_z\,dx\,dy\right]dt$$

여기서 q_x, q_y, q_z는 x, y, z 방향으로 유입되는 유체의 Darcy 유속(일명 specific discahrge)이다.

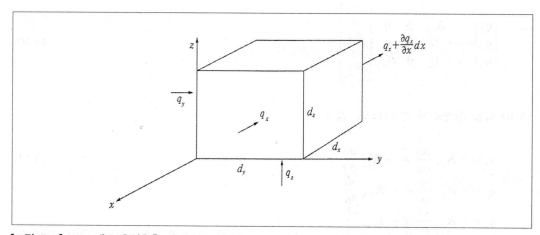

[그림 5-4] REV 내로 유입유출 되는 양과 잔량

② 또한 dt 시간 이후에 REV로부터 유출된 양은 다음과 같다.

$$\left[\left(\rho q_x + \frac{\partial(\rho q_x)}{\partial x}dx\right)dydz + \left(\rho q_y + \frac{\partial(\rho q_y)}{\partial y}dy\right)dxdz + \left(\rho q_z + \frac{\partial(\rho q_z)}{\partial z}dz\right)dxdy\right]dt$$

③ dt 시간 동안 REV 내로 유입유출된 유체의 질량의 차는 상기 두 식의 차와 같다.

즉 ② - ① = (5-14)식과 같다.

$$\left(\frac{\partial \rho q_x}{\partial x} + \frac{\partial \rho q_y}{\partial y} + \frac{\partial \rho q_z}{\partial z}\right)dxdydzdt \tag{5-14}$$

④ 그런데 초기에 REV 내에 들어있는 유체의 질량은 $n\rho dxdydz$이고

⑤ dt 시간 이후의 REV 내에서 변한 유체의 질량은

$$\left(n\rho + \frac{\partial n\rho}{\partial t}dt\right)dxdydz$$

⑥ 따라서 ⑤-④는 (5-15)식과 같이 된다.

$$\frac{\partial(n\rho)}{\partial t}dxdydzdt \tag{5-15}$$

(5-13)에서 설명한 바와 같이 dt 시간 동안 REV 내로 유입·유출된 양의 차는 원래 REV 내에 들어 있던 유체의 질량변화와 동일하므로 (5-14)식과 (5-15)식은 동일하다.

$$\therefore \frac{\partial(\rho q_x)}{\partial x} + \frac{\partial(\rho q_y)}{\partial y} + \frac{\partial(\rho q_z)}{\partial z} = \frac{\partial(\rho n)}{\partial t}$$

REV 내에서 흐르는 유체를 지하수라고 하면 일정한 온도에서 지하수의 밀도는 일정하므로 상기 식은 (5-16)식과 같이 간단히 표시할 수 있다.

$$\frac{\partial q_x}{\partial x} + \frac{\partial q_y}{\partial y} + \frac{\partial q_z}{\partial z} = \frac{\partial n}{\partial t} \tag{5-16}$$

(5-16)식에서

$$\frac{\partial n}{\partial t} = \frac{\partial n}{\partial h}\cdot\frac{\partial h}{\partial t} = S_s\frac{\partial h}{\partial t} \tag{5-17}$$

로 표시가능하다. 여기서 $\frac{\partial n}{\partial h}$은 지하수의 수두변화에 따른 공극률의 변화로써 비저유계수 (specific storativity, S_s)와 같다. 또한 이방·불균질 대수층에서 q는 (5-11)식과 같으므로 (5-17)식과 (5-11)식을 (5-16)식에 대입하면

$$\frac{\partial}{\partial x}\left[K_{xx}\frac{\partial h}{\partial x}\right]+\frac{\partial}{\partial y}\left[K_{yy}\frac{\partial h}{\partial y}\right]+\frac{\partial}{\partial z}\left[K_{zz}\frac{\partial h}{\partial z}\right]=\ S_s\frac{\partial h}{\partial t} \tag{5-18}$$

(5-18)식은 이방·불균질 대수층 내에서 지하수의 흐름이 부정류일 때의 흐름지배식이며, 이 때 Darcy 유속은 $q_l=-\frac{\partial}{\partial l}\left(K_l\,h\right)$로 표시한다.

즉 불균질·등방일 때 지하수의 부정류 흐름지배식은 (5-19)식과 같다.

$$\frac{\partial}{\partial x}\left[K\frac{\partial h}{\partial x}\right]+\frac{\partial}{\partial y}\left[K\frac{\partial h}{\partial y}\right]+\frac{\partial}{\partial z}\left[K\frac{\partial h}{\partial z}\right]=\ S_s\frac{\partial h}{\partial t} \tag{5-19}$$

또한 대수층이 균질·이방일 때 지하수의 부정류 흐름지배식은 (5-20)식과 같이 표시할 수 있다.

$$q_l=-K_l\frac{\partial h}{\partial l}$$

$$K_{xx}\frac{\partial^2 h}{\partial x^2}+K_{yy}\frac{\partial^2 h}{\partial y^2}+K_{zz}\frac{\partial^2 h}{\partial z^2}=\ S_s\frac{\partial h}{\partial t} \tag{5-20}$$

뿐만 아니라 대수층이 등방·균질일 때의 지하수의 부정류 흐름지배식은 다음식과 같다.

$$q_l=-K\frac{\partial h}{\partial l}$$

$$K\left[\frac{\partial^2 h}{\partial x^2}+\frac{\partial^2 h}{\partial y^2}+\frac{\partial^2 h}{\partial z^2}\right]=\ K\triangle^2 h=\ S_s\frac{\partial h}{\partial t} \tag{5-21}$$

특히 이방·불균질의 피압대수층의 포화두께 b가 일정한 경우에는 $bK=T$, $bS_s=S$ 이므로 (5-18)식은 다음과 같이 변형가능하다.

$$\frac{\partial}{\partial x}\left[T_{xx}\frac{\partial h}{\partial x}\right]+\frac{\partial}{\partial y}\left[T_{yy}\frac{\partial h}{\partial y}\right]+\frac{\partial}{\partial z}\left[T_{zz}\frac{\partial h}{\partial z}\right]=\ S\frac{\partial h}{\partial t} \tag{5-22}$$

여기서, $S=S_s b$ 로써 저유계수

피압대수층이 균질등방이고 부정류 상태이며 포화두께 b가 일정한 경우에는 (5-21)식에서 $bK\nabla^2 h=\ bS_s\frac{\partial h}{\partial t}$ 이므로 (5-23)식과 같이 변형가능하다.

$$\nabla^2 h=\ \frac{S}{T}\frac{\partial h}{\partial t} \tag{5-23}$$

⑦ 이에 비해 지하수 흐름이 정류일 때의 흐름지배식은 (5-18)식~(5-23)식에서 $S_s=0$이거나

$\dfrac{\partial h}{\partial t} \rightarrow 0$이므로 우측 항이 0이다. 즉 대수층이 불균질·등방이며 지하수 흐름이 정류일 때의 지배식은 (5-24)식으로 된다(5-19식 참조).

$$\frac{\partial}{\partial x}\left[K\frac{\partial h}{\partial x}\right] + \frac{\partial}{\partial y}\left[K\frac{\partial h}{\partial y}\right] + \frac{\partial}{\partial z}\left[K\frac{\partial h}{\partial z}\right] = 0 \qquad (5\text{-}24)$$

5.2 정류상태의 우물수리와 분석

5.2.1 정류-자유면대수층(water table 또는 unconfined aquifer)

1848년 Dupuit는 우물에서 지하수를 채수할 때 수위강하구역(cone of depression)내에서 형성되는 지하수위는 전대수층 구간에서 고르게 형성되며 지하수위를 해발고도로 나타낼 수 있다는 가정하에 처음으로 정류(steady flow)에 대한 수리식을 유도하였다. 실제로 수리전도도가 일정하며 피압대수층을 완전 관통한 우물이나, 자유면대수층에 설치한 우물로부터 상당히 멀리 떨어진 지점에서는 위의 Dupuit 가정이 자연 상태에서도 존재한다. 따라서 Dupuit 가정은 이와는 다른 경우에도 자연 상태에 부합되도록 인위적으로 조절가능하다. Dupuit 이후에도 Adolph Thiem(1887)과 같은 학자들이 여러 개의 지하수 수리식을 개발하였으며 1906년에 Adolph Thiem의 아들인 Gunther Thiem이 처음으로 지하수 채수로 인해 형성된 수위강하구역 내 임의의 두 지점에서 측정한 지하수위를 이용하여 대수층의 수리전도도를 구할 수 있는 식을 개발하였다.

[그림 5-5]는 장기간 지하수를 채수한 후 지하수의 흐름이 정류상태(steady state condition)에 도달했을 때 자유면대수층 내에 형성된 지하수위 강하구역을 도시한 그림이다. 우물을 통해 배출되는 지하수량은 수위강하구역에서 자연 중력배수되는 양보다는 훨씬 많으므로 수직누수현상을 무시한다면 [그림 5-5]는 자유면대수층뿐만 아니라 피압대수층의 경우에도 적용할 수 있다.

즉 대수층의 구성물질이 균질이고 대수층의 저면과 지하수면이 평행하며 채수율(Q)이 일정하다면 우물에서 채수된 지하수량(Q)은 대수층에서 배수된 양과 동일하다. 지금 양수정에서 거리 r_1 및 r_2만큼 떨어진 지점에 설치된 두 개의 관측정 B, C를 경유하여 유입되는 지하수량은 모두 동일하다. 즉 r_1 및 r_2를 갖는 원주위로 통해 단위시간 내에 흐르는 유량은 각각 동일하다.

자유면대수층에서 지하수를 채수하면 포화대의 두께가 감소된다. 따라서 자유면대수층에 대한 개념 모델(conceptual model)은 항상 포화대의 두께가 변하지 않는 상태를 가정한 후 해를 구한다. 그런데

① 채수 시 포화대의 두께가 25% 이상 감소되지 않거나
② 대수층의 포화두께 감소에 대한 보정작업으로 수위강하 자료를 보정하는 경우에는 상기 가정이 어느 정도 현실에 부합된다.

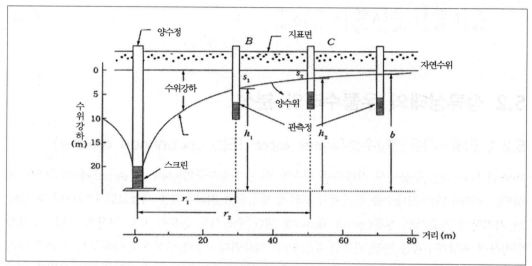

[그림 5-5] 자유면대수층에서 지하수채수로 형성된 수위강하구역(cone of depression)과 양수위

(1) 개념 모델(모델-1)

1) 술어정의

dh : 수두변화량

dr : 거리 증분

h : 양수정에서 r만큼 떨어진 지점의 수위

h_w : 양수정의 수위

h_1 : 거리가 r_1인 관측정에서의 수위,

h_2 : 거리가 r_2인 관측정에서의 수위

H : 양수개시전 초기수위,

K : 대수층의 수리전도도, LT^{-1}

Q : 양수정의 채수율(일정율), L^3T^{-1}

r : 양수정 중심에서 방사상 거리

r_w : 양수정의 반경

r_1 : 양수정에서 제 1관측정까지의 거리

r_2 : 양수정에서 제 2관측정까지의 거리

R : 영향반경

2) 가정

① 대수층저면은 불투수층으로 이루어져 있고
② 모든 지층은 수평이며 무한대로 분포되어 있으며
③ 채수개시 이전의 초기 지하수위는 수평상태이고 방사상으로 무한대로 분포한다.
④ 대수층은 균질등방이며

⑤ 지하수의 밀도와 점성은 항상 일정하고

⑥ 지하수의 흐름식은 Darcy 법칙으로 서술가능하며

⑦ 채수 시 지하수의 흐름은 수평흐름이며 우물방향으로 방사상으로 흐른다.

⑧ 양수정과 관측정은 대수층은 완전관통한 완전관통정이며 포화두께 전 구간에 스크린을 설치
   하였고

⑨ 양수정에서 채수율은 시험기간 동안 일정하며

⑩ 장기간 대수성 시험을 실시할 때 지하수의 흐름 상태는 정류상태(평형상태로서 경과시간에 따
   라 수위가 더 이상 변하지 않음)

⑪ 우물수두손실은 무시할 수 있으며

⑫ 양수정의 구경은 무한소이며

⑬ 수위강하량(s)은 대수층의 포화두께에 비해 매우 적게 발생하며 Dupuit Forheimer의 이론
   을 적용가능

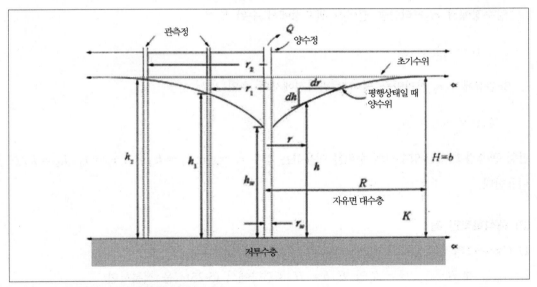

[그림 5-6] 정류–자유면대수층의 개념도(모델–1)

(2) 수학적 모델

1) 지배식

개념모델의 모식도(그림 5-6)에서와 같이 지하수는 양수정을 향해 방사상으로 흐른다. 따라서
양수정으로 유입되는 지하수 유입량은 채수량(양수량)과 동일하다.

$$Q = 2\pi r h K \frac{dh}{dr} \tag{5-25}$$

여기서, r : 양수정에서 방사상 거리 [L]

K : 대수층의 평균수리전도도 [L²T⁻¹]

h : 포화대의 두께 [L]

2) 경계조건

① 관측정을 설치하지 않아 양수정과 수위강하구간의 끝지점(영향권)만 이용하는 경우(case 1)

양수정에서 안정수위(h_w)는

$$h\ (r = r_w) = \ h_w$$

수위강하구간 끝지점의 수위 h는

$$h\ (r = R) = H$$

② 수두를 측정할 수 있는 2개 이상의 관측정을 이용하는 경우(case 2)

양수정에서 r_1 거리만큼 떨어진 관측정에서 수위 h_1은

$$h\ (r = r_1) = \ h_1$$

양수정에서 r_2 거리만큼 떨어진 관측정에서의 수위 h_2는

$$h\ (r = r_2) = \ h_2$$

만일 관측정-1 대신 양수정의 수위를 이용하는 경우 $r_1 = r_w$, $h_1 = h_w$이고 $r_2 = r_1$, $h_2 = h_2$를 이용한다.

(3) 해석학적인 해

1) Case-1의 경우

$r = r_w$일 때 $h = h_w$, $r = R$ 일 때 $h = H$ 조건하에서 (5-25)식을 적분하면

$$\int_{r_w}^{R} \frac{dr}{r} = \frac{2\pi K}{Q} \int_{h_w}^{H} h \ dh$$

$$\therefore \quad K = \frac{2.3Q \log \dfrac{R}{r_w}}{\pi (H^2 - h_w^2)} \tag{5-26}$$

2) Case-2의 경우

$r = r_1$일 때 $h = h_1$, $r = r_2$일 때 $h = h_2$이므로 (5-24)식은

$$\int_{r_1}^{r_2} \frac{dr}{r} = \frac{2\pi K}{Q} \int_{h_1}^{h_2} h \ dh \ \text{이므로}$$

$$K = \frac{2.3Q \log \frac{r_2}{r_1}}{\pi (h_2^2 - h_1^2)} \tag{5-27a}$$

3) 대수층의 두께가 두터운 경우

(5-27)식에서 수직누수현상이 발생하지 않는 피압대수층에서 관측정과 우물사이의 거리가 멀리 떨어져 있거나 두께가 비교적 두터운 자유면대수층인 경우에는 $h_2 + h_1 = 2b$에 가깝다. 따라서 $h_2^2 - h_1^2 = (h_2 + h_1)(h_2 - h_1) \fallingdotseq 2b(h_2 - h_1)$ 로 표시 가능하다.

또한 $h_2 - h_1 = (b - s_2) - (b - s_1) = s_1 - s_2$ 이므로 $T = kb$ 라면 (5-27a)식은

$$T = \frac{2.3Q \log \frac{r_2}{r_1}}{2\pi (s_1 - s_2)} \tag{5-27b}$$

로 표시할 수 있다.

4) 대수층의 두께가 얇은 경우

실제 대수층의 두께가 매우 얇은 박층의 자유면대수층에서 장기간 지하수를 채수하면 수위강하로 인해 포화대두께가 감소한다. 이로 인해 대수층의 투수량계수는 양수시간에 비례하여 감소한다. 따라서 (5-25)식을 이용하여 계산한 T는 대표값이 될 수 없다.

즉 자유면대수층에서 대수성 시험을 실시하면 포화대의 두께(b)가 감소한다. 따라서 대수층의 두께가 두텁지 않은 경우에 지하수의 흐름은 수평이 아니고 포화두께의 감소로 T가 변하기 때문에 Dupuit-Forheimer의 가정을 적용해서 수위강하량을 보정한다.

1963년 Jacob은 박층의 자유면대수층에서 대수성시험을 실시하여 취득한 관측 수위를 보정하여 포화대 두께감소에 따른 진투수량계수를 구할 수 있는 식을 다음과 같이 제시하였다. 즉 [그림 5-6]에서 $h_2 = b - s_2$, $h_1 = b - s_1$이므로 이를 (5-27)식에 대입하여 변형시키면 (5-28)식과 같다.

$$K = \frac{2.3Q \log \frac{r_2}{r_1}}{2\pi b \left[\frac{h_2^2 - h_1^2}{2b} \right]}$$

$$bK = T = \frac{2.3Q \log \dfrac{r_2}{r_1}}{2\pi \left[\left(s_1 - \dfrac{s_1^2}{2b}\right) - \left(s_2 - \dfrac{s_2^2}{2b}\right)\right]} \tag{5-28}$$

상기식에서 $\left(s_1 - \dfrac{s_1^2}{2b}\right) = s_1{}'$, $\left(s_2 - \dfrac{s_2^2}{2b}\right) = s_2{}'$ 라 하면

(5-28)식은

$$T = \frac{2.3Q \log \dfrac{r_2}{r_1}}{2\pi \left[s_1{}' - s_2{}'\right]} \tag{5-29}$$

로 표현할 수 있다.

(5-28)식에서 $s_1 - \dfrac{s_1^2}{2b}$, $s_2 - \dfrac{s_2^2}{2b}$ 을 두께가 얇은 자유면대수층에 대한 수위강하 보정치라고 한다. (5-29)식에서 $\log r$의 값과 $s_2 - \dfrac{s_2^2}{2b}$ 을 이용하여 반대수방안지(半對數方眼紙)상에다 거리보정 강하수위 곡선도를 작성하면 직선으로 나타난다. 이 때 (5-27 b)식과 (5-28)식은 각각 다음과 같이 표시할 수 있다.

$$T = \frac{2.3Q}{2\pi \Delta s} \tag{5-30a}$$

$$= \frac{2.3Q}{2\pi \Delta s \left(s - \dfrac{s^2}{2b}\right)} \tag{5-30b}$$

(5-30a)식은 피압대수층이나 포화두께가 두터운 자유면대수층에 사용할 수 있는 일반식이고, (5-30b)식은 포화두께가 박층인 자유면대수층의 투수량계수를 구할 때 사용할 수 있는 식이다. 여기서 Δs 및 $\Delta \left(s - \dfrac{s^2}{2b}\right)$ 은 r_1 및 r_2 가 1 cycle log일 때의 값이다.

(4) 해석방법

관측정이 가용치 않은 경우에는 case-1의 경우를 이용하여 수리전도도를 구한다. 이때는 대수층의 구성 물질의 특성에 따라 영향반경(R)을 먼저 구한다. (5-27)식 등으로부터 알 수 있듯이 영향반경(R)은 우물반경(r_w)보다 수백 배 크기 때문에 수리전도도(K)는 R에 크게 영향을 미치지 않는다. 영향반경을 구할 수 있는 여러 가지 경험식들은 다음과 같다.

1) Sichart식

$$R = C\Delta h \sqrt{K}$$

여기서 K : cm/sec

          R : 영향반경, m

          Δh : 수위강하량, m

          (well point system에서는 C=1500~2000, 우물에서는 C=3000을 사용한다.)

2) Weber식

$$R = 3\sqrt{\Delta h \, K \, \frac{t}{n}}$$

여기서 n : 공극률

          t : 양수시간(초)

3) Kozeny식

$$R = \left[\frac{12 \cdot t}{n} \left(\frac{QK}{n} \right)^{\frac{1}{2}} \right]^{\frac{1}{2}}$$

여기서 Q는 양수량(m^3/sec)

4) U. S. C가 제시한 대수층 구성물질과 입경에 따른 영향반경은 다음 표와 같다.

대수층의 구성물질	평균 입경(mm)	영향 반경(m)
세립~조립력	10	1,500
조립모래~세립력	2~10	500~1,500
중립모래(1)	1~2	400~500
중립모래(2)	0.5~1	200~400
세립모래(1)	0.25~0.5	100~200
세립모래(2)	0.1~0.25	50~100
실트~세립모래	0.05~0.1	10~50
실트	0.025~0.05	5~10

5.2.2 정류-피압대수층(artesian 또는 confined aquifer)

(1) 개념모델(모델-2)

1) 술어 정의

    H : 시험개시전 수두, b : 피압대수층의 두께

잔여 dh, dr, h, h_w, h_1, h_2, K, Q, r, r_w, r_1, r_2 및 R은 모델-1에서 설명한 것과 동일하다.

2) 가정

모델-1의 ⑬을 제외한 잔여 12가지 가정을 적용한다.

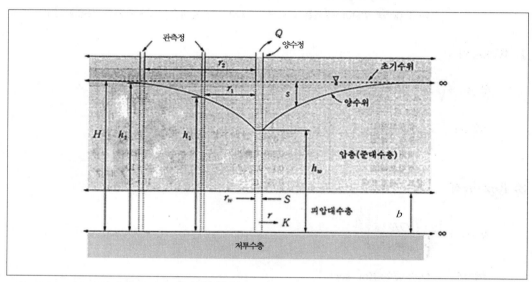

[그림 5-7] 모델 2(정류-피압대수층)의 개념도(모델-2)

(2) 수학적 모델

1) 지배식

개념모식도(그림 5-7)와 같이 양수정으로 유입되는 지하수의 흐름량은 지하수 채수량 Q와 같다.

$$Q = 2\pi rb\,K\frac{dh}{dr} = 2\pi r\,T\frac{dh}{dr} \tag{5-31}$$

여기서 r : 양수정-관측지점까지의 거리 [L],

                    $T = bK$: 투수량계수 $L^2 T^{-1}$, h : 수두 [L]

2) 경계조건

① 관측정이 가용하지 않아 양수정과 영향반경만 이용하는 경우 (case 1)

양수정에서 안정 수위 h_w

$$h\,(r = r_w) = h_w$$

수위강하구간의 경계선(영향권)에서 수위 H는

$$h\ (r = R) = H$$

② 2개 이상의 관측정을 이용하는 경우(case 2)

양수정에서 r_1 거리만큼 떨어진 관측정의 수위를 h_1이라 하면

$$h\ (r = r_1) = h_1$$

양수정에서 r_2 거리만큼 떨어진 관측정의 수위를 h_2이라 하면

$$h\ (r = r_2) = h_2$$

만일 2개 관측정 대신 양수정과 관측정 1개만 이용하는 경우 $r_1 = r_w$, $h_1 = h_w$가 되고 $r_2 = r_2$, $h_2 = h_2$를 이용한다.

(3) 해석학적 해

1) Case-1의 경우

$r_1 = r_w$일 때 $h_1 = h_w$이고 $r_2 = R$일 때 $h_2 = H$인 조건하에서 (5-31)식을 적분하면

$$\int_{r_w}^{R} \frac{dr}{r} = \frac{2\pi T}{Q} \int_{h_w}^{H} dh$$

$$T = \frac{2.3\, Q \log \dfrac{R}{r_w}}{2\pi (H - h_w)} \tag{5-32a}$$

2) Case-2의 경우

$r = r_1$일 때 $h = h_1$이고 $r = r_2$일 때 $h = h_2$이므로 (5-31)식은

$$\int_{r_1}^{r_2} \frac{dr}{r} = \frac{2\pi T}{Q} \int_{h_1}^{h_2} dh$$

$$T = \frac{2.3\, Q \log \dfrac{r_2}{r_1}}{2\pi (h_2 - h_1)} \tag{5-32b}$$

5.3 피압-부정류상태의 우물수리와 분석법

5.3.1 부정류-피압대수층(일명, 등방 비누수피압대수층, 완전관통정, 일정 채수량의 부정류 방사흐름 model)

(1) 개념모델(모델-3)

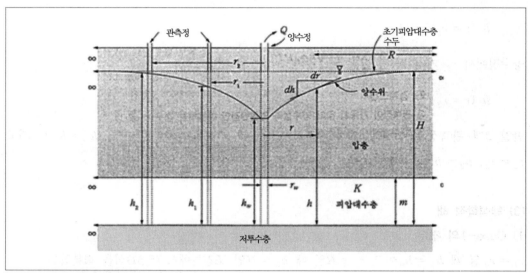

[그림 5-8] 부정류 피압대수층의 개념모델(모델-3)

Stallman, Loman과 Theis 등은 지하수계 내에서 지하수의 흐름이 도체 내에서 전기와 열 흐름과의 유사성을 이용하여 부정류 상태(Transient state condition)하의 지하수 흐름식의 해를 Lobin의 도움으로 구하였다. 모델-3을 혹자는 등방 비누수피압대수층에 설치한 완전 관통정에서 채수량이 일정한 경우의 부정류 방사흐름 model이라고도 한다. 모델-3의 개념모델은 [그림 5-8]과 같다.

1) 술어

K = 수리전도도 [LT⁻¹] m = 대수층 두께 [L]

Q = 지하수 채수율 [L³T⁻¹] r = 우물 중심으로부터 방사상 거리 [L]

s = 지하수 채수기간 동안의 수위강하 [L] S = 대수층의 저유계수

2) 가정

① 대수층의 상하위에 저투수성 지층이 분포되어 있고,

② 모든 지층들은 수평이고 무한대로 분포되어 있으며,

③ 채수 이전의 초기 지하수위는 수평이고 방사상으로 무한대로 분포하며,

④ 대수층은 균질·등방이고,

⑤ 지하수의 밀도나 점성은 항상 일정하다.

⑥ 지하수의 흐름은 Darcy 법칙으로 서술 가능하며,

⑦ 지하수의 흐름은 수평이고 양수정 방향으로 방사상으로 흐른다.

⑧ 관측정과 양수정은 모두 완전관통정, 포화대 전구간에 스크린이 설치되어 있으며

⑨ 대수성 시험기간 동안 양수정에서 채수율은 일정하고,

⑩ 우물 수두손실은 무시할 수 있으며,

⑪ 양수정은 반경은 무한소이고,

⑫ 대수층은 완전탄성 및 압축성이다.

(2) 수학적 모델

1) 지배식

부정류의 흐름지배식을 원통좌표로 변환시키면 다음 식과 같다.

$$\nabla^2 h = \frac{\partial^2 h}{\partial r^2} + \frac{1}{r}\frac{\partial h}{\partial r} = \frac{S}{T}\frac{\partial h}{\partial t} \tag{5-33}$$

상기 식에서 수위 강하량을 s라 할 때, $s = h_0 - h$ 이므로 $dh = ds$ 이다. 따라서 (5-33)식은 (5-34)식과 같이 표현하기도 한다.

$$\nabla^2 s = \frac{1}{r}\frac{\partial}{\partial r}\left(r\frac{\partial s}{\partial r}\right) = \frac{S}{T}\frac{\partial s}{\partial t} \tag{5-34}$$

2) 초기조건

지하수를 채수하기 이전의 수위강하는 모든 지점에서 0이고,

$$s(r, t=0) = 0 \quad \text{for } r \geq 0 \qquad 단 \ s = h_2 - h$$
$$h(r, t=0) = h_0 \quad \text{for } t \geq 0$$

3) 경계조건

양수정으로부터의 거리가 무한히 멀 때, 수위강하는 0이다.

$$s(r = \infty, t) = 0 \quad \text{for } t \geq 0$$

지하수의 흐름이 수평이므로 양수정으로 흐르는 지하수는 대수층 전구간을 통해 동일하고 균질하다.

$$\lim_{r \to 0} r \frac{\partial s(r,t)}{\partial r} = -\frac{Q}{2\pi T}$$

(3) 해석적인 해

1) 일반해

$$\mu = \frac{r^2 S}{4Tt} \tag{5-35}$$

$\dfrac{T}{S} = \alpha$ 라 하면,

$$\mu = \frac{r^2}{4\alpha t} \tag{5-36}$$

(5-33)식의 $\dfrac{1}{r}\dfrac{\partial}{\partial r}\left(r\dfrac{\partial h}{\partial r}\right) = \dfrac{S}{T}\dfrac{\partial h}{\partial t}$ 에서 $\dfrac{\partial}{\partial r}$, $\dfrac{\partial h}{\partial r}$, $\dfrac{\partial h}{\partial t}$ 을 모두 $\dfrac{\partial h}{\partial u}$ 로 변형시킨다.

(5-36)식에서 $\mu = \dfrac{r^2}{4\alpha t}$ 의 μ와 r과의 관계에서 $\mu = f(r)$이다.

$$\frac{\partial u}{\partial r} = \frac{r}{2\alpha t} \text{이고 } \frac{\partial}{\partial r} = \frac{r}{2\alpha t}\frac{\partial}{\partial u} \text{로 변형 가능하다.} \tag{5-37}$$

따라서 (5-37)식을 다음과 같이 표현할 수 있다.

$$\frac{\partial h}{\partial r} = \frac{r}{2\alpha t}\frac{\partial h}{\partial u} \tag{5-38}$$

μ와 r과의 관계에서 $\mu = f(r)$이므로, $\dfrac{\partial \mu}{\partial t} = \dfrac{-r^2}{4\alpha t^2}$ 이며 이 식을 다음 식으로 표현한다.

$$\frac{\partial h}{\partial t} = \frac{-r^2}{4\alpha t^2}\frac{\partial h}{\partial \mu} \tag{5-39}$$

또한,

$$\frac{\partial}{\partial r} = \frac{r}{2\alpha t}\frac{\partial}{\partial \mu} \text{이므로} \tag{5-40}$$

(5-38), (5-35), (5-40)식을 (5-34)식에 대입하면,

$$\frac{1}{r}\frac{\partial}{\partial r}\left(r\frac{\partial h}{\partial r}\right)=\frac{1}{\alpha}\frac{\partial h}{\partial t}$$

$$\frac{1}{r}\frac{r}{2\alpha t}\frac{\partial}{\partial u}\left(r\frac{r}{2\alpha t}\frac{\partial h}{\partial \mu}\right)=\frac{1}{\alpha}\left(-\frac{r^2}{4\alpha t^2}\right)\frac{\partial h}{\partial \mu}$$

$$\frac{r}{2\alpha t}\frac{\partial}{\partial u}\left(\frac{r^2}{2\alpha t}\frac{\partial h}{\partial \mu}\right)=-\left(\frac{r^2}{4\alpha^2 t^2}\right)\frac{\partial h}{\partial \mu} \qquad (5\text{-}41)$$

일정한 시간 이후의 r 및 t 는 μ의 함수이다. 따라서 (5-41)식은 다음과 같이 된다.

$$\frac{1}{2\alpha t}\left(\frac{2r}{2\alpha t}\frac{\partial r}{\partial \mu}\frac{\partial h}{\partial \mu}\right)+\frac{1}{2\alpha t}\frac{r^2}{2\alpha t}\frac{\partial^2 h}{\partial \mu^2}=-\left(\frac{r}{2\alpha t}\right)^2\frac{\partial h}{\partial \mu} \qquad (5\text{-}42)$$

(5-37)식에서 $\dfrac{\partial r}{\partial u}=\dfrac{2\alpha t}{r}$ 이므로, 이를 (5-42)식에 대입하면,

$$\frac{1}{2\alpha t}\left[2\frac{\partial h}{\partial u}\right]+\left(\frac{r}{2\alpha t}\right)^2\frac{\partial^2 h}{\partial u^2}=-\left(\frac{r}{2\alpha t}\right)^2\frac{\partial h}{\partial u}$$

$$\left[\left(\frac{r}{2\alpha t}\right)^2+\frac{1}{\alpha t}\right]\frac{\partial h}{\partial u}+\left(\frac{r}{2\alpha t}\right)^2\frac{\partial^2 h}{\partial u^2}=0 \qquad (5\text{-}43)$$

(5-43)식의 양변을 $\left(\dfrac{r}{2\alpha t}\right)^2$ 으로 나누면,

$$\frac{\partial^2 h}{\partial u^2}+\left[1+\frac{4\alpha t}{r^2}\right]\frac{\partial h}{\partial u}=0 \qquad (5\text{-}44)$$

여기서 $u=\dfrac{r^2}{4\alpha t}$ 이므로, (5-44)식을 다음과 같이 변형시킬 수 있다.

$$\frac{\partial^2 h}{\partial u^2}+\left[1+\frac{1}{u}\right]\frac{\partial h}{\partial u}=0 \qquad (5\text{-}45)$$

지금 (5-45)식에서 $\dfrac{\partial h}{\partial u}=\phi$ 라 하면, $\dfrac{\partial^2 h}{\partial u^2}=\dfrac{\partial \phi}{\partial u}$ 이다. 따라서 (5-45)식은,

$$\frac{\partial \phi}{\partial u}+\left[1+\frac{1}{u}\right]\phi=0 \qquad (5\text{-}46)$$

(5-46)식을 일차 적분하면,

$$\int \frac{d\phi}{\phi} = - \int \left(\frac{1}{u} + 1\right)du$$

$$\therefore \quad \log_e \phi = \left(\log_e u^{-1} - u\right)$$

$$\therefore \quad \phi = e^{\left(\log_e u^{-1} - u\right)} = u^{-1}e^{-u} = \frac{e^{-u}}{u} \tag{5-47}$$

1) 초기조건

$u = \dfrac{r^2 S}{4Tt}$ 에서

$h = h_1$ 일 때, $u = u$ 이고,

$h = h_0$ 일 때, $u = \infty$ $(r \to \infty)$ 이다.

초기조건을 이용하여 (5-47)식을 풀면,

$$\int_{h_1}^{h_0} dh = C\int_u^\infty \frac{e^{-u}}{u}du$$

$$h_0 - h_1 = C\int_u^\infty \frac{e^{-u}}{u}du \tag{5-48}$$

그런데 경계조건에서 (5-25)식 참조

$$\lim r\frac{\partial h}{\partial r} = \frac{Q}{2\pi bK} = \frac{Q}{2\pi T} \text{이고,} \quad \lim_{u \to 0} u\frac{\partial h}{\partial u} = \frac{Q}{4\pi bK} = \frac{Q}{4\pi T} \text{ 이므로,}$$

(5-48)식은 다음 식으로 표현된다.

$$h_0 - h_1 = \frac{Q}{4\pi T}\int_u^\infty \frac{e^{-u}}{u}du \tag{5-49}$$

(5-49)식에서 $h_0 - h_1 = s$, $\displaystyle\int_u^\infty \frac{e^{-u}}{u}du = W(u)$ 라 하면,

$$s = \frac{Q}{4\pi T}W(u) \tag{5-50}$$

$$W(u) = \int_u^\infty \frac{e^{-u}}{u}du \tag{5-51}$$

$$u = \frac{r^2 S}{4Tt} \tag{5-52}$$

(5-50)식은 지하수 흐름이 부정류일 때의 일반해로서 일명 Theis의 비평형식이라 하며 (5-51)식은 Theis의 우물함수(well function)라 한다. 우물함수의 u는 일반적으로 매우 작은 값이다. 일반적인 지하수환경 내에서 $u \ll 0.03$ 이므로 W(u)는 Taylor의 무한급수해로 구할 수 있다. 즉, $e^{-u} = f(u)$라 할 때 $u \to 0$인 조건 하에서 f(u)의 무한급수해는

$$f(u) = f(0) + \frac{f'(0)}{1!}u + \frac{f''(0)}{2!}u^2 + \frac{f'''(0)}{3!}u^3 + \cdots + \frac{f^n(0)}{n!}u^n$$

로 전개할 수 있다. 따라서

$W(u) = \int_u^\infty \frac{e^{-u}}{u} du$ 중에서 $\frac{e^{-u}}{u}$를 Taylor의 무한급수해로 전개하면

$$\frac{e^{-u}}{u} = \frac{1}{u}\left(1 - \frac{u}{1!} + \frac{u^2}{2!} - \frac{u^3}{3!} + \frac{u^4}{4!} - \frac{u^5}{5!} + \cdots\right)$$

$$= \frac{1}{u} - 1 + \frac{u}{2!} - \frac{u^2}{3!} + \frac{u^3}{4!} - \frac{u^4}{5!} + \frac{u^5}{6!} + \cdots$$

따라서, $W(u) = \int_u^\infty \left(\frac{e^{-u}}{u}\right)du = \int_u^\infty \left(\frac{1}{u} - 1 + \frac{u}{2!} - \frac{u^2}{3!} + \frac{u^3}{4!} - \frac{u^4}{5!} + \frac{u^5}{6!} + \cdots\right)du$

$$= \left[\ln u - u + \frac{u^2}{(2)2!} - \frac{u^3}{(3)3!} + \frac{u^4}{(4)4!} + \quad \cdots\cdots \quad \right]_u^\infty$$

상기식에서 $\left[\ln u - u + \frac{u^2}{(2)2!} - \frac{u^3}{(3)3!} + \frac{u^4}{(4)4!} + \quad \cdots\cdots \quad \right]^\infty$ 는 오일러상수로서 -0.5772이다.

$$\therefore \quad W(u) = -0.5772 - \ln u + u - \frac{u^2}{(2)2!} + \frac{u^3}{(3)3!} - \frac{u^4}{(4)4!} + \frac{u^5}{(5)5!} \tag{5-53}$$

u의 값에 따른 우물함수 $W(u)$의 값을 (5-53) 식으로 계산하여 도표화 시키면 [표 5-1]과 같다. 우물함수의 전산 code는 〈부록 1〉에 수록되어 있다.

[표 5-1] u값에 따른 $W(u)$[Ferris et al., 1962]

u \ W(u)	1.0	2.0	3.0	4.0	5.0	6.0	7.0	8.0	9.0
×1	0.219	0.49	0.013	0.0038	0.0044	0.00036	0.00012	0.000038	0.000012
×10^{-1}	1.82	1.22	0.91	0.70	0.56	0.45	0.37	0.31	0.26
×10^{-2}	4.04	3.35	2.96	2.68	2.17	2.30	2.45	2.03	1.92
×10^{-3}	6.33	5.64	5.23	4.05	4.73	4.54	4.39	4.26	4.14
×10^{-4}	8.63	7.94	7.53	7.25	7.02	6.84	6.69	6.55	6.44
×10^{-5}	10.94	10.24	9.84	9.55	9.33	9.14	8.99	8.86	8.74
×10^{-6}	13.24	12.55	12.14	11.85	11.63	11.45	11.29	11.16	11.04
×10^{-7}	15.51	14.85	14.41	14.15	13.93	13.75	13.60	13.46	13.34
×10^{-8}	17.81	17.15	16.74	16.46	16.23	16.05	15.90	15.76	15.65
×10^{-9}	20.15	19.45	19.05	18.76	18.54	18.35	18.20	18.07	17.95
×10^{-10}	22.45	21.76	21.35	21.06	20.84	20.66	20.50	20.37	20.25
×10^{-11}	21.75	24.06	23.65	23.36	23.14	22.96	22.81	22.67	22.55
×10^{-12}	27.05	26.36	25.96	25.67	25.44	25.26	25.11	21.97	21.86
×10^{-13}	29.36	28.66	28.26	27.97	27.75	27.56	27.41	27.28	27.16
×10^{-14}	31.66	30.97	30.56	30.27	30.05	29.87	29.71	29.58	29.46
×10^{-15}	33.00	33.27	32.86	32.58	32.35	32.17	32.02	31.88	31.76

(4) 분석순서와 분석방법

1) 일반해와 일치법(matching point-method)

[그림 5-9]는 [표 5-1]의 u값에 따른 우물함수 $W(u)$의 값을 양대수 방안지에 작도한 곡선으로서 이를 Theis의 표준곡선(standard curve)이라 한다. 또한 대수성 시험기간 동안 양수정이나 관측정에서 양수경과시간(t)에 따른 수위강하량(s)을 이용하여 작도한 곡선을 데이터-곡선 (data curve) 또는 시간 - 수위강하곡선(time-drawdown curve)이라 한다. 지금 (5-50)식과 (5-52) 식을 다음과 같이 변형시키고 양변에 대수를 취하면,

$$s = \frac{Q}{4\pi T} W(u)$$

$$t = \frac{r^2 S}{4T} \frac{1}{u}$$

$$\log s = \left[\log \frac{Q}{4\pi T}\right] + \log W(u) \tag{5-54}$$

$$\log t = \left[\log \frac{r^2 S}{4T}\right] + \log \frac{1}{u} \tag{5-55}$$

지금 대수층이 균질 등방이고 지하수의 채수율(Q)과 양수정과 관측정까지의 거리(r)는 모두

상수이므로 (5-54)식과 (5-55)식에서 $\log\dfrac{Q}{4\pi T}$와 $\log\dfrac{r^2 S}{4T}$ 는 모두 상수이다. 따라서 상기 두 식에서 s는 $W(u)$의 함수이고, t는 $\dfrac{1}{u}$(혹은 u)의 함수이다. 그런데 우물 함수에서 설명한 바와 같은 u는 $W(u)$의 함수이고, 수위강하량(s)은 양수경과 시간(t)의 함수이다. 즉 u와 $W(u)$으로 구성된 표준곡선과 t와 s로 이루어진 시간-수위강하곡선의 각 변수는 1대1로 서로 대응되는 변수이다.

즉, t와 s를 각각 x, y 축으로 취하여 양대수 방안지 상에 작도한 시간-수위강하곡선(data curve)과 u와 $W(u)$를 x, y 축으로 취하여 양대수 방안지 상에 작도한 표준곡선을 서로 중첩시켰을 때 두 곡선이 완전히 일치하는 경우에 s는 $W(u)$에, t는 u(혹은 $\dfrac{1}{u}$)에 대응한다.

현장 대수성 시험을 실시하여 측정한 양수경과 시간별 수위강하량을 이용하여 작도한 시간수위 강하곡선과 표준곡선을 서로 중첩시킨 후, 두 곡선이 일치되었을 때 곡선상의 임의의 지점 중에서 1개 일치점을 선정하고, 일치점에 해당하는 $W(u)$와 u 및 t 및 s 값을 읽은 후, 이 값을 (5-50)식과 (5-52)식에 대입하여 대수층의 투수량계수(T)와 저유계수(S)를 구한다.

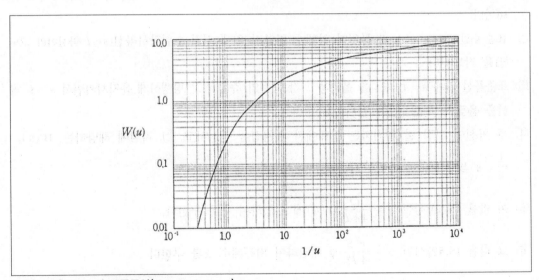

[그림 5-9] Theis의 표준곡선(standard curve)

이들 두 곡선을 서로 중첩시킬 때 수위강하량(s)과 우물함수 $W(u)$, 경과시간(t)과 u 의 축은 항상 평행하게 유지시키면서 중첩시킨다(그림 5-10 참조). 두 곡선이 완전히 일치된 후에는 곡선상의 임의의 1개 지점에서 일치점의 s, t, u, $W(u)$의 값을 취해도 무방하나 일반적으로 계산을 간편히 하기 위해 $W(u)=1$, $u=1$인 점을 취하면 계산하기 편리하다.

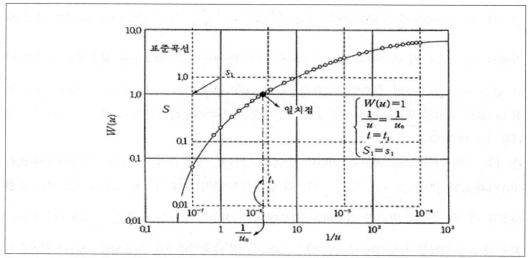

[그림 5-10] 표준곡선과 시간-수위강하 곡선의 중첩방법으로 일치점을 구하는 방법

2) 일치 방법(Maching method)의 순서

① 표준곡선(표 5-1의 값)을 computer code를 이용해서 작도하거나 기 발간된 표준곡선을 준비한다.

② 표준곡선의 log scale과 동일한 양대수 방안지 위에 시간-수위강하곡선($s-t$ 곡선이라 고도 함)을 작도한다.

③ 표준곡선 위에 $s-t$ 곡선을 올려놓고 각 곡선의 축을 서로 평행하게 유지시키면서 $s-t$ 곡선을 움직여 표준곡선과 일치되게 한다.

④ 두 곡선이 가장 잘 일치하는 상태에서 일치점을 선정하고, 그 지점에 해당하는 $W(u)$, $\dfrac{1}{u}$, s 및 t (혹은 $\dfrac{t}{r^2}$)를 읽는다.

⑤ 이 값을 (5-50)식인 $s = \dfrac{Q}{4\pi T} W(u)$에 대입하여 T를 구한다.

⑥ 그 다음 (5-52)식인 $u = \dfrac{r^2 S}{4Tt}$에 대입하여 저유계수 S를 구한다.

예 5-1 ●●●

투수성 사암으로 구성된 피압대수층 내에 1개 시험정(양수정)과 3개의 관측정을 [그림 5-11]처럼 설치하였다. 시험정 중심에서 각 관측정까지의 거리는 각각 10m, 60m 및 300m 이며 시험정과 관측정은 완전관통정이다. 시험정에서 분당 $0.6m^3 (864m^3/日)$의 율로 지하수를 장기 채수할 때, 각 관측정에서 측정한 수위강하량은 [표 5-2]와 같다. $r = 10m$ 지점에 설치된 관측정(OB-1)

에서 측정한 수위강하 자료를 이용하여 이 피압대수층의 투수량계수와 저유계수를 구하라.

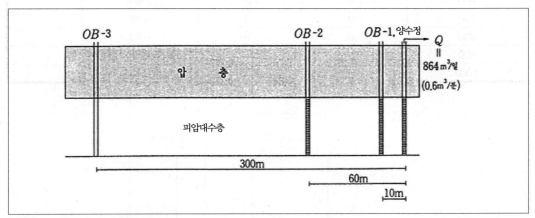

[그림 5-11] 예제 5-1의 모식도

[표 5-2] 각 관측정별로 측정한 수위강하 자료(시간-수위강하자료)

경과시간(t)분	수위강하량, $s(m)$			비고
	$r=10m$	$r=60m$	$r=300m$	
1	0.48	0.02	0	
2	0.57	0.06	0	
3	0.63	0.1	0	
4	0.68	0.13	0	
5	0.71	0.16	0	
6	0.74	0.18	0	
7	0.76	0.2	0	
8	0.78	0.21	0	
9	0.80	0.23	0	
10	0.82	0.24	0	
20	0.92	0.33	0.015	
30	0.98	0.38	0.034	
40	1.03	0.43	0.049	
50	1.06	0.46	0.067	
60	1.09	0.49	0.085	
70	1.11	0.53	-	
80	1.13	0.55	-	
90	1.15	0.58	-	
100	1.17	0.6	0.15	
200	1.27	0.75	0.277	
300	1.33	0.84	0.372	
400	1.38	0.93	0.436	

500	1.41	0.99	0.5	
600	1.44	1.07	0.524	
700	1.46	1.1	0.59	
800	1.48	1.16	0.63	
900	1.50	1.21	0.66	
1000	1.52	1.23	0.68	

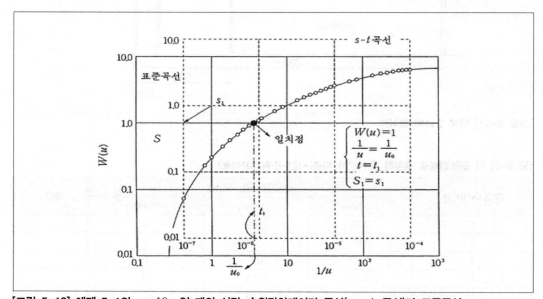

[그림 5-12] 예제 5-1의 $r = 10m$일 때의 시간-수위강하데이터 곡선($s - t$ 곡선)과 표준곡선

[그림 5-12]는 [예제 5-1]의 $s - t$ 곡선과 표준곡선을 서로 중첩시킨 후, 두 곡선이 가장 잘 일치했을 때 선정한 일치점에서의 각 인자는 다음과 같다.

$$\left[W(u) = 1, \qquad \frac{1}{u} = 10, \qquad s = 0.16m, \qquad t = 0.28분 \right]$$

위의 값을 (5-50)식에 대입하여 대수층의 T를 구하면,

$$T = \frac{Q}{4\pi s} W(u) = \frac{0.6 \times 1.0}{4\pi \times 0.16} = 0.3 m^2/분$$

이며, 다시 (5-52)식에 대입하여 대수층의 저유계수(S)를 계산하면,

$$S = \frac{4Ttu}{r^2} = \frac{4 \times 0.3 \times 0.28}{10^2} \times \frac{1}{10} \fallingdotseq 3.4 \times 10^{-4}$$

(5) 특수한 경우의 분석법

1) 직선법(시간수위 강하법)

시험정의 구경이 매우 적고$(r \to 0)$ 대수성 시험을 장기간 실시$(t \to \infty)$하면 u의 값은 매우 적어진다. 자연상태의 대수층에서 $u \ll 0.03$이다. 이 경우 (5-53) 식의 왼쪽 첫 두 항 $(W(u) = -0.5772 - \ln u$)을 제외한 오른 쪽의 모든 항$(u - \dfrac{u^2}{2 \cdot 2!} + \cdots)$은 무시하더라도 $W(u)$의 실제 값에 비해 1% 정도의 차이밖에 나지 않는다.(Cooper 와 Jacob, 1946)

즉, $W(u) = -0.5772 - \ln u + u - \dfrac{u^2}{(2)2!} + \dfrac{u^3}{(3)3!} - \dfrac{u^4}{(4)4!} + \dfrac{u^5}{(5)5!} \cdots \rightleftharpoons -0.5772 - \ln(u)$

에서 u이하의 항을 무시하면 (5-56)식과 같이 된다.

$$s = \frac{Q}{4\pi T} W(u) = \frac{Q}{4\pi T}[-0.5772 - \ln(u)] \tag{5-56}$$

$$= \frac{Q}{4\pi T}\left[-\ln(1.78) + \ln\frac{4Tt}{r^2 S}\right]$$

$$= \frac{Q}{4\pi T} ln \frac{4Tt}{1.78 r^2 S}$$

$$= \frac{2.3Q}{4\pi T} log \frac{2.25 Tt}{r^2 S}$$

$$= \frac{0.183 Q}{T} log(\frac{2.25 Tt}{r^2 S})$$

(5-56)식을 Cooper-Jacob 직선식 또는 수정 Theis식(혹자는 수정 비평형식)이라 한다. (5-56) 식에서 수위강하(s)와 양수경과시간(t)와의 관계는 대수(log)관계이다. 따라서 $s - t$ 자료를 [그림 5-13]처럼 반대수방안지(semi log paper) 상에 작도하면 $s - t$곡선은 직선으로 나타난다.

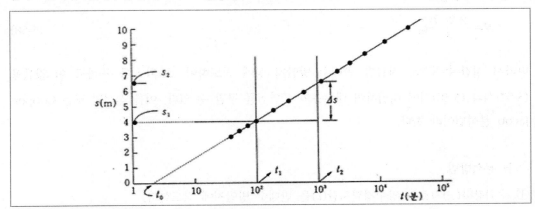

[그림 5-13] 반대수 방안지 상에 작도한 시간-수위강하

[그림 5-13]에서 양수경과시간 t_1일 때 수위강하량을 s_1, 양수경과시간이 t_2일 때 s_2라 하고 이를 (5-56)식에 대입하면,

$$s_1 = \frac{0.183Q}{T}log(\frac{2.25\,Tt_1}{r^2S})$$

$$s_2 = \frac{0.183Q}{T}log(\frac{2.25\,Tt_2}{r^2S}) \ \text{가 된다.}$$

[그림 5-13]에서 t_1과 t_2를 1 cycle log(10배) 로 취하고 그 때의 $s_2 - s_1 = \Delta s$라 하면, 윗식에서

$$s_2 - s_1 = \Delta s = \frac{0.183Q}{T}log\frac{t_2}{t_1}$$

그런데 $\quad \frac{t_2}{t_1} = \ 10$ 이므로 $\log\frac{t_2}{t_1} = 1$

즉, $\Delta s = \frac{0.183Q}{T}$이며

$$\therefore \ T = \frac{0.183Q}{\Delta s} \tag{5-57}$$

또한 [그림 5-13]에서 $s-t$ 직선을 연장해서 수위 강하량 $s = 0$가 되는 시간을 t_0라 하고 이를 (5-56)식에 대입하면, 그 결과는 (5-58)식과 같이 된다.

$$0 = \frac{0.183Q}{T}log\frac{2.25\,T}{r^2S}t_0$$

$$\therefore \ \frac{2.25\,T}{r^2S}t_0 = 1$$

$$S = \frac{2.25\,T}{r^2}t_0 \tag{5-58}$$

따라서 시간-수위강하 자료를 반대수 방안지 상에 작도하여 Δs와 t_0를 구하고 이 값들을 (5-57)식과 (5-58)식에 대입하여 대수층의 T와 S를 구할 수 있다. 이를 직선법 또는 Cooper-Jacob 분석법이라 한다.

가) 분석방법

① 수위강하(s)자료와 양수경과시간(t)을 반대수 방안지에 작도한다.

② 경계조건이 없을 때 작도한 점들은 직선으로 나타난다. 이 때 t가 적을 때의 s값은 무시해도

좋다.(왜냐하면 $u = 0.03$일 때 Theis의 우물함수의 개략치는 실제값과 1% 이내의 오차이며, u값이 커지면 t값은 감소하므로 오차는 커진다.)

③ 직선구간에서 t가 1 cycle log일 때 Δs를 구한다.

④ 그런 다음 (5-57)식인 $T = \dfrac{0.183Q}{\Delta s}$를 이용하여 대수층의 T를 구한다.

⑤ 초기시간에 해당하는 구간을 제외한 직선구간을 연장하여 $s = 0$인 지점의 t_0를 구한다.

⑥ t_0와 ④단계에서 구한 T를 (5-58)식에 대입하여 대수층의 저유계수(S)를 구한다.

예 5-2

Cooper-Jacob 직선법을 이용하여 시간-수위강하 곡선의 Δs와 t_0를 구한 결과는 다음과 같다.

$$\Delta s = 0.36m$$
$$t_0 = 0.05분$$

따라서 (5-57)식을 이용하여 구한 T는 $0.3\ m^2/분$이고 (5-58)식을 이용하여 구한 S는 3.38×10^{-4}이다. 이 값은 Theis의 표준곡선을 이용하여 구한 T와 S값과 거의 동일하다.

2) 직선법(거리-수위강하법)

이 방법은 대수성 시험개시 후, 후기 치에 속하는 특정시간에 각 관측정에서 측정한 수위강하자료를 거리별로 도시해서 분석하는 것 이외에는 시간-수위강하를 이용한 Cooper -Jacob식과 동일하다. 즉 (5-56)식인

$$s = \frac{2.3Q}{4\pi T} log \frac{2.25\,T}{r^2 S}t \ \text{에서}$$

수위강하(s)와 양수정에서 각 관측정까지의 거리(r)과의 관계는 log 관계이다. 따라서 $s - r$자료를 반대수 방안지 상에 작도하여 거리-수위강하 곡선($s - r$곡선)을 작도한다. 거리-수위강하 곡선($s - r$곡선)은 [그림 5-14]처럼 직선으로 표기된다.

[그림 5-14]에서 대수성 시험개시 후 특정 시간(t^*)을 선정하여 그 때의 거리 r_1에서 수위강하량을 s_1, r_2에서 수위강하량을 s_2라 하고 이를 (5-56) 식에 대입하여 풀면

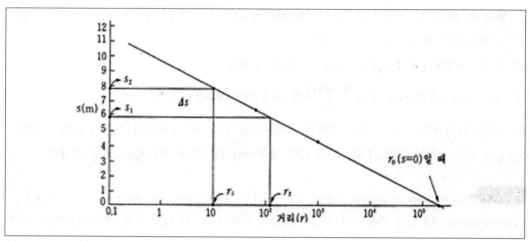

[그림 5-14] 반대수 방안지 상에 작도한 거리-수위강하

$$s_1 = \frac{2.3Q}{4\pi T} log \frac{2.25T}{r_1^2 S} t^*$$

$$s_2 = \frac{2.3Q}{4\pi T} log \frac{2.25T}{r_2^2 S} t^* \text{가 된다.}$$

[그림 5-14]에서 r_2와 r_1을 1 cycle log로 취하고 그 때의 $s_2 - s_1 = \Delta s$라 하면

$$s_2 - s_1 = \frac{2.3Q}{4\pi T} log \left(\frac{r_1}{r_2}\right)^2 = \frac{4.6Q}{4\pi T} log \frac{r_1}{r_2} \text{가 된다.}$$

그런데 $log \frac{r_1}{r_2} = 1$이므로

$$\Delta s = 0.366 \frac{Q}{T}$$

$$T = \frac{0.366Q}{\Delta s} \tag{5-59}$$

또한 [그림 5-14]에서 $s - r$ 곡선을 연장해서 수위강하량(s)= 0이 되는 지점을 r_0라고 하고 이를 (5-56)식에 대입하면

$$0 = \frac{0.366Q}{T} log \frac{2.25T}{r_0^2 S} t^*$$

$$\therefore \quad S = \frac{2.25\,T}{r_0^2}t^*$$

(5-60)

즉, $s-r$곡선에서 Δs와 r_0를 구하고 이 값을 (5-59)식과 (5-60)식에 대입하여 대수층의 수리상수인 T와 S를 구한다.

가) 분석방법

① 대수성 시험 개시 후, 후기 시간 중 임의의 특정시간(t^*)를 선정하여 각 관측정에서 측정한 수위강하량(s)을 관측정의 거리(r)별로 반대수 방안지 위에 $s-r$ 곡선을 작도한다. 이 때 r은 log scale로 작도한다.

② 거리-수위강하도의 직선구간에서 r이 1 cycle log일 때 Δs를 구한다.

③ 그런 다음 (5-57)식인 $T=\dfrac{0.366Q}{\Delta s}$를 이용하여 T를 구한다.

④ 직선을 연장하여 $s=0$ 와 만나는 r축의 교차점 r_0를 구한다.

⑤ 그런 다음 $S=\dfrac{2.25\,T}{r_0^2}t^*$를 이용하여 S를 구한다.

예 5-3 •

예제 5-1의 대수성 개시 후 1,000분(t^*)이 경과했을 때 각 관측정 별 수위강하량은 [표 5-2]와 같다. 상기 수위강하 자료를 이용하여 거리-수위강하도($s-r$곡선)를 작성한 후 Δs와 r_0를 구한 결과는 다음과 같다.

$$\Delta s = 0.73m$$
$$r_0 = 1486m$$
$$t^* = 1,000분$$

(5-59)식과 (5-60)식에 이 값을 대입하여 대수층의 T와 S를 구한 결과 : T=0.52m^2/min 이고 S=5.3×10^{-4}로서 피압대수층임을 잘 보여주고 있다.

$$T=\frac{0.366\times 0.6}{0.42}=0.52m^2/분$$

$$S=\frac{2.25\times 0.52}{(1486)^2}\times 1000 = 5.3\times 10^{-4}$$

• •

예 5-4 종합예제 ●●●

[그림 5-15]와 같은 피압대수층에 완전관통형 양수정 1개공(반경=0.35m)과 P-1, P-2, 및 P-3 관측정 3개공을 설치하고 장기대수성시험을 실시한 결과, 경시별 수위강하는 [표 5-3]과 같다.

① 표준곡선 중첩법과

② 직선법을 이용하여 이 대수층의 수리상수(T, K, 및 S)를 구하라.

단 Q=0.008m^3/s, 대수층의 두께=16m, 양수정과 각 관측정사이의 거리는 P-1이 5.5m, P-2 가 40.5m, 그리고 P-3이 118m이다(그림 5-15 참조).

③ 지하수위와 피압대수층의 상 및 하단면의 해발표고는 [그림 5-15]와 같다.

[표 5-3] 양수정과각 각 관측정에서 측정한 경시별 실측 수위강하

양수시간		수위강하(m)			
(분)	(초)	P1	P2	P3	P4
1	60	1.875	0.412	0.041	6.407
2	120	2.288	0.684	0.105	6.831
3	180	2.495	0.862	0.175	7.038
4	240	2.651	0.992	0.241	7.197
5	300	2.757	1.092	0.302	7.302
6	360	2.839	1.172	0.357	7.384
7	420	2.906	1.240	0.407	7.451
8	480	2.965	1.298	0.451	7.509
9	540	3.016	1.348	0.492	7.560
10	600	3.060	1.394	0.530	7.605
12	720	3.146	1.471	0.594	7.691
14	840	3.212	1.535	0.650	7.757
16	960	3.267	1.592	0.700	7.812
18	1080	3.316	1.641	0.745	7.861
20	1200	3.360	1.686	0.786	7.904
25	1500	3.436	1.771	0.870	7.979
30	1800	3.534	1.854	0.940	8.078
35	2100	3.579	1.913	1.002	8.121
40	2400	3.651	1.974	1.005	8.194
45	2700	3.702	2.024	1.104	8.247
50	3000	3.730	2.064	1.147	8.273
55	3300	3.782	2.108	1.186	8.325
60	3600	3.821	2.145	1.222	8.364
70	4200	3.868	2.202	1.283	8.410
80	4800	3.945	2.268	1.338	8.489
90	5400	3.975	2.309	1.387	8.517
100	6000	4.036	2.361	1.431	8.579
110	6600	4.076	2.401	1.471	8.621
120	7200	4.115	2.437	1.507	8.658
150	9000	4.175	2.513	1.593	8.717
180	10800	4.254	2.590	1.667	8.795
210	12600	4.319	2.655	1.731	8.861
240	14400	4.408	2.730	1.792	8.950
270	16200	4.429	2.765	1.839	8.971
300	18000	4.498	2.824	1.887	9.040
330	19800	4.537	2.862	1.926	9.080
360	21600	4.574	2.989	1.963	9.117
390	24400	4.607	2.931	1.996	9.151
420	25200	4.637	2.961	2.027	9.181
450	27000	4.666	2.989	2.056	9.210
480	28800	4.692	3.016	2.083	9.245
540	32400	4.718	3.054	2.128	9.259
600	36000	4.791	3.177	2.178	9.332
660	39600	4.822	3.151	2.217	9.364
720	43200	4.861	3.188	2.253	9.403
780	46800	4.894	3.220	2.285	9.437
840	50400	4.924	3.250	2.315	9.467
900	54000	4.952	3.277	2.343	9.495
960	57600	4.977	3.303	2.370	9.521
1020	61200	5.002	3.328	2.394	9.545
1080	64800	5.024	3.351	2.418	9.568
1140	68400	5.046	3.372	2.440	9.590
1200	72000	5.066	3.393	2.461	9.610
1260	75600	5.085	3.412	2.481	9.630
1320	79200	5.105	3.434	2.501	9.647
1380	82800	5.124	3.453	2.520	9.666

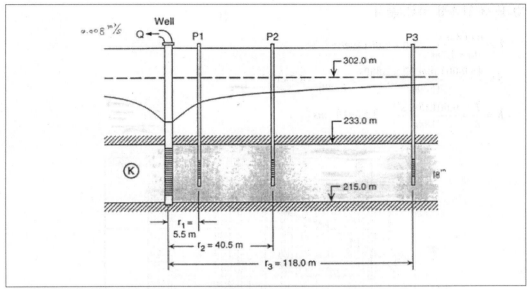

[그림 5-15] 양수정과 관측정 및 대수층의 모식도 (예제 5-2)

(6) 표준곡선 중첩법(Theis 법)

1) P-2 관측정 자료 분석

$$T = \frac{0.008m^3s^{-1}}{4\pi \times 2m} \times 4.75 = 0.0015m^2s^{-1}$$

$$S = \frac{4 \times 0.0015m^2s^{-1} \times 2,340s}{(40.5m)^2} \times \frac{1}{180} = 4.7 \times 10^{-5}$$

$$K = \frac{T}{b} = \frac{0.0015m^2s^{-1}}{18m} = 8.39 \times 10^{-5} ms^{-1}$$

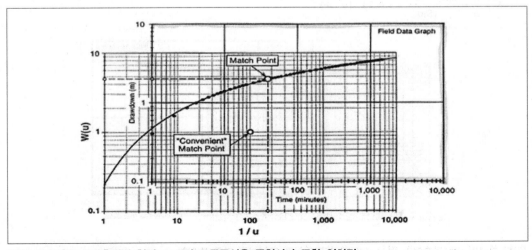

[그림 5-16] P-2관측정의 현장 data와 표준곡선을 중첩시켜 구한 일치점

2) P-3 관측정 자료 분석

$$T = \frac{0.008m^3s^{-1}}{4\pi \times 3.7m} \times 8.0 = 0.00138m^2s^{-1}$$

$$S = \frac{4 \times 0.00138m^2s^{-1} \times 2,880s}{(5.5m)^2} \times \frac{1}{6,000} = 8.7 \times 10^{-5}$$

$$K = \frac{T}{b} = \frac{0.00138m^2s^{-1}}{18m} = 7.67 \times 10^{-5}ms^{-1}$$

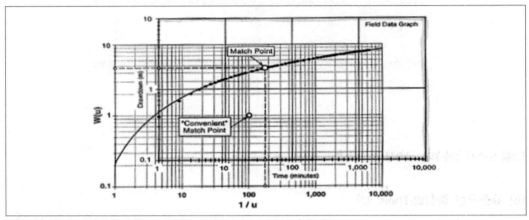

[그림 5-17] p-3관측정의 현장 data와 표준곡선을 중첩시켜 구한 일치점

3) p-1관측정 자료 분석

$$T = \frac{0.008m^3s^{-1}}{4\pi \times 1m} \times 2.35 = 0.0015m^2s^{-1}$$

$$S = \frac{4 \times 0.0015m^2s^{-1} \times 2,250s}{(118m)^2} \times \frac{1}{18.5} = 5.2 \times 10^{-5}$$

$$K = \frac{T}{b} = \frac{0.0015m^2s^{-1}}{18m} = 8.33 \times 10^{-5}ms^{-1}$$

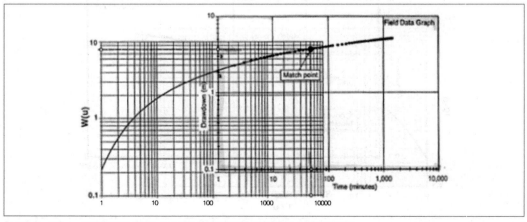

[그림 5-18] p-1관측정의 현장 data와 표준곡선을 중첩시켜 구한 일치점

(7) 직선법(Jacob법)

$$T = \frac{0.183Q}{\Delta s}, \quad S = \frac{2.25Tt_0}{r^2}$$

1) P-2관측정

$$\Delta s = 0.92m, t_{0.2} = 0.4분 = 0.4 \times 60초 = 24s, r = 45m$$

$$T = \frac{0.183 \times 0.008}{0.92} = 1.59 \times 10^{-3} \, m^2 s^{-1}$$

$$S = \frac{2.25 \times 1.59 \times 10^{-3} \times 24s}{45^2} = 5.2 \times 10^{-5}$$

2) P-3관측정

$$\Delta s = 0.92m, t_{03} = 3.9분 = 3.9 \times 60초 = 244s, r = 118m$$

$$T = \frac{0.183 \times 0.008}{0.92} = 1.59 \times 10^{-3} \, m^2 s^{-1}$$

$$S = \frac{2.25 \times 1.59 \times 10^{-3} \times 244s}{118^2} = 6 \times 10^{-5}$$

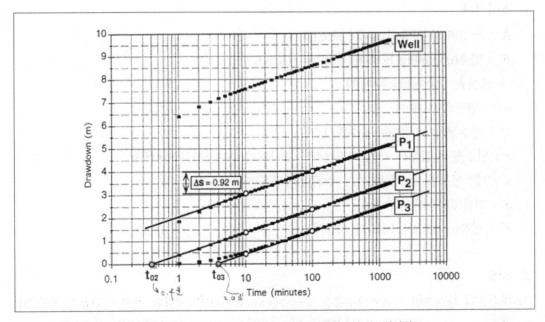

[그림 5-19] 양수정, P계열 관측정들의 시간–수위강하 곡선을 이용한 Jacob 직선법

5.3.2 부정류-누수피압대수층(leaky artesian aquifer)

(1) 개념모델(모델-4)

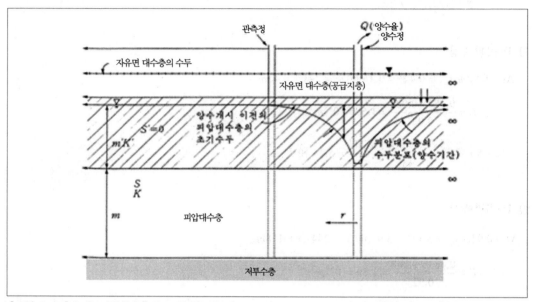

[그림 5-20] 누수 피압대수층의 모식도(모델-4)

1) 술어정의

K : 누수피압대수층의 수리전도도 [L]

K' : 압층(confining bed)의 수직수리전도도 [LT⁻¹]

m 또는 b : 대수층의 두께 [L]

m' : 압층의 두께 [L]

Q : 양수정에서 지하수 채수율, L³T⁻¹

r : 양수정 중심에서 각 관측정까지의 방사거리(수위강하구역내) [L]

s : 대수성시험 기간동안 수두(수위)강하량 [L]

S : 피압대수층의 저유계수

S' : 압층(confining bed)의 저유계수

2) 가정

① 대수층의 상위층인 자유면대수층은 공급층(source bed)의 역할을 하며 하위층은 저투수성 지층(aquiclude)으로 구성되어 있고

② 모든 지층은 수평, 무한대로 분포하며

③ 채수이전 대수층의 초기 수두와 공급층의 초기 지하수위는 수평이며 방사상으로 무한대로 분포되어 있다. 특히 공급지층의 지하수위는 양수기간동안 일정한 상태(수위강하가 발생하지 않음)를 유지한다. 양수시간 $t < \dfrac{S'(m')^2}{10mK'}$ 이거나 공급층의 T가 대수층의 투수량계수보다 100배 이상일 때, 공급층의 수위강하는 무시할 수 있다.(Neuman과 Witherspoon, 1969)

④ 대수층은 등방균질이며

⑤ 지하수의 밀도와 점성은 항상 일정하다.

⑥ 지하수의 흐름은 Darcy 법칙으로 서술가능하고

⑦ 압층에서 지하수는 수직방향으로 누수되며 대수층 내에서 지하수 흐름은 수평이고 양수정 방향으로 방사상으로 흐른다. 이 조건은 $\dfrac{r}{B} < 0.1$인 경우에만 유효하다. (B는 (5-62)식을 참조)

⑧ 양수정과 관측정은 완전관통정이며 대수층의 전체 포화두께에 스크린을 설치하였고

⑨ 대수성 시험기간 동안 양수정에서 채수율은 일정하며

⑩ 우물수두손실 무시한다.

⑪ 양수정의 반경은 무한소이며

⑫ 대수층은 압축 및 완전 탄성체이다. 이에 비해 압층은 비압축성으로서 대수성 시험기간 동안 압층내에 저유되어 있던 지하수는 배수되지 않고 상위에 소재한 공급층의 지하수를 하위 대수층으로 누수시키는 통로 역할만 한다. 이 가정은 $t > 0.036\dfrac{m'S'}{K'}$ (Hantush, 1960)이거나 $r < 0.04m\sqrt{\dfrac{KS_s}{K'S_s'}}$ (Neuman 등 1969)인 경우에 유효하다.

(2) 수학적 모델

1) 지배식

원통좌표에서 질량보존법칙과 Darcy 법칙을 사용한 누수피압대수층의 지하수흐름 지배식은 (5-61)식과 같다.(Hantush와 Jacob, 1955)

$$\frac{\partial^2 s}{\partial r^2} + \frac{1}{r}\frac{\partial s}{\partial r} - \frac{s}{B^2} = \frac{S}{T}\frac{\partial s}{\partial t} \qquad (5\text{-}61)$$

여기서, s : 수위강하량, L
  r : 양수정에서 관측지점까지의 거리, L
  t : 양수시간, T
  S : 피압대수층의 저유계수

$$T : \text{mK 로서 피압대수층의 투수량계수, } L^2T^{-1}$$

$$B^2 = \frac{Tm'}{K'}$$

(5-61)식에서 $\dfrac{s}{B^2}$ 는 공급층에서 하위 피압대수층으로 누수되는 양이다. 상기식에서 압층의 K'

= 0 이면 $\dfrac{s}{B^2} = 0$ 이므로 Theis 식과 동일해진다.

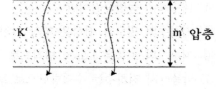

$$\left\{ \begin{array}{l} \text{압층의 단위면적당 누수량 } q' = K' IA, \\[2mm] \text{그런데 } I = \dfrac{s}{m'}, \ A = 1 \text{이므로} \\[2mm] q' = K' \dfrac{s}{m'} \cdot 1 = \dfrac{s}{m'/k'} \quad \therefore T\left(\dfrac{\partial^2 s}{\partial r^2} + \dfrac{1}{r}\dfrac{\partial s}{\partial r}\right) - q' = S\dfrac{\partial h}{\partial t} \\[3mm] \dfrac{\partial^2 s}{\partial r^2} + \dfrac{1}{r}\dfrac{\partial s}{\partial r} - \dfrac{s}{Tm'/k'} = \dfrac{S}{T}\dfrac{\partial s}{\partial t} \end{array} \right\}$$

2) 초기 조건

채수하기 이전의 모든 구간에서 수위강하는 0이다.

$$s\ (r, t=0)\ =\ 0$$

3) 경계 조건

양수정으로부터의 거리가 무한대인 지점에서 수위강하는 0이다.

$$s\ (r=\infty,\ t)\ =\ 0$$

대수층에서의 지하수의 흐름이 수평이라고 가정했으므로 대수층의 전두께에 걸쳐 양수정 방향으로 흐르는 지하수의 흐름은 일정하다.

$$\lim_{r \to 0} r\frac{\partial s(r,t)}{\partial r} = -\frac{Q}{2\pi T}$$

(3) 해석학적인 해

1) 일반해

다음의 조건을 만족할 경우 Hantush와 Jacob(1955)의 해를 이용하여 수위강하를 예측할 수 있다.

$$t^2 > 30r^2\left(\frac{S}{T}\right)\left[1 - \left(\frac{10r}{B}\right)^2\right]$$

$$\frac{r}{B} < 0.1 \quad 즉 \quad \frac{r}{\sqrt{\frac{Tm'}{K'}}} < 0.1$$

이 때 (5-61)식의 해는 다음과 같다.

$$s = \frac{Q}{4\pi T} W\left(u, \frac{r}{B}\right) \tag{5-62}$$

(5-62)식에서 $W\left(u, \frac{r}{B}\right)$은 Hantush와 Jacob의 우물함수라 하며 다음식과 같다.

$$W\left(u, \frac{r}{B}\right) = \int_u^\infty \frac{1}{y} exp\left[-y - \frac{r^2}{4B^2 y}\right] dy \tag{5-63}$$

여기서,

$$\frac{r}{B} = \frac{r}{\left(\frac{Tm'}{K'}\right)^{\frac{1}{2}}}, \quad B^2 = \frac{Tm'}{K'} \tag{5-64}$$

$$u = \frac{r^2 S}{4 Tt} \tag{5-65}$$

$\frac{r^2}{4uB^2} \geq 0$을 만족하는 경우에

$$W\left(u, \frac{r}{B}\right) = \frac{\sum_{n=0}^{\infty} E_{n+1}(u)}{n!}\left[-\frac{r^2}{4uB^2}\right]^n \tag{5-66}$$

(5-66)식에서 $E_n(u)$는

$$E_n(u) = \int_1^\infty \frac{e^{-ux}}{x^n} dx \tag{5-67}$$

$$E_{n+1}(u) = \frac{1}{n}\left[e^{-u} - uE_n(u)\right] \qquad n = 1, 2, 3 \cdots\cdots$$

상기 (5-67)식에서 $(u) = W(u)E_1$이다(모델-3 참조).

Hantush와 Jacob의 우물함수인 (5-63)식과 u 및 $\frac{r}{B}$와의 관계를 도표화하면 [표 5-4]와 같고 이를 도시화 하면 [그림 5-21]과 같다. 이를 Hantush와 Jacob의 누수 피압대수층의 표준곡선이라 한다.

[표 5-4] u와 Hantush 및 Jacob의 우물함수 $W\left(u, \dfrac{r}{B}\right)$

u	r/B				
	1.0×10^{-3}	5.0×10^{-3}	1.0×10^{-2}	2.5×10^{-2}	5.0×10^{-2}
1.0×10^{-6}	13.0031	10.8283	9.4425	7.6111	6.2285
2.0×10^{-6}	12.4240	10.8174	9.4425	7.6111	6.2285
3.0×10^{-6}	12.0581	10.7849	9.4425	7.6111	6.2285
4.0×10^{-6}	11.7905	10.7374	9.4422	7.6111	6.2285
5.0×10^{-6}	11.5795	10.6822	9.4413	7.6111	6.2285
6.0×10^{-6}	11.4053	10.6240	9.4394	7.6111	6.2285
7.0×10^{-6}	11.2570	10.5652	9.4361	7.6111	6.2285
8.0×10^{-6}	11.1279	10.5072	9.4313	7.6111	6.2285
9.0×10^{-6}	11.0135	10.4508	9.4251	7.6111	6.2285
1.0×10^{-5}	10.9109	10.3963	9.4176	7.6111	6.2285
2.0×10^{-5}	10.2301	9.9530	9.2961	7.6111	6.2285
3.0×10^{-5}	9.8288	9.6392	9.1499	7.6101	6.2285
4.0×10^{-5}	9.5432	9.3992	9.0102	7.6069	6.2285
5.0×10^{-5}	9.3213	9.2052	8.8827	7.6000	6.2285
6.0×10^{-5}	9.1398	9.0426	8.7673	7.5894	6.2285
7.0×10^{-5}	8.9863	8.9027	8.6625	7.5754	6.2285
8.0×10^{-5}	8.8532	8.7798	8.5669	7.5589	6.2284
9.0×10^{-5}	8.7358	8.6703	8.4792	7.5402	6.2283
1.0×10^{-4}	8.6308	8.5717	8.3983	7.5199	6.2282
2.0×10^{-4}	7.9390	7.9092	7.8192	7.2898	6.2173
3.0×10^{-4}	7.5340	7.5141	7.4534	7.0759	6.1848
4.0×10^{-4}	7.2466	7.2317	7.1859	6.8929	6.1373
5.0×10^{-4}	7.0237	7.0118	6.9750	6.7357	6.0821
6.0×10^{-4}	6.8416	6.8316	6.8009	6.5988	6.0239
7.0×10^{-4}	6.6876	6.6790	6.6527	6.4777	5.9652
6.0×10^{-3}	4.5448	4.5438	4.5407	4.5197	4.4467
7.0×10^{-3}	4.3916	4.3908	4.3882	4.3702	4.3077
8.0×10^{-3}	4.2590	4.2583	4.2561	4.2404	4.1857
9.0×10^{-3}	4.1423	4.1416	4.1396	4.1258	4.0772
1.0×10^{-2}	4.0379	4.0373	4.0356	4.0231	3.9795
2.0×10^{-2}	3.3547	3.3544	3.3536	3.3476	3.3264
3.0×10^{-2}	2.9591	2.9589	2.9584	2.9545	2.9409

4.0 × 10^{-2}	2.6812	2.6811	2.6807	2.6779	2.6680
5.0 × 10^{-2}	2.4679	2.4678	2.4675	2.4653	2.4576
6.0 × 10^{-2}	2.2953	2.2952	2.2950	2.2932	2.2870
7.0 × 10^{-2}	2.1508	2.1508	2.1506	2.1491	2.1439
8.0 × 10^{-2}	2.0269	2.0269	2.0267	2.0255	2.0210
9.0 × 10^{-2}	1.9187	1.9187	1.9185	1.9174	1.9136
1.0 × 10^{-1}	1.8229	1.8229	1.8227	1.8218	1.8184
2.0 × 10^{-1}	1.2226	1.2226	1.2226	1.2222	1.2209
3.0 × 10^{-1}	0.9057	0.9057	0.9057	0.9054	0.9047
4.0 × 10^{-1}	0.7024	0.7024	0.7024	0.7022	0.7018
5.0 × 10^{-1}	0.5598	0.5598	0.5598	0.5597	0.5594
6.0 × 10^{-1}	0.4544	0.4544	0.4544	0.4543	0.4541
7.0 × 10^{-1}	0.3738	0.3738	0.3738	0.3737	0.3735
8.0 × 10^{-1}	0.3106	0.3106	0.3106	0.3106	0.3104
9.0 × 10^{-1}	0.2602	0.2602	0.2602	0.2602	0.2601
1.0 × 10^{0}	0.2194	0.2194	0.2194	0.2194	0.2193
2.0 × 10^{0}	0.0489	0.0489	0.0489	0.0489	0.0489
3.0 × 10^{0}	0.0130	0.0130	0.0130	0.0130	0.0130
4.0 × 10^{0}	0.0038	0.0038	0.0038	0.0038	0.0038
5.0 × 10^{0}	0.0011	0.0011	0.0011	0.0011	0.0011
6.0 × 10^{0}	0.0004	0.0004	0.0004	0.0004	0.0004
7.0 × 10^{0}	0.0001	0.0001	0.0001	0.0001	0.0001
u	7.5 × 10^{-2}	1.5 × 10^{-1}	3.0 × 10^{-1}	5.0 × 10^{-1}	7.0 × 10^{-1}
1.0 × 10^{-4}	5.4228	4.0601	2.7449	1.8488	1.3210
2.0 × 10^{-4}	5.4227	4.0601	2.7449	1.8488	1.3210
3.0 × 10^{-4}	5.4212	4.0601	2.7449	1.8488	1.3210
4.0 × 10^{-4}	5.4160	4.0601	2.7449	1.8488	1.3210
5.0 × 10^{-4}	5.4062	4.0601	2.7449	1.8488	1.3210
6.0 × 10^{-4}	5.3921	4.0601	2.7449	1.8488	1.3210
7.0 × 10^{-4}	5.3745	4.0600	2.7449	1.8488	1.3210
8.0 × 10^{-4}	5.3542	4.0599	2.7449	1.8488	1.3210
9.0 × 10^{-4}	5.3317	4.0598	2.7449	1.8488	1.3210
1.0 × 10^{-3}	5.3078	4.0595	2.7449	1.8488	1.3210
2.0 × 10^{-3}	5.0517	4.0435	2.7449	1.8488	1.3210
3.0 × 10^{-3}	4.8243	4.0092	2.7448	1.8488	1.3210

u	1.0×10^{-3}	5.0×10^{-3}	1.0×10^{-2}	2.5×10^{-2}	5.0×10^{-2}
4.0×10^{-3}	4.6335	3.9551	2.7444	1.8488	1.3210
5.0×10^{-3}	4.4713	3.8821	2.7428	1.8488	1.3210
6.0×10^{-3}	4.3311	3.8384	2.7398	1.8488	1.3210
7.0×10^{-3}	4.2078	3.7529	2.7350	1.8488	1.3210
8.0×10^{-3}	4.0980	3.6903	2.7284	1.8488	1.3210
9.0×10^{-3}	3.9991	3.6302	2.7202	1.8487	1.3210
1.0×10^{-2}	3.9091	3.5725	2.7104	1.8486	1.3210
2.0×10^{-2}	3.2917	3.1158	2.5688	1.8379	1.3207
3.0×10^{-2}	2.9183	2.8017	2.4110	1.8062	1.3177
4.0×10^{-2}	2.6515	2.5655	2.2661	1.7603	1.3094
5.0×10^{-2}	2.4448	2.3776	2.1371	1.7075	1.2955
6.0×10^{-2}	2.2766	2.2218	2.0227	1.6524	1.2770
7.0×10^{-2}	2.1352	2.0894	1.9206	1.5973	1.2551
8.0×10^{-2}	2.0136	1.9745	1.8290	1.5436	1.2310
9.0×10^{-2}	1.9072	1.8732	1.7460	1.4918	1.2054
1.0×10^{-1}	1.8128	1.7829	1.6704	1.4422	1.1791
2.0×10^{-1}	1.2186	1.2066	1.1602	1.5092	0.9284
3.0×10^{-1}	0.9035	0.8969	0.8713	0.8142	0.7369
4.0×10^{-1}	0.7010	0.6969	0.6809	0.6446	0.5943
5.0×10^{-1}	0.5588	0.5561	0.5453	0.5206	0.4860
u	1.0×10^{-3}	5.0×10^{-3}	1.0×10^{-2}	2.5×10^{-2}	5.0×10^{-2}
6.0×10^{-1}	0.4537	0.4518	0.4441	0.4266	0.4018
7.0×10^{-1}	0.3733	0.3719	0.3663	0.3534	0.3351
8.0×10^{-1}	0.3102	0.3092	0.3050	0.2953	0.2815
9.0×10^{-1}	0.2599	0.2591	0.2599	0.2485	0.2378
1.0×10^{0}	0.2191	0.2186	0.2161	0.2103	0.2020
2.0×10^{0}	0.0489	0.0488	0.0485	0.0477	0.0467
3.0×10^{0}	0.0130	0.0130	0.0130	0.0128	0.0126
4.0×10^{0}	0.0038	0.0038	0.0038	0.0037	0.0037
5.0×10^{0}	0.0011	0.0011	0.0011	0.0011	0.0011
6.0×10^{0}	0.0004	0.0004	0.0004	0.0004	0.0004
7.0×10^{0}	0.0001	0.0001	0.0001	0.0001	0.0001
u	8.5×10^{-1}	1.0×10^{-0}	1.5×10^{-0}	2.0×10^{-0}	2.5×10^{-0}
1.0×10^{-2}	1.0485	0.8420	0.4276	0.2278	0.1247
2.0×10^{-2}	1.0484	0.8420	0.4276	0.2278	0.1247

3.0×10^{-2}	1.0481	0.8420	0.4276	0.2278	0.1247
4.0×10^{-2}	1.0465	0.8418	0.4276	0.2278	0.1247
5.0×10^{-2}	1.0426	0.8409	0.4276	0.2278	0.1247
6.0×10^{-2}	1.0362	0.8391	0.4276	0.2278	0.1247
7.0×10^{-2}	1.0272	0.8360	0.4276	0.2278	0.1247
8.0×10^{-2}	1.0161	0.8316	0.4275	0.2278	0.1247
9.0×10^{-2}	1.0032	0.8259	0.4274	0.2278	0.1247
1.0×10^{-1}	0.9890	0.8190	0.4271	0.2278	0.1247
2.0×10^{-1}	0.8216	0.7148	0.4135	0.2268	0.1247
3.0×10^{-1}	0.6706	0.6010	0.3812	0.2211	0.1240
4.0×10^{-1}	0.5501	0.5024	0.3411	0.2096	0.1217
u	8.5×10^{-1}	1.0×10^{-0}	1.5×10^{-0}	2.0×10^{-0}	2.5×10^{-0}
5.0×10^{-1}	0.4550	0.4210	0.3007	0.1944	0.1174
6.0×10^{-1}	0.3793	0.3543	0.2630	0.1774	0.1112
7.0×10^{-1}	0.3183	0.2996	0.2292	0.1602	0.1040
8.0×10^{-1}	0.2687	0.2543	0.1994	0.1436	0.0961
9.0×10^{-1}	0.2280	0.2168	0.1734	0.1281	0.0881
1.0×10^{0}	0.1943	0.1855	0.1509	0.1139	0.0803
2.0×10^{0}	0.0456	0.0444	0.0394	0.0335	0.0271
3.0×10^{0}	0.0124	0.0122	0.0112	0.0100	0.0086
4.0×10^{0}	0.0036	0.0036	0.0034	0.0031	0.0027
5.0×10^{0}	0.0011	0.0011	0.0010	0.0010	0.0009
6.0×10^{0}	0.0004	0.0004	0.0003	0.0003	0.0003
7.0×10^{0}	0.0001	0.0001	0.0001	0.0001	0.0001

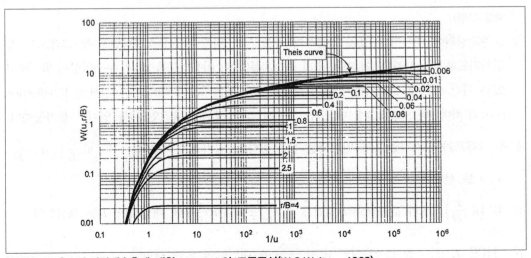

[그림 5-21] 누수피압대수층에 대한 Hantush의 표준곡선(W.C.Walton, 1962)

2) 특수경우의 해

가) 후기치를 이용한 해(st-st):

장시간동안 지하수를 채수할 경우 양수정으로 유입되는 대부분의 지하수는 공급층으로부터 기원한다.(즉, 압층을 통한 수직누수량은 양수율(Q)과 거의 동일하게 된다.)

$t > \dfrac{8m'S}{K'}$ 일 때, Hantush와 Jacob(1955)의 해는 (5-68)식과 같다.

$$s = \frac{Q}{2\pi T} K_0\left(\frac{r}{B}\right) \tag{5-68}$$

여기서, K_0는 zero-order의 수정 Bessel 함수이다.

나) 수직누수를 무시할 수 있는 조건

$\dfrac{r}{B} < 0.01$ 일 때는 공급지층에서 압층을 통한 수직누수는 무시할 수 있어 모델 -3를 사용할 수 있다.

(4) 분석순서와 방법

1) 일반해와 일치법(match point-method)

가) 초기 시간-수위 강하곡선을 이용하는 경우

① $W\left(u, \dfrac{r}{B}\right)$ vs. $\dfrac{1}{u}$ 의 표준곡선 (그림 5-21)을 준비한다.

② 같은 스케일의 그래프에 s와 t를 작도한다(1개 이상의 관측정을 이용할 경우에는 s 대 $\dfrac{t}{r^2}$ 을 사용해도 무방).

③ 표준곡선위에 데이터 곡선을 중첩시켜 축을 서로 평행하게 유지시키면서 두 그래프가 잘 일치되도록 이동시킨다. 이 경우 초기 측정치를 많이 이용하도록 한다. 누수현상이 발생하고 있는 기간 동안에 관측치들이 많이 작도되어야 하는데(즉 $t < 0.25t_i$, 여기서 t_i 를 inflection point라 하며 육안으로 결정할 수 있다) 그렇지 않을 경우 일률적인 해를 얻기는 불가능하다.

④ 두 그래프가 일치되었을 때 일치되는 점을 정하고, 일치점에 해당되는 $W\left(u, \dfrac{r}{B}\right)$, u, $\dfrac{r}{B}$, s, t 를 선택한다.

⑤ $W\left(u, \dfrac{r}{B}\right)$, s의 값을 (5-62)식인 $s = \dfrac{Q}{4\pi T} W\left(u, \dfrac{r}{B}\right)$ 에 대입하여 T를 계산한다.

⑥ 계산된 T, u, t을 (5-65)식인 $u = \dfrac{r^2 S}{4Tt}$ 에 대입하여 S 를 구한다.

⑦ $\dfrac{r}{B}$ 은 계산된 T, r, m' 를 (5-64)식인 $\dfrac{r}{B} = \dfrac{r}{\left(\dfrac{Tm'}{K'}\right)^2}$ 에 대입하여 K' 를 산정한다.

예 5-5

[그림 5-22]와 같은 누수피압대수층에서 장기 대수성 시험을 실시한 결과 현장에서 관측정-1에서 취득한 시간-수위 강하량은 [표 5-5]와 같다. 지금 양수정에서 일정율로 채수한 양수율이 9.4 ft³/분일 때 조립질 모래로 구성된 피압대수층의 T, S 및 K 와 실트질 모래로 구성된 압층의 수직수리전도도를 구하라.

[표 5-5] 관측정-1에서 측정한 경시별 수위강하

경과시간(t) (min)	수위강하(s) (ft)	경과시간(t) (min)	수위강하(s) (ft)
0.1	0.01	6	2.22
0.2	0.08	7	2.25
0.3	0.22	8	2.27
0.4	0.37	9	2.28
0.5	0.51	10	2.29
0.6	0.65	20	2.30
0.7	0.77	30	2.30
0.8	0.89	40	2.30
0.9	0.99	50	2.30
1	1.08	60	2.30
2	1.67	70	2.30
3	1.95	80	2.30
4	2.10	90	2.30
5	2.18	100	2.30

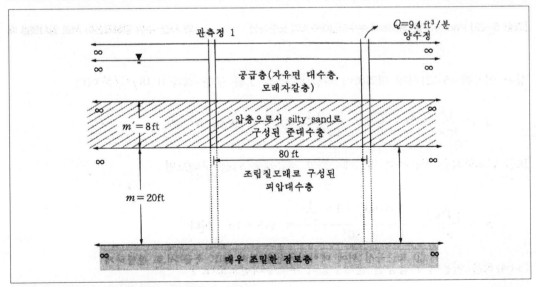

[그림 5-22] 예제 5-5의 누수피압대수층의 모식도

[예 5-4]의 시간-수위 강하 data curve와 Hantush 표준곡선을 중첩시켰을 때 두 곡선이 가장 잘 중첩되는 일치점(match-point)에서 선택한 각 인자는 다음과 같다.(그림 5-23 참조)

$$s = 1.95 \; feet \, , \; t = 3분 \, , \; W\left(u, \frac{r}{B}\right) = 1 \, , \; \frac{1}{u} = 75 , \; \frac{r}{B} = 0.75$$

또한,   양수율 $Q = 9.4 \; ft^3/$분(그림 5-23 참조)

양수정과 관측정 사이의 거리 = 80 $feet$

피압대수층의 포화두께 = 20 $feet$

공급지층의 포화두께 = 8 $feet$이다.

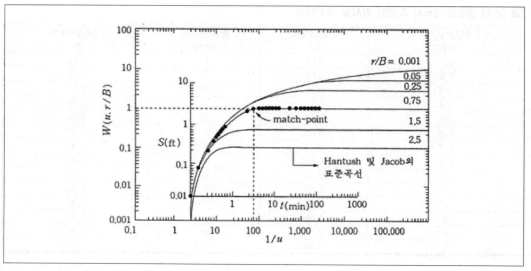

[그림 5-23] Hantush 및 Jacob의 누수피압대수층의 표준곡선 $W\left(u, \dfrac{r}{B}\right)$와 시간~수위 강하곡선이 서로 일치했을 때

상기 인자를 (5-62)식에 대입하여 피압대수층의 T를 구한 결과 $0.38 ft^2/$분이다.

$$T = \frac{Q}{4\pi s} W\left(u, \; \frac{r}{B}\right) = \frac{9.4}{4\pi \times 1.95} \times 1 = 0.38 \; ft^2/분$$

또한 (5-65)식을 이용하여 피압대수층의 저유계수(S)를 구해보면

$$S = \frac{4Ttu}{r^2} = \frac{4 \times 0.38 \times 3 \times \frac{1}{75}}{80^2} = 9.5 \times 10^{-6} 이다.$$

(5-64)식을 이용하여 압층인 준대수층의 수직수리전도도(K')

$$\frac{r}{B} = \frac{r}{\sqrt{\dfrac{Tm'}{K'}}}$$

$$K' = \left(\frac{r}{B}\right)^2 \cdot \frac{Tm'}{r^2} = (0.75)^2 \cdot \frac{0.38 \times 8}{80^2} = 2.7 \times 10^{-4} \, ft/분$$

피압대수층의 투수량계수는 $0.38 \, ft^2/분$ 이고 포화두께가 $20ft$ 이므로 피압대수층의 수평 수리 전도도(K)는

$$K = \frac{T}{m} = \frac{0.38}{20} = 0.019 \, ft/분 \ 이다.$$

• •

(2) Hantush의 변곡점을 이용한 분석(시간-수위강하)

누수피압대수층에서 실시한 대수성 시험자료중 s 와 $log\ t$ 를 반대수 방안지상에 작도하면 [그림 5-24]처럼 s-$log\ t$ 곡선 상에서 변곡점이 나타난다. 따라서 변곡점에서는 다음과 같이 적용할 수 있다.(Hantush, 1956)

$$u_i = \frac{r^2 S}{4 T t_i} = \frac{r}{2B} \tag{5-69}$$

$$m_i = \left(\frac{2.3Q}{4\pi T}\right)\left(e^{-\frac{r}{B}}\right) \tag{5-70}$$

$$s_i = 0.5 s_m = \frac{Q}{4\pi T} K_0 \left(\frac{r}{B}\right) \tag{5-71}$$

$$2.3 \frac{s_i}{m_i} = \exp\left(\frac{r}{B}\right) K_0\left(\frac{r}{B}\right) \tag{5-72}$$

$\dfrac{r}{B} < 0.01$ 인 경우에는

$$\frac{s_i}{m_i} = \log\left(\frac{2B}{r} - 0.251\right) \tag{5-73}$$

여기서,   첨자 i 는 변곡점에서 해당인자의 값이다.

즉, s_m : 최대 수위강하

m_i : 변곡점에서의 기울기(변곡점을 지나는 직선구간에서의 기울기)

K_0 : second kind zero order의 수정 Bessel 함수

주) one-cycle log에서 $\triangle s = m_i$이라 하고 변곡점까지의 수위강하를 s_i라 하면 $s_m = 2s_i$이다. 이 때 시간을 t_i라 하면

$$s_i = \frac{s_m}{2} = \frac{Q}{4\pi T} K_0\left(\frac{r}{B}\right)$$

$\dfrac{r}{B} < 0.05$이면, $K_0\left(\dfrac{r}{B}\right) \fallingdotseq 2.3\log\left(1.12\dfrac{B}{r}\right)$

$$2.3\frac{s_i}{m_i} = \frac{2.3\left(\dfrac{Q}{4\pi T}\right) K_0\left(\dfrac{r}{B}\right)}{\left(\dfrac{2.3Q}{4\pi T}\right) e^{\left(-\frac{r}{B}\right)}} \qquad \therefore \quad 2.3\frac{s_i}{m_i} = \frac{K_0\left(\dfrac{r}{B}\right)}{e^{-\left(\frac{r}{B}\right)}}$$

$$2.3\frac{s_i}{m_i} = K_0\left(\frac{r}{B}\right) \cdot e^{\left(\frac{r}{B}\right)}$$

$\dfrac{r}{B}$값에 대한 $K_0(\dfrac{r}{B})$와 $K_0\left(\dfrac{r}{B}\right)\exp(\dfrac{r}{B})$의 값은 [표 5-6]에서 읽는다.

가) 분석순서

① s대 $log(t)$를 반대수 방안지상에 작도한다.

② 최대수위강하 s_m를 $s-t$ 곡선에서 읽는다. 그런 다음 $s_i(= 0.5\,s_m)$을 계산한다.

③ s_i지점에서의 t_i를 결정한다.

④ $s-t$ 곡선중 변곡점을 지나는 직선을 긋는다.

⑤ 이 직선을 이용하여 1 log cycle 동안에 변하는 수위강하량 m_i를 결정한다.

⑥ $\dfrac{s_i}{m_i}$를 계산하고 (5-72)식과 (5-73)식을 이용하여 B를 계산하거나

$2.3\dfrac{s_i}{m_i} = \exp\left(\dfrac{r}{B}\right)K_0\left(\dfrac{r}{B}\right)$이므로 $2.3\dfrac{s_i}{m_i}$와 [표 5-6]을 이용해서 $\dfrac{r}{B}$, $K_0\left(\dfrac{r}{B}\right)$ 및

$\exp(\dfrac{r}{B})K_0(\dfrac{r}{B})$를 읽는다.

⑦ 이 값들을 (5-71)식, (5-69)식과 (5-64)식에 대입하여 T, S 및 K'를 구한다.

예 5-6

전 예제를 Hantush의 변곡점을 이용하여 분석해 보자. (예제 5-5)의 시간-수위 강하자료를 반대수 방안지상에 작도하면 [그림 5-24]와 같다.

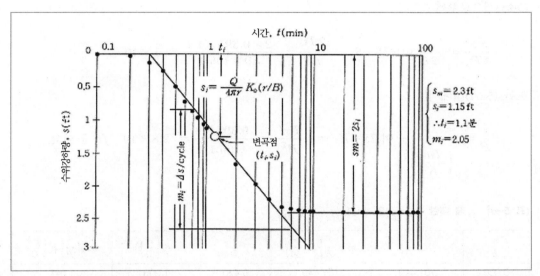

[그림 5-24] 반대수 방안지에 작도한 s-t 자료의 변곡점을 이용하여 대수성 수리상수를 구하는 Hantush 방법

[그림 5-24]의 변곡지점에서 t_i와 s_i 및 기타 인자인 s_m과 m_i는 다음과 같다.

$$s_m = 2.3 feet$$
$$s_i = 0.5\ s_m = 1.15 feet$$
$$s_i = 1.15 feet 일 때 해당 시간\ t_i = 1.1분$$

또한 직선구간에서 1 cycle log일 때 $m_i = 2.05 feet$이다.

지금 $2.3\left(\dfrac{s_i}{m_i}\right) = 2.3\left(\dfrac{1.15}{2.05}\right) = 1.29$이므로 (5-72)식에서 $\exp\left(\dfrac{r}{B}\right)K_0\left(\dfrac{r}{B}\right) = 1.29$ 가 된다. 따라서 [표 5-6]에서 $\exp\left(\dfrac{r}{B}\right)K_0\left(\dfrac{r}{B}\right) = 1.29$일 때 $\dfrac{r}{B} = 0.754$이다.

즉 $\dfrac{r}{B} = 0.754$ 일 때 $B = \dfrac{r}{0.754} = \dfrac{80 feet}{0.754} = 106.1$ feet이며 $\dfrac{r}{B} = 0.754$ 일 때, $K_0(0.754)$는 [표 5-6]에서 0.607이다.

따라서 이 누수피압대수층의 투수량계수(T)는 (5-71)식에서

$$T = \frac{Q}{4\pi s_i}K_0\left(\frac{r}{B}\right) = \frac{9.4}{4\pi \times 1.15} \times 0.607 \fallingdotseq 0.395 ft^2/\text{분}$$

(5-69)식으로부터

$$\frac{r^2 S}{4Tt_i} = \frac{r}{2B} \text{ 이므로 } S = \frac{2Tt_i}{rB} = \frac{2 \times 0.395 \times 1.1}{80 \times 106.1} = 1 \times 10^{-4}$$

또한 (5-64)식에서

$$\frac{r}{B} = \frac{r}{\left(\frac{Tm'}{K'}\right)^{\frac{1}{2}}} \text{ 이므로 } K' = \frac{Tm'}{B^2} = \frac{0.395 \times 8}{(106.1)^2} = 2.8 \times 10^{-4} ft/\text{분 이다.}$$

[표 5-6] $\frac{r}{B}$에 대한 $K_0\left(\frac{r}{B}\right)$와 $\exp\left(\frac{r}{B}\right) \cdot K_0\left(\frac{r}{B}\right)$

$\frac{r}{B}$	$K_0\left(\frac{r}{B}\right)$	$\exp\left(\frac{r}{B}\right)\cdot K_0\left(\frac{r}{B}\right)$	$\frac{r}{B}$	$K_0\left(\frac{r}{B}\right)$	$\exp\left(\frac{r}{B}\right)\cdot K_0\left(\frac{r}{B}\right)$
0.000	101.449	101.449	0.410	1.093	1.647
0.010	4.721	4.769	0.420	1.072	1.632
0.020	4.028	4.110	0.430	1.052	1.617
0.030	3.624	3.734	0.440	1.032	1.603
0.040	3.337	3.473	0.450	1.013	1.589
0.050	3.114	3.274	0.460	0.994	1.575
0.060	2.933	3.114	0.470	0.976	1.562
0.070	2.780	2.981	0.480	0.958	1.549
0.080	2.647	2.868	0.490	0.941	1.536
0.090	2.531	2.769	0.500	0.924	1.524
0.100	2.427	2.682	0.510	0.908	1.512
0.110	2.333	2.605	0.520	0.892	1.501
0.120	2.248	2.534	0.530	0.877	1.489
0.130	2.170	2.471	0.540	0.861	1.478
0.140	2.097	2.412	0.550	0.847	1.467
0.150	2.030	2.359	0.560	0.832	1.457
0.160	1.967	2.309	0.570	0.818	1.446
0.170	1.909	2.263	0.580	0.804	1.436
0.180	1.854	2.219	0.590	0.791	1.426
0.190	1.802	2.179	0.600	0.778	1.417
0.200	1.753	2.141	0.610	0.765	1.407
0.210	1.706	2.105	0.620	0.752	1.398

0.220	1.662	2.071	0.630	0.740	1.389
0.230	1.620	2.039	0.640	0.728	1.380
0.240	1.580	2.008	0.650	0.716	1.371
0.250	1.542	1.979	0.660	0.704	1.363
0.260	1.505	1.952	0.670	0.693	1.354
0.270	1.470	1.925	0.680	0.682	1.346
0.280	1.436	1.900	0.690	0.671	1.338
0.290	1.404	1.876	0.700	0.661	1.330
0.300	1.372	1.853	0.710	0.650	1.322
0.310	1.342	1.830	0.720	0.640	1.315
0.320	1.314	1.809	0.730	0.630	1.307
0.330	1.286	1.788	0.740	0.620	1.300
0.340	1.259	1.768	0.750	0.611	1.293
0.350	1.233	1.749	0.754	0.607	1.290
0.360	1.208	1.731	0.760	0.601	1.285
0.370	1.183	1.713	0.770	0.592	1.278
0.380	1.160	1.696	0.780	0.583	1.272
0.390	1.137	1.679	0.790	0.574	1.265
0.400	1.115	1.663	0.800	0.565	1.258
0.810	0.557	1.252	0.910	0.480	1.192
0.820	0.548	1.245	0.920	0.473	1.186
0.830	0.540	1.239	0.930	0.466	1.181
0.840	0.532	1.233	0.940	0.459	1.175
0.850	0.524	1.227	0.950	0.452	1.170
0.860	0.516	1.220	0.960	0.446	1.165
0.870	0.509	1.215	0.970	0.440	1.160
0.880	0.501	1.209	0.980	0.433	1.154
0.890	0.494	1.203	0.990	0.427	1.149
0.900	0.487	1.197	1.000	0.421	1.144

Hantush의 변곡점을 이용한 분석결과나 표준곡선의 일치점으로 구한 값은 저유계수가 1 order 의 차이가 있는 것 이외에는 대동소이하다.

2) 평형상태일 경우의 해(st−st 상태에서 거리−수위 강하)

가) 일치법(후기치 이용)

이 해석법은 지하수의 흐름이 정류상태인 경우이기 때문에 거리−수위 강하자료 중 양수시간이 상당히 경과한 후인, 후기치를 이용한다.

$\dfrac{r}{B} > 0.05$이고 시간−수위 강하자료의 초기자료 사용이 가용하지 않거나 초기수위 강하자료가

모델 가정에 부합되지 않을 때 이 방법을 사용한다(Hantush, 1964). 따라서 대수성시험 후기의 거리-수위 강하자료를 이용해야 하므로 최소 3개공 이상의 관측정에서 측정한 수위 강하자료가 있어야 한다.

* 분석순서

① 양대수 방안지위에 $\frac{r}{B}$ 대 $K_0\left(\frac{r}{B}\right)$을 작도하여 평형상태의 수위강하에 대한 표준곡선을 작성한다. (5-68)식 및 [표 5-6]을 이용). 작성한 표준곡선은 [그림 5-25]의 실선과 같다.

② 표준곡선 작성 시 사용한 동일한 스케일의 양대수 방안지위에 $s - r$의 데이터 곡선을 작도한다.

③ 데이터 곡선을 표준곡선위에 올려놓고 두 축이 서로 평행한 상태로 이동시키면서 두 곡선이 가장 잘 일치되도록 한다.

④ 두 곡선이 일치되었을 때, 일치점을 선정하고 그 지점의 $\frac{r}{B}$, $K_0\left(\frac{r}{B}\right)$, s 및 r을 읽는다.

⑤ 위의 값을 이용하여 다음 2식으로 T 및 K'의 값을 구한다.

$$T = \frac{Q}{2\pi s}K_0\left(\frac{r}{B}\right) \tag{5-68}$$

$$K' = \frac{m'T}{B^2} \tag{5-64}$$

예 5-7 ●

전 예제와 같은 조건의 누수피압 대수층 내에 양수정으로부터 거리가 각각 10, 30, 55, 80, 120 및 180 feet 떨어진 지점에 관측정이 설치되어 있다. 지금 양수정의 반경이 0.25 feet일 때 $Q = 9.4\ ft^3/분$의 비율로 지하수를 채수하면 초기에는 양수정의 우물자재 설치 구간 내에 저유되어 있던 지하수가 먼저 배출된다. 따라서 시간-수위 강하자료 중에서 양수정내에 저유되어 있던 지하수의 배수로 인해 수위강하에 미치는 영향 배제시간(casing well storage)은 $t > \frac{2.5\times10^3 r_c^2}{T}$ 이다(Papadopulos와 Cooper(1967)).

피압대수층의 T는 0.4 $ft^2/분$이므로 우물저장효과(casing or well storage effect)의 배제시간 (t)은 $t = \frac{2500\times r_c^2}{T} = \frac{2500\times(0.25)^2}{0.4} = 390$ 분이다.

지금 양수개시 후 500분 이후에 각 관측정에서 측정한 수위강하량이 [표 5-7]과 같을 경우, 피압대수층의 T와 압층의 수리전도도(K')를 구해 보자.

[표 5-7] 양수개시 500분 이후 지하수의 흐름이 st–st일 때 각 관측정에서 측정한 수위강하

관측정 \ 내용	양수정과 관측정 사이의 거리 (ft)	실수위 강하량 (ft)	비고
OB-1	10	9.41	t=500 분후
OB-2	30	5.4	
OB-3	55	3.4	
OB-4	80	2.3	
OB-5	120	1.33	
OB-6	180	0.63	

[표 5-7]의 거리-수위 강하자료를 이용하여 작도한 데이터 곡선과 [표 5-6]의 $\dfrac{r}{B}$ vs. $K_0\left(\dfrac{r}{B}\right)$ 을 이용하여 작도한 평형상태일 때의 Hantush 표준곡선을 서로 중첩시켜 일치점을 구한 결과 각 인자는 다음과 같다.

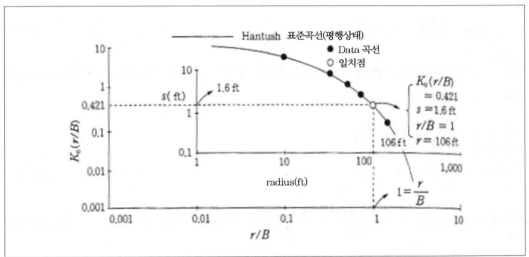

[그림 5-25] 예제 5-7에서 누수피압대수층의 거리-수위강하 곡선과 $K_0\left(\dfrac{r}{B}\right)$ 표준곡선을 중첩시켰을 경우의 일치점

Maching point에서 선택한 인자들은 다음과 같다.

$$\frac{r}{B} = 1\text{feet}, \quad K_0\left(\frac{r}{B}\right) = 0.421, \quad s = 1.6\text{feet}, \quad r = 106\text{feet}$$

따라서 (5-68)식을 이용하여 T 를 구하면

$$T = \frac{Q}{2\pi s} K_0\left(\frac{r}{B}\right) = \frac{9.4}{2\pi \times 1.6} \times 0.421 = 0.394 \, ft^2/\text{분}$$

또한 (5-64)식으로부터 압층의 수리전도도(K')를 구하면 다음과 같다.

$$K' = \frac{m'T}{B^2} = m'T\frac{\left(\dfrac{r}{B}\right)^2}{r^2} = \frac{8 \times 0.4 \times 1^2}{106^2} = 2.85 \times 10^{-4}$$

• •

나) 직선법(거리-수위 강하의 데이터 곡선)

$\dfrac{r}{B} < 0.05$인 조건하에서 (5-68)식은 (5-74)식으로 된다.

$$s = \frac{Q}{2\pi T}K_0\left(\frac{r}{B}\right) = \frac{2.3Q}{2\pi T}log\left(1.12\frac{B}{r}\right) \tag{5-74}$$

(5-74)식의 $s - r$을 반대수 방안지에 작도하면 직선으로 나타난다. 즉 (5-74)식에서 r이 1 cycle log일 때 수위강하량을 Δs라 하면 (5-75)식과 같다.

$$\Delta s = \frac{2.3Q}{2\pi T} = 0.366\frac{Q}{T} \tag{5-75}$$

또한 $s - r$ 직선(데이터 곡선)에서 $s = 0$인 지점과 교차되는 지점의 거리를 r_0라 하면 (5-74)식에서

$$0 = \frac{2.3Q}{2\pi T}log\left(1.12\frac{B}{r}\right)$$

$$\therefore \quad \frac{1.12B}{r_0} = 1 \text{ 이므로} \quad r_0 = 1.12B \tag{5-76}$$

따라서 (5-75)식에서 $T = \dfrac{2.3Q}{2\pi\Delta s} = \dfrac{0.366Q}{\Delta s}$를 이용하여 T를 구하고 $B = \dfrac{r_0}{1.12}$이므로

$K' = \dfrac{m'T}{B^2}$을 이용하여 즉

$$K' = \frac{(1.12)^2 m'T}{r_0^2} = \frac{1.25m'T}{r_0^2}$$를 이용하여 K'를 산정한다.

5.4 부정류-자유면 상태의 우물수리와 분석법

5.4.1 개념모델(모델-5)

부정류-자유면 상태하에 있는 이방성 자유면 대수층의 개념모델은 [그림 5-26]과 같다.

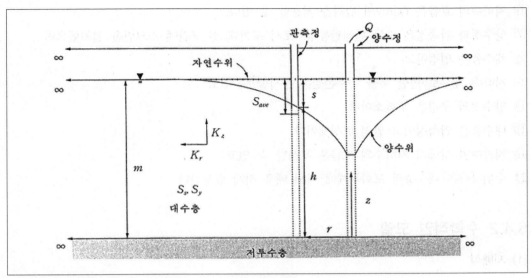

[그림 5-26] 부정류-자유면 상태의 이방성 대수층의 개념 모식도

(1) 술어

$K_r =$ 대수층 수평 수리전도도 $[LT^{-1}]$

$K_z =$ 대수층 수직 수리전도도 $[LT^{-1}]$

$m =$ 양수 개시 전의 포화두께 $[L]$

$Q =$ 채수율 $[L^3 T^{-1}]$

$r =$ 양수정에서 수위강하가 발생한 구역 내 1개 지점까지의 거리 $[L]$

$s =$ 대수성 시험기간 동안 발생한 실 수위강하 $[L]$

$s_{ave} =$ 대수성 시험 기간 동안 발생한 자유면대수층에서 측정한 평균수위강하 $[L]$

$S_s =$ 대수층의 비저유계수 $[L^{-1}]$

$S_y =$ 대수층의 비산출률

$z =$ 대수층의 저면을 원점으로 했을 때 수직거리 $[L]$

(2) 가정

① 대수층 바닥에 저투수층이 분포되어 있고

② 모든 층은 수평이고 방사상으로 무한대 범위이며

③ 채수전 초기 지하수위는 수평이고 방사상으로 무한대 범위

④ 대수층은 균질, 이방성(수직, 수평 수리전도도 다름)이고

⑤ 지하수의 밀도와 점성은 일정하면

⑥ 지하수의 흐름은 Darcy의 법칙을 적용할 수 있다.

⑦ 양수정과 관측정은 모두 완전관통정으로서 포화대 전 구간에 스크린을 설치했으며

⑧ 채수율은 일정하고

⑨ 지하수 채수로 인한 우물 수두손실은 무시할 수 있고

⑩ 양수정의 구경은 무한소이며

⑪ 대수층은 압축성이고 완전 탄성체이다.

⑫ 지하수면 상에서 지하수의 흐름은 무시할 수 있고

⑬ 수위강하는 대수층의 포화두께에 비해 매우 적게 발생한다.

5.4.2 수학적인 모델

(1) 지배식

$$\frac{\partial^2 s}{\partial r^2} + \left(\frac{1}{r}\right)\frac{\partial s}{\partial r} + \frac{K_z}{K_r}\frac{\partial^2 s}{\partial z^2} = \frac{S_S}{K_r}\frac{\partial s}{\partial t} \tag{5-77}$$

(2) 초기조건

지하수를 채수하기 이전의 수위강하는 모든 지점에서 0이다.

$$s(r,\ z,\ t=0) = 0$$

(3) 경계조건

① 양수정에서 무한대의 거리에 위치해 있는 지점에서 수위강하는 0이다.

$$s(r=\infty,\ z,t) = 0$$

② 대수층 바닥에서, 깊이(z방향)에 따른 수위강하의 변화는 없다.

$$\frac{\partial s(r,\ z=0,t)}{\partial z} = 0$$

③ 지하수면은 이동경계이며, 수위가 하강하면 유효공극으로부터 배수된 지하수는 지하수면을 가로질러 대수층으로 유동한다. 이 경계조건은 지하수면을 가로지르는 흐름의 Darcy 법칙으로 정의된다.

$$\frac{\partial s(r,\ z=m,t)}{\partial z} = -\frac{S_y}{K_z}\frac{\partial s(r,\ z=m,t)}{\partial t}$$

④ 양수정으로 유동하는 지하수는 일정하고 대수층의 전체 두께에서 일정하다.

$$\lim_{r \to 0} \int_0^m r \frac{\partial s}{\partial r} = -\frac{Q}{2\pi K_r}$$

5.4.3 해석적인 해

(1) 일반해

완전관통 및 스크린이 전포화대 구간에 설치되어 있는 관측정에서 평균 수위강하, s_{ave}의 해 (Neuman, 1972; 1973a, 1973b)는 다음과 같다.

$$s_{ave} = \frac{Q}{4\pi T} W(t_s, \ \sigma, \ \Gamma) \tag{5-78}$$

여기서 $W(t_s, \ \sigma, \ \Gamma)$는 자유면대수층의 우물함수이며 (5-78) 식에서

$$W(t_s, \ \sigma, \ \Gamma) = \int_0^\infty 4y J_0(y\Gamma^{1/2}) \left[u_0(y) + \sum_{n=1}^\infty u_n(y) \right] dy \tag{5-79}$$

(5-79) 식에서

$$u_0(y) = \frac{\{1 - \exp[-t_s \Gamma(y^2 - \gamma_0^2)]\} \tanh(\gamma_0)}{\{y^2 + (1+\sigma)\gamma_0^2 - (y^2 - \gamma_0^2)^2/\sigma\}\gamma_0} \tag{5-80}$$

$$u_n(y) = \frac{\{1 - \exp[-t_s \Gamma(y^2 - \gamma_n^2)]\} \tanh(\gamma_n)}{\{y^2 + (1+\sigma)\gamma_n^2 - (y^2 - \gamma_n^2)^2/\sigma\}\gamma_n} \tag{5-81}$$

와 같다.

여기서 J_0는 1종의 zero order Bessel 함수이며 γ_0와 γ_n은 방정식의 근이다.

$$\sigma\gamma_0\sinh(\gamma_0) - (y^2 - \gamma_0^2)\cosh(\gamma_0) = 0 \qquad \gamma_0^2 < y^2 \tag{5-82}$$

$$\sigma\gamma_n\sin(\gamma_n) + (y^2 + \gamma_n^2)\cos(\gamma_n) = 0$$
$$(2n-1)(\pi/2) < \gamma_n < n\pi \qquad n \geq 1 \tag{5-83}$$

(5-78) 식에서 무차원 인자의 내용은 다음과 같다.

$$t_s = \frac{Tt}{S_s m r^2} = \frac{Tt}{Sr^2} \tag{5-84}$$

$$\sigma = \frac{S_s m}{S_y} = \frac{S}{S_y} \tag{5-85}$$

$$\Gamma = \frac{r^2}{m^2} \frac{K_z}{K_r}$$
(5-86)

(2) 특수한 경우의 해

1) 후기치를 이용하는 경우(Theis법 이용가능 시간, t_{wt})

대수성시험을 비교적 장기간 실시하면, 지연중력배수(delayed yield) 현상을 무시할 수 있기 때문에 Theis의 해를 이용해서 수위강하를 계산할 수 있다. 1963년 Boulton은 지연중력배수 현상을 무시할 수 있고 지연중력배수 현상 배제시간(t_w)을 계산하는데 사용 가능한 곡선을 작도하였다.

대수성시험을 장기간 실시하면 관측정에서 지연 중력배수 현상은 무시할 수 있고 일정한 r/D 값에 따라 Theis의 비평형곡선과 일치하거나 그에 상당히 가깝게 접근한다. 따라서 지연중력배수 영향이 수위강하에 미치지 않는 시간을 t_{wt}이라 할 때 Boulton은 αt_{wt} , r/D값을 사용하여 두 값 사이의 관계를 나타내는 곡선(그림 5-27)을 작성하였고, 이 곡선으로부터 지연중력배수가 대수층에서 더 이상 일어나지 않는 시간, 즉 환언하면 수위강하에 영향을 미치지 않는 시간 t_{wt} 을 구하는데 사용하였다. 이 시간 이후에는 Theis의 비평형식을 사용하여 대수성 수리상수를 구할 수 있다.

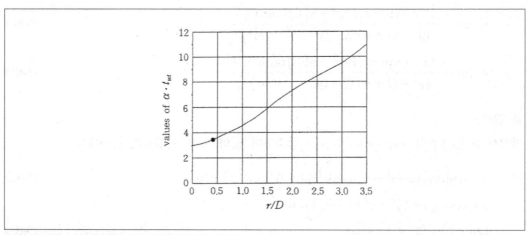

[그림 5-27] 지연 중력배수가 발생하지 않는 시간

[그림 5-27]에서 αt_{wt} 는 $\dfrac{r}{D}$ 의 함수이며, 여기서

$\quad \alpha$: 경험적으로 얻은 상수 $[T^{-1}]$
$\quad r$: 양수정으로부터의 거리 $[L]$

$$D : [T/(\alpha S_y)]^{1/2}\,[L]$$

$$\frac{1}{\alpha} : \text{지연지수(delay index)}.$$

α 와 D값은 일치법을 이용해서 결정할 수 있다. α 값과 대수층의 물리적인 특성인자 사이의 대비를 위한 시도를 여러 사람들이 실시한 바 있다. 대수층의 특성인자를 이용하여 α 값을 구하는 방법을 소개하면 다음과 같다.

가) Gambolati(1976)과 Neuman(1979) : $\alpha = \dfrac{\epsilon K_z}{S_y m}$

여기서, $\epsilon = 2.4 + \dfrac{0.384}{\left[\left(\dfrac{K_z}{K_r}\right)^2 \dfrac{r}{m}\right]^{0.886}}$ 이며

$\left(\dfrac{K_z}{K_r}\right)^2 \dfrac{r}{m} \geqq z$ 일 때, $\alpha = \dfrac{2.4 K_z}{S_y m}$

나) Neuman(1975) :

$$\alpha = \frac{K_z}{S_y m}\left[3.063 - 0.567\log\left(\frac{K_z r^2}{K_r m^2}\right)\right]$$

다) Streltsova(1972) : $\alpha = \dfrac{3K_z}{S_y m}$

라) Prickett(1965) :

지연계수 $\dfrac{1}{\alpha}$ 는 (그림 5-28)을 사용하여 대수층의 입경으로부터 구하기도 한다.

$$\frac{r}{D} = \frac{r}{\left[\dfrac{T}{\alpha S_y}\right]^{0.5}}$$

다음 [예제 5-8]의 경우에

① 대수층은 중립의 모래자갈로 이루어져 있으므로 [그림 5-28]에서 $1/\alpha$는 약 100이며

② [예제 5-8]에서 $r = 75ft$, $T = 0.1ft^2/d$, $S_y = 0.019$이므로

③ $\dfrac{r}{D} = \dfrac{75}{\left(\dfrac{0.1}{0.019}\,100\right)^{0.5}} = 3.3$이다.

따라서 [그림 5-27]에서 $\frac{r}{D}=3.3$ 일 경우에 $\alpha\, t_{wt}$ 는 약 10이므로 t_{wt} =10×100=1,000분이다.

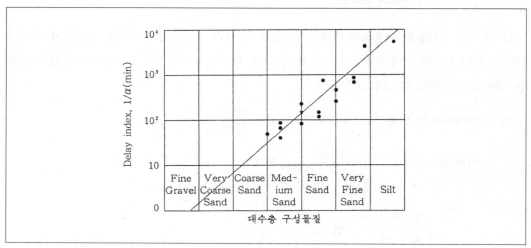

[그림 5-28] 대수층의 입경과 지연지수와의 관계(from Pickett, 1965)

5.4.4 분석방법과 순서

(1) 표준곡선 중첩법(Standard curvemating– Superposition method)

1) 일치법(Maching method)

(5-78)식의 우물함수 $W(t_s,\ \sigma,\ \Gamma)$ 는 3개의 무차원 변수로 구성되어 있다. 지금 대수층의 비산출률(S_y)이 저유계수보다 훨씬 클 때는 (5-85) 식에서 $\sigma \approx 0$ 이므로 변수를 2개로 줄일 수 있다. 이 경우에는 시간-수위강하 자료를 초기치와 후기치로 구분해서 분석할 수 있다. 즉 초기치만을 사용하면 우물로 유동하는 지하수의 흐름 중, 지하수면 상부에서 지연 중력배수 되는 영향을 무시할 수 있고, 후기치만 사용하는 경우에는 고려대상 대수층이 자유면대수층이기 때문에 대수층 내에서 탄성적인 성격을 배제시킬 수 있다. 즉, 자유면대수층에서 장기간 대수성시험을 실시하여 취득한 시간-수위강하 자료를 이용하여 $s-t$ 곡선(데이터 곡선)을 작성하면 초기치는 피압대수층의 성격을 띠고(저유계수는 (S_s)), 후기치는 지하수가 중력 배수되는 자유면대수층(S_y)의 특성을 나타낸다.

1963년에 Boulton이 작성한 표준곡선과 1975년 Neuman이 작성한 표준곡선은 유사하지만 Boulton의 표준곡선과 구별키 위해 Neuman은 초기치의 $s-t$ 곡선을 A형 곡선, 후기치의 $s-t$ 곡선을 B형 곡선이라 명명하였다.

초기치(중력배수 무시)만 사용하는 경우

$$s_{ave} = \frac{Q}{4\pi T} W(t_s, \ \Gamma) \tag{5-87}$$

$$t_s = \frac{Tt}{S_s m r^2} = \frac{Tt}{S r^2} \tag{5-88}$$

후기치만 사용하는 경우에는

$$s'_{ave} = \frac{Q}{4\pi T} W(t_y, \ \Gamma) \tag{5-89}$$

$$t_y = \frac{Tt}{S_y r^2} \tag{5-90}$$

여기서 첨자 s 는 초기치, 첨자 y 는 후기치임을 의미한다.

우물함수 $W(t_s, \ \Gamma)$와 t_s 및 Γ와의 관계와 $W(t_y, \ \Gamma)$와 t_y 및 Γ와의 관계는 [표 5-8] 및 [표 5-9]와 같다.

[표 5-8] 자유면대수층에서 $s-t$ 곡선 중 초기치의 $W(t_s, \ \Gamma)$와 t_s 및 Γ 값

t_s	$\Gamma=0.001$	$\Gamma=0.004$	$\Gamma=0.01$	$\Gamma=0.03$	$\Gamma=0.06$	$\Gamma=0.1$	$\Gamma=0.2$	$\Gamma=0.4$	$\Gamma=0.6$
1×10^{-1}	2.48×10^{-2}	2.43×10^{-2}	2.41×10^{-2}	2.35×10^{-2}	2.30×10^{-2}	2.24×10^{-2}	2.14×10^{-2}	1.99×10^{-2}	1.88×10^{-2}
2×10^{-1}	1.45×10^{-1}	1.42×10^{-1}	1.40×10^{-1}	1.36×10^{-1}	1.31×10^{-1}	1.27×10^{-1}	1.19×10^{-1}	1.08×10^{-1}	9.88×10^{-1}
3.5×10^{-1}	3.58×10^{-1}	3.52×10^{-1}	3.45×10^{-1}	3.31×10^{-1}	3.18×10^{-1}	3.04×10^{-1}	2.79×10^{-1}	2.44×10^{-1}	2.17×10^{-1}
6×10^{-1}	6.62×10^{-1}	6.48×10^{-1}	6.33×10^{-1}	6.01×10^{-1}	5.70×10^{-1}	5.40×10^{-1}	4.83×10^{-1}	4.03×10^{-1}	3.43×10^{-1}
1×10^{0}	1.02×10^{0}	9.92×10^{-1}	9.63×10^{-1}	9.05×10^{-1}	8.49×10^{-1}	7.92×10^{-1}	6.88×10^{-1}	5.42×10^{-1}	4.38×10^{-1}
2×10^{0}	1.57×1^{0}	1.52×10^{0}	1.46×10^{0}	1.35×10^{0}	1.23×10^{0}	1.12×10^{0}	9.18×10^{-1}	6.59×10^{-1}	4.97×10^{-1}
3.5×10^{0}	2.05×10^{0}	1.97×10^{0}	1.88×10^{0}	1.70×10^{0}	1.51×10^{0}	1.34×10^{0}	1.03×10^{0}	6.90×10^{-1}	5.07×10^{-1}
6×10^{0}	2.52×10^{0}	2.41×10^{0}	2.27×10^{0}	1.99×10^{0}	1.73×10^{0}	1.47×10^{0}	1.07×10^{0}	6.90×10^{-1}	
1×10^{1}	2.97×10^{0}	2.80×10^{0}	2.61×10^{0}	2.22×10^{0}	1.85×10^{0}	1.53×10^{0}	1.08×10^{0}		
2×10^{1}	3.56×10^{0}	3.30×10^{0}	3.00×10^{0}	2.41×10^{0}	1.92×10^{0}	1.55×10^{0}			
3.5×10^{1}	4.01×10^{0}	3.65×10^{0}	3.23×10^{0}	2.48×10^{0}	1.93×10^{0}				
6×10^{1}	4.42×10^{0}	3.93×10^{0}	3.37×10^{0}	2.49×10^{0}	1.94×10^{0}				
1×10^{2}	4.47×10^{0}	4.12×10^{0}	3.43×10^{0}	2.50×10^{0}					
2×10^{2}	5.16×10^{0}	4.26×10^{0}	3.45×10^{0}						
3.5×10^{2}	5.40×10^{0}	4.29×10^{0}	3.46×10^{0}						
6×10^{2}	5.54×10^{0}	4.30×10^{0}							
1×10^{3}	5.59×10^{0}								
2×10^{3}	5.62×10^{0}								
3.5×10^{3}	5.62×10^{0}	4.30×10^{0}	3.46×10^{0}	2.50×10^{0}	1.94×10^{0}	1.55×10^{0}	1.08×10^{0}	6.96×10^{-1}	5.07×10^{-1}

t_s	$\Gamma=0.8$	$\Gamma=1.0$	$\Gamma=1.5$	$\Gamma=2.0$	$\Gamma=2.5$	$\Gamma=3.0$	$\Gamma=4.0$	$\Gamma=5.0$	$\Gamma=6.0$	$\Gamma=7.0$
1×10^{-1}	1.79×10^{-2}	1.70×10^{-2}	1.53×10^{-2}	1.38×10^{-2}	1.25×10^{-2}	1.13×10^{-2}	9.33×10^{-3}	7.72×10^{-3}	6.39×10^{-3}	5.30×10^{-2}
2×10^{-1}	9.15×10^{-2}	8.49×10^{-2}	7.13×10^{-2}	6.03×10^{-2}	5.11×10^{-2}	4.35×10^{-2}	3.17×10^{-2}	2.34×10^{-2}	1.74×10^{-2}	1.31×10^{-2}
3.5×10^{-1}	1.94×10^{-1}	1.75×10^{-1}	1.36×10^{-1}	1.07×10^{-1}	8.46×10^{-2}	6.78×10^{-2}	4.45×10^{-2}	3.02×10^{-2}	2.10×10^{-2}	1.51×10^{-2}
6×10^{-1}	2.96×10^{-1}	2.56×10^{-1}	1.82×10^{-1}	1.33×10^{-1}	1.01×10^{-1}	7.67×10^{-2}	4.76×10^{-2}	3.31×10^{-2}	2.14×10^{-2}	1.52×10^{-2}
1×10^{0}	3.60×10^{-1}	3.00×10^{-1}	1.99×10^{-1}	1.40×10^{-1}	1.03×10^{-1}	7.79×10^{-2}	4.78×10^{-2}		2.15×10^{-2}	
2×10^{0}	3.91×10^{-1}	3.17×10^{-1}	2.03×10^{-1}	1.41×10^{-1}						
3.5×10^{0}	3.94×10^{-1}									

[표 5-9] 자유면대수층에서 $s-t$ 곡선 중 후기치의 $W(t_y, \Gamma)$와 t_y 및 Γ 값

t_y	$\Gamma=0.8$	$\Gamma=1.0$	$\Gamma=1.5$	$\Gamma=2.0$	$\Gamma=2.5$	$\Gamma=3.0$	$\Gamma=4.0$	$\Gamma=5.0$	$\Gamma=6.0$	$\Gamma=7.0$
1×10^{-4}	3.95×10^{-1}	3.18×10^{-1}	2.04×10^{-1}	1.42×10^{-1}	1.03×10^{-1}	7.80×10^{-2}	4.79×10^{-2}	3.14×10^{-2}	2.15×10^{-2}	1.53×10^{-2}
2×10^{-4}						7.81×10^{-2}	4.80×10^{-2}	3.15×10^{-2}	2.16×10^{-2}	1.53×10^{-2}
3.5×10^{-4}					1.03×10^{-1}	7.83×10^{-2}	4.81×10^{-2}	3.16×10^{-2}	2.17×10^{-2}	1.54×10^{-2}
6×10^{-4}					1.04×10^{-1}	7.85×10^{-2}	4.84×10^{-2}	3.18×10^{-2}	2.91×10^{-2}	1.56×10^{-2}
1×10^{-3}	3.95×10^{-1}	3.18×10^{-1}	2.04×10^{-1}	1.42×10^{-1}	1.04×10^{-1}	7.89×10^{-2}	4.78×10^{-2}	3.21×10^{-2}	2.21×10^{-2}	1.58×10^{-2}
2×10^{-3}	3.96×10^{-1}	3.19×10^{-1}	2.05×10^{-1}	1.43×10^{-1}	1.05×10^{-1}	7.99×10^{-2}	4.96×10^{-2}	3.29×10^{-2}	2.28×10^{-2}	1.64×10^{-2}
3.5×10^{-3}	3.97×10^{-1}	3.21×10^{-1}	2.07×10^{-1}	1.45×10^{-1}	1.07×10^{-1}	8.14×10^{-2}	5.09×10^{-2}	3.41×10^{-2}	2.39×10^{-2}	1.73×10^{-2}
6×10^{-3}	3.99×10^{-1}	3.23×10^{-1}	2.09×10^{-1}	1.47×10^{-1}	1.09×10^{-1}	8.38×10^{-2}	5.32×10^{-2}	3.61×10^{-2}	2.57×10^{-2}	1.89×10^{-2}
1×10^{-2}	4.03×10^{-1}	3.27×10^{-1}	2.13×10^{-1}	1.52×10^{-1}	1.13×10^{-1}	8.79×10^{-2}	5.68×10^{-2}	3.93×10^{-2}	2.86×10^{-2}	2.15×10^{-2}
2×10^{-2}	4.12×10^{-1}	3.37×10^{-1}	2.24×10^{-1}	1.62×10^{-1}	1.24×10^{-1}	9.80×10^{-2}	6.61×10^{-2}	4.78×10^{-2}	3.62×10^{-2}	2.84×10^{-2}
3.5×10^{-2}	4.25×10^{-1}	3.50×10^{-1}	2.39×10^{-1}	1.78×10^{-1}	1.39×10^{-1}	1.13×10^{-1}	8.06×10^{-2}	6.12×10^{-2}	4.86×10^{-2}	3.98×10^{-2}
6×10^{-2}	4.47×10^{-1}	3.74×10^{-1}	2.65×10^{-1}	2.05×10^{-1}	1.66×10^{-1}	1.40×10^{-1}	1.06×10^{-1}	8.53×10^{-2}	7.14×10^{-2}	6.14×10^{-2}
1×10^{-1}	4.83×10^{-1}	4.12×10^{-1}	3.07×10^{-1}	2.48×10^{-1}	2.10×10^{-1}	1.84×10^{-1}	1.49×10^{-1}	1.28×10^{-1}	1.13×10^{-1}	1.02×10^{-1}
2×10^{-1}	5.71×10^{-1}	5.06×10^{-1}	4.10×10^{-1}	3.57×10^{-1}	3.23×10^{-1}	2.98×10^{-1}	2.66×10^{-1}	2.45×10^{-1}	2.31×10^{-1}	2.20×10^{-1}
3.5×10^{-1}	6.97×10^{-1}	6.42×10^{-1}	5.62×10^{-1}	5.71×10^{-1}	4.89×10^{-1}	4.70×10^{-1}	4.45×10^{-1}	4.30×10^{-1}	4.19×10^{-1}	4.11×10^{-1}
6×10^{-1}	8.89×10^{-1}	8.50×10^{-1}	7.92×10^{-1}	7.63×10^{-1}	7.45×10^{-1}	7.33×10^{-1}	7.18×10^{-1}	7.09×10^{-1}	7.03×10^{-1}	6.99×10^{-1}
1×10^{0}	1.16×10^{0}	1.13×10^{0}	1.10×10^{0}	1.08×10^{0}	1.07×10^{0}	1.07×10^{0}	1.06×10^{0}	1.06×10^{0}	1.05×10^{0}	1.05×10^{0}
2×10^{0}	1.66×10^{0}	1.65×10^{0}	1.64×10^{0}	1.63×10^{0}	1.63×10^{0}	1.63×10^{0}	1.63×10^{0}	1.63×10^{0}	1.63×10^{0}	1.63×10^{0}
3.5×10^{0}	2.15×10^{0}	2.14×10^{0}	2.14×10^{0}	2.14×10^{0}	2.14×10^{0}	2.14×10^{0}	2.14×10^{0}	2.14×10^{0}	2.14×10^{0}	2.14×10^{0}
6×10^{0}	2.65×10^{0}	2.65×10^{0}	2.65×10^{0}	2.64×10^{0}	2.64×10^{0}	2.64×10^{0}	2.64×10^{0}	2.64×10^{0}	2.64×10^{0}	2.64×10^{0}
1×10^{1}	3.14×10^{0}	3.14×10^{0}	3.14×10^{0}	3.14×10^{0}	3.14×10^{0}	3.14×10^{0}	3.14×10^{0}	3.14×10^{0}	3.14×10^{0}	3.14×10^{0}
2×10^{1}	3.82×10^{0}	3.82×10^{0}	3.82×10^{0}	3.82×10^{0}	3.82×10^{0}	3.82×10^{0}	3.82×10^{0}	3.82×10^{0}	3.82×10^{0}	3.82×10^{0}
3.5×10^{1}	4.37×10^{0}	4.37×10^{0}	4.37×10^{0}	4.37×10^{0}	4.37×10^{0}	4.37×10^{0}	4.37×10^{0}	4.37×10^{0}	4.37×10^{0}	4.37×10^{0}
6×10^{1}	4.91×10^{0}	4.19×10^{0}	4.91×10^{0}	4.91×10^{0}	4.91×10^{0}	4.91×10^{0}	4.91×10^{0}	4.91×10^{0}	4.91×10^{0}	4.91×10^{0}
1×10^{2}	5.42×10^{0}	5.42×10^{0}	5.42×10^{0}	5.42×10^{0}	5.42×10^{0}	5.42×10^{0}	5.42×10^{0}	5.42×10^{0}	5.42×10^{0}	5.42×10^{0}

t_u	$\Gamma=0.001$	$\Gamma=0.004$	$\Gamma=0.01$	$\Gamma=0.03$	$\Gamma=0.06$	$\Gamma=0.1$	$\Gamma=0.2$	$\Gamma=0.4$	$\Gamma=0.6$
1×10^{-4}	5.62×10^{0}	4.30×10^{0}	3.46×10^{0}	2.50×10^{0}	1.94×10^{0}	1.56×10^{0}	1.09×10^{0}	6.97×10^{-1}	5.08×10^{-1}
2×10^{-4}									
3.5×10^{-4}									
6×10^{-4}									
1×10^{-3}								6.97×10^{-1}	5.08×10^{-1}
2×10^{-3}								6.97×10^{-1}	5.09×10^{-1}
3.5×10^{-3}								6.98×10^{-1}	5.10×10^{-1}
6×10^{-3}								7.00×10^{-1}	5.12×10^{-1}
1×10^{-2}								7.03×10^{-1}	5.16×10^{-1}
2×10^{-2}						1.56×10^{0}	1.09×10^{0}	7.10×10^{-1}	5.24×10^{-1}
3.5×10^{-2}					1.94×10^{0}	1.56×10^{0}	1.10×10^{0}	7.20×10^{-1}	5.37×10^{-1}
6×10^{-2}				2.50×10^{0}	1.95×10^{0}	1.57×10^{0}	1.11×10^{0}	7.37×10^{-1}	5.57×10^{-1}

[표 5-8] 및 [표 5-9]의 t_s와 t_y값과 우물함수인 W(t_s와 Γ)와 W(t_y와 Γ)를 양대수방안지 상에 작도하여 자유면대수층의 표준곡선을 작도하면 [그림 5-29]와 같다.

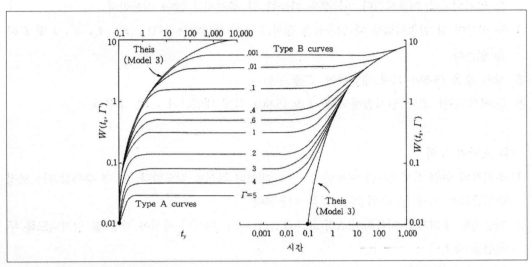

[그림 5-29] 자유면대수층의 표준곡선

2) 분석순서

가) t_s 대 $W(t_s, \Gamma)$와 t_y 대 $W(t_y, \Gamma)$ 값을 양대수 방안지 위에 작도하여 표준곡선을 만든다 (그림 5-29 참조). 이 때 t_s 와 $W(t_s, \Gamma)$을 이용하여 작도한 곡선을 A형 표준곡선이라 하고 $s - t$ 값 중 초기치를 이용하여 분석한다. 또한 t_y 와 $W(t_y, \Gamma)$ 값을 이용하여 작도한 곡선을 B형 표준곡선이라 하며 $s - t$ 값 중 후기치를 이용하여 분석한다.

현재 발간된 대다수의 자유면 상태의 표준곡선은 [그림 5-29]처럼 A 형 및 B 형 표준곡선을 한 장에 그려 놓은 것이다.

나) 후기치 분석

① 후기 데이터자료와 B형 표준곡선을 이용하여 대수성시험 자료를 분석할 때는 반드시 다음 식으로 수위강하량을 보정한다.

$$보정 \ 수위강하량(s') = s - \frac{s^2}{2m} \qquad (5\text{-}91)$$

② B형 표준곡선과 동일한 스케일의 양대수방안지 위에 보정수위 s' 와 t를 이용하여 데이터 곡선을 작도한다.[거리-수위강하 자료($s' \ vs \ \frac{t}{r^2}$)는 이 방법으로는 사용할 수 없다

(Neuman, 1975).

③ B형 표준곡선 위에 데이터 곡선을 올려놓고 축을 서로 평행하게 유지시면서 두 곡선이 가장 잘 일치되도록 이동시킨다. 이 경우 가능한 한 후기치를 많이 이용한다.

④ 두 곡선이 잘 일치되었을 때 일치점을 정하고 그에 해당하는 $W(t_y, \ \Gamma)$, t_y, s', t 및 Γ값을 읽는다.

⑤ 상기 값을 (5-89) 식에 대입하여 T를 구한다.

⑥ ⑤에서 구한 T와 일치점에 구한 t를 (5-90) 식에 대입하여 s_y를 구한다.

다) 초기치 분석

① 초기치의 수위 강하자료를 이용하여 $s - t$ 데이터 곡선을 작도한다. 이 때 수위강하는 보정 수위강하가 아닌 실 수위강하자료를 이용한다.

② 가능한한 초기치를 이용하여 A형 표준곡선과 $s - t$ 데이터 곡선이 가장 잘 일치되도록 두 곡선을 맞춘다.

③ 두 곡선이 잘 일치되었을 때 일치점을 정하고 그에 해당하는 $W(t_y, \ \Gamma)$, t_s, s, t 및 Γ값을 읽는다.

④ 상기 값을 (5-87) 식과 (5-88) 식에 대입하여 T와 S_s를 구한다.

라) 분석결과

① 초기곡선과 후기곡선을 이용하여 구한 T값들은 동일한 값이어야 하며, 초기곡선으로부터 구한 S_s는 피압대수층의 성격을 띠고, 후기곡선을 이용하여 구한 S_y는 자유면대수층의 비 산출률이다.

② 대수층의 수평 수리전도도(K_r)는 T를 대수층의 포화두께(m)로 나누어 구한다.

③ K_r값과 Γ값을 (5-86)식에 대입하여 수직 수리전도도(K_z)를 구한다.

④ 필요한 경우에 [그림 5-27]과 [그림 5-28]을 이용하여 α와 D를 계산하고 t_{wt}를 구한다.

예 5-8 ●

모래와 자갈로 구성된 자유면대수층에서 대수성시험을 실시하였다. 자유면대수층의 초기 포화 두께는 $100 \, ft$ 였으며 양수량은 $6.7 \, ft^3/$분이였다. 양수정에서 $75 \, ft$ 떨어져 있는 관측정에서 측정한 양수 경과시간별 수위강하량과 보정수위는 [표 5-10]과 같다. 이 때 자유면대수층의 T, K_r, K_z, S_s 및 S_y을 구하라.

[표 5-10] 대수성시험시 측정한 실수위강하와 보정수위강하(s')

시간 (분)	$s\ (ft)$	$s'\ (ft)$	시간 (분)	$s\ (ft)$	$s'\ (ft)$
1	0.3	-	480	18.8	17.0
2	1.6	-	960	18.7	17.0
4	4.5	-	1440	19.1	17.3
6	7.0	-	1920	20.0	18.0
8	8.2	-	2400	20.1	18.1
10	9.0	-	2880	21.2	19.0
20	12.4	-	3360	21.8	19.4
30	14.0	-	3840	22.2	19.7
60	17.0	15.6	4320	22.8	20.2
120	18.0	16.4	4800	23.3	20.6
240	18.5	16.8	7200	24.8	21.7
360	18.6	16.9	9600	26.2	22.8

〈해〉

① 후기치를 이용하는 경우

보정수위(s')는 (5-91)식을 이용해서 계산했으며 $s'-t$ 데이터 곡선과 B형 표준곡선을 서로 중첩시켜 일치점을 구한 바 그 결과는 [그림 5-30]과 같고 일치점에서 구한 값들은 다음과 같다.

$$s' = 14\,ft \quad,\quad t = 3{,}000\,\text{분} \quad,\quad \Gamma = 0.03 \quad,\quad W(t_y, \Gamma) = 2.7 \quad,\quad t_y = 2.9\,\text{분}$$

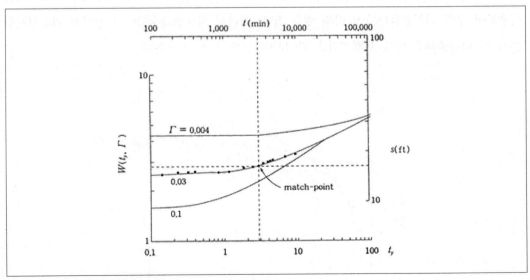

[그림 5-30] 후기치를 이용하여 표준곡선과 일치시킨 경우

상술한 일치점에서의 값을 (5-89) 식과 (5-90) 식에 대입하여 T와 S_y를 구하면 다음과 같다.

$$T = \frac{Q}{4\pi s'}\, W(t_y,\ \Gamma) = \frac{6.7 \times 2.7}{4\pi \times 14} = 0.103 ft^2/분 \quad (148 ft^2/日)$$

$$S_y = \frac{T \times t}{t_y \times r^2} = \frac{0.103 \times 3,000}{2.9 \times 75^2} = 0.019$$

② 초기치를 이용하는 경우

[표 5-10]의 초기에 해당하는 실수위강하(s)와 t를 이용해서 작성한 데이터 곡선과 A형표준곡선을 중첩시켜 일치점을 구할 때 Γ의 값은 반드시 후기치에서 사용한 Γ을 이용해야 한다. 두 곡선이 일치되었을 때 결과는 [그림 5-31]과 같고 이 때 임의의 일치점에서 구한 값은 다음과 같다.

$$s = 9\,ft, \quad t = 10분, \quad \Gamma = 0.03, \quad W(t_s, \Gamma) = 1.7, \quad t_s = 2분$$

따라서 위의 값을 (5-87) 식과 (5-88) 식에 대입하여 T와 S_s 및 S를 구하면,

$$T = \frac{Q}{4\pi s}\, W(t_s, \Gamma) = \frac{6.7 \times 1.7}{4\pi \times 9} = 0.101\, ft^2/분 \quad (145 ft^2/日)$$

$$S_s = \frac{Tt}{t_s m r^2} = \frac{0.101 \times 10}{2 \times 100 \times 75^2} = 6.7 \times 10^{-5}$$

$$\therefore S = S_s m = 6.7 \times 10^{-5} \times 100 = 0.0067$$

초기치와 후기치를 이용하여 구한 T는 비슷하나 초기치를 이용하여 구한 저유계수는 후기치를 이용하여 구한 비산출률(S_y)에 비해 매우 적다. 따라서 자유면대수층에서 실시한 대수성시험 분석 시 비산출률은 반드시 후기치를 분석하여 구한 S_y를 사용한다.

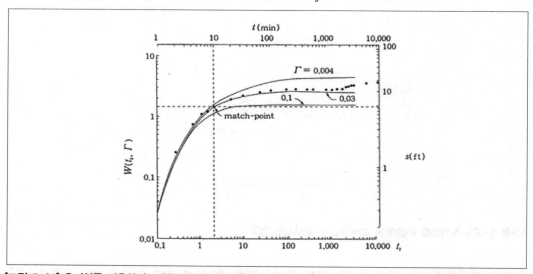

[그림 5-31] 초기치를 이용하여 표준곡선과 서로 중첩시킨 경우의 각 인자들(Γ는 초기 및 후기에 관계없이 동일한 값을 사용)

③ 수평수리전도도(K_r)와 수직수리전도도(K_z) :

$$K_r = \frac{T}{m} = \frac{0.103}{100} = 1.03 \times 10^{-3} ft/분 \quad (1.48 ft/日)$$

$$K_z = \frac{\Gamma K_r m^2}{r^2} = \frac{0.03 \times 1.03 \times 10^{-3} \times 100^2}{75^2} = 5.5 \times 10^{-5} ft/분 \quad (0.08 ft/日)\text{이다.}$$

따라서 수직수리전도도와 수평수리전도도의 비는

$$\frac{K_z}{K_r} = \frac{0.08}{1.48} = \frac{1}{18.5}$$

[그림 5-30]과 [그림 5-31]에서 현장 대수성시험 자료의 후기 및 초기치를 이용하여 B형 및 A형 표준곡선과 서로 중첩시킬 때 Γ값은 동일한 값을 사용한다.

••

(2) 직선법(straight line method) – Neuman법

자유면대수층에서 실시한 대수성시험 시 취득한 시간수위강하 곡선을 반대수 방안지 상에 작도하면 2개의 직선과 한 개의 곡선부로 나타난다. Neuman(1975)은 Berkaloff(1963)가 사용한 방법을 바탕으로 하여 이의 분석방법을 개발하였다.

[표 5-8]과 [표 5-9]의 값을 반대수 방안지에 작도하면 [그림 5-32]와 같이 된다. 무차원 시간 t_s가 큰 값을 가질 때 초기자료의 우물함수 $W(t_s, \Gamma)$는 (5-92) 식과 같이 표현된다. 즉,

$$s = \frac{Q}{4\pi T} W(t_s, \Gamma) \approx \frac{2.3Q}{4\pi T} log \frac{2.25\,Tt}{s_s m r^2} = \frac{2.3Q}{4\pi T} log 2.25 t_s$$

$$\therefore \frac{s 4\pi T}{Q} = W(t_s, \Gamma) = 2.3 \log 2.25 t_s \tag{5-92}$$

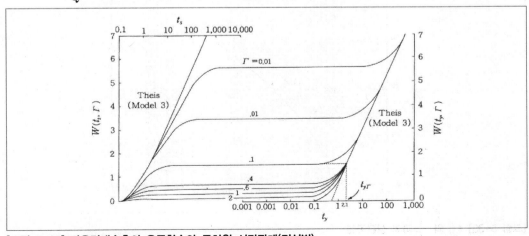

[그림 5-32] 자유면대수층의 우물함수와 무차원 시간관계(직선법)

윗식에서 초기자료의 $W(t_s, \Gamma)$와 t_s를 반대수 방안지 상에 작도하면 직선형이 된다.

무차원시간 t_y가 큰 값일 때 후기자료의 우물함수 $W(t_y, \Gamma)$는 (5-93) 식과 같이 표현되고 $W(t_y, \Gamma)$와 t_y의 관계는 역시 반대수 방안지 상에서 직선으로 나타난다.

$$s' = \frac{Q}{4\pi T} W(t_y, \Gamma) \approx \frac{2.3Q}{4\pi T} log \frac{2.25\,Tt}{s_y r^2} = \frac{2.3Q}{4\pi T} log\, 2.25 t_y$$

$$\therefore \; \frac{s' 4\pi T}{Q} = W(t_y, \Gamma) = 2.3 \log t_y \tag{5-93}$$

(5-92)식과 (5-93)식은 $u \ll 0$일 때(t_s와 t_y는 클 때) Theis의 우물함수의 개략해인 Cooper-Jacob 식과 같다. 따라서 시간-수위 강하량의 초기치와 후기치는 반대수 방안지 상에서 직선형이 되지만 중간부위에 해당하는 시간-수위 강하량은 거의 수평에 가깝게 작도된다.(그림 5-32 참조) 즉, Γ값에 따른 직선구간의 시간-수위강하 곡선(실은 수평 직선형임)을 연장하여 [그림 5-32]의 $W(t_y, \Gamma)$ 곡선과 만나는 지점의 t_y 값을 $t_{y\Gamma}$로 표시한다.(즉 $\Gamma = 0.1$일 때 중간부위의 시간-수위강하를 연장해서 오른쪽의 경사직선과 만나는 점의 $t_{y\Gamma} \fallingdotseq 2.1$이다.) 따라서 각 Γ에 따른 중간부위의 시간-수위강하곡선을 연장해서 얻어지는 $t_{y\Gamma}$값과 $\frac{1}{\Gamma}$ 을 양대수 방안지 상에 작도하면 그 결과는 [그림 5-33]과 같은 곡선이 된다. [그림 5-33]의 곡선 중 $4 < t_{y\Gamma} < 100$ 구간에서는 선형이므로 $4 < t_{y\Gamma} \leqq 100$구간에서 Γ는 대체적으로 (5-94)식으로 표현된다.

$$\Gamma = \frac{0.195}{\left(t_{y\Gamma}\right)^{1.1053}} \tag{5-94}$$

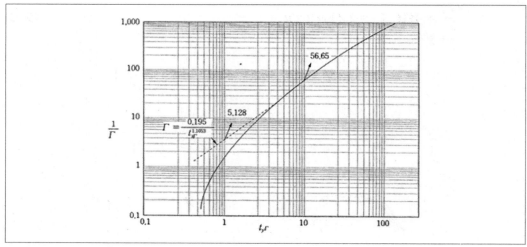

[그림 5-33] $t_{y\Gamma}$와 $\frac{1}{\Gamma}$ 과의 상관곡선

위와 같은 조건하에서 $s-t$ 값을 반대수 방안지에 작도하면 자유면대수층의 K_r, S_y, K_z 및 S를 구할 수 있다.

1) 후기자료를 이용하여 분석하는 경우

① s와 $\log(t)$를 작도한다.(반대수방안지에 t는 $\log$로 작성)

② $s-t$ 자료의 후기치를 이용하여 직선을 긋고 $s=0$인 지점과 교차하는 시간t_{0L}을 구한다.

③ t가 1 cycle log일 때의 직선의 기울기 ΔS_L을 구한다.

④ 그런 다음 $T = \dfrac{0.183Q}{\Delta S_{0L}}$을 이용하여 T를 구하고 T를 대수층의 초기 포화두께 m으로 나누면 대수층의 수리전도도 K_r을 구할 수 있다.

⑤ 또한 대수층의 비산출률(S_y)는 $S_y = \dfrac{2.25T}{r^2}t_{0L}$을 이용해서 구한다.

⑥ 이 방법은 Cooper-Jacob의 직선법과 동일하다.

⑦ 그 다음 중간부위의 시간-수위강하곡선에 다시 수평선을 일치시키고, 이를 수평으로 연장하여 [그림 5-32]의 왼쪽 경사직선과 교차하는 지점에서 $t_{y\Gamma}$를 구한다.

⑧ 또는 ④, ⑤ 단계에서 구한 T와 S_y를 다음 (5-95)식에 대입하여 $t_{y\Gamma}$를 구한다.

$$t_{y\Gamma} = \frac{Tt\,\Gamma}{S_y\,r^2} \tag{5-95}$$

⑨ 그런 다음 (5-94)식이나 [그림 5-33]을 사용해서 $t_{y\Gamma}$로부터 Γ를 알아낼 수 있다. 즉, (5-86) 식을 이용해서 K_z를 구한다.

$$K_z = \frac{\Gamma K_r m^2}{r^2}$$

⑩ 초기 시간-수위강하 자료를 작도한 후 직선을 긋는다. 이 때 직선구간의 경사가 후기시간-수위강하 자료의 직선구간의 경사와 큰 차이가 있으면 이 방법으로는 S_s를 구할 수 없다. 그러나 초기와 후기치의 직선구간의 경사가 비슷한 경우에는 $s=0$되는 수평축까지 선을 연장한 후, 교차점을 t_{0E}라 한다. t가 1 cycle log일 때 s의 값을 Δs_E라고 할 것 같으면

⑪ $T = \dfrac{0.183Q}{\Delta s_E}$을 이용하여 T를 계산하고 ④단계에서 구한 T와 비교한다.

⑫ 비저유계수(S_s)는 다음 식을 이용하여 구한다.

$$S_s = \frac{2.25T}{mr^2}t_{0E}$$

5.5 부정류 – 파쇄형 단열매체의 우물수리와 분석

5.5.1 파쇄형 단열대수층의 종류

파쇄형 단열 대수층은 암체를 구성하고 있는 광물 입자사이의 공극이나 현무암의 기공(porous block)과 같은 일차공극, 대수층의 공극과 투수성을 지배하는 절리나 층서면, 부정합면 및 단층대와 같은 단열계(fissure system) 및 파쇄대로 이루어져 있다.

파쇄형 단열 대수층에서 산출되는 지하수는 간단히 말해서 두 가지의 서로 연결된 공극과 투수성에 의해 좌우된다. 즉 첫째 공극률은 적지만 투수성이 매우 큰 각종 불연속면으로 구성된 단열계와 둘째 공극률은 비교적 크지만 다공질 블록(block)으로 구성된 비단열형의 투수성에 좌우된다. 따라서 파쇄형 단열대수층 내에서 흐름양상과 인자들은 모래나 자갈과 같은 다공질 대수층의 경우와는 다르다. 파쇄형 단열대수층에서 지하수의 흐름은 완전히 단열의 형태와 단열의 존재여부에 따라 좌우되는 반면 다공질 블록 내에 발달된 공극은 지하수의 저유에만 영향을 미친다.

파쇄형 단열대수층의 투수성은 다공질인 블록의 투수성 보다 3~4차수(order) 정도 크고 이에 반해 다공질 블록의 공극률은 파쇄대의 공극률보다 3~4차수(order) 정도 크다(Streltsova, 1976b, Streltsova, 1978). 단열계는 압력변화에 매우 민감하여 피압수두를 변화시키면 즉시 탄성반응을 나타내지만 다공질 블록은 탄성반응이 매우 느리다. 파쇄형 단열대수층 내에 저유된 지하수를 채수 시 이에 따른 반응인자는 T와 S이다.

따라서 파쇄형 단열대수층은 일반적으로 다음과 같이 3가지의 모델이 있다. ① 피압 상태하에 있는 2개층의 다공질 블록과 단열계 모델(2 layer porous block and fissure model)과 ② 피압 상태하에 있는 무작위로 불규칙하게 분포된 다공성 블록과 단열계 모델(randomly distributed block and fissure model)과 ③ 자유면 상태하에 있는 2층 다공성 블록과 단열계 모델(2 layer block and fissure model)등이다. 여기서 다공성 블록은 일종의 준대수층(aquitard)의 역할을 하며 단열계는 대수층(aquifer)의 역할을 한다.

이 중 ① 무작위로 분포된 다공성 블럭과 단열계 모델이란 단열이 서로 연결되어 있고 불규칙한 형태를 가진 다공성 블록으로 이루어져 있는 파쇄형 단열대수층이며, 이에 비해 ② 2개층의 다공성 블록과 단열계 모델은 수평범위가 무한대이며 단열이 서로 평행하게 배열 분리되어 있으며 평탄한 다공성 블록으로 이루어진 파쇄형 단열대수층을 의미한다.

다공성 블록 내에서 지하수의 흐름은 그곳에 설치한 우물을 다공성 블록 구간에 우물자재를 설치했느냐, 설치하지 않았느냐에 따라 수평흐름 또는 수평 수직흐름으로 나타난다. 이 과정에서는 상술한 3가지 모델가운데 가장 많이 이용되고 있는 피압 상태하에 있는 2개층의 다공질 블록과 단열계 모델(2 layer porous block and fissure model)을 설명하면 다음과 같다.

5.5.2 2층 다공질 블록과 단열계 모델(비누수-피압 상태)

(1) 개념 모델

개념 모델의 모식도는 [그림 5-34]와 같으며 본 모델에서 사용하는 술어의 정의와 가정은 다음과 같다.

1) 술어정의

K : 단열구간의 수리전도도 [LT^{-1}]

K': 다공질 블록(준대수층)의 수리전도도 [LT^{-1}]

m : 단열계의 평균 두께의 1/2[L] : 모델 대수층 두께

m' : 다공질 블록의 평균 두께의 1/2 [L] : 모델 블록 두께

Q : 단열계에서 일정하게 채수하는 양수율 [L^{3}T^{-1}]

r : 양수정에서 방사상 거리 [L]

s : 단열 대수층에서 평균 수위강하량 [L]

s' : 다공질 블록(준대수층)내 임의의 지점에서 수위강하량 [L]

S : 단열계(대수층)의 저유계수

S' : 다공질 블록(준대수층)의 저유계수

z : 다공질 블록의 저면에서 수직거리

2) 가정

① 단열이 무작위로 분포되어 있거나 배열이 불규칙하게 분리되어 있는 여러 개의 다공성 블록은 난대수층(aquiclude)에 의해 상하부가 구속되어 있는 피압상태의 준대수층(다공성 블록)과 대수층(단열구간)으로 모의할 수 있다. 이 때 다공성 블록의 평균 두께는 $2m'$ 이지만 고려 대상 수리지질계의 대칭성을 감안하여 전체계의 1/2만 고려한다. 따라서 대수층(단열계)과 다공성 블록(준대수층)의 두께는 각각 m 및 m' 이다.

② 모든 지층은 수평방향으로 무한대로 분포되어 있으며

③ 채수 이전의 초기 지하수위는 수평이며 방사상으로 무한대로 분포되어 있고

④ 대수층(단열계)와 준대수층(다공질 블록)은 균질등방이며

⑤ 지하수의 밀도와 점성은 항상 일정하다.

⑥ 지하수의 흐름은 Darcy 법칙으로 서술 가능하고

⑦ 준대수층에서 지하수 흐름은 수직이나, 대수층(단열계)내에서 지하수 흐름은 수평이고 방사상이다.

⑧ 양수정과 관측정은 완전–관통정이며 다공성 블록(준대수층)의 전 구간에 무공관을 설치했기 때문에 이 구간은 불투수성이다.

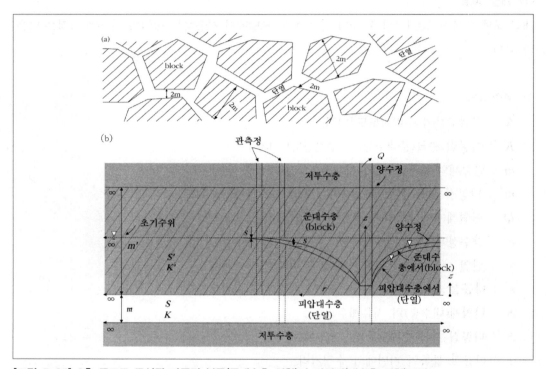

[그림 5-34] 2층 구조로 구성된 다공질 블록(준대수층 역할)과 단열계(대수층 역할)모델

⑨ 양수율은 일정하고

⑩ 대수층의 두께는 준대수층의 두께보다 매우 적다.(m/m'의 비율이 적다)

⑪ 우물수두 손실은 무시할 수 있으며

⑫ 단열계와 다공질 블록은 완전탄성 및 압축성이 있다.

(2) 수학적인 모델

1) 다공질 블록(준대수층)

가) 지배식

$$\frac{\partial^2 s'}{\partial z^2} = \left(\frac{S'}{T'}\right)\frac{\partial s'}{\partial t}$$

(5-96)

여기서,　　s' : 준대수층인 다공성 블록의 수위강하

　　　　　z : 준대수층 저면으로부터 수직 방향의 거리

　　　　　T' : 준대수층의 투수량계수, $K' \times m'$

　　　　　S' : 준대수층의 저유계수

나) 초기 조건

양수하기 이전의 수위강하는 전 지역에서 0이다.

$$s'(r, \ z, \ t = 0) \ = \ 0$$

다) 경계 조건

- 준대수층인 다공성 블록의 최상부는 일종의 지하수 분수령이다. 따라서 계의 대칭성 때문에 지하수는 이 경계를 통과할 수 없다.

$$\frac{\partial s'(r, z = m', t)}{\partial z} = 0$$

- 준대수층 저면에서 수위강하량은 대수층에서 수위강하량과 동일하다.

$$s'(r, \ z = 0, \ t) = s(r, \ z = 0, t)$$

2) 단열대(대수층)

가) 지배식(누수 피압대수층의 지배식을 참고하기 바람)

$$\frac{\partial^2 s}{\partial r^2} + \frac{1}{r}\frac{\partial s}{\partial r} + \frac{s'}{B^2} = \frac{S}{Km}\frac{\partial s}{\partial t} \tag{5-97a}$$

여기서,　　s : 대수층에서 수위강하 [L]

　　　　　r : 양수정에서 방사거리 [L]

　　　　　S : 대수층의 저유계수

　　　　　T : 대수층의 투수량계수 [L^2T^{-1}]

　　　　　s' : 다공질 블록에서의 수위강하 [L]

　　　　　(5-97a)식에서 B^2은 다음과 같다

$$B^2 = \frac{Kmm'}{K'} = \frac{Tm'}{K'} \tag{5-97b}$$

나) 초기 조건

양수개시 이전의 수위강하는 어느 지점에서나 0이다.

$$s(r, \ t=0) = s'(r, \ t=0) = 0$$

다) 경계 조건

양수정에서 무한대의 거리에 위치한 지점의 $s = 0$ 이다.

$$s(r = \infty, \ t) = s'(r = \infty, \ t) = 0 \ , t \geq 0$$

지하수 채수시 양수정으로 흐르는 지하수 흐름은 대수층 전 두께를 통해 일정·균일하다(즉 지하수의 흐름은 수평이다).

$$\lim_{r \to 0} r \frac{\partial s}{\partial r} = - \frac{Q}{2\pi T} \quad T = K \cdot m$$

(3) 해석학적인 해

1) 일반해

가) 다공질 블록(준대수층)

다공질 블록인 준대수층의 수위강하식인 (5-96)식의 해는 다음식과 같다.(Boulton과 Streltsova, 1977a)

$$s' = \frac{Q}{2\pi T} W'\left(u, \ \frac{r}{m'}, \ b, c\right) \tag{5-98}$$

윗식에서 $\quad u = \dfrac{r^2 s}{4Tt}$ $\tag{5-99}$

$$b = \frac{T'S}{TS'} = c\frac{S}{S'} \tag{5-100}$$

$$c = \frac{T'}{T} \tag{5-101}$$

여기서 $W'\left(u, \dfrac{r}{m'}, b, c\right)$는 다공성 블록의 우물함수로써

$$W'\left(u, \ \frac{r}{m'}, \ b, \ c\right) = \int_0^\infty \beta J_0\left(\frac{r\beta}{m'}\right)\left(\sum_{n=1}^\infty \varphi_n \Phi_n\right) d\beta \tag{5-102}$$

여기서, $\quad \beta$: 적분시 dummy 변수이며

$\quad\quad\quad J_0$: 제 1종 zero order 베셀 함수이다.

$$\varphi_n = \frac{1 - \exp\left(\dfrac{-\gamma_n^2 T\,'t}{S\,'m'^2}\right)}{\left(\dfrac{T\,'S\gamma_n^2}{TS\,'}\right) + 0.5\dfrac{T}{T\,'}\gamma_n^2(\tan\gamma_n + \gamma_n\sec^2\gamma_n)} \tag{5-103}$$

$$\gamma_n\left(\frac{T\,'S\gamma_n}{TS\,'} + \frac{T\,'}{T}tan\,\gamma_n\right) = \beta^2 \tag{5-104}$$

$$\Phi_n = \cos\left(\gamma_n\frac{z}{m'}\right) + \tan\gamma_n\sin\left(\gamma_n\frac{z}{m'}\right) \tag{5-105}$$

나) 단열대(대수층)

(5-97)식의 대수층에서 수위강하 s의 해는

$$s = \frac{Q}{4\pi T}\,W\left(u, \frac{r}{m'}, b, c\right) \tag{5-106}$$

이며 $W\left(u, \dfrac{r}{m'}, b, c\right)$를 단열대의 우물함수이다. 여기서

$$W\left(u, \frac{r}{m'}, b, c\right) = \int_0^\infty \beta J_0\left(\frac{r\beta}{m'}\right)\left(\sum_{n=1}^\infty \varphi_n\right)d\beta \tag{5-107}$$

$$\varphi_n = \frac{2\left[1 - \exp\left(\dfrac{-\gamma_n^2 T\,'t}{S\,'m'^2}\right)\right]}{\beta^2\left(1 + \beta^2\dfrac{T}{T\,'}\right) + \dfrac{T\,'}{T}\gamma_n^2} \tag{5-108}$$

$$\Phi_n = \cos\left(\gamma_n\frac{z}{m'}\right) + \tan\gamma_n\sin\left(\gamma_n\frac{z}{m'}\right) \tag{5-109}$$

$$\gamma_n\tan\gamma_n = \beta^2\frac{T}{T\,'} \tag{5-110}$$

[표 5-11] $W'\left(u,\frac{r}{m'},b,c\right)$ 와 $W\left(u,\frac{r}{m'},b,c\right)$ 의 값

| | $W'\left(u,\frac{r}{m'},b,c\right)$: 다공성 블록 | | | | | | $W\left(u,\frac{r}{m'},b,c\right)$:단열대 | | | |
| | b=0.1, c=1일 때 | | | | | | b=0.1, c=1일 때 | | | |
$\dfrac{r}{m'}$ \ $1/u$	2	1	0.5	0.3	0.1	0.05	0.5	0.3	0.1	0.05
4.0×10^{-1}				1.1×10^{-2}	1.8×10^{-2}	1.8×10^{-2}				
7.0×10^{-1}		1.2×10^{-2}	3.7×10^{-2}	6.6×10^{-2}	1.0×10^{-1}	1.0×10^{-1}				
1.0×10^{0}		3.2×10^{-2}	8.7×10^{-2}	1.4×10^{-1}	2.2×10^{-1}	2.2×10^{-1}				
2.0×10^{0}	1.4×10^{-2}	1.1×10^{-1}	2.4×10^{-1}	3.3×10^{-1}	5.1×10^{-1}	5.4×10^{-1}	1.6×10^{-2}	1.0×10^{-2}		
4.0×10^{0}	5.9×10^{-2}	2.5×10^{-1}	4.5×10^{-1}	6.2×10^{-1}	9.1×10^{-1}	1.0×10^{-0}	5.2×10^{-2}	3.9×10^{-2}	2.2×10^{-2}	1.0×10^{-2}
7.0×10^{0}	1.3×10^{-1}	3.8×10^{-1}	6.5×10^{-1}	8.8×10^{-1}	1.3×10^{-0}	1.5×10^{0}	1.1×10^{-1}	8.4×10^{-1}	4.6×10^{-2}	1.9×10^{-2}
1.0×10^{1}	2.2×10^{-1}	4.8×10^{-1}	8.0×10^{-1}	1.1×10^{0}	1.6×10^{0}	1.8×10^{0}	1.6×10^{-1}	1.3×10^{-1}	7.0×10^{-2}	3.0×10^{-2}
2.0×10^{1}	4.7×10^{-1}	7.0×10^{-1}	1.1×10^{0}	1.4×10^{0}	2.0×10^{0}	2.3×10^{0}	3.5×10^{-1}	2.6×10^{-1}	1.3×10^{-1}	6.1×10^{-2}
4.0×10^{1}	8.9×10^{-1}	1.0×10^{0}	1.4×10^{0}	1.7×10^{0}	2.5×10^{0}	2.9×10^{0}	6.4×10^{-1}	5.0×10^{-1}	2.4×10^{-1}	1.2×10^{-1}
7.0×10^{1}	1.4×10^{0}	1.4×10^{0}	1.7×10^{0}	2.0×10^{0}	2.9×10^{0}	3.3×10^{0}	1.0×10^{0}	8.0×10^{-1}	3.7×10^{-1}	1.9×10^{-1}
1.0×10^{2}	1.7×10^{0}	1.7×10^{0}	1.8×10^{0}	2.1×10^{0}	3.0×10^{0}	3.5×10^{0}	1.3×10^{0}	1.1×10^{0}	4.9×10^{-1}	2.6×10^{-1}
2.0×10^{2}	2.3×10^{0}	2.3×10^{0}	2.3×10^{0}	2.4×10^{0}	3.4×10^{0}	4.1×10^{0}	2.0×10^{0}	1.7×10^{0}	8.2×10^{-1}	4.4×10^{-1}
4.0×10^{2}	2.9×10^{0}	2.9×10^{0}	2.9×10^{0}	2.9×10^{0}	3.8×10^{0}	4.6×10^{0}	2.7×10^{0}	2.5×10^{0}	1.3×10^{0}	7.4×10^{-1}
7.0×10^{2}	3.5×10^{0}	3.5×10^{0}	3.5×10^{0}	3.5×10^{0}	4.1×10^{0}	5.1×10^{0}	3.5×10^{0}	3.3×10^{0}	1.9×10^{0}	1.1×10^{0}
1.0×10^{3}	3.9×10^{0}	3.9×10^{0}	3.9×10^{0}	3.9×10^{0}	4.3×10^{0}	5.4×10^{0}	3.9×10^{0}	3.9×10^{0}	2.3×10^{0}	1.4×10^{0}
2.0×10^{3}	4.6×10^{0}	4.6×10^{0}	4.6×10^{0}	4.6×10^{0}	4.7×10^{0}	6.0×10^{0}	4.6×10^{0}	4.6×10^{0}	3.3×10^{0}	2.0×10^{0}
4.0×10^{3}	5.5×10^{0}	5.5×10^{0}	5.5×10^{0}	5.5×10^{0}	5.5×10^{0}	6.5×10^{0}	5.5×10^{0}	5.5×10^{0}	4.4×10^{0}	2.9×10^{0}
7.0×10^{3}	6.2×10^{0}	6.2×10^{0}	6.2×10^{0}	6.2×10^{0}	6.2×10^{0}	6.9×10^{0}	6.2×10^{0}	6.2×10^{0}	5.4×10^{0}	3.9×10^{0}
1.0×10^{4}	6.8×10^{0}	6.8×10^{0}	6.8×10^{0}	6.8×10^{0}	6.8×10^{0}	7.2×10^{0}	6.8×10^{0}	6.8×10^{0}	6.0×10^{0}	5.0×10^{0}

[표 5-11]은 b = 0.1, c = 1일 때 $\frac{r}{m'}$ 와 $\frac{1}{\mu}$ 의 값에 따른 $W'\left(u, \frac{r}{m'}, b, c\right)$ 와 $W\left(\mu, \frac{b}{m'}, b, c\right)$ 의 값을 (5-102)식과 (5-107)식으로 구한 표이고 [그림 5-35]는 비누수 피압 상태의 단열계에서 [표 5-11]의 값을 이용하여 구한 표준곡선이며 [그림 5-36]은 역시 비누수 피압상태하에 있는 다공성 블록에서 [표 5-11]의 값을 이용하여 작도한 표준곡선이다.

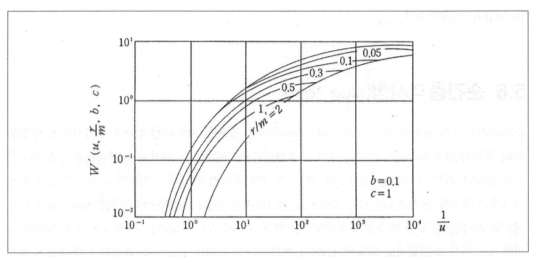

[그림 5-35] 2층 다공성 블록과 단열 파쇄매체 중 단열 파쇄매체의 비누수 피압상태의 표준곡선
(단 b=0.1, c=1이며 다공성 블록에 무공관을 설치했을 경우)

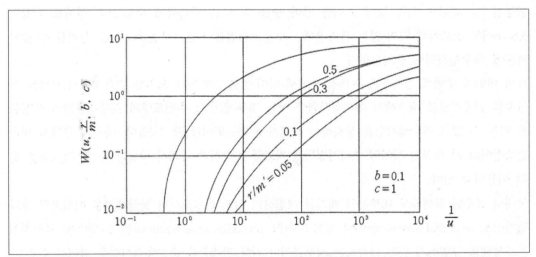

[그림 5-36] 2층 다공성 블록과 단열 파쇄매체 중 다공성 블록(준대수층)의 비누수 피압상태의 표준곡선
(단 b=0.1, c=1이며 다공성 블록에 무공관을 설치했을 때)

파쇄 단열매체에서 실시한 대수성시험 분석방법은 이 방법 외에도 여러 가지 방법들이 있다. 즉 무작위로 분포된 다공질 블록(block)과 단열계 모델(비 누수피압 상), 2층 다공성 블록과 단열계 모델(부정류-이방, 자유면상태) 및 이들의 분석법에 관해서는 "지하수환경과 오염(한정상, 2000, 박영사)"의 5.5.2절, 5.5.3절 및 5.5.4절이나 "3차원 지하수 모델과 응용(한정상·한찬 공저, 2000)"의 12장을 참조하기 바란다. 특히 결정질 파쇄매체의 수리시험방법과 분석법에 관심이 있는 독자들을 위해 본편 9장에 암반지하수와 결정질 단열매체의 수리시험분석에 관한 상세

한 내용을 기술하였다.

5.6 순간충격시험(slug test)

순간충격시험은 체적을 알고 있는 물체(dummy)를 관측정내에 순간적으로 투입시키면 투입물체의 체적만큼 지하수위가 관측정내에서 순간적으로 상승한 후 서서히 주변대수층의 투수구간으로 흘러 나가면서 수위는 하강한다. 뿐만 아니라 수위가 원상태로 회복된 순간 관측정내에 투입시켰던 물체를 관측공 밖으로 순간적으로 인양해내면 인양한 물체의 체적만큼 지하수위가 순간적으로 하강한 후 주변 대수층의 투수구간을 통해 관측정내로 유입되는 지하수에 의해 수위가 서서히 상승하다가 원상태로 회복된다. 이때 경과시간별 수위의 변동치를 측정하여 대수성 수리상수를 구하는 방법을 순간충격시험이라 한다.

순간충격시험 시 사용하는 투입물체는 주로 물보다 비중이 큰 철제 파이프의 양 끝을 완전히 밀봉한 후, 파이프 위쪽 끝에 고리를 달아 줄을 맨 다음 관측정에 투입한다. 실제로 직경이 3.8cm이하 정도밖에 되지 않는 관측정에는 수중모터펌프나 펌프보울(bowl)을 설치할 수 없기 때문에 대수성시험이 불가능하다.

특히 매립지 주변에 설치해둔 관측정 중에서 이미 침출수에 의해 오염된 관측정에서 오염된 지하수를 인공적으로 채수해서 대수성시험을 하는 경우에는 그 주변토양과 지하수환경에 악영향을 미칠 수 있고 대수성시험을 실시하는 작업자에게도 위해를 줄 수 있다. 따라서 구경이 적은 관측정이나 기 오염된 지역의 수리지질특성 자료를 파악하기 위해서 상술한 순간충격시험을 널리 이용하고 있다.

국내의 경우만 하더라도 대부분의 폐기물 매립장의 입지 선정조사나 불량폐기물 매립지의 정화평가(RA, remedial assessment)나 정화조사(RI, remedial investigation)를 실시할 때 지하지질 분포상태를 규명하기 위해 굴착하는 시추공이나 기타 관측공을 순간충격시험을 겸해서 수행 가능하도록 다목적 관측공으로 개조해서 설치하고 있다. 뿐만 아니라 순간충격시험은 시험비용이 매우 저렴하고 단기간에 시험을 완료할 수 있어 매우 실용적인 현장 대수성시험 방법 중의 하나이다. 그러나 단점으로는 지하수가 유출, 유입되는 최상위 스크린 구간의 지극히 제한된 구역의 투수성만을 규명할 수 있으며 관측정의 주변공간(annular space)이 적절히 처리되지 않은 (sealing) 관측공에서 순간충격시험을 실시하여 구한 대수성 수리상수는 신뢰성이 없다.

현재 널리 사용하고 있는 순간충격시험은 3가지 방법이 있는데 이 중 피압대수층과 자유면대수층에 모두 사용할 수 있는 즉 피압-무한 내지 반무한 심도의 이방성 및 비압축성 대수층에 적용하는 Hvorslev 방법을 세론하면 다음과 같다.

기타 자유면, 비압축성 대수층 내지 누수피압상태의 부분관통정과 우물 저유효과가 있는 압축성 피압대수층에서의 순간충격시험 방법과 분석방법에 대해서는 지하수환경과 오염(박영사, 2000, 한정상)의 5장 6절을 참조하기 바란다.

5.6.1 피압 무한~반무한 심도의 이방성 및 비압축성 대수층

본 법은 일명 Hvorslev 방법이라고도 하며 피압과 자유면대수층에 모두 사용할 수 있다.

(1) 개념모델

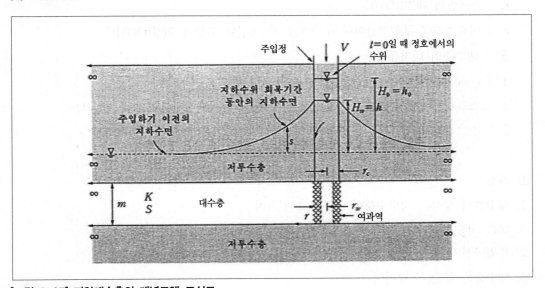

[그림 5-37] 피압대수층의 개념모델 모식도

1) 술어정의

　　h_0 : 더미(dummy)를 공내에 투입했을 때 상승한 초기 수위(t=0일 때의 수위) [L]

　　h : 상승한 초기수위로부터 시간이 경과함에 따라 하강하는 수위로서 자연수위의 상부에 해당하는 구간(t>0) [L]

　　K_r : 대수층의 수평수리전도도 [LT^{-1}]

　　K_z : 대수층의 수직수리전도도 [LT^{-1}]

　　$\iota-d$: 스크린의 길이 [L]

　　n : 여과층진력이나 우물개량 후 개량구간의 공극률

　　r_c : 공내에서 수위가 변하고 있는 우물자재의 효율반경 [L]

① 스크린 상부에 항상 수위가 있을 때 $r_c = r_w$

② 수위가 스크린 하부로 내려갔거나 여과층진력이나 우물개량구간의 수리전도도가 주변

대수층의 수리전도도보다 클 경우 $r_c = (r_i^2(1-n) + nr_0^2)^{\frac{1}{2}}$

r_w : 굴착경의 효율반경

① 여과층진력이 주변대수층보다 투수성이 클 경우, r_w = 굴착경

② 자연개량우물이거나 여과층진력의 수리진도도가 주변대수층의 수리전도도와 동일한 경

우, r_w = 스크린의 반경

r_i : 스크린의 내경(ID) [L]

r_0 : 여과층진력 부설구간이나 우물개량 시 개선된 구간의 외경(OD) [L]

S_s : 대수층의 비저유계수

V : $t = 0$ 일 때 관측정내에 주입한 물의 체적 [L³]

z_1 : 스크린, 여과층진력 및 나공의 상단부에서 대수층 상단부까지의 거리 [L]

z_2 : 스크린, 여과층진력 및 나공의 하단부에서 대수층 저면까지의 거리 [L]

2) 가정

① 대수층의 상하는 저투수층이 분포하고 있으며

② 모든 지층은 수평이며 모든 방향으로 무한대로 분포한다.

③ 주입이전의 초기 지하수위는 수평이고, 모든 방향으로 무한대로 분포하고

④ 대수층은 균질, 이방이며

⑤ 대수층의 밀도와 점성은 항상 일정하다.

⑥ 지하수의 흐름은 Darcy법으로 서술가능하고

⑦ 지하수의 흐름은 수평이고 물을 관측정 내로 주입 시 지하수는 관측정으로부터 방사상으로

흐른다.

⑧ 주입수 V는 $t = 0$일 때 순간주입량이고

⑨ 스크린이나 여과력 주변에서 우물수두손실은 무시할 수 있으며

⑩주입정은 무한소의 폭을 가지는 선원(line source)로 취급하며

⑪대수층은 비압축성이다.

(2) 수학적인 모델

더미나 물을 관측정내에 주입하는 경우에 V는 양의 값(+), 초기 상승수위는 자연수위보다 높

다. 이때 h_0는 수위상승(build up)이라 한다. 이에 비해 더미를 관측정에서 인양하거나 관측정에서 지하수를 단시간에 채수하는 경우에 V는 음의 값(-), 초기하강수위는 자연수위보다 낮다. 이때 h_0는 수위강하(drawdown)라 한다.

1) 지배식

Darcy 법칙에 의하면 공내에 물을 순간적으로 주입했을 때 대수층을 통해 유출되는 양은

$$Q = K_r h F \tag{5-111}$$

여기서,　Q : 유동률

K_r : 대수층의 수평수리전도도

F : shape factor(관측정 취수구의 기하학적 형태와 대수층 내에서 취수부의 위치에 따라 좌우되는 값)

우물내로 투입한 물 때문에 우물 외부로 유출되어 나가는 양은 우물 내에서 물의 변화량과 동일하다(Hvorslev, 1951).

$$Q = -\pi r_c^2 \frac{dh}{dt} \tag{5-112}$$

$$\therefore \quad -\pi r_c^2 \frac{dh}{dt} = K_r h F$$

$$\frac{dh}{h} = \frac{K_r F}{\pi r_c^2} dt$$

2) 초기조건

관측정내에 물을 주입한 순간($t=0$), 관측정내 상승수위는 h_0이다.

$$H(t=0) = h_0$$

$t = 0$일 때 h_0 이고 $t = t$일 때 $h = h$이므로

$$\int_{h_0}^{h} \frac{dh}{h} = \int_{0}^{t} \frac{K_r F}{\pi r_c^2} dt$$

$$\ln \frac{h}{h_0} = \frac{K_r F}{\pi r_c^2} t \tag{5-113}$$

(3) 해석학적인 해

1) 직선법

(5-113)식을 반대수 방안지상에 작도할 때 $\dfrac{h}{h_0}$ 는 log 스케일로, t는 산술스케일로 작도하면 [그림 5-38]과 같이 직선으로 된다.

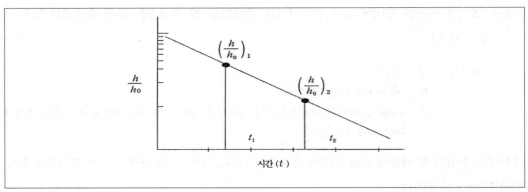

[그림 5-39] 반대수방안지상에 작도한 t와 $\dfrac{h}{h_0}$

(5-113)식에서, $K_r = \dfrac{\pi r_c^2}{F} \cdot \dfrac{1}{t} ln \dfrac{h_1}{h_0}$ 이다. 지금 윗 그림과 같이,

$t = t_1$ 일 때 $\quad \dfrac{h}{h_0} = \left(\dfrac{h}{h_0}\right)_1$

$t = t_2$ 일 때 $\quad \dfrac{h}{h_0} = \left(\dfrac{h}{h_0}\right)_2$ 라 하고,

이를 (5-113)식에 대입하면,

$$K_r = \frac{\pi r_c^2}{F} \cdot \frac{\ln\left(\dfrac{h}{h_0}\right)_1 - \ln\left(\dfrac{h}{h_0}\right)_2}{t_1 - t_2} \tag{5-114}$$

현장에서 측정한 $s - t$ 데이터자료를 [그림 5-38]과 같이 반대수방안지위에 작도한 후 shape factor만 알고 있다면 (5-114)식을 이용하면 대수층의 수평수리전도도를 쉽게 구할 수 있다.

2) 직선구간에서 기울기를 이용하는 경우

(5-113)식을 [그림 5-38]과 같이 작도하면 $\dfrac{K_r F}{\pi r_c^2}$ 는 직선의 기울기이다. 즉 반대수 방안지상에

작도한 $\ln \dfrac{h}{h_0}$ 와 t의 기울기를 $\dfrac{1}{t_L}$ 이라 하면,

$$\frac{1}{t_L} = \frac{k_r F}{\pi r_c^2} = \frac{\ln\left(\dfrac{h}{h_0}\right)_1 - \ln\left(\dfrac{h}{h_0}\right)_2}{t_1 - t_2} \tag{5-115}$$

$$\therefore \quad t_L = \frac{\pi r_c^2}{K_r F}$$

그런데 기울기의 역수인 t_L은 바로 초기 지하수흐름상태가 유지된다면 관측정내에 물을 주입하므로 인해 상승한 수위 때문에 관측정내에서 상승한 물이 주변 대수층으로 전파되어나가는 지연시간(time lag)과 같다.

즉, $t_L = \dfrac{V}{Q} = \dfrac{\pi r_c^2 h_0}{K_r F h_0} = \dfrac{\pi r_c^2}{K_r F}$ 로서 (5-115)식과 동일하다.

여기서, V는 공내에서 상승한 주입수의 체적
Q는 주변대수층으로 전파되어나가는 물의 체적

따라서 (5-113)식은 다음과 같이 간단히 변형시킬 수 있다.

$$\ln \frac{h}{h_0} = \frac{K_r F}{\pi r_c^2} t = \frac{t}{t_L} \tag{5-116}$$

(5-115)식에서

$$K_r = \frac{\pi r_c^2}{F t_L} \tag{5-117}$$

3) shape factor(F)의 결정

Hvorslev(1951)는 shape factor(F)를 계산할 수 있는 3가지의 경험식을 제시하였는데 이들 식은 모든 경우에 적용할 수 있다. 특히 대수층의 수직, 수평수리전도도가 서로 다를 경우에는 다음과 같은 보정인자 a_K를 사용해서 F를 보정한다.

$$a_K = \sqrt{\frac{K_r}{K_z}} \tag{5-118}$$

[그림 5-39]는 각 case별 F를 결정하는 방법을 도식화 및 설명한 표와 그림이다.

가) case A :

[그림 5-39]의 (A)와 같이 두께가 매우 두터운 대수층 내에 관측정이 부분관통형으로 설치된 경우에는 [그림 5-39]에서 A의 식을 이용하여 F를 계산한다.

나) case B :

[그림 5-39]의 (B)와 같이 관측정의 스크린 설치 구간이 두터운 대수층의 중간부위에 설치되어 있을 경우에는 [그림 5-39]의 B의 식을 이용하여 F를 계산한다.

다) case C :

[그림 5-39]의 (C)처럼 관측정이 완전관통정이며 대수층의 전구간에 스크린이 설치되어 있는 경우는 [그림 5-39]의 C의 식을 이용하여 F를 계산한다.

[그림 5-39]의 C식은 영향반경 R을 포함하고 있는데 이때 R은 경험식을 사용하지 말고 Bower-Rice의 전기저항 아날로그 결과를 이용해서 계산한다.

경우	F	조건
A	$$F = \frac{2\pi(l-d)}{\ln\left\{\frac{a_{K(l-d)}}{r_w} + \left[1 + (\frac{a_K(l-d)}{r_w})^2\right]^{\frac{1}{2}}\right\}}$$ $$\frac{a_K(l-d)}{r_w} > 4 \quad \text{일 때} \quad F = \frac{2\pi(l-d)}{\ln\left[\frac{2a_K(l-d)}{r_w}\right]}$$	• $z_1 = 0$, $z_2 = \infty$ • 매우 두터운 대수층을 관측정이 부분관통으로 설치된 경우 • 물의 흐름은 선원(line source)로부터 흐르고 등포텐셜면은 준타원형
B	$$F = \frac{2\pi(l-d)}{\ln\left\{\frac{a_{K(l-d)}}{r_w} + \left[1 + (\frac{a_K(l-d)}{2r_w})^2\right]^{\frac{1}{2}}\right\}}$$ $$\frac{a_K(l-d)}{2r_w} > 4 \text{일 때} \quad F = \frac{2\pi(l-d)}{\ln\left[\frac{a_K(l-d)}{r_w}\right]}$$	• $z_1 = \infty$, $z_2 = \infty$ • 두터운 대수층의 중간부위에 스크린이 설치된 경우 • 물은 선원으로부터 흐르고 대칭인 경우
C	$$F = \frac{2\pi(l-d)}{\ln\frac{R}{r_w}}$$	• $z_1 = 0$, $z_2 = 0$ • 완전관통정 • 선원으로부터 물은 흐르며 관측정에서 방사상으로 흐름

[그림 5-39] 각 조건별 F산정식 들

(4) 분석순서 및 방법

관측정내로 물을 순간주입하거나 순간채수할 때 또는 체적을 알고 있는 더미(dummy)를 공내로 투입하거나 인양할 때 발생하는 수위변화자료를 정확히 기록하여 이로부터 대수층의 수리상수를 계산한다. 이때 F의 값을 현장여건에 가장 부합하도록 결정하고 현장의 수리지질여건을 고려하여 보정인자 a_K를 먼저 구한다.

① [그림 5-41]처럼 반대수방안지위에 $\log \dfrac{h}{h_0}$와 t를 작도한다.

② 제 1 방법 :

이론적으로 $t = 0$일 때 $\dfrac{h}{h_0} = 1$이므로 데이터곡선은 원점이 $t = 0$, $\dfrac{h}{h_0} = 1$이 되는 지점을 지나는 직선이 된다. 그러나 실제적으로 대수층은 다소 압축성이 있기 때문에 반드시 상술한 원점을 지나지 않고 약간 완만한 곡선을 이루는 것이 일반적이다. 그러나 대체적으로 직선형이다(그림 5-41에서 점선).

이때 직선구간 중에서 임의의 시간 t_1 및 t_2일 때의 $\left(\dfrac{h}{h_0}\right)_1$와 $\left(\dfrac{h}{h_0}\right)_2$를 읽고 (5-114)식을 이용하여 K_r을 구한다.

③ 제 2 방법 :

전항에서 작도한 직선은 $\dfrac{h}{h_0} = 1$인 지점을 통과하지 않으므로 $\dfrac{h}{h_0} = 1$인 점을 통과하면서 이전에 작도한 직선과 평행하게(기울기가 동일하게) 선을 긋는다(그림 5-41에서 실선). 이때 $t_1 = 0$일 때 $\left(\dfrac{h}{h_0}\right) = 1$이므로 $\ln\left(\dfrac{h}{h_0}\right) = 0$이다.

(5-115)식에서

$$\frac{1}{t_L} = \frac{\ln\left(\dfrac{h}{h_0}\right)_1 - \ln\left(\dfrac{h}{h_0}\right)_2}{t_1 - t_2} = \frac{0 - \ln\left(\dfrac{h}{h_0}\right)_2}{0 - t_2} = \frac{0 - \ln\left(\dfrac{h}{h_0}\right)_2}{t_2} \tag{5-119}$$

(5-119)식에서 $0 - \ln\left(\dfrac{h}{h_0}\right)_2 = 1$이 되면 $t_L = t_2$이다.

즉, $\ln(0.37) = 1$이므로 $\dfrac{h}{h_0} = 1$을 지나는 재작성한 직선(그림 5-41에서 실선) 중에서 $\dfrac{h}{h_0} = 0.37$이 되는 지점을 선정하고 여기서 평행선을 그어 실선과 만나는 지점의 시간 (t_2)을 구하면 $t_2 = t_L$이다. 따라서 (5-115)식이나 (5-117)식을 이용하여 K_r을 구한다.

예 5-9

[그림 5-40]처럼 세립질 모래로 구성되어 있는 피압대수층에 설치된 관측정에서 순간충격시험을 실시하였다. 대수층의 두께는 30m이며 관측정은 r_w = 8cm, r_c = 5cm인 스크린을 설치하였다. 파이프의 양 끝에 철제 소켓을 씌운 더미(dummy)를 관측정내에 삽입시킨 바 t = 0일 때 수위가 3m 상승하였다. Hermit 데이터 logger 장비를 이용하여 연속적으로 지하수위를 측정하였는데 경과시간에 따라 수위는 [그림 5-41]처럼 하강하였다. 그러나 지하수위는 항상 상부 케이싱 구간에서만 변하였다. 지금 대수층의 $\dfrac{K_r}{K_z}$ = 50이라고 할 때 다음 조건하에서 대수층의 K를 구하라.

$$l - d = 250 \text{ cm}, \ r_w = 8 \text{ cm}, \ r_c = 5 \text{ cm}, \ z_1 = 150 \text{ cm}, \ z_2 = 2600 \text{ cm}, \ a_K = \sqrt{50}$$

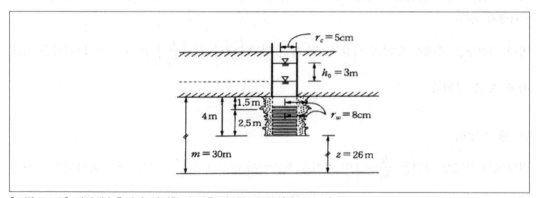

[그림 5-40] 피압대수층에서 실시한 순간충격시험 모식도(예제 5-8)

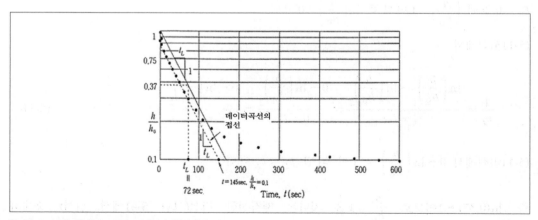

[그림 5-41] 예제 5-8의 시간-수위강하곡선

① K를 구하기 위해서 첫째 t_L과 F를 구한다.

② 실측치의 초기부분을 이용해서 접선(점선)을 긋고 그 기울기를 구한다(제1방법).

즉, $t_1 = 0$일 때, $\left(\dfrac{h}{h_0}\right) = 0.75$ $t_2 = 145$초일 때 $\left(\dfrac{h}{h_0}\right) = 0.1$ 이다.

$$\therefore \quad \frac{\dfrac{1}{t_L} = \ln\left(\dfrac{h}{h_0}\right)_1 - \ln\left(\dfrac{h}{h_0}\right)_2}{t_1 - t_2} = \frac{\ln(0.75) - \ln(0.1)}{0 - 145} = \frac{1}{72}$$

$$\therefore \quad t_L = 72 \text{ sec 이다.}$$

③ 제 2 방법 :

[그림 5-41]에서 $\dfrac{h}{h_0} = 1$을 지나면서 ②단계에서 작도한 접선과 동일한 기울기를 가지는 선(실선)을 긋고 $\dfrac{h}{h_0} = 0.37$되는 지점에서 수평으로 선을 그어 신규로 작성한 직선과 교차되는 지점에 해당하는 시간을 읽어보면 $t_L = 72$초이다.

따라서 지연시간(t_L)을 구할 때는 제1방법이나 제2방법 중 어느 것을 사용해도 무방하나 제2방법이 손쉽고 빠른 방법이다.

④ 이 예제의 경우에 관측정의 스크린이 대수층의 최상단부까지 설치되진 않았지만 z_2(26m) > z_1(1.5m)이기 때문에 case-A를 적용하는 것이 합리적이다.

$$\frac{a_K(l-d)}{r_w} = \frac{\sqrt{50}\,(250)}{8} = 221 > 4$$ 이므로

$$F = \frac{2\pi(l-d)}{\ln\left[\dfrac{2a_K(l-d)}{r_w}\right]} = \frac{2\pi(250)}{\ln\left[\dfrac{2\sqrt{50}\,(250)}{8}\right]} = 257.7$$

(5-117)식을 이용하여 K_r을 구하면 다음과 같다.

$$K_r = \frac{\pi r_c^2}{F t_L} = \frac{\pi \times 5^2}{257.7 \times 72} = 4.2 \times 10^{-3} cm/s$$

⑤ 순간충격시험은 소량의 물을 사용하기 때문에 정규 대수성시험에 비해 관측정 주위의 소규모 구간의 수리성만 대표할 수 있다. 본 예제의 경우 z_1=150cm로서 z_2=2600cm에 비해 그 길이는 매우 짧지만 스크린 전체 길이($\iota - d$)가 250cm 정도밖에 되지 않으므로 오히려 case-B가 더 적합할 수 있다.

Case-B를 이용하여 F를 구하면 F = 290.8이며 $K_r = 3.7 \times 10^{-3}$cm/s이다.

[그림 5-41]처럼 순간충격시험 결과를 이용해서 작도한 $\frac{h}{h_0}$ 대 t 곡선이 약간 완만한 곡선으로 나타나는 이유는 실제 대수층의 압축성 때문이다.

순간충격시험을 위해 관측공내로 물을 주입하면 대수층 위에서 작용하는 수직응력은 원칙적으로 일정하다. 그러나 주입수의 상승으로 인해 대수층의 간극수압은 국지적으로 증가하며 효율 수직응력은 감소하게 된다. 따라서 관측정 스크린 주위에서 수직응력이 감소하면 결국 스크린 주변대수층이 다소 느슨하게 되고 이로 인해 관측정내의 물이 대수층으로 잘 흘러 들어간다. 이 결과 초기에 $\frac{h}{h_0}$ 대 t 곡선의 기울기는 급해진다.

그러나 시간이 지남에 따라 수위가 하강하면 관측정에서 대수층으로 유입될 수 있는 유량도 감소하고 곡선의 기울기도 초기보다 완만해진다. 그러다가 관측정내의 수두압과 스크린 주위 대수층 공극내에서 간극수압이 같아진다. 실제 간극수압에 영향을 주던 관측정내 수위가 점차 하강하면, 결국 스크린 주위의 대수층 구성물질은 재압밀되어 관측정내 물이 대수층으로 유출되는 것을 방해한다. 이 경우 관측정내 수위강하율은 더욱 완만해져 $\frac{h}{h_0}$ 대 t 곡선의 기울기는 매우 완만해진다.

순간충격시험 방법으로는 이 방법 외에도 ① 자유면내지 피압누수상태의 부분관통 및 비압축성 대수층에서 시험 분석방법과 ② 피압-우물저장효과가 있는 압축성 피압대수층에서 시험 분석방법 등의 있다. 이들 분석법에 관심이 있는 독자는 지하수환경과 오염(2000, 박영사, 한정상)교재의 5.6.2절과 5.6.3절을 참조하기 바란다.

5.7 단계 대수성시험(step drawdown test)과 응용

우물에서 지하수를 채수할 때 발생하는 지하수위강하(수두손실)는 최소한 다음과 같은 두 인자로 구성되어 있다.

① 대수층에서 지하수를 채수할 때 대수층 내에서 유동하는 지하수와 대수층 구성물질 사이에서 발생하는 마찰력에 의한 수두손실

② 대수층내의 지하수가 일단 스크린을 통해 비교적 빠른 유속으로 우물 안으로 유입되어 양수기의 취수부까지 상승할 때 지하수와 우물자재(케이싱 및 스크린) 사이에서 발생하는 마찰에 의해 발생하는 수두손실로서 구성되어 있다.

일반적으로 상기 두 인자 중 (2)는 대체로 지하수유속의 n승에 비례하며 n은 통상 2~3 사이이다. 따라서 대수성시험 시 발생하는 지하수의 수두손실(지하수위강하) s_w는 최소 다음과 같은 두 요인의 합성성분으로 이루어져 있다.

$$s_w = BQ + CQ^2 \tag{5-120}$$

여기서 B 및 C는 비례상수로서 BQ를 대수층 수두손실(aquifer loss)이라 하고 CQ^2을 우물
수두손실(well loss)이라 한다. 그런데 (5-120)식에서 S_w 는 전기계(electric analog system)에
서 전위차에 비교할 수 있고 지하수량(Q)은 전류에 비교할 수 있으므로 B를 대수층의 저항이
라고도 한다. 즉 B는 우물 중심부에서 영향권 사이의 대수층구간 내에서 발생하는 전체적인 수
리저항(hydraulic resistance)이라 할 수 있다.

(5-120)식의 양변을 Q로 나누고 그 역수를 취하면,

$$\frac{Q}{S_w} = \frac{1}{B + CQ} \tag{5-121}$$

로 표시할 수 있다. 여기서 좌변은 우물의 비양수량이다. (5-121)식에서 영향권이 확대됨에 따
라 저항계수 B는 양수시간에 따라 점차 변한다. 따라서 비양수량도 지하수의 채수량뿐만 아니
라 양수 경과시간에 따라서 변한다.

[그림 5-42]는 두께가 일정하고 균질이며, 범위가 광범위한 피압대수층을 완전관통해서 설치한
3가지 형태의 우물구조도이다.

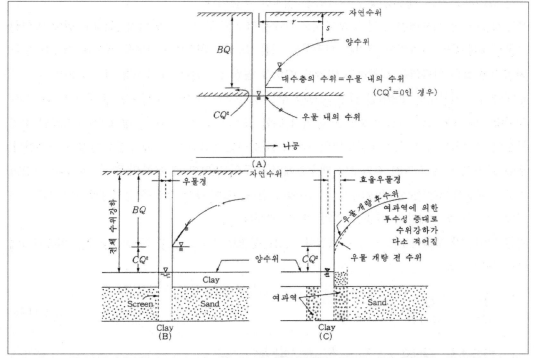

[그림 5-42] 피압 나공상태의 사암(A), 자연우물개량(B) 및 인공우물개량을 실시한 관정주위에서 발생하는 지하수
위의 모식도

(A)도는 대수층이 압층으로 피복되어 있고, 대수층인 사암(sandstone)은 나공(open hole) 상태이다. 따라서 대수층인 사암으로부터 지하수가 자유롭게 우물내로 유입되기 때문에 전체 지하수의 수두변화는 대수층과의 마찰에 의해서만 발생한다(즉, $CQ^2 = 0$이다). 그러나 만일 양수기의 취수구가 대수층구간보다 약간 상위구간에 있을 경우에는 대수층을 통해 우물내로 유입된 지하수는 취수구를 따라 상승해야 하므로 지하수와 우물벽 사이에서 약간의 마찰 저항력이 발생한다. 이 경우에 우물속의 지하수위는 우물주변에 분포된 대수층의 지하수위보다 약간 아래에 형성된다. 즉, (A)도에서 실선으로 표시된 곡선은 대수층 수두손실을 나타낸 것이고 우물속의 수위는 그보다 약간 깊다.

(B)도는 미고결 모래층으로 구성된 피압대수층에 스크린을 설치한 우물 구조도이다. 이 대수층의 수리전도도와 포화대의 두께가 (A)도의 사암의 경우와 같다면 대수층에 의한 수두손실은 (A)의 경우와 동일할 것이나 대수층 내에 있던 지하수가 스크린을 통해서 우물내로 유입된 후 다시 양수기의 취수구까지 상승해서 우물 밖으로 채수되는 일련의 과정을 거치는 동안에 우물에 의한 수두손실이 발생하게 된다. 위 두 그림에서 다음과 같은 사실을 알 수 있다. 즉 대수층 내에서 발생한 대수층 수두손실은 동일하며 (A)와 (B) 모두 우물자재와 접하고 있는 대수층에서는 세립질 물질이 그대로 잔존해 있을 것이며 우물내 수위는 (B)가 (A)보다 깊을 것이다. (C)도는 (B)도와 같은 대수층에다 여과역을 설치한 우물이다.

우물개량이 잘 이루어진 우물은 우물내로 대수층의 세립물질이 유입되지 않는다. 만일 정확한 우물설계에 따라 여과역의 크기를 선정하고 이를 스크린 주변에 설치했을 경우에 스크린 부근의 수두손실은 여과역을 설치하지 않았을 때보다 훨씬 감소한다. 우물개량이란 그것이 자연 우물개량이건 인공우물개량이건 간에 스크린 부근에 분포된 대수층 구성물질 중에서 세립물질을 우물밖으로 제거하여 우물의 효율을 높이기 위한 것이다. 따라서 우물개량 후에는 스크린 주변 물질의 투수성은 증가하고 우물주변의 지하수위 강하는 감소하며 우물의 효율반경은 증가한다. 우물 안의 수두가 스크린 직외부의 대수층에서 수두와 동일할 때 우물의 중심으로부터 측정한 반경을 우물의 효율반경(effective radius)이라 한다. (C)도에서 점선은 우물개량전의 지하수위이고 실선은 우물개량을 시행한 후의 지하수위이다.

지금 지하수가 우물방향으로 Q의 흐름률로 정류형태로 흐르고 있을 때 동수구배는 이동거리에 반비례한다. 즉,

$$\frac{ds}{dr} = \frac{Q}{-2\pi b r K} \tag{5-122}$$

여기서 b : 대수층의 두께 K : 수리전도도

우물의 효율반경을 r_w라 하고 임의의 거리 r 지점에서 지하수위를 각각 S_{cw} 및 S_c라 하면 (5-122)식은

$$\int_s^{s_{cw}} ds = -\frac{Q}{2\pi Kb}\int_r^{r_w}\frac{dr}{r}$$

$$s_{cw} - s_c = -\frac{Q}{2\pi T}log_e\frac{r_w}{r} = \frac{Q}{2\pi T}log_e\frac{r}{r_w} \tag{5-123}$$

윗식에서 T는 투수량계수($K \times b$)이며, 피압대수층에서 완전관통우물로부터 지하수를 채수할 때 스크린 부근에서 발생한 지하수위는 (5-123)식과 같다. 실제로 피압대수층에서 대수성시험을 실시하면 초기에는 수위가 비교적 급격히 하강하고 그 다음부터는 서서히 하강한다. 따라서 1개 우물에서 어떤 일정기간의 지하수위 분포를 알아내기 위해서는 수두변화에 관련하여 피압수의 흐름에 관한 조사를 해야 한다. 분포가 넓은 피압대수층의 부정류식(Theis식)은 앞절에서 설명한 바와 같이

$$s = \frac{Q}{4\pi T}W(u) \text{ 이고}$$

$$u = \frac{r^2 S}{4Tt}$$

지금 $\dfrac{r^2 S}{4T} = t^*$로 표기하면 $\dfrac{1}{u} = \dfrac{t}{t^*}$가 된다.

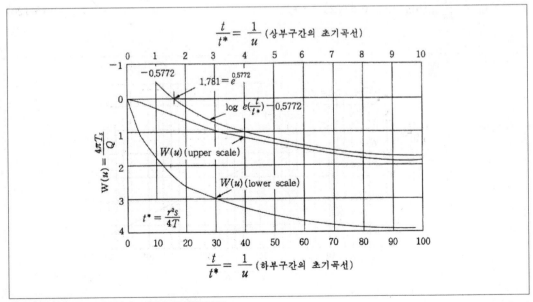

[그림 5-43] Theis 곡선과 지하수위 강하특성

[그림 5-43]은 Theis식을 도시화한 것이다. $\frac{t}{t^*} = 0$에서 일정한 율로 지하수를 채수하면 양수정에서 약간 떨어진 거리에 위치한 관측정의 지하수위는 초기에 비교적 서서히 하강하지만 $\frac{t}{t^*} = 1$일 때 그 증가율은 최대가 된다. 이러한 점을 시간-수위 강하곡선에서는 변곡점 (inflection point)이라 하고, 이때의 t*를 "변곡시간"이라 한다. 변곡시간 이후부터 지하수위 강하는 매우 서서히 일어나지만 완전히 사라지지는 않는다.

[그림 5-44]는 Theis식을 반대수 방안지상에 작도한 것이다. 만일 양수시간(t)이 상당히 장기간일 때, u의 값은 0에 가까워지므로 Theis식은 거의 직선으로 된다.

$$s = \frac{Q}{4\pi T} W(u) = \frac{Q}{4\pi T}(\log_e \frac{t}{t^*} - 0.5772) \tag{5-124}$$

로 표시할 수 있다. 양수시간이 충분히 길고 우물수두손실이 전혀 발생하지 않는 경우에 수위강하는

$$s_w = \frac{Q}{4\pi T}(\log_e \frac{t}{t^*} - 0.5772) \tag{5-125}$$

으로 표시할 수 있지만 [그림 5-42]의 (B)와 같이 우물수두손실(well loss)이 발생하는 경우에 우물속의 지하수위는 다음 식과 같이 표현할 수 있다.

$$s_w = \frac{Q}{4\pi T}(\log_e \frac{t}{t_w^*} - 0.5772) + CQ^2 \tag{5-126}$$

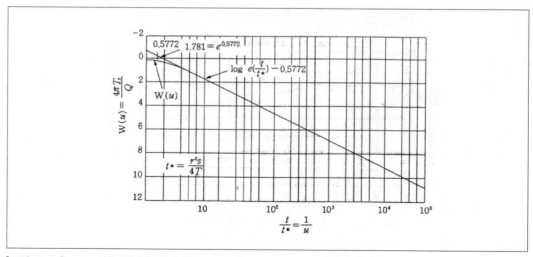

[그림 5-44] Theis식을 반대수 방안지상에 작성한 그림

그런데 (5-126)식과 (5-120)식을 서로 비교해 보면, 대수층의 대수층 수두손실계수인 B는 다음과 같다.

$$B = \frac{\log_e \dfrac{t}{t_w^*} - 0.5772}{4 \pi T} \tag{5-127}$$

5.7.1 제1분석법(정규 대수성시험 자료를 이용하는 경우)

(5-124)식, (5-125)식, (5-126)식을 이용하여 시간수위 강하곡선을 작성하면 대수층의 투수량계수(T)와 저유계수(S)를 구할 수 있을 뿐만 아니라 우물수두손실을 구할 수 있다. [그림 5-45]는 양수정과 관측정에서 측정한 지하수위강하를 이용하여 작도한 시간-수위강하곡선이다. 양수정의 직경은 20cm이며 스크린과 여과역이 지표하 15~19.5m 사이에 설치되어 있다. 대수성시험 기간동안 평균양수율은 5.1m³/분이었으며, 관측정과 양수정간의 거리는 약 366m이다.

[그림 5-45]의 오른쪽 Y축에서 0으로 표시된 점은 양수 종료 시부터 측정한 회복수위 기록치이다. [그림 5-45]에서 양수경과시간이 1cycle일 때 Δs = 2.27ft(0.69m)이므로 대수층의 투수량계수(T)는 1.35m²/분이다. 또한 s=0인 지점의 t_0는 693초이므로 대수층의 저유계수 S는 약 2.6 × 10⁻⁴이다.

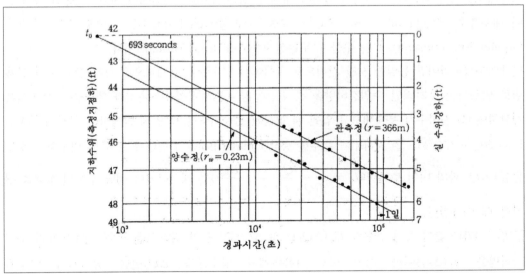

[그림 5-45] 예제의 시간-수위강하곡선(Q = 5.1m³/분, s_w = 4.8ft)

앞에서 구한 저유계수(S)는 우물부근에 분포된 대수층의 저유계수이므로 우물의 효율반경이 [그림 5-42]의 (B)도와 같이 실제 우물반경과 같다면 이 우물의 우물수두손실(CQ^2)과 우물수두손실 계수는 다음과 같이 구할 수 있다.

$$s_w = \frac{Q}{4\pi T}[2.3\log\frac{4Tt}{r_w^2 S} - 0.5772] + CQ^2 \tag{5-128}$$

[그림 5-45]에서 양수개시 1일 이후의 실수위 강하량(s_w)은 14.7m(48.0ft)이다.

따라서 앞에서 구한 T ($1.35m^2$/분), Q ($5.1m^3$/분), S (2.6×10^{-4}), r_s(0.23m), s_w (14.7m) 및 t (1440분)을 윗식에 대입하여 C를 구하면 C는 0.34분/m^6이고 우물수두손실(CQ^2)은 8.8m (0.34 ×5.12)이다. 24시간 계속 지하수를 채수했을 때 대수층 수두손실(BQ)은 5.9m이며 대수층 수두손실계수는 1.16분/m^2이다.

5.7.2 제2분석법(정규 단계대수성시험)

Rorabough(1962)는 양수정에서 지하수를 채수할 때 전체 수위강하량(s_w)를 (5-129)식으로 표현하였다.

$$s_w = BQ + CQ^n \tag{5-129}$$

그런데 n은 일반적으로 2~3의 범위이나 대체적으로 n=2이다. 윗식에서 BQ는 전술한 바와 같이 대수층수두손실(aquifer loss), CQ^2은 우물수두손실(well loss), B는 대수층 수두손실계수(aquifer loss constant), C는 우물 수두손실계수(well loss constant)이다.

단계대수성시험이란 동일한 시간 간격으로 우물에서 양수량을 단계적으로 증가시킬 때 각 단계별로 발생하는 추가적인 수위강하량을 측정하여 양수정의 우물수두손실과 대수층 수두손실을 계산하여 ① 지하수가 우물내로 유입될 때 형성된 일종의 와류로 인해 발생하는 전체 수두손실 ($s = BQ + CQ^2$)과 ② 지하수가 순수한 층류(laminar flow)의 형태로 흐를 때 발생하는 수두손실(BQ)과의 비인 층류비($L_p = \frac{BQ}{BQ+CQ^2} = \frac{BQ}{s_w}$)를 계산하거나 해당 우물의 성능을 평가할 때 이용한다.

[그림 5-47]과 같이 초기 양수량 $Q_1(\Delta Q_1)$으로 Δt 시간 동안 지하수를 채수할 때 발생한 수위강하량을 $s_1(\Delta s_1)$이라 하고, 그 다음단계의 양수율을 ΔQ_2만큼 증가시켜 양수율 $Q_2(\Delta Q_1 + \Delta Q_2)$로 Δt 시간 동안 지하수를 채수할 때 발생한 추가 수위강하를 Δs_2라 하면 전체 수위강하 s_2는 $\Delta s_1+\Delta s_2$이다. 또한 다시 양수율을 ΔQ_3만큼 증가시켜 전체 양수율 $Q_3(\Delta Q_1 + \Delta Q_2+\Delta Q_3)$로 Δt 시간 동안 지하수를 채수할 때 발생한 추가 수위강하를 Δs_3라 하면 전체 수위

강하는 $s_3 = \Delta s_1 + s_2 + s_3$이다.

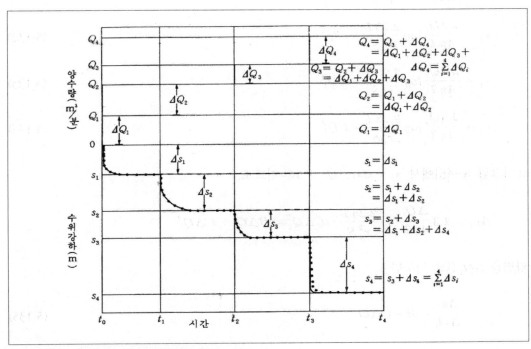

[그림 5-46] 단계대수성시험의 시간 수위강하 곡선

이와 같이 양수율을 ΔQ_n만큼 증가시켜 전체양수율 $Q_n(\sum_{i=1}^{n} \Delta Q_i)$로 Δt 시간 동안 지하수를 채

수하면 최종적으로 전체 수위강하량 $s_w = \sum_{i=1}^{n} \Delta s_i$가 된다.

s_w는 실제 Cooper-Jacob식이나 (5-130)식과 같이

$$s_w = \frac{2.3Q}{4\pi T} log \frac{2.25Tt}{r_w^2 S} + CQ^2 = BQ + CQ^2 \tag{5-130}$$

여기서 $\quad B = \frac{2.3}{4\pi T} log \frac{2.25Tt}{r_w^2 S}$가 된다.

[그림 5-46]에서 단위시간 동안 양수량이 Q_1일 때 수위 강하량은 s_1, 양수량이 Q_2일 때 수위

강하량을 s_2, 양수량이 Q_3 및 Q_4일 때 단위시간 동안에 하강하는 수위 강하량을 각각 s_3와

s_4라 하고 이를 (5-130)식에 대입하면 각각 다음 식들과 같이 된다.

$$s_1 = \frac{2.3\,Q_1}{4\pi T}log\frac{2.25\,T}{r_w^2 S} + CQ_1^2 \tag{5-131}$$

$$s_2 = \frac{2.3\,Q_2}{4\pi T}log\frac{2.25\,T}{r_w^2 S} + CQ_2^2 \tag{5-132}$$

$$s_3 = \frac{2.3\,Q_3}{4\pi T}log\frac{2.25\,T}{r_w^2 S} + CQ_3^2 \tag{5-133}$$

$$s_4 = \frac{2.3\,Q_4}{4\pi T}log\frac{2.25\,T}{r_w^2 S} + CQ_4^2 \tag{5-134}$$

① [그림 5-46]에서 $s_1 = \Delta s_1,\ \ Q_1 = \Delta Q_1$ 이므로,

$$\Delta s_1 = 2.3\frac{\Delta Q_1}{4\pi T}log\frac{2.25\,T}{r_w^2 S} + C\Delta Q_1^2 = B\Delta Q_1 + C\Delta Q_1^2$$

양변을 ΔQ_1 으로 나누면

$$\therefore\quad \frac{\Delta s_1}{\Delta Q_1} = B + C\Delta Q_1 \tag{5-135}$$

② $s_{2-1} = \frac{2.3(Q_2 - Q_1)}{4\pi T}log\frac{2.25\,T}{r_w^2 S} + C(Q_2^2 - Q_1^2)$ 인데,

여기서

$$s_2 - s_1 = \Delta s_1 + \Delta s_2 - \Delta s_1 = \Delta s_2 \quad \text{이고,}$$

$$Q_2 - Q_1 = \Delta Q_1 + \Delta Q_2 - \Delta Q_1 = \Delta Q_2$$

$$Q_2^2 - Q_1^2 = (Q_2 + Q_1)(Q_2 - Q_1) = (Q_2 + Q_1)\Delta Q_2 \text{이다.}$$

$$\Delta s_2 = \frac{2.3\Delta Q_2}{4\pi T}log\frac{2.25\,T}{r_w^2 S} + C(Q_2 + Q_1)\Delta Q_2$$

$$\Delta s_2 = B\Delta Q_2 + C\Delta Q_2(Q_2 + Q_1)$$

$$\therefore\quad \frac{\Delta s_2}{\Delta Q_2} = B + C(Q_1 + Q_2) \tag{5-136}$$

③ $s_{3-2} = \frac{2.3(Q_3 - Q_2)}{4\pi T}log\frac{2.25\,T}{r_w^2 S} + C(Q_3^2 - Q_2^2)$ 이다.

여기서

$$s_3 - s_2 = \Delta s_1 + \Delta s_2 + \Delta s_3 - (\Delta s_1 + \Delta s_2) = \Delta s_3$$

$$Q_3 - Q_2 = \Delta Q_1 + \Delta Q_2 + \Delta Q_3 - (\Delta Q_1 + \Delta Q_2) = \Delta Q_3$$

$$Q_3^2 - Q_2^2 = (Q_3 + Q_2)(Q_3 - Q_2) = (Q_3 + Q_2)\Delta Q_3 \text{이다.}$$

$$\Delta s_3 = \frac{2.3 \Delta Q_3}{4\pi T} log \frac{2.25\,T}{r_w^2 S} + C(Q_3 + Q_2)\Delta Q_3$$

$$\Delta s_3 = B\Delta Q_3 + C\Delta Q_3(Q_3 + Q_2)$$

$$\therefore \quad \frac{\Delta s_3}{\Delta Q_3} = B + C(Q_3 + Q_2) \tag{5-137}$$

④ $s_{4-3} = \dfrac{2.3(Q_4 - Q_3)}{4\pi T} log \dfrac{2.25\,T}{r_w^2 S} + C(Q_4^2 - Q_3^2)$이므로

$$\Delta s_4 = \frac{2.3 \Delta Q_4}{4\pi T} log \frac{2.25\,T}{r_w^2 S} + C(Q_3 + Q_2)\Delta Q_4$$

$$\Delta s_4 = B\Delta Q_4 + C\Delta Q_3(Q_4 + Q_3)\Delta Q_4$$

$$\therefore \quad \frac{\Delta s_4}{\Delta Q_4} = B + C(Q_3 + Q_4) \tag{5-138}$$

⑤ $s_{n+1} - s_n = \Delta s_n = B\Delta Q_n + C(Q_{n+1} + Q_n)\Delta Q_n$

$$\frac{\Delta s_n}{\Delta Q_n} = B + C(Q_{n+1} + Q_n) \tag{5-139}$$

⑥ 따라서, $\dfrac{\Delta s_2}{\Delta Q_2} - \dfrac{\Delta s_1}{\Delta Q_1} = C(Q_1 + Q_2) - C\Delta Q_1$

여기서 $Q_1 = \Delta Q_1$이고 $Q_2 = \Delta Q_1 + \Delta Q_2$이므로,

$$\frac{\Delta s_2}{\Delta Q_2} - \frac{\Delta s_1}{\Delta Q_1} = C(\Delta Q_1 + \Delta Q_2)$$

$$C = \frac{\dfrac{\Delta s_2}{\Delta Q_2} - \dfrac{\Delta s_1}{\Delta Q_1}}{\Delta Q_2 + \Delta Q_1} \tag{5-140}$$

⑦ $\dfrac{\Delta s_3}{\Delta Q_{3-}} \dfrac{\Delta s_2}{\Delta Q_2} = C(Q_2 + Q_3) - C(Q_1 + Q_2) = C(Q_3 - Q_1)$

여기서 $Q_1 = \Delta Q_1$이고 $Q_3 = \Delta Q_1 + \Delta Q_2 + \Delta Q_3$이므로,

$$Q_3 - Q_1 = \Delta Q_2 + \Delta Q_3$$

$$\therefore \quad \frac{\Delta s_3}{\Delta Q_3} - \frac{\Delta s_2}{\Delta Q_2} = C(\Delta Q_2 + \Delta Q_3)$$

$$C = \frac{\dfrac{\Delta s_3}{\Delta Q_3} - \dfrac{\Delta s_2}{\Delta Q_2}}{\Delta Q_3 + \Delta Q_2} \tag{5-141}$$

⑧ $\dfrac{\Delta s_4}{\Delta Q_4} - \dfrac{\Delta s_3}{\Delta Q_3} = C(Q_4 - Q_3) = C(\Delta Q_4 + \Delta Q_3)$

$$C = \frac{\dfrac{\Delta s_4}{\Delta Q_4} - \dfrac{\Delta s_3}{\Delta Q_3}}{\Delta Q_4 + \Delta Q_3} \tag{5-142}$$

따라서 우물수두손실의 일반식을 다음식과 같이 표현되고 이를 이용하여 우물의 수두손실을 구할 수 있다.

$$C = \frac{\dfrac{\Delta s_n}{\Delta Q_n} - \dfrac{\Delta s_{n-1}}{\Delta Q_{n-1}}}{\Delta Q_n + \Delta Q_{n-1}} \tag{5-143}$$

여기서, n : n번째 단계대수성시험
$n-1$: 전회의 단계대수성시험

단계대수성시험 결과를 이용하여 [그림 5-46]처럼 작성한 시간-수위강하곡선으로부터 1 cycle log일 때 Δs를 구하여 대수층의 T와 S를 구할 수도 있다.

5.7.3 직선법

$s_w = BQ + CQ^2$에서 양변을 Q로 나누면,

$$\frac{s_w}{Q} = B + CQ \tag{5-144}$$

윗식에서 $\dfrac{s_w}{Q}$를 비수위강하량(specific drawdown)이라 한다. 비수위 강하량을 y축에, Q를 x축으로 취하여 (15-144)식을 작도하면 C는 직선의 기울기가 되고 절편은 B가 된다.

예5-10

두께가 100 ft인 피압대수층에 설치한 반경 0.5 ft되는 생산정에서 단계 대수성시험을 실시하였

다. 시험은 모두 5단계로 실시하였으며 각 단계별 시험기간은 180분이고 각 단계별 채수량은 13.4 ft³/분, 26.7 ft³/분, 40.1 ft³/분, 56.8 ft³/분, 및 73.5 ft³/분 이었다.

시험결과 현장에서 취득한 시간-수위강하자료를 반대수 방안지상에 작도한 결과는 [그림 5-47] 과 같다. 이 우물의 B와 C를 구하라.

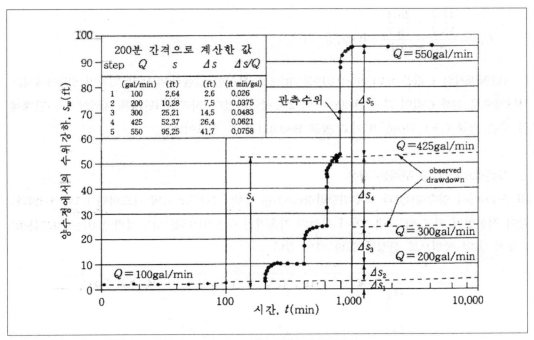

[그림 5-47] 단계 대수성시험 결과를 이용하여 작도한 시간수위 강하곡선도

[그림 5-47]의 각 단계별로 작도한 시간-수위강하곡선에서 단계별 양수량, 실수위강하량과 강하량 증가분(Δs) 및 비수위 강하량을 구해보면 [표 5-12]와 같다.

[표 5-12] 단계 대수성시험별 단계별 양수량과 비수위강하량

단계	① 양수량 (Q)[ft³/분]	② 수위강하 (s)[ft]	③ 비수위강하량 (s/Q) [ft·분/ft³]	수위강하증분 (Δs)[ft]	ΔQ
1	13.4	2.64	0.197	2.6	13.4
2	26.7	10.28	0.385	7.5	13.3
3	40.1	25.21	0.629	14.5	13.4
4	56.8	52.3	0.920	26.4	16.7
5	73.5	95.25	1.30	41.7	16.7

① 5.7.2의 방법으로 C를 구하는 경우 ;

$$C_1 = \frac{\dfrac{7.5}{13.3} - \dfrac{2.6}{13.4}}{13.3 + 13.4} = 0.0138 분^2/ft^5$$

$$C_2 = \frac{\dfrac{14.5}{13.4} - \dfrac{7.5}{13.3}}{13.4 + 13.3} = 0.019 \text{분}^2/ft^5$$

$$C_3 = \frac{\dfrac{26.4}{16.7} - \dfrac{14.5}{13.4}}{16.7 + 13.4} = 0.016 \text{분}^2/ft^5$$

$$C_4 = \frac{\dfrac{41.7}{16.7} - \dfrac{26.4}{16.7}}{16.7 + 16.7} = 0.027 \text{분}^2/ft^5$$

1~4단계까지의 C값은 0.0138~0.019분^2/ft^{5}으로 유사한 값을 나타내고 있지만 5단계에서는 과다채수로 인해 C값이 그 전단계보다 약 2배 증가하였다. 따라서 4단계를 제외한 1~4단계에서 구한 평균 C = 0.016분^2/ft^{5}이고 평균 B=0.021분/ft^2 정도이다.

② 직선법으로 C를 구하는 경우 :
[표 5-12]에서 양수량(Q)과 비수위강하량(s/Q)을 일반 그래프용지에 작도하면 [그림 5-48]과 같이 직선형이 되고 이 그래프에서 직선의 기울기인 C는 0.015분^2/ft^5, 절편인 B는 0.027분/ft^{2}으로서 ①의 방법으로 산정한 값과 거의 같다.

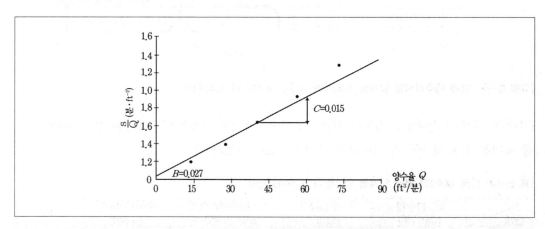

[그림 5-48] 단계대수성시험 자료인 양수율(Q)과 비수위강하량(s/Q)을 이용해서 작도한 직선법으로 C와 B를 구하는 방법

5.7.4 대수층 수두손실과 선형의 공벽 수두손실(skin loss)

(1) 선형(Q와 1차원적인 관계) 대수층 수두손실과 선형 우물 수두손실

우물 수두손실(well loss)은 전술한 바와 같이 (5-145)식으로 표현되는 이론적인 수위 강하량(대수층 수두손실)과 양수정에서 실제로 측정한 실수위 강하량(h_w)과의 차이를 뜻한다((5-32a)식

참조)

$$s_w = H - h_w = \frac{2.3Q}{2\pi T} \log \frac{R}{r_w} \tag{5-145}$$

> 여기서 H : 지하수의 원래 자연수위(저면에서 수두높이)
> h_w : 저면에서 우물내 양수위까지 수위

이와 같은 수위의 차는 다음과 같은 3가지의 원인에 의해 주로 발생한다.

① 우물 굴착작업 시 우물굴착구간 주변에 분포된 원 대수층이 우물 굴착 시 가해지는 충격에 의해 교란되거나 변형되어 대수층의 수리특성이 변하는 경우

② 우물 설치 후 우물을 부적절하게 청소하거나 개선시켜 착정 시 사용한 이수(mud drilling fluid)가 공극 내에 잔존해 있거나 착정 시 공벽에 형성된 점토벽(mud cake)이 완전히 붕괴 제거되지 않아 잔존해 있어 수리특성이 변하는 경우

③ 충진 여과력과 스크린을 부적절하게 설치하여 지하수가 충진여과력과 스크린을 통해 우물 내로 유입될 때 유속의 변화로 인해 불가피하게 발생하는 국지적인 난류흐름이 발생하는 경우 등

따라서 양수정에서 지하수를 채수할 때 우물수두손실은 항상 발생하기 때문에 해당 우물수두손실에 대한 평가는 우물설치의 적정성 여부를 판단하는데 있어 매우 중요한 요소이다.

1개 양수정에서 Q의 율로 지하수를 채수할 때 우물에서 측정한 전체 수위강하량(s_w)은 다음의 (5-130)식에서 설명한 바와 같이 대수층 수두손실(1차원의 선형 수두손실)과 우물수두손실(난류에 의한 2차원의 수두손실)로 표현한다.

$$s_w = BQ + CQ^2 \qquad\qquad \text{(참조, 5-130식)}$$

> 윗식에서 B : 대수층 수두손실 계수로서 1차원의 선형 수두손실 계수
> C : 우물 수두손실 계수로서 난류에 의한 2차원의 수두 손실계수이다.

그러나 선형적인 대수층 수두손실은 ① 순수한 선형의 수두손실[linear formation loss, (5-145)식]과 ② 지하수의 유입구간인 스크린주변에서 발생하는 선형의 수두손실(이를 skin loss라 한다)로 구분할 수 있다(Rorabaugh, 1953). 일반적으로 유한격자망으로 구성된 지하수계 내에서 n번째 셀에서 발생하는 수위강하는 다음식과 같이 표현할 수 있다.

$$s_w = h_w - h_n = (B_1 + B_2)Q_n + CQ_n^p \tag{5-146}$$

여기서 $B = B_1 + B_2$

B_1 : 선형(Q와 1차식의 관계를 갖는-1차원)의 대수층 수두손실 계수

B_2 : 선형(Q와 1차식의 관계를 갖는-1차원)의 우물 수두손실 계수

C : 비선형(Q와 2차식의 관계를 갖는-2차원)의 우물 수두손실 계수

h_w : 양수정에서 실 수위

h_n : n번째 cell에서 수위

Q_n : n번째 cell과 양수정사이의 흐름률

p : 우물 수두손실의 2차원의 비선형 배출량의 성분으로서 통상 $1.5 \sim 3.5$ 사이의 값, 대체적으로 2의 값을 사용(Rorabaugh, 1985)

윗식에서 B_1 은 선형적인 1차원의 대수층 수두손실 계수이고 B_2 는 스크린 주변에서 발생하는 공벽효과 또는 영향(skin effect)에 따른 선형적인 1차원의 우물 수두손실 계수로서 공벽 수두손실 계수(skin loss)라 한다. 따라서 양수정에서 지하수를 채수할 때, 선형 대수층 수두손실 계수 (B_1) 는 (5-145)식에서 다음식과 같다.

$$B_1 = \frac{2.3}{2\pi T} log \frac{R}{r_w}$$

(5-147)

단계 대수성시험을 실시하여 양수정에서 각 관측정까지의 거리(r)와 비수위강하량(s/Q)을 [그림 5-49]와 같이 작도하면 이 가운데 직선구간을 나타내는 $r - s/Q$가 양수정의 반경(r_w)과 만나는 지점에서의 절편은 바로 B_1 이다.

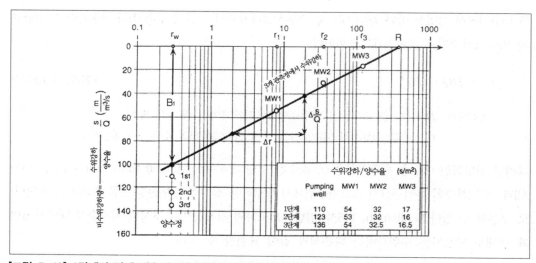

[그림 5-49] 3단계의 단계 대수성 시험결과를 이용하여 작성한 r-s/Q 곡선

이에 비해 (5-146)식에서 전체 선형 대수층 수두손실계수(B)와 p승의 우물 수두손실 계수(C)는 [그림 5-50]의 단계별 양수량(Q)과 s/Q의 곡선을 이용해서 구할 수 있다. 만일 p가 2인 경우에 :

$$\frac{s_w}{Q} = B + CQ \qquad (5-148)$$

윗식에서 C : Q-s/Q곡선중 직선구간의 기울기
          B : 절편

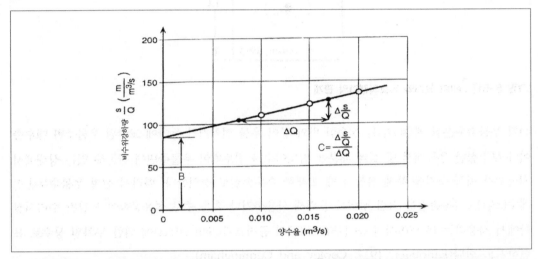

[그림 5-50] 단계 대수성 시험결과를 이용하여 작성한 Q-s/Q곡선을 활용하여 산정한 전체 선형 대수층 수두손실 계수(B)와 비선형 우물수두손실계수(C)

[그림 5-50]에서 산정한 B와 C값을 (5-130)에 대입하여 양수정에서 Q의 율로 지하수를 채수할 때 발생하는 실 수위강하량을 계산할 수 있다.

관측정에서는 실제로 지하수를 채수하지 않기 때문에 난류에 의한 비선형적인 우물수두손실 계수는 구할 수 없지만 전체 선형 대수층 수두손실 계수는 [그림 5-50]과 같은 Q-s/Q 곡선을 이용하여 구할 수 있다.

2002년 USGS가 개발한 제한적인 수위강하와 多節點 우물(drawdown limited, multi-node well, MNW package) 페키지는 상술한 전체 선형 대수층 수두손실과 난류에 의한 비선형 우물수두손실을 사용하여 1개 cell을 대표하는 우물 내에 수두가 다른 여러 개의 지층이 분포되어 있을 경우에 cell에서 우물 사이에 발생하는 수위강하를 (5-146)식으로 모의하기 위해 개발된 부속프로그램(subroutine)이다.

(5-146)식에서 선형 대수층 수두손실계수(B_1)는 [그림 5-51]에서 우물경과 cell 절점에서 유효외경(effective external radius) 사이에서 발생하는 수두손실로 정의하며(Peaceman), 수두손실은

Thiem식(Benett 외 : Fanchi 외, 1987)으로 모의한다. Thiem식을 사용할 시, 양수정은 수직정이고, 스크린은 1개 cell을 완정 관통하여 설치되어 있으며, 우물과 cell 사이의 지하수유동은 Modflow에서 일반식을 풀기 위해 사용하는 기간 동안 정류상태 하에 있는 것으로 가정한다.

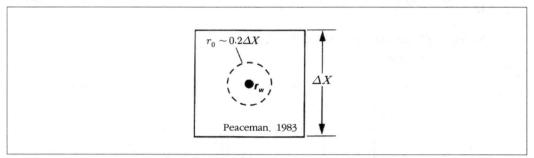

[그림 5-51] cell의 크기와 유효외경과의 관계

선형 우물수두손실 계수(B_2)는 전술한 바와 같이 우물 설치기간 동안에 교란된 우물주변 대수층이나 부적절한 우물개선 및 설계 때문에 점토이수나 점토벽이 우물주변에 잔존해 있는 상태에서 지하수가 이들 구간을 통해 유동할 때 발생한 수두손실로 정의한다. 따라서 선형 우물수두손실 계수(B_2)는 수두손실을 직접 정의하기 위해 사용하거나 혹은 주로 석유공학이나 암반 수리지질학에서 사용하는 (5-150)식의 공벽구간(skin)의 공벽효과(skin effect)에 의한 무차원 상수로 표현하기도 한다(Earlouger, 1977: Cooley and Cunningham).

파쇄 암반 대수층에서의 공벽효과와 공벽계수를 약술하면 다음과 같다. 구체적인 내용에 대해서는 9.3절에 상세히 언급되어 있으므로 이를 참조하기 바란다.

(2) 파쇄매체의 공벽효과 또는 영향(skin effect)

일반적으로 양수정은 실제 굴착경에 비해 우물굴착 시 받은 충격이나 기타 원인 때문에 발생한 자연적이거나 인공적인 파쇄/교란영향으로 공벽(skin)의 면적이 증가되기도 하며 반대로 공매작용(clogging)이나 기타 원인으로 공벽 면적이 실제 착정시의 면적보다 감소되기도 한다. 이와 같이 공벽의 면적이 증가되는 현상을 (-)공벽(negative skin) 현상이라 하고, 공벽면적이 감소되는 현상을 (+)공벽(positive skin)현상이라고 한다. 이와 같이 양수정은 실 굴착경에 비해 착정시 받은 충격이나 기타 원인 때문에 생긴 자연적이거나 인공적인 파쇄 및 교란영향으로 공벽의 면적이 증가되기도 하며 반대로 공매작용(clogging)이나 기타 원인으로 공벽 면적이 실제 착정시의 면적보다 감소되기도 한다. 이를 공벽효과라 하며 공벽효과는 공벽계수(skin factor)를 이용해서 특성화시킬 수 있다.

이론적으로 공벽효과는 다음 2가지 중 한 가지 방법으로 취급한다.

① 공벽구간은 양수정의 벽면 주위의 대단히 얇은 구간에 집중되어 분포하며 이곳에서 유체의 저장은 없는 것으로 가정한다.

② 시험공벽 주위에 유한한 두께를 가진 공벽구간 내에 공벽영향이 나타나는 경우로서 이 때 이 구간 내에서 수리전도도는 주변암체의 수리전도도보다 양호하거나 감소한다는 가정이다.

이러한 접근법은 파쇄암에 설치한 양수정이나 햄머공법으로 우물을 굴착할 때 주로 나타나는 현상으로서 이 때 공벽구간의 수리전도도는 다소 증가한다. 이 경우 공벽계수(S_{skin})는 다음 식으로 표현할 수 있다(Earlougher 1977).

$$S_{skin} = (\frac{K}{K_{skin}} - 1)\ln\frac{r_{skin}}{r_w} \tag{5-149}$$

여기서 K : 원 대수층(암체)의 비교란 수리전도도(변형을 받지 않은 모암)

K_{skin} : 교란 및 변형된 공벽구간의 수리전도도

r_w : 양수정의 굴착반경

r_{skin} : 공벽구간의 반경

[9.3절에서 공벽계수(Sskin)은 ζ로 표현하였다. $\zeta = (\frac{K}{K_s} - 1)\ln\frac{r_s}{r_w}$]

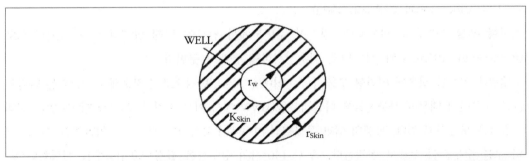

[그림 5-52] 양수정의 반경(r_w), 교란받은 공벽구간의 유효반경(r_{skin}), 비교란 대수층의 수리전도도(K)와 교란된 공벽구간의 수리전도도(K_{skin})의 모식도

[그림 5-52]와 같이 수리전도도가 K인 대수층에 우물경이 r_w인 양수정을 설치한 경우에 우물 설치 시 착정작업의 충격으로 교란 및 변형된 대수층 구간(r_{skin})과 이 구간 즉 공벽효과를 받은 구간에서의 수리전도도(K_{skin})와의 관계는 상술한 (5-149)식과 같다.

[그림 5-52]와 (5-149)식에서 나타난 바와 같이 양수정 주변에서 수리전도도의 변화와 공벽효과

(skin effect)와의 관계는 1차원적인 선형관계임을 잘 보여주고 있다.

만일 교란된 공벽구간에서 $r_{skin} = 2r_w$라 하고, S_{skin}이 각각 1,2 및 4인 경우에 K/K_{skin}은 각각 2.5, 3.9 및 6.7이 된다. 또한 $K_{skin} \gtrless K$이면 S_{skin}은 0이 되거나 (-)가 된다.

(5-149)식에서 $K > K_{skin}$ 이면 $S_{skin} > 0$이므로 (+)공벽효과가 발생한 경우이고, $K < K_{skin}$ 이면, $S_{skin} < 0$이므로 (-)공벽효과가 발생한 경우이다. 따라서 공벽계수가 알려진 경우에는 윗식을 사용해서 K_{skin}와 r_{skin}를 구할 수 있다.

공벽효과가 감안된 유효반경(effective bore hole radius)을 r_{wf}라 하면 r_{wf}는 다음식과 같이 정의할 수 있다(Earlougher).

$$r_{wf} = r_w \cdot e^{- S_{skin}} \tag{5-150}$$

윗식에서 r_{wf}를 우물의 유효반경 또는 유효외경이라고도 한다. 따라서 공벽계수가 (-)값일 때 유효반경은 실공경보다 훨씬 커진다. 만일 시험정이 단일 파쇄대와 교차하는 경우에 유효반경은 파쇄대의 길이에 따라 좌우된다.

Earlougher의 연구결과에 의하면 파쇄매체에 설치한 양수정의 공벽계수는 -5 정도이며, 완전히 공매(clogging) 현상이 발생한 양수정의 공벽계수는 ∞이다. 또한 부분 관통정이나 공극막힘 현상이 발생한 양수정의 경우에는 추가적인 가상 공벽인자를 규정해서 사용할 수도 있다.

수리전도도가 10^{-7}m/s인 저투수성 암체에서 수리시험 시 난류에 의한 영향은 이론적으로 무시할 수 있다(Andersson과 Carlsson 1980).

비선형 우물 수두손실 계수(C)는 양수정 주변부에서 난류에 의해 발생하는 수두손실이므로(Rorabaugh, 1953), C와 p는 단계 대수성시험을 통해서 구한다.

모델링을 실시할 경우에 비선형 우물 수두손실(CQ^n)은 일반적으로 수치문제를 일으키는 달갑지 않은 항목이기 때문에 사용자들은 다절점우물(MNW)에서 이를 소거한 후, 사용할 수 있는 선택사항들을 보유하고 있다. 모델의 셀과 우물절점 사이에서 유동하는 지하수는 일반적인 (5-146)식의 우물 수두손실 모델로 정의한다. 즉 (5-146)식의 상수들을 결정하고 p승수를 선형화한 후, n번째 절점에서 지하수의 유동문제는 다음식과 같이 셀과 우물사이의 수두차와 Conductance의 곱으로 규정한다.

$$Q_n = (h_w - h_n) CWC_n \tag{5-151}$$

여기서　h_w : 우물에서 수위

　　　h_n : n번째 셀에서 수위

　　　CWC_n : n번째 셀과 우물사이의 conductance(L^2/T)

$$CWC_n = \left[B_1 + B_2 + C_n^{(p-1)} \right]^{-1} = \left[\frac{2.3\log\dfrac{r_0}{r_w}}{2\pi\sqrt{T_x T_y}} + \frac{S_{skin}}{2\pi\sqrt{T_x T_y}} + CQ_n^{(p-1)} \right]^{-1}$$

여기서 T_x : 모델의 행방향 투수량계수

T_y : 모델의 종방향 투수량계수

r_w : 우물 구경

r_0 : Peaceman이 정의한 1개 셀에서 수위에 대응하는 우물의 유효외경

$$r_0 = 0.28 \frac{\sqrt{\triangle x^2 \sqrt{\dfrac{T_y}{T_x}} + \triangle y^2 \sqrt{\dfrac{T_x}{T_y}}}}{\sqrt[4]{\dfrac{T_y}{T_x}} + \sqrt[4]{\dfrac{T_x}{T_y}}}$$

여기서 $\triangle x$: model column의 길이

$\triangle y$: model row의 길이

$T_x = T_y$ 인 경우에 $r_0 = 0.14\sqrt{\triangle x^2 + \triangle y^2}$

MNW 패키지는 수리수두가 서로 다른 여러 개의 지층을 관통하여 한 개의 수직 스크린을 설치한 우물을 모의할 경우에 사용하며, 이 우물에서 수위변화 범위는 제한적이다. 따라서 MNW 패키지는 다산출구간(多産出區間)으로 이루어져 있는 단정(single well)에서 지하수유동의 계략적인 모의를 할 경우에 사용하는 Modflow의 부속프로그램이다.

5.7.5 단계 대수성시험 결과를 이용한 우물 평가방법

(1) C값에 따른 평가

1) $C < 2{,}500 \sim 3{,}000$ 초^2/m^5 : 우물설계나 우물개선을 위시한 우물설치가 합리적으로 잘 실시된 경우

2) $C > 2{,}500 \sim 3{,}000$ 초^2/m^5 : 우물설계나 우물개선이 잘못되었거나 스크린의 공매작용 등으로 설치한 우물기능이 저하되었음을 의미한다.

   (단위 환산 : 1분^2/ft^5 = 1.367×10^6초^2/m^5)

3) 윗 예제의 경우 : 이 우물은 평균 C가 0.015 분^2/ft^5 (20,500 초^2/m^5)이므로 우물설계와 우물 설치가 매우 잘못된 경우이다.

(2) B값을 이용하여 산정한 층류비 또는 우물효율(well efficiency)에 따른 평가

엄격한 의미에서 우물효율과 층류비(L_p)는 서로 다른 계념이다 그러나 우물의 성능을 평가할 때 간혹 이를 혼용해서 사용하기도 한다. 일반적으로 1개 우물에서 채수량이 증가하면 우물효율은 감소한다. 평가기준은 다음과 같다.

1) 우물효율 > 70% : 평가대상 우물은 수용할 수 있는 양호한 우물
2) 우물효율 < 65% : 여러 면에서 수용하기에 문제점이 있는 우물로서 즉 부적합한 우물설계, 부실한 우물재생 및 기능이 현저히 저하된 우물임을 암시

(3) 위 예제 우물의 평가

위의 우물에서 실시한 대수성시험 시 최종단계의 양수율은 73.5 ft^3/분이었으며 총 수위강하량(s_w)은 92.25ft였고 단계 대수성시험으로 산정한 평균 대수층 수두손실계수(B)는 0.024분/ft^2[(0.021+0.027)/2]이였다. 따라서 이 우물의 층류비 :

$$L_p = \frac{BQ}{BQ + CQ^2} = \frac{0.024 \times 73.5}{92.25} = 1.9\%$$ 로서 이 우물은 지극히 불량하게 설치된

우물이거나 기능이 현저히 저하된 우물이다.

6.1 우물 일반

엄격한 의미에서 우물(well)이란 토양이나 암석의 틈(interstice, pore)으로부터 액상물질(fluid)을 추출하기 위해 인공적으로 만든 굴착부를 의미하며, 자연유하 형식으로 지하수를 지표로 흘러나오게 한 터널이나 도수로는 우물이라고 하지 않는다. 우물은 개발해 낼 수 있는 액상물질의 종류에 따라 단순한 지하수 채취용 水井(water well), 油井(oil well), 가스정(gas well) 및 鹽井(salt well)으로 구분할 수 있다. 이 중에서 수정이 가장 많으며 통상 관념적으로 우물이라고 하면 수정을 의미한다. 특히 자연적으로 지표면이 움푹 패어서 팬 깊이가 대수층까지 도달했지만 그로부터 지하수가 유출되지 않는 형태를 자연정(natural well)이라고도 하나, 이보다 더 깊이 굴착하면 지하수를 만날 수도 있다. 그러나 엄격한 의미에서 자연정은 지형의 기복에 지나지 않으며, 우물이라고 할 수 없다.

대수층에 우물을 설치했을 때 우물 안으로 지하수가 유입되어 들어오는 개공구간을 유입구간(intake area)이라 하고, 일명 우물의 침수구간 혹은 누수구간이라고도 한다. 그 외 지표부에 노출된 우물의 최상부 구간을 우물 두부(top of casing, TOC)라 한다.

이와 같은 우물에 비해 대수층까지 굴착하여 펌프를 사용하거나 혹은 자연유하 형식으로 지하수가 지표부에서 흐를 수 있도록 인위적으로 설치한 도수로를 집수도수로(infilteration ditch)라 한다. 동일한 목적으로 터널을 설치했을 때는 이를 집수터널(infilteration tunnel) 혹은 집수암거(infilteration gallery)라 한다.

1개 우물에서 일정한 율로 지하수를 채수하면 우물 내의 지하수에 작용하고 있던 수두압과 지하수위가 하강하는데 이를 지하수위 강하(drawdown)라 한다. 자유면대수층에 설치한 우물에서는 직접 지하수위 강하를 측정할 수 있으나 피압대수층에 설치된 피압정의 지하수위는 진공계나 압력계를 이용하여 측정이 가능하며, 수위강하는 우물두부나 임의의 지표면에서 m, cm 및 ft 단위로 측정한다.

우물에서 지하수를 채수하지 않을 때는 우물과 주변 대수층의 수두압이 서로 평형을 이룬다. 우물에서 지하수를 채수하면 결국 우물 내에서 수두압이 감소하게 되고 이로 인해 우물내외에서 수두압의 평형이 파괴되어 수두압이 높은 우물외부의 대수층에서 수두압이 낮아진 우물속으로 지하수가 흐르게 된다. 비평형상태에서 지하수를 채수할 때는 항상 지하수위 강하가 발생한다.

지하수 채수시 이로 인하여 지하수위가 하강한 지표면상의 전 구간을 영향권(influence area)이라 하고, 등방 균질 대수층에서는 우물을 중심으로 원형을 이룬다. 영향권의 크기는 집수량과 채수 경과시간에 따라 좌우된다.

이에 반해 지하수채수로 인해 지하수가 배수된 수직구간을 지하수위 강하구간(cone of drepression, withdraw)이라 하며, 지하수를 포함하고 있는 대수층이 균질·등방인 경우에는 그 모양이 거의 원추모양을 이룬다. 따라서 지하수위 강하구간을 일명 영향추(影響錐)라고도 한다.(그림 6-1 참조)

우물에서 채수가능한 지하수량을 우물산출량(capacity of well)이라 한다. 우물산출량은 총 산출량(total capacity), 시험산출량(tested capacity), 피압 산출량(artesian capacity) 및 비양수량(specific capacity)의 4종류로 구분한다.

이 중에서 우물의 총 산출량이란 우물내부에 잔류되어 있는 지하수를 배출시킨 후에 채수할 수 있는 최대 양수량을 의미한다. 이는 양수위가 우물의 유입구간까지 하강했을 때의 산출량이다. 이에 비해 지하수위가 크게 하강하지 않고도 지하수를 채수할 수 있는 최대 양수량을 시험산출량이라 하며, 시험산출량을 증가시키기 위해 양수위를 유입구간까지 하강시키면 시험산출량은 총 산출량과 동일하게 된다.

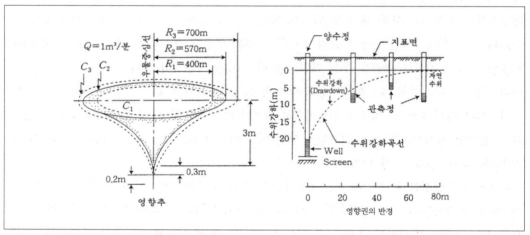

[그림 6-1] 영향권과 지하수위 강하구간(양향추)

지하수가 피압에 의해 지표로 용출되는 양을 피압산출량이라 한다. 지하수위를 1m 하강시킬 때 채수할 수 있는 우물의 채수량을 비양수량(specific capacity)이라 하며 단위는 ㎥/일/m 나 ㎡/일로 표기한다. 비양수량에 대해서는 다음 절에서 상세히 설명하기 한다.

동일한 우물에서 연속적으로 지하수를 채수할 때보다는 일단 지하수채수를 잠시 중단하고 양수 시에 형성되었던 지하수위 강하구역이 지하수로 다시 충진된 후에 채수를 재개하면 보다 많은 양의 지하수를 채수할 수 있다. 동일한 지역에 여러 개의 우물을 설치하여 동시에 채수를 하면 개개 우물에 의해 형성된 수위강하구역이 서로 중복되어 간섭현상을 일으키므로 1개 우물에서 지하수채수 시 발생했던 수위강하보다 훨씬 크게 수위강하가 발생한다. 이로 인해서 각 우물의 비양수량은 크게 감소한다.

[그림 6-1]은 1개 우물에서 지하수를 장기 채수할 때 형성되는 영향권과 지하수위 강하구간(영향추)을 도시한 그림이다.

6.2 우물의 분류(classification of well)

우물은 굴착방법, 우물 개량법, 마감작업방법, 우물구조, 우물크기, 심도, 대수층의 특성, 대수층의 지질상태, 산출량, 지하수의 수위, 수질, 지하수의 운동방향 및 우물의 밀집도 등과 같은 제반 요인에 따라 여러 종류로 분류할 수 있으나, 그 중 가장 보편적인 분류방법은 굴착법에 의한 분류법이다.

6.2.1 인력관정 혹은 수굴정(dug well)

직경이 1~2m, 심도가 10m 내외 정도 되는 우물을 인력으로 굴착한 후 굴착측벽에 돌이나 콘크리트 유공관을 설치하여 측면을 보호하고, 측벽주위와 우물바닥으로부터 유입되는 지하수를 채수하는 우물을 수굴정(인력관정)이라 한다. 재래식 가정용 우물이나 농업용 들샘 등이 인력관정에 속하며 개발이 손쉽고 소규모의 공사비로 소량의 지하수를 개발할 때 이 형식을 채택하고 있다(그림 6-2(a) 참조). 40~50년 전 국내에서 가정용 우물로 사용하던 것들이 이에 속한다.

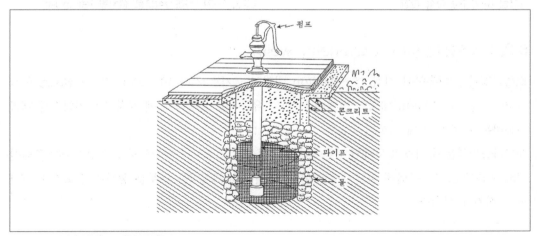

[그림 6-2] (a)인력 관정(수굴정)

6.2.2 타설관정(driven well)

[그림 6-2](b)처럼 drive point가 부착된 구경 25~75m/m의 철관을 시추 또는 간단한 분사

(jetting)기구를 이용하거나 타격을 가하여 대수층에 설치한 우물로서 주로 양수시험 시 관측정
및 가정용 소규모 우물로 많이 사용되고 있다(그림 6-2(b) 및 (c) 참조).

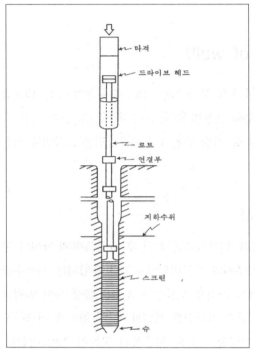

[그림 6-2] (b) 타설 관정

[그림 6-2] (c)분사식으로 설치한 jetting well

6.2.3 소형관정(small diameter well)

소형착정기를 이용하여 직경 75~100m/m 내외의 크기로 지하 10~20m 정도의 심도로 굴착
한 후 구경 35~50m/m 내외의 철재 또는 PVC 유공관을 굴착공 내에 설치하여 지하수를 개발
이용하는 우물이 이에 속한다.

개발가능지역은 충적층의 두께가 얇은 화성 및 변성암 분포지역으로서 광물 구성입자가 조립질
이고 풍화대심도가 두껍게 발달된 지역이다. 퇴적암 분포지역은 대부분 풍화대 심도가 미약하
므로 적지가 아니다.

6.2.4 기계관정(drilled tube well)

충적층 분포심도가 5m 이상이며 투수성이 양호한 모래 및 자갈층으로 구성되어 있고 동시에
집수유역이 넓은 하천변이나 구하상지역으로서 인력 관정이나 소형관정보다 많은 양의 지하수
를 개발하고자 할 경우에 사용되는 우물형식이다. 일반적으로 1개 공당 150㎥/day의 양수량

확보가 가능한 지역에서 이 방법을 이용하고 있다.

기계관정의 설치는 수리지질조사 결과에 의해 산정된 개발 가능량에 따라 구경 300~600m/m, 심도 10m 내외를 착정장비로 굴착한 후 구경 150~400m/m의 철재 또는 PVC 유공관을 천공 내에 설치한다. 이때 세립질 물질의 공내 유입을 방지하기 위하여 착정공벽과 우물자재 사이에 구경 1~10m/m 내외의 여과력(filter gravel)을 부설한다(그림 6-3과 그림 7-8(b) 참조).

기계관정은 공당 채수량이 150~200㎥/day 정도로서 개발이 용이하고 공사비가 저렴하여 1980년대 초까지 농업용수 공급용으로 전국적으로 개발된 바 있다.

6.2.5 연립관정

연립관정은 수위가 높은 사질지층의 건설공사 현장에서 지하수를 배수하거나 수위저하를 목적으로 이용되어 왔다. 그러나 투수성 조건이 양호한 지역에서는 대량의 지하수개발이 가능한 공법이다. 연립관정은 대수층의 특성, 지하수개발량 및 개발목적 등에 따라 소형관정 이나 충적층 관정을 여러 공씩 직선 또는 방사상으로 연결하여 1개소에서 지하수를 채수하는 우물형식으로서 각 개소의 우물구성은 200m/m 정도의 큰 구경도 있으나 통상 50m/m well point에 40m/m riser pipe로 구성되어 있다. 관정의 구경 및 관정을 연결하는 도수관은 관경에 따른 공당 채수량을 감안하여 결정한다. 또한 관내 진공을 유지하여야 하는 등 설계 및 시공과정에서 세밀한 주의를 요하며 전문적인 기술의 뒷받침이 필요하다.

연립 관정의 개발위치는 양수 시 지하수위가 양수기 흡입 양정 범위 내에 있는 즉 지하수면이 높은 지역으로 6m 이상의 사력층이 분포하는 지역에서 유리하며, 방사상 배열은 직선 배열에 비해 수리적인 효율이 높다.

우물개량(well development) 방법과 마감작업에 따라 우물을 관정(cased well)과 나공정 (uncased well) 및 부분적으로 관을 설치한 부분관통정(partially cased well)로 구분하기도 한다. 이중 관정은 사용한 재료와 구조에 따라 철관정, 돌관정, 시멘트관정 및 타일관정 등으로 세분할 수도 있다. 또한 관정은 지하수가 유입되는 개공이나 취수부의 특성에 따라 open end well, 스크린정(screened well) 및 유공관정(perforation casing well)으로 구분하기도 한다(그림 6-3(a)). 이중 open end well은 우물 밑바닥을 통해서만 지하수가 유입되도록 설치한 우물이고, 스크린정이란 지하수 유입부분에 [그림 6-3](b)처럼 스크린을 설치한 우물이며, 유공관정은 일명 스트레나정이라고 하고 케이싱에다 인위적으로 구멍을 뚫어 지하수가 유입될 수 있도록 한 우물로서 케이싱으로는 주로 스테인레스 스틸관, 철관, 프라스틱관 및 파이프관을 사용한다.

[그림 6-3]은 여러 종류의 유공관정과 스크린정을 나타낸 그림이다. 또한 우물은 우물설치 후 우물을 개량하는 방법에 따라 관 주위에 여과력을 설치하여 그 효율반경과 기타 세립물질의 우

물내 유입을 방지하기 위해서 여과력을 사용한 여과력 부설 우물(gravel packing well)과 여과력을 부설하지 않고 우물 주위의 대수층 구성물질 중 우물개량 시에 세립물질을 밖으로 배출시키고 조립질만 우물스크린 주위에 남아 있도록 한 자연개량우물(natural gravel packed well)로 구분할 수 있다.

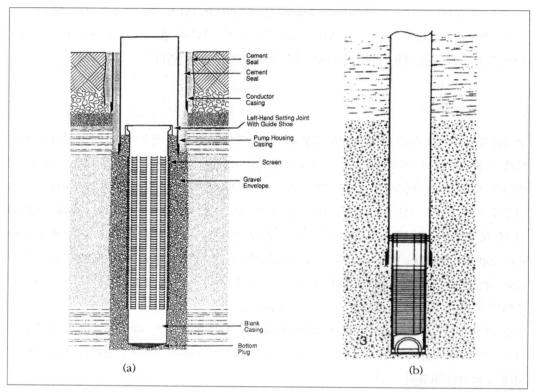

[그림 6-3] 인공 여과력을 부설한 후 유공관(perforated pipe)을 설치한 우물(a)과 스크린(wire wrapped screen)을 설치한 자연개량 우물(b)의 모식도

또한 대수층의 종류에 따라서 사암에 우물을 설치했을 경우는 사암정, 석회암에 설치했을 경우는 석회암정과 같이 대수층의 종류에 따라 그 이름을 붙이기도 한다. 또한 지하수를 배출하는 방식에 따라 우물을 자분정(flowing well)과 비자분정으로 구분한다(그림 6-4(a) 참조). 자분정이란 양수기나 기타 채수를 목적으로 하는 양수기를 사용하지 않고서도 지하수가 지표로 용출되는 우물을 뜻하며, 이를 다시 피압 자분정(artesian flowing well)과 가스용출 자분정(gas lift flowing well)으로 세분할 수도 있다. 이중 피압 자분정은 지하수가 수압에 의해 지표로 용출되는 경우이고, 가스용출 자분정은 지하수가 비록 용출될 수 있는 정도의 수압을 받고 있지 않더라도 지하수가 가스와 혼합하여 가스 자체의 부력에 의해 지표로 용출되는 경우이다. 우리나라에서 가스 용출자분정의 대표적인 예는 충청북도 초정리 입구의 하천변에 1986년에 시험용으로

설치한 약 70m 심도의 탄산가스정을 들 수 있다. 이 탄산가스정은 일종의 간헐자분정으로서 매 30분마다 탄산가스가 우물 내에서 우물내의 수두압을 초과할 정도로 축적되면 지표면에서 약 5.6m 정도의 높이로 탄산수가 자분한다.

[그림 6-4(a)] 강원도 전천 하류유역의 풍촌석회암에 설치된 자분정

비자분정이란 양수기나 기타 채수를 목적으로 한 장비에 의해서만 지하수를 지표로 채수할 수 있는 우물로서, 통상 양수정(pump well)이란 비자분정을 의미한다. 비자분정은 이를 세분해서 준피압정(sub-artesian well), 비피압정(non-artesian well)로 구분하며, 이들 사이의 차이는 지하수가 압층에 의해 압력을 받아 포화대의 최상단 수면보다 지하수위가 약간 높을 때 이를 준피압정이라 하고, 후자는 자유면대수층에 설치한 우물로서 지하수면이 포화대의 상단면인 경우이다. 통상 자유면대수층에 설치한 우물은 비피압정이며, 일명 자유면 우물이라 한다. 일반 우물에 비해 지하수나 물의 흐름이 반대방향으로 흐르는 우물을 역정(inverted well)이라 하고, 우물 내로 물을 주입시켜 주입된 물이 대수층을 충진할 수 있도록 설치한 우물로는 보통 역배수정(inverted drainage well)과 함양정(recharge well) 등이 있다.

역배수정은 폐수나 하수 및 폭우를 배수시키기 위해서나, 늪지를 배수시키기 위해 설치한 우물을 뜻하며, 대수층 내로 지하수의 저류량을 증가 및 함양시키기 위해 대수층으로 물을 주입시키는 우물을 주입정이라 한다(그림 6-4(b) 참조).

최근에는 천부의 지하대수층을 지열 냉난방 열에너지의 축열체로 이용하는 경우에 주입정과 배수정(채수정)으로 구성된 2정 시스템(doublet system)을 널리 이용하고 있다. 뿐만 아니라 지표하 수Km 하부에 발달된 고온 건조암체 내에 주입정과 채수정으로 구성된 지열정시스템을 설치하여 인공지열발전(EGS, enhanced geothermal system)을 실시하고 있다.

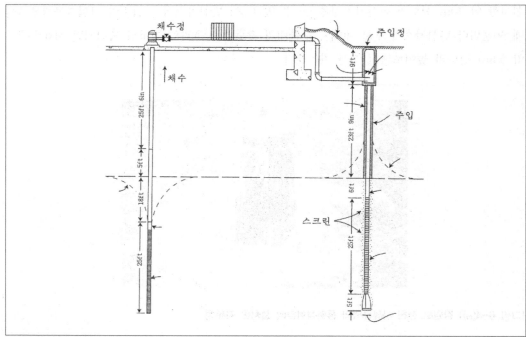

[그림 6-4(b)] 역 배수정과 주입정

6.3 우물 굴착(착정) 방법과 우물 설치

착정과 우물설치 작업과정은 단순하지만 분포지질, 착정(鑿井, well drilling)구경, 착정심도, 우물의 사용목적 등에 따라 다양한 방법으로 구분된다. 지질조건에 따라 크게 두 가지로 구분하면 충적층 및 풍화대와 같은 미고결암의 착정과 고결암(암반)착정으로 대별할 수 있다.

일반적인 착정 작업의 공정은 천공, 케이싱과 스크린을 위시한 우물자재 및 여과력의 설치, 우물설치, 수질오염방지와 동일 우물 내에서 수두압이 서로 다른 층을 통해 층간의 교차오염 방지를 위한 그라우팅작업 등으로 나누어지며 이들 작업에 따라 2~3개의 작업공정이 동시에 수행될 수도 있다. 착정 방법의 종류는 아래와 같다.

6.3.1 재래식 충격 착정법(percussion drilling)

충격식은 케이블(wire rope)에 연결된 무거운 천공용 비트(Bit)를 상하로 작동시키면 이때 발생하는 충격을 이용하여 지층을 굴착하는 방법이다. 기계의 왕복 충격작용으로 암반 등 고결암은 작은 암편이나 가루로 분쇄시키고, 토사 등 연약지층은 붕괴시킨 다음 이들 혼합물(슬라임)을 굴착공 밖으로 제거한다. 물끼가 없는 지층에서는 굴진공 내로 물을 주입시킨다. 이렇게 생성된 슬라임(slime)들은 sand pump 등 제거기구를 이용하여 공밖으로 배출시킨다. 이때 공내에 슬라임이 많이 쌓이게 되면 충격비트의 하강속도가 늦어지므로 충격력이 약해진다.

굴착기구는 drill bit, drill stem, drill collar와 jar 및 rope socket 등으로 구성되며 drill collar는 bit에 하중을 더해주고 단단한 지층을 굴진할 때 공의 굴곡을 방지하는 기능을 담당한다. Drill jar는 한쌍의 연결구로서 비트가 지중에 끼이는 것을 방지하며 rope socket은 굴진기구와 케이블의 연결 및 케이블의 회전을 가능하게 한다.

경암 굴진 시 비트는 분쇄기 역할을 하며 굴진능력을 지배하는 요소로는 암석의 강도, 굴진장비의 중량, 충격거리, 분당 충격횟수, 비트의 지름, 비트와 공벽간의 틈의 크기, 슬라임(slime)의 점성 및 심도 등이다.

미고결층의 착정 시 공의 붕괴를 방지하기 위하여 착정 후 즉시 케이싱을 설치한다. 케이싱작업은 회전시켜 삽입하는 drive piling방법이 사용되며 bit에 의한 굴진과 함께 생성되는 슬라임은 샌드펌프 등을 사용하여 외부로 배출시키면서 케이싱을 하강시킨다. 열처리된 강철로 제작된 케이싱슈(casing sue)는 케이싱 밑부분의 파손을 방지하기 위해 사용한다. 케이싱이 목적하는 심도까지 내리려할 때 까지 굴진과 슬라임 제거작업을 계속 시행하며 케이싱 상단에는 케이싱 헤드(casing head)를 부착하여 충격에 의한 타입 시 케이싱을 보호하는 역할을 한다.

크램프(clamp)는 일정 중량을 가진 조임쇠로서 drill stem 상부에 부착되어 있다. 소구경의 파이프를 타입할 때에는 파이프에 타입용 크램프를 부착시키고 그 위에 마닐라 로프에 햄머를 달아 낙하충격에 의하여 삽입이 되도록 하며 케이싱 작업 중 외부마찰 및 케이싱파손의 우려 등으로 케이싱 작업이 불가능시에는 작은 소구경 케이싱을 내부에 삽입하여 작업을 계속한다. 이 방법은 주로 전석으로 구성된 붕적층 굴착 시 널리 이용된 재래식 착정방법이다.

6.3.2 직접 회전식 착정법(rotary drilling)

직접 회전식 착정법(rotary drilling)은 우물설치 시 적용하는 착정법 가운데 가장 전통적인 방법이다. 비트에 하중을 가하여 회전시키면서 암석을 절삭하고 파쇄된 암석은 순환수를 이용하여 지표로 배출시켜 굴진하는 방법이다(그림 6-5).

회전식 착정기는 비트의 작동과 굴진용수의 순환을 동시에 수행하며 회전기구에는 동력을 기계적으로 연결하는 스핀들형(spindle type)과 턴테이블형(turn table type) 및 유압모터를 이용하는 유압회전형이 있다.

비트는 코어링 비트(coring bit)와 논 코어링 비트(non-coring bit)로 구분되는데 코어링 비트는 선단에 텅그스텐팁 또는 다이아몬드 크라운이 부착된 원통형으로서 암석을 원통형으로 절삭하며 논 코어비트는 roller type과 drag type 또는 cutter type의 두가지 형태로 구분된다. roller type은 트리콘비트(tricon bit)로서 지층에 따라 roller의 각도 및 톱니의 수 등을 고려한 비트의 종류가 다양하며 암석을 잘게 파쇄시키는 역할을 하므로 경암 등을 효과적으로 굴착할 수 있다. drag type은 스리윙(three wing) 비트가 일반적이다. 이 형식의 bit는 절단면에 강도가 높은 금속을 부착시켜 지층을 굴삭하며 순환수는 슬라임을 지표로 배출하고 비트의 냉각 및 공내의 청소를 담당한다. 회전식 착정법에는 아래와 같은 두 가지 방법을 널리 이용한다.

(1) 이수(泥水, mud water) 착정법

이 방법은 점토나 벤토나이트 및 barite 등과 같은 점성이 높은 물질을 물과 혼합시켜 착정 순환수인 이수(泥水, mud water)를 만든 다음, 이 착정이수를 고압펌프를 이용, 드릴파이프 내로 강제 주입하여 비트의 끝부분에서 공벽을 따라 상향식으로 흐르면서 굴착 스라임을 공외로 배출시키거나 공벽에 점토벽(mud cake)을 형성토록 하여 굴착구간의 안전성을 유지시키는 일종의 대표적인 직접 회전식 착정법(direct rotary drilling)이다(그림 6-5).

이수의 역할은 공벽의 붕락방지, 공저로부터 굴삭된 슬라임을 공외로 배출, 공벽을 통한 이수의 누수방지, 순환수의 순환이 정지되었을 경우에 슬라임의 침강억제, 비트의 냉각 및 청소, 비트의 베아링 및 펌프의 윤활작용 등이다.

이수의 농도와 공벽의 붕괴, 지층 및 심도별 관계를 계산하는 공식은 가용하지 않으나 슬라임 (slime)을 천공 밖으로 배출시키기 위한 순환수의 유속과 슬라임의 속도관계식은 (6-1)식과 같다.

$$V_r = V_a - V_s \tag{6-1}$$

여기서, V_r : 분쇄된 암편의 상승속도

V_a : 순환수의 굴착공내 상승속도

V_s : 순환수 정지시 하강속도

$Va = \dfrac{Q}{A}$ 이므로 유량을 증가시키거나 순환수의 단면적(굴착경)을 줄이면 이수의 공내 배출속도 (상승속도)가 증가한다. 이 경우에는 빠른 유속으로 인해 공벽이 붕괴될 수 있으므로 점토나 벤토나이트 등을 첨가하여 순환수의 점성을 높게 해주어 파쇄암편의 하강속도를 줄이고 공벽의 붕괴도 방지한다.

이수의 재료로 점토를 사용할 때 점토벽이 과다하게 형성되면 우물 완성 후 이수의 제거가 어려운 단점이 있다. 따라서 주변 지층으로 침투가 거의 일어나지 않으면서 굴착고의 공벽에 불투수성 점토벽을 형성시킴은 물론 펌프작용에 지장을 주지 않는 물질로는 벤토나이트가 효과적이다. 이는 침투가 발생하기 전에 효과적인 밀폐작용을 하기 때문이다.

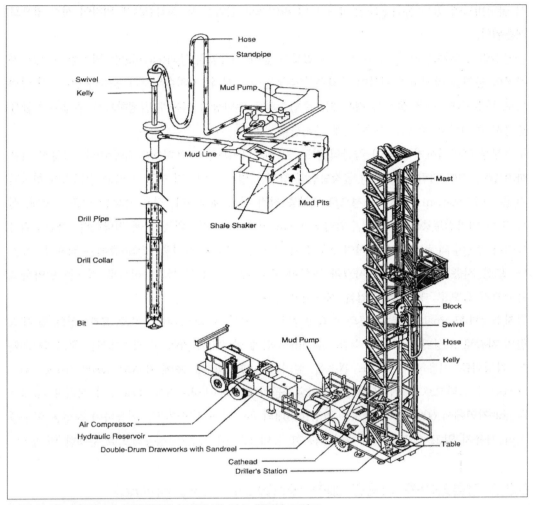

[그림 6-5] 직접회전식 착정장비와 부대품 및 이수 착정법 모식도

이수의 필요 농도는 지층상태와 심도에 따라 차이는 있으나 통상 물 $1m^3$당 $900\sim1,100kg$의 점토가 적정하며, 적당히 조절된 이수는 탁월한 윤활유 작용을 하게 되므로 이수의 역할 높이기 위해서는 이수가 pit를 순환할 때 슬라임과 모래를 효과적으로 제거시킨다. 이수 전량에 대한 모래함유량이 5% 이내이면 착정개발용 이수로서는 만족할 만하다.

(2) 역 순환법(逆循環法, Reverse Circulation)

이는 이수 순환법의 역순으로 착정비트에서 이수와 슬라임을 흡입하여 배출시키는 방법이다(그림 6-5(b)). 이때 주입수는 별도의 수조(water tank)로부터 자연 도수시켜 천공내로 유입시킨다. 주입수는 중력의 자연적인 흐름에 의하여 천공내로 들어오면 공저로 내려가서 슬라임과 혼합되면서 굴착비트에 있는 흡입구를 통하여 드릴 파이프로 인입된 후 흡입펌프에 의하여 천공 밖으로 배출된다.

주입수의 수두압은 자연 지하수의 수두압보다 높아 굴착공의 붕괴(caving)를 방지할 수 있도록 천공의 붕괴를 방지하기 위하여 주입수의 수두는 반드시 원 지하수위보다 높아야 한다. 이 방법으로 투수성대수층을 굴착할 경우에는 주입수의 누수현상이 심하게 발생하므로 주입수 공급을 충분히 준비하고 수조를 여유 있게 준비한다.

누수현상을 방지하기 위하여 약간의 점토 및 벤토나이트를 사용하여도 무방하나, 가급적 사용하지 않는 것이 바람직하다. 이 굴착방법의 장점은 별도의 이수가 필요치 않고 점토벽이 형성되지 않으며 750m/m 이상 대구경으로 연약층 착정 시 경제적이다. 적용 가능한 지층은 모래, 실트 또는 연약점토층에서 자연 수위심도가 3m 이상 되는 지층의 굴착에 적당하다. 자연수위가 높거나 주입수의 누수량에 비하여 공급량이 못 미칠 경우와 자갈층, shale층에는 적용할 수 없다. 또한 지층 중 협재된 큰 자갈과 전석이 있을 때는 굴진이 불가능하므로 비트를 인양하고 돌제거기 등으로 제거 후 작업을 계속해야 한다.

간지스강과 Bramabutla강 하류의 충적삼각지에 위치한 Bangladesh는 주로 모래, 실트 및 세립질의 자갈로 구성된 충적층이 수십~수천m 두껍게 발달되어 있어 이 지역에서는 주로 역 순환식 착정법을 이용하여 대규모 관정을 설치한다. 1970년대 초에 IDA의 Deep Tube Well Project의 일환으로 20여 명의 한국 기술자들이 Bangladesh수도인 Dacca시 북쪽에 소재한 Bogra 지역에서 600여공의 관개용 관정을 6대의 역순환 회전착정기를 이용하여 착정용 이수를 전혀 사용치 않고 청수를 이용하여 역순환 공법으로 이 사업을 성공적으로 수행한 바 있다.

6.3.3 압축공기를 이용한 회전 굴착법(air rotary drilling)

이 방법은 순환수 대신 압축공기를 사용하는 회전굴착 방법으로서 암반과 같은 고결암굴착시 가장 경제적이며 현대적인 착정방법이다. 이 방법을 적용 시 압축공기의 압력은 굴착공에서 산출되는 지하수산출량과 굴진심도에 따라 결정되나 우리나라의 경우에 일반적으로 $14{\sim}15\mathrm{kg/cm^2}$ 범위이며 사용한 압축공기는 드릴파이프를 통하여 비트에 전달된 후 굴착된 슬라임과 함께 굴착공 밖으로 배출된다.

압축공기에 의한 굴착은 암반층에서만 적용되며 미고결층은 이수 순환 굴착방법으로 굴착한 다음, 케이싱을 암반층까지 부설한 후 암반구간을 이 방법으로 굴착한다.

압축공기를 이용하는 회전 굴착장비들은 암반위에 분포되어 있는 미고결암을 먼저 굴착할 수 있도록 이수 순환식 착정에 필요한 머드펌프(mud pump)가 부착되어 있다 따라서 충적층과 풍화대와 같은 미고결암구간은 이수공법으로 굴착한 다음, 상부 케이싱을 설치하고, 암반구간은 압축공기를 이용하는 에어햄머(air hammer) 공법으로 굴착을 계속한다. 암반선 상부에 발달되어 있는 미고결암구간이 비포화상태인 경우 즉 지하수를 포장하지 않은 건조한 상태인 경우에는 압축공기에 의한 굴착을 해도 무방하다.

사용하는 비트는 roller type, button type, tricon bit와 같은 구경이 큰 bit를 사용한다. 순환매체로 압축공기를 사용하면 이수공법 보다 굴진속도가 훨씬 빠르고 비트의 수명이 길다. 암반층 굴착에는 에어함마에 버튼 비트(button bit)를 부착하여 사용하며 충격과 회전의 두 가지 작용을 동시에 수행하는 DTH(down the hole) 공법이 이용된다(그림 6-5(c)).

버튼 비트는 텅스텐 카바이드 볼(carbite ball)을 비트 저면에 부착하고 암반과의 마찰과 마모에 견딜 수 있도록 설계되어 있으며 비트크기는 구경 150~250m/m가 일반적이나 450m/m까지 굴착할 수 있는 대형 함마비트도 가용하다.

과거 DTH 공법에 사용하는 공기압력은 일반적으로 10kg/㎠(150psi) 정도였으나 우물 굴착심도 증가의 필요성과 천공의 구경이 커짐에 따라 현재는 17.5~24.5kg/㎠(250~350psi)의 압축공기를 사용한다.

① 일반적으로 우물 굴착 시 천공 내에서 생성된 스라임과 산출되는 지하수를 공외로 불어내는데 필요한 압축공기의 압력은 다음과 같이 매 10m 굴착마다 최소 1kg/㎠(14.23psi)은 되어야 한다.

$$\text{필요한 압축 공기압(kg/㎠)} = \text{굴착예정심도(m)} \times 0.1 \tag{6-2}$$

② 천공굴착 시 공내에서 생성된 파쇄슬라임을 효과적으로 굴착구간으로부터 공외로 제거시키는데 필요한 압축공기의 공내 상승속도는 900m/분 이상이어야 한다.

$$\text{필요한 압축공기용량}(m^3/\text{분}) = \pi\,(r_2^2 - r_1^2) \times 900\text{m/분} \tag{6-3}$$

여기서 r_2 = 천공의 반경(m), r_1 = 롯드의 반경(m)

즉 구경이 100mm인 drill rod를 이용하여 구경이 150m/m인 착정공을 굴착할 때 필요한 압축공기량은 약 $9.3m^3$/min(330cfm)) 정도는 되어야 하며, 구경이 200m/m인 착정공을 굴착하는 경우에는 최소 $21.2m^3$/min(750cfm) 이상의 압축공기의 용량이 필요하다.

예 6-1

천공구경이 200mm이고 구경이 100mm인 rod를 이용하여 300m 심도의 암반 우물을 굴착하는 경우에 필요한 최소 압축 공기량과 적용 압력?

$$압축공기 용량 = \pi(r_2^2 - r_1^2) \times v = \pi\left[\left(\frac{0.2}{2}\right)^2 - \left(\frac{0.1}{2}\right)^2\right] \times 900\,m/분 = 21.2\,m^3/분\,(750\,cfm)$$

$$적용압력 = 300\,m \times 0.1\,kg/cm^2 = 30\ kg/cm^2\,(430\ lb/in^2)$$

압축공기의 회전 굴착방법은 경제적이고 능률적인 장점 이외에도 굴진작업 과정에서 지하수의 산출량을 직접 확인할 수 있어 목표수량 확보 시 굴진을 종료할 수 있다. 현재 국내를 위시하여 세계적으로 암반지하수는 거의 대부분이 이 방식을 사용하고 있다. 현 삼성그룹의 (주)중앙개발 (현재 에버랜드)이 1974년도에 이 장비를 우리나라에 처음 도입하여 국내 암반지하수개발의 선도적인 역할을 하였고 현재까지도 지하철공사나 대규모 건축물의 암반기초 굴착공사 시, 지보 공설치나 가물막이공사의 대구경 굴착공 설치에 이 방법을 적용하고 있다.

6.4 우물구경과 채수량과의 관계

대체적으로 우물경을 두 배로 증가시키면 채수량도 두 배로 증가될 것으로 생각하고 있으나 실제는 그렇지 않다. 우물경(r)을 증가시킬 때 증가될 수 있는 채수량은 다음과 같다.

6.4.1 우물구경 증가에 따른 채수량의 변화

자유면대수층에서 Thiem식은 다음 식과 같다.

$$Q = \frac{\pi K\left(h_2^2 - h_1^2\right)}{2.3\log\dfrac{R}{r_1}} \tag{6-4}$$

여기서,　r_1은 우물의 반경

　　　　　R은 영향반경

　　　　　Q는 우물에서 채수량

상기 식에서 우물의 반경(r_1)과 Q와의 관계를 알아보려 하기 때문에 K, R, h_2, h_1은 모두 상수이다. 이때 상기식은 $Q = \dfrac{C}{\log\dfrac{R}{r}}$ 로 표현가능하다.

예를 들면 R=1,000m일 때 우물의 반경을 2배씩 증가시키는 경우에 채수 가능량 Q를 계산하면 [표 6-1]과 같다. [표 6-1]과 같이 우물의 경을 2배씩 증가시킬 때 채수량의 증가량을 9.1～10.8% 규모이다. [표 6-2]는 자유면대수층에서 영향권의 반경 (R)이 300m일 경우, 우물경(r)과 채수량

(Q) 사이에 관계를 나타낸 표이다. 경이 15cm인 우물에서 일정한 지점까지 수위를 강하시켰을 때의 양수율이 100ℓ/분이었다면 동일 지점에다 경이 30cm인 우물을 설치하여 수위를 동일하게 강하시킬 때 지하수 채수 가능률은 110ℓ/분 정도이며, 다시 45.7cm로 확공시켜 지하수를 채수해 보면 117ℓ/분, 이를 다시 122cm로 확공하는 경우에는 137ℓ/분이 된다.

[표 6-1] R=1000m일 때 우물경 증가에 따른 채수 가능량의 변화

R \ 내용	r_1	Q	Q	증가율(%)
1000m	0.1m	$Q_{0.1} = \dfrac{C}{\log \dfrac{1000}{0.1}} = \dfrac{C}{4}$	0.25C	1
	0.2m	$Q_{0.2} = \dfrac{C}{\log \dfrac{1000}{0.2}} = \dfrac{C}{3.7}$	0.27C	10.8
	0.4m	$Q_{0.4} = \dfrac{C}{\log \dfrac{1000}{0.4}} = \dfrac{C}{3.4}$	0.294C	9.1

[표 6-2] 우물경 증가에 따른 채수 가능량의 증가율(%)

우물경(cm)	15	30	45.7	61	76.2	91	122
채수량 증가율	100	110	117	122	127	131	137
		100	106	111	116	119	125
			100	104	108	112	117
				100	104	107	112
					100	103	108
						100	105
							100

[표 6-2]는 비양수량과 산출량에도 동일하게 이용할 수 있다. 즉 직경 30cm인 우물의 경우, 직경 15cm인 우물에 비해 비양수량이 약 11% 증가한다. 윗 표에 의하면 자유면대수층에 설치한 우물에서는 우물경을 2배로 증가시키면 산출량은 약 10% 증가되고 피압정인 경우에 우물경을 2배로 늘리면 증가량은 약 7% 정도가 된다.

6.5 비양수량(specific capacity, SPC)과
　　 투수량계수(T)와의 관계

6.5.1 비양수량과 투수량계수와의 일반적인 관계

전장에서도 간단히 설명한 바와 같이 우물의 비양수량(specific capacity, SPC)이란 다음과 같이 정의할 수 있다. 일개 우물에서 장기간 지하수를 채수할 때 지하수의 흐름이 평형상태에 도달한 시점의 양수량을 총 수위강하량으로 나눈 값이다.

즉 비양수량은 단위수위강하에 대한 양수량을 의미하며, 그 단위는 $m^3/분/m$, $m^3/분$ 또는 gallon/분/ft(gpm/ft)로 표시한다. 따라서 비양수량은 대수층의 종류에 관계없이 우물의 산출능력을 나타내는 일종의 우물의 수리상수로서 대수층의 투수량계수, 스크린의 형태, 우물의 직경, 대수층의 관통정도, 우물개량의 정도와 같은 우물구조 요인(well structure factor)에 따라 좌우되는 수리상수이다. 일반적으로 비양수량이 큰 우물일수록 보다 많은 양의 지하수를 채수할 수 있다. 만일 1개 우물이 완벽한 설계에 따라 설치되었고 우물 효율(well efficiency)이 100%라면 이 우물의 비양수량은 대수층의 투수량계수와 정비례한다. Thiem식을 이용하여 비양수량과 투수량계수와의 관계를 규명할 수 있다. 즉 Thiem식은 (6-5)식과 같으므로 만일 1개 우물에서 비양수량만 알면 대수층의 T를 역산할 수 있다.

$$T = \frac{2.3 \, Q \log \frac{r_2}{r_1}}{2\pi (s_2 - s_1)} \tag{6-5}$$

윗식에서 r_2를 수위강하가 발생하지 않는 지점까지의 거리(r_2는 $s=0$), 즉 영향권의 반경이라 하고, r_1을 양수정의 실반경(r_2)이라 하면 윗식은 다음식과 같이 된다. (6-5)식에서 $s_2 - s_1 = s$이므로

$$\frac{Q}{s} = \frac{2\pi T}{2.3 \log \frac{r_2}{r_1}} \tag{6-6}$$

으로 표시할 수 있다. 여기서 영향권의 반경(r_2)은 대수층의 저유계수나 양수경과시간에 따라 다르지만 보통 33m~3,300m 정도이다.

(1) 자유면 대수층인 경우

대체적으로 저유계수의 값이 큰 자유면대수층(S=0.03~0.3)은 영향권의 반경(r_2)이 작지만 저유계수가 비교적 적은 (S=0.00003에서 0.003) 피압대수층에서는 r_2가 상당히 크다. 즉 자유면대수층의 경우에 영향반경(r_2)은 330m를 사용할 수 있다. 왜냐하면 (6-6)식에서 비양수량(SPC)은 $\frac{r_2}{r_1}$의 대수에 반비례하므로 추정한 영향권의 반경이 크다 할지라도 계산된 SPC에는 큰 영향을 미치지 않는다.

예를 들어 자유면대수층에 설치한 우물의 효율반경(r_1)이 0.2m이고 영향 반경이 200m라면

$$\frac{Q}{s} = \frac{2 \times 3.14 \times T}{2.3 \log \frac{200}{0.2}} = 0.91\,T \tag{6-7}$$

$$T = 1.1\frac{Q}{s} = 1.1 SPC$$

지금 r_2를 그 10배인 2,000m로 취하더라도 (6-6)식에서 $T = 1.46\frac{Q}{s}$ 밖에 되지 않는다. 또한 r_1을 0.2m대신 0.1m를 적용하더라도 $T = 1.05\frac{Q}{s}$ 로 된다.

(2) 피압대수층인 경우

피압대수층에 설치한 우물이 완전관통정이고 우물효율이 100%일 때 이 우물에서 실측한 비양수량과 피압대수층의 투수량계수와는 다음과 같은 관계가 있다.

시험대상 대수층은 피압대수층이며 저유계수가 10^{-3}이고 우물의 효율경이 0.15m이며 대수층의 투수량계수가 372㎡/일인 경우, 1일 동안 지하수를 Q m^3/일로 채수했을 경우에 실수위강하량이 s m였다면 Theis의 계략해인 Jacob-cooper식을 이용하여 SPC와 T와의 관계를 구하면 다음과 같다. 즉

$$s = \frac{2.3\,Q}{4\pi T} \log \frac{2.25\,T}{r^2 S}t \tag{6-8}$$

$$\frac{Q}{s} = \frac{4\pi T}{2.3 \log \frac{2.25}{r^2 S}Tt}$$

(6-8)식에 앞에서 가정한 $r_1 = 0.15m$, $S = 10^{-3}$, $t = 1$일 및 $T = 372\,m^2$/일을 대입하면

$$\frac{Q}{s} = SPC \doteqdot 0.72\,T \tag{6-9}$$

이에 비해 시험대상 대수층이 자유면대수층이며 비산출률이 7.5×10^{-2}, 나머지 인자인 t, r_1 및 T를 피압대수층과 동일하다고 가정하면

$$\frac{Q}{s} = SPC = 0.96\,T \tag{6-10}$$

(3) 비양수량(SPC)와 투수량계수 및 우물효율의 관계

(6-9)식과 (6-10)식을 재정리하면

피압대수층인 경우 : $T = 1.38 \dfrac{Q}{s}$

자유면대수층인 경우 : $T = 1.04 \dfrac{Q}{s}$ (6-11)

여기서   T : $m^2/$일   Q : $m^3/$일,   s : m

(6-11)식을 British unit로 표현하면

피압대수층의 경우 $T = 2000 \dfrac{Q}{s}$

자유면대수층에서는 $T = 1500 \dfrac{Q}{s}$

여기서   T : gpd/ft, Q는 gpm, s는 ft.

비양수량을 이용하여 우물의 효율을 구하면 다음 식과 같다.

$$WE = \frac{\text{실제로 우물에서 측정한 비양수량}}{\text{이론식을 이용해서 구한 비양수량}} \times 100 \text{ (\%)}$$ (6-12)

여기서 이론식을 이용해서 구한 비양수량은 피압대수층인 경우는 (6-9)식, 자유면대수층인 경우는 (6-10)식이다.

예 6-2 ●

투수량계수가 $110m^2/d$인 피압대수층에 설치한 우물에서 $2,700m^3/$일의 채수율로 장기간 대수성시험을 실시하였다. 안정수위(s)가 96m일 때 이 우물의 효율은?

이 우물의 실제 비양수량은 $28.13m^2/$일(2,700/96)이고, (6-9)식을 이용하여 구한 이론적인 비양수량 $79.2m^2/$일(0.72×T)이다. 따라서 이 우물의 효율(WE)은

$$WE = \frac{28.1}{79.2} \times 100 = 35.5\% \text{ 이다.}$$

● ●

혹자는 우물효율을 단계 대수성시험에서 구한 우물수두손실(CQ^2)과 대수층 수두손실(BQ)을 이용하여 다음과 같이 산정하기도 한다.

$$\frac{BQ}{BQ + CQ^2} = \frac{BQ}{S_w}$$ (6-13)

그러나 엄격한 의미에서 상기식은 전절에서 설명한 바와 같이 우물효율이 아니고 그 우물에서
전체 수위강하에 대한 층류의 비율(L_p)인 층류비이다. 만일 수온이 15.5℃이며 투수량계수가
$65m^2/d$ 인 대수층에 설치한 우물에서 측정한 현장 비양수량이 $59m^2/d$이였다면 수온이 약간
높고(17.7℃) 우물의 효율이 100%인 경우에 이 우물의 효율은 $62.4m^2/d$이 될 것이다.
(6-11)식들은 자유면대수층과 피압대수층의 계략적인 영향반경을 구해서 비양수량과 투수량계
수의 상관관계를 알아본 것이기 때문에 보다 정확한 이론적인 비양수량을 구하고자 할 때에는
Jacob-Cooper의 시간-수위강하곡선 상에서 수위강하가 0인 지점인 시간(t_o)을 구한 다음 (6-14)
식을 이용하여 영향권의 반경(r_2)을 구한 후에 비양수량을 계산한다.

$$r_2 = \frac{2.25\ T t_o}{s} \tag{6-14}$$

[그림 6-6]은 (6-6)식과 (6-14)식에서 우물경이 1.5cm(0.05ft)와 30cm(1ft)이며 대수성시험을 24
시간 실시했을 때 저유계수에 따른 투수량계수(T)와 비양수량$\left(\frac{Q}{s}\right)$과의 관계를 도시한 것이다.

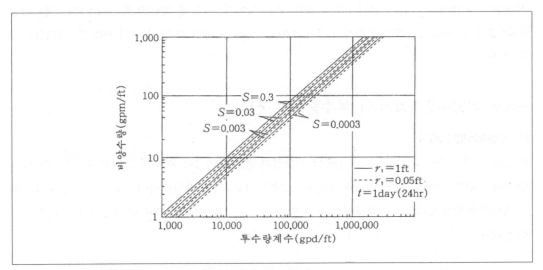

[그림 6-6] 24시간 양수시 저유계수에 따른 T와 SPC와의 관계도

대수층이 여러 층으로 구성되어 있을 경우에는 각 지층에서 시료를 채취하여 실내시험을 실시
한 후 수리전도도를 구하고 여기에다 각 지층의 두께를 곱하여 각 지층의 투수량계수를 구한다.
그 다음 (6-11)식을 이용하여 각 지층의 비양수량을 구한 후 이를 합산하면 상기 대수층에 설치
한 우물의 비양수량을 유추할 수 있다.

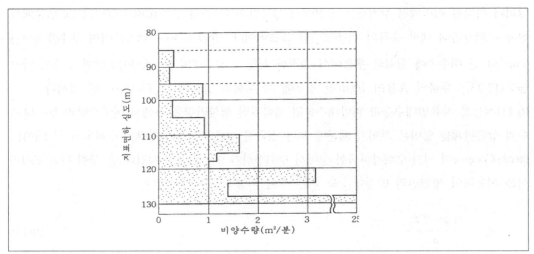

[그림 6-7] 1개 시험공에서 각 지층별 단위 비양수량

[그림 6-7]은 1개 시험정에서 각 지층마다 채취한 시료의 비양수량을 전술한 방법으로 구한 후, 전대수층 구간에 설치한 우물의 비양수량을 구한 예이다. 그림에 의하면 각 구간마다 구한 비양수량 중에서 지표하 127.5m 하부구간과 120~125m 구간이 가장 양호한 대수층구간임을 알 수 있다.

6.5.2 비양수량으로부터 투수량계수 산정법

(1) Ogden법(1965)

단순한 수위강하와 Theis식을 이용해서 생산정과 관측정의 T를 비교적 간단하게 구할 수 있는 방법이 근년에 개발되었다. British unit로 표현한 Theis식을 재정리하여 $uW(u)$를 먼저 계산하고, [부록-2]에서 $\mu W(\mu)$에 해당하는 μ를 읽은 후 이 값을 (6-16)식에 대입하여 T를 계산하는 방법이다.

$$s = \frac{Q}{4\pi T}W(u), \quad W(u) = \frac{4\pi T}{Q}s, \quad u = \frac{r^2 S}{4Tt} \text{이므로}$$

$$uW(u) = \frac{r^2 S}{4Tt} \times \frac{4\pi T}{Q}s = \frac{\pi S r^2 s}{Qt} = \frac{\pi S r^2}{t}\frac{s}{Q} \text{이고} \tag{6-15}$$

$$\text{그리고 } T = \frac{r^2}{4tu}S \text{ 이다.} \tag{6-16}$$

여기서 $uW(u)$을 Ogden의 무차원 수정인자라 한다. 독자들이 British Unit에 적응할 수 있도록 이절에서 사용하는 단위는 British Unit를 사용하였다. 즉 수리전도도(K) : ft/s, 양수량(Q)

: gpm, 투수량계수(T) : gpd/ft^2, 비양수량 : gpm/ft

● 참조 : British unit는 거리를 m 대신에 feet, 체적은 m^3 대신에 ft^{3}이나 gallon을 사용하므로 Theis식의 표현 방법도 다음 표와 같이 환산단위에 해당하는 양만큼 각 수식에 사용하는 상수가 달라진다.

단위 / 내용	Metric unit	British unit	비고
곡선법	$s = \dfrac{Q}{4\pi T} W_{(u)}$	$s = \dfrac{114.6Q}{T} W_{(u)}$	
	$\mu = \dfrac{r^2 S}{4Tt}$	$\mu = \dfrac{1.87r^2 S}{4Tt}$	
직선법	$T = \dfrac{0.183Q}{\Delta s}$	$T = \dfrac{264Q}{\Delta s}$	
	$S = \dfrac{2.25T}{r^2}t_o$	$S = \dfrac{2.25T}{r^2}t_o$	
단위	s ; m, 체적(Q) ; m^3 r ; m, T ; m^2/일, m^2/분	s ; ft, 체적(Q) ; ft^3 또는 gallon, r ; ft, T ; gpd/ft	gpd ; gallon/일 1ft^3 = 7.46gallon

상술한 (6-15)식과 (6-16)식을 British unit로 표현하면 다음 식과 같다.

$$\mu W_{(\mu)} = \frac{T \cdot s}{114.6Q} \cdot \frac{1.87r^2 S}{Tt} = \frac{1.87r^2 S}{114.6Qt} \cdot s \tag{6-15}$$

$$T = \frac{1.87S}{\mu t} \tag{6-16}$$

(6-15)식과 (6-16)식에서 S 이외의 모든 인자는 대수성시험 시 이미 알고 있는 변수이다. 따라서 S를 다음과 같이 가정한 후, 상기식의 해를 구한다.

① 자유면대수층의 저유계수(S_y) : S_y = 0.2 (Theis, Brown 및 Loman)

= 0.1 (Patchick 및 Hurr)

자갈이나 조립질 모래인 경우 : S_y = 0.2

중립질 모래인 경우 : S_y = 0.1로 가정

② 피압대수층의 저유계수(S) : S = 10^{-4} (Theis 및 Brown)

S = 5×10^{-4} (Ogden, Patchick 및 Kasenow)

$S_{계산치}$ = b × 10^{-6} (Lohmam, 1972) (6-17)

③ 수위강하 보정식 : 자유면대수층에서 생산정의 수위강하가 s ≥ (0.25 × b)인 경우에 우물효율이 100%인 생산정 주위에서 발생하는 수위강하를 보정하기 위해서 다음 (6-18)식을 일률적으로 적용하는 것은 적절하지 않기 때문에

$$s' = s - \frac{s^2}{2b} \tag{6-18}$$

Kasenow는 대수층의 두께(b)와 수위강하(s)에 따라 수위강하 보정식을 다음식과 같이 제안하였다.

* s < 0.25b인 경우 :

$$\left(\frac{Q}{s}\right)_{보정} = \left(\frac{Q}{s}\right)_{실측} \times \left[1 - \frac{s}{b} \times 0.19\right] \tag{6-19}$$

* 0.25b < s < 0.75b인 경우 :

$$\left(\frac{Q}{s}\right)_{보정} = \left(\frac{Q}{s}\right)_{실측} \times \left[1 - \left(\frac{s}{b}\right) \times 0.2 \times 0.54\right] \tag{6-20}$$

* s > 0.75b인 경우 :

$$\left(\frac{Q}{s}\right)_{보정} = \left(\frac{Q}{s}\right)_{실측} \times \left[1 - \left(\frac{s}{b} \times 0.64\right) \times 1.24\right] \tag{6-21}$$

$$즉 \left(\frac{Q}{s}\right)_{보정} = \frac{\left(\frac{Q}{s}\right)_{실측}}{\left(\frac{Q}{s}\right)_{\%}} , \quad s_{보정} = \frac{Q}{\left(\frac{Q}{s}\right)_{보정}}$$

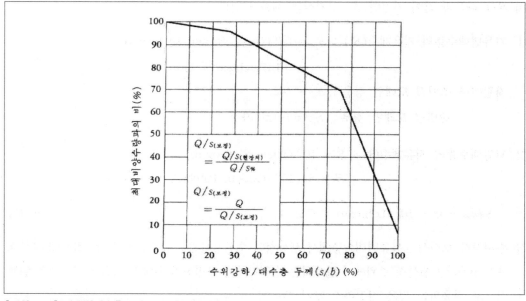

[그림 6-8] 자유면대수층에서 수위강하에 따른 보정

1) [예1] Ogden 방법(Lohman data을 이용해서 비교) :

가) Theis 방법으로 구한 T와 s ;

Q = 500gpm이고, 생산정과 관측정 사이의 거리가 각각 200ft, 400ft 및 800ft 인 지점에 설치한 관측정에서 측정한 시간-수위강하 자료가 [표 6-3]과 같을 때, 상기 시간-수위강하자료를 이용해서 T_o(투수량계수)와 S_o(저유계수)를 구해보면 다음과 같다(시간-수위강하곡선).

$$T_0 = \frac{264Q}{\triangle s} = \frac{264 \times 500}{1.25} = 105,600 \risingdotseq 101,000 gpd/ft$$

$$S_0 = \frac{2.25T}{r^2}t_0 = 1.98 \times 10^{-4} \risingdotseq 2 \times 10^{-4}$$

위의 조건에서 만일 생산정의 구경(r) = 1 ft이고, 우물효율 = 100%일 때 t = 0.166일 이후의 생산정에서 수위강하 s ?

$$s = \frac{2.3Q}{4\pi T}log\frac{2.25T}{r^2 S}t = \frac{2.3 \times 500 \times 1440분/일}{4\pi \times 101,000}log\left[\frac{2.25 \times 101,000/7.48}{1^2 \times 2 \times 10^{-4}} \times 0.166\right] = 9.65 ft$$

[표 6-3] 각 관측정에서 측정한 경과 시간별 수위 강하량(feet)

시간(분)	수위강하량(feet)		
	r=200feet	r=400feet	r=800feet
1.0	0.66	0.16	0.0046
1.5	0.87	0.27	0.02
2.0	0.99	0.38	0.04
2.5	1.11	0.46	0.07
3.0	1.21	0.53	0.09
4.0	1.36	0.67	0.16
5.0	1.49	0.77	0.55
6.0	1.59	0.87	0.27
8.0	1.75	0.99	0.37
10.0	1.86	1.12	0.46
12.0	1.97	1.21	0.53
14.0	2.08	1.26	0.59
18.0	2.20	1.43	0.72
24.0	2.36	1.58	0.87
30.0	2.49	1.70	0.95
40.0	2.65	1.88	1.12
50.0	2.78	2.00	1.23
60.0	2.88	2.11	1.32
80.0	3.04	2.24	1.49
100.0	3.16	2.38	1.62
120.0	3.28	2.49	1.70
150.0	3.42	2.62	1.83
180.0	3.51	2.72	1.94
240.0	3.67	2.88	2.11

$\Delta s \risingdotseq 1.25^m,\ 1ft^3 \risingdotseq 7.48\,gallon$

나) Ogden법 ;

생산정의 상기 조건에서 $uW(u)$과 u를 구하고 이로부터 (6-15)식을 이용해서 T를 구하면 다음과 같다.

$$uW(u) = \frac{1.87 S_s s r^2}{114.6 Q t} = \frac{1.87 \times 2 \times 10^{-4} \times 9.65 \times 1^2}{114.6 \times 500 \times 0.166} = 3.79 \times 10^{-7}$$

[부록-2]에서 $uW(u) = 3.79 \times 10^{-7}$일 때 $u = 2.22 \times 10^{-8}$ 이다.

따라서 위에서 구한 u를 이용하여 (6-16)식으로 T를 구하면

$$T_P = \frac{1.87 \times S r^2}{u t} = \frac{1.87 \times 2 \times 10^{-4} \times 1^2}{2.22 \times 10^{-8} \times 0.1667} = 101,487 gpd/ft$$이다.

즉 생산정(production well)의 T_P는 Theis식으로 구한 관측정 주위의 T_0와 대동소이하다.

다) 만일 우물효율을 알고 있을 경우 ;

(6-15)식인 $uW(u)$을 사용하기 이전에 우물효율이 100%일 경우에 수위강하는 다음(6-22)식을 이용해서 구하고 이를 (6-15)식에 대입한다.

$$E_W = \frac{우물효율\ 100\%일\ 때\ 수위강하}{실수위강하} \tag{6-22}$$

예를 들어 상술한 생산정의 우물효율 = 75%, 실수위강하(0.166일 이후) = 12.87 ft라면 우물효율 100%일 때 수위강하는 12.87 $ft \times 0.75 = 9.65\ ft$가 된다. 이 값을 이용해서 T를 계산할 수 있다.

2) [예2] 자유면대수층에서 지하수 채수 시, 생산정 주변에서 발생한 중력배수에 의한 수위보정

가) 기존의 1981년 관측정 자료를 이용하는 경우 :

자유면대수층에서 b = 26 ft, Q = 1162.64 gpm, t = 240분(0.1664일)이며, 관측정에서 240분간 측정한 수위강하자료와 $s - \frac{s^2}{2b} = s'$의 수위보정을 실시해서 구한 T와 S_y는 다음과 같다.

$$T = \frac{264 Q}{\triangle s} = \frac{264 \times 1162.64}{1.984 ft} = 154,700\ gpd/ft$$

$$S_y = 0.22$$

생산정에서 중력배수를 고려하지 않는 즉 보정을 하지 않은 이론적인 수위강하량은 9.95 ft(이 때 우물효율은 100%로 가정)이며, 비양수량 = 116 gpm/ft(1162.94/9.95)이다.

나) 생산정의 수위강하를 중력배수를 고려해서 보정한 후, 보정된 수위강하(8.05 ft)을
이용해서 산정한 비양수량과 투수량 계수 ;

① 보정된 수위 강하

$$s' = s - \frac{s^2}{2b} = 9.95 - \frac{9.95^2}{2 \times 26} = 8.05\ ft$$

② 보정된 수위강하를 이용해서 산정한 생산정의 비양수량(SPC) ;

$$\left(\frac{Q}{s}\right)_{보정} = \frac{1162.64}{8.05} = 144.4 gpm/ft \text{ 이다.}$$

③ 보정수위강하 곡선을 이용해서 T와 S_y를 구하면 다음과 같은 값을 얻을 수 있다.

$$T = 175,350 gpd/ft$$

$$S_y = 0.24$$

다) Kasenow의 비양수량 보정값을 이용해서 산정한 투수량계수 :

① 생산정에서 실수위강하가 9.95 ft이므로 실제 포화두께에 대한 수위강하율은

$$*\frac{s}{b} = \frac{9.95}{26} = 0.38 \text{이다. 이 경우에 } \frac{s}{b} > 0.25 \text{ 이므로 } \left(\frac{Q}{s}\right)_{보정} = \frac{\left(\dfrac{Q}{s}\right)_{실측}}{\left(\dfrac{Q}{s}\right)_{\%}} \text{ 을 사용}$$

② [그림 6-8]에서 $\frac{s}{b} = 0.38$일 때 $\left(\frac{Q}{s}\right)_{\%} = 0.903$이므로 보정된 수위강하($s_{보정}$) ;

$$\therefore \left(\frac{Q}{s}\right)_{보정} = \frac{116}{0.903} = 128.5 gpm/ft$$

$$* s_{보정} = \frac{Q}{\left(\dfrac{Q}{s}\right)_{보정}} = \frac{1162.64}{128.5} = 9.04 ft$$

③ 위에서 중력배수에 의한 수위강하 보정치를 (6-15)식에 대입하여 $uW(u)$를 구한
다음, 이에 해당하는 μ값을 이용하며 T를 산정하면 ;

$$uW(u) = \frac{1.87 S r^2}{114.6 Q t} s_{보정} = \frac{1.87 \times 0.22 \times 1^2 \times 9.04}{114.6 \times 1162.64 \times 0.1667} = 0.000167 \rightleftharpoons 1.67 \times 10^{-4}$$

[부록-2]에서 $u\,W(u) = 1.67 \times 10^{-4}$일 때 $u = 1.6 \times 10^{-5}$이므로

$$\therefore \quad T = \frac{1.87 S r^2}{u\,t} = \frac{1.87 \times 0.22 \times 1^2}{1.6 \times 10^{-5} \times 0.1667} = 154{,}244\,gpd/ft$$

$\therefore \dfrac{Q}{s}$ 자료로부터 구한 T와 관측정의 시험자료를 이용해서 구한 T는 서로 잘 부합되며 오차는 1%미만이다(표 6-5 참조).

진술한 1)의 [예 1]과 2)의 [예 2]의 방법을 이용해서 계산한 투수량계수들을 1개표로 도표화 하면 [표 6-5]와 같다.

[표 6–5] [예 1]의 Theis법과 Ogden법으로 구한 T와 [예 2]의 중력배수현상이 발생한 생산정에서 수위강하 보정치와 T의 비교표

[예 1]의 방법	양수량(gpm)	수위강하(ft)	투수량계수(gpd/ft)	비고
1) Theis 법(시간-수위강하)	500	–	101,000	–
2) ogden법	500	9.65	101,487	–
[예 2]의 방법	비양수량(gpm/ft)	수위강하(ft)	투수량계수(gpd/ft)	
3) 기존관측정자료	116	9.95	154,700	Q=1162.64
4) (s-s²/2b)를 이용해서 Q/s 보정	144.4	8.05	175,350	12%
5) Q/s보정(Kasenow법)	128.5	9.04	154,244	1% 미만

이들 방법 가운데 [예 1]의 나)번의 ogden 방법이 가장 양호하다고 할 수 있다.

(2) Kasenows 방법(전산법)

Theis식을 변형하면 다음식과 같다.

$$\frac{Q}{s} = \frac{4\pi T}{W(u)} \tag{6-23}$$

(6-23)식을 사용하기 위해 [부록-2]에서 u 값을 이용하여 $W(u)$를 판독한다. 즉 먼저 u 값을 계산하고 그 다음 Patchick의 표(1967)와 그리고 (6-23)식과 (6-24)식은 computer를 이용해서 계산할 수 있다.(Kasenow, 1993)

$$u = \frac{S r^2}{4\,Tt} \tag{6-24}$$

즉 Q/s의 근사치를 이용하여 T를 외삽법으로 구할 수 있다. [표 6-6]과 [표 6-7]은 $S = 0.0005$인 피압대수층과 $S_y = 0.1$인 자유면대수층에 설치한 생산정(구경이 $0.5\,ft$와 $1\,ft$인 경우)에서 양수시간별 이론적인 비양수량과 투수량계수와의 관계를 도표화한 것이다.

[표 6-6] 피압대수층에서 이론적인 T를 이용해서 계산한 이론적인 비양수량

피압대수층 S=.0005								
소구경우물의 비양수량 (r_w = 0.5 feet)				대구경우물의 비양수량 (r_w = 1 feet)				
T (gpd/ft)	양수시간(일)			T (gpd/ft)	양수시간(일)			비양수량 (Q / s, gpm/ft)
	0.5	1.0	10		0.5	1.0	10	
1,000	0.6	0.5	0.5	1,000	0.6	0.6	0.5	
2,000	1.0	1.0	0.9	2,000	1.2	1.1	1.0	
3,000	1.6	1.5	1.3	3,000	1.7	1.7	1.5	
4,000	2.1	2.0	1.8	4,000	2.3	2.2	2.0	
5,000	2.6	2.5	2.2	5,000	2.8	2.7	2.4	
10,000	4.9	4.6	4.2	10,000	5.4	5.1	4.5	
15,000	7.2	7.0	6.2	15,000	7.9	7.5	6.7	
20,000	9.5	9.2	8.2	20,000	10.3	9.9	8.8	
30,000	13.9	13.4	12.0	30,000	15.1	14.5	12.8	
40,000	18.3	17.6	15.8	40,000	19.8	19.0	16.9	
50,000	22.6	21.9	19.6	50,000	24.3	23.5	21.0	
60,000	25.9	26.0	23.3	60,000	29.0	27.9	24.8	
70,000	31.1	30.1	27.0	70,000	33.4	32.3	28.7	
80,000	35.4	34.1	30.7	80,000	38.0	36.6	32.7	
100,000	43.6	42.1	38.0	100,000	46.8	45.1	40.3	
125,000	53.8	52.2	47.0	125,000	57.0	56.0	50.0	
150,000	64.4	62.1	56.0	150,000	69.0	66.5	59.6	
175,000	73.7	71.8	65.0	175,000	79.6	76.9	68.9	
200,000	84.3	81.8	73.7	200,000	90.7	90.7	78.5	

[표 6-7] 자유면대수층에서 이론적인 T를 이용해서 계산한 이론적인 비양수량

자유면대수층 S_y = 0.1								
소구경우물의 비양수량 (r_w = 0.5 feet)				대구경우물의 비양수량 (r_w = 1 feet)				
T (gpd/ft)	양수시간(일)			T (gpd/ft)	양수시간(일)			비양수량 (Q / s, gpm/ft)
	0.5	1.0	10		0.5	1.0	10	
1,000	0.9	0.8	0.7	1,000	1.0	0.9	0.8	
2,000	1.6	1.5	1.3	2,000	1.7	1.7	1.4	
3,000	2.3	2.2	1.9	3,000	2.6	2.5	2.1	
4,000	3.0	2.9	2.4	4,000	3.5	3.3	2.7	
5,000	3.7	3.5	3.0	5,000	4.2	4.0	3.3	
10,000	7.0	7.0	6.0	10,000	7.9	7.5	6.2	
15,000	10.3	9.7	8.3	15,000	11.5	10.8	9.1	
20,000	13.3	12.6	10.8	20,000	14.9	14.0	11.8	
30,000	19.4	18.4	15.9	30,000	21.6	20.5	17.4	
40,000	25.4	24.0	20.8	40,000	28.1	26.7	22.7	
50,000	31.1	29.5	25.5	50,000	34.6	32.6	27.9	
60,000	37.1	35.0	30.4	60,000	40.9	38.8	33.1	
70,000	42.6	40.6	35.2	70,000	47.0	44.2	38.4	
80,000	48.2	46.0	39.8	80,000	53.5	50.6	44.4	
100,000	59.3	58.4	49.4	100,000	65.3	62.2	58.4	
125,000	73.2	69.8	60.8	125,000	80.2	76.5	65.8	
150,000	86.7	82.8	72.4	150,000	95.3	90.7	78.1	
175,000	99.5	95.7	83.5	175,000	110.0	104.5	90.4	
200,000	113.0	108.0	95.0	200,000	124.0	118.0	102.0	

After Patchick(1967) r_W : 우물 구경

[표 6-6]과 [표 6-7]과 같이 양수정(생선정)의 비양수량을 알고 있는 경우, 간단히 양수정 주변 대수층의 수리성인 투수량계수를 구할 수 있다.

상기 표들을 이용해서 자유면대수층이나 피압대수층의 (Q/s)로부터 T, 혹은 T로부터 (Q/s)를 구한다. [표 6-6] 및 [표 6-7]은 Theis식의 특정 변수를 치환한 후 작성할 수 있는데 이 때 양수시간, 우물경, 저유계수 등을 가정한다. 그러나 이들 변수들이 (Q/s)에 미치는 영향은 그리 크지 않기 때문에 상기 가정은 타당하다. 따라서 T와 (Q/s)와의 관계를 이용해서 쉽게 T를 구할 수 있다. 만일 [부록-2]에서 구하려고 하는 T와 (Q/s)가 직접 기록되어 있지 않는 경우에는 다음 순서에 따라 이를 계산한다(Patchick, 1967).

[표 6-6]의 피압대수층에서 r_w = 0.5ft이고, 양수시간이 10日일 때 현장에서 실측한 비양수량 (Q/s)이 26 gpm/ft였다면, [표 6-6]에서 Q/s가 26 gpm/ft인 값은 기록되어 있지 않고, 그 근접 값인 23.3 gpm/ft만 가용하다. 따라서 다음 표와 같이 Q/s가 26.0이 될 수 있는 3개의 Q/s값에 해당하는 T값을 선택한다. 즉, 각 (Q/s)별 T를 다음 표와 (소구경우물의 경우) 같이 [표 6-6]에서 선정하여 합산하면 (Q/s) = 26 gpm/ft일 때 T=66,000 gpm/ft를 얻을 수 있다.

Q/s(gpm/ft)	T(gpd/ft)	비고
23.3	60,000	
2.2	5,000	
0.5	1,000	
26.0	66,000	

● 참고-(계산 예)
  * [표 6-6]에서 r = 0.5ft이고, t = 0.5일이며, T = 1,000gpd/ft이고, S = 5 × 10⁻⁴일 때
    비양수량 $(\frac{Q}{s})$는 0.60이다. 계산순서를 살펴보면 다음과 같다.
① 먼저 u를 구한다.
$$u = \frac{r^2 S}{4Tt} = \frac{(0.5)^2 \times 5 \times 10^{-4}}{4 \times \frac{1000}{7.48} \times 0.5} = 4.675 \times 10^{-7}$$ 일 때 [부록-2]에서 W(u) = 14이다.
② (6-23)식을 이용하여 비양수량을 구하면 다음과 같다.
$$\frac{Q}{s} = \frac{4\pi 1000/1440}{14} = 0.6 \ gpm/ft \ (표 6-6)$$
  * [표 6-7]에서 자유면 S_y = 0.1, r = 1ft, t = 10일이고, T=100,000gpd/ft 일 때
    $(\frac{Q}{s})$는 58.4이다. 계산순서는 다음과 같다.
$$u = \frac{1^2 \times 0.1}{4 \times \frac{100,000}{7.48} \times 10} = 1.87 \times 10^{-7}$$ 이며, 이 때 W(u) = 14.92이다(부록-2).
$$\therefore \frac{Q}{s} = \frac{4\pi \times 100,000/1440}{14.92} = 58.4 gpm/ft \ (표 6-7)$$

1개 전산프로그램으로 (6-23)식을 이용해서 T를 계산할 때 다음과 같은 계산을 단계적으로 동시에 실시한다.

(1) 이론적인 T값을 가정한다.	(2) (6-23)식에 (1)의 T값과 예상 s값을 대입해서 u값을 구한다.	(3) (2)에서 계산한 μ에 해당하는 W(u)값을 [부록]에서 판독한다.	(4) (3)에서 구한 W(u)와(1)에서 구한 T값을 (6-23)식에 대입하여 이에 대응되는 Q/s를 계산한다.
1,000 2,000 3,000	$\mu = \dfrac{Sr^2}{4Tt}$	W(u)	$Q/s = \dfrac{4\pi T}{W(u)}$

위와 같은 스프레드쉬트의 포맷이 완료되면 Q/s 값을 이용하여 T값을 외삽법으로 구할 수 있다.
[표 6-8]은 $Q = 500\ gpm$, $r_w = 1ft$, $t = 0.1667$일, $s = 9.65ft$, $S = 1.98 \times 10^{-4}$인 경우에 Kasenow의
전산프로그램을 이용해서 구한 이론적인 투수량계수(T)와 비양수량(Q/s)의 결과표이다.

$$\frac{Q}{s} = \frac{500}{9.65} = 51.81\ gpm/ft$$

따라서 Q/s 가 51.81 gpm/ft일 때의 T값을 구하기 위해서 외삽법을 적용한 경우이다.
$Q/s = 51.81\ gpm/ft$ 일 때 외삽법을 이용해서 구한 T는 101.232 gpd/ft로서 Ogden의 T_P
= 101.487 gpd/ft와 대동소이하다.
Ogden/Theis법이나 Kasenow/Theis의 Q/s 법을 이용하면 상술한 바와 같이 T값을 쉽게 구
할 수 있다. 이 방법을 사용하기 위해서는 t, r_w와 S를 가정한다. 그러나 대부분의 대수성시험
시 t와 r_w은 알고 있는 값이고, S만 가정하면 된다. 그런데 S값은 전장에서 설명한 바와 같이
대수층의 종류에 따라 매우 합리적인 값들이 제시되어 있다. 여기서 양수시간(t)과 거리(r)는
실측자료이므로, 관측정에서 측정한 시간-수위강하자료를 이용해서 T를 계산할 수도 있다.

[표 6-8] Q/s를 이용해서 T를 산정하는 Kasenow의 방법의 계산 예

T (gpd/ft)	u	W(u)	Q/s(gpm/ft)	비고
1,000	2.2E-06	12.4401	0.70	
2,000	1.1E-06	13.1332	1.33	
3,000	7.4E-07	13.5387	1.93	
4,000	5.6E-07	13.8264	2.52	
5,000	4.4E-07	14.0495	3.11	
6,000	3.7E-07	14.2319	3.68	
7,000	3.2E-07	14.3860	4.25	
8,000	2.8E-07	14.5195	4.81	
9,000	2.5E-07	14.6373	5.37	Q/s=51.81gpm/ft은
10,000	2.2E-07	14.7427	5.92	51.19와 63.16 사이
15,000	1.5E-07	15.1482	8.64	에 있기 때문에 이 값
20,000	1.1E-07	15.4358	11.31	을 이용해서 51.81일
30,000	7.4E-08	15.8413	16.53	때 해당하는 T값을
40,000	5.6E-08	16.1290	21.64	구한다.
50,000	4.4E-08	16.3521	26.68	
60,000	3.7E-08	16.5344	31.66	
70,000	3.2E-08	16.6886	36.60	
80,000	2.8E-08	16.8221	41.50	
90,000	2.5E-08	16.9399	46.36	
100,000	2.2E-08	17.0453	51.19	
125,000	1.8E-08	17.2684	63.16	
150,000	1.5E-08	17.4507	75.01	

이 때 (Q/s)의 s는 관측정에서 t시간 이후에 발생한 수위강하량이고, r은 양수정에서 관측정까지의 거리이다. 따라서 관측정의 수위강하자료와 Q/s를 이용해서도 T를 계산할 수 있다.

1) (예) 3개공의 관측정에서 측정한 수위강하자료를 Ogden과 Kasenow/Theis법을 적용하여 T를 구하는 예

> $Q = 500 \ gpm$, $t = 0.1667$일, $r_1 = 200 \ ft$, $r_2 = 400 \ ft$, $r_3 = 800 \ ft$인 관측정에서 수위강하가 각각 $s_1 = 3.67 ft$, $s_2 = 2.88 ft$, $s_3 = 2.11 ft$이며, 대수층의 S가 2×10^{-4}인 경우

(가) Theis와 Cooper-Jacob의 시간-수위강하곡선으로부터 구한 T는 100,000~101,000 gpd/ft 규모이다.

$$\therefore \triangle s = s_1 - s_2 = \frac{2.3Q}{4\pi T} log\left(\frac{r_2}{r_1}\right)^2 = \frac{2.3Q}{2\pi T} log\frac{r_2}{r_1}$$

$$\therefore T = \frac{0.366Q}{s_1 - s_2} log\frac{r_2}{r_1}$$

- r_1과 r_2 ;

$$T_1 = \frac{0.366 \times 500 \times 1440}{(3.67 - 2.88)} log\left(\frac{400}{200}\right) = 100,404 \ gpd/ft$$

- r_3와 r_2 ;

$$T_2 = \frac{0.366 \times 500 \times 1440}{(2.88 - 2.11)} log\left(\frac{800}{400}\right) = 103,012 \ gpd/ft$$

(나) Ogden/Theis 및 Kasenow/Theis식으로 구한 T 값 (단위 : gpd/ft)

방법　＼　T	r_1 = 200 feet	r_2 = 400 feet	r_3 = 800 feet
Odgen/Theis	100,622	113,597	99,025
Kasenow/Theis program	100,649	100,749	99,924

------ (다음의 계산 참고) -------

가) Odgen/Theis식을 이용해서 구한 T값

상수\조건	$\mu W(\mu)$	μ	T
식	$\dfrac{\pi S r^2 s}{t\,Q}$	-	$\dfrac{r^2}{4tu}S$
$s_3 = 2.11$ ft $r_3 = 800$ ft 일 때	$\dfrac{\pi \times 2 \times 10^{-4} \times 800^2 \times 2.11}{0.1667 \times \dfrac{500 \times 1440}{7.48}}$ $=0.0529$ -----------	일 때 1.43×10^{-2}	$\dfrac{800^2 \times 2 \times 10^{-4}}{4 \times 0.1667 \times 1.43 \times 10^{-2}}$ $=13,238 \text{ft}^2/$일 $=99,025 \text{gpd/ft}$

나) Kasenow/Theis의 Q/s program으로 구한 T값

상수\조건	T	비고
$s_1 = 3.67$ft, $r_1 = 200$ft	100,649	
$s_1 = 2.88$ft, $r_2 = 400$ft	100,749	
$s_3 = 2.11$ft, $r_3 = 800$ft	99,924	

위의 표와 같이 두 가지 방법으로 구한 T값은 거의 일치되는 값들이다.

Kasenow/Theis법을 양수정 주변의 중력배수 현상을 고려하고 있는 (6-19),(6-20) 및 (6-21)식과 함께 사용할 수도 있다. 이 경우

① s/b < 0.25이면 (6-19)식을 사용하고

② 0.25 < s/b < 0.75이면 (6-20)식을 사용하며

③ s/b > 0.75이면 (6-21)식을 사용한다.

> 여기서 s : 양수정에서 수위강하량
> b : 대수층의 포화두께

2) Kaswnow/Theis나 Ogden/Theis법에 Kozeny식을 부분관통정에 대한 보정을 할 수 있다.

즉, $t \to 0$이며, st-st 상태하에서 부분관통정에 의한 부정류의 수위강하보정을 실시하고 이를 이용해서 (Q/s)보정은 다음 식으로 실시한다(Drescoll p.250 참조).

$$\left(\frac{Q}{s}\right) = \frac{(Q/s)_{실측}}{\dfrac{L_s}{b}\left[1 + 7\left\{\dfrac{r_w}{2b\left(\dfrac{L_s}{b}\right)} \cdot \cos\left(\dfrac{\pi \cdot L_s}{2}\right)\right\}^{\frac{1}{2}}\right]}$$

> 여기서 L_s : 스크린의 길이
> b : 대수층의 두께

상기 식은 우물수두손실이 0이고, 균질 등방 대수층인 경우에만 유효하다. 만일 우물경(r_w)이나 $\dfrac{L_s}{b}$가 크거나, b가 적은 경우에는 적용하지 않는다.

6.6 미고결암에 설치한 우물의 가채량 산정법

6.6.1 가채량 산정 곡선법(정류–자유면대수층)

Theis나 Thiem식에서 양수위가 피압대수층의 상단부 이하로 내려가지 않는 심도 내에서 지하수위를 계속 강하시키면 우물의 산출량은 수위강하량에 직접 비례하여 증가한다. 그러나 만일 양수위가 피압대수층의 상단면 아래로 내려가는 경우에는 대수층의 포화두께가 감소되므로 수위강하에 따라 채수량은 선형으로 증가되지는 않는다. 이론적으로 수위강하를 2배 증가시키면 우물의 산출량도 2배 증가되어야 한다. 그러나 실제는 그렇지 않다. 특히 자유면대수층의 경우에 수위강하구역 내에 속하는 부분은 실제 지하수가 배수되어 포화대의 두께가 감소한다. 따라서 양수위를 2배 하강시키더라도 피압정처럼 산출량이 두 배로 증가되지 않는다. 뿐만 아니라 우물의 비양수량은 지하수위 강하와 동시에 감소한다.

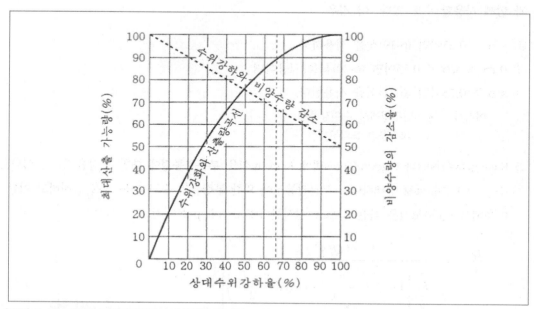

[그림 6-9] 자유면 우물에서 가능 채수량을 산정하는 곡선

[그림 6-9]는 자유면 우물에서 비양수량과 우물의 산출량 및 지하수위강하 사이의 관계를 나타

낸 도표이다. 실선으로 표시된 곡선은 지하수위강하와 우물산출량 사이의 관계곡선이며 점선으로 표시된 직선은 수위강하에 따른 비양수량의 감쇄곡선이다. [그림 6-9]에서 100% 수위강하(maximum drawdown)는 양수위가 우물 밑바닥까지 내려갔을 때의 수위강하이고, 50% 수위강하란 양수위가 자연수위와 우물바닥(초기 포화대의 두께)의 중간지점까지 하강했을 때의 지하수위를 의미한다. 이에 비해 최대산출량이란 최대수위강하(100% 수위강하)일 때 우물로부터 채수해 낼 수 있는 최대 채수량을 뜻한다. 가채수량을 구하기 위한 일예를 들어 보기로 하자.

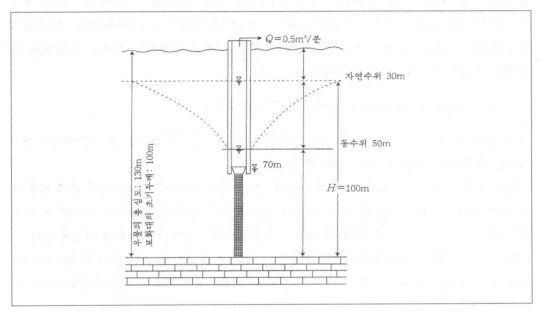

[그림 6-10] 예제의 모식도(포화대의 초기두께 100m일 때)

예 6-3

[그림 6-10]과 같이 우물의 총심도가 130m인 자유면우물의 자연수위는 지표면하 30m이며 5일간 $0.5m^3$/분의 채수율로 지하수를 장기채수한 결과 동수위는 지표하 50m에서 안정수위에 도달했으며 이때 지하수의 흐름은 평형상태에 도달하였다. 지금 이 우물의 안정수위를 지표면하 70m까지 강하시키면 어느 정도의 지하수를 채수할 수 있는가?

[그림 6-10]에서 이 우물의 포화대두께는 100m(130m − 30m)이고, $0.5m^3$/분의 채수율로 지하수를 채수했을 때 실수위 강하량은 20m(50m − 30m)이다. 따라서 이때의 최대 수위강하에 대한 상대수위 강하율은 20%(20/100)이다. [그림 6-10]에서 지하수위를 포화대 두께의 20%만 강하시켰을 때 채수할 수 있는 양은 최대산출량의 약 38%에 해당한다. 즉 $0.5m^3$/분은 최대산출량의 38%에 해당한다. 만일 동수위를 자연수위에서 40m 더 하강시킬 때(지표면에서 70m 하부) 상대

수위강하율은 40%가 되고, 이 때 채수할 수 있는 양(Q)은 최대산출량의 약 66%에 해당한다. 따라서 Q는

$$38\% : 0.5m^3/분 = 66\% : Q$$
$$Q = 0.5 \times (66/38) = 0.868 \ m^3/분$$

[그림 6-9]에서 점선은 양수위가 하강함에 따라 변하는 비양수량을 나타낸 그림이다. 가채수량을 계산할 때 상대수위강하가 20%일 때의 비양수량은 최대 비양수량의 90%로 감소하고, 상대수위강하가 40%일 때는 최대 비양수량의 80%로 감소한다. 따라서 수위강하에 따른 비양수량의 감소현상을 고려하여 본 공의 양수위를 20m 더 하강시키면 가채수량은 $0.695m^3/분$이 되며 산출량은 약 40%[(0.695-0.5)/0.5] 증가한다.

$$Q = 0.5 \times (66/38) \times 0.8 = 0.868 \times 0.8 = 0.695 m^3/분$$

상기 예제에서 동수위를 지표하 50, 70 및 90m로 각각 하강시킬 경우에 본 우물에서의 채수 가능한 가채량을 구해보면 [표 6-9]와 같다.

[그림 6-9]에서 상대수위강하가 67% 에 해당하는 지점에서 비양수량과 채수량의 곱이 가장 크고 이때 개발 가능량은 최대채수량의 90%에 이른다. 균질 자유면대수층에서 스크린 설계 시 스크린의 설치구간을 대수층 밑바닥으로부터 ⅓부분까지만 설계하는 이유가 여기에 있다.

[그림 6-9]에서 70% 상대수위강하일 때 채수할 수 있는 산출량은 최대산출량의 약 92%에 해당한다. 따라서 잔여 8%를 더 채수하기 위해서 지하수위를 30%씩이나 더 하강시킨다는 것은 비경제적이다.

[표 6-9] 윗 예제에서 동수위를 지표하 50, 70 및 90m로 하강시킬 경우의 가채수량(단 자연수위 = GL-30m, 우물 심도 130m, 포화대의 두께 = 100m, 양수량 = 0.5m³/분)

case	동수위 (지표하)	실수위 강하(m)	상대수위 강하율(%)	최대산출 가능율(%)	최대산출 가능량(m³/분)	SPC감소율	가채량 (m³/분)
1	50	20	20	38	0.5	–	–
2	70	40	40	66	0.868	0.8	0.695
3	90	60	60	85	1.118	0.7	0.782
4	100	70	70	92	1.21	0.65	0.786

6.6.2 비양수량 자료의 응용(Walton법)

지하수 예비조사를 실시할 때 우물검층, 지하수위자료 및 비양수량자료만을 이용하여 대수층의

수리성을 결정해야 할 경우가 있다. 일반적으로 비양수량(SPC)이 크면 투수량계수(T)도 크고 비양수량이 작으면 투수량계수도 작다. 그렇다고 해서 SPC가 T의 기준이 될 수는 없다. 왜냐하면 SPC는 부분관통이나 우물수두손실 및 수리지질학적인 경계조건에 의해 크게 좌우되기 때문이다. 대부분의 경우 이와 반대로 SPC 자료를 이용하여 구한 T보다 실제 T가 클 경우, 위에서 설명한 제반 요인의 영향을 받았기 때문으로 생각해야 한다.

대수층의 범위가 무한대이며 균질·등방인 비누수 피압대수층에 설치한 우물에서 일정 율로 지하수를 채수할 때 해당 우물의 이론적인 SPC는 다음과 같은 부정류상태의 비누수 피압대수층의 식으로부터 구할 수 있다.

$$\frac{Q}{s} = \frac{4\pi T}{2.3 \log \dfrac{4Tt}{r^2 S} - 0.5772} \tag{6-25}$$

여기서, $\dfrac{Q}{s}$: 비양수량$(m^3/분/m)$, Q : 채수율(양수율)$(m^3/분)$
  s : 수위강하(m), T : 투수량계수$(m^2/분)$
  S : 저유계수, γ_w : 우물반경(m)
  t : 양수경과시간$(분)$, $1\,gpm/ft$: $0.0124 m^2/분$

그런데 위 식은 다음과 같은 가정 하에서 유도된 것이다.

① 우물은 완전관통정이고 대수층의 전 두께에 스크린을 설치하여 대수층의 전 구간을 통해 지하수가 우물 내로 유입된다.
② 우물 수두손실을 무시할 수 있으며
③ 우물의 효율반경은 우물의 관경 및 우물개량에 영향을 받지 않고 우물반경과 동일하다. 저유계수는 전기검층이나 지하수위자료로부터 대략적으로 구할 수 있다.

SPC는 $\log \dfrac{1}{S}$ 에 반비례하므로 위의 방법으로부터 구한 저유계수에 약간의 오차가 발생하더라도 이로부터 계산한 T의 값에는 큰 영향을 미치지 않는다.

6.7 양수량 측정방법

6.7.1 간이유량 측정법

자분정과 같이 우물의 두부로 지하수가 용출되어 나오는 우물에서는 (6-26)식을 이용하여 용출량을 구할 수 있다(그림 6-11).

$$Q = 352 \times C \times D^2 \times H \tag{6-16}$$

여기서 D : 우물직경(cm), Q : liter/분 , H : 용출되는 높이(cm)
            C : 상수로서 우물직경이 5~15cm이며, h가 15~60cm인 경우에는 0.87~0.97 사이
            의 값을 사용한다.

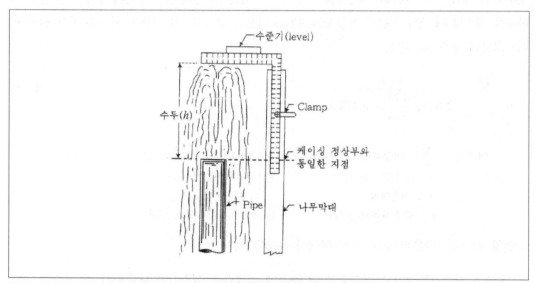

[그림 6-11] 피압정에서 우물경과 용출높이를 측정하여 용출량을 계산하는 방법

일반 대수성시험 시에 양수기 배출구에 수평 파이프를 [그림 6-12]처럼 설치하여 지하수를 채수할 때 파이프 중심부에서 배출되는 지하수의 낙착가 30.5cm(12인치)가 되는 곳에서 수평거리를 측정하여 그 거리를 x inch 라 하면 분당 유출량은 (6-27)식으로 구할 수 있다(표 6-4).

$$Q = 4 \times A \times x \tag{6-27}$$

여기서 Q : liter/분, A : 단면적(in^2), x : 수평거리(inch)

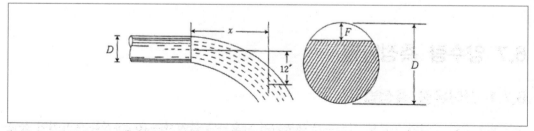

[그림 6-12] 양수기의 수평배출관 파이프에서 유량을 측정하는 방법

[표 6-10] 펌프의 토출파이프에서 측정한 유량(리터/분)

내용 12인치낙차시 수평거리(x)	토출 파이프 직경(ID, 인치)					
	2	3	4	5	6	8
6	79.5	174	303	473	685	1182
7	90	205	352	553	799	1379
8	106	231	401	632	916	1575
9	117	261	450	712	1030	1772
10	132	291	504	788	1144	1969
11	144	318	553	867	1257	2166
12	159	348	602	947	1370	2363
15	197	435	753	1185	1716	2954
20	265	582	1103	1579	2287	3940

[표 6-10]은 (6-27)식을 도표화 한 것이다. 만일 토출지하수가 파이프의 전면이 아닌 부분적으로 토출되어 배출될 경우에는 상기표에다 $\frac{F}{D}$를 곱해서 구한다.

예 6-4

25mm(2인치)파이프에서 지하수가 꽉차서 토출될 때 낙가가 30.5cm(12인치)의 경우에 $x = 6$인치이면 분당 79.5ℓ의 지하수가 채수되나, 만일 파이프의 ⅔부분만 물이 차서(낙차 12인치이고 $x = 6$인치인 경우) 토출될 때는 79.5 × ⅔ = 53ℓ/분의 채수율이 된다.

6.7.2 Orifice를 이용하여 측정하는 방법

[그림 6-13]은 Orifice를 이용하여 유량을 측정하는 장치로서 토출 pipe는 측정하려는 유량에 따라 크기를 마음대로 조정할 수 있다. 유량측정 시 토출 pipe의 끝에는 Orifice판을 부착하는데 그 두께는 0.3m/m~1m/m 정도이다.

[그림 6-13]과 같이 Orifice 구경은 토출 pipe의 구경보다 작다. 예를 들면 구경이 10cm인 토출 파이프에 설치하는 Orifice는 7.6cm에서 6.4cm 정도이다. Orifice판에서 약 0.6m 떨어진 곳에 manometer를 설치하여 지하수 채수 시 manometer에서 상승하는 수두의 높이를 읽는다. 이 값을 이용하여 다음 식으로 유량을 계산한다.

$$Q = 0.264\, k\, A\, \sqrt{2gh} \tag{6-28}$$

상기 식에서 k는 토출경과 Orifice경의 비$\left(\frac{orifice\ 경}{토출경} = k\right)$이고, A는 Orifice의 단면적(in^2), h는 manometer에서의 수두(inch) 높이, Q는 Orifice를 통해 흘러나오는 지하수유출량을 ℓ/분으로

나타낸 값이다. Orifice를 제작해서 사용할 때는 항상 k의 값이 0.8보다 작아야 하며 0.7정도가 가장 좋다.

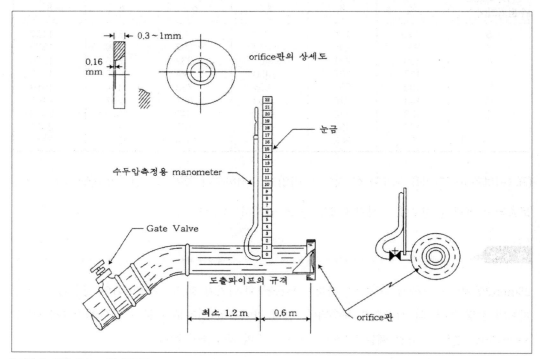

[그림 6-13] Orifice의 구조도

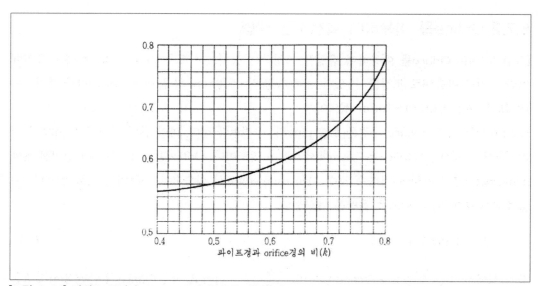

[그림 6-14] 파이프 구경과 Orifice 구경의 비에 따른 k값

6.7.3 Orifice bucket을 이용하여 측정하는 법

우물개량 시 공기압축기를 이용하여 토출되는 지하수유량을 측정할 경우에는 지하수가 균일하게 배출되지 않기 때문에 정확한 채수량을 측정하기가 힘들다. 이때는 일리노이스주 수자원조사소가 고안한 bucket orifice를 이용하면 약 600㎥/일(0.412㎥/분)까지의 지하수 채수량은 쉽게 측정할 수 있다.

[그림 6-15]처럼 56.8kg(125파운드)의 그리스 드럼통(grease drum)바닥에 구경이 2.5cm 정도되는 원형구멍(nipple을 달아야 함)을 5~10개 뚫고 드럼통 측면에 manometer를 설치한다. 공기압축기에 의해서 파이프를 통해 배출되는 지하수를 일단 Orifice 통으로 유입시키면 일부 지하수는 Orifice nipple을 통해 배수되고 일부는 통속에 남아 그 수두가 manometer에 나타난다. 예를 들어 nipple 5개중 2개만 물이 유출되게 한 후, 채수된 지하수를 받아 본 결과 manomete에서 수두의 높이가 38.1cm였다면 이때 1개 nipple당 채수된 지하수량은 [그림 6-15]의 (b)에서 53ℓ/분이다. 따라서 2개 nipple에서 배출된 지하수량은 106ℓ/분이 된다.

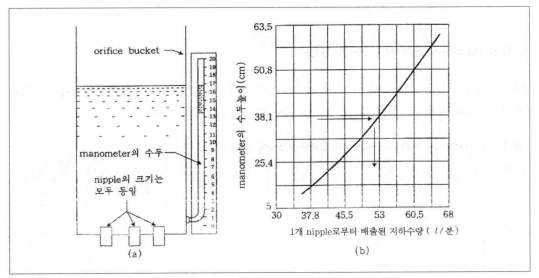

[그림 6-15] Bucket orifice의 구조도와 산출량 도표

이 방법은 우리나라와 같이 공기압축기를 이용하여 회전충격식 헴머 착정을 할 때 지표로 공기와 함께 토출되는 지하수량을 파악하는데 아주 유용하게 사용할 수 있는 방법이며 Airlift 방식으로 대수성시험을 할 때 이 방법을 이용하여 양수량을 결정한다.

6.7.4 V notch에 의한 유량측정법

일반적으로 양수량 측정용으로 사용되는 유량측정기로는 4각 notch와 3각 V notch 등 2가지가 가장 널리 쓰인다.

(1) 4각-notch

4각-notch에서 유량은 유속에 따라 다음 두 가지 식을 사용한다.

$$\text{유속이 없을 경우} : Q = 0.018\,BH^{3/2} \tag{6-29}$$

$$\text{유속이 있을 경우} : Q = 1.84\,B\left\{\left(H + K_{rihgt}\right)^{3/2} - h^{3/2}\right\} \tag{6-30}$$

여기서 Q : 유량(ℓ/sec), B : notch의 개구폭(cm)

H : 일류수심(cm), h : 접근속도수두($v^2/2g$)

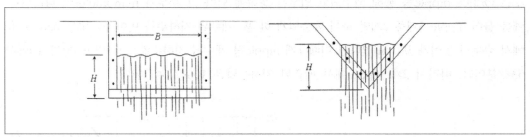

[그림 6-16] 4각-notch와 3각-notch의 단면도

[표 6-11]은 4각 notch에서 V-notch의 weir 폭인 B가 50cm일 때의 일류수심에 따른 유량(ℓ/초)을 나타낸 표이다. [그림 6-16]은 4각-notch와 3각-notch의 단면도이다.

[표 6-11] B=50cm일 때 4각-notch의 일류수심(cm)에 따른 유량(ℓ/초)

H	0.0	0.1	0.2	0.3	0.4	0.5	0.6	0.7	0.8	0.9
1	0.9	1.0	1.2	1.3	1.5	1.7	1.8	2.0	2.2	2.4
2	2.6	2.8	3.0	3.2	3.4	3.6	3.8	4.1	4.3	4.5
3	4.7	4.9	5.2	5.4	5.7	5.9	6.2	6.5	6.7	7.0
4	7.2	7.5	7.8	8.1	8.4	8.6	8.9	9.2	9.5	9.8
5	10.0	10.4	1.70	11.0	11.3	11.6	11.9	12.2	12.6	12.9
6	13.2	13.5	13.8	14.2	14.5	14.9	15.2	15.5	15.9	16.2
7	16.5	16.9	17.2	17.6	18.0	18.3	18.7	19.0	19.4	19.8
8	20.1	20.5	20.9	21.2	21.6	22.0	22.4	22.8	23.2	23.5
9	23.9	24.3	24.7	25.1	25.5	25.9	26.3	26.7	27.1	27.5
10	27.9	28.3	28.7	29.1	29.5	29.9	30.3	30.8	31.2	31.6
11	32.1	32.5	32.9	33.3	33.7	34.2	34.6	35.1	35.5	35.9
12	36.4	36.8	37.2	37.7	38.1	38.6	39.0	39.5	39.9	40.4
13	40.8	41.3	41.8	42.2	42.7	43.1	43.6	44.1	44.5	45.0
14	45.5	45.9	46.4	46.9	47.3	47.3	48.3	48.8	49.3	49.7
15	50.2	50.7	51.1	51.6	52.1	52.6	53.1	53.6	54.1	54.5
16	55.0	55.5	56.0	56.6	57.0	57.5	58.0	58.5	56.0	59.5
17	60.0	60.6	61.0	61.6	62.1	62.6	63.1	63.6	64.1	64.6
18	65.1	65.6	66.2	66.7	67.2	67.7	68.2	68.7	69.3	69.8
19	70.3	70.8	71.4	71.9	72.5	73.0	73.5	74.0	74.5	75.1
20	75.6	76.1	76.7	77.2	77.8	78.3	78.9	79.4	79.9	80.5

(2) 3각 notch

비교적 토출량이나 유량이 적을 경우에는 3각 notch를 사용한다. 일반적으로 $30\ell/s(2,590\text{m}^3/$일) 이하의 유량은 4각 notch보다 3각 notch를 이용하여 측정한 유량이 보다 정확하다. 3각 notch를 이용하여 측정한 유량은 $Q = CH^{5/2}$로 표시되며, 여기서 C는 상수, H는 일류수심이다. [표 6-12]는 3각 notch의 일류수심에 따른 유량을 나타낸 표이다.

[표 6-12] 3각 notch에서 일류수심에 따른 유량(ℓ/초)

H	0.0	0.1	0.2	0.3	0.4	0.5	0.6	0.7	0.8	0.9
0	0	0.00045	0.00025	0.00069	0.0014	0.0025	0.0039	0.0057	0.0080	0.0114
1	0.014	0.018	0.022	0.027	0.032	0.039	0.045	0.053	0.061	0.070
2	0.079	0.089	0.100	0.112	0.125	0.138	0.153	0.166	0.184	0.200
3	0.22	0.24	0.26	0.28	0.30	0.32	0.34	0.37	0.39	0.42
4	0.45	0.48	0.51	0.54	0.57	0.60	0.64	0.67	0.71	0.74
5	0.78	0.82	0.86	0.91	0.95	0.99	1.04	1.09	0.13	1.18
6	1.23	1.29	1.34	1.39	1.45	1.51	1.57	1.63	1.69	1.75
7	1.8	1.9	2.9	2.0	2.2	2.2	2.2	2.3	2.4	2.5
8	2.5	2.6	2.7	2.8	2.9	2.9	3.0	3.1	3.2	3.3
9	3.4	3.5	3.6	3.7	3.8	3.9	4.0	4.1	4.2	4.3
10	4.4	4.5	4.7	4.8	4.9	5.0	5.1	5.2	5.4	5.5
11	5.6	5.7	5.9	6.0	6.1	6.3	6.4	6.6	6.7	6.8
12	7.0	7.1	7.3	7.4	7.6	7.7	7.9	8.0	8.2	8.4
13	8.5	8.9	8.9	9.0	9.2	9.4	9.5	9.7	9.9	10.1
14	10.3	10.5	10.6	10.8	11.0	11.2	11.4	11.6	11.8	12.0
15	12.2	12.4	12.6	12.8	13.0	13.2	13.5	13.7	13.9	14.1
16	14.3	14.6	14.8	15.0	15.2	15.5	15.7	16.0	16.2	16.4
17	16.7	16.9	17.2	17.4	17.7	17.9	18.2	18.5	18.7	19.0
18	19.2	19.5	19.8	20.1	20.3	20.6	20.9	21.2	21.5	21.7
19	22.0	22.3	22.6	22.9	23.2	23.5	23.8	24.1	24.4	24.7
20	25.0	25.4	25.7	26.0	26.3	26.6	27.0	27.3	27.6	28.0
21	28.3	28.6	29.0	29.3	29.7	30.0	30.4	30.7	31.6	31.4
22	31.8	32.1	32.5	32.9	33.2	33.6	34.0	34.4	34.8	35.1
23	35.5	35.9	36.3	36.7	37.1	37.5	37.9	38.3	38.7	39.1
24	39.5	39.9	40.3	40.8	41.2	41.6	42.0	42.4	42.9	43.3
25	43.8	44.2	44.9	45.1	45.5	46.0	46.4	46.9	47.3	47.8
26	48.3	48.7	49.2	49.7	50.1	50.6	51.1	51.6	52.1	52.5
27	53.0	53.5	54.0	54.5	55.0	55.5	56.0	56.5	57.0	57.6
28	58.1	58.6	59.1	59.6	60.2	60.7	61.3	61.8	62.3	62.9
29	63.4	64.0	64.5	65.1	65.6	66.2	66.7	67.3	67.9	68.4
30	69.0	69.6	70.2	70.6	71.3	71.9	72.5	73.1	79.7	74.3

※ Barr 실험공식 : $Q = 0.014H^{5/2}$ [Q:유량(ι /sec, H : 일류수심(cm)]

6.8 지하수의 인공함양

6.8.1 지하수 인공함양의 개념과 연혁

지하수 인공함양이란 우물이나 수로 및 함양분지 등과 같은 인공적인 시설이나 습지와 같은 자연조건을 인위적으로 변경시켜 강수나 지표수를 지하 대수층으로 침투시키므로 인해 ① 지하수 개발량을 증대시키고 ② 지하수위 저하와 지반 침하를 방지하며 ③ 지하 대수층을 이용한 수질 개선은 물론 ④ 성수기에 잉여수를 지하대수층에 저장하여 일시적 또는 계절적으로 부족한 용수 공급문제를 해소하기 위해 실시하는 일체의 행위를 뜻한다.

인공함양은 생·공업용수의 공급원으로 깨끗한 하천수를 취수하기 위해 19세기 초부터 유럽에서 시작된 기법이다. 1810년 스코틀랜드의 글래스고우에서는 하천수를 침투지에 함양시킨 다음 이를 재취수하여 필요한 용수로 이용하였다. 이후 인공함양법은 시대의 변천에 따라 여러 가지 목적에 맞게 다양하게 발전되어 왔다. 1890년에는 도시용수를 안정적으로 확보하기 위해 하천의 잉여수를 주입정을 통해 백악층으로 저장하는 형식의 인공함양이 시도되기도 했으며, 미국 뉴욕주의 롱아일랜드에서는 지하수의 과잉 채수로 인해 해안 대수층으로 염수 침입현상이 심각하게 발생하여, 냉방 또는 냉각용 공업용수는 사용 후 반드시 원래의 대수층으로 재주입시키도록 법률로 규정한 바 있다. 이스라엘은 1959년 이후 사막의 농지화로 인해 증대되는 물 수요에 대비하기 위해 우기 중 비관개 시기에 농업용수를 지하에 함양시키고 있다. 독일에서도 생활 및 공업용수의 수요를 인공함양을 통한 지하수로 상당량 충당하고 있으며 네덜란드는 19세기 중반 이래로 해안사구에 지표수를 인공함양시켜 용수로 이용하고 있다. 이밖에도 많은 국가에서 인공함양을 이용한 용수 관리가 수행된 바 있고 현재에도 수행중이다.

6.8.2 목적

지하수 인공함양의 주된 목적은 위생적인 수질을 가진 안정적인 용수 확보에 있긴 하지만 이절에서는 특히 지하수 인공함양 시 얻을 수 있는 일반적인 특징들을 살펴보기로 하자.

(1) 수질 개선

인공함양을 최초로 시행했을 때의 주 목적은 수질개선이었다. 현재에도 수질개선을 위한 지하수 인공함양은 우리나라를 위시한 세계 각국에서 널리 실시되고 있다. 인공함양 시 발생하는 수질개선 효과는 대체적으로 다음과 같다.

① 자연 지하수와의 혼합작용으로 인한 희석효과와 연수화(軟水化)
② 황화수소의 감소

③ 부영양화 물질과 대장균의 감소

④ 물리적인 방법에 의한 입상 물질의 제거

⑤ 미생물 분해와 흡착기작에 의한 독성물질의 제거 등을 들 수 있다.

(2) 소독 부산물 제거

대수층과 같은 지하매질의 특성을 이용하면 정수처리 시 발생하는 트리할로 메탄 (trihalomethane ; THM)이나 할로아세트산(haloacetic acid; HAA)과 같은 소독 부산물 (disinfection byproducts, DBP)의 량을 감소시킬 수 있으며 이들이 추후 발생할 수 있는 가능성을 제어할 수 있다.

(3) 지하수위 회복

많은 지역에서 지하수 개발 증대로 인해 지하수위가 하강하며 이로 인해 심한 경우에는 지하수위가 현저히 저하하여 자연적인 지하수위 회복이 불가능해져 대수층의 역할을 기대하기 어렵게 된다. 이 경우에는 필요에 따라 풍수기에 물을 인위적으로 지하에 침투시켜 지하수위를 목표지점까지 회복시켜 과도한 지하수 개발로 인한 대수층의 영구적인 파괴를 방지한다. 강제적인 인공함양은 이와 같은 목적으로 실시되기도 한다.

(4) 지하 오염원의 제어

지하에 오염원이 존재하는 경우에는 지하수가 유동하는 방향을 따라 오염물질도 이동 확산된다. 이 경우에 주입정과 양수정을 적절히 설치하여 수동력학적인 조절을 실시하면 오염물질의 거동을 조절 억제할 수 있다.

(5) 관개용수의 개선

부영양화된 저수지이나 호소수를 관개용수로 이용하면 질소나 인 등의 농도가 매우 높다. 이 경우에 부영양화된 관개용수는 일단 지하대수층에 저장하면 박테리아에 의한 탈질(denitrification) 작용과 물리-화학 반응에 의해 인산염 등이 제거되기도 한다.

(6) 지하수의 염수화 방지

최근 용수 수요의 증가와 도시의 인구 집중 등으로 임해 지역에서는 과다한 지하수 채수로 인해 염수 침입 현상이 발생하고 있다. 국내의 해안 도서 지역에서도 염수 침입에 의한 피해가 발생하고 있다. 염수 침입을 막기 위해서는 지하수 함양을 실시하여 해변 쪽으로 동수구배를 변화시키는 방식을 사용한다. 또한 내륙부에서는 지하수의 채수를 규제하는 방법도 사용하며, 인공함 양수를 내륙의 수요지로 공급하는 방법과 인공함양에 의한 강제적인 해수 침입 억제 방안 사이 의 경제성 평가도 함께 실시한다.

인공함양을 이용하여 대수층으로 염수 침입을 제어 및 방지하려 할 경우에는 함양수의 수질 적 합성과 내륙부의 양수량과 양수정 위치 등을 고려하여 최적의 함양량을 결정한다. [그림 6-17]은 인공함양을 이용하여 염수 침입을 방지하는 모식도이다.

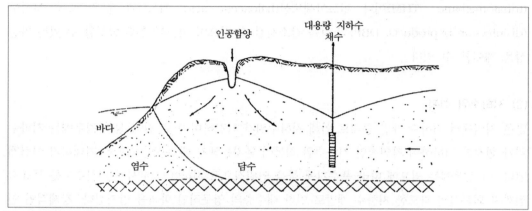

[그림 6-17] 인공함양을 이용한 염수 침입방지 모식도(Huisman and Osthoorn, 1983)

(7) 지하 저장

지하 저장은 지표수를 지하수와 연계하여 통합 관리하면서 지표수와 지하수의 유동과 부존 특 성을 분석하여 필요에 따라 지하대수층에 수자원을 저장하는 방식을 뜻한다. 이 경우 지하 저장 용 대수층의 확보와 추후 양수에 따른 경제성 평가가 수행되어야 한다. 기본적으로 지하 저장 방식은 지표수에 여유가 있는 경우, 지하에 물을 저장하였다가 지표수가 부족한 시기에 이를 다시 채수하여 이용하는 방식으로서, 대수층의 특성, 기존 댐 방식, 수자원 확보와의 비교 분석 을 통한 경제성 평가 등이 지하 저장 방식의 선정 기준이 될 수 있다.

(8) 지반 침하 방지

과잉 양수를 하면 대수층 내의 간극수가 배제되어 이로 인해 간극 수압이 감소하여 결국 주변 지반이 침하하게 된다. 실제로 멕시코시나 일본의 야마가카시의 경우에 지하수를 과잉 양수하 여 발생한 지반 침하형상이 큰 사회적 문제로 대두된 바 있다. 지반 침하를 방지하기 위하여 주입정을 통해 대수층에 지하수를 강제 주입하면 대수층내의 간극 수압이 상승하여 대수층의 압밀 수축을 중지시킬 수 있다. 그러나 점토층처럼 지층의 수축과 팽창이 비가역적인 경우, 간 극 수압이 원상태로 되돌아와도 일단 수축된 지층은 원상태로 되돌아오지 않는 경우도 있으므로 지층의 성격에 따라 지층이 수축되기 전에 대비책을 세워야 한다.

지반 침하는 양수량을 감소시켜 지하수위의 저하를 막는 것이 최선이지만 압밀에 기인하는 지반 침하는 장기간에 걸쳐 진행된다. 강제 지하수 주입에 의한 지하수 인공함양은 장기간에 걸쳐 발생되는 지반 침하를 방지하는데 효과적일 수 있다.

(9) 대수층의 축열 이용

지하수온도는 일반적으로 연중 온도가 대기온도에 비해 일정하므로, 여름철에는 대기온도 보다 낮고, 겨울철에는 대기온도 보다 높다(우리나라의 경우에 대해서는 2편 10장에 상세히 언급하였다). 따라서 지하수를 이용하여 여름철에는 냉방열원으로, 겨울철에는 난방열원(제설 작업 포함)으로 지하수를 널리 이용한다. 실제 미국, 캐나다와 일본의 일부 지역에서는 지하수열을 제설작업에 이용하고 있다. 특히 지하수를 여름철에 냉방용 열원으로 이용하는 경우에는 온도가 낮은 지하수가 실내열을 흡수하여 공간 냉방을 시키고 반대로 실내열을 흡수한 지하수는 온도가 상승한다. 이와 같이 따뜻해진 지하수는 지하로 주입저장해서 차기 겨울철에 난방용 열원으로 이용하면 열효율이 매우 양호하다. 반대로 겨울철에는 지하수열을 공급하여 실내난방을 시키고 온도가 내려간 지하수는 지하로 주입하여 저장한 후 차기 하절기에 냉방용 열원으로 이용하는 주기적인 순환방식인 지중축열 시스템이 국내에서도 운영되고 있다. 또한 지하수는 지표수에 비해 온도와 수질이 연중 일정하기 때문에 온도에 민감한 특수 목적의 공업용수 등에 이용된다. 예를 들면 지하수는 수온이 연중 거의 일정하므로 양식장의 용수로 널리 이용되고 있다.

(10) 처리된 하수의 지하 저장

관개용수가 부족한 지역에서는 일차 정화된 하수를 지하에 저장했다가 필요시 취수하여 사용함으로써, 계절에 따른 일시적 수요를 위한 고비용의 지상 용수 저장시설을 대체할 수 있다. 이 경우에 함양 지역은 관정 등을 통한 수리 수문학적 조절을 통해 사전에 인근 지하수가 오염되지 않도록 한다. 특히 강제 인공함양 시, 지하에 하수가 저장되는 일정 기간 동안 대수층의 여과 작용이나 미생물에 의한 수질 개선 효과도 기대할 수 있다. 일차 정화된 하수는 일반적으로 경기장, 상업용, 공원 등의 허드렛물로 쓰이거나 산업용 냉각수, 농업용 관개용수, 대수층 함양 및 염수 침입 방지 용수로 이용 가능하다. 이 경우에 처리된 하수를 재생 용수로 사용함으로써 다른 수원을 더 유용하게 이용할 수 있어 용수 배분의 효율성을 높일 수 있다. 그러나 폐수 처리장에서 함양지역까지, 함양지역에서 수요지까지의 관로 비용 등을 비롯한 시설비에 대한 부담으로 인해 실제 적용은 상당히 제한을 받으므로 이에 대한 경제성 평가가 되어야 한다. 경제성 문제를 해결하기 위해서는, 폐수 처리장의 입지를 선정하는 초기부터 지하수 인공함양을 위한 하수 재사용을 염두에 두고 염수 침입현상이 발생하는 해안가 인근에 설치하는 등 추후의 재생수 사용까지도 고려한다.

6.8.3 지하수 인공함양의 방법

최근 많은 국가에서 지하수위의 하강, 지표수의 오염취약성 증가, 저수지를 비롯한 지표수 용수 공급시설의 환경 문제 발생 등으로 지하수 인공함양에 대한 관심이 고조되고 있다. 이러한 인공함양은 여러 가지 다양한 방식에 의해서 실시되며, 자연적인 입지 조건, 인공함양 목적, 실제 적용되는 방식에 따라 여러 가지 방법으로 구분한다.

지하수의 함양방법은 크게 ① 간접 인공함양법과 ② 직접 인공함양법으로 구분할 수 있다 (Huisman and Olsthoorn, 1983). 이 절에서는 직접 인공함양 방식과 간접 인공함양 방식의 구분과 기타 몇 가지 조건에 따른 인공함양법을 알아보기로 한다.

(1) 간접 인공함양법

가장 일반적인 간접 인공함양법은 유도함양(induced recharge)으로서 이는 강변 또는 호수변과 평행하게 50～100 m 정도 이격거리를 두고 집수 암거(gallery)나 수직관정으로 구성된 우물장(well field) 설치하는 방식이다.

[그림 6-18]은 우리나라에서 강변 여과(bank infiltration 또는 bank filtering)로 소개된 방법으로서 왼쪽 그림은 인공적인 간섭영향을 받지 않은 상태에서 하천으로 배출되는 지하수의 유동 상태를 보여주는 그림이다. 하천에 평행하게 설치된 취수시설을 이용하여 천부지하수를 채수하면 (그림 6-18의 중앙) 하천으로 유출되는 지하수 유출량은 감소한다. 이 때 취수시설을 통해 채수되는 물은 주로 자연 지하수로 구성된다. 이 경우에 지속적으로 지하수를 채수하면 점차 지하수위는 하강하며, 채수율이 증가됨에 따라 하천변에서의 지하수위는 하천수위보다 낮아진다. 이에 따라 하천수는 대수층으로 유도되어, 집수암거와 같은 취수시설을 통해 배출된다(그림 6-18의 우단).

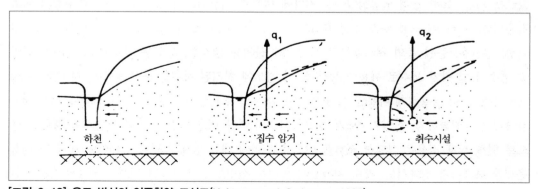

[그림 6-18] 유도 방식의 인공함양 모식도(Huisman and Osthoorn, 1983)

다량으로 강변여과수를 채수하는 경우에, 채수량 가운데 대부분은 하천으로부터 유입된 유입수와 자연 지하수로 이루어진다. 이와 같은 유동 방식의 인공함양은 하상(河床)의 투수성이 양호하고 하천변 대수층이 비교적 두터우며 고투수성 모래 및 자갈로 구성된 경우, 배후 지역의 지하수위와 타 하천의 유량에 큰 영향을 미치지 않으면서 대규모로 유도된 강변여과수를 개발할 수 있다.

그러나, 대다수 하천들은 부유 물질들을 포함하고 있어 이들 부유물질은 하천수가 대수층으로 관류될 때 여과된다. 이들 부유물은 시간이 지남에 따라 투수성이 불량한 막층(膜層, filter skin)을 이루면서 하상을 피복하게 되며, 이 막층은 하천수의 대수층 유입을 방해하는 요인이 된다. 하상의 점토, 모래 및 자갈 등은 하천의 유속이 느리거나 평시에는 퇴적되었다가 유속이 빠른 홍수 시에는 밑짐(bedload; 자갈이나 모래처럼 주로 끌림, 도약, 단속적 부유를 통해 이동하는 형태로 주로 하천 바닥 가까이에서 운반되는 퇴적물)이나 뜬짐(suspended load; 유체의 난류에 의해 떠서 운반되는 형태로 주로 점토 크기의 세립 퇴적물로 washload 라고 불리기도 함)의 형태로 운송되면서 하상에 집적된 저투수성 피막층을 교란 및 침식시켜 제거하기도 한다. 과거에는 이러한 과정이 반복적으로 진행되어 하상의 저투수성 피막물질에 의한 퇴적 문제가 심각하지 않았다. 그러나 최근 주요 하천과 지류에는 많은 댐이 건설되어 홍수 시에도 하상의 저투수성 막층을 제거하지 못하여 대수층 구성매질의 공극막힘 현상(clogging)이 지속적으로 발생하고 있다. 따라서 지하수 채수와 더불어 공극 막힘현상의 원인인 저투수성 피막 퇴적물질을 인위적으로 제거해 주어야 하는데 이는 어렵고 비용이 많이 드는 작업이다. 이에 대한 대안으로 [그림 6-19]와 같이 필요시 하상에 침전된 피막물질을 제거할 수 있는 함양지를 쌍으로 설치하여 직접적인 인공함양을 시키는 방법이다.

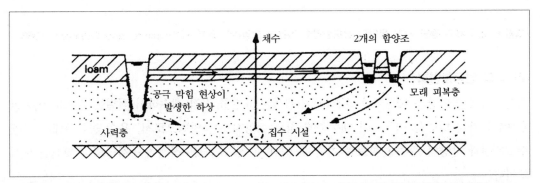

[그림 6-19] 공극 막힘현상 방지를 위한 유도함양의 대체 수단으로써 직접 인공함양법을 이용하는 경우(Huisman and Osthoorn, 1983)

최근 유도 함양기법을 용수 공급방법으로 적용하는데 있어서 가장 심각한 위험 요인은 부주의한 산업 폐수의 방류, 선박 충돌사고, 화물선의 파손 등으로 인한 하천수의 예기치 못한 오염사고 문제들을 들 수 있다. 하천수에 함유된 유해한 독성물질은 단기적인 대수층을 통한 관류나 양수처리에 의해서도 제거되지 않는 경우가 허다하다. 이러한 경우에 물 공급지역 내에 거주하는 주민과 산업시설에 용수 공급을 중단하는 한이 있더라도 강변여과수의 채수를 즉시 중지해야 하는 상황이 발생하게 될 것이다. 그러나 불행하게도 상황은 여기서 끝나지 않는다. 자유면 대수층에서는 강변여과수 채수로 인해 형성된 영향추가 일부는 인근에 부존된 자연 지하수로, 일부는 하천에서 유입된 물로 채워진다. [그림 6-20]의 사선 친 부분은 오염된 하천수가 대수층으로 유입된 범위를 나타낸 모식도이다. 이 사선 친 부분은 오염된 지역을 나타낸 것이 아니라, 실제 오염된 대수층의 범위는 저질의 하천수가 통과한 대수층 전체에 해당됨에 유의해야 한다. 그러다가 필요한 용수를 다시 채수하면 이에 해당하는 물은 집수시설로 유입되며, 다소 희석이 된다고 하더라도 공급수의 수질을 위협하게 되고 이는 결국 최종 물 사용자의 건강에 악영향을 줄 것이다.

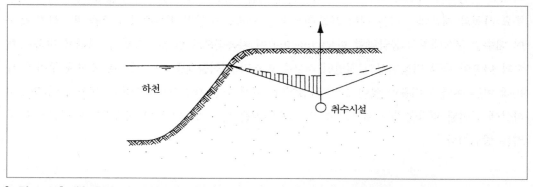

[그림 6-20] 채수 중단 시기 동안의 유도함양수 가운데 오염수의 체제구간(Huisman and Osthoorn, 1983)

(2) 직접 인공함양법

직접적인 인공함양은 하천이나 호소(湖沼)에서 지표수를 직접 취수하여 적절한 장소로 이송한 후 여러 가지 방법을 이용하여 대수층에 침투 함양시키는 방법으로서, 용수 공급증대는 물론 수질개선과 다량의 채수량 확보를 기할 수 있다. [그림 6-21]은 직접 인공함양의 전형적인 모식도이다.

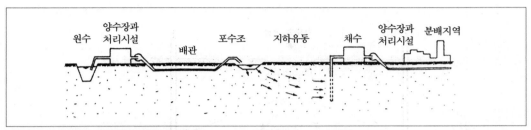

[그림 6-21] 직접 인공함양 방법 모식도(Huisman and Osthoorn, 1983)

직접 인공함양은 앞 절에서 언급한 간접 유도 인공함양에 비해 다음과 같은 장점이 있다.

① 함양이전의 원수 공급원과 함양 대상인 대수층을 상당한 거리를 두고 서로 이격시킬 수 있으며, 이로 인해 각각에 대해 최선의 실질적인 해결책을 선택할 수 있다.
② 대수층에 함양하기 이전에 전처리를 실시하여 막힘 현상을 유발하는 부유물질을 제거할 수 있으며 또한 대수층 내에서 지하수나 토양 입자와 바람직하지 않는 반응을 일으킬 수 있는 물질들을 추출 또는 변화시킬 수 있다.
③ 함양지에서 막힘 현상이 발생하드라도 쉽게 제거할 수 있으며 배수, 건조 또는 삭각(削刻)을 통하여 본래의 함양 능력을 회복할 수 있다.
④ 하천 수질이 부적합할 정도로 저하된 시기에는(단기적으로) 수질이 양호할 때 함양된 지하수를 계속적으로 양수하는 반면 함양을 필요에 따라 일시적으로 중지할 수 있다.

1) 직접 인공함량의 분류

직접 인공함양법에는 여러 가지 방법이 있으나 크게 다음과 같이 3가지 군으로 분류한다.

 가) 제1군 :

대수층이 지표 또는 지표면 가까이까지 분포되어 있는 경우, ① [그림 6-22]처럼 인공적을 범람을 시키는 경우, ② [그림 6-23]처럼 하천수를 배수지 또는 배수구(ditch)로 이송하는 경우 ③ 그리고(고의적이진 않지만) 관개용수를 과도하게 사용하여 포수(布水, water spreading)하는 방식 등이 있다.

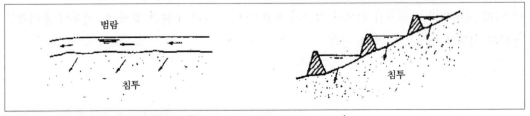

[그림 6-22] 범람을 이용한 인공함양법(Huisman and Osthoorn, 1983)

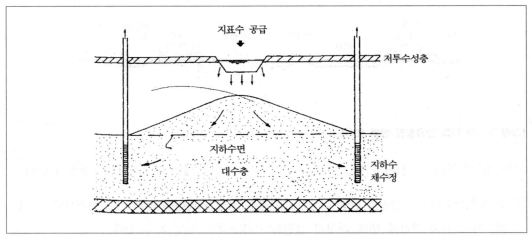

[그림 6-23] 함양지에서 포수하는 방법(Huisman and Osthoorn, 1983)

나) 제2군:

[그림 6-24]와 같이 대수층의 분포 심도가 지표에서 크게 깊지 않은 경우에는 수직호(pit 또는 shaft)를 이용해서 함양시킨다.

다) 제3군:

[그림 6-25]와 같이 대수층이 깊은 심도에 분포하는 경우에는 인공함양은 수직관정을 이용하여 대수층으로 직접 주입하는 방식을 사용한다.

2) 포수방법에 따른 분류

가) 수직호(Pit or shaft)

수직호를 이용한 포수방법은 일반적으로 대규모로 시행하며 전 세계적으로 빠르게 확산되고 있다. 수직호를 이용하는 방법은 일반적으로 비용이 많이 들고, 함양 용량이 작기 때문에 다른 목적으로 수직호가 이미 설치되어 있는 경우(폐채석장, 폐사력갱 등)가 아니면 이 방법의 적용은 매우 제한적이다. 대수층 주입방법은 대수층 분포심도와 종류에 관계없이 사용가능하므로 매우 융통성 있는 방법이지만, 공극 막힘현상이 발생할 수 있는 개연성이 항상 내재하므로 경우에 따라 고비용의 집중적인 전처리 과정이 필요하다. 아울러 우물의 설계 및 시공이 용이하고 철저한 청소가 가능토록 해야 한다.

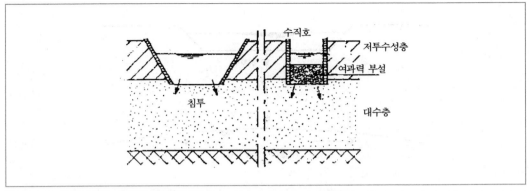

[그림 6-24] 수직호를 이용한 인공함양(Huisman and Osthoorn, 1983)

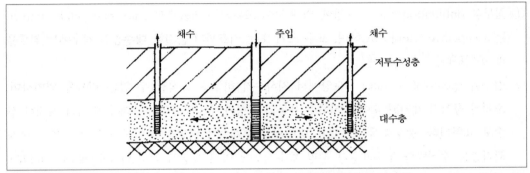

[그림 6-25] 2정 주입 및 채수정(doublet)을 이용하여 직접 인공함양 시키는 모식도(Huisman and Osthoorn, 1983)

　나) 수직 관정 [대수층 함양(저장) 및 회수(채수) 겸용-ARS 井]

일반적으로 주입정을 이용한 인공함양은 대수층 함양과 회수 겸용[aquifer storage and recovery(ASR)] 우물로 불리 우는 1개의 수직관정을 이용하여 함양과 회수를 동시에 수행하여 막힘 현상을 방지하는 한편 설치비용을 최소화시키는 방식이다. 미국의 경우, 지표에서 직접함양과 수직관정을 이용한 함양이 모두 가능한 지역에서는 수직관정을 이용하는 방법이 경제적이고 효과적인 것으로 알려져 있으며, 지표에서 직접함양이 불가능한 지역에서는 ASR井을 이용한 함양 및 회수 방법이 주입정과 회수정을 분리하는 것보다 경제성이 있는 것으로 알려져 있다. 주입정과 회수정으로 분리하여 설치하는 경우는 자연 지하수와의 혼합효과를 극대화시키거나 대수층의 수리특성 및 함양수의 수질이 양호하여 막힘 현상이 문제가 되지 않은 경우이다. 투수성 토양으로 구성된 함양 분지나 도랑에 포수 또는 범람을 이용하여 직접 함양을 하는 경우에 대수층으로 유입되는 포수 양은 다음 3가지 요소에 의해 좌우된다(그림 6-26 참조).

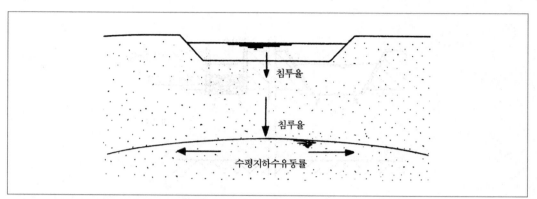

[그림 6-26] 대수층 지하수 유입의 3대 요소(Huisman and Osthoorn, 1983)

① 침투율 (infiltration rate) : 토양에 의해 물이 포획되는 비율로서 entry rate, intake rate 또는 acceptance rate라고도 하며, 포수 초기 또는 지표까지 균질한 대수층인 경우에는 침루율과 동일하다.

② 침루율 (percolation rate) : 토양에서 지하수가 하부로 움직일 수 있는 비율을 의미하며, 포획된 공기가 제거된 후에는 지하수 유동의 유형과 수직방향의 투수계수에 따라 특정한 상수로 표현된다. 풍성층에서는 모든 방향의 투수계수가 비교적 동일하지만 하성 또는 해성 퇴적층은 수직방향 투수계수가 수평 투수계수에 비해 상당히 작다(대체적으로 $K_z = 0.1K_x$).

③ 수평 투수 능력 (rate of horizontal water movement) : 대수층의 수평적인 지하수 통과능력은 지하수 유동 유형과 지하수면 하부 대수층의 투수량계수에 좌우된다.

대수층이 지표면까지 균질하게 분포되어 있는 경우에, 침루율은 침투율보다 커지며, 적용할 포수 방식에 대한 선택은 대수층이 물을 운반할 수 있는 능력에 대한 상대적인 흡수 능력에 따라 좌우된다. 침투율이 높고 심도가 얕은 대수층에서의 함양은 집수관이나 선상으로 배열된 우물군에 대해 평행하게 설치된 수직호 또는 함양 수로를 이용할 때 최대의 효과를 얻을 수 있다(그림 6-26).

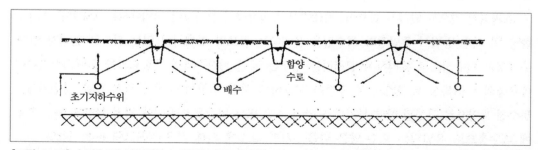

[그림 6-27] 수직호 및 집수관을 이용한 얕은 대수층에서의 직접 인공함양법(Huisman and Osthoorn, 1983)

침투율이 양호하고 수평방향의 지하수 유동이 우세한 심부 대수층에서는 전술한 함양 수로 또는 함양지(涵養池)의 설치 간격을 더 크게 하거나 지하수 채수시설이 위치한 곳 주변에 단독으로 함양 분지를 설치한다(그림 6-27 참조). 이에 비해 침투율이 작은 대수층에서는 수로폭을 증가시키거나 수로 간격을 좁게 하거나 직경이 큰, 몇 개의 함양지를 설치하여 대수층으로 침투되는 면적을 증가시킨다. 그러나 함양지의 중심부를 효율적으로 유지시키기 위해서는 함양지폭을 대수층의 두께 이상으로 증가시키지 않는 것이 좋다. 만약 이와 같은 경우가 필요할 때에는 침투율을 증가시키기 위하여 함양수로 또는 함양지의 바닥을 중간 입도의 모래층으로 피복시킨다(그림 6-28). 선택 가능한 다른 대안 가운데 하나는 수로 및 함양지를 넓게 확장하여 극단적인 경우에는 완전한 범람이 이루어지도록 하는 것이다. 특히 음용수 공급이 목적인 경우에는 지하 대수층을 통한 유동을 좁은 면적에 국한시킬 필요가 있으므로, 침투율이 더 높은 지역을 찾아보는 것이 더 양호한 해결책이 될 것이다.

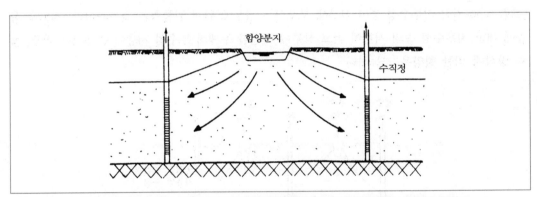

[그림 6-27] 심부 대수층에서 함양지 및 한쌍의 순환정을 이용하여 직접 함양하는 경우의 모식도
(Huisman and Osthoorn, 1983)

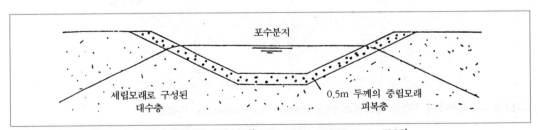

[그림 6-28] 모래층으로 바닥을 피복시킨 포수분지(Huisman and Osthoorn, 1983)

일반적으로 불균질 대수층의 침루율은 침투율보다 상당히 낮다. 대수층의 상부가 박층의 저투수성층으로 피복되어 있는 경우에 이 층은 일반적인 농기구나 기계를 사용하여 제거할 수 있으며 제거 후에는 전술한 모든 포수 방식을 적용할 수 있다. 대수층 상부의 저투수성 층의 두께가

두꺼우면 [그림 6-22]의 범람 방식은 사용할 수 없지만, 함양지 또는 수로를 이용하는 방식은
이들이 압층을 완전히 관통하도록 설치하는 경우 계속 적용할 수 있다(그림 6-23 및 6-29). 수직
호를 이용한 방법도 가용하나(그림 6-24) 이들 방법은 대수층과 접촉부의 면적이 제한되기 때문
에 함양량이 일반적으로 매우 작다.

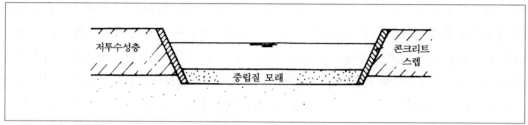

[그림 6-29] 지지벽을 사용한 포수 분지(Huisman and Osthoorn, 1983)

(그림 6-30)처럼 저투수성 층이 심부에 분포하는 경우에 완전 관통형은 불가능하다. 지하수 유
동에 대한 저투수성 층의 저항이 적고 상부에 적절한 두께의 투수성 지층이 존재하는 경우, 포
수 방식에 의한 함양은 가능하다.

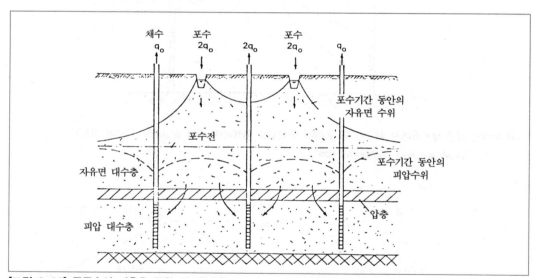

[그림 6-30] 준투수성 지층을 통한 인공함양(Huisman and Osthoorn, 1983)

전술한 저투수성 층이 수직적인 지하수 유동에 대해 강력한 저항을 나타내고 또한 그 두께가
매우 두껍거나 상당히 심부에 위치하는 경우(일종의 압층의 역할을 하는 경우)에, 직접 인공함양은
오직 우물을 이용한 주입방식에 의해서만 가능하다(그림 6-25). 특히 대수층의 투수량계수가 큰
경우에 주입정의 선상배열은 (그림 6-31)과 같은 방사상 우물군(일명 우물장) 또는 원형 우물군
설치로 대체할 수 있다. 파쇄 단열암반 대수층이나 큰 규모의 용해공동이 발달되어 있는 석회암

대수층에서는 나공상태의 관정(open well)을 이용한 주입방식에 큰 문제가 없으나 모래로 구성된 충적 대수층의 경우에 우물의 스크린 또는 충진력과 지층 사이의 경계면에 막힘 현상이 발생하면 주입압력이 증가할 수 있어 반드시 이러한 현상을 염두에 두어야 한다.

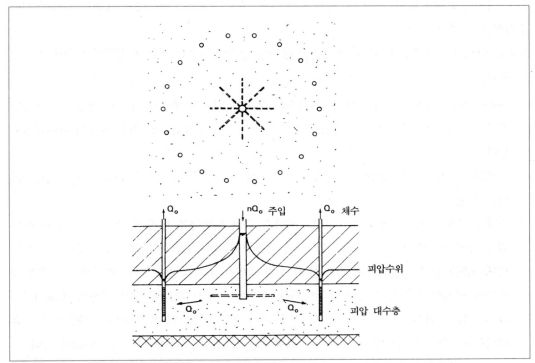

[그림 6-31] 인공함양을 위한 방사상 또는 원형 관정 모식도(Huisman and Osthoorn, 1983)

직접 인공함양은 관정을 이용하여 함양수를 주입하는 주입 방식과 물을 살포(撒布)하여 지하수를 함양하는 포수 방식으로 크게 나눌 수 있다. 이들 방법을 세론하면 다음과 같다.

(3) 포수(spreading)의 방식

1) 주입식 방법(injection method)과 ARS

주입식 방법은 주입정의 심도에 따라서 습식형(wet)과 건식형(dry)으로 구분된다. 습식형은 주입정을 지하수면까지 설치한 후, 대수층으로 직접 주입하는 방식인데 반해, 건식형은 우물을 지하수면 상단부에 설치하여 물을 주입하는 방식이다. 또한 주입방법에 따라 자연 주입법과 압력주입법으로 나뉘며, 압력주입법은 대수층 입자의 배열을 교란시킬 가능성이 크기 때문에 모래와 자갈로 구성된 충적 대수층에서는 적용하지 않는 것이 좋다. 자연주입법은 우물벽의 좁은 면적을 통해 다량의 함양수가 주입되므로 여러 가지 원인에 의한 공극의 막힘 현상이 발생하기 쉽다. 그러나 좁은 지표면적에서 함양이 가능하고 또 양수정을 겸할 수도 있는 이점이 있다.

외국의 경우에 대다수 인공함양은 함양지와 함양수로 등을 이용해 이루어지고 있지만 관정에 의한 인공함양이 점점 증가하는 추세이다. 특히 막힘 현상을 방지하기 위하여 1개 관정을 주입정과 채수정으로 동시에 사용하는 ASR의 경우에는 대수층이 피압, 준피압, 자유면에 무관하게 모든 대수층에 적용할 수 있으며, 현재까지의 경험으로는 준피압대수층의 경우가 가장 유리한 방식으로 알려져 있다.

ASR을 이용하여 자유면대수층에 지하수를 함양할 경우에 다음과 같은 부정적인 요건이 발생할 수 있다.

① 자유면대수층(미고결대수층)에서는 지하수의 유속이 비교적 빠르기 때문에 함양수에 포함된 거품이 우물에서 멀리 떨어진 지점까지 이동하여 시간이 경과하면 취수 효율이 저하되기도 한다.

② 함양률과 함양기간은 함양정을 중심으로 완만한 원추형을 이루며 형성되는 지하수면의 제한을 받는다.

③ 함양정 주변의 용지이용 상태에 따라 지하수 수질에 영향을 미칠 수 있다. 즉 지하수면이 깊은 곳에 위치하고 상대적으로 평탄하며 지표면을 통한 오염취약성이 적은 곳에서는 자유면대수층을 통한 우물함양이 비용 대비 효과 측면에서 타당성이 있다. 환언하면 미고결 대수층에 설치한 관정을 이용하여 함양하는 경우에는 부지 확보에 많은 비용이 소요된다. 그러나 넓은 면적의 부지 이용이 불가능한 경우에 지표에서의 직접 함양의 대안으로서 효과적이다. 주입식 방법에서 사용되는 전형적인 주입정의 모식도는 [그림 6-32]와 같다.

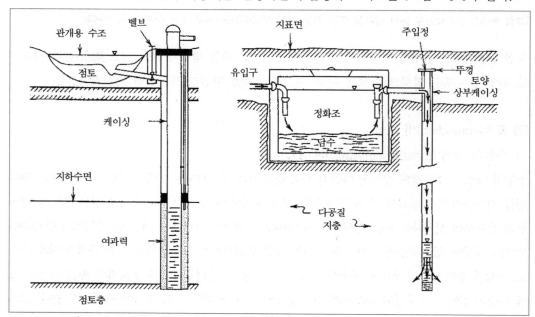

[그림 6-32] 전형적인 주입식 방법에 사용되는 주입정의 모식도

2) 포수식 방법(spreading method)

포수식 방법은 함양지 방식, 하천-수로 방식, 도랑 및 고랑 방식, 범람 방식 및 지하관 매설 방식으로 다시 나누어지며, 이를 세론하면 다음과 같다.

가) 함양지(涵養池) 방식

인공적으로 연못을 조성하여 지하수를 함양하는 방법을 함양지 방식이라 한다. 함양지의 규모는 지형, 수리지질 및 급수량에 따라 결정하는데 대체적으로 함양지의 크기는 400 ㎡ ~ 0.12 ㎢ 정도가 대종이다. 함양을 장기간 실시하면 침투수 내의 부유물질 또는 미생물에 의한 막힘 현상이 발생한다. 그러나 주입정의 경우와 비교해서 그 해결법은 비교적 간단하다. 즉 단지 햇빛건조를 시켜서 굳어진 퇴적물을 제거한다. 홍수 시에 침투수 내에 다량의 부유 모래가 포함되어 있을 경우에는 대량의 토사가 퇴적되기 때문에 이를 제거하기 위해서 불도저 등의 대형 장비를 사용하기도 한다. 일반적으로 함양지는 복수(複數)로 만들어 순환 이용한다(그림 6-33 참조).

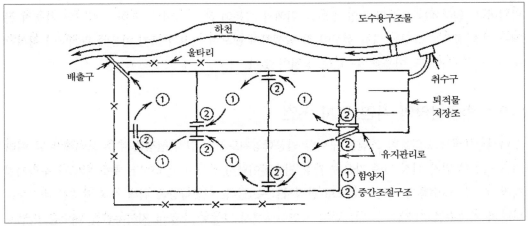

[그림 6-33] 다단식 함양지를 이용한 인공함양

나) 하천-수로 방식(stream-channel method)

선상지의 하상이나 구하상은 침투성이 양호하여 함양능력이 높다. 그러나 홍수 시에는 단시간에 대량의 유출이 발생하기 때문에 충분한 함양이 일어나지 않는다. 따라서 하상이나 고수부지에 여러 개의 수로를 만들어 그곳에서 함양시키거나 또는 함양지까지 도수하는 방법을 사용한다. 이 방법은 물을 유동시키면서 지하로 침투시키는 방법이기 때문에 공극 막힘의 원인이 되는 미세립자가 침강·축적되지 않도록 적절한 유속을 유지하는 것이 바람직하다.

다) 도랑 및 고랑 방식(ditch-and-furrow method)

최대한의 습윤 면적을 확보하기 위하여 좁은 간격으로 설치된 일련의 배수구 또는 도랑으로 물을 배분, 공급하면서 함양시키는 방법이다.

라) 범람 방식(flooding method)

이 방법은 홍수 시 대량의 하천수를 범람원으로 얕게 흘려보내 지하로 침투시키거나 또는 함양지 등의 시설에 물을 끌어들여 지하 함양시키는 방법이다. 이 방식은 특정 시기에만 강우가 집중되는 건조지역에서 홍수 시 범람하는 물을 지하로 침투시켜 저류할 목적으로 이용하는 방법이다. 이란에서는 광대한 지역을 대상으로 이를 사업화하고 있다. 단 이 방법은 포수 후, 다량의 토사처리 문제가 단점이다.

마) 지하관 매설 방식

이 방법은 타 방법과 달리 지하에 투수성 관로를 부설한 후, 관로를 통해 물을 흘려 함양시키는 방법이다. 원래에는 오수의 토양 정화를 위해서 사용해 온 시설이다, 지하수 함양의 기술적 문제로 가장 중요한 요인인 막힘 현상이 잘 발생하지 않으며 지상의 토지 이용에 관계없이 설치할 수 있고 배수구로도 이용할 수 있는 장점이 있다.

6.8.4 인공함양의 자연 입지 조건

수리지질학적으로 양호한 조건을 구비한 인공함양지로서의 입지 선정은 추후 고려해야 할 여러 가지 다양한 입지 선정 기준 가운데 가장 기초적이면서 중요한 요소이다. 주로 이러한 수리지질학적 조건은 대수층에 대한 조건으로 한정시킬 수 있다. 인공함양을 위해 가장 양호한 대수층은 다량의 지하수를 저장할 수 있으면서 자연상태에서 가능한 소량의 지하수만을 대수층 외부로 유출시키는 대수층이어야 한다. 즉 수직 수리전도도가 수평 수리전도도 보다 큰 지층이 발달되어 있는 곳이 이에 해당한다. 일반적으로 성공적인 인공함양을 위해서는 자연상태의 대수층에 추가적인 함양이 가능하도록 지하수위가 낮은 미고결 대수층이 가장 이상적이다. 그러나 미고결 대수층일지라도 피압 대수층은 직접, 간접 방식의 인공함양이 어려우므로 피압상태의 미고결 대수층은 인공함양 대상이 아니다.

대규모 인공함양의 최적 입지는

① 높은 침투율과 고투수성을 구비한 자유면대수층의 선상지
② 조립질 퇴적물로 구성된 미고결 하상충적층
③ 구하상(舊河床) 지역

④ 7.4.1절에서 언급한 [그림 7-14]와 같은 사행하천의 내측부 등이다.

외국의 사례를 보면, 인공함양을 위한 가장 양호한 대수층은 육 및 해상 환경에 형성된 사구(dune)와 주로 하천 상류의 선상지, 빙하에 의해 생성된 에스커(esker), 케임(kame) 등의 빙퇴구, 계곡 사이에 형성된 계곡 퇴적층 및 석회암 등이다.

6.8.5 인공함양 시 수질 변화와 수질 개선

인공함양 시 가장 주요한 과제는 인공함양에 따른 수질 변화 양상이 어떠한 과정을 거쳐, 왜 일어나는 지를 규명하는 일이다. 실제 인공함양이 최초로 응용되기 시작한 근본적인 이유는 수질 향상을 통한 양질의 수자원 확보를 위해서였다. 이절에서는 인공함양에서 주요한 과제인 수질 변화에 대해 알아보기로 하자(Huisman and Olsthoorn, 1983).

인공함양의 주 목적 가운데 하나는 저질의 하천수를 지하 매질을 통해 관류시켜 탁도, *E. coli* 와 같은 미생물 등을 제거함으로써 수질을 개선시켜, 안전하고 깨끗한 음용수를 위시한 각종용수를 생산하는데 있다. [그림 6-21]과 같이 전처리와 후처리 과정을 통해 수질의 변화가 일어나기도 하지만 지하수의 운송 및 포수 과정을 통해서도 기대하지 않은 수질변화가 일어날 수 있다. 주입식 방법으로 지하 함양을 실시하는 경우에는 수질개선에 상당한 효과가 있는 함양 분지를 사용치 않으며, 유도 함양 방식에서는 전처리의 기회가 없으나, 물이 운송되는 과정에서 수질이 악화될 위험 역시 없다.

전처리 – 지하 유동 – 후처리로 진행되는 일련의 과정에서 하천수내에 함유된 오염 물질들은 각 과정마다 제거된다. 과거에 전처리 과정은 인공함양 시 대부분 생략되었으며 함양대상으로의 침투를 용이하게 할 필요성이 있는 경우에만 적용되었다. 즉, 정수 효과는 대수층의 오염 저감 능력에 의해 주로 이루어졌으며 필요시에는 후처리 과정을 통해 보완되었다. 이러한 음용수 생산 방식은 당연히 저비용으로도 가능하며, 공공 지출 부분에 대한 투자가 드물었던 과거에는 이러한 점이 매우 중요하게 취급되었다. 그러나 이 때 저질의 지표수내에 함유되어 있던 많은 오염물질은 대수층 내에 잔존하게 되는 단점이 있다. 이 오염물질들이 모두 완전히 분해되지 않기 때문에 일부는 대수층 구성입자의 표면에 지속적으로 축적되어 이송 확산돼 나갈 위험성이 있다. 지난 반세기 동안 인간 건강에 유해한 인공 화학물질의 사용량 증가로 인해 이러한 위험성은 더욱 증대되고 있다. 최근에는 선진 제국에서 부의 증가와 함께 논의의 초점이 점차 바뀌어, 원수에 포함된 주요한 오염 물질들을 제거하는 전처리 과정을 확대·강화할 필요성이 강조되고 있다. 지하 매질을 통해 돈 한 푼 들이지 않고 정수효과를 기대하는 방식은 이제 별로 사용되지 않는다. 용수생산단가가 조금 더 들더라도 신뢰성 있고 보다 안전하고 양질의 음용수를 공급하는데 초점을 두고 있다. 경우에 따라서는 전처리 과정의 강화를 통해 후처리 과정이 생략되기도 한다. 설계자의 철학이 어떠하건 간에 세립질 대수층에 주입방식을 적용할 경우에 음용수 수질기준을 만족할 만한 물을 주입수로 사용토록 강력한 전처리를 실시하면 주입정의 스크린과 충진력 및 그 주변 대수층 사이에 발생하는 공극 막힘 현상을 최대한 방지할 수 있다.

(1) 전처리와 운송

호수의 물은 비교적 정체적인 상태로서 깨끗하기 때문에 폐수방류에 의한 오염이나 조류의 성장이 없는 경우에 전처리 과정 없이 포수 방식에 직접 사용할 수 있다. 하천수는 오염되지 않았다 하더라도 난류에 의해서 다량의 세립질의 실트질 물질이 뜬짐 상태로 운반된다. 정상적인 하천 흐름에서 뜬짐의 함량은 평지하천의 경우에 수십 g/m^3에서 산악 하천은 수백 g/m^3까지 이른다. 특히 급격한 홍수 발생 직후에는 수천 g/m^3까지 증가한다. 포수식 방법의 인공함양에 이와 같은 물을 사용하면 함양지 저면에 세립질의 실트질 물질이 침전되어 막힘 현상이 발생되어 침투율 저하의 원인이 된다. 그러나 이러한 과정은 포수식 방법을 간헐적으로 적용함으로써 극복될 수 있다. 예를 들어, 우기에 과량의 하천수를 저장하여 추후에 사용한다던가, 실트 함량의 최대치가 지속되는 수일의 기간을 피하여 운영할 수 있다. 포수 기간이 지나면 함양지 저면은 건조해지며, 이 때 침전된 실트를 분쇄하여 바람에 의해 제거되도록 할 수도 있다.

시설의 운영에 따라 전술한 막힘 현상은 지속적으로 일어나며, 하천수의 실트 함량이 높을수록, 그리고 함양지의 바닥면을 구성하는 입자가 세립질일수록 더 빠르게 진행된다. 이러한 막힘 현상을 지연시키기 위해서는 침투율을 더 낮추거나 함양지의 바닥면을 조립질 층으로 피복하며 주기적으로 실트를 제거해야 한다. 그러나 이러한 모든 대책들을 적용하는 데에는 많은 비용이 소요되기 때문에, 대다수의 경우 보다 저렴하고 신뢰성 있는 방법으로서 전처리 과정을 사용하여 주요한 뜬짐을 제거한다. 이러한 목적으로 사용되는 전처리 과정으로는, 우선 비용적으로 저렴한 방법으로 평탄한 면상에 퇴적시키는 방법이 있으며, 이보다 효과적인 방법으로는 급속 여과가 있다. 급속여과는 화학적 응집(chemical coagulation) - 응결(flocculation) - 침전 - 급속 여과으로 이루어지는 일련의 과정을 거치면 탁월한 효과를 얻을 수 있다. 하천수의 취수지점과 함양분지 사이의 거리가 상당히 떨어져 있고 배관을 이용해 운송해야 하는 경우에 전처리 과정은 절대적으로 필요하다. 배관벽에 실트와 같은 세립물질이 집적되면 마찰손실이 크게 증가하여 이로 인한 송수비용이 단순한 처리 과정의 비용을 훨씬 초과할 수도 있다.

대수층이 지속적으로 오염되지 않도록 하기 위해서는 오염된 하천수를 전처리한다. 특히 하천으로 산업폐수가 방류되는 경우에는 더욱 그러하다. 급속여과(응집, 응결 및 침전과정이 필요한 경우 이들 이후에 적용되며)는 주로 오존을 이용한 화학적 산화, 활성탄의 흡착기능을 이용한 극미량 유기물의 제거와 병행한다. 입상 퇴적층에 설치된 관정의 막힘 현상을 방지하기 위해서는 폭넓은 전처리 과정의 적용하여 음용수 수질기준 또는 그 이상의 수질을 만족하는 물을 생산할 필요가 있다. 침투율이 높은 대수층인 경우에, 이 때문에 발생하는 막힘 현상은 매우 빠르게 진행되어, 빈번한 제거작업으로 인한 비용 손실은 물론 이러한 작업을 통해 완벽한 제거가 이루어지지도 않는다. 암반 대수층이나 유동의 수로 폭이 넓은 경우에는 막힘 현상에 의한 위험성은 감소된다. 그러나 이 경우 지하매질을 통한 정수효과 역시 미미하기 때문에, 대수층의 막힘 현상을 방지하는 효과와 회수되는 물의 수질을 고려할 때 전처리 과정은 필요하다.

개수로를 통한 물의 운송은 수질에 그다지 악영향을 미치지는 않으나 이는 짧은 거리일 경우만 가능하다. 도수의 길이가 매우 긴 경우, 폐관을 사용해야 하며 이 때 관의 내부에서 물이 체류하는 시간은 증가하게 된다(5㎞당 1시간 정도). 이 기간 동안 유기물질의 생화학적인 산화가 진행될 것이며, 이 과정을 통해 산소가 소모되지만 대기를 통해 다시 재충진되지는 않는다. 따라서 혐기성 환경이 조성됨으로 인해 암모니아 및 황화수소와 같은 불쾌한 분해산물이 생성되고 물맛과 냄새에 악 영향을 주게 된다. 더욱이 산화반응은 pH를 낮추게 되어 콘크리트 배관으로부터 다음과 같이 칼슘이 용해될 수 있다.

$$CaCO_3 + H_{3O+} \rightarrow Ca^{2+} + HCO_3^- + H_2O$$

이로써 배관의 구조적인 강도가 악화되는 한편, 배관벽에 미생물 스라임(slime)이 집적되어 벽면의 굴곡도가 증가하는 등 결과적으로 마찰 손실이 증가하게 된다. 생화학적인 산화는 염화반응(chlorination)을 통해 방지할 수 있다. 이 때 상당한 양의 약품이 필요하며(5-10 g/㎥ 정도), 이는 다시 발암물질인 할로포름(haloforms)이 형성되는 등 또 다른 단점으로 작용할 수 있다.

(2) 포수기간 동안의 자연적인 오염 저감

함양되는 물의 일부는 상당한 시간동안 함양분지 내에 남아있게 된다. 따라서 함양분지 내에서 원수의 수질은 햇빛에 노출 및 대기와의 접촉 등에 의해 다음과 같은 변화를 한다.

① 이산화탄소 및 휘발성 유기물질의 방출에 의한 물의 맛과 냄새의 변화
   포화수준에 가까운 산소의 공급과 이로 인한 호기성 박테리아의 일부 유기물질 제거 및 암모니아의 질산염화
② 퇴적에 의한 뜬짐의 저감으로 원거리에 위치한 끝단 함양 분지에서 침투에 의한 막힘 현상 감소
③ 서로 다른 시기의 원수와의 혼합에 의한 화학조성 변화의 감소
④ 병원성 박테리아 및 바이러스를 포함한 유해 생물의 감소
⑤ 규조류의 성장에 의한 이산화규소의 양 감소

⑥ 이산화탄소, 질산염, 인산염 등의 함량 감소 및 조류 성장에 의해 거의 과포화 상태까지 도달
하는 산소 함량의 증가

수질의 가장 주요한 변화는 조류의 성장과 광합성에 의한 광물질의 유기물질과 산소로의 변환
으로부터 비롯된다. 열대기후에서 조류의 성장을 주기적인 수확을 통해 일정 한도 내에서 유지
할 수 있는 경우, 조류의 존재는 제한적으로 장점으로 작용하기도 한다. 조류의 성장은 또한
얇은 함양 분지의 토양표면 상에 조류의 피막(mat)을 형성함으로써 부유 물질을 고정시키는 역
할을 하기도 한다. 산소 기포의 부력으로 인해 이 피막은 주기적으로 느슨하게 분해되어 수면으
로 떠오르게 되며 이 때 침투 저항을 급격히 감소시킨다. 조류 성장에 있어서 약간의 단점이라
고 할 수 있는 점은 조류가 이산화탄소를 소비하기 때문에 수중의 이산화탄소 함량이 낮아지고
이에 따라 다음과 같이 탄산칼슘의 침전 및 알칼리도의 감소가 진행된다.
[$Ca^{2+} + 2HCO_3^- \rightarrow CaCO_3\downarrow + CO_2 + H_2O$] 또한 광합성은 낮에만 진행되고 [$nCO_2 + nH_2O \rightarrow$
$(CH_2O)_n + nO_2$(환원반응)] 햇빛이 차단되는 밤에는 조류의 신진대사가 진행되기 때문에
[$(CH_2O)_n + nO_2 \rightarrow nCO_2 + nH_2O$(산화반응)] [그림 6-34]와 같이 시간적으로 용존산소함량의 변동
이 심하다.

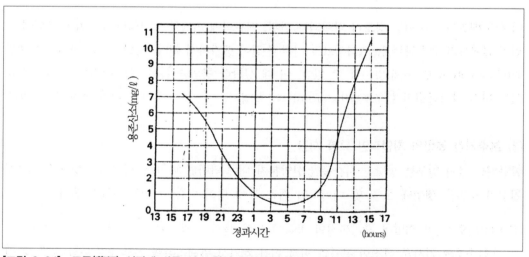

[그림 6-34] 조류(藻類) 성장에 따른 산소 함양의 변동양상(Huisman and Osthoorn, 1983)

온대성 기후지역에서는 하절기 이후에 기온이 낮은 동절기가 이어지므로 동절기 동안의 조류는
생장하지 않는다. 가을에는 온도가 서서히 하강하므로 조류의 사멸 역시 점진적이다. 일정 시간
동안 조류 사체가 분해되는 양은 제한적이기 때문에 수중의 산소함량은 높게 유지된다. 그러나
수온이 급격히 내려가는 경우에는 많은 양의 유기물질로 인해 산소함량이 0까지 감소하며 혐기
성 환경이 조성된다. 이러한 부패작용을 통해 몇 가지 불쾌한 물질들이 생성되어 물맛과 냄새에

악영향을 미치거나 함양 분지 내의 미생물 생장에 유해하게 작용한다. 여하튼 함양되는 물은 산소가 결핍된 상태로 토양하부로 유입되며 지하매질을 통한 정수효과는 현저히 떨어진다.

온대성 기후지역에서, 부영양화된 물을 포수용 물로 사용하면 조류가 크게 성장하여 심각한 부작용을 일으키므로 다음과 같은 방법들을 이용해 이를 예방하거나 감소시킨다.

① 전처리 과정을 통한 인산염의 제거(예, 3가 철 또는 알루미늄염과 함께 침전시키는 방법)

② 수중의 이산화탄소 제거(예, 주입구에 수산화칼슘을 투입하는 방법이 있으나 [$Ca(OH)_2 + 2CO_2 \rightarrow Ca^{2+} + 2HCO_3$]로 되어 물의 경도를 증가시키고 과다 투입 시 탄산칼슘의 침전으로 [$Ca(OH)_2 + 3CO_2 \rightarrow CaCO_3\downarrow + Ca^{2+} + 2HCO_3^- + H_2O$] 함양분지의 바닥에 막힘 현상이 발생하는 단점이 있다).

③ 함양분지에 햇빛이 미치지 않도록 도포하는 방법(침투율이 높고 수직호의 폭이 좁으면 비용은 많이 들지만, 반대로 침투율이 낮고 함양분지가 넓은 경우에는 적용할 수 없다. 한랭한 기후지역에서는 동절기 동안 차가운 대기와 접촉하지 않도록 하여 물이 동결되는 것을 방지할 수 있는 장점이 있다).

④ 잉어과의 어류를 양식하는 방법 [상당한 양의 조류를 소비하며(개체의 단위 질량 당 30 kg의 조류 소비, 하절기에는 단위 ha당 500-1000 kg의 개체 양식), 한편으로는 바닥면의 퇴적물을 교란시켜 햇빛이 깊이 투과하지 못한다.

⑤ 1일~수일 주기로 간헐적으로 시설을 운영하는 방법(궁극적으로 함양분지를 건조시킨 후 물을 살포하는 방법이다).

⑥ 함양수에 화학물질을 투입하는 방법 [염소(10ppm), 과망간산칼륨(1ppm), 황산구리(0.5ppm) 또는 조류제거제 투입]

해로운 부작용이 없는 최선의 해결책은 독성의 인산염을 제거라는 방법이며 화학물질을 투입하는 방법은 가급적 피한다.

(3) 함양지 상부토양에서의 오염 저감

함양지에서 지하침투는, 함양 대수층 상부에 분포되어 있는 자연적인 모래층이나 원수를 오염시킨 물질이 심부로 칩입되는 현상을 방지하기 위해 인공적으로 부설한 저속 모래 필터층을 통과하면서 시작된다. 저속 모래 필터층은 여러 가지 기작을 통해 수질을 향상시키는데, 그 가운데 가장 중요한 기작들은 ① 기계적 여과, ② 퇴적(집적)작용, ③ 흡착, ④ 생화학적 분해, ⑤ 미생물에 의한 분해 등이다. 이들 과정들 사이의 상호작용은 아직까지도 부분적으로 만 알려져 있거나 명확하게 알려져 있지 않은 부분들도 실은 매우 중요한 역할을 하고 있음을 주지할 필요가 있다. 상술한 기작들은 2편 2장에 상세히 수록되었기 때문에 여기서는 간단히 약술하면 다음과 같다.

1) 기계적 여과(mechanical straining)

부유 물질의 입경이 모래층의 공극보다 크면 모래층을 통과할 수 없어 제거된다. 일반적으로 모래층의 유효 입경을 d_{10}이라고 하면 $d_{10}/5$ 크기의 부유물과 같은 입자는 여과된다. 또한 깊은 심도에서 서로 입경이 다른 입자들이 혼재해 있으면 공극이 작아지므로 $d_{10}/15$ 정도 크기의 입자들도 걸러진다. 세립질 입자로 구성된 대수층에서 유효입경(d_{10})이 200 μm라고 하면 정수효과가 영향을 미칠 수 있는 부유 물질의 크기는 15-40 μm 수준으로 제한된다. 이와 같은 방식으로 원수가 지하 대수층을 통과할 때 상당량의 부유 물질이 제거된다. 그러나 제거된 부유 물질은 대수층 상부층의 공극에 집적되어 피막을 형성하여 지하함양을 방해하므로 정기적으로 이들을 제거해 주어야 한다.

2) 퇴적(집적) 작용(sedimentation)

공극보다 작은 크기의 부유 입자들이 모래 입자의 표면상에 집적되는 형상을 퇴적(집적)작용이라 하며 일반적인 침전조와 동일한 원리로 진행된다. 그러나 침전조에서 침전물은 바닥면에만 형성되지만, 함양분지에서는 모든 모래 입자의 표면상에 침전 및 집적이 된다. 직경이 d인 입자로 구성된 1 m^3 체적(공극률 n)의 대수층에서 대수층의 총 표면적은 $6(1-n)/d\, m^2$이다. 즉 공극률이 0.4이고 입자직경이 0.5 mm인 대수층의 총 표면적은 대수층 구성물질 1 m^3당 약 7200 m^2을 상회한다. 이 가운데 일부분만 유효하다고 해도(상향으로 접하고 있고 다른 입자와 접촉하고 있지 않으며 씻겨 내려갈 위험이 없는 부분), 대수층 단위 체적당 퇴적 면적은 400 m^2 정도에 이르며, 이는 2.5 mm 간격으로 트레이를 설치한 침전조 용량에 상응한다. 이러한 간격에서의 표면 부하량과 상부층에서의 체류시간은 지극히 작다. 퇴적 효율은 표면부하량과 부유 입자의 침전 속도 s의 비율에 대한 함수로 나타낼 수 있다. 층류인 경우, Stokes는 (6-31)과 같은 식을 제안하였다.

$$s = \frac{1}{18}\frac{g}{\nu}\frac{\Delta\rho}{\rho}d^2 \tag{6-31}$$

여기서 d는 부유 입자의 직경, n 및 $\rho+\Delta\rho$는 물과 부유물질의 밀도, g는 중력가속도, ν는 물의 동력학적 점도이다.

98%의 물을 함유하고 있는 부유 실리카 입자의 경우, $\Delta\rho/\rho \approx 0.03$이면 $s = 1.25 \times 10^4\, d^2$이다. 침전속도가 표면 부하량을 초과하는 경우에 입자제거는 어느 정도 완전하게 이루어진다. 이는 다음과 같은 경우로 볼 수 있다($1.25 \times 10^4\, d^2 > 12.5 \times 10^{-9}$ 또는 $d > 1\ \mu$m) 한편 입자 크기나 밀도가 더 작은 입자는 보다 심부의 대수층까지 운반될 수 있다.

3) 흡착(adsorption)

오염물질이 대수층에서 유동하는 동안 가장 중요하게 일어나는 오염제거 기작은 흡착작용이다. 흡착작용은 세립질의 부유 물질, 콜로이드 및 용존 오염물질을 붙잡아두는 역할을 한다. 흡착작용에는 몇 가지 방식이 있다. 우선 수동적인 흡착은 부유 입자와 모래 입자들이 접촉 시 이미 침전되어 있던 박테리아와 유기물질에 의해 생성된 점액질의 피막 위에 고정되는 흡착을 의미하며, 적극적인 흡착은 두 입자 사이의 물리적 인력(London-van der Waals forces)과 서로 다른 전하사이의 정전기적 인력(Coulomb forces)에 의해 고정되는 흡착을 뜻한다. 물질사이에 인력이 영향력을 미치는 구간은 공극의 적은 부분에 지나지 않기 때문에 수동적 흡착과 적극적 흡착의 차이는 미미하다. 또한 적극적인 흡착이 진행되기 위해서는 일단 인력과는 다른 힘에 의해 부유 입자가 대수층 구성입자의 인접부까지 도달해야 한다. 중력은 그러한 운송을 주도하는 중요한 힘이며, 관성력과 수리 분산에 의한 힘, 그리고 분자확산, 난류확산 등도 이러한 힘에 포함된다. 적극적인 흡착은 정전기적 인력이 가장 중요하지만 이는 서로 다른 전하를 띌 때만 가능하다(같은 종류의 전하는 서로 반발). 결정구조의 특성에 따라, 순수한 석영질 모래(중성의 pH에서)는 음전하를 띄므로 철, 망간, 알루미늄 등의 양이온뿐 아니라 탄산염(콜로이드) 응집체, 철 및 알루미늄의 수산화물과 같이 양전하를 띄는 입자를 흡착한다.

박테리아를 위시하여 유기체 기원의 콜로이드는 대부분 음전하를 띄므로 인력이 작용하지 않기 때문에 순수한 석영질 모래로는 유기질 오염물질을 제거하기는 어렵다. 그러나 자연상태에서 순수한 석영질 모래는 거의 없으며, 대개 일부 광물입자 및 한 광물입자의 일부 표면은 수많은 양전하로 덮여 있어 국부적인 평균 전하 역시 양의 값을 나타낸다. 음전하를 띄는 입자는 이와 같은 지점에 흡부착된다.

동·식물 기원의 부유 물질과 콜로이드, 그리고 순수한 용해 오염물질로는 NO_3^-, PO_4^{3-}와 같은 음이온 등이 이에 속한다. 음전하 물질의 흡착이 포화상태에 도달하면, 피복된 입자의 표면은 다시 음전하를 띄게 되어서 양전하 물질의 흡착이 가능해진다. 전하가 역전되는 이러한 현상은 연속적, 동시적으로 진행되며, 개별 입자의 각 표면은 계속해서 그 전하를 바꾸게 된다. 어떠한 시점에서도 대수층 구성물질 내에는 양전하와 음전하를 띄는 입자 표면이 존재하기 때문에 모든 종류의 부유 오염물과 용존 오염물질의 전하에 관계없이 정전기적인 인력이 작용할 수 있다.

4) 생화학적 분해

모래 입자 주변에 축적된 물질들은 끊임없이 변화하여 최종적으로는 지층의 막힘 현상을 유발한다. 이와 반대로 유기물질들은 미생물의 활동에 의하여 무기질 성분으로 분리되며, 무기질 물질은 불용성 화합물로 전환되어 모래입자 주위에 얇은 피막을 형성하거나 공극 내에 망상조직을 형성하여 대수층의 일부분이 된다.

① 만일 함양 초기에 충분한 산소가 공급된다면 유기물질은 호기성 환경하에서 분해된다. 평균적인 조성을 가정한다면 이 반응은 정성적으로 다음과 같이 표시된다.

$$C_5H_7O_2N + 5O_2 \rightarrow H_2O + 4CO_2 + NH_4^+ + HCO_3^-$$

유기물 1 g당 1.4 g의 산소를 소모하며 0.16 g의 암모니아를 생성한다. 이로 인해 형성된 이산화탄소는 용액 내에 잔존하여 인공적으로 지하수를 재 채수할 때 배출되기도 한다.

② 그러나 암모니아는 박테리아의 도움으로 더 많은 산화반응을 거치게 된다. 우선 니트로조모나스(nitrosomonas) 박테리아에 의해 암모니아는 다음과 같이 아질산염으로 산화된다.

$$NH_4^+ + 3/2O_2 + H_2O \rightarrow NO_2^- + 2H_3O^+$$

- 아질산염은 질산박테리아(nitrobacter)에 의해 질산염으로 다시 산화되며

$$NO_2^- + 1/2O_2 \rightarrow NO_3^-$$

- 다음 반응과 함께 $H_3O^+ + HCO_3^- \rightarrow 2H_2O + CO_2$

- 최종 종합적인 반응은 다음과 같이 된다.

$$C_5H_7O_2N + 7O_2 \rightarrow 2H_2O + 5CO_2 + NO_3^- + H_3O^+$$

유기물 1 g당 산소 소모량은 2.0 g으로 증가하며, 함양수 내에 존재하는 암모니아 1 g을 완전히 산화시키기 위해 3.6 g 이상의 산소가 필요하다.

③ 철이 산화될 때, 수용성인 2가 철이 불용성인 3가 철의 산화물로 바뀔 경우에는 훨씬 적은 양의 산소가 필요하다. 중탄산이온이 존재하는 경우, 반응은 다음과 같다.

$$4Fe^{2+} + O_2 + (2n+12)H_2O \rightarrow 2Fe_2O_3 \cdot nH_2O + 8H_3O^+$$

$$8H_3O^+ + 8HCO_3^- \rightarrow 16H_2O + 8CO_2$$

- 이를 합하면 다음과 같다.

$$4Fe^{2+} + O_2 + (2n-4)H_2O + 8HCO_3^- \rightarrow 2Fe_2O_3 \cdot nH_2O + 8CO_2$$

따라서 철 1 g당 단지 0.14 g의 산소가 요구된다.

④ 망간이 산화할 때 일어나는 각 반응은 다음과 같다.

$$4Mn^{2+} + (2x+y-2)O_2 + (2y+4z+12)H_2O \rightarrow 4MnO_x(OH)_y(H_2O)_z + 8H_3O^+$$

$$8H_3O^+ + 8HCO_3^- \rightarrow 16H_2O + 8CO_2$$

- 이를 종합하면 다음과 같다.

$$4Mn^{2+} + (2x+y-2)O_2 + (2y+4z-4)H_2O + 8HCO_3^- \rightarrow 4MnO_x(OH)_y(H_2O)_z + 8CO_2$$

- $(2x+y)$의 값은 최대 4까지 가능하며 따라서 $(2x+y-2)$는 2를 넘지 못하므로 망간의 단위 질량당 산소 요구량은 다음 반응식에 의해 0.29 g으로 제한된다.

$$2Mn^{2+} + O_2 + 4HCO_3^- \rightarrow 2MnO_2 + 2H_2O + 4CO_2$$

- 이에 따라 용해성 망간 화합물은 불용성의 망간산화물로 전환된다.

⑤ 무기질 화합물의 경우에는 음이온의 조성에 따라 추가적인 산소가 소모된다. 예를 들면, 앞서 언급한 2가 철이 중탄산염의 형태로 존재하지 않고 황화물(황철석; pyrite)로 존재할 때 반응은 다음과 같다.

$$4FeS_2 + 15O_2 + (2n-8)H_2O + 16HCO_3^- \rightarrow 2Fe_2O_3 \cdot nH_2O + 16CO_2 + 8SO_4^{2-}$$

철의 단위 질량당 산소 요구량은 2.15 g으로 증가한다.

5) 미생물에 의한 분해

미생물들은 성장에 필요한 에너지를 얻기 위하여 유기물질을 산화시킬 뿐만 아니라(이를 이화작용(dissimilation)이라 한다) 유기물질의 일부분을 세포 물질로 변화시키면서 성장한다(이를 동화작용(assimilation)이라 한다. 또한 이화작용에 의해 생성된 물질은 물과 함께 하부로 이동하여 다른 박테리아에 의해 소비된다. 이와 같은 방식으로 유기물질은 점차 분리되어(예, 단백질-아미노산-암모니아) 최종적으로 물, 이산화탄소, 황산염, 질산염, 및 인산염 등의 무기물질로 변한다(이를 광화작용(mineralization)이라 한다. 동화작용의 산물인 유기물 생체는 입자 표면에 머무르게 된다. 그러나 함양되는 지표수에 공급되는 영양염류의 양은 제한적이기 때문에 한정된 개체수의 박테리아만이 유지되며 전술한 성장과 사멸을 통하여 평형을 유지한다. 사멸된 박테리아는 다시 전술한 것과 같은 방식으로 분해되며 함양되는 원수에 포함된 분해 가능한 유기 물질은 최종적으로 무기질 성분으로 변환된다.

인공함양에 사용되는 원수에는 *E. coli* 이나 병원균과 같은 유해한 미생물이 포함되어 있기도 한다. 1 내지 10 μm 크기의 미생물은, 세립질 대수층 내에서 기계적인 여과, 퇴적, 흡착 등 전술한 기작에 의해, 물에서 모래입자 표면으로 이전된다. 토양하부의 환경은 낮은 온도와 동물성 기원 유기물의 충분치 못한 공급 등으로 미생물의 생존에 매우 열악한 조건하에 있기 때문에 미생물들은 사멸하게 된다. 더욱이 대수층 상류부에서는 이들 미생물을 먹이로 하는 원생동물이나 후생동물, 선충류 등의 포식성 생물이 서식한다. 최종적으로 토양하부 환경에서는 미생물학적인 활동에 의해 다양한 적대적 관계가 형성된다고 볼 수 있으며, 화학물질(항생물질)이나 생물학적 유독물질(바이러스)에 의해 유해성 박테리아는 사멸하거나 최소한 약화된다. 토양하부에 체류하는 기간을 적절히 유지하고(2개월 또는 그 이상), 단기적 순환(short-circuiting)이 그다지 심각한 문제가 아닌 경우, 인공 지하수의 사용은 위생적으로 안전하며, 병원성 박테리아 및 바이러스는 회수된 물 내에 존재하지 않는다.

(4) 대수층에서의 오염 저감

원수에 포함된 대다수의 불순물은 유동거리가 0.5~2 m 정도 되는 세립~중립질 모래를 통과하여 침투되는 동안 제거된다. 부유 물질과 콜로이드상 용존 불순물은 이 층의 상부에 고정되며 이 때 유기물질은 여러 단계에 걸쳐 분해된다. 반응 산물가운데 이산화탄소와 수소이온이 생성되면 pH는 내려간다. 이 층 내에 탄산칼슘이나 탄산마그네슘이 존재하고 유기질 퇴적물로 피복되어 있지 않을 경우 이들은 용해되어 물의 경도 및 알칼리도를 증가시킨다.

$$CaCO_3 + CO_2 + H_2O \rightarrow Ca^{2+} + 2HCO_3^-$$

호기성 환경에서 유기물질이 분해되면 용존 산소의 함량이 감소한다. 그러나 원수의 수질이 그다지 나쁘지 않거나 전처리 과정을 통해 향상시키는 경우에는 계속 호기성 상태로 존속한다. 침투 작용 이후, 함양수는 장시간 동안 대수층 내에서 상당한 거리를 거의 수평적으로 유동한다. 이 기간 동안 수질의 변화가 일어나는데 이는 대수층 구성물질의 조성에 따라 크게 좌우된다. 대수층이 깨끗한 모래나 자갈로 이루어진 경우에 수질 변화 효과는 그리 크지 않다. 유기물질의 함량은 흡착과 산화작용에 의하여 더욱 감소되며 이때 COD, 맛, 냄새, 중온균성 유독 박테리아 및 바이러스도 저감된다. 특히 점토질 콜로이드가 모래입자 주위에 얇은 막으로 존재하면 흡착 및 이온교환 작용에 의하여 중금속, 살충제, 방사성 핵종 등은 상당량 제거된다. 호기성 상태의 지하수에서는 철 또는 망간과 같이 심미적 불쾌감을 주는 물질들은 대수층으로부터 용해되어 나오지 않으며 대부분의 경우 후처리 없이 음용수로 직접 공급할 수도 있다.

토양하부의 구성물질 내에 동·식물의 사체 잔해와 같은 유기물질이 포함되어 있는 경우에 수질에 바람직하지 않은 변화가 발생할 수 있다. 동·식물의 사체들은 분해 가능한 물질로서 분해 시 용존 산소 함량을 감소시킨다. 함량이 $0.5 \, g/m^3$ 까지 감소하면 이때부터 지하수 속에 존재하는 질산염이 산소 공급체의 역할을 시작한다.

유기 탄소가 환원제로 기능하는 경우 반응식은 다음과 같으며

$$2C + NO_3^- + 3H_2O \leftrightarrow NH_4^+ + 2HCO_3^-$$

혐기성 환경에서는 다음과 같다.

$$5C + 4NO_3^- + 2H_2O \leftrightarrow 2N + CO_2 + 4HCO_3^-$$

이 반응식만으로 보면 질산염 농도의 감소는 장점으로 보이지만 암모니아의 생성은 바람직하지 않은 결과이다. 이산화탄소의 생성으로 인해 대수층 내에 존재하는 철과 망간 화합물은 분해된다, 예를 들어 다음 반응에서

$$FeCO_3 + CO_2 + H_2O \leftrightarrow Fe^{2+} + 2HCO_3^-$$

산소가 결핍되면 철산화물은 수화되므로 재침전 되지 않는다. 따라서 2가 철과 망간 이온은 용액 내에 존재하게 되므로 물을 취수하여, 공공용수나 산업용수 기준에 적합하게 만들기 위해서는 후처리 과정을 거쳐야 한다. 중탄산 함량의 증가는 결국 평형반응을 다음 반응의 오른쪽으로 이동시키게 된다.

$$Ca^{2+} + 2HCO_3^- \rightarrow CaCO_3\downarrow + CO_2 + H_2O$$

탄산칼슘은 침전되고 칼슘염과 인회석의 형태로 인산염 및 불화물(florides)이 제거된다. 이를 통해 경도는 감소하지만 대수층의 공극막힘 현상이 발생하는데 특히 채수지역 인접부에서 더 심하게 나타날 수 있다.

혐기성 환경이 더욱 진척되면, 황산염 역시 환원된다.

$$2C + SO_4^{2-} + 2H_2O \rightarrow H_2S + 2HCO_3^-$$

황화수소는 대단히 불쾌한 악취를 유발한다. 철이 존재하면 다음과 같이 황화철이 형성되어 대수층 구성입자의 색상을 검게 만든다.

$$Fe^{2+} + H_2S + 2H_2O \rightarrow FeS + 2H_3O^+$$

이용 가능한 산소가 모두 소비되고 나면, 유기물질은 메탄이나 이산화탄소로 변화하는 혐기성 분해가 일어난다. 그러나 이 과정은 매우 느리게 진행되기 때문에 인공함양 기간 동안 수질 개선에 미치는 효과는 미미하다.

대다수의 경우 함양수와 대수층 내에 잔존해 있는 유기물질은 잘 분해되지 않는다. 즉 토탄 (peat)퇴적물에서 기원하는 부식물(humic substances)들이 그 대표적인 예이다. 산소함량의 감소 정도는 소량이지만 화학적 산소 요구량의 증가와 색상변화는 결국 후처리 과정을 필요로 하게 되며 때로는 제거하기 어려운 철유기 – 복합체가 형성되어 복잡한 처리과정이 요구될 수 있다. 반면에 토탄은 탁월한 이온교환능력을 지니고 있으므로 물맛을 저하시키는 물질을 빠르게 제거할 수 있다.

혼합과정(mixing process)은 대수층에서 지하수가 수평적으로 이동하는 동안 가장 중요하게 작용하는 기작으로서, 화학적, 물리적 인자들의 변동 정도를 감소시키며 함양수 내에 존재하는 물질의 함량을 단기간 동안 상당히 낮은 수준으로 변화시키는 역할을 한다.

(5) 산소 균형

생분해 가능한 유기물질이 대수층 내에 다량 존재하면 혐기성 환경이 조성되는 것을 막을 수 없다. 결과적으로 대수층 내에 존재하는 철과 망간은 용해되어 지하수의 유동과 함께 운반되며, 채수 후 처리에 의해 제거된다. 호기성 환경이 조성되는 경우는 매우 제한적으로서, 대수층이 순수한 모래나 자갈로 구성되고 함양수의 산소함량이 산소 요구량보다 높을 경우만 가능하다. 대수층 하부로 침투되는 물의 산소함량은 명확하게 파악할 수 있지만 산소 요구량에 대해서는 그렇지 못하다. 일반적인 인자로는 생화학적 산소 요구량(BOD)과 화학적 산소 요구량(COD)이 있다. 이들이 결정되면 다음과 같이 질소는 산화되지 않고 암모니아로 환원되며

$$C_5H_7O_2N + 5O_2 \rightarrow H_2O + 4CO_2 + NH_4^+ + HCO_3^-$$

대수층을 통해 유동하는 동안에 질산염으로 변한다.

$$NH_4^+ + 2O_2 + H_2O \rightarrow NO_3^- + 2H_3O^+$$

위 예에서 산소 소모량은 약 40%까지 증가한다. 표준 BOD 시험 시에는 20 ℃에서 5일간 산소 소모량을 측정한다(BOD_5^{20}). 더 긴 시간동안 같은 방법으로 시험을 실시하면 이 보다 높은 값을 얻게 되는데, 시간적으로는 $1.46\ BOD_5^{20}$의 값에 접근하며, 온도 변화에 대해서는 더 민감하게 반응한다. 그러나 분해 가능한 유기물질의 수와 산화의 정도는 온도상승에 따라 증가하며 [그림 6-35]와 같은 개략적인 시간-온도 변화곡선을 나타낸다. 이를 통해 살펴보면 BOD_5^{20}은 지하 매체를 통한 유동기간 중의 산소 소비에 대해 신뢰성 있는 척도가 되기 어렵다는 사실을 알 수 있다. 불행하게도 COD 시험 역시 그다지 신뢰성은 없다. COD로 산출한 산소 소모량은 한편으로는 생분해가 불가능한 물질(예, 부식산)까지도 포함하므로 높게 나타나며, 다른 한편으로는 산화반응이 충분히 진행되지 못하기 때문에(예, 단백질) 낮게 나타나기도 한다. 더 복잡한 점은 질산염, 아질산염, 황산염 등에 묶여있는 산소를 반드시 고려해야 한다는 것이다. 그러나 철과 망간이 용액 내로 용해되는 것을 방지하기 위해서는 질산염의 농도만이 중요한데 이는 산소농도가 1g/㎥ 정도의 수준까지 감소하면 질산염은 이미 유기물질을 산화시킬 수 있기 때문이다.

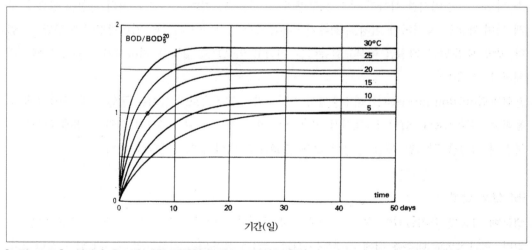

[그림 6-35] 시간과 온도에 따른 생화학적 산소요구량의 변화(Huisman and Osthoorn, 1983)

상술한 불확실성으로 인해 산소균형에 대한 결과는 단지 극단적인 경우에만 예상할 수 있다. 혐기성 환경은 0.8 COD의 값이 산소함량보다 높으면 발생하며, 산소함량이 1.2 COD의 값을 초과하면 도처에서 호기성 환경이 조성된다(이 두 가지의 경우는 무기질 암모니아는 없다고 가정했을 경우이다). 더 상세한 정보는 [그림 6-36]과 같은 lysimeter를 사용하여 얻을 수 있는데, 길이는 실제 경우보다 훨씬 짧게 한다(예를 들면 50 m 대신 5 m 정도). 가능한 한 대표성 있는 결과를 얻기 위해 유속은 알맞게 감소시키며 체류시간도 설계된 값을 유지할 수 있도록 한다. 예를 들어 T_d = 50일이고 단면적이 $2m^2$일 때, 유속은 $1.85cm^3/s$ 정도이다. 유동 양식이 교란되지 않도록 시료채취지점에서 추출하는 비율은 $0.1cm^3/s$ 정도로 제한해야 하는 등 많은 복잡한 사항이 수반된다.

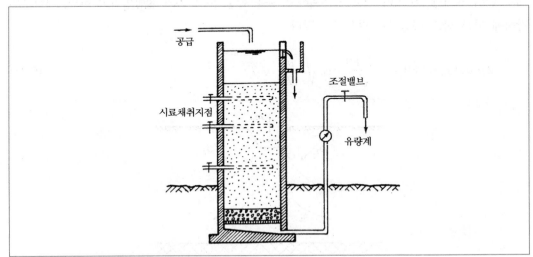

[그림 6-36] 라이시미터의 구조와 개략도(Huisman and Osthoorn, 1983)

산소 요구량은 전처리 과정을 통해 감소시킬 수 있으며 산소함량을 증가시킬 수 있다. 그러나 산소함량은 포화 농도(C_s)에 의해 제한하며 [표 6-13]과 같이 이 값은 온도가 상승함에 따라 감소한다.

[표 6-13] 온도별 포화 농도(g/m^3)

t(℃)	0	5	10	15	20	25	30
$c_s(g/m^3)$	14.5	12.7	11.3	10.1	9.2	8.4	7.7

물의 하방 침투 시 산소 일부가 소모되므로, 지하매질을 통해 물이 유동하는 기간 동안 산소함량을 증가시키기 위해 여러 가지 방법이 고안된 바 있다. 이전에는 함양 분지를 지하수면의 상부에 위치시킴으로써 이러한 효과를 얻을 수 있을 것으로 생각했으며, 함양 분지에서 다소의 막힘 현상이 있은 후에 비포화 흐름이 형성된다(그림 6-37). 그러나 정류상태에서 산소의 공급은 단지 분자확산에 의해서만 이루어지고 이는 극도로 느린 과정이므로 실용적인 측면에서는 무시될 수밖에 없다. 추가적인 산소의 공급은 [그림 6-38]과 같이 간헐적인 포수에 의해 이루어질 수 있다. 평균 포수 비율을 2 q_0라 하고 우기와 건기가 동일한 기간, T 동안 지속된다고 가정

하면, 함양 분지 하부의 지하수위 변화는 (6-32)식과 같이 표현할 수 있다.

$$\Delta s_0 = \frac{3\,q_0}{\sqrt{\pi}}\,\frac{\sqrt{T}}{\sqrt{\mu\kappa H}} \tag{6-32}$$

대기 단위 체적당 280 g의 산소가 존재하고, ω를 함양 분지 폭의 절반이라고 하면, 지하수위 강하에 따른 산소 공급량은 다음식과 같다.

$$2\,\mu\,\omega\,\Delta s_0 \times 280 \;=\; \frac{1680}{\sqrt{\pi}}\,\omega\,q_0\,\sqrt{\frac{\mu}{\kappa H}}\,\sqrt{T} \tag{6-33}$$

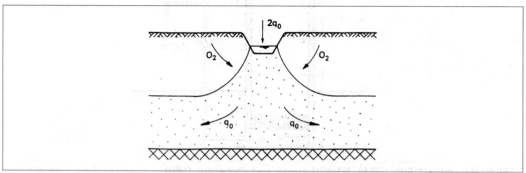

[그림 6-37] 지하수면 상부에 설치한 함양분지(Huisman and Osthoorn, 1983)

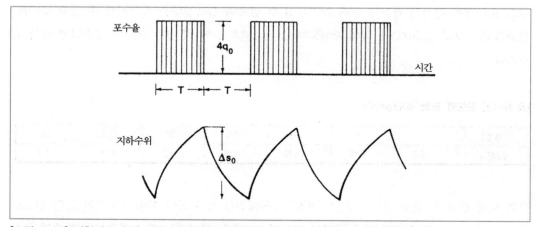

[그림 6-38] 간헐적 포수에 의한 지하수면의 변화(Huisman and Osthoorn, 1983)

우기가 진행되는 동안 이 양은 함양수에 의해 충분히 흡수되고 평균보다 두 배 정도의 비율로 확산된다. 추가적인 산소 공급량은 다음식과 같다.

$$4\,q_0\,\Delta c\,T \;=\; \frac{1680}{\sqrt{\pi}}\,\omega\,q_0\,\sqrt{\frac{\mu}{\kappa H}}\,\sqrt{T}$$

$$\Delta c = 237\,\omega\,\sqrt{\frac{\mu}{\kappa H}}\,\frac{1}{\sqrt{T}} \tag{6-34}$$

예를 들어, T = 1주일(0.6×10^6초), ω =10 m, μ =0.25, κH=0.04 ㎡/s 이면, 윗식에 의해

$$\Delta c = 237 \times 10\,\sqrt{\frac{0.25}{0.04}}\,\frac{1}{0.6 \times 10^6} = 7.7\mathrm{g}/\mathrm{m^3}$$

이 값은 수온 10 ℃에서 산소의 포화 농도인 11.3 g/㎥과 알맞게 대비된다.

(6) 함양수와 자연지하수의 반응

함양수와 자연지하수(여기서 자연 지하수라 함은 인공적으로 주입한 지하수가 아니라 대수층의 공극 내에 주입이전에 저유되어 있던 지하수를 뜻함) 또는 함양수와 대수층의 반응을 통해 불용성 침전물 이 형성되면 공극의 감소로 인해 물의 침투가 잘 되지 않으므로 함양시설의 운영이 원활히 이루 어지지 않는다. 이러한 반응을 시공간적으로 고찰해 보면 크게 다음과 같이 세 가지로 구분할 수 있다.

① 함양과정의 첫 시기에 자연지하수는 함양수로 대체된다. 약간의 유동이 진행되었을 때 서로 다른 체류시간의 물이 혼합되기 때문에 전술한 반응이 진행될 수 있다. 이러한 반응은 주입 정에 있어서 일종의 단점으로 작용하는데, 지하수 유속이 빠른 우물 인접부에서는 이미 공극 의 감소가 다소 진행되어서 지하수유동에 대한 저항이 증가한다. 이러한 현상을 방지할 수는 없으나, 주입 초기에 비반응 용액을 주입함으로써 일정한 거리까지 화학적인 침전을 지연시 키는 등의 방법으로 그 심각성을 감소시킬 수 있다.

② 함양시설을 어느 정도 운영한 후에는 대수층 내의 지하수가 함양수로 치환되므로, 이 때 이 물과 대수층 사이에서 가능한 반응이 일어난다. 대체적으로 이로 인해 수중의 광물질 함 량은 증가하지만 특정한 조건하에서는 공극과 수리전도도의 감소하기도 한다.

③ 회수기간에는 함양된 물을 채수함과 동시에 주변의 자연 지하수도 채수된다. 이 두 가지 유 형의 지하수가 서로 친화적이지 못할 경우에 막힘 현상이 발생하며, 특히 채수에 사용하는 우물이나 집수관 인접부에서 막힘 현상은 더욱 심하게 진행된다.

막힘 현상의 특성가운데 가장 중요한 현상은 탄산칼슘의 침전에 의한 막힘 가능성이다. 이외에 철과 망간 산화물과 수산화물의 침전, 점토입자의 팽창(swelling) 등도 간과할 수 없는 막힘 현 상의 일부이다. 탄산칼슘의 침전은 다음 반응을 통해 발생한다(반응은 왼쪽으로).

$$CaCO_3 + CO_2 + H_2O \leftrightarrow Ca^{2+} + 2HCO_3^-$$

이 경우에 $[Ca^{2+}] = K_1 [CO_2] / [HCO_3]^2$ 관계가 성립되면 평형상태에 도달한다. 평형상수 K_1은 수온에 대한 의존성이 매우 크며 그 값은 다음 표와 같다.

[표 6-14] 온도별 평형상수(K_1)

t(℃)	0	5	10	15	20	25	30
$K_1(g\ mol/m^3)^2$	106	90	75	62	52	43	36

칼슘-이산화탄소 간의 반응이 평형상태에 있는 두 가지 유형의 물이 있다고 가정해 보자.

$$[Ca^{2+}]_1 = K_1 [CO_2]_1 / [HCO_3]^2_1 \qquad [Ca^{2+}]_2 = K_1 [CO_2]_2 / [HCO_3]^2_2$$

유형1과 유형2의 물이 1:n의 비율로 혼합되면 평균 칼슘농도는 다음과 같고

$$[Ca^{2+}]_a = 1/(1+n)\ K_1 [CO_2]_1 / [HCO_3]^2_1 + n/(1+n)\ K_1 [CO_2]_2 / [HCO_3]^2_2$$

평형상태에 대한 조건은 다음과 같다.

$$[Ca^{2+}]_e = (1+n)\ K_1 \{[CO_2]_1 + [CO_2]_2\} / \{[HCO_3]_1 + [HCO_3]_2\}^2$$

더 이상의 반응이 진행하지 않는다면 다음 조건이 만족되어야 한다.

$$[Ca^{2+}]_e - [Ca^{2+}]_e = 0$$

여러 가지 n값에 대하여 이 관계를 도시하면 [그림 6-39]와 같다. [그림 6-39]에서 혼합된 물의 조성이 특정 n값에 대한 선의 하부에 놓이게 되면 탄산칼슘이 침전한다. 탄산칼슘에 이어서 칼슘, 바륨, 스트론튬 및 마그네슘 등의 원소가 탄산염, 황산염, 인산염, 불화물 및 수산화물 등 상대적으로 불용성인 화합물 형태로 침전한다. 그러나 일반적으로 이러한 세립질 결정의 침전물은 모래입자 주변에 상당히 치밀하고 균질한 층을 형성한다. 이어서 진행되는 공극 체적과 수리전도도의 감소는 미미하다.

대수층 내에 소량의 유기물질이 포함되어 있는 경우에 체류시간이 상대적으로 긴 자연지하수는 혐기성 상태로 바뀌어 철과 망간의 용해가 일어 날 수도 있다. 그러나 동일한 대수층 내에서 인공적으로 주입된 인공 지하수의 체류기간은 이보다 훨씬 짧기 때문에 여전히 용존산소가 존재할 수 있다. 이러한 두 가지 유형의 물이 혼합될 경우에 ③에서 언급한 바와 같이 철과 망간은 다음과 같이 산화물 또는 수산화물의 형태로 침전한다.

$$4Fe^{2+} + 18H_2O + O_2 \rightarrow 4Fe(OH)_3\downarrow + 8H_3O^+$$

$$2Mn^{2+} + 6H_2O + O_2 \rightarrow 2MnO_2\downarrow + 4H_3O^+$$

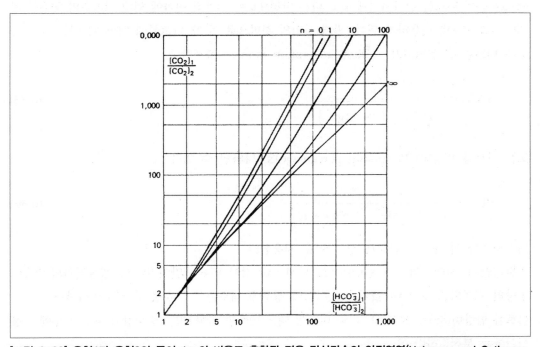

[그림 6-39] 유형1과 유형2의 물이 1:n의 비율로 혼합될 경우 탄산칼슘의 안정영역(Huisman and Osthoorn, 1983)

철과 망간 산화물과 수화물의 침전물들은 체적이 비교적 크고 저밀도이며 수분함량이 높은 점액질의 침전물로서 대수층의 투수성을 심각하게 감소시키며 특히 지하수 채수가 진행되는 지역 주변에서 더 심하게 나타난다.

대수층 내에 칼슘(또는 마그네슘) 광물이 존재하는 경우에 자연 지하수는 나트륨－칼슘 비가 낮아지고 경도는 높아지려는 경향이 있다. 오염된 하천수는 대개 높은 나트륨－칼슘 비를 나타내며, 이러한 물을 인공함양에 사용하는 경우에 점토광물에 흡착된 칼슘과 나트륨 이온 사이에 다음과 같이 이온교환이 일어난다.

$$Ca\text{-clay} + 2Na^+ \leftrightarrow Na\text{-clay} + Ca^{2+}$$

칼슘이온은 점토입자에 부착되었을 때 수화되지 않지만 나트륨 이온은 수화되어 더 많은 공간을 차지한다. 위의 반응이 오른쪽으로 진행되면 점토질 콜로이드는 팽창하게 되고 공극률과 수리전도도는 감소한다. 특히 함양수가 점토 함량이 높은 저투수성 지층을 통과할 때 이러한 반응은 악영향을 미친다. 나트륨 이온에 의해 더 많은 공간을 차지하게 되면 점토입자 사이의 간격도 증가하게 되며, 이로 인해 런던-반데르바알스 힘에 의한 상호간의 인력이 감소하게 되어 반응결(deflocculation)이 발생할 수 있다. 분산된 점토입자는 유동하는 간극수에 포함되어, 한편으로는 물의 탁도를 증가시키게 되고 다른 한편으로는 기계적 여과에 의해 지하수의 채수를 저해하는 요인으로 작용하게 된다. 관개 사업의 경험으로 볼 때 나트륨에 의한 위해성은 다음과 같은 나트륨 흡착비(SAR; sodium adsorption ratio)로 표현한다.

$$SAR = \frac{Na^+}{\sqrt{\frac{1}{2}[Ca^{2+} + Mg^{2+}]}}$$ (6-35)

또는 나트륨 함량비(SP; sodium percentage)로 나타낼 수 있다.

$$SP = \frac{Na^+}{Ca^{2+} + Mg^{2+} + Na^+ + K^+}$$ (6-36)

여기서 이온의 농도는 단위 m³당 당량을 사용한다.

전반적인 ① 지하수의 이온 함량이 낮으면서 SAR 값이 10-8 미만이거나 ② 광물질과의 반응이 상당히 진척되고 ③ SAR 값이 6-4 미만일 경우에 대수층의 투수성 감소는 미미하다.

나트륨 함량비(SP)로 보면 SP가 50 미만일 때는 만족할 만하지만 65 이상이 되면 포수에 사용하기에는 부적절하다.

염수는 용존이온의 함량이 매우 높아, 점토입자 사이의 정전기적인 결합이 강력하기 때문에 SAR이 높은 경우에도 점토는 응집된 상태로 존재한다. 이와 같은 대수층에 담수를 주입하면 이온 함량은 낮아지는 반면 이온교환반응에 의해 주입수의 SAR는 자연 지하수의 SAR와 같아진다. 주입 초기 단계에 이와 같이 높은 SAR 값과 낮은 이온함량의 물이 혼재하면 점토입자의 팽창과 분산을 유발하게 되어 투수성이 현저히 감소한다. 전술 바와 같이 칼슘 점토의 경우에는 이러한 현상이 잘 나타나지 않기 때문에 초기에 CaCl₂를 사용하여 칼슘 점토를 형성시키기도 한다.

Chapter

07

관정과 대용량 수평집수정의
설계(Well Design)

7.1 미고결 대수층에 설치하는 관정(Tube well) 설계

우물설계(well design)의 목적은 우물을 설치할 해당 수리지질조건과 수질에 가장 적절한 재료와 제원을 결정하여 우물의 내구연수를 연장시키고 효율적이며 저렴한 가격으로 우물을 설치하는데 있다. 따라서 최적상태로 우물을 설계하여 설치하면 폐공(abandoned well)을 줄일 수 있다. 이절에서는 미고결암을 굴착하여 유공관(스크린 및 스트레나)을 굴착구간 내에 부설하여 생산정(production well)이나 관측정을 설치할 경우에 반드시 준수해야 할 우물설계의 기초적인 방법을 중점적으로 서술하고, 다음절에서는 고결암에 생산정을 설치할 때의 심정설계방법을 다루기로 한다. 이 장에서 유공관과 스크린은 동의어로 사용한다.

우물설계시 최적 자료와 재원을 선정하는 일도 중요하지만 우물설치에 필요한 경제적인 문제도 중요하다. 즉 1개 가정용 우물의 경우에 평균 1일 2~3㎥ 정도의 지하수를 생산할 수 있는 우물설계이면 충분하다. 그런데 이런 가정용 우물에 대해 1일 300m³의 지하수를 생산할 수 있는 우물설계를 했다면 이는 올바른 설계라 할 수 없다. 또한 재료비를 절약하기 위해 불량한 우물자재나 기타 재료를 이용하여 우물을 설치했다면 좋지 못한 설계라 할 수 있다.

이와 같이 부정확한 우물설계에 따라 우물을 설치하면 결국 도리어 우물의 수명을 감소시킬 뿐만 아니라 유지관리비나 양수비의 증가로 우물소유자에게 도움은 고사하고 손해만 끼칠 것이다. 따라서 설치하기 이전에 우물설계를 위한 최소한의 시험비를 투자하여 올바른 우물설계를 하여 효율적인 우물을 설치하는 것이 합리적이고 경제적이다.

7.1.1 우물과 케이싱 구경(well diameter)

(1) 펌프의 설치공간과 지하수의 상향유속을 고려한 적정케이싱 구경

우물설치비는 우물의 굴착경에 따라 차이가 심하므로 우물의 구경은 우물로부터 채수량, 대수층의 심도, 사용할 스크린의 규격 등 제반 조건에 따라 선정한다. 지하수산업과 석유산업에서는 케이싱(casing)을 파이프와 동의어로 사용하며 일부 기술자들은 우물자재를 모두 케이싱이라 하기도 한다. 그러나 엄격한 의미에서 우물자재는 무공관인 케이싱과 유공관인 스크린(screen) 및 그 부속품으로 이루어져 있다.

일반적으로 우물은 우물상부와 하부구간에 설치한 케이싱규격이 항상 동일할 필요는 없다. 즉 2단 내지 다단(multi string or stage)의 우물자재를 사용한다. 2단 우물구조(2 string well structure)인 경우에 펌프가 설치될 예정인 우물의 상부구간(well chamber)은 250mm의 케이싱을 사용하고 우물 하부구간인 포화대 구간에는 200mm의 스크린(screen)을 사용하는 경우가 통례이다. 대체적으로 우물에 설치할 케이싱구경은 다음 요인에 따라 결정한다.

① 펌프를 충분히 설치할 수 있는 공간과 이를 효율적으로 작동시킬 수 있을 정도의 여유 공간을 가져야 하며,

② 우물안으로 지하수가 유입되는 단면적(직경)이 충분하도록 수리학적인 효과를 가져야 한다.

[표 7-1a] 채수량에 따른 최적우물 케이싱 구경

채수량(㎥/분)		양수기 구경 및 펌프볼 치수(인치)	최적 케이싱 구경(인치)	최소 케이싱 구경(인치)
<0.35	(545이하)	4	6 ID	5 ID
0.28~0.65	(409~954)	5	8 ID	6 ID
0.55~1.5	(818~1,910)	6	10 ID	8 ID
1.3~2.5	(1,640~3,820)	8	12 ID	10 ID
2.3~3.5	(2,730~5,450)	10	14 OD	12 ID
3.3~2.0	(4,360~9,810)	12	16 OD	14 OD
4.5~6.8	(6,540~16,400)	14	20 OD	16 OD
6.0~11.5	(10,900~12,700)	16	24 OD	20 OD
11.4~22.7	(16,400~32,700)	20	30 OD	24 OD
( ) : ㎥/일			[ID : 내경,	OD : 외경]

우물자재 구경의 크기는 우물의 최대 가채수량에 의한 펌프의 공칭치수에 따라 통상 그 2배의 것을 사용한다. 어떤 경우라도 우물자재는 펌프의 보울(pump bowl)보다는 커야 하지만 공칭치수보다는 작은 것을 택해서는 안 된다.

[표 7-1]은 수직터빈펌프의 보울(bowl) 크기와 우물로부터 채수량에 따른 최적우물자재의 직경을 나타낸 것이다. [표 7-1]에서 최적 케이싱 크기는 펌프 보울 크기보다 큰 공칭파이프 치수로써 과도한 공내에서 지하수의 상향 이동속도와 우물수두손실을 최소화 시킬 수 있는 크기이다.

(2) 우물 내에서 지하수의 최대 상향유속을 고려한 최적 케이싱 구경

우물설계자는 우선 우물자재인 케이싱의 설치심도와 구경을 결정하기 이전에 현지 착정업체와 논의하는 등 우물설계 시 케이싱삽입 및 설치에 영향을 미치는 조건들을 충분히 검토한다. 특히 우물 굴착구간별로 서로 다른 구경의 케이싱을 설치해야 하는 경우에 그라우팅과 여과력을 부설하는데 필요한 공벽구간(annular space)의 크기, 구경이 서로 다른 우물자재 설치부위의 접속부위, 케이싱의 공내삽입 및 설치조건 등을 고려하여 우물 굴착경과 케이싱 구경을 결정한다. 구경 결정방법은 우물 하위구간의 구경부터 먼저 결정하고 상향방향으로 순차적으로 결정한다.

북아프리카나 중동지역에서 설치하는 대다수의 심정들은 양정고와 자연수위가 매우 높고, 대체적으로 간극수압이 매우 높은 피압대수층에 설치하기 때문에 고가의 우물자재비를 절감하기 위해 펌프설치지점 하위구간에 설치하는 케이싱은 그 구경을 줄여서 설치한다.

이 경우에 적용하는 기준은 스크린을 통해 우물 안으로 유입된 지하수가 일단 펌프의 흡입구까지 상승할 때 케이싱 내에서 지하수의 상향유속(upward velocity)은 1.5m/s이거나 그 이하여야 한다. 이 기준을 적용하면 통상 [표 7-1a]에서 제시한 추천 케이싱 구경의 요구조건은 모두 만족한다. [표 7-1b]는 우물 안으로 유입된 지하수가 일단 펌프의 흡입구까지 상승할 때 발생하는 마찰수두손실이 3% 이내 인 조건에서 케이싱 구경별 최대 토출량(채수 가능량)을 나타낸 표이다.

[표 7-1b] 우물 내에서 지하수의 상향유속(upward velocity)이 1.5m/s일 때, 케이싱 구경별 최대 채수량(m³/d)과 [표 7-1a]의 추천 케이싱 구경별 채수량과 비교표

케이싱 구경		채수량		〈표 7-1a〉기준과 비교	
inch	mm	gpm	m³/d	경(inch)	토출량(m³/d)
4	102	200	1,090	-	-
5	127	310	1,690	-	-
6	152	450	2,450	5~6	545이하
8	203	780	4,250	6~8	409~954
10	254	1,230	6,700	8~10	818~1,910
12	305	1,760	9,590	10~12	1,640 ~3,820
14	337	2,150	11,700	12~14	2,730~5,450
16	387	2,850	15,500	14~16	4,360~9,810
18	438	3,640	19,800	-	-
20	489	4,540	24,700	16~20	6,540~16,400
24	591	6,620	36,100	20~24	10,900~20,700
30	-	-	-	24~30	16,400~32,700

우물의 굴착구경과 우물 내에 설치할 케이싱 구경 및 케이싱 구경별 토출량은 상술한 공내 지하수의 상향유속이 1.5m/s를 초과하지 않는 범위 내에서 [표 7-1b]를 준용한다.

스크린의 구경과 slot의 크기 및 스크린 길이 등 스크린설계는 임계유속(3cm/s)을 초과하지 않는 범위 내에서 다음 7.1.3~7.1.5에서 기술한 내용을 적용한다.

7.1.2 우물심도(well depth)

우물의 설치심도는 시험공을 굴착하여 취득한 지하지질 분포상태와 수질 정보나 우물설치 예정지점 인근의 동일 대수층에 기 설치된 기존우물의 자료를 이용하여 결정한다. 충적층에 우물을 설치할 경우에는 대수층 하부까지 완전 관통시킨 후 적정길이의 우물자재를 설치하지만 이때 최소한 다음 두 조건은 만족해야 한다.

① 대수층 가운데 투수성이 가장 양호한 부분에 스크린을 설치하여 지하수의 유입부분을 증대

시켜 비양수량을 극대화시킨다.

② 수위를 많이 하강시킬수록 지하수 채수량이 증가할 수 있어야 한다.

우물의 효율을 증대시키기 위해 대수층이 균질인 경우에 대수층 중심부분에만 스크린을 설치하는 경우도 있다. 또한 수질이 아주 불량한 지하수가 대수층 하부에 저유되어 있을 때는 양질인 지하수만을 채수키 위해서 상기 ①과 ② 조건과는 다른 형식으로 우물을 설치할 경우도 있다. 즉 수질이 불량한 지하수를 저유하고 있는 구간은 불량지하수가 우물 내로 유입되지 않도록 해당 구간에 불투수성 물질을 사용하여 완전 차단시키기도 한다.

사우디아라비아 북서쪽의 Tabuk 지역 부근에는 지하 700~800m 하부에 투수성이 양호한 사암으로 구성된 Tabuk formation이 분포되어 있기 때문에 이 지역에서 최적 우물굴착심도는 800m 규모이다. 국내에 분포된 결정질암의 최적 우물심도는 지역에 따라 차이가 있으나 80~200m 규모이다.

7.1.3 스크린(screen)의 길이

우물 내에 설치할 스크린의 최적 길이는 대수층의 층서, 두께와 가능수위강하량에 따라 결정한다. 그러나 다공질의 미고결암으로 구성된 대수층은 대수층의 특성에 따라 다음과 같이 스크린 길이를 결정한다.

(1) 균질 피압대수층(homogeneous artesian aquifer)

피압대수층에서 지하수를 채수할 때는 양수위가 대수층의 최상단면 이하로 내려가지 않도록 한다. 양수위가 대수층의 최상단면 이하까지 하강하지 않는 우물은 피압대수층 두께의 70~80% 정도구간에만 스크린을 설치한다.

피압대수층의 두께가 8m 이상인 경우에는 스크린을 대수층 두께의 70%(5.6m)만 설치하고, 대수층의 두께가 8~16m 정도인 경우에는 75%, 16m 이상인 경우에는 대수층 두께의 80% 이상 스크린을 설치한다.

규정대로 스크린을 설치했을 때 우물의 비양수량은 대수층 전구간에 스크린을 설치했을 때 취득할 수 있는 우물의 최대 비양수량의 90% 이상이 된다. 경제적인 면을 고려하여 스크린을 설치해야 할 경우에는 [그림 7-1]과 같이 주 대수층인 조립사력층의 저면에서 그 중간지점까지만 설치할 수도 있다. 스크린의 총 설치비율은 전술한 조건에 따르되 설치구간은 지하수의 흐름이 수평이 될 수 있도록 스크린설치 대상구간에 분산시켜 설치한다(구체적인 내용은 다음절 참조).

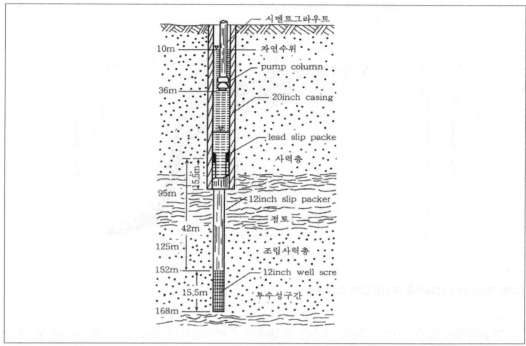

[그림 7-1] 균질피압대수층에 설치한 우물구조도 (스크린을 대수층두께의 50% 정도만 설치)

(2) 불균질 피압대수층(non-homogeneous artesian aquifer)

1개 대수층에서 투수성이 가장 양호한 구간에만 스크린을 설치하는 것이 최적방법이다. 그러나 실제로 굴착한 대수층에서 투수성이 가장 양호하며 지하수를 다량 산출할 수 있는 구간은 경험이 많은 전문가가 아니고서는 이를 식별하기가 그리 용이하지 않다. 투수성이 가장 양호한 구간을 알아내는 일반적인 방법은 다음과 같다.

① 착정 시 각 지층마다 대표시료를 채취하여 시험실에서 투수시험을 시행하여 수리전도도를 구하거나
② 각 층에서 채취한 시료를 이용하여 채분석을 실시한 후 각 시료의 상대투수성을 구한다.

이때 각 시료의 효율입경(D_{10})을 이용하여 Hazen식으로 수리전도도를 구한다. 일반적으로 효율입경이 비슷한 시료는 입경곡선의 경사가 급한 구간의 투수성이 가장 양호하다. 경사가 급한 입도곡선(즉 입도분포가 양호한 곡선)은 점토, 모래, 자갈이 비교적 균일하게 혼합된 시료이다(그림 7-2). 통상 입자의 균일성이 크면 클수록 기타 여건이 모두 동일한 경우에 수리전도도는 양호하다.

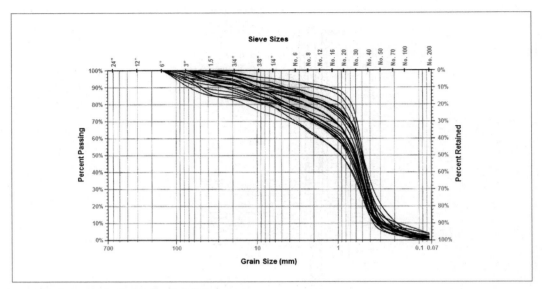

[그림 7-2] 미고결대수층 구성물질의 입도곡선

③ 현장경험이 많은 수리지질전문가들은 현장에서 육안식별로써 투수성구간과 저투수성 구간을 구분하기도 한다. 즉 육안식별기준은 시료 내에 포함된 점토 및 니토의 존재여부, 입자의 청결여부 및 조립정도 등이다.

(3) 균질 자유면대수층(homogeneous water-table aquifer)

균질 자유면대수층의 경우에 스크린의 설치길이는 통상 대수층의 저면에서 부터 대수층 전체두께의 ⅓ 정도만 설치하는 것이 가장 최적이다. 간혹 비양수량을 증가시키기 위해서 대수층 전두께의 50% 범위까지 스크린을 설치하는 경우도 있다. 일반적으로 자유면대수층은 지하수를 다량 채수하기 위해서 스크린의 길이를 결정하기보다는 우물의 효율성을 높이는데 주안점을 두고 결정한다.

자유면대수층에서는 가능한 한 스크린의 길이를 길게 사용할수록 비양수량은 증가한다. 이 경우 스크린으로 유입되는 지하수의 유입속도는 스크린이 짧을 때보다 훨씬 스크린의 수명도 길어진다. 그에 비해 스크린의 길이가 짧으면 수위강하율도 커지고 우물수명도 단축된다.

자유면대수층에 설치한 우물에서 허용 수위강하량(allowable drawdown)은 항상 스크린의 최상단부보다 약간 높은 지점까지로 한다. 자유면대수층에서 지하수를 채수할 때는 대수층 상부에 저유된 지하수가 우물을 통해 수직배수되므로 스크린은 반드시 대수층 하부구간이나 대수층 저면까지 설치한다.

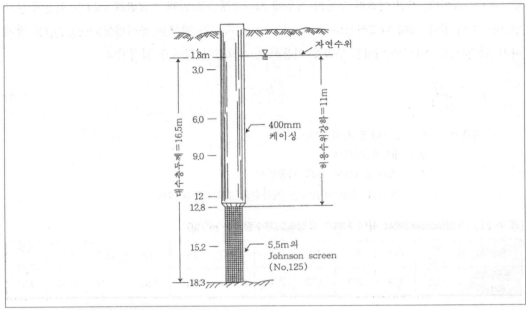

[그림 7-3] 균질 자유면대수층에 설치한 우물의 구조도

[그림 7-3]은 균질 자유면대수층에 설치한 채수율이 5.7㎥/분인 우물구조도로서 매우 양호한 설계에 의거하여 설치된 우물이다. 자유면우물에서 대수층 두께의 ⅔이상 수위강하를 시킬 필요는 없다. 왜냐하면 6.6절에서 설명한 바와 같이 대수층두께의 65%에 해당되는 지점까지 수위를 강하시키면 그때 우물로부터 채수되는 양은 그 우물에서 채수할 수 있는 최대 가능 채수량의 88%에 해당하기 때문이다. 예를 들어 대수층 두께의 95% 되는 지점까지 지하수위를 강하시키면 그때 우물로부터 채수할 수 있는 양은 최대 가능 채수량의 99%에 해당한다. 즉 수위강하를 30%가량 더 시켜도 증가시킬 수 있는 채수량은 결국 11% 정도밖에 되지 않는다.

(4) 불균질 자유면대수층

불균질 자유면대수층은 불균질 피압대수층의 설계기준과 원칙적으로 동일하다. 불균질 피압대수층과의 차이점이 있다면 투수성이 가장 양호한 구간의 최하단부에 스크린을 설치하는 것이다.

(5) 자연 여과력-우물(natural gravel packing-well)과 스크린 설치 길이

우물 굴착구간과 우물자재 설치구간 사이에 여과력을 부설하지 않고 대수층의 구성물질을 원위치에서 여과력으로 이용하는 우물을 자연개량우물 또는 자연 여과력 우물(natural gravel packing-well 또는 natural development well)이라 한다.

[표 7-2]는 스크린을 설치하려는 구간에 분포된 대수층의 투수량계수에 따른 지하수의 유입속도

를 나타낸 표이다. 자연 여과력 우물의 경우에 지하수채수로 인해 스크린과 스크린 인근에 분포된 대수층의 공극 내에 피각현상(incrustation)이나 유로가 막히는 공매현상(clogging)을 방지하기 위해서는 (7-1)식이나 [표 7-2]를 이용하여 스크린이 길이를 결정한다.

$$L = \frac{Q}{A_o \, V_c}$$ (7-1)

여기서, L : 스크린의 최적길이(m)

  Q : 채수율(m^3/분)

  A_o : 스크린 1m당 유효 개공면적

  V_c : 스크린 내로 유입되는 지하수의 유입속도(m/분)

[표 7-2] 스크린(screen)에서 최적 지하수 유입속도(투수량계수 m^2/일)

T(m^2/d)	74.5 이상	74.5	62	50	37	31	25	18.6	12.5	6.2	6.2 이하
유입속도 (cm/s)	3.65	3.35	3.0	2.75	2.44	2.13	1.83	1.52	1.22	0.92	0.61

7.1.4 자연개량 우물에서 유공관(스크린)의 개공크기(slot size)

여과력을 부설하지 않는 자연개량우물(natural development well)에서 스크린의 개공규격은 각 대수층에서 채취한 대표시료의 채분석 결과를 이용하여 결정한다.

즉 세립 및 균질 모래로 구성된 균질 대수층은 우물개량(well development)시 약 50~60%의 세립질 물질이 스크린의 개공(slot)을 통해 우물 밖으로 배출되도록 한다.

각 시료의 채분석 결과를 이용하여 입도곡선표를 작성한 후 D_{50}-D_{60} 입경을 구하고 그 값을 스크린의 개공규격으로 정한다(단 D_{60}은 60% 통과율을 의미함).

  Screen 개공(S_o)크기 = $D_{50} \sim D_{60}$ (7-2)

[그림 7-4]는 투수성이 가장 양호한 충적대수층에서 채취한 시료의 채분석 결과를 이용하여 작도한 입도곡선(흑색 곡선)으로서 60% 통과율의 입경은 0.9m/m이다. 따라서 이 구간에 설치할 스크린의 slot크기는 0.9 m/m이다.

미국에서는 1×10^{-3}인치 규격의 개공을 No. 1 슬롯(slot)이라 하여 대수층의 D_{60}가 $\frac{10}{1,000}$ 인치일 때 사용할 스크린의 개공크기를 slot No.10이라 한다. 그러나 대수층 내에 부존된 지하수의 수질에 따라 슬롯의 규격(개공크기)을 약간씩 다르게 선택하는 것이 좋다. 즉 지하수가 부식성이 강한 성분을 다량 포함하고 있을 경우나 산성인 경우에는 개공이 부식되어 그 크기가 약간 커질 가능성이 많으므로, 이 때는 D_{50} 입경을 스크린의 개공크기로 한다.

그러나 대다수의 경우 대수층은 균질이 아닌 불균질 층상 퇴적물로서 여러 개의 층으로 구성되어 있으므로, 이때는 각 층마다 서로 다른 개공규격을 갖는 스크린을 사용한다. 불균질 대수층에서 스크린의 개공 규격 결정은 일반적으로 다음과 같다.

① 세립질물질이 조립질퇴적물 위에 분포되어 있을 때는 세립질층의 D_{60}입경의 규격을 갖는 스크린을 하부 조립질 퇴적물에 약 60cm 가량 더 연장해서 설치하고(그림 7-5).
② 하부 조립층에 설치한 스크린의 개공크기는 상부 스크린 개공 크기의 2배 이상 되지 않도록 한다.

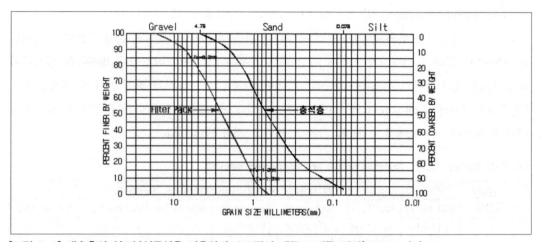

[그림 7-4] 대수층의 입도분석곡선을 이용하여 스크린의 개공 크기를 결정(D60=2m/m)

만일 윗 규정을 무시하고 임의의 스크린을 서로 다르게 설치했을 경우에는 [그림 7-6]과 같이 하부조립층의 세립질물질이 스트레나 주위에서 60% 이상 배출되어 상부 세립질물질이 하부구간으로 흘러내려와 소위 토사출(sand pumping) 현상이 발생한다. 이와 같은 토사출 현상이 발생하면 해당 우물은 우물로서의 기능을 상실한다.

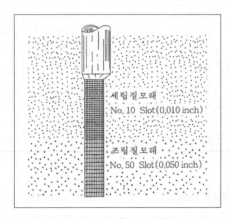

[그림 7-5] 불균질 대수층에 설치한 스크린

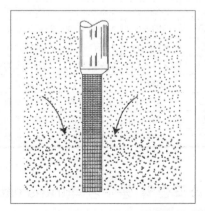

[그림 7-6] 상부세립층의 세립물질이 토사출 되는 현상

7.1.5 스크린 구경, 개공면적과 개공율(openning ratio)

지하수가 스크린을 통해 우물내로 유입될 때 그 유입속도는 임계유속인 3cm/s 이상 되지 않도록 스크린의 직경과 개공면적을 조절한다.

스크린의 구경은 개공크기나 스크린의 길이를 먼저 확정한 후에 결정한다. 스크린의 직경을 결정할 때 야외 및 실내시험 결과에 따라 스크린을 통하여 우물내로 유입되는 지하수의 유입속도가 3cm/s 이하가 되도록 하여, 스크린 개공부와 지하수 흐름 사이에서 발생하는 마찰수두손실과 피각현상(incrustation) 및 부식에 의한 스크린 침식율을 최소화시킨다.

우물의 채수량을 스크린의 총 개공면적으로 나눈 값을 유입속도라 한다. 만일 우물내로 유입되는 지하수의 공내 유입속도가 3cm/s 이상 되는 경우는 스크린의 직경이나 개공율을 증가시켜 유입속도를 감소시키고 유입속도가 3cm/s 미만인 경우는 스크린의 직경을 줄여 조정한다.

[표 7-3]은 우물용 well screen의 1m당 개공 크기와 스크린의 구경에 따른 유입면적(cm^2/m)을 나타낸 표이다. 이 표에서 ( )내의 값은 스크린의 개공율(%)이다.

[표 7-3] Screen 1m당 개공면적(cm^2)과 개공율(opening ratio,%)

스크린 구경(in)	스크린 1m당 스롯트의 개공면적(cm^2)과 개공율(%)						
	Slot No.10	Slot No.20	Slot No.40	Slot No.60	Slot No.80	Slot No.100	Slot No.150
3	211(8.8)	402(16.8)	677(28.3)	889(37.2)	910(38.0)	1,164(48.6)	1,375(57.5)
4	296(9.3)	550(17.2)	931(29.2)	1,206(37.8)	1,227(38.5)	1,566(49.1)	1,862(58.4)
5	381(9.5)	698(17.5)	1,164(29.2)	1,523(38.2)	1,545(38.7)	1,989(49.9)	2,370(59.4)
6	444(9.2)	825(17.2)	1,375(28.7)	1,798(37.6)	1,841(38.5)	2,348(49.0)	2,793(58.3)
8	592(9.3)	1,079(16.9)	1,841(28.8)	2,384(37.4)	2,454(38.5)	2,772(43.5)	3,386(53.0)
10 OD	762(9.5)	1,375(17.3)	2,327(29.2)	3,026(37.9)	3,110(39.0)	3,512(44.0)	4,295(53.8)
12 OD	889(9.3)	1,629(17.0)	2,750(28.7)	3,597(37.6)	3,682(38.5)	3,809(39.8)	4,875(49.3)
14 OD	804(7.2)	1,502(13.4)	2,603(23.3)	3,499(30.9)	3,745(33.6)	4,190(37.5)	5,311(47.6)
15 OD	825(6.9)	1,608(13.4)	2,793(23.4)	3,703(31.0)	4,020(33.6)	4,592(38.4)	5,670(47.4)
16 OD	740(5.8)	1,460(11.4)	2,603(20.4)	3,449(27.0)	3,618(28.4)	4,190(32.8)	5,290(41.5)
18 OD	825(5.7)	1,650(11.5)	2,941(20.5)	3,935(27.4)	4,084(28.5)	4,740(33.0)	5,988(41.7)
20 OD	944(6.2)	1,862(11.7)	3,300(20.7)	4,422(27.7)	4,613(28.9)	5,332(33.4)	6,729(42.2)
24 OD	973(5.1)	1,841(9.6)	3,343(17.5)	4,592(24.0)	5,628(29.4)	6,496(33.9)	8,231(42.6)
26 OD	1,037(5.0)	1,925(9.3)	3,512(16.9)	4,803(23.2)	5,882(28.4)	6,792(32.7)	8,591(41.4)
30 OD	1,206(5.0)	2,285(9.5)	4,063(17.0)	5,670(23.7)	6,962(29.1)	8,020(33.5)	10,156(42.5)
36 OD	1,375(4.8)	2,624(9.1)	4,740(16.5)	6,348(26.3)	7,956(27.7)	9,138(32.0)	11,638(40.5)

7.1.6 스크린의 통수능력(transmitting capacity)과 소요 스크린 길이

Screen 1m당 지하수의 통수능력(m^3/분)은 지하수가 스크린을 통해 우물 내부로 유입될 때 유입속도가 3cm/s일 경우에 스크린을 통과할 수 있는 유량을 뜻한다.

스크린을 통해 우물로 유입되는 지하수의 유입속도가 3cm/s일 때 스크린의 단위길이당 스크린을 통해 우물로 흘러 유입될 수 있는 지하수량(m^3/분)은 [표 7-3]의 개공면적(cm^2)에다 1.8×10^{-4}(0.03 m/s $\times 60$s/분 $\times A \times 10^{-4}$ m^2/cm^2)을 곱하여 그 양을 m^3/분/m 단위로 계산할 수 있다. 예를 들어 No.60번의 8인치(200mm) well screen의 개공면적은 1m당 2,384cm^2이므로 스크린 1m당 지하수 통수능력은 약 0.43m^3/분/m이다.

만일 상기 스크린을 10m 사용하면 분당 4.3 m^3의 지하수를 채수할 수 있다. 스크린의 통수능력이란 임계속도 하에서 스크린이 주변 대수층으로부터 지하수를 우물내로 안전하게 유동시킬 수 있는 최대 설계 통수능력을 의미한다. 왜냐하면 스크린설계 시 지하수의 공내 유입속도는 임계유속(3cm/s) 이하로 설계하기 때문이다.

7.1.7 스크린의 재질

스크린은 ① 지하수 내에 함유되어 있는 광물질의 특성, ② 박테리아의 유무, ③ 스크린 자체의 소요 강도에 따라 그 재질을 선정한다.

우물자재에 대한 부식 또는 피각현상은 지하수의 수질분석을 통해 알 수 있으며 스크린의 부식은 자체에 발생하는 부식현상이 진행됨에 따라 우물을 폐쇄시켜야 하는 경우가 발생할 수도 있다. 즉 스크린 개공이 지하수의 부식작용에 의해 조금만 커져도 세립질 물질이 우물내로 쉽게 유입되어 토사출현상(sand pumping)을 일으키며 스크린의 개공면적 및 우물자재의 부식작용을 증가시켜 우물자체가 붕괴되는 일이 발생한다. 우물자재에 부식성이 있는 지하수는 다음과 같은 경우이다.

① pH : 산도 7 이하의 산성
② 용존산소 : 2mg/ℓ 이상(주로 산성지하수에서 잘 나타남)
③ H_2S : 1mg/ℓ 이상(부식성이 매우 강한 썩은 계란냄새)
④ TDS(전고용물) : 100mg/ℓ 이상(전해부식현상)
⑤ CO_2 : 50mg/ℓ 이상
⑥ 염소이온 : 500mg/ℓ 이상

어떤 수질은 스크린(유공관)의 개공 안쪽이나 주위의 대수층물질과 여과력 표면에 침전물을 집적시킨 후, 응결되어 대수층 및 스크린의 통수능력을 감소시킨다. 이를 스케일(scalling)이라 하며 수질분석 결과 다음과 같은 화학성분을 가진 지하수는 스케일 현상을 유발한다.

① pH : 산도

② 경도 : 300mg/ℓ 이상인 경우에는 칼슘의 침전

③ 철분 : 1mg/ℓ 이상

④ 망간 : 1mg/ℓ 이상

스케일현상에 의해 침전된 물질은 염산으로 이들을 용해시켜 우물을 개선시킬 수 있다. 산처리를 시행해야 할 우물은 산에 충분히 견딜 수 있는 재질로 만들어진 스크린을 사용해야 한다. 국내의 저습지지역에는 철박테리아가 서식하는 경우가 있는데 철박테리아는 대수층의 공극과 스크린의 구멍을 폐쇄시키는 유기체이다.

이들은 지하수 중에 용해되어 있는 철분과 망간을 산화 침전시켜 3개월~12개월 이내에 우물 산출량의 75%를 감소시킨 예가 있다. 국내에서 철. 망간에 의해 오염된 지하수의 대표적인 예는 한강하류부의 일산지역과 파주군 남쪽의 곡능천 일대의 저습지 등을 들 수 있다.

7.1.8 스크린의 내구성

완공된 우물의 스크린에는 항상 파이프의 하중과 지층의 측압이 작용한다. 따라서 스크린 주변에 작용하는 측압은 유공관의 붕괴를 초래할 수 있다.

하중압력과 측압에 대한 스크린의 저항력은 스크린재질의 탄성계수에 정비례한다. 탄성계수가 동합금관의 2배인 스테인레스 스틸의 경우에 내구력은 전자의 2배이다. 단지 역학적인 압력에 의한 스크린의 내구력만을 고려한다면 재질로는 Everdur나 합금보다는 스테인레스 스틸이 훨씬 좋으나 지하수 수질이 문제가 있는 지역에서는 Everdur 합금이나 동합금을 사용하는 경우도 있다. 이때 역학적으로 부족한 지지력을 보완하기 위하여 두께가 두꺼운 재료를 사용하여 지내력을 보강한다. 스크린 선정 시에는 적절한 내구력과 최대 개공면적, 상대적인 가격과 수질과의 연관성을 고려한다. [표 7-4]는 대표적으로 사용하고 있는 스크린의 재질과 용도를 요약한 표이다.

[표 7-4] 대표적인 스크린의 재질과 용도

재료	성분	용도
Monel	Ni : 70%, Cu : 30%	해수 또는 고염도 지하수. 일반적인 생활용수에는 부적당
스테인레스 스틸	Fe : 74%, Cr : 18% Ni : 8%	용존산소, 유화산소, 탄산염, 철박테리아가 서식하는 지하수 및 산성이거나 알칼리성 수질에서도 양호
Everdur	Cu : 96%, Si : 3% Mn : 1%	경도가 높고 용존산소가 없는 염도를 가진 지하수 및 철분의 함량이 많은 지하수에 양호
Silicon Red brass	Cu : 83%, Zn : 16% Si : 1%	Everdur와 같은 조건의 지하수 성분에 이용
Armco iron	Fe : 99.9%	부식저항이 적으며 지하수의 수질이 양호한 지역
Steel	Fe : 99.3%, C : 0.1% Mn : 0.2%	시험용 우물, 웰포인트 등 일시적으로 이용하는 우물시설재료로 이용

7.1.9 부분관통에 따른 비양수량과 채수량의 보정(피압 대수층)

두께가 m인 피압대수층에 완전관통정(fully peneterated well)을 설치하여 장기간 지하수를 채수했을 때, 실 수위강하 s에서 평형상태에 도달했다면 이때의 지하수 유동지배식은 다음과 같이 Thiem식으로 표현할 수 있다.

$$Q_{fw} = \frac{2\pi K m\, s}{2.3 \log \dfrac{R}{r}}$$

그런데 대수층의 전체두께(m)가운데 일부 구간만 굴착하여 우물을 설치 완료했거나 또는 대수층을 전구간 굴착한 후, 전체두께의 일부 구간에만 스크린을 설치한 우물을 부분관통정(parial penetrated well)이라 한다.

부분관통정에서 지하수 흐름특성은 [그림 7-7(b)]와 같이 완전관통정과는 달리 순수한 수평흐름이 아닌 수직흐름성분이 형성된다. 이로 인해 부분관통정은 우물주변 대수층에서 지하수의 흐름경로(path way)가 길어져 마찰수두손실이 증가하고, 지하수 유입면적의 감소로 인해 비양수량과 우물효율 및 채수 가능량이 감소한다.

Kozeny는 상술한 부분관통에 따른 제반 현상을 보정키 위해 부분관통정에서 지하수유동 지배식을 다음식과 같이 유도하였다.

$$Q_{pw} = \frac{2\pi K m\, s}{2.3 \log \dfrac{R}{r}} \times p\left(\frac{d}{m}, r, m\right) \tag{7-3a}$$

$$p\left(\frac{d}{m}, r, m\right) = \frac{d}{m}\left[1 + 7\sqrt{\frac{r}{2d}}\, cos\frac{\pi}{2}\left(\frac{d}{m}\right)\right] \tag{7-3b}$$

여기서　d : 부분관통정의 스크린 설치 길이(m),

　　　　$\dfrac{d}{m}$: 부분 관통 비인 스크린 설치 비율,　r : 우물 경

　　　　Q_{fw} : 완전 관통정에서 채수량,　Q_{pw} : 부분 관통정에서 채수량

Kirkham(59)은 (7-3)식들을 이용하여 스크린 설치비율(d/m)과 m/r [대수층의 전체두께(m)/우물경(r)]에 따른 Q_{pw}/Q_{fw}과의 관계 즉 완전관통정에서 비양수량과 부분관통정에서 비양수량과의 비를 [그림 7-7(a)]과 같이 작성하여 피압대수층에서 부분관통에 따른 비 양수량과 채수량 및 우물효율의 보정에 사용할 수 있도록 하였다.

[그림 7-7(a)]는 균질 대수층 내에 스크린을 전 구간에 설치했을 경우(완전 관통정)와 부분적으로 설치했을 경우(부분 관통정)에 비양수량의 변화비율을 상술한 Kozeny식으로 구하여 도시한 그

림이다.

[그림 7-7(b)]에서 우물(A)와 우물(B)는 대수층의 전체두께가 30m이고 우물경이 0.15m(12인치)이며 , 스크린의 설치 길이는 모두 동일한 15m이다. 그러나 우물(A)와 우물(B)는 스크린의 설치방식이 다르다. 즉 우물(A)는 두께가 30m인 대수층의 최하위 50%에 해당하는 15m 구간에 집중적으로 스크린을 설치한 경우이며, 우물(B)는 30m 두께의 대수층을 5개구간으로 분할하여 매 6m마다 3m씩 스크린(총 스크린길이 = 3m × 5구간 = 15m)을 설치한 경우로서 30m 두께의 대수층을 6m 두께의 5개 대수층으로 분할한 경우이다. 따라서 두 우물의 스크린 설치비율은 모두 50%(우물(A) : 15/30, 우물(B) : 3/6)이다. 이 대수층에 완전 관통정을 설치(스크린 길이=30m)하여 Q = 1,781m^3/d의 채수율로 장기대수성시험을 실시했을 때 실수위강하가 10m였다면 이 우물의 비양수량은 178.1m^2/d이고 이론적으로 수위를 30m까지 하강시키면 최대 가능 채수량은 5,343m^3/d 정도이다.

(1) 우물(A)의 부분관통에 따른 보정

[그림 7-7(a)]에서 스크린 설치비율 = 50%, $\dfrac{m}{r} = \dfrac{30}{0.15} = 200$ 로서 F곡선에 해당한다. 따라서 스크린설치 비율 = 50%(X축)와 F곡선이 만나는 지점에서 부분 관통정과 완전 관통정의 비양수량의 비(Y축)는 약 70%이다. 즉 우물(A)는 부분 관통정으로서 30m전 구간에 스크린을 설치한 완전 관통정에 비해 예견되는 비양수량은 약 30% 정도 감소한 124.7m^2/d 정도가 되고 최대 채수 가능량은 약 3,740m^3/d 정도로 예상된다. 이 경우에 비양수량이 크게 감소한 이유는 다음과 같다.

[그림 7-7(b)]에 나타난 바와 같이 우물(A)인 경우에 스크린 주위에서 지하수흐름이 수평흐름에서 상당히 왜곡되어 수두손실이 크게 발생한 반면 우물(B)는 스크린을 분산배치하여 대수층 내에서 수평흐름이 유지되고 있기 때문이다.

(2) 우물(B)의 부분관통에 따른 보정

[그림 7-7(a)]에서 스크린 설치비율 = 50%, $\dfrac{m}{r} = \dfrac{6}{0.15} = 40$ 로서 A곡선에 해당한다. 따라서 스크린 설치비율 = 50%(X축)와 A곡선이 만나는 지점에서 부분 관통정과 완전 관통정의 비양수량의 비(Y축)는 약 92%이다. 즉 우물(B)는 부분 관통정으로서 30m 전 구간에 스크린을 설치한 완전 관통정에 비해 비양수량이 약 8% 정도 감소한 163.3m^2/d 정도로 예견되고 최대 채수 가능량은 4,900m^3/d 정도로 예상된다.

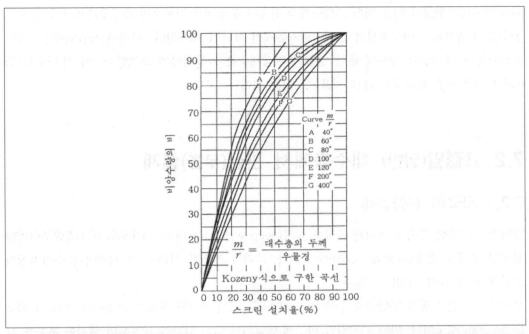

[그림 7-7(a)] 부분관통형식으로 스크린을 설치한 부분관통정과 전구간에 스크린을 설치한 완전관통정의 비양수량
과의 비율(부분관통정의 비양수량 및 가능채수량 보정)

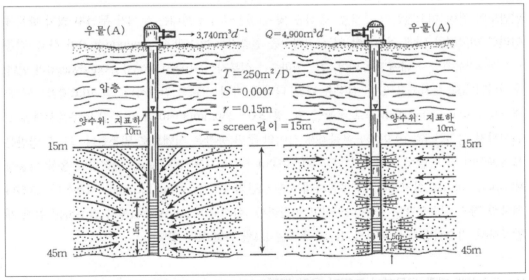

[그림 7-7(b)] 대수층에 부분관통형식으로 스크린을 설치한 부분관통정에서 스크린의 설치방식
(하부 50% 구간에 집중적으로 설치와 5개구간으로 분산 설치)에 따른 채수량의 변화

(3) 자유면대수층에서 부분관통정의 보정

자유면대수층의 경우에 양수정에서 지하수를 채수하면 대수층의 상위구간에서 발생하는 배수

(dewatering) 현상과 이로 인한 포화두께의 감소와 우물에서 지하수의 유입구간의 감소 등으로 양수정 주위에서 지하수흐름은 방사수평흐름에서 상당히 왜곡된다. 따라서 자유면대수층에서 부분관통과 양수정의 배수에 관한 영향은 피압대수층과 동일하게 보정한다. 이 경우에 [그림 6-8]을 사용하면 합리적인 해를 얻을 수 있을 것이다.

7.2 고결암(암반) 대수층에서 관정(우물)설계

7.2.1 외국의 심정설계

일반적으로 암반 깊숙이 설치된 우물을 심정(deep well)이라 하고, 지표부와 미고결암부까지만 설치된 우물을 천정(shallow well)이라 한다. 그러나 이러한 기준은 각 지역마다 수리지질의 조건에 따라 달리 이해되고 있다.

우리나라의 경우 통상 암반선까지 즉 미고결암구간 내에 설치된 우물을 천정이라 하고 그 심도는 5~30m 정도이다. 반면 미고결암 하부에 발달되어 있는 암반을 굴착하여 설치한 우물을 심정이라 하며 그 심도는 평균 50~1,000여 m에 이른다. 그러나 Saudi Arabia에서는 지역에 따라서 심도 700m까지를 천정이라 하고, 그 이상을 심정이라 한다.

한반도와 같이 미고결암인 붕적층, 충적층 및 결정질암의 풍화대는 두께가 두텁지 않기 때문에 이러한 미고결암 내에 저유되어 있는 지하수를 천층지하수(shallow groundwater)라 하고, 각종 암석의 2차유효공극 내에 저유되어 있는 지하수를 심부지하수(deep seated groundwater)라 한다.

우리나라에서 설치하고 있는 심정은 다른 나라에 비해 비교적 간단하다. 즉 미고결암 구간은 경 350~400mm(14~16inch)로 굴착한 후, 경 200~250mm(8~10 inch) 무공관 우물자재를 암반선까지 설치한 후, 굴착경과 우물자재 사이의 주변 공간은 시멘트로 밀봉한다. 그 후 암반은 유효공극이 잘 발달된 지점까지 평균 50~200m까지 경 150~200mm로 굴착하여 통상 나공상태(open hole)로 설치한다. 즉 우물자재는 1~2단의 단순한 string casing을 적용한다. 그러나 외국의 경우 심정설계는 매우 다양하고 복잡하다. 실례로 Saudi Arabia에서 발주하는 심정 개발공사의 기술시방서에 명시된 심정구조도는 [그림 7-8(a)]과 같다.

(1) 채수량에 따른 우물자재 口經과 우물 掘鑿口經(drilling diameter)

우물의 굴착경과 우물자재의 구경은 우물로부터 채수량, 대수층의 심도, 사용할 스크린의 규격 등 제반 조건에 따라 상이하다. 우물은 우물상부와 하부에 설치할 우물자재(무공관과 유공관)의 규격이 항상 동일할 필요는 없다. 대체적으로 우물구경은 다음 요인에 따라 선정한다.

① 펌프를 충분히 설치할 수 있는 공간과 이를 효율적으로 작동시킬 수 있을 정도의 공간 보유.
② 심정 내로 지하수가 유입되는 단면적(직경)이 충분하도록 수리학적인 효과를 유지.

심정자재의 경은 심정의 최대 가채수량에 의한 펌프의 공칭치수에 따라 통상 그 2배의 것을 사용함을 원칙으로 한다. 즉 어떠한 경우라도 우물자재는 펌프의 보울(pump bowl)보다 적으면 안 된다. 기본적으로 암반 심정의 구경은 채수 가능량에 따라 [표 7-1]의 기준을 따른다.

(2) 스크린의 길이

심정 내에 설치할 스크린의 최적 길이는 대수층의 고결도, 투수층의 분포 상태와 두께, 층서 그리고 예상 양수위 등에 따라 미고결대수층의 기준을 준용한다. 다공질 미고결 대수층의 경우에는 대수층의 특성에 따라 다음과 같이 스크린 길이를 결정한다.

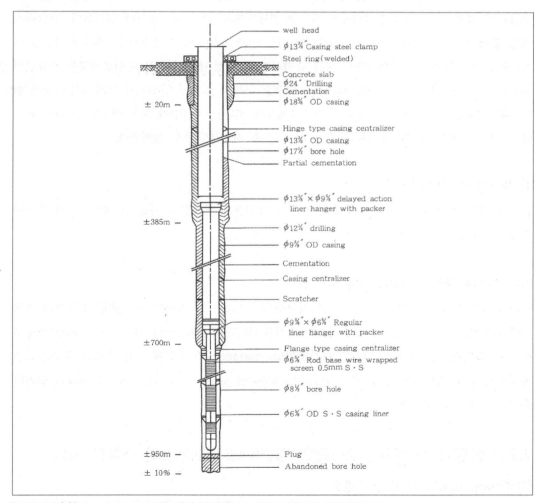

[그림 7-8(a)] Saudi Arabia 정부에서 발주하는 1,000m 심도의 심정 구조도

1) 균질 피압 대수층(homogeneous artesian aquifer)

피압 대수층 두께가 8m 미만인 경우에는 스크린을 피압 대수층 두께의 70% 정도, 피압 대수층 두께가 8~16m 정도인 경우에는 피압 대수층 두께의 75% 정도, 피압 대수층 두께가 16m 이상일 경우에는 피압 대수층 두께의 80% 이상 구간에 스크린을 설치하면 피압 대수층 전구간에 스크린을 설치했을 경우에 도달할 수 있는 최대 비양수량의 90% 이상에 이른다.

2) 불균질 피압 대수층(non-homogeneous artesian aquifer)

원칙적으로 투수성이 가장 양호한 구간에만 스크린을 설치한다.

3) 균질 자유면대수층(homogeneous water table aquifer)

스크린의 설치길이는 대수층저면에서 대수층 전체두께의 33~50% 정도만 설치한다. 스크린길이를 짧게 설치하면 수위강하율이 증가하여 이로 인해 우물수명이 단축된다. 따라서 가능한 한 스크린길이는 길게 설치하여 비양수량을 증가시킨다. 심정 내에서 허용 수위강하량은 스크린의 최상단부보다 약간 상위 지점까지로 하되, 대수층 두께의 2/3이상 양수위가 내려가지 않도록 한다. 자유면대수층에서 지하수 채수 시 대수층상부에 저유된 지하수가 수직 배수될 수 있기 때문에 스크린은 반드시 대수층 하부구간 또는 대수층 저면부위까지 설치한다.

4) 불균질 자유면대수층

불균질 피압 대수층의 설계기준과 동일하나 그 차이점은 투수성이 가장 양호한 구간의 최하단부에만 스크린을 설치한다.

(3) 스크린의 규격 (Slot크기, 직경 등)

Screen slot을 통해 우물내로 유입되는 지하수의 유입속도는 지하수 양수량을 스크린의 전체 개공 면적으로 나눈 값이다. 스크린의 개공면적은 [표 7-3]을 준용한다. 지하수가 스크린 개공부를 통해 유입할 때 발생하는 마찰과 피각현상(incrustation)과 부식에 의한 스크린 침식을 최소화시키기 위해 지하수의 공내 유입속도는 임계유속인 3cm/s 이상 되지 않도록 slot의 크기나 유공관의 직경을 조절한다.

7.2.2 심정에 사용하는 무공관인 강관(well casing)의 종류와 사양

(1) Casing pipe의 규격기준과 종류

우물에 사용하는 자재는 ASTM의 standard pipe와 API Pipe가 있으며 이들 자재가운데 직경이

300mm(12인치) 이상인 무공관의 규격은 통상 외경(OD)을 기준으로 하며 직경이 150mm (6인치) 이하인 무공관의 규격은 내경(ID)을 기준으로 한다.

1) ASTM의 standard pipe

ASTM의 standard pipe로는 A-53강관과 A-120강관이 있으며 이중 A-53 강관은 용접, Seamless 강관으로 흑관과 아연도금관이 있고 직경은 12.7∼650mm(0.5∼26in.) 크기의 파이프가 가용하다. 이 중 A-120강관은 용접, Seamless 강관으로서 흑관과 아연도금관이 있으며 직경은 12.7∼400mm(0.5∼16인치)크기가 가용하다. 이들 파이프의 용도는 스팀, 배관, 공기, 가스라인, 난방 및 수도관으로 주로 사용되며 미국, 동남아를 위시한 한국 등지에서 사용한다.

2) API Pipe :

API Pipe는 Line pipe 5-L, 5-LX와 5-A pipe가 주로 사용되며 이 가운데 5-L pipe는 직경이 0.5인치∼OD 20인치 되는 나사형(threaded) 또는 coupled line pipe가 있고, 직경이 1/8인치 ∼OD 48인치인 Plain pipe가 있다.

5-LX Pipe는 5L과 동일하나 강복강도와 인장력이 큰 casing pipe이다. 5-A Pipe는 직경이 4.4인치∼OD 20인치 정도 되는 threaded 또는 coupled line pipe로서 오일가스 운송관이나 유정용으로 서부 유럽과 중동 지역에서 주로 사용되며 규격은 CSI 단위로 표시한다. 직경이 6인치 이상 되는 API pipe는 경제적인 이유로 threaded 나 coupling pipe를 제조하지 않으나 간혹 7인치∼10인치 크기의 threaded 및 coupling pipe를 생산 판매하기도 한다.

3) 등급(Grade) :

Grade A Pipe는 인장강도가 3,380 Kg/cm^2(48,000psi) 이상인 파이프이고 Grade B Pipe는 인장강도가 4,225 Kg/cm^2(60,000psi) 이상인 파이프이다. Grade B Pipe는 [표 7-5]와 같이 탄소와 Mn 의 함양이 높다.

[표 7-5] Grade A 파이프와 Grade B 파이프의 화학성분 함량(%)

종류	Grade	최대함량(%)			
		C	Mn	인	황
ASTM	A	0.25	0.95	0.05	0.06
ASTM	B	0.30	1.20	0.05	0.06
API	A	0.22	0.90	0.04	0.05
API	B	0.27	1.15	0.04	0.05

4) 지하수산업에서 사용하는 케이싱 파이프류

지하수산업에서 사용하는 casing pipe류는 ASTM의 A-53나 A-120 또는 API의 5-L이나 5-A로 분류되는 Grade B에 해당하는 강관을 사용하며(그림 7-8b). 아연 도금관은 사용하지 않는다. Casing의 붕괴강도(Collapse strength)는 심정 내에서 형성되는 水柱 10m당 1Kg/cm² 이상인 케이싱을 사용한다.

(2) 암반관정 굴착용 Bit경과 우물자재의 구경

1) Roller 및 Fixed Cutter Bit의 크기(API RP 7G, August,1998)

[표 7-6]은 암반과 같은 괴상의 단단한 고결암을 착정할 때 사용하는 Bit의 종류와 구경을 나타낸 표이다. 암반 굴착에 사용하는 Bit 가운데 Roller Bit의 구경은 3¾~26인치까지 가용하며 Fixed Cutter Bit의 크기는 3⅞~17.5인치까지 가용하다. Bit의 Cutting structure type에 따라 크기가 이와 다른 bit도 생산되고 있다.

[표 7-6] 암반 착정용 Bit의 종류와 구경

Roller bits		Fixed cutter bit	
Diameter(in)		Diameter(in)	
3 3/4	9 1/2	3 7/8	8 1/2
3 7/8	9 7/8	4 1/2	8 3/4
4 3/4	10 5/8	4 3/4	9 1/2
5 7/8	11	5 7/8	9 7/8
6	12 1/4	6	10 5/8
6 1/8	13 1/2	6 1/8	12 1/4
6 1/4	14 3/4	6 1/4	14 3/4
6 1/2	16	6 1/2	16
6 3/4	17 1/2	6 3/4	17 1/2
7 7/8	20	7 7/8	
8 3/8	22		
8 1/2	24		
8 3/4	26		

(3) 심정에 사용하는 케이싱의 강도

심정에 사용하는 강관의 항복강도(yield strengh)는 [표 7-7]과 같다.

[표 7-7] 심정용 강관의 인장강도(Mpa과 psi)

Grade / Properties	H2S-resistant						collapse resistant			
	VM80ss	VM90sss*	VM95sss*	VM100sss	VM110sss	VM125sss	VM80HC	VM95HC	VM110HC	VM125HC
Color band identitication	Red+Orange and orange bands	Purple+orange *and orange	Brown+orange *and orange	Black+Orange and orange bands	White+Orange and orange bands	Yellow+Orange and orange bands	Red+green bands	Brown+green bands	White+green bands	orange+green bands
Minimum yield strength										
(MPa)	552	621	655	690	758	862	552	655	758	862
(psi)	60000	90000	95000	100000	110000	125000	80000	95000	110000	125000
Minimum yield strength										
(MPa)	655	724	758	792	862	956	758	862	956	1069
(psi)	95000	105000	110000	115000	125000	140000	110000	125000	140000	155000
Minimum tense strength										
(MPa)	655	689	724	758	828	931	689	758	862	931
(psi)	95000	100000	105000	110000	120000	135000	100000	110000	125000	135000

Grade / Properties	Special deep wells				Special arctic(Permafrost)				
	VM80 HCSS	VM 90HCS HCSS*	VM 95HCS HCSS*	VM 110HCSS	VM 55LT	VM 80LT	VM 95LT	VM 110LT	VM 125LT
Color band identification	Red+green prange and orange bands	Purple+green and orange bands	Brown+green and orange bands	White+green Orange and orange bands	Green+blue band	Red+blue band	Brown+blue band	White+blue band	orange+blue band
Minimum yield strength									
(MPa)	552	621	655	758	379	552	655	758	862
(psi)	80000	90000	95000	110000	55000	80000	95000	110000	125000
Minimum yield strength									
(MPa)	655	724	758	862	552	655	758	965	1034
(psi)	95000	105000	110000	125000	80000	95000	110000	140000	150000
Minimum tense strength									
(MPa)	655	690	724	828	517	655	724	862	931
(psi)	95000	100000	105000	120000	75000	95000	105000	125000	135000

1Mpa = 10.2 Kg/cm²

심정굴착 후 심정 내에 설치할 케이싱은 설치구간에서 작용하는 상재하중과 간극수압을 충분히 극복할 수 있는 항복강도와 인장강도를 가진 케이싱을 사용한다(표 7-7).

예를 들어 VM90HCS-HCSS*-케이싱파이프(적+청 오렌지 bend)의 항복강도는 621～724Mpa정도이고 인장강도는 690Mpa이다.

(4) 케이싱의 사양(외경, 중량, 두께, 내경, Drift)과 Bit 규격 및 여유공간(Clearance)

심정용 우물자재로 사용하는 케이싱의 내경(ID)과 외경(OD), 단위 길이당 중량과 케이싱 두께, drift 및 케이싱크기에 가장 부합되는 bit의 규격과 여유공간(Clearance)을 요약하면 다음 표와 같다.

[표 7-8] 케이싱의 사양(OD, 중량, 두께, ID, Drift)과 Bit 규격 및 여유공간(Clearance)

| 케이싱 규격 | | | | | | | bit size(1) immediately blow drift | | |
| 외경(OD) | | 중량 | | | | | | | bit와 케이싱 사이의 여유공간 |
인치	(mm)	(1b/ft)	(daN/m)	두께	내경 (ID)	Drift (mm)	(n)	(mm)	
4 1/2	114.3	9.50	13.86	5.21	103.88	100.71	3 7/8	98.43	5.5
		10.50	15.32	5.69	102.99	99.75	3 7/8	98.43	4.5
		11.60	16.93	6.35	101.60	98.43	3 7/8	98.43	3.2
		13.50	19.70	7.37	99.56	96.39	3 3/4	95.25	4.3
		15.10	22.04	8.56	97.18	94.01	3 5/8	92.08	5.1
		16.90	24.66	9.65	95.00	91.83	3 1/2	88.90	6.1
		17.70	25.83	10.20	93.90	90.73	3 1/2	88.90	5.0
		18.80	27.44	10.92	92.46	89.29	3 1/2	88.90	3.6
5	127.0	11.50	16.78	5.59	115.82	112.65	4 3/8	111.13	4.7
		13.00	18.97	6.43	114.14	110.97	4 1/4	107.95	6.2
		15.00	21.89	7.52	111.96	108.79	4 1/4	107.95	4.0
		18.00	26.27	9.19	108.62	105.45	4 1/8	104.78	3.8
		21.40	31.23	11.10	104.80	101.63	4	101.60	3.2
		23.20	33.86	12.14	102.72	99.54	3 7/8	98.43	4.3
		24.10	35.17	12.70	101.60	98.43	3 7/8	98.43	3.2
5 1/2	139.7	14.00	20.43	6.20	127.30	124.13	4 7/8	123.83	3.5
		15.50	22.62	6.98	125.74	122.57	4 3/4	120.65	5.1
		17.00	24.81	7.72	124.26	121.09	4 3/4	120.65	3.6
		20.00	23.19	9.17	121.36	118.19	4 5/8	117.48	3.9
		23.00	33.57	10.54	118.62	115.44	4 1/2	114.30	4.3
		26.00	37.94	12.09	115.52	112.34	4 3/8	111.13	4.4
		26.80	39.11	12.70	114.30	111.13	4 3/8	111.13	3.2
6 5/8	168.3	20.00	29.19	7.32	158.64	150.46	5 7/8	149.23	4.4
		23.20	33.86	8.38	151.52	148.34	5 3/4	146.05	5.5
		24.00	35.03	8.94	15.40	147.22	5 3/4	146.05	4.3
		28.00	40.86	10.59	147.10	143.32	5 5/8	142.88	4.2
		32.00	46.70	12.07	144.15	140.97	5 1/2	139.70	4.4
		35.00	51.08	13.34	141.60	138.42	5 3/8	136.53	5.1
7	177.8	17.00	24.81	5.87	166.06	162.89	6 3/8	161.93	4.1
		20.00	29.19	6.91	163.98	160.81	6 1/4	157.75	5.2
		23.00	33.57	8.05	161.70	158.53	6 1/8	155.58	6.1
		26.00	37.94	9.19	159.42	156.25	6 1/8	155.58	3.8
		29.00	42.32	10.36	157.08	153.31	6	152.40	4.7
		32.00	46.70	11.51	154.78	151.61	5 7/8	149.23	5.5
		35.00	51.08	12.65	152.50	149.33	5 7/8	149.23	3.3
		38.00	55.46	13.72	150.36	147.19	5 3/4	146.05	4.3
		41.00	59.83	14.98	147.84	144.67	5 5/8	142.88	5.0
		44.00	64.21	16.25	145.30	142.13	5 1/2	139.70	5.6
		46.00	67.13	17.02	143.76	140.59	5 1/2	139.70	4.1
7 5/8	193.7	24.00	35.03	7.62	178.44	175.26	6 7/8	174.63	3.8
		26.40	38.53	8.33	177.02	173.84	6 3/4	171.45	5.6
		29.70	43.34	9.52	174.64	171.46	6 3/4	171.45	3.2
		33.70	49.18	10.92	171.84	168.66	6 5/8	168.28	3.6
		35.80	52.25	11.81	170.06	166.88	6 1/2	165.10	5.0
		39.00	56.92	12.70	168.28	165.10	6 1/2	165.10	3.2
		42.80	62.46	14.27	165.14	161.96	6 3/8	161.93	3.2
		45.30	66.11	15.11	163.46	160.28	6 1/4	158.75	4.7
		47.10	68.74	15.88	161.92	158.74	6 1/4	158.75	3.2

케이싱 규격				두께	내경 (ID)	Drift (mm)	bit size(1) immediately blow drift		bit와 케이싱 사이의 여유공간
외경(OD)		증량					(n)	(mm)	
인치	(mm)	(1b/ft)	(daN/m)						
8 5/8	218.1	24.00	35.03	6.71	205.66	202.48	7 7/8	200.03	5.6
		28.00	40.86	7.72	203.64	200.46	7 7/8	200.03	3.6
		32.00	46.70	8.34	201.20	198.02	7 3/4	196.65	4.3
		36.00	52.54	10.16	198.76	195.58	7 5/8	193.68	5.1
		40.00	58.38	11.43	196.22	193.04	7 1/2	190.50	5.7
		44.00	64.21	12.70	193.68	190.50	7 1/2	190.50	3.2
		49.00	71.51	14.15	190.78	187.60	7 3/8	187.33	3.4
		52.00	75.89	15.11	188.86	185.68	7 1/4	184.15	4.7
9 5/8	244.5	32.30	47.14	7.92	228.64	224.67	8 3/4	222.25	6.4
		36.00	52.54	8.94	226.60	222.63	8 3/4	222.25	4.3
		40.00	58.38	10.03	224.42	220.45	8 5/8	219.08	5.3
		43.50	63.48	11.05	222.38	218.41	8 1/2	215.90	6.5
		47.00	68.59	11.99	220.50	216.53	8 1/2	215.90	4.6
		53.50	78.08	13.84	216.80	212.83	8 3/8	212.73	4.1
		58.40	85.23	15.11	214.26	210.29	8 1/4	209.55	4.7
		59.40	86.69	15.47	213.54	209.57	8 1/4	209.55	4.0
		61.10	89.17	15.87	212.74	208.77	8 1/8	206.38	6.4
		71.80	104.78	19.05	206.38	202.41	7 7/8	200.03	6.4
9 7/8	250.8	62.80	91.65	15.88	218.07	215.10	8.38	212.73	6.3
10 3/4	273.1	32.75	47.80	7.09	258.87	254.90	10	254.00	4.9
		40.50	59.56	8.99	255.27	251.30	9 7/8	250.83	4.4
		45.50	66.91	10.16	252.73	248.76	9 3/4	247.65	5.1
		51.00	75.00	11.43	250.19	246.22	9 5/8	244.48	5.7
		55.50	81.61	12.57	247.91	243.94	9 1/2	241.30	6.6
		60.70	89.26	13.84	245.37	241.40	9 1/2	241.30	4.1
		65.70	95.88	15.11	242.83	238.86	9 3/8	238.13	4.7
11 3/4	298.5	42.00	61.29	8.46	281.53	277.56	10 7/8	276.23	5.3
		47.00	68.59	9.52	279.41	275.44	10 3/4	273.05	6.4
		54.00	78.81	11.05	276.35	272.38	10 5/8	269.88	6.5
		60.00	87.56	12.42	273.61	269.64	10 1/2	266.70	6.9
		65.00	94.86	13.56	271.33	267.36	10 1/2	266.70	4.6
		71.00	103.62	14.78	268.89	264.92	10 3/8	263.53	5.4
13 3/8	339.7	48.00	70.05	8.38	322.97	319.00	12 1/2	317.50	5.5
		54.50	79.54	9.65	320.43	316.46	12 3/8	314.33	6.1
		61.00	89.02	10.92	317.89	313.92	12 1/4	311.15	6.7
		68.00	99.24	12.19	315.35	311.38	12 1/4	311.15	4.2
		72.00	105.08	13.06	313.61	309.64	12 1/8	307.98	5.6
		77.00	112.37	13.97	311.79	307.82	12	304.80	7.0
		80.70	117.77	14.73	310.27	306.30	12	304.80	5.5
13 5/8	346.1	88.20	128.72	15.88	314.33	309.57	12 1/8	307.98	6.4
14	355.6	82.50	120.40	14.27	327.06	322.30	12 5/8	320.68	6.4
		94.80	138.35	16.66	322.28	317.52	12 1/2	317.50	4.8
		99.00	144.48	17.48	320.64	315.88	12 3/8	314.33	6.3
		114.00	166.37	20.32	314.96	310.20	12 1/8	307.98	7.0
16	406.4	65.00	94.86	9.52	387.36	382.60	15	381.00	6.4
		75.00	109.45	11.13	384.14	379.38	14 7/8	377.83	6.3
		84.00	122.59	12.57	381.26	376.50	14 3/4	374.65	6.6
		94.50	137.91	14.27	377.86	373.10	14 5/8	371.48	6.4
		109.00	159.07	16.66	373.08	368.32	14 1/2	368.30	4.8
		128.00	186.80	19.84	366.72	361.96	14 1/4	361.95	4.8
18 5/8	473.1	87.50	127.70	11.05	450.98	446.21	17 1/2	444.50	6.5
20	508.0	94.00	137.18	11.13	485.74	480.98	18 7/8	479.43	6.3
		106.50	155.43	12.70	482.60	477.84	18 3/4	476.25	6.4
		133.00	194.10	16.13	475.74	470.98	18 1/2	169.90	5.8

(1) Drift rounded to the lower 1/8 inch. Not necessarily a size proposed by a bit manufacturer.　　mm ×0.0394 = in

상기 표는 [그림 7-8(a)와 (b)]처럼 착정경이 서로 다른 여러 단(string)의 구조를 가진 심정을
굴착할 때, 설치할 우물자재와 착정경 사이에 최소한의 여유 공간(clearance)을 가지면서 경제
적인 심정설계를 하거나 여과력을 부설해야 하는 심정 설계 시 착정경과 우물자재의 경을 결정
할 때 사용한다.

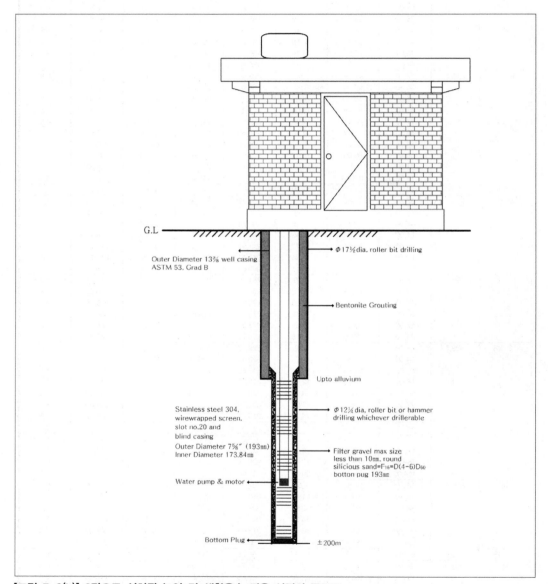

[그림 7-8(b)] 2단으로 설치된 농업 및 생활용수 겸용 심정의 구조도

(2 string well structure, 1단구간 : 저질의 지하수를 함유한 제4기/미고결 퇴적층이 분포하여 Blind
casing을 설치하고 공벽구간은 bentonite로 sealing, 2단구간 : 제3기/Pliocene-Miocene/투수성 준고결
사암분포구간으로 여과력과 screen 설치구간)

7.2.3 우리나라 암반관정(bedrock well)

암반관정은 개발예정지에 대한 수리지질조사 결과에 의거하여 채수능력에 적합한 착정 및 우물구경을 선정한 후 착정을 개시한다. 미고결암 구간에 상부 철재 케이싱을 우선 설치하고 그 하부 암반구간의 대수대 분포심도까지 굴착한 후 우물자재를 계획심도까지 설치한다.

(1) 우물구경

암반관정을 개발시 미고결층(충적층 및 풍화대)의 착정, 철재 케이싱 및 우물자재의 설치구경은 각 단계별로 착정구경보다 50mm(2inch) 정도 적게 시공한다.

과거 농어촌진흥공사에서 수행했던 암반관정의 표준설계는 일반적으로 미고결층 및 풍화대 구간은 300mm(12")로 굴착하고 250mm(10")의 철재 케이싱을 설치한 후 암반층을 245mm구경으로 계획심도까지 굴착하여 200mm(8")의 우물자재를 설치하였다. 그러나 굴착구경은 시공과정에서 암반관정의 개발계획수량에 따라 250mm, 200mm 및 150mm 등 다양하다.

(2) 우물자재

케이싱은 아연도금이 된 KS 철재 백관을 사용하고 있으며, 우물설치용 자재로는 부식방지를 위한 스텐레스 스틸(stainless steel)이나 PVC 파이프류를 사용하며, 여과력의 규격은 굴착경과 우물자재 사이에 부설시 필터(filter) 효과를 얻을 수 있는 5~10m/m 내외의 자갈을 선별 사용한다. 특히 암반관정의 효율을 증대시키기 위하여 우물자재를 설치할 때는 스크린의 배열과 개공율 선정에 유의해야 한다. 특히 아연도금이 된 백관을 스트레이너나 우물케이싱으로 사용하는 것은 피해야 할 것이다.

스크린의 슬롯(slot) 크기 및 재료의 선정 등은 미고결암의 설계기준에 준한다.

유공관(perforated pipe)으로는 존슨스크린(Johnson screen) 형태의 wire rapped 스크린을 설치하는 것이 대수층특성에 적합한 시공을 할 수 있어 이상적이나 고가인 관계로 PVC 또는 스텐레스 스틸관을 스롯트(slot)형으로 가공한 유공관을 사용한다.

스크린의 설치배열은 굴착과정에서 조사된 지층분포 자료와 공내 전기검층 및 수중 TV 촬영을 통한 대수대 위치를 비교 검토하여 정확한 대수대 구간을 확인한 후, 안정수위 이하의 주 대수대 구간에 스크린을 설치한다.

암반관정을 개발하는 경우에도 미고결암 우물의 경우와 마찬가지로 개발 대상지역의 지하수 부존조건에 적합한 우물구조의 형식을 선택하기 위하여 수리지질조사와 대수성시험을 실시한다.

수리지질조사와 시험을 통하여 암반대수층의 성질과 분포두께, 자연수위, 영향권 등을 알게 되면 개발지역의 지하수 부존조건에 적합한 암반관정의 구경, 심도 및 관정설치 시 스크린 등의 설계자료를 얻을 수 있고 개략적인 적정 양수량을 산정할 수 있다. 착정작업 시 착정공의 크기(착정구경)는 모든 구간에서 동일하지 않다. 우물자재를 착정공 내에 설치하기 위해서는 착정구경이 케이싱구경보다 커야하기 때문에 케이싱 외곽부에 틈이 존재할 수 있다. 이러한 틈은 오염된 지표수가 지하로 유입되는 통로가 되며 심정을 오염시키는 주원인이 될 수 있다. 그러므로 케이싱 외곽부의 빈틈[공벽구간이라 한다(annular space)]은 대수층 상부의 저투수층까지 또는 예상 안정수위의 심도까지 저투수성 물질로 밀폐시킨다.

지층별로 고려하여 볼 때 모래로 구성된 대수층인 경우에 최대 양수위 이하 1.5m까지 설치하는 것이 바람직하며 양수위가 7.5m를 초과하는 경우는 3m 이상 케이싱을 내려서 설치하는 것이 좋다. 그러나 모래층상부에 점토 등 저투수층이 분포할 경우는 저투수층까지 케이싱을 설치해도 무방하다.

사암대수층인 경우는 사암상부의 지층 전체를 차단하는 것이 일반적이나 파쇄균열이 심한 사암일 경우는 암반층 내 4.5m까지 케이싱을 설치한다.

오염된 지표수의 유입을 방지하기 위하여 케이싱 외부만을 시멘트 주입으로 차단벽을 만드는 방법과 관정주위 일정구역에 대하여 그라우팅을 실시하는 방법이 있으나 치밀한 점토층 및 shale 분포지역은 케이싱보다 50~100mm 정도 더 큰 구경으로 착정하여 그 주위를 시멘트 그라우팅으로 차단한다.

그라우팅 심도는 지층의 심도 및 수질오염 가능여부에 따라 결정하나 통상 상부층이 점토 등 저투수층일 경우는 6m 정도 주입차단하고, 사층일 경우는 7.5m 이상 주입 차단시켜야 한다. 또한 균열파쇄대가 발달되어 있는 암반 대수층은 상부케이싱 전구간을 시멘트로 주입 차단한다. 최근에 국내에서는 천부지열에너지가 친환경, 저탄소 대체에너지원으로 가장 경제적인 냉난방시스템으로 알려져 전국 곳곳에서 지중열교환기를 이용한 지열냉난방시스템들이 설치되고 있다. 일반적으로 우리나라의 자연 지하수위는 지표면 가까이 발달되어 있어 포화대의 두께가 두텁고, 1개 굴착구간에서 암종의 변화가 심하지 않은 균질암체로 구성되어 있다. 따라서 천공후 지열교환기를 설치할 전구간 가운데 하부 80% 정도는 천공 시 생성된 열전도도가 동일한 조립질 파쇄물(slime)이나 규질모래로 충진하는 등 천공 전 구간을 획일적으로 bentonite로 grouting을 할 필요는 없다. 그러나 지표부의 우물두부구간을 따라 지표 오염물질이 천공내로 유입될 가능성이 있으므로 이러한 경우에는 지표부에서 그 하부 최소 15m 구간까지는 벤토나이트 그라우팅을 실시해야 한다.

7.3 우물개량(well development)과 여과력(filter gravel)부설

우물개량방법은 소극적인 자연우물개량(natural water development)과 인공적인 인공우물개량(artificial development)으로 구분할 수 있다.

스크린 주위에 분포된 대수층 구성물질 중에서 스크린 개공보다 적은 세립질물질은 스크린을 통해 우물 밖으로 배출시키고 스크린 주위에 조립질 모래자갈만 잔류하게 하여 원 대수층보다 투수성이 양호한 투수대(permeable zone)를 유공관이나 스크린주위에 인공적으로 만들어주는 우물개량방법을 자연우물개량이라 한다. 이에 비해 우물자재보다 경이 큰 착정을 한 후 스크린을 착정공에 설치하고 착정경과 스크린 사이의 주변 공간(annular space)에 깨끗하고 투수성이 양호한 여과력(filter gravel)을 인공적으로 부설하여 인공적인 투수대를 조성하는 방법을 인공우물개량이라 한다. 양자 모두 우물의 효율반경을 증가시키는데 그 목적이 있다.

자연우물개량 시에는 스크린 주위에 분포된 세립물질중 약 60% 정도가 스크린을 통해 우물 밖으로 배출될 수 있도록 최소한 스크린의 개공크기는 대수층의 D_{60}과 동일하도록 한다. 이에 반해 인공우물개량을 실시하는 경우에는 스크린 주위의 대수층 구성물질은 모두 원상태대로 그대로 유지시켜 두고 스크린 주위에 인공적인 투수대를 형성시키는 방법이다. 따라서 인공우물개량은 자연우물개량법에 비해 보다 경비가 많이 소요되긴 하지만 가장 효율적인 우물개량방법이다. 지층의 상태에 따라 인공적으로 여과력을 설치하는 조건은 다음과 같다.

7.3.1 인공여과력 설치

(1) 세립질의 균질 모래층

세립질의 균질 모래층에 여과력을 사용하면 스크린 개공면적을 증가시킬 수 있다. 대수층의 입도분석 결과 스롯트(slot)의 크기가 0.25mm(0.01인치, No. 10 스롯드) 이하인 지층은 여과력을 반드시 부설해야 한다. 그리고 피각작용의 방지를 위하여 0.25mm 대신 0.37mm 또는 0.5mm를 사용할 수도 있으나 이는 지하수의 광물질 함량에 따라 결정한다.

(2) 두터운 피압대수층

두께가 두터운 피압대수층은 큰 구경으로 착정을 한 후, 착정구경 보다 경이 작은 스크린을 설치하고 이들 사이의 주변 공간에 여과력을 부설한다. 일반적으로 두께가 두터운 피압대수층에서는 스크린길이를 길게 설치하고 펌프는 스크린을 설치한 구간에 정치한다.

(3) 미고결 사암 대수층

사암은 투수성이 양호할수록 고결정도는 미약하다. 만일 우물에 스크린을 설치하지 않고 나공

상태(open hole)로 우물개량을 시키면 대수층 내에 포함된 세립질모래가 붕괴되어 토사출현상이 일어날 가능성이 있기 때문에 이 경우 스크린 주위에 여과력을 부설한다. 인공우물개량은 자연우물개량에 비해 다음과 같은 이점이 있다. 즉 자연우물개량을 할 때는 대수층이 스크린에 대해 측면지지를 해주지 않으므로 우물개량을 시킬 때 대수층 내에 포함된 느슨한 상태의 모래들이 붕괴되어 스크린을 파손시킬 우려가 있지만 인공여과력을 부설하면 이를 방지할 수 있다.

(4) 분포가 넓은 충적퇴적물

입도가 서로 다른 퇴적층이 여러 층으로 구성되어 있는 충적퇴적층은 각 층의 위치를 정확하게 파악하기가 쉽지 않기 때문에 각 층에 알맞은 스크린을 설치하기는 매우 어렵다. 이 경우에는 인공우물개량법을 실시한다. 여과력의 크기와 스크린이 크기는 최소 세립질의 균질 모래입도를 기준을 준용한다.

7.3.2 여과력의 설계(design of filter gravel)

여과력의 설계방법을 다음과 같다.

① 입도가 다른 여러 층으로 구성된 대수층은 각 층에서 시료를 채취하여 체분석을 실시하고 층별 입도곡선을 작성한 후 각 층의 최소입도와 위치를 파악한다. 그런 다음 체분석 결과에 따라 여과력의 크기를 결정한다.

② 여과력의 크기는 대수층 구성물질 가운데 30% 통과율에 해당하는 입경인 D_{30}의 4~6배로 한다. 만일 대수층이 세립·균질일 때는 4배를, 대수층이 조립 및 불균질일 때는 6배의 것을 사용한다.

③ 위에서 구한 여과력의 크기는 여과력 입도곡선의 F_{30} 입경과 같아야 한다. 그리고 균등계수가 2.5 이하이며, F_{30}을 지나는 입도곡선을 재작도하여 여과력의 최대·최소입경을 결정한다. 위에서 결정한 여과력 입경곡선으로부터 부설예정인 여과력의 입경 범위를 결정한다(그림 7-9의 좌측곡선).

④ 그러나 실제적으로 F_{30}을 지나면서 균등계수가 2.5이하인 규격화된 여과력을 시중에서 구하기는 쉽지 않기 때문에 여과력의 입경곡선가운데 대표지점을 4~5개 선정하여(예 F_{20}, F_{40}, F_{60}, F_{80} 등) 이의 ±8%에 해당하는 입경을 가진 여과력을 사용한다.

⑤ 스크린의 개공 크기는 위에서 작도한 여과력 입도곡선 중 F_{10}의 것과 동일한 것을 사용한다. 이를 요약하면 다음과 같다.

$$F_{30} \sim F_{40} = (4\sim6) \times (D_{30} \sim D_{40})$$

(7-4a)

여과력의 균등계수는 2.5 이하

스크린 slot 크기 = F_{10} 혹은 $D_{50} \sim D_{60}$ (7-4b)

상술한 방법에 따라 여과력과 스크린의 개공크기를 결정하여 우물을 설치하면 우물의 효율과 수명을 극대화 시킬 수 있고 부수적으로 토사출 현상을 방지할 수 있다.

⑥ 여과력은 일반적으로 깨끗하고 원형이어야 투수성과 공극률을 증대시킬 수 있고, 석고(gypsum)나 경석고(anhydrite) 및 세일과 같이 강도가 낮은 것은 피하고 주로 규질력으로 이루어진 것을 사용한다.

⑦ 부득이한 경우에는 석회질력을 5%까지는 사용해도 무방하다. 특히 우물을 재생시키기 위해서 산처리를 하는 경우에 여과력이 주로 석회질로 구성되어 있으면 이들이 산에 용해되어 우물이 붕괴되거나 토사출 및 재생불능 상태까지 도달할 수 있다.

⑧ 여과력의 부설 두께는 통상 7.6~20cm(3~8인치)가 가장 좋으며, 이보다 두터울 때는 우물개량이 어려워진다. 여과력의 최대크기는 1cm를 초과하지 않도록 한다.

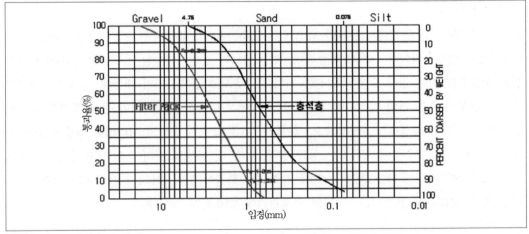

[그림 7-9] 대수층의 입경곡선을 이용하여 여과역의 규격과 스크린의 규격결정 방법
(우측곡선은 대수층 구성물질인 충적층의 입경곡선이며 좌측곡선은 이를 바탕으로 선정한 여과력의 입경곡선)

7.4 수평방사 집수정(RCWL)과 강변여과수 취수시설(RBF system)

7.4.1 일반

수평 방사 집수정(Radial collector well-lateral, RCWL) 형식의 취수시설들은 1960대부터 우리나라에서도 특수집수정, 만주식 정호 또는 방사 집수정이라 불렸으며 이를 이용하여 대용량의

충적층 지하수를 개발하여 이용하였다. 1940년대부터 미국, 영국, 스위스 및 독일 등을 위시한 선진 제국들은 예기치 않은 상수도 취수원의 오염사고를 예방하고 시간이 지남에 따라 저질화 되고 있는 지표수 취수원으로부터 안전한 상수도 원수를 확보하기 위한 수단으로 상수도 취수 시설을 하천수의 직접 취수방식에서 간접 취수방법인 강변여과 취수시설(River Bank Filteration, RBF)로 전환하고 있다. 6.8절에서 이미 설명한 바와 같이 RFB는 기존의 하천을 따라 발달 분포된 투수성 충적층에 집수관의 일종인 수평집수관 일명 스크린(sceen)을 설치한 수평방사 집수정(horizontal, radial collector well)이나 수직정(vertical well) 또는 대규모의 수굴정(pit or dug well)이다. 즉 상술한 취수시설을 강변이나 하상바닥에 설치하여 충적층 내에 저유되어 있는 천부지하수와 함께 하천수가 충적대수층을 관류토록 유도한 후에 여과내지 자연정화된 하천수를 간접적으로 취수하는 시설이다. 환언하면 강변여과수란 기존 하천의 강변에 분포된 충적대수층에 표류수를 일정기간 동안 체류 또는 관류시켜 대수층의 자연정화능력을 이용하여 표류수인 원수 중에 포함된 저질의 오염물질과 독소를 제거한 후 취수하기 때문에 경제성은 물론 대수층 내에서 지체시간을 감안할 때 예기치 못한 수질사고에 대비할 수 있는 안정적인 취수방식이다.

또한 현재 정수처리 공정에서 문제가 되고 있는 홍수 시 탁도제거와 원수의 균등한 수질을 유지할 수 있어 정수처리의 표준화가 가능하다. 뿐만 아니라 강변여과수는 계절별로 수온의 변화가 심한 지표수를 일단 연중 수온이 일정한 지하 대수층으로 관류시키기 때문에 채수되는 강변여과수의 연중 수온은 거의 일정하여 정수처리 공정에서 발생하는 암모니아 문제 해결과 부유물질 등이 강변여과 과정에서 자연적으로 제거되어 기존 공정의 슬러지 처리비용 절감은 물론 용해성 물질을 충적대수층에 체류하는 동안 흡착, 침전 및 미생물 분해에 의해 제거시켜 기존의 하천 표류수에 비하여 DOC가 60~70% 감소되는 특징이 있다. 따라서 강변여과 취수시설은 명실 공히 지표수와 천부지하수자원의 연계관리에 대표적인 예이다.

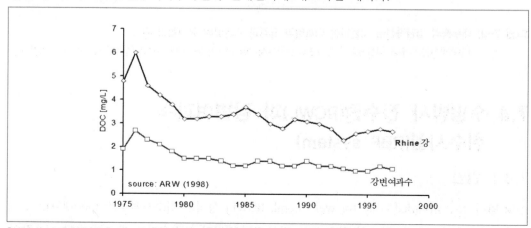

[그림 7-10] 연도별 Rhein강 표류수와 강변여과수의 연평균 DOC 농도 변화

[그림 7-10]은 연도별로 측정한 Rhein강 표류수의 DOC와 주변의 충적층을 관류한 후에 취수한 강변여과수의 DOC 농도를 나타낸 그림이다.

강변여과수는 강변 또는 호수변과 평행하게 30~100m 간격으로 우물장(well field)이나 방사수평 집수정을 설치하여 표류수가 충적층을 관류하는 동안 충적층의 자연정화 능력을 최대한 활용하여 취수하는 방식으로서 일반적으로 RBF는 내경이 3~6m 이상이며, 심도 20~40m되는 수직 우물통(concrete well caisson)과 내경 200~400mm이며, 1본당 길이가 30~110m정도 되는 7~14개 정도의 수평집수관인 스크린(lateral well screen) 등으로 구성되어 있다(그림 7-11~그림 7-13).

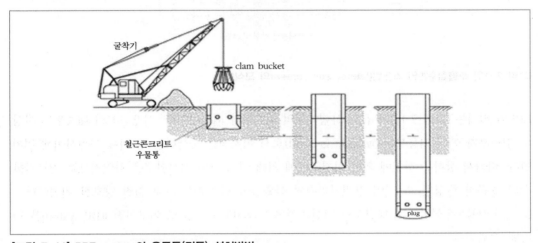

[그림 7-11] RBF system의 우물통(정통) 설치방법

[그림 7-11]~[그림 7-13]은 RBF의 우물통 설치방법과 수평집수관인 스크린의 구조 및 여러 개의 스크린으로 구성된 RBF 취수시설의 모양을 도시한 그림이다.

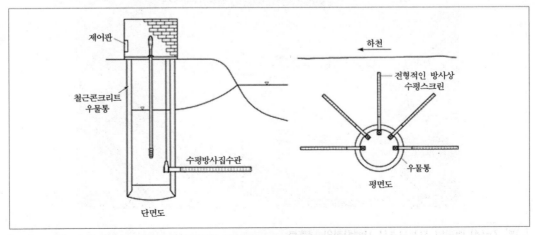

[그림 7-12] 여러 개의 스크린과 우물통으로 구성된 RBF 취수시설의 모형

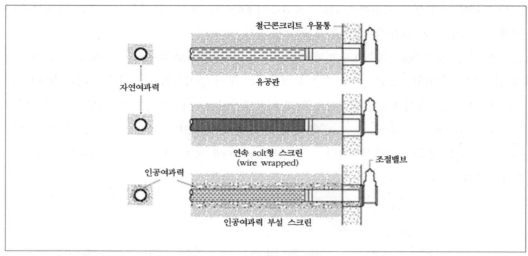

[그림 7-13] 수평집수관인 스크린(lateral well screen)의 모식도

RBF의 적지는 [그림 7-14]와 같이 사행하천의 내측부가 최적지이다. 사행하천의 내측부는 하상의 침식부가 아닌 이동부(moveable ground)로서 이지점은 사행하는 상-하류 하천사이에 위치한다. 따라서 상하류 하천에 의한 하천구배에 의해 이 구간의 지하환경은 자연적으로 천부지하수의 흐름이 형성될 수 있어 강변여과수의 산출성이 외측부에 비해 훨씬 양호한 지점이다. [그림 7-15]는 우물통과 수평집수관 대신에 수직정(vertical well)로 이루어진 RBF system을 나타낸 그림이다.

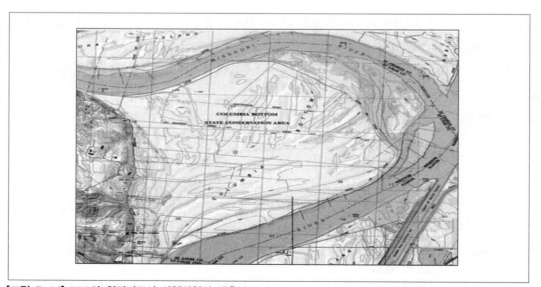

[그림 7-14] RBF의 최적지로서 사행하천의 내측부

유럽에서 RBF 형식의 취수장 가운데 80% 이상이 Rhine강 하류 약 600~780Km 구간의 강변에 설치되어 있으며, Rhine강 하류 계곡지역의 동수구배는 0.18~0.21m/Km 정도이고, 하류 845Km 지점의 갈수기의 하천 유량은 800m³/s이며, 하상을 구성하고 있는 물질의 평균 입경은 10~33mm이고, 충적층의 수리전도도는 0.33~2.2cm/s 정도이다. 2014년 현재 부산직할시와 창원시가 필요로 하는 660,000m³/일 규모의 상수도 원수를 낙동강하류의 강변에서 RBF 방식으로 취수하기 위해 시공 중이다.

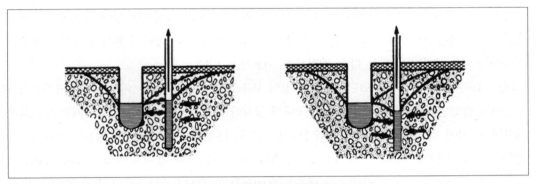

[그림 7-15] 스크린을 수반한 수평집수정 대신 수직정으로 이루어진 RBF system

수평 집수관(스크린)으로 구성된 복잡한 구조를 가진 수평방사집수정(이하 약술해서 수평집수정 또는 방사집수정이라 한다)은 기존 지하수 산출식만으로는 제반 수리성을 직접 평가할 수 없다. 그래서 방사집수정에서 발생하는 수위강하는 통상 집수정과 동일한 비양수량을 가진 수직우물로 이를 대치하여 평가하고 분석한다. 방사집수정에 대응하는 수직우물의 등가반경(equivalent diameter)은 간단한 대수성시험을 통해 알 수 있다(Hantush, 1962 외).

방사집수정 가운데 Ranney Collector Well이라는 것이 있는데 이는 직경이 3~4m 정도 되는 표준 콘크리트 우물통(일명 정통이라 한다)을 특정심도까지 설치한 후 그 하부에 수평방향으로 직경이 75~300mm 정도이고 지질조건과 설계에 따라서 약간씩 다르긴 하지만 길이가 10~100m 정도 되는 수평집수관(screen, lateral)을 방사상으로 설치하여 지하수를 채수하는 일종의 수평방사 집수정이다. 이들 스크린에서 지하수의 흐름 양상은 수직정에 비해 매우 복잡하지만, 이러한 집수정의 산출량 계산은 전술한 동일 비양수량을 갖는 등가반경의 수직우물로 이를 대치하여 분석할 수 있다. 스크린을 가진 수평집수정에 대응되는 수직우물의 등가반경은 [표 7-10]과 같다.

[표7-10] 수평집수정의 스크린설치 형식 및 개수에 따른 대응 수직정의 등가반경

수직정의 등가반경(m)	수평집수정의 형태
반경 = 8.3m의 수직정과 동일	수평집수정 주위 90° 범위 내에 길이 30m되는 4개의 수평집수관(스크린)을 설치한 수평집수정
반경 = 22m의 수직정과 동일	수평집수정 주위 180° 범위 내에서 스크린길이가 18~36m인 부채꼴 모양의 5개 스크린을 가진 수평집수정
반경 = 22.5m의 수직정과 동일	수평집수정 주위 130° 범위 내에 길이 41~54m에 해당하는 7개의 스크린을 가진 수평집수정

국내에서도 1970년대 초부터 만주식 및 방사–특수집수정이라 하여 투수성이 양호한 충적대수층으로부터 대용량의 지하수를 개발·이용하기 위해 각 산업체와 특히 수온이 일정한 지하수를 이용하는 분뇨처리장 등에서 다수 개발하여 이용하고 있다.

[그림 7-16]은 국내에서 시공했던 방사집수정의 구조도이며 [표 7-11]은 대구경의 수평시추기가 가용하지 않았던 1990년대 이전 시기에 국내에 설치한 대표적인 특수집수정의 사례를 도표화한 내용이다. 이에 의하면 수평집수정의 우물통인 정통의 내경은 3~3.2m이고, 정통의 설치심도는 풍화대의 상단까지인 대체적으로 10~20m 내외이며 수평집수관인 유공관(perforater pipe)의 굴착구경은 76mm(3 inch), 유공관의 내경은 60mm정도, 수평집수관 1본당 설치 길이는 10~40m 정도이다. 또한 수평집수관(laterals)의 간격은 정통 내에서 약 1m 간격을 두고 시공했기 때문에 1열당 7~9본이며 수평집수관의 단수는 1~4단으로 총 연장길이는 200~560m이며 1기당 채수량은 1,000~5,500m³/d 규모였다.

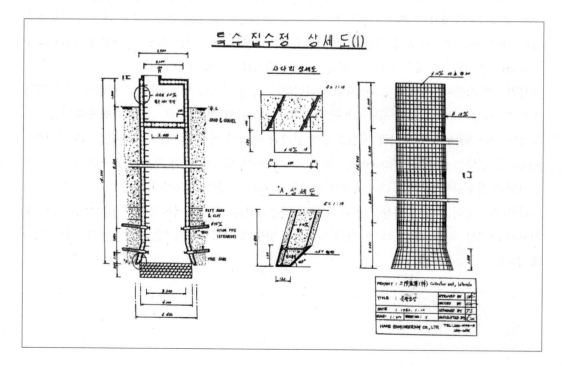

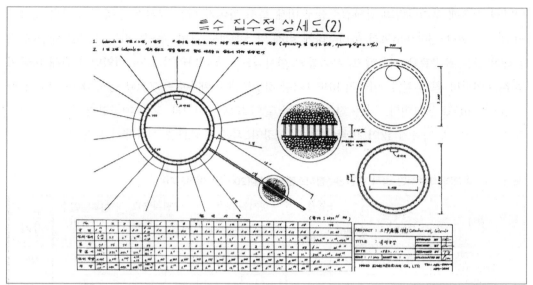

[그림 7-16] 90년대 이전 국내에서 시공했던 수평방사 집수정의 구조도

[표 7-12]는 미국에서 2002년 이전 시기에 설치한 대표적인 방사수평 집수정시스템의 현황 (2002년 이전 시기)을 요약한 표이다.

[표 7-11] 1990년대 이전 시기에 설치된 국내의 수평방사 집수정 설치현황

위치	지질	우물통 직경(m)	우물통 심도(m)	수평집 수관수	수평집 수관경 (mm)	집수관 단수	수평집수관길이(m)			산출량 (CMD)	시공 년도
							유공관	무공관	계		
용인 자연농원	충적층	3.2ID	9	44	60	4	102	298	400	4,500	75
대구	"	"	13	30	60	3	112	245	357	5,500	76-77
수원 No.1	"	"	12	13	60	2	137	332	469	1,000	76-77
수원 No.2	"	"	11	28	60	4	174	383	557	3,020	77
온양	"	"	10	14	60	3	145	142	287	1,500	78
대전	"	"	14	10	60	1	83	405	488	3,000	77-78
충주	"	"	15	10	60	1		380	380	2,000	80
부여	"	"	16.5	12	60	2		200	200	5,000	80
양산	"	"	12	18	60	2	290	210	500	1,000	79
수원 No.3	"	"	15	18	60	2	285	215	500	1,200	79
오산 No.1	"	"	17	20	60	3	205	245	450	5,000	79
오산 No.2	"	"	17	12	60	2	102	178	280	1,800	79
국제	"	"	15	18	60	2	125	235	360	3,500	79
대전	"	"	14	12	60	2	104	386	490	3,400	78
북평	"	"	13	18	60	2	260	0	260	4,000	83

미국의 경우에 우리나라의 방사집수정에 비해 특히 차이가 나는 부분은 수평 집수관인 스크린의 구경이 200~300mm로서 우리나라에 비해 약 5배정도 크며, 우리나라는 스크린 대신에 개공율이 낮은 유공관을 사용했고, 우물통의 설치심도도 우리나라가 17m 내외인데 반해 미국의 경우는 이보다 훨씬 깊다. 미국의 RBF 1기당 강변여과수 채수량은 7,700~95,000m³/d로서 평균 30,000m³/d 규모이다. 이는 전술한 바와 같이 [그림 7-17]과 같은 대구경의 수평착정기가 그 당시 국내에 가용치 않아 미국에 비해 구경이 적은 유공관을 사용했기 때문이다.

[표 7-12] 미국의 대표적인 방사 수평집수정시스템의 현황(2002년 이전시기)

위치	채수량 (천m³/d)	우물통		설치심도(m)		수평집수관		정통당집수 관길이 (m)	보수 주기
		개수	직경 (m)	정통	집수관	개수	직경 mm		
Boardman, Oregon	33.7~57	2	4.49	15	13	14	200 250	244	NA
Casper, Wyoming	7.7	3	4	10.7	8.6	9.	250	274	"
Cedar Rapid, Iowa	26~38	4	4.9	21.3	20	5	300	251	"
Evansville, Indiana	34.5	1	4	24.4	22.3	8	300	488	"
Indipendence, Missouri	38	1	4	38	36	8	250	488	"
Jacksonville, Illinois	17.2	1	4	27.4	25.6	7	300	357	10년
Kalama, Washington	8.6	1	4	12	10	3	250	98	25년
Kansas City Kansas	95~151	1	6	37	34.5	14	300	747	NA
Kennewick, Washington	11.2	5	4	13.7	12	8	250	91	43년
Lake Havasu City, Arizona	95	1	4.9	32	29	14	300	547	NA
Lincoln, Nebraska	평균70.2 151	2	4	23	21	14	300	381	"
Louisville, Kentucky	76	1	4.9	30	28.5	7	300	488	"
Mankato, Minnesota	19	1	4	17.5	16	9	300	300	"
Perth Amboy, New Jersey	22.4	1	4	24.4	22	5	250	250	16년
Sioux Fall, South Dakoda	7.7	14	3-4	16.8	14.6	3	200	99	NA
Sonoma Cou.. California.	평균64.2321	5	4	34	31	41	200 250	331	44년
Terre Haute, Iniana.	38	1	4	22.9	20.7	8	300	366	NA

Source : Bank River Infilteration, Henry Hunt etal 2002,   NA : do not available

[그림 7-17] 대구경 굴착용 수평착정기

7.4.2 수평방사 집수정과 RBF 시설에서 지하수의 흐름

수평집수정의 수평집수관인 스크린(lateral well screen)은 투수성이 비교적 양호한 충적대수층으로부터 대용량의 천부지하수를 개발하기 위하여 하천변에 설치하거나 오염된 하천수를 인근에 분포된 투수성 충적층 내로 유도한 후 수질을 개선시키기 위해 설치하는 취수시설이다.

전술한 바와 같이 RBF시설의 용수생산량은 Dupuit-Frochheimer의 식을 이용하여 동일한 우물효율을 갖는 즉 등가반경(equivalent diameter)을 가진 대구경 수직우물의 산출식(well discharge formular)을 이용해서 구할 수 있다. 즉 대수층을 완전관통한 수평집수정에서 일정율로 지하수를 채수할 때 발생하는 지하수위강하와 동일한 지하수강하가 발생하며 동등한 우물경을 가진 가상의 대응되는 대구경 수직정(large diameter well)으로 이를 대치하여 수평집수정을 설계한다. 일반적으로 대응 대구경 수직정의 등가반경은 수평집수정의 수평집수관(horizontal laterals, 이하 스크린이라 한다) 길이의 75%로 취하는 것이 통례이다(Hantush, 1962). 수평집수정 주위에서 흐름 상태는 매우 복잡하기 때문에 대수층의 두께, 수평집수관(스크린)의 본수(N), 그 위치 및 길이 등은 수평집수정으로부터 산출량을 계산하는데 있어서 매우 중요한 변수들이다. 또한 수평집수정 주위의 지하수위강하 분포도 매우 중요한 요소 가운데 하나이다. 정류상태 하에서 부분관통정의 경우에 지하수흐름 문제에 관한 해를 구하기 위해서는 상기 대구경 수직정을 1개의 선원(line source)으로 취급해서 구해야 하며, 배출 및 유입량의 규모는 수직정의 취수구를 따라 균일하다는 가정하에서 그 해를 구한다.

수평집수정의 스크린은 대수층의 두께에 비해 매우 적기 때문에 이 집수정은 대수층을 부분관통한 수평정으로 생각할 수 있다. 따라서 전술한 바와 같이 이러한 스크린은 이를 선침(line sink)으로 치환하여 수평집수정을 향해 흐르는 지하수의 흐름식의 해를 동일한 등가반경을 가진 대구경 수직정으로 대치하여 풀이할 수 있다. 대구경 수직정에서 지하수 산정식은 다음절에서 구체적으로 다루었으므로 이를 참조하기 바란다.

등방 균질이며 무한대 범위를 갖는 피압 및 자유면대수층에서 지하수의 흐름이 평형상태일 때 상기 대수층을 완전관통해서 설치한 수평집수정에서 지하수흐름은 상술한 방법으로 취급할 수 있다.

(1) 수평집수정 주위에서 수위강하

N개의 스크린으로 구성된 수평집수정에서 개개 스크린이 스크린의 축을 따라 균일하게 지하수를 배출시키는 1개의 유한-선원(finite line source)으로 가정하고, 대수층 내 임의의 지점 (r, θ, z)에서 i번째 스크린에 의해 발생하는 지하수위강하를 s_i라 하면 수평집수정주위에서 발생하는 전체 수위강하 s는 중첩법을 이용하여 다음식과 같이 표현가능하다

$$s = \sum_{i=0}^{N} s_i = \sum_{i=0}^{N} \left(\frac{Q_i}{l_i} \right) f_i (r, \theta, z, t; \theta_i, z_i) \tag{7-5}$$

여기서 f_i는 주어진 흐름계에서 흐름을 지배하는 경계치 문제를 만족하는 함수이고, Q_i, l_i, z_i, θ_i는 i번째 스크린의 채수량, 길이, 수직위치 및 방향 등이다. 또한 Q는 N개 스크린에서 채수되는 수량의 총합이다(그림 7-18).

1) 대칭으로 설치된 스크린으로 이루어진 수평집수정

우물통을 중심으로 동일한 평면에 여러 개의 방사상 스크린이 설치되어 있는 수평집수관 그룹을 대칭으로 설치된 수평집수관(symmetrically located laterals) 또는 간단히 대칭 스크린이라 한다. 이때 스크린의 길이가 모두 동일하고, 균일한 두께를 가진 무한대의 균질 및 등방 수평대수층의 동일구간에서 지하수 채수가 가능하도록 [그림 7-20(A), (B)]와 같이 설치되어 있다면, 지하수가 전체 스크린을 통해 균일하게 배출될 때 수평집수정에 설치된 개개 스크린으로부터 채수되는 양은 $\frac{Q}{N}$이다. 이때 수평집수정 주위에서 발생하는 수위강하는 (7-6)식과 같다.

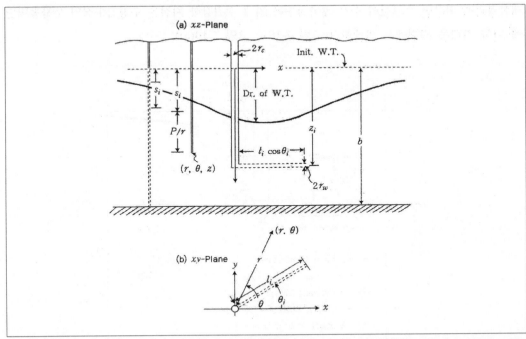

[그림 7-18] 비누수 자유면대수층에 설치한 방사수평 집수정에서 수평집수관(스크린)의 길이, 위치 등과 거리별
　　　　　　수위강하

$$s = \frac{Q}{N \cdot l} \sum_{i=0}^{N} f_i(r, \theta, z \; ; \theta i, z_i) \tag{7-6}$$

여기서　　l : 각 스크린의 길이, N : 스크린의 수,　　z : 개개 스크린들의 수직좌표

2) 수평집수정에서 양수위

위에서 설명한 수위강하식에서 개개 스크린을 통해 유입 – 배출되는 유량은 스크린의 유입면을
따라 균일하게 분포되어 있다는 가정하에 근거를 두고 있다. 이론적으로 유입 – 배출량보다는
수리수두가 스크린의 유입면을 따라 균일해야 한다. 왜냐하면 실제 현장조건 하에서는 균일한
유입량이나 균일한 수리수두가 스크린의 유입면을 따라 발생하지 않기 때문이다. 실제 자연상
태에서 스크린의 유입면을 따라 발생하는 수위강하분포는 다음과 같은 2가지의 이론적이며 극
단적인 경우에 한해서만 발생한다. 부분관통 – 수직정에서 언급했던 문제들과 같이 수평집수정
에서 수위강하는 균일하게 지하수를 배출시키고 있는 스크린의 유입면을 따라 발생하는 데 수
위강하로 근사화시킬 수 있고, 스크린의 유입면을 따라서 발생하는 최대 수위강하지점은 수평
집수정의 기하학적인 형태에 따라 좌우된다. 단일(1개) 스크린의 경우에 최대 수위강하 발생지
점은 [그림 7-19(a)]처럼 스크린 중심부이다. [그림 7-19(a)]에 나타난 바와 같이 수위강하식의

계산결과에 의하면 스크린의 수가 많아질수록 최대 수위강하 지점은 수평집수정의 우물통벽면에 더욱 가까운 지점에서 발생한다(그림 7-18과 그림 7-19(a)).

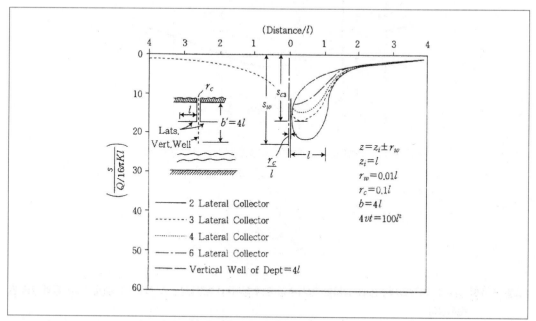

[그림 7-19(a)] 두께가 두터운 대수층에 설치한 수평집수정에서 스크린의 개수와 대응 수직정에 따라 형성되는 거리별 수위강하의 변화 모식도

대칭 스크린을 4개 이상 설치한 수평집수정의 경우에 r_m 을 최대수위강하가 발생되는 지점까지의 거리라 하고, r_c 를 수평집수정의 유효반경이라 하면 $r_c < 0.05\,l$ 일 때 $r_m = r_c$ 가 된다. 다시 말하면 최대수위강하가 일어나는 지점은 수평집수정의 우물통 벽면이다. 또한 스크린을 6개 이상 설치한 수평집수정의 경우에도 $r_c < 0.1\,l$ 일 때는 위와 유사한 현상이 발생한다($r_m = r_c$). 이와 같이 최대 수위강하 지점은 대수층의 수리특성과는 크게 관계가 없다. $r_c > 0.1\,l$ 일 때 대수층의 수리특성치를 가정한 값을 사용하고 대칭 스크린 가운데 1개 스크린의 유입면을 따라서 수위강하 단면도를 작성해보면 최대 수위강하 지점을 알아낼 수 있다.

엄격한 의미에서 수평집수정 내에서 발생되는 수위강하는 최대수위강하지점에 (7-5)식과 (7-6)식을 평가하여 산정한다. 만일 4개 이상의 대칭 스크린으로 구성된 수평집수정에서(실제 시공은 이렇게 한다) $r_m = r_c < 0.1\,l$ 일 때 상기 수평집수정에서의 수위강하는 다음 (7-7)식과 같다.

$$s_c = \frac{Q}{N\,l}\big\{f_i(r_c, \theta_1, z_1 \pm r_w, t\,;\theta_1, z_1)\big\} \tag{7-7}$$

$$+ (N-1)\big\{f_i(0, \theta_1, z_1 \pm r_w, t\,;\theta_1, z_1\big\}$$

여기서 θ_1, z_1, r_w 는 개개 스크린의 방향(각)좌표, 수직(위치)좌표 및 최대수위강하가 일어난 유입면을 가진 스크린의 유효반경이다.

(2) 범위가 무한대인 자유면대수층에 설치된 수평집수정에서 수위강하와 최대개발 가능량 및 적용 조건

평형상태(steady state)로 지하수를 채수하고 있는 수평집수정 주위에서 발생하는 최대수위강하가 ① 포화두께의 25% 미만이고, ② 지하수채수로 인한 대수층의 압축현상으로 배출되는 지하수량(released)이 배수현상(dewatering)으로 배수된 양보다 소량이고, ③ 스크린의 구경이 포화대의 두께에 비해 무시할 수 있을 정도로 적으며 ④ 집수정의 반경이 스크린 길이에 비해 적은 경우의 해는 다음과 같다.

1) 수위 강하식(equations of drawdown)

수평 집수정에 설치한 1개 스크린그룹 중에서 i번째 스크린에서 발생되는 수위강하 $s_i(r, \theta, z, t : \theta_1, z_i)$ 와 N개의 스크린으로 구성된 수평집수정 주위의 총수위강하는 (7-5)식과 (7-6)식으로 구한다.

가) 장기간동안 채수하는 경우의 수위강하

만일 $t > \dfrac{2.5b^2}{T}S$, $t > 5\dfrac{S}{T}(r^2 + l^2_{)1}$ 이며, t가 상기 2조건을 만족하는 경우에 i번째 스크린에서 발생하는 수위강하는 다음식과 같다(그림 7-18 참조).

$$s_i = \frac{Q_i}{4\pi k b l_i}\left\{ \alpha W\left(\frac{\alpha^2 + \beta^2}{4vt}\right) - \delta W\left(\frac{\delta^2 + \beta^2}{4vt}\right) - 2\beta\left[\tan^{-1}\left(\frac{\alpha}{\beta}\right) - \tan^{-1}\left(\frac{\delta}{\beta}\right)\right] \right. \quad (7\text{-}8a)$$

$$+ 2l_i + \frac{4b}{\pi}\sum_{n=1}^{\infty}\frac{l}{n}\left[L\left(\frac{n\pi\alpha}{b}, \frac{n\pi\beta}{b}\right) - L\left(\frac{n\pi\delta}{b}, \frac{n\pi\beta}{b}\right)\right]$$

$$\left. \times \cos\left(\frac{n\pi z}{b}\right)\cos\left(\frac{n\pi z_i}{b}\right) \right\}$$

여기서 $\quad \alpha = r\cos(\theta - \theta_i) - r_c, \qquad \beta = r\sin(\theta - \theta_i),$

$\qquad\qquad \delta = r\cos(\theta - \theta_i) - l', \qquad l' = r_c + l_i$

$\qquad\qquad r^2 = x^2 + y^2, \qquad\qquad v = \dfrac{T}{S} \qquad$ (그림7−18참조)

$\qquad\qquad W(u) :$ 우물함수, $L(u, \pm w) = -L(-u, \pm w) = \displaystyle\int_0^u K_0\left(\sqrt{w^2 + y^2}\right)dy$

$K_0(z)$ 는 zero order 수정 벳셀함수의 second kind

r, θ, z : [그림 7-18]에서 좌표, b : 수평 자유면대수층의 포화두께

$L(\mu, w)$: 실제적인 범위에서 간단하게 도표화 가능(예 $\mu \geq 4$인 경우

$L(\mu, 0) \approx \pi/2$

나) 단기간동안 채수하는 경우의 i 스크린에서 수위강하(Papadopulos)

$t \leq b^2 S/(20T)$인 경우는 양수시간이 단기간 또는 대수층의 두께가 두터운 경우이거나 2가지 조건이 모두 만족하는 경우로서 대체적으로 양수개시 후 수 십분 이내인 경우이다. 이기간 동안에는 대수층이 압밀에 의해 지하수가 배출되는 기간으로서 i번째 스크린에서 발생하는 수위강하는 다음식과 같다.

$$s_i > \frac{Q}{4\pi kb}\left[\begin{array}{l} \sin h^{-1}\dfrac{\alpha}{\sqrt{\beta^2+w_0^2}} - \sin h^{-1}\dfrac{\delta}{\sqrt{\beta^2+w_0^2}} + \\[2ex] \sin h^{-1}\dfrac{\alpha}{\sqrt{\beta^2+\lambda_0^2}} - \sin h^{-1}\dfrac{\delta}{\sqrt{\beta^2+\lambda_0^2}} - \\[2ex] 2\sin h^{-1}\dfrac{\alpha}{\sqrt{\beta^2+(\lambda_0+b\tau)^2}} + 2\sin h^{-1}\dfrac{\delta}{\sqrt{\beta^2+(\lambda_0+b\tau)^2}} \end{array}\right] \tag{7-8b}$$

여기서 $\tau = \dfrac{\dfrac{T}{S}t}{b^2}$, $w_0 = z_i - z$, $\lambda_0 = z_i + z$

다) 자유면대수층인 경우의 수위강하

자유면의 수위강하는 z=0일 때, (7-8a) 및 (7-8b)식을 사용하여 근사치를 구한다.

라) 완전관통정에서 수위강하

관측정에서 측정한 수위는 스크린 설치구간에 해당하는 대수층의 평균 수위강하를 의미한다. 대수층 전구간에 스크린을 설치한 관측정에서 발생한 평균수위는 압력수위강하 $s_i(r, \theta, z, t : \theta_i, z_i)$를 z방향으로 0에서 b(대수층의 두께)까지 적분한 후 이를 b로 나누면 된다. 양수기간이 장기간인 경우의 수위강하는 (7-8a)식에서 급수항을 제외한 것과 같다.

[그림 7-19(b)]는 우물통 중심에 수직정이 있다고 가정했을 경우에 수직정의 채수로 인해 발생한 수직정의 수위강하와 4개~8개 대칭스크린으로 구성된 수평집수정에서 지하수 채수 시 발생한 인근 관측지점에서의 수위강하를 비교하기 위해 도시한 그림이다. 또한 대칭적으로 설치한 스크린의 유효길이와 동등한 유효반경 즉 대칭으로 설치된 4개 또는 8개의 스크린길이와 동일한 유효반경을 갖는 수직정에서 지하수 채수 시 거리별 수위강하를 나타낸 그림으로서 수평집수정의 중심에서 거리가 멀어질수록 3가지 경우의 수위강하는 같아진다.

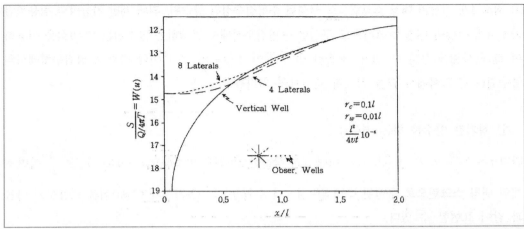

[그림 7-19(b)] 4개와 8개 스크린으로 구성된 수평집수정과 수평집수정중심에 설치된 대구경 수직정에서 양수 시 인근 관측지점의 수위강하

마) $r > l' + b$ 일 경우의 수위강하(원거리에서 수위강하)

이 영역에서는 (7-8a)식의 급수항에서 괄호안의 부분이 0에 가까워지는 경우이다. 따라서 (7-8a)식에서 급수항을 제외시키면 이 영역에서 수위는 다음과 같이 (7-8a)식으로 근사화 시킬 수 있다. 즉 이 영역에서 $r > 5l'$ 이면 1개 선상에서 적어도 2개의 스크린으로 구성된 수평집수 정에서의 수위강하식은 (7-8a)식에서 급수항이 없는 Theis식과 같이 된다.

$$s = \frac{Q}{4\pi kb} W\left[\frac{r^2}{4vt}\right] = \frac{Q}{4\pi kb} W\left(\frac{r^2 S}{4 Tt}\right)$$

[그림 7-20]의 (A)와 (B)는 스크린이 설치되어 있는 수평집수정에 3개와 4개의 스크린을 설치 때 스크린 주위에서 발생한 수위강하 분포도이다. 수평집수정과 비교적 원거리에 소재하는 구 간에서 지하수의 흐름상태는 Theis식에 의한 흐름과 거의 동일한 방사상 흐름을 보인다.

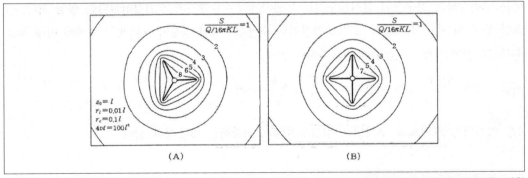

[그림 7-20] 수평집수정에 설치한 스크린 주위에서 지하수 채수 시 스크린 설치모양에 따라 형성되는 왜곡된 3차원 적인 수위강하와 원거리에서는 스크린 설치형식에 무관하게 방사흐름을 보이는 수위분포도

2) 최소 4개 이상의 대칭 스크린으로 구성된 수평집수정의 양수위, 최대 개발 가능량과 적용조건

최소 4개 이상의 대칭 스크린으로 구성된 수평집수정에서 발생하는 양수위는 (7-9)식을 이용하여 그 근사해를 구할 수 있다. 전술한 바와 같이 스크린의 수가 이와 다른 수평집수정에서의 양수위는 (7-7)식에서 fi를 적절히 조절하여 처리한다.

가) 장기간 양수를 하는 경우 :

만일 $t > \dfrac{2.5b^2}{T}S$, $t > 5\dfrac{S}{T}(r^2+l^2)$이며, t가 상술한 2조건을 만족하고 $l > 0.5b$, $r_w \leq \dfrac{b}{2\pi}$이면 N개의 대칭 스크린으로 구성된 수평집수정에서 수위강하는 (7-7)식과 (7-8a)식을 이용하여 다음과 같이 표현할 수 있다.

$$s_c = \frac{Q}{4\pi k b N}\left\{ W\left(\frac{l^2}{4\nu t}\right) + \frac{N-1}{l}\left[l' W\left(\frac{l'^2}{4\nu t}\right) - r_c W\left(\frac{r_c^2}{4\nu t}\right)\right] + 2N \right. \tag{7-9}$$
$$\left. + \left(\frac{b}{2l}\right)\log_e\left[\frac{\left(\frac{b}{\pi r_c^2}\right)^2}{2\left[1 - \cos\frac{\pi}{b}(2z_i + r_w)\right]}\right] + \right.$$
$$\left. \left[\frac{4b(N-1)}{\pi l}\right]\sum_{n=1}^{M}\left(\frac{1}{n}\right)\left[\frac{\pi}{2} - L\left(\frac{n\pi r_c}{b},0\right)\right] \times \right.$$
$$\left. \cos\left(\frac{n\pi z_i}{b}\right)\left(\cos\frac{\pi}{b}(z_i + r_w)\right) \right\}$$

여기서 $M' > \dfrac{b}{2r_c}$ 인 인자이다.

만일 $r_c \geq 0.5b$ 이면 실제적으로 (7-9)식에서 급수항들은 무시할 수 있다. 수평집수정에서 발생하는 수위강하는 집수관의 설치개수와는 무관하게 $r = 0$ 에서의 수위강하보다는 항상 적다. 상술한 두 값의 차는 스크린의 수가 증가하거나 수평집수정의 구경이 포화대의 두께에 비해 작을수록 그 차이는 더욱 감소한다. 따라서

지금 $t > \dfrac{5l^2 S}{T}$, $l > 0.5b$ 이며, $r_w < \dfrac{b}{2\pi}$ 이면

4개 이상의 스크린으로 구성된 수평집수정의 수위강하는 다음식과 같다.

$$s_c > \frac{Q}{4\pi kb}\left[W\left(\frac{S\,l^2}{4\,Tt}\right) + 2 + \frac{b}{2l}log_e\frac{\left(\frac{b}{\pi r_w}\right)^2}{2\left(1-\cos\frac{\pi}{b}\left(2z_i + r_w\right)\right)}\right]$$ (7-10a)

윗식을 다음과 같이 대응 수평집수정의 Theis식으로 표현하면

$$s_c > \frac{Q}{2\pi kb}\log_e\frac{R}{l}$$ (7-10b)

영향반경(R)은 다음식과 같이 된다.

$$R = 4.08\sqrt{\frac{T}{S}t}\left\{\frac{\left(\frac{b}{\pi r_w}\right)^2}{2\left[1-\cos\frac{\pi}{b}\left(2z_i + r_w\right)\right]}\right\}^{\frac{b}{4l}}$$ (7-11)

나) 범위가 무한대인 자유면대수층에 4개의 대칭스크린으로 구성된 수평 집수정을 설치했을 때 수위강하, 최대 개발 가능량과 적용가능조건 :

* 적용 가능조건 : 1) $t > 5\,l^2\frac{S}{T}$, 2) $l > 0.5b$, 3) $r_w < \frac{b}{2\pi}$

* 최대개발 가능량(Maximum Yield, Q_m) : $Q_m \leq \dfrac{2\pi kb\ s_s}{2.3\log\dfrac{R}{l}}$

여기서 R은 영향반경이다.

$$R = 4.08\sqrt{\frac{T}{S}t}\left\{\frac{\left(\frac{b}{\pi r_w}\right)^2}{2\left[1-\cos\frac{\pi}{b}\left(2z_i + r_w\right)\right]}\right\}^{\frac{b}{4l}}$$

* 적정 개발 가능량(Optimum Yield, Q_0) : 고려 대상 대수층의 불균질성에 따른 불확실성, 우물효율, 부분관통정인 경우의 보정 등을 고려하고 위에서 산정한 Q_m는 최대 개발 가능량이므로 적정 개발 가능량은 안전율(0.1~0.2) 감안하여 산정한다.

(3) 강변에 설치한 수평 집수정(near a stream or bank mounted screen)의 수위강하와 최대 개발가능량(자유면대수층인 경우)

[그림 7-21(a)]와 [그림 7-21(b)]는 자유면대수층을 완전히 관통하고 비교적 연장성이 길고 직선형인 하도를 따라 흐르는 하천 연변에 설치한 수평집수정의 단면도이다. 이 경우에 평형상태하

에서 채수되고 있는 수평집수정 주위에서 발생하는 수위강하는 영상법을 이용하거나 (7-8)식으로 구할 수 있다. 실제적으로 필요한 사항은 평형상태를 유지하는 동안 수평집수정에서 발생하는 수위강하이다.

1) 평형상태일 때의 수평집수정에서 양수위(정류인 경우)

만약 $l > 0.5b$ 이고 $r_w < \dfrac{b}{2\pi}$ 일 때, N개의 대칭 스크린이 설치된 수평집수정에서 지하수흐름이 정류(평형상태)일 때의 수평집수정내에서 양수위는 다음식과 같다.

$$s_c = \frac{Q}{2\pi kbN}\left\{\log_e\frac{r^r}{u^\mu} - (N-1)\log_e\frac{u^\mu j^i}{r^r \rho^p}\right\} \tag{7-12}$$

$$+\, 5\,[(7-9)식의\ \log\ 및\ 급수항]$$

여기서 $r = \dfrac{2(a-r_c)}{l}, \quad u = \dfrac{(2a-2r_c-l)}{l}, \quad j = \dfrac{l\,'}{l}, \quad l\,' = r_c + l_i$

$\rho = \dfrac{r_c}{l}$ 이며,

$\qquad a$: [그림 7-21(a)]에서 수평집수정 중심에서 하천까지의 유효거리.

하천부근에 설치한 수직정의 경우와 같이 거리 a 는 하천제방의 실거리와 정확히 일치할 필요는 없다. 왜냐하면 하상이 경사져 있거나 저투수성인 경우에 a는 하천제방까지의 실제 거리보다 클 수도 있다. 따라서 a는 대수성시험을 실시해서 구할 수도 있고 경험이 많은 기술자는 기존의 경험식에 허용치를 부여하여 사용할 수도 있다. 만일 $l > 0.5b$, $r_w = \dfrac{b}{2\pi}$ 이면 수평집수정의 수위강하는 다음 식들을 만족한다.

$$s_c > \frac{Q}{2\pi kb}log_e\left\{\frac{\gamma^\gamma}{\mu^\mu}\left[\frac{\left(\dfrac{b}{\pi r_w}\right)^2}{2\left[1-\cos\dfrac{\pi}{b}(2z_i+r_w)\right]}\right]\right\}^{\frac{b}{4l}} \tag{7-13a}$$

$$s_c > \frac{Q}{2\pi kb}log_e R\,\frac{r^r}{u^\mu} \tag{7-13b}$$

여기서 R은 (7-11)식과 같다.

2) 하천 연변에 대칭 스크린으로 구성된 수평집수정을 설치했을 때 수위강하와 최대 개발 가능량 및 적용조건 :

* 적용조건 : $l > 0.5b$, $\quad r_w \leq \dfrac{b}{2\pi}$

$$t > 2.5\,b^2\,\frac{S}{T} \quad \text{or} \quad 5\,l^2\,\frac{S}{T}$$

* Maximum Yield :

$$Q_m \leq \cfrac{2\pi kb \cdot s_c}{2.3\log\left\{\dfrac{\gamma^\gamma}{\mu^\mu}\left[\cfrac{\left(\dfrac{b}{\pi r_w}\right)^2}{2\left[1-\cos\dfrac{\pi}{b}(2z_i+r_w)\right]}\right]\right\}^{\frac{b}{4l}}}$$

여기서

$$\gamma = \frac{2(a-r_c)}{l}, \quad \mu = \frac{2(a-r_c)-l}{l}, \quad \mu = \gamma - 1$$

* 적정 개발 가능량(Q_o) : $Q_o = (0.8 \sim 0.90) \times Q_m$

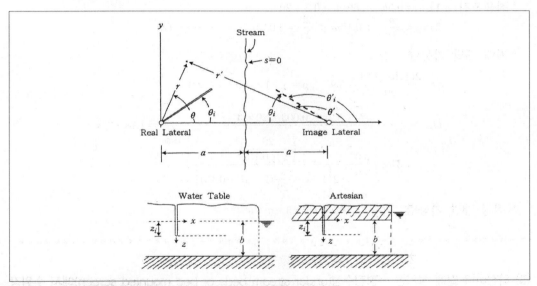

[그림 7-21(a)] 하천변에 설치한 수평집수정 분석시 사용한 영상법 들

예 7-1

[그림 7-21]과 같이 등방 균질의 사력으로 구성된 자유면 충적대수층이 발달되어 있다. 하천제방에서 100m 떨어진 지점에 구경(r_w)이 0.15m이고, 길이가 50m인 스크린으로 구성된 반경(r_c)이 2.5m인 수평집수정을 설치하고 수평집수정에서 실 수위강하를 3m 하강시킬 경우에 최대 개발 가능량(upper limit of the yield, Q_m)은 얼마인가? (단 대수층의 수평 K = 0.003m/s, z_i = 15^m)대수층의 포화두께(b) = 20m이며, 수평집수정에서 강변여과수를 1일 이상 장기간 채수하여 지하수

의 흐름이 평형상태에 도달하였다)

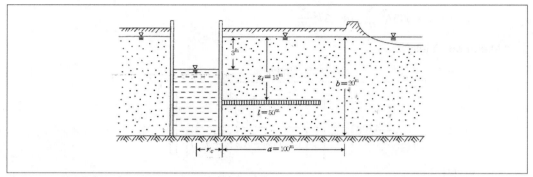

[그림 7-21(b)] 예제의 모형도

해설 :

* 적용조건 : 1) $l > 0.5b$: $50\,m > 0.5 \times 20 = 10\,m$

            2) $r_w < \dfrac{b}{2\pi}$: $0.15m < \dfrac{20}{2\pi} = 3.03\,m$ -------- OK

* 최대 개발 가능량 :

$$\gamma = \frac{2(100-2.5)}{50} = 3.9, \quad \mu = \gamma - 1 = 3.9 - 1 = 2.9$$

$$Q_m = \frac{2\pi \times 0.003 \times 20 \times 3}{2.3\log\left\{\dfrac{3.9^{3.9}}{2.9^{2.9}}\dfrac{\left(\dfrac{20}{\pi \times 0.15}\right)^2}{2\left[1 - \cos\dfrac{\pi}{20}(2 \times 15 + 0.15)\right]}\right\}^{\frac{20}{4 \times 50}}} = 1.18\,m^3/s$$

* 적정 개발 가능량 : $Q_0 = 1.18 \times 0.85 \approx 1.0\,m^3/s$

(3) 하천바닥 밑에 설치한 수평집수정(under stream beds or bed mounted screen)에서 수위강 하와 최대 개발가능량 및 적용조건

[그림 7-22]는 스크린을 하천 바닥 아래에 설치한 수평집수정의 평면도와 단면도이다. 이 경우에 하상 아래에 설치한 수평집수정에서 수위강하는 다음과 같은 3가지 가정하에 (7-8)식을 이용하여 영상정 방법으로 그 해를 구할 수 있다.

① 만일 하천유량이 수평집수정으로 유입되는 유량에 비해 크다면 하천수위와 양수위 사이에 형성되는 수리구배는 무시할 수 있다.

② 수평집수정에서 채수되는 채수량 가운데 그 대부분이 하천수가 대수층으로 관류한 후 스크

린을 통해 채수되기 때문에 원래 대수층 내에 저유되어 있던 천부 지하수의 채수량은 이에 비해 소량이다.

③ 하천제방은 [그림 7-22]와 같이 분포가 비교적 무한대이고 직선형이며 대수층을 완전히 절단한 일종의 수직 불투수성면이다.

1) 정류상태일 때 4개의 대칭 스크린으로 구성된 수평집수정에서 양수위

전술한 바와 같이 실제적으로 필요한 사항은 평형상태를 유지하는 동안 수평집수정에서 발생하는 수위강하이다. 즉 지하수흐름이 정류일 때 수평집수정 내에서 발생되는 수위강하가 가장 실제적이고 핵심적인 중요 사항이다. 이러한 시점은 대체적으로 $t > \dfrac{5b^2}{T} S$ 일 때 가장 우세하게 나타난다.

이와 같은 기간 동안에 $a > 0.5\left(b + r_c + l'\right)$ 이고, 스크린과 그의 영상정이 4개 이상의 대칭 스크린으로 구성되어 있다면, 수평집수정 내에서 발생하는 수위강하는 (7-14)식과 같다.

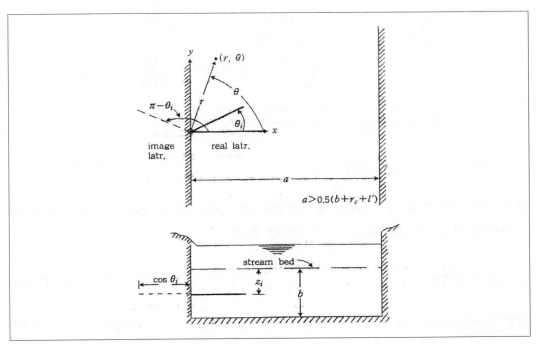

[그림 7-22] 스크린을 하천바닥하에 설치한 수평집수정과 경계조건

$$s_c = \frac{Q}{8\pi k l N} \log_e \frac{\left[1 - \cos\dfrac{\pi}{2b}\left(2z_i + r_w\right)\right]\left[1 + \cos\dfrac{\pi r_w}{2b}\right]}{\left[1 + \cos\dfrac{\pi}{2b}\left(2z_i + r_w\right)\right]\left[1 - \cos\dfrac{\pi r_w}{2b}\right]}$$

$$+ \frac{16}{\pi} \sum_{n=0}^{M'} \left[\left(\frac{1}{2N+1} \right) \right] \left\{ L\left(\frac{\pi l(2n+1)}{2b}, 0 \right) + L\left[\frac{\pi(l'+r_c)(2n+1)}{2b}, 0 \right] - \frac{\pi}{2} \right. \tag{7-14}$$

$$\left. - L\left[\frac{2\pi r_c(2n+1)}{2b}, 0 \right] + 2(N-1) \left[L\left(\frac{\pi l'(2n+1)}{2b}, 0 \right) \right] \right\}$$

$$\left. - L\left[\frac{\pi r_c(2n+1)}{2b}, 0 \right] \right\}$$

$$\times \sin\left[\frac{\pi(2n+1)(r_w+z_i)}{2b} \right] \sin\left[\frac{\pi(2n+1)z_i}{2b} \right]$$

그런데 $l > b$ 이고 $r_w = \frac{b}{\pi}$ 일 때는 (7-14)식은 다음 식으로 간단히 표시할 수 있다.

$$s_{cs} = \frac{Q}{8\pi k l N} \log_e\left(\frac{4b}{\pi r_w} \right)^2 \cdot \frac{1 - \cos\frac{\pi}{2b}(2z_i + r_w)}{1 + \cos\frac{\pi}{2b}(2z_i + r_w)} \tag{7-15}$$

$$+ \frac{16}{\pi} \sum_{n=0}^{M'} \left[\frac{1}{(2n+1)} \right] \left\{ \frac{\pi}{2} - L\left[\frac{2\pi r_c(2n+1)}{2b}, 0 \right] \right.$$

$$\left. + 2(N-1) \left[\frac{\pi}{2} - L\left[\frac{\pi r_c(2n+1)}{2b}, 0 \right] \right] \right\}$$

$$\cdot \sin\left[\frac{\pi(2n+1)(z_i+r_w)}{2b} \right] \sin\left(\frac{\pi(2n+1)z_i}{2b} \right)$$

여기서 $M' > 0.5 \dfrac{b}{r_c}$ 이다.

상기 (7-15)식에 (7-14)식을 유도할 때 적용했던 것과 같은 동일한 제한적인 내용을 적용하면 (7-15)식은 다음식과 같이 보다 간단히 표현할 수 있다.

$$s_c > \frac{Q}{4\pi k l} \log_e\left[\left(\frac{4b}{\pi r_w} \right)^2 \frac{1 - \cos\pi(2z_i + r_w)}{1 + \cos\pi(2z_i + r_w)} \right] \tag{7-16a}$$

만일 스크린이 폭이 a 인 하천에 직각방향으로 양하천 제방을 가로질러 설치되어 있다면 수평수 집수정에서 수위강하는 다음과 같이 된다.

$$s_c = \frac{Q}{4\pi k a} \{(7-14)\text{식에서 } \log \text{항})\}$$

2) 하천바닥하에 설치한 수평집수정에서 최대 개발 가능량과 적용조건 :

* 적용 가능 조건 : 1) $a > 0.5(b + r_c + l')$,   2) $l > b$,   3) $r_w < \dfrac{b}{\pi}$
4) *Steady state flow*인 경우

* Maximum Yield : $Q_m \leq \dfrac{4\pi kl\ s_c}{\log_e\left[\left(\dfrac{4b}{\pi r_w}\right)^2 \dfrac{1 - \cos\pi(2z_i + r_w)}{1 + \cos\pi(2z_i + r_w)}\right]}$ (7-16b)

* 적정 개발 가능량(Optimum Yield, Q_o) : $Q_o = (0.80 \sim 0.9) \times Q_m$

예 7-2

하천바닥하에 다음과 같이 50m 길이의 스크린을 설치하고 수평집수정 내에서 실제 양수위를 약 3m 정도 하강시키려고 한다. 이 경우에 수평집수정으로부터 개발할 수 있는 최대 채수 가능량? 단 설계변수들은 아래와 같다.

$l = 50\,m$, $b = 15\,m$, $a = 100\,m$, $z_i = 12\,m$, $r_w = 0.2\,m$, $r_c = 3\,m$,
$K = 0.003\,m/s$, $s_c = 3\,m$

해설:

* 적용조건 : 1) $a > 0.5(b + r_c + l')$, $100 > 0.5(15 + 3 + 50 + 3) = 35$
2) $l > b$, $50 > 15$
3) $r_w < \dfrac{b}{\pi}$ $0.2 < \dfrac{15}{\pi} = 4.77$ 이므로 3조건 모두 만족
$(17 - 16b)$식을 사용하여 *Maximum Yield*(Q_m)산정 가능

* 최대 개발 가능량 :

$$Q_m \leq \frac{4\pi kl\ s_c}{\log_e\left[\left(\dfrac{4b}{\pi r_w}\right)^2 \dfrac{1 - \cos\pi(2z_i + r_w)}{1 + \cos\pi(2z_i + r_w)}\right]}$$

$$Q_m = \frac{4\pi \times 0.003\,m/s \times 50\,m \times 3\,m}{2.3\log\left[\left(\dfrac{4 \times 15}{\pi \times 0.2}\right)^2 \dfrac{1 - \cos\pi(2 \times 12 + 0.2)}{1 + \cos\pi(2 \times 12 + 0.2)}\right]}$$ (7-16b)

$$= \frac{6.78}{2.3\log\left[9{,}128.5\,\dfrac{1 - \cos(90 \times 15.4)}{1 + \cos(90 \times 15.4)}\right]} = \frac{5.65}{9.48} \approx 0.6\,m^3/s$$

(4) 정류상태에서 취수한 강변여과수 가운데 하천수의 유입비율

$$\frac{Q_R}{Q} > \frac{2}{\pi} tan^{-1}\left(\frac{\sqrt{\frac{Q\,x}{\pi\,TI}-x^2}}{d}\right) - \frac{2\,TI}{Q}\sqrt{\frac{Q\,x}{\pi\,TI}-x^2} \tag{7-17}$$

여기서 Q_R : 하천에서 유입되는 량(m^3/d)

Q : 수평집수정에서 총 채수량(m^3/d) $[Q_R + 천부\ 지하수]$

T : 투수량계수(m^2/d)

I : 채수하기 이전의 동수구배

x : 유효한 함양선$(effectiveline\ of\ recharge)$과
     수평 집수정 사이 거리(m)

$\dfrac{Q_R}{Q}$: 총 채수량중 하천수의 유입비율(%)

예 7-3

[예제 7-2]의 경우에 강변여과수 채수량중에서 하천수의 유입비율?

전 예제에서 $Q=0.834\,m^3/s$, $T=Kb=0.003\,m/s \times 15\,m = 0.045\,m^2/s$, $x \approx 45\,m$, 양수개시 이전시기의 이 지역의 지하수 동수구배를 $\dfrac{1}{500}$ 정도라 하면

$$\frac{Q_R}{Q} > \frac{2}{\pi}tan^{-1}\left(\frac{\sqrt{\frac{0.834\times45}{\pi\times\frac{0.045}{500}}-45^2}}{45}\right) - \frac{2\times\frac{0.045}{500}\sqrt{\frac{0.834\times45}{\pi\times\frac{0.045}{500}}-45^2}}{0.834}$$

$$= \frac{2}{\pi}\times82.9 - 1.8\times10^{-4}\times\frac{361.3}{0.834} = 52.7\%$$

7.4.3 기타 강변여과 취수시설과 대구경 수평집수정의 채수 가능량 산정법

(1) 등가반경을 가진 대구경 수직정으로 치환한 수평집수정과 스크린의 설계

1) 대응 수평집수정으로부터 총–채수 가능량 (Q) :

방사 수평집수정에서 채수 가능량은 스크린의 평균길이를 반경으로 하는 대구경 수직우물에 해당하는 등가반경을 이용하여 채수 가능량을 산정해도 큰 무리는 없다. 다만 스크린의 개수와 배열상태에 따라 대구경 우물의 등가반경은 스크린의 평균 길이의 75% 정도로 적용한다 (Hantush, 1962, Walton, 1970).

따라서 자유면대수층인 경우에 대구경 우물의 채수량 산정식인 Thiem식을 수평 집수정에 적용하여 간단히 채수 가능량, 즉 산출량을 구할 수 있다.

하천인근(near a stream)의 자유면대수층에 설치한 방사수평집수정에서 채수 가능한 강변여과수 취수량은 스크린 길이의 약 75%를 등가반경으로 가진 대구경 수직우물로 가상하여 다음 Thiem식으로 산정한다.

$$Q = \frac{\pi K (H^2 - h^2)}{2.3 \log \dfrac{R}{r_e}} (1 - \alpha) \tag{7-18}$$

여기서 Q : 총채수 가능량(m³/d), K : 대수층의 평균 수리전도도(m/d)

              r_e : 등가반경 $= 0.75 \times l \, (m)$ l : $screen$의 평균 길이 (m)

              H : 초기수두(불투수층에서 양수개시전 수위, 초기 포화두께 (m)

              h : 불투수층에서 안정수위까지의 수두 (m)

              R : 자유면대수층에서 영향반경 (m)

여기서 총채수 가능량(Q)과 대수층에 관련된 K, H, h, R 및 r_e 등을 (7-18)식에 대입하면 필요한 스크린의 개수(N)와 스크린의 본당 길이(l)가 변수가 된다. 따라서 그 변수 중 한 개만 결정하면 나머지를 구할 수 있다.

2) 스크린 1본당 채수 가능량(q)

스크린은 일종의 도수관 역할을 하므로 (7-19)식인 Hazen-William식이나 관수로공식인 (7-20)식인 Manning식을 사용하여 다음과 같이 스크린 단위 길이당 채수 가능량(q)을 산정한다.

* $William - Hazen$식 :

$$V = 0.84935 \, C \times R^{0.63} \times I^{0.54}$$

또는 $q = 0.27853 \times C \times D^{2.63} \times I^{0.54}$ (7-19)

여기서 C : 유속계수(PVC 경우는 150, 주철관인 경우는 80을 적용),

              R : 동수반경 $= 0.25 \times D$, I : 동수구배, D : 관경 $(diameter)$

* $Manning$ 식 :

$$q = A V \text{에서} \quad V = \frac{1}{n} R^{\frac{2}{3}} \times I^{\frac{1}{2}} \tag{7-20}$$

여기서 A : 스크린의 단면적, V : 관내 평균유속

              n : 조도계수(PVC 경우 0.013 적용), R : $\dfrac{D}{4}$ (D는 관경)

$$I : \text{동수구배} \ = \frac{\text{자연수위} - \text{양수위}}{\text{영향반경}} \ (\text{영향반경} \ 500m \ \text{적용})$$

3) 필요한 스크린의 수(N)

전술한 총채수 가능량(Q)을 Hazen-William식으로 구한 스크린 1본당 토출량(q)으로 나누어 필요한 스크린의 개수를 계산한다.

$$N = \frac{Q}{q}(1 + \alpha)$$

여기서　α는 안전율로서 0.1~0.2

4) 스크린 1본당 길이(l)

$$l = \frac{q}{N \times A}$$

여기서　V : screen에서 지하수위 유입속도로소 0.03m/s 이하
　　　　A : screen의 개공면적으로서 [표 7-3]을 이용하여 계산

예 7-4 ●

[예제 7-1]의 경우를 등가반경을 가진 대구경 수직정으로 가정했을 때 상기 대구경 수직정(강변여과 취수시설)으로부터 채수 가능량, 스크린 1본당 채수 가능량, 필요한 스크린의 수 및 스크린 1본당 길이를 구하라?
(단 b(H) = 20m, s = 3m, h = 20 - 3 = 17m, r_c(집수정의 반경) = 2.5m, 스크린 1본당 길이 = 50m, 스크린의 반경 = 0.15m, K = 0.003^3m/s)

해설:

[예제 7-1]의 경우에 상술한 수평집수정을 자유면대수층에 설치한 등가반경을 가진 대구경 수직정으로 가정하고 그 개발 가능량을 계산하면 다음과 같다. 즉 대응되는 대구경 수직정의 등가반경은 대체적으로 수평집수정에 설치된 스크린길이의 75% 정도이므로 등가반경(r_e)은 50m × 0.75 = 37.5m을 적용한다.

본 예제에서 하천은 일종의 정경계선(positive boundary line) 역할을 하나 장기채수시 세립질 물질들의 하천바닥에서의 집적현상과 대수층공극의 막힘 현상 등으로 유효함양선(일종의 영향권)은 하천까지의 실거리보다는 훨씬 먼 거리에 소재하게 된다. 따라서 영향반경은 하천까지의 실거리에 10%를 가산한 110m를 적용하였다.

1) 채수 가능량(Q)

이들 값을 (7-18)식인 자유면대수층의 Thiem식에 대입하여 채수 가능량을 산정하면 다음과 같이 약 0.97 m³/s이다. 이는 [예제 7-1]에서 Hantush식으로 산정한 최대 개발 가능량(1.18m³/s)과 대동소이하다.

$$Q = \frac{\pi K(H^2 - h^2)}{2.3 \log \frac{R}{r_e}} = \frac{3.14 \times 0.003 (20^2 - 17^2)}{2.3 \log \frac{110}{37.5}} \approx 0.97\, m^3/s$$

2) 스크린 1본당 채수 가능량(q)

스크린은 일종의 도수관 역할을 하므로 (7-19)식인 Hazen-William식을 사용하여 다음과 같이 스크린 1본당 채수 가능량(q)을 산정한다.(스크린의 경은 0.3m(12inch), 장기 양수 시 영향반경 = 152.4m, 실수위강하 = 7.62m)

William − Hazen식 :

$$V = 0.84935\, C \times R^{0.63} \times I^{0.54}$$

또는 $$q = 0.27853 \times C \times D^{2.63} \times I^{0.54}$$

여기서 C : 유속계수(스크린은 주철관 : 80을 적용), D : 0.3m

I : 동수구배(7.62/152.4=0.05)

$$q = 0.27853 \times 80 \times 0.3^{2.63} \times 0.05^{0.54} \approx 0.186\, m^3/s/본$$

3) 필요한 스크린의 수(N)

전술한 총채수 가능량(Q = 0.81m³/s)을 Hazen-William식으로 구한 스크린 1본당 토출량(q = 0.186m³/s)으로 나누어 필요한 스크린의 개수를 계산한다.

$$N = \frac{0.81}{0.18}(1 + 0.15) = 5.175 \approx 6\,본$$

여기서 α는 안전율로서 0.1~0.2를 적용

4) 토출수의 스크린 유입속도 검토

스크린을 통해 수직정내로 유입되는 지하수의 유입속도는 임계유속인 0.03m/s 이하이어야 한다. [표 7-3]에 의하면 경이 0.3m(12inch)이고 slot No.60(개공크기=1.5mm)인 스크린을 사용하는 경우에 이 스크린의 개공률은 37.6%이며, 스크린 1m당 개공면적은 약 0.35m²(3,597cm²)이

다. 본 예제의 경우에 스크린 1본당 길이(l)는 15.2m로 확정했으므로 토출수의 스크린 유입속도(V)는 0.03m/s 이하이다.

$$V = \frac{Q}{A_o \times l \times N} = \frac{0.81}{0.35 \times 15.2 \times 6} \approx 0.025\,m/s$$

여기서　V : screen에서 지하수위 유입속도로소 0.03m/s 이하

　　　　A_0 : screen의 개공면적으로서 [표 7-3]을 이용하여 계산

5) 만일 토출수의 스크린 유입속도를 0.015m/s로 감소시키는 경우, 스크린 1본당 길이(l)는 25.7m짜리 6본을 설치해야 한다.

$$l = \frac{Q}{A_o \times V \times N} = \frac{0.81}{0.35 \times 0.015 \times 6} \approx 25.7\,m$$

집수정의 영향반경 R은 전술한 바와 같이 다음과 같은 여러 가지 방법을 이용하여 추론하거나 산정할 수 있다.

① 전술한 방사수평집수정에서 사용하는 (7-11)식 ② 후술할 (7-32)식 ③ "라" 항에서 기술한 거리-수위강하 곡선으로부터 산정 ④ 경험적인 값 : 자유면대수층은 약 500m, 피압대수층은 약 1,000m 이상.

그러나 영향반경을 잘못 추정하면 채수량 산정 시 오차가 상당히 크게 발생하므로(영향반경 오차의 약 $\frac{1}{2}$ 정도) 수평집수정 조사설계 시 반드시 지하지질조사와 병행하여 정량적인 장기 대수성시험을 실시하여 영향반경을 구해야 한다. 안정율 α 는 채수량 계산 시 불확실한 상수차를 대입하였을 경우를 고려한 것이나 K, R등 대수층 상수값을 정확히 측정한 경우 α 값은 지형 및 대수층 경계에 따른 요소만을 고려한다. 대수층 경계가 광범위하며 수평집수정의 영향권 밖에 있을 경우에는 영($\alpha = 0$) 이다. 반면 대수층 경계가 수평집수정 영향권 내에 50%를 중첩한 경우에 α 는 약 0.1~0.2를 적용한다.

고려대상 대수층이 피압대수층인 경우에는 다음과 같이 Theis식을 변형시켜 사용한다.

$$Q = \frac{2\pi Kb(H-h)}{2.3\log\frac{R}{r}}(1-\alpha) \tag{7-21}$$

(2) Petrovic식

1) 수평집수정으로부터 총 채수 가능량(Q)

하천 인근(near a stream)에 방사 수평집수정을 설치한 경우에 이 수평집수정에서 채수 가능량은 다음 Petrovic 식으로 산정한다.

$$Q = \frac{l \times N \times K \times H \sqrt{A - B\dfrac{h}{H-1}}}{C} \tag{7-22}$$

여기서　Q : 총 양수량(㎥/일),　　　　　N : 수평스크린의 수(개)
　　　　A, B, C : Petrovic 상수(표7-13),　K : 대수층 수리전도도(m/d)
　　　　l : 스크린의 본당 길이(m),　　　H : 갈수기 때 대수층의 두께(m)
　　　　h : 안정수위 시 대수층의 두께(m)

[표 7-13] Petrovic 상수

스크린의 수(N)	A	B	C
4	4	3	5.25
8	3	2.9	7.31
12	4.068	3.068	10.00
16	3.718	2.718	11.2

여기서 계획 채수량(Q)과 대수층에 관련된 K, H, h 및 Petrovic 상수 A, B, C를 (7-22)식에 대입하면 필요한 스크린의 개수(N)와 스크린의 본당 길이(l)가 변수가 된다. 따라서 그 변수 중 한 개만 결정하면 나머지를 구할 수 있다.

2) 스크린 단위 길이(1m)당 채수 가능량(q)

스크린은 일종의 도수관 역할을 하므로 (7-19)식인 Hazen-William식이나 관수로공식인 (7-20) 식인 Manning식을 사용하여 다음과 같이 스크린 단위 길이당 채수 가능량(q)을 산정한다.

* $William - Hazen$식 :

$$V = 0.84935\, C \times R^{0.63} \times I^{0.54}$$

또는　$q = 0.27853 \times C \times D^{2.63} \times I^{0.54}$

여기서　C : 유속계수(PVC 경우 150,　주철관인 경우 80 적용),　D : 관경
　　　　R : 동수반경=0.25×D,　　　I : 동수구배

* *Manning* 식 :

$$q = AV\text{에서} \quad V = \frac{1}{n}R^{\frac{2}{3}} \times I^{\frac{1}{2}}$$

여기서 A : 스크린의 단면적, V : 관내 평균유속

n : 조도계수(PVC 경우 0.013 적용), R: $\frac{D}{4}$ (D는 관경)

I: 동수구배 $= \dfrac{\text{자연수위} - \text{양수위}}{\text{영향반경}}$ (영향반경 $500m$ 적용)

3) 필요한 스크린의 수(N)

전술한 계획 양수량(Q)을 Hazen-William식으로 구한 스크린 1본당 토출량(q)으로 나누어 필요한 스크린의 개수를 계산한다.

$$N = \frac{Q}{q}(1 + \alpha)$$

여기서 α는 안전율로서 $0.1 \sim 0.2$

4) 스크린 1본당 길이(l)

$$l = \frac{q}{N \times A}$$

여기서 V : screen에서 지하수위 유입속도로서 0.03m/s 이하
             A : screen의 개공면적으로서 [표 7-3]을 이용하여 계산

(3) Milojevic 식

하천 인근에 설치한 방사상집수정은 하천 유로까지의 거리와 밀접한 관계가 있다. 따라서 다음 식(Milojevic : ASCE, Hyd, Div. V 89-6, 1993)을 이용하여 채수 가능량을 산정한다.

$$\frac{Q}{bKs_c} = \left(\frac{h}{l}\right)^{0.10} \times \left(\frac{r_w}{l}\right)^{0.15} \times \left[4.13N^{0.1415} - 1.22\left(\frac{b}{l}\right)\right]\left(\frac{1}{\log\dfrac{2x}{l}}\right)^{A}$$

여기서 $A = 0.914 + 0.0183 - 0.348\left(\dfrac{b}{l}\right)^{\frac{2}{3}}$

(7-23)

r_w : 스크린의 구경, h : 불투수층에서 스크린의 설치높이
l : 스크린의 길이, N : 스크린의 개수
x : 집수정에서 하천유로까지 거리, b : 대수층 두께

K : 대수층의 수리전도도, s_c : 수평집수정에서 수위강하량

Q : 수평집수정에서 채수량

여기서 마지막 항은 하천까지 거리에 따른 보정항으로서 $x=5l$일 경우 1.0이고, $x>5l$이면 1.0보다 적고, $x<5l$이면 1.0보다 큰 값을 갖는다. A는 스크린의 수와 길이에 따른 값으로 0.9~1.2 범위이다.

방사상 집수정 설계의 기본은 취수 가능량을 먼저 설계하고 이에 부합하는 수평 집수관의 개수와 길이를 결정한다. 그런데 전술한 바와 같이 수평집수정에서 최대 채수 가능량은 대구경 우물(large-diameter well)의 경우에 준하여 산정하기도 한다(Dupuit Forheimer의 등가반경).

일반적으로 Petrovic 경험식은 상수가 너무 많을 뿐만 아니라 적용범위가 좁고, 본래 양수량 산정을 목적으로 설정된 경험식을 역으로 적용하는데 다소 문제가 있다.

또한 Milojevic식은 하천변에서의 양수량 계산에 적용할 수는 있으나 복잡한 계산을 통하여 수평 집수관의 설치 심도를 역으로 구하는 것은 다소 문제가 있다. 그러므로 실제적으로는 수평 집수관의 설치 심도는 경험적으로 우선 정하고(사력층 20m~토사층 40m 범위, 평균 30m) 스크린 본당 채수량은 Hazen-William 공식을 적용하여 수평 집수관의 개수를 정하되 안전율 10%를 가산하여 다음 식으로 산정하는 것이 바람직하다. 즉,

$$Q=Nq(1+\alpha) \tag{7-24}$$

여기서 N : 수평 집수관의 개수, Q : 계획 양수량

q : 수평 집수관의 공당 산출량, α : 안전율

윗식은 대수층이 균질 등방성이라는 가정하에 유도된 식이다. 그러나 실제적으로 대다수 대수층은 불균질 이방성이며 지역에 따라 수평 찬공각도를 조절하여 수평집수관의 설치 배열방식이 부채꼴이 되거나 찬공길이가 모두 동일하지 않더라도 평균치의 계념을 적용하는 경우에 채수량 산정식인 (7-24)식에서 안전율 α를 적절히 적용하면 큰 무리 없이 사용가능하다.

7.4.4 대구경 수평 집수관거(Infilteration gallery)의 설계

(1) 원리와 설치 요인들

일반적으로 우리나라에서 갈수기간 동안 하천변에 분포된 충적대수층을 위시한 포화대의 지하수위는 하천수위보다 높다. 따라서 이 시기의 대다수 하천들은 이득하천(gaining stream)이다. 즉 이 기간 동안 하천유량은 인근 대수층에서 배출되는 지하수의 자연 지하수유출(natural groundwater runoff)에 의해 하천 갈수량이 유지되므로 이러한 경우는 대수층과 인근 하천사

이의 수리적인 연결성이 양호하다고 한다. 그러나 충적대수층이 인근 지표수체와 수리적인 연결성이 양호하다고 할지라도 수직정을 설치하여 용수를 개발하기에는 대수층의 두께가 충분히 두텁지 않아 적절하지 않은 경우도 있다. 즉 하천계곡에 두께가 10m 미만인 충적퇴적층이 암반 위에 직접 분포되어 있는 경우가 대표적인 예이다. 이러한 수리지질조건하에서도 1개 이상의 대구경 수평집수관으로 구성된 취수시설을 하천바닥 밑이나 하천변에 분포된 충적대수층에 설치하여 대용량의 여과된 지표수와 천부지하수를 동시에 개발 이용하고 있는 경우도 있다.

원래 대구경 수평집수관거(Infilteration gallery)는 심도가 8m미만인 충적층에 개착식 굴토를 한 후, 굴착구간에 수평집수관과 여과력을 부설한 다음, 충적층지하수와 인근 표류수를 수평집수관으로 유도 및 여과시켜 천부지하수와 여과된 지표수를 동시에 개발하기 위한 취수시설이다. 대구경 수평 집수관을 설치할 때 고려해야 할 주요 요인들은 다음과 같다.

① 취수량 : 일반적으로 하천바닥 밑에 설치한 수평집수관에서 취수 가능한 량은 하천변에 설치한 것에 비해 2배정도 산출성이 양호하다.

② 수질 : 하천변에 설치한 수평집수관에서 취수한 강변여과수의 탁도와 미생물의 함량은 하천 바닥 밑에 설치한 수평집수관에서 취수한 그것에 비해 탁도나 미생물의 함량이 적다.

③ 시공성 : 하천변에 설치하는 방법에 비해 하천바닥 아래에 설치하는 방법이 더 어렵다.

④ 유지 보수 : 하천바닥 밑에 설치한 수평집수관은 세립질물질이 지속적으로 하천바닥에 침전 집적되어 공매(막힘)현상이 발생하므로 하천변에 설치한 수평집수관 시설이 하천바닥 밑에 설치한 수평 집수관시설에 비해 유지보수가 간편하다.

⑤ 하천 유로와 호소수위의 안정성 : 하천은 비교적 단기간 내에도 측방침식이 일어나 하천변에 설치한 수평집수관을 파손시키기도 하며, 하천 바닥 밑에 설치한 수평집수관은 전술한 바와 같이 저투수성 세립물질이 하천바닥에 집적하여 공매 및 피막현상을 유발하여 채수시설에 악영향을 미친다. 또한 갈수기에 하천수위가 변하면 취수량에 영향을 주기도 한다.

(2) 설계 원칙

1) 배열방식

대구경 수평 집수관거의 설치 및 배열방법은 다음과 같은 2가지 방법이 있다.

가) 하천 및 호소바닥 밑에 설치하는 방법(under a stream or bed mounted) : 이 경우에 수평집수관의 배열방향은 하천의 유로방향과 직각방향으로 한다.

나) 하천 및 호소의 연변에 설치하는 방법(near a stream or bank mounted) : 이 때, 수평집 수관의 배열방향은 하천의 유로방향과 평행하게 설치한다. 즉 지하수 유동방향과는 직각

방향으로 부설하여 수두손실을 최소화 시킨다.

2) 설계기준

가) 수평집수관의 개공(slot)을 통해 관내로 유입되는 지하수유입속도는 3cm/s 이하로 한다.

나) 수평집수관의 축방향에서 관내 축방향 유속(axial velocity)은 마찰수두손실이 최소가 되도록 다음 (7-25)식과 같이 1.0m/s 이하이어야 한다.

$$Q = \pi r^2 v \times 86,400^{sec/d} \qquad (7-25)$$

$$v = \frac{1.16 \times 10^{-5}Q}{\pi r^2} \qquad (7-26)$$

여기서 v : 관내 축방향유속(m/s), Q : 채수량(m^3/d), r : 관경(m)

다) 수평집수관의 slot크기 : 수평집수관주변에 설치한 인공 여과력을 100% 잔존시킬 수 있는 크기이어야 한다.

라) 수평집수관의 재질 :

연수인 경우는 304 stainless steel 재질을 사용하고, 염수 또는 TDS 함량이 높은 경우는 316 stainless steel 재질을 사용하며, Ryznar 지수가 9.5이상인 경우는 Monel로 만든 수평집수관을 사용해서는 안 된다.

마) 여과력 설계

① 여과력의 단위 표면적당(1m²) 강변여과수의 채수 가능량은 117~273m³/d 규모이다. 즉 여과력의 수리전도도는 0.135~0.34cm/s 정도이나 실제는 이 보다 훨씬 크다.

② 여과력의 크기는 수직정주위에 설치하는 여과력의 설계방법과 동일하나 약간 조립질을 사용한다[여과력의 크기 = (6~7) × d₃₀].

③ 여과력의 재질 : 수직정의 설계 기준을 준용한다.

(3) 하천바닥 아래(bed mounted)에 설치한 대구경 수평집수관의 설계

1) 설계기준

가) 대구경 수평집수관거의 설치심도는 하천바닥 밑에서 최소 1.5m 이하 지점이어야 하고 대구경 수평집수관거 바닥 하부에 0.3m 정도의 여과력을 부설한다.

나) 대구경 수평집수관거의 표면이나 직상방 대수층구간에 과도한 세립질물질의 집적이나 퇴적 현상이 일어나지 않도록 대구경 수평집수관거 설치지점은 하천유속이 0.3m/s 이상인 지점을 선정한다.

다) 인접 수평집수관과의 설치간격은 최소 3m 이상 되도록 한다.

라) 밑짐(bed loads)이 조립질인 하천에서는 하천의 유수방향과 평행하게 단일 대구경 수평 집수관거를 설치하지만 가능한 한 주된 집수관은 하천유수 방향과 직각방향으로 설치한 다(그림 7-23).

마) 대구경 수평집수관거는 하천이 직선인 구간에 설치하고 사행하천의 곡부에는 설치하지 않는다.

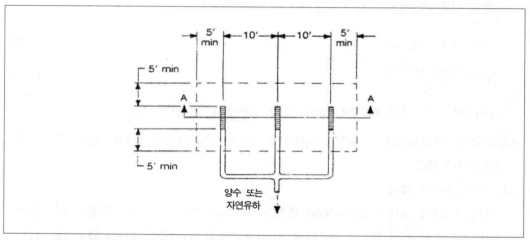

[그림 7-23] 하천바닥 밑에 설치한 대구경 수평집수관의 평면도

2) 하천바닥 아래(하상 하부)에 설치한 대구경 수평집수관의 채수 가능량과 길이 산정

대구경 수평집수관의 채수 가능량과 필요한 수평집수관의 길이는 다음 식들을 이용하여 산정한 다[Groundwater & Wells(Walton,63, Bennett,70)] [그림 7-24]는 하천바닥 밑에 설치한 대구경 수평집수관의 모식도(단면도)이다.

$$Q_1 = \frac{0.5\,\pi\,K(z_i + h_1)\,l}{2.3\log\dfrac{1.1\,z_i}{r_w}} \tag{7-27}$$

여기서 l : 수평집수관의 길이(m), $z_i + h_1$: 하천수위에서 집수관 중심까지 거리(m)
           r_w : 수평집수관의 경(m), h_1 : 하천수위에서 하천바닥까지 거리(m)
           z_i : 하천바닥에서 수평집수정 중심까지 거리(m), K : 수리전도도(m/d)

현장 경험자료에 의하면 수평집수관내로 유입되는 여과된 하천수량은 단위수두손실 및 단위면 적당 약 0.05~3.07m³/d 정도이며(Walton 63, Bennett, 70), 밑짐이 조립질이거나 하상구배가 급할수록 이 값은 증가한다. 대구경 수평집수관거를 장기간 운영하는 경우에 부분적인 막힘 현상은 불가피하다. 따라서 소요 취수량을 지속적으로 취수할 수 있으며, 추후 발생할 막힘 현상을 고려하여 설계 시 집수관의 유입면적은 실 계산치 보다는 다소 크게 설계한다. 즉 시공 시에는 소요 유입면적의 2배, 즉 설계 집수관 길이의 2배를 설치하기도 한다. 하천바닥이 저투수성 세립물질에 의해 집적되거나 수평집수관 직상위 구간에 분포된 충적층의 공극이 이들 저투수성 세립질 물질에 의해 막히는 현상을 방지 또는 개선시키는데 가장 효율적인 방법은 역세척(backwashing) 방식의 우물개량(well development)을 주기적으로 실시하여 막힘 현상을 최소화시킨다. 역세척시 사용하는 주입물량은 대체적으로 취수량의 2배정도이며 세척방법은 중력세척법, 고압분사주입법 및 고압공기를 이용한 에어서징 법(air surging) 등이 있다.

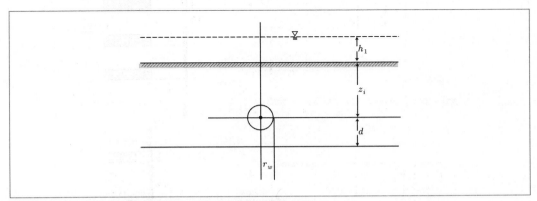

[그림 7-24] 하천바닥 아래에 설치한 대구경 수평집수관의 단면도

예를 들면 4개의 수평집수관으로 이루어진 대구경 수평집수관거에 1일 채수량이 $80,000\text{m}^3/\text{d}$일 경우에 1개 수평집수관당 역세척에 필요한 주입수의 량은 $40,000\text{m}^3/\text{d}(2 \times 80,000/4 = 40,000)$이다.

(4) 하천변(near a stream or bank mounted)에 설치한 대구경 수평집수관거의 설계

수평집수관의 설치 및 배열방식은 [그림 7-25]와 같이 1개 수평집수관을 하천의 유수방향과 같은 방향 즉 강변과 평행하게, 최소 지하수면하 1.5∼7.6m 하부에 설치하고, 하천수는 설치한 수평집수관의 하천 쪽 부분에서만 유입된다고 가정할 때 수평집수관으로 유입되는 유량은 (7-28)식으로 계산한다. 만일 하천 쪽과 그 반대편인 지하수의 상류구배구간에서도 동일한 유량이 유입된다면 총 유입량은 (7-28)식의 2배인 (7-29)식과 같다.

그러나 수평집수관은 일반적으로 하천유수와 수직방향으로 설치하는 경우(강변과 수직방향)가 대다수이므로 이 경우의 수평집수관거의 설계방법은 전술한 Hantush의 하천 연변에 대칭 스크린으로 구성된 수평집수정을 설치했을 때 수위강하와 최대개발 가능량 산정식인 (7-13a)식을 이용하여 구하는 것이 합리적이다.

$$Q_{1face} = \frac{K l [H^2 - (z_i + d)^2]}{2 R} \tag{7-28}$$

$$Q_{2face} = \frac{K l [H^2 - (z_i + d)^2]}{R} \tag{7-29}$$

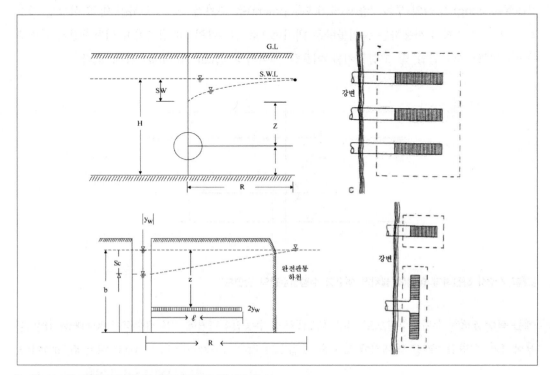

[그림 7-25] 대구경 수평집수관을 강변에 설치한 모식도

윗식에서 H : 자연수위에서 충적층 저면까지 거리(m), $H = s_w + z_i + d$
z_i : 양수위에서 수평집수관 중심까지 거리(m), K : 충적층의 수리전도도
d : 수평집수관 중심에서 충적층저면까지 거리,
R : 하천과 평행하게 설치한 양수정1공과 최소 8개공의 관측정에서 측정한 시간-수위강하 및 거리-수위강
  하곡선에서 산정한 영향반경(Katzmann,48, Walton,62)

대구경 수평집수정의 설계 시 사용하는 대수층의 수리전도도와 영향반경은 다음과 같은 정량적
인 대수성시험과 분석법을 이용하여 산정한다.

① 수평집수정 설치 예정지점(중심점)에 완전관통형 시험정 1개공(최소관경 250mm)과 시험정
   에서 하천유슈방향에 직각으로 설정한 직선구간에 적정한 간격으로 완전관통형 관측정 4개
   공(최소관경 65mm)을 직선방향으로 설치한 후 장기대수성시험을 최소 48시간 실시한다.
② 시험정과 관측정에서 측정한 자료를 이용하여 시간-수위강하와 거리-수위강하 곡선을 작
   도 하여 투수량계수, 수리전도도, 저유계수, 비양수량, 영향반경 및 우물효율 등과 같은 수리

상수를 구한다. 2가지 분석 방법가운데 거리-수위강하분석에 우선을 둔다.

③ 부득이 부분관통형식의 시험정과 관측정을 설치하거나 기존의 우물을 사용하는 경우에는 반드시 부분관통에 따른 보정(7.1.9절 참조)을 실시한다.

(5) 기타 수평 집수관과 집수암거를 하천바닥 아래에 설치한 경우의 사용 식들

집수암거는 갈수기에 지하수위가 높고 수리전도도가 큰 사력층에서 다량의 지하수가 유동하는 지역인 선상지 말단부, 하상 및 구하상 등이 적합한 지역이다. 또한 하천부지에 설치하는 경우에는 하상 중심부에 가깝고 하상의 변동이 적은 곳이 유리하며 구하상에 매설하는 경우는 기설 관정의 영향이 없고 지상 장애물이 적은 곳이 바람직하다. 전술한 바와 같이 집수암거는 보통 단선으로 하고 지하수 유동방향과 평행 또는 직각으로 설치하나 평행방향으로 설치하는 것이 좋다. 지표면 및 지하수면의 구배가 급한 경우에 도수는 자연유하방법으로 하지만 구배가 완만한 경우와 간선수로에 채수해야 할 경우는 집수조를 설치하여 양수한다.

1) 저투수층위에 설치한 암거에서 양수위가 암거까지 하강하는 경우

지하수는 암거의 양측벽면으로부터 유입되며 단위 길이당 유입량(q)과 총 유입량(Q)은 (7-29)식이나 (7-30)식으로 구한다(그림 7-26).

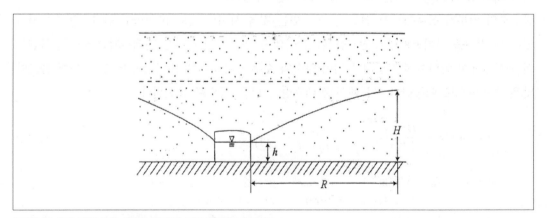

[그림 7-26] 저투수층 위에 설치한 집수암거의 모식도

- 단위 길이당 유입량$(q) = \dfrac{K(H^2 - h^2)}{R}$

- 총 유입량 : $(Q) = q \cdot l = \dfrac{K(H^2 - h^2)}{R} \cdot l$ (7-30)

2) 암거의 밑바닥에서만 지하수가 유입되는 경우 :

단위 길이당 유입량(q)은 다음식과 같다.

$$q = \frac{1.36K(H-h)}{\log(2R-r)} \tag{7-31}$$

3) 영향반경(R)은 직접 유입량에 영향을 미치는 관측정을 이용한 대수성시험을 실시해서 구해야 하나 계략치를 구할 때는 다음 식을 사용한다.

$$R = \frac{(H^2 - h^2)}{2IH} \tag{7-32}$$

여기서 I : 동수구배

7.4.5 사이펀식 방사 집수정

수평착정에 의한 방사집수정은 수평집수관 길이의 제한성과 토사출 현상에 따른 세립질 모래의 유입 문제 등이 있어 이를 극복할 수 있는 새로운 공법으로서 수평착정대신 수직착정공에서 사이펀(siphon)식으로 채수한 지하수를 집수하는 공법이다.

관수로의 일부가 동수경사선 위로 올라가 있는 것을 사이펀(siphon)이라고 한다. 즉 수두차가 있는 두 지점을 사이펀관으로 연결한 후, 관안의 공기를 뽑아낸 다음 밀폐시키면 사이펀 곡관부의 최상단에서 압력이 최저상태가 되어 양쪽의 수두차 때문에 높은 수두면의 물이 뽑혀 올라와 낮은 수두면으로 이동한다. 이 때의 관내유량은 다음 식으로 표현된다.

$$Q = AV = \frac{\pi D^2}{4}\sqrt{\frac{2gh}{1+f_1+f_2+f_3 \cdot l/D}} \tag{7-33}$$

여기서, Q : 유량(㎥/s), g : 중력가속도(9.8m/s^2)
         h : 사이펀관의 수두차(m), D : 사이펀관의 구경
         l : 사이펀관의 길이, n : 조도계수
         f_1 : 유입손실계수, f_2 : 곡관손실계수

         f_3 : 관 마찰손실계수로서 $f_3 = 124.5\,n^2 D^{-\frac{1}{3}}$ 로 표시되며

이러한 사이펀 원리를 지하수의 집수에 이용하기 위하여 관정에서 집수정으로 물넘이관을 설치하고, 집수정에서 지하수를 채수하면 양수수위가 하강함에 따라 보조관정과 집수사이에 수위차가 발생하여 보조관정 안의 물이 사이펀 관을 통하여 집수정으로 넘어간다. 이때의 사이펀 유량

은 (7-33)식에서 $f_1 = 0.25$(단 유입부를 45o로 절삭한 경우), $f_2 = 0.2 \times 2$ 개소를 적용하고 관마찰손실이 적은 PVC관 또는 PE관을 사용하면 조도계수는 $n = 0.01$을 적용할 수 있다. 즉

$f_3 = 124.5 \times (0.01)^2 \times D^{-\frac{1}{3}} = 0.01245 D^{-\frac{1}{3}}$ 을 (7-33)식에 대입하면 다음 식과 같이 된다.

$$Q = \frac{\pi D^2}{4} \sqrt{\frac{19.6\,h}{1.65 + 0.01245\,l\,D^{-1.333}}} \quad (m^3/s) \tag{7-34}$$

사이펀식 방사 집수정의 채수 가능량은 앞절에서 설명한 수정 Thiem식으로도 산정할 수 있으나 집수유효반경을 임의로 조정하여 설계할 수 있는 것이 특징이다. 수평집수정의 수평집수관 설치 길이는 수평착정기의 능력에 제한을 받는데 비해 사이펀식 집수정은 유효반경을 100m 이상 확장하여도 사이펀관 설치가 가능하므로 수평착정식보다 훨씬 많은 양의 지하수를 채수할 수 있다.

보조관정의 개발공법은 일반 충적층에서 관정개발방법과 같이 구경 350m/m로 착정하여 200m/m 우물자재를 설치한다. 1개 보조관정의 가채수량은 양수시 수위강하량이 8m 이내가 되는 범위로 한다. 그러나 집수정 영향권 내에서 여러 개의 보조관정을 동시에 채수하면 우물 상호간에 간섭효과가 발생하여 각 공별 가채수량은 단일공 가채수량의 약 60% 정도로 감소된다. 따라서 사이펀 취수량을 단일공 가채수량의 ½로 정하고 집수정 계획취수량을 사이펀관 취수량으로 나누어 보조관정의 소요 공수를 결정한다.

보조관정의 배치는 균질-등방 대수층이 넓게 분포되어 있는 지역에서는 우물통을 중심으로 하는 원주상에 등간격으로 배치하는 것이 원칙이나, 비균질 이방성의 대수층에서는 현지 여건을 감안하여 적절히 배치한다.

7.4.6 지하댐

지하수가 흐르고 있는 대수층 내에 인공적인 수직차수벽을 설치하여 지하수를 대수층 내에 저류하거나 함양시킨 다음, 우물 등의 채수시설을 이용하여 저장된 지하수를 취수하는 지하 저류지를 지하댐이라 한다. 흔히 말하는 지하저수지(groundwater reservior)는 인공 수직차수벽이 없는 대수층을 의미하며 저장된 지하수가 동수구배를 따라 하류부로 유동하는 것을 차단하기 위하여 물막이 벽을 설치하고 지하수위를 상승시켜 지하수저장량을 증가시키는 시설이 지하댐 (groundwater dam 또는 subsurface dam)이다.

지하댐은 대수층의 유효공극률이 크고 저류체적이 커야 되기 때문에 미고결 자유면대수층인 충적층을 주로 대상으로 한다. 지하댐을 설치할 수 있는 지질 및 지형적 조건을 들면,

① 유효공극률이 큰 대수층이 넓게 분포되어 있으며 그 두께가 두껍게 발달하여 다량의 지하수를 저장할 수 있는 지역

② 지하수 함양원이 되는 계곡하천과 넓은 유역을 가진 지역

③ 하상 및 유역의 경사가 완만한 지역

④ 지하차수벽 설치가 가능한 협곡부 또는 분지지형이 발달되어 있는 지역 등이다.

지하댐에 의해 저류된 지하수는 이용 시 별도의 양수시설이 필요하기 때문에 일반적인 지하댐의 개념은 지하차수벽 시설과 양수 이용시설을 포함한다. 양수이용시설로는 우물 이외에 집수암거와 수평집수정 등이 있으나 저류된 지하수를 최대한 활용하기 위해서는 집수반경이 큰 수평집수정을 많이 설치한다.

지하댐 설계 시 기술적인 검토사항은 설치목적에 맞는 이용수량 확보와 차수벽의 위치 및 공법, 취수공의 위치 및 공법, 양수 및 이용 방법 등이 주요사항이 된다.

이용수량의 설계는 지하수의 공급원이 되는 대수층의 체적과 비산출률을 정확히 파악·규명해야 하며 계절에 따른 저류량의 변화를 예측하여야 한다. 대수층의 체적과 저류능력에 대한 조사는 지하수조사의 단계별 과정을 거쳐 추정하게 되는데 보통 지질조사, 지구물리탐사, 시추조사 등을 시행하여 대수층의 두께와 수평면적을 구하고 이를 적산하여 대수층 체적을 구한다. 그 다음 착정조사와 대수성시험을 실시하여 대수층의 투수량계수, 저류계수, 수리전도도, 영향반경과 개발가능량 등 이용계획 수립에 필요한 자료를 취득한다.

대수층의 저류능력은 대수층의 유효공극률 또는 비산출률에 좌우된다. 저류계수는 대수층의 상태(자유면대수층, 피압대수층, 누수층등)에 따라서 $10^{-4} \sim 10^{-1}$ 범위의 오차가 생길 수 있으므로 통상 대수층의 구성성분별 유효공극률의 표준 값을 적용하는 예가 많으나 이는 해당지역의 고유 값이 아니므로 저류량 계산에 오류를 범할 소지가 많다. 차수벽은 설치길이에 따라 공사비가 좌우되므로 차수벽 길이를 극소화 할 수 있는 유역의 협곡부인 병목지점에 위치를 선정한다. 차수벽 위치가 결정되면 예정선 위에서 일정간격으로 시추조사를 실시하고 지층구조 확인과 수리전도도를 규명한다.

취수공의 위치는 유역안에서 대수층의 깊이가 가장 깊고 집수가 양호한 즉, 투수성이 양호한 지점에 선정하며, 이 지점에서 착정조사와 대수성시험을 실시해서 취수공의 종류와 규모를 결정하고 또한 지구 내에 취수공의 배치와 도수방법을 검토한다.

이러한 조사설계 절차를 거치더라도 별도로 유의해야할 사항은 지하댐 시설이 가뭄 시에 어떠한 영향을 받을 것인가를 검토한다. 이를 위해서는 강우량과 유출량, 지하수 함양량과 배출량(drainage) 등을 비교 분석하여 최악의 한발기 때 시설관리와 지하수 및 지표수의 연계이용 방안도 검토한다.

7.5 우물사이의 적정 이격거리(optimum well spacing)

7.5.1 경제적인 면을 고려한 우물 간격

1개 지역에서 여러 개의 우물을 설치할 경우 우물사이의 간격이 문제가 될 수 있다. 이 경우 인접 우물 간의 상호 간섭현상을 최소화하기 위해 우물사이의 간격을 무조건 멀리 띄우려는 경향이 있다. 우물 간의 거리가 멀어지면 배관설치나 전력설비에 많은 공사비를 투자해야 된다. 따라서 우물 간의 간격은 기존 배관설비나 기타 시설물 설치비용과 연관시켜 고려해야 한다. 1957년 Theis는 대수층의 분포가 광범위하고, 그 두께가 두터우며, 2개의 우물에서 동일 채수율로 동시에 지하수를 채수하는 경우에 최적 우물 간격을 다음 식을 이용하여 구한 바 있다.

$$r_s = \frac{7.3 \times 10^8 C_p Q^2}{\alpha T} \tag{7-35}$$

여기서, r_s : 우물사이의 최적 거리(m)
C_p : 양수두=0.3m, Q=3.78ℓ/분의 지하수를 채수하는데 소요되는 양수가격(동력비 및 기타 시설비를 포함)
α : (유지관리＋배관 가격＋상각비) 등의 비용

부분관통정의 경우 양수정에서 지하수채수로 인해 영향을 받을 수 있는 구간은 대수층 두께의 2배 이내에 있는 구역에 한하므로 (7-35)식에서 T나 Q의 값이 적을 때는 우물 간의 상호 간섭현상은 극미하다.

따라서 대수층의 두께가 30m 이상인 지역에서는 우물상호간의 간섭현상을 피하기 위해 우물 간의 간격은 60m 이상 띄운다. 1개 지역에서 2개 이상의 우물을 설치해야 할 때는 우물 간의 간격은 통상 80m이상 띄워야 하며, 가능한 한 평행방향으로 설치하고 경계조건이 있는 지역에서는 거리를 멀리 두어야 하며 매몰계곡 중심부에 우물들을 설치하는 것이 가장 좋다. 물론 함양지역에 가깝게 우물을 설치하면 더욱 좋고, 함양지역과 평행방향으로 설치하는 것이 좋다. 폐수의 지하주입정(disposal well)과 양수정 간의 간격은 대수층의 범위가 넓고, 등방성일 때 다음 식을 이용하여 우물 간격을 계산한다(Theis).

$$r_d = \frac{2 Q_d}{\pi T I} \tag{7-36}$$

여기서 Q_d : 양수 및 폐수처리량
r_d : 폐수처리된 물을 폐수처리용 주입정으로 주입시킬 때 이들이 양수정을 통해 다시 채수되지 않도록 설치된 양수정과 폐수정과의 거리
I : 지하수의 동수구배(자연구배)

7.5.2 2개 이상의 우물(doublet system)을 설치했을 경우 취수정 사이의 적정 이격거리

Theis 비평형식을 이용하여 해석학적으로 해결하기 어려운 문제가운데 하나는 1개 대수층에 여러 개의 우물을 설치하여 지하수를 동시에 채수할 때 서로 간섭을 받지 않는 우물 간의 거리를 정확하게 구하는 방법이다.

전절에서 언급한 바와 같이 1957년 Theis는 대수층의 두께가 두텁고, 분포범위가 넓은 피압대수층에 우물을 설치했을 때 서로 간섭을 받지 않는 우물사이의 거리를 구하는 방법을 개발하였으나 이는 어디까지나 경제적인 면을 위주로 생각한 것이었다. 우물 간의 거리가 서로 멀면 멀수록 간섭현상을 감소되지만 급수설비인 전기·배관비가 많이 든다. 따라서 이 방법은 우물시설 투자비에 따른 물값을 고려하여 최적 우물 간격을 구하는 방법이다. 그러나 이러한 경제적인 면도 중요하지만 절대적으로 수자원이 부족한 지역에서는 어떻게 하면 다량의 지하수를 제한된 지역 내에서 최적 상태로 개발할 수 있느냐가 가장 중요한 요인이 되기도 한다.

일개 우물장에서 각 우물사이의 최적간격을 결정하는데 중요한 요인들을 들면 다음과 같다.

① 대수층의 두께, 심도, 지하수위와 분포와 같은 대수층의 경계조건
② 기존 우물의 심도
③ 가용 채수설비의 제한성(양정고, 펌프 취수구의 위치, 양수기의 중력)
④ 개발된 지하수의 사용목적과 장소 등을 들 수 있다.

Theis의 비평형식을 수정하여 1개 대수층 내에 여러 개의 취수정(우물)을 설치할 때 간섭현상을 최소화 시킬 수 있는 취수정 사이의 간격결정법에 대하여 각 경계조건별로 살펴보면 다음과 같다.

(1) 분포가 광범위한 대수층에서 추가적인 수위강하 발생 배제 거리

동일 대수층에 2개의 우물을 설치하여 동일 조건 하에서 동시에 지하수를 채수하면 1번-우물에서 발생하는 수위강하는 1번-우물의 채수에 의해서 발생한 수위강하에다 2번-우물부터 간섭을 받아 발생한 수위강하를 합한 값이다.

만일 두 우물의 양수율이 동일한 경우, 1번-우물의 수위강하를 s_1, 2번-우물 때문에 1번-우물에 간섭을 일으켜 발생한 수위강하를 s_2 라 하면 1번-우물의 전체 수위강하는 $s_1 + s_2 = s_p$ 이다.

$$s_p = s_1 \times s_2 = \frac{Q}{4\pi T} \{ W(u_1) + W(u_2) \} \tag{7-37}$$

만일 지하수채수를 장시간 실시하면 $u \to 0$ 이기 때문에 u 값이 0.02보다 작거나 같은 조건하에서 윗식에서 $u - \frac{u^2}{2.2!}$ 이하의 항은 $\to 0$에 가깝게 된다.

$$즉 \quad s_p = \frac{Q}{4\pi T}\left[-0.5772 - \log_e u_1 - 0.5772 - \log_e u_2\right] \tag{7-38}$$

$$s_p = \frac{-Q}{4\pi T}\left[1.1544 + \log_e u_1 u_2\right]$$

$$\log_e u_1 u_2 = \frac{-4\pi T s_p}{Q} - 1.1544$$

$$\therefore \log_{10} u_1 u_2 = -\left(\frac{5.46\,T s_p}{Q} + 0.501\right)$$

$$또한 \quad u_1 \times u_2 = \frac{r_1^2 S_o}{4Tt} \times \frac{r_1^2 S_o}{4Tt} \;이므로 \tag{7-39}$$

$$u_1 u_2 = \left(\frac{S_o}{4Tt}\right)^2 (r_1 r_2)^2$$

윗식에서 $\dfrac{S_o}{4Tt} = K$ 라 하면 다음과 같이 된다.

$$u_1 u_2 = (K r_1 r_2)^2 \tag{7-40}$$

여기서 $\quad r_1$: No. 1 우물의 효율반경(우물반경)

$\qquad\qquad r_2$: No. 1 우물과 No. 2 우물 사이의 거리

$$\therefore 윗식에서 \quad r_2 = \frac{\sqrt{u_1 u_2}}{K r_1} \tag{7-41}$$

(7-41)식과 (7-38)식에서

$$r_2 = \frac{\left[anti\,\log_{10}{}^{-\left(\frac{5.46}{Q}T\cdot s_p + 0.501\right)}\right]^{\frac{1}{2}}}{\dfrac{S_o}{4Tt} r_1}$$

$$= \frac{\left[10^{-\left(\frac{5.46}{Q}T\cdot s_p + 0.501\right)}\right]^{\frac{1}{2}}}{\dfrac{S_o}{4Tt} r_1} \tag{7-42}$$

윗식을 이용하여 우물사이의 최적거리를 구할 수 있다. 단지 윗식을 이용하여 우물사이의 거리를 구할 때는 전술한 바와 같이 장기간 지하수를 채수하여 지하수흐름이 평형상태에 도달하고 ($\mu \leq 0.02$) 대수층의 분포가 광범위한 경우에만 가능하다.

예 7-5

수리 간섭이 일어나지 않는 2개 우물사이의 적정 이격거리

대수성시험 결과, 대수층의 심도는 비교적 얕으나 분포는 광범위하며 T = 620㎡/일, S = 10⁻⁴인 대수층에 설치한 우물에서 주 5일, 1일 10시간씩 1.9㎥/분의 채수율로 지하수를 채수하고 있다. 시험시추결과에 따라 직경 60cm(24inch)의 우물을 설치하면 1.9㎥/분의 지하수를 추가로 개발할 수 있다고 한다. 만일 이 대수층에 동일한 조건의 우물을 1개 더 설치해서 이를 동시에 가동할 때 서로 간섭을 받지 않고 각 우물의 지하수위를 9m까지만 강하 유지시키고자 할 경우의 2개 우물사이의 적정거리?

(여기서 우물 수두손실이 0.4m라고 하면 매일 지하수를 채수함으로써 발생하는 대수층 우물수두손실은 9.4m이다).

해설:

지금 $s_p = 9.4m,\ T = 620m^2/일,\ S_o = 10^{-4},\ Q = 1.9m^3/분\,(2,736m^3/일)$,

$t = 0.417일,\ r_1 = 0.3m\,(0.6m의\ \dfrac{1}{2})$이므로

상기 값을 (7-42)식에 대입하여 2개 우물간의 적정 거리(r_2)을 구하면

$$r_2 = \dfrac{\left[10^{-\frac{5.46 \times 620 \times 9.4}{2736} + 0.501}\right]^{\frac{1}{2}}}{\dfrac{10^{-4}}{4 \times 620 \times 0.417} \times 0.3} = \dfrac{8.6 \times 10^{-7}}{2.9 \times 10^{-8}} = 29.6m$$이다.

따라서 두 우물사이의 적정 이격거리는 최소 29.6m 이상이어야 한다.

(2) 2정 주입 채수정(doublt system)에서 열간섭 현상이 일어나지 않는 적정이격거리

대수층 축열체의 주입정과 양수정사이의 열간섭 현상은 대수층 축열체의 효율을 결정하는 데 있어 매우 중요한 인자이다. 만일 온열 혹은 냉열을 저장하는 주입정과 온열 혹은 냉열을 추출하는 양수정간의 거리가 가까워서, 짧은 시간 내에 주입정과 양수정사이의 열전달이 발생하여 축열을 방해하는 열간섭 현상이 일어난다면 대수층 축열체 효율과 기능에 아주 나쁜 영향을 미치게 된다.

따라서 주입정과 양수정은 적정한 거리로 이격시켜 설치해야 한다. 주입정과 양수정 사이에 열간섭현상이 발생하지 않는 적정 이격거리를 구하는 방법으로는 다음과 같은 수리지질학적인 방

법과 수문지열학적인 방법 등이 있다.

1) 수리지질학적인 방법(수위 간섭현상이 발생하지 않는 이격거리)

가) 분포가 광범위한 등방 대수층에 설치한 2개 우물을 동시에 가동 시 수위간섭 배제거리 : 동일 대수층에 2개의 우물을 설치한 후 동일한 조건하에서 동시에 지하수를 채수할 경우에 주변우물의 수위에 영향을 미치지 않는 적정이격거리를 British unit로 표현하면 (7-43)식과 같다. 자유면상태의 화강암 풍화대에서 실시한 대수성시험 결과, 산정된 대수성수리상수가 다음과 같을 경우에 적정 이격거리는

$T = 16\text{m}^2/d(1,288gpd/ft)$, 저유계수 $S = 0.01$, $Q = 275\text{m}^3/d(50gpm)$, $s = 16.4m(54ft)$, r_1(우물의 효율반경) $= 0.5ft$, 양수기간 $= 1$일

$$r_2 = \frac{\left[anti\ Log_{10}\left(-\dfrac{sT}{264Q} - 0.501\right)\right]^{0.5}}{\dfrac{1.87S\ r_1}{Tt}} \tag{7-43}$$

상기 자료를 윗식에 대입하여 적정이격거리를 구해보면

$$r_2 = \frac{\left[anti\ Log_{10}\left(-\dfrac{54 \times 1,288}{264 \times 50} - 0.501\right)\right]^{0.5}}{\dfrac{1.87 \times 1.0 \times 10^{-2} \times 0.5}{1,288 \times 1}} = \frac{1.30 \times 10^{-3}}{7.25 \times 10^{-6}} = 179ft\ (54.6\ m)$$

즉 두 우물 사이에 수위 간섭현상이 일어나지 않는 이격거리는 약 55m이다.

나) 2정 주입-채수정(doublet system)에서 수리지질학적인 적정 이격거리

대수층의 범위가 넓고, 수리성이 등방일 경우에 주입 – 양수정으로 구성된 2정시스템에서 주입정에서 지하수 주입 시 인근에 소재한 양수정의 수위에 영향을 미치지 않는 적정거리 (R_d)는 전술한 바와 같이 다음 식으로 산정한다.

$$r_d = \frac{2Q_d}{\pi TI}$$

여기서, Q_d : 주입량, T : 투수량계수, I : 동수구배

대수층에서 열전달과 축열효과를 고려하지 않은 건물에 설치한 개방형 지열냉난방 시스템의 냉난방 최대부하가 20RT일 때 필요한 최대 지하수량은 약 $275\text{m}^3/d(220 \sim 330\text{m}^3/d)$ 정도이다.

현장 수리특성조사 결과로부터 도출된 투수량계수(T = 16m²/d)와 현장 시험 시 발생한 주입정과 관측정사이의 동수구배[(0.128) 및 20 RT 용량의 지열펌프가 필요로 하는 지하수 주입량(275m³/d)과 같은 수문 지열학적인 특성인자를 상기 식에 대입하여 주입정과 양수정사이의 적정 이격거리를 산정하면 약 86m이다.

$$r_d = \frac{2 \times 275 \ m^3/d}{\pi \times 16 \ m^2/d \times 0.128} = 85.6 \approx 86 \ m$$

2) 수문 지열학적인 방법(열 간섭현상이 발생하지 않는 이격거리)

가) 주입정/양수정간의 열간섭 현상이 일어나지 않는 적정 이격거리

지중 축열 시스템을 운영할 경우에 2정 열펌프시스템(doublet system)의 구성 요소인 주입정과 채수정(diffusion well) 사이에 적용하는 적정설계 이격거리는 30~150m로서 (7-44)식을 이용하여 산정한다(미국의 Staten Island).

지금 냉난방 설계용량(선정한 지열펌프의 용량)이 20RT(60,480Kacl/h) 정도이라면 주입/채수정 사이에서 열간섭 현상이 발생하지 않는 적정 이격거리(r_d)는 다음과 같다.

$$r_d = 0.271 \times \sqrt{Design\ Load\,(Kcal/h)} \qquad (7\text{-}44)$$
$$r_d = 0.271 \times \sqrt{60,480} = 66.6 \approx 67 \ m$$

즉 주입/채수정간의 적정이격거리는 약 67m이다.

나) 주입/양수정 사이에 열간섭 현상을 배제할 수 있는 적정이격거리

지중 축열시스템에서 주입/양수정(doublet system)사이에 열간섭 현상을 배제할 수 있는 적정 이격거리는 다음 식으로 구한다.

$$R \geq \sqrt{\frac{2\Sigma t\,Q\,(\rho C)_w}{3b(\rho C)_s}} \qquad (7\text{-}45)$$

위에서 기술한 2)의 가)의 예제에서 열 간섭현상 모의 시 사용한 모델 입력자료를 요약하면 다음과 같다.

$\Sigma t\,Q$ = 총 누적주입량 = 365일 $\times 275 m^3/d = 100,375\,m^3$

$(\rho C)_w$ = 주입수의 열용량 = $1,000 kg/m^3 \times 4,200 J/kg.m^3$

$(\rho C)_s$ = 축열매체의 열용량 = $2,000 kg/m^3 \times 800 J/kg.m^3$

b = 화강암 풍화대의 포화 두께 = $41.22m$

상기 자료를 이용하여 지중 축열체인 화강암 풍화대에 여름철에는 온수체에, 겨울철에는 냉수체에 지중축열을 하는 경우, 주입정과 양수정간에 열간섭 현상이 발생하지 않는 적정 이격거리를 (7-45)식으로 구해보면 다음과 같이 약 66m이다.

$$R \geq \sqrt{\frac{2 \times 100,375 \times (1,000 \times 4,200)}{3 \times 41.22 \times (2,000 \times 800)}} = 65.3\,m = 66\,m$$

다) 예제 가)와 나)의 종합결론

수리지질학적인 관점에서 인접 관정에 수리간섭현상을 일으키지 않는 적정 이격거리(영향반경)는 약 55~86m이며 수문지열학적인 관점에서 인접한 지열정에 열 간섭현상을 일으키지 않는 적정 이격거리는 66~67m 정도이다. 따라서 이 예제의 부지조건과 지하지질의 불확실성 등을 감안하여 이 지역에서 주입정과 양수정사이의 적정 이격거리는 약 80m가 최적이다.

특히 여러 개의 수주지열정(standing column well)을 설치하여 냉난방 에너지원으로 이용할 때 각 수주지열정 사이의 최적 이격거리는 시스템의 첨두 냉난방부하, 첨두 부하기간, 대수층의 두께 및 해당 지열정에서 개발 가능한 지하수 산출량과 유동상태에 따라 좌우되긴 하나 통상 60~180m 규모이어야 한다.

7.6 우물소독과 우물재생

굴착한 우물과 그 부대시설(pump, 압상파이프) 등에 생존하고 있는 각종 바이러스나 박테리아(bacteria) 들을 살균 및 멸균키 위해서는 항상 우물과 그 부대시설을 철저히 소독처리 해야 한다. 우물 설치지점의 흙 속에는 보통 인체에 해롭지 않은 세균이 서식하기도 하고 질병을 일으키는 병원성미생물이 서식하기도 한다. 즉 대장균이 지하수 내에서 검출될 때에는 그 우물은 인간이나 다른 동물에 의하여 오염되었음을 뜻한다.

만약 대장균이 시추작업기간 중에 흙속에서 검출되거나, 또 설치를 끝낸 우물에서 채수한 지하수 속에서도 검출되었다면 그 대수층에 부존되어 있는 지하수는 외부오염원에 의해 오염되었다고 생각할 수 있다. 물론 대장균이나 기타 세균들은 펌프나 파이프 및 부대시설물을 우물에 설치하는 동안에도 지하수를 오염시킬 수도 있다.

따라서 우물설치나 보수를 한 후에는 반드시 우물소독을 해야 한다. 가장 간단하고 소독효과가 양호한 우물소독제는 염소용액이다. 농도가 높은 염소수는 CaHCl, NaHCl 등을 물에 용해하여 만든다.

7.6.1 CaHCl

CaHCl은 흰색의 고체로서 Pat-Tabs, HTH, Tablets 또는 Chlor-Tabs 등의 상품명으로 시판되고 있다. 70% 농도의 염소성분을 함유한 CaHCl 0.45kg을 물에 용해시키면 이는 동일량의 물에 10.3kg의 염소가스를 용해시켰을 때와 같은 살균력을 갖는다.

[표 7-14] 염소계 소독제의 농도와 염소량

염소계의 농도(mg/l)	염소량	건조염소량
50		
100	22.7g (0.05Lb)	31.8g (0.07Lb)
150	45.5g (0.10Lb)	63.6g (0.14Lb)
200	68.2g (0.15Lb)	91g (0.20Lb)
300	91g (0.20Lb)	136.3g (0.30Lb)
400	159g (0.35Lb)	227.2g (0.50Lb)

우물 및 우물설치재료를 살균소독하는 데는 50~200mg/l의 염소용해액을 사용한다. [표 7-14]는 여러 가지 농도의 용약 380l을 제조하는데 소요되는 70% 염소를 함유한 CaHCl의 양을 나타낸 표이다.

7.6.2 NaHCl

NaHCl은 매우 불안정한 화합물로서 물에 용해해서 판매되고 있다. 이 용액은 가장 잘 보관된 상태에서도 6개월 후면 그 강도가 절반으로 저감된다. 최대 20%의 염소가 용해되어 있는 용액을 제조하기도 하지만 통상 6%의 농도를 가진 것이 가장 보편적이다.

[표 7-15] NaHCl 용액의 혼합비율

염소의 농도 (mg/l)	염소량(kg)		
	5%	7%	10%
50	0.2	0.14	0.1
100	0.36	0.27	0.18
150	0.59	0.41	0.28
200	0.73	0.56	0.36
300	1.1	0.77	0.55
400	1.5	1.0	0.73

[표 7-15]는 우물 및 펌프소독용으로 쓰이는 여러 가지 농도를 가진 NaHCl 용액 380l를 제조하는데 필요한 표백제의 양을 나타낸 것이다.

우물 및 파이프를 살균소독하는 데는 $100mg/\ell$ 농도의 용액을 사용한다. $100mg/\ell$ 농도의 염소 용액을 우물 내에 계속 공급시키려면 이보다 약간 높은 농도를 가진 용액을 우물 내로 투입시켜 야 한다.

7.6.3 착정 굴진작업 중의 염소소독

굴진작업 중에도 염소소독제를 이용하여 정기적으로 우물소독을 실시한다. 즉 매일 적정량의 염소를 우물 속으로 투입시켜 우물자재인 무공관과 스크린 및 착정장비의 각종 기구들을 소독 하고 여과력을 소독한다.

펌프나 압상파이프 등을 최종소독 하기 이전에 대수층 구간을 철저히 소독한다. 점토수, 흙, 접 착용제 및 기타 착정 시 사용했던 물질로 인해 병원성 세균들이 그대로 남아 있을 가능성이 있으므로, 외부에서 유래된 오염물질들은 반드시 소독한다.

우물소독은 내부에 잔존해 있는 물과 염소를 잘 섞어야 하며, 그밖에 지하수면 위에 있는 장치 및 시설물의 표면도 소독한다. 우물소독 시에는 염소화합물을 우물 내에 투입시켜 교란시킨 후, 적어도 4시간 동안은 우물 속에 잔존해 있도록 한다. 또한 염소용액이 우물 내에 잔존해 있을 동안 다른 물질과 반응하지 않는지도 고려한다.

지하수위가 매우 낮거나, 심도가 깊은 심정을 소독할 때는 특수한 단계적인 소독방법을 사용한 다. 예를 들면, 파이프를 짧게 잘라서 양쪽 끝을 막은 다음 한쪽 끝에다 고리를 달아 일종의 용기(bailer)를 만들고 그 용기 속에 건조한 $CaHCl$를 넣어서 끈에 매어 달아 심정 속에서 상하 로 이동시키면서 소독을 한다.

우물설치나 보수를 한 후에는 우물구조에 알맞게 부대시설에 대한 소독을 한다. 즉 우물 내에 투입한 살균용액을 우물에서 채수하여 탱크와 파이프를 소독시키고 수도꼭지와 밸브 및 수도전 은 염소의 색깔이 맑아질 때까지 열어 놓는다. 그 다음 사용한 소독물은 2시간 이상 저유탱크와 급수배관에 채워 놓는다. 이 때 주의해야 할 사항은 공기가 들어 있었던 탱크의 내부표면이 소 독용액에 잘 젖도록 한다.

마지막으로 각종 세균이 우물의 지하수 속에서 완전히 박멸되었는지 알아보기 위해 수질시험을 실시한다. 보다 신뢰성 있는 시험결과를 얻기 위해서는 반드시 2개 이상의 시료를 채취하여 2개 이상의 기관에 물시료 분석을 의뢰한다. 일반적으로 물자원의 오염은 불가피하다. 그러나 다행 히도 대다수의 지하수는 천연적으로 수질이 양호하다. 따라서 이러한 수질을 유지시키기 위해 착정작업 중이거나 우물보수 후에는 반드시 염소소독을 실시한다.

우물의 효율과 우물의 내구년수를 재고시키기 위해서는 적정시기에 이를 보수한다. 해당 지역 의 수리지질 특성에 맞는 우물의 형태와 설치 작업기록을 검토해 보면 적절한 우물관리·보수방법을 모색할 수 있을 것이다.

우물의 산출성을 악화시키는 요인으로는 펌프의 마력, 동수위의 저하, 지하수위의 하강, 인근지역에서 개발한 우물의 추가 채수량 및 대수층 내에 발달되어 있는 부(−)경계조건 등을 들 수 있다. 이 중에서 가장 흔한 요인은 대수층의 공극이나 스크린의 개공을 막아버리는 일종의 공매(막힘)작용을 들 수 있다. 간혹 피막현상이라 부르기도 하나, 그 원인은 외부물질이 공극 또는 스크린의 개공 부분을 차단해 버리기 때문이다. 피막현상은 이물질이 스크린의 개공부나 대수층의 연결공극에 부착하여 일종의 막을 형성하는 것을 의미한다. 지하수 내에 함유된 미량의 물질이 석출되어 심한 피막현상을 일으키는 경우도 있다. 예를 들면 2,750㎥/일의 지하수를 채수하는 300mm 구경의 우물에서 하루에 1㎎/ℓ의 물질이 석출된다고 하면, 24시간 채수 후에는 약 2.7kg의 이물질이 침전되며 이런 율로 계속 이물질이 석출되면 스크린 주변 12cm 내에 분포된 대수층의 모든 공극은 220일 만에 완전히 막혀 버린다.

적절한 시기에 우물보수를 해주어야 하는데 보수가 적기에 이루어지지 않는 이유는 첫째, 우물 사용의 방심을 들 수 있다. 사용하고 있는 우물의 채수량이 점차 감소하거나 수위가 과다하게 저하되거나 수질이 심하게 변하는 경우에는 반드시 우물의 기능에 문제가 발생했기 때문이다. 이 때는 지체하지 말고 우물을 보수해야 한다.

두 번째로는 우물을 굴착·설치한 후에는 착정보고서나 기록을 전혀 보관하지 않는다. 즉 우물 작업에 관한 기록을 정확히 보관해 두면 우물에 문제가 발생했을 때 그 우물을 어떻게 보수 및 재생해야 할지를 쉽게 결정할 수 있다. 어떤 형태의 피막이 형성될 것이며 어떠한 속도로 피막이 형성될지는 주기적으로 수질분석을 시행해보면 쉽게 알아낼 수 있다. 그렇기 때문에 정기적인 수질분석을 실시하여 항상 기록을 비치해 두어야 한다.

7.6.4 피막현상

피막의 종류로는 약간 굳으나 부스지기 쉬운 시멘트와 같은 피막형과 연하고 곤죽형 및 겔라틴과 흡사한 물때형이 있다.

피막현상을 성인별로 분류하면 ① 칼슘, 마그네슘 또는 유황의 탄산작용에 의해 발생한 광물질의 침전으로 생성된 피막 ② 초기에는 수산하물 또는 함수산화물이었던 철화합물이 철 및 망간의 산화물로 침전하여 생긴 피막 ③ 철박테리아나 스럿지를 분비하는 유기물에 의해 만들어진 스럿지에 의한 피막 ④ 흙입자의 집적으로 인한 피막 등이 있다.

일반적으로 스크린의 피막은 칼슘의 산화물, 알미늄실리케이트 및 철화합물의 침전으로 생성된다. 즉 탄화칼슘은 물에 용해되어 있는 이산화탄소의 양에 따라 지하수 내에 용해상태로 운반되는데 압력이 높을수록 이산화탄소의 지하수내 함량은 높다. 우물에서 지하수를 채수하면 스크린 주변에서 수위는 하강하고 이로 인해 수두압이 감소하면 스크린 부근에서 탄산칼슘이 석출하게 된다.

지하수는 실트, 모래, 자갈 및 암석의 파쇄대로 구성된 대수층 내에서 매우 서서히 유동하므로 지하수는 대수층 구성물질과 접촉하는 시간이 매우 길다. 따라서 대수층 구성물질이 용해되어 있는 지하수는 지구화학적으로 주위환경 조건과 평형상태를 이루고 있다. 즉 지하수는 허용된 범위 내에서 적절한 양의 화학성분 만을 용해시킨다. 따라서 대수층 내에서 지구화학적인 평형이 깨지면 용해된 물질이 석출되어 불용물질로서 침전한다.

수두압이 변하면 탄화칼슘이 침전되듯이 지하수의 유속이 변해도 수산화철과 망간은 침전된다. 이렇게 해서 생성된 수산화물은 젤리와 같은 형태를 이루며 소량으로도 비교적 큰 용적을 차지한다.

산화 제이철은 검은색, 산화 제일철은 적갈색의 스럿지 형태로 존재하며, 망간은 검은색 또는 암갈색을 띤다. 그런데 이러한 이물질은 잘 뜨지 않는다. 예를 들면, 미시간주, 북인디아 및 남 일리노이주의 공장지대에 발달된 모래로 구성된 대수층의 경우에 이들 물질이 모래의 공극에서는 발견할 수 없었으나 모래입자의 표면에 함수산화철로 피복되어 있다. 이런 곳에 설치한 우물은 3, 4년 내에 채수량이 심하게 감소한다.

지하수위 강하구간 내에서는 지하수의 중력배수로 인해 일부 공극이 공기와 공존하므로 모래입자에 부착되어 있던 철분이 산화된다. 만약 펌프가동을 계속적으로 중지시키면 산화철의 피막이 생성되어 대수층의 공극률이 점차 감소하게 되고 이로 인해 지하수 저유용량이 감소하여 수위강하구간의 규모가 서서히 커진다.

철분이 함유된 지하수에 서식하고 있는 철박테리아는 산화물과 산소화합물을 먹이원으로 하여 유기물 슬라임을 분비하고 이중 불용의 철분을 산화물로 석출시킨다. 이 결과 슬라임은 다른 불용해성 물질에 부착하여 스크린 주위에 통수 불능상태의 피막을 형성한다. 그 외에 점토와 실트의 세립물질이 스크린 주위에서 피막현상을 일으키기도 한다. 이는 스크린 개공이 너무 협소하거나, 우물이 불량하게 설치되었거나, 대수층 내에 세립물질이 다량 존재하는 경우에 발생한다.

현재까지 스크린의 피막현상을 완전히 방지할 수 있는 방법이 개발되진 않았지만 피막현상을 지연시키거나 피막현상으로 인한 피해를 최소화시킬 수 있는 방법은 있다. 즉 피막현상을 지연시키거나 저감시킬 수 있는 방법으로서는 ① 스크린의 개공면적과 길이를 최대한으로 크게 하고, 우물설계를 합리적으로 실시, ② 경우에 따라서는 채수량을 감소시키든가 채수시간을 길게 함으로써 수위강하를 감소시키는 방법, ③ 대형우물을 이용하여 지하수를 대용량으로 채수하면 우물의 부하율이 커지므로 가능하면 여러 개의 우물을 설치하여, 채수량을 분배시켜 그 부하율을 감소, ④ 피막으로 인한 어려운 점이 야기되는 곳에서는 정기적인 보수나 우물청소를 실시한다. 일반우물은 통상 8개월~1년에 한번 씩은 우물청소를 실시해야 한다.

우물의 피막현상이 광범위하게 발생하고 있는 지역에서는 피막물질을 일단 분석해 보는 것이 좋다. 우물 주위에 분포되어 있는 표토나 또는 지하수를 채수하고 있는 압상파이프나 스크린 등에서 시료를 채취하여 $CaCO_3$, Fe_2O_3, SiO_2, Al_2SiO_4 및 유기물질 등을 분석해 본다.

공매작용을 일으키는 물질은 위에서 설명한 여러 가지 물질의 혼합물질로 구성되어 있다. 따라서 화학분석에서 나타난 여러 물질의 상관관계 비율을 이용하여 처리방법을 결정한다. 즉 산처리를 하면 $CaCO_3$는 제거시킬 수 있지만 SiO_4나 $Al_2Si_2O_8$은 제거할 수 없다. 산화철과 유기물질이 존재하는 경우에는 이들이 철박테리아에 의해서 생긴 것이므로 염소와 유화물질소독제를 사용함으로써 이들을 제거시킬 수 있다. 그런데 만약 유기물질이 전혀 없는 경우는 염소처리법은 효과가 없다.

흔히 우물에 큰 장애가 발생하기 이전에는 우물청소를 하지 않는 것이 보편화되어 있다. 채수량이 급격히 감소하고, 수위가 심하게 강하되거나, 지하수가 잘 채수되지 않을 때까지 보수를 하지 않는 경우도 있다. 스크린 주위의 대수층이나 파쇄구간에 공매작용이 일단 발생한 우물은 원상태로 회복시키기가 쉽지 않다. 이런 경우에는 강력한 화학적 처리나 우물을 다시 설치하는 수밖에 없다. 이런 단계에까지 이르렀다는 것은 스크린 주위에서 상당히 먼 구간까지 공매작용이 심하게 발생했음을 의미한다. 따라서 불필요한 침전물질을 녹이고 제거할 수 있는 화학용액을 구석구석까지 확산시키는 일은 매우 어려운 일이거나 간혹 불가능할 경우도 있다.

일단 우물을 보수하기 위하여 화학처리를 하는 경우에 대수층 내의 모든 공극과 대수층의 전두께에 걸쳐 처리용 화학용액이 골고루 침투했다고 생각해서는 안 된다. 대수층을 1차로 청소하고 나면 그 투수성은 처음 상태보다 많이 좋아진다. 2차로 화학적 처리를 할 때 1차의 처리로 뚫리지 않은 대수층을 통과할 수 있도록 그 용액을 맹렬히 교란시키거나 압력을 가해 주입시키지 않더라도 1차용액이 통과한 공극은 쉽게 통과한다. 우물처리에는 산처리법, 물리적인 교란법 및 인공파쇄법 등이 있는데 이 가운데 산처리법을 설명하면 다음과 같다.

7.6.5 산처리법

산에 적당한 양의 inhibitor를 가해서 산성액처리법(일명 산처리법)에 사용한다. 산처리는 Ca^{2+}와 Mn^{2+}의 산화물을 쉽게 용해시킬 뿐 아니라 그 속에 있는 인히비터는 철케이싱의 부식을 느리게 하고 파이프의 손상을 막아 준다. 따라서 탄산염형의 피막은 산처리를 하여 가장 효과적으로 제거할 수 있다.

수산화철과 망간 및 산화철과 산화망간은 염산에 쉽게 용해된다. 그러나 pH가 3이상이면 산성

용액의 보충이 없어도 계속 석출된다. 이들 화학성분을 제거시키기 위해서는 일정한 강도의 높은 산도가 계속 유지되어야 한다. 철성분을 보존하기 위해 산성용액에 안정제를 첨가하는데, 이런 물질로는 Rochelle 소금을 가장 많이 사용한다.

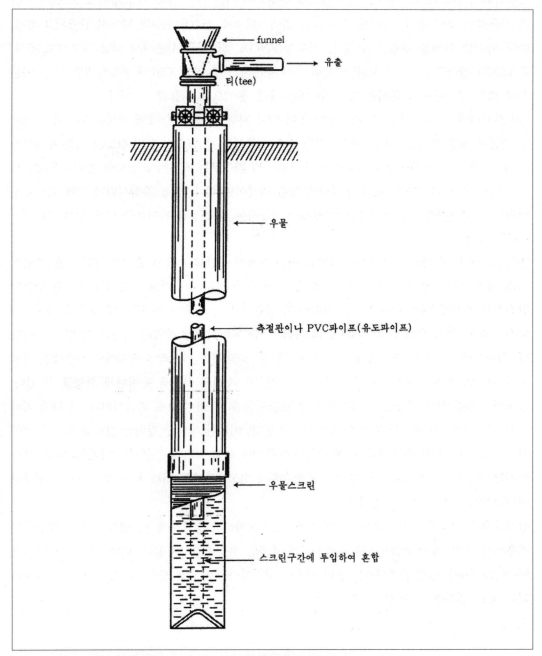

[그림 7-25] 산처리시 사용하는 유도파이프 및 우물두부의 조립 모식도

철과 망간의 피막이 산성물질에 의해 용해되더라도 때때로 피막물질이 공매작용 때문에 산처리법이 좋은 효과를 나타내지 못할 때가 있다. 이와 같이 산처리법이 적합지 않은 경우는 다른 방법을 사용한다.

상품화된 염산(muriatic acid)은 3등급으로 구분되어 시판된다. 이중 가장 강한 27.92%의 염산을 사용하는 것이 좋다. 이들은 유리 또는 플라스틱병에 45ℓ(12가론)씩 넣어져 판매되고 있다. 만약 이러한 염산을 구입할 수 없는 경우는 KNOX 겔라틴을 사용해서 직접 제조해도 된다. 즉 KNOX 겔라틴 2.27~2.7kg을 따뜻한 물에 용해시킨 후 염산 378ℓ와 혼합시키면 된다. 이는 산에 의한 우물자재의 부식을 막을 수 있는 좋은 용액으로 사용할 수 있다.

1회 산처리에 필요한 양은 스크린 내에 들어 있는 지하수량의 1.5~2배 정도는 되어야 스크린을 충분히 채울 수 있고, 또한 피막물질과 계속 반응시킬 수 있으며 산의 강도를 계속 유지시킬 수 있다. 산처리 시 사용할 흑색 파이프나 플라스틱 파이프는 직경이 2~2.5cm 정도이면 충분하다. 유도 파이프의 길이는 우물 밑바닥에 닿을 만큼이면 된다. 산을 주입시키기 위해서는 대형 티(tee)와 깔때기를 유도 파이프에 연결해서 사용하며, 아연도금 파이프를 사용해서는 안 된다 (그림 7-25).

만약 스크린의 길이가 1.2~1.5m 이상일 때는 스크린 구간보다 많이 충분한 양의 산을 주입한 다음, 유도 파이프를 다시 약 1.5m 위로 들어 올려 산을 다시 추가로 주입시켜 스크린 구간이 안전하게 충진될 때까지 이 과정을 계속한다. 산은 물보다 비중이 무거우므로 밑으로 가라앉게 되지만 물과 쉽게 섞여 곧 희석된다. 그 다음, 산을 교란시키는 작업은 가능한 한 빨리 시작한다. 착정기를 이용하면 보다 능률적으로 처리할 수 있을 뿐만 아니라 화학처리에 사용했던 파이프와 기구의 처리는 물론 펌프의 이동, 기타 기구의 재설치 작업을 용이하게 시행할 수 있다. 우물에 투입한 산은 최소한 1~2시간 이상 교란시킨 후, 우물 밖으로 배출시킨다. 그 다음 지하수채수는 지하수가 비교적 맑아질 때까지 계속한다. 이러한 작업은 강력한 강도를 가진 동일한 양의 산을 계속 반복해서 우물 내에 투입시켜 주어야 하며, 2회째 사용하는 화학처리액은 보다 장기간 충분히 교란시킨 후에 지하수를 채수해야 하고, 우물의 처리가 더 필요하다고 판단될 때는 3회까지 실시해도 무방하다.

산처리법과 염소처리법을 교대로 실시하든가, 우물처리가 양호하게 될 때까지 이들 방법들을 혼용해서 여러 번 반복함으로써 우물처리의 효과를 증진시킬 수 있다. 이때 산은 탄산칼슘과 탄산마그네슘을 쉽게 용해시키는 반면 염소는 철박테리아로 인해 생긴 슬라임을 쉽게 제거시키므로 좋은 결과를 얻을 수 있다.

Chapter

08

지하수 조사와
평가 방법

8.1 지하수 조사와 평가 방법

지하에 저유되어 있는 물이라고 해서 모두다 지하수가 아니다. 지하수는 포화대내에 저유되어 있는 자연수로써 우물을 통해 우리가 사용할 수 있는 만큼의 양을 생산할 수 있는 능력을 가진 고결 및 미고결암 내에 부존된 물이다.

지하수는 어느 곳에나 저유되어 있는 것이 아니다. 따라서 인간이 사용가능한 만큼의 지하수가 부존되어 있는 지역을 여러 가지 과학적인 방법을 이용해서 찾는 수단을 지하수 조사라 한다. 이와 같이 지하수를 찾는 방법은 가장 과학적이고 합리적인 지식을 이용해야 한다.

지하수를 부존하고 있는 대수층의 종류나 특성에 관해서는 이미 앞 장에서 설명한 바 있다. 그러나 일반적으로 다음과 같은 지역은 수리지질학적인 관점에서 고려해 볼 때 지하수의 부존가능성이 매우 높은 지역이다. 즉 산언덕 보다는 계곡의 중심부, 지하수 지시식물(phreatophyte)이 자라고 있는 곳, 지하수가 지표로 용출되는 용천이나 지하수 배출지역, 자연호소나 늪지역 및 저지대에 조립질 풍화대가 두껍게 발달된 곳 등이다. 지하수 전문가들은 사암, 석회암, 화강암, 용암과 같은 고결암은 물론 모래, 자갈 및 점토와 같은 미고결암도 넓은 의미에서 암석이라 하며 사용가능한 양의 지하수를 저유하고 있는 암석을 대수층이라 한다. 이중에서 모래, 사암 및 석회암과 같은 암석은 가장 좋은 함수층(water carrier, water bearing formation)을 이루고 있지만, 이들은 지각의 아주 엷은 부분에만 국한되어 있다.

암석이라고 해서 모두 좋은 대수층은 아니다. 지각의 대부분은 비교적 투수성이 불량한 점토, 셰일 및 결정질암으로 구성되어 있어 이들 암석으로부터 대용량의 지하수개발은 불가능하지만 소규모의 용수로는 충분한 물을 산출시킨다.

지하수 조사 시 최우선적으로 시행해야 할 분야는 해당 조사지역에서 가용한 다음과 같은 기존 자료의 수집과 분석 단계이다. 이 단계를 조직적이고 체계적으로 실시하면 불필요한 예산과 시간을 절약할 수 있다.

① 조사지역내에 소재한 기존 우물에 대한 자료 수집과 현황조사를 실시하여 우물의 심도, 위치, 지하수위, 채수량, 지하수의 온도, 대수층의 종류, 우물의 형태, 구경 및 계절변화에 따른 지하수위의 변동에 관한 사항을 파악한다. 특히 우물과 용천조사(well and spring inventory)시는 우물의 소유주와 대화를 통해 정보를 얻어야하므로 이 과정을 혹자는 문의지질학(asking geology)라고도 한다.

② 착정 시 기록해 둔 우물심도, 수위, 양수량 및 지질에 관한 정보는 매우 유용한 자료가 된다. 정천현황조사 시 가장 유용한 자료는 다음과 같다. 암석시료, 지하수가 산출되는 지층, 대수층의 투수능력, 각 층의 수위, 대수성시험자료 및 가능채수량 등이다.

③ 조사지역 내에서 현재 사용하고 있는 목적별 물 이용 조사자료를 취득한다.

상술한 기존 자료의 수집과 분석이 어느 정도 마무리가 되면 다음과 같은 수리지질단위를 파악하고 규명한다.

(1) 수리지질단위 파악

① 지표수와 지하수 유역 및 대수층의 경계조건 규명

② 대수층의 규모와 크기(분포면적, 두께)

③ 지하수의 주 함양지역과 배출지역 규명

④ 등수위선도 작성과 유선망 분석

⑤ 기존 우물에서 측정한 지하수위 자료를 해발표고로 환산한다.

이들 자료를 이용하여 지하수위 중 동일한 표고를 갖는 지점을 연결하여 지하수위등고선도 또는 등수위선도(potentiometric surface map)를 작성한다. 등수위선도는 지하수를 부존하고 있는 대수층의 지표하 분포심도를 나타낼 뿐만 아니라 지하수의 이동방향을 제시하므로 지하수 조사 시 매우 중요한 자료이다.

지하수 조사(groundwater investigation)는 일반적으로 지하수의 산출·부존량 조사와 지하수 이용에 따라 발생되거나 영향을 받을 수 있는 지하수 영향조사(groundwater impact assessment)로 대별할 수 있다.

이와 같이 목적에 따라서 실시한 조사결과들을 종합 분석하여 최종 결론을 유도하는 과정을 지하수자원 평가(groudwater evaluation)라 한다. 따라서 지하수 조사내용에는 지하수 자원의 평가과정이 포함되어 있어야 한다.

지하수 자원은 평가목적에 따라서 지하수 산출·부존 평가와 지하수 영향조사로 구분할 수 있다.

8.1.1 지하수의 산출 및 부존조사

지하수 조사는 다시 그 규모에 따라 광역적인 조사와 국지적인 조사로 구분한다. 국지적인 조사는 소규모 구역 내에서 대수층의 분포상태와 특성, 우물의 설치지점과 적정 개발 가능량 및 영향반경 등을 평가하는 소규모 조사를 의미한다.

그러나 지하수는 수문순화과정의 한 단계에 속해 있는 물자원이기 때문에 국지적인 조사를 실시하여 적정 개발량을 산정하는 경우에 추후 상당한 문제를 야기시킬 수 있다. 따라서 지하수 조사는 1개 지하수 유역(groundwater basin 혹은 watershed)을 하나의 물수지단위로 해서 지하수의 최적관리기법(best management practice, BMP)에 의거하여 조사·평가를 한다.

이와 같이 지하수 자원을 유역단위나 대규모로 분포되어 있는 암종단위(유일 대수층인 경우)로 지하수의 산출·부존 특성을 규명하고 물수지 분석에 따라 적정 개발 가능량을 조사·평가하는 과정을 광역적인 조사(regional investigation) 및 유역별 조사(basin-wide investigation)라 한다. 광역적인 조사는 조사규모에 따라 이를 다시 개략조사와 정밀조사로 구분한다.

정밀조사(detailed investigation)의 목적은 조사지역내에 분포되어 있는 대수층과 지하수 자원의 산출 및 부존 특성을 규명·평가해서 지하수 자원의 종합적인 이용계획을 수립하는데 있다. 이에 비해 개략조사는 여러 개의 국지 규모의 구역을 1개 광역 규모로 묶어 단기간 내에 지하수의 산출·부존 특성을 개괄적으로 조사·평가하는데 그 목적이 있기 때문에 추후 지하수 이용계획을 수립할 때는 반드시 추가조사를 실시한다.

지하수의 산출·부존량을 평가하려면 지하수의 저수지인 대수층의 규모, 크기, 수리특성인자(K, T, S, n)와 지하수의 저유량, 지하수의 수질 특성, 함양지역과 배출지역, 잠재오염원의 규모나 위치가 규명되고 물수지 분석이 수행되어야 한다. 이러한 요인들을 종합적으로 분석·평가하기 위해서는 수리지질학에 관한 전문지식과 경험이 풍부한 전문가가 요구된다.

지하수의 산출·부존량 조사 시 조사해야 할 내용을 항목별로 정리하면 다음과 같다.

(1) 대수층의 평가
- 지하수의 부존상태(자유면, 피압, 누수대수층 및 파쇄매체)
- 대수층의 수리특성인자(K. T, S, n 등) 결정
- 지하수의 비배출량과 흐름상태
- 영향반경과 포획구간 규명
- 대수층의 주 구성물질

(2) 지하수위 및 수질변동
- 지하수위 관리망 설정과 운영
- 지하수질 관리망 설정과 운영

(3) 지역단위의 물수지 분석
- 지역수문단위의 물수지 분석을 위한 강우, 하천 유출량 측정
- 증발산량 규명
- 지하수 함양량 결정

(4) 지하수 자원의 종합 평가
- 종합적이고 장기적 수리지질단위의 부존량, 개발 가능량 산정
- 지하수 자원의 보전대책
- 지하수와 지표수의 연계관리를 포함한 관리계획 수립

8.1.2 지하수 환경 영향조사

정부는 지하수의 효율적인 이용과 보전관리를 위하여 93년 12월에 지하수법을 제정하여 94년 6월부터 시행하고 있으며 95년 5월에 먹는 물 관리법을 제정하여 현재 시행 중이다. 지하수법은 지하수 개발의 허가, 오염방지시설 설치 및 지하수 보전구역의 설정을 명시하였고 특히 먹는 물 관리법은 먹는 샘물에 대해 환경영향조사를 의무화하였으며 그 결과에 의거하여 먹는 샘물을 제조·허가하도록 규정하고 있다. 먹는 물 관리법 시행규칙 제5조에서 규정하고 있는 환경영향조사 항목은 요약하면 다음과 같다.

(1) 수문 및 지표 수리지질조사

조사지역의 기존자료를 수집 검토하고 현지답사를 통하여 다음과 같은 수문 및 수리지질 현황을 조사한다.

- 조사지역내의 생활용수, 농업용수, 공업용수 등의 이용현황과 기설 우물 및 용천 현황조사 (일명 정천현황조사, well and spring inventory)
- 오염원 및 잠재오염원의 분포, 규모 및 현황
- 기상 및 수문자료(강수량, 기온, 일조량, 증발산량, 유출량 등)는 최소 10년간 자료를 확보
- 지형 및 지질조사는 지형도, 지질도 등 기존자료와 항공사진자료 판독에 의한 지질 구조선을 확인하여 수리지질특성을 조사
- 토양분포와 토양오염 및 침출특성에 관한 조사

(2) 지구물리탐사

조사지역내에 분포된 대수층의 분포상태와 지하지질 구조를 간접적으로 파악하기 위해 전기쌍극자 및 수직 탐사, 극저주파 탐사/전자기 탐사, 전자파 탐사, 탄성파 탐사 및 기타 필요한 탐사를 실시한다.

(3) 관측 및 시험정 설치

지하지질 구조 및 대수층의 분포상태와 대수층의 수리특성을 정량적 및 직접적으로 규명하기 위해서 지표 수리지질조사와 지구물리탐사 결과에 의거하여 대수성이 가장 양호한 지점에 관측 및 시험정을 설치한다.

특히 관측 및 시험정은 다목적용으로 이용할 수 있도록 설치하며 관측 및 시험정의 방향과 거리는 분포암석의 투수성, 지하수에 영향을 미치는 지질구조의 특성, 각종 경계조건, 지하수의 유동방향 및 잠재오염원의 분포 등을 감안하여 결정한다.

(4) 공내검층

공내 물리검층은 여러 가지 방법을 사용할 수 있다. 이러한 검층자료들은 기법에 따라 목적과 분석 범위가 다르므로 몇 가지의 검층자료들을 중복 해석하면 단일 기법으로 검층하고 분석을 실시했을 때의 미비점을 보완할 수 있다. 특히 회전충격식(공기 압축식 DTH 공법)으로 착정 작업을 실시한 시험 관측정에 대해서는 다양한 검층을 실시하여 대수층의 구조 및 특성을 구체적으로 파악한다. 공내검층으로는 감마선 검층, 공내 TV 검층, 공내 유속유향 검층 등이 있다.

(5) 대수층의 수리특성 규명

관측정과 시험정 굴착이 완료되고, 공내검층이 끝나면 이들 자료를 토대로 대수층의 수리특성을 파악하기 위하여 각종 대수성시험을 실시한다.

대수성 시험은 단계대수성시험, 장기수리간섭시험, 순간충격시험 등을 시행하여 대수층의 수리전도도, 투수량계수, 저유계수 및 이방성을 결정한다. 필요한 경우 대수층의 수리분산특성(분산지수와 지연계수)을 규명하기 위하여 실내 및 현장 규모의 수리분산시험을 실시한다.

(6) 수리지질도 작성

조사지역내에 분포된 수리지질단위의 지질분포상태, 지하수의 유동특성이 담긴 등수위선도, 지표수와 지하수의 상호연관성, 지하수 함양 및 배출 지역, 대수층의 수리특성인자(수리전도도, 투수량계수, 비양수량 등), 용천과 우물의 위치, 대수층의 경계조건, 지하수 및 지표수의 수질특성 등이 표기된 수리지질도를 작성한다. 이 때 잠재오염원의 종류별 규모, 크기, 발생량과 지하수 오염취약성을 수리지질도의 일부 도면으로 작성한다.

(7) 적정채수량, 영향범위와 포획구간(capture zone)

(1)~(6)항에서 도출된 제반 자료를 이용하여 조사지역에 가장 부합되는 적정 입자추적(particle tracking) 및 오염물질거동에 관련된 전산코드를 선정한 후 모델링을 실시한다. 조사지역 내에서 3년간 포획구간, 적정 개발 가능량과 영향범위를 예측 제시하고 적정 개발 가능량으로 장기간 지하수를 채수 이용 시 주변 환경에 미치는 악영향을 평가 제시한다.

(8) 주변 환경에 미치는 영향과 피해예방

장기적인 지하수 채수로 인한 주변 환경 피해를 사전에 예방하고 대수층을 보호하면서 먹는 샘물을 안정적으로 개발 이용하기 위해 앞에서 취득한 각종 조사자료를 종합분석하여 주변 환경에 미치는 영향과 피해예방 대책을 세운다.

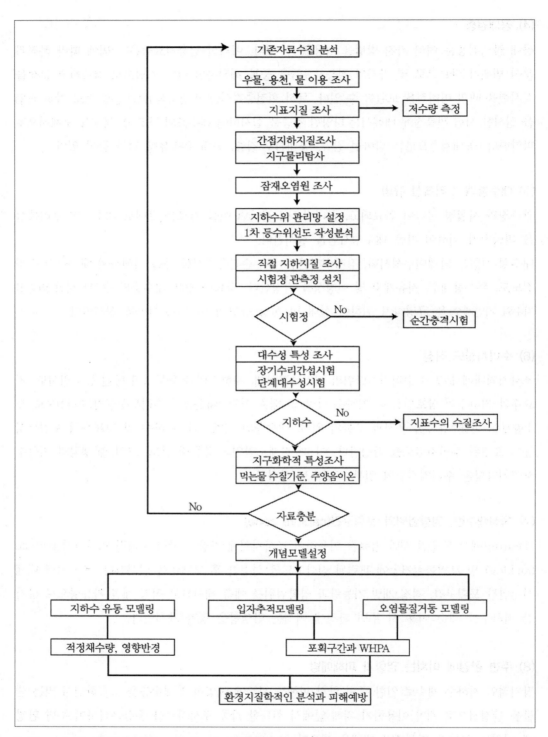

[그림 8-1] 먹는 물관리법에서 요구하는 지하수 환경영향조사의 흐름도

지하수 채수로 인한 주위환경 피해는 1차적으로 과다한 지하수 수위강하로 인하여 지반침하, 식생의 고사 및 사면안정 파괴 등의 재해와 2차적으로 오염물질의 확산에 따르는 대수층(지하수 포함) 오염을 유발할 수 있다. 이러한 피해에 대한 예측분석을 위하여 지하수 유동 모델링과 오염물질 거동 모델링을 실시하여 장기간 채수로 인한 예상 수위강하량과 오염물질 확산을 예측하여 예방대책을 제시한다.

[그림 8-1]은 먹는 물 관리법에서 요구하는 지하수 환경 영향조사의 일반적인 흐름도이다.

8.2 광역 지하수 조사(유역별 지하수 조사)

지하수조사의 목적은 수문순환 과정중 지하에서 움직이고 있거나 또는 지하에 저장되어 있는 지하수자원의 적정개발 가능량을 결정하는데 있다.

광역 지하수조사는 일명 basin wide groundwater survey라 하여 국내에서는 1964년부터 1970년까지 건설부/한강유역합동조사단이 미국의 지질조사소(USGS)와 개척국(USBR)으로부터 파견된 지하수전문가와 수문기술자와 국내 기술자들이 전체 한강유역을 대상으로 유역별 지하수조사를 6년간 시행한 바 있다.

광역지하수 조사과정은 다음과 같다.

8.2.1 기존자료 수집(existing data collection 또는 gathering)

조사대상지역에서 이미 수행된 바 있는 조사·시험 및 측정 자료를 수집하는 과정이다.

가용자료 수집대상 기관으로는 국토해양부(수자원정책과), 환경부(음용수관리과, 상수도과, 토양지하수과), 한국수자원공사, 한국농어촌공사(환경지질부), 한국지질자원연구원, 환경관리공단, 서울시를 위시한 지방자치단체, 제주도특별자치도 상하수도 본부와 환경자원연구원, 국립기상대, 한국건설기술연구원, 국립환경연구원, 지질지반관련 기술 용역업체(지하수 전문업체) 및 착정업체 등이 있다.

그 외 지하수를 산업용수로 사용하고 있는 각 산업체나 지하수를 이용하여 생활용수와 농업용수로 이용 관리하는 지방자치단체들이 날로 늘어나고 있기 때문에 조사구역내에 있는 이들 기관들로부터 각종 기상, 수문, 유역개황, 강수량, 유량(특히 저유량)과 같은 기존자료를 수집할 수 있다.

광역지하수조사의 정밀도는 위에서 언급한 기존자료의 양과 그 자료의 정확도에 따라 크게 좌우될 수 있을 정도로 이 단계는 매우 중요하다. 현재는 이들 기관 외에도 지질과학관련 대학이나 지하수 전문업체들이 자체적으로 지하수자원을 탐사 및 개발을 시행하여 지하수자원에 관한 자료를 보관하고 있으므로 이들 기관으로부터도 양질의 자료를 많이 수집할 수 있을 것이다.

8.2.2 정천 현황조사(well and spring inventory)

조사대상지역에 이미 설치되어 있는 우물이나 용천에 대한 야외 현황조사 단계를 정천 현황조사라 한다. [그림 8-2]와 같은 우물현황카드(well schedule form)를 이용하여 각 우물마다 다음과 같은 제반사항을 조사·기록한다. [그림 8-2]는 우물현황카드로서 미국 USGS와 한강유역합동조사단이 사용한 양식이다. 즉 각 우물의 위치, 소유주, 심도, 주상도, 우물구조도, 착정일자, 착정방법, 펌프의 설치지점, 펌프의 사양 등에 관한 사항과 양수기, 양수량, 수질 등에 관한 사항을 기록 조사하며, 현장에서 손쉽게 측정 가능한 수온, 전기전도도, pH, 색도 및 맛과 같은 물의 특성과 현장수위는 현장에서 직접 측정하여 기록한다.

또한 각 우물에 대한 수리지질자료가 비치되어 있으면 대수층의 분포구간, 대수층의 암석명 등에 관한 자료도 수집·기록한다. 우물현황카드는 해당 우물의 호적등본과 같아서 광역 지하수조사시 수시로 이용할 수 있다. 이 우물현황카드는 조사지역을 격자망으로 구분한 후 각 구간에 따라 분류 비치한다. 용천현황카드(spring schedule form)의 기록방법은 우물현황카드와 동일하다.

8.2.3 용수 이용조사(water use inventory)

조사지역내에서 원수를 취수하여 사용하는 각종 용수 사용처로부터 자료를 수집하되 수원의 종류를 지표수와 지하수로 구분하고, 취수설비도 우물, 집수정, 강변여과수 및 도수로로 구분한다. 그 외 용수의 사용목적을 구체적으로 공업용수, 농업용수 및 생활용수로 구분해서 수원별(지표수와 지하수), 이용목적별 용수사용량을 구분해서 작성한다.

8.2.4 지하수위 관리망(water level network) 설정·운영

광역지하수조사 시 가장 중요한 사항은 수리지질도 작성과 아울러 물 수지분석이다. 따라서 전체 조사대상지역에서 연간 변화하는 지하수자원의 부존량의 변화는 지하수위의 변화를 정밀히 측정함으로써 어느 정도 가능하다.

전항에서 조사·수집한 자료를 이용하여 조사지역내에서 각 구역을 대표할 수 있는 기존 우물을 선정한 후, 이를 관측정(observation well)으로 사용한다. 이를 이용하여 지하수위의 계절별 변화를 측정할 수 있는 지하수위 관리망을 설정한다.

한강유역조사 시 유역 내에 약 100여개소의 관측정을 설치해서 운영하였다. 그 중 12개소는 지하수위 변동을 연속적으로 측정·기록할 수 있는 자동수위기록계(automatic recording gage)를 설치했고, 잔여 관측정은 매 5일마다 1회씩 관측원으로 하여금 지하수위를 수동으로 측정하였다.

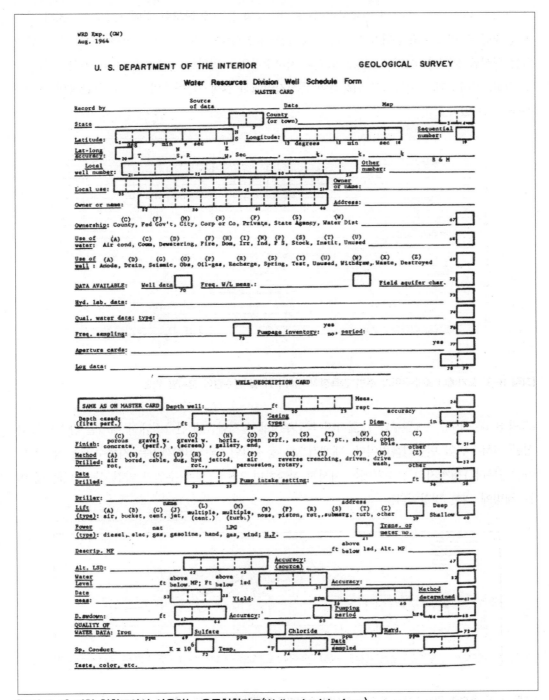

[그림 8-2] 정천 현황조사시 사용하는 우물현황카드(Well schedule form)

[그림 8-3]은 미국 미네소타주 워팅톤 지역에 설치한 자기수위 기록계를 이용해서 1958년 1월부터 1959년 12월까지 측정한 오카베나(Okabena) 호수의 수위와 지하수위의 변동기록이다. 이를 당시에 내린 일별 강우와 비교하기 위해 강수량과 동시에 작도한 것이다. [그림 8-3]과 같이 비가 내린 후 바로 지하수위가 상승하는 것이 아니라 상당한 기간이 지난 후에 지하수위가 상승하는 현상을 보인다. 이러한 현상으로부터 지하수자원의 함양(wet) 및 건조(dry)기간을 측정할 수 있고, 지하수위의 변동식을 이용하여 특정지역에서 일정기간동안의 지하수 부존량의 변화를 추정할 수 있다.

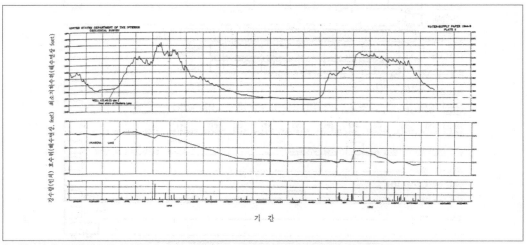

[그림 8-3] 오카베나 호수수위와 주변 관측정의 지하수위 및 강수량의 경시별 변동

[그림 8-4]는 1967년 1월부터 12월까지 의정부시에 설치한 7개 관측정에서 매 5일 간격으로 측정한 지하수위의 변동기록치이다. 대체적으로 풍수기인 6월~8월까지는 지하수위가 상승하다가 9월부터 1월까지의 갈수기에는 서서히 하강하며 2월~3월에 수위가 약간 상승하였는데 이는 해빙에 의한 영향이다.

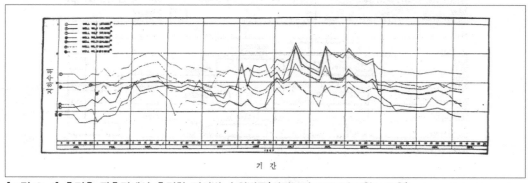

[그림 8-4] 충적층 관측정에서 측정한 경시별 수위변동(의정부시 1967년 1월~12월)

8.2.5 지하수 수질 관리망(water quality network) 설정·운영

조사지역내에 부존된 지하수의 수질특성을 파악하기 위하여 수질관리망을 설정하여 운영한다. 수질관리망 선정기준은 다음과 같다.

① 조사지역내에 분포된 각종 암종별로 선정
② 지하수의 주함양지역과 배출지역
③ 과잉채수로 인해 주변 지표수와 연관성이 있는 지역
④ 잠재오염원별로 선정한다.

가능한 한 수질관측정은 수위관측망 구성 관측정에서 선정한다. 대체적으로 조사지역내에 분포되어 있고 발달된 용천은 수질관리망에 포함시키는 것이 바람직하다. 이와 같이 선정된 수질관측망은 연중 동일한 시기에 각 관측정으로부터 물시료를 채취하여 수질분석을 시행하되 특히 양이온 중에서 Na^+, Ca^{2+}, Mg^{2+} 및 K^+ 과 음이온 중에서 Cl^-, SO_4^{2-}, HCO_3^-, NO_3^{2-} 성분과 경도는 반드시 측정하여 지하수 유형도(stiff diagram)나 삼각형유형도(trilinear diagram)을 작성하여 지하수의 성분별 분류를 시행한다.

수질분석 시기는 주기적으로 시행하든가 최소한 강우발생 전후에 연 2회 이상 실시하는 것이 가장 좋은 방법이며 이렇게 수질분석을 해두면 강우에 의한 지표수의 수질변화와 우물장에서 장기간 채수하므로 인해 발생 가능한 인근 지표수나 잠재오염원으로부터 유입오염현상을 예측하고 파악할 수 있다.

[그림 8-5]는 1972년에 국립지질조사소에서 실시한 진위천 상류유역의 천부지하수의 수질을 지하수 유형도로 도시한 것이다. 기타 지표수와 지하수의 상호관계를 알아보기 위해서 하천수의 수질분석을 실시한다.

8.2.6 수문지질(수리지질)조사(hydrogeologic survey)

지하수를 포장하고 있는 각 대수층의 분포상태, 대수층의 수리성 및 대수층에 부존된 지하수의 산출상태와 물리-화학적 특성 등 지하수의 여러 형태를 조사하는 단계를 수리지질조사라 한다. 이들 조사결과를 일목요연하게 한눈에 볼 수 있게끔 여러 개의 도면으로 도면화한 것을 수문지질도(hydrogeologic map)라 한다(2편 8장의 남한의 수문지질도 참조). 일반적으로 수문지질도는 지질 및 지질구조도, 지구물리탐사 결과도, 시험/관측정 설치지점, 대수성시험 결과도(투수량계수도, 수리전도도를 표기한 도면, 비양수량도, 저유계수도) 수질도 및 지하수오염 취약성도 등으로 구성되어 있다.

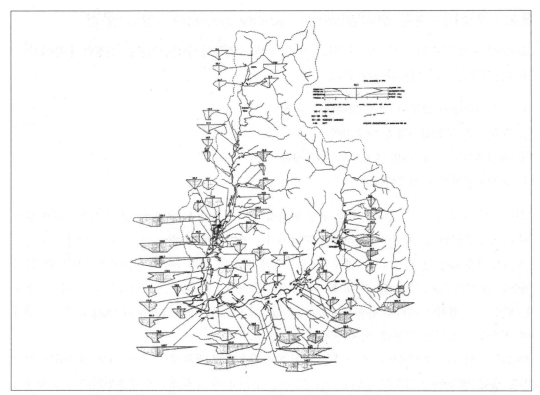

[그림 8-5] 진위천 상류구간에 분포된 지하수의 수질유형도(국립지질조사소, 1972)

(1) 지표지질조사

지표지질조사란 조사대상지역에 분포된 각종 암석을 그 암석별로 분류해서 도면상에 작도한 것이지만 이 단계에서는 암석별 분류를 일반 지질조사 시에 사용하는 방법보다는 각 암석의 수리성에 따라 분류 및 작도한 수문지질도를 의미한다.

일반적으로 국내의 경우 각 암석의 수리성에 따라 미고결암은 하상퇴적층인 충적층과 붕적층(넓은 의미의 다공질 결정질암 풍화대도 포함)으로 구분하고, 고결암중에서 화성암류는 괴상의 화강암과 화산분출암 및 비다공질 화산암으로 구분하며, 변성암류는 저변성 퇴적암류와 주로 편암과 편마암으로 이루어진 결정질 변성암류로 구분하고, 퇴적암류는 쇄설성 퇴적암과 탄산염암류로 구분한다(자세한 내용은 2편 8장을 참조하기 바란다). 이는 어디까지나 각 암석의 대수성에 따른 암석별 분류이고, 이들 암석을 지질구조에 따라 대구조대와 소구조대로 구분할 수 있다. 여기서 대구조대란 단층 및 대규모 파쇄대와 같은 연장성이 양호하고 범위가 크며 2차 유효공극이 잘 발달된 단열구조대를 의미하며, 소구조대란 암석의 수축·팽창작용으로 형성된 절리나 암석 내에 발달된 편리, 층서 등과 같이 연장성이 희박하고 범위가 소규모인 2차 유효공극의 단열을 의미한다.

(2) 지구물리탐사(geophysical prospectings)

지표지질조사결과, 대수성이 비교적 양호할 것으로 판단되는 지역에 분포된 암석의 지하지질구조를 개략적으로 파악하기 위하여 지구물리탐사를 실시한다. 이 방법은 어디까지나 계략적인 탐사이므로 간접조사라 하며 탐사결과는 반드시 시험, 시추 결과와 대비되어야 한다.

수리지질조사단계에서 적용하는 지구물리 탐사방법으로는 전기탐사를 가장 많이 이용하며 그 외 탄성파탐사 및 전자력탐사(TM)를 이용한다. 일반적으로 미고결 퇴적층들은 대수성이 비교적 양호한 조립질 모래나 사력층중 두께가 두터운 지역을 전기 및 탄성파탐사로써 알아낼 수 있다. 퇴적암과 화산분출암을 제외한 암반지하수는 대체적으로 암석 내에 발달된 대 및 소규모의 단열대내에 균열지하수가 부존되어 있으므로, 전기탐사나 탄성파탐사를 이용하여 지하에 분포된 이들 구조대를 정성적으로 탐사할 수 있다.

이상과 같은 지표지질조사와 지구물리 탐사결과를 이용하여 조사지역에 분포된 동일한 수리성을 가진 동종암석의 대표지역을 선정하고, 그 곳에 다목적 시험정을 설치하여 지하지질 분포상태나 대수층의 수리성을 직접 파악한다.

(3) 시험 및 관측정 설치와 수리특성인자 규명

일차 지표지질조사결과에 의거하여 각종 암석의 수리성에 따른 분류를 실시하고 그 중 각 암석을 대표할 수 있는 지역을 선정하여 이들 암석의 정확한 지하지질 분포상태와 지질구조 및 수리성을 파악규명하기 위하여 다목적 시험관측정을 설치한다. [그림 8-6]은 안양천 유역의 영등포 지역에 설치한 시험관측정의 지질주상도를 이용해서 작성한 충적층의 울타리 단면도(fence diagram)이다.

시험 및 관측정을 설치할 때 각 공별로 매 1m 혹은 지질이 변할 때마다 시료를 정확히 채취하여 지질주상도를 작성하며, 시험관측정 굴착 후 우물자재를 설치하기 전에 공내검층(well logging)을 실시한다. 공내검층이 완료되면 채취시료와 검층결과를 이용하여 우물설계를 실시하고 우물설계에 의거하여 우물자재를 굴착공내에 설치한 후, 충분히 우물개량(well development)을 시킨다. 그 후 대수성시험 장비를 이용하여 장기 연속대수성시험(일명 수리간섭시험)과 단계대수성시험을 실시하고 그 결과를 분석하여 대수층의 수리상수인 투수량계수, 저유계수, 비양수량, 이방성, 우물 및 대수층수두손실 등을 산정한다. 조사지역의 범위에 따라 대표적인 대수층과 암석을 대표할 수 있는 시험정의 개수를 결정하고 각 시험정에서 취득한 수리특성인자의 평균치를 그 암석의 대표 수리특성 인자로 이용한다.

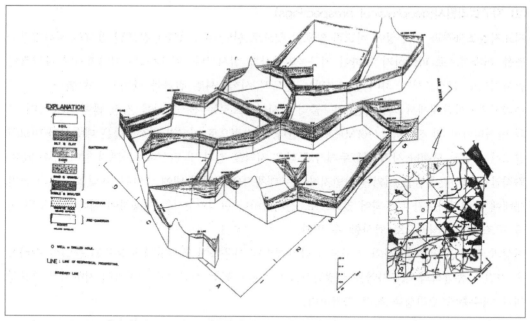

[그림 8-6] 안양천 하류지역에 분포된 충적층의 울타리 단면도(J.S.Hahn, 1968.6)

8.2.7 저수량 측정(low flow measurement)과 기저유출

1개 유역에서 장기간 강우가 내리지 않으면 표면유출은 중지되고 하도를 통해서 흐르는 유량은 완전히 주변대수층으로부터 하천으로 배출되는 지하수로 이루어진다. 따라서 무강우기간이 계속되면 주변대수층으로부터 유출되는 지하수량이 점차 감소되어 결국 하천은 완전히 고갈된다. 즉 상당한 기간 동안 비가 내리지 않는 무강우기에 하천을 통해 흐르는 하천유량을 기저유출 (base flow)이라 한다.

[그림 8-7]은 중랑천 상류의 의정부시 부근에 설치한 6개 지점에서 1967년 1월에서 10월 사이에 측정한 하천유량과 저수량이다. [그림 8-7]과 같이 3월에는 동결된 땅이 해빙되기 때문에 저수량 이 일시 증가하고, 봄에는 저수량이 점차적으로 감소하다가 곡물생육기가 끝나는 가을에 증가 현상을 보인다.

저수량측정지점 No.6에서 측정한 양이 상류에 위치한 No.2와 No.3 지점에 측정한 유량의 합보 다 훨씬 큰데, 이는 No.2 및 No.3와 No.6 측정지점 사이구간에 포장되어 있던 천부지하수가 하천으로 유출되고 있기 때문이다.

이와 같이 갈수량은 바로 지하대수층 내에 부존되어 있던 지하수가 갈수기에 하천을 통해 유출 되는 지하수량이므로 갈수기에 갈수량을 측정해두면 해빙지역의 물수지분석시 매우 유용한 기초자료가 될 뿐만 아니라 지하수 모델링 시 정량적인 보정 및 검증자료로 이용할 수 있다.

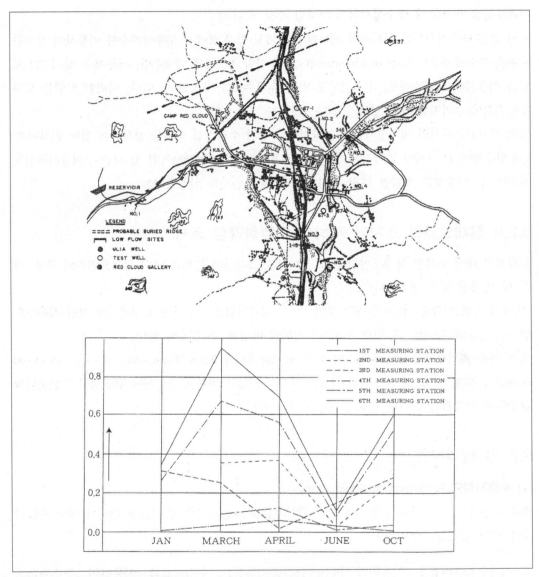

[그림 8-7] 중랑천 상류 의정부지역의 하천저수량과 측정지점(1967)

8.2.8 정량적인 대수성시험(aquifer test)

조사지역내에 분포된 각종 암석의 수리특성인자를 파악하기 위해서는 각 암석에 설치한 시험정과 관측정을 이용하여 대수성시험을 실시한다. 예산이 허락하면 많은 수의 시험정을 설치하여 대수층의 수리특성인자를 구하면 가장 좋은 방법이겠지만, 시험정 굴착에 상당한 예산이 소요되므로 조사지역내에서 각종 분포암석의 수리성을 대표할 수 있는 지역에 이미 설치되어 있는 기존우물을 이용하여 대수성시험을 시행할 수도 있다.

이와 같은 대수성시험을 실시하여 취득한 수리특성 인자 중에서 투수량계수를 이용하여 작도한 도면을 투수량계수도(map of transmissivity)라 한다. 이 외에 비양수량, 저유계수 및 수리전도 도를 이용하여 비양수량도, 수리전도도 및 저유계수도를 작성할 수 있다. 이러한 도면은 모두 수문지질도(수리지질도)의 일부가 된다.

광역 지하수조사시의 대수성시험은 일반적으로 장기 수리간섭 시험을 실시하는 것이 원칙이며, 1개 양수정에 1~4개의 관측정을 동시에 이용하여 거리-수위강하곡선 및 시간-수위강하곡선을 작도한 후 이방성을 포함한 여러 가지의 수리특성 인자를 산정한다.

8.2.9 잠재오염원 조사와 지하수 오염취약성 조사

조사지역 내에 소재한 잠재오염원을 그 유형별로 조사하여 목록화 하되 잠재오염원의 규모, 크기 및 발생량 등을 명기한다.

2편에서 설명한 각종 지하수환경의 오염가능성 평가기법을 이용하여 조사지역에 대한 지하수오염 가능성도를 작성한 후 이를 토지이용계획에 반영할 수 있도록 한다.

특히 기존 폐기물매립지와 주유소와 같은 유해물질취급 TSDF(Treatment, Storage, Disposal facilities, 처리, 저장, 및 처분시설)의 입지선정의 적합성 여부를 규명하여 위험성의 우선순위를 결정하고 관계기관이 이를 활용할 수 있도록 한다.

8.2.10 실내작업

(1) 수문지질도 작성(hydrogeologic map)

위에서 설명한 여러 가지의 조사에서 취득한 자료를 종합분석한 후 다음과 같은 도면이 포함된 종합 수문지질도를 작성한다.

① 지하수위관리망을 이용하여 조사기간 중 측정한 수위자료를 이용하여 등수위선도 (potentiometric surface map)와 지하수위 변화도를 작성한다.

② 수질관리망 구성 관측정에서 채취하여 분석한 지하수의 물리·화학 및 미생물학적인 분석치를 이용하여 지하수의 수질에 관한 분류를 시행하고 수질도를 작성한다.

③ 지표지질조사, 지구물리탐사, 시험시추자료 및 기존가용자료를 이용하여 암반 등고선도 (iso-pac map), 지질구조도 및 암석의 수리성에 따른 지질도와 지질단면도를 작성한다.

④ 대수성시험 자료로부터 취득한 각종 수리특성인자를 이용하여 투수량계수, 수리전도도, 비양수량 및 지하수 개발가능성을 표시하는 도면 등을 작성한다.

⑤ 지하수환경의 오염가능성 평가기법 중 적절한 방법(예, DRASTIC법)을 이용하여 지하수오염
   가능성도를 작성한다.
⑥ GIS나 GSIS(geoscientific information system)과 연계시킨 도면을 작성한다.
⑦ 최적지하수 개발가능지역을 수문지질도상에 표기한다.

특히 ⑤항에서 작성한 지하수 오염가능성도는 해당지역의 토지이용(land use)계획에 활용이 될
수 있도록 작성 제시되어 각종 위해 물질의 TSDF의 입지선정에 이용되도록 한다.
수문지질도상에는 지하수의 주된 함양지역, 배출지역과 유일대수층이 명기되어야 하고 이들
이 확인된 경우에는 구역화 기법(zoning)을 이용하여 지하수의 광역적인 보호대책을 수립 제
시한다.
뿐만 아니라 지하수를 이용하여 음용수(먹는 물)나 드링크류로 사용하는 공공급수용 우물이나
생산정에 대해서는 취수정 보호계획에 의거하여 국지적인 우물보호계획을 수립한다. 이 외 지
하수의 장애인 과잉채수지역이나 과잉채수로 인해 지반침하가 발생하고 있는 지역, 장기채수로
인해 지하수질의 저질화가 가속화되고 있는 지역에 대해서는 지하수개발을 제한할 수 있는 규
제조치(안)를 수립 제시한다.

(2) 물수지분석

작성한 등수위선도와 전항에서 조사한 각종 내용을 종합분석하여 4장에서 언급한 물수지 분석
법에 의거하여 조사지역내에서 지하수 함양량을 규명한다.
지하수 함양량을 근거로 하여 가능한 한 3-D 전산 모델링을 실시한 후, 해당지역에서 개발 가능
한 최적지하수 개발가능량(optimal yield)을 산정한다. 이 때 갈수기에 조사지역의 상하류 지점
에서 측정해둔 갈수량을 이용하여 정량적인 보정과 검증을 실시한다.

(3) 전산분석

구체적인 내용은 제10장과 "3차원 지하수모델과 응용"(한정상, 한찬, 박영사, 2,000)을 참조하기
바란다.

(4) 자료의 종합평가와 개발계획서

전항에서 실시한 제반 현장조사 및 실내시험 자료를 종합평가한 지하수 개발계획서를 작성하되
가장 경제적이고 친환경적인 방법을 적용한다. 지하수보전대책까지 포함된 유역별 광역지하수
조사계획표는 [그림 8-8]과 같고 흐름도는 [그림 8-9]와 같다.

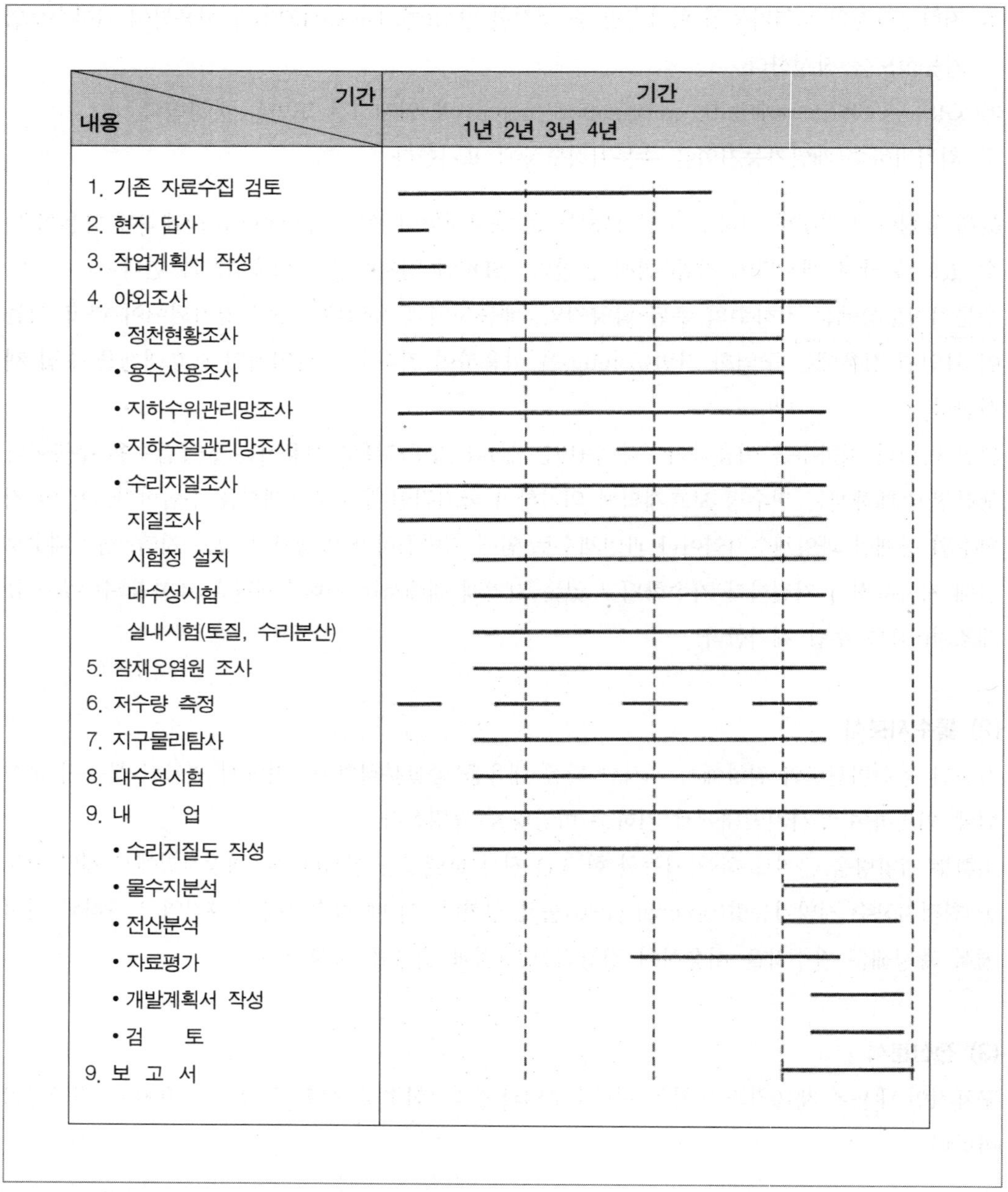

[그림 8-8] 유역별 및 광역 지하수조사 계획도

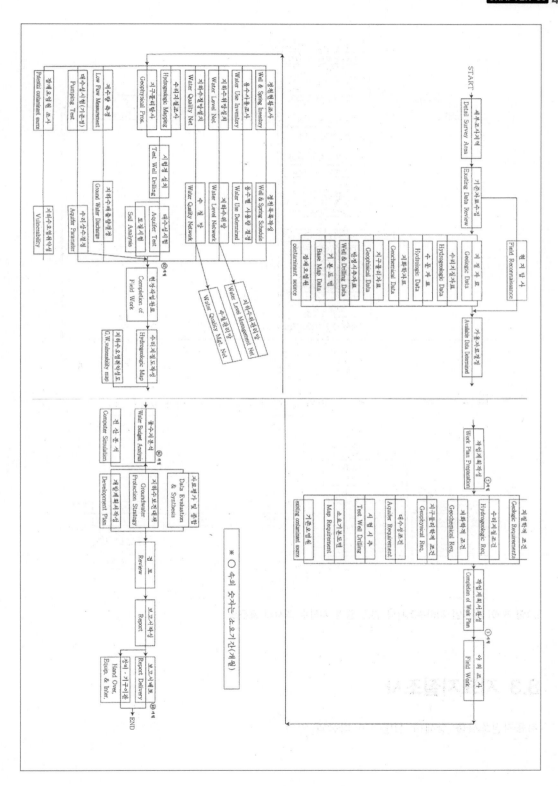

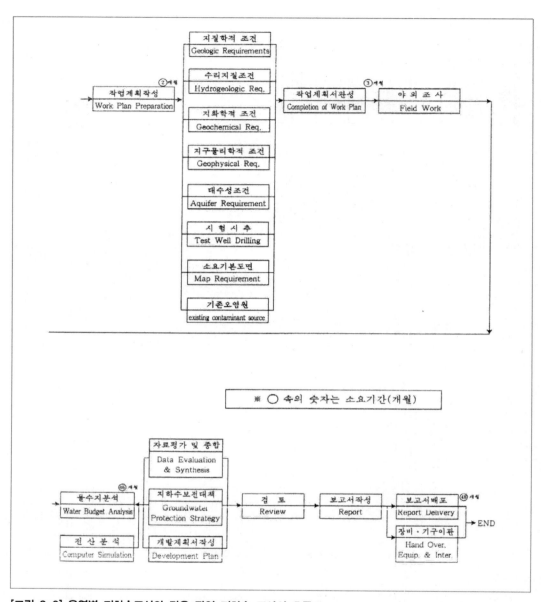

[그림 8-9] 유역별 지하수조사와 같은 광역 지하수 조사의 흐름도

8.3 지표지질조사

지표지질조사를 상세히 설명하면 다음과 같다.

8.3.1 지형 및 수계조사

지하수의 유동과정은 일반적으로 지하함양 – 대수층 내에서 지하수의 거동 – 배출과정으로 이루어져 있고 지하로 함양된 지하수는 해당지역의 지형기복, 지면의 경사 수계, 및 지질구조에 따라 산출상태가 좌우된다. 우리나라의 경우, 지하에 부존된 지하수의 수위는 그 지역의 지형구배와 유사하다. 따라서 미국에서는 이러한 현상을 replica란 술어를 사용한다.

그러므로 지하수조사 단계에서 지형과 수계에 대한 조사분석은 필수적이다. 이 조사는 지하수조사의 예비단계로서 주로 1:25,000 지형도를 이용하여 지형의 분류, 수계의 발달상태, 지형등고선을 이용한 분포암의 분석 등이 포함되며 주로 실내에서 작업한다.

항공사진이 가용한 경우에는 암석의 예상분포지, 선구조 등을 파악하여 현장 지표지질조사를 통해 이를 확인한다. 실내분석 결과는 반드시 현장조사를 통해 확인해야 하며 주된 내용은 계곡평야, 해안평야, 삼각주, 구릉지, 산지 및 붕적층의 분포구간과 수계의 발달은 해당 지역의 지질구조, 풍화 침식정도 및 연약대 발달구간과 깊은 관련이 있으므로 항공사진이 가용하지 않은 경우에는 반드시 수계분석을 실시한다.

8.3.2 위성사진 판독과 선구조 및 지표지질조사

넓은 의미에서 지표지질조사의 목적은 여러 지질학적 현상들을 야외에서 직접 확인하고 이와 관련된 지구조적인 과정을 노출된 암석(노두, outcrop), 지층의 종류 및 분포로부터 추론하여 최종 결과물인 지질도를 작성하는 일련의 과정을 말한다. 그러나 지하수조사를 위한 지표지질조사는 궁극적으로 대수층의 규모와 분포상태를 파악하기 위해 실시하는 조사이다. 따라서 이 목적을 위한 지표지질조사는 지표에 발달되어 있는 구성암석의 암상, 분포상태와 경계선, 지질구조대, 암석의 1차 및 2차 유효공극의 발달상태, 용천의 규모와 위치, 지표수와 지하수와의 연관성 등 실내작업을 통한 예비조사로부터 현장조사까지 과정을 포함한다.

본 조사는 지하지질 분포상태를 정성적으로 규명하기 위해 실시하는 지구물리 탐사지점을 선정할 때의 기초자료로 이용된다. 지하수-지표지질조사 목적은 사전답사, 지질도 및 위성영상자료에 의한 도상답사, 현장지질조사, 및 지질구조도가 포함된 보고서 작성과 같은 4단계로 구분할 수 있다. 이를 세론하면 다음과 같다.

(1) 사전답사

조사지역에 분포되어 있는 암종이 대수층의 역할을 하고 있는지를 확인하고 이를 근거로 지하수조사의 개발에 필요한 장비진입 가능성을 파악한다. 이때 해당지역의 토지소유주와는 사전협의가 이루어져야 하며, 장비진입로, 정지작업의 필요성, 시추용수의 가용성 등 작업환경에 대한 조사를 실시한다.

(2) 지질도 및 위성사진분석에 의한 도상답사

해당지역의 지형과 지질사이의 관계를 파악하기 위해 조사용으로 사용할 지형도상에 지질도를 옮겨 사용한다. 또한 계절에 따른 대상지역의 식생의 변화로 인하여 분포지질의 육안 관찰이 어려울 경우에는 항공사진을 이용한다.

현재는 주로 Google 등에서 제공하는 위성사진(sattelite map)을 이용하여 사전에 지형 및 수계분석은 물론 선구조를 위시한 지질구조 및 암종의 분포상태까지 파악 분석할 수 있어 현장지질조사에 앞서 매우 중요한 검토 자료가 된다. 특히 Google Earth를 이용하여 과업대상지역에 발달된 주요 하천과 지질구조와의 관계 및 발달 분포 특징, 지형특성(수지상 pattern, 격자형 pattern 및 무작위 pattern)과 각종 암석들의 분포와의 관계 등을 분석할 수 있다. 필자는 위성사진 분석은 필수적으로 실시하며 이 때 USGS의 수치 표고모형(DEM) 자료를 최대한 활용한다.

(3) 현장지질조사

현장지질조사는 사전답사와 실내 도상작업에서 나타난 여러 가지 지질학적 상황들을 실제 확인하는 과정이다. 지질학적인 사실규명을 위한 지질조사와는 달리 지하수 조사목적의 현장지질조사는 대수층의 구성 물질, 단층이나 선구조선과 같은 2차 유효공극의 인지에 목적을 두고 필요에 따라 암상의 경계부를 확인한다. 퇴적암 지대인 경우에는 투수성을 고려한 입도의 기재가 필요하며, 특히 석회암지대에서는 공동의 발달, 용천의 위치 및 유출량을 확인한다.

(4) 지질구조도와 보고서

지질구조도 및 보고서 작성은 지질 구조적 현상들이 일반적으로 규모가 너무 크고 복잡하기 때문에 현장 지질조사 시 취득한 자료를 기초로 해서 세부적인 지질구조도를 작성한다. 이때 야외에서 확인된 지질구조선에 수직되는 방향의 지질단면도를 작성한다. 이러한 지질구조도는 향후 시행되는 물리탐사 자료와 함께 중요한 정보가 된다. 조사보고서에는 사전답사에서부터 도상답사 및 현장지질조사에서 분석되고 기재된 사항 등을 빠짐없이 기록하고 이를 근거로 지구물리탐사의 기초자료가 되도록 한다. 최근 응용지질학의 하나의 추세가 되고 있는 데이터베이스화를 위하여 측정된 자료는 가급적 정량화 하는 기술이 필요하다.

이와 같이 지표지질조사는 조사 목적에 따라 다양한 방법이 있기 때문에 조사 대상지역의 여건에 맞게 조사자가 계획하며, 가급적 충분한 시간적인 여유를 가지고 실시한다. 지표지질조사에 필요한 기본장비는 햄머, 야장, 지형도, 관련지질도, 카메라, 확대경, 보호안경, 클리노미터(또는 클리노콤파스) 및 염산 등이 있다.

8.4 지하수탐사에 널리 이용되는 지구물리탐사

8.2.6절에서 개략적으로 언급한 지구물리탐사를 각 탐사별로 상세히 언급하면 다음과 같다.

8.4.1 전기비저항 탐사(resistivity survey)

전기 비저항탐사는 수평탐사와 수직탐사가 있으며 이 탐사법들은 지하수탐사에서 현재 가장 널리 이용되고 있기 때문에 지하수 기술자들은 최소한 전기 비저항 탐사방법과 분석 방법은 반드시 숙지하고 있어야 한다. 이에 대한 원리, 탐사법 및 해석법을 세론하면 다음과 같다.

(1) 원리

전기 비저항법에서 주로 사용되는 전극은 4극이다. 일직선상에 2개의 전류전극(C_1과 C_2)과 2개의 전위전극(P_1과 P_2)을 설치한다. 전류전극을 통해 지하로 전류를 보내면 전류로 인해 발생된 P_1, P_2간의 전위차를 측정하여 지하의 지질분포 상태를 파악하는 방법이다. 전극배치방법은 여러 가지가 있으나 통상 다음과 같이 3가지 방법을 사용한다.

1) 전위전극 P_1 및 P_2간의 간격이 비교적 넓으며, 전위차를 측정하는 배치이다. 이 배치방식의 예로서 웨너(Wener) 방식이 가장 많이 사용되며, [그림 8-10]과 같이 4개의 전극을 동일한 간격(a)으로 설치한다.

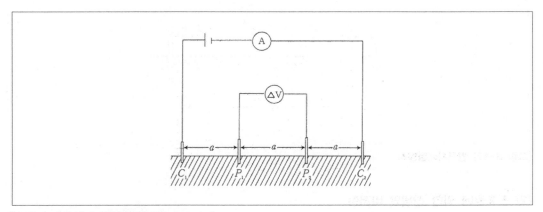

[그림 8-10] 웨너 배열방식(wenner array)

2) 전위전극 P_1 및 P_2간의 간격이 전류전극 C_1과 C_2간의 간격보다 훨씬 좁아 전위경도(potential gradient)를 측정하는 배치이다. 이 배치방식의 예로서 슐럼버저(Schlumberger) 방식이 가장 널리 사용되며, [그림 8-11]과 같이 4개의 전극을 배치한다. 여기서 a는 b보다 항상 크다.

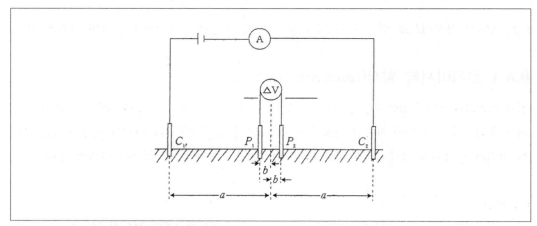

[그림 8-11] 슐럼버저 배열방식(schlumberger)

3) 전위전극 P_1 및 P_2간의 간격과 전류전극 C_1 및 C_2간의 간격이 전위전극과 전류전극간의 간격보다 좁아 전위선의 곡도(curvature of potential field)를 측정하는 배치이다. 이 배치의 대표적인 배치 방식은 쌍극자(polar dipole) 배열로서 [그림 8-12]와 같다.

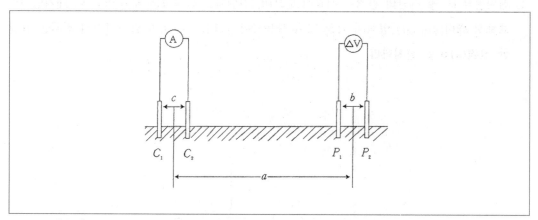

[그림 8-12] 쌍극자배열방식

(2) 전류원에 의한 전위와 비저항

균질매질 속에 한 개의 전원이 있을 때 이로 인해서 발생된 전위는 전류의 점원에 의한 전위관

계를 두 가지의 기본원리에 의거하여 유도할 수 있다. 즉 ohm의 법칙에 의하면

$$E = \rho jj \tag{8-1}$$

여기서, E : 전위경도(potential gradient)
jj : 전류밀도(current density)
ρ : 매질의 비저항치이다.

또한 전자기에

$$\nabla \cdot j = 0 \tag{8-2}$$

이므로, 이는 전류원점 이외의 지점에서 전류밀도의 divergence가 0이란 뜻이다.
상기 두 식을 합치면 다음과 같은 Laplace 방정식을 얻을 수 있다.

$$\nabla \cdot \frac{E}{\rho} = \frac{-1}{\rho} \nabla^2 U = 0 \tag{8-3}$$

여기서 E는 전위함수 u의 경도로서 $E = -\nabla u$로서 표시한다.

라플라스(Laplace) 방정식은 구좌표계에서 (8-4)식과 같이 표현된다.

$$\frac{\partial}{\partial r}\left(r^2 \frac{\partial U}{\partial r}\right) + \frac{1}{r^2 \sin\theta}\frac{\partial}{\partial \theta}\left(\sin\theta \frac{\partial U}{\partial \theta}\right) + \frac{1}{r^2 \sin^2\theta}\cdot\frac{\partial^2 U}{\partial \phi^2} = 0 \tag{8-4}$$

그러나 여기서 전류원점에 대하여 각 φ 및 θ는 원점에 대하여 완전히 대각을 이루므로 (8-4)식은 다음 (8-5)식과 같이 간단히 표시할 수 있다.

$$\frac{\partial}{\partial r}\left(r^2 \frac{\partial U}{\partial r}\right) = 0$$
$$\frac{\partial U}{\partial r} = \frac{C}{r^2}$$
$$U = -\frac{C}{r} + D \tag{8-5}$$

여기서 D는 적분상수로서 전류원점부터 원거리에서의 전위의 규정에 의하여 정할 수 있다. 즉 원거리에서는 r이 상당히 커지므로 전위는 따라서 영에 가까워지고 상수 D도 영이 되어야 한다. (8-5)식에서 C는 전류원점부터 외부로 나가는 전체 전류량에 의하여 구할 수 있다.
우선 전류원점이 대지면의 임의의 지점에 있다고 생각하고 이를 기준으로 하여 임의의 작은 반경 a인 구를 생각해 보자. 전류밀도는 전류원점으로부터의 거리 r의 함수이므로 이 구면에 있어서 전류밀도치는 모두 동일한 값이 될 것이다. 그러면 전체 전류 I는 지하매체의 반구면을

통과하는 전류밀도를 면적분함으로 구할 수 있다. 즉,

$$I = \int_s j \cdot dS = \int_s \frac{E}{\rho} \cdot dS$$

그러나 전위저항 E는

$$E = -\frac{\partial U}{\partial r} = -\frac{C}{r^2}$$

이므로,

$$I = \int_s \frac{-C}{\rho r^2} dS = \frac{-2\pi C}{\rho} \tag{8-6}$$

또는

$$U = \frac{\rho I}{2\pi r} \tag{8-7}$$

(8-7)식은 지하매체에서 전류원에 대한 전위식으로서 비저항법에서 가장 기본적인 식이다. 전류원이 지하매체 내에서 여러 개가 있을 때는 전위함수는 스칼라(scalar) 양이므로 각 전류원이 독립적으로 전위에 대하여 작용한다. 따라서 다음 (8-8)식과 같이 표현할 수 있다.

$$U = \frac{\rho}{2\pi} \left[\frac{I_1}{a_1} + \frac{I_2}{a_2} + \frac{I_3}{a_3} + \cdots\cdots + \frac{I_n}{a_n} \right] \tag{8-8}$$

여기서 I_n은 여러 전류전극 중 n에 해당하는 전류원으로부터 흐르는 전류이고 a_n은 전위를 측정하는 점과 n에 해당되는 전류원간의 거리이다.

(8-8)식을 이용하여 균일한 지하매체에 4개의 전극(C_1, C_2, P_1, P_2)을 설치하고 전극의 배열이 [그림 8-13]과 같을 때 대지의 비저항 ρ를 구하면 다음식과 같다.

$$\rho = \frac{(U_M - U_H)}{I} \times \frac{2\pi}{\dfrac{1}{AM} - \dfrac{1}{BM} - \dfrac{1}{AN} + \dfrac{1}{BN}} = K \frac{\Delta U}{I} \tag{8-9}$$

여기서, $\quad K = \dfrac{2\pi}{\dfrac{1}{AM} - \dfrac{1}{BM} - \dfrac{1}{AN} + \dfrac{1}{BN}}$

를 기하학적인 인자라 하며, 전극배열에만 관계되는 계수이다. 또한 $\Delta U = U_M - U_H$는 P_1

과 P_2 전극간의 전위차이다.

(8-9)식은 지하매체가 완전균질매체일 때 지하매체의 고유비저항치가 된다. 그러나 지하매체는 실제 완전균질매체가 아니므로 (8-9)식에서 산출된 ρ를 겉보기저항(apparent resistivity)이라 하며 ρ_a로 표시한다. 겉보기비저항은 이방, 불균질인 실제 지하매체의 고유비저항과는 다르다. 이 수치는 고유비저항치보다 클 수도 있고 작을 수도 있으며 또한 그 중간이 될 수도 있다. 그러나 후절에서 전극간격의 함수로 하는 겉보기 비저항의 변화상태를 이용하여 지하매체 구성지층의 고유 비저항치를 구할 수 있다.

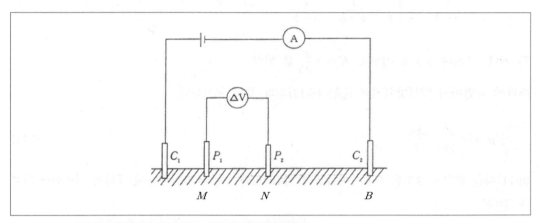

[그림 8-13] 전기비저항 탐사시 적용하는 전극계의 전극배열방식

(3) 전극배열에 따른 비저항식

각종 전극배열로 인한 비저항식은 (8-9)식의 기하학적인 인자(geometry factor)인 K를 결정함으로서 구할 수 있다.

1) 웨너(Wenner) 배열방식

비저항법에서 가장 많이 사용되는 웨너배열방식에서 기하학적인 인자 K는

$$K = \frac{2\pi}{\dfrac{1}{a} - \dfrac{1}{2a} - \dfrac{1}{2a} + \dfrac{1}{a}} = 2\pi a$$

이므로 겉보기 비저항 ρ_a는 (8-10)과 같다.

$$\rho_a = 2\pi a \frac{\Delta U}{I} \tag{8-10}$$

따라서 야외에서 비저항 측정기를 이용하여 $\dfrac{\Delta U}{I}$ 만 측정하면 이에 $2\pi a$ 를 곱하여 겉보기비저항(ρ_a)를 구한다.

2) 슐러버저(Schlumberger) 배열방식

슐럼버져 배열방식을 사용할 때 [그림 8-12]에서 K 를 구하면

$$K = \cfrac{2\pi}{\dfrac{1}{a-b} - \dfrac{1}{a+b} - \dfrac{1}{a+b} + \dfrac{1}{a-b}} = \pi\left(\dfrac{a^2}{2b} - \dfrac{b}{2}\right)$$

가 된다. 그러나 $a \gg b$ 이므로 $K = \pi\dfrac{a^2}{2b}$ 로 된다.

따라서 슐럼버져 배열방식에서 ρ_a 는 (8-11)식과 같이 표시된다.

$$\rho_a = \pi\frac{a^2}{2b}\ \frac{\Delta u}{I} \tag{8-11}$$

(8-11)식은 전위의 경도를 이용하여 유도할 수도 있다. 즉, (8-7)식을 r 에 대하여 미분하면 다음과 같다.

$$\frac{\partial U}{\partial r} = -\frac{\rho I}{2\pi r^2}$$

전류원인 C_1(source) 및 C_2(sink)를 동시에 측정하게 되므로 겉보기비저항은

$$\rho_a = -\frac{\pi a^2}{I}\ \frac{\partial U}{\partial r} = \frac{\pi a^2}{I}\ \frac{\Delta U}{2b}\ \frac{\Delta U}{I} \tag{8-12}$$

가 되어 (8-11)식과 같은 결과가 된다. 따라서 슐럼버져 배열방식에서 겉보기 비저항은 현장에서 측정한 $\dfrac{\Delta U}{I}$ 에 $\dfrac{\pi a^2}{2b}$ 를 곱해서 구한다.

3) 쌍극자(polar dipole) 배열방식

쌍극자 배열방식은 [그림 8-12]에 의거하여 K 를 구하면 다음과 같다.

$$K = \cfrac{2\pi}{\left(\cfrac{1}{a + \cfrac{c}{2} - \cfrac{b}{2}}\right)\left(\cfrac{1}{a - \cfrac{c}{2} - \cfrac{b}{2}}\right)\left(\cfrac{1}{a + \cfrac{c}{2} + \cfrac{b}{2}}\right)\left(\cfrac{1}{a + \cfrac{b}{2} - \cfrac{c}{2}}\right)}$$

만일 $b = c$일 때는 $a \gg b$이므로

$$K = \pi a \left(\frac{a^2}{b^2} - 1\right) = \pi \frac{a^3}{b^2}$$

이 된다. 따라서 이 때의 겉보기 비저항 ρ_a는 (8-13)식과 같다.

$$\rho_a = \pi \frac{a^3}{b^2} \cdot \frac{\Delta U}{I} \tag{8-13}$$

쌍극자인 경우에도 현장에서 측정한 $\dfrac{\Delta U}{I}$에 $\dfrac{\pi a^3}{b^2}$을 곱해서 겉보기비저항을 구한다.

(4) 측정방법

1) 수평탐사(profiling method)

수평탐사라 함은 일정한 심도이내에 있는 지하매체의 수평방향의 비저항변화를 탐사하는 방법이다. 보통 Wenner 배열방식을 사용하며 측선을 따라 이동측정하는 방식으로 작업순서는 다음과 같다. 즉, 전극 C_1을 No.1에, P_1을 No.2에, P_2를 No.3에 C_2를 No.4 지점에 설치한다. 이때 전극의 깊이는 전극간격 a의 1/20 이내로 설정하는 것이 가장 좋다(그림 8-14).

전극과 지층간의 접촉저항이 클 때는 소금물을 전극 접지점에다 뿌린 후, 전극을 측정기에 연결시키고 비저항을 측정한다. 다음 전극을 C_1이 No.2에, P_1이 No.3에, P_2가 No.4에 C_2가 No.5 지점으로 각각 a만큼 측선을 따라 이동시키고 측정한다. 이와 같은 순서에 따라 주어진 측선에 대한 전극간격 a에 대한 수평탐사를 완료한다. 그 후 경우에 따라서 전극간격을 증가시켜 b, c 등으로 위에서 설명한 순서로 수평탐사를 되풀이 한다.

일반적으로 전류의 지하유입 유효심도는 전극간격과 비슷하다. 따라서 전극간격 a로 수평탐사를 실시하면 심도 a 이내의 평균 비저항변화를 측정할 수 있다. 수평탐사는 주로 광상조사에 많이 사용되나 지하수 탐사에 있어서는 퇴적물 또는 지층의 수평방향의 변화상태를 정성적으로 측정할 때 주로 이용한다. 예를 들어 조사지점에서 기반암의 평균심도가 10m라 하면 전극간격을 10m로 하고 수평탐사를 실시하면 기반암의 경사방향 또는 굴곡상태를 정성적으로 파악할 수 있다.

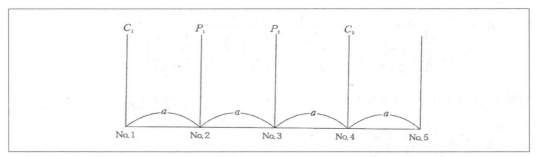

[그림 8-14] 전기비저항 수평 탐사시 전극 배열방법

2) 수직탐사(sounding method)

수직탐사법은 1개 지점에서 지하심도에 따르는 수직방향의 전기비저항의 변화를 탐사하는 방법이다. 예를 들어 Wenner 배열방식을 설명하면 다음과 같다(그림 8-15).

탐사지점(No.0)을 4개 전극의 중심점에 고정시키고, 중심점을 기준으로 측선양방향으로 전극 C_1, P_1, P_2 및 C_2를 [그림 8-15]처럼 설치하여 비저항을 측정한다. 그 다음 각 전극간격을 두 배로 확대시켜 역시 비저항을 측정한다. 위의 순서로 전극간격을 적어도 원하는 심도까지 확대하여 탐사를 실시한다. 해석의 편리상 지하수탐사에 있어서는 전극간격이 1m, 2m, 4m, 6m, 10m, 14m, 18m, ……가 되도록 전극간격을 증가시킨다. 지하수탐사 시 수직탐사를 많이 사용하는데 그 이유는 수평탐사를 실시한 후, 조사지점의 개략적인 지층분포 상태를 확인한 후 수직탐사 결과를 이용하여 지하에 분포된 각층의 심도를 정성적으로 규명할 수 있기 때문이다.

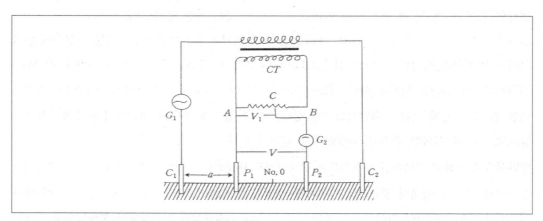

[그림 8-15] 전기비저항 수직 탐사시 전극 배열방법

3) 탐사측선 설정

비저항법의 측선설정은 현장에 분포되어 있는 지질 여건과 지형조건에 따라 설정한다. 그러나 측선은 가능하면 지형이 평탄한 곳에 선정하여 지형기복이 탐사결과에 미치는 영향을 최소화시

킨다. 수평탐사 측선설정 조건은 지하지층의 변화에 관계없이 설정할 수 있으나 수직탐사 측선
은 가급적이면 주어진 조사지점에서 측선방향으로 지하지층의 경사변화가 비교적 작은 쪽으로
설정함이 신뢰성이 있는 탐사결과를 얻을 수 있다.

(5) 암석의 비저항

암석의 전기전도율은 암석의 조암광물 자체보다도 암석의 함수비나 공극중에 함유되어 있는 지
하수의 수질특성에 따라 좌우된다. 그리고 수분의 전기전도도는 수분에 용해되어 있는 미량의
전해질에 의하여 좌우된다. 이 전해질은 Ca^{2+}, Na^+, Mg^{2+}, K^+ 등의 양이온과 CO_3^{2-}, HCO_3^-,
SO_4^{2-}, Cl^-, NO_3^{2-} 등의 음이온 등이다.

미고결 충적층 또는 풍화작용을 심하게 받은 암석은 공극률이 크므로 고결된 암석에 비하여 같
은 조건하에서 수분과 지하수를 많이 포함하고 있어 전기전도도가 크고 비저항치는 적어진다.
또한 점토와 같은 세립질 물질은 조립질 물질에 비해 전기전도도가 크고 비저항치는 적어진다.
같은 퇴적암이라 하더라도 해성층이 육성층에 비해서 비저항치가 적다.

암석의 비저항치는 암석의 공극률에 따라서도 좌우된다. 암석의 비저항치는 포화상태에서 공극
속에 포함되어 있는 수분의 비저항에 비례하며 공극률의 제곱에 반비례한다. 즉,

$$\rho = \rho_w\, n^{-2} \tag{8-14}$$

여기서　　ρ : 암석의 비저항치
　　　　　ρ_w : 공극 속에 포함되어 있는 수분의 비저항
　　　　　n : 공극률

따라서 전해질 조건이 같은 경우에 공극률이 큰 암석일수록 비저항치는 적은 값을 가진다.
[표 8-1]은 대표 암석별 대표적인 비저항치의 범위를 나타낸 표이다. 이 표에서 동종의 암석이라
할지라도 비저항치의 범위가 넓은 이유는 위에서 설명한 공극수의 수질특성과 공극률이 서로
다르기 때문이다. 따라서 같은 암석이라 할지라도 암석의 지질학적인 성인 과정과 환경상태에
따라 비저항치는 현저한 차이가 있다. 그러나 지질학적 조건이 같은 지역에서 포화상태의 동일
한 지층은 대개 비저항치가 같다. 따라서 이러한 물리적 성질은 어떻게 합리적으로 활용하느냐
에 따라서 결과해석의 질이 좌우된다.

[표 8-1] 대표 암석의 비저항치(Ω-m)

암석의 종류	비저항치 (Ω-cm)
신퇴적물(이토, 모래, 점토)	$5 \times 10 \sim 1 \times 10^4$
토 양	$2 \times 10^2 \sim 1 \times 10^6$
점 토	$5 \times 10^2 \sim 1.5 \times 10^5$
모 래	$9 \times 10^2 \sim 5 \times 10^5$
사 암	$3 \times 10^3 \sim 1 \times 10^7$
셰 일	$8 \times 10^2 \sim 1 \times 10^6$
석 회 암	$6 \times 10^3 \sim 5 \times 10^7$
역 암	$2 \times 10^3 \sim 2 \times 10^6$
화 강 암	$3 \times 10^4 \sim \gg 10^6$
결 정 편 암	$5 \times 10^2 \sim 1 \times 10^6$
편 마 암	$2 \times 10^4 \sim 3 \times 10^6$

하등의 지질학적근거도 없이 측정된 비저항치를 [표 8-1]과 같은 참조자료와 직접 비교하여 판단 - 분석하는 것은 극히 위험하다. 한편 비저항탐사 결과를 가장 효율적으로 응용할 수 있는 예는 다음과 같은 경우이다. 탐사를 실시한 지점에 이미 실시한 시험시추자료가 가용하여 탐사지점의 지하지질분포를 이미 알고 있어 서로 대비가 가능할 때나 그 시추공에 대해 우물 전기검층(electrical well logging)을 실시하여 각 지층의 고유비저항치를 측정할 수 있을 때이다.

(6) 해석방법

탐사시 현장에서 측정하여 계산한 비저항값 ρ_a와 전극간격 a의 관계를 도시하면 [그림 8-16]과 같은 비저항곡선이 된다. 수평탐사의 경우는 일반 방안지나 반대수방안지에 ρ_a와 측점의 수평 이동거리의 관계를 작도한다.

이 경우 비저항곡선 자체가 수평방향의 변화를 나타내므로 정량적인 해석방법은 없다. 수직탐사의 경우는 지층의 수평구조를 가정한 이론적인 표준곡선들이 있다. [그림 8-17]은 Wenner법에 의한 2층 구조의 표준곡선이다.

실측된 비저항곡선의 해석절차는 대수성시험 결과치의 분석법과 같이 중첩법을 이용한다. 즉 비저항곡선의 해석절차를 약술하면 다음과 같다.

1) 측정된 겉보기 비저항을 투명 양대수방안지 위에 작도하여 현장자료곡선(data curve)를 작도하고 이를 표준곡선위에 중첩시켜 서로 일치되는 점을 찾는다.

2) 표준곡선도의 원점($\frac{\rho_a}{\rho_1} = 1$, $\frac{a}{d} = 1$)을 비저항곡선도 위에 플롯(plot)하면 이점의 비저항 값과 심도가 바로 제 1층의 겉보기 비저항과 심도가 된다.

3) 제2층의 비저항은 합치된 표준곡선의 $\dfrac{\rho_2}{\rho_1}$값을 읽어 ρ_2를 계산한다.

4) 제2층의 심도와 제3층의 비저항을 구할 때는 보조곡선(그림 8-17, b)을 이용한다.

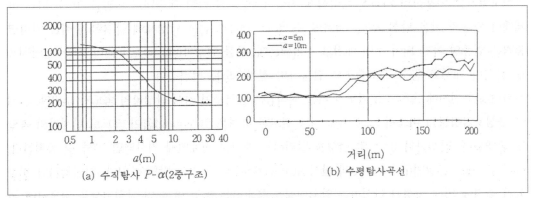

(a) 수직탐사 P-α(2중구조)   (b) 수평탐사곡선

[그림 8-16] 수평 및 수직 비저항탐사를 실시하여 작성한 현장 비저항곡선도

3층구조 이상은 표준곡선과 보조곡선을 반복하여 중첩일치(curve matching)시켜 구할 수 있으나 순서가 복잡할 뿐 아니라 오차가 커질 수 있다. 국내에서도 전탐해석용 전산프로그램이 여러 개 개발되어 있어 이를 사용하면 매우 편리하다.

그러나 이러한 해석이 실 지하세계를 그대로 반영하는지에 관해서는 반드시 실측 시추자료와 대비해야 한다. 겉보기 비저항은 지층 고유 구성물질의 조직, 공극률, 점토함량, 지하수 수질 및 함수량과 같은 제반 성질을 모두 함축하고 있기 때문에 전기탐사결과를 해석할 때는 해당 지역의 수리지질학적인 전문지식이 없이는 불가능하다.

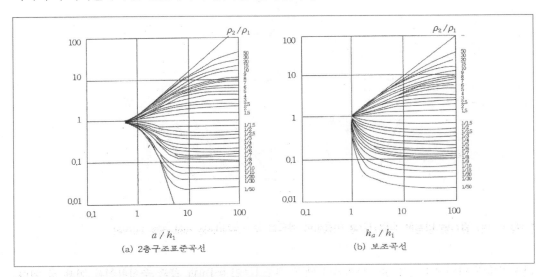

(a) 2층구조표준곡선   (b) 보조곡선

[그림 8-17] 웨너법의 2층구조의 표준곡선과 보조곡선

8.4.2 탄성파탐사(seismic method)

(1) 원리

탄성파탐사를 이용하면 비교적 정확하게 지하지질구조와 특히 대수대의 역할을 할 수 있는 파쇄대나 단층과 같은 단열구조를 파악할 수 있다. 암석과 같은 탄성체에 급격한 충격을 가하면 충격은 일종의 파가 되어 주변 매질로 전파되는데, 이를 탄성파(elastic wave)라 한다. 일반적으로 암석이 대체로 굳고 견고할수록 탄성파의 전파속도는 빨라진다.

지질시대가 신기에 속하고 고결도가 낮은 퇴적암은 공극률이 커서 탄성파의 속도가 느리다. 그러나 구성조암광물의 비중이 크고 어느 정도 견고한 암석은 영(Young)율이 크므로 탄성파의 속도도 증대된다. 탄성파가 밀도 및 탄성을 달리하는 매질의 경계면에 입사되면 반사 및 굴절한다. 탄성파탐사는 굴절법(refraction)과 반사법(reflection)의 두 가지 방법이 있다. 화약폭파나 인공적인 충격에 의해 형성된 탄성파는 암석매질을 통과하는 동안 반사 및 굴절현상을 일으키며 전파한다. 이들 양자 중에서 지표에 설치한 수진기에 제일 먼저 도달하는 초동의 직선 및 굴절파만을 기록하여 암석의 종류, 지층의 심도, 경사 및 지하지질구조를 탐사하는 방법을 굴절법이라 하며 대체로 최초로 전달되는 P파를 대상으로 한다.

이 때 폭파점(진원)과 수진기 설치지점을 종축으로 하고 화약발파 후 각 수진기(geophone)에 처음으로 도달하는 P파의 도달시간을 횡축으로 하여 작도한 곡선을 주시곡선(time distance curve)이라 한다.

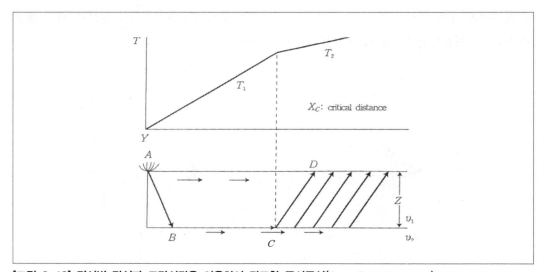

[그림 8-18] 경시별 탄성파 도달시간을 이용하여 작도한 주시곡선(time distance curve)

하부지층의 탄성파속도가 상부지층보다 빠른 경우 [그림 8-18]과 같은 주시곡선을 얻을 수 있다.

전술한 바와 같이 지층을 통과하는 탄성파 중에서 P파인 굴절파만을 이용하여 탐사를 시행하는 방법을 굴절법이라 한다. 지금 제1층 및 제2층의 속도를 각각 v_1 및 v_2, 그 경계면에서 굴절각을 θ_2, 입사각을 θ_1이라 하면 이들 사이의 관계는 다음과 같다.

$$\frac{\sin\theta_1}{\sin\theta_2} = \frac{v_1}{v_2} \text{ 혹은}$$

$$\frac{\sin\theta_1}{v_1} = \frac{\sin\theta_2}{v_2} = \text{일정} \tag{8-15}$$

상기 식은 Snell의 법칙이다. 만일 굴절각 $\theta_2 = 90°$인 경우에 입사각 θ_1을 θ라 하면 윗 식은 간단히 다음 식과 같이 된다.

$$\sin\theta = \frac{v_1}{v_2} \tag{8-16}$$

이때 θ를 임계각(critical angle)이라 한다.

[표 8-2] 암종 및 기타 광물의 굴절파속도(m/sec)

암종	굴절파 속도(m/sec)
화 강 암	5,640 ~ 9,210
대 리 석 또는 변 성 암	5,000 ~ 6,160
암 염	4,720 ~ 5,210
변 질 점 판 암	3,505 ~ 3,780
안 산 암	4,000
사 암	1,400 ~ 2,400
석 회 암 또는 백 운 암	1,680 ~ 2,100
함 수 층	1,400 ~ 2,400
습 한 사 질 점 토	300 ~ 500

따라서 임계각으로 입사한 탄성파는 지층의 경계면을 따라 진행하다가 도중에 파동의 일부는 임계각에서 다시 굴절하여 상부층으로 진입한다. 이렇게 하여 지상에 도달한 탄성파에 대하여 그 발생 순간부터 최초로 수진기에 도착하는 시간 즉, 주시를 측정한다. 굴절법에서는 주시곡선을 [그림 8-18]처럼 구하고 본 곡선의 경사로부터 각 지층의 속도를 구하며 다음에 설명할 시간절편(intercept time)과 속도치를 이용해서 각 지층의 심도나 경사 및 지질구조대의 위치를 파악할 수 있다.

(2) 불연속면의 경사가 일정한 경우

1) 수평층의 구조로서 진원이 지표에 있을 경우

지하구조가 [그림 8-19]와 같은 경우, 진원(A)과 수진기 설치지점(D) 사이구간에서 3종류의 파선경로를 생각할 수 있다. 즉 직접파, 점선의 반사파 및 파선의 굴절파이다. 이들의 각 파선의 주시를 계산하는 것이 지하구조해석의 첫 단계이다.

$\overline{AD} = x$ 라 하면, 직접파의 주시는

$$T_1 = \frac{x}{v_1} \tag{8-17}$$

반사파의 주시는,

$$T_r = \frac{\left\{ (2Z)^2 + x^2 \right\}^{\frac{1}{2}}}{v_1} \tag{8-18}$$

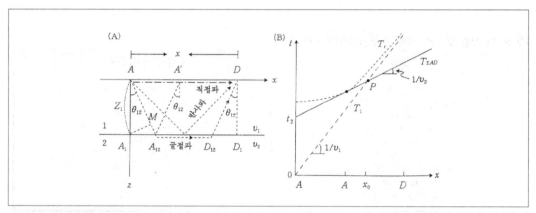

[그림 8-19] 굴절파의 경로와 주시곡선

한편 굴절파가 지표에서 처음 관측되는 것은 A'점보다도 오른쪽이고 그 주시는

$$T_{2AD} = \frac{\overline{AA_{12}}}{v_1} + \frac{\overline{A_{12}D_{12}}}{v_2} + \frac{\overline{DD_{12}}}{v_1} \tag{8-19}$$

그런데 A_1점으로부터 $\overline{AA_{12}}$로 내린 수직선의 교차점을 M이라 하면,

$$\overline{AA_{12}} = \overline{AM} + \overline{MA_{12}} = Z_1 \cos\theta_{12} + \overline{A_1 A_{12}} \sin\theta_{12}$$

여기서 $\dfrac{\sin\theta_{12}}{v_1} = \dfrac{1}{v_2}$ 이므로,

(8-19)식에서

$$\frac{\overline{AA_{12}}}{v_1} = \frac{Z_1\cos\theta_{12}}{v_1} + \frac{\overline{A_1A_{12}}}{v_2} \tag{8-19,a}$$

동시에 $\dfrac{\overline{DD_{12}}}{v_1} = \dfrac{Z_1\cos\theta_{12}}{v_1} + \dfrac{\overline{D_1D_{12}}}{v_2}$ 이므로

$$T_{2AD} = \frac{2Z_1\cos\theta_{12}}{v_1} + \frac{\overline{A_1A_{12}}+\overline{A_{12}D_{12}}+\overline{D_1D_{12}}}{v_2}$$

$$= \frac{2Z_1\cos\theta_{12}}{v_1} + \frac{AD}{v_2} = \frac{2Z_1\cos\theta_{12}}{v_1} + \frac{x}{v_2} \tag{1(8-20)}$$

이상의 각 파선의 주시의 계산결과는 [그림 8-19]의 주시곡선과 같이 된다. 직선파와 굴절파의 주시는 각각 직선이지만 반사파의 주시는 ($\dfrac{2Z_1}{v_1}$)를 정점으로 하고 T_1을 점근선으로 하는 쌍곡선이다. 이들의 주시도에 나타난 바와 같이 반사파는 초동이 될 수 없다. 따라서 초동의 주시해석에 중점을 둔 굴절법에 있어서는 반사파는 무시된다.

굴절법의 해석자료로서 제일 먼저 부여되는 주시곡선은 [그림 8-19(B)]와 같은 주시곡선이다. 따라서 문제는 위의 설명과는 반대로 부여된 (B)도에 대응하는 (A)도를 구하는 것이다. 이러한 견지에서 (8-20)식으로 돌아가 보자.

(8-20)식에서 $T_{2AD} = t_2 + \dfrac{x}{v_2}$ 로 표시하면

$x = 0$일 때 위 식은

$$t_2 = T_{2AD}(x=0) = 2Z_1\frac{\cos\theta_{12}}{v_1} \tag{8-21}$$

(8-21)식의 왼쪽 항(t_2)은 주시도상에서 $x=0$일 때 T_{2AD} 직선이 y 축과 교차하는 절편이다. 이를 시간절편(intercept time)이라 한다. T_1 및 T_{2AD} 직선의 경사에서 제 1층의 속도 v_1과 제 2층의 속도 v_2를 알 수 있으므로 θ_{12}은 스넬법칙으로 구할 수 있고 (8-22)식으로 제1층의 심도를 구할 수 있다.

$$Z_1 = \frac{1}{2}v_1\frac{t_2}{\cos\theta_{12}} \tag{8-22}$$

즉 (8-22)식에서 오른쪽 항의 모든 변수들은 모두 알고 있으므로 Z_1을 구할 수 있다. 이로서 [그림 8-20(A)]의 지하구조와 제 1층 및 제 2층의 속도분포를 알아낼 수 있다.

(8-19,a)식에서 $\dfrac{Z_1 \cos \theta_{12}}{v_1}$ 를 e_{2A}로 표시하고 이를 지연시간(delay time)이라 한다.

즉 $e_{2A} = \dfrac{Z_1 \cos \theta_{12}}{v_1}$ 이므로 $t_2 = 2e_{2A}$가 된다.

지금 직선파와 굴절파가 동시에 지표에 도달하는 지점을 x_0라 하면 이 때 (8-17)식의 T_1과 (8-20)식의 T_{2AD}는 같다.

$$\text{즉, } T_1 = T_{2AD}$$

$$\frac{x_0}{v_1} = \frac{2Z_1 \cos \theta_{12}}{v_1} + \frac{x_0}{v_2}$$

$$x_0 \left(\frac{1}{v_1} - \frac{1}{v_2} \right) = 2Z_1 \frac{\cos \theta_{12}}{v_1}$$

$$\therefore \quad Z_1 = \left(\frac{x_0}{2} \right) \frac{(1 - \sin \theta_{12})}{\cos \theta_{12}} = \left(\frac{x_0}{2} \right) \left\{ \frac{(v_2 - v_1)}{(v_2 + v_1)} \right\}^{\frac{1}{2}} \tag{8-23}$$

[그림 8-19]에서 주시도상의 P점은 주시곡선의 굴곡점이라 하며 P점의 x 좌표는 x_0이다. 즉 x_0는 직선파와 굴절파가 수진기에 동시에 기록되는 지점이다. 따라서 주시도상에서 v_1과 v_2를 알 수 있고 그리고 진원 A로부터 굴곡점까지의 거리 x_0를 읽을 수 있다면 (8-23)식을 사용해서 Z_1을 계산할 수 있다.

2) 수평층의 구조로서 진원이 제1층 내에 있는 경우

[그림 8-20(A)]에서 E점이 진원이고 $E = \overline{AE}$ 라 하면 직접파와 굴절파의 주시는 각각 다음 식들과 같다.

$$\left. \begin{array}{l} \text{직접파의 주시} : T_1 = \dfrac{(E^2 + x^2)^{\frac{1}{2}}}{v_1} \\[3mm] \text{굴절파의 주시} : T_{2ED} = (2Z_1 - E) \dfrac{\cos \theta_{12}}{v_1} + \dfrac{x}{v_2} \end{array} \right\} \tag{8-24}$$

따라서 T_{2ED} 주시곡선의 시간절편은 $x = 0$인 지점에서 주시곡선이 종축과 만나는 절편으로 (8-25)식과 같다.

$$t_2 = T_{2ED}(x=0)$$

$$= (2Z_1 - E)\frac{\cos\theta_{12}}{v_1} \qquad (8\text{-}25)$$

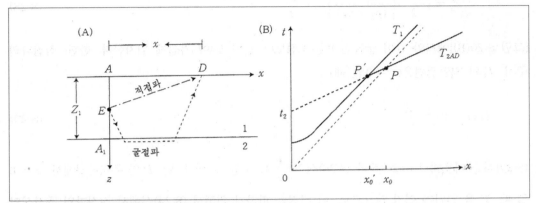

[그림 8-20] 진원이 제1층에 있는 경우

즉 (8-25)식은 (8-21)식에 비해 진원의 심도(E)만큼 시간의 절편이 짧다. (8-21)식에서 폭약설치 지점의 심도(E)가 제1층의 심도(Z_1)와 비교할 때 무시할 수 없을 경우에 (8-25)식을 재정리하면 (8-26)식과 같이 된다.

$$Z_1 = \frac{1}{2}v_1\frac{t_2}{\cos\theta_{12}} + \frac{E}{2} \qquad (8\text{-}26)$$

굴절법으로 경계면을 추정계산할 때는 여러 가지의 불확실성으로 인해 10% 정도의 오차는 항상 발생한다. 만일 폭약설치 지점이 제1층 두께의 20% 이내이면 (8-26)식에서 E는 무시해도 좋다.

$$\frac{E}{Z_1} < 0.2 \qquad (8\text{-}27)$$

[그림 8-20]과 같이 E에서 발생한 직선파와 굴절파가 지면에 동시에 도달하는 거리를 $x_0{}'$라 하면

$$\frac{x_0{}'}{v_1} = (2Z_1 - E)\frac{\cos\theta_{12}}{v_1} + \frac{x_0{}'}{v_2}$$

$$x_0{}'\left(\frac{1}{v_1} - \frac{1}{v_2}\right) = (2Z_1 - E)\frac{\cos\theta_{12}}{v_1}$$

$$Z_1 = (\frac{x_0{}'}{2})\frac{(1-\sin\theta_{12})}{\cos\theta_{12}} + \frac{E}{2}$$

$$\therefore \quad Z_1 = (\frac{x_0{}'}{2})\left\{\frac{(v_2 - v_{1)}}{(v_2 + v_1)}\right\}^{\frac{1}{2}} + \frac{E}{2} \tag{8-28}$$

[그림 8-20(B)]에서와 같이 굴곡점 P'는 P점보다 진원(E)에 가깝게 위치한다. 한편, 직접파의
주시 T_1의 시간절편은($x = 0$일 때)

$$T_1(x = 0) = \frac{E}{v_1} \tag{8-29}$$

(8-29)식을 이용해서 (8-26)식과 (8-28)식의 $\frac{E}{2}$를 구할 수 있다. 단 T_1의 주시곡선에서 $x = 0$
일 때 T_1을 읽기가 쉽지 않으므로, 이 결점을 피하기 위해서 (8-24)식에서 직접파의 주시식의
양변을 제곱하면 (8-30)식과 같이 된다.

$$(T_1 v_1)^2 = E^2 + x^2 \tag{8-30}$$

따라서 x^2을 횡축으로 $(T_1 v_1)^2$을 종축으로 해서 직접파의 주시를 작도해 보면 [그림 8-21]과
같이 경사가 45°인 직선이 작도된다. 이 때 이 직선의 절편은 E^2이다. 따라서 여기서 구한 E값
으로 진원의 심도를 보정한다.

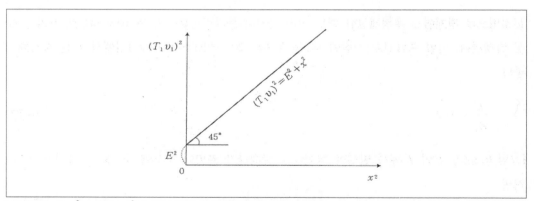

[그림 8-21] x^2과 $(T_1 v_1)^2$과의 관계를 이용해서 E를 구하는 방법

8.4.3 전자탐사

(1) 원리

금속광체, 파쇄대나 단층과 같은 지질구조대는 점토광물이나 지하수가 다량 함유되어 있어 전

기전도도가 높은 전기적 양도체이다. 전자탐사 방법은 송신코일에 교류전류를 흐르게 할 때 발생하는 1차 자장이 지하의 양도체에 2차 전류(와전류)를 일으키고, 2차 전류에 의한 2차 자장을 측정하여 양도체의 위치와 부존 상황에 대한 정보를 얻어내는 방법이다.

이 탐사는 특정주파수를 이용하는 극저주파(VLF : very low frequency) 탐사와 광대역 주파수를 이용하는 MT(magneto Telluric) 탐사로 나눌 수 있다.

극저주파탐사는 전 세계 여러 곳에 설치된 수십 미터 높이의 수직안테나에서 강력한 교류를 통해 발생하고 있는 대잠수함용 15~25Khz의 주파수대역의 전자파를 광체탐사의 신호원으로 사용하여 수신기만을 가지고 광체를 탐사하는 방법으로, 우리나라의 경우 신호원으로 호주의 NWC(22.3 Khz)와 일본의 NDT(17.4Khz)를 이용하여 가탐 심도가 약 50m 내외인 천부의 지질구조조사에 사용하고 있다.

MT탐사는 0.001~20,000Hz에 이르는 광대역 주파수의 자연 전자장(뇌우에 의한 지전류: telluric current)을 에너지원으로 한다. 이러한 자연발생적인 지전류가 땅속을 통과하면서 발생시키는 전기장이나 자기장을 측정해서 광상이나 지질구조를 탐사하는 방법이다. 탐사심도는 수십 km에 달하기 때문에 심부탐사에 적합하며, 국부적인 이상대의 파악보다는 광역적인 구조파악에 적합한 방법이다.

(2) 측정

극저주파탐사는 예상구조선에 수직방향으로 측선을 설정하고 등간격으로 측정한 후 위치를 이동하여 반복적으로 실시한다. 이때, 측정되는 것은 경사각(tilting angle, 동상성분)과 이심율(ellipticity, 이상성분)이다. 대략적인 경사각과 이심율은 [그림 8-22]와 같다.

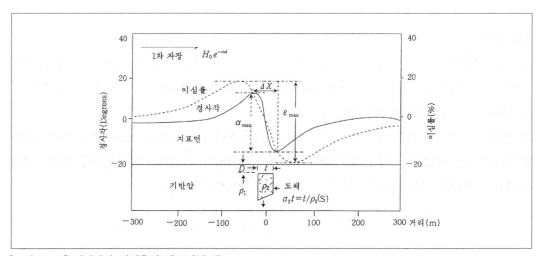

[그림 8-22] 경사각과 이심율의 대표적인 예

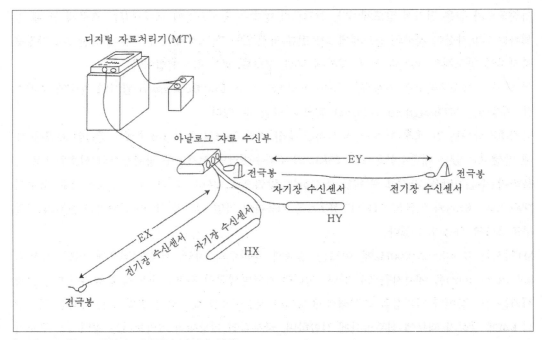

[그림 8-23] MT 탐사시 전기장과 자기장 배치도

MT 탐사는 구조가 수신기를 기본으로 하고 있으며, 자연장인 에너지원의 신호가 대단히 약하여 S/N(신호에 대한 잡음)비가 작은 경우는 발신장치를 별도로 장치할 수도 있다. 이 탐사는 주파수 영역 수직탐사로, [그림 8-23]과 같이 지표면에서 서로 수직되게 전기장과 자기장을 위치시켜 E/B의 비인 임피던스를 이용하여 겉보기비저항을 측정한다. 현장 측정 시는 한 측선상의 한 지점에서 측정한 후 등간격으로 이동하여 반복측정을 실시한다.

(3) 해석

극저주파 탐사의 경우 측정된 값(경사각 및 이심율)은 전도성 광체나 지질구조대의 직상부에서 항상 두 측정치가 0으로 되는 반전 점(cross-over point)이 형성되며, 이 점들을 연결하면 [그림 8-24]와 같이 지질구조대의 방향을 알아낼 수 있다.

MT탐사는 측선내의 각 지점에서 측정된 값들로부터 슐럼버져(Schlumberger) 수직 전기비저항 탐사와 비슷한 방법으로 겉보기비저항을 도시하여 해석한다. 프로파일은 세로축에 겉보기 비저항값을 도시하고 가로축에는 주파수나 그 역수인 주기를 도시한다.

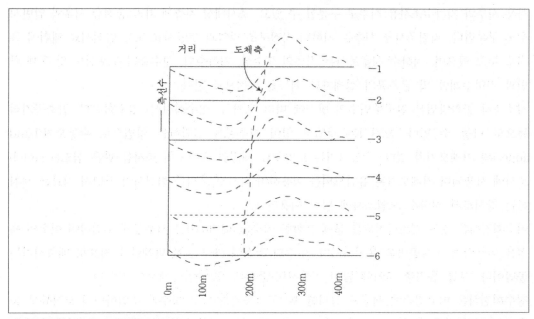

[그림 8-24] VLF 탐사측선별 단면도

8.5 직접 지하지질 조사

직접 지하지질조사는 시추착정조사와 공내검층으로 구분할 수 있다.

8.5.1 시추조사의 종류

지하수조사의 가장 직접적이고 정확한 방법으로는 조사 대상지점에 시험시추를 실시하여 각 지층으로부터 시료를 채취한 후 이를 감정하여 지질주상도와, 우물구조도를 작성해 두면 지하에 분포된 지층의 수리성을 가장 정확하게 알아낼 수 있다.

우물주상도 가운데서 가장 일반적인 것은 각 지층의 지질학적인 특성이나 지질특성이 변하는 지점, 지층의 두께 및 지하수위 등을 기록해 둔 시추공의 기록이다.

시험시추의 목적은 지층의 두께, 심도, 구성물질, 투수성 및 대수층의 특성을 정량적으로 파악하기 위해서 지하매체를 직접 굴착하여 시료를 채취하는 작업이기 때문에 시료채취 시는 각 구간별로 대표시료를 정확히 채취해야 한다.

다시 말하면 시험시추조사의 주목적은 지표지질조사와 지구물리탐사 결과를 이용해서 추정한 지하지질구조와 지하수 부존성을 확인하는데 있다. 시추조사의 분류는 조사목적에 따라 지질조사용 시추와 지하수조사용 시추로 구분할 수 있고, 조사대상 지층에 따라 충적층 시추와 암반시추로 구분한다. 지질조사용 시추는 지하의 지질구조 파악과 토양시료 또는 암석시료 채취에 목적을 두고 있으며, 지하수 시추조사는 지층의 투수성, 지하수위, 대수층의 분포심도 및 두께 확인과 지하수개발 및 관측공의 설계자료 취득을 목적으로 한다.

시추조사 굴착방법은 찬공주입수의 방식에 따라 오거식, 이수회전식, 청수회전식, 압축공기식 등으로 나눌 수 있다. 오거식은 주입수 없이 시추공을 굴착하는 방법으로 수동오거(hand auger)와 기계오거가 있다. 수동오거는 토양시료 채취와 지하수위 조사등 얕은 심도(4 m이내) 조사에 사용되며 기계오거는 유압모터를 이용하며 나사형 오거를 회전시켜 가면서 시료를 채취하는 장치로서 지하수 오염조사에 널리 이용된다.

이수회전식은 점토 벤트나이트를 물에 혼합한 이수(mud fluid)를 시추공에 주입하여 이수의 특성을 이용하여 굴착공벽을 유지시키며, 이수의 회전에 따라 굴착 파쇄물을 지표로 배출시키는 공법이다. 보통 충적층 조사에 많이 이용하며 풍화대 및 연암층에서도 쓰인다.

청수회전식은 미고결층에 케싱을 설치한 후, 공벽붕괴를 막고 청수를 주입하면서 코아튜브 등을 이용해서 지층 구성물질을 회수하는 공법으로 암심 채취법(coring method)이라고도 한다. 보통 지질조사에 많이 이용되고 특히 암석의 구조와 균열 등을 확인코자 할 때 쓰는 방법이다. 압축공기식은 고압공기를 에어 함마(air hammer)와 연결하여 견고한 기반암의 지하수 부존 상태를 빠른 시간 내에 확인하기 위한 방법으로 깊은 심도의 지하수 조사에 이용된다.

8.5.2 미고결암 시추조사

충적층이나 풍화대와 같은 미고결암에 대한 지하수 시추조사로는 이수회전식 방법을 주로 이용한다. 시추조사의 1차 목적은 시추지점의 지하 지질구조를 확인하는데 있다. 조사위치는 해당지역의 지형 및 지표 지질조사와 물리탐사결과를 고려하여 조사지역을 대표할 수 있는 지점을 선정한다.

이수공법은 선단장치인 윙빗트(wing bit) 또는 트리콘빗트(tricone bit)로 지층을 분쇄하고 시추공 내에서 상승 순환하는 이수를 이용해서 쇄설물을 지표로 운반하는 공법이다. 따라서 지층과 심도를 정확히 확인할 수 없는 단점이 있으나 파쇄물, 즉 슬라임(slim)을 굴진 심도별로 채취하여 분석하면 지층별 구성성분을 판별할 수 있다. 수리지질기술자는 슬라임의 입도와 광물성분, 깨진면 등을 관찰하여 퇴적물의 기원과 퇴적 환경, 지하수부존 가능성을 추정하여 지질주상도(drill log)를 작성한다.

시추조사의 2차 목적은 대수층을 조사하고 우물설계를 하는 데 있다. 즉 지하수의 수위와 수질을 관측하기 위해서는 시추굴진 완료 후 공내에 우물자재를 설치하고 시험시추공을 관측공으로 개조하여 다목적으로 이용한다. 굴진 도중에 대표지층별 또는 매 5m마다 자연시료를 채취하여 입도분석을 실시하여 우물설계 자료로 이용한다. 관측공은 수위관측과 수질시료 채취는 물론 대수층의 수리상수를 구하는데 이용한다. 보통 관측정의 구경은 50mm 내외이다.

피압대수층의 압력수두를 측정하기 위해서는 피죠미터(piegometer)를 설치한다. 피죠미터는 압력수두 측정지점까지 굴착을 한 다음, 압력수두를 측정할 구간(10~20cm)에만 유공관을 설치하고 잔여구간에는 무공관을 설치하며, 스크린상부의 주변공간(annular space)는 불투수성 점토나 벤토나이트로 채운다.

자유면대수층의 경우에는 계획심도까지 굴착을 한 후 7장에서 설명한 우물설계 기준에 따라 관측정을 설치한다.

8.5.3 고결암의 시추조사

기반암과 같은 고결암의 지질조사에는 코아시추법이 암석의 특성 뿐 아니라 단열 틈의 크기, 방향 등을 직접 관찰할 수 있기 때문에 가장 정밀한 방법이다. 그러나 이 방법은 시간과 경비가 많이 소요되는 단점이 있다.

국내의 경우 암반층의 지하수조사에 공압식 시추공법(down the hole)이 1974년부터 보급되었다. 이 방법은 고압공기(17.5kg/㎠)를 함마빗트(hammer bit)에 연결하여 경암층을 단시일 내에 굴진할 수 있어 깊은 심도의 암반파쇄대에 저장된 지하수를 찾는데 매우 효과적이다.

지층판별은 고압공기와 함께 지표로 배출되는 암편, 시료를 심도별로 정리 분석하여 지하지질 주상도를 작성한다. 특히 굴진 시 지하수가 지표로 배출되므로 심도별 지하수 산출량을 측정 기록해 두면 수직구간별 대수성 수리특성을 파악하는데 큰 도움이 된다. 이 공법의 장점은 굴진과 동시에 지하수가 채수되므로 굴진과 동시에 수직구간별, 지층별간의 간이 대수성시험을 시행한 효과가 있다.

그러므로 지층별 암편시료 분석, 지하수유출량 분석과 더불어 공내 검층을 시행하면 암반대수층의 평가에 좋은 자료를 취득할 수 있다.

8.5.4 공내검층

공내검층(bore hole logging)은 일명 지구물리 검층(geophysical logging)이라고도 한다. 공내검층은 기존의 시험시추공이나 우물 내에 검층기를 삽입하여 공벽 주위의 물리적인 특성을 측정하고 이로부터 지층과 지하수의 특성 및 시추조사 시 취득한 제반 수리지질특성을 확인·분석하고 대수층의 발달구간 등을 확인하는 작업이다.

지하수 조사에 가장 널 이용되고 있는 공내 검층의 종류는 [표 8-3]과 같다.

[표 8-3] 지하수조사에 사용하는 공내 물리검층

종류 \ 내용		물리현상	측정기록	대상
전기검층	비저항검층	전류	비저항($\Omega - m$)	지층구조, 지하수오염
	자연전위검층	자연분극	자연전위(mV)	지층구조, 지하수오염
방사능검층	γ선검층	γ선	용적밀도	지형의 형태
	중성자검층	중성자	함수율-공극률	지형의 형태
음파검층		음파의 반사	임피던스	지질구조, 파쇄대
공경검층		공의반경	경(m)	지질구조, 파쇄대
온도검층		온도	온도(℃)	지온증가율, 지하수오염
유속·유향검층		열원	지하수의 공극유속 지하수의 유속	지하수흐름
텔레뷰어		초음파빔, 반사파의 진폭	암석강도 텔레뷰어 진폭치	지층구조 암석의 역학적인 특성
속도검층		탄성파	탄성파속도(m/s)	지층구조 암석의 역학적인 특성

지하수 탐사에서 가장 널리 이용되고 있는 방법은 전기비저항 검층이며 자연전위검층을 비저항 검층의 해석보완으로 사용한다.

(1) 전기검층

[표 8-3]에서 제시한 바와 같이 전기검층에는 비저항검층과 자연전위 검층이 있다.

1) 전기비저항 검층(resistivity logging)

담수를 포장하고 있는 깨끗하고 투수성이 양호한 모래층은 점토를 약간 함유하면서 투수성이 비교적 불량한 점토질 모래층 보다는 전기비저항치가 훨씬 크다. 일반적으로 비저항치가 큰 모래층은 비저항치가 낮은 모래층 보다(단 담수를 포함하고 있을 때) 투수성이 양호하다. 따라서 전기비처항 검층을 이용해서 대수층내의 함유된 점토물질의 존재유무와 투수성에 관한 자료를 간접적으로 파악할 수 있다.

시험시추공이나 우물 내에서 지표하 심도에 따른 각 지층의 전기비저항치(ρ)와 자연전위 (spontaneous polarization)를 측정하여 기록한 것을 전기검층도(electric logging)라 한다. [그림 8-25]는 감마선 검층이 동시에 기록되어 있는 전기검층의 대표적인 예이다.

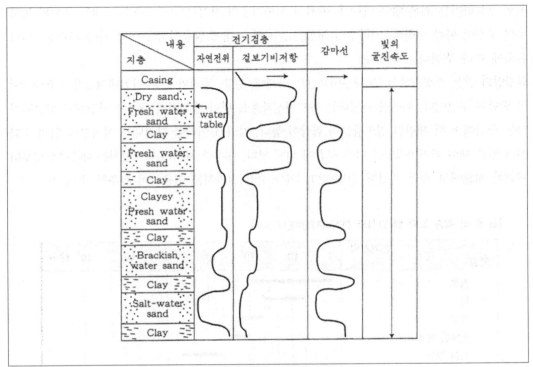

[그림 8-25] 모래 및 점토층으로 구성된 지층의 감마선 및 전기검층도
(하부 모래층 내에 포함된 광화수에 의해 전기비저항치는 점토층의 비저항치와 비슷하나 감마선은 그렇지 않다.)

전기검층은 우물 내에 철재 케이싱 설치되어 있는 구간에서는 측정이 불가능하다. 일반적으로 매우 건조한 모래나 점토의 비저항치는 상당히 크지만 일단 포화된 상태하에서는 비저항치가 현저히 감소한다. 즉 물은 전기전도체로서 이들이 건조상태의 모래나 점토를 포화시키면 물이 입자의 공극에 충진되어 공극과 공극 사이를 서로 연결시켜 주는 역할을 한다.

지하수는 용존광물의 함량에 따라 전기전도도가 달라진다. 즉, 대수층 내에 저유되어 있는 지하수 때문에 전기비저항이 내려가면 지하수 속에 용해되어 있는 용존광물질의 함량이 많기 때문이다. 예를 들어 순수한 증류수는 비저항치가 큰 부도체이지만, 다량의 염분을 함유하고 있는 해수는 비저항치가 낮은 전도체이다.

점토층이 지하수에 의해 포화되면 점토를 구성하고 있는 미립광물들이 지하수로 용해되어 나와 전체적인 전기비저항치는 감소된다. 이에 비해서 지하수로 포화된 모래는 모래입자의 표면으로부터 소량의 광물성분만이 지하수에 의해 용해되므로 점토층에 비해서는 비저항치가 크다. 그러나 염수를 다량 포함한 모래층은 지하수에 의해 포화된 점토층과 비슷한 저항치를 갖기 때문에 전기검층에서 취득한 비저항치의 자료만으로써는 포화된 점토층과 염수를 포함한 모래층을 서로 구분하기는 쉬운 일이 아니다. 따라서 지하지층의 전기전도도는 대수층 내에 포함된 지하수의 수질에 따라 변하며, 지하수의 저항치는 지하수 내에 함유된 염분이나 기타 화학성분이나 온도에 따라 변한다.

화강암과 같은 결정질암의 주 대수대구간은 파쇄대, 단층, 절리와 같은 단열대의 2차 유효공극이 잘 발달된 구간이다. 이러한 단열대는 동력변성작용을 받아 생성되기 때문에 단열대가 발달되지 않는 구간에 비해 세립질 점토광물의 함량이 높다. 따라서 이러한 단열대가 지하수에 의해 포화되어 있을 때의 전기비저항은 다른 구간에 비해 낮다. 대수층 자체의 비저항치는 대수층으로부터 채취한 시료에서 직접 측정할 수도 있고 [표 8-4]의 결과치를 이용하여 유추할 수도 있다.

[표 8-4] 각종 토양 및 암석의 전기비저항치($\Omega-m$)

일반적인 자연수의 전기비저항은 [표 8-5]와 같고 동종의 자연수라 할지라도 그 범위는 매우 넓다. 대체적으로 TDS가 높은 해수의 전기비저항은 0.2 Ωm 정도이거나 그 이상이며, 화성암내에 저유된 지하수의 전기비저항은 30~150 Ωm 정도인데 반해 강수는 30~1000 Ωm 정도이다. 비저항검층은 지표 전기비저항 탐사와 같이 2개의 전류전극과 2개의 전위전극을 수직으로 이동하면서 전기 비저항을 측정한다. 시추공 굴착 후 케이싱을 설치하지 않은 구간이 지하수 또는 착정용 점토수(이수)로 채워진 상태에서 전류극과 전위극을 공내로 내리면서 전극주변의 비저항을 측정하여 심도에 따른 비저항곡선을 얻는다.

[표 8-5] 자연수의 전기비저항($\Omega - m$)

종 류	전기저항($\Omega - m$)
강수와 같은 기상수	30~100
화성암 분포지역의 지표수	30~500
퇴적암 분포지역의 지표수	10~100
화성암 내에 저유된 지하수	30~150
퇴적암 내에 저유된 지하수	0.2 이상
해수	0.2 정도
사용수(염의 최대허용농도가 0.25%일 때)	1.8 이상
관개용수(염의 최대허용농도가 0.7%일 때)	0.65 이상

전극배치 방법은 (그림 8-26)과 같이 1) 단 - 노말법(short normal), 2) 장 - 노말법(long normal), 3) 래터럴법(lateral)이 있다. 노말법은 $\overline{AM} = a$를 기준으로 하여 비저항은 다음 (8-31) 식으로 구한다.

$$\rho_a = 4\pi a \frac{\Delta U}{I} \tag{8-31}$$

여기서 ρ_a는 시추공 주변지층의 겉보기 비저항은 물론 공내 이수의 비저항과 시추구경 및 지하수의 영향을 받는 겉보기 비저항이고 ΔU는 두 지점 사이의 전위차이며 I는 전류이다. 노말법에서 측정범위는 전극간격 a와 같고 래터럴법은 전류전극 A와 전위전극 M과 N의 중간점 O의 간격, 즉 $\overline{AO}$가 된다. 이 때 측정된 전기비저항은 측정심도에서 전극봉 주위를 둘러싸고 있는 극히 제한된 구간의 비저항만 측정된다. 제한된 구간이란 시추공이나 우물 내에 들어 있는 시추 시 사용한 이수(점토수)와 공 주위의 대수층 부분을 의미한다. 그런데 대수층과 점토수의 전기비저항은 서로 달라서 실제 검층 시 측정된 값은 상기 두 값의 합성 치이다. 따라서 만일 공의 직경이 상당히 큰 경우 전극봉이 공의 중심에 있다고 할 것 같으면 대부분 점토수에 의한 저항치만 나타날 것이다.

검층기의 규모는 손으로 쉽게 작동시킬 수 있는 소규모의 검층기로부터 트럭에 적재되어 있는 것까지 종류가 다양하다. 따라서 검층기의 규모 선택은 사용할 시추공 및 우물의 크기, 심도 등에 따라 달라진다. 즉, 3000m~1,000m 정도의 심도를 가진 착정시추공에 대해서 전기검층을 시행하려면 최소한 동력으로 전극봉을 움직일 수 있는 설비이어야 하고, 심도가 얕은 천정의 경우에는 수동식 소규모 장비로써도 충분하다.

검층기에서 취득한 자료를 분석할 때는 착정공의 경, 착정공의 상태, 대수층 내부로 침투한 점토수(이수)의 침투정도, 기계 작동시의 전극봉의 배열 등을 감안하여 실시한다. 이중에서도 가장 중요한 부분은 역시 대수층 내에 들어 있는 지하수의 화학적인 특성이다.

일반적으로 대수층 자체의 전기저항은 대수층 내에 포함된 지하수의 고용물(solid) 함량에 역비례한다. 예를 들면 600 mg/l의 고용물을 가진 지하수로 포화된 깨끗한 모래층은 300 mg의 고용물을 가진 깨끗한 모래층에 비해 0.5배 정도의 대수층 전기저항을 갖는다.

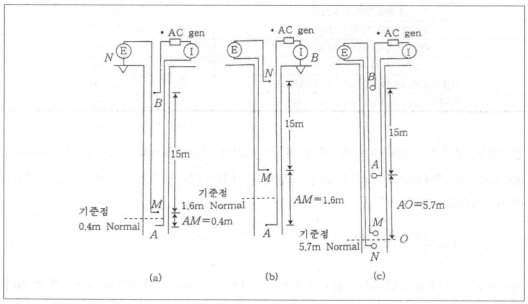

[그림 8-26] 전기 비저항 검층의 표준 전극배열 방식

2) 자연전위(SP; self potential loggging)

이 방법은 지구내부에서 발생하는 자연전류의 전위차를 측정하여 이용하는 검층법이다. 이러한 전위를 자연전위(self potential 혹은 spontaneous polarization)이라 해서 간단히 약자로 SP로 표기한다.

측정은 2개의 전극봉에 연결된 전위차계부를 통해서 2지점 사이의 전위차를 측정한다. 일반적으로 2개의 전위봉 중 1개는 지상에, 잔여 1개는 시추공 내에 설치하는데, 통상적으로 SP곡선의 모양은 전기비저항곡선과 반대로 나타낸다.

자연전위 검층은 시추공 내에서 염도가 서로 다른 유체가 접촉해 있을 때 자연적으로 발생하는 전류를 측정 기록한 것이다. 측정기는 시추공 내에서 이동하는 하나의 전극과 지표에 고정된 기준전극 사이의 전위차를 기록하는데 임의의 점을 기준으로 (+)와 (-)의 값을 나타낸다. 일반적으로 SP검층은 [그림 8-27]과 같이 비저항검층과 병행해서 시행하고 지층해석을 서로 보완하는데 이용한다.

[그림 8-27]은 1개 시추공에서 측정한 노말검층과 래터럴검층 및 자연전위검층 결과를 나타낸 것이다. 비저항이 낮은 층은 노말과 래터럴이 일치하나, 비저항이 큰 지층은 차이가 있다. SP검

충곡선의 정량적 해석은 매우 복잡하여 별도의 전문 기술이 필요하나 곡선의 형태를 비교하여 대수층의 경계를 구할 때 이용한다.

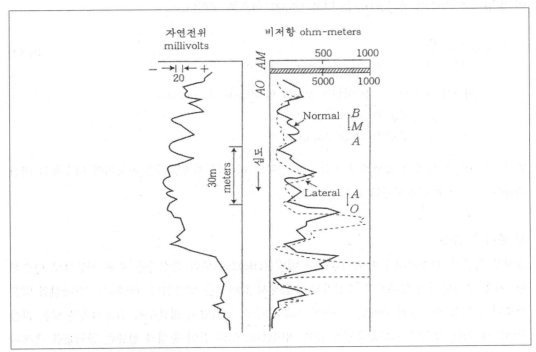

[그림 8-27] 비저항검층과 SP검층 결과도

(2) 방사능 검층(radioactive logging)

방사능검층(radiation logging)은 불안정 방사성 동위원소에서 방출되는 물질의 량을 측정하는 검층법이다. 우물자재가 설치된 시추공이나 기설 우물에서도 검층이 가능하다. 방사능검층에는 감마-감마선 검층법, 중성자 검층(neutron logging) 및 자연감마선 검층(natural gamma logging)법 등이 있다.

1) 감마-감마선 검층법

감마-감마선 검층법($\gamma-\gamma$)은 일명 밀도검층이라고도 한다. 이 법은 코발트-60이나 세슘-137과 같은 감마선 원(source)을 옥화나트륨 형광디텍터(Na-I detector)와 한 개조로 검층봉을 조립하여 공내에 삽입한 후 선원에서 방출하는 감마선이 시추공벽에서 산란, 반사하여 이동전극에 돌아오는 강도를 측정하는 방법이다.

즉 밀도검층에서는 이동전극에 빠른 속도의 감마선을 지층으로 방출시키면 방출된 감마선은 지층 속에 있는 전자와 충돌하여 산란된다. 이와 같이 산란된 감마선이 되돌아와 이동전극에 감지

된다. 산란되어 되돌아오는 감마선의 양은 지층의 전자수와 함수관계를 나타내며, 전자의 수는 암석의 밀도와 관련이 있다. 또한 암석의 밀도는 암석의 공극률과 직접적인 관계가 있다. 이 방법으로 지층의 공극률(n)을 다음 (8-32) 식으로 구한다.

$$n = \frac{\rho_g - \rho_b}{\rho_b - \rho_f}$$
(8-32)

여기서, ρ_g : 코아 또는 암편을 분석한 입자밀도(grain density)
ρ_b : 지층밀도(bulk density)
ρ_f : 유체밀도(fluid density)

또한 이 방법은 동종의 암석에서 지하수면 상부와 하부의 지층밀도를 비교하여 대수층의 비산출률을 구하는데 이용되기도 한다.

2) 중성자 검층

중성자 검층은 검층기내에 아메리슘이나 베릴륨(Be)으로부터 중성자를 주변 지층으로 방출하면, 지층 구성물질의 원자핵과 중성자가 충돌해서 감마선을 방출한다. 방출되는 감마선의 양은 지층내의 수소 원자량에 비례한다. 주변 지층의 수소 원자량이 많을수록 검층기록은 낮은 값을 보이는데 이는 암석의 포화공극률이 큼을 의미한다. 이와 같이 중성자 검층은 공극률을 측정하는데 이용할 수 있다.

중성자 검층은 중성자 원과 디텍터를 한 개의 검층봉으로 하여 $\gamma - \gamma$ 검층과 같은 방법으로 시행한다. 중성자원으로는 라디움-226, 플루토늄-239, 아메리슘-241 등을 베릴륨과 합성한 원료를 사용한다. 중성자가 전자장의 영향을 받지 않으므로 비교적 지층에 깊이 침투(0.2~0.6m)하며 지하수면 위에서는 수분 함량을, 지하수면하에서는 공극률을 구할 수 있다. 또한 지하수면 상부와 하부의 수분함량을 비교하면 대수층의 비산출률을 구할 수 있다.

3) 자연 감마선 검층

감마선 검층은 지층의 자연 방사능을 측정하는 방법으로서 감마선은 방사능 원소인 우라늄(235와 238가), 토륨(^{232}Th) 및 칼륨(^{40}K)에 의해 생성된다. 퇴적암내에서는 우라늄과 토륨이 드물게 분포되어 있다. 따라서 퇴적암에서 중요한 방사능 원소는 칼륨이다. 칼륨은 대체적으로 점토광물 중 일라이트 점토광물에 많이 포함되어 있다. 이러한 특성 때문에 점토질 암석과 비점토질 암석을 구별하는데 사용한다.

이들 방법 중에서 자연 감마선 검층법을 전기비저항 검층과 병행하여 지하수 조사에 가장 널리 이용하고 있기 때문에 자연감마선 검층을 세부적으로 서술하면 다음과 같다.

자연감마선 검층은 각 지층이 방사능원소를 포함하고 있을 때 이로부터 방출되는 자연감마선의 방출강도를 측정·기록하여 이용하는 방법이다. 이는 심도별 각층에서 방출되는 감마선의 강도로 표시하며, 이로부터 얻은 감마선곡선은 전기검층시의 비저항곡선과 유사한 모양을 나타낸다. 방사능물질의 방출량차이는 각층마다 포함하고 있는 방사능물질의 함량에 따라 다르다. 일반적으로 점토나 셰일층은 석회석이나 사암이나 모래층에 비해 방사능원소인 우라늄, 토륨, 칼륨 및 기타 방사능 동위원소를 많이 포함하고 있다. 따라서 미고결암 중에서 감마선의 강도가 가장 큰 구간은 점토질 물질이 분포된 구간이며, 모래층 구간은 강도가 약하다. 대체적으로 감마선 기록치(gamma ray log)는 전기비저항 기록치(resistivity log)보다 점토나 셰일을 보다 명확하게 나타내 준다. [그림 8-28]은 각 지층별로 측정한 감마선의 상대적 강도를 나타낸 그림이다. 감마선 검층기는 전극봉과 측정장치 내부구조를 제외하고는 전기비저항 검층기와 대동소이하다. 전기검층은 우물이나 시추공 내에 강관케이싱이 설치되어 있는 곳에서는 비저항을 측정할 수 없지만, 감마선과 같은 방사능 탐사는 강관케이싱이 설치되어 있어도 측정할 수 있다. 이때 강관케이싱이 방사능 방출물질의 일부를 흡수하긴 하지만 전기검층으로써 자료를 얻지 못하는 철관부분에 이를 병행하여 시행하면 좋은 결과를 얻을 수 있다. 그 외 대수층내의 수질이 감마선 검층시에 영향을 미치지 않으므로 염수를 다량 포함하고 있는 모래층이 점토층과 호층을 이루고 있을 경우, 감마선검층으로 정확한 점토층의 위치와 두께를 쉽게 구별해 낼 수 있다. 그러나 모래층이 방사능물질을 포함한 암편을 포함하고 있을 때는 마치 모래층이 점토층과 같은 형태의 감마선 곡선을 나타낼 수 있다. 이 때는 시추공과 지질주상도를 서로 잘 대비해서 분석해야 한다.

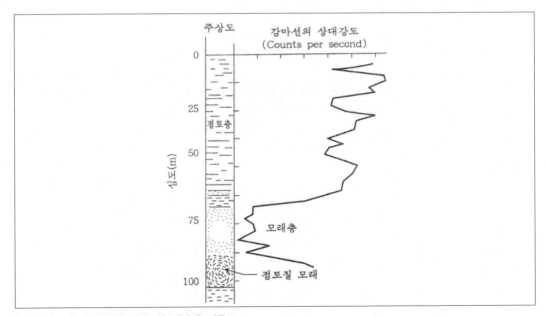

[그림 8-28] 지질주상도와 자연 감마선 기록도

전기비저항검층은 전극봉 주위의 지층부분에 대한 겉보기 비저항을 측정한 것이다. 따라서 대수층의 전기비저항과 착정용 이수 및 전극봉 주위의 대수층의 전기저항과의 차이가 크면 클수록 겉보기저항과 실저항 사이의 차이는 커진다. 대개 큰 전기저항을 가진 지층은 이들 사이의 차이가 커진다.

[그림 8-29]는 3가지 암종의 전기비저항과 감마선검층을 기록한 곡선이다. 만일 이들 암석의 다른 요인들이 비슷하다고 가정하면 비저항치가 모두 서로 비슷하기 때문에, 등립질 탄산암으로 오인하기 쉽다.

일반적인 공내 검층 자료를 이용해서 다음과 같은 사실을 알 수 있다.

① 담수를 저류하고 있는 대수층과 조립질암은 타암석 보다 전기비저항이 크다.

② 공극률이 적고 담수로 포화된 대수층의 겉보기 비저항은 조밀한 암과 거의 비슷한 전기 비저항을 나타내지만 SP 기록치나 시추굴진 시 작성한 굴진율, 스라임 등으로 이들을 식별할 수 있다.

③ 염분을 다량 포함하고 있는 대수층의 전기비저항은 점토층의 전기비저항과 유사하지만 실제 감마선이나 SP 기록치와 비교하면 이를 구분할 수 있다.

④ 비저항기록을 이용하여 각 지층의 두께나 위치, 심도를 알아낼 수 있으나, 고결암에서는 알아낼 수 없다.

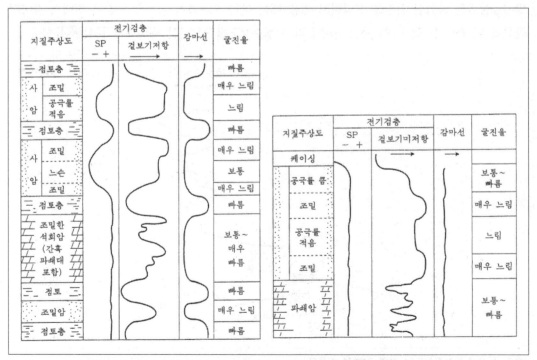

[그림 8-29] 점토층을 협재하고 있는 퇴적암에 설치한 우물에서 측정한 검층 결과

⑤ 결정질암의 절리, 파쇄대 및 단층과 같은 단열구조대는 그 주위 모암보다 점토질물질이 많이 포함되어 있으므로, 비저항은 낮게 나타나고 감마선 강도는 크게 나타난다.

4) 비저항 검층과 감마선 검층자료 해석 시 주의해야 할 사항

만일 대수층 전 구간을 통해 지하수의 수질특성이 동일할 경우에 전기비저항은 대수층 자체의 공극률에 의해서 달라질 수도 있고 점토함량에 따라서 변할 수도 있다. 따라서 이를 구별하려면 SP검층과 감마선 검층을 동시에 실시하면 좋은 결과를 얻을 수 있다. 실제적으로 비저항곡선은 SP자료나 기타 자료를 동시에 이용하여 분석하는 것이 일반적인 예이다.

특히 점토나 등립질 입자로 구성된 대수층이 지하 수십 미터 하부에 발달되어 있을 때 SP만으로써도 상당히 좋은 자료를 취득할 수 있다. 그러나 일반적으로 비저항기록치나 타 자료를 이용하여 SP자료와 함께 분석하면 더욱 양호한 해석을 할 수 있다. 대수층 내에 저유되어 있는 지하수가 착정 시 사용한 착정니수보다 염분농도가 클 때는 대수층의 SP가 점토층보다 더 큰 부(-)의 값을 가진다. 특정 지층의 두께나 깊이를 결정하고 대비하기 위하여 SP 검층을 실시한다. 그러나 굴착된 부분에 점토층이 발달되어 있지 않을 때는 SP검층만으로써는 아무런 효용이 없다.

그 외 SP검층으로 철재케이싱이나 철재 스트레나 부분 중 부식된 구간을 알아낼 수 있으나 플라스틱재 관이나 스트레나 구간은 SP검층으로 알아낼 수 없다.

자연감마선을 측정하므로 지층에서 측정한 방사능물질의 상대적인 강도를 비교·검토할 수 있다. 일반적으로 깨끗한 모래, 자갈, 사암, 암염, 석회석, 백운암, 이탄 및 석탄은 비교적 다공질이고 투수성이 양호한 대수층으로서 자연감마선의 강도가 비교적 약하다. 그러나 저투수성 암석의 경우에도 감마선의 강도가 낮게 나타날 때도 있어 이러한 경우 지질자료를 충분히 이용하여 분석해야 한다.

만일 지하에 분포된 암석 모두가 방사능물질을 소량 함유하고 있을 경우, 감마선의 강도가 비교적 큰 부분은 점토구간으로 간주할 수 있고, 감마선 강도가 적은 구간은 점토를 약간 포함하고 있는 대수층으로 분석해도 좋다. 대체적으로 점토의 함량이 많으면 많을수록 감마선의 강도는 커진다. 따라서 지하수 조사대상 암석의 방사능물질 함량에 대해서 미리 자료를 얻을 수 없는 경우에는 감마선의 기록치의 강도만을 가지고 기록치를 분석하기는 결코 쉬운 일이 아니다. 이런 때는 전술한 바와 같이 전기검층이나 기타 검층법을 동시에 실시해서 그 결과를 분석해야 한다(그림 8-30).

착정굴착 시에 공내에서 발생되는 붕괴작용을 방지하기 위하여 벤토나이트수나 착정니수(鑿井泥水)를 사용한다. 그 결과 이들 점토나 암석굴진시 생긴 파쇄물들이 착정공의 밑바닥에 침전된다. 이들 침전물 때문에 공저에서 감마선의 강도가 크게 나타날 수도 있다. 또 착정 시에 완전히 공외로 제거되지 않고 공벽에 두텁게 남아 있는 점토벽(mud cake)이나 무공관을 설치한 구간에 점토벽이 그래도 남아 있기 때문에 이 구간에서 감마선의 강도는 마치 사질점토나 실트질 모래의 감마선강도와 동일하게 나타날 수도 있다.

따라서 감마선기록치는 수리지질 기술자들이 세밀히 작성해 둔 지질주상도나 기타 검층기록치와 항상 비교·분석해야 한다.

그외 여과역을 설치한 우물은 두터운 여과역이 실제 검층기로 회수될 감마선의 양을 방해하는 역할을 하므로 결국 감마선 기록치상의 강도는 약하게 나타난다. 특히 사용한 여과역이 화산암이나 화강암으로부터 유래된 자갈일 경우는 방사능물질을 포함하고 있으므로 실재 주변대수층보다 높은 감마선 강도를 나타낸다.

산출률이 불량하거나 광물을 다량 함유하고 있는 지하수를 채수하는 우물에 대해 감마선검층을 실시하면 대수층 중 가장 양호한 수질을 가진 구간과 가장 투수성이 양호한 구간을 알아낼 수 있다.

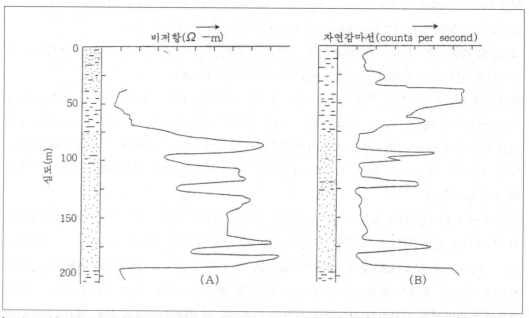

[그림 8-30] 약간의 셰일을 포함하고 있는 사암 내에 설치한 나공상태의 우물에서 측정한 감마선과 비저항검층

전기검층과 감마선검층을 동시에 실시하면 대수층의 존재유무를 알아낼 수 있다. 대수층 내에서 염도가 큰 구간을 파악하기 위해서는 SP 검층과 전기비저항 검층을 동시에 실시하면 된다. 그러나 pH나 유황을 다량 함유하고 있는 지하수, 특수 이온이나 박테리아와 같은 특정물질을 다량 함유한 지하수, 대수층으로부터 개발가능 지하수 산출량과 같은 특성은 지구물리 검층법

으로는 알아낼 수가 없다. 실제 전기검층 결과만 가지고서는 깨끗한 조립역층과 깨끗한 세립모래층의 구별이 용이하지 않다.

대수층으로부터 지하수 채수 가능량은 결국 대수층의 전체 두께와 그 공극률에 비례한다. 전기검층으로 등립자로 구성된 대수층의 두께를 비교적 정확히 알아낼 수 있으며 대수층 내에 발달된 박층의 점토층도 구별 가능하다. 특히 측정구간 내에 치밀한 암석이 분포되어 있지 않을 경우에는 감마선검층 자료를 이용하여 조립질 대수층과 그 내부에 협재된 엷은 점토층의 두께를 구분할 수 있다. 따라서 전기검층 못지않게 자연감마선 검층도 매우 좋은 자료를 제공한다. 전기검층을 시행하여 대수층 중에서 담수를 포함하고 있는 구간의 정확한 지층 심도와 두께를 구한 후 스크린의 설치지점과 길이를 결정한다. 즉 지구물리 검층법은 지하지질 구조도를 작성하거나 서로 멀리 떨어져 있는 지층들을 서로 대비하는 데 이용할 수 있다. 그러나 얕은 우물에서 SP검층을 실시하면 분극 작용이 발생하여 정확한 기록치를 얻기 힘들다.

(3) 음파검층(acoustic logging)

음파검층은 지층의 음파특성을 이용하여 이를 평가하는데 사용하는 방법으로서, 현재까지는 별로 크게 이용되고 있진 않지만 추후 상당히 이용도가 높을 것으로 생각된다. 이 방법은 지층의 진속도(true velocity)를 알아내어 지표에서 시행한 탄성파탐사 결과를 분석하는 데 보조용으로 사용키 위해 지구물리학자들이 시행한 방법이지만 지하수조사에도 널리 이용될 수 있는 방법이다. 음파검층의 원리는 비교적 간단하다.

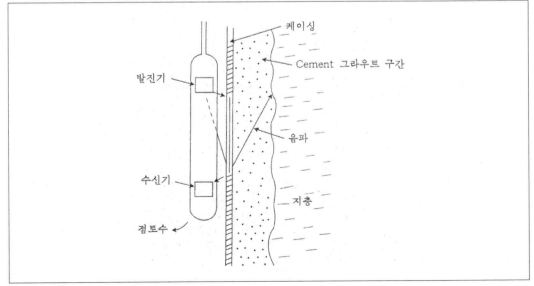

[그림 8-31] 음파검층의 구조도와 측정원리

[그림 8-31]은 음파검층기의 구조도이며 그 원리는 다음과 같다.

우물 내에 검층기를 설치하여 초음속도로 발사시키면 음파가 우물 내의 점토수인 착정니수 구간을 지나 공벽을 이루고 있는 지층으로 전달되어 우물벽과 평행하게 전달된 후, 수진기에 도달한다. 이때 발진기에서 수진기까지의 초음속파의 주시시간은 음파가 전파해나간 지층과 수진기 사이의 암질에 따라 변하게 된다. 통상 수진기와 발진기의 거리는 30cm정도이며, 이로부터 얻은 속도를 심도별로 기록한 기록치를 음파검층 기록도라 한다. 각종 암석은 고유의 음파전달속도를 가지고 있으므로 음파기록 자료를 이용하여 각 암석의 물리적인 특성을 판별할 수 있다.

(4) 공경검층(caliper logging)

이 검층법은 조사용 시추공이나 우물을 설치하기 위하여 착정을 실시한 후 심도별로 굴착구경의 크기를 정확히 측정하여 기록하는 검층법으로 그 모식도는 [그림 8-32]와 같다.

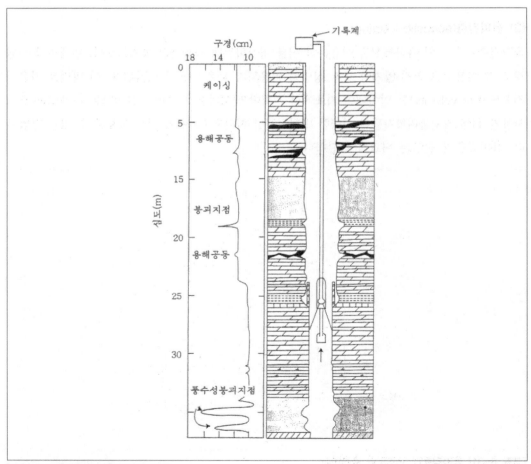

[그림 8-32] 공경 검층결과와 기록

이 검층기는 굴착구경에 맞는 유연한 스프링이 기기 외부에 부착되어 있어 굴착경의 크기에 따라 스프링이 신축적으로 변동한다. 이를 이용해서 심도별로 굴착구경의 크기를 측정·기록할 수 있는데, 이를 구경측정기록도(caliper log)라 한다.

착정시 점토층과 같은 저투수층은 공내붕괴가 잘 일어나지 않아 착정구경의 크기대로 공벽이 원상태대로 보존되어 있으나 모래나 자갈이나 결정질암의 단층, 파쇄대 같은 투수층으로 구성된 부분은 공내붕괴가 심하게 일어나서 실재 착정구경은 사용한 Bit의 구경보다 커진다. 석회암 지역에서 지하수를 다량 유통시키는 용해공동이 발달되어 있는 곳은 이 측정기를 이용하여 정확히 그 구간을 찾아낼 수 있다.

공경측정 기록도는 기타 다른 공내 검층 기록과 비교 검토하는데 널리 이용한다.

(5) 온도검층

전기온도계를 공내에 삽입하여 심도별로 지하수의 수온변화를 측정하는 방법을 온도검층이라 하며 지열탐사나 온천탐사 및 지중열교환기 설치 이전에 널리 이용한다.

일반적으로 국내에서 지온구배는 심도가 매 100m 증가함에 따라 2.0°C씩 증가한다. 그러나 지열이 급하게 변하는 열수대나 고온의 지하수가 상승하는 지점에서는 지온구배가 이보다 훨씬 크게 나타난다. 즉 지하로 내려갈수록 지온은 일반적으로 상승하는데 비해 지온이 급격히 하강하거나 냉각된 구간이 나타날 때는 이 부근에서 가스가 익출되거나 지표의 온도가 찬 액상오염물질의 유입에 의한 영향으로 생각할 수도 있다.

일반적으로 케이싱 주위에 콘크리트 그라우팅을 하거나 공내붕괴가 심하게 발생하는 구간에서 실시한 그라우팅 구간 및 정규 스트레나 대신 콘크리트관을 설치한 부분은 이를 부설할 때 발생한 열로 인해 이 구간에서 온도가 상승한다. 따라서 온도검층 시 이러한 콘크리트 타설부에 의해서 상승한 온도와 실재 온도증가율을 잘 구분해야 한다.

(6) 공내 유향유속 검층

시험시추공 내에서 지하수의 흐름 방향과 공극유속을 측정하는 방법을 공내·유향유속 검층이라 한다. 지하수의 공극유속(일명 평균선형유속)은 (8-33) 식과 같이 동수구배, 공극률 및 수리전도도에 좌우되는 함수이며 이는 어떤 특정한 지점에서 지하수 유동속도를 규명하는데 사용된다.

$$\overline{V}=\frac{Ki}{n} \tag{8-33}$$

여기서, $\overline{V}$:선형유속, K : 수리전도도
i : 동수구배, n : 유효공극률

실제적으로 지하수의 유동은 수두가 높은 곳에서 낮은 곳으로 흐르며 흐름률은 아주 느려 하루에 수 cm 이하이다. 따라서 지하수의 흐름과 방향을 측정하려면 장시간이 소요되며 지하수의 흐름속도와 방향을 정확히 측정하기는 매우 어렵다.

이러한 지하수의 흐름(유속과 유향)을 측정하기 위해서 개발된 기기는 열원(hit pulse)이 지하수의 이동보다 빠르게 이동한다는 원리를 이용하여 인위적으로 지하수체 내에 열원을 주어 주변의 센서를 이용하여 측정한다. 이 결과는 전산 프로그램에서 처리되어 지하수의 흐름방향(방향각)과 흐름률을 계산한다.

측정방법은 먼저 스크린이 설치되어 있는 구간에 유향·유속 측정기를 설치한다. 측정기에는 지하수가 작은 공극(원지반의 공극)에서 큰 공극(관측공)으로 흐를 때 발생할 수 있는 와류를 방지하기 위하여 펙커를 장착하도록 되어 있다.

공내에 설치한 센서가 시추공내 지하수의 온도에 안정되도록 잠시 기다린 후 측정을 실시한다. 측정 시 측정기와 컴퓨터를 연결한 후, 30초간 열원을 전달하고 이의 이동을 측정하여 전산처리한다. 측정기는 열원과 센서로 구성되어 있으며 중심부위의 열원에서 발생한 소스(source)를 각 방향(동, 서, 남, 북)의 센서가 이를 감지하여 수치로 읽는다. 이 측정치를 KVA 해석시스템 프로그램을 이용, 벡터 합성을 통하여 지하수의 흐름과 방향을 계산한다. 이들 계산은 측정작업 시 각 초단위로 측정된 참고온도에 의하여 계산되며 최종결과는 지하수 흐름방향의 방위각과 유출률을 ft/day로 출력된다.

(7) 텔러뷰어 검층(televiewer logging)

텔레뷰어 검층은 일명 초음파 주사 검층법(borehole accoustic scanner)이라고도 한다. 텔뷰어 검층은 주파수가 약 1MHz 되는 초음파 빔(beam)을 시추공 내벽에 주사하여 그로부터 얻은 반사파의 진폭을 분석함으로써 절리 및 단층의 크기, 방향과 경사 그리고 암질의 변화 내지 암석의 역학적인 특성을 알아내기 위해 사용하는 공내 물리검층법이다.

초음파가 지층경계면에 수직으로 입사되면 그에 따른 반사파의 에너지(진폭)는 그 경계면의 반사계수(R)에 의해 좌우된다. 이러한 빔이 바로 절리위에 입사되면 반사되는 에너지는 그 이전과 비교하여 큰 변화를 나타낸다. 즉, 절리의 내부가 점토로 충진되어 있을 경우, 반사파의 진폭은 물/점토간의 임피던스 대조에 의해 관찰되고, 절리가 열려있는 경우에는 초음파의 산란에 의해 극히 미약한 반사파의 에너지가 관찰된다.

[그림 8-33]은 시추공 내에서 텔레뷰어 초음파 빔이 방사되는 상태를 시각적으로 보여주는 그림이다. 즉, 시추공 중심부에서 시추공벽으로 주사되는 초음파 빔이 중심축상에서 선회하고 이동하면서 시추공벽에 빈틈없이 방사된다. 이러한 측정과정에서 만약 임의의 경사를 가진 절리면

이 존재할 경우, 그것이 텔레뷰어 측정데이터에 반영되는 모양은 정현(sine)곡선이 된다. 일반적으로 검층데이터는 지자기 북극을 기준(N-E-W-S)으로 표현되며 그로부터 절리면의 주향내지 경사가 결정된다.

텔레뷰어 측정 시 취득할 수 있는 데이터 내용은 초음파 빔이 공벽에 의해 반사되는 초음파의 진폭 및 주시 즉, 진폭이미지 및 주시이미지가 된다. 여기서 진폭이미지는 절리 및 단층의 발달 상태 뿐만 아니라 상대적인 암석강도에 대한 정보를 제시하며, 주시이미지는 데이터의 교정 내지 고분해능 공경검층기능을 대변하게 된다.

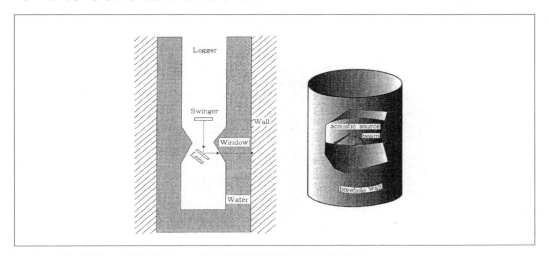

[그림 8-33] 시추공 내에서 텔레뷰어 초음파 빔이 반사되는 상태의 모식도

(8) 공내 텔레비전(TV) 검층

텔레비전 카메라를 공내에 삽입하여 공내의 사진을 모니터에 송신하거나 비디오테이프에 수록하는 검층법으로 지층구조와 우물설치 현황을 육안으로 직접 확인하는데 유용한 검층법이다. 공내 TV 검층을 실시하면 우물자재의 설치현황(스크린, 케이싱의 구경, 설치심도, 파손부위 등),지하수가 유입되고 있는 구간, 나공 상태의 암반관정에서는 단열대의 형태 등을 육안으로 직접 확인할 수 있다.

암반지하수와 결정질 단열매체의
수리시험 분석

9.1 암반지하수와 지질구조와의 관계

지구상의 지표면 중 대부분은 기반암이 직접 노출되어 있거나 두께가 얇은 표토로 피복되어 있다. 국내의 경우, 미고결 또는 고결이 와해된 암석 가운데 두께가 가장 두터운 암종은 제4기 충적층과 조립질 관입화성암류의 풍화대로서 두께는 30~40m 정도이다. 그리고 암반지하수의 부존량은 전체 지하수 부존량의 약 83%에 이른다. 지하수가 가장 많이 개발되고 있는 쇄설성 퇴적암에서 지하수의 산출량($683m^3/d$)은 상술한 미고결 퇴적물에서의 평균 지하수 산출량(평균 $629m^3/d$)과 유사하고, 지구 지표면의 20%를 점하고 있는 화성암과 변성암의 지하수산출량은 이보다 훨씬 소량인 ⅓규모이다.

한반도는 전국토의 75% 정도가 결정질암으로 이루어져 있다. 지난 50여년간 관입화성암류와 비탄산성 변성암에서 개발해온 지하수의 개발경험과 광상 개발 시의 경험에 의하면 이들 결정질암체에서 지하수 산출량은 소규모였다. 세계적으로 물이 부족한 암반분포 지역에서 암반 수리지질학(hard rock hydrogeology)은 매우 중요한 역할을 하고 있다.

인도의 경우 전국토의 70%(주로 중부와 남부지역의 산악지역)는 지표에 표토가 발달되지 않은 기반암으로 이루어져 있으며, 적절한 착정장비가 가용치 않아 이 지역에 거주하는 수백만의 주민들에게 충분한 물을 공급하지 못하고 있다. 이는 비단 인도뿐만 아니라 아프리카, 브라질 및 중동지역과 같은 건조한 나라에서 흔히 있는 일들이다. 그러나 이와 같은 지역은 풍화작용이 비교적 활발하게 일어나기 때문에 적절한 기후조건만 구비되어 있다면 농경지로 적합한 토양이 빠른 시일 내에 생성되는 등 농업분야에 놀랄만한 성장잠재력을 가지고 있는 지역들이다. 또한 이들 지역에 거주하는 사람들의 인구밀도는 매우 희박하여 인구밀도가 높은 저지대에 거주하는 잉여인구를 이들 지역이 흡수할 수 있는 잠재적인 가능성 또한 매우 높다고 할 수 있다.

따라서 개발도상국가에 분포되어 있는 기반암 분포지역은 거주민들에게 삶의 질을 향상시킬 수 있는 조건 즉, 충분한 물을 공급할 수만 있다면 지대한 경제적, 전략적 및 정치적인 잠재력을 가지고 있는 지역이다.

문제는 기반암 분포지역에 설치한 우물의 산출률은 전적으로 해당지역에 분포된 기반암의 국지적인 지질구조에 따라 좌우되기 때문에 우물 설치지점을 선정할 때에 가장 중요한 과정이 수리지질조사를 실시하여 최적 우물 설치지점을 선정하는데 있다.

[그림 9-1]은 Sweden에서 화성암과 변성암으로 이루어진 결정질 암반에 설치한 우물의 심도별 산출량을 도표화 한 것이며 2편의 8장에 제시한 [그림 8-7(a)와 (c)]는 우리나라에 분포된 결정질화강암과 비탄산성 편마암류 분포지역에 설치한 우물들의 심도별 지하수산출량을 도시한 그림으로서 심도가 깊어질수록 지하수 산출률은 감소한다.

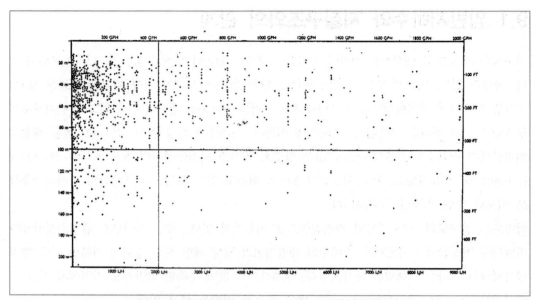

[그림 9-1] 결정질 화성암과 변성암의 심도별 지하수 산출량(818개 우물,Sweden)

9.1.1 암반에서 지하수의 산출상태

일반적으로 지하수를 저류하고 있는 대수층을 이루고 있는 암체는 고형입자만으로 이루어져 있는 것이 아니라 암체와 격리되어 있는 공극, 열극 및 파쇄구조와 같은 단열(fissure)들을 포함하고 있다. 퇴적물의 1차 공극률은 상당히 크긴 하지만 이들 퇴적물이 지구조적인 작용에 의해 압축작용이나 용융작용에 의해 변성되면 초기의 특성 즉 저류성이 큰 암체의 공극률과 투수성은 크게 감소한다.

대다수의 관입화성암과 비탄산성 변성암의 1차 공극률은 대체적으로 1% 미만이며, 이들 암체 내에 존재하는 일부 공극 크기는 너무 적고 이들 사이의 연결성이 미약하여 그 수리성은 실제적으로 매우 불량하다(표 9-1).

그러나 이러한 암체들도 풍화작용이나 지체구조적인 작용을 통해 파쇄되면 공극과 수리성이 크게 증가하게 되고, 특히 열대 및 아열대 지역에서는 화학 및 기계적인 풍화작용에 의해 두터운 풍화잔류토(풍화대, saprolite)가 형성된다.

기반암 상부에 피복된 표토가 침식작용에 의해 서서히 제거되면 제거된 표토의 상재하중만큼 인장작용을 받은 하부 암체는 지표 파쇄구조가 새로이 생성되어 잔류토양으로 구성된 풍화대 분포심도까지 연장되어 잔류토양의 풍화작용을 촉진시키게 된다(그림 9-2). 이와 같은 지구조적인 파쇄체계는 강수가 지하로 침투할 수 있는 경로를 제공할 뿐만 아니라 강수가 지하로 침투하여 생성된 지하수는 일부 파쇄암체를 빠르게 부식시키는 역할을 한다.

<주> 파쇄(Fracture) : 일반적으로 암체에 응력을 가하면 파괴가 일어나서 갈라진 틈이 형성되는데, 특히 변위와 관계없이 사용하는 술어를 파쇄(fracture)라 한다. 따라서 파쇄대는 절리, 단층과 틈들을 포괄적으로 정의할 때 사용하며, 사용자에 따라서는 이를 균열, 열극 또는 단열이라고도 한다.

[그림 9-2] 상부표토가 침식에 의해 제거되므로 인해 형성된 수평 인장 파쇄구조가 발달된 결정질 화강암체

우리나라의 경우 화강암이 분포된 저지대에서 잔류토양(풍화대)의 심도는 통상 5～30m이나 인도의 경우 풍화대의 심도는 10～30m에 이른다.

일반적으로 심도가 깊어짐에 따라 기반암으로 변하는 풍화잔류토의 수리성은 다공질의 충적층이나 붕적층의 수리성과 유사해지며 그 하부에 분포되어 있는 기반암 지하수의 산출에 큰 영향을 미친다. 따라서 수리지질학에서 풍화 잔류토는 하부 기반암 지하수의 공급층(source bed)이라고도 한다.

[표 9-1] 인도 Mysore 지역에 분포된 암체의 공극률(Radhakrisha)

지층	공극률(%)	비고
토양	50	
점토	45	
사력(S,G)	30 ~ 40	
완전풍화된 잔류토양(CW)	30 ~ 40	
매우 풍화된 잔류토양(HW)	10 ~ 24	
상당히 풍화된 잔류토양(GW)	4 ~ 16	
조금 풍화된 잔류토양(SW)	1.5 ~ 3	
신선암(FR)	0.05 ~ 0.3	

주로 화강암의 기반암이 분포되어 있는 인도 Mysore주에서는 암반 우물 1개 공당 평균 산출률은 84㎥/d~108㎥/d 정도이며, 1 ha당 지하수개발 가능량은 평균 10~20㎥/d이라고 한다.

9.1.2 지체구조와 암반지하수의 산출성

광역지질도가 가용한 경우, 세부정밀 조사지역의 규모는 5~10㎢ 정도이다. 이때 첫 단계로는 항공사진과 인공위성사진을 판독한 다음, 현지답사를 실시한 연후에 지질도와 파쇄대를 도면에 작도(mapping)한다.

두 번째 단계로는 제반 단열파쇄체계(fracture system)와 암체의 지체구조적인 특성을 파악해야 한다. 즉, 고려대상 지층에 작용한 응력의 종류와 파쇄체계의 종류를 파악하고, 이들 파쇄체계가 소성변형 때문에 형성된 것인지 아니면 파열변형(rupture deformation)에 의해 형성된 것인지를 판단해야 한다. 2가지 변형에 의해 형성된 단열 파쇄체계를 세론하면 다음과 같다.

(1) 소성변형(plastic deformation)

소성변형은 단열작용에 의한 단층작용 보다는 습곡작용에 따른 응력 때문에 파쇄체계가 생성되었거나 암체가 연성(ductile)일 때, 즉 조산운동에 의해 생성된 변형이다. 따라서 지하수 부존과 관련된 주된 파쇄체계는 이와 같은 소성변성을 받고 있는 기간 동안에는 생성되지 않는다.
[그림 9-3]은 응력방향과는 평행하며 습곡축과는 지각인 인장틈으로서 습곡작용과 관련이 있는 갈라진 틈이다.

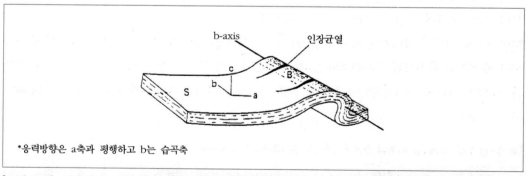

*응력방향은 a축과 평행하고 b는 습곡축

[그림 9-3] 소성암체에 작용하는 응력 때문에 만들어진 평면형(S)과 축형(B) 변형을 나타낸 인장규열(Larsson)

상술한 갈라진 틈은 후기에 작용한 인장응력에 의해 형성되어 갈라졌으며, 습곡축에 수직인 평면상에 존재하는 일종의 인장틈(tension crack)이다. 따라서 이러한 인장틈은 지하수를 양호하게 저류하고 있는 대수대의 역할을 한다. 그러나 인장틈은 습곡구조에 국한되어 있고, 또한 이러한 틈은 쐐기 모양을 하고 있을 뿐만 아니라 1개 면상에만 발달되어 있기 때문에 서로 교차하는 경우는 매우 드물다(그림 9-4(a)).

[그림 9-4(a)]와 같이 WNW 방향으로 평행하게 발달된 파쇄열극은 초기에 연성변형을 받는 동안에 형성된 인장형 갈라진 틈으로서 지하수 산출성은 불량하다. 그러나 NNE 방향으로 발달된 계곡은 주된 인장파열파쇄대(tension rupture fracture)이며, 이에 비해 NW 방향으로 발달된 소계곡은 1차 shear zone(first order shear zone)이다.

[그림 9-4(a)] WNW 방향으로 평행하게 발달된 파쇄열극

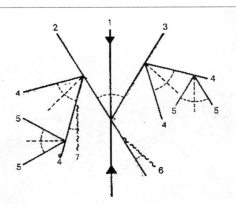

① 초기응력방향으로서 주 인장파쇄 열극이 발달되는 방향과 평행
② 초기 1차 shear zone으로서 wrench fault
③ 1차 wrench fault의 수반단층(complementary fault)
④ 2차 wrench fault
⑤ 3차 wrench fault
⑥ 2차 drag fault
⑦ 3차 drag fault

[그림 9-4(b)] 압축을 받고 있는 등방암체에 형성되는 파쇄단열(Moody와 Hill)

인장형 갈라진 틈의 체적은 대체적으로 규모가 적기 때문에 저류된 지하수는 거의 정체상태이다. 따라서 습곡작용에 의해 만들어진 인장형 갈라진 틈에 우물을 설치하면 해당 우물의 산출량은 대부분 소량이다. 인장형 갈라진 틈과 습곡축의 방향은 서로 직각으로 형성되는 분명한 기하학적인 관계를 가지고 있다. 따라서 이러한 관계를 이용하여 해당지역의 습곡축을 알아내면 인장형 갈라진 틈(crack)들의 발달 상태를 규명할 수 있다.

(2) 파열변형(rupture deformation)

조산운동을 받은 암체는 조산운동 이전의 상태에 비해 보다 균질해지고 부서지기 쉬운 특성(fragile)을 가지게 된다. 암체가 가지고 있는 등방성의 정도에 따라 파쇄단열들은 이론적인 계산이나 모델연구를 통해 취득한 결과와 비슷하게 형성된다.

파쇄변형을 받았다고 해서 암체의 투수성이 모두 개선되지는 않는다. 파쇄변형을 받은 암체 중에서 인장응력을 받은 암체만이 개구되며 투수성이 증대되고 압축응력을 받은 암체는 도리어 공극이 밀착되어 투수성이 저하된다. [그림 9-4(b)]는 대다수의 경우에 해당하는 그림이며 파쇄단열은 압축형 파쇄단열로서 shear zone과 drag fold를 이루고 있는 그림이다.

[그림 9-5]는 [그림 9-4(b)]를 증빙하는 현장사진이다.

[그림 9-5] 북 Norway의 Repparfjord 지역의 비교적 등방성 암체의 항공사진
(좌향 45° 방향으로 발달된 주파쇄대는 초기 응력방향인 인장방향과 평행)

파열로 형성된 파쇄단열과 소성변형에 의해 형성된 이미 존재하는 인장틈(crack)을 항공사진을 이용하여 서로 중첩시켜 보면 혼란스럽다. 따라서 항공사진만으로 파쇄열극을 도식한 자료를 이용해서 수리지질학적인 분석을 실시하는 경우에는 큰 오류를 범할 수 있다.

따라서 지표에서 파악한 대표적인 파쇄단열 조사와 지형학적인 조사결과가 수반된 광역적인 지체구조적인 자료를 가지고 항공사진과 인공위성사진을 상세히 판독한 후, 원하는 분석을 실시해야만 다음과 같은 귀중한 정보를 취득할 수 있다.

- 산출성이 지속적으로 유지되는 인장응력으로 형성된 파쇄단열 분포구간
- 최적 우물설치지점
- 우물의 심도

전술한 바와 같이 대규모의 지하수를 산출할 수 있는 파쇄단열은 그리 흔하지는 않지만 분명히 파열변형을 통해 형성된 인장파쇄단열은 상당수 존재한다.

야외에서 주응력이 작용한 방향은 overthrust면 상에 나타나는 조흔을 살펴보면 쉽게 확인할 수 있다. 파쇄단열이 조흔방향과 평행한 경우에 지하수의 산출성은 양호하다. 이들 개구된 인장 파쇄 단열 중 일부는 암맥들이 관입되어 있기도 한다.

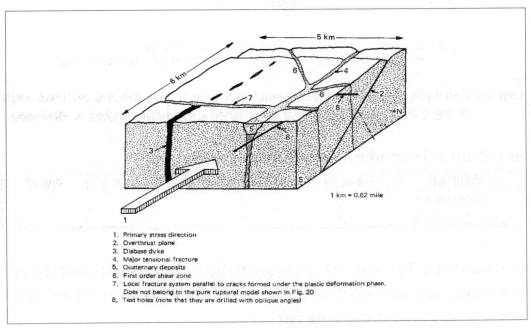

1. Primary stress direction
2. Overthrust plane
3. Diabase dyke
4. Major tensional fracture
5. Quaternary deposits
6. First order shear zone
7. Local fracture system parallel to cracks formed under the plastic deformation phase. Does not belong to the pure ruptural model shown in Fig. 20
8. Test holes (note that they are drilled with oblique angles)

[그림 9-6] Sweden의 동남부 지역에 분포된 준등방성 화강암체에 후기 조산운동에 의해서 변형된 암체의 변형모델(규모 20×30km)(Loason)

암맥의 발달방향은 인장응력 방향과 동일하기 때문에 이 방향이 개구된 대수대의 발달방향임을 암시하기도 한다. 주 인장 파쇄단열은 지형적인 요곡을 이루면서 직선형으로 발달되기도 한다 (그림 9-6). 이와 같은 파쇄단열을 탐사하기 위하여 탄성파탐사, 전기탐사 및 전자력탐사와 같은 지구물리탐사 법을 실시하면 보다 양호한 결과를 얻을 수 있다.

특정지역에서 항공과 위성사진판독, 지표지질조사, 지구물리탐사 등을 시행한 후 [그림 9-6]과 같이 주변지역에서 가장 우세한 대표적인 지구조적인 조건들을 이용하여 해당지역의 변형모델을 설정하고 이 모델에 의거하여 1개의 신규 시험정과 기존 우물을 시험정으로 선정한 내용은 [그림 9-7]과 같다.

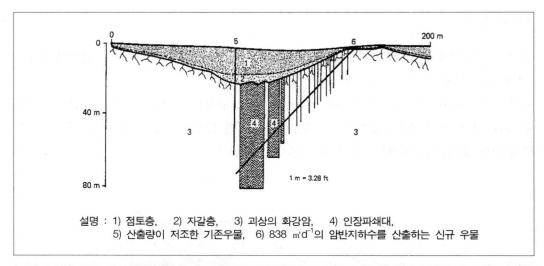

설명 : 1) 점토층,　2) 자갈층,　3) 괴상의 화강암,　4) 인장파쇄대,
　　　　5) 산출량이 저조한 기존우물,　6) 838 ㎥d⁻¹의 암반지하수를 산출하는 신규 우물

[그림 9-7] [그림 9-6]의 개념모델에서 여러 개의 인장파쇄단열들과 교차될 수 있도록 경사시추를 실시한 No.6-시험정과 주된 인장파쇄단열의 인근에 수직으로 설치한 기존정(No.5)의 위치와 지층단면도 및 지하수산출량

[표 9-2] [그림 9-7]의 2개 시험정(No.6와 No.5 well)에서 실시한 대수성시험 결과

구조대 종류	산출량(m^3d^{-1})	실수위강하량(m)	비양수량(m^2d^{-1})	비율(%)
인장파쇄단열(No.6)	838	60	14	117
shear zone(No.5)	3.5	30	0.12	1

[표 9-2]와 [그림 9-7]에 나타난 바와 같이 인장파쇄단열을 여러 개 관통하여 굴착된 우물(No. 6)의 산출량은 shear zone 인근에 설치한 우물(No. 5)의 산출량 보다 월등히 양호하며, 비양수량의 비는 No.6이 No.5에 비해 117배 크다.

9.2 파쇄 결정질 매체의 수리특성

9.2.1 일 반

파쇄 결정질암(fractured crystalline rock)은 일반적으로 불균질, 이방성이며, 매우 복잡한 지질구조를 이루고 있다. 따라서 이들 매체 내에서 지하수의 유동 현상을 정량화하고 수학적으로 표현하려면 파쇄매체(단열과 동의어로 사용함)를 이상적으로 형상화 시켜야만 한다.

파쇄 매체 내에서 지하수 유동을 모델화 하는데 일반적으로 적용하는 방법은 파쇄매체를 ① 저투수성 암체(low permeability matrix)와 분리단열 ② 대응다공질 연속체(equivalent-continium)로 구성된 매체로 간주하여 분리단열법과 대응 다공질 연속법을 적용한다. 이 중 분리단열법에서는 지하수가 2개의 평행판으로 이루어진 통로(파쇄면)를 따라 유동할 경우이다. 이 경우에는 파쇄구조의 기하적인 형태를 규명해야만 한다. 따라서 분리단열(파쇄대)망에서 지하수 유동은 개개 단열을 따라 발생하는 유동을 모델링해서 결정한다.

이에 비해 연속법에서는 파쇄암체를 단일 공극을 가진 다공질 매체로 대응(equivalent single-porosity porous medium)시키거나 2개의 다공질 매체가 서로 연결된(단일 연속체와 암체의 연속체) 2중 공극모델(dual porosity model)로 취급한다.

9.2.2 개념모델

결정질 파쇄암체는 단열이나 단열대와 같은 구조적인 특성에 있어서 그 모양이나 크기가 매우 다양하고 불규칙한 여러 개의 암체덩이(block)로 구성되어 있다. 여기서 파쇄대(fracture zone)란 단열과의 간격이 매우 가까우면서 수리적으로 서로 연결되어 있는 분리단열을 의미한다. 따라서 파쇄대의 폭은 수 m에서 수 100m에 이르기까지 그 크기가 다양하다. 스웨덴에서 부지 특성화 조사 시 사용하는 개념에 의할 것 같으면 암체는 파쇄대의 규모에 따라 다음과 같이 3종으로 구분한다.

① 광역 파쇄대(regional fracture zone) : 주로 지형도상에서 뚜렷이 나타나는 지질구조로서 그 연장성이 수 km에 이르고 이격 거리가 1~5km 정도이며, 이들 사이는 암체덩이(block)로 구성되어 있는 경우이다.

② 국지적인 파쇄대(local fracture zone) : 파쇄대의 폭이 1m 이하에서 수 10m 정도인 파쇄대로서 암체는 국지적인 파쇄대 사이에 드문드문 파쇄암체를 포함하고 있는 경우이다.

③ 암체(rock mass) : 지하수 유동 측면에서 볼 때 파쇄대 사이에 분포된 암체는 일반적으로 그 모양과 크기가 다양하고 불규칙하게 분포되어 있으며, 크기와 연결정도가 서로 다른 파쇄대와 그리고 분리되어 있는 많은 수의 치밀한 암체덩이로 구성되어 있는 경우이다.

따라서 이러한 암체 내에서 지하수 유동은 가장 폭이 크고 규모가 큰 수리적인 파쇄대내에서 주로 발생된다고 생각한다.

이에 비해 소규모 파쇄대는 전체의 지하수 유동에는 큰 영향을 미치지는 않으나 확산현상이 촉진되는 암체의 전체공극에 크게 영향을 미친다. 그러나 소규모 파쇄대가 광역 파쇄대와 서로 연결되어 있을 때는 다소간의 수리전도성을 띤다.

특히 서로 연결이 되어 있지 않거나 매우 적은 크기의 파쇄두께를 가진 것들은 자연상태에서 지하수 유동이 일어나지 않는다.

치밀하면서 변형되지 않는 암체는 원천적으로 불투성 암체로 간주한다. 그래서 Norton과 Knapp(1977)은 암체를 규모가 큰 단열대(large fracture)와 소규모 단열 격자망(network of minor fracture)과 치밀한 암체덩이(intact matrix block)로 구분한 바 있다.

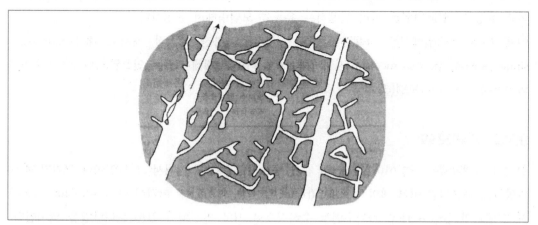

[그림 9-8] 화살방향으로 표시된 공극은 수리적인 파쇄공극, 수리공극과 연결된 소규모 파쇄공극은 확산공극, 기타 구간은 잔여공극

9.2.3 수리성(hydraulic properties)

(1) 수리전도도(hydraulic conductivity)

일반적으로 암체의 평균 수리전도도(bulk hydraulic conductivity, K)는 서로 연결된 규모가 큰 단열로 이루어진 단열망이나 수로형 유동로(flow channel $K = K_f$)의 수리성에 따라 좌우된다. 수로형 유동로의 고유투수계수는 추적자 시험(Andersson과 Klockars, 1985)을 통해 구할 수 있다. 지하수의 유동은 Snow의 평행판 모델을 사용한 것보다는 1개 파쇄면에 집중되어 있는 흐름경로(channels)에서 발생하는 것으로 가정한다. 이러한 단열 수리전도도(hydraulic fracture conductivity, K_e)는 관측정에서 측정한 지하수 유동율이나 체제시간을 이용해서 구할 수도 있다.

암체의 평균 수리전도도와 단열 수리전도도 사이의 비를 동적공극[kinematic porosity(혹은 유효공극)]이라 하고 다음 식으로 표현한다.

$$\phi_e = K_f / K_e \tag{9-1}$$

여기서 ϕ_e : 동적공극

K_e : 단열의 수리전도도

K_f : 유동통로의 수리전도도이다.

통상 K_e 는 이방성을 띠며 실제 시험공의 방향성에 따라 좌우된다.

(2) 암체의 공극률

암체의 총공극률(ϕ_t)는 (9-2)식처럼 동적공극인 유효공극(ϕ_e)과 사공극(dead end porosity)인 확산공극(ϕ_d)과 고립공극인 잔류공극(residual porosity, ϕ_r)으로 이루어져 있다.

$$\phi_t = \phi_e + \phi_d + \phi_r \tag{9-2}$$

실제 동적공극(kinematic porosity)과 유효공극 사이의 구별은 되어 있지 않으나(Norton과 Knapp), 여기서 유효공극은 자연 상태에서 지하수가 유동할 수 있는 연결공극의 전체적과 암석 체적과의 비를 의미한다.

확산공극의 대표적인 형태는 큰 공극과 연결되어 있거나 소규모 단열들과 서로 연결된 미세한 단열들이다. 따라서 이들의 갈라진 틈은 매우 미세하고, 수리적인 연결성이 불량하며 확산기작에 의해서만 물질이동이 가능한 규모의 공극이다.

이에 비해 암석 생성 당시에 형성된 고립공극을 잔류공극이라 하며, 그 대표적인 것이 현무암의 기공이나 화강암의 결정 속에 들어 있는 공극들을 들 수 있다.

각종 조사 자료를 취합하여 결정질암의 각종 공극률을 조사한 결과(Norton과 Knapp)에 의하면 화강암과 같은 결정질암의 총 공극률은 1~2% 정도이고, 이 중에서 유효공극은 1%, 확산공극은 5% 정도이며, 잔여 94%는 잔류공극으로 이루어져 있다고 한다. 따라서 견고한 화강암의 유효공극은 10^{-4} 정도이며, 그 범위는 $10^{-3} \sim 10^{-6}$ 정도이다(표 9-3).

[표 9-3] 결정질암의 각종 공극률

공극률 연구자	ϕ_t	ϕ_e	ϕ_k	ϕ_d	ϕ_r	암체
Norton과 Knapp(97)	10^{-2}	10^{-4}	-	5×10^{-4}	9×10^{-2}	?
Heimli(74)	$10^{-3} \sim 10^{-2}$	-	-	-	-	치밀암
Anderson과 Klockars	-	8×10^{-5}	$(3\text{-}9) \times 10^{-4}$	-	-	암체
Gustafsson, Klockars	-	-	$(5\text{-}8) \times 10^{-4}$	-	-	100m 심도 파쇄암
JS Hahn(1998)	-	$(1\sim5) \times 10^{-5}$	-	-	-	7~43m " (편마암)

스웨덴의 Stripa 광산의 360m 심도에서 측정한 평균수리전도도는 10^{-10}ms^{-1}이였고, 스웨덴의 Finnsjon 지역의 100m 심도에 발달된 파쇄대에서 측정한 수리전도도는 10^{-6}ms^{-1}이였으며, 유효공극률은 (5-8) $\times 10^{-4}$였다. 또한 1984년에 결정질암의 암심을 이용해서 측정한 결정질암의 유효공극률과 확산공극률의 합은 $10^{-3} \sim 10^{-2}$였으며, 평균치는 5×10^{-3}이었다.

(3) 비저유계수(S_s)

비저유계수란 단위수두 변화 시, 단위체적의 암체로부터 배수될 수 있는 지하수의 체적으로서 유효공극률과 밀접한 관계를 가지고 있는 수리특성인자이다. 결정질암체에서 배수되는 지하수의 양은 암체의 유효공극률과 지하수와 암체로 구성된 포화대의 전체 압축성에 좌우된다. 탄성 피압대수층의 2차원적인 비저유계수의 표현식은 다음 식과 같다.

$$S_s = \rho g(C_b + \phi C_w) \tag{9-3}$$

여기서 C_b : 암체의 수직 압축계수
         C_w : 지하수의 압축계수(5×10^{-10} m^2/pa)

결정질암에서 수리간섭시험을 실시해서 구한 ϕ는 시험기간에 해당하는 유효공극이거나 유효공극과 확산공극의 합이다. 지금 시험공 내에서 포화대의 두께가 b일 때 저유계수 (S)는 $S_s \cdot b$가 된다.
(9-3)식을 다른 방식으로 표현하면 (9-4)식과 같다.

$$S_s = r_w(\frac{1}{E_b} + \frac{\phi}{E_w}) \tag{9-4}$$

여기서 r_w : ρg이고
         E_b : 응력을 받고 있는 결정질암체의 탄성계수
         E_w : 지하수의 탄성계수
         ϕ : 총 공극률

결정질암의 비저유계수는 현장 수리시험을 실시해서 구하는데 현재까지 알려진 자료는 그리 많지 않다(표 9-4 참조).

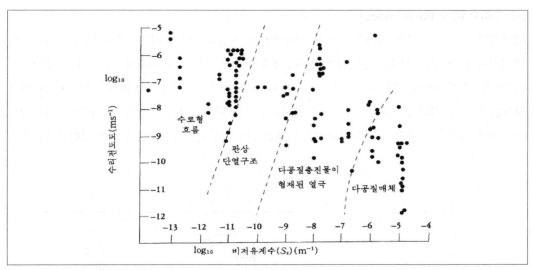

[그림 9-9] 각종 흐름류에 따른 수리전도도와 비저유계수의 상관관계

암체의 압축성이나 공극률과 같은 물성을 이용해서 Black과 Barker가 스코트란드의 Altnabreac 지역에 분포된 결정질암에 설치한 3개 공의 300m 심도의 시험정에서 구한 암체의 비저유계수(S_s)로 대체적으로 2×10^{-7}이었다.

그 외 각종 수리시험을 실시하여 구한 S_s와 수리전도도와의 관계는 [그림 9-9]와 같다. [그림 9-9]에 나타난 바와 같이 지하수의 유동은 대응 다공질 매체에서 발생하지 않고 주로 단일 열극이나 수로형 유로를 통해 일어남을 알 수 있다.

이 그림과 같이 1985년 Carlsson 등이 스웨덴의 Stripa 광산에서 단공시험을 실시한 바 있는데 50m 두께의 단열대로 구성된 구간은 전형적인 2중 공극의 반응을 보였으며, 이 때 구한 S_s의 값은 단열대가 $(1 \sim 2) \times 10^{-7}$m^{-1}이었고, 암체는 $(5 \sim 8) \times 10^{-7}$이었다.

[표 9-4] 현장 수리시험으로 구한 결정질 파쇄암의 비저유계수

내용	시험방법 및 조사자	Ss(m^{-1})	암체(심도 m)	시험방법
단공 시험	Black과 Barker(1981)	$> 2 \times 10^{-7}$	암체(0~300m)	순간주입시험
	Carlsson과 Olsson(1985)	$(1 \sim 2) \times 10^{-7}$	단열체(360m)	주입시험
		$(5 \sim 8) \times 10^{-7}$	암체(360m)	〃
		$10-6 \sim 10^{-10}$	〃(360m)	수위상승법
Cross hole test	Black과 Holmes(1982)	$8 \times 10^{-8} \sim 2 \times 10^{-6}$	암체(100~200m)	정률주입시험
	Carlsson과 Olsson(1985)	$2 \times 10^{-7} \sim 2 \times 10^{-6}$	단열대(360m)	정률수리간섭시험
	Neuman 등(1985)	5×10^{-6}	암체(100m)	고정수두시험
	Gidea(Sweden)	$3 \times 10^{-6} \sim 10^{-4}$	단열대(100m)	대수성시험
	Svart bogerget(〃)	$4 \times 10^{-6} \sim 10^{-5}$	〃(100m)	〃
	Fjallvedeu(〃)	$(1 \sim 5) \times 10^{-7}$	암체(100m)	〃
단정 시험	J S Hahn(1990)	$5.5 \times 10^{-6} \sim 3.4 \times 10^{-5}$	단열대(50~200m)	대수성시험(청양)
	Chan Hahn(2003)	$5.2 \times 10^{-6} \sim 6.2 \times 10^{-5}$	-	일산-퇴계원터널

Carlsson(1985)

(4) 수리수두(hydraulic head)

해당지역의 암체 내에서 지하수 유동을 정량적으로 서술하려면 수리전도도나 비저유계수 이외에 수리수두의 분포 상태를 알아야만 한다. 국내의 경우 기반암 지하수의 수두(지하수위)는 일반적으로 지형기복의 영향을 심하게 받는다. 균질 매체에서도 동수구배는 지형의 기복에 따라 영향을 받는데 일반적으로 심도가 증가할수록 동수구배는 급격히 감소한다. 따라서 깊은 심도에서는 투수성이 양호한 대규모 단열대나 단열들이 수두분포에 가장 민감한 영향을 미친다.

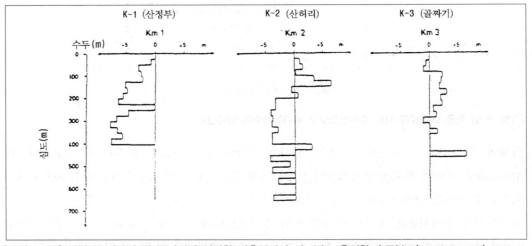

[그림 9-10] 산정부, 산허리 및 골짜기에 설치한 관측정에서 심도별로 측정한 수두분포(After Black과 Barker 1981)

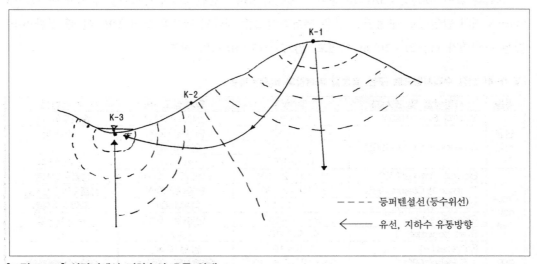

[그림 9-11] 산간지에서 지하수의 흐름 양태

[그림 9-10]은 시험공 K-1, K-2 및 K-3공의 공내에서 매 25m 간격으로 측정한 수두압이다. K-1공의 수두는 심도가 증가함에 따라 급격히 감소하는데 이는 지하수의 하향 흐름이 우세함을 의미한다. K-2공은 200m 심도까지는 양(+)의 수두를 보이나 200m 이하 심도에서는 음(-)의 수두를 나타내는데 이는 거의 일정한 수평흐름 상태임을 암시한다.

이에 비해 골짜기 중심에 설치한 K-3공의 수두는 일반적으로 깊은 심도의 수두압이 상부보다 높아 지하수 흐름양상이 상향 흐름이 우세함을 보이고 있다. 이러한 현상은 균질등방 대수층이 산간지에 분포되어 있을 경우, 지형의 기복이 심하면 이와 유사한 흐름 상태를 나타낸다.

9.2.4 결정질 암체의 이론적인 모델

분리단열모델(discrete fracture model)에서 암체덩이(rock matrix block)는 불투수성 매체로 취급하고 단열과 단열대(파쇄대)로 연결된 격자망은 지하수가 유동할 수 있는 통로로 가정한다. 이 때 단일 단열에서 발생하는 지하수 유동은 전술한 바와 같이 평행판 모델로 취급한다(Louis 1969, Gale 1975). 단열은 단열의 규모와 조사규모에 따라서 조사지역내 평균 유동특성을 파악해서 이를 사용하거나 개별적으로 규명한다.

파쇄대와 같은 대규모 불연속면들은 개별적으로 특성화를 시켜야 하고(분리접근법) 이에 비해 소규모 단열들은 평균 내지 통계적인 방법을 적용한다. 여기서 통계적인 방법이란 단열들의 방향성이나 시추공에서 측정한 틈의 크기에 따라서 결정질암을 대응 이방성 다공질 매체로 전환하는 경우를 뜻한다. 연속체 모델의 경우에는

① 단열의 격자망을 대응 다공질 매체로 취급하는 파쇄연속체(fracture continum)와
② 암체덩이가 사암처럼 투수성인 경우에, 투수성 암체덩이가 파쇄연속체와 교차하는 또 다른 연속 매체로 표현하는 2중 공극모델(dual porosity model)과
③ 암체덩이는 불투수성이며, 파쇄암체를 단순히 파쇄연속체로 표현하는 3가지 방법이 있으며, 이들 매체에 대해서는 등방 및 이방성을 모두 다루게 된다.

가장 적절한 이론적인 방법은 흐름영역의 크기와 단열의 밀도와 관련된 시험규모에 따라 달리 할 수 있다. 즉 단열 밀도가 높거나 낮은 경우에는 소규모 시험 연구용으로서 분리단열법이 가장 적절한 방법이며 단열밀도가 높거나 조사지역이 넓은 경우에는 연속접근법이 가장 효과적이고 적절한 방법이다.

결정질암으로 이루어진 파쇄계의 연결성과 규모문제를 Marsily(1985) 등이 연구한 바 있고 광역규모에서는 추계론적인 모델이 가장 적절한 방법이라고 Carnahan(1983) 등이 서술한 바 있다. 지하수 유동을 수학적으로 표현키 위해서는 분리열극이나 연속법이나 간에 암체의 경계조

건이나 수리특성에 관한 3차원적인 분포자료를 알고 있어야만 한다. 암체와 분리단열들의 수리전도도, 비저유계수와 수리적인 경계는 단공시험(singel hole test)이나 수리간섭 시험과 같은 현장 수리시험을 실시해서 구한다.

9.2.5 단공시험 분석(interpretation of single hole test)

파쇄결정질암에서 시행한 수리시험 결과를 분석할 때 사용하는 대부분의 이론적인 모델은 다음과 같은 가정에 기초하고 있다. 즉 파쇄매체를 단일공극이나 2중 공극매체중 하나에 해당하는 대응 연속 다공질 매체로 표현한다. 이 개념을 그림으로 도시하면 [그림 9-12]와 같다.

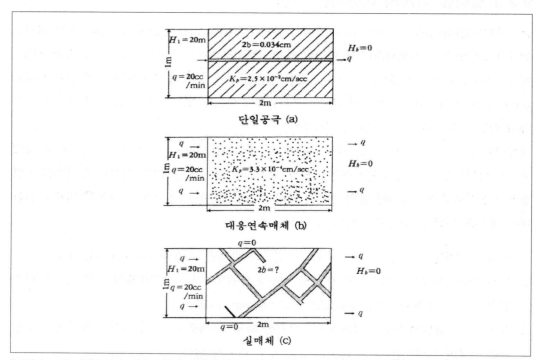

[그림 9-12] 파쇄흐름과 대응 다공질매체의 대응 연속개념의 모식도(Gale, 1982)

단일 파쇄면으로 구성된 파쇄매체를 대응 다공질 매체로 대체하는 경우에 다공질 매체와 단일 파쇄면을 통해 흐르는 유출량이 동일한 값을 갖도록 다공질 매체와 이에 대응되는 단일 파쇄면의 수리전도도는 주어진 경계조건을 이용해서 구한다.

암체의 전반적인 수리전도도는 실제 파쇄대 사이의 연결성에 따라 좌우된다. 특히 공극률에 따라서 대응 연속 매체에 사용한 가정이 연속 단일 파쇄면에서 사용한 가정에 비해 전혀 다른 속도장(velocity field)을 나타낼 때도 있다. 따라서 서로 연결된 단열로 구성된 실제 파매체의 수리전도도와 흐름속도는 상술한 2가지 가정의 중간 정도일 것이다.

수리시험 시 영향을 받는 체적의 크기(즉 영향반경)은 주로 시험기간과 암체의 수리성에 좌우된다. 가능하면 시험기간은 파쇄대의 분포나 수리특성의 실제 규모에 맞게끔 선정하고, 이에 의거하여 특정 시험에 따른 대표적인 제반 수리인자를 구해야 한다. 일반적으로 투수성이 낮은 구간은 시험기간을 장기간 실시한다. 조사해야 할 암체의 규모는 수리특성 인자의 대표 평균치를 나타내는 대응균질 및 다공질 매체로 다룰 수 있도록 충분히 커야 하며 이 때 암체의 불균질성까지 다룰 수 있으면 더욱 좋다(Long 등 1982).

대표적인 수리특성인자가 안정된 값을 갖는 최소한도의 조사대상 암체의 체적을 암체의 대표 요소 체적(REV)이라 한다. 이 경우 암체 체적의 규모가 다소 커지더라도 계산된 수리특성 인자의 값들은 심하게 변하지 않아야 한다.

2중 공극 매체로 결정질암을 표현할 수 있는 가정들은 단공시험이나 Sinusoidul 간섭시험의 방법을 이용해서 Block(1982)등이 연구한 바 있다. 여러 가지의 이론 모델에 대응되는 실제 현장시험을 서로 비교한 결과, 투수성 암체의 구성물질(2중 공극 모델)과 교차하는 분리단열면(slab)을 따라서 지하수가 방사상으로 유동하는 흐름 모델이 현장 자료와 가장 잘 부합된다. Carlsson과 Olsson(1985a)이 Stripa 광산에서 실시한 단공시험 결과, 이들 시험 자료는 2중 공극 반응을 나타내고 있음을 확인한 바 있다. 즉 수리특성이 서로 다른 2종의 수문지질 단위가 시험대상 암체 내에서 존재하는 경우(즉 파쇄대와 그 주변의 암체와 같이)에 장기시험 동안에 이런 현상이 발생한다.

다음절에서 여러 가지의 단공 부정류시험(정율, 정압, 순간시험, 압력충격시험(pressure pulse test, 드릴스템 테스트)의 분석 시 사용할 수 있는 다른 이론적인 모델을 심도 있게 다루어 보려 한다. 이들 모델들은 모두 파쇄암체를 대응 등방 다공질 매체로 표현할 수 있다는 가정에 기초하고 있다. 서로 다른 유동영역을 분리 구분시키기 위해 시험자료는 일반적으로 선형 흐름과 방사(원통형)흐름 및 구형 흐름과 같은 여러 종류의 형태로 도식 분석한다. 그런 다음 실제 시험자료에 가장 부합되는 이론 모델을 이용해서 시험결과를 분석한다.

파쇄 대수층에서 실시한 시험자료의 평가분석에 관한 기법은 이미 Gringarten(1982)등이 제시한 바 있고, 또한 여러 가지 그래프로 작도한 시험자료를 이용해서 서로 다른 흐름영역을 확인하는 방법들은 Ershaghi와 Woodbury(1985)등이 이미 제시한바 있다. 이 경우에 전형적인 수두압이 변동형태로 [그림 9-13]과 같다.

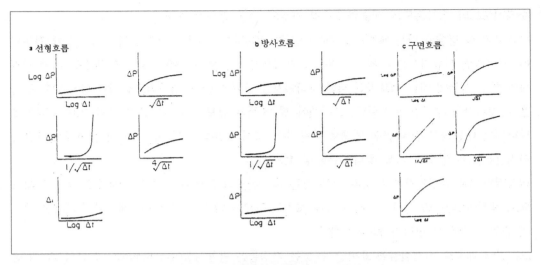

[그림 9-13] 각기 서로 다른 흐름 영역 동안 시간경과별 수두압의 변화 형태
(Ershaghi와 Woodbury 1985)

9.3 단열매체의 단공시험시 공벽효과(skin effect)와 우물 저장효과(well storage effect)

9.3.1 일 반

공벽효과(skin effect)와 우물저장효과(well storage effect)는 수리시험을 실시하는 동안 실제 시험공내 부정류 상태의 수두(압력)에 영향을 미치게 된다. 이들 두 종류의 영향은 실제 시험정 자체 뿐만 아니라 시험정 주변의 수리특성 조건에 따라서 발생한다. 시험정과 그 주변 암체 사이 의 수리적인 상호관계에 영향을 미치는 모든 요인들을 통 털어 공벽효과라 하며, 공벽효과는 착정 이나 부분관통, 시험공의 수직도 및 과잉채수에 의해 발생하는 와류의 영향 등으로 시험공 주위의 수리전도도에 미치는 모든 요인을 포괄적으로 내포한다. 일반적으로 수위강하시험, 주입시험, 수 위상승 및 강하시험과 같은 모든 종류의 수리시험에 공벽효과에 의한 영향이 내재되어 있다.

시험개시 전에 시험공 자체에 잔류해 있던 지하수를 위시한 유체나 시험공의 격리된 구간 내에 저장되어 있던 유체가 대수성시험에 미치는 영향을 우물저장효과 또는 공내저장효과(bore hole storage effect)라 한다. 그 대표적인 예는 우물의 심도가 깊은 피압심정(150m 이상)이나 심도 가 2,000~5,000m에 이르는 지열정에서 수리시험을 실시할 경우이다. 우물저장효과는 특히 저 투수성 암체내에 설치된 우물에서 시험기간 동안 수두압이 변하는 정률시험시(constant rate of flow test) 주로 발생한다.

정압시험(constant pressure test)은 시험공 내의 수두압을 일정하게 유지시키거나 주입시험 후, 수위를 회복시키거나 하강시킬 때 공내 저장효과가 수두압 반응에 영향을 미치기도 한다.

9.3.2 공벽효과(skin effect)

공벽효과는 공벽계수(skin factor)를 이용해서 특성화시킬 수 있으며 이는 주로 시험정의 공벽과 관련된 유효면적을 나타내는데 사용된다. 즉 시험공은 실제 굴착경에 비해 착정 시 받은 충격이나 기타 원인 때문에 생긴 자연적이거나 인공적인 파쇄영향으로 공벽의 면적이 증가되기도 하며 반대로 공매작용(clogging)이나 기타 원인으로 공벽 면적이 실제 착정시의 면적보다 감소되기도 한다. 이와 같이 공벽의 면적이 증가되는 현상을 (-)공벽(negative skin)현상이라 하고, 공벽면적이 감소되는 현상을 (+)공벽(positive skin)현상이라고 한다.

이론적으로 공벽효과는 다음 2가지 중 한 가지 방법으로 취급한다.

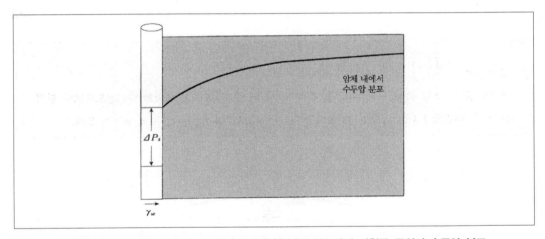

[그림 9-14] 무한히 얇은 두께를 가진 공벽구간에서 (+)공벽인자를 가진 시험공 주위의 수두압 분포

① 공벽구간은 시험공벽 주위의 대단히 얇은 구간에 집중되어 분포하며 이곳에서 유체의 저장은 없는 것으로 가정하고, (+)공벽인자인 경우에 실제 시험공 주위에서 나타나는 수두압 변화는 [그림 9-14]와 같다.

② 시험공벽 주위에 유한한 두께를 가진 공벽구간 내에 공벽효과가 나타나는 경우로서 이 때 이 구간 내에서 수리전도도는 주변암체의 수리전도도보다 양호하거나(－공벽), 감소(＋공벽)한다는 가정이다. 이러한 접근법은 파쇄암에 설치한 시험공이나 햄머공법으로 우물을 굴착할 때 주로 나타나는 현상으로서 이 때 공벽구간의 수리전도도는 다소 증가한다(그림 9-15). 이 경우 공벽계수는 (9-5)식으로 표현할 수 있다(Earlougher, 1977).

$$\zeta = \left(\frac{K}{K_s} - 1\right)ln\frac{r_s}{r_w} \tag{9-5}$$

여기서　K : 암체의 수리전도도(변형을 받지 않은 모암)

K_s : 공벽구간의 수리전도도

r_w : 시험공의 굴착반경

r_s : 공벽구간의 반경

상기식에서 $K > K_s$이면 $\zeta > 0$이므로 (+)공벽효과가 발생한 경우이고, $K < K_s$ 이면, $\zeta < 0$이므로 (−)공벽효과가 발생한 경우이다. 따라서 공벽계수가 알려진 경우에는 윗식을 사용해서 K_s 와 r_s 를 구할 수 있다.

공벽효과가 감안된 유효공경(effective bore hole radius)을 r_{wf} 라 하면 r_w 는 다음 식과 같이 정의할 수 있다(Earlougher).

$$r_{wf} = r_w\,e^{-\zeta} \tag{9-6}$$

식(9-5)에서 $\ln\left(\dfrac{r_s}{r_w}\right) = \zeta \Big/ \left(\dfrac{K}{K_s} - 1\right)$ 이므로 $r_s = r_w\,e^{\zeta\left(\frac{K}{K_s}-1\right)}$

여기서 $K_s > K$일 때 $r_s = r_{wf}$이라면, 즉 공벽구간의 수리전도도가 모암의 수리전도도보다 훨씬 큰 경우, 환언하면 (−) 공벽일 때 공벽구간까지의 유효공경 r_{wf}는 $r_{wf} = r_w\,e^{-\zeta}$가 된다.

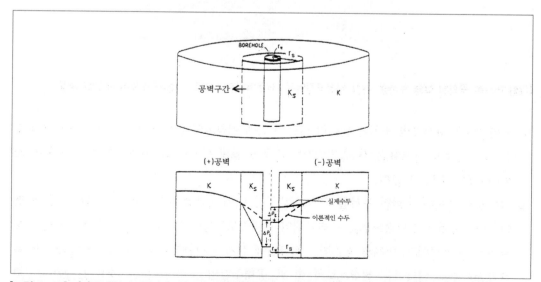

[그림 9-15] (+)공벽현상과 (−)공벽현상이 발생한 유한한 두께의 공벽구간을 가진 시험정 주위에서 수두 분포

(9-6)식에서 r_{wf}를 우물의 유효공경 및 유효반경이라 한다. 따라서 공벽계수(ζ)가 ($-$)값일 때 유효반경은 실공경보다 훨씬 커진다. 만일 시험공이 단일 파쇄대와 교차하는 경우에 유효반경은 파쇄대의 길이에 따라 좌우된다. Earlougher의 연구결과에 의하면 파쇄매체에 설치한 시험공의 공벽계수는 -5 정도이며, 완전히 공매(clogging)현상이 발생한 시험정의 공벽계수는 ∞이 또한 부분 관통정이나 공극현상이 발생한 시험정의 경우에는 추가적인 가상 공벽인자를 규정해서 사용할 수도 있다.

수리전도도가 10^{-7}m/s인 암체 내에서 수리시험 시 와류에 의한 영향은 이론적으로 무시할 수 있다(Andersson과 Carlsson, 1980).

9.3.3 시험정의 저장효과(borehole storage effect)

지하수는 약간의 압축성을 띠고 있기 때문에 시험공 내에 저장되어 있는 지하수의 체적은 공내 수두압이(수위강하나 수위상승으로) 변할 때 동시에 변한다.

시험공이 나공상태일 때 정률시험을 실시하면 시험초기에 시험공에서 채수되는 전체 채수량(Q)은 주변 대수층으로부터 공내로 유입된 지하수 유입량과 원래 시험공 내에 들어 있던 지하수를 합한 배출량이다. 따라서 대수층으로부터 공내로 유입되었다가 배출되는 양(Q_f)는 시험기간 동안 점차 증가되다가 어느 시점에 가서는 총채수량(Q)과 동일해진다.

이와 같이 $Q = Q_f$가 되는 시점은 공내저장계수(C)로 결정되는 공내저장능(borehole storage capacity)의 크기에 따라 좌우된다(그림 9-16 참조). 따라서 C값이 큰 시험공 일수록 $Q = Q_f$가 되는 시점은 길어지게 마련이다.

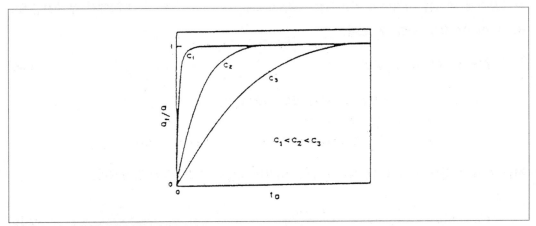

[그림 9-16] 공내 저장계수(C)에 따른 Q와 Q$_f$의 관계

우물저장계수 C는 다음식과 같이 정의한다(Earlouger 1977).

$$C = \Delta V / \Delta P \tag{9-7}$$

여기서 ΔV : 실제 시험공 내에 들어 있던 지하수의 체적 변화

            ΔP : 실제 시험공내 수두압의 변화

            C의 단위 : m³/pa.

                      1pa = 0.1kg-f/m², 10^{-5}kg/cm²

                      1N = 0.1kg-f

물론 채수량의 변동은 수두압이 변할 때 사용한 시험기구(페커나 주입관 등) 내에서 유량변동에 의해 발생할 수도 있다. 그렇기 때문에 공내저장계수(C)는 사용하는 시험장비의 실제적인 규모나 종류에 따라서 달라질 수 있다.

나공상태(open hole)의 시험공에서 페커를 사용하지 않고 시험을 실시할 때 물을 주입하거나 채수함으로 인해 시험공의 자유수면(수위)이 연속적으로 변하는 경우에는 다음 식을 이용해서 C값을 구할 수 있다(Earlouger, 1977).

$$C = V_u / \rho g \tag{9-8}$$

여기서 V_u : 수위가 자유롭게 변하는 시험공의 단위길이(m)당 유효체적

            (단위길이($\Delta h = 1$)이므로 실제 $C = V_u \dfrac{\Delta h}{r_w} \Delta h$ 이며 $C = \pi r_c^2$이다.

            ρ : 물의 밀도, g : 중력가속도

(1) 페커로 시험구간을 격리(구속압)시킨 경우의 C값

시험공내에 페커를 설치하여 격리시킨 구간(double packer를 사용하는 경우)에서 우물저장계수(C)는 (9-9)식으로 구할 수 있다.

$$C = V_w C_w = V_u L C_w \tag{9-9}$$

여기서 V_w : 격리시킨 구간에서 물의 체적($V_u L$)

            L : 격리시킨 구간의 길이

            C_w : 물의 압축계수(4.4×10^{-10}m³/pa(m²/N) = 5×10^{-10}m³/pa)

지금 C를 무차원의 우물저장계수(C_D)로 바꾸면 C_D는 다음 식과 같아진다.

$$C_D = C \rho \frac{g}{2\pi S_s L r_w^2} = \frac{C \rho g}{2\pi r_w^2 S} \tag{9-10}$$

지금 시험정의 반경을 r_w, 압상 파이프의 반경을 r_c라 하면, $C \rho g = V_u$이므로

$V_u = \pi(r_w^2 - r_c^2)$이 된다. 즉 윗 식은 $C_D = \pi(r_w^2 - r_c^2)/2\pi\, r_w^2\, S$ 로 표현할 수 있다.

[표 9-5]와 같이 나공상태의 시험공에서(자유면 상태) 변수위 시험시의 우물저장계수(C)는 페커를 설치하여 수두압을 구속시켰을 때의 C보다 $10^3 \sim 10^5$ 더 크다.

[표 9-5] 자유면 상태와 페커를 설치한 시스템에서 시험공의 구경에 따른 계략적인 C 값

우물경 (2r$_w$, m/m)	시험구간 길이(m)	C(㎥/pa)		비고
		openhole $V_u/\rho\, g = \pi\, r_w^2 \times 1/\rho\, g$	격리시험 $V_u \cdot L \cdot C_w$	
200 $r_w = 0.1$m	2 10 50	3E-6 $[\pi(0.1)^2/1{,}000\text{kg}/㎥\cdot 9.8\text{m/s}$ $= 3.2\times10^{-6} = 3\times10^{-6}$	3E-11 2E-10 8E-10	$\pi\times 0.1^2\times 5\times10^{-10}\times 2$ $\pi\times 0.1^2\times 5\times10^{-10}$ $\pi\times 0.1^2\times 50\times 5\times10^{-10}$
110 $r_w = 0.055$m	2 10 50	1E-6 $[\pi(0.055)^2/1000\cdot 9.8]$ $= 9.7\times10^{-7} = 1\times10^{-6}$	9E-12 5E-11 2E-10	$\pi\times(0.055)^2\times 2\times 5\times10^{-10}$
76(NX) $r_w = 0.038$m	2 10 50	5E-7 $[[\pi(0.038)^2/1000\cdot 9.8]$ $= 4.62\times10^{-7} = 5\times10^{-7}$	5E-12 2E-11 1E-10	
56(BX) $r_w = 0.028$m	2 10 50	3E-7 $[[\pi(0.028)^2/1000\cdot 9.8]$ $= 2.5\times10^{-7} = 3\times10^{-7}$	3E-12 1E-11 6E-11	
46(AX) $r_w = 0.023$m	2 10 50	2E-7 $[[\pi(0.023)^2/1000\cdot 9.8]$ $= 1.7\times10^{-7} = 2\times10^{-7}$	2E-12 8E-12 4E-11	

(단 $C_w = 5\times10^{-10}㎥/\text{pa}$)

저투수성 암체 내에 설치한 시험정에서 시험을 할 때는 우물저장효과 때문에 시험자료의 분포 범위가 매우 넓게 나타나는데 특히 정율시험 시 이를 격리구간의 시험으로 대체하면 이러한 현상을 피할 수 있다. 또한 정압시험을 실시하면 우물저장효과는 발생되지 않는다. 뿐만 아니라 페커의 길이를 바꾸면 우물저장효과도 수정할 수 있다.

무차원 우물저장계수(C_D)는 다음과 같은 여러 가지 형태로 표현할 수 있다.

① $C_D = \dfrac{C\,\rho\, g}{2\pi\, r_w^2\, S_s\, L} = \dfrac{V_u}{2\pi\, r_w^2\, S}$

② Navakowski(1990)와 Sageev(1986)가 제시한 식 :

$$C_D = \frac{C_s}{2\pi\, r_w^2\, S}$$

여기서　　C_S : 우물저장계수(factor)

　　　　　C_D : 무차원 우물저장계수

③ 나공 상태의 우물(시험정)에서 압상파이프를 사용했을 때 :

$$V_u = C = \pi r_c^2$$

r_c : 압상파이프의 반경

④ 파쇄구간을 packer로 격리시킨 경우 :

$$C_s = V_w\, L\, C_w$$

여기서　　V_w : 격리구간의 체적

　　　　　C_w : 지하수의 압축계수 ≒ $5 \times 10^{-10}\,\mathrm{m^2/pa}$

예 9-1

시험정의 반경이 200m/m이고, 양수파이프 규격이 32m/m일 때(단 S=10^{-6}) C_D ?

① $C_D = \dfrac{C\rho g}{2\pi\, S\, r_w^2} = \dfrac{V_u}{2\pi\, S\, r_w^2} = \dfrac{\pi(r_w^2 - r_c^2)}{2\pi\, S\, r_w^2}$

$\qquad = \dfrac{\pi(0.1^2 - 0.016^2)}{2\pi(0.1)^2 \times 10^{-6}} = 4.9 \times 10^5$

② $r_w = 150m/m$ 이고, $r_c = 32m/m$ 일 때 C_D 는

$$C_D = \frac{\pi[0.075^2 - 0.016^2]}{2\pi(0.075)^2 \times 10^{-6}} = 4.8 \times 10^5$$

따라서 무차원 우물저장계수(C_D)를 알면 (9-10)식을 이용해서 S를 구할 수 있다.

9.4 단열균질매체에서 주입 및 수위강하 시험분석

9.4.1 일반

정률 수위강하 시험(constant rate drawdown test, 또는 production test)은 일반 대수성시험과 동일하다. 즉 일정한 채수율로 시험정이나 팩커(packer)로 격리시킨 구간에서 지하수를 채수하면서 시험정에서나 팩커로 격리시킨 격리구간에서 수위변화(수두압의 변화)를 관측하여 시간—수위강하곡선을 작성한 후 이를 분석하는 시험방법을 정률 수위강하 시험이라 한다. 주입시험(Injection test)은 일정 주입률로 시험공의 전구간이나 격리된 구간으로 물을 주입시키면서 수두압의 변화를 관측하거나 주입압을 일정하게 유지하면서 주입율의 변화를 관측하는 시험방법이다.

이절에서 언급하는 모든 시험은 순간반응시험(pulse response test)를 제외하고는 모두 주입시험을 기준으로 작성하였다. 따라서 수위강하 시험이나 주입시험의 이론을 모두 동일하므로 이 원리를 수위강하시험 분석에 이용할 수 있다.

9.4.2 방사흐름(radial flow)

(1) 정률시험(constant rate of flow tests)

부정류 방사흐름지배식(일명 확산식이라고도 함)은 다음 식과 같다.

$$\frac{\partial^2 (\Delta P)}{\partial r^2} + \frac{1}{r} \frac{\partial (\Delta P)}{\partial r} = \frac{S_s}{K} \frac{\partial (\Delta P)}{\partial t} \tag{9-11}$$

여기서 K : 시험대상 매체의 평균수리전도

            ΔP : 수두압의 변화(수위) $= r_w \Delta h = \rho g \Delta h$

            S_s : 해당 매체의 비저유계수

만일 시험대상 매체에 설치한 시험정에서 공벽효과나 저장효과가 발생하지 않는 경우 (9-11)식의 해(선-공급원)는 Theis 해와 동일하다. 그러나 결정질 파쇄매체를 대응 다공질 매체로 전환시켜 대수성시험 자료를 분석할 때는 공벽효과나 저장효과가 항상 발생하기 때문에 (9-11)식의 해에다 이들 효과를 보정해서 수정해 주어야 한다.

우선 공벽효과에 대한 보정을 실시한 다음, 우물 저장효과를 보정하도록 해보자.

1) 공벽효과만 발생한 경우의 분석방법

공벽효과만 발생한 경우의 분석방법으로는 ① 공벽효과가 전혀 발생하지 않는 경우, ② 공벽효과가 있는 경우(저투수성 암석), ③ 공벽효과가 있는 경우(직선법), ④ 표준곡선 중첩법 등 4가지가 있다. 이들 방법들을 세론하면 다음과 같다.

가) 공벽효과가 전혀 발생하지 않는 경우의 분석방법 :

정률 수위강하 시험시 공벽효과가 발생한 실제 시험정의 수두 변화식은 Theis해에다 공벽에 의한 영향을 첨가(piggy back)시키면 된다.

Earlougher은 공벽효과가 있는 시험정에서 실시한 대수성시험시 양수율과 수위강하에 따른 (9-11)식의 해를 다음식과 같이 제안하였다.

$$H = \frac{Q}{2\pi KL} P_D + \frac{Q}{2\pi KL} \zeta = \frac{Q}{2\pi KL} [P_D + \zeta] \tag{9-12}$$

$$H = \frac{P_i - P_{wf}}{\rho\, g} \left(\frac{h_0 - h_1}{r_w} \right)$$

여기서 H 는 초기수위의 자연상태의 수두 P_i 와 시험정내에서 수위강하가 발생하고 있는 동안의 실수두 P_{wf} 와의 차(일반적인 표현을 빌리면 $P_i = h_o$, $P_{wf} = h$ 이므로 $P_i - P_{wf} = h_0 - h$ 와 동일함)이다. 따라서 윗식을 무차원 수두변화 P_D, 무차원 경과시간 t_D, 무자원 방사거리 r_D 로 표현하면 그 결과는 (9-13)식과 같이 된다(Earlougher). 즉 공벽효과가 전혀 발생하지 않는 경우 ($\zeta = 0$)에 (9-12)식과 (9-13)식과 같이 표현할 수 있다.

$$P_D = \frac{2\pi KL}{Q} H = \frac{2\pi KL}{Q} (P_i - P_{wf})/\rho g \tag{9-13}$$

여기서 H : 수두의 변화

$P_i - P_{wf}$: 수두압의 변화(주입시험시 수두압의 변화는 $P_{wf} - P_i$ 이다)

또한 무차원시간 t_D 는 (9-14)식과 같고, 무차원 거리 r_D 는 (9-15)식과 같다.

$$t_D = \frac{Kt}{S_s\, r_w^2} \tag{9-14}$$

$$r_D = \frac{r}{r_w} \tag{9-15}$$

여기서 r : 시험정의 중심부에서 관측지점까지의 거리

r_w : 시험정의 반경($r = r_w$ 이면, 환언하면 시험정에서 대수성시험을 하는 경우 $r = r_w$ 이므로 이 때 $r_D = 1$ 이다)

$$① \ H = \frac{P_i - P_{wf}}{r_w} = \frac{h_0 - h}{r_w} = \frac{Q}{2\pi KL}\left[P_D + \zeta\right] = \frac{Q}{2\pi KL}\left[\frac{W(u)}{2} + \zeta\right], \quad \left[P_D = \frac{1}{2}W(u)\right]$$

과 동일함

$$② \ t_D = \frac{Kt}{S_s r_w^2}, \quad \mu = \frac{r_w^2 S}{4Tt} = \frac{r_w^2 S_s}{4Kt}$$

$$\frac{1}{4\mu} = \frac{Kt}{S_s r_w^2} \ 이므로 \quad t_D = \frac{1}{4\mu} \ 과 \ 동일함$$

$P_D \ (t_D)$의 해법은 다음과 같은 2가지 방법이 있다.

① 시험정의 반경이 무한히 적다는 가정하에서 사용할 수 있는 선-공급원 해법(일명 Theis 해법)의 지수-적분해.(그림 9-17 참조)

이 방법은 $r_w = 0$이므로 $r_D = \infty$인 경우이다.

② 실제 사용하는 시험정의 반경이 무한소가 아닌 특정 길이를 갖는 경우로서 일명 유한경 해법 (Fininte-radius borehole solution, PDCI)이라고 한다. 이 경우의 해는 Everdingen과 Hurst(1949) 등이 제시한 바 있으며, 공벽효과가 없는 시험정에서 $t_D > 100$인 경우에 P_D 함수의 적분량은 다음과 같은 대수 근사해(logarithmic approximation)로 구할 수 있다(그림 9-17 참조).

$$P_D = 1.15\left[\log t_D + 0.351\right] \tag{9-16}$$

$t_D = \dfrac{1}{4\mu} > 100$ 이면, $\mu < 0.0025$인 경우이다.

지금 (7-12)식에서 공벽계수(ζ)가 0 일 때

$$H = \frac{Q}{2\pi T} \times P_D \fallingdotseq \frac{Q}{4\pi T}\int_u^\infty \frac{e^{-u}}{u}du \fallingdotseq \frac{2.3Q}{4\pi T}\log\frac{2.25T}{r_w^2 S}t$$

$$= \frac{1.15Q}{2\pi T}\left[\log\frac{KLt}{r_w^2 S_s L} + \log 2.25\right] = \frac{1.15Q}{2\pi KL}\left[\log\frac{K}{r_w^2 S_s}t + 0.351\right]$$

$$\frac{2\pi KL}{Q}H = 1.15\left[\log t_D + 0.351\right], \quad \therefore \ P_D = 1.15\left[\log t_D + 0.351\right]$$

그러나 $t_D > 5$ ($u < 0.05$)일 때)일 때 Theis 우물함수의 1/2인 지수적 급수해와 P_D의 근사해 (9-10)식의 차이는 단지 2% 정도이다(이 경우 Theis식과 Jacob식의 차이는 약 2%이다). 고투수성 매체에 설치한 시험정에서 $t_D > 100$ ($u < 0.0025$)은 시험개시 후 몇 분 이내에 도달하기 때문에 상기 조건을 만족하지만 저투수성 매체에서는 일반적으로 시험기간 동안 $t_D > 100$ 조

건을 만족하지 못한다.

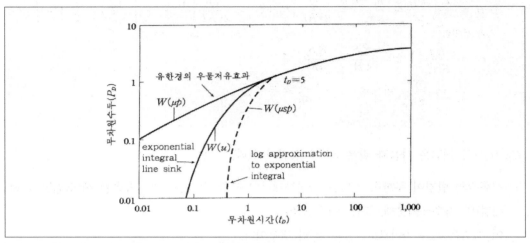

[그림 9-17] 무한대의 범위를 갖는 매체에서 방사 흐름해

[그림 9-17]은 유한경 해(PDCI)와 지수 급수해(P_D)와 대수 근사해를 도시한 그림이다. 이 그림에서 볼 수 있는 바와 같이 $t_D < 5$인 조건하에서 유한경 해와 지수 급수해와 대수 근사해 사이에는 차이가 매우 심하다. 따라서 저투수성 매체에서는 지수 급수해와 대수 근사해는 적용할 수 없다.

나) 공벽효과가 있는 경우(저투수성 암석)의 분석방법 :
공벽효과가 있는 시험정의 경우에는 (9-16)식의 근사해식에다 반드시 다음과 같은 공벽효과 항(ζ)을 첨가해서 사용한다. 즉

$$P_D = 1.15[\log t_D + 0.351] + \zeta$$
$$= 1.15[\log t_D + 0.351 + 0.869\zeta]$$

여기서 $\quad P_D = \dfrac{2\pi KL}{Q}H$ 이므로 상기식은

$$H = \frac{1.15Q}{2\pi KL}\left[\log\frac{Kt}{r_w^2 S_s} + 0.351 + 0.869\zeta\right] \tag{9-17}$$

상기식에서 수두차 H와 경과시간 t를 반대수 방안지상에 작도하면 직선으로 된다.

다) 직선법(공벽효과가 있는 경우) – Lin-log 법 :
공벽효과가 있는 매체에서 직선법으로 수리전도도(K), 공벽계수(ζ), 시험공의 유효반경(r_{wf}), 공

벽효과 때문에 추가적으로 발생한 수위강하량(H_s) 및 영향반경(r_j)을 구하는 방법을 설명하면 다음과 같다.

(가) 수리전도도(K)를 구하는 방법 :
(9-17)식의 H를 y축에 t를 x축으로 해서 반대수 방안지 상에 작도한 후, t_1과 t_2가 one log cycle이 될 때 $H_2 - H_1 = \triangle H$ 라 하면 (9-17)식은 (9-18)식과 같이 되어 이 방법은 Theis의 직선해와 동일하다.

$$H_2 - H_1 = \frac{1.15Q}{2\pi KL} \log \frac{t_2}{t_1}$$

여기서 $t_2/t_1 = 10$ 이고, $H_2 - H_1 = \triangle H$ 이므로

$$K = \frac{1.15Q}{2\pi L \triangle H} = \frac{0.183Q}{L \triangle H} \qquad (9\text{-}18)$$

(나) 공벽계수(ζ)를 구하는 방법(5.7.4절에서 언급한 S_{skin}과 동일) :
반대수방안지상에 작도한 시간-수위강하($t - H$)곡선 상에서 $t = 1$분$(60$초$)$초일 때 $H = H_{1\min}$라 하면 (9-17)식은 다음과 같이 된다.

$$H_{lmin} = \frac{1.15Q}{2\pi KL}\left[\log\frac{K}{r_w^2 S_s} + \log t + 0.351 + 0.869\zeta\right]$$

여기서 $\log t = \log 60 = 1.78$ 이고

(9-18)식에서 $\dfrac{1.15Q}{2\pi KL} = \triangle H$이므로 이를 윗식에 대입하면 (9-19)식과 같이 된다.

$$H_{1\min} = \triangle H\left[\log\frac{K}{r_w^2 S_s} + 1.78 + 0.351 + 0.869\zeta\right]$$

$$\zeta = 1.15\left[\frac{H_{1\min}}{\triangle H} - \log\frac{K}{r_w^2 S_s} - 2.13\right] \qquad (9\text{-}19)$$

(9-19)식에서 $H_{1\min}$은 $t = 60$초 일 때의 수두이고, $\triangle H$ 는 t 가 one-cycle log일 때의 H 의 기울기이므로 시간-수위강하곡선의 직선법에서 공벽계수는 (9-19)식을 이용해서 구할 수 있다. 이 경우에 다음과 같은 비저유계수(S_s)값을 사용해서 ζ 를 구한다.

$K > 10^{-7}$m/s이면, $S_s = 10^{-5}$
$K < 10^{-7}$m/s이면, $S_s = 10^{-6}$

(다) 시험공의 유효반경(r_{wf})을 구하는 방법

(2)항에서 구한 공벽계수(ζ)를 이용해서 (9-6)식을 사용하여 시험정의 유효반경(r_{wf})을 구한다.

$$r_{wf} = r_w \cdot e^{-\zeta}$$

(라) 공벽효과 때문에 추가적으로 발생한 수위강하량(H_s)을 구하는 방법

공벽효과 때문에 추가적으로 발생한 수위강하량(H_s)는 (9-12)식에서

$H = \dfrac{Q}{2\pi KL}[P_D + \zeta] = \dfrac{Q}{2\pi KL}P_D + \dfrac{Q}{2\pi KL}\zeta$ 의 뒤쪽 항에 해당되므로 이를 H_s 라 하면

$H_s = \dfrac{Q}{2\pi KL}\zeta$ 이다. 따라서 (2)항에서 구한 공벽계수를 이용해서 추가적으로 H_s를 구할 수 있다.

(마) 영향반경(r_j)을 구하는 방법

시험기간 동안의 특정시간에 해당하는 실제적인 영향반경은 (9-16)식의 근사해를 사용해서 구한다.

$$P_D = 1.15[\log t_D + 0.351]$$

$$P_D = 1.15[\log\frac{2.25K}{S_s\, r_w^2}t]$$

$$P_D = \frac{2\pi KL}{Q}H \text{ 이므로}$$

$$H = \frac{1.15Q}{2\pi KL}[\log\frac{2.25k}{S_s\, r_w^2}t] \text{ 이다.}$$

상기식을 양대수 방안지에 작도하여 수위강하율(H)=0인 지점의 $r_w = r_j$라 하고, 그때의 시간을 t_0라 하면(즉 P_D=0인 경우) $\log\dfrac{2.25K}{S_s r_j^2}t_0 = 0$이므로 해당시간의 영향반경은 다음 식으로 구할 수 있다.

$$\therefore \quad r_j = \sqrt{\frac{2.25K}{S_s}\, t_0} \tag{9-21}$$

라) **표준곡선 중첩법**(Log-Log법, 공벽효과가 있는 경우) :

(9-12)식의 무차원 수두함수(P_D)의 유한경 해(PDCI)를 이용해서 표준곡선 중첩법을 적용해 보자.

$$H = \frac{Q}{2\pi KL}[P_{D(t_D)} + \zeta] \qquad\qquad (9\text{-}12)\text{식에서}$$

시험정의 실제 반경(r_w) 대신에 시험정의 유효반경(r_{wf})과 $t_D\,e^{2\zeta}$의 함수를 P_D로 계산한 표준곡선을 작도한다(혹은 P_D와 t_D를 이용해서 작성).

상기 표준곡선을 현장 $H-t$ 곡선과 중첩시켜 표준곡선 상에서 $(P_D)_m$, $(t_D)_m$ 또는 $(t_D\,e^{2\zeta})_m$과 $H-t$ 곡선 상에서 t_m과 H_m을 구한 후 K와 S_s를 구한다.

(가) K와 S_s :

다음 식들을 이용해서 K와 S_s를 계산한다.

$$K = \frac{Q(P_D)_m}{2\pi LH_m} = \frac{0.159Q}{L\,H_m}(P_D)_m$$

$$S_s = \frac{K(t_m)}{r_w^2\,(t_D)_m}$$

(나) 유효반경(r_{wf}) :

위에서 설명한 식을 이용해서 유효반경(r_{wf})를 구할 수 있다.

즉 $r_{wf} = r_w\,e^{-\zeta}$이므로, $r_w = r_{wf}\,e^{\zeta}$이다. 따라서 S_s는 다음과 같이 표현할 수 있으며, 이 식을 이용해서 유효반경을 계산한다.

$$S_s = \frac{K\,t_m}{(r_{wf}\,e^{\zeta})^2\,(t_D)_m} = \frac{K\,t_m}{r_{wf}^2\,(t_D\,e^{2\zeta})_m}$$

$$\therefore\quad r_{wf} = \left(\frac{K\,t_m}{S_s\,(t_D\,e^{2\zeta})_m}\right)^{0.5}$$

$H = \dfrac{Q}{2\pi KL}P_D$이고, $\quad t_D = \dfrac{Kt}{S_s\,r_w^2}$이므로 양변에 모두 대수를 취하면

$$\log H = \log\frac{Q}{2\pi KL} + \log P_D, \quad \log t = \log\frac{S_s\,r_w^2}{K} + \log t_D$$

지금 표준곡선과 현장에서 실측한 $H-t$ 곡선을 서로 중첩시켜 구한 일치점의 값을 각각 $H_m, t_m, (P_D)_m, (t_D)_m$라 하고, 이들 값을 윗식에 대입하면

$$H_m = \frac{Q}{2\pi KL}(P_D)_m, \qquad (t_D)_m = \frac{Kt_m}{S_s}r_w^2$$

(다) 공벽계수(ζ) :

그런 다음 공벽계수(ζ)는 다음 식으로 구한다.

$$e^{-\zeta} = \frac{r_{wf}}{r_w} \qquad \therefore \zeta = \ln \frac{r_{wf}}{r_w}$$

2) 공벽효과와 우물저장효과가 동시에 발생한 경우의 분석방법

가) Agarwal 표준곡선 중첩법

1970년 Agarwal는 공벽과 우물저장효과가 동시에 발생하는 시험정에서 이론적인 수두변화 형식을 표준곡선형으로 작성한 바 있다(그림 9-18과 부록-4 참조). 즉 $P_D = \frac{2\pi KL}{Q} H$ 에서 공내 저장효과와 공벽효과가 동시에 발생하는 경우에 P_D 는 t_D 와 C_D 의 함수가 되며, 변수로 공벽계수(ζ, Agarwal의 표준곡선상에 ζ는 s로 표시된 경우도 있음)를 사용하였다. 이 곡선에서 $C_D = C \rho g / (2\pi r_w^2 \, L \, S_s)$이다.

이 표준곡선은 유한경(徑)을 가지고 있는 시험정에서 정률-수위강하(또는 주입시험)시험 원리에 의거하여 작성한 것이다. 이 경우에 범위가 정해져 있는 파쇄 포화매체 내에서 기 설치된 시험정 주위는 무한히 얇은 공벽구간으로 둘러 싸여 있는 것으로 가정하였다. Agarwal의 표준곡선은 무차원 수두함수인 $P_D(t_D, C_D)$는 y축으로, t_D 는 x축으로 잡아, 공벽계수(ζ)와 C_D 값별로 작도한 것으로 그 내용은 [그림 9-18]과 같다.

이 곡선에서 $C_D = 0$로 표기된 곡선구간은 우물저장효과를 고려하지 않은 개별 공벽계수에 해당하는 P_D의 유한경 해이다(즉 $r_w = r_{wf}$인 경우이다). [그림 9-18]과 같이 log-log의 표준곡선에서 초기구간의 경사는 1 : 1이다. 이 기간 동안은 주로 시간-수위강하곡선에서 우물 내에 잔류되어 있던 지하수만 채수되어 나오는 기간(우물저장효과의 영향만 받는 시기)이기 때문에 주변 파쇄 매체로부터 시험정으로 유입되는 지하수는 없다. 따라서 이 기간 동안은 시험정내에 원래 들어 있던 지하수만 공외로 배출되는 시기이다. 이와 같이 직선으로 나타나는 기간은 무한대의 매우 큰 공벽효과를 가진 경우에도 나타날 수 있다.

공내 저유효과가 지배적인 기간 동안의 수두변화는 (9-24)식으로 근사화시킬 수 있다(Agarwal, 1970).

(가) 표준곡선에서 경사가 1 : 1 인(45°) 구간에서 C_D 값 :

[그림 9-18]에서 경사가 1인 구간에서 기울기는 바로 C_D 값과 동일하다.

$$C_D = t_D / P_D \tag{9-24}$$

(나) 공내저장계수(C) :

공내저장효과가 지배적으로 발생하는 경우에 $Q\,t\,=\,V_u\,H$이며,

표준곡선 상에서 기울기가 1 : 1이므로 $C_D = t_D / P_D$이다. 즉 $P_D = t_D / C_D$ 이다.

$$\frac{2\pi KLH}{Q} = \frac{K\,t/(S_s\,r_w^2)}{C\rho g/(2\pi r_w^2\,S_s\,L)} = \frac{2\pi KLt}{C\rho g}$$

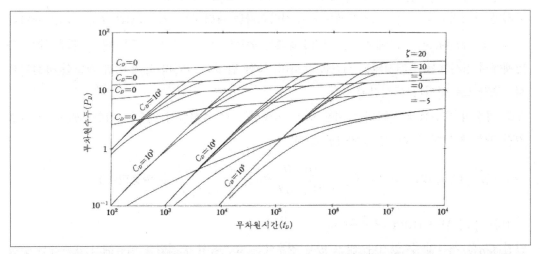

[그림 9-18] 공내(우물)저장효과와 공벽효과가 동시에 발생하는 시험정에서의 표준곡선(Agarwal 표준곡선)

(직선구간 즉 구배가 1:1인 구간의 $C_D = t_D / P_D$, $t_D = 10^5$, $P_D = 1$일 때 $C_D = 10^5$임) [부록 4-1 참조]

나공상태의 시험정에서 $V_u = C\rho\,g$이므로

$$\frac{2\pi KLH}{Q} = \frac{2\pi KLt}{C\rho\,g} = \frac{2\pi KLt}{V_u}$$

$$\therefore\ \frac{H}{Q} = \frac{t}{V_u}$$

지금 표준곡선상에서 $t = t_1$일 때 H_1이라고 하면 $V_u = C\rho\,g$이므로 상기 식에서 C는 (9-25) 식과 같이 된다.

$$C = \frac{Q\,t_1}{\rho\,g\,H_1} \qquad\qquad (9\text{-}25)$$

이 단계에서는 직선의 기울기가 1:1인 수위강하 곡선상에서 임의의 t_1과 H_1을 취한 후 $C\rho\,g$

을 $Cg\rho = \dfrac{Qt_1}{H_1}$ 을 이용해서 구하고, 그런 다음 C_D 는 $C_D = C\rho g/2\pi r_w^2 S_s L$ 을 이용해서 구할 수도 있다.

(9-25)식의 t_1과 H_1은 직선기울기가 1:1인 log-log 표준곡선상에서 임의로 취한 시간과 이 때의 수두이다. (9-25)식을 이용해서 구한 우물저유계수(C)는 $V_u = C\rho g$와 $C = V_u L C_w$ 식들을 이용해서 시험정 완료 데이터로부터 계산한 값과 거의 일치한다.

이러한 잠정적인 시기를 지난 후에는 공내저장효과를 나타내는 표준곡선은 $C_D = 0$로 표기된 곡선으로 바뀐다. 이 시점에서는 공내저장효과는 종료되고, 두 곡선이 교차하는 시간은 대상 시험계에서 방사흐름이 개시되는 시간을 뜻하며, 또한 반대수 방안지 상에 이를 작도한 곡선에서 직선구간으로 나타나는 시간이 된다.

표준 곡선과 유일하게 일치되는 점을 얻기 위해서는 각 곡선들이 매우 유사한 모양을 가지고 있기 때문에 반드시 C_D를 알아야만 한다.

[즉 $C_D = C\rho g/(2\pi r_w^2 S_s L)$, $C_D = \dfrac{Qt_1/H_1}{2\pi r_w^2 S_s L}$ 이나 $\dfrac{\pi(r_w^2 - r_c^2)}{2\pi r_w^2 S_s L}$ 을 이용한다.]

(다) 수리전도도(K)와 공벽계수(ζ)

만일 C_D를 계산할 수 있거나, 알고 있을 경우에는 표준곡선 중첩법을 이용해서 표준곡선 중첩 시 얻어지는 $(t_D)_m$, $(P_D)_m = \sigma$와 현장 시간-수위강하 곡선에서 t_m과 H_m을 구한 후, K 값과 공벽계수(ζ)을 다음 식으로 계산한다.

$$K = \frac{0.159Q}{H_m L}(P_D)_m$$

공벽계수는 표준곡선을 중첩시킨 다음 중첩된 표준곡선이 해당 공벽계수 값을 읽는다. 만일 C_D 값을 모르는 경우에는 표준곡선과 실측 H-t(시간－수위강하) 곡선을 완전히 중첩시킬 수가 없다. 이 경우에 표준곡선은 일종의 예비 진단용으로만 이용하거나 반대수 방안지상에 이들 값을 작도했을 때 직선구간이 시작되는 시발점을 계산하는 데만 사용해야 한다.

(라) 저유계수와 비저유계수 :

다음 식을 이용해서 구할 수 있다.

$$S = S_s L = \frac{T t_m}{r_w^2 (t_D)_m}$$

나) Gringarten 표준곡선 중첩법(1970)[일명 수정 표준곡선 중첩법]

Gringarten(1979) 등은 시험정에서 공벽효과와 공내저장효과가 동시에 발생하는 경우에 사용할 수 있는 수정된 표준곡선법과 직선법을 제안하였는데 이 표준곡선은 종전에 Agarwal이 사용했던 방법과 유사한 방법을 이용해서 작도한 것이다. 즉 Gringarten의 표준곡선은 무차원 시간과 무차원 공내저장계수인 t_D/C_D와 무차원 우물함수인 $P_D(t_D, C_D)$를 각각 x, y축으로 취하고 $C_D\,e^{2\zeta}$와 $\Delta t/t_D$ 를 변수로 이용하였으며 그 결과는 [그림 9-19]와 같다. [그림 9-19]의 Gringarten 표준곡선에 나타난 바와 같이 이 곡선을 이용하면 서로 다른 흐름영역의 한계성과 시험공이 파손되었는지 아니면 추가로 파쇄되었는지에 관한 시험공의 상태도 파악, 분석할 수 있다. 따라서 이 표준곡선은 ($C_D\,e^{2\zeta}$가 비교적 적을 때) 공내저장 효과가 있으면서 각종 단열들이 발달되어 있는 즉 공벽효과가 있는 시험공을 이용해서 수리시험을 실시한 결과를 분석할 때 가장 효과적으로 사용할 수 있는 분석법이다.

여기서 단열과 같은 파쇄대가 발달된 시험공은 무한-전도해로 표현한다. Gringarten의 분석방법을 보다 구체적으로 설명하면 다음과 같다.

(가) Gringarten의 표준곡선 중첩법

현장에서 실측한 시간 수위(수두압) 강하($t-H$) 곡선을 Gringarten의 표준곡선에 중첩시킨 후, 그 일치점에서 다음 인자들을 선정한다.

$$(P_D)_m, \ (t_D/C_D)_m, \ t_m, \ H_m \text{ 및 } (C_D\,e^{2\zeta})$$

상술한 인자를 사용해서 해당 매체의 수리전도도, 공내저장계수, 공벽계수 및 유효반경 등을 다음과 같이 계산한다.

* 수리전도도(K) :

수리전도도(K)는 Agarwal 방법 시 사용한 다음 (9-22)식을 이용해서 계산한다.

$$K = \frac{0.159\,Q}{L\,H_m}(P_D)_m$$

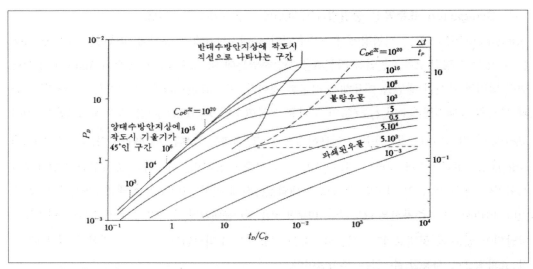

[그림 9-19] 공벽효과와 공내저장 효과를 동시에 감안한 수정된 Gringarten 표준곡선(79)[부록 4-2 참조]

* 공내저장계수(C) :

상술한 중첩점에서 선정한 $(t_D/C_D)_m$과 t_m을 이용해서 다음식으로 C값을 구한다.

$$C = 2\pi KL \frac{t_m}{(t_D/C_D)_m}$$

(9-26)

무차원 공내저유계수 $C_D = C/(2\pi r_w^2 S_s L)$,

무차원 시간 $t_D = Kt/(r_w^2 S_s)$이다. 두 식에서 r_w^2을 소거하면

$$C_D = \frac{C t_D S_s}{2\pi K t S_s L}, \qquad C = \frac{2\pi K t L C_D}{t_D} = \frac{2\pi K L t}{t_D/C_D}$$

위에서 설명한 바와 같이 중첩점에서 $t = t_m$, $t_D/C_D = (t_D/C_D)_m$이라 하면

상기식은 $C = \dfrac{2\pi K t L C_D t_m}{(t_D/C_D)_m}$으로 되어 (9-26)식과 동일하다.

Novakowski(1990)는 $C_D = C/(2\pi r_w^2 S_s L)$로 표시했음. 이 때

$\rho g = 1,000 kg/m \times 9.8 m/sec^2 = 9,800 pa$

* 공벽계수 :

위와 같이 C 값을 계산한 후에 표준곡선과 현장 시간-수위강하 곡선이 서로 일치했을 때의 $(C_D e^{2\varsigma})$의 값을 이용하여 다음 식으로 공벽계수를 계산한다.

$$\zeta = 1.151\log\left[\frac{2\pi r_w^2\, S_s\, L(C_D\, e^{2\zeta})_m}{C\,\rho\, g}\right] \tag{9-27}$$

혹은 $\quad \zeta = 1.151\log\left[\frac{2\pi r_w^2 S(C_D\, e^{2\zeta})_m}{Q\, t_1/H_1}\right]$

여기서 $Q\, t_1/H_1 = \pi(r_w^2 - r_c^2)$이다.

* 유효반경(r_{wf}) :

공벽계수를 이용해서 유효반경은 다음 식으로 구한다.

$$r_{wf} = r_w\, e^{-\zeta}$$

(나) 직선법(semi-log)

우물저장효과가 수두변화에 큰 영향을 미치지 않거나 파쇄매체 내에서 방사흐름이 시작되고 무차원 우물함수인 P_D의 대수 근사해(logarithmic approximation) 즉, $P_D = 1.151[t_D + 0.351]$가 유효한 경우에 반대수 방안지 상에 현장 실측 시간-수두강하 자료를 작도하여 직선법으로 각종 수리특성 인자를 다음과 같이 구할 수 있다. 일반적으로 반대수 방안지 상에 작도한 시간－수위 강하곡선에서 직선구간이 나타나는 무차원 시간은 (9-28)식과 같다(Earlougher, 1977).

$$t_D \geq (60 + 3.5\zeta)C_D \qquad [t_D/C_D \geq 60 + 3.5\zeta] \tag{9-28}$$

이 시간 이후의 직선구간을 이용해서 K와 ζ를 구한다. 분석방법은 전술한 공벽효과가 있는 경우의 직선법과 동일하다(9-18식 및 9-19식 참조).

* 수리전도도(K) :

$$K = \frac{0.183\,Q}{\triangle H\, L}$$

* 공벽계수(ζ) :

$$\zeta = 1.15\left[H_1/\triangle H - \log\frac{K}{r_w^2\, S_s} - 2.13\right]$$

(2) 정압시험(constant pressure test, 일명 고정수두 시험법)

정압으로 대수성시험을 실시하면 시험기간 동안 시험공내에서는 수두압의 변화가 일어나지 않으므로 공내저장효과는 발생하지 않는다.

그러나 일단 압력을 상승시키거나 하강시키면 공내저장효과가 크게 발생할 수도 있다. Jacob, Lohman(1952), Everdinger 및 Hurst(1949) 등은 일정 수두압하에서 방사흐름의 경우, 경과 시간에 따라 흐름률을 감소시킬 때의 지하수 흐름지배식을 제시한 바 있다.

그 후 Uraiet와 Raghavan(1980a)은 공벽구간이 시험정 주위에 원형으로 형성되어 있고, 공벽구간의 K값이 주변 암석과 다를 때 흐름지배식에 공벽효과를 첨가해서 이를 검토하였다. 공벽효과를 감안한 일정 압력(정압, 고정수두압)을 유지하는 시험기간 동안 시험공에서 부정류 흐름의 역방정식은 (9-29)식과 같다.

$$\frac{1}{Q_{(t)}} = \frac{1}{2\pi KLH_0}\left[\frac{1}{Q_{D(t_D)}} + \zeta\right] \tag{9-29}$$

여기서　H_0 : 일정한 수두강하(constant drawdown) 혹은 시험공의 시험구간에서 주입수두압
이다.

무차원의 흐름식 $Q_{D(t_D)}$는 무차원 시간 t_D의 함수로서 Q_D의 이론적인 해이다. 정률시험시 유효반경 개념을 정압시험에도 적용할 수 있으며, 이 때 즉 정압시험시 Q_D는 다음 식과 같다.

$$Q_{D(t_D)} = \frac{Q(t)}{2\pi KLH_0} \tag{9-30}$$

여기서　$t_D = \frac{Kt}{r_w^2 S_s}$　[(9-14)식 참조]

$r_D = \frac{r}{r_w}$　[(9-15)식 참조]

t_D에 대한 Q_D의 이론해는 대수방안지에 작성한 다음과 같은 표준곡선(그림 9-20)을 이용해서 구할 수 있다. 시험정의 흐름률 $Q_{(t)}$와 감소되는 양을 경과시간 별로 양대수 방안지상에 작도하면 [그림 9-20]과 같이 된다.

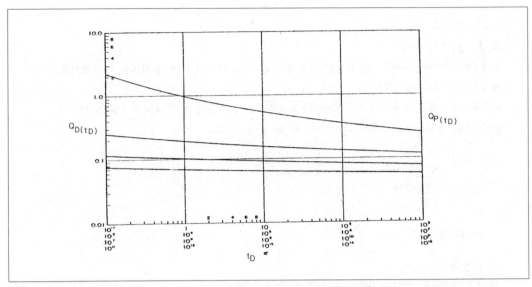

[그림 9-20] t_D 의 함수로서 $Q_{D(t_D)}$의 표준곡선(Jacob과 Lohman(1952))

[그림 9-20]의 표준곡선은 공벽계수가 0인 경우이다. 따라서 공벽효과를 이 곡선상에 추가하려면 유효반경이 표현된 변수 즉, t_D 대신 $t_D\, e^{2\zeta}$나 r_w 대신 $r_w\, e^{-\zeta}$을 사용한다.

• 참고 : 수직누수 현상이 발생하지 않는 고정수두/정압시험시 Lohman식은 다음과 같다.
　　　　　(공벽효과 = 0인 경우).

가정 : $Q = f(t)$, $h =$ 일정, 대수층은 무한대 범위, T, S가 전구간에서 일정할 때

　　흐름지배식의 해 　$Q = 2\pi T s_w G(\alpha)$ 　　　　　ⓐ

　　여기서 　$G(\alpha) = \dfrac{4\alpha}{\pi}\displaystyle\int_0^x xe^{-\alpha x^2}[\dfrac{\pi}{2}+\tan^{-1}\dfrac{Y_0(x)}{J_0(x)}]dx$ 　ⓑ

$Y_{0(x)}$와 $J_{0(x)}$는 Bessel 함수의 0 order의 1 and 2 kind이다. 또한

　　$\alpha = Tt/r_w^2 S = \dfrac{Kt}{r_w^2 S_s}$ 　　　　　　ⓒ

　　여기서 r_w : 유효반경이다.

Jacob와 Lohman(1952)은 고정수두인 경우에 $G(\alpha)$을 α 의 우물함수라 하였고, α와 $G(\alpha)$을 이용해서 표준곡선을 작성하였다.

　　즉 $Q = 2\pi T s_w G(\alpha), \quad t = \dfrac{\alpha r_w^2 S}{T}$

　　양변에 대수를 취하면 다음과 같아진다.

　　$\log Q = [2\pi\log(Ts_w)]+\log G(\alpha), \ \log t = [\log\dfrac{r_w^2 S}{T}]+\log\alpha$

① 표준곡선 중첩법

㉮ K 및 T의 산정 :

중첩법을 이용하면 수직누수 현상이 발생하지 않고, 일정 수두압을 유지하는 대수성시험 결과치를 분석할 수 있다.

표준곡선중첩법을 이용해서 일치점(m.p)을 구하고, 이 지점에서 $G(\alpha)$, α, (Q_m), (t_m)을 선정한 후, 이들 값을 ⓐ식에 대입하여 K 및 T를 구한다.

$$T = \frac{Q_m}{2\pi s_w G(\alpha)}$$

$$K = \frac{0.159\,Q_m}{L\;s_w\;G(\alpha)} \qquad\qquad ⓓ$$

이 때 S_s 는 $$S_s = \frac{Kt}{r_w^2\,\alpha} \qquad\qquad ⓔ$$

로 구한다.

지금 (9-30)식과 ⓐ식을 비교하면 다음과 같다.

$$Q(t) = 2\pi KLH_0 Q_D(t_D)$$

$$Q \;\;= 2\pi Ts_w G(\alpha) = 2\pi KLs_w G(\alpha)$$

따라서 상기식에서 공벽효과가 없는 경우에

$$Q_{D(t_D)} = G(\alpha), \quad Q(t) = Q, \quad \alpha = t_D, \quad s_w = H_0 \text{ 과 동일하다.}$$

㉯ S_s 및 S 산정 :

S 및 S_s 는 중첩법에서 구한 t_m과 α를 이용하고 먼저 구한 T를 이용하여

$S = \dfrac{T}{r_w^2\alpha}(t_m)$로부터 구한다.

$$S_s = \frac{K}{r_w^2}\left(\frac{t_m}{t_D}\right) \qquad\qquad ⓕ$$

② 직선법

특히 $t \rightarrow \infty$이면 $G(\alpha) = 2/W(u)$으로 되며, 이 때 ⓐ식은

$$Q = 2\pi Ts_w \frac{2}{W(u)} \qquad\qquad ⓖ$$

또한 $\dfrac{2}{W(u)} = \dfrac{Q}{2\pi Ts} = \dfrac{Q}{2\pi KLH_0}$

$Q_{D(t_D)} = \dfrac{Q(t)}{2\pi KLH_0}$ 이므로 (7-30)식과 동일하다.

$$s_w = \frac{2.3Q}{4\pi T}\left[\log\frac{2.25\,Tt}{r_w^2 S}\right] \qquad\qquad ⓗ$$

⑧와 ⓗ식에서 $Q = \dfrac{\dfrac{4\pi}{2.3} T s_w}{\log(2.25\, Tt/r_w^2 S)}$

$\dfrac{s_w}{Q} = \log(2.25\, Tt/r_w^2 S) / (\dfrac{1}{0.183}\, T)$ 　　　　ⓘ

ⓘ식에서 $\dfrac{s_w}{Q}$와 $\dfrac{t}{r_w^2}$를 반대수 방안지 상에 작도하면 직선으로 된다.

이때 직선의 기울기는 $\triangle(\dfrac{\dfrac{s_w}{Q}}{\log(t/r_w^2)}) = \dfrac{1}{0.183\,T}$ 이므로

$\therefore\ T = 0.183 \triangle(\dfrac{\log t/r_w^2}{s_w/Q})$ 　　　　ⓙ

지금 직선법에서 t가 one cycle log일 때 $\left(\dfrac{s_w}{Q}\right)$을 $\triangle\left(\dfrac{s_w}{Q}\right)$라 하면 ⓙ식은 다음과 같이 된다.

$T = 0.183\dfrac{1}{\triangle\left(\dfrac{s_w}{Q}\right)}$ 이 식을 이용해서 T와 K를 구하고, $s_w = 0$인 지점에서 $\dfrac{t}{r_w^2}$를 $\left(\dfrac{t}{r_w^2}\right)_0$이라

하면 ⓘ식으로 S와 S_s를 구할 수 있다.

$S = 2.25\, T\left(\dfrac{t}{r_w^2}\right)_0$ 　　　　ⓛ

1) 정압시험 시 표준곡선 중첩법(log–log법)

정압 시험시 실측한 시간경과별 $Q_{(t)}$의 감소량을 이용하여 $t - Q_{(t)}$ 곡선을 양대수 방안지상에 작도하고 이를 표준곡선과 중첩시켜 파쇄매체의 대수성 수리상수를 산정한다.

가) 수리전도도와 비저유계수 :

표준곡선과 현장실측 $t - \dfrac{1}{Q_{(t)}}$ 곡선의 중첩점에서 $[Q_{(t)}]_m$과 $[Q_{D(t_D)}]_r$ (t_m)와 $(t_D)_m$ 및 $(t_D\, e^{2\zeta})_m$을 선정한 후 수리전도도는 다음 식으로 계산한다.

$$K = 0.159\dfrac{(Q_t)_m}{H_0\, L[Q_{D(t_D)}]_m} \qquad (9\text{-}31)$$

따라서 반드시 공벽계수를 먼저 구하고 $S_s = 10^{-5} \sim 10^{-6}$을 대입해서 $r_{wf} = r_w\, e^{-\zeta}$를 구한 다음, 실제 S_s는 다음 식으로 구한다.

$$S_s = \frac{K}{r_{wf}^2}\left(\frac{t_m}{t_D}\right) \text{혹은} \quad \frac{K}{r_{wf}^2}\left(\frac{t_m}{t_D \cdot e^{2\zeta}}\right)$$

나) 유효반경(r_{wf}) :

유효반경은 다음 (7-23)식을 이용해서 계산한다.

$$\mathrm{r}_{wf} = \sqrt{\frac{Kt_m}{S_s\,(t_D\,e^{2\zeta})_m}}$$

다) 공벽계수(ζ) :

위에서 구한 r_{wf} 를 이용해서 다음 식으로 공벽계수(ζ)를 구한다.

$$r_{wf} = r_w e^{-\zeta} \qquad \zeta = -\ln\frac{r_{wf}}{r_w}$$

[그림 9-20]과 같이 표준곡선에서 시험 초기 ($t_D < 1000$, $\frac{1}{4u} < 1000, u > 0.004$)에는 유출률 (흐름률)이 급속히 감소한 다음 점차 수평으로 바뀐다. 따라서 표준곡선을 이용할 때는 실측정 치와 표준곡선이 잘 중첩될 수 있는 초기치만 이용한다($t_D \leq 1000$).

2) 정압시험 시의 직선법 (lin–log법)

무차원 채수율인 $Q_{D(t_D)}$는 $t_D \geq 1000$인 경우에 $Q_{D(t_D)} \fallingdotseq \frac{1}{P_D}$가 된다.

● 참고 : Jacob-Lohman식에서

$G(\alpha) = \dfrac{2}{W(u)}$이고, $P_D = \dfrac{W(u)}{2}$이므로 $P_D = \dfrac{1}{G(\alpha)}$이다. 그런데

$G(\alpha) = Q_{D(t_D)}$이므로 $Q_{D(t_D)} = \dfrac{1}{P_D}$

만일 P_D 의 대수근사식인 (9-16식)을 사용하는 경우에 즉,

$$\left[\begin{array}{l} P_D = 1.15\,(\log t_D + 0.351 + 0.869\zeta) \\[2mm] H = \dfrac{1.15\,Q}{2\pi KL}(\log t_D + 0.351 + 0.869\zeta) \end{array}\right] \text{일 때}$$

$$P_D \fallingdotseq \frac{1}{Q_{D(t_D)}} = \frac{2\pi KLH_0}{Q_{(t)}} \text{이므로} \quad \frac{1}{Q_{(t)}} = \frac{P_D}{2\pi KLH_0} \text{이다.}$$

$$\frac{1}{Q_{(t)}} = \frac{1.15}{2\pi KLH_0}(\log t_D + 0.351 + 0.869\zeta)$$

$$= \frac{1.15}{2\pi KLH_0}(\log \frac{Kt}{r_w^2 S_s} + 0.351 + 0.869\zeta) \tag{9-32}$$

(9-32)식에서 $\dfrac{1}{Q_{(t)}}$ 와 t 를 반대수 방안지상에 작도하면 이는 직선형이 된다. 따라서 직선법으로 해당 매체의 대수성 수리상수를 다음과 같이 구할 수 있다.

가) 수리전도도 ($t_D > 1000$ 인 경우)

$$K = \frac{0.183}{H_0\, L \,\triangle[1/Q_{(t)}]} \tag{9-33}$$

여기서 $\triangle 1/Q_{(t)}$ 는 경과시간이 1 cycle log일 때의 기울기이다. (9-33)식은 $t_D > 1000$ 인 경우에만 합리적인 값을 제공할 수 있다. 그런데 저투수성 지층은 t_D 가 대부분 1000이하 이므로 (9-33)식으로 구한 K값은 Uraiet나 Raghavan(1980)이 제안한 순서에 따라 반드시 수정해 주어야 한다.

나) 공벽계수 :

$$\zeta = 1.151\left[\frac{(1/Q_t)_{1\min}}{\triangle(1/Q_t)} - \log\frac{K}{r_w^2 S_s} - 2.13\right] \tag{9-34}$$

여기서 $(1/Q_t)_{1\min}$: 시간이 1분 경과 후 $\dfrac{1}{Q}$ 의 값이고,

$\triangle(\dfrac{1}{Q_t})$ 는 경과시간이 1 cycle log일 때 직선의 기울기이다.

정압시험에서 공벽계수는 공벽구간에서 흐름률의 증·감량의 척도이므로 공벽계수는 다음 식으로 구할 수도 있다(Uraiet와 Raghavan, 1980).

$$\zeta = (1/Q_D)_{실제} - (1/Q_D)_{이론} \tag{9-35}$$

9.4.3 구면흐름(spherical flow)

(1) 구면흐름의 정률시험(constant rate-test)

시험대상 대수층의 두께가 시험구간(패커를 설치한 구간)보다 훨씬 두터울 경우에 시험기간 동안

시험구간에서는 구체상의 구면흐름이 발생한다. 이 때 다공질 매체에서 구면흐름의 부정류 편미분지배식은 (9-36)식과 같다.

$$\frac{\partial^2}{\partial r^2}(\triangle P) + \frac{2}{r}\frac{\partial}{\partial r}(\triangle P) \ = \ \frac{S_s}{K}\frac{\partial}{\partial t}(\triangle P) \tag{9-36}$$

이식은 식(9-11)의 부정류 방사흐름의 확산방정식(흐름지배식)과 유사하다. 정율 구면흐름인 경우에 수두압의 변화는 (9-37)식으로 표현할 수 있다.

$$H \ = \ (P_i - P_{rw})/\rho g \ = \ \frac{Q}{4\pi K \cdot r_{ws}}P_{D(t_D, r_D)} \tag{9-37}$$

여기서　　P_i : 초기수두(수두압)

　　　　　P_{rw} : 시험공 내에서 임의 시간 t 이후의 수두

　　　　　r_{ws} : 시험공에서 발생한 구면흐름의 유사반경

　　　　　　　　(pseudo-spherical borehole radius)

(9-38)식의 P_D는 구면흐름에 대한 무차원 인자이다.

$$P_D = \ \frac{4\pi K \cdot r_{ws}H}{Q} \tag{9-38}$$

$$t_D = \ \frac{Kt}{r_{ws}^2 S_s}$$

$$r_D = \ \frac{r}{r_{ws}}$$

여기서 t_D 와 r_D 는 방사흐름 (9-14)식과 (9-15)식과 같으나 이들 식에서 r_w 대신에 r_{ws}를 사용한다. 구면흐름에서 $P_{D(t_D, r_D)}$의 해는 Onyekonwn과 Horne(1983)의 논문에 수록되어 있으므로 관심있는 독자는 이를 참조하기 바란다. 실제 시험공에서는 $r_D = r/r_{ws} = 1$이므로 이 때 P_D의 해는 (9-39)식과 같이 된다.

$$P_D = \ 1 - 1/\sqrt{\pi t_D} \tag{9-39}$$

장기간 시험시($t \to \infty$ 일 때) (7-39)식의 계략 해는 다음 식과 같다.

$$P_D = \ 1 - e^{t_D}erfc\sqrt{t_D} \tag{9-40}$$

1) 단기시험(short term data)

(9-40)식은 시험공 내에서 공내저장효과와 공벽효과가 일어나지 않는 경우이기 때문에 실제적으로 단기시험해를 이용하는 데는 제한성이 있다. 단기 시험 시 (9-39)식의 계략 해는 (9-41)와 같다.

$$P_D = 2\sqrt{t_D/\pi} \tag{9-41}$$

만일 공내저장효과와 공벽효과가 발생하는 경우에는 Bringham(1980) 등 이 제시한 방법을 이용해서 이들 시험자료를 분석한다.

2) 장기시험(long term data)

현장 측정 자료 중 수두 H와 시간을 $\dfrac{1}{\sqrt{t}}$ 로 변경하여 선형그래프에 작도하면 직선으로 나타난다.

● 참고 : 식(9-38)에서

$$P_D = \frac{4\pi K r_{ws}}{Q} H \quad \text{ⓐ}$$

$$r_{ws} = \left(\frac{Kt}{t_D S_s}\right)^{\frac{1}{2}} \quad \text{ⓑ}$$

ⓑ식을 ⓐ식에 대입하고 정리하면 ⓒ와 같은 식이 된다.

$$P_D = \frac{4\pi KH}{Q}\left(\frac{Kt}{t_D S_s}\right)^{\frac{1}{2}} = \frac{4\pi KH}{Q}\left(\frac{\pi Kt}{\pi t_D S_s}\right)^{\frac{1}{2}}$$

$$= \frac{4\pi KH}{Q}\frac{\sqrt{\pi}}{\sqrt{\pi t_D}}\frac{\sqrt{Kt}}{\sqrt{S_s}} = \frac{4\pi^{1.5}K^{1.5}}{Q\sqrt{S_s}}\frac{H}{1/\sqrt{t}}\frac{1}{\sqrt{\pi t_D}}$$

$$\therefore \sqrt{\pi t_D}\,P_D = \frac{4\pi^{1.5}K^{1.5}}{Q\sqrt{S_s}}\frac{H}{1/\sqrt{t}}$$

$$\frac{4\pi^{1.5}K^{1.5}}{Q\sqrt{S_s}}H = \sqrt{\pi\,t_D}\,P_D\,\frac{1}{\sqrt{t}} \quad \text{ⓒ}$$

ⓒ식을 선형그래프에 작도하고 그 기울기를 m라 하면 $m^{-1} = \left(\dfrac{4\pi^{1.5}K^{1.5}}{Q\sqrt{S_s}}\right)$ 이 된다. 따라서 K는 (9-42)식으로 구할 수 있다.

$$\therefore \quad K = \left(\frac{Q\sqrt{S_s}}{4\pi^{1.5} \cdot m} \right)^{-2/3} \tag{9-42}$$

여기서 m 은 직선의 기울기이다.

구면흐름의 유사반경(r_{ws})은 시험공의 상태, 시험공의 설치 방법과 같은 여러 요인에 따라 달라진다. 구면흐름에서 상술한 유사반경은 일종의 유효반경으로서 Culham(1974)은 이를 (9-43)식으로 구하였다.

$$r_{ws} = L/(2\ln L/r_w) \tag{9-43}$$

여기서 L : 시험공에서 시험대상 구간의 길이
             r_w : 시험정의 실제 굴착경

(9-43)식은 실제 정류흐름 상태에서 r_{ws} 이지만 지하수 흐름상태가 단지 정류에 접근하는 경우에도 충분히 사용할 수 있다.

(2) 구면흐름의 정압시험(고정수두시험)

Chatas(1966)는 정압시험 시 구면흐름상태의 무차원 흐름률 Q_D를 정율시험 시 사용하는 (9-38)식과 유사하게 다음과 같이 정의했다.

$$Q_D = \frac{Q_{(t)}}{4\pi K \cdot r_{ws} H_0} \tag{9-44}$$

상기식에서 공벽효과가 없다면 구면흐름 상태 하에서 정압시험 기간 동안 시험공의 시험구간에서 경과 시간에 따른 흐름률의 변화 $Q_{(t)}$는 다음 식으로 나타낼 수 있다.

$$Q_{(t)} = 4\pi K \cdot r_{ws} H_0 Q_{D(t_D)} \tag{9-45}$$

여기서 H_0 : 실제 시험공에서 일정하게 고정되어 있는 수위강하 및 주입수두
             r_{ws} : 구면흐름 상태에서 유효반경이다.

t_D는 (9-14)식에서 r_w 대신 r_{ws}를 사용한 무차원 시간이다.

$$t_D = \frac{Kt}{r_{ws}^2 S_s}$$

따라서 구면흐름 조건을 가진 정압시험시 무차원 함수 $Q_{D(t_D)}$의 이론적인 해를 Chatas(1966)

는 (9-46)식으로 제시하였다.

$$Q_D = 1 + \frac{1}{\sqrt{\pi t_D}} \qquad (9\text{-}46)$$

지금 흐름률(Q_t 혹은 주입률)의 시간경과별 변화량과 $1/\sqrt{t}$ 을 가각 y 및 x축으로 잡고 선형도에 이를 작도하면 그 결과는 직선형으로 나타나며 이 때 직선의 기울기를 m라 하면 수리전도도는 (9-47)식으로 구할 수 있다.

$$K = \left(\frac{m}{4\sqrt{\pi}\, r_{ws} H_0 \sqrt{S_s}} \right)^2 \qquad (9\text{-}47)$$

9.4.4 정류주입시험(st-st injection test)

(1) 일반

지하수 조사와 지공학적인 조사 시 K를 구하는 방법으로 가장 널리 이용하는 방법이 고정수위 주입시험(constant-head injection test)법이다.

대수층내의 모든 지점에서 지하수 흐름 방향과 크기가 일정하고, 시간에 따라 지하수의 수두가 ($\frac{\partial h}{\partial t} = 0$) 변하지 않는 상태를 정류상태(steady-state, st-st)라 한다. 그러나 실제 모든 대수성시험 시, 발생하는 흐름영역의 규모는 무한대가 아닌 유한영역이다.

따라서 진정한 의미의 정류상태는 특별한 경계조건하에서만 발생하며 실제적으로 잘 나타나지 않는다. 그러나 제한된 시험기간 동안 시험대상 대수층 내에서 지하수의 유동현상이 유사 정류상태(quasi-steady state situation)에 도달하는 경우는 흔히 찾아 볼 수 있다.

이러함에도 불구하고 정류상태를 가정으로해서 도출해 낸 분석방법을 흔히들 사용하고 있는데 그 이유는 정류분석은 수학적인 표현이 간단하고 그 결과가 부정류의 대응방법과 매우 잘 일치하기 때문이다.

(2) 이론과 분석방법

정류의 지배식은 $\nabla^2 h = 0$이다. 실제 시험공의 구속압력하에 있는 격리구간에서 주입(수위강하공히 이용가능) 시험을 실시할 때의 정류해는 아래 식과 같다.

$$H_0 - h = \frac{Q}{2\pi KL} \ln \frac{r}{r_w} \qquad (9\text{-}48)$$

여기서 H_0 : 시험공내 격리구간의 수두

h : 시험구간에서 r만큼 떨어진 지점에서 수두

(9-48)식은 시험공에서 지하수 흐름이 2-D 방사흐름인 경우이며 시험하려는 구간이 짧은 경우에 시험공과의 거리가 먼 곳에서 지하수 흐름은 대체적으로 3-D의 구면흐름이다. 즉 시험공에서 r만큼 떨어진 즉 구면흐름이 발생하는 지점에서의 수두 h는 Moye(1967)가 제안한 구면흐름으로서 (9-49)식과 같이 표현된다.

$$h = \frac{Q}{4\pi Kr} \tag{9-49}$$

여기서 r: 2D의 방사흐름이 발생하는 구간까지의 거리이다.

r 지점에서 (9-49)식과 (9-48)식을 합성시키면 (9-48)식은 다음과 같이 된다.

$$H_0 = \frac{Q}{2\pi KL} ln\frac{r}{r_w} + \frac{Q}{4\pi Kr} \tag{9-50}$$

여기서 $r = L/2$라 하면

$$H_0 = \frac{Q}{2\pi KL} \left[1 + \ln\left(\frac{L}{2r_w}\right) \right] \tag{9-51}$$

$$\therefore K = \frac{Q}{H_0 L} \left[\frac{1 + \ln\left(\frac{L}{2r_w}\right)}{2\pi} \right] \tag{9-52}$$

(9-52)식의 [ ]의 상수를 Moye 상수라 한다. 또한 스웨덴에서는 결정질암에서 실시한 정압주입시험 시 정류상태의 수리전도도를 계산할 때 (9-52)식을 사용하기도 한다.

(3) 부정류 해석과 정류해석으로 구한 K 값과의 차이

Doe and Remer(1982)들은 비다공질 파쇄매체에서 정류나 부정류 시험을 실시해서 계산한 수리전도도를 이론적으로 비교 검토하였는데 그 결과에 의하면 정류해석법을 이용해서 산정한 K 값은 일반적으로 부정류해석으로 구한 K보다 크며 그 차는 1 차수(order) 이내이나 일반적으로 $K_{정류} = (2 \sim 3)K_{부정류}$ 정도였다.

Adersson-Persson(1985)들은 Sweden의 결정질암에서 실시한 423개 공의 단공시험 자료 중 정류해석법과 부정류해석법으로 계산한 평균 수리전도도를 비교해 본 결과, 15분 정도의 시험을 실시해서 구한 정류의 평균 K와 2시간 정도 실시해서 구한 부정류의 평균 K는 약 2.7배의 차이가 있었다고 한다.

평균 $K_{정류}$ (15분시험) = 2.7 × 평균 $K_{부정류}$ (2시간시험)

따라서 일반적으로 정류분석으로 구한 K값은 부정류분석으로 구한 K값에 비해 $10\sim20$배 크다. 이러한 사실은 그 후 Doe와 Remer(1982)의 연구결과와도 잘 일치한다.

9.5 단열균질 대수층에서 수위회복(상승), 강하시험(회복) 분석 (build up/fall off test in homogeneous formation)

9.5.1 일반

채수시험이나 주입시험을 종료하면 그 이전에 채수했거나 물을 주입함으로 인해 하강 또는 상승했던 수두압은 원상태로 점차적으로 회복된다. 이론적으로 회복기간은 다음과 같이 영상법 (image method)으로 처리한다. 즉 이 기간 동안 시험정에서는 지하수를 계속 채수하는 반면, 영상정(image)에서는 상기 시험정을 통해 동일율의 지하수를 계속 주입하여 전체 흐름률은 0이 되도록 처리한다. 이러한 현상은 수위강하/주입기간(injection period)과 수위상승/수위하강 (fall off) 기간과 서로 연계되어 있고, 수위 회복기간 동안 발생한 수두압의 상승은 이전에 실시한 수위강하/주입기간에 따라 좌우됨을 뜻한다. 이러한 현상은 정류 및 정압시험(고정수두시험) 시에도 마찬가지이다.

일반적으로 수위강하(주입) 표준곡선은 수위강하나 주입기간이 분석대상인 가장 긴 회복시간보다 길지 않는 한 직접적으로 회복수위 자료를 분석하는데 사용할 수 없다.

뿐만 아니라 수위강하나 주입시간이 너무 짧으면 아무리 회복시험기간을 길게 하더라도 회복시험 동안 반대수 방안지 상에 작도한 방사흐름은 직선형으로 나타나지 않는다. 수위상승(bulid up) 및 하강시험(fall off)법의 이론들은 서로 유사하다.

9.5.2 방사흐름

(1) 정률시험 이후의 회복시험(Test after a constant rate flow period)

수위회복 기간 동안 취득한 수위상승 및 하강(build up or fall off) 자료는 다음과 같은 방법으로 처리할 수 있다. 즉 잔류 수위강하량($P_i - P_{ws}$)과 실제 수위상승량($P_{ws} - P_p$)은 [그림 9-21]처럼 도시된다.

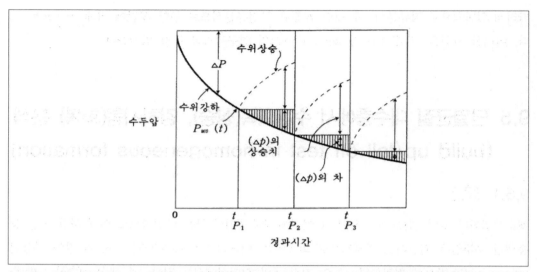

[그림 9-21] 정율시험으로 수위를 강하시킨 후에 수위회복을 시킬 때의 도식적인 형태(Agarwal 1980, $P_D = 1.15(\log t_D + 0.351)$)

잔류수위강하(residual drawdown)는 일반적으로 Horner법이나 MDH법으로 알려진 반대수방안지를 이용한 직선법을 사용하는 반면, 수위회복(build up)기간 동안 발생하는 실 수두압(수위)변화는 양대수 방안지를 이용한 표준곡선법을 이용한다.

1) Horner법

잔류수위 강하항으로서 기본적인 무차원 수위상승(build up)식인 P_{DS} 는 중첩법의 원리에 의거하여 (9-53)식과 같이 표현할 수 있다(Earlougher, 1977).

$$P_{DS} = \frac{2\pi KL(P_i - P_{ws})/\rho g}{Q} = P_D(t_P + dt)_D - P_D(dt_D) \tag{9-53}$$

여기서 $P_D(t_P + dt)_D$ 는 전체수위 강하기간 동안과 회복기간을 연장한 선상에서 무차원 수위(수두압) 변화량(그림 9-21 참조)이며 회복기간 동안의 현재 시간을 dt 로 표시하면 이때 수위강하 곡선은 $P_D = \frac{2\pi KL}{Q} \frac{(P_i - P_{wf})}{\rho g}$ 로 정의된다((9-13)식 참조).

또한 (9-52)식의 두 번째 항인 $P_D(dt_D)$는 수위강하 곡선에 중첩시킨 회복기간 동안 수두압 상승곡선(build up curve)을 나타낸다.

가) Hornor 방법으로 K를 구하는 방법

만일 P_D 의 대수근사해인 $P_D = 1.151[\log t_D + 0.351]$을 (9-53)식에 대입하면 수두압 상승시

험(build up test) 동안 잔류수위 강하식은 다음 (9-54)식과 같이 된다.

$$P_{DS} = \frac{2\pi KL(P_i - P_{ws})/\rho g}{Q} \tag{9-54}$$

$$\therefore (P_i - P_{ws})/\rho g = \frac{Q}{2\pi KL}P_{DS} \quad \text{ⓐ}$$

또한

$$P_{DS} = P_D(t_P + dt)_D - P_D(dt)_D = 1.151[\{\log(t_P + dt) + 0.351\} - \{\log dt + 0.351\}]$$

$$= 1.151[\log(t_P + dt) - \log dt] = 1.151\log\frac{t_P + dt}{dt} \quad \text{ⓑ}$$

ⓑ식의 P_{DS}를 ⓐ식에 대입하면 (9-54)식과 같이 된다.

$$(P_i - P_{ws})/\rho g = \frac{Q}{2\pi KL}P_{DS} = \frac{0.183Q}{KL}\log\left(\frac{t_P + dt}{dt}\right) \tag{9-55a}$$

여기서 $(P_i - P_{ws})/\rho g$: 잔류수위강하
         t_P : 총채수시간
         dt : 회복시간

지금 잔류수위강하 $(P_i - P_{ws})/\rho g$를 H'로 표시하면, (9-55b)식을 얻을 수 있다.

$$H' = \frac{0.183}{KL}Q\log\left(\frac{t_P + dt}{dt}\right) \tag{9-55b}$$

잔류수위강하 (H')와 $(t_P + dt)/dt$ 또는 H'와 $\dfrac{dt}{t_P + dt}$을 반대수 방안지 상에 작도하면 직선형으로 나타난다. 따라서 (9-55b)식을 Hornor식이라 하고 회복수위 시험자료를 이용해서 K를 계산하는데 사용한다.

이 식들은 t_P가 포함되어 있기 때문에 채수시간을 항상 고려하고 있다. 그러나 방사흐름의 반대수 방안지에서 직선구간의 이론적인 기울기는 채수시간이 매우 긴 경우에만 존재한다(Raghavan, 1980).

공내저장효과와 공벽효과가 발생하지 않은 균질대수층에서는 수위강하 혹은 주입기간과 역시 회복기간은 (9-53)식들의 오른쪽 2개항의 대수근사식이 유효하도록 충분히 장시간이어야 한다.

그러나 저투수성 지층에서는 이러한 조건이 항상 충족되지는 않는다(정률시험 참조). 수위상승 및 회복반응이 공내저장 효과와 공벽효과의 영향을 받는 경우에 제대로 된 semi-log 직선을 얻기 위해 소요되는 채수 시간은 최소 다음식과 같아야 한다(Raghavan 1980).

$$\frac{2\pi KL}{C\rho g}t_P = \left[\frac{t_{PD}}{C_D}\right] \geqq 200 \tag{9-56}$$

여기서 t_{PD}와 C_D 는 무차원의 채수(주입)시간과 공내저장계수이다. $C_D^{2\zeta} \geqq 100$ 에서 (9-56)식이 유효할 수 있는 조건은 K값의 허용오차를 10% 정도로 하면 $t_{PD}/C_D \geqq 50$으로 감소된다. 즉 $t_{PD}/C_D \geqq 50$ 조건이 되기 위해서는 회복기간이 충분히 길어야 한다. 수위 회복 기간 동안 도식자료가 직선으로 나타나는 시간 dt 는 다음식과 같다(Raghavan, 1980).

$$\frac{2\pi KL}{C\rho g}dt = \left[\frac{dt_D}{C_D}\right] \geqq 60 \pm 3.5\zeta \tag{9-57}$$

(9-56)식과 (9-57)식의 조건이 만족될 경우에 Horner 직선법을 이용해서 그 기울기를 구하고 다음방법으로 각종 수리특성 인자를 구할 수 있다.

나) Hornor의 직선법(semi-log) :

(가) K 산정 방법 :

반대수 방안지상에 $\frac{t_P + dt}{dt}$와 H를 도시한 다음, $\frac{t_P + dt}{dt}$가 one cycle log일 때 $H'_2 - H'_1 = \triangle H$라 하면 이로부터 K를 다음 식으로 구할 수 있다. 즉 (9-55)식에서

$$K = \frac{0.183Q}{L \cdot H'_1}log\left(\frac{t_P + dt}{dt}\right)_1 - \frac{0.183}{L \cdot H'_2}Q\log\left(\frac{t_P + dt}{dt}\right)_2$$

one cycle log에서 $H'_1 - H'_2 = \triangle H$이므로 이를 상기식에 대입하면

$$K = \frac{0.183}{L \cdot \triangle H}Q \text{ 가 된다.}$$

(나) 공벽계수(build-up test시) 산정법 :

수위강하 시험 종료 후 수위회복을 시키는 경우, 최대 수위 강하량을 H_P라 하고 수위 회복시험 1분 경과 후 수위를 H_{1min}라 하면 다음 식을 이용해서 공벽계수를 구할 수 있다.

$$\zeta = 1.151\left(\frac{(H_{1\min} - H_P)}{\triangle H} - \log\frac{K}{r_w^2 S_s} - 2.13\right) \tag{9-58}$$

여기서　H_P : 주입 혹은 수위강하 시험을 중시했을 때의 강하수두(수위)

$H_{1\min}$: 회복 1분 후의 수두(1분 후 수위)

수위강하시험(fall off test)에서 $H_{1\min} - H_P$ 는 $H_P - H_{1\min}$ 으로 바꾸어 (9-57)식을 사용한다. 실제 $P = \rho g H$이므로 (7-58)식의 $H_{1\min}$과 H_P 대신에 $P_{1\min}/\rho g$와 $P_H/\rho g$를 사용해도 무방하다.

(다) 초기수위 계산($P_1/\rho g = H_1$) :

만일 사전에 실시한 수위강하(혹은 주입) 기간이 충분히 길다면 시험구간에서 초기 수두 P_1을 Horner법으로 구할 수 있다. x축에서 $(t_P + dt)/dt = 1$일 때 무한대 수위강하 곡선중 직선구간을 연장시켜 이를 구할 수 있다. 연장해서 구한 수두압은 일반적으로 P_1으로 표시한다. 시험 대상 지층이 무한히 클 때에는 위와 같이 외삽해서 구한 수두는 자연수위와 동일해진다. 이에 반해 수위강하나 주입시간이 비교적 짧을 때는 수위상승 또는 수위강하곡선은 시험 종료 시점에 가서야 겨우 자연수위와 거의 같은 수준으로 된다. 규모가 제한되어 있는 매체에서 수위강하 시험기간 동안 이러한 현상이 발생하면 매체 내에서의 수두압은 외삽수두압보다 낮다.
이미 언급한 바와 같이 저투수성 암석에서는 Horner법을 적용할 수 없다. 그 이유는 Horner이론은 ① 시험경은 무한소이고, ② 대수근사식인 P_D가 유효한 경우에만 적용할 수 있기 때문이다[Morrison(1981)]. 특히 매우 치밀한 지층에서는 이러한 가정이 타당하지 않기 때문에 상당한 오차를 나타낼 수 있다. 유한경을 갖는 시험정의 수두압 변화에 따른 특수해를 PDCI라고 한바 있다. 이 경우 P_D의 대수 근사해와 실해는 $t_D = 25$에 도달하기 전에는 상당히 다른 결과를 나타낸다. 따라서 저투수성 매체의 t_D 값은 매우 적기 때문에 저투수성 암석에서는 Horner법을 적용할 수 없다.

2) 대응 또는 등가 시간법(equivalent time method)
잔류 수위강하는 다음식과 같다((9-54)식 참조).

$$H' = (P_i - P_w)/\rho g = \frac{0.183Q}{KL}\log\frac{t_P + dt}{dt}$$

Hornor 다이아그람은 잔류 수위강하를 압력수두 스케일로 작도하도록 되어 있어 초기 자연수위 P_i가 요구되므로, Hornor 방법은 양대수 그래프의 표준곡선 중첩법으로는 적합하지 않다.

만일 $P_D = \frac{2\pi KL}{Q}(P_i - P_{wf})/\rho g = \frac{2\pi KL}{Q}H$인 (9-13)식과

$P_{DS} = \frac{2\pi KL}{Q}(P_i - P_{ws})/\rho g = P_D(t_P + dt)_D - P_D(dt)_D$ 인 (9-53)식을 서로 조합하면 무차

원의 수위강하 기간 말의 수두에 근거한 실제 수위상승[build up($\overline{P_{DS}}$)]은 다음과 같이 정의할

수 있다(Raghavan 1980).

$$\overline{P_{DS}} = \frac{2\pi KL}{Q}(P_{ws} - P_p) \tag{9-59}$$

$$= P_D(t_{PD}) - P_D(t_P + dt)_D + P_D(dt_D)$$

일반적으로 실제 수위상승곡선(build up curve)은 표준곡선 분석용으로 사용된다. (9-59)식은
각기 다른 무차원 채수시간 t_{PD} 에 대한 특정 표준곡선(set)을 계산하는데 사용된다.

이 곡선을 분석용으로 사용할 수 있으나 이 방법은 서로 다른 채수시간에 따른 많은 수의 표준
곡선이 필요한 것이 단점이다. 따라서 이를 해소키 위해 Agarwal(80)은 실제 회복시간을 사용
하는 대신에, 이에 대응되는 등가시간(equivalent time)을 time scale 상에 작도하게 되면 하나
의 단순한 표준곡선으로 모든 표준곡선을 규격화시킬 수 있음을 알아냈다.

만약 (9-59)식을 P_D의 대수 근사해식으로 표현하면(Agarwal 1980) (9-60)식과 같이 된다.

$$\overline{P_{DS}} = P_D(t_P)_D - P_D(t_P + dt)_D + P_D(dt)_D$$

$$= 1.15[\{\log t_{PD} + 0.351\} - \{\log(t_{PD} + dt)_D + 0.351\} + \{\log dt_D + 0.351\}]$$

$$= 1.15[\log t_{PD} + \log dt_D - \log(t_{PD} + dt_D) + 0.351]$$

$$= 1.15[\log(t_{PD}\,dt_D) - \log(t_{PD} + dt_D) + 0.351]$$

$$\overline{P_{DS}} = 1.15\left[\log\frac{t_{PD}\,dt_D}{t_{PD} + dt_D} + 0.351\right] \tag{9-60}$$

$$\therefore H = \frac{Q}{2\pi KL}\overline{P_{DS}} = \frac{1.15Q}{2\pi KL}[\log\frac{t_{PD}\,dt_D}{t_{PD} + dt_D} + 0.351]$$

(9-60)식은 (9-16)식인 $P_D = 1.15[\log t_D + 0.351]$과 유사하다.

지금 (9-60)식에서

$$\frac{t_P\,dt}{t_P + dt} = dt_e 라 하면 \tag{9-61}$$

여기서 dt_e는 대응시간이다(Agarwal).

Agarwal(1980)는 time scale 상에서 실제 회복시간(dt) 대신에 (9-60)식의 시간 표현을 빌어 각기 다른 채수시간에 해당하는 하나의 표준곡선도를 다시 작도하는 경우, 모든 채수경과 시간에 대응하는 수위강하 표준곡선과 일치하는 하나의 단순한 곡선을 얻을 수 있음을 확인하였다. 따라서 회복수위 자료(build up data)를 양대수 방안지에 dt_e의 함수로 작도한 곡선과 전체 채수시간에 대응하는 수위강하 표준곡선을 서로 중첩시킬 수 있다.

따라서 (9-61)식의 대응시간법은 공내저장효과와 공벽효과가 발생하는 시험정, 파쇄암은 물론 전통적인 직선법이나 다종 흐름률 시험(multi-rate testing)과 같은 기타 표준곡선 해법과 다른 시험조건에도 적용할 수 있다.

만일 공벽효과가 수위(수두압) 상승자료에 영향을 미치는 경우에는 (9-60)식에다 공벽계수를 첨가하여 다음 식으로 그 해를 구할 수 있다.

$$\overline{P_{DS}} = 1.15[\log dt_e + 0.351 + 0.869\zeta]$$

또한 공내저장효과와 공벽효과가 동시에 시험정 내에서 발생하는 경우에도 대응표준 수위강하 곡선(corresponding drawdown type curve)은 충분히 사용가능하고 또한 무차원 채수시간이 충분히 장기간인 경우나 (9-56)식과 (9-57)식의 조건이 만족되면 semi-log 분석도 가능하다(직선법 분석도 가능하다).

(9-60)식에 공벽계수를 첨가하면 (9-17)식과 비슷한 (9-62)식으로 변형시킬 수 있다.

> ● 참조
>
> $$H = \frac{1.15Q}{2\pi KL}[\log t_D + 0.351 + 0.869\zeta] \quad (9\text{-}17)$$

이 경우, (9-60)식은 다음 (9-62)식과 같이 된다.

$$H = (P_i - P_P)/\rho g = \frac{1.15Q}{2\pi KL}\left[\log\frac{dt \cdot t_P}{dt + t_P} + \log\frac{K}{r_w^2 S_s} + 0.869\zeta\right]$$

$$= \frac{0.183Q}{KL}\left[\left(\frac{dt \cdot t_P}{dt + t_P}\right) + \log\frac{K}{r_w^2 S_s} + 0.869\zeta\right] \quad (9\text{-}62)$$

(9-62)식은 (9-56)식인 $\dfrac{2\pi KL}{C\rho g}t_P = \dfrac{t_{PD}}{C_D} \geq 200$와 (9-57)식인 $\dfrac{2\pi KL}{C\rho g}dt = \dfrac{dt_D}{C_D} \geq 60 + 3.5\zeta$

를 만족하는 경우에 상승수위의 절대치(P_{ws})나 상승수위의 차를 반대수 방안지에 dt_e와 함께 작도하면 직선으로 작도된다. 이와 같이 반대수 그래프는 Hornor 그래프와 비슷하지만 수위상승 자료를 dt_e와 dt 별로 실제 시간(real time) 스케일로 작도할 수 있는 장점이 있으며, 이 때 곡선들을 서로 직접 비교할 수도 있다.

가) dt_e와 (dt/H)을 이용해서 작도한 semi-log 분석법(직선법) :

① 이 때 K는 (9-18)식을 이용해서 산정한다.

$$K = \frac{0.183Q}{L\,\triangle H}$$

② ζ는 역시 (9-19)식을 이용해서 구할 수 있다.

$$\zeta = 1.15\left[\frac{H_{1\min}}{\triangle H} - \log\frac{K}{r_w^2 S_s} - 2.13\right]$$

③ P_i

Hornor 그래프에서와 같이 초기 수위$[H_i]$와 수두$[P_i]$는 반대수 방안지에서 직선구간을 외삽시켜 구할 수 있다. 이 경우 소요시간은 (9-60)식에서 $dt_e = t_P$ 가 되는 회복수위 시간에 해당한다.

● 참조

$dt_e = \dfrac{t_P\,dt}{t_P+dt}$ 이며, $dt_e = t_P = a$ 라면

$a = \dfrac{adt}{a+dt}$, $a^2 + adt = adt$ 이므로 $a^2 = 0$가 된다. 따라서 $\therefore dt_e = t_P$

---

(2) 정압 시험후의 회복시험(test after a constant pressure period)

정압시험은 일명 고정수두압 또는 정수두시험이라고도 하며, 일정 압력으로 시험정에 물을 주입시키는 경우나 피압대수층인 경우, 수두는 일정하게 유지 시킨 상태에서 지하수만 배출시키는 경우가 이 방법에 속한다(자분정인 경우에 적용가능). 정압 시험 종료 후, 수두압이나 수두의 변화양상은 정류시험의 경우와 동일하다.

정압시험의 경우, 회복기간 동안에 발생한 무차원의 잔류수위는 아래 식과 같이 표현된다. (Uraiet나 Raghavon(1980b))

$$P_{DS} = \frac{2\pi KL(P_i - P_{ws})/\rho g}{Q_p} = \frac{2\pi KLH}{Q_P} \tag{9-63}$$

여기서 　　H : 수위

　　　　　$(P_i - P_{ws})$: 초기와의 수두압 차

상기식은 $P_D = \dfrac{2\pi KL(P_i - P_{wf})/\rho g}{Q}$ 로 표현한 (9-13)식에서 Q 대신 Q_P로 대체시킨 정류

시험의 경우와 동일하며, 여기서 Q_P는 수위강하/주입기간 말기의 순간 흐름률이다.

1) 정압 시험시의 Hornor법

정압으로 채수/주입 시험을 일단 실시한 후 수위회복 기간 동안에 잔류 수위 변화를 Hornor 그래프상에 작도하면, 주입/채수시간이 충분히 장기간인 경우에는 모든 자료가 거의 직선상에 놓이게 된다.

만일 시험정내에서 공벽효과와 공내저장효과가 발생하지 않고, 무차원 채수/주입시간 $t_{PD} \geqq 1,000$이고, 무차원 회복시간 $dt_D \geqq 40$일 때에는 정확한 기울기를 가지는 직선으로 작도된다.

이에 반해 $t_{PD} < 1,000$인 경우에는 Hornor 그래프상에서 직선형으로 작도되지 않는다. 장기간 회복시험을 실시한 경우, 시험구간에서 회복수위가 자연수위에 도달하면 직선의 기울기는 감소하여 결국 기울기는 0에 도달하고 평행선이 된다.

가) 수리전도도 구하는 법 :

전술한 바와 같이 두 조건이 만족될 때($t_{PD} > 1,000,\ dt_D > 40$)에 수리전도도($K$)는 (9-64) 식을 이용해서 구할 수 있다.

$$K = \frac{0.183 Q_P}{L\ \triangle H} \qquad\qquad (9\text{-}64)$$

여기서 　　Q_P : 수위강하/주입시험시의 최종말기의 채수 주입률

　　　　　$\triangle H$: 반대수 방안지상에서 one cycle log일 때 잔류 수두

만약 무차원 흐름시간(t_{PD})이 1,000이하일 때는 수위상승/수위하강 곡선(build up / fall off)에서 최대 직선 기울기를 이용하여 K를 구할 수 있다.

나) 공벽계수 구하는 법 :

공벽효과와 공내저유효과가 발생하는 시험공에서 직선형태가 나타날 수 있는 회복시간과 채수시간 [(9-56)식 및 (9-57)식]을 만족할 때만 가능하다. 이 때 수리전도도(K)는 (Uraiet &

Raghavan 1980b) 전술한 (9-64)식으로 구하고

① $K = \dfrac{0.183Q}{L \triangle H}$

② 수위회복시험(build up test)시의 공벽계수는 정률시험 시 사용했던 다음 (9-19) 식을 이용해서 구할 수 있다.

$$\zeta = 1.15\left[\dfrac{H_{1\min}}{\triangle H} - \log\dfrac{K}{r_w^2 S_s} - 2.13\right]$$

③ 또한 시험대상 구간에서 자연수위(static pressure)는 시험기간 동안 자연수위에 도달한 경우만 제외하고 전장에서 설명한 바와 같이 Hornor 그래프에서 나타난 직선의 연장선상에서 이를 결정할 수 있다.

2) 대응 또는 등가시간법(Equivalent time method)

전술한 방법과 동일한 방법으로 수위 상승자료(build up data)와 대응시간을 양대수 방안지상에 작도한 후, 수위강하 표준곡선 중첩법을 이용해서 수리상수를 계산할 수 있다.

이러한 사실은 Agarwal(1970)이나 Gringarten(1979)이 이미 제시한 공내저장효과와 공벽효과가 포함되어 있는 표준곡선을 사용하면 정압 채수/주입시험 후에 측정한 수위상승하강(build up 및 fall off test)자료를 이용해서 대수성 수리상수를 구할 수 있다. 이 경우 수위강하나 주입기간 최종 말기의 흐름률을 사용해서 다음과 같이 전술한 (9-22)식으로 수리전도도를 구할 수 있다.

가) log-log 방법 :

$$K = \dfrac{0.159Q}{H_m \, L}(P_D)_m$$

여기서 m : 중첩지점의 P_D 와 H
              Q : 주입 및 채수율

나) semi-log 방법 :

전술한 (9-64)식으로 K를 구하고 공벽인자는 (9-19)식을 사용해서 구한다.

$$K = \dfrac{0.183Q_P}{L \, \triangle H}, \quad \zeta = 1.151\left[\dfrac{H_{1\min}}{\triangle H} - \log\dfrac{K}{r_w^2 S_s} - 2.13\right]$$

다) P_i(초기수위 결정) :

전장에서 설명한 방법과 동일한 방법으로 P_i를 계산할 수 있다.

9.4.3 구면 흐름

(1) 정률시험 종료 후의 회복수위시험(test after a constant rate of flow period)

정률시험 이후에 실시하는 수위상승/하강(build up or fall off) 시험(일종의 회복수위 시험)의 지배식은 Culham(1974)이 다음 (9-65)식과 같이 제안하였다((9-42)식 참조).

$$H' = (P_i - P_{ws})/\rho g = \frac{Q\sqrt{S_s}}{4\pi^{1.5}K^{3/2}}\left[\frac{1}{\sqrt{dt}} - \frac{1}{\sqrt{t_P + dt}}\right] \tag{9-65}$$

윗식에서 H'와 시간개념으로 표현한 $(\frac{1}{\sqrt{dt}} - \frac{1}{\sqrt{t_P + dt}})$를 선형그래프에 작도하면 직선으로 작도된다. 지금 그 기울기를 m이라 하면 이를 이용해서 다음과 같이 대수성 수리특성인자를 구할 수 있다.

1) K 산정법 :

K는 (9-66)식으로 구할 수 있다.

$$K = \left(\frac{Q\sqrt{S_s}}{4\pi^{1.5}m}\right)^{\frac{2}{3}} \tag{9-66}$$

선형그래프에서 $(\frac{1}{\sqrt{dt}} - \frac{1}{\sqrt{t_P + dt}})$가 1일 때 $H' = m$이므로 윗식에서

$$K^{\frac{3}{2}} = \frac{Q\sqrt{S_s}}{4\pi^{1.5}m} \text{ 이므로}$$

$$\therefore \quad K = \left(\frac{Q\sqrt{S_s}}{4\pi^{1.5}m}\right)^{\frac{2}{3}}$$

(9-66)식은 정률 수위강하/주입시험시의 (9-42)식과 동일하며, (9-66)식의 기울기 m은 경과시간의 평방근(초)의 역수에 대한 지하수위를 미터로 표시한 것이다. (9-64)식과 방사흐름식인 (9-17)식을 서로 비교해 보면 구면흐름인 경우에 수위상승식에는 기하학적인 요소가 없음을 알 수 있다. 방사흐름에서 기하학적인 요소라 함은 해당지층의 두께나 시험대상 구간의 길이이다. 따라서 시험공의 스크린 개공률, 나공 상태의 형태 등과 같은 조건들은 구면 흐름에서는 수위상

승 곡선에 영향을 미치지 않는다. 그 대신 수위상승 또는 수두압 상승은 시험공에서 약간 떨어져 있는 지층에 의해 영향을 받는다(Moran과 Finklea 1962). (9-66)식으로부터 구한 K값은 이방성에 이미 내재되어 있으면서 시험 영향을 받은 구면체 전구간의 평균치이다. 즉 (9-66)식에서 볼 수 있는 바와 같이 구면흐름 상태에서 구한 K값은 유효반경(r_{wf})이나 시험대상 구간(L)에 전혀 무관한 값이다.

2) 공벽계수 산정법 :

구면 흐름 상태에서 공벽계수(ζ)는 다음 식으로 구할 수 있다(Culham, 1974).

$$\zeta = \frac{\sqrt{S_s\, r_w^{\,2}}}{\pi K}\left[\frac{(P_i - P_1)/\rho g}{m} + \frac{1}{\sqrt{dt_1}}\right] - 1 \tag{9-67}$$

여기서　 P_P : 수위강하/주입 시험 종료직전의 수두압
　　　　 P_1 : 회복시간 dt_1 시점에서 수두압

P_1의 수두압은 수위상승곡선의 직선부 연장선상에서 구한다.

3) 시험정의 유효반경(r_{ws})을 구하는 법

시험정의 유효반경은 (9-67)식을 이용해서 구할 수 있다.

4) 초기수두압(P_i)을 구하는 법

초기의 자연수두압(P_i)이나 시험대상 구간의 수위는 방사흐름 때 분석한 것과 같은 방법으로 구해야 한다. 즉 구면흐름 상태하에 있는 수위상승 곡선을 연장한 외삽법을 이용한다.

(2) 정압시험 종료 후의 회복수위 시험

정압시험 종료 후에 실시한 수위상승(수위회복) 시험분석은 다음과 같이 실시한다(Moran과 Finklea(1972)).

정압시험 시 적용했던 압력변화나 수위변화(H_0)가 자연상태의 초기수위의 10~20%까지 회복되었을 때 장기간 동안 정압시험을 실한 후에 수위상승/하강 시험치를 분석할 때는 정률시험을 실시한 후에 사용하는 (9-64)식을 사용해도 무방하다.

즉 (9-66)식의 Q를 Q_D로 대치한 후 정압시험 종료 후에 실시한 회복시험 자료를 이용해서 이 식으로 수리전도도를 계산할 수 있고, 역시 공벽계수도 (9-67)식으로 구할 수 있다.

① $K = \left(\dfrac{Q_P \sqrt{S_s}}{4\pi^{1.5} m} \right)^{\frac{3}{2}}$

② $\zeta = \sqrt{\dfrac{S_s r_w^{\,2}}{\pi K}} \left[\dfrac{(P_i - P_1)/\delta g}{m} + \dfrac{1}{\sqrt{-1}} dt_1 \right]$

9.6 2중 공극매체(Dual porosity formation)에서 수리시험

9.6.1 파쇄매체의 분류

2중공극 매체는 1차공극과 2차공극을 모두 가지고 있으면서 두 공극이 서로 수리적으로 연결되어 있는 다공질 매체로 구성되어 있는 것으로 가정한다.

1차 공극영역은 그 수리성이 일반적으로 퇴적환경이나 암석학적인 작용에 의해 좌우되는 암석모체(matrix block)와 연관성이 있는 것으로 암석생성 당시에 형성된 공극이 이 부류에 속한다. 이에 비해 2차공극 영역은 수리성이 주로 지열, 응력이나 지체구조 작용에 의해 형성된 단열계(fracture system)로 이루어져 있으며 대표적인 예가 단층이나 절리 등 이다.

일반적으로 암석모체의 투수성은 매우 낮은데 반해 단열대의 투수성은 매우 크다. 그러나 저유성은 각각의 유효공극에 따라 좌우된다.

Streltsova(1976)는 2중공극 매체를 [그림 9-22]와 같이 4종으로 분류하였다.

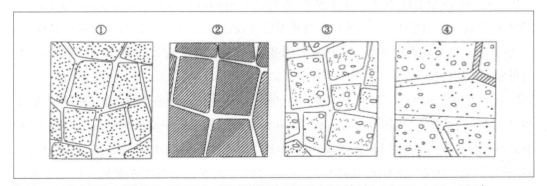

[그림 9-22] 순수한 파쇄매체, 이중공극 매체와 불균질 매체이 모식도(Mavor와 Cinco-Ley 1979)

① 제1형(파쇄매체) : 1차공극 구간은 주로 지하수를 저유하는 구간이고, 2차 공극구간은 주로 지하수를 유동시키는 구간으로 이루어진 암체로서 사암이나 용식 석회암 등이 그 대표적인 예이다.

② 제2형(순수한 파쇄매체) : 암석모체의 투수성과 공극률이 거의 없는 순수한 파쇄암체로서

매체의 저유성과 투수성은 완전히 암체 내에 발달된 단열망에 의해 좌우되며 전술한 제1형 매체의 극단적인 예가 이 유형에 속한다.

③ 제3형(2중 공극매체) : 매체의 1 및 2차 공극 구간의 저유성은 비슷하나 투수성은 2차공극에 따라 좌우되는 암체

④ 제4형(불균질 매체) : 단열대가 암석매체의 투수성 보다 불량한 물질로 충진된 암체

9.6.2 2중 공극매체의 이론적 모델

제1형에 속하는 모델은 자연적인 다공질 파쇄저유암(porous reservoir)내에서 압력변화를 서술하기 위해서 석유공학에서 가끔 사용했던 방법으로서 암석의 저유능력은 입상의 1차 혹은 암체공극(martix porosity)에 좌우되며, 투수능력은 완전히 단열대에 따라 좌우되는 암체이다. 따라서 암체의 공극(1차공극)은 단열대와 같은 2차공극 보다 훨씬 크다고 가정한다.

이 모델에서 제2, 제3형에 해당하는 모델은 이 모델의 특수형으로 취급한다. 즉 제1, 제2 및 제3형의 매체를 통틀어 1개 그룹으로 묶어 생각하기도 한다.

일반적으로 2중 공극층은 단열구조가 저유암까지 연결된 연속체로 취급한다. 파쇄대는 투수량계수가 큰 유동통로(flow channel)의 역할을 하기 때문에 암체 내에서 유체의 압력분포를 조절하는 역할을 한다. 만일 파쇄대내에서 압력이 변하게 되면 암석모체 내에서 압력변화가 발생하여 암석모체와 단열 사이에 시간종속 수직유동(cross flow)현상이 일어난다. 여기서 수직유동은 1차원으로 발생하는 것으로 생각한다.

수리전도도가 큰 단열은 단열을 따라 빠른 압력반응(response)을 나타내는데 비해, 암석모체는 주변 단열 내에서 발생하는 압력변화에 대해 상당히 늦은 반응을 보인다. 지층 자체가 암석모체와 단열계의 합성 성격을 띠는 균질매체로 작용하는 경우, 결국 단열과 암석모체 내의 압력은 평형상태로 된다.

2중 공극 매체를 표현키 위해서 각 문헌마다 여러 가지의 서로 다른 모형들을 제시하고 있다. 암석모체를 장방형의 단열망(orthogonal frecture network)으로 구성된 평행관(parallel pipe)으로 구분하는가 하면(이를 block model이라 한다), 한편으로는 1개조의 수평단열로 구성된 층으로 구분하기도 한다(이를 layer model이라 한다). 기타 모델로는 구형과 원통형 모델들도 있다. 이들 암석모체의 기하학적인 분류와는 관계없이 결과적인 압력반응은 서로 유사하지만 각 계마다 계산한 실제 변수들의 값은 기하적인 형태에 따라 상당히 다른 값을 보인다. 단열과 모체 경계에서 압력변화에 따른 암석모체 내에서 지하수 흐름 특성을 2가지의 서로 다른 가정하에서 이론모델을 적용해 보았다.

① 첫 번째 가정 : 암석모체 내에서 지하수 유동은 (단 준정상류의 수직유동이 암석모체 내에서 일어

나고 있지만) 암석모체 요소내의 공간적인 위치와 전혀 관련이 없다는 가정인데, 본 가정은 단열 내에서 압력변화가 일어남과 동시에 암석모체를 통하여 즉각적인 압력변화가 발생하기 때문에 암석모체의 저유능력을 무시한 경우이다(Streltsova, 1983). 이 가정에 따르면 이러한 매체 내에서 일어나는 압력반응은 이를 양대수 방안지에 작도해 보면 변곡점을 가진 수평적인 전이곡선이나 S형의 특징을 나타낸다.

② 두 번째의 가정 : 암석모체와 단열사이에서 일어나는 수직유동은 부정류이며, 이는 1차원적인 지하수 흐름지배식으로 나타낼 수 있다는 가정이다.

이와 같은 공간종속 흐름은 암석모체의 투수성뿐만 아니라 암석모체의 저류능력까지 고려한 경우이다. 이 가정은 곡선의 모양이나 개시시간에 따라 다른 형태의 점이적인 압력반응을 나타낸다. 이 모델은 이미 Streltsova(1983), Serra(1983) 및 Najurieta(1980) 등이 사용한 바 있다. Gringarten(1984)은 2중공극의 양태를 지니고 있는 저유암(reservoir)에 대한 그 실체성을 검토하였고, 또한 자연적으로 파쇄된 저유암에서 압력반응이 준-정류상태의 수직유동을 유발한다는 가정하에 유도해 낸 반응과 매우 유사하다는 현장자료를 발표한 바 있다.

Moench(1984)는 상술한 사실을 다음과 같이 설명하였다. 즉 Gringarten이 발표한 2중공극 양태는 암체의 표면에 퇴적된 저투수성 물질에 의한 매우 얇은 공벽(thin skin)과 단열의 공벽현상 때문에 발생한 것이라고 하였다.

자연적으로 파쇄된(여기서는 지질작용에 의해 형성된 파쇄를 의미함) 저유암내에서 이러한 단열의 공벽현상 영향은 단열과 암석 모체 사이에서 발생하는 지하수의 수직유동 현상을 지연시키는 역할을 한다. 단열의 공벽현상을 내포하고 있는 압력 감응은 단열공벽현상이 없는 준정상류의 수직유동을 가정했을 때에 예견한 결과와 매우 유사하다.

Moench(1984)가 제시한 단열의 공벽(skin)은 지하수가 단열 내에서 유동할 때 침전이나, 퇴적현상과 광물의 변성작용으로도 형성될 수 있다. 2중공극 매체에서 단열계의 수리전도도(K_f)는 주변 암체의 평균 수리전도도와 거의 같다고 가정한다. 왜냐하면 시험정으로 유입, 유출되는 모든 지하수는 주변의 단열계를 따라서 유동하기 때문이다.

9.6.3 이론과 시험분석

(1) 정률시험(constant rate of flow test)

Streltsova와 Serra 등이 제시한 모델은 다음과 같다. 이 모델의 대상지층은 등방이며, 범위가 무한대이고, 균일한 두께를 가진 2중공극 저유암의 상하부는 불투수성 지층으로 구속되어 있는 경우이다.

> ● 참조
> 이상과 같은 가정은 지하수가 단열계내에서 발생한다는 특징만 없다면
> 다공질 매체 내에서 Neuman이나 Boulton의 해와 대동소이하다.

암석모체는 평행 수평 열극조로 이루어져 있고 시험정내로 유출입되는 모든 지하수는 단열계를 통해서 유동하며 일차원의 수직 부정류가 암석모체 내에서 일어나고 있다고 가정한다. 이 때 암석모체와 단열계의 제반 특성이 동일하다고 가정할 경우, 시험정 주위에 무한히 두께가 얇은 공벽물질이 형성될 수 있다. 그러나 이 경우 공내저장효과와 단열의 공벽효과는 무시하고, 이 때 단열대내에서 지하수의 유동이 단지 방사상 흐름이라고 가정하면, 이 경우에 단열 암체 내에서 지하수 흐름지배식은 다음 식과 같다(Streltsova(1983), Moench(1984)).

$$\frac{\partial^2}{\partial r^2}(\triangle P) + \frac{1}{r}\frac{\partial}{\partial r}(\triangle P) = \frac{S_{sf}}{K}\frac{\partial}{\partial t}(\triangle P) + \frac{q_m}{KL} \tag{9-68}$$

여기서 S_{sf} : 암체의 전체 비저유계수

         K : 암체의 수리전도도

         q_m : 암석모체에서 주변 단열로 유동하는 부정류의 수직유동량(cross-flow)

이 때 암석모체와 단열경계면(z=0)을 통해 단위시간당 단위면적당 유동하는 지하수의 수직유동량은 (9-69)식과 같다(Streltsova, 1983).

$$q_m = K_m\frac{\partial}{\partial z}(\triangle P_m), \quad (z=0) \tag{9-69}$$

암석모체 내에서 발생한 압력변화 $\triangle P_m$ 에 대응되는 편미분방정식은 (9-70)식과 같다(Streltsova 1983).

$$\frac{\partial^2}{\partial z^2}(\triangle P_m) = \frac{S_{sm}}{K_m}\frac{\partial}{\partial t}(\triangle P_m) \tag{9-70}$$

상술한 암석모체 내에서 수두압 분포식인 (9-70)식과 단열계의 수두압 분포식인 (9-68)식의 일반적인 해석학적인 해는 Streltsova가 Laplace 공간식으로 제시한 바 있으며, Serra(1983)등이 동종의 2중공극 모델에 대한 유사한 해석학적인 해를 중장기 시험을 통해 근사해와 함께 유도한 바 있다.

상술한 두 가지 해법은 모두 암체 내에서 지하수 흐름이 부정류인 경우이다. 2중공극으로 이루어진 암체 내에 설치한 시험공의 수위상승/수위강하(pressure-drawdown)의 일반적인 해는 3

가지의 서로 다른 흐름영역으로 구분한 후 해석한다.

반대수 방안지상에 작도한 시간－수위강하(H-t)곡선에서 나타나는 대표적인 흐름영역들은 [그림 9-23(a)]과 같다. [그림 9-23(a)]에서 흐름영역 ①과 ③은 각각 시험초기와 말기의 반응을 나타내고 시간-수위(압력) 강하곡선을 반대수 방안지상에 작성하면 두 조의 평행한 직선으로 작도된다. 부정류의 수직유동 현상이 일어난다고 가정하면 반대수 방안지상에서 흐름영역 ②도 직선으로 나타날 것이다. 그러나 이 영역에서 직선의 기울기는 ① 및 ③ 영역의 반 정도이다. 따라서 2중공극 매체에서 실시한 현장 시험자료를 분석할 때 가장 유의해야 할 사항은 상술한 흐름영역을 잘 구분하는 데 있다.

제 ①흐름 영역에서는 수두압(수위) 변화가 압축성인 단열계의 영향을 받기 때문에 이때는 피압성을 띤다. ①흐름영역에서는 암석모체 내에서 흐름은 수위변화에 영향을 미치지 않는다. 따라서 흐름영역 ①은 2중공극 매체에 대한 해를 구하는데 있어 첫 번째 제한적인 형태이다(즉 이 때 구한 수리전도도는 사용 가능하나 비저유계수는 피압성을 띠는 비저유계수이다).

제 ②영역에서는 암석모체가 저투수성이여서 수두압(수위) 변화가 다소 지연되기 때문에 암석모체 내에서 지하수 유동이 서서히 해당계 내에서 수위변화에 영향을 미치기 시작한다. 따라서 제 ①흐름영역에 비해 수두압(수위) 변화가 비교적 느리게 일어난다. 또한 제①흐름 영역에서는 암체 내에서 저유된 지하수 일부가 배수되기 때문에 시험대상 매체의 전체 유효저유성이 다소 크게 나타난다(이 때 구한 저유계수는 일반적으로 실저유계수보다 큰 값이다). 그러다가 시험기간이 점점 길어지면 시험정 주위의 암석모체에서 배출될 수 있는 양은 감소되고, 암석모체와 단열대 내의 수두압은 차츰 동일하게 된다.

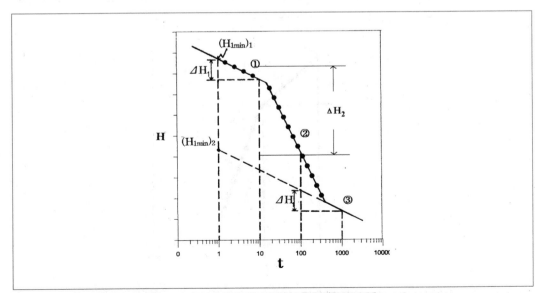

[그림 9-23(a)] 2중공극 매체의 H-t 곡선상에서 대표적인 흐름영역(정률시험)

암석모체 내에서의 흐름은 시험정으로부터 먼 거리에 있는 암석모체로부터 공급되어야 하는데 어느 시점에 가서는 단열대에서 시험정으로 공급되는 량과 시험정에서 먼 곳에 소재한 암석모체에서 지하수가 배출되는 량 사이에 지연현상이 발생하게 된다.

이러한 시간이 지나가면 파쇄매체는 단열계에 대응되는 투수량계수와 암석모체와 단열대의 저유능의 합인 복합저유능을 갖는 대응균질 매체의 기능을 갖게 된다. 따라서 파쇄단열계의 수리전도도(암석모체의 수리전도도와 동일하다고 가정)와 시험공의 공벽계수는 반대수 방안지상에서 나타난 흐름영역을 구분한 후에 다음 식들을 이용해서 산정한다.

1) 직선법(semi-log)으로 2중공극 매체의 수리특성인자 분석법

가) 제① 및 ③ 흐름 영역

H-t cruve를 반대수 방안지상에 작도하고 t가 one cycle log일 때 △H를 구한 후, 이 값을 (9-18)식에 대입하여 2중공극 매체의 K를 구한다(그림 9-23(a) 참조).

$$K = \frac{0.183Q}{L \, \triangle H_1}$$

나) 제②흐름영역

이 영역은 전술한 바와 같이 암석모체로부터 지연중력 배수현상이 발생하는 기간이기 때문에 t가 one cycle log일 때 직선의 기울기는 제①과 제③흐름영역에 비해 1/2정도밖에 되지 않는다. 따라서 (9-18)식으로 K값을 구하되 0.183 대신 그 반인 0.0915를 사용한다.

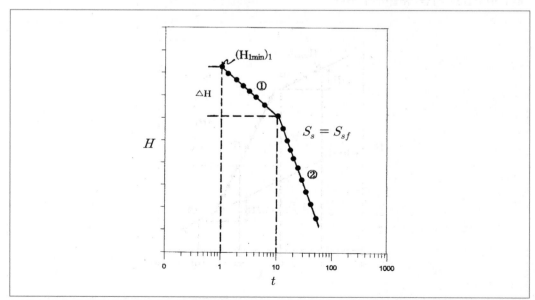

[그림 9-23(b)] 단열계의 공벽계수 산정방법(정률시험)

$$K = \frac{0.0915Q}{L\,\triangle H}$$

일반적으로 이 구간에서 구한 $\triangle H = \alpha \triangle H_1$로 표현해 보자. 이 때 기울기가 50%인 경우에는 α=2, 기울기가 33%일 때는 α=3을 사용한다(그림 9-23(a)).

다) 단열계의 비저유계수(S_{sf})를 알고 있는 경우에 공벽계수 산정

① 제①흐름영역에서 $t=1$일 때 $(H_1\min)_1$를 구하고 $S_{sf} = S_s$로 취하여 (9-19)식을 이용해서 공벽계수를 계산한다(그림 9-23(b) 참조).

$$\zeta = 1.151\left[\frac{(H_{1\min})_1}{\triangle H_1} - \log\frac{K}{r_w^2 S_s} - 2.13\right]$$

② 이중공극 매체의 전체 비저유계수(total specific storage capacity)는 암석모체(matrix)와 단열계의 비저유계수의 합이므로 제③영역에서 두 번째 직선을 이용하여 공벽계수를 다음 (9-71)식으로 계산한다($S_s = S_t = S_{sm} + S_{sf}$이다)(그림 9-23(c) 참조).

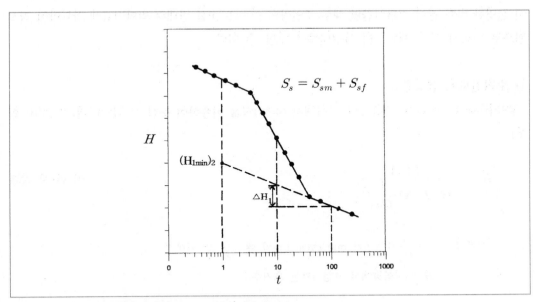

[그림 9-23(c)] 2중공극매체의 공벽계수 산정방법(정률시험)

$$\zeta = 1.151\left[\frac{(H_{1\min})_2}{\triangle H_1} - \log\frac{K}{r\,r_w^{\,2}(S_{sm} + S_{sf})} - 2.13\right] \tag{9-71}$$

여기서 $(H_{1min})_2$: 제③흐름영역의 직선구간을 연장했을 때 1분 경과후의 H값

S_{sm} : 암석모체의 비저유계수

S_{sf} : 단열계의 비저유계수

$\triangle H_1$: t가 one cycle log일 때 H의 기울기

(2) 정압시험(constant pressure test)

단열계와 암석모체 사이의 준-정류상태와 부정류 흐름의 전이상태를 가정한 2중공극 매체의 정압시험에 관한 이론을 Raghavan과 Ohaeri(1981)가 연구하였는데 사용한 모델은 전술한 Serra의 정률이론과 동일하다. Raghavan의 모델에서 단열계를 이에 대응하는 수평파쇄구조로 대치하였다. 정률시험에서 설명한 바와 같이 정압시험을 실시하여 구한 H-t 곡선도에서도 제②와 제③흐름영역을 확인할 수 있다.

단열계와 암석모체 사이에 부정류로의 흐름전이(transient flow transfer)가 발생하는 경우에는 흐름률의 초기감소 현상이 일어날 것이고, 특히 시험말기 동안(제③흐름 영역)에 2중공극 매체는 정률시험 시에 발생했던 현상과 유사한 대응 균질매체의 특성을 나타낸다. 따라서 2중 공극 매체에서 실시한 정압시험의 분석방법은 정률시험분석 방법과 유사하다. 이는 균질 대응 매체에서 설명한 바와 같이 경과시간별 채수/주입량의 역수(1/Q)를 반대수 방안지상에 작도하여 직선법으로 다음과 같은 제반수리 특성인자를 구할 수 있다.

1) 수리전도도 산정법 :

수리전도도는 제① 및 제③ 흐름영역에서 (9-33)식을 이용하여 구할 수 있다(그림 9-23(d) 참조).

$$K = \frac{0.183}{H_0 \; L \; \triangle (\frac{1}{Q_{(t)}})} \qquad \text{(9-33)식 참조}$$

여기서 $\triangle (\frac{1}{Q_{(t)}})$: t가 one cycle log일 때 $\frac{1}{Q_{(t)}}$의 기울기

H_0 : 시험공에서 고정시켜둔 초기수두

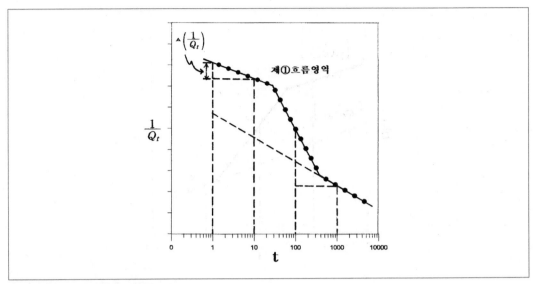

[그림 9-23(d)] 2중공극 매체의 정압시험

2) 공벽계수 산정 :

가) 제①흐름영역을 이용하는 경우

공벽계수는 정율시험시와 같이 제①흐름영역과 (9-34)식을 이용해서 구할 수도 있다. 이 때 S_s 는 다음 식과 같이 S_{sf} 값으로 계산된다.

$$\zeta = 1.151 \left[\frac{(1/Q_{(t)1\min})_1}{\triangle (1/Q_{(t)})} - \log \frac{K}{r_w^2 S_{sf}} - 2.13 \right] \qquad \text{(9-34)식 참조}$$

여기서 $(1/Q_{(t)1\min})_1$: 제①흐름영역에서 나타난 직선을 외삽해서 $t = 1$분과 만나는 $1/Q_{(t)}$의 값

S_{sf} : 단열대의 비저유계수로서 (9-34)식에는 S_s로 표기되어 있음

$\triangle (1/Q_{(t)})$: t가 one cycle log 일 때 $\frac{1}{Q_{(t)}}$의 기울기

나) 제③흐름영역을 이용하는 경우

제③흐름영역의 직선구간을 외삽해서 $t = 1$일 때 $1/Q_{(t)1\min}$을 구하고 (9-34)식의 S_s는 $S_m + S_{sf}$ 값이 된다(그림 9-23(e) 참조).

$$\zeta = 1.151 \left[\frac{(1/Q_{(t)1\min})_2}{\triangle (1/Q_{(t)})} - \log \frac{K}{r_w^2 (S_m + S_{sf})} - 2.13 \right]$$

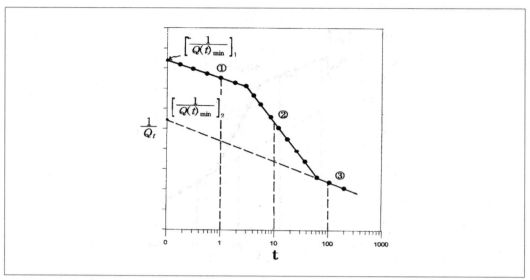

[그림 9-23(e)] 2중공극매체의 정압시험과 흐름영역

9.7 분리단열대와 교차하는 시험정에서 수리시험 (Borehole intersected by discrete fractures)

9.7.1 일반

시험공 주변 구간이 단열 시험공의 전구간이나 부분적인 분리단열면으로 구성되어 있을 때 초기 부정류흐름 양상은 균질매체와 비교할 때 상당히 달라진다.

이러한 현상은 저투수성 지층을 인공파쇄시킬 때 두드러지게 나타난다. 결정질암에서 수리시험을 실시하면 가끔 시험초기에 선형흐름 양상이 관측되기도 하는데 이는 시험공 주위에 발달된 자연적으로 생긴 분리, 단열에서 시험구간으로 지하수의 유동이 일어나기 때문이다. 이러한 선형 흐름현상은 암석내 불규칙한 흐름경로 중에서 수로현상(channel effect)이 있을 때에도 나타난다. 따라서 이들 흐름경로의 수리전도도는 매우 크기 때문에 오염물질 이동 분석에 주요한 역할을 한다(Rasmuson과 Neretnieks 1986).

9.7.2 개념모델

1985년 Karasaki는 단열로 이루어진 저유암(reservoir)에서 지하수 흐름의 해석학적 모형을 발표하였는데 이 모델은 2개의 원형영역으로 이루어진 합성계로 구성되어 있다.

내부영역은 시험공의 시험대상 구간과 교차하는 유한한 길이의 수직(수렴)단열로 구성되어 있으며, 지하수는 원천적으로 기타 단열과 서로 연결되어 있는 이들 파쇄대를 따라 선형형태로 시험공 내로 유출입되고, 외부 영역은 방사흐름만이 일어나는 다공질 매체로 이루어져 있다고 가정한다. 즉 이와 같은 개념모델 모형은 일정한 수리성을 가지며, 선형흐름이 지배적인 내부영역(inner zone)과 수리성이 다르며 방사흐름이 지배적인 외부영역으로 구성되어 있는 경우이다 (그림 9-24).

이 모델은 공내저장효과와 공벽효과가 없는 것으로 간주한다. 비교적 양호한 조건하에서는 이 모델에 기초한 표준곡선 중첩법을 이용해서 제반수리성을 구할 수 있다.

이 이외에도 Cinco-Ley(1978) 등과 Cinco-Ley와 Samaniego(1981) 등은 제한된 수평범위를 가진 단일(수직) 단열면과 교차하고 있는 시험정에서의 수위(수두압) 변화 상태를 다룰 수 있는 모델을 개발하였는데, 이 모델에 의하면 지하수는 단열주위에 있는 암체에서 수평방향으로 유동하다가 하나의 유동통로(flow channel)의 기능을 하고 있는 단열대에 수직으로 유동하여 시험정으로 유입된다고 가정하였다. 이는 일종의 연장-우물의 개념과 동일하다.

여기서 단열계와 주변지층은 다공질 매체영역으로 취급한다. Karasaki 모델은 상술한 것과 동일하다. 열극내에서 수리전도도가 주변암체 보다 훨씬 크다는 가정이 그 차이점이다.

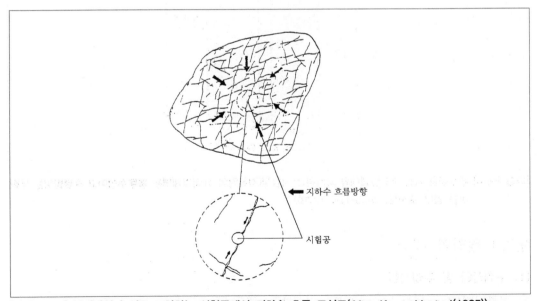

[그림 9-24] 분리단열과 서로 교차하는 시험공에서 지하수 흐름 모식도(After Karasaki et al(1985))

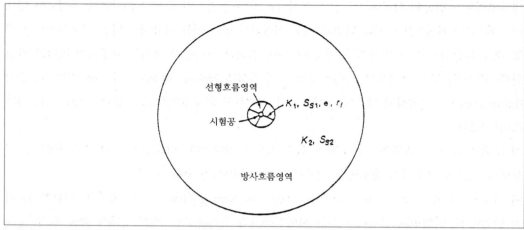

[그림 9-25] 선형 및 방사흐름이 일어나는 복합모델(Karasaki 등 1985)

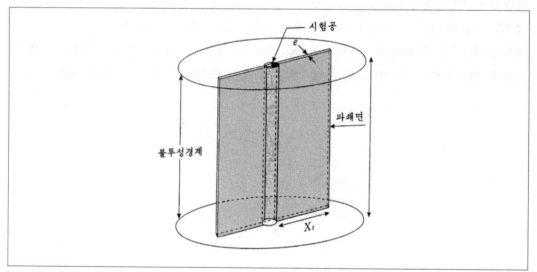

[그림 9-26] 투수성을 가진 수직단열대와 교차하는 시험정(저유암의 상·하경계면은 불투수성이고 수평범위는 무한 대인 경우 모식도(Cinco-Ley 1978))

9.7.3 원리와 해석

(1) 수위강하 및 주입시험

1) 정률시험(Constant rate of flow test)

Cinco-Ley 등은 다음과 같은 무차원 인자를 이용하여 정률시험 분석법을 고안하였다. 즉 무차 원 수두압은 (9-13)식과 같고, 무차원 시간 t_{Df} 는 (9-14)식과 같으며, 단열의 길이는 $2x_f$ (시험 정을 중심으로 할 때 단열의 길이는 x_f 이다)일 때 무차원 수두압(P_D)는 (9-13)식에서

$$P_D = \frac{2\pi KLH}{Q} = \frac{2\pi KL}{Q}(\rho_i - \rho_{wf})/\rho g \text{ 이고}$$

무차원 시간(t_{Df})는 (9-14)식의 r_w 대신 x_f를 적용하면 (9-72)식과 같이 된다.

$$t_{Df} = \frac{Kt}{S_s\,x_f^2} \tag{9-72}$$

특히 Cinco-Ley 등은 무차원 단열 수리전도도(F_{CD})를 (9-73)식과 같이 제안하였다.

$$F_{CD} = \frac{K_f\,e}{K\,x_f} \tag{9-73}$$

여기서 K_f : 순수단열의 수리전도도

K : 주변 암체의 평균수리전도도

x_f : 원통내에서 단열의 장($2x_f$의 50%)

e : 단열의 폭이다.

[그림 9-27]과 [그림 9-28]은 1개 수직단열로 연결된 시험공에서 정률시험을 실시했을 때 시간-수위(수두압)변화량을 반대수 방안지나 양대수 방안지상에 작도한 시간-수위(수두압) 변화곡선이다. 여기서 F_{CD}가 증가하면 이 곡선은 Gringarten의 무한 전도해(Infinite conductivity solution)에 접근한다.

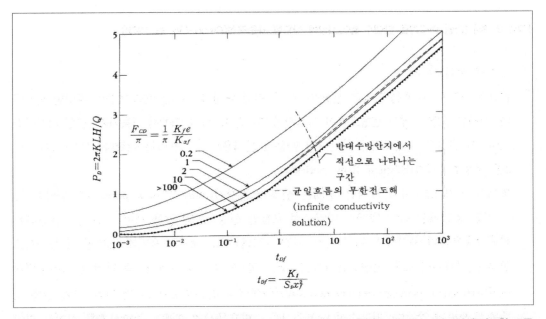

[그림 9-27] 수직단열로 교차된 시험정의 무차원시간(t_{Df})과 무차원 수두압(P_0)를 반대수 방안지상에 작도한 표준 곡선(Cinco-Ley 등 1978)

[그림 9-27]에서 볼 수 있는 바와 같이 lin-log 그래프 중 초기곡선의 기울기는 무한-전도단열 (infinite-conductivity fractures)인 기울기가 0.5인 직선에 접근한다. 시간이 장기간 경과하면 곡선은 lin-log 그래프에서 직선형으로 바뀐다(그림 9-28 참조).

일반적으로 단일 수직단열면으로 교차되는 시험공에서 부정류의 수위(수두압) 변화는 다음과 같은 4종의 유동시기로 분류할 수 있다(그림 9-29 참조).

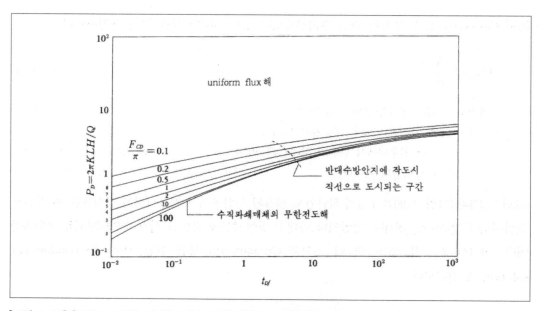

[그림 9-28] [그림 9-27]을 양대수 방안지상에 작도한 표준곡선(Cinco-Ley 등 1978)

① 초기의 선형흐름시기

원천적으로 지하수흐름 양상은 선형흐름이며, 단열 내에서 수두압 변화 반응이 뚜렷한 시기이다. 이러한 단열 내에서 선형흐름이 지배적인 기간은 [그림 9-27]에서 기울기가 0.5인 직선구간이며, 이 기간은 시험초기에 나타나기 때문에 분석용으로 이용키는 어렵다(그림 9-29의 a).

② 2종 선형흐름시기(Bilinear flow period)

초기의 잠정흐름 시기가 지난 후에는 선형 흐름시기(bilinear flow period)가 뒤따른다. 이 기간 동안에는 단열 내에서 비압축성 흐름인 선형흐름과 암체 내에서 단열로 유동하는 선형압축흐름이 동시에 일어난다. 이 기간은 [그림 9-27]에서 기울기가 0.25인 직선으로 표현되는 시기이다. 2종 선형흐름 시기는 F_{CD} 값에 따라 좌우된다. 즉 단열의 저유능력이 크거나(fracture porosity/matrix porosity) 단열의 수리전도도가 큰 경우에는 2종 선형 흐름은 발생하지 않는다. 저투수성 단열의 2중 선형흐름시기 후에는 준방사흐름 시기로 전이된다.

③ FCD > 300 이상인 고투수성 열극도 전이기간이 지난 후에는 선형매체(지층) 흐름 시기를
 나타낸다(그림 9-29의 c). 이때 매체의 선형흐름 기간은 단열로 유동하는 매체(지층) 내에서
 의 선형흐름에 따라 좌우된다. [그림 9-28]에서 이 기간 동안 양대수 방안지상에 작도한 t-H
 곡선의 기울기는 0.5인 직선으로 나타난다.

④ 이 기간 이후에는 준방사흐름(pseudo-radial flow) 시기가 시작된다. 이 시기는 lin-log에서
 기울기가 1.15인 직선으로 나타나며 균질대수층의 방사흐름의 이론적인 기울기와 같은 시기
 이다.

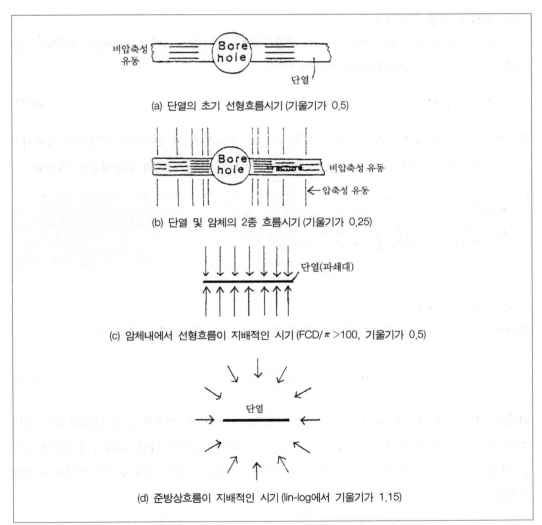

[그림 9-29] 일정한 수리전도도를 갖는 수직단열과 교차하는 시험정의 흐름영역 모식도
        (Cinco-Ley와 Samiego, 1981)

가) 2종 선형 흐름기간(bilinear flow period)

2종 선형흐름 기간동안 수두압(수위) 변동은 다음식과 같이 된다(Cinco-Ley & Samaniego).

$$P_D = (2.45/\sqrt{F_{CD}})t_{Df}^{0.25} \tag{9-74}$$

상기식은 P_D 와 $t_{Df}^{0.25}$ 을 선형그래프(arithmetic)상에 작도하면 기울기가 $2.45\sqrt{F_{CD}}$ 이며 원점을 지나는 직선으로 작도된다.

나) 암체의 선형 흐름기간

이 기간은 단열의 투수성이 매우 큰 경우에만 나타나며, 시험공내에서 무차원의 수두압(수위) 변화는 (9-75)식으로 표현된다(Raghaven 1976).

$$P_D = \sqrt{\pi t_{Df}} \tag{9-75}$$

(9-75)식은 P_D 와 $\sqrt{t_{Df}}$ 을 이용하여 선형그래프를 작도했을 때 원점에서 시발하여 기울기가 $\sqrt{\pi}$ 인 직선으로 나타나며 Karasaki model의 초기시간 동안의 해의 특수경우에 해당한다.

> ● 참조
>
> $$H = \frac{Q}{2\pi KL} \quad P_D = \frac{Q}{2\pi KL}\sqrt{\pi \frac{Kt}{S_s\,x_f^2}} = \frac{Q}{2\pi T}\sqrt{\pi \frac{Tt}{S_s\,x_f^2}}$$

다) 준방사 흐름시기

준방상 흐름시기 동안 수두압 변화에 관한 대수근사식은 다음식과 같다.

$$P_\psi = 1.151[\log t_{Df} + 0.351] + 2.3\log\frac{x_f}{r_w} + \zeta_f \tag{9-76}$$

반대수 방안지에다 P_D와 $\log t$ 를 작도하면 선형으로 작도된다. 여기서 ζ_f 는 단열의 유사 공벽 계수이고, 이는 시험공에서 단열 때문에 수두압이 감소하는 원인이 된다. 따라서 유사공벽 인자는 항상 (-)부호이다. 준방사 흐름기간 동안 파쇄된 시험공은 결국 유효반경이 증가된 비파쇄 시험공과 같은 역할을 한다(Cinco-Ley, 1981).

라) 시험분석법

시험분석은 현장 실측자료를 log-log, lin-log, 선형(linear)그래프상에 작도한 후 합성분석

(combined analysis)을 실시한다.

(가) log-log 그래프(표준곡선 중첩법)

log-log 그래프를 적용할 수 있는 구간은 [그림 9-28]의 초기치에 해당하는 구간이며, 이 때 직선의 기울기는 0.5 정도일 때이다. 이때 암체의 수리특성은 다음과 같이 구한다.

* 암체의 수리전도도 :

시간-수위강하곡선(t-H)을 작도하여 [그림 9-28]의 log-log 표준곡선과 현장실측 t-H 곡선을 중첩시켜 그 중첩점(H_m, t_m, $(P_d)_m$, $(t_{Df})_m$, $\dfrac{F_{CD}}{\pi}$)을 선정하고 암체의 수리특성은 K는 전술한 (9-22)식으로 구한다.

$$K = \frac{0.159\,Q}{L\,(H_m)}(P_d)_m$$

* 열극의 길이(x_f) :

x_f는 기 언급한 (9-72)식을 이용해서 구한다.

$$(t_{Df})_m = \frac{K}{S_s\,x_f^2}(t)_m \qquad \therefore\ x_f = \sqrt{\frac{K\,(t_m)}{S_s\,(t_{Df})_m}}$$

(다) 단열의 복합 수리전도도($K_f\,e$) :

단열의 수리전도도는 복합인자로서 단열의 순수수리전도 K_f와 단열의 폭(e)을 곱한 값이다. 즉 $K_f\,e$는 (9-73)식을 이용해서 구할 수 있다. 이 때 K는 암체의 수리전도도로서 (가)에서 구한 값을 이용한다.

$$F_{CD} = \frac{K_f\,e}{x_f\,K} \qquad \therefore\ K_f\,e = F_{CD}\,x_f\,K$$

(나) 준방사흐름기간(semi-log)

이 시기는 lin-log에서 기울기가 1.15일 때이며, 지하수의 흐름양상이 준 방사흐름 상태이므로 전절에서 설명한 방사흐름의 정률시험 분석에 따라 제반 수리특성 인자를 구한다. 현장 실측 t와 H를 반대수 방안지에 작도하여 아래와 같이 암체의 K와 공벽계수를 구한다.

* 암체의 수리전도도 :

암체의 수리전도도는 (9-18)식을 이용하여 계산한다.

$$K = \frac{0.183Q}{L \triangle H}$$

* 공벽계수 :

공벽계수는 (9-19)식을 이용해서 계산한다.

$$\zeta = 1.151 \left[\frac{H_{1min}}{\triangle H} - \log \frac{K}{r_w^2 S_s} - 2.13 \right]$$

여기서 K의 시간단위는 초

(다) 2종 선형흐름기간

[그림 9-28]에서 기울기가 0.25인 직선구간으로서 저투수성과 고투수성(기울기가 0.5인 구간)
모두 취급한다. 선형그래프(linear graph)에서 현장 실측 H와 $\sqrt{t}$ 을 작도한다. 원점을 지나는
직선에서 기울기 m을 구한다.

만일 공매현상(clogging)과 같은 공벽손상이나 공내저장효과와 같은 영향이 있을 때는 직선이
원점을 지나지 않는다. 이 때 단열대의 수리전도도 $K_f e$ 는 다음식으로 계산한다.

$$K_f e = \frac{2.45Q}{2\pi m L (KS_s)^{\frac{1}{4}}} \tag{9-77}$$

여기서 m : 기울기

(9-77)식으로 구한 $K_f e$ 을 이용해서 log-log 그래프의 표준곡선 중첩법을 보정한다.

2) 정압시험(constant-pressure test)

Agarwal(1979)과 Guppy(1981) 등은 일정한 수두압을 유지하고 있는 수직단열들로 교차되고
있는 시험공에서 이론적인 흐름률의 거동을 조사하였다. 이 때 이들은 Cinco-Ley(1978) 등이
정률시험에 사용했던 동일한 기본 모델과 가정을 적용하였다.

시험공의 무차원 역흐름률(1/Q)인 (9-29)식은 무차원 시간 t_{Df} 와 무차원 단열의 수리전도도
F_{CD} 의 함수로 다음과 같이 표현할 수 있다.

$$\frac{1}{Q_{(t)}} = \frac{1}{2\pi KLH_0} \left[\frac{1}{Q_{D(t_p)}} + \zeta \right]$$

여기서 $\quad Q_D = \dfrac{Q_{(t)}}{2\pi KLH_0}$ $\hfill$ (9-30)

$\qquad t_{Df} = \dfrac{Kt}{S_s\, x_f^2}$ $\hfill$ (9-70)

$\qquad F_{CD} = \dfrac{K_f\, e}{K\, x_f}$ $\hfill$ (9-71)

● 참조

$(9-32)$식에서 $\quad \dfrac{1}{Q_{(t)}} = \dfrac{1.15}{2\pi KH_0}[\log t_{Df} + 0.351 + 0.869\zeta]$

정압시험의 경우에도 log-log 표준곡선의 초기치는 정률시험의 경우와 같이 2종 선형흐름을 나타내는 기울기가 0.25인 초기 직선형으로 나타난다.

정압시험 시 사용하는 표준곡선도 [그림 9-28]과 같은 정률시험의 표준곡선 형태와 유사하며 정률시험시의 언급한 바와 같이 4종의 흐름 시기(period)로 다음과 같이 구분한 후 해석을 할 수 있다. ① 초기의 단열대에서 선형흐름 시기 ② 2종 선형흐름 시기 ③ 선형흐름이 지배적인 시기 및 ④ 준방사흐름시기

  가) 수리전도도가 매우 낮거나 중간정도인 단열대에서 정압시험을 실시할 때 2종 선형흐름이 지배적인 초기시기 때의 개략 해는 (9-78)식과 같다(Guppy 등 1981).

$$\frac{1}{Q_D} = \frac{2.72}{\sqrt{F_{CD}}} \ \sqrt[4]{4t_{Df}} \hfill (9-78)$$

현장에서 실측한 $Q_{(t)}$와 t를 $1/Q_{(t)}$와 $\sqrt[4]{t}$로 변화시켜 선형그래프에 작도한다. 만일 이 때 공벽손상이 없는 경우에 작도한 직선은 원점을 지나는 직선형으로 된다.

이 때 $K_f\, e$는 다음 식으로 구한다.

선형그래프의 기울기는 (9-78)식에서 $2.72/\sqrt{F_{CD}}$ 이므로 이를 m이라 하면

$$\sqrt{F_{CD}} = \frac{2.72}{m} \text{이고,} \quad \frac{K_f\, e}{K\, x_f} = \left(\frac{2.72}{m}\right)^2 \text{이므로} \quad \therefore K_f\, e = K\, x_f\left(\frac{2.72}{m}\right)^2$$

상기식을 이용해서 $K_f\, e$를 구할 수 있다.

나) 암체내에서 선형흐름이 지배적인 시기의 고투수성 단열대의 개략 해는 다음식과 같다. (Guppy etal 1981), 이 때 $F_{CD} \geqq 300$이다.

$$\frac{1}{Q_D} = \frac{\pi^{1.5}}{2} \sqrt{t_{Df}} \tag{9-79}$$

이 시기에 측정한 현장 실측 자료인 $1/Q$ 와 $\sqrt{t}$ 를 선형 그래프상에 작도하면 원점을 지나는 직선형으로 된다. (9-78)식과 (9-79)식과 같이 $1/Q$와 t를 log-log 그래프상에 작도하면 정률시험 시와 동일하게 2종 선형흐름 시기 동안에는 초기 기울기가 0.25가 되고, 암체 내에서 선형흐름이 지배적인 시기 동안의 기울기는 0.5가 된다.

다) 분석방법

시험분석은 정률시험 분석과 동일하게 현장 실측자료를 log-log, lin-log 및 선형그래프로 작성하여 합석분석을 시행한다.

(가) 표준곡선 중첩법(log-log graph) :

현장 실측자료인 $Q_{(t)}$ 와 t를 이용해서 log-log 그래프상에 $1/Q_{(t)}$ vs t 곡선을 작도한 다음 정압시험의 표준곡선에 중첩시켜 다음과 같은 일치점을 선정한다.

$$(1/Q_{D(t_D)})_m, \ (t_{Df})_m, \ t_m, \ (1/Q)_m \ \text{및} \ \frac{F_{CD}}{\pi}$$

그런 다음에 대수성수리 특성인자를 다음과 같이 단계적으로 계산하다.

* 암체의 평균 수리전도도 :

(9-31)식을 이용해서 암체의 수리전도도를 계산한다.

$$K = \frac{0.159 Q_m}{H_0 \ L \ (Q_{D(t_D)})_m} \tag{9-31 참조}$$

여기서　m 첨자는 matching point에서 선정한 값이며,
　　　　H_0 는 초기의 고정수두이다.

(나) 준방사흐름시기 동안의 암체의 평균수리전도도 :

이 때는 현장 실측치를 반대수 방안지상에다 $1/Q_{(t)}$과 t를 작도하고 직선법을 이용해서 각종

수리특성 인자를 계산한다.

　　* 암체의 평균 수리전도도 :

이 시기의 흐름상태는 준방사흐름이므로 방사흐름시의 정압식인 (9-33)식을 이용해서 암체의
평균 수리전도도를 구한다.

$$K = \frac{0.183}{H_0 \, L \, (1/Q_{(t)})}$$ 　　　　　　　　　　(9-33) 참조

　　* 공벽계수(ζ) :

반대수 방안지상에 작도된 직선구간에서 $\triangle (\frac{1}{Q})$와 $(\frac{1}{Q})_{1\min}$을 이용해서 공벽계수를 구한다.
이 때 (9-34)식을 이용한다.

$$\zeta = 1.15 [\frac{(1/Q)_{1\min}}{\triangle (1/Q)} - \log \frac{K}{r_w^2 S_s} - 2.13]$$ 　　　　　(9-34)식 참조

　　(다) 2종 선형흐름시기 동안의 단열대의 복합 수리전도도 :

현장에서 실측한 $^2\sqrt{t}$ 와 $1/Q$을 선형그래프에 작도한 후 직선구간의 기울기를 구한다. 그런
다음 (9-80)식을 이용해서 계산한다. 단열대의 복합 수리전도도 $(K_f \cdot e)$는 (9-80)식을 이용해
서 구한다.

$$K_f e = \left(\frac{2.72}{2\pi m L H_0 (KS_s)^{1/4}} \right)^2$$ 　　　　　　　(9-80)

여기서　　m　: 직선구간의 기울기
　　　　　H_0　: 초기에 고정시킨 수두

공벽현상이 발생할 때는 2종 선형흐름 분석에 영향을 매우 크게 미칠 수 있다.

(2) 수위상승 및 하강시험(build up(fall-off) test)

지하수위 상승 및 하강 형태는 이전에 실시한 주입/채수시간에 큰 영향을 받는다. 따라서 이런
점은 감안할 때 Agarwal(1980)가 제안한 대응 시간법을 이용해도 무방하다.

단일 파쇄, 단열과 교차하는 시험정에서 이 방법의 적용성에 관해서는 이미 Rosato 등(1982)이
조사한 바 있다. 대응시간 dt_e는 (9-81a)식과 같다. 지금 수직적으로 단열이 교차되어 있는 시
험정에서 이 식의 무차원형은 (9-14)식과 유사한 (9-81a)식으로 표현할 수 있다.

$$dt_e = \frac{t_P \times dt}{t_P + dt} \tag{9-81a}$$

윗식을 $t_D = Kt/S_s\, r_w^2$ (9-14)식의 형태로 표시하면 (9-81b)식으로 된다.

$$(dt_e) = \frac{(t_P)_D \cdot dt_{Df}}{(t_P)_D + dt_{Df}} = \frac{K}{S_s\, x_f^2}\left(\frac{t_P \times dt}{t_P + dt}\right) \tag{9-81b}$$

여기서 t_P : 채수/주입시간이고,

dt : 회복시간이다.

1) 정률시험 이후에 실시한 회복시험

Rosato(1982)의 조사에 의하면 시험자료를 대응시간으로 환산해서 작도하면 build up(or fall off) 곡선은 초기와 말기에 정률시험 시의 수위강하 곡선을 따른다고 한다.

이러한 조사결과는 결국 선형, 2종선형, 준 방사흐름 시기에도 동일하게 적용할 수 있다는 뜻이다. 만일 H와 $1/Q$을 대응시간 별로 작도한 현장곡선을 이용하면 정류시험 시에 설명한 방법과 동일한 방법으로 대수성 수리특성 인자를 구할 수 있다.

그러나 수리전도도가 큰 단열대에서 측정한 회복수위자료중 중기의 자료는 build up / fall off 시험결과와 완전히 일치하지 않는다. 그 이유는 대응 시간법은 방사흐름이 지배적인 (9-16)식 $[P_D = 1.15(t_D + 0.351)]$에서 P_D의 semi-log 근사해에 기초를 하고 있기 때문이다(Jacob 직선법). 따라서 방사흐름의 개략 해를 적용할 때는 고투수성 단열계보다 저투수성 단열계가 더욱 적합하다.

2) 정압시험 이후에 실시한 회복시험

일정한 압력(수두를 일정하게 고정시킨 경우)으로 시험공내에 지하수를 채수/주입한 다음에 build up/fall off 시험결과를 대응 시간법을 이용해서 작도하는 경우에는 정률시험 해석법을 사용할 수 있다. 이 때 실 채수시간을 사용하지 말고 가상 채수시간 t_{PP}(pseudo-production time)을 사용해서 dt_e를 계산해서 사용한다.

Rosato(1982)에 의하면 가상 채수시간은 다음 식으로 구할 수 있다.

$$t_{PP} = V_{tot}/Q_P \tag{9-82}$$

여기서 V_{tot} : 주입/채수한 지하수의 누적량

Q_P : 시험종료시의 채수/주입률이다.

정압시험시 주입/채수율은 감소하는 경향이 있기 때문에 가상 채수시간은 항상 실 채수시간 (t_p)보다 길다.

결론적으로 정률시험의 수위강하 곡선은 대응 시간법을 이용하여 정률시험이나 정압시험 모두 선형, 2종 선형 및 준방사흐름 기간의 build up data를 분석하는데 사용할 수 있다.

9.8 단열매체에서 순간충격시험(pulse response test)

9.8.1 일반

순간충격시험은 시험공에 순간적으로 가한 압력 충격이 시간에 따라 감쇄하는 양을 관측하여 암체와 단열대의 수리성을 파악하는 방법이다. 시험조건에 따라서 순간충격 반응시험은 순간충격시험(slug test), 압력충격시험(pressure pulse test)과 충격회복시험(drillstem test, DST)으로 구분한다.

이들 시험을 실시하는 목적은 일반적으로 저투수성 암체의 수리특성 인자를 구하는데 있으며, 장점은 단기간에 시험을 실시할 수 있고, 오염지하수를 채수하지 않고서도 시험을 수행할 수 있으며, 시험비가 저렴하다. 단점으로는 이들 시험을 통해 구한 수리특성 인자는 시험정 주변의 극히 제한된 국지적인 값이다. 그러나 순간 충격반응 시험은 조밀한 암체에서 대수성시험이나 주입시험의 대안으로 적용가능(Forester와 Gale 1982)하고, 시험정의 시험구간을 교차하는 소규모 열극(fissure)들의 규모에 관한 정보를 파악할 수 있다(Wang 등 1977). 충격회복시험(DST)은 대상 암체가 저투수성이 아닌 경우에 시험공의 서로 다른 시험구간에서 자연수위는 물론 시험구간의 수리전도도와 공벽계수를 계산하는데 이용할 수 있다.

9.8.2 순간충격시험(slug test)

이 시험은 일반적으로 체적을 알고 있는 더미(주로 pipe의 양단을 밀봉한 후, 체적을 알고 있는 물체)를 공내에 순간적으로 삽입시키면 시험공내의 수위가 상승한다. 이렇게 상승한 수위가 경과시간에 따라 감쇄하는 양을 측정하여 시험공 주변 암체의 수리성을 파악하는데 이용한다. 순간충격시험은 나공상태의 우물(open hole, 우물자재를 설치하지 않은 구간의 암반 우물)에서 실시하기 때문에 시험구간은 대기압에 노출되어 있다. 따라서 현장에서 정밀 시험기기를 이용해서 측정한 t-H 곡선은 다공질 매체의 부정류-방사흐름식을 이용해서 분석할 수 있다.

순간충격시험의 해석용 이론을 유도하기 위해서는 적절한 경계조건을 가정한 후 지하수의 흐름 지배식인 (9-11)식을 사용한다. 이 시험의 분석법은 Cooper 등(1967)과 Papadopulos 등(1973)

이 제시한 바 있다.

(9-11)식은 시험대상 구간의 공벽효과를 고려하지 않는 식이다. 순간충격시험의 유동경계 조건
은 다음식과 같다(Cooper 1967).

$$2\pi r_w KL \frac{\partial h(r_w\,t)}{\partial r} = \pi r_c^2 \frac{\partial H_{(t)}}{\partial t} \tag{9-83}$$

여기서　　r_w　: 시험공의 반경

　　　　　r_c　: 압상파이프와 같은 standpipe의 반경

그런데 Ramey등 (1975)은 공벽효과를 고려한 순간충격시험 분석법을 발표하였는데 여기서 공
벽구간이란 시험공 벽면에 형성된 매우 얇은 두께를 가진 구간으로 국한하였다.

순간충격 시험동안에 발생하는 이론적인 수위강하 H는 전체수두변화 H_0의 백분율로 표현할 때
기본식은 (9-84)식과 같다.

$$H/H_0 = F(\zeta,\ 1/C_D,\ t_D) \tag{9-84}$$

여기서　　F는 공벽계수, 무차원의 경과시간(t_D),

　　　　　무차원의 공내저장계수 ($1/C_D$)의 함수이다.

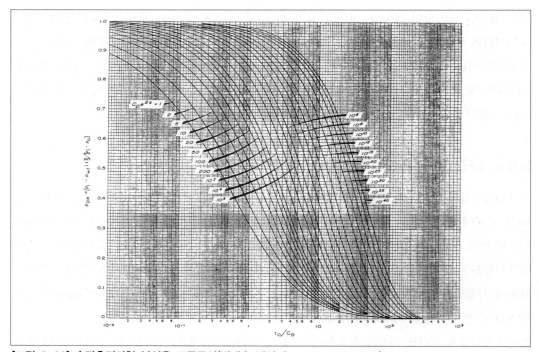

[그림 9-30] 순간충격시험 분석용 표준곡선(반대수 방안지, Earlougher 1977)

(9-84)식을 이용해서 작도한 표준곡선은 [그림 9-30]과 같다. 즉 x축은 t_D/C_D , y축은 H/H_0 , 그리고 변수로 $C_D\,e^{2\zeta}$ 을 사용하였다.

표준곡선은 양대수 방안지나 반대수 방안지에 작도해서 순간충격시험 시, 취득한 실측 시간-수위 자료와 중첩시켜 암체의 제반수리성 특성인자를 계산한다. [그림 9-30]은 반대수 방안지상에 작도한 표준곡선이다.

(1) 암체의 수리전도도 :

y축을 H/H_0 대신에 $(1-H/H_0)$ 로 바꾸어 반대수 방안지상에 작도한 후 중첩법을 이용해서 분석할 수 있다. 어떠한 방법을 사용하던 간에 암체의 평균 수리전도도는 (9-85)식을 이용해서 계산할 수 있다(Ramey 등 1975).

$$K = \frac{C\rho g}{2\pi L t_m}\left(\frac{t_D}{C_D}\right)_m \tag{9-85}$$

여기서 t_m 과 $\left(\dfrac{t_D}{C_D}\right)_m$ 은 matching point에서 선정한 값이고,

           C 는 나공상태의 우물계의 공내저장계수이다.

그런데 나공 우물(open hole)에서는 공내(우물)저장계수인 C 가 $\pi(r_c)^2/\rho g$ 이므로 (9-85)식은 간단히 (9-86)식으로 된다. 즉 나공 우물(open well, open bore hole)에서 수리전도도 K 는 (9-86)식으로 구할 수 있다.

$$K = \frac{r_c^2}{2L t_m}\left(\frac{t_D}{C_D}\right)_m \tag{9-86}$$

여기서 t_m : 시간-수위강하곡선에서 matching point의 값

           $\left(\dfrac{t_D}{C_D}\right)_m$: 표준곡선에서 matching point의 값

(2) 시험구간(시험공)의 공벽인자 :

시험공의 공벽인자는 현장 실측 자료와 표준곡선을 중첩시켰을 때 표준곡선의 $(C_D\,e^{2\zeta})_m$ 을 이용해서 구할 수 있다. 즉 (9-27)식은 다음과 같다.

$$\zeta = 1.151\log\left[\frac{2\pi(r_w)^2\,S_s\,L\,(C_D\,e^{2\zeta})_m}{C\rho g}\right] \tag{9-27 참조}$$

지금 시험대상 우물이 열린 우물이라면 $C\rho g = \pi\,(r_c)^2$ 이므로 윗식은 다음과 같이 된다.

$$\zeta = \ 1.151\log\left[\frac{2\pi r_w^2\,S_s\,L\,(C_D\,e^{2\zeta})_m}{\pi\,(r_c)^2}\right]$$

여기서　　$r_c = r_w$ 인 경우에 공벽계수식은 다음식과 같이 변경시킬 수 있다.

$\zeta = 1.151\log[2S_s\cdot L\cdot(C_D\cdot e^{2\zeta})_m]$ 을 이용해서 공벽계수를 계산한다.

이 때 S_s 는 $10^{-5} \sim 10^{-6}$ 을 사용한다.

9.8.3 압력충격시험(pressure pulse test)

일반적으로 투수성이 불량한 암체의 수리특성 인자를 구할 때 압력충격시험을 사용한다. 이 시험의 시험대상 구간은 시험기간 동안 대기에 노출되지 않는다. 즉 시험구간에 팩커(packer)를 정착해서 구속시키고 물을 주입하거나 기타 방법으로 시험대상 구간에 압력을 가했을 때 변화하는 수두압의 감쇄상태를 측정해서 암체나 파쇄대의 수리특성 인자를 구하는 방법이 압력충격시험이다.

따라서 팩커가 장착된 시험구간에서 수두압의 변화는 공내저장계수에 따라 크게 영향을 받는다. 이 경우에 공내저장계수는 나공상태의 우물의 공내저장계수에 비해 몇 차수(order)정도 낮기 때문에 시험기간은 일반적으로 순간시험의 시험기간보다 짧다.

압력충격시험의 지배식은 (9-87)식과 같다(Bredehoeft와 Papadopulos 1980). 즉 시험기기의 체적 변화가 없는 상태에서 시험공에서 주변 암체로 유출입되는 양은 압력충격시험 동안 단위시간당 시험대상 구간에 들어 있던 물이 팽창되는 양과 같다.

$$2\pi r_w KL\frac{\partial}{\partial t}(r_w\,t) = \ V_w\,C_w\,\rho g\frac{\partial H_{(t)}}{\partial t}\tag{9-87}$$

여기서　　V_w : 시험대상 구간에 들어 있는 물의 체적

C_w : 물의 압축계수

압력충격시험과 순간충격시험의 차이는 이들 지배식인 (9-87)식과 (9-83)식에서 찾아볼 수 있듯이 2식의 우측항은 단위시간당 물체적의 변화량을 서로 다르게 기술하고 있다.

이와 같은 단위시간당 물체적의 변화량은 (9-14)식에서 설명한 공내저장계수의 일반적인 정의를 사용해서 표현하면 (9-88)식과 같아진다.

$$\triangle V = \ C\triangle P = \ CH\rho g\tag{9-88}$$

여기서 　　$\triangle V$: 시험대상 구간 내에 들어 있는 물체적의 변화

　　　　　$\triangle P$: 수두압

　　　　　H : 수위

(9-87)식에서 단위시간당 지하수의 체적 변화는 다음과 같은 미분방정식으로 표현할 수 있다.

$$\frac{\partial V}{\partial t} = C\rho g \frac{\partial H_{(t)}}{\partial t} \tag{9-89}$$

따라서 나공우물이나 펙커를 장착한 시험구간에 (9-89)식을 적용하면 결국 (9-87)식이나 (9-83)식의 우측항과 같게 된다. 순간충격시험이나 압력충격시험 시 사용하는 모든 경계조건은 동일하다. 따라서 압력충격시험의 해석법과 이론은 순간충격시험의 해석법과 이론과 대동소이하다. Bredehoft와 Papodopulos(1980)은 Cooper(1967) 등이 순간충격시험 시 사용한 원리와 유사한 압력충격시험 분석법을 제시하였다. 이 때에 공벽효과는 고려하지 않는다.

구속 공내저장계수(confined C)를 압력충격시험 시 사용할 수 있다면 압력충격시험 결과치를 분석할 때 (9-83)식의 Ramsey 등 (1975)의 해법도 적용할 수 있다. 이 경우에는 무한소의 얇은 공벽구간을 고려해서 해를 구하게 되어 있다. 따라서 압력충격시험 결과는 순간충력시험 결과의 분석법을 적용할 수 있다.

(1) 수리전도도 :

시험대상 구간의 수리전도도는 (9-85)식으로 계산할 수 있다. 이 때 (9-85)식은 (9-90)식과 같이 된다.

$$K = \frac{C\rho g}{2\pi L t_m} \left(\frac{t_D}{C_D}\right)_m \tag{9-85 참조}$$

$$K = \frac{(r_w)^2 C_{eff}\, \rho\, g}{2 t_m} \left(\frac{t_D}{C_D}\right)_m \tag{9-90}$$

여기서 　　$C = C_{eff}\pi r^2 L$ 이다.

그런데 Moench와 Hsich(1985) 등은 "시험대상 구간에서 수두변화를 유발하는데 소요되는 물의 유출입량은 매우 소량이기 때문에 압력충격시험 결과로는 공벽구간의 수리특성 인자에 관한 정보 밖에 얻을 수 없다. 따라서 이 정도의 소량의 물은 결국 공벽구간으로만 전달되므로 압력충격시험으로 구한 수리특성 인자는 공벽구간의 수리특성을 대표한다"라고 지적한 바 있다. Bredehoeft와 Papadopulos(1980)가 지적한 것처럼 시험대상 구간에서 압력충격시험을 실시한 후 감쇄되는 압력수두가 원수두압으로 회복되는데 소요되는 시간은 순간충격시험처럼 상당히

장시간이 소요된다.

따라서 상술한 2가지의 충격시험 시 현장 취득자료를 분석하기 위해 필요한 시간은 감쇄수두압의 초기 수두압의 50%에서 최대 80%가 회복될 때까지의 자료가 필요하다.

이러한 소요시간은 시험대상 구간의 수리성에 좌우되므로 몇 분, 몇 시간 정도 시험을 실시해야 한다고 단정적으로 말할 수 없다.

(2) Wang등의 해석방법(1977)

소규모 수평 단열로 구성된 견고한 암체의 구속구간에서 실시한 압력충격시험에 관한 이론을 Wang등이 개발한 바 있어, 그들의 이론을 사용해서 1개 수평단열의 수리전도도와 단열의 틈 (aperture)의 크기를 계산할 수 있다.

특히 장기 관측자료가 가용하면 단열의 수리전도도와 틈은 항상 일정하고 적용한 압력에 변형을 일으키지 않는다는 조건하에서 단열의 기하학적인 형태를 이 방법으로 구할 수 있다.

이 때 공벽효과는 고려하지 않는다. 이들 이론은 분리 단열대에서 부정류, 방사흐름의 기본지배식인 확산식에 근거하고 있으며, 또한 단열대의 수리전도도는 단열대의 고유투수계수에 근간을 두고 있다.

따라서 1개 분리 단열대의 수리전도도 K_e 는 매끈한 단열면에서 층류가 흐르는 평행한 모델로 표현되며 $K_e = K_f/\phi_k$ 이다.

9.8.4 충격회복시험(Drill stem test, DST)

DST시험은 일반적으로 2회의 유동주기와 2회의 회복주기로 구성되어 있다(그림 9-31 참조). 흐름주기(flow duration) 동안의 지하수위의 변화는 순간충격시험 때와 같은 나공 우물의 공내 (stand pipe)에서 측정하고 회복주기 동안의 수두압 변화는 구속시킨 시험구간에서 측정한다.

(1) 흐름주기의 자료분석

흐름주기 동안 실측한 t - H 곡선은 전술한 순간충격시험 분석법을 이용해서 해석한다. 이 때 수리전도도는 (9-86)식을 이용하고, 공벽계수는 (9-27)식을 이용해서 계산한다.

$$K = \frac{r_c^2}{2Lt_m}\left(\frac{t_m}{C_D}\right)_m \qquad \text{(9-86)식 참조}$$

$$\zeta = 1.151\log\left[\frac{2\pi r_w^2 S_s L (C_D e^{2\zeta})_m}{C \rho g}\right] \qquad \text{(9-27)식 참조}$$

DST 시험의 흐름주기 동안에 지하수위가 우물자재 상단위로 상승하면 시험자료 분석은 불가능하다.

(2) 회복주기의 자료분석

펙커 설치구간에서 회복주기 동안에 측정한 시간-수두압 변화자료 중 잔류수두압은 Hornor의 (9-55)식으로 표현할 수 있다.

$$H' = (P_i - P_{ws})/\rho g = \frac{0.183Q}{KL} log(\frac{t_P + dt}{dt}) \qquad \text{(9-55)식 참조}$$

DST 시험기간 동안의 흐름률(유동율)은 다음과 같이 구한다.

$$Q = \frac{\text{이전 단계에서 적용했던 평균흐름율}}{\text{흐름주기 동안 시험정내에서 변화한 물의 체적}}$$

여기서 흐름주기의 기간은 (9-54)식에서 t_P에 해당한다.

흐름주기 동안 일정한 시간대의 실 흐름률은 수위 변화 자료를 이용해서 계산할 수 있으나 흐름률은 일반적으로 DST의 수위회복 주기 분석 시에는 흐름주기 동안 일정한 값으로 생각한다. 회복주기 동안에 측정한 t-H 자료는 Hornor 그래프상에 작도한다. 이 때 첫 번째 회복기간은 일반적으로 매우 짧기 때문에 분석 시에는 통상 두 번째 회복기간시 취득한 자료를 이용한다.

1) 수리전도도 :

수리전도도는 두 번째 회복기간 동안 측정한 자료를 이용해서 Hornor 그래프에 작도하고 직선구간의 기울기를 구한 후 다음과 같은 (9-18)식으로 계산한다.

$$K = \frac{0.183}{\triangle H L} Q$$

2) 공벽계수 :

만일 회복시험 기간중 공내저장효과가 발생하면 (9-57)식에서 정의한 시간기준을 만족해야 한다.

$$\frac{dt_D}{C_D} = \frac{2\pi K L dt}{C\rho g} \geqq 60 + 3.5\zeta$$

회복주기 동안의 공벽계수는 (9-91)식을 이용해서 계산한다.

$$\zeta = 1.151 \left[\frac{(P_{1min} - P_P)/\rho g}{\triangle H} + \log \frac{t_P + 60}{60} - \log \frac{K}{r_w^2 S_s} - 2.13 \right] \qquad \text{(9-91)}$$

여기서 t_P 의 단위 : 분(min)

P_{1min} : 시간-수두압 곡선의 직선구간을 외삽시켰을 때
$t = 1$분일 때 수두압

(9-91)식에서 t_P 가 60분 이상이면 $\log\dfrac{t_P + 60}{60} ≒ 0$ 이므로 무시할 수 있다.

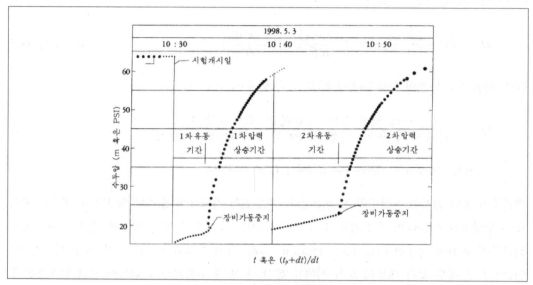

[그림 9-31] DST(Drill stem test) 동안의 수두압 변화(Undegraph 등 1980)

9.9 파쇄매체의 Moench법

전술한 바와 같이 파쇄매체는 이방, 불균질 매체이므로 지하수의 흐름양상은 매우 복잡하다. 따라서 파쇄매체는 다음과 같은 가정하에 그 흐름양상을 분석한다.

① 암체덩이(block) 자체는 불투수성이나 파쇄매체의 전체 시스템은 대응단일 공극의 다공질 매체(equivalent single porosity porous medium)로 처리하는 방법과

② 파쇄매체를 다공질 저투수성 암체(porous low-permeability block)와 상기 암체와는 분리 되어 있으나 수리적으로 서로 연결된 고투수성 단열대(high permeability fracture)로 구성 된 2중공극(dual porosity)으로 처리하는 방법이 있다. 이 경우에 암체덩이와 단열대 사이에 서 일어나는 지하수 유동은 가상 또는 준-정상류이거나 부정류상태이다.

이 경우, [그림 9-32]와 같이 대수층은 피압상태이고, 포화대의 두께가 D일 때 적절한 해를 구할 수 있다. 만일 해당 시스템(계)을 대응다공질 매체로 처리하는 경우에는 암체덩이와

단열대 사이에서 지하수유동은 일어나지 않고 지하수는 암체덩이 주위의 단열대에서만 유동한다. 이런 뜻에서 이 경우에 사용하는 공극률은 해당시스템의 전체 체적에 대한 단열공극의 체적비로 나타낸다.

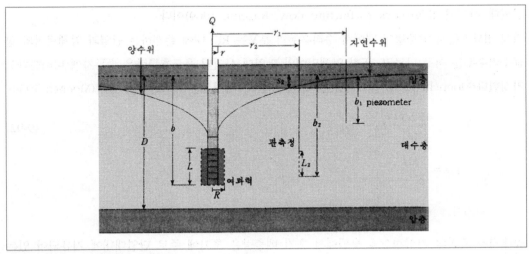

[그림 9-32] 피압대수층의 파쇄매체에서 지하수 흐름

③ 주변 암체덩이에서 단열대로 지하수 유동이 발생하는 경우에는 단열암체(fractured rock mass)를 2종의 서로 연결 및 중복된 연속체(two interacting and overlapping continua), 즉 저투수성 1차 공극을 가진 암체덩이의 연속체(a continuum of low permeability primary porosity block)와 고투수성 2차공극 열극의 연속체(a continuum of high permeability, secondary porosity fissures)로 구성되어 있는 것으로 가정한다(그림 9-33).

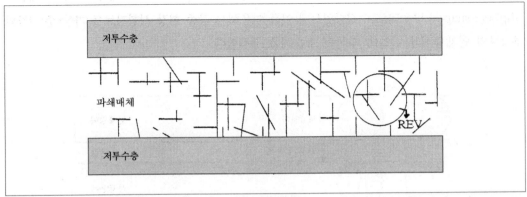

[그림 9-33] 저투수성 초기공극 암체덩이에 의해 구속된 고투수성 2차공극의 단열대로 이루어진 2중공극 파쇄암체의 모식도(3번째 경우)

9.9.1 가상 정류상태

현재 널리 이용되고 있는 2중공극 매체는 다음과 같이 2가지가 있다. 즉 가상(준) 정류흐름 상태하에서 암체덩이와 단열대에서의 유동(Warren과 Root, 1963)과 부정류 상태에 암체덩이와 단열대 사이의 유동(block to fracture flow, Kazemi, 1969)이다.

가상-정류흐름시 암체덩이 내에서 수리수두의 분포는 REV내에 존재하는 단열과 암체덩이의 평균수리수두는 서로 다르고, 또한 암체덩이와 단열대 사이의 유도흐름량은 수두차에 비례한다고 가정한다(Moench, 1984). 즉 가상정류흐름 이론의 지배식은 (9-92)식과 같다(Moench 1988).

$$h_D = \frac{4\pi KD}{Q}(h_0 - h_f) \qquad\qquad (9\text{-}92)$$

$$t_D = \frac{K t}{S_s r^2}$$

여기서 h_D : 무차원 수위강하, t_D : 무차원 경과시간이다.

공내저유 효과와 가상정상류 모델에서 초기 배출량은 초기에 주로 단열대내에 저유되어 있는 지하수로 이루어지고, 후기에는 암체덩이 내에 저유된 지하수로 구성된다. 따라서 초기와 후기에 발생하는 수위강하는 Theis 곡선과 유사하다.

9.9.2 부정류 상태

암체덩이에서 단열대로 유동하는 지하수가 부정류 흐름일 때 REV내에서 암체덩이의 수리수두는 단열대와 암체덩이의 경계면에 직각방향이며, 시공간적으로 변한다.

1984년 Moench는 암체덩이를 판상형 암체덩이(slab-shaped block)에서 구형 암체덩이(shphere-shaped block)로 수정하였는데 이를 이용해서 각종 현장 시험자료를 가상(준)정류와 부정류의 암체덩이와 단열대 사이의 흐름해를 구하였다.

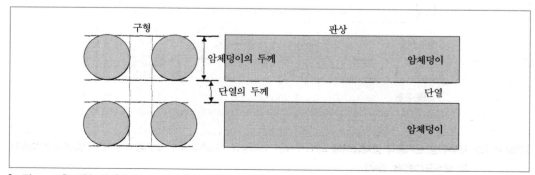

[그림 9-34] 구형 암체덩이와 판상 암체덩이의 모식도

암체덩이와 단열대 사이의 흐름에서 부정류 흐름은 단열암체를 암체덩이(판상이거나 구형이거나)의 누층(alternating layer)과 열극으로 구성되어 있는 것으로 이상형화 시켰다(그림 9-34 참조). Moench(1984)는 암체덩이와 단열대 사이의 지하수흐름에서 가상-정류흐름과 부정류 흐름 현상들이 현장시험자료들에서 왜 나타내는가를 설명하기 위해 단열의 공벽(fracture skin)개념을 사용하였다(그림 9-35 참조).

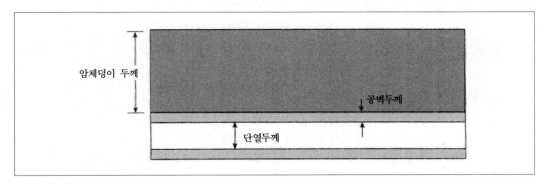

[그림 9-35] 저투수성 얇은 피복물질이 암체덩이와 단열대 사이의 접촉면에서 침전되므로 단열공벽이 발생되는 모식도

단열공벽이란 암체덩이의 표면에 침전된 저투수성 물질의 얇은 피복물질로서 이러한 저투수성 물질이 암체와 단열사이에서 지하수의 자유로운 유동을 저해하는 역할을 한다.
만일 단열공벽 물질이 거의 불투수성일 때 암체덩이와 단열대 사이의 수리수두 변화 중 대부분은 단열공벽 물질 때문에 발생될 것이고, 암체덩이와 단열사이에서 발생하는 부정류 흐름해는 가상정류 흐름해로 축소된다.
단열피복 물질에 의한 공벽효과는 가상-정류흐름 가정 시 예상했던 것과 비슷한 압력반응의 결과에 의해 암체덩이에서 지하수의 공급을 지연시키게 된다. 이 경우의 지배식은 다음식과 같다.

$$h_{WD} = \frac{4\pi KH}{Q_T}(h_i - h_w) \tag{9-94}$$

$$h'_D = \frac{4\pi KH}{Q_T}(h_i - h')$$

여기서 h_{WD} : 양수정의 무차원 수두
　　　　　h'_D : 관측정에서 무차원 수두

암체덩이와 단열대 사이의 지하 유동에 따른 가상-정류와 부정류를 표현하는 표준곡선은 암체덩이의 수리전도도와 단열대의 수리전도도 사이의 비가 감소하면 보다 상부에 위치하게 되고 이때 암체덩이에서 지하수는 빠르게 배수된다.

단열대의 흐름분석시 양수정에서 측정한 시간-수위강하 표준곡선(단정시험인 경우)을 작성해서 대수성 수리특성 인자를 구할 수 있다. 그러나 이때는 반드시 공내저장효과와 공벽효과를 고려해야 한다.

만일 우물저장효과와 공벽효과를 무시할 수 있는 경우에 그 해는 Warren과 Root의 방법(1963)과 동일해지며 이 때 우물저장계수는 다음 식으로 구한다.

$$C = \frac{\pi R^2}{2\pi r^2\, S} \tag{9-95}$$

여기서 $\pi R^2 = V_W\, \rho\; g\; C_{obs}$ 이고

V_W : 시험구간(펙커설치구간)의 지하수 체적(유체의 체적)

C_{obs} : 우물 내에 들어 있는 지하수(유체)의 압축성

S : 계산된 저유계수($S_s\, L$)

Moench의 해법은 Waterloo Hydrogeologic Inc/Canada가 개발한 Aquifer Test code를 이용해서 대수성 수리특성 인자를 구할 수 있다.

Aquifer test program에서 단열대 흐름에 대한 Moench 해의 가정은 다음과 같다.

① 포화단열대는 이방균질, 수평범위는 무한대, 두께는 일정
② 포화단열대의 상하부는 불투수성 지층으로 구속된 피압상태이며
③ 암체덩이와 단열대 사이의 지하수흐름은 Darcy법칙을 적용할 수 있고
④ 양수정으로 유입되는 지하수는 단열대내에서만 일어나며
⑤ 관측정의 수리수두는 REV 내에 있는 단열대의 수리수두와 같고
⑥ 암체덩이에서 지하수유동 방향은 암체덩이나 단열대의 경계면에 직각이다.

Aquifer code를 사용해서 Moench법을 적용 시 필요한 입력자료는 다음과 같다.

① 1개 이상의 관측정에서 측정한 시간-수위강하 자료
② 양수정과 관측정 사이의 거리
③ 양수정에서 지하수 채수량(율)
④ 양수정과 관측정의 우물구조와 지층구조

기타 부정류 상태하에 있는 다음과 같은 파쇄단열계 매체에서 지하수의 유동특성과 우물수리 및 상세한 해석방법들에 관해 관심이 있는 독자들은 "지하수환경과 오염(2000, 박영사, 한정

상)"의 5.5절을 참조하기 바란다.

① 비누수 - 피압상태의 2층 다공질 블록(block)과 단열계 모델
② 비누수 - 피압상태의 무작위로 분포된 다공성 블록과 단열계 모델
③ 부정류 - 이방성 자유면상태의 2층 다공성 블록과 단열계 모델

10.1 지하수 모델링(modeling)과 모델(model)

강원도 동해시 지역의 제3기 북평층 하부에 널리 분포된 대석회암통 대수층으로부터 ① 1일 25,000m³의 피압지하수를 계속 채수 이용할 때 앞으로 30년 후에 지하수위는 얼마나 하강할 것인가? ② 이때 인접해 있는 바닷물이 석회암 대수층으로 유입되지 않을까? ③ 또한 상류구배 구간에 소재한 잠재오염원으로부터 오염물질이 우물장(well field)까지 도달하는데 소요되는 시간과 이들 오염물질의 이동경로는 어떠한가? ④ 주변 농경지에서 사용한 비료나 농약이 우물장을 오염시키는 경우에 농도는 어느 정도인가? ⑤ 제3기층 상부에 분포되어 있는 자유면 충적대수층에서 어느 정도의 천부지하수가 하부 석회암 대수층으로 유입되는가? 등 지하수 기술자들은 이상과 같은 질문에 항상 접하고 있으며 이들 질문들에 대해 합리적인 해답을 제시해야 한다. 즉, 이상의 문제를 해결하기 위해서 지하수 기술자들은 지하수 흐름계 내에서 수리특성인자의 시·공간적인 변화나 수문학적인 요인의 변동, 과거나 미래의 지하수위의 변동 등을 서술할 수 있는 여러 가지의 수리지질학적 및 수문학적 인자들을 설정하고 정확한 개념모델을 구축해야 한다. 물론 공학적인 방법이나 지질학적인 판단으로서도 이상의 질문에 대한 일부의 해답을 얻을 수 있을지 모르나 불확실성(uncertainty)이 많고 복잡한 지하수환경의 제반요인을 모두 분석하기는 쉬운 일이 아니다. 따라서 이러한 복잡한 지하수환경 내에서 일어나고 있는 제반 사건들을 예측하고 평가하는 도구로서 현재 널리 쓰이고 있는 기구가 바로 지하수모델(model)이다. 지하수모델이란 현장의 실제 지하수환경을 근사해로 단순화시켜 표현하는 일종의 기구(tool)로서 실제 지하환경의 물리, 화학 및 생물학적인 현상을 인공적인 기구, 장치나 수식을 이용해서 표현하는 축소판 매개체이다. 환언하면 지하 대수층 내에서 일어나고 있는 여러 가지의 물리, 화학 및 생물학적인 현상을 이해하고 이러한 현상을 축소판 기구, 장치 및 수학적으로 재현하려는 기도이다. 따라서 모델은 개념적, 물리적 및 수치적인 모형을 모두 포괄한다.

특히 지하수의 흐름 상태나 지하수내에 용존 및 공용매 상태로 함유되어 있는 각종 오염물질의 거동현상을 상술한 모델을 이용해서 과거에 일어난 일을 재현하고 현재의 상황을 분석하며, 추후에 일어날 변화를 예측하는 전 과정을 지하수 모델링(modeling)이라 한다.

따라서 모델 결과물은 현장에서 일어나는 현상을 개념적으로 이해할 수 있을 정도이어야 한다. 즉 모델링의 목적은 대수층 내에서 시공간적인 수리수두의 변화나 오염물질의 농도분포와 같은 미지의 변수를 재현하거나 예측하는데 있다.

모델은 수리지질 전문가에게 다음과 같은 하나의 보조수단인 도구로 사용된다.

① 예측 기구 : 이 모델은 어떤 활동으로 인해 현 지하수환경에 미치는 영향이나 추후 발생할 수 있는 조건을 예측하기 위해서 특정 지역에 적용한다.

② 연구용 기구 : 이 모델들은 지하환경의 현상을 이해하고 대수층이나 지하수의 동력학적인 특성을 연구하기 위해 사용한다.

③ 일반적 혹은 선별기구(generic or screening tools) : 이 모델들은 대수성 특성인자의 불확실성을 일반적으로 내포하고 있으나 지하수나 대수층의 관리기준이나 표준을 개발할 목적으로 주로 규제용으로 사용된다.

지하수 유동이나 오염물질의 거동모델을 개발하는데 있어서 가장 먼저 수행해야 할 일은 분석하고자 하는 지하수환경의 현상을 지배하고 있는 물리, 화학 및 생물학적인 작용을 표현할 수 있는 개념모델을 개발 구축하는 것이다. 두 번째로는 개념모델을 경계조건이 포함된 편미분방정식으로 구성된 수학적인 모델로 변형시킨다. 그런 다음 마지막 단계로는 해석학적이거나 수치방법을 이용해서 경계조건에 따른 해를 구해야 한다.

수치분석법을 사용하는 경우에 해당 편미분방정식과 보조 조건들과 수치 알고리듬(algorithm)을 수집한 것을 수치모델이라 한다. 수치모델을 수행하는 전산프로그램을 전산코드(code) 혹은 전산모델이라 한다.

10.1.1 모델링의 목적

지하수유동 및 오염물질의 거동현상을 분석할 때는 효율을 극대화하기 위해 착수단계부터 모델링의 목적을 분명히 설정해야 한다. 모델링의 목적을 정확히 설정해 두면 재원의 불필요한 지출이나 예견되는 현상을 결정하거나 연구에 초점을 맞추는데 큰 도움이 된다.

지하수모델을 사용하는 이유와 목적은 다음과 같다.

① 설정한 가설을 확인하고 취급하고 있는 대수층에 대한 지식을 개선하고

② 대수층 내에서 일어나고 있는 물리, 화학 및 생물학적인 현상을 이해(거동과 운명)하며

③ 오염된 지하수의 정화방법들을 평가, 설계하고

④ 예상되는 제반활동으로 인해 추후 발생 가능한 여러 가지 현상들을 평가 예측하고

⑤ 불균질, 이방성 대수층에서 우물보호계획을 수립하며

⑥ 공공급수용 우물설치 대안을 조사검토하고

⑦ 지하수자원을 합리적으로 관리하려는데 있다.

즉, 지하수 모델링은 지하수 흐름이나 지하수환경내에서 거동하는 오염물질들의 현상에 대한 시·공간적인 분포를 분석 제시해 준다. 따라서 모델링 분석을 위해서는 대수층 관련 자료, 지하수위 관련 자료, 대수성 수리상수 관련 자료들이 필요하다. 지하수 모델링은 제한된 자료를 이

용해서 전반적인 지하수 흐름계와 물질의 거동을 분석하기 때문에 과거의 자료를 이용해서 과거 지하수 흐름계를 재현할 수 있고, 현재의 지하수 흐름계 분석을 통해 미래의 지하수 흐름계의 변화 양상을 예측할 수 있다. 즉 현재 상황이 크게 변하지 않을 때의 미래 상황을 예측함은 물론, 현재 상황의 일부가 변화될 때 지하수 흐름계에 전체적으로 어떤 영향을 미칠 것이며, 또 지하수내에 함유되어 있는 물질의 거동이 얼마나 빠르게 일어날 것인가를 예측할 수도 있다. 이와 같이 지하수 모델링의 목적은 수집 가능한 과거와 현재의 모든 관련 자료들을 이론적인 지배식과 결합시켜 현재의 지하수 관련 현상을 분석하고, 과거의 지하수 관련 현상을 재현하며, 미래에 일어날 수 있는 변화를 예측하는데 있다.

그러나 모델이란 우리의 제한된 정보를 넓혀 주고 계산을 신속하게 도와주는 하나의 도구일뿐 찬란한 결과를 제시해주는 만능 해결기구는 결코 아니다. 즉 복잡한 지하환경을 단순화 시켜서 표현한 것이 모델이므로 출력결과는 항상 완전할 수가 없다. 즉, "Computer tells lie but provides us useful information"이란 의미를 항상 염두에 두고 모델링을 해야 할 것이다. 따라서 해당지역의 수리지질 특성화에 대한 깊은 지식이 없거나, 수리지질 분포특성과 관련된 지질도 작성을 해보지 않은 분들이 모델을 사용할 때는 항상 위험성이 수반될 수 있음을 명심해야 한다. 즉 현장자료와 지질학적인 깊은 경험을 바탕으로 해서 모델을 사용하는 경우에는 어떤 다른 방법보다도 기술적으로 튼튼한 결과를 제공해줄 수 있다.

10.1.2 지하수 모델의 분류와 종류

지하수 모델은 모델의 기능, 수학적인 표현방식, 차원, 지하수환경의 시간적인 변화, 기본인자와 취급방법에 따라 [표 10-1]과 같이 여러 가지로 분류된다.

일반적으로 지하수모델의 유형을 분류할 때는 [표 10-1]에서 지하수유동모델, 오염물질 거동모델, 열전달모델 및 변형모델로 구분한다.

(1) 기능에 의한 분류

1) 지하수유동모델

지하수의 용수공급 문제는 일반적으로 지하수위의 시·공간적인 변화를 1개의 지하수흐름지배식으로 표현한다. 지하수의 흐름지배식은 지하수의 질량보존법칙(water mass balance)과 지하수의 연속방정식인 Darcy 식을 이용하여 구한다(그림 10-1 참조).

[표 10-1] 지하수모델의 분류방법과 종류

분류방식 \ 종류	종 류
1. 기능	• 지하수유동모델 (groundwater flow model) • 오염물질거동모델 (solute transport model)
2. 수학적인 표현방식	• 개념모델 (conceptual model) • 물리적인 모델 (physical model) • 수학적인 모델 (mathematical model) 　- 해석학적인 모델 (analytical model) 　- 수치모델 (numeric model)
3. 차원	• 1차원 모델 (1-D model) • 2차원 평면모델 (2-D areal model) • 2차원 단면모델 (2-D cross section model) • 준 3차원 모델 (quasi 3-D model) • 3차원 모델 (3-D model)
4. 시간변화	• 정류모델 (steady-state model) • 부정류모델 (transient or unsteady model)
5. 기본인자	• 전향모델 (forward model) • 반전모델 (inverse model)
6. 수학적인 취급방식	• 결정론적 혹은 확정적인 모델 (deterministic model) • 추계론적 혹은 확률통계적 모델 (stochastic model)
7. 열이동	• 열전달모델 (heat transport model)
8. 변형	• 변형모델 (deformation model)

지하수 유동모델은 용수공급, 광역적인 지하수자원의 해석, 국지적인 지하수관리계획, 지하수와 지표수의 상호관계와 연계관리 및 지하수의 배수계획 등에 이용된다.

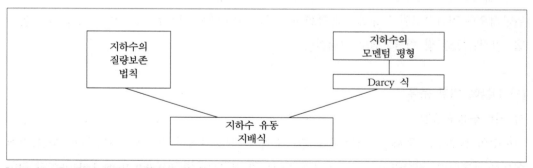

[그림 10-1] 지하수 유동 지배식의 구성성분

2) 오염물질 및 용질 거동모델

지하수 유동과 동시에 수질의 변화를 평가해야 할 때는 지하수 유동지배식에 물질의 농도항이 첨가된다. 이와 같이 일개 용질의 거동에 관련된 지배식의 해를 제공하는 모델을 오염물질 및 용질 거동모델이라 한다.

[그림 10-2]는 용질거동 지배식의 구성성분 모식도이다. 용질거동모델은 매립지에서 발생한 침출수의 거동, 대수층내로 염수의 침입현상, 지하수오염과 정화, 액상폐기물의 지하주입계획, 방사능 폐기물의 처분 등 지하수보호 및 정화계획에 널리 이용된다.

(2) 수학적인 표현방식에 따른 분류

실제 지하수와 관련된 여러 가지 현상을 단순화(simplification)시킨 후 수학적으로 표현하는 방식에 따라 지하수모델은 다음과 같이 간단히 3가지로 분류한다.

1) 개념모델(conceptual model)

개념모델은 지하수 유동계와 유동 특성을 단순화하여 회화적으로 표현한 모델이다. 개념모델은 수학적 모델의 전단계에서 수립되는 모델로서 이를 잘 선정하고 수립해야만 수학적 모델에 의한 계산결과의 정확도가 좌우된다. 개념모델은 현장에서 수집된 수리지질과 수문자료와 병행해서 해당지역의 수리지질학적인 특성을 잘 파악한 후에 지하 환경을 실제로 재현할 수 있도록 만들어져야만 한다. 따라서 깊은 전문지식과 경험을 요하는 분야이다.

2) 물리적 모델(physical model)

물리적 모델은 실제 지하수 유동계와 유사하게 만든 축소판 실모형으로서 Darcy의 모래탱크모델(sand-tank model)이나 헬레-쑈모델(Hele-saw model)이 대표적인 예이다.

3) 수학적 모델(mathematical model)

수학적 모델은 개념모델을 기초로 해서 현장의 실제 지하환경에서 일어나는 물리, 화학, 생물학적인 현상을 수학적으로 표현한 모델이다. 이 모델은 유동계 중에서 미소영역의 물리현상을 지배하는 편미분방정식과 지하수유동영역의 제반 경계조건과 초기조건 및 화학·생물학적인 조건 등으로 구성되어 있다. 수학적인 모델의 논리적인 구성은 [그림 10-3]과 같이 해석학적인 모델(analytical model)과 수치모델(numeric model)로 구분된다. 여기서 해석학적인 해란 해석학적인 방법을 이용해서 해를 얻을 수 있도록 지배식을 단순화시킨 모델이고 수치모델은 지배식을 수치적으로 근사화(approximation)해서 행렬식(matrix equation)으로 변환시킨 후 전산기를 이용하여 해를 구하는 모델이다. 수학적인 모델은 해석학적이거나 수치적인 방법으로 전산기를 이용해서 그 해를 구한다. 해석학적인 해를 유도하기 위해서 사용한 가정들이 문제를 해결하기에 너무나 단순하고 부적절한 경우에는 수치모델을 사용한다.

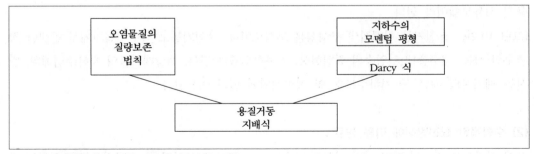

[그림 10-2] 용질거동 지배식의 구성성분 다이아그램

예를 들면 해석학적인 모델은 일반적으로 대상 대수층을 균질, 등방으로 가정한다. 해석학적인 문제가 영상이론(image theory)과 같은 매우 복잡한 중첩법을 포함하고 있을 경우에는 수치모델이 해석학적인 모델보다 더욱 쉽고 간편할 수도 있다.

솔직히 말해서 일개 모델을 수식화(formulation)하기 위해 사용하는 가정들을 단순화시킬 수 있는 경우는 매우 적은데 반해 모델은 보다 복잡하다.

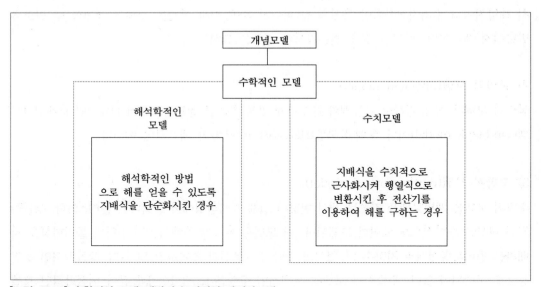

[그림 10-3] 수학적인 모델 개발의 논리적인 다이아그램

(3) 차원(dimension)에 따른 분류와 준 또는 유사 3차원 모델(quasi 3D-model)

지하수유동 및 오염물질거동 모델은 차원에 따라서 1차원(1-D), 2차원 평면, 2차원 단면, 준 3차원 및 3차원 모델로 구분한다.

1) 1차원 모델

지하수 흐름이나 용질의 농도 분포의 변화가 한 방향으로만 나타나고 그 외의 다른 방향으로는 균질한 것으로 취급할 수 있을 경우에 적용할 수 있는 모델이다.

2) 2차원 평면 모델

피압대수층의 두께가 변하더라도 두께가 일정한 것으로 가정하되 수직적인 두께 변화로 인한 영향은 투수량계수와 저류계수를 변화시켜 보정한다. 이 모델은 대수층내의 지하수흐름 중에서 수평흐름이 지배적일 경우에 효과적으로 사용할 수 있으며 대수층 두께의 변화가 심할 경우에는 지하수의 수직흐름 성분이 있기 때문에 다소 오차가 발생할 수 있다. 이 모델에서 투수량계수는 수리전도도에 대수층의 두께를 곱한 값이며 저류계수는 비저류계수에 대수층의 두께를 곱한 값이다. 따라서 투수량계수와 저류계수가 2차원 평면의 위치에 따라 변한다는 것은 수리전도도(또는 비저류계수)가 위치에 따라 변하거나 대수층의 두께가 위치에 따라 변할 경우에 해당된다. 수치모델에서 투수량계수와 저류계수는 이산화(discretized)된 유동영역의 각 지점에 맞게 계산되어 각 지점에 해당되는 절점(node)이나 셀(cell) 또는 요소(element)에 할당된다. 대수층이 이방성일 경우, 각 절점이나 셀 또는 요소에 T_x와 T_y의 주 방향값을 할당한다.

3) 2차원 단면 모델

자유면대수층의 수직 단면상에서 수직방향의 동수구배가 존재할 때 사용되는 모델이다. 이 경우 지하수면은 상부 경계면의 일부가 된다.

4) 준 3차원(quasi 3-dimension) 모델

지하수 유동계 내에 2차원적인 수평방향의 흐름이 현저한 대수층이 여러 개 존재하고 그 사이에 난대수층들이 협재되어 있을 때 지하수 유동계를 전체적으로 모의하기 위해 사용된다. 이 경우 각 대수층에서 2차원 평면모델은 지하수의 수평적인 흐름을 분석하고 난대수층 중에서 수평적 지하수흐름이나 수두분포는 계산하지 않는다. 그러나 난대수층 상하에 분포되어 있는 두 대수층 사이에 수두차이가 있을 경우에는 대수층 사이에 수직누수현상이 일어나고 이 경우에 난대수층은 두 대수층간의 누수가 일어나는 통로역할만 한다.
대수층간의 누수현상은 수직적인 유동현상으로 취급할 수 있으며 이를 정량화하기 위해서 대수층의 수직수리전도도를 이용한다. 따라서 준 3차원 모델은 대수층 내에서는 수평흐름을, 난대수층은 수직흐름을 계산하게 되므로 전체적으로는 수평, 수직 흐름을 모두 계산하는 3차원적 모델이지만 부분적으로는 수평 또는 수직흐름만을 계산하는 2차원적 모델이다(그림 10-4).

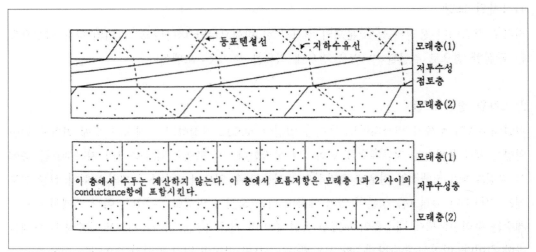

[그림 10-4] 2개의 고투수성 대수층 사이에 저투수성 지층이 협재되어 있을 경우에 저투수성 지층(난대수층)에서 지하수흐름과 준 또는 유사 3차원 모델 시 난대수층의 처리방법

5) 3차원 모델

1차원 또는 2차원적 흐름을 가정하지 않고 각 수리 층서단위 내에서 모든 방향의 흐름을 계산한다. 특히 각 수리 층서단위 내의 지하수 흐름이 수평흐름과 수직흐름 중 어느 하나도 무시할 수 없을 경우에는 이의 정확한 분석을 위해서 3차원 모델을 적용한다. 대표적인 모델은 MODFLOW, FEEFLOW 등이다.

(4) 시간변화에 따른 분류

지하수흐름은 시간변화에 따른 모의방법에 따라 정류모델과 부정류모델로 구분한다. 정류모델은 시간변화에 따른 모의는 하지 않는, 즉 지하수흐름이 평형상태(S=0)일 때의 모델이며 이에 비해 부정류모델은 시간적인 변화를 시간간격에 따라 계산하는 즉, 지하수의 흐름이 비평형상태일 때의 모델이다.

(5) 기본인자에 따른 분류

대수성 수리상수와 수리수두(혹은 오염용질의 농도)중 어느 쪽을 기본인자로 사용해서 최종적으로 어떠한 결과물을 얻는가에 따라 다음과 같이 2가지로 구분한다.

1) 전향 모델(forward model)

대수성 수리상수에 대한 측정치나 추정치를 기본인자로 이용해서 지하수 유동식이나 용질거동식의 수위분포나 용질의 농도를 계산하는 모델을 전향모델이라 한다.

2) 반전 모델(inverse model)

수위분포나 용질의 농도 측정치를 기본인자로 사용해서 역으로 대수성 수리상수를 결정하는 모델을 반전모델이라 한다.

(6) 수학적인 처리방식에 따른 분류

대수성 수리상수와 모델 결과치를 수학적으로 취급하는 방법에 따라 다음과 같이 2가지 모델로 구분한다.

1) 결정론적 혹은 확정론적 모델(deterministric model)

대수성 수리상수나 수위분포, 또는 용질의 농도는 하나의 정해진 값으로 규정되며 계산결과와 실제 값과의 차이는 측정오차, 계산오차, 그리고 모델오차 등으로 표현한다. 즉, 이 모델은 원인과 결과에 관련된 모델로서 대수층의 수리전도도나 저류계수와 같은 물리적인 특성인자를 일반적으로 포함하고 있다. 예를 들면 지하수 유동모델 중 전형적인 결정론적인 모델은 다음과 같은 경우이다.

두께가 100m이고 T가 $1000m^2$/일이며 S=0.1인 자유면대수층이 있다. x=100m이고 y=500m인 지점에 설치된 취수정에서 $200m^3$/일의 채수율로 70일간 지하수를 연속 채수했을 때 x=0m이고 y=10m인 지점에서의 수위는 해수면상 +15.5m로 예측되는 경우이다.

이 모델은 예측 시 대수층 수리특성인자의 시·공간적인 불확실성은 고려치 않으나 예측지점에서 수위강하량과 농도변화를 결정적으로 제시해 준다.

2) 추계론적 혹은 확률 통계론적인 모델(stochastic model)

추계론적인 모델은 대수층 수리특성인자의 시·공간적인 불확실성을 최대한 반영하여 결정론적인 모델에서 제시한 예의 해답을 다음과 같이 제시한다. 즉, "모의기간중 95% 신뢰수준에서 해당지점의 수위는 +(15.5±0.5)m로 예측된다"와 같이 결과를 확률적인 수치로 제시한다.

따라서 추계론적인 모델들은 대수층의 물리적인 특성으로서 쉽게 알아낼 수 없는 통계적인 인자들을 포함하고 있다. 추계론적인 방법을 이용할 때에는 결정론적인 방법을 이용할 때보다 더 광범위하고 완전한 데이터베이스를 이용한다. 미국의 경우에 아직까지도 EPA나 이 분야 기술용역회사에서 추계론적인 모델은 그리 많이 사용하지 않고 있다. 그럼에도 불구하고 분산효과를 일으키는 지질매체의 불확실성을 고려해야 하는 오염물질거동 연구에 추계론적인 방법을 적용시키기 위한 연구가 널리 행해지고 있다.

이 모델은 수리상수의 불확실성(uncertainty)과 확률밀도함수(pdf : probability density function)의 개념을 사용한다. 추계론적인 모델에서 수리상수, 수두 및 용질의 농도는 무작위 변수로 취급된다. 따라서 결정론적인 모델에서 사용하는 고전적인 유동방정식과 용질이동방정 식은 추계론적인 방정식(stochastic equation)으로 변환시켜 사용한다.

(7) 열전달과 지반변형 모델

1) 열전달모델(heat transport model)

열전달과 관련이 있는 문제는 지하수유동 지배식에 열전달에 관련된 항목을 포함시킨다. 이러 한 모델을 열전달모델이라 한다. 이 모델은 현재 주로 천부 지중열과 지하수열을 이용하는 지열 냉난방시스템, 심부지열개발, 온천 및 매립지에서 고온의 침출수 거동 등에 이용한다.

2) 지반 변형모델(deformation model)

수두압이 감소하면 결국 해당 대수층이 압밀, 압축되어 지반침하가 발생한다. 따라서 수두압 변 화를 지배하는 지하수 유동식에 수두압 감소에 따르는 지반변형 요인을 첨가하여 이를 해석하 는 모델을 변형모델이라 한다.

10.1.3 모델의 사용

전자계산기를 이용해서 수학적인 모델을 풀기 위해 쓰인 명령어를 전산프로그램 혹은 전산코드 (code)라 한다. 컴퓨터 프로그램에 의한 지하수 모델링은 지난 1960년대부터 지하수와 관련된 여러 현상들을 분석하고 연구하는데 이용되어 왔다. 전 세계적으로 개발되었거나 개인 또는 회 사용으로 개발된 컴퓨터 코드의 숫자는 파악하기 힘들 정도로 많으며 현재 국제지하수모델링센 터(미국, international groundwater modeling center, IGWMC)에 정식 등록된 지하수 관련 컴퓨터 모델은 900여개 이상에 달한다.

지하수연구나 조사를 시작할 때 생각하는 첫 의문은 어떤 모델을 사용해야 하며 문제를 해결하 기 위해 반드시 수치모델을 사용해야 하느냐 하는 것들이다. 이 두 의문에 대한 해답은 먼저 다음 사항을 고려한 후 결정해야 한다.

① 연구 및 조사목적이 무엇인가?
② 조사대상 지하수계를 어느 정도 완전히 파악하고 있으며 가용자료는 어느 정도인가?
③ 조사 연구 시 추가 자료를 획득할 수 있는 계획이 포함되어 있는가?

연구 목적상 수치모델이 필요하지 않은 경우도 있을 것이고 만일 수치모델이 필요한 경우 연구
목적상 매우 단순한 모델을 요구할 수도 있을 것이다. 이에 부가해서 자료가 충분하지 않을 경
우에는 정교한 모델을 사용할 수 없을 것이다.

현장조사연구가 초기단계일 경우에는 일반적으로 모델연구로서 자료수집과 분석을 종합하는
것이 합리적인 접근법이다. 만일 모델이 필요하다고 결정되면, 부분적으로 연구목적에 따라서
사용할 모델을 선정해야 한다.

예를 들어 공공 취수정에서 적정 채수량으로 지하수 채수 시 발생하는 지하수위강하를 모델링
하는데 광역적인 모델을 이용하면 모델격자망이 너무 크기 때문에 1개 우물과 같은 국지적인
수위강하는 반영되지 않는다. 이때는 격자간격을 좁게 설정한 방사흐름 모델이 보다 더 효과적
이다. 따라서 일개 대수층 조사에 적합한 지하수유동모델을 선정할 때 필요한 과정은 [그림
10-5]와 같이 여러 가지의 작업이 필요하다.

[그림 10-5]에서 볼 수 있는 바와 같이 모델을 사용할 때 필요한 작업은 자료수집과 관측, 모델
을 위한 자료준비, 보정(historical matching, 이력의 비교검토), 민감도 분석과 예측 등이 포함된다.
이러한 각 단계의 작업은 서로 분리된 과정이 아니고 서로 연결되어 있는 연속적인 작업이다.
즉, 일종의 피드-백 작업이다.

지하수모델의 사용은 예측기구로서 뿐만이 아니라 대수층의 현상을 개념화하는데 있어 큰 도움
이 된다. 예를 들면 조사 초기단계에 사용한 모델은 어느 정도의 자료와 어떤 자료를 수집해야
할지를 결정해 준다. 모델링을 실시할 때 일반적인 작업 순서는 다음과 같다.

① 지하수모델에서 가장 먼저 결정해야 할 것은 모델링할 지역의 경계조건이다. 경계조건으로
　는 불투수성경계(no flow), 고정 유출(specified flux)과 같은 물리적인 경계나 대규모 대수
　층 내에 소규모구역과 같은 것이 있다.
② 일단 대수층의 경계가 확정되면 조사대상영역을 격자로 세분화시키고 이산화작업을 실시한
　다. 설정하는 격자망은 장방형이거나 삼각형 및 다각형 등이다.

[그림 10-6]은 유한차분법과 유한요소법에서 사용하고 있는 전형적인 2차원의 격자망이다. 격자
망 설정 시 스트레스(stress)를 많이 받는 절점이나 셀은 세격자(fine cell)로 설정한다. 격자사이
의 간격은 임의로 정할 수 있으나 MODFLOW의 경우에 인접 셀의 크기는 1.5배 이내로 설정하
는 것이 가장 합리적이다.

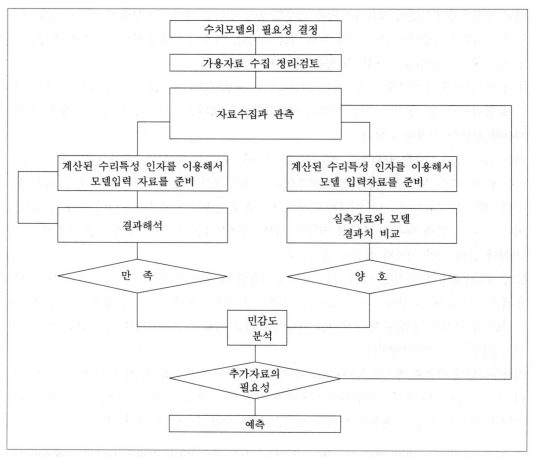

[그림 10-5] 모델 사용 시 필요한 작업 모식도(J.W Mercer와 C.R. Faust, 1986)

③ 격자망이 결정되면 그다음 각 절점이나 셀에 대수성 수리특성인자와 초기자료를 부여한다. 설명을 간편히 하기 위해 유한차분격자를 가진 영역을 예로 들어 설명하기로 한다. 각 셀에 부여해야 할 입력자료는 [표 10-2]에서 제시한 바와 같이 투수량계수(T)와 저류계수(S)를 위시하여 모델링의 목적에 따라 다양한 자료를 입력한다.

④ 수두와 오염물질의 농도변화에 대한 변화의 시·공간적인 분포는 모의기간을 여러 단계의 시간간격으로 나누어 각 시간대별로 계산한다.

⑤ 대수성 수리특성인자의 초기치는 첫째 이력의 일치법(historical matching, 보정법)으로 알려진 시행착오(trial and error) 과정을 통해 도출한다. 보정법은 대수성 수리특성의 초기입력치를 자세히 선별해내는데 이용되고 경계나 경계조건에서 흐름상태를 규명하는 데에도 이용된다. 실제 이러한 초기치는 대수성시험을 실시하여 구하는 것이 일반적이다.

⑥ 일반적으로 지하수 유동문제를 모델로 다룰 때 정류상태의 모델링을 실시하여, 지하수의 평

형수두를 계산한 후 이를 초기수두로 이용한다. 즉, 평형상태의 현장 측정수두와 모델 결과
치(수두)를 서로 대비 비교하면서 보정작업을 실시한다.

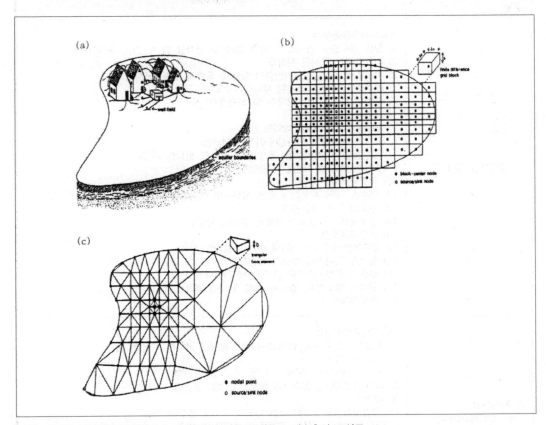

[그림 10-6] 2차원의 격자망 (a) 우물장과 경계를 보여주는 대수층의 모식도
(b) 해당대수층의 유한차분 격자망 (c) 해당 대수층의 유한요소 격자망

⑦ 그런 다음 설정해 놓은 모델의 격자망 내에 있는 우물에서 지하수를 채수하도록 하여 수위강
하량과 수두를 모의하고 그 결과치를 현장 측정치와 비교, 검토한다. 만일 사용한 모델이
올바른 모델이라고 가정할 때 현장 측정치와 모델 결과치를 비교함으로써 입력자료의 초기
치의 정확도를 규명할 수 있다. 현장 관측치와 모델 결과치가 모두 같아지거나 유사하게 될
때까지 대수성 특성인자(T, S)를 조금씩 바꾸어 가면서 시행착오 방법으로 연산을 계속한다.
과거에는 이러한 보정을 시행착오 방법으로 실시했으나 현재는 매개변수 계산법(parameter
estimation method)이 개발되어 상당한 시간을 절약할 수 있다. MODFLOW의 파라미터
계산법으로 MODFLOW-P와 PEST 등이 개발되어 있다.

[표 10-2] 예측모델에 사용되는 자료들(Moore, 1979)

구분 / 내용	자료내용
1. 물리적인 골격	가) 지하수유동분야 1) 모든 대수층의 경계조건, 각종 경계 및 면적을 알 수 있는 수리지질도 2) 지표수체가 표시된 지형도 3) 지하수위 등고선도, 기반암의 형태와 포화대 두께 단면도 4) 대수층과 경계가 표시된 투수량계수도 5) 압층이 표기된 투수량계수 및 비저류계수도 6) 대수층의 저류계수도 7) 투수량계수와 포화두께와의 관계 8) 하천과 대수층의 연관성(수리적인 연관성) 나) 오염물질의 거동분야(1~8 이외에 추가로 필요한 자료) 9) 수리분산계수를 포함한 관련인자 10) 유효공극률의 분포 11) 대수층 내에 저유되어 있는 지하수의 배경수질 12) 밀도와 농도와의 관계 13) 수두분포(지하수의 공극유속 결정에 사용함) 14) 농도경계조건 다) 열유동분야(1~14 이외에 추가로 필요한 자료) 15) 암석과 지하수의 열량과 열전도율 16) 열류량 측정치와 대수층 내에서 자연배경 온도 17) 유체의 밀도변화, 밀도와 점성 및 온도와의 관계 18) 온도경계조건
2. 지하환경의 스트레스(stress)	가) 지하수유동분야 1) 함양지역의 형태와 범위(관개지역, 함양용 굴착지, 주입정 등) 2) 지표수의 도수 3) 지하수 채수(시, 공간적인 분포 - 시기별, 공간별) 4) 하천 유출량(시, 공간적인 분포 - 시기별, 공간별) 5) 강수량 나) 오염물질거동 분야(1~5번 이외의 추가로 필요한 자료) 6) 대수층내에서 수질의 광역적 및 시기적인 분포 7) 하천수의 수질(시, 공간적인 분포) 8) 오염의 강도와 오염원 다) 열유동 분야(1~8번 이외의 추가로 필요한 자료) 9) 대수층 내에서 온도의 광역적 및 시기적인 분포 10) 열원의 강도
3. 기타 요인	가) 지하수의 유동 및 오염물질 거동 1) 용수공급의 경제적인 자료 2) 법적 및 행정적인 법규 3) 환경요인 4) 물 및 토지이용의 계획된 변경

⑧ 현장관측치와 모델결과치가 언제쯤 서로 일치할 것인가에 대한 규칙은 없다. 만족할만한 일치점에 도달하는 시기는 분석의 목적과 수리지질 기술자들의 인내심과 관측기간과 지하수 흐름계의 특수성에 따라 좌우된다.

⑨ 보정결과가 만족할 정도로 이루어진 경우에는 그 모델을 예측모델로 사용해서 추후 일어날

현상을 예측한다. 예측결과의 신뢰도는 모델 한계성을 철저히 이해하고 있어야 하며 관측된 역사적인 상황과의 일치정도와 대수층의 특성과 자료의 신빙성에 따라 좌우된다. 이러한 예측의 주목적은 다양한 지하수 채수 조건하에서 대수층이 어떻게 대응하는가를 계산하고 예측하는 데 있다.

⑩ 지하수 유동 모델링의 예측으로부터 얻을 수 있는 결과물은 압층을 통해 하부 대수층으로 누출되는 누수량, 경계조건이 모의대상 지하수 환경에 미치는 영향, 지하수의 채수나 주입으로 인한 장기적인 영향 등이다. 이외에 매립지에서 누출된 침출수가 그 주변 환경에 미칠 수 있는 영향이나 대수층 내로 유입된 오염물질의 저감 및 거동특성, 해안가에 분포된 대수층에서 장기적으로 지하수 채수 시 대수층내로 염수 침입현상 및 우물장에서의 적정채수량 결정 등을 들 수 있다.

10.1.4 모델의 규약(protocol)

전술한 바와 같이 지하수 분야에서 지하수 유동과 오염물질 거동모델은 괄목할 만한 발전을 했다. 이는 지하수의 흐름과 대수층 내에서 오염물질의 거동에 따른 지식에 대한 사회적인 요구와 필요성이 증대했기 때문이다. 대부분의 지하수관련 연구나 조사에서 가장 기본적이고 필수적인 항목으로 요구하는 것이 지하수 모델링이다. 이 요구는 지하수법 상 요구되는 항목이거나 또는 법적 분규의 최종 판단장인 법정에서 요구하는 기본조사 항목이 되기도 한다.

수치분석모델의 규약이라 할 수 있는 프로토콜(protocol)의 수행 흐름도는 [그림 10-7]과 같다 (Anderson과 Woessner, 1992). [그림 10-7]에서 제시한 모델 규약의 각 단계를 간략히 설명하면 다음과 같다.

① 모델의 목적 : 관심대상지역이 요구하는 문제점을 충분히 이해하고 모델링을 수행하는 필요성과 목적을 파악한다.

② 개념모델의 설정 : 해당 지하수환경과 시스템에 대한 개념모델을 설정한다.

③ 지배식과 전산코드 선정 : 선정된 지배식과 코드는 다음과 같이 검증한다.
대수층 내에서 현재 발생하고 있는 물리·화학 및 생물학적인 현상을 지배식으로 충분히 표현할 수 있음을 검증한다. 또한 코드의 검증(code verification)은 이미 알려진 문제의 해석학적 해와 모델링 결과를 서로 비교해서 증명한다.

④ 모델설계 : 이 단계는 격자망설정, 예측시간, 초기 및 경계조건 및 모델인자의 도출 등이 포함된다.

⑤ 보정(calibration) : 현장에서 측정한 수두, 유동률 및 농도와 유사한 값을 모델이 재현할 수 있도록 모델의 입력인자들을 결정하는 과정을 보정이라 하고, 목적은 알려지지 않은 수

리특성변수와 모델예측치들이 현장측정치와 동일하거나 유사하게 재현할 수 있도록 하는데 있다.

⑥ 모델링 결과의 불확실성에 따른 영향 결정(민감도 분석(sensitivity analysis)) : 보정된 모델은 문제영역 내에서 정확한 수리특성인자의 시·공간적인 분포를 규명할 수 없기 때문에 이러한 불확실성에 따라 영향을 받는다. 또한 경계조건이나 각종 스트레스에 대한 정의 자체에도 불확실성이 내재되어 있다. 따라서 불확실성이 보정모델에 미치는 영향을 알아내기 위해 민감도 분석을 실시한다.

⑦ 설계된 모델과 보정된 모델의 검증(verification) : 보정 단계에서 도출된 모델인자들을 사용해서 현장에서 측정한 다른 조(set)의 값을 재현할 수 있는지 여부를 알아보는 모델능력의 시험과정이다.

⑧ 예측(prediction) : 미래에 일어날 현상을 예측하는 단계로서 장래에 스트레스를 제외한 보정된 인자와 스트레스를 사용해서 모델링을 하는 단계이다. 예측모델에 사용되는 자료들은 [표 10-2]와 같다(Moore, 1979).

⑨ 모델예측상의 불확실성에 대한 영향을 결정하고

⑩모델링 설계와 결과물을 제시한다.

⑪필요시 모델을 재설계하거나 사후검사(post audit) : 모델링이 완료된 몇 년 후에 사후검사(post audit)를 실시한다. 예측이 올바르게 수행되었는지 여부를 알아보기 위해서 새로운 현장자료를 수집한다. 만일 모델예측이 올바르게 되었다면 이 모델은 해당지역에서 타당성이 입증 또는 확인되었다고 할 수 있다. 각 지역은 자체의 고유성이 있기 때문에 1개 모델은 이론적으로 각 지역의 특수여건에서 확인되어야 한다.

즉, 모델링은 크게 모델링의 대상이 되는 현장의 현상과 모델링을 하는 이유에 가장 부합되는 모델을 선정하고, 이에 필요한 자료를 취합한다. 이들 자료들에 근거한 모델링의 시·공간적 영역을 결정한 후, 필요한 자료를 모델에 입력하여 모델링을 수행한다. 모델링을 수행하기 위해 개념적 모델을 설정할 때, 즉 대수성 수리상수와 경계 및 초기조건을 결정할 때, 모델링 결과와 현장 측정 자료가 가장 잘 일치되도록 대수성 수리상수를 조정한다. 이 과정을 모델보정이라 한다. 모델링을 수행할 때 모델의 입증과 검증이 필요하다. 모델의 검증이란 이론적 결과나 이미 타당성이 확인 및 입증된 다른 모델을 이용해서 도출된 모델링 결과와 비교하여 그 정확도를 확인하는 과정이다. 입증 또는 확인은 동일한 영역에서 얻어진 시간적으로 다른 자료들을 이용해서 보정된 모델을 이용하여 분석함으로써 여러 시간 영역의 자료 모두를 잘 계산해 내는지를 검토하는 과정이다.

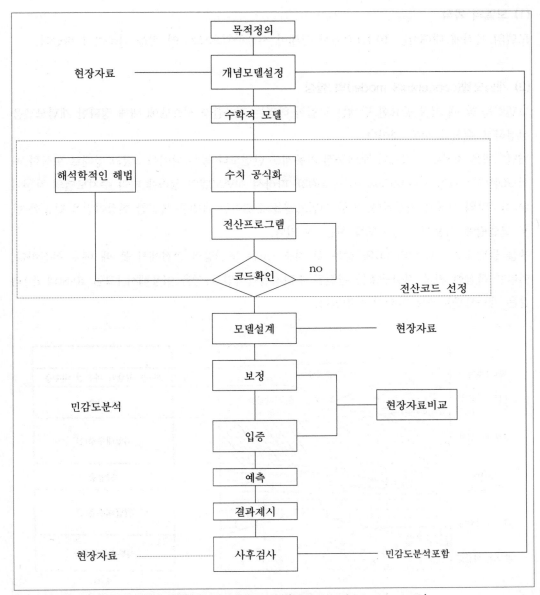

[그림 10-7] 모델 응용을 위한 모델규약(protocol)의 단계(Anderson과 Woessner, 92)

이런 과정을 거쳐서 계산된 결과는 실제가 아닌 어디까지나 단순화된 모델에 의한 계산결과이
므로 실제와는 상당히 다를 수도 있다. 모델링 결과의 정확성과 신뢰성은 입력자료의 정확성과
모델링 과정의 정확성에 따라 결정되므로 모델링 결과를 해석하는데 그 정확성과 신뢰성에 대
한 충분한 이해가 필요하다. [그림 10-7]의 단계 가운데 1~4단계에 해당하는 항목은 개념모델
이나 모델 설정 시 매우 중요한 단계이므로 이를 보다 상세히 설명하면 다음과 같다(보다 구체적
인 내용은 10.6절 참조).

(1) 모델의 목적

모델의 목적에 대해서는 10.1.1절에서 상세히 서술하였으므로 이 절을 참조하기 바란다.

(2) 개념모델(conceptual model)의 설정

모델링을 할 때 가장 중요한 단계는 모델화 하려는 지하환경 시스템에 대해 정확한 개념모델을 설정하고 수식화 하는 것이다.

개념모델은 지하수 흐름계나 오염물질 거동계를 단면도나 블록 다이아그램의 형태로 도식화 해서 표현하는 과정이다(Anderson 등, 1992). 따라서 개념모델의 성격에 따라 수치모델의 차원이나 격자망의 설계가 결정된다. 또한 개념모델을 수립하는 목적은 복잡한 현장여건을 단순화 한후 모델링에 적용이 가능하도록 하는 데 있다.

예를 들면 [그림 10-8]의 (a)와 같은 실 지층구조는 모델링의 관점에서 볼 때 매우 복잡하다. 이러한 복잡한 지하 지질구조를 관련된 수리지질학적인 특성을 이용해서 [그림 10-8]의 (b)와 같은 개념모델로 단순화시켜 설정한다.

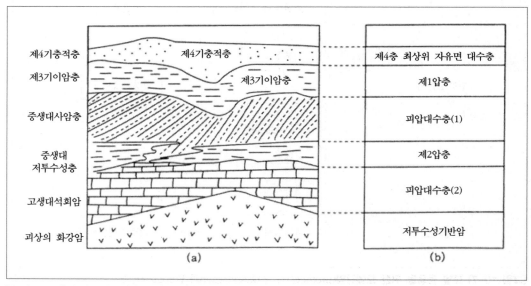

[그림 10-8] 수리지질학적인 개념모델의 개발
a) 현장 지층구조, b) 개념모델에서 수리지질 단위

따라서 지하수 흐름 및 오염물질 거동 모델에 대한 개념모델을 수식화 하기 위해서는 다음 사항이 포함되어야 한다.

① 모델화 하려는 대수층의 수리지질 현상을 규명하고,
② 강수의 지하함양, 하천의 기저유출, 증발산, 지하수 채수와 같은 대상 시스템 내에서 지하수

의 공급원과 배출원을 위시해서 유동계를 규명하고,

③ 대수층 내에서 오염물질의 공급원과 배출원을 위시해서 이들의 거동 시스템을 규명한다.

(3) 이산화(discretization)

모델링 예정구역을 제반 특성에 따라 세부 구역화 하는 단계를 일명 이산화 작업단계라고 한다. 수치모델에서 모의예정 지역의 물리적인 배치는 적용할 유한차분이나 유한요소법에 따라 셀 (cell)이나 요소, 블록 및 격자를 이용하여 세분화한다. 이때 사용할 격자망은 모델링을 실시할 지역의 지형도 상에서 설정하는 것이 가장 간편하다. 또한 격자망의 x, y 방향은 주된 K_x와 K_y 방향과 동일하게 설정하고 3차원 모델인 경우에는 K_z 방향을 수직좌표인 z 방향으로 선정한다.

사용할 격자와 셀의 크기 선정은 격자망 결정 시 가장 중요한 단계로서 이는 모델에 사용한 수리특성인자나 대상지역의 경계조건, 사용할 모델의 형태(FDM 또는 FEM), 전산모델의 제한성, 자료처리의 제한성 및 계산 소요시간 등 여러 요인에 따라 좌우된다.

이산화 작업을 할 때 모의시간을 어떻게 세분할 것인가를 결정한다. 즉 전체 모의시간을 여러 개의 시간간격(timestep), Δt로 세분한다. 일반적으로 시간간격이 짧을수록 좋은 결과를 얻을 수 있지만 시간간격이 너무 짧으면 계산시간이 많이 소요되기 때문에 비용에 관한 문제도 고려하지 않을 수 없다.

특히 시간간격을 충분히 짧게 사용하지 않을 경우에는 전산해가 수렴하지 않는 수치적인 불안정을 초래할 수도 있다. 따라서 사용한 시간간격의 크기에 대해서 모델출력 결과의 민감도 분석을 실시한다.

일반적으로 스트레스를 많이 받은 지점의 격자나 셀 및 요소 크기는 가능한 한 작은 크기로 설정하고 이의 영향을 받지 않는 지역은 큰 격자로 설정한다.

(4) 차원의 문제(dimensionality)

이산화와 직접적으로 관련되어 있는 사항 중의 하나는 모델링 하려는 영역의 차원을 결정하는 문제이다. 즉, 모델링의 목적을 달성하기 위해서 1차원 모델이면 충분한 것인지? 아니면 2 내지 3차원 모델을 사용해야 될 것인지? 또는 해석학적 모델을 이용할시 충분한 해답을 얻을 수 있는지? 아니면 수치모델을 적용해야 할 것인지? 또는 정류상태와 부정류 상태분석 중 어느 것을 적용해야 할 것인지를 결정해야 한다.

차원 결정시 일반적으로 사용하는 관행은 가능한 한 복잡한 모델은 피한다. 예를 들어 대기오염을 모델링할 때는 오염물질의 분산과 확산에 대해 3차원 분석을 실시해야 하지만 전형적인 완전관통형의 관측정을 이용해서 자료를 수집한 현장의 지하수 오염문제를 모델링 할 때는 2차원의 문제밖에 해결할 수 없다. 왜냐하면 이러한 관측정을 이용해서 측정한 자료를 3차원적인 자료가 될 수 없기 때문이다.

(5) 경계조건과 초기조건

각종 지배식 자체만으로는 특수한 물리적인 영역 시스템을 충분히 서술할 수가 없다. 왜냐하면 지배식을 이루고 있는 n차 편미분방정식은 n개의 변수와 n개의 함수로 이루어져 있기 때문이다. 이러한 물리적인 영역을 유일하게 정의하려면 지배식들의 형태에 따라 상수를 규정해야 하며 이때 추가로 요구되는 정보를 제공하기 위해서 사용되는 것이 경계조건과 초기조건이다. 경계조건은 모의하려는 영역의 경계면들에서 종속변수의 값이나 종속변수의 1차 도함수의 값들을 지정해야 한다. 즉, 경계조건은 지하수 유동계의 수리적이거나 물리적인 조건을 이용해서 도출해 낸다. 예컨대 주변에 분포된 투수성이 매우 낮은 암석분포 구간은 고정 유출경계인 유동률이 0인 셀로 처리하던가, 대수층과 수리적으로 연결된 대규모 하천이나 호소는 수위변화가 일어나지 않는 고정 수두셀(constant head cell)로 처리한다.

1) 초기조건(initial condition)

지하수의 유동 및 오염물질의 거동 지배식을 분석하려면 초기조건과 경계조건을 부여해야 한다. 일반적인 초기조건은 (10-1) 식과 같다.

즉, $t = 0$ 일 때

$$h = h(x, \ y, z) \tag{10-1}$$

여기서 $h(x, \ y, \ z)$은 $x, \ y, \ z$의 좌표지점에서 $t = 0$ 일 때의 지정된 수두이다. 모의 시간이 0일 때 전 대수층 내에서 수두의 3-D의 변화를 의미한다. 실제 이러한 정보는 미지의 값이므로 대부분 모델로는 평균수두인 h_0를 사용하거나 $t = 0$ 일 때 수위강하량(s)를 0로 사용한다.

2) 수학적인 표현식의 수리지질학적인 경계조건

가) 고정 수두경계(specified head 혹은 Dirichlet 조건)

고정수두 경계란 해당 지점의 수두를 고정된 값으로 놓고 모의하는 경계로서 간혹 제1형 경계조건(the first type boundary condition) 혹은 Dirichlet 조건이라 한다.

즉, $x = 0$ 인 지점에서

$$h(x,\ y,\ z) = h_0 \tag{10-2}$$

여기서 $h(x,\ y,\ z)$는 좌표가 $(x,\ y,\ z)$되는 지점에서 수두이고 h_0는 이미 알려져 있는 일정한 값을 가지는 고정수두이다.

대규모 호수나 대규모 하천이 대량으로 지하수를 채수하고 있는 대수층과 수리적으로 연결되어 있는 경우에 지하수 채수로 인한 대규모 호수나 하천의 수두는 변하지 않는다고 가정할 수 있다. 이러한 경계조건을 고정수두 경계라 한다.

나) 고정 유출경계(specific flux condition 혹은 Neuman 조건)

고정 유출경계는 경계면의 직각방향에서 동수구배가 다음 (10-3)식과 같이 일정한 경우이다.

$x = 0$인 지점에서

$$q_x = -K_x \frac{\partial h}{\partial x} = c \tag{10-3}$$

여기서　c는 상수이다.

이러한 형태의 경계조건은 대수층 하부에 분포된 석회암으로부터 주변 지표수계나 용천으로 유출이 발생하는 경우나 그 반대로 주변 지표수계가 용천을 통해 하부 석회암으로 유출되는 양을 표현할 때 사용한다.

고정된 유출경계의 대표적인 예는 유출률이 없는(0) 무흐름경계(no flow boundary)이다. 대표적인 무흐름 경계로는 저투수성 내지 불투수성 기반암이나, 저투수성 단열대, 지하수의 분수령 및 유선 등이다. 이와 같은 경계조건을 제 2형 경계조건(second type boundary condition)이나 Neuman 조건이라 한다.

다) 수두종속 유출경계(head dependent flux boundary, 혼합조건, 혹은 cauchy 조건)

수두종속 유출경계란 경계면의 직각방향에서 발생하는 유출-유입량이 (10-4)식과 같이 1개의 주어진 경계 수두값으로 계산될 때이다.

$z = 0$ 지점에서

$$-K_z \frac{\partial h}{\partial z} = \frac{K'}{b'}(h_0 - h) \tag{10-4}$$

여기서　K_z : 대수층의 수직수리전도도

K', b' : 압층의 수직수리전도도와 두께

예컨대 대수층 주변에 발달되어 있는 소하천으로 지하수가 유출·유입되는 양이나 누수피압대수층에서 압층을 통해 하부로 누수되는 양은 이 경계조건을 이용해서 모의한다. 이러한 형태의 경계조건을 제 3형 경계조건(the third type boundary condition), 혼합 경계조건(mixed type) 또는 cauchy 조건이라고 한다. [그림 10-9]는 각종 경계를 나타낸 모식도이다. 경우에 따라서 광역적인 지하수분수령이나 물리적인 경계면을 경계조건으로 사용할 수 없을 때도 있다.

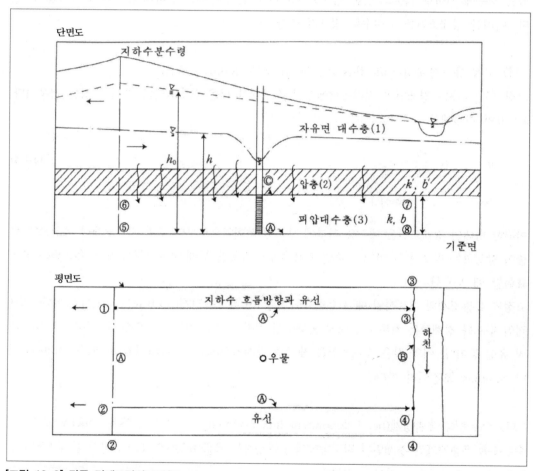

[그림 10-9] 각종 경계조건의 모식도

이 그림에서 ①②, ①③, ②④ 및 ⑤⑧은 고정유출경계로서 Ⓐ로 표시
⑦⑧ 및 ③④는 고정 수두 경계로서 Ⓑ로 표시
⑥⑦은 Ⓒ로 표시했으며 제 3형의 혼합경계.

지하수 유동계의 형태에 관한 정보를 이용해서 다른 수리적인 경계면들을 규정할 수 있다.
예를 들어 모델링하려는 지역의 등수위선도를 이용해서 수리적인 경계면을 규정할 수도 있다.
이 때 모델의 격자망을 등수위선도상에 중첩시키고 자연적인 수리지질 경계상에 고정수두 경계조건을 설정할 수 있다. 그러나 경계면 주위에 위치한 지점에서 지하수를 채수하는 경우와 같이 모델에 가해지는 스트레스에 의해 이들 경계 조건은 영향을 받지 않는다는 것을 확인한다. 따라서 이러한 경계면을 설정할 때는 모델의 경계 조건들이 현장에서 발생할 수도 있는 반응에 대해 크게 해답이 다르지 않도록 각별한 주의를 해야 한다. 지하수 유동계를 표현하기 위해 사용한 상술한 경계 조건들은 대수층 내에서 오염원의 거동에도 적용할 수 있다. 즉, 고정 수두경계는 지정된 일정한 농도를 가진 오염물질이 대수층 내로 방류되는 오염원을 표현할 때도 사용할 수 있다. 또한 고정 유출경계는 경계면에 직각방향으로 오염물질이 거동할 때의 질량을 모의할 때도 적용할 수 있다.

(6) 공급원과 배출원(source와 sink)

오염물질도 마찬가지이지만 지하수 채수용 우물은 격자망 내에 다음과 같은 2가지 방법으로 입력한다.

① 경계조건에서 이미 결정한 경계면
② 격자망 내부(interior of the grid) 안에서 공급원과 배출원

여기서 언급한 내부 공급원과 배출원은 경계 조건과는 다른 뜻이다. 예를 들면 고정 수두 셀(specified head cell)은 지정된 수두경계 조건을 표현키 위해 사용되지만 고정된 수두 절점(specified head node) 들은 호수나 하천들과 또는 다른 형태의 공급원을 표현하기 위해 격자 내에 위치한다.

주입채수정은 1개의 점공급원이나 점배출원이며 지하수 모델에서 지정된 한 개의 절점이나 셀에서의 주입 및 양수율로 지정된다.

모든 셀의 크기가 동일한 균일 격자망으로 구성된 모델이나, 우물의 실제반경 보다 모델 내에 설정한 셀의 크기가 훨씬 큰 모델을 이용하여 우물을 모델링 할 경우에, 모델러들은 이를 매우 능숙하게 처리할 수 있어야 한다.

이와 같은 모델을 이용해서 계산된 수두는 우물에서 측정한 수두와는 큰 차이가 있다. 즉 예측한 수두는 우물의 수두가 아니고 해당 셀의 전체 평균수두이다.

(7) 오차의 형태와 원인(수치모델의 정확도)

지하수 유동 및 오염물질 거동 모델링에서 가장 중요한 요소는 선택한 모델에 따라서 발생되는 오차에 대한 평가인데 이 단계는 가끔 무시되는 것이 통례이다. 이때 발생하는 오차는 다음과 같은 2종류가 있다.

① 계산상의 오차 : 주어진 경계조건과 초기조건 하에서 지배식의 해를 구하기 위해 사용한 수 치근사해의 과정에서 발생하는 오차로서 이러한 계산상 오차는 연속방정식이나 질량 보존법 칙을 응용하여 알아낼 수 있다(즉, 유입 − 유출 = 누적량).

② 보정오차(calibration error) : 수리특성인자 평가 및 계산 시 모델의 가정과 제한성 때문에 발생한다. 보정오차는 미지의 변수에 대한 관측값과 모델링으로 예측한 값을 서로 비교하여 알아낼 수 있다.

(8) 불확실성(uncertainty)

모델링 시 가장 불확실한 인자들은 오염물질의 거동기작을 지배하는 분산지수(dispersivity), 제반공급원과 배출원, 입력변수값과 이들의 시공간적인 변화, 초기조건과 경계조건, 보정 시 사용한 현장측정치의 정밀도와 자료의 미비 및 불균질성을 처리할 수 있는 모델의 능력을 들 수 있다.

이들 중에서 공급항(source term)은 일종의 경계조건으로 표현하는데 대다수의 보수적인 공급항은 평형 · 등온 상태로 처리한다. 실제로 자연저감능을 모의할 때 오염운이 장기간 동안 어떻게 존속할 것인가를 좌우하는 주요인자는 오염운의 분해율(source dacay rate)이다. 그런데 오염물질의 분해율은 실제로 가장 규명하기 힘든 인자중의 하나이다.

따라서 가장 보수적인 방법이긴 하지만 최악의 경우를 가상해서 오염운이 최대로 확정되는 현상을 계산하고 평가하기 위해서 오염물질의 누출량을 연속오염원(constant source)으로 가상한다.

(9) 모델의 한계성

수학적인 모델은 개념적이거나 응용 시 한계성을 지니고 있다. 개념적인 한계성은 실제 지하환경과 지하환경에서 일어나고 있는 현상을 수학적인 모델로 표현할 때 발생한다. 예를 들면 현재 사용하고 있는 대다수의 해석학적인 모델들은 그 해를 구하기 위해 단순화된 가정을 사용한다. 따라서 경계조건이 매우 복잡한 현장 조건에서는 이를 전혀 사용할 수 없거나 이상적인 조건하에 있는 현상에서는 이를 응용하는데 상당한 한계성을 지니고 있다.

특히 수리전도도나 분산지수와 같은 수리특성이 시·공간적으로 변하는 경우에 해석학적인 모델은 이들을 처리하지 못한다(Javandel 등, 1984). 또한 응용에 관련된 한계성으로는 모델 개발 시 이용하는 해법을 들 수 있다. 예를 들면 수치해를 얻기 위해 사용하는 편미분 방정식의 근사해는 수치오차와 잔류오차와 같은 2가지의 계산오차를 수반한다.

수치오차(numerical error)는 편미분방정식을 푸는데 사용한 해법에 의해 발생하는 오차이고 잔류오차(residual error)는 편미분방정식을 수학적인 급수해로 근사치를 구할 때 생기는 오차이다.

수치모델도 한계성을 가지고 있다. 특히 수치모델은 해석학적 모델에 비해 매우 복잡하기 때문에 모델러는 이 모델을 응용할 수 있는 어느 정도의 전문지식이 있어야 한다. 이 모델을 능숙하게 다루려면 시간이 필요하고 시간제약이 있는 경우나 재원이 충분하지 못하면 숙달이 불가능하다. 일반적으로 수치모델의 입력자료를 준비하는데 많은 시간이 소요되는 단점이 있다.

모델은 인간처럼 지능을 갖고 있지 않기 때문에 모델사용자의 마음을 읽을 수도 없고 사용자를 위한 고려나 생각을 하지 못하는 단순한 하나의 도구이지 그 이상도 그 이하도 아니다. 따라서 모델은 단순한 하나의 도구이기 때문에 사용자가 이를 적절히 이용할 줄 알아야 한다. 즉 추락한 비행기의 추락원인에 관한 해답(answer)은 black box이다. 그러나 모델은 black box처럼 해답을 사용자에게 제공해주지 않는다.

모델은 사용자가 입력한 내용을 빠르게 계산해서 그 결과만을 제시하는 하나의 도구이지 결코 해답을 제공하는 만능의 황제가 아니다. 따라서 사용자가 제공하는 입력자료의 질과 사용자의 해당분야에 대한 전문지식과 경험에 따라 모델결과는 양호할 수도 있고 아주 쓸모없는 쓰레기가 될 수도 있다. GIGO(gabage in gabage out)를 항상 기억하기 바란다. 이것이 모델의 한계이다.

모델은 정확하게 해야 하느냐 ? 라는 질문에 대해 국제지하수 모델링 센터(IGWMC)와 미국지하수 과학자 기술자 협회(AGWSE)는 다음과 같이 기술한바 있다.

"모델은 하나의 흉내를 내는 실체일 뿐이며, 여러 가지 기작이나 작용들을 이해하는데 도움을 주기 위한 것이므로 모델로부터 어떤 현상이나 결과를 배운다고만 생각하라. 모델의 정확도는 고려대상 영역을 특성화시킬 수 있는 능력에 따라 좌우되며, 단지 하나의 자료에 지나지 않는다. 따라서 모델의 목적하는 바를 명확히 할 필요가 있다."

간혹 규제기관은 복잡한 모델만을 성호하는 경향이 있다. 그러나 모델은 문제지역의 성격과 모델링하려는 목적에 따라서 선택해야 한다. 복잡한 모델은 보다 상세한 내용과 각종 가능성을 제공해주지만 입력 자료가 충분히 준비되지 않은 상태에서 이를 사용하면 도리어 터무니없는 결과를 도출할 수도 있다. 이에 비해 단순한 모델은 사용할 수 있는 경우는 다음과 같다.

① 모델이 당면한 문제에 대해 적절한 해답을 제공해주거나

② 오염부지에 대한 초기 부지평가 : 예비선별(screening)단계 및 각종 저장 처분 및 처리시설 (TSDF)의 초기입지를 선정할 때

③ 지하수관측망의 설계나

④ 오염물질의 거동영향을 평가할 때

⑤ 정화의 시급성에 따라 수많은 문제부지중에서 정화대상 부지를 선정할 때

⑥ 위해성 평가를 실시한 때는 단순한 해석학적인 모델을 주로 사용한다.

이에 비해 복잡한 수치모델을 적용해야 하는 경우에는 다음과 같이 단순 모델로서는 해결할 수 없는 복잡한 수리지질로 구성된 환경이나 복잡한 공급원을 재현해야 하거나 오염지하수의

정화설계를 해야 할 때이다. 그러나 복잡한 수치모델은 전술한 바와 같이 적절한 입력 자료가 결핍된 경우나 소요시간과 재원 및 수학적인 해법에 따라 그 한계성을 가지고 있다.

결론적으로 말해서 모델을 사용할 때는

① 공인된 모델링 규약을 따라야 하며
② 문제부지의 수리지질, 수문 및 오염물질의 성분과 지하환경에서의 거동 및 운명특성을 분명히 파악해서 문제부지에 가장 부합되는 코드를 선정해야 하고
③ 가능한 한 기본값(default)보다는 부지고유의 특성인자를 입력 자료로 이용해야 하며
④ 모델링을 왜 수행했는지를 분명히 기술하되 가능한 한 간결하게 서술하고, 세부적인 고려 사항과 수행 사항을 누락시키지 않아야 한다.
⑤ 또한 사용한 자료의 출처를 명확히 제시하고 모델링결과에 포함되어 있는 불확실성을 언급하는 등 모델링 내용을 정확히 문서화 한다.

10.2 3-D와 2-D의 지하수 흐름의 표현

10.2.1 3-D 지하수유동 지배식

5장 1절에서 언급한 바와 같이 포화대가 불균질 이방성일 때 REV 내에서 3-D 지하수의 흐름지배식은 아래식과 같다.

$$\frac{\partial}{\partial x}\left[K_{xx}\frac{\partial h}{\partial x}\right] + \frac{\partial}{\partial y}\left[K_{yy}\frac{\partial h}{\partial y}\right] + \frac{\partial}{\partial z}\left[K_{zz}\frac{\partial h}{\partial z}\right] \pm W(x,\ y,\ z,\ t) = S_s\frac{\partial h}{\partial t} \tag{10-5}$$

여기서 h : 전수두(total head)

$K_{xx},\ K_{yy},\ K_{zz}$: 수리전도도 텐서의 주성분

S_s : 비저유계수

W : 물의 내부 공급원(source)과 배출원(sink)

3차원에서 지하수 채수용 우물은 점원(point source)으로써 디락-델타 함수(Dirac delta function)인 다음식과 같이 표시한다.

$$W = \sum_{i=1}^{n} Q_i\delta(x - x_i)\delta(y - y_i)\delta(z - z_i) \tag{10-6}$$

여기서 Q_i : i 우물의 주입(+)율과 채수(-)율

$x_i,\ y_i,\ z_i$: 우물의 위치를 3차원 좌표로 나타낸 지점

n : 총 우물의 수

공간에서 디락−델타 함수의 단위는 길이의 역수(L^{-1})이다. 2차원에서 W는 대수층 상·하부에서 대수층 내로 유입·유출되는 누수량으로 설명할 수 있으나 3차원에서 W는 제3형의 혼합경계조건으로 취급한다.

(10-5)식은 피압대수층과 자유면대수층의 지하수 유동 지배식이다. 자유면대수층에서 포화대의 최상단면은 대수층의 최상위 물리적인 경계이다. 즉, 지하수위가 변동하면 물리적인 경계도 동시에 변한다. 이러한 현상을 경계면이 움직이는 문제로 취급하면 수학적으로 정확한 해를 구할 수가 없다. 따라서 자유면대수층에서 이러한 문제를 해결하기 위해서 사용하는 방법이 5장 2절에서 설명한 Dupuit 가정이다. 특히 Dupuit 가정 하에 있는 지하수면의 수두를 표현하는 2차원 부정류의 비선형식을 Boussinesq식(1949)이라 한다.

10.2.2 2-D 피압대수층의 지하수유동 지배식

이미 3장과 5장에서 설명한 바와 같이 2-D의 피압대수층은 평면적인 규모(x, y 방향)에 비해서 수직규모는 매우 작다. 따라서 평면 방향의 수위변화에 비해 수직 방향에서 수위변화는 거의 무시할 수 있다.

즉, 피압 대수층의 평면규모(x, y)는 수십 km에 이르는데 비해 수직 방향의 두께는 수10~수백 m 정도이다. 따라서 피압대수층에서 수직방향(z)의 수위변화는 평면방향의 수위변화에 비해 무시할 수 있으므로 대수층 내에서 지하수 흐름은 2-D로 취급할 수 있다. 즉, 이런 조건 하에서 수두는 2차원의 x, y와 시간의 방정식으로 모델화할 수 있다.

2-D 지하수 흐름지배식은 수직방향의 z에 따른 3차원식을 적분하여 구할 수 있다. 수학적으로 이러한 접근법은 z차원에서 변화를 제거시킬 수 있으며 여기서 도출된 수두는 전수두가 아닌 수리수두(hydraulic head)이다. 전술한 적분법을 이용하면 T와 S도 규정할 수 있다. 즉, 수직적으로 평균화된 수리수두와 투수량계수는 (10-7)식과 같다.

$$\overline{h} = \frac{\int_a^b h \cdot dz}{\int_0^z dz} \quad \text{또는} \quad \overline{hb} = \int_0^b h \cdot dz \tag{10-7}$$

3차원의 지하수유동 지배식인 (10-5)식을 대수층의 수직방향(z)에 대해 적분하면 다음 식과 같이 된다.

$$\int_0^b \left[\frac{\partial}{\partial x}\left(K_{xx}\frac{\partial h}{\partial x}\right) + \frac{\partial}{\partial y}\left(K_{yy}\frac{\partial h}{\partial y}\right) + \frac{\partial}{\partial z}\left(K_{zz}\frac{\partial h}{\partial z}\right) + \sum_{i=1}^n Q_i \delta(x-x_i)\delta(y-y_i)\delta(z-z_i) \right] dz$$

$$= \int_0^b S_s \frac{\partial h}{\partial t} dz \tag{10-8}$$

(10-8)식은

$$\left| \frac{\partial}{\partial x}\left(K_{xx}\frac{\partial h}{\partial x}\right) + \frac{\partial}{\partial y}\left(K_{yy}\frac{\partial h}{\partial y}\right) + K_{zz}\frac{\partial h}{\partial z}\right|_{z=b} - K_{zz}\frac{\partial h}{\partial z}\bigg|_{z=0} + \sum_{i=1}^{n} Q_i\delta(x-x_i)\delta(y-y_i)$$

$$= S_s b \frac{\partial h}{\partial t} \tag{10-9}$$

여기서 x, y, t 는 독립변수이며 z 에 대한 적분치는 독립변수인데 이들은 그렇게 중요하지 않으므로 (8-9)식에서 다음 3가지 인자를 정의할 수 있다.

$$K_{xx}b = T_{xx}, \quad K_{yy}b = T_{yy}, \quad S = S_s b \tag{10-10}$$

여기서 T_{xx} 와 T_{yy} 는 주축인 x, y 방향에서의 투수량계수이고 S 는 저유계수(storativity)이다. 투수량계수의 개념은 3차원 흐름식을 z 방향으로 적분한 값이다. 이와 같은 이유로 z 방향의 투수량계수 T_{zz} 는 존재하지 않는다. (10-10)식에 나타난 바와 같이 3개의 수리특성인자는 모두 포화두께 b 로 규정되어 있다.

이와 같은 방법으로 2-D의 수직단면(x 와 z 방향)에서의 지하수흐름을 모의할 수 있다. 이 경우 y 방향으로 적분을 해야 하므로 b 는 전혀 관련이 없는 상수이다. 따라서 투수량계수와 저유계수 대신에 K_{xx} , K_{zz} 와 S_s 가 사용된다.

(10-9)식에서 오른쪽의 2개항은 $z=0$ 와 $z=b$ 에서 경계를 통해 유출되는 유출량이다. 만일 피압대수층 상부에 분포되어 있는 자유면대수층으로부터 수직누수현상이 일어나는 경우에 z 는 하향이 정(+)의 값이 된다. 즉 $z=0$ 는 상위압층의 저면이 된다. 따라서 $z=b$ 에서 유출량은 0가 된다.

즉 (10-9)식은 (10-11)식과 같아진다.

$$- K_{zz}\frac{\partial h}{\partial z}\bigg|_{z=0} = \frac{K'}{b'}(h_0 - h) \tag{10-11}$$

(10-9)식을 T 와 S 를 이용하여 2-D의 부정류, 불균질-이방 대수층의 지하수유동식으로 나타내면 다음 식과 같은 선형식이 된다.

$$\frac{\partial}{\partial x}\left(T_{xx}\frac{\partial h}{\partial x}\right) + \frac{\partial}{\partial y}\left(T_{yy}\frac{\partial h}{\partial y}\right) + W(x, y, t) = S\frac{\partial h}{\partial t} \tag{10-12}$$

10.2.3 2-D 자유면대수층의 지하수유동 지배식

자유면대수층의 지하수면은 움직이는 경계면이므로 Dupuit 가정과 Boussinesq 식으로 표현할 수 있다. 이 때 h 는 피압대수층처럼 포화두께 b 가 일정치 않으므로 2-D의 흐름지배식은 다음 식과 같다(다음 식을 Boussinesq식이라 함).

$$\frac{\partial}{\partial x}\left(K_x h \frac{\partial h}{\partial x}\right) + \frac{\partial}{\partial y}\left(K_y h \frac{\partial h}{\partial y}\right) + W(x,y,t) = S_y \frac{\partial h}{\partial t} \qquad (10\text{-}13)$$

여기서 h 와 $\dfrac{\partial h}{\partial x}$ 의 곱은 비선형이다. 따라서 (10-13)식의 형태를 해석학적으로 풀 수는 없다. 그러나 최대 수위강하량이 초기 포화대 두께의 25% 미만일 때에는 $h = h_0 = b$ 로 가정하여 선형으로 그 해를 구할 수 있다. 이 때

$$S = S_y \ , \ K_x b = T_{yy} \ , \ K_y b = T_{xx} \qquad (10\text{-}14)$$

이 때 피압대수층에서 지하수유동 지배식과 자유면대수층에서 지하수유동 지배식은 동일한 형태로 된다.

10.3 해석학적인 방법(analytical method)

모델 대상지역에 분포된 포화대의 초기조건과 경계조건이 결정되면 3-D의 (10-5)식과 2-D의 (10-12) 식의 해를 해석학적인 방법이나 수치적인 방법을 사용해서 구한다. 두 가지 방법을 이용해서 해를 구할 때는 어떤 입력 자료와 조건을 제공한 후 종속변수인 수두(h)를 독립변수 x, y, t의 함수의 형태로 출력 결과를 얻을 수 있다. [그림 10-10]은 2~3차원 문제를 처리하는 과정을 도시한 그림이다.

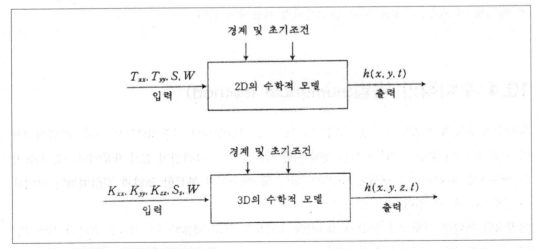

[그림 10-10] 2내지 3차원 흐름 모델의 처리과정

해석학적인 방법은 삼각함수, 지수함수나 오차함수(error function)에 대한 정확한 해를 얻기 위해 적분변형법과 같은 미적분학을 사용한다. 간혹 최종해는 Theis 해인 우물함수처럼 적분형으로 표현되기 때문에 수치 적분으로 구해야 할 때도 있다.

해석학적인 방법은 다음과 같은 장점이 있다.

① 거의 대부분의 해는 안정되어 있고 대다수의 수치 모델에서 발생하는 수치적인 분산문제가 없다.

② 수치 모델링에 대한 경험이 없이도 쉽게 사용할 수 있다.

③ 수두와 농도를 어떠한 시공간에서도 직접 계산할 수 있다.(이에 비해 수치분석은 이전단계와 주변지점에서의 값을 필요로 한다.)

④ 이방성의 투수량계수를 쉽게 처리할 수 있다.

⑤ PC 전산기에 적합하며 메모리가 크게 소요되지 않는 계산상 매우 빠른 코드이다. 따라서 쉽고 빠르게 프로그래밍 할 수 있다.

⑥ 일정 값을 갖는 특수한 인자에 대해서는 정확한 해를 구할 수 있다. 특히 등방 대수층의 경우와 복잡한 수치코드의 정확도를 검사하는 데 훌륭히 사용할 수 있다.

⑦ 특히 시공간적으로 변하는 비균질 경계조건을 가지고 있는 수치 전산코드를 검증하는데 사용이 가능하다.

이와 같이 해석학적인 방법은 강력한 방법이긴 하나 상당한 제한성이 있다. 즉, 해석학적인 방법은 불균질 대수층과 이방성인 대수층을 완벽하게 처리할 수 없다. 원통형, 구형 및 직교 좌표를 기초로 한다.

불균질한 흙댐(earth dam)에 형성되는 침윤선과 같은 곡선형 경계조건은 정확히 모의할 수 없기 때문에 이 경우, 가정을 보다 단순화시켜 사용해야 한다.

10.4 수치적인 방법(numerical method)

지하수의 유동과 오염물질 거동 지배식의 수치 및 전산해에서 가장 많이 사용되는 기법이 2차원 모델이다. 이 방법은 해석학적인 해에 비해 다음과 같은 유연성이 있기 때문이다. 즉, 사용자가 격자망을 합리적으로 배열할 수 있어 함양 및 채수정의 복잡한 조합과 기하학적인 형태를 근사적으로 풀 수 있다.

일반적인 해법은 전체 흐름장(flow field)을 소규모의 셀로 세분한 후, 지하수 흐름의 지배식인 편미분 방정식을 t 시간대의 제반변수(수두 농도)와 $t + \Delta t$ 시간대에 신규로 예측한 변수 수두

인자 사이의 차이를 이용하여 근사적으로 그 해를 구한다.

10.4.1 수치적인 방법의 종류

용질거동과 지하수 유동 지배식의 근사해를 구하는데 일반적으로 사용하는 수학적인 공식화 (formulation) 즉 지하수 유동과 오염물질 거동현상을 해석하는데 이용되고 있는 대표적인 수치방법으로는 유한차분법(FDM: finite difference method), 유한요소법(FEM: finite element method), 경계요소법(BEM: boundary element method), 해석요소법(AEM: analytic element method) 및 특성법(MOC, method of characteristics) 등이 있고 그 이외에 무작위법(random walk method), 다중셀 평형법(multiple cell balance method) 및 collocation 법 등이다. 이들 방법을 간략히 설명하면 다음과 같다.

10.4.2 유한차분법(finite difference model, FDM)과 종합유한차분법 (integrated finite difference method, IFDM)

지하수흐름과 오염물질 거동 모델에 가장 성공적으로 이용되고 있는 방법은 유한차분 근사법이다. 편미분 방정식의 근사해를 구하기 위해 FDM을 사용할 때에 첫째 문제 영역에 대해 격자 (grid)를 설정해야 한다. 2차원의 평면문제를 취급할 때에는 수리지질도 상에 격자를 중첩시켜 설정한다. 격자망으로 블록중심(block centered)격자와 메쉬중심(meshed centered) 격자를 가장 많이 사용한다.

이 방법은 상용되는 수치방법들 중에서 가장 역사가 길며 보편적인 방법이다. 지배식의 모든 편미분식은 유한차분의 근사식으로 표현한다. 이 방법은 1960년대부터 지하수 모델링에 널리 사용되어 왔으며, 현재도 유한요소법과 함께 가장 많이 이용되고 있는 방법이다. 이 방법은 불규칙한 경계면을 정확히 표현·취급할 수 없는 단점이 있긴 하나 타 방법에 비해 수식 전개과정이 간단·명료하고 프로그램의 개발이 간편한 장점이 있다.

현재까지 개발된 지하수 유동 및 오염물질 거동 모델의 대다수가 유한차분법을 이용하고 있으며 그 대표적인 것이 MODFLOW, MT-3D 및 PATH-3D 등이다. 이때 절점(nodal point)은 [그림 10-11]과 같이 블록중심 절점처럼 셀 내부에 위치하거나 메쉬 중심 절점처럼 격자망의 교차점에 위치한다. 격자망과 관련해서 수두와 같은 알려지지 않은 값의 해를 취득하기 위한 지점을 나타내기 위해 절점(nodal point)을 사용한다. [그림 10-11]과 같이 메쉬 중심 격자에서 절점은 격자선과의 교차점에 소재하고 블록중심 격자에서 절점은 격자선으로 구성된 셀 내에 소재한다. 격자의 형태는 주로 경계조건에 따라 선정한다. 메쉬 중심 격자인 경우에는 경계면의 수두가 지정되어 있는 문제를 처리할 경우에 주로 사용하고, 경계면을 통한 유출량이 지정되어 있는 문제를 보면 두 방법상의 차이는 극히 미미하다.

기존 모델 중 MODFLOW, MOC 등은 블록중심 절점을 이용하고 있으며 PLASM과 같은 모델은 메쉬 중심 격자망을 사용하고 있다.

[그림 10-11]에서 볼 수 있는 바와 같이 격자망은 장방형 내지 정방형으로 x 방향의 절점 사이의 거리(간격)는 Δx 이고 y 방향의 결점 사이의 거리는 Δy 로 표기되어 있으며 이들 간격은 일정한 값을 갖는다. 특히 격자망 설정 시 양수정이나 주입정 혹은 오염원 소재지 같은 매우 정밀한 결과치를 요하는 구간의 절점 간격은 가능한 한 매우 조밀하게 설정하고 영향을 크게 받지 않는 구간의 절점 간격은 비교적 넓게 설정한다.

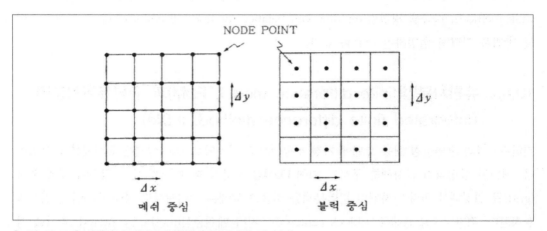

[그림 10-11] 메쉬중심 결점과 블록중심 격자에서 각 절점

[그림 10-12]는 격자간격이 일정하지 않은 경우로서 기준점(원점)은 좌측하단(lower left corner)이거나 좌측상단(upper left corner)을 기준점으로 한다. [그림 10-12]의 (a)는 장방형 격자망의 전형적인 예이고 (b)는 각 절점의 위치를 나타낸 것이다. 전형적인 유한차분법 보다는 많이 이용되지는 않았지만 특히 1960년대에 지하수 문제를 취급하기 위해서 사용된 격자망 가운데 종합유한차분법(integrated finite difference method, IFDM)이란 것이 있다. 이는 유한차분의 격자를 임의로 설정해서 사용한 방법으로 1964년에 Tyson과 Weber는 이를 다각형 모델 기법(polygonal model technique)이라 불렀으며 그 후 Narasimhan이나 Witherspoon(1976)이 IFDM이라 명명하였다. IFDM에서는 문제영역을 소규모 구역으로 구분해서 사용하는데 이를 절점구역(nodal area)이라 한다(Thomas, 1973).

개개 절점구역은 각 구역과 그 주변 구역을 연결해서 수학적인 목적을 달성할 수 있는 절점을 가지고 있다.

현재 사용하고 있는 유한차분 격자와 마찬가지로 IFDM에서 절점구역 내나 절점구역으로부터 발생하는 모든 지하수의 함양과 배출은 절점구역을 대표하는 절점에서 발생되며, 전체 절점구역의 지하수위도 대표절점에서의 수치와 같은 것으로 가정하고 있다.

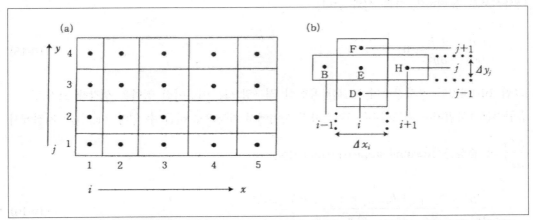

[그림 10-12] 차분법에서 사용하는 블록중심 격자망이 x 방향으로 5행, y 방향으로 7행으로 구성된 경우
a) 전형적인 연결   b) 절점(i, j)

[그림 10-13]은 다각형 모델에서 사용하고 있는 절점과 그 주변에 위치한 절점 및 절점구역을 나타낸 것이다.

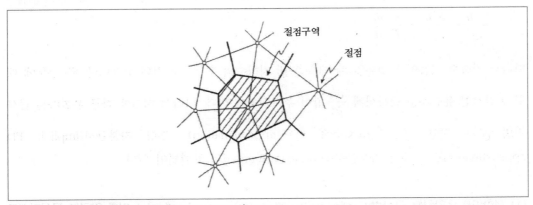

[그림 10-13] 다각형 모델의 형태(Thomas, 1977)

각 절점들로 구성되는 삼각형의 내부각은 모두 $90°$ 이내이며 삼각형의 각 변에 수직 방향으로 연장한 선들이 서로 교차하는 지점을 연결하여 형성된 다각형이 절점구역이다. 격자망이 장방형인 경우에 다각형 모델은 장방형이 된다.

차분 근사해는 테일러 급수해 중에서 처음 1~2항까지만 절단(truncation)해서 구하는데 이는 수치분석법 뿐만 아니라 수리지질학에서 여러 가지 목적으로 널리 이용하고 있는 급수해이다. 블록중심 유한차분 모델에서 대수층의 특성과 수두는 각 셀 내에서 일정한 것으로 가정하고 격자점 주위에 있는 구역은 유한차분식을 유도할 때 포함되지 않으므로 유한차분 모델에서 방정식은 각 절점에 대응토록 되어 있다. 2차원의 지하수 정류 흐름지배식인 Laplas식을 유한차분 근사식으로 표현하면 다음 식과 같다.

$$\frac{\partial^2 h}{\partial x^2} + \frac{\partial^2 h}{\partial y^2} = 0 \qquad (10\text{-}15)$$

[그림 10-12]처럼 격자간격이 동일한 유한한 격자망으로 이루어진 영역을 생각해 보자.

유한차분근사법에서 편도함수는 각 격자점 사이에서 차분으로 바꿀 수 있다. (x_0, y_0) 지점에서 $\dfrac{\partial^2 h}{\partial x^2}$ 의 중심근사(central approximation)는

$$\frac{\partial^2 h}{\partial x^2} \approx \frac{h_{i-1,j} + h_{i+1,j} + h_{i,j-1} + h_{i,j+1}}{\Delta x^2} \qquad (10\text{-}16)$$

$$\therefore h_{i-1,j} + h_{i+1,j} + h_{i,j-1} + h_{i,j+1} - 4h_{i,j} = 0 \qquad (10\text{-}17)$$

(10-17) 식은 지하수의 정류흐름 문제의 유한차분식에서 가장 널리 이용되는 식이다.

2차원의 부정류 흐름지배식은 다음과 같다(등방·균질일 때).

$$\frac{\partial^2 h}{\partial x^2} + \frac{\partial^2 h}{\partial y^2} = \frac{S}{T} \frac{\partial h}{\partial t}$$

따라서 지하수 흐름이 부정류일 때 대수층 내 지하수의 수두는 시간의 함수이다. 즉 수두에 대한 공간적인 유한차분 근사식에 $\dfrac{\partial h}{\partial t}$ 항이 추가되어야 한다. 따라서 시간에 따른 유한차분 근사 방법으로는 전향 차분근사(explicit FD approximation), 후향 차분근사(implicit FD approximation) 및 중심 차분근사(central difference)의 표현법이 있다.

(1) 전향(양) 유한차분 근사법(Explicit finite difference approximation) : 이를 양차분 근사라고도 하며 다음 식으로 표현한다.

$$\frac{\partial h}{\partial t} \approx \frac{h_{i,j}^{n+1} - h_{i,j}^n}{\Delta t} \qquad (10\text{-}18)$$

여기서 n과 n+1은 서로 인접한 2개의 시간대를 의미한다. 즉 전향차분근사는 이전 시간 n+1치에서 n시간치의 값을 빼는 차분근사법이다.

이에 비해 후향 차분근사(backward difference)는 (10-19)식과 같이 표현한다.

$$\frac{\partial h}{\partial t} \approx \frac{h_{i,j}^n - h_{i,j}^{n-1}}{\Delta t} \tag{10-19}$$

즉 이는 후기 값에서 빼는 차분근사법이다.

이들에 비해 중심 차분근사(central difference)는 (10-20)식과 같다.

$$\frac{\partial h}{\partial t} \approx \frac{h_{i,j}^n - h_{i,j}^{n-1}}{2\Delta t} \tag{10-20}$$

상기 3가지 방법 중에서 전·후향차분법은 h에 비례하는 오차를 갖지만 중심차분법은 $h \times h$에 비례하는 오차를 갖는다. 따라서 중심차분근사법이 정확도가 가장 크고 무조건 안정한 것 (unconditionally stable)으로 알려져 있다.

수치해법을 사용해서 도출해낸 수두는 격자간격에 따라 매우 민감하다. 마찬가지로 부정류문제에 있어서 수두는 Δt의 시간간격에 따라 좌우된다. 격자간격과 Δt가 0에 가까워질 때 유한차분해가 정해에 가까워지면 유한차분근사식은 수렴했다고 한다. 만일 전향시간에 따라 오차가 증폭되지 않는 경우(해가 수렴되지 않는 경우) 유한차분근사법은 안정해진다. 따라서 전향유한 차분근사법의 2차원의 부정류 흐름에서 $\dfrac{T\Delta t}{S(\Delta x)^2}$ $\left(\mu = \dfrac{r^2 S}{4Tt}\right)$가 상당히 적은 값일 경우에 그 해는 안정된다. 즉 x 방향으로만 지하수가 유동하는 1차원의 영역에서는 $\dfrac{T\Delta t}{S(\Delta x)^2} \leq 0.5$ 일 때 전향 유한차분 근사해는 안정된다. $\Delta x = \Delta y = a$인 2차원의 문제영역에서 전향 유한차분 근사해가 안정되려면 $\dfrac{T\Delta t}{S(\Delta x)^2} \leq 0.25$이어야 한다(Ruston 등, 1974).

(2) 후향(음) 유한차분근사법(Implicit finite difference approximation−backward)

음차분 공식화는 수두 h를 n과 $n+1$ 사이의 시간에서 계산하는 방법이다. 이때 n과 $n+1$ 시간대에서 가중평균근사치를 사용한다. 여기서 가중치는 α로 표시하며 α 값은 $0 \sim 1$ 사이이다. 만일 시간단계(time step) $n+1$을 α로, 시간단계 n을 $(1-\alpha)$로, 가중시키면 $\dfrac{\partial^2 h}{\partial x^2}$로 동일하게 표현할 수 있다.

$$\frac{\partial^2 h}{\partial x^2} \approx \alpha \frac{h_{i+1,j}^{n+1} - 2h_{i,j}^{n+1} + h_{i-1,j}^{n+1}}{(\Delta x)^2} + (1-\alpha) \frac{h_{i+1,j}^n - 2h_{i,j}^n + h_{i-1,j}^n}{(\Delta x)^2} \tag{10-21}$$

여기서 α는 모델러가 선정하며, $\alpha = 1$이면 유한차분을 완전음유한차분이라 하고 $\alpha = 0.5$이면 Crank Nicolson법이라 한다.

(3) 지하수 유동지배식의 해를 구하기 위해 FDM을 사용하는 경우의 순서

① [그림 10-14]와 같이 문제영역에 대해 우선 격자망을 설정한다. 즉 대수층을 여러 개의 장방형 블록으로 구분하고 각 블록에서 두께는 대수층 두께(b)와 동일하게 설정한다. 그리고 각 블록은 해당블럭의 수리지질 특성을 대표하고, 각 블록을 대표하는 결점에서의 수두는 블록을 대표한다. 또한 어떤 블록은 지하수를 채수하는 우물을 대표하기도 한다.

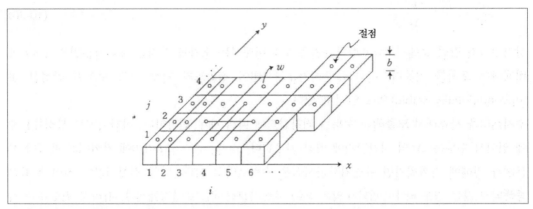

[그림 10-14] 유한차분 격자망(Freeze와 Cherry, 1979)

② [그림 10-15]와 같은 특정 셀(블럭)에서 물수지를 계산한다. 이를 위해서 특정셀과 그 주위에 인접해 있는 4개 셀을 선택해서 중심 셀을 No.1이라 하고 주변 셀을 각각 No.2, 3,4 및 5 셀이라 하자.

지금 No.2, 3, 4 및 5 셀에서 No.1 셀로 유입되는 지하수 유입량을 각각 Q_{21}, Q_{31}, Q_{41} 및 Q_{51}이라 하고 x, y 방향으로 셀의 크기를 각각 Δx, Δy라 하면, 부정류의 연속방정식에서 포화흐름은 No.1 셀로 유입 유출된 양의 차는 No.1 셀 내에 함유되어 있는 지하수의 단위시간 동안의 수위변화와 동일하다.

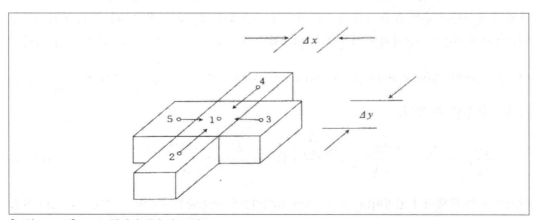

[그림 10-15] No.1 셀에서 물수지 모식도

즉 [그림 10-15]에서 No.1 셀에서 물수지는 (10-22)식과 같이 된다.

$$Q_{21} + Q_{31} + Q_{41} + Q_{51} = \Delta x_1 \Delta y_1 S_1 \frac{\partial h_1}{\partial t} \qquad (10\text{-}22)$$

여기서 S_1 은 No.1 셀의 저유계수이고 h_1 은 시간동안 변화한 수위 변화율이다.

일반적인 경우에 윗식에 공급원과 배출원에 해당하는 유출·유입량 W가 포함되어야 하나 설명을 간편히 하기 위해 W는 생략하였다.

③ 지하수 유동 지배식에서 유한차분 근사해를 구하는 3번째 단계는 Darcy 법칙을 이용해서 유입·유출량을 평가하는 단계이다. 즉 유입량 Q_{21} 은 (10-23) 식과 같이 표현할 수 있다.

$$Q_{21} = \Delta x_1 T_{21} \left(\frac{\partial h}{\partial y} \right)_{21} \qquad (10\text{-}23)$$

여기서 T_{21} 은 절점1과 절점2 사이의 대표 투수량계수이며, $\left(\frac{\partial h}{\partial y} \right)_{21}$ 는 절점1과 절점2 사이의 수두차인 동수구배이다. Q_{31}, Q_{41} 및 Q_{51} 도 (10-23)식의 형태로 표현할 수 있다.

[그림 10-15]를 이용하여 절점1과 절점2의 수두를 h_1 및 h_2 라 하면 (10-23)식은 다음식과 같이 변형시킬 수 있다.

$$Q_{21} \approx \Delta x_1 T_{21} \frac{h_2 - h_1}{\Delta y} \qquad (10\text{-}24)$$

(10-22)를 단순화시키기 위해서 문제영역을 등방균질($T_{21} = T_{31} = T_{41} = T_{51} = T$, $S_1 = S_2 = S_3 = S_4 = S_5 = S$)이라고 가정하고 각 격자망 사이의 각격이 동일($\Delta x = \Delta y$)하다면

$$Q_{21} + Q_{31} + Q_{41} + Q_{51} = \Delta x_1 \Delta y_1 S_1 \left(\frac{\partial h_1}{\partial t} \right)$$

$$\Delta x_1 T_{21} \frac{h_2 - h_1}{\Delta y} + \Delta y_1 T_{31} \frac{h_3 - h_1}{\Delta x} + \Delta x_1 T_{41} \frac{h_4 - h_1}{\Delta y} + \Delta y_1 T_{51} \frac{h_5 - h_1}{\Delta x} = \Delta x_1 \Delta y_1 S_1 \frac{\partial h_1}{\partial t}$$

여기서 $T_{21} = T_{31} = T_{41} = T_{51} = T$ 이고, $S_1 = S$, $\Delta x_1 = \Delta y_1 = \Delta x$ 이므로

$$T(h_2 + h_3 + h_4 + h_5 - 4h_1) = \Delta x^2 S \frac{\partial h_1}{\partial t}$$

$$\therefore h_2 + h_3 + h_4 + h_5 - 4h_1 = \frac{S}{T}\Delta x^2 \frac{\partial h_1}{\partial t} \tag{10-25}$$

윗식의 오른쪽 항에서 시간 도함수 $\dfrac{\partial h_1}{\partial t}$ 를 후향 차분근사식으로 표시하면 다음과 같다.

$$\frac{\partial h_1}{\partial t} \approx \frac{h_1^n - h_1^{n-1}}{\Delta t} \tag{10-26}$$

여기서 n 은 새로운 시간레벨이고 Δt 는 시간간격(time step)이다. (10-26)식을 (10-25)식에 대입하고 절점(i, j)에 대한 유한차분식을 유도하면

$$h_{i,j-1}^n + h_{i,j+1}^n + h_{i-1,j}^n + h_{i+1,j}^n - 4h_{i,j}^n = \frac{S}{T}\frac{\Delta x^2}{\Delta t}(h_{i,j}^n - h_{i,j}^{n-1}) \tag{10-27}$$

(10-27)과 같은 식을 격자망 내에 위치한 각 결점에서 모두 구할 수 있다. 이때 경계 지점에서 절점 처리에 대해서는 특별한 고려를 한다.

방법에 상관없이 최종결과는 격자망의 각 결점에 대한 다음과 같은 대수식으로 표현된다.

$$B_{i,j}h_{i-1,j}^n + D_{i,j}h_{i,j-1}^n + E_{i,j}h_{i,j}^n + F_{i,j}h_{i,j+1}^n + H_{i,j}h_{i+1,j}^n \approx S_T \frac{\Delta x^2}{\Delta t} h_{i,j}^{n-1} \\ \approx Q_{i,j}^{n-1} \tag{10-28}$$

(10-28)식에서 i, j 등은 [그림 10-12]에 표시된 수두가 h 인 각 절점의 위치를 표시하며 상수 B, D, E, F, H 는 후향 차분상수이다.(구체적인 내용은 Freeze와 Cherry (1979)를 참조하기 바람.) (10-28)식은 임의의 결점(i, j)에 대한 지하수 유동근사식이다. 즉 임의의 절점 (i, j)은 그 주변에 있는 4개의 절점에 영향을 미친다. 즉 지난 시간레벨인 $n-1$의 정보로부터 계산된 이미 알고 있는 $Q_{i,j}^{n-1}$을 이용하여 새로운 시간레벨인 n 시간의 수두를 알아낼 수 있다.

지금 N개의 절점으로 구성된 영역에서는 N개의 미지의 수의 식으로부터 N개의 알려지지 않은 수두를 결정해야 한다. 이러한 해는 행열 형으로 공식화 해서 행렬법으로 풀면 된다.

지하수 유동 문제에 FDM을 적용할 때

① 대수층을 절점을 가진 셀 및 격자로 구분하고
② 결점 간격은 Δx와 Δy로 결정
③ 시간단계(time step)를 취하고
④ 각 절점에 대한 근사식을 취한 후
⑤ 행렬식을 푼다.

10.4.3 유한요소법(finite element method, FEM)

미적분에서는 다음과 같은 2가지의 기초적인 문제가 있다.

① 곡선 하부의 면적을 구하는 적분법
② 곡선상의 한 점에서 접선을 구하는 미분법

이 개념들은 17세기부터 취급되어온 문제들로서 예를 들면 알키메데스가 π에 대한 근사해를 적분이란 개념으로 증명해 보인 바 있다. 1677년에 뉴톤의 선생이었던 아이삭-바로(Issac Barrow)는 적분과 미분이 근본적으로 서로 반대개념이라 하였고 이는 바로 미적분학의 기본이론이 되었다.

FDM은 차분법으로 미분방정식의 근사해를 구하는데 비해 FEM은 적분법을 이용해서 미분 방정식의 근사해를 구하는 방법이다. 기본이론에 의하면 FDM과 FEM은 서로 상관성이 있을 뿐만 아니라 동일한 해로 수렴한다.

실제 FEM은 모의대상 영역(분포영역)을 요소(element)라 하는 소구역으로 구분하고 이들 소구역의 형태는 절점의 조합으로 이루어져 있다(그림 10-16).

이 방법은 어떤 물리적인 현상을 표현하는 함수의 분포영역을 특별한 기하학적 형태로 세분하고, 어떤 가중함수(weighting function)와 결합된 원래의 편미분방정식이 세분된 각각의 미소 영역에서 만족할 수 있도록 함과 동시에 각 미세영역의 절점(node)의 물리현상을 나타내는 값(수두 또는 농도)이 연속이 되도록 해서 문제를 풀도록 되어있다. 현재 유한차분법과 함께 지하수 모델링에 가장 많이 이용되고 있으며, 지하수 분야의 거의 모든 문제에 사용될 수 있을 정도로 적용성이 뛰어나다. 이 방법은 영역을 이산화(discretization)시킬 때 영역의 특징을 표현할 수 있는 융통성이 있으며 불규칙한 경계면을 표현할 수 있다.

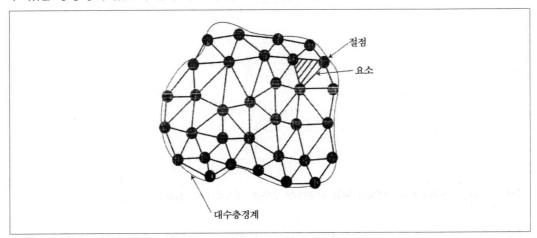

[그림 10-16] 전형적인 절점(node)과 요소로 구성된 유한요소 망

예를 들면 사행하천이 발달된 자유면대수층에서 그 경계면은 요소를 이용해서 상당히 정확하게 재현할 수 있다. 부정류해석을 할 때 시간영역은 유한요소를 이용해서 근사시킬 수 있다. [그림 10-16]처럼 격자망은 주로 삼각형으로 이루어져 있으나, 1-D 문제에서는 요소들이 선형이 며 2-D 문제에서는 요소들이 삼각형이나 사변형으로, 3-D에서는 요소들이 4면체나 프리즘형 등 여러 가지 기하학적인 형태를 갖는다.

혹자는 유한요소법이 유한차분법보다 정확한 표현기법이라고 하나 [그림 10-17]의 흐름도와 같이 유한요소법은 편미분 방정식의 지배식을 적분형으로 변경해서 그 해를 구하는데 반해 유한차분법을 미분형으로 그 해를 구하는 즉 최종 결과는 동일한 근사식을 이용하여 구한다. 따라서 유한요소법이건 유한차분법이건 어느 것이 더 우월하다고 단정할 수는 없다.

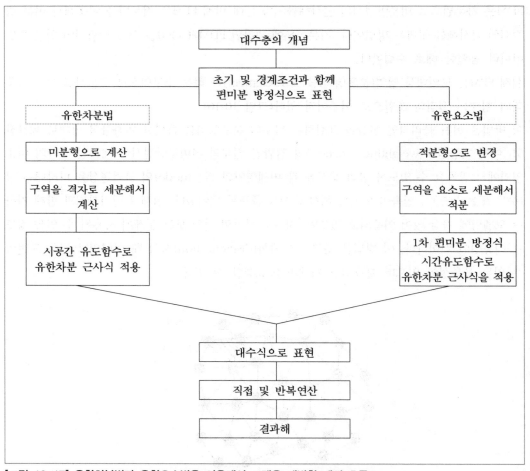

[그림 10-17] 유한차분법과 유한요소법을 이용해서 모델을 개발할 때의 흐름도

자유면이나 누수면과 같은 경계조건이나 구조물의 변형을 분석하는 데는 유한요소법이 유한차

분법에 비해 경계조건을 보다 융통성이 있게 처리할 수 있으며 삼각주와 같은 저평지 지대의 경계조건이 별로 없는 지역에서는 유한차분법이 훨씬 효율적일 수도 있다.

유한차분법과 유한요소법의 장단점을 열거하면 [표 10-3]과 같다.

[표 10-3] FDM과 FEM의 장단점(Pros and Cons)

방법 \ 장·단점	장점	단점
FDM	자료입력이 용이 쉽게 프로그램을 변경 가능 효율적인 matrix 기술 직관적 기준 모델설계시간의 단축	특정문제에 있어서 정확도가 떨어진다. 규칙적인 격자
FEM	유연성이 있는 기하학적인 배열 가능 정확도가 조금 높음	입력 자료 복잡 프로그래밍 하기가 힘들다. 모델 설계시간 과다

(1) 경계요소법

경계요소법은 무한공간 내에 존재하는 어떤 점원이나 쌍극자가 갖는 특이성과 관련된 수학적 해를 이용해서 해를 구한다. 물리현상이 일어나는 영역이 경계면을 가지고 있을 때는 영역 내의 특이점들이 경계면에 미치는 영향을 계산하고, 계산된 경계면에의 영향이 실제의 경계조건과 같아지게 함으로써 최종적인 해를 구한다. 이 방법은 자유면, 무한연속공간, singular point 등을 효과적으로 취급할 수 있고, 지배식의 수학적 부분해를 사용하기 때문에 원래의 지배식을 변형시킨 수치적 공식에 의해 계산하는 유한차분법이나 유한요소법 보다는 경계요소법에 의한 계산결과가 상대적으로 더 정확하다.

(2) 해석요소법

해석요소법은 기본적이고 특정한 문제들에 대한 단편적인 수학적 해를 만들고 이를 중첩시켜서 하나의 연립방정식 시스템을 만들 수 있다. 이 연립방정식 시스템이 종합적인 해가 된다. 각각의 단편적인 해는 그 자체적으로 결정할 수 없는 상수들을 포함할 수 있다. 이들 상수값들은 종합적인 연립방정식을 풀 때 경계조건을 적용함으로써 구할 수 있다. 그러나 이 방법은 경계요소법과 마찬가지로 복잡한 불균질성을 가지고 있는 영역에 적용하기 어렵고, 또 이론적인 부분해를 사용해야 되기 때문에 수학적 전문성이 크게 요구된다.

다른 방법과는 달리 영역이나 경계면을 이산화시킬 필요가 없으며, 최종적인 해가 수식의 형태를 갖고 있기 때문에 영역내의 어느 지점에서나 원하는 물리현상의 분석이 가능하다. 또한 이와 연관시켜 어떤 특이점 부근에서 정확하고 상세한 해를 구할 수 있는데, 이것은 유한차분법이나 유한요소법으로는 쉽게 얻을 수 없는 해석요소법의 장점이다.

(3) MOC(Method of Characteristics)

MOC는 유한차분법의 일종으로서 쌍곡선식을 푸는데 적절한 방법이다. 이 방법은 1964년 Garder 등이 개발한 주로 이류가 지배적인 지하수 환경 내에서 오염물질 거동을 모의하기 위해 개발된 것이다.

10.5 모델링 시 고려해야 할 사항

10.5.1 수치적인 고려

수치해석법을 응용할 때 다음과 같은 3가지를 고려한다.

① 정확도 : 이산된 해가 이를 표현하는 연속 문제의 해를 어느 정도 근사하게 맞추느냐
② 효율성 : 해를 구하기 위해서 어느 정도의 전산작업과 자원이 필요한가를 가늠하는 척도
③ 안전도 : 전적으로 해를 구할 수 있는지 아니면 불가능한지 여부를 규명

수치분석 연구에서 정확도, 효율성 및 안전도에 관한 정보를 얻을 수 있다. 예를 들면 Taylor의 급수근사를 이용한 유한차분 근사해와 유한요소 근사해를 서로 비교해서 정확도의 정도를 결정할 수 있다. 이러한 분석을 통해 FDM이 FEM보다 경우에 따라 보다 정확한 근사해를 제공하며 외삽법을 이용하는 경우에 준-선형화기법이 비선형기법보다 안정도가 양호하다는 것을 알 수 있다.

수치분석은 여러 가지의 수치방법의 중요한 특성들에 대한 척도를 제공하지만 특정 문제를 취급할 때 이 방법이 최적인 방법이라는 결론은 제시해 주지는 않는다. 그 이유는 실제 현장 조건들이 어떤 수치분석 조건보다 복잡하고 불균질하기 때문이다.

이론적인 분석법은 가끔 대수층의 특성과 격자망을 균일한 것으로 가정하고 있는데 반해 실제 적용지역은 이러한 경우가 흔치 않다. 이론적인 분석식들이 보다 보편화된 경우에는 실제 기술자들이 모의해야 할 현장의 복잡성을 뒷받침할 수 없는 경우가 많다.

결론적으로 말하면 수치분석을 이용해서 얻은 정량적인 결과는 단지 정성적인 지침정도밖에 제공하지 못한다. 따라서 수치분석으로부터 얻은 정보는 항상 적용한 수치기술과 맞추기 위해 실제 경험이나 다른 수치실험 결과치로 검증되어야 한다.

10.5.2 실제 적용 시 고려사항

(1) 격자망의 설계

지하수유동모델을 적용할 때 가장 중요한 단계는 격자망을 설계하는 단계이다. 일반적으로 격자가 세격자(조밀한 격자)일수록 보다 정확한 해를 구할 수 있다. 따라서 정확한 답을 구하고자 하는 구간은 세격자를, 세부적인 해답이 필요하지 않은 구간은 조격자를 설정한다. FDM, IFDM, FEM이나 MOC를 막론하고 격자망 설계시의 일반적인 지침은 다음과 같다(Trescott 등, 1876).

① 우물의 절점은 실재 우물의 물리적인 위치나 우물장의 중심에 위치하도록 한다.
② 경계면은 정확히 위치하도록 한다. 원거리에 있는 경계면의 격자는 조격자로 해도 별 무리는 없으나 세격자와 인접하지 않도록 한다(격자 사이의 간격의 증가는 가능한 한 1.5배 정도가 가장 적합하다).
③ 투수량계수, 수리전도도나 수두차의 공간적인 차이가 심한 곳은 절점을 가능한 한 가까이 설정한다.
④ 격자의 주축은 이방성의 주축과 평행이 되도록 설정한다.

개개의 수치방법은 그 자체의 특성이 있기 때문에 이를 최대한 고려해서 격자를 설정한다. 예를 들어 대수층의 경계는 장방형이 아니고 곡선형이므로 FDM을 이용할 경우에 절점들은 이를 잘 반영할 수 없다. 따라서 경계면에서 수두의 근사해는 오차를 발생할 수 있다. 특히 지하지질구조에 따른 경계면은 정확히 파악할 수가 없기 때문에 이로 인한 오차는 불가피하다.
IFDM이나 FEM을 적용할 때 경계조건은 FDM보다 정확히 표현할 수 있으나 어떤 절점이나 요소의 형태에서 발생되는 오차는 피할 수 없다.

(2) 초기조건

대다수의 지하수흐름 모의 시 발생되는 문제는 계산해낸 수두보다는 양수정에서 채수를 함으로 인해 발생되는 수두의 변화인 수위강하이다. 선형식으로 표현되는 피압대수층인 경우에 자연흐름계에 초기조건을 부여할 필요가 없다. 왜냐하면 계산된 수위강하를 자연흐름계에 중첩시키기만 하면 자연흐름계에서 지하수 채수로 인한 흐름계의 공간적 수두변화를 충분히 파악할 수 있기 때문이다. 따라서 이 경우에 초기조건은 전 구간에서 수위강하가 0인 초기조건을 적용하면 된다. 이에 비해 비선형식으로 표현되는 자유면대수층에서는 초기조건으로 수두분포를 지정한다. 이 경우에 경계조건과 초기조건들은 서로 양립해야만 한다. 이를 이루기 위해서 부정류모의는 평형 혹은 정류상태부터 먼저 시작한다. 이때 저류계수는 0으로 설정하고 자연상태하에서 발생하

는 강수의 지하함량이나 주변의 용천의 배출량 등만을 입력 자료로 사용하여 역사적인 과거기
록 일치법(historical matching, 일명 보정법)을 실시하여 초기수두를 결정한 후(즉 정류보정을
실시한 후에) 부정류모의를 실시한다.

(3) 적절한 시간간격의 선정(time step choice)

주어진 문제를 효과적으로 해결하는데 있어서 실제적인 문제는 적절한 모의 시간간격을 선정하
는데 있다. 한 가지 방법으로는 시간이 경과함에 따라 시간간격의 크기를 점차적으로 증가시키
는 방법이 있다. 특히 채수량이 다른 경우(variable pumping rate)에 [그림 10-18a]처럼 각 양수
기간(pumping period)의 초기에는 시간간격을 좁히고, 그 다음부터는 시간간격을 증가시키는
방법이다. 이러한 시간간격을 점진적으로 조정하는 방법은 임의적이거나 지정한 시스템의 현상
에 따라 결정한다. 매끄러운 경계조건을 가진 선형문제에 있어서는 비교적 쉽게 조정 가능하지
만 시간종속 경계조건을 가진 상당히 비선형적인 문제를 가진 시스템에서는 물수지상의 오차가
발생할 수 있다.

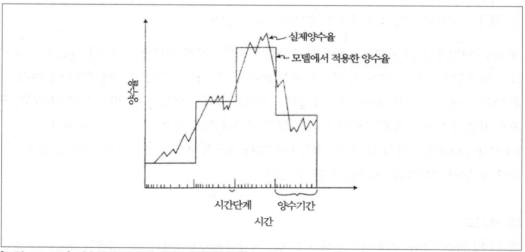

[그림 10-18a] 양수량의 변동이 심한 지역에서 시간간격의 조정

(4) 불균질성 문제 처리

모든 지하수 문제는 불균질성의 문제를 안고 있다. FEM을 적용할 때 대수층의 특성이 알려져
있는 각 요소에 대해 요소적분을 병용해서 처리하지만 요소 내에서 공간적인 물성의 변화가 심
한 경우에는 범함수의 계수(functional coefficient)를 사용해서 처리한다.
FDM과 IFDM의 경우에는 평균 대수성 특성인자를 각 절점에 할당하고 셀이나 대각셀에서의
값은 일정한 것으로 가정하여 각 절점 사이의 물의 흐름은 셀과 다각셀 사이의 경계면에서 계산

한다. 즉, 수리전도도나 투수량계수의 적절한 평균값을 이용해서 각 셀의 경계면에서 흐름량을 계산한다. 따라서 대부분의 FDM 모델에서 이러한 처리는 블록과 블록 사이의 수리성(interblock transmissivity)으로 취급한다.

인터블록 수리성을 계산하는 방법은 여러 가지 방법이 있으나 가장 널리 이용하고 있는 것이 조화평균(harmonic mean)을 사용하는 방법이다. 조화평균을 사용하면

① 격자간격이 일정하지 않은 경우에 정류상태에서 블록경계의 직각방향으로의 연속성이 보증 되고
② 무 흐름경계조건(no-flow boundary)에서 수리성 = 0을 사용할 수 있다.

그러나 비선형식이 지배하는 구역에서 인터블록 투수량계수는 수두의 함수인 인자를 포함하고 있다(예 : 자유면대수층에서 포화두께 h). 이 경우에는 상류구배구간의 포화두께를 이용한다. 이 때 상류구배구간의 절점(upstream node)의 위치는 주변 절점의 수두를 비교해서 알아낼 수 있다.

10.6 수치모델의 보정, 민감도 분석 및 검증

특정 지역에서 기존의 지하수 유동 및 오염물질 거동을 모의하고 예측하기 위해 일개 모델을 사용하려면 아주 양호한 현장자료가 있어야 한다. 양호한 모델링 기술은 모델링 결과의 신뢰성을 재고시킨다.

전절의 모델링 프로토콜에서 설명한 [그림 10-7]에서 4단계 이하에서 선택한 지하수모델을 사용하고 설계하는 순서에 대해 설명하기로 한다.

10.6.1 모델 설정

일단 문제지역에 대한 개념모델이 설정되고 적절한 전산모델을 선정한 다음에는 개념모델을 해석하고 모델에 사용할 입력자료로 이를 전환시켜야 한다. 해석작업은 해당지역에서 수집한 수리지질과 수질자료의 분석으로부터 시작한다. 이 때 모델링 수행에 필요한 각종 인자를 평가하고 기존 자료 내에서 변하고 있는 경향을 예측하려는 목적을 가지고 작업을 한다.

(1) 자료수집과 분석
대부분의 해당지역의 부지 특성조사(site characterization)는 해당지역의 지하 지질, 오염의 이

력 및 수질특성 규명이 이에 포함된다.

층서는 시추작업, 착정주상도 및 지구물리탐사 등을 통해 결정하고 지하지질자료를 분석하여 수리전도도, 투수량계수, 단위층의 두께, 공극률, 비산출률 및 이방성 등을 규명한 후, 이를 모델의 입력 자료로 이용한다. 심도가 서로 다른 관측정에서 측정한 수위자료를 이용하여 자유면 대수층의 등수위선도와 그 하부 지층의 등수위선도를 작도하여 지하수의 일반적인 흐름방향을 결정한다.

관측정별로 특정시간 간격동안에 수집한 수질 자료를 해석해서 해당지역에서 각종 화학물질의 시공간적인 분포와 변화경향을 규명한다. 대다수의 경우 수집한 특정 오염물질의 수질자료를 이용하여 등농도선(isocon map)을 작도한 후, 오염운의 규모를 결정한다.

현장의 공간적인 자료분석을 실시할 수 있는 새로운 도구가 바로 지질통계학이다. 수리지질 기술자들은 다공질 매체 내에 존재하는 넓은 범위의 불균질성과 폐기물 매립지에서 수집한 자료가 매우 제한적이라는 사실(희소성) 등을 인식하게 되어 지질통계학을 이 분야에 널리 사용하게 되었다. 지질통계학적인 표현의 목적은 일반적으로 산술평균(mean), 분산(分散, variance)과 상관길이(correlation length)와 같은 적은 숫자의 통계적인 파라미터를 이용하여 대수층의 불균질성을 표현하는데 있다. 따라서 지질통계학의 이론은 공간적으로 분포되어 있는 무작위 변수인 확률변수(random variable)의 상관관계를 표현하거나 이를 확률변수의 2차원적인 계산과 내삽(interpolation)을 수행하기 위한 일종의 통계적인 순서의 한 조(set)로 볼 수 있다(Cooper와 Istok, 1988).

통계분석에서 취급하는 가장 흔히 이용되고 있는 대수층의 특성인자는 바로 수리전도도이다. 왜냐하면 수리전도도는 지하환경 내에서 지하수의 유동이나 오염물질거동을 지배하는 기초적인 원동력인자이기 때문이다. 수리전도도는 lognormal 분포를 사용해서 표현되어 왔으며(Freeze와 Cherry, 1979), 대수층 불균질성은 그의 상관길이로 표현되어 왔다.

즉 상관길이가 짧을수록 대수층의 불균질성은 크다. 모델링 시 일반적으로 필요한 것은 현장에서 측정한 소수의 수리전도도만 가용한 주어진 모델영역 내에서 가장 널리 사용되었던 방법이 크리깅(kriging)이다. 크리깅은 현장측정치의 선형결합을 이용해서 수리전도도와 같은 변수를 결정하도록 허용한 방법으로서 미국 EPA는 크리깅과 통계자료분석에 사용할 수 있는 GEO-EAS(Englund와 Sparks, 1991)와 GEOPACK(Yates, 1990)과 같은 지질통계학적인 프로그램을 개발하여 보급하고 있다.

오염물질 거동모델은 문제 오염물질의 물리·화학 및 생물학적인 특성을 표현할 수 있는 추가 파라미터를 요구한다. 또한 기존 오염운을 모의하려면 오염물질의 방류나 누출에 관한 이력이 입력된 자료가 필요하다. 이보다 대표적인 모델을 개발하기 위해서는 오염물질이 생물학적인 반응을 하느냐 아니면 화학적인 반응을 하느냐에 관한 정보도 파악해야 한다.

(2) 변수계산(parameter estimation)

모델링에 필요한 정보를 취득하는 것은 쉬운 일이 아니다. 일부 자료는 기존 보고서나 연구 결과로부터 취득할 수도 있으나 대다수의 경우 현장 특성화 조사를 통해 취득한다. 투수량계수, 수리전도도 및 저유계수와 같은 수리 특성인자는 대수성시험결과를 통해 취득가능하다. 수문학적인 스트레스는 양수함양 및 증발산 같은 현상들이다. 이중에서 양수량은 가장 쉽게 결정할 수 있다.

모델러들은 지하함양률을 모의할 때 흔히 함양률을 평균 강수량의 몇 %가 자유면의 수직방향에서 공간적으로 균일하게 일어나는 것으로 가정한다. 이러한 모의방법은 가장 단순한 경우로서 연간 함양률의 시공간적인 변화를 고려할 수 없는 방법이다. 특히 우리나라와 같이 강수량의 67%가 하절기 3개월에 집중적으로 발생하는 경우에는 최소한 월별 아니면 계절별로 물수지 분석을 실시해야 한다.

10.6.2 보정(calibration)과 민감도분석(sensitivity analysis)

(1) 보정

일개 모델의 보정이란 모델이 알려지지 않은 모델변수에 대하여 현장측정치를 재현하는 과정이다. 즉 모델보정은 현장에서 측정한 오염물질의 농도와 모델을 이용해서 예측한 오염물질의 농도를 서로 비교하여 두 자료들이 가장 잘 일치하는 결과를 도출할 수 있도록 대수층의 수리특성인자나 각종 수리화학적인 변수를 합리적이고 현실적인 범위 내에서 조정하는 과정을 의미하므로 이를 역사적인 일치법(historical maching)이라고도 한다. 예를 들어 지하수 흐름의 경우에 모의한 수두나 유출량의 값이 허용오차 범위 내에서 측정치를 재현하는 경계조건과 초기조건, 스트레스 및 대수층 특성인자들의 묶음(set)으로 보정을 실시한다.

"모델 결과치와 실측치가 합리적으로 일치한다(The model results showed reasonable agreement)"라는 기술은 대단히 적합하지 못한 기술방법이다. 보정은 정량적이어야 하므로 보정의 기본과 양호한 일치(goodness of fit)의 기준을 먼저 구체적으로 기술하고 제시해야 한다. 모델보정시 입력자료를 조정할 경우에는 합리적으로 현실적인 범위 내에서 조정하고 보정방법은 입력자료 가운데 신뢰성이 가장 적은 변수들부터 먼저 조정한다. 특히 오염물질의 거동 모델 결과는 전적으로 지하수유모델의 정확도에 따라 좌우된다. 모델 보정은 다음과 같은 두 가지 방법으로 수행한다.

① 시행 착오과정을 통해서 수작업으로 파라메타를 결정

② 자동적인 파라메타 계산법이 가용하다.

1) 시행 착오법

시행 착오를 이용한 보정 시에는 초기에 매개변수 값을 격자망에 할당한다. 이 경우에는 초기 변수 값을 이용하여 반복적으로 연산을 실시하여 실측치와 모의치가 일치되도록 한다.

시행 착오법으로 보정을 한 경우에는 사용한 인자들의 조합에 따라서 동일한 결과를 산출하는 비유일성의 해(non-unique solution)의 문제가 남아 있다. 예를 들어 강수에 의해 지하함양 이 발생하고 있는 균질등방 매체의 지하수계에서 지하수 흐름지배식은 다음 식과 같다.

$$\frac{\partial^2 h}{\partial x^2} + \frac{\partial^2 h}{\partial y^2} = -\frac{R}{T} \tag{10-29}$$

여기서 R은 함양량이다. 상기 식에서 R/T의 비율이 1일 때 모의한 예측수두와 실수두가 일치 한 경우에 R/T가 1이 될 수 있는 R, T의 값은 무한하다. 이와 같은 경우를 비유일성 문제라 한다. 따라서 시행 착오법은 매우 주관적이며 모델러의 전문지식에 크게 영향을 받는다.

따라서 모델보정이란 비유일성 문제를 최소한 해결한 다음, 현장 실측치(수두나 유량 및 농도) 와 모델결과치가 합리적인 범위 내에서 일치하도록 모델의 입력자료를 조정하는 과정을 뜻한다. 대체적으로 수치분석시 필요한 모델 데이터베이스오의 조정과 전산 수행횟수는 10 내지 100회 정도 수행해야만 모델 결과치와 현장 실측치를 일치시킬 수 있다. 따라서 모델보정 시 자동보정 프로그램을 사용하지 않을 경우에는 시행 착오법을 사용하기 때문에 상당한 전산기간이 요한다.

2) 자동 보정법

자동파라메타 결정은 일명 역전문제(inverse problem)의 해라고도 한다. 실제로 자동보정 (automated calibration)을 수행 가능한 모델은 몇 개 되지 않지만 현재 지하수 유동모델인 Visual MODFLOW와 함께 사용되는 전문적인 지하수모델링의 보편적인 파라메타 산정 프로그 램인 WinPEST(Waterloo Hydrogeologic Inc.,) 등은 널리 이용되고 있는 프로그램이다. 보정 결과는 측정치에 대해 정성적이며 정량적인 상대평가가 이루어져야 한다.

3) 보정기준(calibration criterion)

현재 일반적으로 적용하고 있는 보정기준은 정성적인 보정기준과 정량적인 보정기준이 있다.

가) 정성적인 보정기준

현재 적용하고 있는 정성적인 보정기준(전통적인 보정기준)들은 다음과 같다. 보정에 대한 정성적인 평가는 실재 측정한 자료로부터 관측치와 모의한 결과치의 경향을 비교하는 과정이다. 그러나 야외에서 측정한 지하수위 자료를 이용하여 작도한 등수위선도는 항상 자체의 오차가 상존하기 때문에 관측수위와 모델수위를 이용해서 작도된 등수위선도의 유사성을 단지 육안이나 정성적으로 비교할 경우(그림 10-18b)에는 오차의 공간적인 분포가 문제가 된다. 즉 보정의 증거로 사용하는 데는 제한성이 있다. 정성적인 보정방법으로는

① 지하수의 유동방향, 지하수위의 상승과 하강, 지표수의 지하함양과 배출, 물수지 및 폐등 수위선도와 같은 실측 및 모델 결과치를 이용해서 작성한 등수위선도를 서로 비교하고

② 모델이 성공적으로 보정이 되었다는 명확한 수문학적인 조건의 수에 관한 평가와

③ 모의 대상 대수층에 적용한 수리특성인자들은 계념모델 설정 시 사용했던 실제 물리적인 수리지질 환경에 대해 합리적인 범위 내에 있음을 평가한다(ASTM-5490 참조).

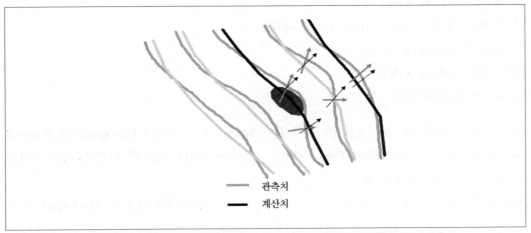

관측치

계산치

[그림 10-18b] 관측수위와 모델수위를 이용해서 작도된 등수위선도의 유사성(정성적인 보정)

나) 정량적인 보정기준(calibration criterion)

모델과 실체간에 언제쯤 가장 잘 일치되는 현상이 발생할 것인가를 판단하는 것이 정량적인 보정의 주제이며 보정과정을 평가할 수 있는 표준규약은 가용하지 않다. 수두잔차의 분포와 같은 오차분석은 보정평가의 일부분이다.

정량적인 보정기준으로는 모델링 결과 도출된 모델수두와 실 측정수두와의 잔차(residual or difference $[r_i = (h_m - h_s)_i$ =모델수두-실측정수두])와 물수지 모의결과 도출된 구역별 물수지와 지표수유출량과 실측정치와의 차이를 이용한다.

정량적인 보정방법으로는

① 잔차와 잔차의 통계적인 계산하고
② 자분정이나 무흐름 셀(dry hole)의 수위자료를 이용해서 정확한 값을 모르는 상태에서도 수위를 판단하며
③ Scatter diagram을 이용해서 실측수두와 잔차를 서로 비교
④ 모델결과치를 비교할 때 반드시 물수지 결과도 함께 비교 검토 한다(지표수의 유출량, 자분정의 자분량 등).

보정의 목적은 보정기준(calibration criterion)이라 불리는 오차를 최소화시키는데 있다. 즉 잔차의 오차값이 최소가 되도록 하는데 있다.
보정시 사용하는 보정기준들은 다음과 같이 5가지가 가장 널리 사용된다. 즉 모델 결과치와 현장 측정치 사이의 대수차(algebric difference)인 잔차(residual)를 이용하여 다음과 같이

① 평균오차(Mean Error, ME)
② 절대평균오차(Absolute Mean Error, MAE)
③ Root Mean Square(RMS)
④ Normalized Mean(RN)
⑤ 표준편차(S)를 계산한 후

이를 오차를 [그림 10-19]~[그림 10-21]과 같이 Scatter diagram이나 Histogram 및 Residual contour로 나타낸다(Duffield와 Buss, 1990 : Ghassemi,1989). 상술한 보정기준들은 오차가 적을수록 보정의 정밀도는 높다.
지금 모델수두와 실제 관측치와의 차를 $r_i = (h_m - h_s)_i$ 이라 하면 각종 오차는 다음과 같다.

$$* 평균오차(ME) = \frac{1}{n}\sum_{i=1}^{n} r_i = \frac{1}{n}\sum_{i=1}^{n}(h_m - h_s) \tag{10-30}$$

(+)(-)값을 가진 잔차가 평균치에 항상 영향을 미치므로 평균오차가 적다고 해서 보정이 양호하게 되었다고 단정할 수는 없다.

$$* 절대평균오차(MAE) = \frac{1}{n}\sum_{i=1}^{n} |r_i| \tag{10-31}$$

오차가 적을수록 보정은 양호하게 된 것이다.

* Root Mean Squared 오차(RMS) $= \sqrt{\dfrac{1}{n}\sum_{i=1}^{n} r_i^2}$ (10-32)

표준오차와 유사하며, 오차가 2% 미만이거나, 모델링 대상계의 전체수두와 RMS의 비가 적을수록 보정은 양호하게 되었으며, 일반적으로 오차의 분포가 정규분포일 경우는 RMS가 가장 좋은 보정방법이다.

* $Normalized\,Mean\,(RN) = \dfrac{\dfrac{1}{n}\sqrt{\sum_{i=1}^{n} r_i^2}}{(h_{max} - h_{min})}$ (10-33)

10% 미만이면 보정이 양호하게 수행

* 표준오차 $(S) = \sqrt{\sum_{i=1}^{n} \dfrac{(r_i - ME)^2}{n-1}}$ (10-34)

여기서 h_m 과 h_s 는 관측치와 모델결과치이고 n은 모델결과치와 관측치사이의 잔차를 비교한 개수이다.

[그림 10-19]는 실 관측치와 모델결과치를 scatter plot으로 작도한 그림으로서 직선의 기울기가 45°일 경우에는 두 값이 완전히 일치하는 즉, 보정이 정확히 잘 이루어진 경우이다. 상술한 식들에서 ME와 MAE는 가능한 한 최소치가 되도록 하고, RMS는 2% 미만, RN는 10% 미만이 이면 만족할 만한 보정이라 할 수 있다. 그러나 ME는 오차 중에 (+)오차와 (-)오차가 있기 때문에 평균치에는 항상 이들 값이 내제되어 있다. 따라서 ME가 최소화 했다고 해서 보정이 잘 되었다고 단정할 수 없는 단점이 있다.

예를 들면 [그림 10-19(a)]는 평균오차(ME)=0.05m, 절대평균오차(MAE)=1.5m, RMS=2.3m, RN=0.1이므로 실측치와 모델치의 평균값은 비교적 잘 일치하나 2번째와 3번째의 실측치와 모델치의 차가 너무 큰 경우이다

[그림 10-19(b)]는 평균오차(ME)=0.05m, 절대평균오차(MAE)=2.8m, RMS=3.1m, RN=0.15이므로 실측치와 모델치가 잘 일치한 경우이다. 그러나 기울기가 너무 급하다. 이러한 현상은 함양량과 수리전도도를 너무 큰 값이나 적은 값을 적용했기 때문이다. 따라서 이러한 경우에는 함양량이나 수리전도도를 재조정해서 scatter plot의 기울기가 45°에 접근하도록 해야 한다.

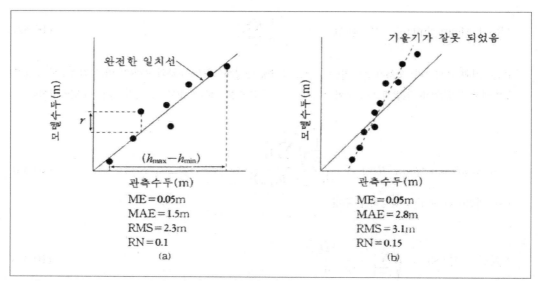

[그림 10-19] Scatter plot으로 나타낸 정량적인 보정

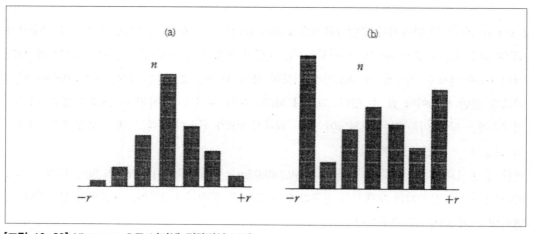

[그림 10-20] Histogram으로 나타낸 정량적인 보정

[그림 10-20]은 평균오차를 Histogram으로 나타낸 것으로서 평균오차는 정규분포를 나타낸다. 따라서 [그림 10-20(a)]는 보정이 잘된 경우이고 반대로 [그림 10-20(b)]는 보정이 불량하게 된 경우이다.

[그림 10-21]은 함양량의 변화에 따른 정량적인 보정기준인 평균오차와 절대평균오차 및 RMS를 나타낸 그림으로서 잔차의 오차값의 변동이 가장 적은 경우는 RMS이다.

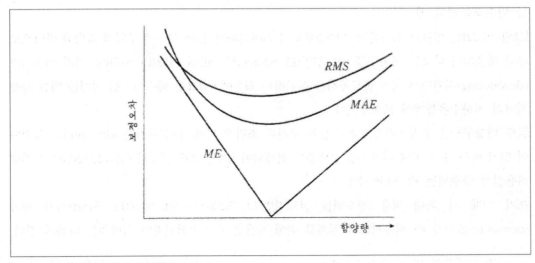

[그림 10-21] 보정오차와 함양량과의 관계도

(2) 민감도분석(Sensitivity Analysis)

일반적으로 민감도분석은 모델보정 과정에서 보정과 동시에 수행하거나 보정이 완료된 다음에는 모델에 대한 민감도분석을 실시한다. 민감도분석은 모델의 입력자료를 이용하여 1개의 매개변수를 변화시켰을 때 그 중요성 여부를 결정하기 위해 실시한다. 지하수 유동모델에서 수리특성인자나 경계조건들과 같은 한개 이상의 입력인자의 불확실성과 변화성 때문에 지하수유동율과 같은 출력변수를 이용해서 계산해야 하는 지하수 유출량이나 수리수두와 같은 출력값이 어떻게 변화하는지를 검토하는 과정을 민감도분석이라 한다.

모델의 상대적인 민감도는 사용한 변수가운데 1개 매개변수의 값을 몇 % 범위 내에서 변경시켰을 경우의 결과치를 이용하여 평가한다. 일반적으로 변수의 변동범위는 고려대상지역에서 제반 시험을 통해 취득한 값들의 가능한 범위(possible range) 내에서 취하며 통상 ±25% 범위 이내이다. 1개 변수의 값을 ±25% 범위 내에서 변경시켰을 경우에 도출된 모델결과치의 범위가 너무 넓고, 불확실한 결과를 보일 경우에는 추가 조사를 실시해서 사용한 변수들을 정량화시킨다. 민감도 분석을 실시하면 모델결과 중에서 잠재적인 불확실성의 징표를 알아낼 수 있다. 그러나 불균질성과 이방성이 우세한 대수층에 대해 민감도 분석을 실시할 경우, 사용한 각종 입력변수의 변동범위는 현장 수리지질조건에 따라 다음 예제처럼 ±25%를 상회할 수 있다.

즉 민감도 분석은 모델링 결과의 불확실성, 수리특성인자의 불확실성, 경계조건의 불확실성 등이 보정된 모델에 미치는 영향을 알아보기 위해 실시하는 단계로서 ASTM 5611-94에서 규정하고 있는 지하수 모델링의 민감도분석 내용을 소개하면 다음과 같다.

1) 민감도분석의 예

[그림 10-22]는 대규모 건축물의 지하층부분의 지하터파기 공사 시 굴토부위의 측방과 바닥으로부터 배출되어 나오는 지하수를 굴토저면(EL 520feet)하 5feet 아래(EL 515feet)까지 배수저하(dewatering)시키면서 지하 굴토공사를 실시하는 경우에 필요한 배수시스템 설계를 위한 사례지역의 지하수유동계의 모식도이다.

굴토 대상구간은 충적퇴적층으로서 상위 구간은 조립질 모래, 하위구간은 silty sand로 구성되어 있고 이들 층 사이에 저투수성 점토층이 협재되어 있다. 설계 굴착저면은 EL 520ft이고 최대 허용설계 양수위는 EL 515ft이다.

초기 설계 시 최대 허용 양수위를 굴토저면(EL 520ft)하 5ft 아래(EL 515ft)까지 저하(dewatering)시킬 때 배수시스템 설계를 위해 사용한 수리지질인자의 입력치는 다음과 같다.

> 상위 모래층의 비산출률(S_y) : 0.2
>
> 하위대수층(silty sand)의 수리수두 : EL 505ft
>
> 상위 모래층의 수리전도도(K) : 10ft/d
>
> 협재된 점토층의 수직누수계수(Leakance) : 0.001

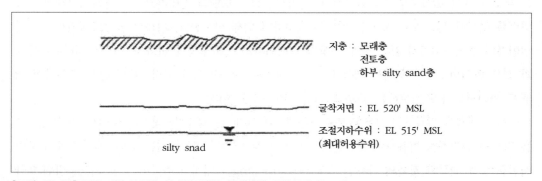

[그림 10-22] 굴토 배수시스템 설계를 위한 사례지역 지하수계의 모식도

만일 이 지역의 수리지질학적인 불균질성으로 인해 상술한 입력인자들이 다음과 같이 변경되었을 경우에 이들이 모델 결과치인 양수위와 보정잔차에 미치는 영향여부를 파악하기 위해 민감도분석을 실시한 결과는 아래와 같다.

가) 제1형 민감도(S_y를 0~0.4까지 변경시켰을 경우의 모델 양수위와 잔차)

설계시에 적용한 비산출률은 0.2였으나 이 지역에서 실시한 수리지질 특성조사 시 파악하지 못했던 충적퇴적층의 불균질성을 감안하여 비산출률을 최소 0.05에서 최대 0.4까지 변경시켜 가면서 모델링을 실시하였다. [그림 10-23]은 변경된 비산출률에 따라 최고 예측 지하수위(모델 양수위)가 최대 허용수위(EL 515ft)보다 하위에 소재하는지 여부와 제반 잔차들을 재 모델링한 결과를 나타낸 그림이다. 이에 의하면 비산출률을 0.05에서 0.4까지 변경시키더라도 모델결과치인 모델 양수위는 굴토저면인 EL 520ft는 물론이고 최대 허용수위인 EL 515ft보다 하부에 소재한다.

즉 초기 입력치 가운데 비산출률을 현장 수리지질조건에 따라 변경될 수 있는 가능한 범위의 모든 값을 적용하더라도 이들 값이 모델 양수위와 보정 잔차(최소 및 최대잔차, 표준편차 및 ME)에 미치는 영향은 미미하다(insignificant change).

결과치를 [그림 10-27]에 적용하여 민감도분석을 해보면 이 모델은 비산출률에 대해 TYPE-I의 민감도를 가지고 있다. 환언하면 입력치와는 무관하게 결과치가 큰 변동이 없는 경우를 TYPE-I의 민감도를 가졌다고 한다(그림 10-27 참조).

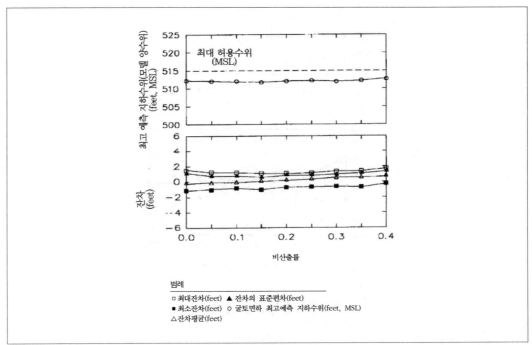

[그림 10-23] 제1형 민감도분석 – 비산출률 변경에 따른 최대 허용 지하수위의 모델링 결과치와 비산출률의 잔차들 (초기적용 $S_y = 0.2$)

나) 제2형 민감도(하위지층인 silty sand층의 수두를 EL495 ft에서 EL515ft까지 변경했을 경우의 양수위와 잔차)

초기 설계 시에 적용한 하위 silty sand층의 수리수두는 EL 505 ft였으나 이 지역에서 실시한 수리지질 특성조사 시 파악하지 못했던 하위 silty sand층 수리수두의 불확실성을 감안하여 초기 수두를 최소 EL 495ft에서 최대 515ft까지 변경시켜 가면서 모델링을 실시해본 결과는 [그림 10-24]와 같다. 이에 의하면 silty sand층의 초기 수리수두를 최소 EL 495ft에서 최대 515ft까지 변경시켰을 경우에 잔차의 통계치(최소/최대잔차, 표준편차 및 ME)들은 크게 영향을 받으나 (significant change), 최고 예측 지하수위인 모델 양수위는 모두 굴착저면인 EL 520ft 하부에 소재하여 하위 silty sand층의 수리수두가 모델결과에 미치는 영향은 미미(insignificant)하다. (모델 양수위는 최대 허용양수위(EL 515ft) 하부에 소재하나 초기 모델양수위에 비해 약간의 변화가 있음) 즉 입력치를 변경시키면 보정잔차들은 크게 영향을 받으나(significant) 가장 중요 모델결과인 모델양수위는 크게 영향을 받지 않는다(insignificant).

이 결과치를 [그림 10-27]에 적용하여 민감도분석을 해보면 이 모델은 하부 silty sand층에 대해 TYPE-II의 민감도를 가지고 있다.

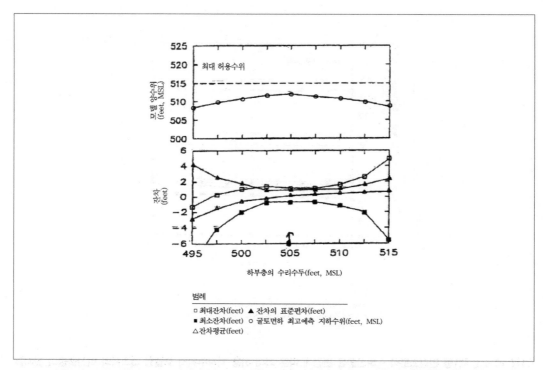

[그림 10-24] 제2형 민감도분석-하위층의 수리수두 변경에 따른 최대 허용 지하수위의 모델링 결과치와 하위층의 수리수두 잔차들(EL = 505ft)

다) 제3형 민감도(상위 모래층의 수리전도도를 0.1~1,000 ft/d까지 변화시켰을 경우의 양수
    위와 잔차)

상위 모래층의 수리전도도를 10 ft/d를 적용하였을 경우에 모델 양수위는 모두 굴토저면인
EL:520ft와 최대 허용 수위인 EL:515 ft하부에 소재하였다. 그러나 이 지역에서 실시한 수리지질
특성조사 시 파악하지 못했던 충적퇴적층의 불균질성을 감안하여 상위 모래층의 수리전도도를
최소 0.1 ft/d에서 최대 1,000 ft/d까지 변경시켜 가면서 잔차의 통계치와 최고 예측 지하수위
(모델 양수위)를 모의한 결과는 [그림 10-25]와 같다.

이에 의하면 수리전도도를 변경시키면 잔차 통계치와 예측한 모델양수위는 매우 민감하게 영향
을 받는다. [그림 10-25]에서 K > 50ft/d이면 모델 양수위는 모두 최대 허용 수위인 EL:515ft보
다 높아지며 잔차들도 K가 증가함에 따라 계속 상승한다.

즉 민감한 수리특성인자인 수리전도도(significant)를 변경시키면 보정잔차와 모델결과치가 모
두 민감하게 영향을 받는다(significant). [그림 10-27]에서 이러한 경우를 TYPE-III 민감도라 한
다. 이 경우에 입력치를 변경시키면 모델결과치가 크게(민감하게) 영향을 받아 모델링 시 사용
한 인자들로는 모델보정이 불가능하다. 따라서 보정과정에서 이러한 문제인자들은 배재시켜야
한다.

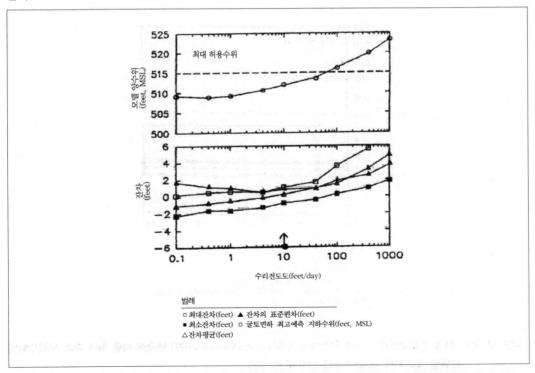

[**그림 10-25**] **제3형 민감도분석 - 모래층의 수리전도도 변경에 따른 최대 허용양수위의 모델링 결과치와 수리전도
도의 잔차들(K = 10ft/d)**

라) 제4형 민감도(Leakance를 $10^{-5} \sim 10^{-1}$ day로 변경시켰을 경우의 양수위와 잔차들)

설계 시에 적용한 점토층의 leakance는 10^{-3}/d이였다. 충적퇴적층 내에 협제된 점토층의 정확한 분포상태와 수직누수성에 대한 불확실성 등을 감안하여 점토층의 leakance 최소 10^{-5}에서 최대 0.1까지 변경시켜 가면서 민감도 분석을 위해 보정 잔차의 통계치와 최고 예측 지하수위(모델 양수위)를 모델링한 결과는 [그림 10-26]과 같다.

[그림 10-26]에 의하면 점토층의 leakance를 최소 10^{-5}에서 최대 0.1까지 변경시키면 보정 잔차 들은 실제적으로 일정한 값을 보이나 leakance가 5×10^{-3}/d 이상이 되면 모델 양수위는 모두 최 대 허용 수위인 EL:515ft보다 높아진다. 따라서 모델결과에 대해 보정을 하지 않으면 상당한 영 향을 받는다. 이 경우에 leakance의 실제 값을 구하지 않고서는 지하수 저하공법을 이용한 배수 굴토 시스템의 설계는 불가능하다. 입력치에 대해 모델결과치는 민감하게 변하나(significant), 보정잔차는 크게 변하지 않는(insignificant) 경우, 이러한 모델을 해당 입력치에 대해 TYPE-IV 의 민감도를 가졌다고 한다.

TYPE-IV 민감도에 해당하는 수리특성인자는 실제 값을 사용해야 하는 중요한 인자이다. 즉, 추가적인 자료의 수집이나 정밀조사가 필요함을 발주처에 제시하는데 이용한다.

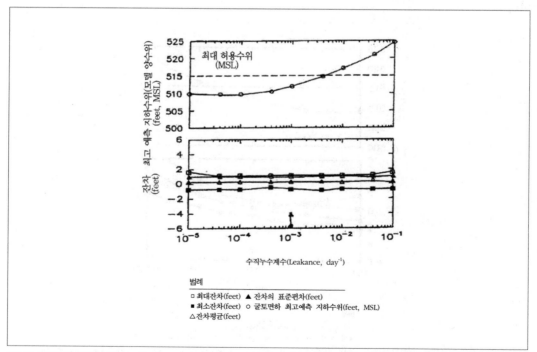

[그림 10-26] 제4형 민감도분석 - 하부 점토층의 수직누수계수(leacance)의 변경에 따른 최대 허용 지하수위의 모델링 결과치와 leakance의 잔차들(10^{-3}/d)

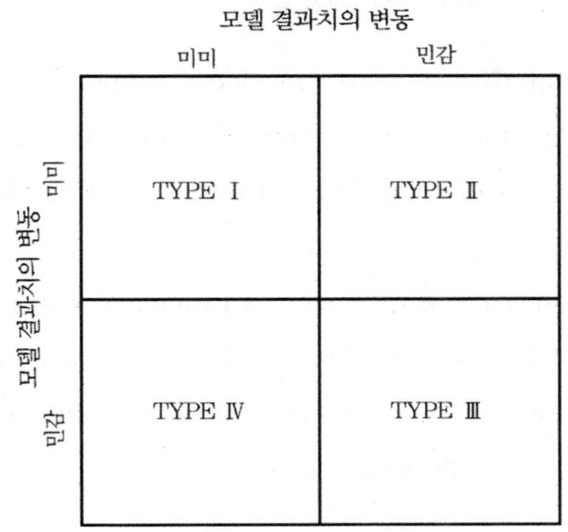

[그림 10-27] 민감도형태에 따른 최종 민감도분석 요약도

민감도분석을 실시하지 않았을 경우에는 왜 민감도 분석이 필요치 않았는지를 보고서상에 명확히 기술해야 하고, 민감도 분석을 실시한 경우에는 어떤 입력치가 가장 민감하며, 어떤 예측치를 검토했는지를 기술해야 한다. 또한 모의목적과 관련하여 모델 입력치의 선정과 예측결과치들은 정당화해야 한다. 모델입력치를 변경시켰을 경우에 잔류치의 변화와 이에 따른 출력치의 변화를 동시에 제시한다. 보고서 내에는 분석결과가 TYPE-IV 결과를 나타내서는 안 된다.

10.6.3 모델의 확인(validation)과 검증(verification) 및 예측(prediction)

(1) 모델의 확인(validation)과 검증(verification)

일반적으로 생산품에 대한 확인(validation 혹자는 확인/검토, 입증이라 한다)과 검증 (verification)은 다음과 같이 다양하게 규정되고 있다.

확인/검토(validation)란 ① 사용자의 의도된 요구사항을 충족하는지 확인하는 과정으로서 사용자의 인수 테스트가 이에 해당하며 ② 요구사항을 동료평가(peer review)를 거쳐 needs에 맞는 필요한 결과물을 만드는 것을 확인하는 것이다.

이에 비해 검증(verification)이란 ① 특별 결과물이 그것의 시방(요구사항)에 맞게 그리고 올바르게 작성되었는지를 확인하는 것 ② 현재의 결과물이 명세대로 만들었는지를 확인하는 과정(동료평가와 같은 정적 테스팅 뿐만 아니라 단위/통합/시스템 테스트까지 포함) ③ 만들어진 결과물을 테스팅해서 needs에 맞게 완성된 결과물(output)인지를 체크하는 것으로 규정되어 있다.

확인과 검증에 대한 두 용어의 의미에 대한 논란이 많으나 이들 사이의 차이점을 가장 적절히 표현한 내용을 원문 그대로 소개하면 다음과 같다.

• Verification : confirmation that work products properly reflect the requirements specified from them. In other worlds, verification ensures that "you built it right" (software인 경우에 Are you building "the software right ?"에 대해, the software should "confirm to its specification".)

• Validation : confirmation that the products, as provided(or as it will be provided), will fullfil its intended use. In other worlds, validation ensures that "you built the right thing".(software인 경우에 Are you building "the right software"?에 대해 the software should do "what the user really required".)

Software 공학에서 검증(verification)은 software의 일관성, 완결성 및 정확성(consistency, completeness, correctness)를 증명하는 단계(Adrium, 1986)로 규정한다. ASTM(1984)에 의하면 검증이란 전산코드가 계념모델을 제대로 대변하고 해를 얻는데 있어 내재된 문제가 없음을 확인하기 위해 전산코드의 수치적인 기능을 테스트하는 것으로 규정하고 있다.
수리지질분야의 모델링 시 사용하는 확인과 검증내용을 살펴보기로 하자.

1) 모델의 확인/검토(validation)

일개 지역에서 결정한 수리특성 인자나 경계조건과 같은 파라메타(매개변수)들은 항상 불확실성을 내포하고 있기 때문에 보정한 모델의 변수들은 다른 종류의 경계조건이나 스트레스 하에서 그 지역을 정확히 표현하지 못할 수도 있다. 전형적인 확인(validation)과정은 보정단계에서 결정된 각종 인자나 수문 스트레스를 이용해서 기존 현장 측정치들에 대한 부정류반응을 모의한다. 부정류의 대표적인 자료로는 지하수를 양수할 때 발생하는 수위변화나 대수성 시험자료들을 들 수 있다.

부정류 자료세트(set)가 가용치 않을 경우에는 정류자료의 제 2차 자료세트를 사용하여 모델을 테스트한다. 일반적으로 단 하나의 자료세트가 가용한 경우에 이들 자료는 보정 작업 시 통상 사용하므로 이 경우에 모델을 확인/검토하기는 불가능하다. 보정은 했지만 확인/검증이 되지 않은 모델일지라도 보정 및 예측 모델에 대해 민감도 분석을 수행한 경우에는 이를 예측모델로 사용할 수 있다. 스트레스와 같은 변화를 이미 받은 상태의 모델을 이용해서 모의한 모델-수위 강하는 수리전도도가 정확한 경우에만 실측 관측수위와 일치한다. 따라서 부정류모의는 비교적 정확한 수리전도도를 구할 수 있고, 그런 다음 보정을 실시한 후 함양량을 구한다. 일반적으로 모델의 확인은 모델예측 이전에 실시한다.

2) 모델의 검증(verification)

모델치와 정확한 해석학적인 모델식으로 계산한 값이 서로 합리적으로 일치할 경우에 그 모델은 검증되었다고 할 수 있다. 그러나 정확한 해석학적인 모델식은 모의 대상 대수층시스템과 경계 및 모의조건들이 매우 단순한 경우에만 가능하다. 따라서 대다수의 지하수모델, 특히 수치모델과 같은 매우 복잡한 모델은 이에 대응되는 해석학적인 모델이 가용치 않기 때문에 이 경우에 완전한 검증은 불가능하다. 과거의 대수층계에서 발생한 제반 현상을 재현하기 위한 보정모델의 능력은 보정모델이 장래에 발생할 현상을 예측할 수 있음을 뜻하지는 않는다. 즉 추후 발생한 지하수채수량의 변동이나 대수층환경의 수리특성이 변화하거나 대수층의 경계조건등과 같은 수리특성인자들이 변할 수도 있기 때문에 보정된 모델은 반드시 재수정해야 한다. 특히 모의기간이 길수록 수정해야할 량은 증가한다.

전술한 바와 같이 모델링의 목적은 ① 해당 지하수환경의 제반 물리, 화학 및 생물학적인 현상을 해당지역의 세부 부지조사를 통해 규명하고 ② 과거의 이력을 철저히 정량화한 연후에 추후 발생할 현상을 예측하여, ③ 지하수환경의 최적관리방안을 수립하고 ④ 오염지하수의 가장 경제적이고 환경 친화적인 정화방법의 대안을 설계 및 분석하거나 ⑤ 각종 법규에 명시된 규제지침에 따라 제반 정화계획이나 개발계획을 수립 및 시행하여 ⑥ 지하수자원을 최적상태로 관리하는데 있다. 이를 위해서는 해당지역에 가장 부합되는 적절한 이론 모델을 선정한다. 즉 실제 지하환경에서 일어나고 있는 제반 현상의 진행과정과 작용을 규명한 후에는 이들 현상들의 진행과정에서 입력이나 출력을 관찰하여 어떤 의미에서 최적의 이론 모델을 결정하는 것을 모델확인(model identification)이라 한다. 이와 같이 모델러가 수행해야 할 일 중에서 가장 중요한 부분이 바로 가장 적합한 이론모델을 선정하는 것이다.

일단 위와 같이 적절한 이론 모델을 확인한 다음에는 이에 가장 부합하는 전산코드(전산program)를 선정한다. 전산코드는 이론적인 모델의 해를 구하기 위해 작성된 일종의 지침서로서 전반적인 수행기준은 모델검증을 통해 각각의 전산코드마다 잘 수립되어 있다. 즉 모델검증이란 1개 전산코드에 적용할 수 있는 일종의 시험과정이다. 검증의 목적은 ① 지배식의 해를 구하기 위해 사용된 전산적인 반복계산의 정확도를 점검하고 ② 해당코드가 완벽함을 보증하는 것으로 ③ 충분한 시험과정을 거쳐 이론적인 모델을 정확히 재현 가능할 경우에 그 전산코드는 검증되었다고 한다.

환언하면 검증의 목적은 현장 실측자료가 가용한 어떤 과거의 역사적인 수문학적인 사건(현상)을 선정한 모델을 통해 재현 가능함을 증명하는데 있다(예를 들어 대수성 시험기간 동안에 발생하는 지하수위의 강하 또는 갈수기에 발생하는 지하수위의 강하현상을 모의하는 경우).

일반적으로 수치모델을 사용하는 경우에 수치모델을 이용해서 도출해낸 모델결과치와 수치모델보다는 단순하나, 모든 조건들이 포함되어 있는 해석학적인 모델을 사용해서 도출된 값을 서로 비교해서 모델을 검증시킨다.

(2) 예측(prediction)

모델적용의 최종단계로서 가장 짧은 부분이 예측단계이다. 모델링을 수행하는 목적중의 하나가 추후에 발생할 사건을 예측하는데 있다. 이 단계에서는 보정 시 결정된 각종 인자들을 이용해서 추후에 발생할 상태와 사건을 예측한다. 모델을 선정하고 설계하는데 있어서 중요하게 고려해야 할 사항은 예측시간의 길이이다.

예를 들어 미국의 경우에 유해 폐기물을 지하에 주입하는 경우, 승인 조건은 오염물질의 수평 및 수직 거동 소요시간이 10,000년 정도이다. 따라서 수치모델을 이용해서 이를 모델링할 경우에는 오염물질이 10,000년 이상 충분히 거동할 수 있는 격자망을 짜야 한다. 보정된 모델이 검증되고 민감도분석이 양호하게 시행되었더라도 모델이 새로운 스트레스를 받으면 정확한 결과를 얻을 수 없다.

전통적으로 지하수모델들은 다음과 같은 추후에 발생 가능한 제반현상을 미리 예측하고 그 대안을 수립하기 위해 사용된다.

① 지하수자원의 최종 관리기법을 토대로 하여 적정 개발 가능량을 산정하고
② 기존 우물장에서 지하수 채수로 인해 그 인근환경에 미치는 영향을 예측하거나, 오염원에 의한 인간건강과 환경 위해성 평가를 수행할 경우나
③ 오염된 지하수환경의 정화방법평가와 최적 대안을 선정할 경우에 널리 사용한다. 특히 오염된 토양과 지하수환경의 정화방법 평가 시에 적용할 수 있는 대표적인 분야는 자연저감능에 의한 자연정화, 각종 지중 정화(in situ remediation), 수동력학적인 오염지하수조절법 (hydrodynamic control), 물리적인 수평 또는 수직차수벽, 매립지의 고립화, 오염운의 처리 및 오염지하수의 양수처리시스템 등을 들 수 있다.
④ 유류를 위시한 독성 유기화합 물질에 의해 오염된 지하수환경은 주로 자연저감능에 의한 오염저감능과 영향예측 및 위해성평가 등이 널리 적용되고 있다. 이 경우 현재의 오염운의 크기는 매우 적지만 전술한 바와 같이 보정은 항상 비유일성의 문제를 내포하고 있기 때문에 오염물질의 분해율, 분배계수, 오염물질의 질량 등 오염원의 특성을 철저히 파악하고, 오염부지의 수리지질학적인 특성인 오염 대수층의 규모, 수평 및 수직적인 분포상태, 수리성과 분산성에 관한 조사를 철저히 시행하지 않으면 부적절한 예측을 초래하기 마련이다.
⑤ 따라서 자신이 수행한 모델링결과에 대한 확신과 문제 발생 시 방어할 수 있는 결과를 유도하기 위한 일종의 전략으로서 모델링 시 보정과 확인을 반드시 실시하고 가장 보수적인 방

법과 일반적인 조건하의 2가지 방법으로 접근해야 한다. 이 때 반드시 민감도 분석을 실시한 후에는 사후검사(post audit)를 실시할 것을 발주자에게 명확히 건의해야 할 것이다.

⑥ 자연저감능 예측 시 사용하는 전산 프로그램으로는 PRINCE, FEWFLOW/FEMWATER, RISKPRO, BIOPLUME-III, FATE5, BIOSCREEN, RT3D/MT3D 등이 있고, 위해성평가 코드로는 RISK와 RBCA 등이 있다.

⑦ 각종 폐기물 매립지는 여러 가지의 엔지니어링 시스템으로 구성되어 있기 때문에, 폐기물 매립지자체는 자연상태의 수리지질환경의 일부분으로 간주할 수 있다. 따라서 매립지와 매립지 주변환경과 그 하부의 수리지질환경을 모의 할 때에는 매립지자체의 국지규모와 광역규모의 수리지질 및 분산성을 동시에 고려하여 모델링을 한다. 이 때 모델러가 파악해 두어야할 엔지니어링 설계인자들은 매립물의 전체 중량과 체적, 라이너의 투수성, 침출수 배제시설의 운영 상태와 내구연수, 최종 복토재의 투수성 및 침출수의 발생량과 주요 오염 물질의 농도 등이고, 그 외 매립지와 그 인근지의 강수의 지하함양량 및 수리지질특성인자들이다. 매립지 안정화에 주로 사용되는 모델로는 HELP, RTS, FLOWNET/TRANS, GMS PRINCE, MODFLOW/MT3D, VMODFLEX와 FEEFLOW/FEMWATER 및 GWVISTAS 등이 있다.

10.6.4 지하수자원 관리와 오염 지하수 정화에 관련된 전산프로그램

(1) 범용되고 있는 대표적인 지하수유동 및 오염물질 거동모델

현재 거의 모든 기술용역회사들은 지하수 조사의 기본 사항으로 지하수 모델링을 실시하고 있기 때문에 회사 내에 전문 지하수 모델러가 없더라도 모델링 수행이 가능하도록 쉽고 일반화된 지하수 전산코드들이 개발 보급되고 있다.

따라서 지하수모델 개발에서 그 동안 관심과 노력이 집중되어 왔던 이론적, 수치적, 수학적 방법들의 개발과 병행하여 이제는 모델의 입력을 시각적으로 컴퓨터 화면을 통해서 쉽게 처리할 수 있는 전처리기(pre-processor)와 계산 결과나 중간 값들을 2차원이나 3차원으로 시각적인 효과를 고려하여 출력할 수 있는 후처리기(post-processor)들을 동시에 사용할 수 있는 전산 프로그램들이 개발되고 있다. 즉 지하수 모델링은 이제 모델을 개발하는 전문가나 실제적인 문제를 모의하는 모델러의 전유물이 아니다. 대신에 지하수 모델링의 제공자나 수요자가 서로의 뜻을 전달하고 이해할 수 있도록 지하수 모델을 일반화, 범용화, 그리고 표준화(standardization)시키는 작업이 활발히 진행 중이다. 특히 여러 가지 지하수 모델을 표준화시키는 작업은 지하수 보전 기술을 개발하고 정책을 수립하는 미국 환경보호청(U.S. EPA)에서 그 필요성이 크게 대두 되었다. 그래서 지하수 모델링에 가장 많이 쓰이고 있는 전산 코드를 개발했으며 또한 여러 종류의 컴퓨터 모델의 기본 알고리즘을 연구하는 미국지질조사소(USGS)나

지하수 모델을 취합·분류하고 그 기능을 분석하며 지하수 모델링 프로그램을 일반 신청자에게 공급하는 국제지하수 모델링센터(IGWMC)는 모델의 표준화에 대한 연구를 지속적으로 수행하고 있다.

이와 더불어 최근에는 지하수 모델링에서의 주요 관심은 범용 모델의 개발과 모델의 표준화 뿐만 아니라 지하수 및 이와 관련되는 데이터를 취합·분류하며, 여러 개의 용도별 계산 프로그램을 사용하여 데이터베이스를 만들고 이를 바탕으로 지하수 모델링을 수행하고 그 결과를 다시 데이터베이스를 개선시켜서 정밀한 지하수 모델링에 이용하는 소위 "대화식 지하수 모델링(interactive groundwater modeling)"을 개발하는 방향으로 추세가 변화하고 있다. 또 지리정보시스템(GIS : Geographical Information System)이나 원격탐사에 의한 정보나 분석 결과와 연계된 지하수 모델링에 대한 연구도 활발히 진행되고 있다.

지하수 모델은 그 기능이나 수학적 및 수치적 적용방법에 따라 여러 종류가 있으나 현재에는 컴퓨터를 이용한 모델이 대부분이며 컴퓨터를 이용하는 모델도 그 기능이 다양화, 종합화, 그리고 표준화되어 가고 있다. 지하수 유동, 포화대 및 비포화대 내에서 오염물질의 거동, 지하수환경의 특성조사, 유해 폐기물 매립지 주변의 지하수, 비포화대의 부지 특성조사, 모델링 시 필요한 초기 및 경계 조건의 설정 방법, 모델보정, 민감도분석 및 모델검증 등 각종 지하수관련 모델을 개발, 분석 및 평가하고 문서화할 때 필요한 표준지침서들 가운데 ASTM이 규정한 대표적인 지침서와 해당 문서번호는 [표 10-4]와 같다. [표 10-5]는 현재 전세계적으로 범용되고 있는 대표적인 상업용 지하수유동과 오염물질거동 모델들을 나타낸 표이다.

[표 10-4] 지하수 모델링에 관련된 ASTM의 표준지침서

ASTM Standards for Groundwater Modeling

D5718-95 : Standard guide for documenting a groundwater flow model application.

D5981-96e1: Standard guide for calibrating a groundwater flow model application.

D5611-94: Standard guide for conducting a sensitivity analysis for GW Flow model application.

D5490-93: Standard guide for comparing GW Flow model simulation to site specific information.

D5447-93: Standard guide for application of a GW Flow model to a site specific problem.

D5880-95: Standard guide for subsurface flow and transport modeling.

D5609-94 : Standard guide for defining boundary conditions in GW flow modeling.

D5610-94 : Standard guide for defining initial conditions in GW flow modeling.

D6025-96 : Standard guide for developing and evaluating GW flow modeling codes.

D6033-96 : Standard guide for describing the fuctionality of a GW flow modeling codes.

D6171-97 : Standard guide for documenting a GW modeling code.

D5717-95 : Standard guide for design of GW monitoring system in karst,fractured rock aquifer.

D6235-98 : Standard practice for expedited site characterization of vadose zone and ground water contamination at hazardous waste contaminated sites.

D5979-96e : Standard guide for conceptualization and characterization of GW system.

D5730-98 : Standard guide for site characteristics for environmental purposes with emphasis on soil,rock, the vados zone and groundwater.

[표 10-5] 범용되고 있는 지하수 유동모델과 오염물질 거동모델

1) 지하수 유동모델

모델명	내 용	주요기작	개발자
PLASM	FDM, 2-D 혹은 준 3-D 부정류, 단일·다층구조의 피압, 누수피압, 자유면대수층의 포화흐름. option으로 ET와 주변 하천으로부터 함양 취급 가능	ET, 누수	T.A. Prickett C.G. Lonnguist
AQUFERM	FEM, 등방, 불균질 피압, 누수피압, 자유면대수층에서 지하수 흐름, 부정류	누수, 침투	G.F. Pinder C.I. Voss
USGS-3D-FIOW	FDM, 이방, 불균질 대수층에서 이방성 흐름, 3-D, 준 3-D, 부정류 흐름	ET, 누수	P.C. Trescott S.P. Larson
USGS-2D-FLOW	FDM, 이방, 불균질 피압, 누수피압 및 자유면대수층에서 2-D의 수평수직흐름과 부정류	누수, ET	P.C. Trescott G.F. Pinder S.P. Larson
SWIFT	단면 FEM, 균질대수층에서 염수의 역상승현상분석, 담수와 염수의 부정류 수평흐름	부력, 누수	A. Verruijt J.B·s. Gan
FE3DGW	대규모 다층 지하수유역 내에서 3-D의 FEM, 정류, 부정류	누수, 지연누수, 다짐, 지하침투	S.K. Gupta C.R. Cole F.W. Bond
AQUFERM-1	FEM, 2-D부정류, 수경 지하수흐름	누수	L.R. Townley J.L. Wilson A.S. Costa
MODFLOW	FDM, modular 3-D, 이방, 불균질, 층서대수층 내에서 지하수 유동모델	ET, 누수, 배수	M.G. McDonald A.W. Harbaugh
HELP	매립지 운영시 수문학적 평가코드, 물수지분석, 1-D	유출, 침투, ET, 함수비	P.R. Schroeder J.M. Morgan등
UNSAT2	FEM, 포화, 비포화, 불균질, 이방성 다공질 매질 내에서 부정류의 흐름의 수평·수직 및 비 대칭 모의, 2-D	모세관현상, ET, 식물의 섭취	S.P. Neuman
FEMWATER/FECWATER	FEM, 포화, 비포화, 불균질, 이방 다공질, 매질내에서 부정류 단면 흐름, 2-D	모세관현상 침투, ponding	G.T. Yeh D.S. Ward
VS2D	FDM, 포화, 비포화 다공질 매질 내에서 흐름분석, 2-D	증발, 함양, 식물섭취	E.G. Lappaia R.W. Healy E.P. Weeks
FEEFLOW	FEM, 포화, 지하수유동, 오염물질거동, 열전달, 3-D	ET, 누수, 배수 함양	

2) 오염물질 거동모델

모델명	내 용	주요작용	개발자
MT3D-MS MT3D99	FDM, 이방, 불균질 다공질 대수층에서 각종 오염물질(핵종, HC, 화학물질)의 거동, 부정류, 정류, 3-D	분산, 이류, 확산, 흡착, 붕괴, 화학반응, 이온교환	
SWIFT	FDM, 이방, 불균질 다공질 매체 내에서 핵종, 추적자, 염수 및 열 거동과 밀도종속흐름, 부정류 3-D	분산, 이류, 확산, 흡착, 이온교환, 붕괴, 화학적 반응	R.T. Dillon R.M. Cranwell R.B. Lantz S.B. Pahwa M. Reeves
HST3D	FDM, 열과 오염물질거동 밀도종속흐름 3-D	분산, 이류, 확산, 지연계수, 붕괴	K.L. Kipp
SUTRA	FEM, 포화-비포화대, 밀도종속 지하수흐름, 에너지나 반응용질의 거동, 부정류, 정류 2-D	모세관현상, 순환, 분산, 확산, 흡착, 기타반응	C.I.Voss
FEMWASTE/ FECWASTE	FEM, 이방 불균질 다공성 매체의 일정한 속도장에서 용존물질의 면 및 단면거동 모델, 부정류 2-D	상동	G.T. Yeh D.S.Ward
Random Walk	Random walk 기법을 이용한 준피압, 피압 및 자유면 상태의 불균질 대수층 내에서 용질거동 및 정류, 부정류 흐름. 1-D 및 2-D	분산, 이류, 확산, 흡착, 붕괴, 화학 반응	T.A. Prickett T.G. Naymik C.G. Lonnquist
MOC USGS-2D-TRANSPORT	FDM 이방, 불균질 다공성개체내에서 핵종, 추적자 및 각종 오염물질의 거동과 지하수흐름, 부정류, 정류	분산, 이류, 확산, 흡착, 붕괴, 화학반응	L.F. Konikow J.D. Bredehoef
CFEST	FEM, 포화다공성매체 내에서 용질의 거동 및 흐름모델, 3-D	이류, 분산, 확산, 흡착, 붕괴	S.K Gupta C.T. Kinkaid P.R. Meyer C.A. Newbill C.R. Cole
MOTIF	FEM, 포화, 비포화 파쇄다공질 매체의 지하수흐름, 열이동, 용질거동 핵종거동, 파쇄대로부터 암체내로 오염물질의 확산 1-D, 2-D, 3-D	분산, 확산, 순환, 흡착, 붕괴, 이류	V. Guvanasen
SEFTRAN	FEM, 이방, 불균질 다공질 매체 내에서 열 및 오염물질의 거동과 부정류흐름 2-D	이류, 분산, 확산, 흡착, 붕괴	P. Huyakorn
RISKPRO SESOIL/ AT123	FDM, SESOIL 1-D 물수지 및 오염물질거동, 열이동 AT123, 다공질 매체 내에서 용질거동, 핵종거동, 부정류, Windows base 1-D, 2-D, 3-D	이류, 분산, 확산, 흡착, 붕괴, 생분해 수분, 토양, 오염물질, 물수지분석	D.H. Hetrick G.T Yeh S.J. Scott

3) 지하수유동과 용질거동 모델

모델명	내 용	주요작용	개발자
Visual MODFLOW-PRO MODFLOWFLEX	FDM, modular3-D. 이방, 불균질, 층서대수층 내에서 지하수유동과 오염물질거동모델, 대화식 modflow, MT-3D 및 MODPATH와 기타 subroutine 지원	ET, 누수, 배수, 다층구조, 분산, 이류, 확산, 흡착, 화학반응, 붕괴	Nova Metrix LLC Waterloo Hydrogeologic
Hydrus-2D (window)	FEM, 포화-비포화 다공질 매체의 지하수흐름, 용질거동, 2-D	분산, 이류, 흡착, 붕괴, 생분해	J. Simunek M Sejna M.Th.VanGenuchton
ASM	FDM, 포화다공질매체의 지하수흐름, 용질거동, 2-D	분산, 이류, 흡착	

모델명	내 용	개발자
TRAFRAP	FEM, 부정류, 포화대에서의 지하수 흐름, 파쇄대 혹은 비파쇄대, 이방, 불균질, 다공질 다층매체에서 화학물질거동, 핵종거동, 2-D	P. Huyakorn
MOC	부정류, 지하수의 수평흐름, 피압, 준피압, 자유면대수층에서의 용질거동, 2-D	L.F. Konikow J.D. Bredehoeff
PATHS	부정류에서 오염문제 평가, 수평흐름에서 흐름식의 해석과 선형식에서 수치해를 구하는데 사용, 2-D	R.W. Nelson
RANDOM WALK	정류, 부정류, 자유면/누수자유면 상태하에서의 불균질 대수층에서 거동 문제 모사, 1-D, 2-D	T.A. Prickett T.G. Naymik C.G. Lonnquist
PORFLOW II and III	정류, 부정류, 2-D의 수평, 수직, 방사상흐름, 3-D의 열흐름 모사, 이방, 불균질, 변형받지 않은 포화다공질매체에서 대수층과 유체의 특성에 따른 물질의 이동	A.K. Runchal
RESSQ	정류, 균질, 등방 피압대수층에서 이류, 흡착에 의한 오염물질 거동을 2-D로 모의	I. Javandel C. Doughty C.F. Tsang
GWUSER/ CONJUN	피압 대수층에서 채수위치, 채수량의 결정, 주입과 지하수-지표수 연계를 사용하여 최적화 모델링	C.R. Kolterman
THWELLS	이방, 불균질, 비선형, 피압대수층에서 다수의 우물에 의한 수두의 강하와 회복 계산	P.K.M. van der Heijde
RADIAL	우물에서 방사상흐름에 의한 수두결정과 우물근처의 흐름 모의	K.R. Rushton
ONE-D	정류, 등방, 균질, 1-D의 순환-분산, 선형흡착하는 용질거동의 모의	M.Th. van Genuchten W.J. Alves
SOLUTE	용질거동 모사의 8개의 package (conversion, error function)	M.S. Beljin

모델명	내 용	개발자
FRONTRAK	FDM. 정류, 부정류상태에서 추적자의 거동을 모사. 지하수위와 추적자의 속도와 위치를 계산	S.P. Garabedian L.F. Konikow
MOCDENSE	FDM. 2D. 지하수내에 포함되어 있는 물질의 거동과 분산을 모의	W.E. Sanford L.F. Konikow
GGWP	2D. 준-3D. 다층, 불균질, 이방성 대수층 내에 정류, 부정류상태에서 지하수흐름과 반응용질의 거동을 모의	Miller I.J. Marlon-Lambert
3-D SATURATED & UNSATURATED TRANSPORTMODEL	3D. 포화, 불포화지하수흐름계에서 부정류상태의 용질의 농도를 예측	G. Segol E.O. Frind
AQU-1	2D. 1개층의 수평지하수흐름을 부정류상태에서 모의	K.R. Rushton L.M. Tomlinson
SYLENS	두 개의 광역적 대수층계에서 정류상태의 지하수흐름을 모의	H.M. Haitjema O.D.L. Strack
FLOP-2	정류, 준피압, 등방, 균질 대수층에서 지하수흐름경로를 계산하고 지하수입자의 잔류시간을 계산	C. Van Den Akker
MOTGRO	2D. 불균질, 이방, 피압 및 자유면대수층에서 지하수두 계산	P. Van der Veer
FE3DGW	3D. 거대한 다층 지하수유역에서 정류 및 부정류상태의 지하수흐름을 모의	S.K. Gupta C.R. Cole F.W. Bond
VTT	다층의 피압 및 자유면대수층에서 부정류상태의 지하수위를 계산	A.E. Reisenauer C.R. Cole
ISL-50	3D. 주입정과 회복정을 설치한 이방, 균질대수층에서 지하수와 침출수의 부정류흐름을 모의	R.D. Schmidt
AQUIFEM-1	FEM. 2D. 부정류상태에서 수평적 지하수흐름을 모의	L.R. Townley J.L. Wilson A.S. Costa

(2) USGS가 개발하여 보급하고 있는 지하수관련 전산 Program들

현재 전 세계적으로 가장 널리 애용되고 있는 지하수유동 프로그램은 1983년에 미국의 지질조사소(USGS)에서 근무하던 Michael Macdonald와 Arlen Harbough가 공동으로 개발한 Modflow(A Modular Three-Dimensional Finite-Difference Groundwater Flow Model)이다. Modflow는 1983년에 개발된 이후 1988년도에 최종적으로 USGS Open-File Report 83-875호로 문서화 되었고 그 이후에 여러 연구자들에 의해 하천추적(Stream flow-routing), 저투수성 협제층의 저유(IBS), BCF-4 와 多-절점우물(MNW, Multi-node well)과 같은 부속프로그램들이 계속적으로 개발되고 있다. 즉 Modflow는 주 Program인 Modflow와 모듈(Module)이라 부르는 서로 독립된 많은 부속프로그램(Subroutine, 일명 Package)으로 구성되어 있다.

주 프로그램인 Modflow program 자체도 년차적으로 수정 보완되어 현재는 Modflow-96, Modflow-2000과 Modflow-2005이 개발 보급되고 있다.

이들 Modflow program들은 공소유(public domain)로서 누구나 원하는 경우에 USGS의 web site(www.water.usgs.org/groundwater)에서 down load받아 사용할 수 있다.

Modflow는 원래 미고결-입상의 다공질 포화 대수층 내에서 지하수의 온도와 밀도가 항상 일정하다는 가정하에 지하수 유동을 모의하기 위해서 개발된 프로그램이다.

따라서 과거에는 해안지역에서 지하수의 과잉 채수로 인한 염수의 대수층내로의 침입현상을 모의하는 밀도류 해석이나, 경제성과 각종규제기준에 부합하는 지하수의 최적관리, DNAPL에 의해 오염된 지하수와 같은 다상 유동체의 모의 및 불균질 이방성이 큰 파쇄 단열 매체와 같은 지하수계에서는 이를 적용하는데 어려운 점이 많았다. 그러나 최근에는 이를 해결할 수 있는 여러 가지의 부속 프로그램(예, 밀도류 해석을 위한 SEAWATT, 경제성을 고려한 MGO 및 최적 매개변수 자동계산과 민감도분석용 PEST 등)들이 계속 개발되어 이러한 난재를 해결하게 되었다. 특히 파쇄 단열 매체인 경우에는 이를 다공질의 대응 매체로 개념화할 수 있을 경우에는 Modflow program을 이용하여 지하수의 유동과 오염물질의 거동을 예측할 수도 있다. 그러나 이 경우에 개념모델(Conceptual model)의 설정단계에서부터 반드시 수리지질 전문기술자의 검토를 받은 후에 사용해야 할 것이다. 현재 USGS가 개발하여 보급하고 있는 Modflow 관련 program들을 도표화 하면 [표 10-7]과 같다.

[표 10-7] USGS가 개발하여 보급하고 있는 Modflow 관련 program들

Program명	내용
Modflow의 Engine	
Modflow-96, 2000 2005, NWT	세계적인 지하수 유동 모의용 표준 프로그램
Modflow-USG	비구조 격자망을 사용하는 Modflow의 유한체적-버전
Modflow-LGR	광역-국지규모 모의용 지역적인 세격자 공유 절점 모의용
Modflow-Sulfact	복잡한 포화 및 비포화 표면하수의 유동과 화학종의 거동 모의용
Modular GW Optimizer(MGO)	합리적인 지하수계의 반응을 유지하면서 최적화 목적에 부합되도록 우물의 위치와 그 지점에서 최적채수량 결정 모의용
Zonebudget	준 및 광역적인 구간에서 물수지 계산 모의
Modpath	화학종의 전 및 후향 추적 모의 용 표준 추적자 package
Mike11	유역 단위의 지표수와 지하수 연계 package
2. 용질거동 package	
MT3DMS	수용성용질의 이류, 분산 및 화학반응 모의용 3차원 용질거동모델
MT3D99	용질 가운데 순간반응, 1차수 parent-daughter chain 반응을 포함한 다종성분의 반응, 비선형흡착과 Monod kinetics, 이중공극의 이류, 분산 등이 포함된 MT3DMS의 보강된 버전

RT3D	반응성 용질의 거동모의 용
PATH3D	포화 다공질 매체에서 3차원 반응거동용 다성분 거동모델
SAEWATT-4	다종의 용질 및 열전달과 연계된 3차원 변동-밀도류 모의
3.변수계산/민감도분석	
PEST	자동화된 매개변수결정, 보정 및 민감도분석실시, 간편/직관적인 인터페이스를 사용하여 입력 및 출력결과 획득
4.Utility와 전·후처리기	
GW Chart	Modflow, Zonebudget 및 기타 code의 도해용
ModelMuse	Modflow-2005/NWT, Modflow-LGR, MT3DMS, Modpath 등의 GUI
ModelViewer	지하수모델링 결과를 3차원으로 보여주는 프로그램
Modtools	Modflow와 Modpath 자료를 GIS로 번역하는 프로그램
ModelMats	UCODE, Modflow, Modflow-2005, ModelMuse를 지원하는 모델분석용 GUI
Extractor를 위시하여 15개 정도의 전처리기와 후처리기 및 Utility program	
5. Optional package	기본 : BAS, BCF
CHD	고정수두경계(Constant head boundary)package
RCH	함양률(Recharge boundary) package
WEL	우물(Well)package
DRN	배수구(Drain)package
EVT	증발산(Evapotranspiration) package
RIV	하천(River) package
FHB	유동/수두(Flow and head boundary) package
STR	하천추적(Stream flow-routing) package
ETS1	증발산분활(Evapotranspiration segments) package
MNW	다-절점우물(Multi-node well) package
LAK 등	호소(Lake) package

부록

[부록 1] 마이크로컴퓨터 우물 함수(well function)의 해석모델

마이크로-컴퓨터 해석 모델 프로그램은 복잡한 우물함수를 다항식으로 표현하고 이를 근사해로 풀어낸다. 여러 가지 우물함수의 다항식의 근사해에 관해서는 미국 표준국(1904) 또는 Abramowitz나 Stegun(1970)을 참조하기 바란다.

특수한 경계조건을 가진 모델과 관계된 문제들이나 여러 개의 주입정이 설치되어 있는 수문지질계는 실제 또는 영상정법(Well image)을 이용하여 지하수위변동, 온도상승과 하강을 합산하는 방식으로 그 해를 구할 수 있다.

또한 여러 개의 주입·채수량을 서로 합산하는 기법으로 그 영향을 모의한다.

전도성 지열함수와 우물함수의 다항식과 근사해 :

해석학적인 모델식에서 자주 사용하는 우물함수 $W(\mu)$를 다항식으로 표현한 근사해는 다음과 같다.

① $0 < \mu_n < 1$일 때

$$W(u) \fallingdotseq \ln u_h + a_0 + a_1\mu_h + a_2\mu_h^2 + a_3\mu_h^3 + a_4\mu_h^4 + a_5\mu_h^5 \tag{1}$$

여기서　$a_0 = -0.57721566$

$a_1 = 0.99999193 (\fallingdotseq 1)$

$a_2 = -0.24991055 \left(\fallingdotseq \dfrac{1}{2 \cdot 2!} \right)$

$a_3 = 0.5519968 \left(\fallingdotseq \dfrac{1}{3 \cdot 3!} \right)$

$a_4 = -0.00976004$

$a_5 = 0.00107857$

② $1 < u_n < \infty$일 때

$$G_h(\mu_h) \fallingdotseq \dfrac{\dfrac{\mu_h^4 + a_1\mu_h^3 + a_2\mu_h^2 + a_3\mu_h + a_4}{\mu_h^4 + b_1\mu_h^3 + b_2\mu_h^2 + b_3\mu_h + b_4}}{\mu_h \exp(\mu_h)} \tag{2}$$

여기서　$a_1 = 8.5733287401$　　$b_1 = 9.5733223454$

$a_2 = 18.0590169730$　　$b_2 = 25.6329561486$

$a_3 = 8.6347608925$　　$b_3 = 21.0996530827$

$a_4 = 0.2677737343$　　$b_4 = 3.9584969228$

TRS-80 BASIC(Radio Shack, Tardy Corp)을 이용하여 상술한 우물 함수와 전도성 지열 함수의 근사해를 풀기 위한 프로그램을 작성하면 다음과 같다.

```
10 CLS : CLEAR' COMPUTING W(μ)
20 INPUT"μ=μ";μ
30 A=μ[2 : B=μ[3 : C=μ[4 : D=μ[5
40 IF μ > 1 THEN 70
50 W= -log(μ)-.57721566+.99999193*μ-.21991055*A+.5519968*B
        -.00976004*C+.00107857*D
60 GO TO 100
70 W=C+8.5733287401*B+18.059010793*A+8.6347608925*μ+.2677737343
80 W=G/(C+9.5733223454*B+25.6329561486*A+21.0996530827*μ
90 W=W/(μ*EXP(μ))
100 LPRINT"μ=" USING"##.######[[[[";μ
110 LPRINT"W(μ)=" USING"##.######[[[[";W
120 END
```

[부록 2] 우물함수의 μ값에 따른 W(μ)와 $\mu \cdot$W(μ)

전술한 (5-53)식이나 [부록-1]에서 언급한 전산프로그램을 이용해서 대표적인 μ값에 따른 W(μ) 와 Ogden 분석법에서 사용하는 $\mu \cdot$W(μ)을 계산한 값을 도표화 하면 다음 표와 같다. μ가 $1 \times 10^{-10} \sim 5.0$까지 변할 때 μ값에 대응되는 전체 W(μ)와 $\mu \cdot$W(μ)에 관심이 있는 독자 는 "3차원 지하수 모델과 응용"(2000, 박영사)를 참조하기 바란다.

[대표적인 μ값에 따른 W(μ), μW(μ)의 값]

μ	W(μ)	μW(μ)
1.0000E-10	2.2450E+01	2.2450E-09
1.1000E-10	2.2350E+01	2.4585E-09
1.2000E-10	2.2270E+01	2.6724E-09
1.3000E-10	2.2190E+01	2.8847E-09
1.4000E-10	2.2110E+01	3.0954E-09
1.5000E-10	2.2040E+01	3.3060E-09
1.6000E-10	2.1980E+01	3.5168E-09
1.7000E-10	2.1920E+01	3.7264E-09
1.8000E-10	2.1860E+01	3.9348E-09
1.9000E-10	2.1810E+01	4.1439E-09
2.0000E-10	2.1760E+01	4.3520E-09
2.1000E-10	2.1710E+01	4.5591E-09
2.2000E-10	2.1660E+01	4.7652E-09
2.3000E-10	2.1620E+01	4.9726E-09
2.4000E-10	2.1570E+01	5.1768E-09
2.5000E-10	2.1530E+01	5.3825E-09
2.6000E-10	2.1490E+01	5.5874E-09
2.7000E-10	2.1460E+01	5.7942E-09
2.8000E-10	2.1420E+01	5.9976E-09
2.9000E-10	2.1380E+01	6.2002E-09
3.0000E-10	2.1350E+01	6.4050E-09
3.1000E-10	2.1320E+01	6.6092E-09

μ	$W(\mu)$	$\mu \cdot W(\mu)$	μ	$W(\mu)$	$\mu \cdot W(\mu)$
8.6000E-09	1.7990E+01	1.5471E-07	1.4000E-07	1.5200E+01	2.1280E-06
8.7000E-09	1.7980E+01	1.5643E-07	1.5000E-07	1.5140E+01	2.2710E-06
8.8000E-09	1.7970E+01	1.5814E-07	1.6000E-07	1.5070E+01	2.4112E-06
8.9000E-09	1.7960E+01	1.5984E-07	1.7000E-07	1.5010E+01	2.5517E-06
9.0000E-09	1.7950E+01	1.6155E-07	1.8000E-07	1.4950E+01	2.6910E-06
9.1000E-09	1.7940E+01	1.6325E-07	1.9000E-07	1.4900E+01	2.8310E-06
9.2000E-09	1.7930E+01	1.6496E-07	2.0000E-07	1.4850E+01	2.9700E-06
9.3000E-09	1.7920E+01	1.6666E-07	2.1000E-07	1.4800E+01	3.1080E-06
9.4000E-09	1.7910E+01	1.6835E-07	2.2000E-07	1.4750E+01	3.2450E-06
9.5000E-09	1.7890E+01	1.6996E-07	2.3000E-07	1.4710E+01	3.3833E-06
9.6000E-09	1.7880E+01	1.7165E-07	2.4000E-07	1.4670E+01	3.5208E-06
9.7000E-09	1.7870E+01	1.7334E-07	2.5000E-07	1.4620E+01	3.6550E-06
9.8000E-09	1.7860E+01	1.7503E-07	2.6000E-07	1.4590E+01	3.7934E-06
9.9000E-09	1.7850E+01	1.7672E-07	2.7000E-07	1.4550E+01	3.9285E-06
1.0000E-08	1.7840E+01	1.7840E-07	2.8000E-07	1.4510E+01	4.0628E-06
1.1000E-08	1.7750E+01	1.9525E-07	2.9000E-07	1.4480E+01	4.1992E-06
1.2000E-08	1.7660E+01	2.1192E-07	3.0000E-07	1.4440E+01	4.3320E-06
1.3000E-08	1.7580E+01	2.2854E-07	3.1000E-07	1.4410E+01	4.4671E-06
1.4000E-08	1.7510E+01	2.4514E-07	3.2000E-07	1.4380E+01	4.6016E-06
1.5000E-08	1.7440E+01	2.6160E-07	3.3000E-07	1.4350E+01	4.7355E-06
1.6000E-08	1.7370E+01	2.7792E-07	3.4000E-07	1.4320E+01	4.8688E-06
1.7000E-08	1.7310E+01	2.9427E-07	3.5000E-07	1.4290E+01	5.0015E-06
1.8000E-08	1.7260E+01	3.1068E-07	3.6000E-07	1.4260E+01	5.1336E-06
1.9000E-08	1.7200E+01	3.2680E-07	3.7000E-07	1.4230E+01	5.2651E-06
2.0000E-08	1.7150E+01	3.4300E-07	3.8000E-07	1.4210E+01	5.3998E-06
2.1000E-08	1.7100E+01	3.5910E-07	3.9000E-07	1.4180E+01	5.5302E-06
2.2000E-08	1.7060E+01	3.7532E-07	4.0000E-07	1.4150E+01	5.6600E-06
2.3000E-08	1.7010E+01	3.9123E-07	4.1000E-07	1.4130E+01	5.7933E-06
2.4000E-08	1.6970E+01	4.0728E-07	4.2000E-07	1.4110E+01	5.9262E-06
2.5000E-08	1.6930E+01	4.2325E-07	4.3000E-07	1.4080E+01	6.0544E-06
2.6000E-08	1.6890E+01	4.3914E-07	4.4000E-07	1.4060E+01	6.1864E-06
2.7000E-08	1.6850E+01	4.5495E-07	4.5000E-07	1.4040E+01	6.3180E-06
2.8000E-08	1.6810E+01	4.7068E-07	4.6000E-07	1.4010E+01	6.4446E-06
2.9000E-08	1.6780E+01	4.8662E-07	4.7000E-07	1.3990E+01	6.5753E-06
3.0000E-08	1.6740E+01	5.0220E-07	4.8000E-07	1.3970E+01	6.7056E-06
3.1000E-08	1.6710E+01	5.1801E-07	4.9000E-07	1.3950E+01	6.8355E-06

μ	$W(\mu)$	$\mu \cdot W(\mu)$	μ	$W(\mu)$	$\mu \cdot W(\mu)$
3.2000E-06	1.2080E+01	3.8656E-05	8.6000E-07	1.3390E+01	1.1515E-05
3.3000E-06	1.2040E+01	3.9732E-05	8.7000E-07	1.3380E+01	1.1641E-05
3.4000E-06	1.2010E+01	4.0834E-05	8.8000E-07	1.3370E+01	1.1766E-05
3.5000E-06	1.1990E+01	4.1965E-05	8.9000E-07	1.3350E+01	1.1882E-05
3.6000E-06	1.1960E+01	4.3056E-05	9.0000E-07	1.3340E+01	1.2006E-05
3.7000E-06	1.1930E+01	4.4141E-05	9.1000E-07	1.3330E+01	1.2130E-05
3.8000E-06	1.1900E+01	4.5220E-05	9.2000E-07	1.3320E+01	1.2254E-05
3.9000E-06	1.1880E+01	4.6332E-05	9.3000E-07	1.3310E+01	1.2378E-05
4.0000E-06	1.1850E+01	4.7400E-05	9.4000E-07	1.3300E+01	1.2502E-05
4.1000E-06	1.1830E+01	4.8503E-05	9.5000E-07	1.3290E+01	1.2626E-05
4.2000E-06	1.1800E+01	4.9560E-05	9.6000E-07	1.3280E+01	1.2749E-05
4.3000E-06	1.1780E+01	5.0654E-05	9.7000E-07	1.3270E+01	1.2872E-05
4.4000E-06	1.1760E+01	5.1744E-05	9.8000E-07	1.3260E+01	1.2995E-05
4.5000E-06	1.1730E+01	5.2785E-05	9.9000E-07	1.3250E+01	1.3118E-05
4.6000E-06	1.1710E+01	5.3866E-05	1.0000E-06	1.3240E+01	1.3240E-05
4.7000E-06	1.1690E+01	5.4943E-05	1.1000E-06	1.3140E+01	1.4454E-05
4.8000E-06	1.1670E+01	5.6016E-05	1.2000E-06	1.3060E+01	1.5672E-05
4.9000E-06	1.1650E+01	5.7085E-05	1.3000E-06	1.2980E+01	1.6874E-05
5.0000E-06	1.1630E+01	5.8150E-05	1.4000E-06	1.2900E+01	1.8060E-05
5.1000E-06	1.1610E+01	5.9211E-05	1.5000E-06	1.2830E+01	1.9245E-05
5.2000E-06	1.1590E+01	6.0268E-05	1.6000E-06	1.2770E+01	2.0432E-05
5.3000E-06	1.1570E+01	6.1321E-05	1.7000E-06	1.2710E+01	2.1607E-05
5.4000E-06	1.5500E+01	6.2370E-05	1.8000E-06	1.2650E+01	2.2770E-05
5.5000E-06	1.1530E+01	6.3415E-05	1.9000E-06	1.2600E+01	2.3940E-05
5.6000E-06	1.1520E+01	6.4512E-05	2.0000E-06	1.2550E+01	2.5100E-05
5.7000E-06	1.1500E+01	6.5550E-05	2.1000E-06	1.2500E+01	2.6250E-05
5.8000E-06	1.1480E+01	6.6584E-05	2.2000E-06	1.2450E+01	2.7390E-05
5.9000E-06	1.1460E+01	6.7614E-05	2.3000E-06	1.2410E+01	2.8543E-05
5.0000E-06	1.1450E+01	6.8700E-05	2.4000E-06	1.2360E+01	2.9664E-05
6.1000E-06	1.1430E+01	6.9723E-05	2.5000E-06	1.2320E+01	3.0800E-05
6.2000E-06	1.1410E+01	7.0742E-05	2.6000E-06	1.2280E+01	3.1928E-05
6.3000E-06	1.1400E+01	7.1820E-05	2.7000E-06	1.2250E+01	3.3075E-05
6.4000E-06	1.1380E+01	7.2832E-05	2.8000E-06	1.2210E+01	3.4188E-05
6.5000E-06	1.1370E+01	7.3905E-05	2.9000E-06	1.2170E+01	3.5293E-05
6.6000E-06	1.1350E+01	7.4910E-05	3.0000E-06	1.2140E+01	3.6420E-05
6.7000E-06	1.1340E+01	7.5978E-05	3.1000E-06	1.2110E+01	3.7541E-05

μ	$W(\mu)$	$\mu \cdot W(\mu)$	μ	$W(\mu)$	$\mu \cdot W(\mu)$
1.4000E-05	1.0600E+01	1.4840E-04	8.6000E-05	8.7800E+00	7.5508E-04
1.5000E-05	1.0530E+01	1.5795E-04	8.7000E-05	8.7700E+00	7.6299E-04
1.6000E-05	1.0470E+01	1.6752E-04	8.8000E-05	8.7600E+00	7.7088E-04
1.7000E-05	1.0410E+01	1.7697E-04	8.9000E-05	8.7500E+00	7.7875E-04
1.8000E-05	1.0350E+01	1.8630E-04	9.0000E-05	8.7400E+00	7.8660E-04
1.9000E-05	1.0290E+01	1.9551E-04	9.1000E-05	8.7300E+00	7.9443E-04
2.0000E-05	1.0240E+01	2.0480E-04	9.2000E-05	8.7200E+00	8.0224E-04
2.1000E-05	1.0190E+01	2.1399E-04	9.3000E-05	8.7100E+00	8.1003E-04
2.2000E-05	1.0150E+01	2.2330E-04	9.4000E-05	8.7000E+00	8.1780E-04
2.3000E-05	1.0100E+01	2.3230E-04	9.5000E-05	8.6800E+00	8.2460E-04
2.4000E-05	1.0060E+01	2.4144E-04	9.6000E-05	8.6700E+00	8.3232E-04
2.5000E-05	1.0020E+01	2.5050E-04	9.7000E-05	8.6600E+00	8.4002E-04
2.6000E-05	9.9800E+00	2.5948E-04	9.8000E-05	8.6500E+00	8.4770E-04
2.7000E-05	9.9400E+00	2.6838E-04	9.9000E-05	8.6400E+00	8.5536E-04
2.8000E-05	9.9100E+00	2.7748E-04	1.0000E-04	8.6300E+00	8.6300E-04
2.9000E-05	9.8700E+00	2.8623E-04	1.1000E-04	8.5400E+00	9.3940E-04
3.0000E-05	9.8400E+00	2.9520E-04	1.2000E-04	8.4500E+00	1.0140E-03
3.1000E-05	9.8000E+00	3.0380E-04	1.3000E-04	8.3700E+00	1.0881E-03
3.2000E-05	9.7700E+00	3.1264E-04	1.4000E-04	8.3000E+00	1.1620E-03
3.3000E-05	9.7400E+00	3.2142E-04	1.5000E-04	8.2300E+00	1.2345E-03
3.4000E-05	9.7100E+00	3.3014E-04	1.6000E-04	8.1600E+00	1.3056E-03
3.5000E-05	9.6800E+00	3.3880E-04	1.7000E-04	8.1000E+00	1.3770E-03
3.6000E-05	9.6500E+00	3.4740E-04	1.8000E-04	8.0500E+00	1.4490E-03
3.7000E-05	9.6300E+00	3.5631E-04	1.9000E-04	7.9900E+00	1.5181E-03
3.8000E-05	9.6000E+00	3.6480E-04	2.0000E-04	7.9400E+00	1.5880E-03
3.9000E-05	9.5700E+00	3.7323E-04	2.1000E-04	7.8900E+00	1.6569E-03
4.0000E-05	9.5500E+00	3.8200E-04	2.2000E-04	7.8400E+00	1.7248E-03
4.1000E-05	9.5200E+00	3.9032E-04	2.3000E-04	7.8000E+00	1.7940E-03
4.2000E-05	9.5000E+00	3.9900E-04	2.4000E-04	7.7600E+00	1.8624E-03
4.3000E-05	9.4800E+00	4.0764E-04	2.5000E-04	7.7200E+00	1.9300E-03
4.4000E-05	9.4500E+00	4.1580E-04	2.6000E-04	7.6800E+00	1.9968E-03
4.5000E-05	9.4300E+00	4.2435E-04	2.7000E-04	7.6400E+00	2.0628E-03
4.6000E-05	9.4100E+00	4.3286E-04	2.8000E-04	7.6000E+00	2.1280E-03
4.7000E-05	9.3900E+00	4.4133E-04	2.9000E-04	7.5700E+00	2.1953E-03
4.8000E-05	9.3700E+00	4.4976E-04	3.0000E-04	7.5300E+00	2.2590E-03
4.9000E-05	9.3500E+00	4.5815E-04	3.1000E-04	7.5000E+00	2.3250E-03

μ	$W(\mu)$	$\mu \cdot W(\mu)$	μ	$W(\mu)$	$\mu \cdot W(\mu)$
3.2000E-04	7.4700E+00	2.3904E-03	1.4000E-03	6.0000E+00	8.4000E-03
3.3000E-04	7.4400E+00	2.4552E-03	1.5000E-03	5.9300E+00	8.8950E-03
3.4000E-04	7.4100E+00	2.5194E-03	1.6000E-03	5.8600E+00	9.3760E-03
3.5000E-04	7.3800E+00	2.5830E-03	1.7000E-03	5.8000E+00	9.8600E-03
3.6000E-04	7.3500E+00	2.6460E-03	1.8000E-03	5.7400E+00	1.0332E-02
3.7000E-04	7.3300E+00	2.7121E-03	1.9000E-03	5.6900E+00	1.0811E-02
3.8000E-04	7.3000E+00	2.7740E-03	2.0000E-03	5.6400E+00	1.1280E-02
3.9000E-04	7.2700E+00	2.8353E-03	2.1000E-03	5.5900E+00	1.1739E-02
4.0000E-04	7.2500E+00	2.9000E-03	2.2000E-03	5.5400E+00	1.2188E-02
4.1000E-04	7.2200E+00	2.9602E-03	2.3000E-03	5.5000E+00	1.2650E-02
4.2000E-04	7.2000E+00	3.0240E-03	2.4000E-03	5.4600E+00	1.3104E-02
4.3000E-04	7.1700E+00	3.0831E-03	2.5000E-03	5.4200E+00	1.3550E-02
4.4000E-04	7.1500E+00	3.1460E-03	2.6000E-03	5.3800E+00	1.3988E-02
4.5000E-04	7.1300E+00	3.2085E-03	2.7000E-03	5.3400E+00	1.4418E-02
4.6000E-04	7.1100E+00	3.2706E-03	2.8000E-03	5.3000E+00	1.4840E-02
4.7000E-04	7.0900E+00	3.3323E-03	2.9000E-03	5.2700E+00	1.5283E-02
4.8000E-04	7.0600E+00	3.3888E-03	3.0000E-03	5.2300E+00	1.5690E-02
4.9000E-04	7.0400E+00	3.4496E-03	3.1000E-03	5.2000E+00	1.6120E-02
5.0000E-04	7.0200E+00	3.5100E-03	3.2000E-03	5.1700E+00	1.6544E-02
5.1000E-04	7.0000E+00	3.5700E-03	3.3000E-03	5.1400E+00	1.6962E-02
5.2000E-04	6.9800E+00	3.6296E-03	3.4000E-03	5.1100E+00	1.7374E-02
5.3000E-04	6.9700E+00	3.6941E-03	3.5000E-03	5.0800E+00	1.7780E-02
5.4000E-04	6.9500E+00	3.7530E-03	3.6000E-03	5.0500E+00	1.8180E-02
5.5000E-04	6.9300E+00	3.8115E-03	3.7000E-03	5.0300E+00	1.8611E-02
5.6000E-04	6.9100E+00	3.8696E-03	3.8000E-03	5.0000E+00	1.9000E-02
5.7000E-04	6.8900E+00	3.9273E-03	3.9000E-03	4.9700E+00	1.9383E-02
5.8000E-04	6.8800E+00	3.9904E-03	4.0000E-03	4.9500E+00	1.9800E-02
5.9000E-04	6.8600E+00	4.0474E-03	4.1000E-03	4.9200E+00	2.0172E-02
6.0000E-04	6.8400E+00	4.1040E-03	4.2000E-03	4.9000E+00	2.0580E-02
6.1000E-04	6.8300E+00	4.1663E-03	4.3000E-03	4.8800E+00	2.0984E-02
6.2000E-04	6.8100E+00	4.2222E-03	4.4000E-03	4.8500E+00	2.1340E-02
6.3000E-04	6.7900E+00	4.2777E-03	4.5000E-03	4.8300E+00	2.1735E-02
6.4000E-04	6.7800E+00	4.3392E-03	4.6000E-03	4.8100E+00	2.2126E-02
6.5000E-04	6.7600E+00	4.3940E-03	4.7000E-03	4.7900E+00	2.2513E-02
6.6000E-04	6.7500E+00	4.4550E-03	4.8000E-03	4.7700E+00	2.2896E-02
6.7000E-04	6.7300E+00	4.5091E-03	4.9000E-03	4.7500E+00	2.3275E-02

μ	$W(\mu)$	$\mu \cdot W(\mu)$	μ	$W(\mu)$	$\mu \cdot W(\mu)$
1.4000E-01	1.5240E+00	2.1336E-01	3.2000E+00	1.0000E-02	3.2000E-02
1.5000E-01	1.4640E+00	2.1960E-01	3.3000E+00	9.0000E-03	2.9700E-02
1.6000E-01	1.4090E+00	2.2544E-01	3.4000E+00	8.0000E-03	2.7200E-02
1.7000E-01	1.3580E+00	2.3086E-01	3.5000E+00	7.0000E-03	2.4500E-02
1.8000E-01	1.3100E+00	2.3580E-01	3.6000E+00	6.0000E-03	2.1600E-02
1.9000E-01	1.2650E+00	2.4035E-01	3.7000E+00	5.0000E-03	1.8500E-02
1.0000E-01	1.2230E+00	2.4460E-01	3.8000E+00	5.0000E-03	1.9000E-02
2.1000E-01	1.1830E+00	2.4843E-01	3.9000E+00	4.0000E-03	1.5600E-02
2.2000E-01	1.1450E+00	2.5190E-01	4.0000E+00	4.0000E-03	1.6000E-02
2.3000E-01	1.1100E+00	2.5530E-01	4.1000E+00	3.0000E-03	1.2300E-02
2.4000E-01	1.0760E+00	2.5824E-01	4.2000E+00	3.0000E-03	1.2600E-02
2.5000E-01	1.0440E+00	2.6100E-01	4.3000E+00	3.0000E-03	1.2900E-02
2.6000E-01	1.0140E+00	2.6364E-01	4.4000E+00	2.0000E-03	8.8000E-02
2.7000E-01	9.8500E-01	2.6595E-01	4.5000E+00	2.0000E-03	9.0000E-02
2.8000E-01	9.5700E-01	2.6796E-01	4.6000E+00	2.0000E-03	9.2000E-02
2.9000E-01	9.3100E-01	2.6999E-01	4.7000E+00	2.0000E-03	9.4000E-02
3.0000E-01	9.0600E-01	2.7180E-01	4.8000E+00	1.0000E-03	4.8000E-02
3.1000E-01	8.8200E-01	2.7342E-01	4.9000E+00	1.0000E-03	4.9000E-02
3.2000E-01	8.5800E-01	2.7456E-01	5.0000E+00	1.0000E-03	5.0000E-02
3.3000E-01	8.3600E-01	2.7588E-01			
3.4000E-01	8.1500E-01	2.7710E-01			
3.5000E-01	7.9400E-01	2.7790E-01			
3.6000E-01	7.7400E-01	2.7864E-01			
3.7000E-01	7.5500E-01	2.7935E-01			
3.8000E-01	7.3700E-01	2.8006E-01			
3.9000E-01	7.1900E-01	2.8041E-01			
4.0000E-01	7.0200E-01	2.8080E-01			
4.1000E-01	6.8600E-01	2.8126E-01			
4.2000E-01	6.7000E-01	2.8140E-01			
4.3000E-01	6.5500E-01	2.8165E-01			
4.4000E-01	6.4000E-01	2.8160E-01			
4.5000E-01	6.2500E-01	2.8125E-01			
4.6000E-01	6.1100E-01	2.8106E-01			
4.7000E-01	5.9800E-01	2.8106E-01			
4.8000E-01	5.8500E-01	2.8080E-01			
4.9000E-01	5.7200E-01	2.8028E-01			

[부록 3] 단위 환산표

1. 길이

m	cm	yard	ft	in	km	해리	yard	mile	리
1	100	1.093 61	3.280 84	39.370	1	0.510 0	1 093. 01	0.621 37	0.254 63
0.01	1	0.010 936	0.032 803	0.393 70	1.852	1	2 026.67	1.151 5	0.472
0.914 40	91.44 00	1	3	36	0.000 914	-	1	-	-
0.304 80	30.480	0.333 33	1	12	1.609 34	0.869	1760	1	0.409 79
0.025 40	2.540 00	0.027 78	0.083 33	1	3.927 27	2.121	-	2.440 29	1

2. 면적

m^2	ft	尺^2	坪	ha	km^2	acre	mile^2	町步
1	10.764	10.890	0.303 5	1	0.010 0	2.471	0.003 86	1.008 3
0.092 90	1	1.011 7	0.028 10	100	1	247.10	0.386 1	100.83
0.091 83	0.988 4	1	0.027 78	0.404 7	0.004 047	1	0.001 563	0.408 1
3.306	35.58	36.00	1	259	2.590	640	1	261.2
	1 ft^2 = 144 in^2	1 in^2 = 0.006 946 ft^2		0.991 7	0.009 917	2.450 6	0.003 829	1

3. 체적

l	m^3	ft^3	yd^3	gal(美)	立 方 尺
1	0.001 0	0.035 31	0.001 308	0.264 2	0.035 94
1,000	1	35.31	1.308 0	264.17	35.94
28.317	0.028 32	1	0.037 04	7.481	1.017 6
764.6	0.764 6	27.00	1	201.97	27.48
3.785 4	0.003 785	0.133 7	0.004 95	1	0.136 04
27.83	0.027 83	0.982 7	0.036 40	7.351	1

4. 속도

m/sec	km/hr	ft/sec	mile/hr	노 트
1	3.600	3.280 8	2.237	1.943 8
0.277 8	1	0.911 3	0.621 4	0.540 0
0.304 8	1.097 3	1	0.681 8	0.592 5
0.447 0	1.609 3	1.466 7	1	0.869 0
0.514 4	1.852 0	1.687 8	1.150 8	1

5. 중량

kg	t	oz	lb	t(美)	貫
1	0.001	35.27	2.204 5	0.001 10	0.266 7
1000	1	3.527×10^4	2 204.6	1.102 3	266.7
0.028 35	2.835×10^{-5}	1	0.062 50	3.125×10^{-5}	0.007 56
0.453 6	4.536×10^{-3}	16	1	0.0005	0.120 98
907.2	0.907 2	32,000	2,000	1	241.9
3.750	0.003 75	132.28	8.267	0.004 13	1

6. 유량

l/sec	m^3/sec	英 gpm	美 gpm	ft^3/sec	美 gpd	t/日
1	0.001	13.198	15.850	0.035 31	0.022 81	86.4
0.277 8	$2.778×10^{-4}$	3.666	4.403	$9.810×10^{-3}$	$6.637×10^{-3}$	24
1000	1	$1.3198×10^4$	$1.5850×10^4$	35.31	22.81	86,400
0.075 78	$7.577×10^{-5}$	1	1.201 0	0.002 676	0.001 729	6.547
0.063 09	$6.309×10^{-5}$	0.832 7	1	0.002 228	0.001 439	5.451
$7.866×10^{-2}$	$7.886×10^{-4}$	0.103 81	0.124 68	$2.778×10^{-4}$	$1.795×10^{-4}$	0.679 6
28.32	0.028 32	373.7	488.8	1	0.646	2.447
43.81	0.043 81	578.2	694.4	1.547	1	3.785
0.011 57	$0.1157×10^{-4}$	0.152 8	0.183 4	$4.087×10^{-4}$	$2.640×10^{-4}$	1

*美 gpd : Million Gallon per Day(10^6 gal/日), gpm=gallon per minute

7. 압력

M dyne/ cm^2(bar)	kg/cm^2	lb/in^2 (PSI)	atm (標準)	수은주(0° C)		수주 (15° C)	
				m	in	m	in
1	1.0204	14.514	0.986 9	0.750 6	29.55	10.213	402.1
0.980 0	1	14.223	0.967 2	0.735 5	28.96	10.009	394.0
0.068 90	0.070 31	1	0.068 00	0.051 71	2.036	0.703 7	27.70
1.013 3	1.034 0	14.706	1	0.760 5	29.94	10.349	407.4
1.332 4	1.359 5	19.337	1.314 9	1	39.37	13.607	535.8
0.033 84	0.034 53	0.491 2	0.033 40	0.025 40	1	0.345 6	13.607
0.097 91	0.099 91	1.421 1	0.096 63	0.073 49	2.893	1	39.37
0.002 487	0.002 538	0.036 10	0.002 456 4	0.001 866 6	0.073 49	0.025 40	1

8. 밀도

g/cc	kg/m^3=(g/l)	g/m^3	lb/ft^3	oz/ft^3
1	$1×10^3$	$1×10^6$	62.43	988.8
0.001	1	$1×10^3$	0.062 43	0.998 8
$1×10^{-6}$	$1×10^{-3}$	1	$6.243×10^{-5}$	$9.988×10^{-4}$
0.016 018	16.018	$1.601 8×10^4$	1	16
0.001 001 2	1.001 2	$1.001 2×10^3$	0.062 5	1

9. 점도

poise=g/cm · sec (C.G.S)	centipoise (C.P)	kg/m · sec	kg/m · hr	lb/ft · sec
1	100	0.1	360	0.067 20
0.01	1	0.001	3.6	$6.720×10^{-4}$
10	1 000	↑	3 600	0.672 0
$2.778×10^{-3}$	0.277 8	$2.778×10^{-4}$	1	$1.8867×10^{-4}$
14.881	1 488.1	1.488 1	5 357	1

10. 일량 및 열량

joule =10^7 erg	kg-m	ft-lb	kW-hr	PS-hr	HP-hr	kcal (平均)	BTU (平均)
1	0.102 04	0.738 1	2.778×10^{-7}	3.777×10^{-7}	3.725×10^{-7}	2.389×10^{-4}	9.480×10^{-6}
9.800	1	7.233	2.722×10^{-7}	3.701×10^{-6}	3.651×10^{-6}	2.341×10^{-3}	2.291×10^{-3}
1.354 9	0.138 26	1	3.764×10^{-7}	5.117×10^{-7}	5.047×10^{-7}	3.237×10^{-4}	$1.284\ 5\times 10^{-3}$
3.6×10^6	3.973×10^5	2.657×10^8	1	1.359 6	1.341 0	860.0	3.413
2.648×10^6	2.702×10^5	1.9543×10^6	0.735 5	1	0.986 3	632.5	2 510
2.685×10^6	2.739×10^5	$1.981\ 3\times 10^6$	0.745 7	1.013 9	1	641.3	2.545
161.33	10.340	74.79	2.815×10^{-5}	3.827×10^{-5}	3.774×10^{-5}	2.421×10^{-2}	9.606×10^{-2}
4 186	427.1	3 090	$1.162\ 8\times 10^{-3}$	$1.580\ 9\times 10^{-3}$	$1.559\ 3\times 10^{-3}$	1	3.969
1 054.8	107.63	778.5	2.930×10^{-4}	3.984×10^{-4}	3.929×10^{-4}	0.252 0	1
1 898.6	193.73	1 401.3	5.274×10^{-4}	7.170×10^{-4}	7.072×10^{-4}	0.453 6	1.8

1cal(平均) = 4.186 joule   1BTU(60°F) = 1064.6 joule
1cal(15°C) = 4.185 joule   1BTU(平均) = 2054.6 joule
1cal(20°C) = 4.181 joule   1BTU(39°F) = 1060.4 joule

11. 동력

KW (1000J/sec)	kg-m/sec	ft-lb/sec	PG	HP	kcal/sec (平均)	BTU/SEC (平均)
1	102.04	0.738 1	1.359 6	1.3410	0.238 9	0.948 0
0.009 800	1	7.233	0.013 324	1.314×10^{-2}	2.341×10^{-3}	9.291×10^{-3}
1.3549×10^{-2}	0.138 26	1	1.8422×10^{-3}	1.8169×10^{-3}	13.237×10^{-3}	1.2845×10^{-3}
0.735 5	75.05	542.8	1	0.986 3	0.175 70	0.697 3
0.745 7	76.09	550.4	1.031 9	1	0.178 14	0.707 0
4.186	427.1	3.090×10^3	5.691	5.613	1	3.969
1.054 8	107.63	778.5	1.434 1	1.414 5	0.252 0	1

12. 온도

$$C=\frac{5}{9}(F-32) \qquad\qquad F=\frac{5}{9}C+32$$

13. 수리전도도(K)

$$1\ m^3/分/m^2 = 1m/分 = 24.55\ gpm/ft^2 = 3.28\ ft^3/m/ft^2 = 3.28\ ft/分$$
$$1\ gpm/ft^2 = 0.0407\ m^3/分/m^2 = 0.1337\ ft^3/分/ft^2$$
$$1\ darcy = 0.987\times 10^{-8}cm^2 = 1.062\times 10^{-11}ft^2$$
$$= 0.966\times 10^{-3}cm/sec(20°C)$$

14. 투수량계수

$$1 \ m^3/day/m = \frac{264.17 gallon/day}{3.28 ft} = 80.54 \ gpd/ft$$

$$1 \ gpd/ft = 0.0124 m^3 pd/m = 0.1337 \ ft^3/ft$$

15. Moment

$$1 \ Lbf \cdot ft = 0.1383 \ kgf \cdot m = 1.3558 \ N \cdot m$$

16. Energy

$$1 \ ft \cdot Lbf = 1.3558 J$$

$$N = Newton = kg \cdot m/s^2$$
$$Pa = Pascal = N/m^2$$
$$J = Joule = m \cdot N$$

[부록 4] 우물저장효과와 공벽효과를 감안한 표준곡선들

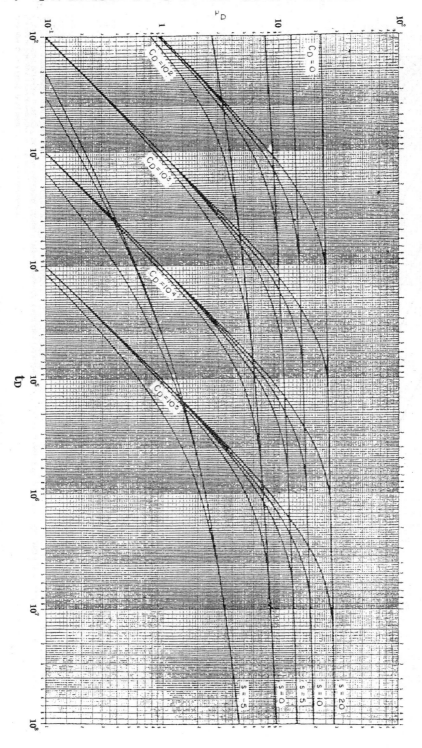

1) 우물저장효과와 공벽효과가 동시에 발생하는 시험정에서의 표준곡선 –Agarwal 표준곡선 (직선구간 즉 구배가 $1:1$인 구간의 $C_D = t_D/P_D$이다. $t_D = 10^5$, $P_D = 1$일 때 $C_D = 10^5$임)

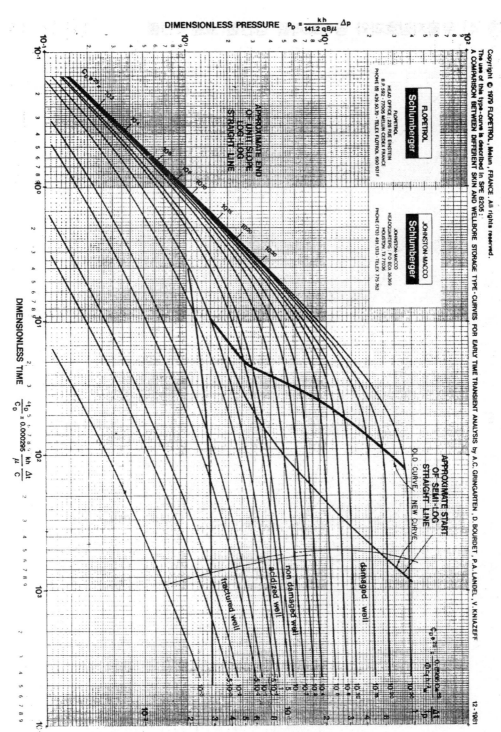

2) 우물저장효과와 공벽효과를 동시에 감안한 수정된 Gringarten의 표준곡선(1979)

참고문헌

- 박영준, 강형갑 등, 1996, "Geology of Korea", Foreign language book publishing house, 평양, pp.14-23.
- 린체유, 리아오지셍, 1997, "두만강유역의 지하수와 관리대책", 두만강유역의 수자원, 환경 및 재해에 관한 국제심포지움, 중국장춘지질대학, pp.28-29.
- 이성복, 김구영, 한소라, 한정상, 1997, 제주도 삼양3수원지의 염소이온농도 상승원인에 관한 연구, 지하수환경, 4(2), pp.95-102.
- (주) 한서엔지니어링, 1992. 10, 김포 수도권 매립지 제1단계 매립지역의 수리지질조사 보고서.
- 최재진, 성원모, 한정상, 1993, 대종천유역 충적대수층의 수리성분석과 수위강하 예측에 관한 연구, 한국자원공학회지, 26(4), pp.541-549.
- 한국수자원공사, 1997. 8, 경인운하 시설사업 실시설계 지질조사보고서.
- 한정상, 1983, 지하수학 개론, 박영사.
- 한정상, 1998. 12 대한광업진흥공사, 지하수 개발가능량 및 오염취약성 평가에 관한 연구.
- 한정상, 1999, 지하수환경과 오염, 박영사.
- 한정상, 한찬, 1999, 3차원 지하수모델과 응용, 박영사.
- 한정상 외, 2000. 6, 지하수관련 제도개선방안 연구보고서, 건설부/(사)대한지하수환경학회.
- 한정상, 2010, 수리지질과 지하수환경, 내하출판사.
- 한정상, 안종성, 윤윤영, 이주형, 전재수, 김은주, 김형수, 백건하, 원희정, 2003, 인공수압 파쇄기법에 의한 지하수 양수량 증대(II), 한국지하수토양환경학회지, 8(3), pp.74-85.
- 한정상, 안종성, 윤윤영, 김형수, 백건하, 2002, 인공수압 파쇄기법에 의한 지하수양수량 증대, 한국지하수토양환경학회지, 7(2), pp.23-33.
- 한정상, 한규상, 1992, 고지대 결정질파쇄암의 수리지질특성과 수리지질학적 이방성에 관한 연구, 지질학회지, 28(1), pp.19-31.
- 한정상, 한규상, 이영동, 1988, 금촌정호장의 최적 채수량 및 물수지분석에 관한 연구, 지질학회지, 24(2), pp.140-172.
- 한정상, 강장신, 한규상, 1987, 충적퇴적층의 전기비저항과 투수량계수와의 상관관계 규명을 위한 수리지구물리학적인 분석, 대한광산학회지, 24(5), pp.333-347.
- 한정상, 1983, 전천유역 석회암 대수층에 관한 연구, 한국수문학회지, 16(3), pp.171-179.

- 한정상, 1981, 한반도의 암반지하수에 관한 연구. 한국수문학회지, 14(4), pp.73-81.

- 한정상, 1978, 국내 얕은 우물의 우물수두손실에 관한 연구, 지질학회지, 14(1), pp.1-4.

- 한정상, 1977, 보조수자원으로서의 지하수자원, 지질학회지, 13(3), pp.213-218.

- 한정상, 정봉일, 1976, 금호강유역 지하수자원에 관한 연구,한국수문학회지, 9(1), pp.9-23.

- 한정상, 정수웅, 1975, Saudi Arabia 북서부지역의 지하수조사, 한국수문학회지, 8(2), pp.30-40,

- 한정상, 1972, 지하수계의 전기유사 모형, 한국수문학회지, 5(1), pp.62-66.

- 함세영, 정재열, 김형수, 한정상, 차용훈, 2005, 청원시 대산면 취수부지 주변 지하수유동 모델링, 자원환경지질, 38(1), pp.67-78.

- ASTM,1990, Standard Practice for Dealing with Outlying Observations. Designation: E 178-80 p.102-118, in 1990 Annual Book of ASTM Standards, Volume 14. 02.

- Callahan, Joseph T. Choi, Seung Il, Han, Jeong Sang, Kim, Seok Jin, Park, Seung Chull, Cho, Yeon Jae, Hong, Choong Sik, 1968, Summary report on the groundwater resources of Anyang-cheon basin, 지질학회지,1 pp.1-21.

- Carmichael, R.S,. 1989, Physical Properties of Rocks and Minerals. Boca Raton, Fla.: CRC Press.

- Chandler, R.V., 1987, Alabama Streams, Lakes, Springs, and Ground Waters for Use in Heating and Cooling, Geological Survey of Alabama, Bulletin 129, Tuscaloosa

- Cleary R.C. 1991, Groundwater Hydrology and Pollution, NGWA, pp.2-17.

- Code of Federal Regulations,1995, Ground-Water Monitoring List. Title 40, Part 264, Appendix IX.

- Dawson K.J, et al., 1991, "Aquifer testing", Lewis Publishers, pp.4-140.

- Driscoll, F.G., 1986, Groundwater and Wells, 2d ed. St. Paul,Minn. Johnson Division.

- El-Kadi, Aly L., 1955, Groundwater models for resources analysis and management, Lewis publishers, pp.41-56.

- Environmental Protection Agency, 1975. Manual of Water Well Construction Practices, EPA-570/9-75-0001. Washington, DC.

- EPRE etal,1992, Soil and Rock Classification for the Design of Ground Coupled Heat Pump System-Field manual, EPRI ccl-6600.

- Han Xuemin etal, 1966, "Water resources and Water supply strategy on the lower delta area of Tumenjiangriver", International symposium on resources, environment and distaster in Tumenjiang area, Changchon,China, pp.11-12.

- Hantush M.S., I.S. Papadopulus, 1962, Flow of groundwater to collector wells, ASCE, Hydraul. Div., 88.5

- J.Hahn, Y.Lee, N.Kim, C.Hahn, S.Lee, 1997,The groundwater resources and sustainble yield of Cheju volcanic island/Korea. Jour. of Environ. Geol.33(1) pp.43-53.

- Kasenow. M and Pate. P, 1995, Using Specifie Capacity to Estimate Transmissivity, Water Resources Pub.

- Kashef, A.A.I, 1986, Groundwater Enginering. New York: McGraw-Hill.

- Kinzelbach, W., Groundwater Modeling, An Inlroduction with Sample Programs in Basic, Elservier, 1986, pp.142-151.

- Kinzelbach.W, 1986, Groundwater Modeling, Elsevier, pp.13-14.

- Kitanidis, P.K. et al., Estimation of Spatial Functions and Predictive Groundwater Modeling, Stanford University, 1994, pp.7-26.

- Knox, R.C., Sabatini, D.A. and Canter, L.W., Subsurface Transport and Fate Processses, Lewis Publishers Inc., 1993, pp.13-280.

- Kobus, H.E. and Kinzelbach, W., Contaminant Transport in Groundwater, Processing of The International Sympoium on Contaminant Transport in Groundwater/4-6, April 1989, pp.127-132.

- Kresic, N., Quantitative Solution in Hydrogeology and Groundwater Modeling, Lewis Publishers, 1997, pp.303-354.

- Linsley, R.K., Kohler, M.A. and Paulhus, J.L., Hydrology for Engineer, Chapter 3, McGraw-Hill, New York, 1958.

- Martin Jaffe & Frank Dinvo, 1987, Local Groundwater Protection, APA, pp.78-79.

- Mcdonald, M.G. and Harbaugh, A.W., "A Modular 3-D Finite Difference Ground-Water flow Model," USGS, 1988, pp.2.1-3.34.

- Meinzer, O.E., "Outline of Groundwater Hydrology with Definitions," USGS Water Supply Paper 1544-H, pp.1-96.

- Mercer, J.W. and Faust, C.R., Grondwater Modeling, NGWA, 1992, pp.9-59.

- MO;OJEVIC m., 1963, Radial collector well adjacent to the river bank, ASCE, Hydraul., Div., 89. 9

- Morris, D.A. and Johnson, I., Summary of Hydrologic and Physical Properties of Rock and Soil Materials as Analyzed by the Hydrologic Laboratory of the U.S. Geological Survey, USGS Water Supply Paper 1889-d, 1967, pp.D1-D39.

- Neven Kresic, 1997 ,Hydrogeology and Groundwater modeling, Lewis publishers, p.151.

- NGWA, Lehr, J.H et al., 1988, Design and Construction of Water Wells, Van Nostrand Reinhold, Newyork, p.22.

- Nielson David M, 1991, Practical Handbook of Groundwater Monitoring Lewis Publishers, p.677.

- Nielson, D.M., Practical Handbook of Groundwater Monitoring, Lewis Publishers, 1991, pp.69-94.

- Pollock, D.W., User's Guide for Modpath/Modplot, Version 3; A Particle Tracking Post-Processing Package for Modflow, The USGS Finite Difference Groundwater Model, 1994, pp.1.1~E-56.

• Ramsahoye, L.E. and Long, S.M., A Simple Method for Determining Specific Yield from Pumping Teste, USGS Water Supply Paper 1536-C, 1965, pp.41-46.

• Rorabaugh, M.I., Graphical and Theoretical Analysis of Step Drawdown Test of Artesian Well, Proceedings of American Society of Civil Engineers, v, 79, no. 362, 1953, pp.362-1~362-23.

• Scheidegger, A.E., The Physics of Flow through Porous Media, New York, Macmillan, 1960, pp.8-12.

• Smith, S.A., Manual of Hydraulic Fracturing for Well Simulation and Geologic Studies, NWWA, 1989, pp.1~48.

• Strack, O.D.L., Groundgwater Mechanics, Prentice Hall, 1989, pp.42~89, 219~262.

• Strack, Otto D.L., 1989, Groundwater mechanics, Prentice Hall, pp.404-505 .

• The Engineer's Manual for Water Well Design, 1985, Los Angeles: Roscoe Moss Co.

• Toulokian, Y.S. Judd, W.R. and Roy, R.F., 1981, Physical Properties of Rocks and Minerals. McGraw-Hill/ Cintas.

• U.S. Environmental Protection Agency, 1986a. RCRA Ground-Water Monitoring Technical Enforcement Guidance Document. p.208.

• U.S.Environmental Protection Agency, 1991b, Handbook of Suggested Practices for the Design and Installation of Ground-Water Monitoring Wells. EPA/600/4-89/034, Washington, DC, p.221.

• Verruijt, A. and Barends, F.B.J., Flow and Transport in Porous Media, A.A. BalkeMA, 1981, pp.91-96.

• Vukovic, M. et al., Determination of Hydraulic Conductivity of Porous Media from Grain-size Composition, Water Resources Publications, 1992, pp.3-67.

• Wang, H.F & Anderson. M.P, 1982, Introduction to groundwater modeling, W.H.Freeman & co. pp.62-64

• Wang, H.F., and Anderson, M.P., Introduction to Groundwater Modeling, W.H. Freeman and Company, 1982, pp.151-171.

• Waton, W.C., Groundwater Modeling Utilities, Lewis Publishers Inc., 1992, pp.11-37.

• Waton, W.C., Groundwater Pumping Tests, Lewis Publishers Inc., 1988, pp.9-34.

• Waton, W.C., Numerical Groundwater Modeling, Lewis Publishers Inc., 1989, pp.13-65

• Waton, W.C., Selected Analytical Methods for Well and Aquifer Evaluation, pp.3-68.

• Wenzel, L.K., Methods for Determining Permeability of Water Bearing Materials, with Special Reference to Discharging Well Methods, USGS Water Supply Paper 887, 1942, p.192.

• Zhao Xun etal, 1996, "Geoscience and Human Society, Geological publishing House, Beijing China, pp.45-66.

• Zheng, C., A Modular 3-D Transport Model for Simulation of Advection, Dispersion and Chemical Reactions of Contaminants in Groundwater System, 1990, pp.2-1~7-15

찾아보기

수리지질과 지하수모델링

발행일   2015년 6월 20일
저　자   한정상
발행인   모흥숙
발행처   내하출판사
등　록   제6-330호
주　소   서울 용산구 한강대로 104 라길 3
전　화   02) 775-3241~4
팩　스   02) 775-3246
E-mail   naeha@unitel.co.kr
Homepage www.naeha.co.kr

ISBN ǀ 978-89-5717-434-0
정 가 ǀ 35,000원
